Blechschmidt / Heinemann / Naujock
Taschenbuch der Papiertechnik

Herausgeber

Prof. Dr.-Ing. habil. Jürgen Blechschmidt, Dresden

Dr.-Ing. Sabine Heinemann, Dresden

Prof. Dr.-Ing. em. Hans-Joachim Naujock, Haag an der Amper

Autoren

Dr.-Ing. Christian Bäurich, Kurort Hartha (Kapitel 6)

Prof. Dr.-Ing. habil. Jürgen Blechschmidt, Dresden (Kapitel 1, 2, 3, 5, 12)

Olav Dau, Bellmer, Niefern (Kapitel 16)

Dr.-Ing. Eduard Davydenko, Andritz Küsters GmbH Krefeld (Kapitel 12)

Dipl.-Ing. Eberhard Dobschall, Altenburg (Kapitel 4)

Prof. Dr.-Ing. habil. Klaus Fischer, Kurort Hartha (Kapitel 6)

Prof. Dr.-Ing. Thoralf Gliese, Omya International AG Oftringen/Schweiz und Hochschule für Angewandte Wissenschaften München (Kapitel 9)

Dr.-Ing. Sabine Heinemann, Dresden (Kapitel 1, 2, 3, 5, 12, 16)

Dipl.-Ing. Kurt Hiller, Andritz Küsters GmbH Krefeld (Kapitel 12)

Dipl.-Ing. Holger Jung, TBP Upcon GmbH, Moosburg (Kapitel 17)

Dr.-Ing. Johannes Kappen, M Consult GmbH, Gesellschaft für Papier-, Umwelt- und Energietechnik, Eching/Haselfurt (Kapitel 15)

Prof. Dr. Stephan Kleemann, Seeshaupt (Kapitel 9)

M. eng. Imanuel Kriesten, Mercer Pulp Sales GmbH, Berlin (Kapitel 4)

Prof. Dr.-Ing. em. Hans-Joachim Naujock, Haag an der Amper (Kapitel 7, 10, 11, 16)

Dr. rer. nat. Hans-Jürgen Öller, Dr. Öller Umweltberatung, München (Kapitel 15)

Dipl.-Ing. Irene Pollex† (Kapitel 16)

Dipl.-Ing. (FH) Daniela Pracht, Stadtwerke München (Kapitel 17)

Dipl.-Ing. (FH) Franka Rochner, Großweitzschen (Kapitel 16)

Dr.-Ing. Reinhard Sangl, Ostbayerische Technische Hochschule Regensburg (Kapitel 13)

Dr.-Ing. Peter Svenka, Andritz Küsters GmbH Krefeld (Kapitel 12)

Dr. Renke Wilken, Gröbenzell (Kapitel 14)

Prof. Dr. Helga Zollner-Croll, Hochschule München (Kapitel 8)

Jürgen Blechschmidt
Sabine Heinemann
Hans-Joachim Naujock

Taschenbuch der Papiertechnik

4., aktualisierte Auflage

HANSER

MIX
Papier | Fördert gute Waldnutzung
FSC® C016368

Print-ISBN: 978-3-446-48346-0
E-Book-ISBN: 978-3-446-48462-7

Bibliografische Information der Deutschen Nationalbibliothek:
Die Deutsche Nationalbibliothek verzeichnet diese Publikation in der Deutschen Nationalbibliografie; detaillierte bibliografische Daten sind im Internet unter http://dnb.d-nb.de abrufbar.

Vilshofener Straße 10 | 81679 München | info@hanser.de
www.hanser-fachbuch.de
Lektorat: Dipl.-Ing. Natalia Silakova-Herzberg
Herstellung: le-tex publishing services GmbH, Leipzig
Coverkonzept: Marc Müller-Bremer, www.rebranding.de, München
Covergestaltung: Max Kostopoulos
Titelmotiv: © J.M. Voith SE & Co. KG, mit freundlicher Genehmigung des Unternehmens
Satz: Eberl & Koesel Studio, Kempten
Druck: Elanders Waiblingen GmbH, Waiblingen
Printed in Germany

Vorwort

Die Erfindung des Papiers in China wurde im Jahre 105 zuverlässig dokumentiert. Seine wichtigste Funktion war lange Zeit die des Informationsträgers. Heute kommen weitere hinzu wie die der umweltfreundlichen Verpackung und des universellen Werkstoffs. In den vergangenen rund 1900 Jahren hat die Erzeugung von Papier eine rasante Entwicklung genommen. Im Jahr 2023 wurden weltweit 409 Millionen Tonnen Papier hergestellt. Wir empfinden es als selbstverständlich, dass gewünschte Papierqualitäten stets in ausreichender Menge zu erschwinglichen Preisen verfügbar sind. Papier fällt in der gesellschaftlichen Wahrnehmung also nicht durch sein Vorhandensein, sondern erst durch sein Fehlen auf.

Der Prokopfverbrauch an Papier, Karton und Pappe beträgt in Deutschland 176 kg (2023). Moderne Papiermaschinen produzieren mit Geschwindigkeiten von über 2000 m/min bei einer Arbeitsbreite von 10 m und darüber.

Holz ist der wichtigste Rohstoff zur Papiererzeugung. Entgegen oft gemachter Aussagen werden für den Bedarf der Papierindustrie keine Urwälder gerodet. Die Verwendung von Durchforstungsholz aus der Waldpflege und von Sägewerksabfällen steht stattdessen für einen umweltbewussten Rohstoffeinsatz. Der Prozess der Verarbeitung des Holzes und zunehmend auch der Nichtholzpflanzen zu den Primärfaserstoffen Zellstoff und Holzstoff ist ein Ausgangspunkt der Halbstoffbereitstellung. Diese werden nach Gebrauch zu Sekundärrohstoff, zu Altpapier, das mit 72 % (2024) den mengenmäßig größten Anteil an den Faserstoffen für die Herstellung von neuem Papier in Deutschland hat.

Die Faserstoffe werden für die Herstellung des Papiers auf der Papiermaschine unter Zusatz von Additiven entsprechend der zu erzeugenden Papiersorte zu Ganzstoff aufbereitet. Moderne Papiermaschinen führen über die Prozessstufen Blattbildung, Pressen und Trocknung zum fertigen Papier. Die Qualität der Papieroberfläche kann durch Streichvorgänge und Glättung ein- oder beidseitig verbessert werden. In der Ausrüstung erfährt das Papier die endgültige Fertigstellung zur Auslieferung als Rollen- oder Formatware. Das Taschenbuch befasst sich mit diesen Vorgängen und behandelt abschließend die moderne Prozess- und Qualitätskontrolle. Die Papierverarbeitung ist entsprechend ihrer Relevanz für die Wertschöpfung als besonderer Abschnitt aufgenommen.

Das Taschenbuch versteht sich als Kompendium der komplexen Problematik der Papiertechnologie und versucht, den neuesten Stand der Technik unter Nutzung von umfangreichem Bildmaterial und Tabellen wiederzugeben. Die erste Auflage wurde im Jahre 2010 von Prof. Dr.-Ing. habil. Jürgen Blechschmidt herausgegeben. Das Buch wurde vor allem an den Universitäten und Hochschulen im deutschsprachigen Raum sowie an Berufsbildungseinrichtungen wie dem Papierzentrum Gernsbach als Standardwerk eingeführt und findet auch international Beachtung. In der zweiten, aktualisierten Auflage von 2013 wurde der Unterabschnitt *Energienutzung* zu einem eigenständigen Abschnitt *Energieeinsatz bei der Papiererzeugung* erweitert. In die dritte Auflage von 2021 wurde der Abschnitt *Biogene Faserstoffe* neu aufgenommen. In der nunmehr vierten Auflage fand in allen wesentlichen Abschnitten eine Anpassung an die aktuelle technische Entwicklung statt.

Zur Abbildung der Breite des Fachgebiets und der Gewährleistung der erforderlichen Kompetenz konnten ausgewiesene Fachexpertinnen und -experten aus dem In- und Ausland als Autorinnen und Autoren gewonnen werden, ohne deren aktives Mitwirken das Entstehen dieses Werkes nicht möglich gewesen wäre. Ihnen sei für ihr aktives Mitwirken recht herzlich gedankt.

Als Leser möchten wir alle am komplexen Prozess der Fertigung des Kulturgutes Papier Interessierten, vorwiegend natürlich das technisch-technologische Personal von Papier erzeugenden und verarbeitenden Betrieben sowie Lehrende, Forschende und Lernende an Universitäten, Fachhochschulen, Ingenieurschulen, Papiertechniker-Ausbildungszentren und an Forschungsinstituten gewinnen.

Dresden und Haag an der Amper im Juni 2026

Die Herausgeber

Inhalt

1 Einführung – historischer Abriss

Von Jürgen Blechschmidt und Sabine Heinemann

Die Geschichte der Zivilisation ist auch die Geschichte von Papier, die auf Papier festgehalten wurde.

Die Papierherstellung selbst hat eine lange Tradition. Nach seiner Erfindung vor über 2000 Jahren diente Papier über viele Jahrhunderte hinweg ausschließlich zum Beschreiben und Bedrucken sowie als Kommunikationsmittel zur Verbreitung von Wissen und Nachrichten. Die Bedeutung des Papiers als Informationsträger ist auch heute noch vorhanden, wenn auch mengenmäßig rückläufig. Die Verbreitung von Informationen über elektronische Medien hat den Anteil an der Erzeugungsmenge der grafischen Papiere in Deutschland auf knapp 21 % (2024) schrumpfen lassen. Dafür ist – nicht zuletzt auch durch die Intensivierung des Internethandels – der Anteil von Verpackungspapieren im selben Zeitraum auf knapp 68 % gestiegen. Etwa 7 % entfallen auf Hygienepapiere, etwa 8,5 % auf sogenannte Technische und Spezialpapiere [1.1]. Bis zur Einführung der digitalen Medien ließ sich der Zivilisationsgrad einer Kultur auch am Papierverbrauch messen [1.2][1.3].

Die nachfolgenden Ausführungen vermitteln in ausgewählten Jahreszahlen einen Überblick über die geschichtliche Entwicklung und Bedeutung des Papiers, basierend auf unterschiedlichen Literaturquellen [1.4][1.5][1.6][1.7][1.8][1.9][1.10]. Jahresangaben vor dem Beginn der heutigen Zeitrechnung sind mit v. u. Z. gekennzeichnet, Jahresangaben unserer Zeitrechnung zur besseren Unterscheidung gelegentlich mit u. Z. Bei Jahresangaben ohne besondere Kennzeichnung handelt es sich immer um Zeiten unserer Zeitrechnung.

1.1 Älteste Beschreibstoffe

Mit der für die Menschheit entscheidenden Entwicklung der Schrift entstand der Bedarf nach Beschreibstoffen. Durch die anfängliche Verwendung von Stein, Holz, Wachstafeln, Rinde, Blättern usw. war die Verbreitung der Schrift nur in geringem Umfang möglich. Es musste ein Beschreibstoff gefunden werden, der leicht transportierbar war und in beliebiger Menge zur Verfügung stand.

20 000 bis 10 000 v. u. Z.	Älteste Felszeichnungen in Europa (Südschweden). Petroglyphen (eingemeißelt) und Petrogramme (gemalt) sind Vorstufen der Schrift. Als Beschreibstoff diente die rohe, unbearbeitete Felswand.
12 000 bis 8000 v. u. Z.	Mit buchstabenähnlichen Zeichen in roter und schwarzer Farbe bemalte Kieselsteine (Durchmesser < 9 cm), beispielsweise in der Höhle von Mas d'Azil in Südfrankreich, nahe der spanischen Grenze
4. Jahrtausend v. u. Z.	Keilschrift in Mesopotamien, als Beschreibstoff dienen Tontafeln
um 3200 v. u. Z.	Bilderschrift (Hieroglyphen) in Ägypten
um 3000 v. u. Z.	parallele Existenz mehrerer Beschreibstoffe: Pergament (Beschreibstoff aus Häuten von Kälbern, Ziegen, Eseln usw. mit begrenzter Herstellungsmenge und bis ins 13. Jh. u. Z. benutzt), und Papyrus (Beschreibstoff aus der Papyrusstaude, gefertigt aus in dünne Streifen geschnittenen Stängeln der Pflanze, übereinander gelegt und durch Schlagen aneinander gefügt, mit der nächsten Schicht rechtwinklig zur vorhergehenden angeordnet, unter Verwendung des Safts der Papyruspflanze als Bindemittel und bis 936 u. Z. in Ägypten für Urkunden benutzt).
1300 bis 1100 v. u. Z.	Semitische Lautschrift in Syrien und Einzellautschrift bei Phöniziern mit Tontafeln als Beschreibstoff
um 11. Jh. v. u. Z.	Phönizische Schrift als Ausgangspunkt für die Entwicklung aller Buchstabenschriften. Aus der phönizischen Schrift ist das griechische Alphabet hervorgegangen, aus diesem das lateinische und aus beiden wiederum weitere Schriftarten.
310 v. u. Z.	Älteste, auf Papyrus geschriebene Urkunde (ein Ehevertrag, gefunden in Oberägypten)
253 v. u. Z.	Erste Normen für Papyrus

150 v. u. Z. Älteste erhaltene Bibeltexte, verfasst zwischen 150 v. u. Z. und 70 u. Z., geschrieben auf Rollen aus Papyrus und Pergament, im Jüdischen Krieg (66 bis 73 u. Z.) aus Jerusalem ausgelagert und von 1947 bis 1956 u. a. in den Qumran-Höhlen (Westjordanland) gefunden

44 v. u. Z. Ermordung Gaius Iulius Caesars nicht mit dem Dolch, sondern mit spitzen Schreibgriffeln, wie man sie zum Schreiben auf Wachstafeln benutzte.

1.2 Erfindung des Papiers

105 „Erfindung“ des Papiers in China als Beschreibstoff aus pflanzlichen Fasern

Offiziell wird die Erfindung dem Minister *Tsai Lun* zugesprochen, der 105 dem Kaiser Ho-ti der Han-Dynastie über das Aufschließen von Pflanzenfasern und Geweberesten durch Zerstampfen in Steinmörsern und über das Schöpfen und Verfilzen der Fasern mittels eines siebartigen Formrahmens aus Bambus berichtete (Bild 1.1). Im Jahr 114 wird *Tsai Lun* von der Kaiserin mit dem Titel „Marquis von tong-Tong“ geehrt.

Die eigentliche Erfindung fand wahrscheinlich bereits zwischen 21 v. u. Z. und 71 u. Z. statt. Nach *Weiß* [1.4] wurde zunächst die Eingießtechnik verwendet (auf ein bewegtes Sieb wurde der Stoff gegossen), erst zwischen 300 und 600 kam die Schöpftechnik zur Anwendung. Die Arbeitsschritte Eingießen bzw. Schöpfen, Pressen und Trocknen bilden bis heute die verfahrenstechnischen Grundlagen der modernen Papiererzeugung.

Bild 1.1
Schöpfen von Papier im alten China

um 125	Älteste Handschrift des Neuen Testaments auf Papyrus geschrieben
312	Zusatz von Leimstoffen (Stärke) im Papier in China
363	Erste Zeitung auf Papier: „Pekinger Zeitung“
610	Einwanderung von Koreanern und Chinesen nach Japan als buddhistische Priester. Sie bringen auch das Prinzip der Papierherstellung und die chinesische Schrift nach Japan.
ab 618	Lieferung von sogenanntem „Koreanischem Papier“ aus Seidenraupenkokons an den kaiserlichen Hof in China als Tribut aus Korea
7. Jh.	Papierherstellung in Tibet, Papiergeld in China
751	Papierherstellung in Samarkand Die Kunde des Papiermachens kommt über chinesische Kriegsgefangene der Schlacht von Samarkand (Turkmenien) zu den Arabern. Seit dieser Zeit sind Hadern für über 1000 Jahre der einzige Rohstoff für Papier. Über Arabien kommt das Papier nach Europa.
969	Spielkarten aus Papier in China nachgewiesen
10. Jh.	Papierherstellung in Ägypten
1102	König Roger von Sizilien verleiht einer alten Papiermacherfamilie ein Privileg zur Errichtung einer Papierwerkstatt. Diese, noch auf arabischem Papier geschriebene Urkunde ist die älteste europäische Papierurkunde und zugleich das erste Papiermacher-Privilegium in Europa.
1173	Luftpostpapier für die Brieftaubenpost zwischen Bagdad und Kairo
1144	Papierherstellung in Spanien (Xativa bei Valencia)
um 1200	Nutzung von Papier als Beschreibstoff im Tartarenreich Ein ägyptischer Arzt entrüstet sich, dass Beduinen die alten ägyptischen Gräber ausplündern, um die Leinwandbinden der Mumien als Hadernrohstoff an Papiermacher zu verkaufen.
1218	Kaiser Friedrich II. schreibt in Süditalien den ersten „Brief“ im Heiligen Römischen Reich Deutscher Nation.
1221	Kaiser Friedrich II. befielt, alle öffentlichen Urkunden auf Pergament umzuschreiben, da die Qualität des „Baumwollpapiers“ schlecht sei.
1246	Ein Registerbuch des Passauer Domdechanten Beheim, geschrieben auf italienischem Papier, gilt als älteste erhaltene Papierhandschrift in Deutschland

1260 Papiergeld in Japan

1268 Papierherstellung in Italien (Fabriano)

1282 Ältestes Wasserzeichen im Raum Bologna nachgewiesen (ein griechisches Kreuz) (Bild 1.2). Das Wasserzeichen ist eine europäische Erfindung zum Zwecke der Signierung, wofür ein starres Drahtsieb benötigt wird, das man nur in Europa benutzt.

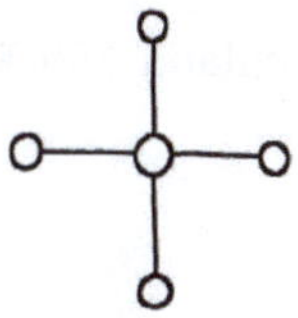

Bild 1.2
Ältestes nachgewiesenes Wasserzeichen [1.11]

1302 Der Fehdebrief von Johann von Beuren an die Stadt Aachen gehört zu den ältesten Papierdokumenten in Deutschland.

1326 Papierherstellung in Frankreich (bei Ambert, Auvergne), heute noch in Betrieb als Papiermühle Richard de Bas

1390 Papierherstellung in Deutschland. *Ulman Stromer* errichtet in Nürnberg die erste Papiermühle, die Gleismühle, auch als Gleismühl bekannt (Bild 1.3).

Bild 1.3
Gleismühle von *Ulman Stromer* an der Pegnitz vor den Toren Nürnbergs 1390 [1.12]

1391 Erstes Toilettenpapier in China

ab 1435 Erfindung des Buchdrucks mit beweglichen Metalllettern und Handpresse durch *Johannes Gensfleisch zur Laden zum Gutenberg* in Mainz (siehe auch Abschnitt 1.3)

1457 Erstes in drei Farben gedrucktes Buch, das Psalterium Moguntinum (Mainzer Psalter) von *Peter Schöffer* und *Johannes Fust* in Mainz.

1470 Papierherstellung in Österreich (St. Pölten)

1515 Nach Einführung des Buchdrucks erste Normierung des Papierformats, das sog. Folio-Format (von lat. Folia, das Blatt) mit den Abmessungen 210 mm × 330 mm.

1573 Papierherstellung in Schweden (Klippan bei Helsingborg)

1575 Papierherstellung in Russland (Moskau)

1590 Ende des 16. Jahrhunderts gibt es in Deutschland 190 Papiermühlen (Bild 1.4)

Bild 1.4
Mittelalterliche Papiermacherwerkstatt mit den drei grundlegenden Arbeitsgängen Schöpfen, Gautschen, Legen (nach einem kolorierten Holzschnitt von *E. A. Endter* [1.13])

1666 Um den Papiermachern den Rohstoff zu sichern, ergeht in England ein Dekret, das die Verwendung von Leinen und Baumwolle zur Totenbestattung untersagt (nur Wolle darf verwendet werden). Dadurch konnten 200 000 Pfund Leinen und Baumwolle als Rohstoff für die Papierherstellung gewonnen werden.

1667 Papierherstellung in Finnland (Tomasböle/Tammisaari)

1690 Papierherstellung in Nordamerika (Papiermühle bei Germantown/Pennsylvania, errichtet von *W. Rittenhouse*)

1.3 Steigender Papierbedarf durch spezielle Erfindungen

1435 bis 1440 Erfindung des Buchdrucks mit beweglichen Lettern durch *Johannes Gensfleisch zur Laden zum Gutenberg* (bekannt als *Johannes Gutenberg*). Die Erfindung beinhaltet eine Gießeinrichtung für die Herstellung der beweglichen Metalllettern, die Rezeptur der Druckfarbe aus Leinölfirnis und Ruß sowie eine Tiegelpresse.

1455 Druck von 185 Luther-Bibeln in Erstauflage, davon 35 auf Pergament und 150 auf Papier. Für die 35 Bibeln auf Pergament mussten 8000 Kälber geschlachtet werden. Das Papier wurde aus Lumpen geschöpft und mit einer Oberflächenleimung aus Knochen und Lederabfällen versehen. Eine Pergament-Bibel kostete 50 Goldgulden, eine Papier-Bibel 40 Goldgulden. Für diesen Preis konnte zur betreffenden Zeit ein einfaches Handwerkerhaus erworben werden [1.14].

1670 Erfindung des sogenannten Holländers, einer mit einer Walze ausgestatteten Maschine zur Faserstoffaufbereitung, die das bisher ausschließlich für diesen Zweck genutzte Stampfwerk schrittweise ablösen sollte (Bild 1.5).

Bild 1.5 Holländer mit gemauertem Trog um 1890 [1.15]

1765 Zunehmender Rohstoffmangel veranlasste u. a. den Regensburger Pfarrer, Naturforscher, Techniker und Erfinder *Jacob Christian Schäffer*, nach alternativen Faserstoffen zu suchen. Seine Versuchsergebnisse publizierte er in der mehrbändigen Schrift „Versuche und Muster, ohne alle Lumpen oder doch mit einem geringen Zusatz derselben Papier zu machen“ [1.16] [1.17].

1774 Erfindung des Deinking-Verfahrens durch *Justus Claproth* und Publikation in der Druckschrift „Eine Erfindung, aus bedrucktem Papier wiederum ein neues Papier zu machen, und die Druckfarbe völlig herauszuwaschen"

Entdeckung des elementaren Chlors durch *Karl Wilhelm Scheele*

1785 Anwendung des Chlors als Bleichmittel durch *Claude Louis Berthollet*

1797 Entwicklung der Lithographie durch *Alois Senefelder*

1.4 Schnell steigende Produktivität der neuen Papiermaschinen

1799 Erfindung und Patentierung der ersten Papiermaschine von *Nicholas-Louis Robert* (Bild 1.6), eigentlich eine Mechanisierung des Handschöpfens, wodurch eine endlose, gegautschte Papierbahn über einem umlaufenden Sieb erzeugt werden konnte.

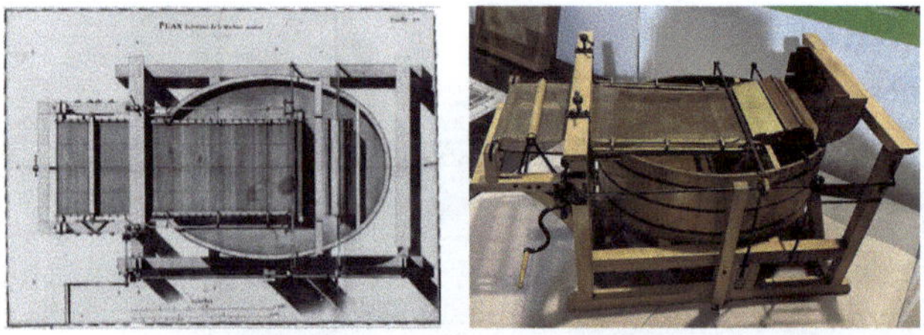

Bild 1.6 Links: Plan der Papiermaschine von *Nicolas-Louis Robert* [1.18], rechts: originalgetreuer Nachbau dieser Papiermaschine [I.19]

Die Brüder *Henry und Sealy Fourdrinier* in England waren später Patentinhaber der Robert-Maschine, weshalb Langsieb-Papiermaschinen im angelsächsischen Sprachraum auch als Fourdrinier-Maschinen bezeichnet werden.

1803 bis 1823 Der englische Ingenieur *Brian Donkin* baut 38 Papiermaschinen nach Patenten Roberts und finanziert durch die *Gebrüder Fourdrinier* mit wesentlichen Weiterentwicklungen – mechanischer Antrieb anstelle des Handantriebs, Siebschüttelung, Deckelriemen, Gautsche und 2. Presse.

1805 Erfindung der Rundsieb-Papiermaschine durch *Joseph Bramah*

1806	Erfindung der Masseleimung von Papier mit Harzleim durch *Moritz Friedrich Illig*
1810/1811	Erfindung der Buchdruck-Schnellpresse und der Zylinderdruckmaschine durch *Johann Friedrich Gottlob Koenig*
1819	Erste Papiermaschine mit Trockenzylindern von *John Dickinson* und *Heinrich Christoph Adolph Keferstein*
1824	Bau der ersten Papiermaschine mit Glättzylinder und Deutscher Presse durch *Gustav Schäuffelen*
1827	Erste Selbstabnahme-Papiermaschine von *Jacob Oechelhäuser*
	Erfindung des Egoutteurs durch *Thomas John Marshall*
1829	Erfindung des Knotenfängers durch *Leopold Franke*
1830	Einführung der Registerwalzen in die Siebpartie
1831	Nutzung von Metallsieben durch *Gustav Schäuffelen*
1839	Entwicklung der Vier-Farben-Tapetendruckmaschine durch *Charles Harold Potter*
ab 1876	Spezialisierung des Papiermaschinenbaus sortenbezogen

1.5 Entwicklung der Rohstoffe

Als Rohstoff für die Papiererzeugung wurden bis zur Mitte des 19. Jahrhunderts in Europa Lumpen und Hadern eingesetzt. Durch den mit der steigenden Produktivität der Papiermaschinen wachsenden Bedarf an Rohstoffen entstand eine Rohstoffknappheit, die zu bedeutenden Erfindungen und Entwicklungen der Faserstoff-Erzeugung führte.

1843 Erfindung des Holzschliffs (Bild 1.7) durch *Friedrich Gottlob Keller* (Bild 1.8)

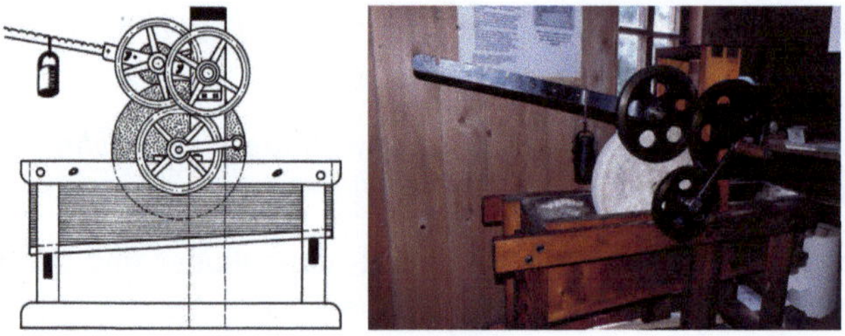

Bild 1.7 *F. G. Kellers* zweiter Schleifapparat (links) und sein Modell (rechts), nachgebaut von *G. Englick*, heute im Museum der Neumann-Mühle im Kirnitzschtal, Sächsische Schweiz

Bild 1.8
Friedrich Gottlob Keller (1816 – 1895)

1844 Parallele Erfindung des Holzschliffs in Kanada durch *Charles Fenerty* (ca. 1820 – 1892), in der deutschsprachigen Fachliteratur und in Lexika bis auf wenige Ausnahmen nicht erwähnt [1.20][1.21][1.22]

1851 Erstmalige Herstellung von Natronzellstoff durch die Chemiker *Hugh Burgess* und *Charles Watt*

1863 bis 1876 Erfindung des Sulfit-Zellstoff-Verfahrens durch *Benjamin Chew Tilghman, Carl Daniel Ekman* und *Alexander Mitscherlich*

1867 Erfindung des Braunschliffs durch *Moritz Behrend*

1871 Erfindung des Natron-Zellstoff-Verfahrens durch *Max Dresel*

1884 Erfindung des Sulfatzellstoffs durch *Carl F. Dahl*

1.6 Entwicklung der Papiertechnologie seit Einführung neuer Faserrohstoffe bis zur Jahrtausendwende

1850	Erfindung der Kegelstoffmühle (Jordanmühle) durch den Amerikaner *Joseph Jordan*
1859	Entwicklung des Raffineurs durch *Johann Matthäus Voith*, der die Produktion von Holzschliff mit einem Schleifer großtechnisch durchsetzt
1860	Erfindung des Mehrwalzenkalanders Erste Tiefdruckmaschine für das Bedrucken von Papier von *Auguste Godchaux*
1871	Gebrauch von Toilettenpapier von der Rolle in den USA
1873/1874	Erfindung der Rollenschneidmaschine durch *K. Th. Bischof*
um 1879	In Deutschland gibt es etwa 340 Holzschleifereien
1889	Erste Holzentrindungstrommel konstruiert von *E. Morbernd* Erfindung des Lochkartensystems durch *Hermann Hollerith*
1904	Erfindung des Offset-Druckverfahrens durch *Ira William Rubel* und *Caspar Hermann*
1906	Erste Milchtüte aus Papier in den USA
1908	Erfindung der Saugwalze durch *William Hulse Millspaugh* Der Papiersack erscheint auf dem Markt. Errichtung eines Denkmals zu Ehren des Erfinders des Holzschliffs *F. G. Keller* in Hainichen/Sachsen
1910	Erfindung des Tiefdruckverfahrens Erste Steilkegelmühle und erster Magazinschleifer von Voith
1916	Patent auf einen automatischen Stoffdichte-Regler von Trimbey Erster Hochdruckstoffauflauf der Fa. J. M. Voith
1919	Erster Mehrmotorenantrieb für Papiermaschinen durch Westinghouse Electric Der Friedensvertrag von Versailles wird auf Pergament geschrieben.
um 1920	Als Zellstoff-Bleichmittel werden Hypochlorit und zum Färben von Papierstoff künstliche organische Farbstoffe eingesetzt.

1921	Erster Stetigschleifer der Welt von Voith Beginn der Chlordioxid-Bleiche von Zellstoff
1923	Druckerei Giesecke & Devrient entwickelt ein besonderes Geldschein-Papier mit dünnen, schmalen Papierstreifen, die mit einem nur mit Lupe lesbaren Text versehen sind. Während der Inflation in Deutschland produzieren 12 Papiermaschinen Papier für Papiergeld.
1925	Altpapier-Einsatzquote in Deutschland 10 % Erfindung der Holländer-Mahlwaage
1926	Erster Zwillingsschleifer von der MIAG
1930	Europas breiteste Papiermaschine (595 cm) arbeitet in der russischen Fabrik Balachna
1931	Patentanmeldung für das Refiner-Verfahren zur Holzstofferzeugung durch *A. Asplund*
1932	Entwicklung der Grewin-Ausschuss-Auflösung an der Papiermaschine Der Weltpostvertrag wird auf Gazellenleder geschrieben.
1935	Entwicklung eines Verfahrens zum Streichen von Papier in der Papiermaschine durch *Massey*
1937	Erster Pumpenhochdruck-Stoffauflauf von Voith Erfindung der Vakuum-Bahnabnahme (Pick-up) in der Fa. Millspaugh Ltd.
1939	Einführung des Stofflösers (Pulpers) in den USA
1941	Erster Superkalander mit 20 Walzen von der Fa. Eck-Haubold
1945	Im Potsdamer Abkommen wird der Pro-Kopf-Verbrauch an Papier für das deutsche Volk auf 7 kg festgelegt. Einsatz von gebogenen Breitstreckwalzen durch Mount Hope
1947	Erste Wegwerfwindel aus Zellstoffwatte in Schweden
1948	Erste Magnesiumbisulfit-Anlage mit Chemikalien-Rückgewinnung in den USA
1950	Erstmals Verwendung von Glasfasern bei der Herstellung papierner Flächengebilde in den USA Einsatz von Nadelfilzen anstelle konventioneller Webfilze
nach 1956	Entwicklung der Inverform- und Twinverform-Siebpartien an Papiermaschinen

1957	Entwicklung des Fabric-Siebes in Schweden Erste RMP-Holzstoffanlage in Schweden
1959	Erste Produktion von Papier aus 100 % Synthese-Fasern in Deutschland Erste Sortierquerschneider, der von der Rolle arbeitet, in Kanada
1960	Erstmaliger Einsatz einer schwimmenden Walze (S-Walze), einer Durchbiegungsausgleichwalze, in einer Papiermaschine von Küsters/Krefeld Beginn der Entwicklung von Prozessleitsystemen für die Zellstoff- und Papierindustrie Zweistufige Deinking-Flotationsanlage von Voith
ab 1960	Ablösung des Holländers durch Kegelstoffmühlen (Refiner) Entwicklung der Refiner-Holzstoffe RMP, TMP, CTMP
1964	Einsatz der ersten Entstipper Erste Versuche zum Schleifen unter Überdruck (PGW) durch *F. G. Powell*, *F. Luhde* und *K. C. Logan* [1.23]
1965	Einsatz von schwimmenden Walzen (S-Walzen) in Glättwerken
ab 1966	Entwicklungsbeginn von Doppelsieb-Partien bei der Papiererzeugung
1968	Erster Duo-Former der Fa. J. M. Voith
1969	Historische Neumann-Mühle zur Holzschlifferzeugung in der Sächsischen Schweiz wird technisches Kultur-Denkmal
1972	Nutzung von Glättschaber-Streichanlagen
1977	Pilotanlage zur Erzeugung von Druck-Holzstoff PGW in Schweden
1979	Erste industrielle Druckschleifer der Fa. Tampella/Finnland
ab 1980	Entwicklung der chlorfreien Bleiche
ab 1990	In Deutschland Bleiche von ECF-Zellstoff mit Chlordioxid und TCF-Zellstoff mit Sauerstoff bzw. Sauerstoff-Verbindungen

Literatur

[1.1] Die Papierindustrie – Paper & Facts. Figures 2024. Die Papierindustrie e. V., Zugriff (Download) am 26. 3. 2025

[1.2] *Hoppe, J.; Baumgarten, H. L.*: Die Zukunft des Papiers im elektronischen Zeitalter: Papier auf dem Weg in sein 3. Jahrtausend. Teil 1. Wochenblatt für Papierfabrikation 125 (1997) 18, 860 – 871

[1.3] *Hoppe, J.; Baumgarten, H. L.*: Die Zukunft des Papiers im elektronischen Zeitalter: Papier auf dem Weg in sein 3. Jahrtausend. Teil 2. Wochenblatt für Papierfabrikation 125 (1997) 19, 918 – 927

[1.4] *Weiß, W.*: Zeittafel zur Papiergeschichte. Leipzig: Fachbuchverlag, 1983

[1.5] Papierherstellung in den vergangenen 150 Jahren. Ausgangsbedingungen und Faserstoffe. Wochenblatt Papierfabrikation 150 (2022) 11, 30 – 37

[1.6] Papierherstellung in den vergangenen 150 Jahren. Papiererzeugung, Papierprüfung und Ausblick. Wochenblatt Papierfabrikation 150 (2022) 11, 38 – 44

[1.7] *Blechschmidt, J.*: Überblick zur Geschichte des Papiers in ausgewählten Zahlen. Wochenblatt für Papierfabrikation 134 (2006) 10, 569 – 571

[1.8] *Blechschmidt, J.*: Überblick zur Geschichte des Papiers in ausgewählten Zahlen (Teil II). Wochenblatt für Papierfabrikation 136 (2008) 20, 1212 – 1213

[1.9] *Klipphan, H.*: Technikgeschichte (Druck- und Vorstufenbereich), in: *Klipphan, H.* (Hrsg.): Handbuch der Printmedien, Berlin, Heidelberg, New York: Springer Verlag, 2000, Abschnitt 13.1.1, 1069 – 1088

[1.10] Taschenbuch Papiertechnologe. Leinfelden-Echterdingen: Haefner-Verlag GmbH, 2007

[1.11] *Kluge, M.*: Wasserzeichen: Erfassen – Verstehen – Deuten. Teil II: Ein historischer Abriss über die Wasserzeichen. Schweizer Papierhistoriker, sph-Kontakte Nr. 105, Juli 2018, 8 – 13 *https://www.papierhistoriker.ch/allgemein/wasserzeichen-teil-ii-historischer-abriss/*, abgerufen am 2. 4. 2025

[1.12] Ausschnitt aus *Schedel, H.*: Weltchronik 1493, Blatt C. Köln: Reprint im Taschen Verlag, 2001

[1.13] *Franzke, J.* (Hrsg.): Zauberstoff Papier – Sechs Jahrhunderte Papier in Deutschland. Begleitbuch zur gleichnamigen Ausstellung im Schloss Faber-Castell in Stein bei Nürnberg anlässlich des 600jährigen Jubiläums der Papierherstellung in Deutschland. 2. Auflage, S. 39. München: Hugenbubel, 1990

[1.14] *Pies, E.*: Löhne und Preise von 1300 bis 2000. Abhängigkeit und Entwicklung über 7 Jahrhunderte. Wuppertal: E. & U. Brockhaus Verlag, 7. Auflage, 2014

[1.15] *Hofmann, C.*: Praktisches Handbuch der Papierfabrikation, Bd. 1. Berlin: Verlag der Papierzeitung, 1891, 130

[1.16] *Schaeffer, J. C.*: Versuche und Muster ohne all Lumpen oder doch mit einem geringen Zusatze derselben Papier zu machen. Erster Band. Regensburg 1765.

[1.17] *Schaeffer, J. C.*: Versuche und Muster ohne all Lumpen oder doch mit einem geringen Zusatze derselben Papier zu machen. Muster und Kupfertafeln. Zweyter Band. Regensburg 1765.

[1.18] *Robert, N.-L.*: Machine à faire le papier, d'une très grande étendue, franz. Patent erteilt am 18. 1. 1799

[1.19] Papiermaschine – Langsiebpapiermaschine. Wikipedia. *https://de.wikipedia.org/wiki/Papiermaschine*, abgerufen am 9. 4. 2025

[1.20] *Sandermann, W.*: Die Kulturgeschichte des Papiers, Berlin 1988

[1.21] *Burger, P.*: Charles Fenerty and his Paper Invention. PB Publishing Inc., Toronto 2007

[1.22] *Wolf, H.-J.*: Geschichte des Papiers. Historische Grundlagen, Portraits, Technologie. Ulm: Historia-Selbstverlag, 2012.

[1.23] *Powell, F. G.; Luhde, F.; Logan, K. C.*: Supergroundwood by Grinding. Pulp and Paper Magazine of Canada 66 (1965) 8, T399 – T406

2 Begriffe und Papiersorten

Von Jürgen Blechschmidt und Sabine Heinemann

2.1 Begriffe und Definitionen

Zur einheitlichen Anwendung sind unter Nutzung der aktuellen Normen DIN 6730 [2.1], ISO 4046 [2.2][2.3] und DIN 19303 [2.4] sowie weiterer Literaturquellen [2.5][2.6] [2.7][2.8][2.9][2.10] wichtige Begriffe der Papiertechnik zusammengefasst. Ausgewählte Begriffe zu Werkstoffen bzw. Papier-, Karton- und Pappesorten, die in den vorhergehenden Auflagen auch in diesem Abschnitt enthalten waren, sind jetzt ausschließlich in den Abschnitten 2.2 und 2.3 erläutert.

Abscheiden: Mechanisches Trennverfahren mit dem Ziel der weitestgehenden Trennung von Phasen (z. B. fest-flüssig). Im Falle einer Stoffsuspension bedeutet Abscheiden die Entfernung eines oder mehrerer Bestandteile aus einem Stoffgemisch.

Altpapier: Oberbegriff für papierne Flächengebilde (Papier, Karton und Pappe) und Produkte daraus, die außerhalb ihres Produktionsprozesses nach Verarbeitung und Gebrauch anfallen und für eine Wiederverwendung (Recycling) geeignet sind. Altpapier ist mengenmäßig der wichtigste Rohstoff der Papierindustrie.

Altpapierstoff: Faserstoff aus Altpapier für die Erzeugung von Papier (siehe dort, Abschnitt 2.2), Karton (siehe dort, Abschnitt 2.2) und Pappe (siehe dort, Abschnitt 2.2), der vor seiner Verwendung intensiven Reinigungsprozessen in der Stoffaufbereitung unterworfen wird. Altpapierstoff aus bedrucktem Papier, dem die Druckfarbe durch Deinking (siehe dort) entzogen wurde, nennt man Deinkingstoff.

Aufschlussverfahren: Oberbegriff für alle Verfahren zur Gewinnung von Faserstoffen aus Holz oder anderen nachwachsenden Rohstoffen unabhängig davon, ob die Faservereinzelung durch mechanische (**Holzstoff** (siehe dort)), chemische (**Zellstoff** (siehe dort)) oder chemisch-mechanische Prozesse (Halbzellstoff) verursacht wird.

Bahn: im Vergleich zum Blatt (siehe dort) endloses papiernes Flächengebilde während seiner Herstellung oder Verarbeitung.

Bahnbreite: Maß der Papierbahn quer zur Längsrichtung (Laufrichtung, Maschinenrichtung, siehe dort) am Ende der Fertigungsmaschine (beschnitten oder unbeschnitten).

Blade: Oberbegriff für alle starren Entwässerungselemente einer Papiermaschine sowie Schaber an Walzen, Trockenzylindern sowie in Streichmaschinen

Blatt: im Vergleich zur Bahn (siehe dort) formatiertes papiernes Flächengebilde (siehe dort) im ungefalzten Zustand, kleiner als Format (siehe dort) DIN A3. Einzelblätter im Format DIN A3 und größer werden üblicherweise als Bogen (siehe dort) bezeichnet.

Blattbildung: Summe der notwendigen Teilprozesse, die von der Faserstoffsuspension zum feuchten Blatt führen (im Zusammenhang mit kontinuierlichen Prozessen in der Papier- oder Kartonmaschine eigentlich richtiger Bahnbildung).

Blattformation: siehe Formation

Blattstruktur: dreidimensionale Anordnung der Fasern und Füllstoffe im Blatt.

Bleichen: Bezeichnung von Prozessen zur Entfernung oder chemischen Modifizierung färbender Bestandteile im Faserstoff unter Einwirkung von Chemikalien mit dem Ziel einer höheren Weiße und Reinheit des Faserstoffs.

Bogen: übliche Bezeichnung für ein einzelnes Blatt (siehe dort) im Format (siehe dort) DIN A3 und größer.

Chemie-Zellstoff: hochreiner, durch geeignete Behandlung reaktiver Zellstoff aus nahezu reiner Cellulose zur Herstellung von chemischen Derivaten (aus dem Englischen auch bekannt als Dissolving Pulp).

Decklage: äußere vorderseitige Faserstoffbahn bei mehrlagigen papiernen Flächengebilden (siehe auch Lage).

Deinking: Verfahren zur Entfernung von Druckfarben aus der Suspension zerfaserten Altpapiers. Deinking ist die wichtigste Verfahrensstufe bei der Aufbereitung bedruckter heller Altpapiere zur Weiterverarbeitung in grafischen Papieren (siehe dort, Abschnitt 2.2) und Hygienepapieren (siehe dort, Abschnitt 2.2).

Doppelsiebformer: Bahnbildungseinheit einer Papiermaschine mit einer Siebführung, bei der sich zwei Siebe gleichzeitig im Kontakt mit dem Faservlies über eine bestimmte Entwässerungsstrecke befinden. Doppelsiebformer sind ursprünglich als Hybrid-Former (siehe dort) konstruiert worden, als modernere Ausführung kommen Spalt-Former (siehe dort) zum Einsatz (auch als Gap-Former bekannt).

Durchsicht: Erscheinungsbild der Formation (siehe dort) gegen diffuses, durchfallendes Licht betrachtet.

einseitig glatt: Bezeichnung für den Zustand eines Papiers, dessen Oberflächenrelief nur auf einer Seite durch geeignete technische Einrichtungen wie z. B. Glättzylinder eingeebnet wird und deshalb auf einer Seite eine deutlich glattere Oberfläche aufweist als auf der anderen.

Faserguss: Herstellung von dreidimensionalen Faserformteilen (z. B. Eierverpackungen) mit hohem Aufwand für die Herstellung der Formwerkzeuge.

Faserorientierung: Ausrichtung der Fasern im papiernen Flächengebilde. Die Positionierung in einer Vorzugsrichtung (Anisotropie) wird von der Arbeitsweise der Papier-, Karton- bzw. Pappenmaschine bestimmt (siehe auch Längsrichtung).

Faserstoff: meist aus Pflanzenfasern gewonnene Stoffkomponenten in der Herstellung papierner Flächengebilde.

Faserstoffzusammensetzung: Art und Anteil der Faserstoffe, die im papiernen Flächengebilde verwendet werden, angegeben in Masse-% ofentrocken (siehe dort) (siehe auch Stoffeintrag).

flächenbezogene Masse: Masse eines Blatts, eines Bogens oder einer Bahn aus Papier, Karton oder Pappe, bezogen auf eine Fläche von einem Quadratmeter, angegeben in g/m^2. Die umgangssprachlich noch häufig verwendeten Begriffe *Grammatur* oder *Grammgewicht* sind weder normgerecht noch sachlich richtig und sollen deshalb nicht verwendet werden.

Format (Papierformat): Kennzahl für die Größe der Fläche eines Blattes oder Bogens. Nach DIN EN ISO 216 [2.11] ist das Grundformat (DIN A0) mit einer Fläche von $1\,m^2$ festgelegt (841 mm × 1189 mm). Mit aufsteigender Kennzahl (DIN A1 usw.) halbiert sich jeweils die Größe der Fläche bei gleichbleibendem Längenverhältnis der Seiten $1:\sqrt{2}$.

Formation (= Blattformation): nach ISO 4046 [2.3] räumliche Verteilung der Fasern im Papier als Ergebnis des Prozesses der Blattbildung (siehe dort). Die resultierenden kleinflächigen, stochastischen Masseschwankungen mit Wellenlängen bis 100 mm sind messbar und werden zur Quantifizierung der Formation herangezogen.

Formatpapier: Papier, das ab Werk auf die vorgegebenen Formate zugeschnitten ist, im Gegensatz zu Rollenpapier (siehe dort).

Former: Bahnbildungsvorrichtung, bei der streckenweise keine freie Gegenfläche gegen Luft zum Faservlies existiert (siehe Spalt-Former und Hybrid-Former).

Füllstoff: in der Regel weiße, aber auch farbige, feine, in Wasser unlösliche anorganische Stoffe mineralischer Herkunft oder als Ergebnis einer Fällungsreaktion entstandener Partikel zum Erzielen besonderer Eigenschaften, die dem Halbstoff während der Stoffaufbereitung zugegeben werden.

Ganzstoff (Papierstoff): in Wasser suspendiertes Stoffgemisch vor der Zuführung zur Papiermaschine (siehe auch Stoffeintrag).

Gap-Former: siehe Spalt-Former

gegautscht: Bezeichnung für ein papiernes Flächengebilde aus zwei oder mehreren vorgebildeten Faserstofflagen, die im feuchten Zustand ohne Verwendung von Klebstoff durch Druck verbunden wurden.

geleimt: Bezeichnung für ein papiernes Flächengebilde (siehe dort), dessen Wasseraufnahmevermögen durch Zusatz von Leim oder anderen Additiven verringert, also hydrophobisiert wurde (Gegensatz: ungeleimt (siehe dort)).

Grammatur = flächenbezogene Masse (siehe dort)

Gutstoff: umgangssprachlicher Begriff für den Teil eines in Wasser suspendierten Stoffgemischs, der in Trennprozessen (Klassieren und/oder Sortieren) akzeptiert wird (heute oft verwendeter englischer Begriff: Accept). Je nach Führung des Trennprozesses kann es sich dabei um einen Rückstand oder einen Durchgang handeln.

holzfrei: umgangssprachliche Charakterisierung für Papier, Karton oder Pappe mit einem maximalen Anteil an Holzstoff von 5 %. Die richtigere Bezeichnung wäre „holzstofffrei" (im vorliegenden Buch verwendet).

holzhaltig: umgangssprachliche Charakterisierung für Papier, Karton oder Pappe, dessen Faserstoffanteil zu mehr als 5 % aus Holzstoff besteht. Die richtigere Bezeichnung wäre „holzstoffhaltig" (im vorliegenden Buch verwendet).

Holzstoff (mechanical pulp): Oberbegriff für alle durch mechanische Zerfaserung von Holz gewonnenen Faserstoffe, unabhängig vom Zerfaserungsverfahren (aus dem Englischen oft *falsch übersetzt* als Mechanischer Zellstoff).

- **Stein-Holzschliff** (stone groundwood): durch mechanische Zerfaserung von Rundholz auf einem Schleiferstein gewonnener Faserstoff.
- **Refiner-Holzstoff** (refiner mechanical pulp): durch mechanische Zerfaserung von Hackschnitzeln in einem Refiner (Scheibenmühle) gewonnener Faserstoff.

Hybridformer: Siebpartie einer Papiermaschine aus der Familie der Doppelsiebformer (siehe dort) mit folgenden Kennzeichen:

- Siebanordnung beginnt mit einer Langsiebzone, der sich eine Doppelsiebzone anschließt,
- Faserstoffsuspension läuft wie beim konventionellen Langsieb (siehe dort) auf das Untersieb (siehe dort) auf,
- initiale Entwässerung erfolgt in der Langsiebzone nach einer Seite durch das Untersieb, in der Doppelsiebzone beginnt die Entwässerung nach beiden Seiten.

Imprägnieren: Ein- oder Aufbringen von Teilchen eines formlosen Stoffes auf bzw. in das Fasergefüge, ohne dass eine geschlossene Schicht entsteht (siehe auch imprägniertes Papier, Abschnitt 2.3.1)

Kalandrieren = **Satinieren** (siehe dort)

Klassieren: in der Verfahrenstechnik Trennen (siehe dort) eines dispersen Feststoffgemischs (Faserstoffs) in mindestens zwei Fraktionen, vorzugsweise nach den Kriterien Teilchengröße oder -form, wobei bei einer idealen Trennung die Untergrenze der einen Fraktion zugleich die Obergrenze der anderen Fraktion ist.

klebende Bestandteile: bei der Verarbeitung von Primär- und Sekundärfaserstoffen auftretende, im Sinne des Recyclings in der Regel unerwünschte, weil produktionsschädliche Bestandteile (siehe auch Stickies und Störstoff).

Lage (Faserstofflage): bei gegautschten oder gewickelten papiernen Flächengebilden Benennung für die einzelne Faserstoffbahn; die außenliegenden Lagen werden **Decklage** (siehe dort) bzw. **Rückenlage** genannt (vgl. auch Schicht).

Langsieb (eigentlich Langsiebmaschine): Papiermaschine mit einer horizontal ausgerichteten Siebpartie mit nur einem Sieb, der sogenannten Langsiebpartie (vergl. Schrägsieb).

Längsprofil: Verteilung einer Messgröße, vorzugsweise der flächenbezogenen Masse, in Längsrichtung (siehe dort) über die gesamte Länge der aufgerollten Bahn eines papiernen Flächengebildes; gilt als Indikator für die Gleichmäßigkeit der Stoffzuführung am Stoffauflauf, beeinflusst durch Stoffdichteschwankungen und/oder Druckpulsationen.

Längsrichtung: Richtung, in der die Bahnbildung auf der Papier- oder Kartonmaschine erfolgt, im Allgemeinen die bevorzugte Faserorientierungsrichtung im papiernen Flächengebilde. Als Synonyme sind die Begriffe **Laufrichtung** und **Maschinenrichtung** bekannt.

Laufrichtung: siehe Längsrichtung.

lufttrocken (lutro): Bezeichnung für den Zustand eines Faserstoffs (siehe dort) oder papiernen Flächengebildes (siehe dort), dessen Feuchtegehalt im thermodynamischen Gleichgewicht zum Feuchtegehalt der umgebenden Luft steht.

Mahlung: verfahrenstechnisch ein Zerkleinerungsprozess. Aufgabe der Mahlung von Papierfaserstoffen ist die Umformung der Fasern durch mechanische, thermische und teilweise chemische Einwirkung in Anwesenheit von Wasser mit der Zielsetzung, ihre Fähigkeit zur Ausbildung von bindungsaktiven Kontaktflächen und ihr Quellungsvermögen zu steigern (Steigerung der massespezifischen Oberfläche von Faserstoff). Die Zunahme der spezifischen Oberfläche geht immer mehr oder weniger stark mit einer Reduzierung der Faserlänge einher und bestimmt dadurch wichtige Papiereigenschaften wie statische und dynamische Festigkeit, Permeabilität oder optische Eigenschaften wie beispielsweise die Opazität.

maschinenglatt: Bezeichnung für den Zustand eines papiernen Flächengebildes nach Behandlung im Glättwerk am Ende der Papiermaschine, wobei beide Seiten des Papiers durch Einebnung des Oberflächenreliefs mit einer bestimmten Oberflächenstruktur (Glätte) versehen werden.

Maschinenrichtung: siehe Längsrichtung

Mutterrolle: am Ende einer Papier-, Karton- oder Tissuemaschine bis zum Durchmesser von 1...3,5 m aufgerollte Bahn, deren Breite der unbeschnittenen Arbeitsbreite der betreffenden Maschine entspricht (etwa 2...10 m). Sie ist Ausgangsmaterial für alle nachfolgenden Verarbeitungsprozesse und wird manchmal fälschlicherweise im allgemeinen Sprachgebrauch auch als Tambour (siehe dort) bezeichnet.

nassfest: Bezeichnung für ein Papier, das mit speziellen Additiven versehen wurde, um den Rückgang seiner Festigkeit im nassen Zustand zu verringern.

naturfarbig: in der Papier-, Karton- und Pappenherstellung Bezeichnung für die Farbe eines Erzeugnisses, die aus dem verwendeten Faserstoff ohne zusätzliche Verwendung von Farbstoffen oder optischen Aufhellern herrührt, also „naturbelassen" ist.

NSSC-Halbzellstoff: nach dem Neutralsulfit-Verfahren vorwiegend aus Laubhölzern hergestellter Halbzellstoff, Faserstoffausbeute 70...85 %. Die Bezeichnung stammt aus dem Englischen: **n**eutral **s**ulfite **s**emi **c**hemical.

Oberseite: in einer Langsiebpapiermaschine die oben befindliche, der Siebseite (siehe dort) entgegengesetzte Seite des Papiers oder Kartons.

Obersieb: Eins der beiden Siebe eines Doppelsiebformers (siehe dort), Bezeichnung geht historisch auf die Lage in einem Hybrid-Former (siehe dort) zurück (siehe auch Untersieb).

ofentrocken (otro): Bezeichnung für den Zustand eines Faserstoffs (siehe dort) oder papiernen Flächengebildes (siehe dort) direkt nach der Trocknung unter definierten Bedingungen.

papierne Flächengebilde: Oberbegriff für Papier, Karton und Pappe.

Papiermaschine: Maschine zur Herstellung einer endlosen Papierbahn aus Ganzstoff (Faserstoffsuspension pflanzlichen Ursprungs, vermischt mit Leim-, Füll- und Farbstoffen und gegebenenfalls weiteren Additiven) durch Wasserentzug.

Papierqualität: Beschaffenheit von Papier bezüglich seiner Eignung, die für bestimmte Anwendungsbereiche notwendigen Qualitätsanforderungen bzw. Eigenschaftskennwerte zu erfüllen.

Papierverarbeitungstechnik: Teildisziplin des ingenieurwissenschaftlichen Gesamtgebietes der Verarbeitungstechnik mit dem Werkstoff Papier, deren Aufgabe die Analyse, Synthese und industrielle Realisierung aller stoffformenden, form- und lageabhängigen Prozesse im Bereich der Stoffwirtschaft ist.

Pigmentieren: Oberflächenauftrag von pigmenthaltigen Präparationen mit geringem Feststoffanteil (< 10 %), zur Verbesserung der Qualität oberflächengeleimter Papiere oder als Vorstrich zur Optimierung des Streichens (siehe dort).

Querprofil: Kontinuierliche oder diskrete Verteilung einer Messgröße (z. B. einer physikalischen Eigenschaft) eines Papiers quer zur Längsrichtung (siehe dort) über die gesamte Bahnbreite.

Querrichtung: Richtung senkrecht zur Längsrichtung (siehe dort) der Bahn auf der Papier- oder Kartonmaschine.

Rejektstoff: Begriff für den Teil eines in Wasser suspendierten Stoffgemischs, der in Trennprozessen (Klassieren und/oder Sortieren) ausgesondert wird. Der heute häufiger verwendete, aus dem Englischen stammende Begriff ersetzt den umgangssprachlichen, verfahrenstechnisch ungenauen Begriff „Spuckstoff". Je nach Führung des Trennprozesses kann es sich dabei um einen Rückstand oder einen Durchgang handeln.

Rohpapier: Bezeichnung für jede Art von Papier, das als Halbfertigprodukt hergestellt wurde. Seine Eigenschaften werden in nachfolgenden Weiterverarbeitungsprozessen (Veredlung) dem jeweiligen Verwendungszweck angepasst.

Roll: Oberbegriff für alle rotierenden Entwässerungselemente einer Papiermaschine.

Rolle: aufgewickelte Bahn in Form eines Zylinders, mit oder ohne Wickelhülse oder Wickelkern (siehe auch Mutterrolle).

Rollenbreite: Maß einer Rolle in Querrichtung.

Rollenpapier: Papier, das von der Mutterrolle (manchmal fälschlicherweise Tambour genannt) in der Ausrüstung auf bestimmte Rollendurchmesser gewickelt und in Rollenschneidmaschinen auf bestimmte Rollenbreiten geschnitten wird, im Gegensatz zu Formatpapieren (siehe dort).

röscher Stoff: umgangssprachliche, verfahrenstechnisch nicht korrekte Bezeichnung für einen Faserstoff mit geringem Entwässerungswiderstand.

Rundsieb: Einrichtung zur Bahnbildung mithilfe eines auf einem Zylinder oder einem Expansionszylinder aufgebrachten Siebes. Für die Herstellung mehrlagiger Flächengebilde bei der Kartonherstellung kombiniert man mehrere Rundsiebe, deren einzelne Lagen miteinander vergautscht werden (siehe auch gegautscht). Für die Herstellung von Wertpapier wird u. U. nur ein einzelnes Rundsieb verwendet.

Rundsiebformer: Former (siehe dort) mit einem Rundsieb als Bahnbildungseinrichtung. Im Gegensatz zum Rundsieb (siehe dort) ist ein Teil des Rundsiebzylinders durch eine Oberlippe abgedeckt. Die Entwässerungszone ist vakuumbeaufschlagt (andere Bezeichnung: Saugformer).

Satinieren (= Kalandrieren): innerhalb und/oder außerhalb der Papiermaschine durch Druck, Wärme und Feuchte vorgenommene Verdichtung des Papiergefüges zum Erzielen von Glätte und/oder Transparenz.

Saugformer: siehe Rundsieb-Former

Schicht (Faserschicht): bei verklebten Papieren oder Pappen Benennung für die einzelnen Faserstoffbahnen; die außenliegenden Faserstoffbahnen werden Deckschicht genannt (vgl. auch Lage).

Siebpartie: Teil der Papiermaschine, in dem die Blattbildung (siehe dort) mit der initialen Entwässerung beginnt. Es existieren verschiedene Konstruktionsformen, wie Langsieb (siehe dort), Rundsieb (siehe dort) oder Former (siehe dort).

Siebmarkierung: Oberflächenrelief des papiernen Flächengebildes, das während der Herstellung durch Eindrücken der Maschen des Siebes in die nasse Bahn entsteht und durch das nachfolgende Pressen, Trocknen und ggf. Satinieren (siehe dort) wieder eingeebnet wird.

Siebseite: Seite eines Papiers, die während seiner Herstellung mit einem Entwässerungssieb in Berührung war.

schmieriger Stoff: umgangssprachliche, verfahrenstechnisch nicht korrekte Bezeichnung für einen Faserstoff mit hohem Entwässerungswiderstand.

Schrägsieb (eigentlich Schrägsiebmaschine): Papiermaschine mit geneigter Langsiebpartie, die beispielsweise zur Herstellung von Vliesstoffen oder Teebeutelpapieren zum Einsatz kommt.

Sortieren: in der Verfahrenstechnik mechanisches Trennen (siehe dort) nach einem physikalischen Merkmal, z. B. Teilchendichte oder Benetzbarkeit (vergleiche auch Klassieren).

Spaltformer: Bahnbildner aus der Familie der Doppelsiebformer mit folgenden Kennzeichen:

- Doppelsiebanordnung mit Entwässerung nach beiden Seiten,
- Faserstoffsuspension wird nach Verlassen des Stoffauflaufs als kompakter Strahl auf möglichst kurzem Weg direkt in den Spalt (Gap) zwischen Obersieb (siehe dort) und Untersieb (siehe dort) gespritzt.

Eine Benennung der Spaltformer erfolgt auch über die verwendeten Entwässerungselemente in der Reihenfolge der Anordnung vom Stoffauflauf her unter Verwendung von starren (Blade (siehe dort)) und rotierenden (Roll (siehe dort)) Entwässerungselementen. Beispiele dieser Benennung sind Roll-Blade-Former oder Blade-Roll-Former.

Spuckstoff: siehe Rejektstoff

Stickies: Bezeichnung für klebende Partikel, die aus dem Rohstoff Altpapier resultieren. Sie lassen sich folgendermaßen klassifizieren:

- *Klassifizierung nach Herkunft/Entstehung*:

  Primärstickies: werden mit dem Rohstoff eingetragen und kleben unter Prüfbedingungen.

  Sekundärstickies: entstehen durch chemisch-physikalische Einflüsse im Prozess und kleben unter Prüfbedingungen.

- *Klassifizierung physikalisch-chemisch* nach Abtrennbarkeit, Adhäsion/Klebrigkeit, Oberflächenenergiedichte und Größe. Trennkriterium ist in der Regel die Schlitzweite einer Laborsortierung. **Makrostickies** finden sich nach ihrer Abtrennung im Siebrückstand, **Mikrostickies** werden nach der Abtrennung im Durchlauf detektiert.

Stoffeintrag: Art und Anteil der faserigen und nichtfaserigen Bestandteile des Ganzstoffes (siehe dort), abgesehen vom Wasser.

Stoffzusammensetzung: Arten und Anteile der faserigen und nichtfaserigen Bestandteile im papiernen Flächengebilde (vgl. auch Faserstoffzusammensetzung).

Störstoff: Oberbegriff in der Chemie der Papiererzeugung ohne einheitliche Definition. Nach *Auhorn* [2.12] sind Störstoffe die Summe aller anionischen Oligomere und Polymere sowie nichtionischer Hydrokolloide, die nicht ausreichend an Fasern und Füllstoffen fixiert sind, deshalb in das Kreislaufwasser gelangen und sich ab einer bestimmten Konzentration negativ auf den Produktionsprozess auswirken. Im Falle des Altpapiereintrags werden auch produktionsschädliche Papiere, Pappen, Materialverbunde (z. B. gewachst, bituminiert, beschichtet) als Störstoffe betrachtet (siehe auch Stickies).

Streichen: spezifische technologische Verfahren zum Auftragen einer Schicht aus mineralischer Dispersion, Stärkelösung oder synthetischer Dispersion auf die Oberfläche einer oder beider Papierseiten, um sie vollständig zu bedecken mit dem Ziel, das Aussehen und die Bedruckbarkeit des Produkts zu verbessern oder zusätzliche Barriereeigenschaften bereitzustellen. Charakteristische Parameter für die Qualität nach der Beschichtung sind z. B. Helligkeit, Glanz und Opazität, Glätte, Oberflächenfestigkeit und Druckfarbenaufnahme. Die aufzutragende Schicht wird als **Streichmasse** bezeichnet oder auch Streichfarbe genannt.

Sulfatzellstoff: Zellstoff (siehe dort), der durch Aufschluss pflanzlicher Rohstoffe mit Natronlauge und Natriumsulfid erhalten wird. Die Bezeichnung geht auf das Natriumsulfat zurück, das während des laufenden Aufschlussprozesses zugeführt und zu Natriumsulfid reduziert wird.

Sulfitzellstoff: Oberbegriff für Zellstoff (siehe dort), der durch Aufschluss pflanzlicher Rohstoffe nach einem Sulfitverfahren erhalten wird. Zu den technisch interessanten und angewandten Prozessen zur Herstellung von Sulfitzellstoff gehören u. a. das saure Bisulfit-Verfahren, das Neutralsulfit-Verfahren oder das alkalische Sulfit-Verfahren.

Tambour: gezogenes, mit Hartgummi beschichtetes Stahlrohr als Wickelkern zum Aufrollen der Bahn am Ende der Papier- oder Kartonmaschine, manchmal fälschlicherweise als Bezeichnung für die Mutterrolle (siehe dort) verwendet.

Trennen: in der Verarbeitungstechnik teilweise oder vollständige Aufhebung des stofflichen Zusammenhalts des Verarbeitungsgutes an genau definierten Stellen (siehe im Vergleich dazu verfahrenstechnische Definitionen für Klassieren (siehe dort), Sortieren (siehe dort) und Abscheiden (siehe dort)).

Trockengehalt: Verhältnis der Masse einer Probe, die bei einer Temperatur von (105 ± 2) °C unter definierten Bedingungen bis zu einer konstanten Masse getrocknet wurde, zur Masse der Probe vor dem Trocknen. Der Trockengehalt wird üblicherweise als Massenanteil in Prozent angegeben.

ungeleimt: Bezeichnung für ein papiernes Flächengebilde (siehe dort), dessen natürliches Wasseraufnahmevermögen nicht durch den Zusatz von Leim oder anderen Additiven verringert wurde (Gegensatz: geleimt (siehe dort)).

Unterseite: siehe Siebseite.

Untersieb: Eins der beiden Siebe eines Doppelsiebformers (siehe dort), Bezeichnung geht historisch auf die Lage in einem Hybrid-Former (siehe dort) zurück (siehe auch Obersieb). Im Hybrid-Former ist das Untersieb dasjenige Bahnbildungssieb, das die Bahn zur Bahnabnahme führt.

Verpackung: Umhüllung eines Produktes. Sie wird aus Packmitteln und Packhilfsmitteln während des Verpackungsvorganges gebildet (z. B. Transportverpackung, Umverpackung oder Sichtverpackung). Es ist die Gesamtheit von Mitteln, die zum Schutz eines Gutes vor Gebrauchswertminderungen und Verlust, bei Transport, Umschlag und Lagerung, zur Erleichterung der Handhabung des Gutes, gegebenenfalls zum Schutz der Umwelt im Zirkulationsprozess, zur Information über und zur Werbung für das Gut dient.

Wasserzeichen: Markierung im Papier, die beim Betrachten im durchfallenden Licht sichtbar wird. Man unterscheidet echte Wasserzeichen (hergestellt durch Verdrängung und/oder Anreicherung von Stoff während der Herstellung der Papierbahn auf dem Sieb) und Molette-Wasserzeichen (sogenannte unechte Wasserzeichen, hergestellt durch Prägen eines Musters in die noch feuchte Papierbahn).

Zellstoff: aus pflanzlichen Rohstoffen durch chemischen Aufschluss ohne wesentliche mechanische Nachbehandlung gewonnener Faserstoff. Ziel des Zellstoffaufschlusses ist es, ohne Beeinträchtigung der Faserstruktur möglichst viele nichtzellulosische Bestandteile (Lignin) in eine wasserlösliche Form zu überführen und zu entfernen. Die Wahl des Aufschlussverfahrens (Sulfatzellstoff oder Sulfitzellstoff, siehe dort) hängt beispielsweise vom Endprodukt oder der als Rohstoff verwendeten Holz- oder Pflanzenart ab.

Zweiseitigkeit: unbeabsichtigte Unterschiede der Oberflächeneigenschaften auf den beiden Seiten eines papiernen Flächengebildes.

2.2 Papier-, Karton- und Pappesorten – Übersicht

In diesem Abschnitt werden grundlegende Definitionen und Oberbegriffe aus dem Bereich Papier, Karton und Pappe erläutert.

Als **Papier** wird ein ebenes, überwiegend aus Fasern meist pflanzlicher Herkunft bestehendes Flächengebilde bezeichnet, das durch Entwässerung einer Faserstoffsuspension auf einem Sieb gebildet wird. Dabei entsteht ein Filz mit einer flächenbezogenen Masse $< 225\ g/m^2$, der anschließend verdichtet und getrocknet wird [2.1]. Diese Abgrenzung zu Karton (siehe dort) und Pappe (siehe dort) entstand bereits im 19. Jahrhundert und bezeichnete ursprünglich die Dicke des Materials, bis zu der es ohne Zuhilfenahme von Werkzeugen gefaltet werden konnte, ohne zu brechen [2.13].

Eine grundsätzliche Aufteilung erfolgt in vier Hauptgruppen [2.6]:

- grafische Papiere (Druck- und Schreibpapiere),
- Verpackungspapiere (und Verpackungskarton),
- Hygienepapiere,
- technische Papiere und Spezialpapiere.

Grafische Papiere (Druck- und Schreibpapiere) können auf verschiedene Weise weiter unterteilt werden. Aus der Sicht der stofflichen Zusammensetzung spricht man von

- ungestrichenen holzstoffhaltigen Papieren, z. B. Zeitungsdruckpapier (siehe dort, Abschnitt 2.3.1) und SC-Papier (siehe dort, Abschnitt 2.3.1),
- gestrichenen holzstoffhaltigen Papieren, z. B. LWC-Papier (siehe dort, Abschnitt 2.3.1),
- ungestrichenen holzstofffreien Papieren, z. B. Büropapier (siehe dort, Abschnitt 2.3.1),
- gestrichenen holzstofffreien Papieren, z. B. Kunstdruckpapier (siehe dort, Abschnitt 2.3.1).

Aus der Sicht der Verwendung können grafische Papiere auch unterteilt werden in

- Büro- und Administrationspapiere,
- Druck- und Pressepapiere.

Die Eigenschaftsvarianten von **Verpackungspapieren** und -karton nehmen mit steigendem Anteil an den Papiersorten zu. Aber noch immer dominieren Wellen- und Deckenpapiere zur Herstellung von Wellpappe diese Hauptgruppe. Im Falle von Verpackungskarton handelt es sich vornehmlich um Faltschachtelkarton für die Herstellung von Verkaufsverpackungen zum Schutz von Lebensmitteln und Gebrauchsgütern. Auf Verpackungskarton wird weiter unten im Detail eingegangen.

Der massebezogene Anteil von **Hygienepapieren** (siehe dort, Abschnitt 2.3.1) an der Gesamtmasse des in Deutschland produzierten Papiers ist mit 7,1 % (2024) [2.14] aufgrund der geringen flächenbezogenen Masse dieser Produkte recht klein, nach Fläche betrachtet ist dieser Anteil viel größer. Zu den Hygienepapieren gehören Toilettenpapier, Küchenrollenpapier, Handtuchpapier, Taschentuchpapier, Serviettenpapier und Gesichtstuchpapier. Ein großer Produktanteil findet im medizinischen Sektor Anwendung.

Am zahlenmäßig umfangreichsten und in Faserstoffzusammensetzung sowie qualitativ unterschiedlichsten ist die Gruppe der **Spezialpapiere**, auch als Technische Papiere bezeichnet. An diese Papiere werden oftmals hohe und individuelle Anforderungen gestellt. Die Gruppe umfasst alle Papiersorten, die keine Zuordnung zu den anderen drei Hauptgruppen haben, wie beispielsweise Dekorpapier (siehe dort) für die Möbelindustrie, Fotopapier (siehe dort), Filtrierpapier (siehe dort), Elektroisolierpapier (siehe dort) oder Banknotenpapier (siehe dort).

Als **Karton** bezeichnet man ein ebenes, überwiegend aus Fasern meist pflanzlicher Herkunft bestehendes Flächengebilde, das hinsichtlich der flächenbezogenen Masse von 150…600 g/m² sowohl in das Gebiet der Papiere als auch in das der Pappe hineinreicht. Karton ist steifer als Papier und wird im Allgemeinen aus hochwertigeren Faserstoffen als Pappe hergestellt. Karton wird unter anderem in Druckereien als Druckuntergrund, in der Verpackungsindustrie zum Schutz von Packgut sowie im grafischen Gewerbe als Gestaltungsuntergrund eingesetzt.

Der Faserstoffeintrag von **Primärfaserkarton** besteht ausschließlich aus Primärfaserstoffen und eigenem Fertigungsausschuss aus Primärfaserstoff. Die Ober- und Rückseite können pigmentiert oder gestrichen sein. Im Gegensatz dazu ist **Sekundärfaserkarton** ein mehrlagiger Karton, der mindestens eine Mittellage aus überwiegend recycelten Faserstoffen enthält. Die Oberseite besteht aus gebleichten Primärfasern oder hellen und deinkten ausgewählten recycelten Fasern. Zwischen der Oberlage und der/den Mittellage(n) kann sich eine Lage aus Zellstoff, Holzstoff oder hellen und deinkten recycelten Faserstoffen befinden. Die Rückseite kann aus ausgewählten recycelten Faserstoffen oder gebleichten und/oder ungebleichten Frischfasern bestehen. Ober- und Rückseite können außerdem mit mineralischen oder synthetischen Pigmenten gestrichen sein.

Die Kartonsorten sind nach den Faserarten unterteilt, die bei ihrer Herstellung verwendet wurden, sowie nach ihrer Oberflächenbehandlung. Der für die Unterteilung anzuwendende Schlüssel besteht aus zwei Merkmalen (Buchstabenbezeichnung) und einer Kennziffer, die die Farbe der Rückseite und das spezifische Volumen berücksichtigt.

Merkmal für die Oberflächenbehandlung:

- A gussgestrichen (besondere Art von pigmentgestrichen),
- G pigmentgestrichen,
- U ungestrichen.

Merkmal für den Faserstoffeintrag:

- Z gebleichte Primärfasern (Zellstoff),
- N ungebleichte Primärfasern,
- C Holzstoff,
- T Sekundärfasern aus Karton mit weißer, gelber oder brauner Rückseite,
- D Sekundärfasern aus Karton mit grauer Rückseite.

Ausgewählte Beispiele:

- AZ = gussgestrichener Primärfaserkarton (gebleichter Zellstoff),
- ZU = ungestrichener Primärfaserkarton,
- GD1 = pigmentgestrichener, sekundärfaserhaltiger Karton mit grauer Rückseite mit einem spezifischen Volumen > 1,45 cm³/g.

Pappe ist der Oberbegriff für Vollpappe (siehe dort) und Wellpappe (siehe dort).

Vollpappe ist, im Gegensatz zu Wellpappe, eine massive Pappe im Wesentlichen aus Fasern meist pflanzlicher Herkunft mit einer flächenbezogenen Masse > 225 g/m^2, einlagig oder gegautscht, auch zusammengeklebt, beklebt, imprägniert oder beschichtet als Maschinenpappe (siehe dort, Abschnitt 2.3.2) oder Wickelpappe (siehe dort, Abschnitt 2.3.2) hergestellt.

Wellpappe ist ein konstruktives Erzeugnis der Papierverarbeitung, bei dem ein gewelltes Papier auf eine Lage oder zwischen mehreren Lagen eines anderen Papiers oder Kartons (siehe Deckenpapier, Abschnitt 2.3.1, und Liner, Abschnitt 2.3.2) geklebt ist. Es wird unterschieden zwischen einseitiger Wellpappe, ein-, zwei- oder dreiwelliger Wellpappe. Neben dem Lagenaufbau ist die Geometrie der eingesetzten Wellenbahn ein wesentliches Unterscheidungskriterium von Wellpappe. Wellpappe, in Deutschland überwiegend aus Altpapierstoff hergestellt, wird als Packstoff für formstabile Verpackungen eingesetzt. Aufgrund ihres Aufbaus gilt Wellpappe als erfolgreiches Beispiel für angewandten Leichtbau.

2.3 Ausgewählte Papier-, Karton- und Pappesorten

Die Anzahl der Papiersorten ist bedingt durch die unterschiedlichen stofflichen Zusammensetzungen und vielfältigen Einsatzzwecke erheblich. Aus der großen Anzahl von rund 3000 bekannten Sorten Papier, Karton und Pappe sind wichtige exemplarisch herausgegriffen und in Auswertung mehrerer Literaturquellen [2.1][2.6][2.7][2.8][2.15][2.16][2.17] innerhalb jedes Unterabschnitts alphabetisch geordnet. Einige Sorten, die in den früheren Auflagen noch enthalten sind, wurden aufgrund veränderten Anwendungs- bzw. Gebrauchsverhaltens der Endnutzer hier nicht mehr aufgeführt. Andere, deren Bedeutung zunimmt, wurden neu aufgenommen. In wichtigen Fällen wurde auch berücksichtigt, dass im Handel häufig für dieselben Papiere unterschiedliche Sortennamen üblich sind.

2.3.1 Papiersorten

Alterungsbeständiges Papier: Papier, dessen wichtigste Eigenschaften bei der Lagerung über längere Zeiträume erhalten bleiben.

AP-Packpapier(Packpapier aus Altpapier): meist einseitig glattes Papier, das ganz oder überwiegend aus Altpapierstoff für Verpackungszwecke besteht.

Aromadichtes Papier: Verpackungspapier für Kaffee, Tee, Gewürze usw., das sich durch Aromadichtigkeit auszeichnet. Zum Einsatz kommen Verbundmaterialien, die derartige Barriereeigenschaften besitzen (vgl. auch Verbundkarton, Abschnitt 2.3.2).

Ausstattungspapier: Oberbegriff für verschiedene Papiersorten, die für Ausstattungszwecke genutzt werden, (z. B. bei Briefmappen, Kassetten, Glückwunschkarten) oder zum Geschenke einwickeln. Die flächenbezogene Masse liegt zwischen 80 g/m^2 und 200 g/m^2 (siehe auch Ausstattungskarton, Abschnitt 2.3.2). Das Papier ist vollgeleimt, meist einseitig gestrichen, je nach Verwendungszweck lackiert, bronziert, marmoriert, geprägt, weiß oder bunt. Als Ausstattungspapiere werden Schreibpapier (siehe dort), Chromopapier, Glanzpapier, Dekorationspapier, Buntpapier, Einwickelseidenpapier, Pergamentpapier u. a. genutzt.

Banknotenpapier: dauerhaftes, nassfestes, griff- und falzfestes, für Mehrfarbendruck geeignetes, fälschungssicheres Papier mit echtem mehrstufigem Wasserzeichen und weiteren Sicherheitsmerkmalen. In Deutschland kommen als Faserrohstoff überwiegend Baumwollkämmlinge zum Einsatz. Die flächenbezogene Masse beträgt 60...80 g/m^2.

Barrierepapier: Oberbegriff für recyclingfähige, kunststofffreie Spezialpapiere mit mittlerer Feuchtigkeits- und Fettbeständigkeit, die für eine Vielzahl von Endanwendungen bei der Verpackung von empfindlichem Packgut Einsatz finden. Barrierepapiere haben eine Mineralölbarriere und sind frei von Fluorchemikalien. Sie werden beispielsweise mit flächenbezogenen Massen von 55...90 g/m^2 gefertigt und sind für Offset- und Flexodruck geeignet.

Beschichtetes Papier: Oberbegriff für Papiere, deren Oberfläche während oder im Anschluss an deren Herstellung mit anderen Materialien so kombiniert werden, dass sich der Werkstoffkern (das Rohpapier) nicht oder nur unwesentlich verändert. Die aufzubringenden Beschichtungen können selbsthaftend sein oder spezielle Bindemittel zur Verankerung auf dem Trägerpapier erfordern. Als Beschichtungsmaterial kommen Schmelzen, Lösungen und Dispersionen zum Einsatz. Das häufigste beschichtete Papier ist gestrichenes Papier (siehe dort). Es gibt keine klare Abgrenzung zum imprägnierten Papier (siehe dort), da einige Beschichtungsmaterialien auch zum Imprägnieren eingesetzt werden können (z. B. Wachspapier, Bitumenpapier).

Bibeldruckpapier = Dünndruckpapier: holzstofffreies, manchmal hadernhaltiges, meist stark füllstoffhaltiges Spezialdruckpapier mit niedriger flächenbezogener Masse (25...30 g/m^2) und hoher Alterungsbeständigkeit.

Briefumschlagpapier: holzstofffrei und holzstoffhaltig, einseitig glatt oder satiniert, weiß und farbig für Umschläge hergestellt. Es muss undurchsichtig, beschreibbar, bedruckbar und falzfest sein.

Buchdruckpapier (= Werkdruckpapier): holzstofffreies oder holzstoffhaltiges, meist auf Volumen gearbeitetes Druckpapier.

Buntpapier: Oberbegriff für farbige und an der Oberfläche behandelte Papiere, z. B. gestrichen, bedruckt, lackiert, marmoriert, gemustert, velouriert oder bronziert, wobei die Oberfläche auch zusätzlich geprägt sein kann.

Büttenpapier (echtes Büttenpapier)

- **Handgeschöpftes Büttenpapier:** mit Schöpfform manuell hergestelltes oder aus einer Bütte geschöpftes hadernhaltiges oder holzstofffreies Papier, meist gerippt und in unbeschnittenem Zustand mit einem faserigen Rand (echter Büttenrand). Verwendung heute als Urkundenpapier oder individuelles Briefpapier mit hohem Repräsentationswert.
- **Rundsieb-Büttenpapier:** aus der Bütte mit einem Rundsieb geschöpftes hadernhaltiges oder holzstofffreies Papier, meist gerippt und im unbeschnittenen Zustand meist mit echtem Büttenrand.

Chromopapier: einseitig hochwertig gestrichenes Papier, wobei der Strichauftrag einfach oder doppelt erfolgen kann. Historisch betrachtet handelt es sich um das einseitig gestrichene Pendant zum beidseitig gestrichenen Kunstdruckpapier (siehe dort).

Clupak-Papier: Papier mit erhöhter Dehnfähigkeit und – im Gegensatz zu Krepppapier (siehe dort) – glatter Oberfläche, hergestellt nach dem Clupak-Verfahren.

Deckenpapier: Papiere mit guter Planlage, zwischen denen die gewellten Wellenpapiere (siehe dort) bei der Produktion von Wellpappe (siehe dort, Abschnitt 2.2) eingeklebt werden. Sie müssen eine hohe Berstfestigkeit und einen hohen Stauchwiderstand (RCT, SCT) aufweisen. Äußere Deckenpapiere werden normalerweise im Flexodruckverfahren bedruckt. Je nach Qualität werden drei Sorten von Deckenpapieren hergestellt: Kraftliner (siehe dort, Abschnitt 2.3.2), Testliner (siehe dort, Abschnitt 2.3.2) und Schrenz (siehe dort).

Dekorpapier: Laminatrohpapier (siehe dort), holzstofffreies, weißes oder farbiges, saugfähiges Spezialpapier für die Herstellung von mit Kunstharz getränkten Schichtstoffen. Es wird vorwiegend aus gebleichten Zellstoffen mit einem Füllstoffgehalt bis zu 40 % (Titandioxid) gefertigt (flächenbezogene Massen 50...200 g/m^2). Für die Verwendung als Furnierersatz in der Möbelindustrie wird das Papier vor der Imprägnierung mit Kunstharz z. B. mit Motiven von Holzfurniertexturen bedruckt.

Dokumentenpapier: holzstofffreies, auch mit Hadernzusatz gefertigtes Papier mit hoher Alterungsbeständigkeit für Schriftstücke, die lange aufbewahrt werden müssen.

Druckpapier: Oberbegriff für holzstofffreie und holzstoffhaltige Papiere, die ungestrichen oder gestrichen zum Bedrucken geeignet sind und sich in verschiedenen Druckverfahren störungsfrei verarbeiten lassen.

Dünndruckpapier = Bibeldruckpapier (siehe dort)

Duplexpapier: Papier, das aus zwei stofflich oder auch nur farblich unterschiedlichen Lagen besteht.

Duplextapetenpapier: siehe Tapetenrohpapier

Echt-Pergament: aus saugfähigem, gebleichten Zellstoff hergestelltes fettdichtes Papier, das in einem Spezialverfahren (im Allgemeinen unter Verwendung von konzentrierter Schwefelsäure) produziert wird.

Elektroisolierpapier: meist mit Kunstharzen imprägniertes, porenfreies Papier aus Zellstoff, manchmal auch anteilig mit Hadern, das keine Füllstoffe oder stromleitende Verunreinigungen, Salze oder Säuren enthalten darf. Zu dieser Gruppe gehören die Kondensator-, Kabelisolier- und Elektrolytpapiere. Kondensatorpapier weist eine Dicke von 0,006...0,012 mm und eine flächenbezogene Masse von 6...7 g/m^2 auf. Hochwärmebeständiges Elektroisolierpapier ist bei Temperaturen bis mindestens 120 °C einsetzbar. Elektroisolierpapier, das als Dielektrikum für Kondensatoren eingesetzt wird, wird als Kondensatorpapier bezeichnet und gehört zu den teuersten Papiersorten.

Endlosvordruckpapier: für den Endlosdruck in Schnelldruckern der zentralen Datenverarbeitung geeignetes Papier mit Randlochung für den exakten Papiertransport.

Etikettenpapier: Oberbegriff für Papiere, deren Stoffzusammensetzung sich nach dem Verwendungszweck als Etikett richtet und das mindestens einseitig im Offset- und Tiefdruck mehrfarbig bedruckbar und/oder beschreibbar, lackierbar, bronzierbar und stanzbar, manchmal auch nass- und laugenfest ist.

Feinpapier: Oberbegriff für eine Vielzahl hochwertiger, holzstofffreier, auch mit Hadernzusatz gefertigter Papiere, an die höchste Ansprüche in Bezug auf gleichmäßige Durchsicht, Oberflächenbeschaffenheit sowie Alterungs- und Lichtbeständigkeit gestellt werden.

Fettdichtes Papier siehe Echt Pergament, Pergamentersatzpapier und Pergamin.

Filtrierpapier: holzstofffreies, teilweise auch mit Hadernersatz hergestelltes, ungeleimtes, zum Teil nassfest ausgerüstetes Papier zum Abscheiden von Feststoffteilchen aus Flüssigkeiten oder Gasen. Filtrationsgeschwindigkeit und Trennfähigkeit hängen stark mit der Porosität des Filtrierpapiers zusammen.

Flammfestes Papier: weitgehend flammfestes (nicht brennbares) Spezialpapier mit nur geringem Anteil an Zellstoff, aber hohen Anteilen an nicht brennbaren Werkstoffen, wie Synthesefasern, Glasfasern oder Mineralwollefasern. Es kann zusätzlich oder anstelle dessen mit flammsicherem Material beschichtet oder imprägniert sein, das beispielsweise die Entzündungstemperatur erhöht oder bei Hitze ein Schutzgas entwickelt.

Fluting: Wellenpapier (siehe dort) entweder ausschließlich oder überwiegend aus Halbzellstoff (NSSC-Halbzellstoff (siehe dort, Abschnitt 2.1) aus Laubholz) und maximal 35 % Altpapierstoff mit einer flächenbezogenen Masse von 100...180 g/m^2 (vgl. auch Wellenstoff).

Fotopapier: holzstofffreies Papier mit gleichmäßiger Durchsicht und Oberfläche, weitgehend nassfest und dimensionsstabil, chemisch neutral sowie frei von Verunreinigungen, die die lichtempfindliche Schicht beeinträchtigen. Heute in der Regel beidseitig mit einer dünnen Polyethylenfolie beschichtet.

Gestrichenes Papier: Druckpapier mit einer eingeebneten, geschlossenen Oberfläche, die für die Wiedergabe von fein gerasterten Bildvorlagen geeignet ist, erzielt durch einen gleichmäßigen Auftrag von Streichmasse über 5 g/m^2 (siehe auch Streichen, Abschnitt 2.1).

Grafisches Papier: Oberbegriff für Papiere, die bedruckt oder beschrieben werden können, einschließlich der Feinpapiere (siehe dort).

Gussgestrichene Papiere: gestrichenes Spezialpapier, das seinen hohen Glanz durch Abformen der noch oder wieder feuchten Strichoberfläche am Mantel eines verchromten, polierten Trockenzylinders erhält.

Hadernpapiere: ausschließlich aus Hadern (früher Leinenlumpen, heute Baumwollabfälle der Textilindustrie) hergestelltes Papier.

Handgeschöpftes Papier siehe Büttenpapier.

Heißsiegelpapier: beschichtetes Papier (siehe dort) mit einseitiger Beschichtung, die unter gleichzeitiger Einwirkung von Wärme und Druck auf einem anderen Werkstoff fixierbar ist (vgl. auch Teebeutelpapier).

Hüllpapier: maschinenglattes, einseitig glattes oder satiniertes, gefärbtes oder ungefärbtes, in verschiedenen Leimungsgraden hergestelltes Papier zu Verpackungszwecken. Die Eigenschaften richten sich nach dem Verwendungszweck. Hochwertige Hüllpapiere, die in der Hauptsache Schutz gegen mechanische Einflüsse bieten sollen, benötigen hohe Festigkeitseigenschaften, im Gegensatz zu minderwertigen Sorten, die stark altpapierstoffhaltig oder holzstoffhaltig hergestellt werden.

Hygienepapier: Oberbegriff für nass oder trocken gekreppte Papiere niedriger flächenbezogener Masse, die als Textilersatz hygienischen oder sanitären Zwecken dienen, gekennzeichnet durch einmaligen Gebrauch als Wegwerfartikel. Die Papiere bzw. die daraus gewonnenen Produkte müssen über eine hohe Weichheit und Saugfähigkeit verfügen. Als Rohstoffe werden gebleichter Zellstoff oder Deinkingstoff eingesetzt. Im internationalen Sprachgebrauch hat sich der Begriff Tissue (siehe dort) oder Tissuepapier als Synonym für alle Hygienepapiere eingebürgert, obwohl Tissue ursprünglich nur Hygienepapiere bezeichnete, die ausschließlich aus Zellstoff hergestellt wurden.

Illustrationsdruckpapier: ungestrichenes, meist holzstoff- und füllstoffhaltiges Druckpapier (Glührückstand um 15 %) mit flächenbezogenen Massen von 55...80 g/m^2, das sich zur Wiedergabe von fein gerasterten Bildvorlagen eignet (Synonym für Magazinpapier und Zeitschriftenpapier).

Imprägniertes Papier: Oberbegriff für Papiere, die nach ihrer Herstellung über den gesamten Querschnitt mehr oder weniger gleichmäßig von Imprägniermittel durchdrungen werden. Wichtige Vertreter dieser Papiere sind fungizides Papier, insektizides Papier und pestizides Papier.

Inkjet-Papier: Papier für berührungsfreie Inkjet-Druckverfahren (Farbstrahl- oder Tintendruck). Sie können ungestrichen, pigmentiert oder gestrichen sein und müssen die Fixierung der Farbstoffe an der Oberfläche, keine übermäßige Tropfenverbreiterung, eine hohe Wasseraufnahmekapazität, eine schnelle Trocknung sowie kein Durchschlagen auf die Rückseite sicherstellen.

Insektizides Papier: imprägniertes Papier, das durch verdampfende Bestandteile oder Kontaktwirkung Insekten tötend wirkt.

Kabelpapier: siehe Elektroisolierpapier

Kalanderwalzenpapier: aus Baumwolle, Wolle und/oder Mineral- bzw. Synthesefasern bestehendes Papier (flächenbezogene Masse ca. 100...2000 g/m^2) zum Herstellen von Kalanderwalzen mit elastischer Oberfläche, wie sie heute noch für die Satinage von Spezialpapieren wie Pergamin oder Kondensatorpapier verwendet werden.

Kaschierpapier: Papier zur Abdeckung flächiger Materialien, um neue Eigenschaften des Verbundmaterials zu erzielen (siehe Kaschieren, Abschnitt 2.1). Es gibt vielfältige Kombinationsmöglichkeiten mit anderen Materialien, wie Metall, Kunststofffolien, aber auch Papier und Karton. Die flächenbezogene Masse liegt zwischen 40 g/m^2 und 140 g/m^2.

Kondensatorpapier siehe Elektroisolierpapier

Kopierpapier: eigentlich Oberbegriff für alle Papiersorten, die für Vervielfältigungsverfahren verwendbar sind, holzstofffrei oder holzstoffhaltig einschließlich Recyclingpapier, mit einer flächenbezogenen Masse von 70...120 g/m^2. Im allgemeinen Sprachgebrauch Bezeichnung für Papier, das in elektrofotografischen Verfahren eingesetzt wird. Das Papier muss dimensionsstabil, opak, abriebfest, glatt, staubfrei und biegesteif sein mit einer gut verfestigten Oberfläche und hoher Wärme- und Elektrostabilität. Für Anforderungen im niedrigeren Druckqualitätsbereich kommen unabhängig vom Druckverfahren zunehmend sogenannte Universalsorten zum Einsatz, für höherwertige Druckergebnisse erfolgt eine Sortenspezialisierung entsprechend der Anforderungen des Vervielfältigungsverfahrens (siehe Inkjet-Papier, Laserdruckpapier oder Fotopapier).

Korrosionsschutzpapier: Packpapier (siehe dort), das mit speziellen Additiven imprägniert oder beschichtet ist, die gasförmige Verbindungen freisetzen und dadurch z. B. metallische Oberflächen vor Korrosion schützen.

Kraftaltpapier (recovered kraft paper): Altpapier, das aus Kraftliner (siehe dort, Abschnitt 2.3.2), Kraftsackpapier und/oder Kraftpapier (siehe dort) besteht.

Kraftpapier: Verpackungspapier aus gebleichtem oder ungebleichtem, langfasrigen Nadelholz-Sulfatzellstoff (Kraftzellstoff) oder gleichwertigen Fasern mit hohen statischen und dynamischen Festigkeiten sowie hohem Arbeitsaufnahmevermögen, dem Kraftaltpapier (siehe dort) zugesetzt werden kann. Kraftpapier findet Verwendung für Papiersäcke, Tragebeutel, Tüten und ähnliche Produkte. Die flächenbezogene Masse beträgt in der Regel 60...115 g/m^2. Dünnes, einseitig glattes Kraftpapier mit 20...22 g/m^2 wird als Einschlagpapier verwendet.

Krepppapier: Papier, das durch Feinfaltung (Kreppfalte) in sich gestaucht ist, um eine erhöhte Dehnbarkeit zu erzeugen. Je nach angewandtem Krepp-Verfahren wird in Trockenkrepp, Nasskrepp, Doppelkrepp unterschieden.

Kunstdruckpapier: hochwertiges, verhältnismäßig schweres, zweiseitig gestrichenes Druckpapier mit glatter, geschlossener Oberfläche zur Wiedergabe fein gerasterter und mehrfarbiger Bilder.

Laminatrohpapier Oberbegriff für hoch saugfähige, naturfarbige, gefärbte oder weiße Papiere (flächenbezogene Masse 80...200 g/m^2) für die Weiterverarbeitung zu mit Kunstharz getränkten Schichtstoffen, vorzugsweise für Möbelindustrie und Innenausbau (siehe auch Dekorpapier)

Laserdruckpapier: Papier, das als Bedruckstoff in Laserdruckern benutzt wird. Das Papier ist holzstofffrei oder holzstoffhaltig, meist oberflächengeleimt mit flächenbezogenen Massen von 50...80 g/m^2. Es wird in Laserdruckern verwendet, die nach dem elektrofotografischen Verfahren arbeiten, und ähnelt in seinen Eigenschaften dem Kopierpapier (siehe dort).

Lebensmittelverpackungspapier: Oberbegriff für ein Sortiment an Papieren und Kartonen, die zum Verpacken bzw. Einwickeln von Lebensmitteln verwendet werden und direkt mit dem Verpackungsgut in Berührung kommen. Papier mit flächenbezogenen Massen von 150...120 g/m^2 wird für flexible Verpackungen verwendet, mit flächenbezogener Masse bis 400 g/m^2 für Kartonverpackungen. Die gesundheitlichen Anforderungen sind in speziellen Empfehlungen und Richtlinien geregelt.

Löschpapier: Papier mit hoher Saugfähigkeit und geringer Dichte, das für die Aufnahme überschüssiger wässriger Medien wie beispielsweise Tinte verwendet werden kann. Es wird ohne Füllstoff aus gebleichtem Zellstoff, teilweise auch mit Zusatz von gebleichtem Linters, für einfache Sorten auch holzstoffhaltig hergestellt.

LWC-Papier: zweiseitig gestrichenes, holzstoffhaltiges Druckpapier mit Strichgewicht in der Regel 5...10 g/m^2 je Seite. Die flächenbezogene Masse des Rohpapiers ist geringer als 72 g/m^2. Der Begriff ist aus dem Englischen übernommen (LWC = **l**ight **w**eight **c**oated).

Magazinpapier: Oberbegriff für holzstoffhaltige gestrichene oder ungestrichene Druckpapiere mit sehr guter Bedruckbarkeit, hoher Glätte und hohem Glanz. Zu den Magazinpapieren werden hauptsächlich LWC-Papiere (siehe dort) und SC-Papiere (siehe dort) gerechnet.

Metallisiertes Papier: Papier, das einseitig mittels Vakuumbedampfung mit einem dünnen Metallfilm aus vorzugsweise Aluminium überzogen ist. Die Dicke der Metallschicht beträgt 10...100 nm. Als Rohpapiere werden holzstofffreie oder holzstoffhaltige, weiße oder farbige, ungestrichene oder gestrichene Papiere verwendet, die den hohen Eigenschaftsanforderungen für die Vakuumbedampfung (Gleichmäßigkeit von Feuchteanteil und Formation) genügen müssen. Metallisierte Papiere sind zwar teurer als mit Metallfolien kaschierte Papiere (= Metallpapiere, siehe dort) aber besser rezyklierbar.

Metallpapier: Papier, das ein- oder beidseitig mit einer Metallfolie kaschiert ist. Das Papier ist weitgehend feuchte-, sauerstoff- und aromadicht, kann bedruckt, gerillt oder geprägt werden und wird für flexible Verpackungen, Etiketten oder Geschenkpapier verwendet. Die flächenbezogene Masse beträgt 20...150 g/m^2. Durch die Metallfolie ist das Papier weniger gut rezyklierbar als metallisiertes Papier (siehe dort).

Nassfestes Papier: Spezialpapier, das durch Zusatz alkalibeständiger Nassfestmittel (meist spezielle Harze wie Melamin-, Harnstoff-Formaldehyd-, Polyamidamin- oder Epichlorhydrinharze) auf eine bestimmte permanente oder temporäre Nassfestigkeit eingestellt wird, z. B. Sackpapier, Filtrierpapier, Hygienepapier oder Banknotenpapier.

Naturpapier: unwissenschaftliche technologische Bezeichnung für ungestrichenes Papier ohne oder mit Oberflächenbehandlung oder Pigmentierung bis 5 g/m^2. Im deutschen Sprachgebrauch wird jedes ungestrichene bzw. unbeschichtete Papier, das nach der Herstellung in der Papiermaschine und ggf. einer Satinagebehandlung als Fertigprodukt vorliegt, als Naturpapier bezeichnet. Papiere, die in weiteren Verarbeitungsschritten z. B. beschichtet werden sollen, nennt man dagegen Rohpapier (siehe dort).

NCR-Papier: siehe Selbstdurchschreibpapier

Offset-Papier: Oberbegriff für Druckpapiere, deren Stoffzusammensetzung und Oberflächeneigenschaften den Anforderungen beim Offsetdruck entsprechen.

Overlaypapier: Laminatrohpapier aus gebleichtem Zellstoff höchster Reinheit, ungefüllt, bedruckbar, lichtecht, mit einer flächenbezogenen Masse von 20...50 g/m^2, das als oberste Schicht in einer Schichtpressstoffplatte oder direkt beschichteten Holzwerkstoffplatte durch Kunstharzimprägnierung transparent wird.

Packpapier: Oberbegriff für Papiere unterschiedlicher Faserstoffzusammensetzung und Eigenschaften, deren Gemeinsamkeit nur im Verwendungszweck als Packmittel besteht. Auswahl und Mischung der Faserstoffe richten sich nach den an das Papier gestellten Anforderungen.

Pergament: Beschreibstoff aus Tierhäuten, insbesondere von Ziegen, Schafen und Kälbern, der heute noch für besonders wertvolle Dokumente und Urkunden verwendet wird. Namensgebend ist die antike Stadt Pergamon, wo es im 2. Jahrhundert v. u. Z. erfunden worden sein soll. Bis zum Siegeszug des Papiers war Pergament der wichtigste Beschreibstoff im Mittelalter.

Pergamentersatz: holzstofffreies Papier, das durch fibrillierendes und langes Mahlen bestimmter Zellstoffsorten und/oder den Zusatz von besonderen Additiven und/oder durch Behandlung in der Papiermaschine hergestellt wird und dadurch bezüglich der Fettdichte ähnliche Eigenschaften erhalten hat wie Echt Pergament (siehe dort).

Pergamentpapier siehe Echt Pergament

Pergamin: hoch satiniertes, aus stark gemahlenem Zellstoff mit oder ohne Zusatz von Additiven hergestelltes, weitgehend fettdichtes, aber nicht nassfestes Papier mit hoher Transparenz, soweit nicht gefärbt oder opak. Einsatzgebiete sind z. B. Abdeckblätter in Fotoalben oder Briefumschlagfenster.

Plakatpapier: Hoch gefülltes, meist farbiges und durch Leimung wetterbeständig gemachtes, bedruckbares Papier.

Recyclingpapier: Oberbegriff für papierne Flächengebilde mit 100 % Altpapierstoff im Faserstoffeintrag, wobei eingesetzter Fertigungsausschuss nur aus einer Recyclingpapierproduktion stammen darf.

Sackpapier siehe Kraftpapier

Satiniertes Papier: zwischen den Walzen eines Kalanders geglättetes, verdichtetes Papier (siehe auch SC-Papier).

SC-Papier: holzstoffhaltiges, stark satiniertes Naturpapier (siehe dort) mit hohem Glanz und hoher Glätte (SC = super calendered).

Schleifrohpapier: Naturfarbiges oder gefärbtes, ungeleimtes oder massegeleimtes Spezialpapier zur Herstellung von Schleifpapier. Die geforderten hohen Zug- und Durchreißfestigkeiten werden durch hochwertige Sulfatzellstoffe erzielt, teilweise in Kombination mit Synthese-, Glas- oder Baumwollfasern. Meist sind die Papiere mit funktionellen Barrierestrichen versehen. Die flächenbezogene Masse beträgt 45... 500 g/m^2. Dickere Sorten über 160 g/m^2 werden geklebt hergestellt, wodurch sich die Steifigkeit erhöht. Die separate Beschichtung mit Schleifkörnern erfolgt mit Leim- und/oder Kunstharzbindern.

Schreibpapier: Papier beliebiger Faserstoffzusammensetzung, das sich zum beidseitigen Beschreiben mit Tinte eignet, d. h. die Papieroberfläche soll der Schreibfeder einen möglichst geringen Widerstand entgegensetzen (ausreichende Rupffestigkeit und Glätte). Die Schriftzüge dürfen weder auslaufen noch durchschlagen. Holzstofffreie Schreibpapiere finden auch als Drucker- oder Kopierpapiere (siehe dort) Verwendung.

Schrenz(papier): historische, aber immer noch übliche Bezeichnung für ein Papier aus gemischtem Altpapier zur Erzeugung von Beuteln (z. B. Obsttüten) oder für Deckenpapiere bei der Wellpappenerzeugung im unteren Qualitätsbereich.

Seidenpapier: Oberbegriff für dünne Papiere unterschiedlicher Zusammensetzung mit einer flächenbezogenen Masse < 30 g/m^2. Das dünne, weiche und verhältnismäßig feste Papier wird vorwiegend zum Verpacken empfindlicher Gegenstände verwendet.

Selbstdurchschreibpapier: Papier, das einseitig oder beidseitig mit farbreaktiven Schichten versehen ist und direkte Durchschriften als chemische Farbreaktion, ausgelöst durch mechanischen Druck, ermöglicht. Es ist auch als **NCR-Papier** bekannt.

Sicherheitspapier: Oberbegriff für fälschungssichere und verfälschungshemmende Papiere mit Sicherheitsmerkmalen wie Wasserzeichen, spezielle Färbungen, die Verwendung von Melierfasern oder reagenzfähiger Chemikalien (Indikatorstoffe), in der Papierbahn mitlaufende Sicherheitsfäden oder spezielle Oberflächenbehandlungen

(Prägen, Bedrucken). Zu den Sicherheitspapieren gehören Wertpapiere, Wertzeichenpapiere (siehe dort), Urkundenpapiere, Banknotenpapiere (siehe dort).

Silikonpapier: „adhäsives" Papier, dessen Oberfläche sich abweisend gegen die meisten Stoffe verhält. Durch Beschichten mit Silikon wird z. B. das Anhaften von Leim, Kleister oder anderen klebrigen Stoffen verhindert.

Streichrohpapier: holzstofffreies oder holzstoffhaltiges Rohpapier (siehe dort, Abschnitt 2.1), das mit einer oder mehreren Schichten von wässrigen Pigmentdispersionen (Streichfarbe) gestrichen wird. Die Strichmasse kann je nach Papiersorte bis zu 30 g/m^2 betragen. Die Rohpapiere haben einen Füllstoffgehalt von 2...30 % je nach flächenbezogener Masse und Papiersorte. Es gilt der alte Spruch: Ein schlechtes Rohpapier kann nicht gut gestrichen werden. Ein gutes Rohpapier verträgt einen schlechten Strich.

Synthesefaserpapier: Papier, das aus synthetischen Fasern wie Polyamid oder Polyester, aus Zellwolle und zum Teil auch unter Zusatz von Füllstoffen hergestellt wird. Für den Zusammenhalt der Fasern untereinander werden Bindemittel benötigt.

Tapetenrohpapier: Oberbegriff für Papiere, die zur Herstellung von Tapeten geeignet sind. Das Papier ist so beschaffen, dass es veredelt und/oder bedruckt, dubliert und/oder geprägt werden kann. Folgende Unterscheidung kann getroffen werden:

- **einlagig:** Simplexpapier holzstofffrei oder holzstoffhaltig, ungestrichen oder gestrichen, auch beschichtet, abziehbar und/oder vorgekleistert.
- **mehrlagig:** Duplexpapier gegautscht oder geklebt, holzstofffrei oder holzstoffhaltig, ungestrichen oder gestrichen, spaltbar oder abziehbar, auch beschichtet bzw. vor-gekleistert.
- **abziehbar:** Eigenschaft, sich trocken restlos überwiegend in einer Bahn von der Klebefläche (Wand) abziehen zu lassen.
- **dubliert:** prägestabil kaschiert.
- **spaltbar:** Eigenschaft von mehrlagigem Tapetenrohpapier, sich spalten zu lassen, wobei die Unterschicht auf der Klebefläche (Wand) verbleibt.
- **vorgekleistert:** auf Tapetenrohpapier aufgebrachte Kleisterbeschichtung, die vor dem Tapezieren, z. B. durch kurzzeitiges Einwirken von Wasser, aktiviert wird.

Technisches Papier: Oberbegriff für eine Reihe von Spezialpapieren, die weder den grafischen Papieren (siehe dort), noch den für Verpackungszwecke verwendeten Papieren noch Hygienepapieren (siehe dort) zugeordnet werden können und deren Anwendungsfälle – wie der Name sagt – im technischen Bereich liegen (z. B. Elektroisolierpapier (siehe dort), Filtrierpapier (siehe dort) oder Tapetenrohpapier (siehe dort)).

Teebeutelpapier: hochporöses, nassfestes Filterpapier zur Herstellung von Teebeuteln mit einer flächenbezogenen Masse von 12...15 g/m^2, das aus langen Fasern pflanzlicher Herkunft, vorzugsweise Abaca- (Manilahanf-)Fasern und Synthesefasern (Anteil < 30 %) hergestellt wird. Es muss geschmacksneutral sein und ist häufig heißsiegelfähig.

Telefonbuchpapier: ungestrichenes, holzstoffhaltiges Druckpapier mit einer flächenbezogenen Masse von etwa 35 g/m^2 mit hoher Opazität aus Holzstoff und Zellstoff, heute auch aus bis zu 100 % Deinkingstoff hergestellt.

Thermopapier: Einseitig beschichtete thermoreaktive Papiere zum Ausdruck von Text und Grafiken mit Thermoplottern und Thermodruckern (z. B. für Etiketten, Tickets, Kassenbons oder andere Belege).

Tiefdruckpapier: meist holzstoffhaltiges, stark satiniertes Papier mit hohem Füllstoffanteil, das gestrichen und ungestrichen hergestellt wird und in Stoffzusammensetzung und Oberflächeneigenschaften den Anforderungen beim Tiefdruck entspricht.

Tissue: Oberbegriff für nass oder trocken gekreppte Papiere niedriger flächenbezogener Masse, die als Textilersatz hygienischen oder sanitären Zwecken dienen, gekennzeichnet durch einmaligen Gebrauch als Wegwerfartikel (siehe Kapitel 8). Die Papiere bzw. die daraus gewonnenen Produkte müssen über eine hohe Weichheit und Saugfähigkeit verfügen. Als Rohstoffe werden gebleichter Zellstoff oder Deinkingstoff eingesetzt. Im internationalen Sprachgebrauch hat sich der Begriff „Tissue" als Synonym für alle Hygienepapiere eingebürgert, obwohl Tissue ursprünglich nur Hygienepapiere (siehe dort) bezeichnete, die ausschließlich aus Zellstoff hergestellt wurden. Der Begriff „Tissue" wird auch zur Bezeichnung von einlagigem oder mehrlagigem Tissue-Papier verwendet, das als Halbfertigprodukt hergestellt wurde und für eine Weiterverarbeitung zum Endprodukt (Gesichtstücher, Papiertaschentücher, Servietten, Küchenrollen, Papierhandtücher, Toilettenpapier) vorgesehen ist.

Toilettenpapier: siehe Tissue und Hygienepapier

Transparentzeichenpapier: durch langes, fibrillierendes Mahlen von hochwertigen Spezialzellstoffen oder Hadern hergestelltes, in der Regel nicht präpariertes transparentes Papier zur Herstellung pausbarer Zeichnungen. Durch zusätzliche Oberflächenleimung lassen sich Beschreibbarkeit, Radierfestigkeit, Dimensionsstabilität und die Unempfindlichkeit gegen Fingerabdrücke verbessern.

Vulkanfiberpapier: Spezialpapier, das aus ungeleimtem und ungefülltem Rohpapier mit hoher Saugfähigkeit, Nassfestigkeit und Reinheit durch Imprägnieren mit Zinkchlorid erzeugt wird. Es werden gebleichte und ungebleichte Zellstoffe mit hoher Quellfähigkeit mit Zusätzen von Hadern oder Linters verwendet, die meist rotbraun oder schwarz eingefärbt werden.

Wellenpapier: Oberbegriff für Papiere, das als gewellte Bahn hauptsächlich bei der Herstellung von Wellpappe (siehe dort, Abschnitt 2.2)verwendet wird. Je nach Zusammensetzung wird unterschieden nach Wellenstoff (siehe dort) und Fluting (siehe dort).

Wellenstoff: Wellenpapier überwiegend aus sortiertem Altpapier für die Welle der Wellpappe, in Rollen gegebenenfalls mit Präparationen von Hilfs- oder Zusatzstoffen zwecks Erhöhung der Festigkeit.

Wellpappenpapier (Wellpappenrohpapier): Oberbegriff für Papiere zur Herstellung von Wellpappe unterteilt in Deckenpapier (siehe dort) und Wellenpapier (siehe dort). Für Deckenpapiere werden Kraftliner (siehe dort, Abschnitt 2.3.2), Testliner (siehe dort, Abschnitt 2.3.2) und Schrenz (siehe dort) eingesetzt. Sowohl Decken- als auch Wellenpapiere werden entweder einlagig oder zweilagig hergestellt mit einer flächenbezogenen Masse von 90...400 g/m^2.

Werkdruckpapier: siehe Buchdruckpapier

Wertzeichenpapier: holzstofffreies, teilweise hadernhaltiges, hochwertiges Papier mit einem echten Wasserzeichen. Druckerzeugnisse auf Wertzeichenpapier sind z. B. Briefmarken, Steuerbanderolen und Aktien (siehe auch Sicherheitspapier).

Zeichenpapier: Hadernpapier, hadernhaltiges oder holzstofffreies, in der Masse oder an der Oberfläche geleimtes, opakes Papier mit hoher Radier- und Abwaschfestigkeit mit einer flächenbezogenen Masse $> 80\ g/m^2$ für technische oder künstlerische Zwecke, dessen Eigenschaften auf bestimmte Zeichen- oder Maltechniken abgestimmt sind. Einfache Qualitäten (z. B. Schulzeichenpapier) können auch holzstoffhaltig hergestellt werden.

Zeitschriftenpapier: Synonym für Illustrationsdruckpapier (siehe dort) oder Magazinpapier (siehe dort).

Zeitungsdruckpapier: stark holzstoffhaltiges, oft aus deinktem Altpapierstoff hergestelltes, maschinenglattes oder satiniertes Papier mit flächenbezogener Masse von 40...56 g/m^2. Das Papier muss eine gute Bedruckbarkeit und Verdruckbarkeit vorzugsweise im Offsetdruckverfahren aufweisen. Aufgebessertes Zeitungsdruckpapier unterscheidet sich vom normalen Zeitungsdruckpapier nur in seiner Helligkeit, nicht in seiner stofflichen Zusammensetzung.

Zellstoffwatte: besonders saugfähiges gekrepptes Faservlies mit offener Formation, das aus Cellulose-Fasern (hauptsächlich Chemiezellstoff) hergestellt wird und aus einer oder mehreren Lagen leichtgewichtigen Papiers (flächenbezogene Masse der Lage vor der Kreppung $< 25\ g/m^2$) besteht. Die Dehnung des Vlieses beträgt über 35 %.

Zigarettenpapier: ungeleimtes, holzstofffreies Papier (flächenbezogene Masse 16...24 g/m^2) zur Produktion von Zigaretten, auch aus Leinen- oder Hanffasern hergestellt, mit Füllstoffanteilen von etwa 30 %. Die Glimmfähigkeit wird durch verwendungsgerechte Porosität des Papiers und eine spezielle Ausrüstung erzielt.

2.3.2 Karton- und Pappesorten

Bierglasuntersetzerpappe: saugfähige Maschinenholzpappe (siehe dort) für Bierglasuntersetzer („Bierdeckel“) aus Holzstoff. Andere Bezeichnungen sind Bierdeckelpappe und Bierfilzpappe.

Braunpappe: Vollpappe (siehe dort), früher aus Braunschliff, heute überwiegend aus Altpapierstoff, mit braun gefärbten Decklagen oder in der Masse braun durchgefärbt.

Buchbinderpappe: graue, flachliegende, geglättete, zieh-, rill-, stanz- und prägbare Wickelpappe, die zur Herstellung von Buchdeckeln verwendet wird.

Chromoersatzkarton: vorwiegend weiß gedeckter, aus mindestens drei Lagen bestehender Karton, der sich durch eine gleichmäßige, geschlossene, hochgeglättete und festhaftende holzstofffreie Decke auszeichnet. Die Zwischenlagen und Einlagen bestehen aus Holzstoff oder Altpapierstoff. Der Karton muss rill-, ritz-, biege- und stanzfähig sowie gut bedruckbar sein, wobei jede Drucktechnik zur Anwendung kommen kann. Er wird vorwiegend für Faltschachteln und Verpackungen aller Art verwendet.

Chromokarton: ein- oder mehrlagiger gestrichener Karton aus gebleichtem oder ungebleichtem Zellstoff. In einzelnen Lagen kann auch Altpapierstoff zum Einsatz kommen. Der Strichauftrag auf der Vorderseite beträgt mindestens 10 g/m^2, die flächenbezogene Masse 250...500 g/m^2. Die Oberseite muss im Mehrfarbendruck bedruckbar und lackierbar sein.

Dachpappe: Pappe, die mit Teer, Bitumen und/oder Naturasphalt getränkt ist und meist einen Zusatz von Reißwolle enthält (siehe auch Rohdachpappe).

Duplexkarton: einseitig glatter Karton aus zwei Lagen. Die helle Oberseite ist holzstofffrei (Zellstoff) und/oder aus Deinkingstoff hergestellt, die meist graue oder braun eingefärbte Rückseite aus Altpapierstoff. Die Rückseite kann pigmentiert oder gestrichen sein.

Faltschachtelkarton: meist mehrlagiger Karton aus Primär- und/oder Sekundärfasern, teilweise mit gestrichener Oberseite, der rill- und ritzfähig sein muss. Aufgrund seiner Falz-, Ritz-, Rill-, Nut- und Bedruckbarkeit ist er besonders zum Herstellen von Faltschachteln geeignet. Die flächenbezogene Masse liegt zwischen 180 g/m^2 und 600 g/m^2. Faltschachtelkarton ist meist ein Multiplexkarton (siehe dort) und besteht aus einer Decklage (etwa 40 g/m^2), einer Schonlage (etwa 30 g/m^2), einer volumengebenden Einlage und einer Rückenlage (etwa 30 g/m^2). Er wird gestrichen und ungestrichen genutzt.

Feinpappe: Oberbegriff für stark verdichtete steife Wickelpappe (siehe dort) von besonders hoher Biegesteifigkeit, Spaltfestigkeit und Oberflächenhärte, naturfarbig (siehe dort, Abschnitt 2.1) oder eingefärbt. Nach [2.9] sind Feinpappe und Hartpappe (siehe dort) identisch.

Getränkekarton: Verbundkarton (siehe dort), bei dem mehrere Deck- oder Zwischenschichten aus Polyethylen (PE) und Aluminium aufgetragen werden, um ein Durchweichen des Kartons bzw. den Kontakt des Füllgutes mit Licht und Luft zu verhindern. Gesundheitliche Unbedenklichkeit für den Karton und die Beschichtungen sowie gute Bedruckbarkeit sind erforderlich.

Graukarton: Karton aus Altpapierstoff, rau oder einseitig glatt, teilweise auch ein- oder beidseitig gedeckt. Er wird z. B. für Kalenderrückwände oder als Unterlage für Schreib- oder Zeichenblöcke verwendet.

Graupappe: Oberbegriff für Vollpappen (siehe dort) mit ähnlichen Eigenschaften, die als Maschinenpappe (siehe dort) oder als Wickelpappe (siehe dort) mit Dicken von 0,5...4 mm hergestellt werden und durch den Einsatz von Altpapierstoff grau gefärbt sind. Vollpappen sind mäßig fest, rill- und bedingt ziehfähig.

Handpappe = Wickelpappe (siehe dort)

Hartpappe: Oberbegriff für Pappen mit ähnlichen Eigenschaften (Vollpappe), die durch Aufwickeln und Zusammengautschen mehrerer feuchter Faserstofflagen auf einer Formatwalze hergestellt werden und besonders biegefest und sehr zäh sind. Hartpappe ist geleimt, oft gefärbt und soll wasserabweisend sein. Sie findet Verwendung für die Herstellung von Kartonagen, Stanz- und Prägeartikeln und wird mit einer flächenbezogenen Masse zwischen 450 und 5000 g/m^2 hergestellt. Zu den Hartpappen gehören beispielsweise Buchbinderpappe (siehe dort), Kofferpappe (Verwendung für Koffer usw.), Marmorpappe (Verwendung für Briefordner, Mappen, Kästen usw.), Schuhpappe (Verwendung für Brandsohlen als Ersatz für Leder usw. in der Schuhindustrie) oder Stanzpappe (Verwendung als Unterlage beim Stanzen). Nach [2.9] sind Hartpappe und Feinpappe (siehe dort) identisch.

Holzpappe: siehe Maschinenholzpappe

Hülsenkarton: maschinenglatter, ein- oder mehrlagiger Karton hergestellt und speziell ausgerüstet für die Herstellung von Hülsen, Wickelkernen, runden und nichtrunden Gefäßen usw.

Kraftliner: Verpackungspapier aus gebleichtem oder ungebleichtem Sulfatzellstoff ab einer flächenbezogenen Masse von 120 g/m^2 für Deckschichten von Wellpappe. Zumischungen von Altpapierstoff bis zu 20 % sind üblich.

Liner: Oberbegriff für Papier oder Pappe bestimmter Festigkeitseigenschaften, die als glatte Bahnen bei der Herstellung von Wellpappe und Vollpappe verwendet werden (siehe auch Deckenpapier, Abschnitt 2.3.1). Speziell für die Herstellung von Wellpappe wird in Kraftliner (siehe dort) und Testliner (siehe dort) unterschieden.

Maschinenholzpappe: Maschinenpappe (siehe dort) überwiegend aus Holzstoff hergestellt, auch als Holzpappe bezeichnet.

Maschinenkarton: Gruppe von Kartonsorten, vorwiegend zur Herstellung von Packmitteln aus Karton.

Maschinenpappe: Vollpappe, die im Gegensatz zur Wickelpappe (siehe dort) auf Langsieb- oder Rundsiebmaschinen oder auf kombinierten Lang- und Rundsiebmaschinen in endloser Bahn hergestellt wird.

Multiplexkarton: Karton aus mindestens drei Lagen, die sich entweder in der Stoffzusammensetzung, der flächenbezogenen Masse oder der Farbe voneinander unterscheiden. Er wird im feuchten Zustand ohne Verwendung von Klebstoffen durch Pressen hergestellt.

Pressspan: gefärbte, außerordentlich dichte Pappe mit hoher mechanischer Festigkeit und Glätte, für Zwecke der Elektrotechnik auch mit hoher Dielektrizitätszahl. Pressspan weist eine hohe Härte, Zähigkeit, Steifigkeit und Dimensionsstabilität auf. Der Einsatz erfolgt vor allem in der Elektroindustrie als Elektro-, Kondensatoren- oder Transformatorenpressspan (englisch: Transformerboard) mit einer Dicke von 1...8 mm und einer Dichte von 1,1...1,3 g/cm^3, was einer flächenbezogenen Masse von etwa 1000...10 000 g/m^2 entspricht.

Rohdachpappe: besonders saugfähige Rohpappe mit einer flächenbezogenen Masse bis 500 g/m^2 aus Textilabfällen und Altpapierstoff, die mit Teer, Bitumen und/oder Naturasphalt getränkt und für Bauzwecke eingesetzt wird (siehe auch Dachpappe).

Testliner: Papier oder Karton nicht festgelegter Faserstoffzusammensetzung überwiegend aus Altpapierstoff, mit bestimmten Festigkeitseigenschaften für glatte Deckbahnen von Wellpappe oder Deckschichten von Vollpappe, vielfach als Duplexpapier (siehe dort, Abschnitt 2.3.1) gearbeitet.

Verbundkarton: Oberbegriff für Werkstoffe, die durch Kombination unterschiedlicher Materialien erhalten werden, z. B. Karton und Aluminiumfolie oder Kunststofffolie. Durch die Kombination entstehen Eigenschaften, die mit einem Basismaterial nicht erzielt werden. Beispiel für einen Verbundkarton ist Getränkekarton (siehe dort).

Weichpappe: im Gegensatz zur Hartpappe (siehe dort) Oberbegriff für weiche, voluminöse Pappen mit filzartigem Charakter, wie sie beispielsweise für Abdeckpappen, Bierglasuntersetzerpappen (siehe dort) oder Dachpappen (siehe dort) verwendet werden.

Wickelpappe (= Handpappe): Vollpappe, hergestellt durch Aufwickeln einer oder mehrerer nasser Faserstoffbahnen auf einer Formatwalze. Im Gegensatz zur Maschinenpappe (siehe dort) entsteht keine endlose Bahn, sondern ein Bogen mit der Formatwalze entsprechenden Abmessungen. Man unterscheidet weiße Wickelpappe aus Holzstoff, die stanz-, zieh- und prägbar sein muss (z. B. als Bierglasuntersetzerpappe (siehe dort)), braune Wickelpappe (auch Kartonagenpappe oder Kistenpappe genannt), die heute aus braun gefärbtem Altpapierstoff (früher Braunschliff) besteht, und graue Wickelpappe aus Altpapierstoff (z. B. Buchbinderpappe (siehe dort)).

Literatur

[2.1] DIN 6730: 2017-09 Papier, Pappe und Faserstoff – Begriffe

[2.2] ISO 4046-2: 2016-03-01 Paper, board, pulp and related terms – vocabulary. Part 2: Pulping terminology

[2.3] ISO 4046-3: 2016-03-01 Paper, board, pulp and related terms – vocabulary. Part 3: Paper making terminology

[2.4] DIN 19303: 2011-03 Karton – Begriffe und Sorteneinteilungen

[2.5] *Blechschmidt, J.; Heckers, W.*: Begriffe der Blattbildung. Wochenblatt für Papierfabrikation 122 (1994) 3, 76–77

[2.6] *Göttsching, L.; Katz, C.* (Hrsg.): Papier-Lexikon. Gernsbach: Deutscher Betriebswirte-Verlag, 1999

[2.7] Taschenbuch Papiertechnologe. Leinfelden-Echterdingen: Haefner-Verlag GmbH, 2007

[2.8] Papier-ABC. Herausgegeben vom Verband Deutscher Papierfabriken, Bonn (heute Die Papierindustrie e. V., Berlin), Stand November 2015

[2.9] *Blechschmidt, J.; Naujock, H.-J.* (Hrsg.): Taschenbuch der Papiertechnik. 3. neu bearbeitete und erweiterte Auflage, München: Carl Hanser Verlag, 2021

[2.10] *Blechschmidt, J.; Heinemann, S.; Naujock, H.-J.* (Hrsg.): Papierverarbeitungstechnik. 2., überarbeitete und erweiterte Auflage, München: Carl Hanser Verlag, 2024

[2.11] DIN EN ISO 216:2007–12 Schreibpapier und bestimmte Gruppen von Drucksachen – Endformate – A- und B-Reihen und Kennzeichnung der Maschinenlaufrichtung

[2.12] *Auhorn, W.*: Das Störstoff-Problem bei der Verringerung der spezifischen Abwassermenge. Wochenblatt für Papierfabrikation 112 (1984) 2, 37–48

[2.13] Meyers Lexikon, 7. Auflage, Neunter Band, S. 335, Leipzig: Bibliographisches Institut, 1928

[2.14] DIE PAPIERINDUSTRIE – Leistungsbericht PAPIER 2025. Berlin: Die Papierindustrie e. V., Mai 2025

[2.15] *Blechschmidt, J.* (Hrsg.): Altpapier. Leipzig: Fachbuchverlag 2011

[2.16] ISO 4046-4:2016-03-01 Paper, board, pulp and related terms – vocabulary. Part 4: Paper and board grades and converted products

[2.17] *Lehmann, H.; Richter, L.*: Werkstoffe der Papierverarbeitung. Leipzig: Fachbuchverlag 1979

3 Rohstoffe der Papiererzeugung

Von Jürgen Blechschmidt und Sabine Heinemann

3.1 Übersicht

Rohstoffgrundlage der Papiererzeugung sind die Papierfaserstoffe, wobei zwischen **Primär-** und **Sekundärfaserstoffen** unterschieden wird. Primärfaserstoffe werden direkt aus pflanzlichen Rohstoffen wie Holz und Nicht-Holzpflanzen (Ein- oder Mehrjahrespflanzen) gewonnen, Sekundärfaserstoffe aus Altpapier (siehe Kapitel 7). **Hadern** (Lumpen) kommen nur noch im geringen Maße zum Einsatz. Bis zur Erfindung der Verfahren zur Holzstoff- und Zellstofferzeugung im 19. Jahrhundert (siehe Kapitel 1) waren Lumpen (gebrauchte Textilien) die einzige Rohstoffquelle. **Synthetische** und **mineralische Faserstoffe** spielen eine untergeordnete Rolle und finden bei Spezialpapieren Anwendung (z. B. Glasfasern in Spezialfiltern oder Basaltfasern für Dämmstoffe).

Holz ist weltweit zu 95 % Rohstoffquelle [3.1]. Traditionell werden **Nicht-Holzpflanzen** als Rohstoff in Gebieten mit geringen Holzressourcen, größeren Flächen ungenutzten Agrarlandes und größeren Reststoffüberschüssen (z. B. Stroh) eingesetzt. Zellstoffe aus z. B. Jute, Flachs, Hanf, Sisal oder Bagasse sind für Spezialpapiere geeignet (z. B. Filterpapiere, Dünndruckpapiere). Aber auch außerhalb dieses Bereichs gewinnt die Erzeugung von Faserstoffen aus biogenen Agrarreststoffen zunehmend an Bedeutung, weshalb diesen Faserrohstoffen in Kapitel 8 ein besonderes Kapitel gewidmet ist. Das vorliegende Kapitel 3 befasst sich schwerpunktmäßig mit dem Rohstoff Holz.

Der Rohstoff **Holz** wird vor allem aus Durchforstungsholz und Sägewerksabfällen industriell gewonnen. In den tropischen und subtropischen Ländern stammt Faserholz vorwiegend aus Plantagen (z. B. Eukalyptusholz). Durch mechanische Zerfaserung von Holz (und geeigneter Nicht-Holzpflanzen) entsteht **Holzstoff** (siehe Kapitel 5), durch chemischen Aufschluss von Holz (oder Nicht-Holzpflanzen) entsteht **Zellstoff** (siehe Kapitel 6).

Während bei den auf chemischem Weg gewonnenen Zellstoffen mit Ausbeuten von 45...55 % gerechnet wird, liegen diese beim auf mechanischem Weg erzeugten **Holzstoff** bei 80...90 % und darüber. Aus der gleichen Masse Holz wird also im Vergleich zu Zellstoff etwa die doppelte Menge an Faserstoff gewonnen.

Tabelle 3.1 Entwicklung des weltweiten Verbrauchs an Faserstoffen und Papier [3.1] [3.3]

Faserstoffe	1980		2000		2010		2023	
Einheit	**Mio. t**	**%**	**Mio. t**	**%**	**Mio. t**	**%**	**Mio. t**	**%**
Altpapier	60		160		221		255	
Altpapier aufbereitet (90 %)	54	31	144	45	199	52	230	56
Zellstoff	93	54	145	46	152	40	180	44
Holzstoff	25	15	30	9	33	8		
Faserstoffe (gesamt)	172	100	319	100	384	100	410	100
Papier + Karton (gesamt)	171		325		394		413	

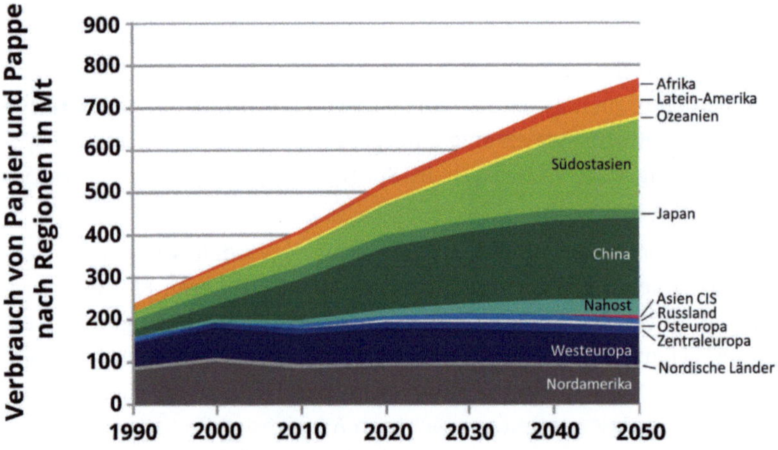

Bild 3.1 Prognose des Verbrauchs von Papier und Pappe nach Regionen bis 2050 [3.2]

Die Entwicklung des weltweiten Verbrauchs an Faserstoffen und Papier mit ihren Schwankungen der letzten Jahre ist in Tabelle 3.1 gezeigt. Danach wurden im Jahr 2023 44 % Primärfaserstoff (Zellstoff und Holzstoff) und 56 % Sekundärfaserstoff (Altpapier) verbraucht. Im März 2011 veröffentlichte die CEPI (Confederation of European Paper Industries) eine Roadmap 2050 als Diskussionspapier, das Wege zur Verringerung der industriellen Emissionen bis 2050 um 80 % gegenüber 1990 aufzeigen soll. In diesem Papier ist die voraussichtliche Entwicklung des Verbrauchs an Papier bis 2050 in Abhängigkeit von den Regionen als kontinuierlich mehr oder weniger steigend ausgewiesen (siehe Bild 3.1, [3.2]).

3.2 Aufbau und Zusammensetzung des Holzes

Makroskopisch gesehen ist Holz ein **Faserverbundwerkstoff**. Ungleichartige Elemente (= Fasern und andere Holzzellen) bewirken in einer speziellen räumlichen Verteilung und Vernetzung bessere Eigenschaften des Verbundwerkstoffs Holz, als seine Einzelkomponenten bereitstellen könnten. Sein Charakter als Verbundwerkstoff setzt sich auf mikroskopischer und submikroskopischer Ebene in der Zellwand fort. Somit ist Holz auch ein Mikro- bzw. Nanoverbundwerkstoff [3.4].

Holz besitzt aufgrund seines anatomischen Aufbaus und seiner chemischen Zusammensetzung eine einzigartige Zweckeignung als Rohstoff für die Erzeugung von Papier-Faserstoffen [3.4][3.5][3.6]. In Bild 3.2 ist der **Aufbau des Holzstammes** von außen nach innen dargestellt.

Die **Borke** (äußere Rinde) schützt den Baum vor den Gefahren der Außenwelt. Sie erneuert sich ständig, hält Regenwasser ab, verhindert bei Sonnenschein eine zu hohe Verdunstung und schützt gegen Kälte, Hitze, Pilz- sowie Insektenbefall.

Der **Bast** (innere Rinde) dient der Versorgung des Baums. Beim Laubholz zum Beispiel werden hier über Siebröhren die von den Blättern gebildeten Nährstoffe horizontal und stammabwärts transportiert. Die Dicke der Bastschicht einheimischer Holzarten beträgt 2...15 mm und nimmt mit zunehmendem Alter der Bäume ab. Dieses Pflanzengewebe lebt nur kurze Zeit, stirbt danach ab, verwandelt sich in Kork und wird schließlich Teil der Borke.

Das **Kambium** ist der eigentlich lebende Teil des Stammes. Es befindet sich als extrem schmale Zellschicht zwischen Holz und Rinde, behält bis zum Absterben des Baumes seine Teilungsfähigkeit und ist am Querschnitt des Baums mit bloßem Auge nicht sichtbar. Von Hormonen gesteuert, die mit der Nahrung von den Blättern oder Nadeln im Bast herabwandern, erzeugt es jedes Jahr durch Zellteilung nach außen neuen Bast und nach innen neues Holz. Diese Hormone (Auxine) bewirken das Zellwachstum. Sie werden von den Blattknospen der Zweigspitzen erzeugt, sobald diese im Frühjahr zu treiben beginnen. Die Kambiumzellen sind spindelförmig, dünnwandig, weich und unverholzt, ein Zustand, der für die Entrindung des Holzes von Bedeutung ist.

Das **Splintholz** ist die Wasserleitung des Baumes, die den Kronenraum versorgt. Splintholz ist junges Holz. Gleichzeitig mit der Bildung neuer Splintholzringe verlieren die inneren Zellen an Lebenskraft und verwandeln sich in Kernholz.

Das **Kernholz** ist die zentrale und stützende Säule des Baumes. Obwohl es selbst tot ist, behält es seine tragende Kraft, solange die äußeren Schichten noch leben. Als System hohler, nadelartiger Fasern, das durch Lignine zusammengehalten wird, ist es fest wie Stahl.

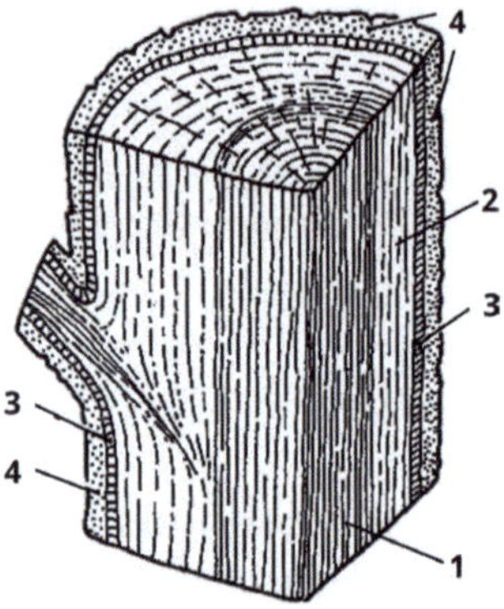

Bild 3.2
Schematischer Aufbau eines Holzstamms (bearbeitet nach [3.5])
1 Kernholz, 2 Splintholz, 3 Kambium (dargestellte Schichtbreite entspricht nicht der realen Größenordnung), 4 Rinde (Bast und Borke)

Der **Holzkörper** (Splintholz und Kernholz) besteht aus Zellen unterschiedlicher Art, Größe, Form und Verteilung. Gleichartige Zellen treten gruppenweise als größere Verbände (Gewebe) auf. Entsprechend der drei Hauptfunktionen des Holzkörpers im Baum – mechanische Festigung, Wasserleitung und Stoffspeicherung – können drei Gewebearten unterschieden werden:

- Festigungsgewebe,
- Leitgewebe und
- Speichergewebe.

Welche Zellarten in den Geweben bei Nadel- und Laubhölzern ständig vorkommen und diese Hauptfunktionen übernehmen, ist in Tabelle 3.2 zusammengestellt.

Tabelle 3.2 In den Pflanzengeweben von Nadel- und Laubhölzern ständig vorkommende Zellarten bzw. Faserarten und ihre Funktionen (nach *R. Wagenführ* [3.6])

Funktion	Nadelhölzer	Laubhölzer
Festigkeitsfunktion	Spätholztracheiden	Libriformfasern, Sklerenchymzellen
Leitungsfunktion	Frühholztracheiden	Tracheen (Gefäßzellen)
Speicherfunktion	Holzstrahlparenchym	Holzstrahlparenchym

Für die Papiererzeugung sind beim Nadelholz die **Früh-** und **Spätholztracheiden** und beim Laubholz die **Libriformfasern** besonders geeignet, da sie dank ihrer Länge und ihres Längen-Durchmesser-Verhältnisses (Schlankheitsgrads) wesentlich zu den Festigkeitseigenschaften des Papiers beitragen (Bild 3.3). Die Tracheiden machen bei den Nadelhölzern etwa 90 % der Holzsubstanz aus. Der Anteil der Libriformfasern variiert bei den einzelnen Laubholzarten sehr stark und beträgt im Durchschnitt nur 50 % der Holzsubstanz. In diesem Umstand ist die unterschiedliche Eignung der Holzarten für die Faserstofferzeugung begründet.

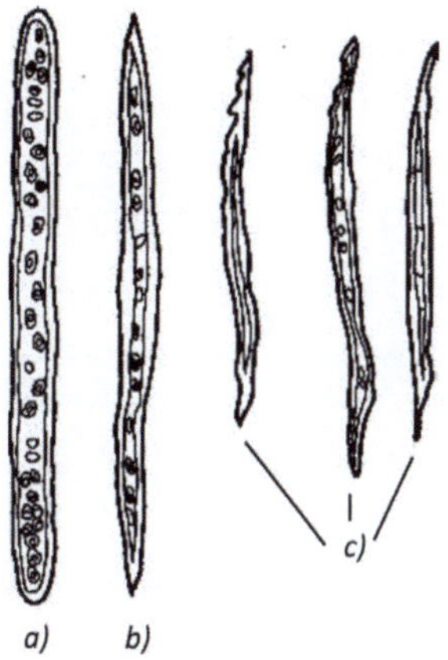

Bild 3.3
Schematische Darstellung von Nadelholztracheiden und Libriformfasern der Laubhölzer. a) Frühholztracheide, b) Spätholztracheide, c) Libriformfasern (bearbeitet nach *Blažej* [3.7])

Der Aufbau der papiertechnisch relevanten Fasern aus der **Zellwand** und dem **Lumen** lässt sich an Querschnitten durch Nadelholztracheiden am besten erläutern (Bild 3.4). Die Zellwand baut sich um das Lumen herum aus mehreren Wänden (Lamellen) auf, die ihrerseits aus Fibrillen bestehen (siehe auch Bild 3.5). Zahlenwerte für die Dicke und Anteile der einzelnen Lamellen der Zellwand bezogen auf die gesamte Faserwanddicke sind in Tabelle 3.3 zusammengestellt [3.8].

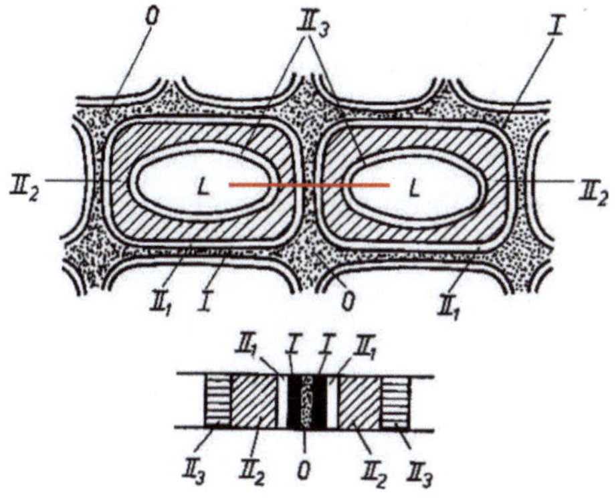

Bild 3.4
Schematischer Aufbau der Zellwand einer Nadelholztracheide (nach *Kerr* und *Bailey* [3.9]). Oben: Querschnitt durch zwei gleich große benachbarte Tracheiden; unten: vergrößerter Schnitt durch zwei benachbarte Faserwände (entspricht der roten Linie im oberen Schema)
0 Mittellamelle, I Primärwand, II Sekundärwand (II1 Außenschicht, II2 zentrale Schicht, II3 Innenschicht), L Lumen

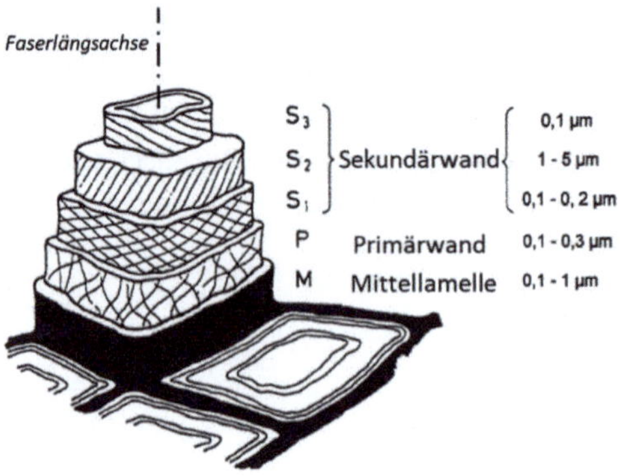

Bild 3.5
Struktur der Zellwand des Holzes mit Dickenangaben der jeweiligen Faserwandschichten (nach *Salmén* [3.10] und *Sjöström* [3.8])
M Mittellamelle, P Primärwand, S_1, S_2, S_3 Innen-, Mittel und Außenschicht der Sekundärwand

Tabelle 3.3 Dicke und Anteile der Faserwandschichten [3.8]

Faserwandschicht	Dicke in µm	Faserwandanteil in %
Primärwand P	0,1...0,3	7...14
Sekundärwand S_1	0,1...0,2	6...12
Sekundärwand S_2	1,0...5,0	75...85
Tertiärwand S_3	0,1	etwa 6

Die Abmessungen der Holzzellen sind für die verschiedenen Holzarten unterschiedlich (Bild 3.3). Das Verhältnis von Faserlänge zu Faserdurchmesser (auch bekannt als Schlankheitsgrad oder englisch Aspect ratio) liegt je nach Faserart zwischen 1 : 10 bis 1 : 110.

In chemischer Hinsicht ist die Zellwand ein **Bioverbundpolymer** und setzt sich aus den Makromolekülen Cellulose, Hemicellulosen (Polyosen) und Ligninen zusammen, die auch konstitutionelle Bestandteile (= Gerüstsubstanzen) genannt werden (Bild 3.6). Aufgrund ihrer strukturellen Vielfalt werden die Bezeichnungen für Hemicellulosen und Lignine im Plural verwendet. Cellulose und Hemicellulosen sind hydrophile, d. h. wasseranziehende Polysaccharide, die insgesamt gelegentlich auch als Holocellulose bezeichnet werden. Die Lignine sind aromatischer Natur und hydrophob, d. h. wasserabstoßend. [3.4]

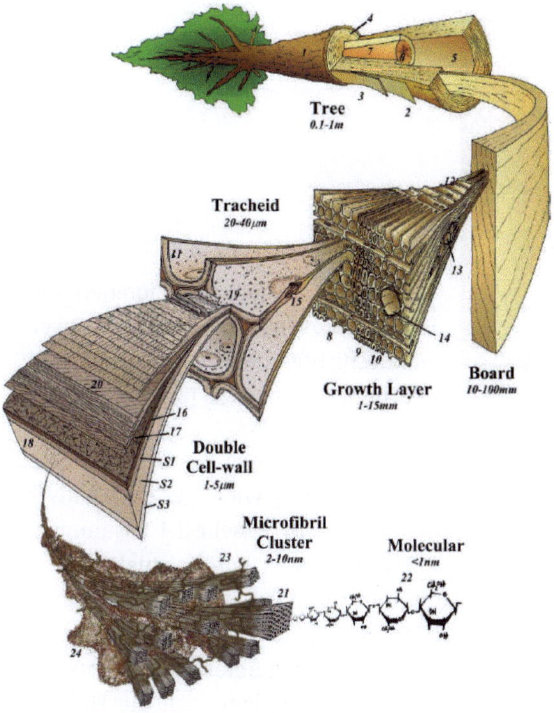

1 Stamm eines lebenden Baums
2 Kambium
3 Rinde
4 Borke
5 Splintholz
6 Kernholz
7 Jungholz
8 Frühholz
9 Spätholz
10 Übergangszone
11 Tracheide
12 Holzstrahlen
13 radialer Harzkanal
14 axialer Harzkanal
15 Hoftüpfel
16 Mittellamelle
17 Primärwand
18 Sekundärwand S_1, S_2, S_3
19 Warzenschicht
20 Faserwandschicht
21 Mikrofibrille
22 Cellulosemakromolekül
23 Hemicellulose„mantel"
24 Matrix aus Ligninen

Bild 3.6 Holz als Mikroverbundwerkstoff und Bioverbundpolymer am Beispiel von Nadelholz (nach *Harrington* [3.11], basierend auf *P. Hoffmann*, *O. Faix* und *R. Lehnen*)

Cellulose, Hemicellulosen und Lignine liegen in der Zellwand nicht als einfaches Gemisch oder Mischpolymerisat vor, sondern als filigranes Gefüge, das auch extrazelluläre Matrix genannt wird. Der genetische Code des Baums oder der Nicht-Holzpflanze steuert in Wechselwirkung mit Umwelteinflüssen die Ausbildung dieser Strukturen. Die enge Verbindung zwischen Polysacchariden und Ligninen zeigt sich dabei auch in der Bezeichnung für Holz als Lignocellulose oder als lignocellulosisches Material. [3.4]

In die Hohlräume der extrazellulären Matrix sowie in das Lumen sind kleinere Moleküle eingelagert, die **Inhaltsstoffe**, auch bekannt als akzessorische Bestandteile, Extraktstoffe oder Begleitstoffe. Zu diesen gehören z. B. Harze, Fette oder Wachse, aber auch Mineralstoffe. Ein wesentlicher Bestandteil der extrazellulären Matrix ist das **Wasser**, dessen Moleküle in die Nanostrukturen der Faserwand eindringen, dort mit den Gerüstsubstanzen und Inhaltsstoffen in Wechselwirkung treten und somit seine viskoelastischen und chemischen Eigenschaften wesentlich beeinflussen. [3.4]

Die Gerüstsubstanzen sind in der Zellwand sehr unterschiedlich verteilt (Bild 3.7, [3.12]). So befinden sich in der Mittellamelle 60...80 % der Lignine, in der Sekundärwand S2 nur etwa 22 %.

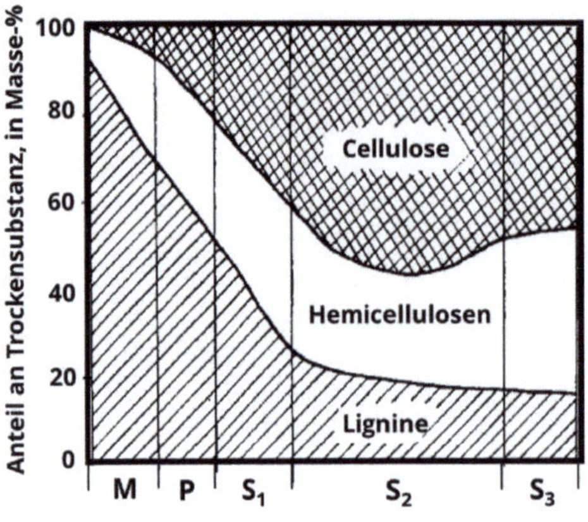

Bild 3.7
Verteilung von Cellulose, Ligninen und Hemicellulosen in den einzelnen Faserwandschichten (*Panshin & de Zeuw* [3.12], bearbeitet nach *Blažej* [3.7])

Morphologisch, chemisch und physikalisch unterscheiden sich die Holzarten deutlich. Am Beispiel ausgewählter, für die Faserstofferzeugung wichtiger einheimischer Holzarten, die mit ihren verschiedenen Benennungen in Tabelle 3.4 zusammengestellt sind, werden wichtige morphologische Eigenschaften wie beispielsweise Abmessungen oder Anteile von Tracheiden (Nadelholz) und Libriformfasern (Laubholz) in Tabelle 3.5 genannt. Wie aus Tabelle 3.6 ersichtlich, variiert mit der Baumart auch der Anteil der chemischen Komponenten, deren Verteilung einen signifikanten Einfluss auf die Faserstofferzeugung hat. Erheblich unterscheiden sich die Holzarten auch in den physikalischen Eigenschaften (Tabelle 3.7). Schon kurz nach der Einführung des Holzes als Faserrohstoff für die Papierindustrie in der Mitte des 19. Jahrhunderts wurden erste physikalisch begründete Untersuchungen durchgeführt, aus den verfügbaren Nadel- und Laubholzarten die für einen bestimmten Verwendungszweck am besten geeigneten herauszufinden [3.13]. Aufgrund der unterschiedlichen morphologischen, chemischen und physikalischen Eigenschaften der Holzarten, bei denen besonders die Rohdichte bzw. Darrdichte von Bedeutung sind, variiert die Zweckeignung der Holzarten für die Faserstofferzeugung.

Tabelle 3.4 Ausgewählte einheimische Faserholzarten und ihre Benennungen

Benennung	Fichte	Kiefer	Lärche	Pappel, Espe	Birke	Buche
Botanischer Gattungsname	*Picea*	*Pinus*	*Larix*	*Populus*	*Betula*	*Fagus*
Botanische Bezeichnung der ausgewählten Arten	*Picea abies* (L.) H. Karst.	*Pinus sylvestris* L.	*Larix decidua* Mill.	*Populus nigra* L., *Populus tremula* L.	*Betula pendula* Roth, *Betula verrucosa* Ehrh.	*Fagus silvatica* L.

Benennung	Fichte	Kiefer	Lärche	Pappel, Espe	Birke	Buche
Gebräuchliche deutsche Bezeichnung	Gemeine Fichte	Gemeine Kiefer	Europäische Lärche	Schwarzpappel, Zitterpappel	Hänge-Birke	Rotbuche, Hainbuche
Andere Bezeichnungen	Rottanne	Wald-Kiefer, Föhre	–	Aspe	Gemeine Birke, Sandbirke	–
Englische Bezeichnung	Common spruce	Scots pine	European larch	Poplar, Aspen	Birch	Common beech

Tabelle 3.5 Morphologische Eigenschaften von Tracheiden (Nadelholz) und Libriformfasern (Laubholz) ausgewählter einheimischer Holzarten, zusammengestellt aus verschiedenen Literaturquellen [3.14][3.15][3.16][3.17][3.18]

Morphologische Eigenschaften	Fichte	Kiefer	Lärche	Pappel, Espe	Birke	Buche
Faserlänge in µm	2600...3800	2600...4400	1400...6200	200...1600	800...1800	700...1700
Faserbreite (Faserdurchmesser) in µm	25...69	30...75	24...52	13...30	18...36	15...29
Schlankheitsgrad (Verhältnis Faserlänge zu Faserdurchmesser)	65:1 bis 110:1	60:1 bis 87:1	58:1 bis 120:1	36:1 bis 65:1	44:1 bis 50:1	47:1 bis 59:1
Lumendurchmesser in µm	4...80	–	–	5...50		–
Faserwanddicke in µm	Frühholz 2...3 Spätholz 6...8		–	2...7	3...5	4...6
Zellumfang in µm	–	–	–	63	60	54
Raumanteil der Zellarten am Holz in %	93...95	91...95	89...93	59...63	60...68	35...44
Wandanteil am Holzquerschnitt in %	25...93	–	47	33...46	45...67	82...87

Tabelle 3.6 Chemische Zusammensetzung ausgewählter einheimischer Holzarten, angegeben als Anteil in % Trockenmasse, zusammengestellt aus verschiedenen Literaturquellen [3.15][3.18][3.19]

Chemische Bestandteile	Fichte	Kiefer	Lärche	Pappel, Aspe	Birke	Buche
Cellulose	54...59	48...55	46	44...52	38...51	42...52
Lignine	27...30	26...29	29...30	20...23	19...27	18...23
Hemicellulosen	14...20	18...22	24...25	18...26	27...28	21...27
Hexosane	16,4	14,3	17,6	4,3	3,9	2,3
Pentosane	6,8	9,1	7,1	25,3	19,7	22,1
Harze, Fette	2,3	3,0...6,0		3,2	1,8	1,8
Mineralstoffe*)	0,3...0,8	0,2...0,5	0,17...1,0	0,7...1,0	0,2...0,6	0,3...1,2

*) In älteren Literaturquellen wird der Mineralstoffanteil unrichtig als Asche bezeichnet.

Tabelle 3.7 Physikalische Eigenschaften ausgewählter einheimischer Holzarten nach *Knigge* [3.20] und *Wagenführ* [3.17]

Physikalische Eigenschaften	Fichte	Kiefer	Lärche	Pappel, Espe	Birke	Buche
Darrdichte in g/cm^3	0,30...0,64	0,30...0,86	0,40...0,82	0,37...0,52 0,36...0,56	0,46...0,80	0,49...0,88
Rohdichte (lufttrocken) in g/cm^3	0,33...0,68	0,33...0,89	0,44...0,85	0,41...0,56 0,40...0,60	0,51...0,83	0,54...0,91
Porenanteil in %	71	67	63	73 70	59	55
Feuchtegehalt in %	30...34	30...34 (Splintholz) 24...28 (Kernholz)		32...35		

3.3 Holzqualität

Für die Faserstofferzeugung ist die Qualität des vom Forst bereitgestellten Holzes (Rohholz) von Bedeutung. Bis Ende 2008 wurde Holz in Deutschland auf der Grundlage des Gesetzes über die gesetzlichen Handelsklassen für Rohholz aus dem Jahr 1969 sortiert. Viele Informationen im Internet über die **Sortimentsvorschriften für Industrieholz** basieren noch immer auf diesem heute nicht mehr aktuellen Gesetz [3.21]. Mit der Aufhebung der Richtlinie 68/89/EWG verlor in Deutschland auch die gesetzliche Handelsklassensortierung für Holz zum 31. 12. 2008 ihre Gültigkeit [3.22]. Als Nachfolgelösung wurde zwischen Vertretern des Waldeigentums und der Holzabnehmerseite Ende 2014 eine freiwillige Rahmenvereinbarung für den Rohholzhandel in Deutschland (RVR) gefunden, die inzwischen in der 6. Auflage vorliegt [3.23] und Rohholz definiert als gefällte, entwipfelte und/oder entastete Bäume sowie im Wald bereits entrindete, abgelängte, gespaltene oder zerkleinerte Baumteile ohne weitere Bearbeitung oder Behandlung. Lt. RVR wird Rohholz nach Holzart, Sortiment, Qualität und Dimension sortiert.

Bei der Sortierung nach Sortimenten wird zwischen Stammholz, Industrieholz und Energieholz unterschieden. Letzteres wird hier nicht weiter betrachtet.

Stammholz ist Rundholz, das für eine stoffliche Nutzung insbesondere in der Säge- oder Furnierindustrie vorgesehen ist. Dabei wird differenziert zwischen Stammholz-lang (zufällige Längen) und Stammholz-Abschnitten (einheitliche Bestelllängen von bis zu 6 m).

Die Stärke der normal in 2 m ausgehaltenen Stammstücke liegt zwischen mindestens 8 cm (am schwächeren Ende gemessen) und höchstens 30 cm (am stärkeren Ende gemessen). Es wird sowohl als **INS** = Schichtholz (Kurzholz 1 bis 2 m lang) als auch als **INL** = Langholz (baumfallende Längen und Kranlängen von 4 bis 6 m) gehandelt. Schichtholz wird nach **Raummeter** (= 0,75 m^3 Holzmasse-Festmeter), Langholz nach **Masse** (**otro** = ofentrocken, als reines Substanzgewicht, und **lutro** = lufttrocken, mit Feuchtigkeitsanteilen) angeboten.

Rohholz für die Faserstofferzeugung wird oft als **Faserholz** oder **Industrieholz** bezeichnet und unterteilt in Industrieholz-lang (IL, Länge > 3 m), Industrieholz-kurz (IS, Länge 1...3 m) und Waldhackschnitzel (HS bzw. WHI). Folgende Qualitätsklassen sind definiert:

N	normales Holz	gesund, nicht grobastig, keine starken Krümmungen zusätzliche Forderung für Schleifholz: frisch, keine Verfärbungen
F	fehlerhaftes Holz	leicht anbrüchig, groblastig oder krumm
K	krankes Holz	stark anbrüchig, jedoch gewerblich verwendbar

Sägenebenprodukte, veraltet auch als Industrierestholz bezeichnet [3.24], sind **Schwarten** und **Spreißel** (Säumlinge), die bei der Erzeugung von Schnittholz in den Sägewerken anfallen. Das Material wird meist in mit Bandeisen gebundenen **Großbunden** von 2,50...6,00 m Länge und bis 80 cm Durchmesser angeboten, zum Teil auch als **Hackschnitzel**. Hackschnitzel werden von den Sägewerken aus Schwarten und Spreißeln erzeugt. **Hackspäne** fallen in Profilzerspanern bei der Erzeugung von Kantholz an. Der Verkauf dieser beiden Sortimente erfolgt nach **Schüttkubikmetern** oder nach **Masse** (otro und lutro). Die Hackschnitzel müssen entrindet sein.

Literatur

[3.1] DIE PAPIERINDUSTRIE – Leistungsbericht PAPIER 2025. Berlin: Die Papierindustrie e. V., Mai 2025

[3.2] Unfold the Future – The Forest Fibre Industry in 2050, Investing in Europe for Industry Transformation, Roadmap to a low-carbon bio-economy. Brüssel: Confederation of European Paper Industries (CEPI), 2011

[3.3] Key Statistics 2023, European Pulp and Paper Industry. Brüssel: Confederation of European Paper Industries (CEPI), 2024, *https://www.cepi.org/wp-content/uploads/2024/09/Key-Statistics-2023-FINAL-2.pdf*, abgerufen am 17. 6. 2025

[3.4] *Faix, O.*: Holz als Mikro- und Nanoverbundpolymer. Abschnitt 1.3.1 in: *Wagenführ, A.; Scholz, F.* (Hrsg.): Taschenbuch der Holztechnik. Leipzig: Fachbuchverlag Leipzig im Carl Hanser Verlag, München, 2018, 47 – 49

[3.5] *Blechschmidt, J.; Naujock, H.-J.* (Hrsg.): Taschenbuch der Papiertechnik. 3., neu bearbeitete und erweiterte Auflage. München: Carl Hanser Verlag, 2021

[3.6] *Wagenführ, R.*: Anatomie des Holzes. 5. völlig überarbeitete Auflage. Leinfelden-Echterdingen: DRW-Verlag Weinbrenner GmbH & Co., 1999

[3.7] *Blažej, A.*: Chemie des Holzes. Leipzig: Fachbuchverlag 1979

[3.8] *Sjöström, E.*: Wood chemistry – Fundamentals and applications. 2nd edition, 293 pp. San Diego/USA: Academic Press, 1993

[3.9] *Kerr, T.; Bailey, I. W.*: The cambium and its derivative tissues: No. X. Structure, optical properties and chemical composition of the so-called middle lamella. J. Arnold Arboretum 15 (1934) 4: 327 – 349, *https://doi.org/10.5962/p.185316*, abgerufen am 17. 6. 2025

[3.10] *Salmén, L.*: Mechanical properties of wood fibers and paper. In: *Nevell, T. P.; Zeronian, S. H.* (Hrsg.), Cellulose chemistry and its applications, Chichester: Ellis Horwood Ltd. 1985, Chapter 20, 505 – 530

[3.11] *Harrington, J. J.*: Hierarchical modelling of softwood hygro-elastic properties. Doctoral Thesis, University of Canterbury, Christchurch, New Zealand, 2002

[3.12] *Panshin, A. J.; de Zeuw, C.*: Textbook of wood technology.3rd edition, New York: McGraw-Hill, 1970

[3.13] *Rostosky, G.*: Beobachtungen beim Schleifen verschiedener Hölzer. Wochenblatt für Papierfabrikation. 1. Jahrgang (1870), Hefte 27, 28, 29, 30, 31, 32, 36, 37, 38, 39

[3.14] *Trendelenburg, R.; Mayer-Wegelin, H.*: Das Holz als Rohstoff. 2. Auflage, München: Hanser Verlag, 1955

[3.15] Papiermacher Taschenbuch. Leinfelden-Echterdingen: Haefner-Verlag GmbH, 2007

[3.16] *Ezpeleta, L. B.; Simon, J. L. S.*: Atlas de fibras para pasta de celulosa II parte, Vol. 1, 107 S. Madrid: Ministerio de Agricultura, 1970

[3.17] *Wagenführ, R.; Wagenführ, A.*: Holzatlas. 7. überarbeitete und ergänzte Auflage. München: Carl Hanser Verlag, 2021

[3.18] *Blechschmidt, J., Opherden, A.*: Technologie der Holzstoff-Erzeugung. Leipzig: Fachbuchverlag, 1985

[3.19] *Koch, G.*: Raw material for pulp. In: *Sixta, H.* (Hrsg.): Handbook of pulp, Volume 1. Weinheim: Wiley-VCH, 2006, S. 21–59

[3.20] *Knigge, W.; Schulz, H.*: Grundriss der Forstbenutzung. Hamburg: Parey, 1966

[3.21] Gesetz über gesetzliche Handelsklassen für Rohholz. Bundesgesetzblatt Teil I, Nr. 16, S. 149, ausgegeben in Bonn am 28. 2. 1969, aufgehoben zum 31. 12. 2008 *https://www.bgbl.de/xaver/bgbl/text.xav?SID=&tf=xaver.component.Text_0&tocf=&qmf=&hlf=xaver.component.Hitlist_0&bk=bgbl&start=%2F%2F*%5B%40node_id%3D%271077189 %27%5D&skin=pdf&tlevel=-2&nohist=1&sinst=5C190291*, abgerufen am 23. 6. 2025

[3.22] Kurzinformation Qualitätssortierung von Rohholz. Wissenschaftliche Dienste des Deutschen Bundestags, WD 5 - 3000 - 087/20 vom 20. August 2020, *https://www.bundestag.de/resource/blob/794028/WD-5-087-20-pdf.pdf*, abgerufen am 23. 6. 2025

[3.23] Rahmenvereinbarung für den Rohholzhandel in Deutschland (RVR). Gülzow-Prüzen: Fachagentur für Nachwachsende Rohstoffe e. V. (FNR), 6. aktualisierte Auflage, 2024, *https://www.fnr.de/fileadmin/Projekte/2024/Mediathek/Brosch_RVR_Nachdruck_241210_web.pdf*, abgerufen am 23. 6. 2025

[3.24] *Göttsching, L.; Katz, C.* (Hrsg): Papier-Lexikon. Gernsbach: Deutscher Betriebswirte-Verlag, 2007

4 Holzvorbereitung für die Faserstofferzeugung

Von Eberhard Dobschall, überarbeitet von Imanuel Kriesten

Die Holzvorbereitung spielt eine entscheidende Rolle bei der Herstellung von Primärfaserstoffen, da Holz den mit Abstand größten Anteil an den Herstellkosten ausmacht. Aus diesem Grund ist eine effiziente Organisation dieses Prozesses von größter Bedeutung.

Im deutschsprachigem Raum werden hierfür hauptsächlich die beiden nachfolgenden Rohstoffe verwendet: Sägewerksrestholz in Form von Hackschnitzeln und Rundholz aus der Waldpflege, wie etwa Durchforstungsholz oder Kalamitäten (z. B. Sturmschäden oder Käferholz). Die Nutzung dieser Materialen trägt maßgeblich zu einer nachhaltigen und gesunden Waldbewirtschaftung bei.

Die **Aufgaben der Holzvorbereitung** (Bild 4.1) sind:

- die Annahme und Lagerung des Rundholzes oder der Hackschnitzel,
- das Entrinden und Hacken des Rundholzes sowie
- die Lagerung der eigen produzierten Hackschnitzel wie auch der Rinde.

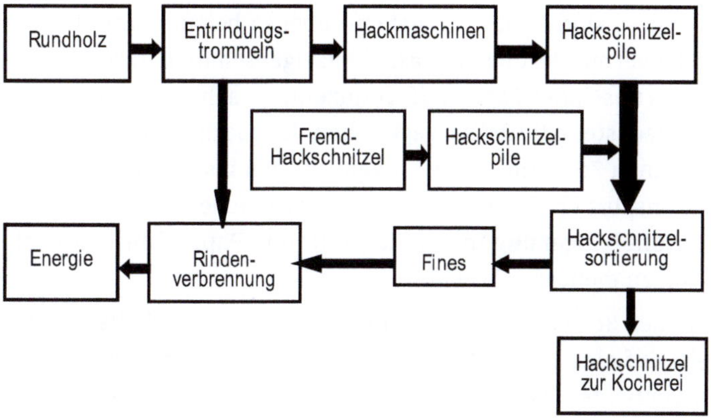

Bild 4.1 Schema der Holzvorbereitung einer Zellstoff-Fabrik

In Abhängigkeit vom herzustellenden Faserstoff kommen unterschiedliche Baumarten zum Einsatz. Für die Erzeugung von Langfaserzellstoffen werden **Nadelhölzer** wie Fichte und Kiefer verwendet. Der Bereich von Kurzfaserzellstoffen wird von **Eukalyptus-Arten** dominiert. In Europa und Nordamerika werden auch andere **Laubhölzer** wie Ahorn, Birke, Buche und Pappel verwendet. Zwischen den einzelnen Baumarten gibt es in Bezug auf die Holzvorbereitung zum Teil erhebliche Unterschiede, z. B. im Entrindungswiderstand oder der Lagerstabilität. Im Idealfall sollte daher im gesamten Prozess der Lagerung und Verarbeitung ist auf eine strikte Trennung der einzelnen Arten geachtet werden.

Die Anlieferung von Rundholz und Hackschnitzeln erfolgt überwiegend per Bahn oder per Lkw (Bild 4.2), bei Anschluss an Wasserwege auch per Schiff. Der Umschlag des Rundholzes wird mittels stationären Krananlagen, Mobilkränen oder mobilen Greiferfahrzeugen vorgenommen.

Bild 4.2
Entladung Rundholz von einem Lkw (Quelle: MERCER/E. Dobschall)

4.1 Lagerung von Rundholz

Die Abhängigkeit der Effektivität des Aufschlussprozesses und der Bleichreaktionen vom Feuchtegehalt des Holzes sind heute weitgehend ebenso bekannt wie die Verluste an Holzmasse und die Verminderung der Festigkeitseigenschaften durch eine zu lange Holzlagerung. Dem Wunsch der Faserstoffproduzenten nach einer konstanten Qualität des gelieferten Holzes steht die Praxis gegenüber, das geerntete Holz im Wald in Stapeln (Poltern) über einen Zeitraum von wenigen Wochen bis zu mehreren Monaten zu lagern. Der Abtransport erfolgt auf Abruf bzw. entsprechend der Marktsituation. Die **Dauer der Rundholzlagerung** in den Zellstoff- und Papierfabriken reicht von wenigen Tagen bis hin zu mehreren Wochen.

Trotz der damit verbundenen Schwankungen besonders des Feuchtegehalts des Holzes wird mehr und mehr auf eine Berieselung (Besprengen) des Holzes mit Wasser während der Lagerung verzichtet. Neben einer nicht unerheblichen Kosteneinsparung werden damit die Risiken einer Grundwasserverschmutzung minimiert. Das Berieseln des Holzes ist ohnehin nur zweckmäßig, wenn der Zeitraum zwischen der Ernte und dem Lagern des Rundholzes sehr kurz gehalten wird, was durch die gängige Praxis der Holzlagerung im Forst kaum gewährleistet werden kann.

Die **Rundholzstapel** werden auf gut befestigtem Untergrund errichtet, wobei neben einer sicheren Platzentwässerung eine ausreichende Belüftung (Luftzirkulation) gewährleistet werden muss, um Staunässe zu verhindern [4.1]. Von entscheidender Bedeutung ist die ausreichende Befestigung des Untergrundes und der Transportwege, da hier durch das Rangieren der mobilen Greifer erhebliche Belastungen entstehen.

4.2 Entrindung

Die **Entrindung** stellt einen der wichtigsten Prozessschritte der Faserstofferzeugung dar.

Bei der Herstellung der verschiedenen Faserstoffarten werden unterschiedliche Anforderungen an den Grad der Entrindung des Rundholzes gestellt. Der höchste Entrindungsgrad wird bei **Schleifholz** angestrebt.

Bei der Zellstofferzeugung führt schlechte Entrindung generell zu

- einer niedrigeren Ausbeute,
- einer längeren Kochdauer,
- höheren Chemikalienverbräuchen bei der Bleiche und
- einem niedrigeren Weißgrad.

Außerdem werden über die Rinde Sand und andere Verunreinigungen in den Prozess eingebracht. Bei der Herstellung von Sulfitzellstoff kommt es zu Problemen durch Reaktionen von phenolischen Substanzen der äußeren Rinde. Niedrigere Anforderungen an den Entrindungsgrad werden beim **Sulfatverfahren** gestellt. Aber auch hier kommt es bei zu hohem Rindenanteil zu den oben aufgeführten negativen Auswirkungen auf das Kochergebnis.

In der Holzvorbereitung der Zellstoff- und Papierindustrie hat sich die **Trommelentrindung** weitestgehend durchgesetzt. Weitere Entrindungsverfahren sollen deshalb hier nicht weiter ausgeführt werden. Die Entrindung wird heute überwiegend trocken vorgenommen, da die Kosten für eine Nassentrindung höher liegen, begründet in erforderlichen größeren Durchmessern und Längen der Entrindungstrommeln sowie einem erheblich größeren Aufwand für die Wasseraufbereitung.

Die Holzzuführung (Bild 4.3) zu modernen Entrindungstrommeln erfolgt kontinuierlich. Ein Beispiel dafür ist das GentleFeed™-System von Valmet, das auf dem Prinzip des **Schubbodens** basiert. Das Holz wird in Bündeln in das System eingebracht. Die

Stahlplatten des Schubbodens werden hydraulisch gleichzeitig in Richtung der Entrindungstrommel bewegt und nehmen die Holzbündel mit. Die Rückführung der Bodenplatten erfolgt einzeln und versetzt, wodurch die Rundholzstämme an ihrem Platz verbleiben und mit der nächsten Bewegung der Schubbodenplatten wiederum in Richtung Trommel transportiert werden. Dieses System sorgt neben geringeren Instandhaltungskosten für niedrigere Holzverluste, da die Schnittflächen der Stämme weniger beschädigt werden.

Bild 4.3 Beschicken der Holzzuführung (Quelle: MERCER/E. Dobschall)

Da sich gefrorene Rinde nur schwer vom Holz lösen lässt, kann es erforderlich sein, vor dem Holzzuführungssystem eine Enteisung des Holzes vorzunehmen (mittels Heißwasser bzw. Dampf).

Die **Trommelwand** besteht aus soliden Stahlplatten. In die Wand sind Schlitze eingearbeitet, durch die die Rinde auf ein unter der Trommel laufendes Transportband fällt. Die Trommellänge variiert meist zwischen 16...40 m, der Durchmesser zwischen 4...5,5 m.

Bild 4.4 Entrindungstrommel und Waschwasser-Aufbereitung (Quelle: MERCER/E. Dobschall)

Die **Entrindung** des Rundholzes erfolgt durch das Aneinanderschlagen und die Reibung der Stämme untereinander sowie an der Trommelwand, unterstützt von Mitnehmern, die an der Wand in Längsrichtung angebracht sind (Bild 4.4). Durch die leichte Neigung der Trommel bewegen sich die Stämme in Richtung Austragsöffnung. Mit einem dort vorhandenen verstellbaren Tor kann die Verweildauer der Stämme in der Trommel verändert werden. Der Trommeldurchmesser, die Trommellänge, die Verweildauer, die Trommeldrehzahl und der gewünschte Entrindungsgrad stehen in direktem Zusammenhang.

Verarbeitet wird Rundholz üblicherweise mit einer Länge von 2...6 m, wobei die maximale Länge in Anhängigkeit von der Trommellänge und der Auslegung der folgenden Anlagen auch größer sein kann. Das Entrinden von Stämmen unterschiedlicher Länge kann zu Blockaden am Trommelausgang führen, deren Beseitigung arbeits- und zeitintensiv ist. Ebenso ungünstig ist das gleichzeitige Verarbeiten von Stämmen mit geringem und großem Durchmesser, da hierbei die dünneren Stämme in kurze Stücke gebrochen werden können, was zu höheren Holzverlusten und beim anschließenden Hacken zu ungleichmäßigeren Hackschnitzeln führt. Mit modernen **Entrindungstrommeln** ist das Erreichen eines Rindenanteils von < 1 % möglich [4.2].

Nach Passieren der Entrindungstrommel werden die Stämme üblicherweise gewaschen. Das Waschwasser wird in einer mechanischen Reinigungsanlage von Sand und anderen Verschmutzungen befreit und im Kreislauf geführt. Der Anlage fließt kontinuierlich eine geringe Menge Frischwasser zu und der Überlauf wird zur betrieblichen Abwasserreinigung geleitet. Der Transport der Stämme durch den Waschdüsenrahmen erfolgt zweckmäßig mit **Stachelwalzen** (Bild 4.5).

Bild 4.5
Stachelwalzen
(Quelle: MERCER/E. Dobschall)

Vor dem Hacken passieren die Stämme einen **Metalldetektor** (Magnetspule). Bei Erkennen von Metall (Nägel, Schrauben, aber durchaus auch Splitter und Geschossteile oder andere eingewachsene größere Metallteile) wird unmittelbar die Fördereinrichtung gestoppt. Auch die Entrindungstrommel wird angehalten, um eine gleichmäßige Entrindung ohne Zunahme der Holzverluste zu erreichen. Die Metall-enthaltenden Stämme werden mittels Kran von der Fördereinrichtung entfernt und die Anlage wieder gestartet.

Außerdem wird vor dem Hacken der Durchmesser der Stämme erfasst. Bei Überschreiten des vorgegebenen Maximalwertes (der bei Nadelholz ca. 75 cm beträgt) wird die Anlage ebenfalls gestoppt, und die zu starken Stämme werden ausgesondert.

4.3 Hacken

Besonders bei der Herstellung von **Hackschnitzeln** für die Zellstofferzeugung wird eine möglichst gleichmäßige Hackschnitzelform und -größe angestrebt. Nicht nur die Länge der Schnitzel beeinflusst die Imprägnierung mit Kochflüssigkeit bei der Kochung. Besonders beim Sulfatverfahren kommt der gleichmäßigen Dicke eine entscheidende Bedeutung zu. Ungleichmäßige Hackschnitzel führen zu ungleichmäßigem Aufschluss und letzten Endes zu niedrigerer Ausbeute.

Von enormer Wichtigkeit ist die Gleichmäßigkeit der Hackschnitzel aber auch für das gleichmäßige Füllen (Packen) der Hackschnitzel in diskontinuierlichen Kochern. Zum einen ist es zwingend erforderlich, eine Kanalbildung beim Füllen mit Kochflüssigkeit zu vermeiden, zum anderen soll die gewünschte Pfropfenströmung erreicht werden, die für eine gute Imprägnierung und damit für einen gleichmäßigen Aufschluss unerlässliche Voraussetzung ist.

Die Länge der Hackschnitzel muss der Faserlänge der jeweiligen Holzart angepasst werden, da die ansonsten auftretende Faserschädigung zu Festigkeitseinbußen beim Endprodukt führt. Vom Hersteller bzw. Lieferanten der Hackmaschinen müssen diese Verhältnisse dementsprechend bei der Auslegung der Anlagen berücksichtigt werden, da operative Änderungen kaum möglich sind.

4.3.1 Einflussgrößen der Hackschnitzel auf die Qualität des Faserstoffes

Für die Qualität des zu produzierenden Faserstoffes ist die Einhaltung der erforderlichen Qualitätsparameter der Hackschnitzel von ausschlaggebender Bedeutung. Die wichtigsten Einflussgrößen sind:

- Dicke und Dickenverteilung,
- Länge und Längenverteilung,
- Trockengehalt,
- Rohdichte,
- Schüttdichte,
- Rindenanteil.

Die Anforderungen an diese Eigenschaften sind vom Verfahren der Faserstofferzeugung abhängig. Um die Qualität der Hackschnitzel bewerten zu können, werden nach den Hackern Proben entnommen. Gleiches gilt für die angelieferten Hackschnitzel. In der Vergangenheit wurden diese Proben überwiegend in **Laborsichtern** auf ihre Fraktionszusammensetzung untersucht, inzwischen setzen sich auch in diesem Bereich vollautomatisierte Probennehmer mit einer anschließenden optischen Messung durch.

Vorteil der Online-Messungen sind eine erheblich höhere Probendichte und ein viel geringerer zeitlicher Versatz zwischen Probennahme und Messwerterzeugung. Über moderne Sensorik können zudem die Entrindungsqualität und die Helligkeit der Hackschnitzel gemessen werden, eine frühzeitige Reaktion auf Qualitätsschwankungen ist somit möglich.

Tabelle 4.1 Beispiel für die Bewertung der Hackschnitzelfraktionen

Siebmehl	bis 3 mm	Sieblochung
Feinanteil	3...7 mm	Sieblochung
Gutkorn II	7...13 mm	Sieblochung
Gutkorn I	13...45 mm	Sieblochung
Dickanteil	> 8 mm	Stab
Grobanteil	> 45 mm	Sieblochung

4.3.2 Einflussfaktoren auf die Qualität der Hackschnitzel

Die Qualität der Hackschnitzel wird neben dem ausgewählten Faserrohstoff durch die vorherrschenden Bedingungen beim Hackvorgang beeinflusst.

Rohstoffbedingte Einflüsse:

- Verarbeitung getrennt nach Sorten bzw. Arten,
- Verarbeitung möglichst langer Stämme,
- möglichst geringer Trockengehalt, d. h., möglichst frisches Holz,
- kein gefrorenes Holz.

Anlagenbedingte Einflüsse:

- geeigneter Hackertyp (optimale Winkel, seitlicher, da schonender Austrag der Hackschnitzel),
- Einhaltung der Messerwechselintervalle, festgelegt nach Hackschnitzelqualität,
- möglichst geringe Rotationsgeschwindigkeit der Messerscheibe,

- spezielle variable Einstellungen (z. B. Abstand zum Gegenmesser),
- gleichmäßige Geschwindigkeit der Holzzuführung zum Hacker,
- gleichmäßiger Mengenstrom zum Hacker,
- optimale Ausrichtung der Stämme zur Messerscheibe (keine quer liegenden Holzstücke).

4.3.3 Hacker

Für das Hacken von Rundholz werden im deutschsprachigen Raum in der Zellstoff- und Papierindustrie meist **Scheibenhacker** verwendet.

Das Rundholz wird dem Hacker über eine Schurre zugeführt, die entsprechend des erforderlichen Einlaufwinkels geneigt ist. Die Messer sind in der Messerscheibe radial angeordnet. Die Hackschnitzel passieren die Scheibe durch Schlitze und werden in modernen Hackern meist seitlich oder am Boden ausgetragen. Die Masse der Messerscheibe erfordert ein entsprechend dimensioniertes Antriebsaggregat. Die erforderliche Antriebsleistung für einen Scheibenhacker beträgt 1,5...2 MW [4.3].

In modernen Hackern werden überwiegend **Wendemesser** eingesetzt. Die Häufigkeit des Messerwechsels ist von der Holzart und den vorherrschenden Bedingungen beim Hacken abhängig und liegt beim Hacken von Nadelholz bei ca. zwei Wechseln pro Woche.

Neben den genannten Sturzhackern (Bild 4.6) kommen **Hackmaschinen** mit geneigter Messerscheibe zum Einsatz, z. B. der Andritz HHQ™ Chipper. Die Zuführung des Holzes erfolgt bei Hackern dieser Bauart waagerecht mithilfe von Band- und/oder Kettenförderern, was zu einer exakten Ausrichtung der Stämme bis unmittelbar vor die Messer führt [4.4].

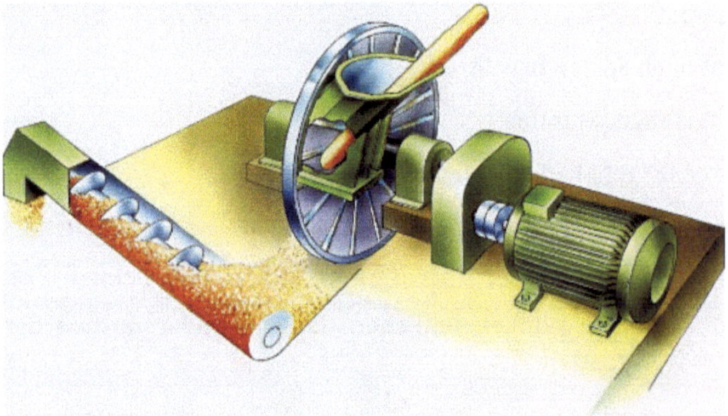

Bild 4.6 Sturzhacker Camura GS™ Chipper (Quelle: Courtesy by Valmet)

Von besonderer Bedeutung für die Qualität der Hackschnitzel ist die exakte Einhaltung der **Zulauf- und Schnittgeometrie** (Bild 4.7) [4.5].

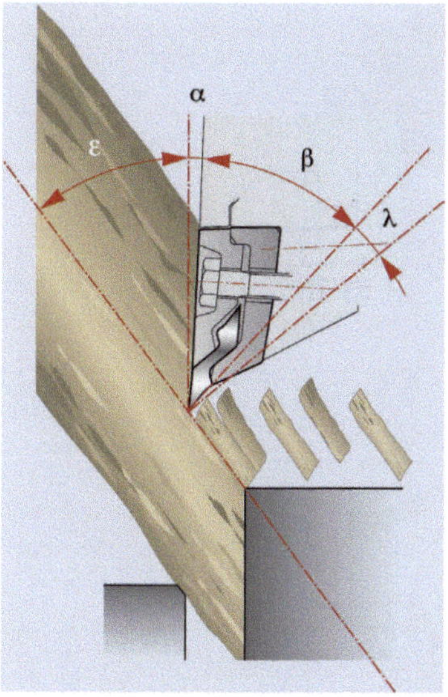

Bild 4.7
Winkel beim Hackvorgang (Quelle: Iggesund Tools)
ε Einlaufwinkel 32...35° (Kleinere Winkel resultieren in dünneren Hackschnitzeln. Der Einlaufwinkel wird durch die Neigung der Schurre festgelegt.) *α* Anstellwinkel 3...4°; *β* Schneidwinkel ca. 35°; *λ* Komplementärwinkel zu 90°; *L* Hackschnitzellänge; *T* Messerhöhe; $L = T/\sin \varepsilon$

4.4 Lagerung der Hackschnitzel

Die Hackschnitzel werden entweder in **geschlossenen Silos** (Bild 4.8) oder auf **offenen Piles** (Bild 4.9, Bild 4.10), zu denen sie mittels Transportbändern gefördert werden, gelagert. Die Entnahme erfolgt in beiden Fällen nach dem Prinzip „First in – First out" am Boden mittels umlaufender bzw. traversierender Förderschnecken. Bei offenen Piles ist dringend darauf zu achten, dass durch eine entsprechende Fahrweise die Fallhöhe der Hackschnitzel möglichst gering gehalten wird, da es ansonsten zu starken Verwehungen insbesondere des Feinanteils kommen kann.

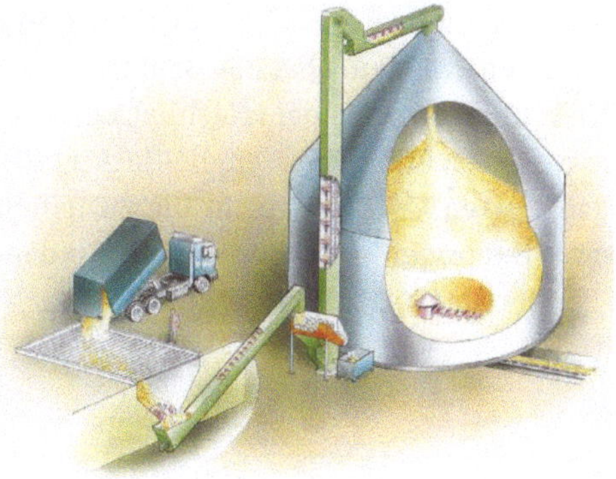

Bild 4.8
Hackschnitzel-Silo
(Quelle: Courtesy by Valmet)

Bild 4.9 Offener Rundpile (Quelle: Courtesy by Valmet)

Bild 4.10 Offener Längspile (Quelle: Courtesy by Valmet)

4.5 Sortieren/Sichten des Hackgutes

Die Hackschnitzel werden entweder vor der Lagerung oder vor dem Transport zur Kochung bzw. Weiterverarbeitung sortiert.

Neben den mechanischen Verfahren sind Verfahren des „**Wind-Screenings**" bekannt, bei denen die unterschiedlichen Fraktionen mittels Luftstrom separiert bzw. spezifische schwerere Teile abgeschieden werden. Auf die letztgenannten Verfahren wird hier nicht näher eingegangen.

Weit verbreitet sind **Schwingsichter** (Bild 4.11), in denen die Hackschnitzel mehrere übereinander angeordnete Siebe passieren müssen. Mit dem obersten Sieb (Lochung z. B. 45 mm) werden die Übergrößen aussortiert und können einem Nachhacker zugeführt oder thermisch verwertet werden. Die mittleren Siebe erfassen die Hackschnitzel mit den für die Weiterberarbeitung akzeptierten Größenklassen. Die zu feinen Holzpartikel werden am Boden des Sichters ausgetragen und können dem Rindenlager und damit der späteren thermischen Verwertung zugeführt werden.

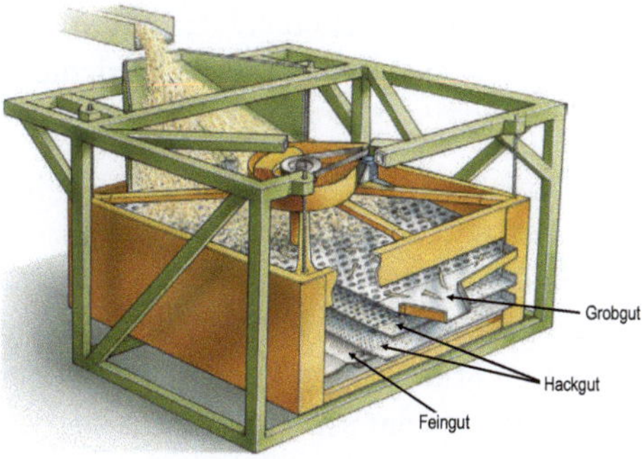

Bild 4.11
Hackschnitzel-Sichter (Schwingsichter)

Eine weitere Möglichkeit der Hackschnitzelsortierung ist die Nutzung von Scheibensortierern in mehreren, unterschiedlich aufgebauten Stufen (Bild 4.12). Dabei werden nicht nur Übergrößen und Feingut vom Hackgut getrennt. Durch entsprechend überlappende Anordnung der Scheiben und das Einstellen der für das gewünschte Sortierergebnis erforderlichen Abstände der Scheiben zueinander wird erreicht, dass die Hackschnitzel die vorgegebene gewünschte Dicke nicht überschreiten. Daraus resultiert bei der Zellstoffkochung ein niedrigeres Aufkommen an unaufgeschlossenem Holz und somit ein niedrigerer Rejektanteil.

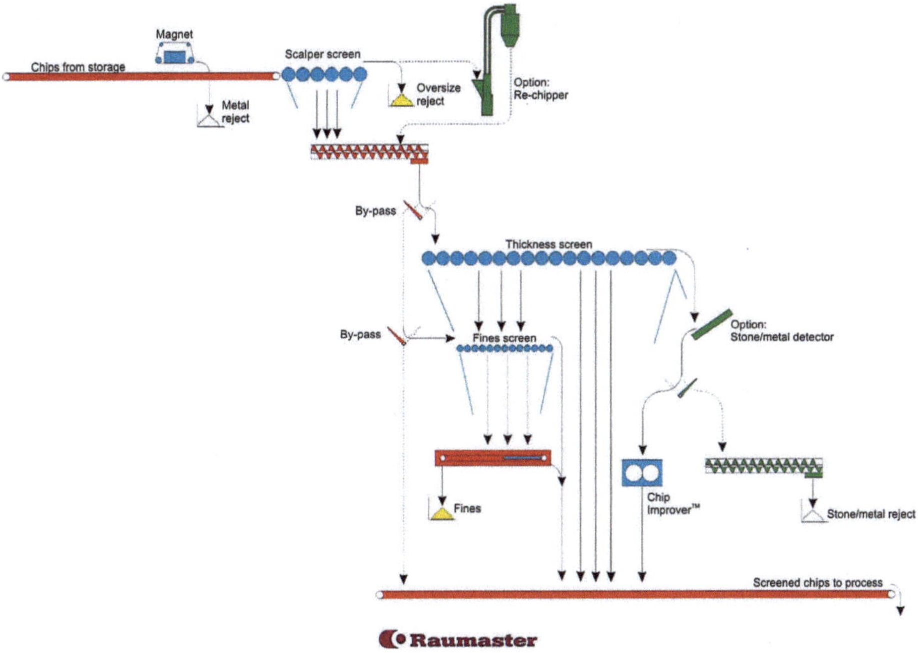

Bild 4.12 Prinzip der Hackschnitzelsichtung mittels Scheibensortierer der Fa. Raumaster

Die kompakte und größtenteils geschlossene Bauweise der Scheibensichter führt zu einem niedrigeren Geräuschpegel und zu einem gegenüber den Schwingsichtern deutlich geringeren Staubanfall.

In der ersten Stufe der Scheibensortierer werden hauptsächlich lange Späne und Spreißelreste ausgesondert. Diese können z. B. thermisch verwertet werden. In der zweiten Stufe, der Dickensortierung, werden übergroße Hackschnitzel aussortiert, am Ende der Sortierstufe mittels zweier Brecherwalzen („Improver") zerkleinert und dem Hackgutstrom wieder zugeführt. In der dritten Stufe erfolgt das Abtrennen des Feinguts (Sägemehl, Stifte u. ä.), die thermisch verwertet oder separat gekocht werden können.

4.6 Rindenverwertung

Die Rinde wird einem Rindenreißer zugeführt und dort zerkleinert. Bei einer thermischen Verwertung der Rinde kann es erforderlich sein, das in der Rinde enthaltene freie Wasser mittels Rindenpresse zu entfernen. Danach wird die Rinde auf einer abgedeckten Fläche, z. B. einem überdachten Pile, gelagert und von dort der Verbrennung zugeführt. In modernen Rindenkesseln können der Rinde als zusätzliche Brennstoffe Rejekte aus der Braunstoffsortierung der Zellstofferzeugung und entwässerte Überschussschlämme aus der biologischen Abwasserreinigung zugemischt werden.

Eine weitere Möglichkeit ist der Verkauf der Rinde, z. B. an Kompostieranlagen.

Wichtige Normen zur Überwachung der Qualität der Hackschnitzel

Dicke und Dickenverteilung (Thickness and thickness distribution)	SCAN-CM 47:92
Länge und Längenverteilung (Length and length distribution)	SCAN-CM 48:01
Größenverteilung (Size distribution)	SCAN-CM 40:01
Rindenanteil (Bark content)	SCAN-CM 42:06
Trockengehalt (Dry matter content)	SCAN-CM 39:94
Rohdichte (Basic density)	SCAN-CM 43:95

Literatur

[4.1] *Patt, R.*: Skript zur Vorlesung „Chemische Holztechnologie", Universität Hamburg, 1998

[4.2] Valmet, *https://www.valmet.com/pulp/wood-handling/debarking*, abgerufen am 29. 9. 2025

[4.3] Valmet, *https://www.valmet.com/pulp/wood-handling/chipping*, abgerufen am 29. 9. 2025

[4.4] Andritz Group, *https://www.andritz.com/group-en/industries/kraft-pulp-industry*, abgerufen am 29. 9. 2025

[4.5] *Bergmann, T.*: Chip quality – Demands and possibilities. Iggesund Tools AB, 2008

[4.6] Raumaster Oy, *https://www.raumaster.fi/*, abgerufen am 29. 9. 2025

Weiterführende Literatur

Sixta, H. (Hrsg.): Handbook of pulp Volume 1, Weinheim: Wiley-VCH Verlag GmbH & Co. KGaA, 2006

5 Mechanische Zerfaserung von Holz (Holzstoff)

Von Jürgen Blechschmidt und Sabine Heinemann

5.1 Einführung – historischer Abriss

Die Holzstofferzeugung ist ein thermo-mechanischer Prozess, bei dem auch chemische Prozesse eine Rolle spielen können. Die mechanische Zerfaserung von Holz erfolgt heute nach zwei Verfahren: dem **Stein-Verfahren** und dem **Refiner-Verfahren** (Bild 5.1).

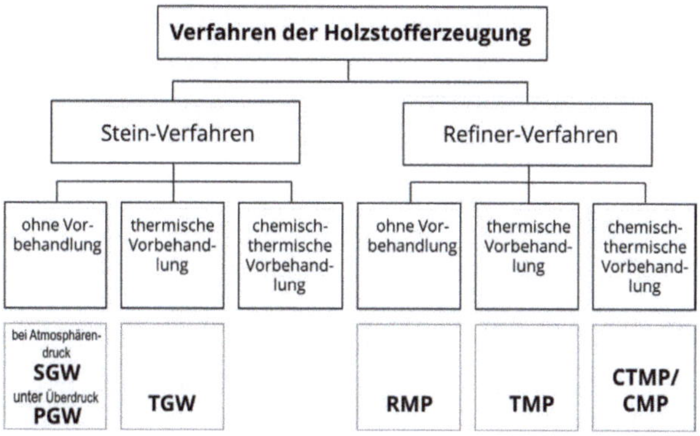

Bild 5.1 Übersicht über die klassischen Verfahren der Holzstofferzeugung

Blechschmidt [5.1] definiert **Holzstoff** als Oberbegriff für einen durch mechanische Zerfaserung von Holz gewonnenen Faserstoff, wobei verschiedene mechanische Verfahren zur Anwendung kommen, die im Laufe der technischen Entwicklung mit thermischen und chemischen Behandlungsmethoden des Holzes kombiniert wurden mit dem Ziel, längere, mechanisch nicht abgebaute, zellstoffähnliche Fasern mit hoher Festigkeit unter Beibehaltung der hohen Ausbeuten des rein mechanischen Verfahrens zu erzeugen (siehe auch Abschnitt 2.1).

Stein-Holzschliff SGW (Abkürzung von **S**tone **G**round**w**ood) entsteht durch mechanische Zerfaserung von Rundholz auf einem Schleiferstein. **Refiner-Holzstoff** RMP (Abkürzung von **R**efiner **M**echanical **P**ulp) bezeichnet einen durch mechanische Zerfaserung von Hackschnitzeln in einem Refiner (Scheibenmühle) gewonnenen Faserstoff.

Der große Bedarf an Faserstoffen für die Papiererzeugung im 19. Jahrhundert führte zu zahlreichen Erfindungen und Entwicklungen (siehe auch Abschnitt 1.5). Im Jahre 1843 gelang es dem sächsischem Weber *Friedrich Gottlob Keller*, Holz auf mechanischem Wege zu zerfasern und Holzschliff zu erzeugen. *H. L. Sittauer* schreibt dazu:

> *„Diese epochale Erfindung stellt dadurch, dass sie die Papierherstellung in eine völlig neue Bahn lenkte, in Verbindung mit der Papiermaschine einen der größten technischen Fortschritte seit der Erfindung des Papiers dar." [5.2]*

Bis Mitte des 20. Jahrhunderts wurde Holzstoff ausschließlich als Steinschliff nach der in Deutschland von *Keller*, in Kanada zeitgleich von *Fenerty* [5.3][5.4][5.5] erfundenen Grundidee hergestellt. Nach dem Zweiten Weltkrieg erfuhr dieses Verfahren wesentliche Optimierungen, z. B. durch Leistungssteigerung der Holzschleifer.

Etwa 100 Jahre nach der Erfindung des Holzschleifprozesses wurde der **Refiner-Prozess** von *Asplund* erfunden [5.6], aber erst etwa 30 Jahre später zur Industriereife entwickelt [5.7]. Ausschlaggebend dafür war ein stark angestiegener Bedarf an Druckpapier, besonders an Zeitungsdruckpapier ab den 1960er-Jahren. Für diese Papiere wurde ein Holzstoff mit langen und festen Fasern benötigt, aber ähnlicher Opazität wie der des Holzschliffs. Mit so einem Holzstoff konnte der Anteil an festigkeitsbringendem Zellstoff gesenkt und die flächenbezogene Masse des Zeitungsdruckpapiers deutlich reduziert werden.

5.2 Rohstoff Holz

Für die Holzstofferzeugung ist die Qualität des vom Forst bereitgestellten Holzes (Rohholz), auch **Faserholz** genannt, von erheblicher Bedeutung (siehe auch Kapitel 3). Die Qualitäts-Anforderungen sind beim Stein-Verfahren höher als beim Refiner-Verfahren. Die wichtigsten Anforderungen sind folgende:

Holzqualität: Das Holz soll gesund und möglichst gerade gewachsen sein, von geringer Astigkeit und frei von Fäule.

Holzfeuchte: Die Holzfeuchte soll so hoch wie möglich sein. Der Feuchtegehalt des Holzes sollte über 35 % betragen, d. h. über dem Fasersättigungspunkt liegen (zur Bedeutung der Holzfeuchte siehe auch Bild 5.5).

Holzdurchmesser (Stammdurchmesser): Der zweckmäßigste Durchmesser des Holzes für die Erzeugung von Stein-Holzschliff sind 10...20 cm, bei geeigneter Fördertechnik sind bis 30 cm möglich. Für Refiner-Holzstoff können auch sogenannte Schwachhölzer (Durchforstungsholz, 7...10 cm Durchmesser) sowie Sägenebenprodukte (auch als Industrierestholz bekannt) verarbeitet werden (siehe Abschnitt 3.3).

Entrindungszustand: Für die Charakterisierung des Entrindungszustandes sind folgende Einteilungen üblich:

- Die Rinde ist vollkommen vom Holz abgelöst (geloht, weiß geschnitzt).
- Die Borke ist vom Holzkörper abgelöst, jedoch sind einzelne Bastreste vorhanden (gereppelt, geschält).
- Die Rinde umschließt ganz oder teilweise den Holzkörper (unentrindet).

Harzgehalt: Ein hoher Harzgehalt kann sich bei der Holzstofferzeugung nachteilig in Form von Schaum auswirken, vor allem bei Kiefer.

Holzart: Die Fichte besitzt eine einzigartige Zweckeignung für die Holzstofferzeugung, insbesondere für die Erzeugung von Holzschliff, was bereits im 19. Jahrhundert mit systematischen Untersuchungen nachgewiesen wurde [5.8]. Mit dem Refiner-Verfahren können sowohl Nadel- als auch Laubhölzer verarbeitet werden, wobei sich Pappel bzw. Espe auch als für das Stein-Verfahren einsetzbar erwiesen haben [5.9][5.10][5.11][5.12]. Holz aus z. B. durch den Borkenkäfer geschädigten Waldbeständen sollte nicht verwendet werden, obwohl es auch hier Untersuchungen zur Verwendung solchen Holzes z. B. bei der Holzstofferzeugung für SC-Magazinpapiere gegeben hat [5.13].

5.3 Verfahren der Holzstofferzeugung

5.3.1 Stein-Verfahren

5.3.1.1 Wirkprinzip

Beim Stein-Verfahren wird das Rundholz unter spezifischen Bedingungen von Druck und Temperatur gegen den rotierenden Schleiferstein gepresst (Bild 5.2). Erfolgt dies bei Atmosphärendruck, so entsteht der **Stein-Holzschliff** (Stone Groundwood) **SGW** (siehe Abschnitt 5.3.1.4, Bild 5.7). Bei der mechanischen Zerfaserung des Rundholzes unter Überdruck entsteht **Druckschliff** (Pressurized Stone Groundwood) **PGW** (siehe Abschnitt 5.3.1.4, Bild 5.15). Je nach Druck- und Temperaturverhältnissen haben sich verschiedene Prinzipien herausgebildet (Bild 5.2) [5.14][5.15].

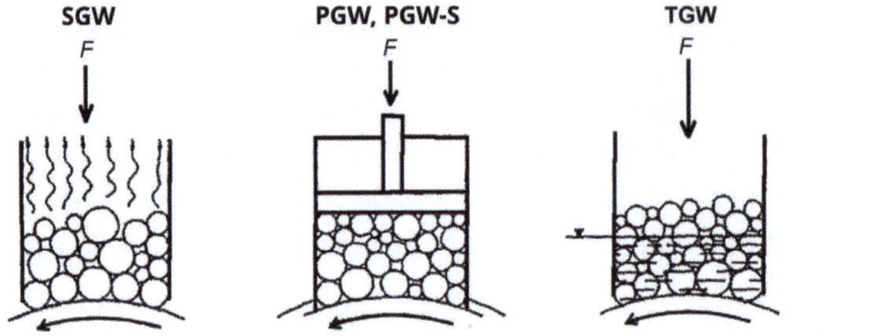

Steinschliff SGW
- atmosphärischer Druck
- Spritzwassertemperatur 70 ... 75 °C

Druckschliff PGW, Super-Druckschliff PGW-S
- Überdruck 250 kPa (PGW) bzw. 450 kPa (PGW-S)
- Spritzwassertemperatur < 100 °C (PGW) bzw. > 100 °C (PGW-S)

Thermoschliff TGW
- atmosphärischer Druck
- Wasserstand über der Schleifzone 20 ... 50 cm
- Spritzwassertemperatur 80 ... 90 °C

Bild 5.2 Prinzipien des Stein-Verfahrens und ihre Charakteristika [5.14][5.15]

Ein grundlegender Verfahrenszug zur Aufbereitung des Holzstoffs im Schleifprozess ist in Bild 5.3 dargestellt.

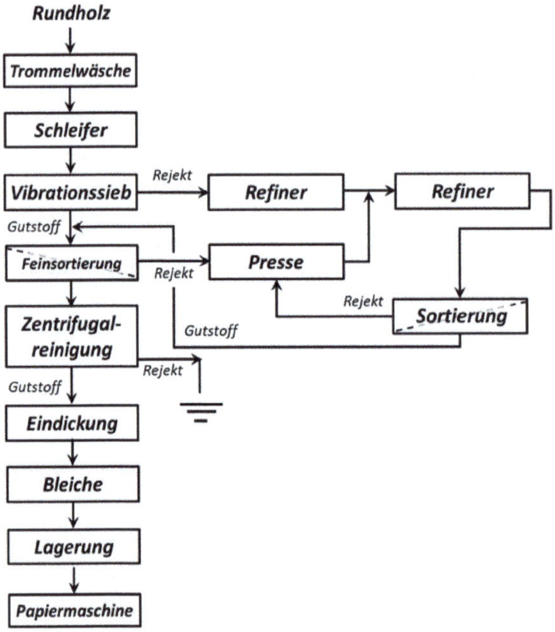

Bild 5.3 Grundlegender Verfahrenszug eines Schleifer-Prozesses zur Holzstofferzeugung. Bei der Feinsortierung im Gutstoffkreislauf und der Sortierung im Rejektkreislauf handelt es sich verfahrenstechnisch um eine Klassierung.

5.3.1.2 Mechanische und thermische Vorgänge beim Stein-Verfahren

Der Schleifvorgang als thermo-mechanischer Prozess wird nach *Luhde* [5.16] in drei Abschnitte untergliedert, wobei sich die einzelnen Einflüsse stark überlagern.

Abschnitt 1 – Plastifizierung der Mittellamelle durch thermisch-mechanische Einwirkung

Beim Stein-Verfahren wird das Holz mit einem bestimmten Druck gegen den rotierenden Schleiferstein gepresst (Bild 5.2). Beim Eintritt in die Schleifzone ist das Holz kühl (Temperatur um 20 °C) und thermisch gesehen unbehandelt. Die Steinspitzen der Steinoberfläche gleiten in außerordentlich rascher Folge an dem Faserverband vorbei. Im Bruchteil von Millisekunden trifft eine Steinspitze nach der anderen auf die Faser auf. Dabei erfährt die Faser eine starke Druckbeanspruchung, der nach Hindurchgleiten der Steinspitze eine kurze Entspannung folgt. Je nach Steinumfangsgeschwindigkeit und dem Oberflächenprofil des Steins ergeben sich Druckwechselbeanspruchungen, die zur Erwärmung des Holzes führen. Durch Wärmestau steigt die Temperatur im Holz wenige Millimeter oberhalb der eigentlichen Schleifzone stark an. Durch den Temperaturanstieg werden Lignin und Hemicellulosen plastifiziert. Diese Temperatur ist vom Wassergehalt des Lignins und der Hemicellulosen abhängig. *Goring* [5.17] gelang es 1963 nachzuweisen, dass die Erweichungstemperatur (Plastifizierungstemperatur) des Lignins und der Hemicellulosen in starkem Maße vom Wassergehalt beeinflusst wird (Bild 5.4).

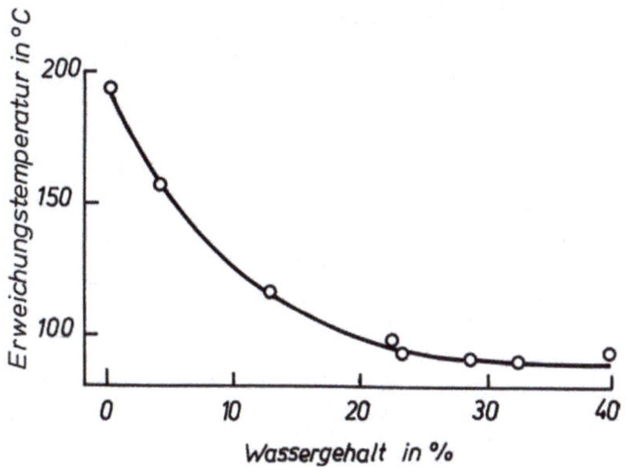

Bild 5.4
Erweichungstemperatur des Lignins in Abhängigkeit vom Wassergehalt (nach *Goring* [5.17])

Unter **Erweichungstemperatur** oder **Plastifizierungstemperatur** wird dabei der Übergang eines amorphen Polymers, wie Lignin, von einem glasartigen, spröden Zustand in einen plastischen Zustand verstanden. Für die trockene Substanz ermittelt *Goring* [5.17] folgende Plastifizierungstemperaturen für Fichtenholz (*Picea abies*):

- Lignine 135...235 °C,
- Hemicellulosen 167...217 °C,
- Cellulose 237...253 °C.

Bei einem Wassergehalt von 30...40 % sinkt die Plastifizierungstemperatur auf 90... 100 °C. Nach *Goring* reicht eine Einwirkungsdauer von 1/100 ms aus, um feuchte Lignine bei 115 °C und feuchte Hemicellulosen bei 85 °C zu plastifizieren.

Abschnitt 2 – Das Herauslösen der Fasern aus dem Faserverband

Die Druckwechselbeanspruchungen des plastifizierten Holzes, bei denen die Fasern im Holzverband mit einer Frequenz von 4000...12 000 Hz, je nach Steinumfangsgeschwindigkeit und dem Oberflächenprofil, d. h. der Makrostruktur des Schleifersteins, komprimiert und entspannt werden, bewirken eine Verformung des gesamten Faserverbandes.

Nach *Atack* und *Pye* [5.18] führt das zum Bruch der intermolekularen Bindungen zwischen den Fasern sowie der intramolekularen Bindungen innerhalb der Fasern, wodurch die Voraussetzungen für das Herauslösen der Fasern geschaffen werden. Außerdem begünstigen die Verformungen die Wasseraufnahme des Lignins. Die auftreffenden Steinspitzen führen zu einer mechanischen Bearbeitung der Faseroberfläche. Je nach Makro- und Mikrostruktur der Schleifersteinoberfläche wird die Faser gequetscht, geritzt, gestaucht, abgeschert und geschnitten. Die Oberfläche der Faser wird dabei fibrilliert, die Primärwand aufgerissen und die Faser schließlich aus dem Faserverband herausgelöst. Diese Bearbeitungsphase läuft in Millisekunden ab.

Abschnitt 3 – Fibrillierung der herausgelösten Fasern und Faserbündel

Dieser Abschnitt umfasst alle jene Vorgänge, die mit der weiteren Verfeinerung der Fasern bzw. Faserbündel auf ihrem Weg durch die Schleifzone zusammenhängen. Die dabei eintretenden Wirkungen werden in starkem Maße von der Gestalt der Schleifersteinoberfläche geprägt. Ein scharfer Stein wird vorwiegend ritzend und schneidend einwirken, ein stumpfer Stein quetschend und fibrillierend.

5.3.1.3 Einfluss verschiedener Parameter auf die Eigenschaften des Stein-Holzschliffs

Beim **Stein-Verfahren** wirkt eine Reihe von Prozessparametern, welche die technologischen Kenngrößen und die Eigenschaften des erzeugten Stein-Holzschliffes beeinflussen, und zwar:

- Holzfeuchte,
- Holzvorschub bzw. Schleifdruck,
- Steinumfangsgeschwindigkeit,
- Temperaturverhältnisse,
- Trogstoffdichte, Steineintauchtiefe,
- Steinprofil (Makro- und Mikroprofil),
- spezifischer Schleifarbeitsbedarf (richtiger eigentlich massespezifischer Schleifarbeitsbedarf).

Die Holzfeuchte ist die entscheidende Material-Kenngröße beim Stein-Verfahren. Eine höhere Holzfeuchte ergibt Stein-Holzschliffe mit höheren Festigkeitseigenschaften, geringerem Entwässerungswiderstand, höherem Weißgrad, höherem Faserlangstoffgehalt bei hochwertigerem Feinstoff, erzielt bei niedrigerem spezifischem Schleifarbeitsbedarf (Bild 5.5). Das Maximum der Qualitätsentwicklung liegt im wassergesättigtem Zustand des Holzes bei einem Feuchteanteil von 50...60 %.

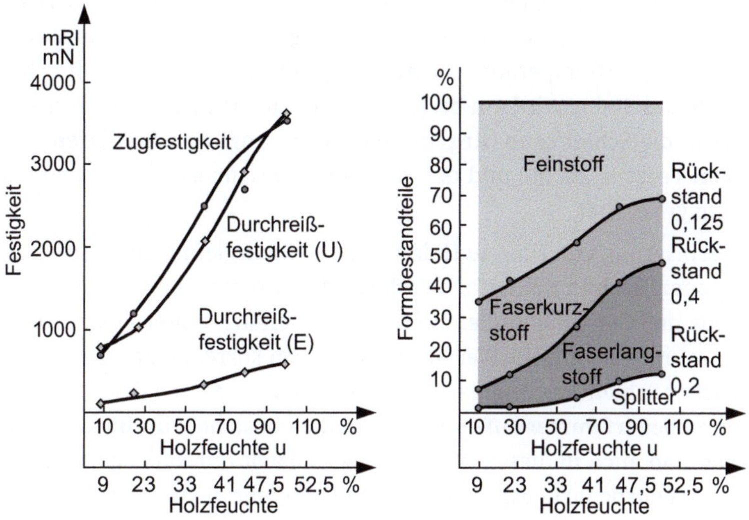

Bild 5.5 Einfluss der Holzfeuchte auf die Holzstoff-Eigenschaften

Eine wesentliche Holzstoff-Eigenschaft ist sein Entwässerungsverhalten. Schnell entwässernde Stoffe, also Holzstoffe mit niedrigem Entwässerungswiderstand, werden umgangssprachlich, aber verfahrenstechnisch unkorrekt als **rösch** bezeichnet. Langsam entwässernde Holzstoffe haben einen hohen Entwässerungswiderstand und werden aufgrund ihrer Haptik umgangssprachlich **schmierig** genannt.

Grundsätzlich wird bei Konstanthaltung aller anderen Bedingungen mit Erhöhung des Holzvorschubs bzw. des Schleifdrucks ein **Stein-Holzschliff** mit niedrigem Entwässerungswiderstand, aber auch geringeren Festigkeitseigenschaften erzielt. Bei Erhöhung der **Steinumfangsgeschwindigkeit** entsteht unter Beibehaltung aller anderen Bedingungen ein kurzfasriger Stein-Holzschliff mit hohem Entwässerungswiderstand. Leistungssteigerungen in der Praxis erfolgen in der Regel sowohl über eine Erhöhung des Holzvorschubs als auch über eine Erhöhung der Steinumfangsgeschwindigkeit.

Für die Eigenschaften eines Stein-Holzschliffes sind die Temperaturverhältnisse bei seiner Herstellung von maßgeblicher Bedeutung. Die Kenntnis der Temperatur in der Schleifzone und ihre Nutzung zur Steuerung des Schleifprozesses wäre die zweckmäßigste Lösung. Die Bestimmung der **Schleifzonentemperatur** ist jedoch problematisch. Deshalb werden verschiedene andere Kenngrößen zur Beschreibung der Temperaturverhältnisse genutzt, und zwar:

- Temperatur des Trogstoffs,
- Temperatur des Spritzwassers (Rückwassertemperatur),
- Temperatur am Schleifzonenaustritt.

Im praktischen konventionellen Betrieb wird bei Trogstofftemperaturen von 60...75 °C gearbeitet, wobei ein langfaseriger, fester Stein-Holzschliff mit hoher Entwässerbarkeit entsteht. Die Stoffdichte im Trog wird bei 1,0...2,5 % gehalten. Sie steht in Wechselwirkung mit der Trogstofftemperatur. In Abhängigkeit von der Trogstoffdichte und der Eintauchtiefe des Steins wird ein bestimmter Teil des Trogstoffs mitgerissen und gelangt erneut in die Schleifzone (**Regrinding**). Beim **troglosen Schleifen** entfällt der Einfluss von Trogstoffdichte und der Steineintauchtiefe; es wird mit hohen Spritzwasserdrücken gearbeitet.

Die mechanische Zerfaserung von Holz zu Holzstoff ist ein energieintensiver Prozess. Die Kenngröße des **spezifischen Schleifarbeitsbedarfs** wird zur Charakterisierung des Energieaufwands und der Qualität des Holzschliffes benutzt, außerdem zur Prozessregelung und zur Prozesskontrolle. Verfahrenstechnisch korrekt wäre die Benennung massespezifischer Schleifarbeitsbedarf. Da sich bei den Prozessen der Holzstofferzeugung der Energiebedarf immer auf eine Masseeinheit bezieht, wird im allgemeinen Sprachgebrauch und auch in diesem Kapitel 5 vereinfacht nur vom spezifischen Energiebedarf bzw. Arbeitsbedarf gesprochen. Dabei ist immer die massespezifische Betrachtung gemeint (siehe auch Abschnitt 5.3.2).

Beim klassischen Stein-Verfahren sind für den spezifischen Schleifarbeitsbedarf Kennwerte von 0,9...1,5 MWh/t otro Holzstoff üblich. Je höher der spezifische Schleifarbeitsbedarf, desto höher ist die Festigkeit des erzeugten Holzschliffs, in Bild 5.6 dargestellt als relative Festigkeit.

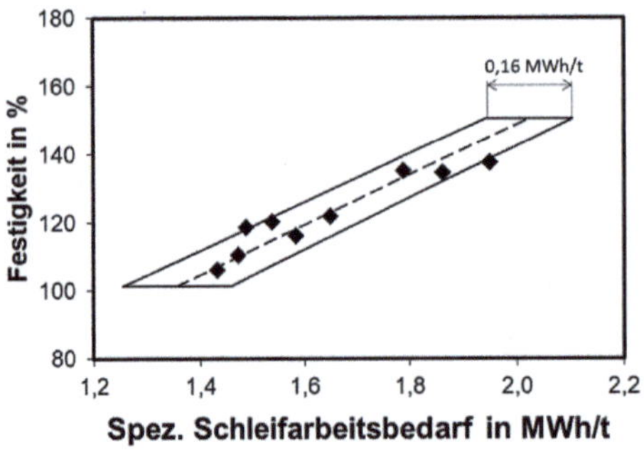

Bild 5.6
Einfluss des spezifischen Schleifarbeitsbedarfs auf die Festigkeitseigenschaften von Stein-Holzschliff SGW (bearbeitet nach *Blechschmidt* [5.1])

5.3.1.4 Maschinen und Anlagen für die Holzstofferzeugung nach dem Stein-Verfahren

Für die technische Realisierung des Schleifprozesses werden heute vorwiegend zwei Schleiferarten verwendet: Zwei-Pressen-Schleifer (Bild 5.7 rechts) und Stetigschleifer (Bild 5.8).

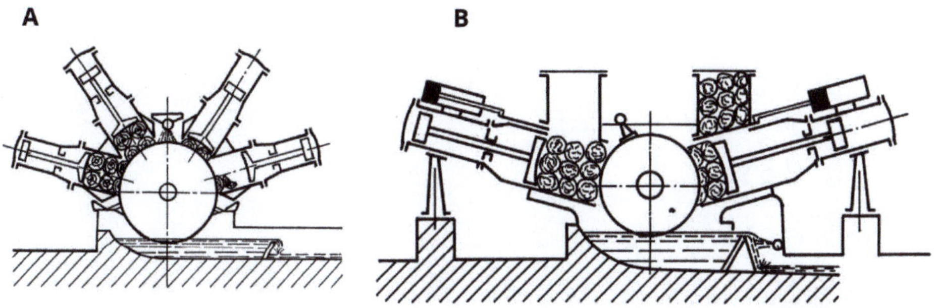

Bild 5.7 Schemata eines historischen Vier-Pressen-Schleifers (A) und eines modernen Zwei-Pressen-Schleifers unter atmosphärischem Druck (auch Großpressenschleifer genannt) (B)

Pressenschleifer

Der Vorläufer des heutigen Druckschleifers war der **Pressenschleifer**. Er ist die älteste technische Ausführung des Holzschleifers und wurde als Drei- und Vier-Pressenschleifer gebaut (Bild 5.7 links). Das Holz wurde von Hand in den Pressenraum eingeschichtet. Die technische Entwicklung führte zum Magazin- und später zum Zwei-Pressen- oder Großpressenschleifer. Der **Zwei-Pressen-Schleifer** (Bild 5.7 rechts) hat zwei Pressen mit einem darüber angeordneten Magazin, das jeweils eine Presskastenfüllung fasst. Ist der Presseninhalt verschliffen, so erfolgt der Rückgang des Presskolbens und durch Öffnen der Begrenzungsplatten rutscht die Magazinfüllung nach. Geringe Bauhöhe, einfache Bedienung, kurze Pressenwechselzeiten, rascher Steinwechsel und mechanische Beschickung zeichneten den Zwei-Pressen-Schleifer aus. Sie stellen die Grundlage für die Entwicklung des Stein-Verfahrens unter Überdruck dar (siehe dort).

Stetigschleifer

Auch der Stetigschleifer (Bild 5.8), der 1922 erstmalig von der Firma Voith gebaut wurde, hat eine weite Verbreitung in Europa gefunden. Über dem Schleiferstein befindet sich das Holzmagazin. Das Holz wird durch umlaufende Ketten mit Nocken erfasst und stetig mit einem bestimmten Holzvorschub gegen den darunter liegenden Schleiferstein gepresst. Zur Füllung des Holzschachtes werden kontinuierliche Beschickungssysteme benutzt (Bild 5.9).

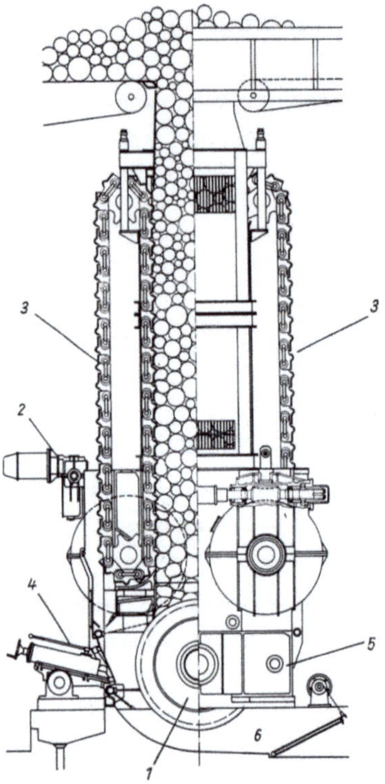

Bild 5.8
Stetigschleifer
1 Schleiferstein, 2 Vorschubantrieb, 3 Vorschubketten, 4 Steinschärfeinrichtung, 5 Spritzrohr, 6 Schleifertrog

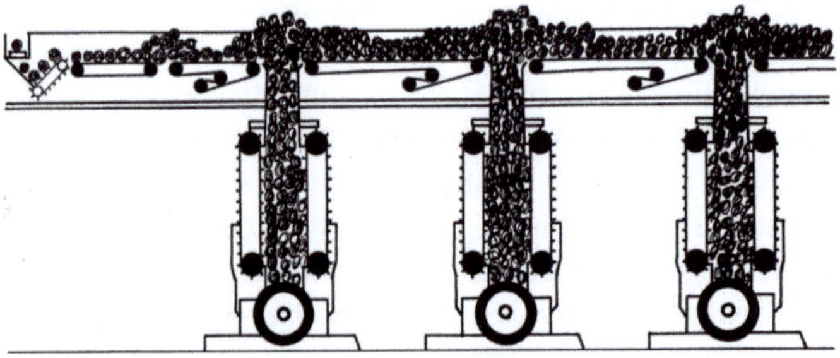

Bild 5.9 Beschickungssystem für Stetigschleifer

Der **Stetigschleifer** kann mit konstantem Holzvorschub oder konstanter Last betrieben werden. Bei konstantem Holzvorschub entsteht eine gleichmäßige Stoffqualität. Aus energiewirtschaftlichen Gründen wird oft ein Betrieb bei konstanter Last durchgeführt. Ein regelungstechnischer Kompromiss ist die Arbeit mit konstanter Holzvorschubgeschwindigkeit und Lastbegrenzung. Stetigschleifer werden bis zu einer Antriebsleistung von 5000 kW und Steinumfangsgeschwindigkeiten von 40 m/s gebaut. Die Produktion an Holzschliff je Schleifer beträgt bis zu 70 t/d bei Holzlängen von 1,0...1,5 m. Der Steindurchmesser liegt zwischen 1500 mm und 2000 mm.

Unter Nutzung der Regeltechnik wurde 1984 der **Thermoschliff** (TGW) als modifiziertes SGW-Verfahren entwickelt. Der Unterschied zum konventionellen Stetigschleifer liegt im Schachtstau und Stabilitätsregler (siehe Bild 5.2).

Schleifersteine

Der Schleiferstein ist der wichtigste Teil des Holzschleifers. Entwicklungsgeschichtlich wurden zunächst Natursteine, und zwar Sandsteine benutzt. Die Leistungssteigerung der Holzschleifer führte zur Entwicklung des **Kunststeins**, in Europa zum zementgebundenen Kunststein, dem **Betonstein**, und in den USA und Kanada zum keramisch gebundenen Kunststein, dem **Keramikstein**. Keramiksteine haben inzwischen schrittweise die Betonsteine abgelöst. Der keramisch gebundene Schleiferstein besteht aus einem bewehrten Betonstein, in dem die abschleifbaren, wabenförmigen Keramiksegmente mit Steinschrauben verankert sind. Die Abnutzungsschicht beträgt 60...75 mm. Die Schleifersteine werden auf der Schleiferwelle mit Steinscheiben (Rosetten) befestigt (Bild 5.12 rechts).

Der Schleiferstein hat zur Erzeugung einer bestimmten Holzschliff-Qualität eine entsprechende Oberflächenstruktur (**Steinprofil**).

Bei konventionellen Keramiksteinen wird die **Makrostruktur** (Bild 5.10) durch das Schärfen des Steins erzielt. Während des Betriebes nutzt sich die Schleifschicht ab. Die Sattelfläche des Schärfprofils erfährt eine Verbreiterung, der Stein wird stumpf. Damit verändert sich die Stoffqualität. Zur Erzielung des Ausgangszustandes wird der Stein geschärft. Die Schärfung erfolgt mittels **Schärfmaschinen**, an der eine Schärfrolle (**Spiralrolle**) befestigt ist, in Intervallen von 50...150 Stunden. Mit hohem Spritzwasserdruck (mindestens 350 kPa) wird die Steinoberfläche sauber gehalten. Eine gleichmäßigere Produktionsrate und Stoffqualität erhält man durch Stein-Konditionierung mittels Hochdruck-Wasserstrahl (bis 240 MPa) in kürzeren Intervallen [5.19].

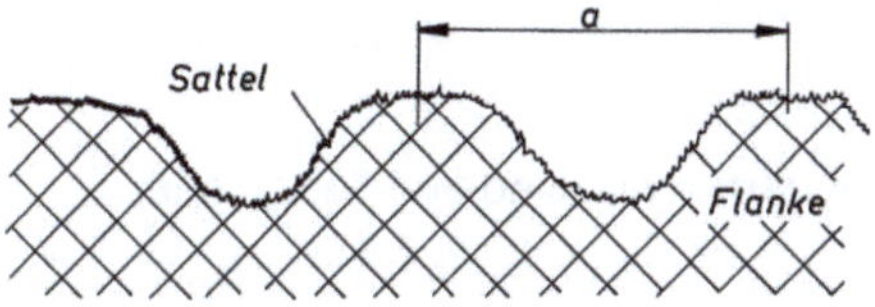

Bild 5.10 Aufbau eines klassischen Schärfmusters bei einem Keramikstein (α = Steinspitzenabstand)

Die **Mikrostruktur** entsteht durch das Kornmaterial des Schleifersteins (Bild 5.11) [5.20]. In Europa wurde bei Keramiksteinen am häufigsten Aluminiumoxid (Al_2O_3) als Mineral für Schleifkörner verwendet, in den USA Siliziumkarbid (SiC). Die Korngröße in der Abnutzungsschicht war an den Einsatzbereich des erzeugten Holzschliffs angepasst (kleinere Korngrößen für SC- und LWC-Sorten, größere Korngrößen für Karton-Innenlagen).

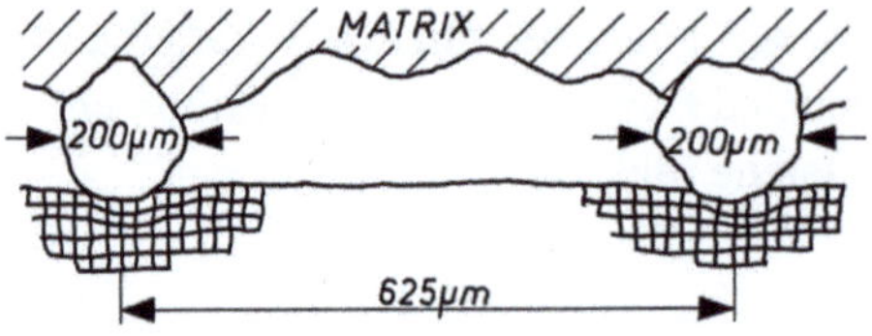

Bild 5.11
Ideale Kornanordnung bei Schleifersteinoberflächen (nach [5.20])

Das „Ende der Steinzeit" wurde 2010 mit der Einführung der von Valmet entwickelten sogenannten Single Layer Grinding Surface (SLGS) eingeläutet [5.21]. Diese Technologie, die auch als **GALILEO-Technologie** bezeichnet wird, basiert auf einem Stahlkern und hat auf der Oberfläche abnehmbare (= austauschbare) Stahlsegmente, die mit nur einer Schicht hochwertiger Industriediamanten besetzt sind. Der Aufbau des GALILEO-Stahlkern-Designs ist im Vergleich zum Aufbau des konventionellen Keramik-Designs in Bild 5.12 dargestellt. Die Diamanten werden mit einem Füllmetall in speziellen Mustern auf der Stahloberfläche positioniert, die an die Holzart, die Prozessbedingungen und die gewünschte Holzstoffqualität angepasst sind (siehe Bild 5.13 rechts).

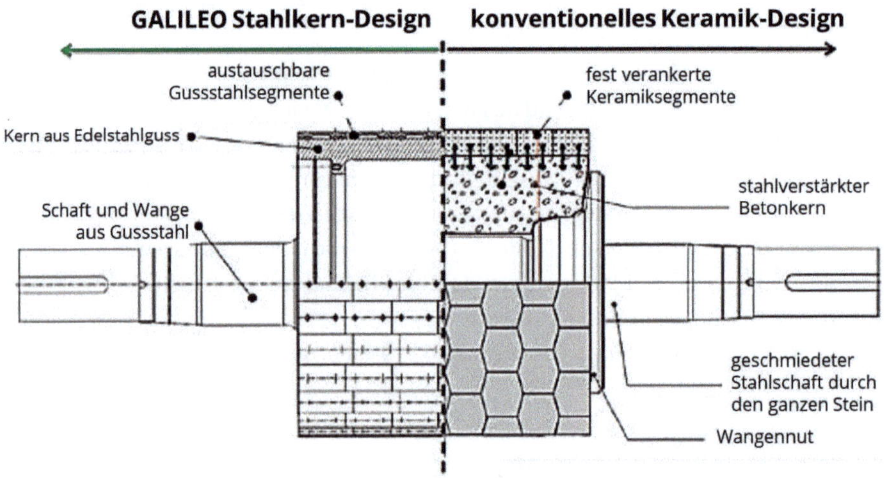

Bild 5.12 Aufbau eines Schleifersteins. Links: neuartiger Galileo-Stahlkern-Stein, rechts: konventioneller Keramikstein [5.21]

In Bild 5.13 wird die Wirkung eines Stahl-Diamant-Segments mit der einer konventionellen Keramikstein-Oberfläche verglichen, illustriert durch dreidimensionale Darstellungen der entsprechenden Oberflächenstruktur.

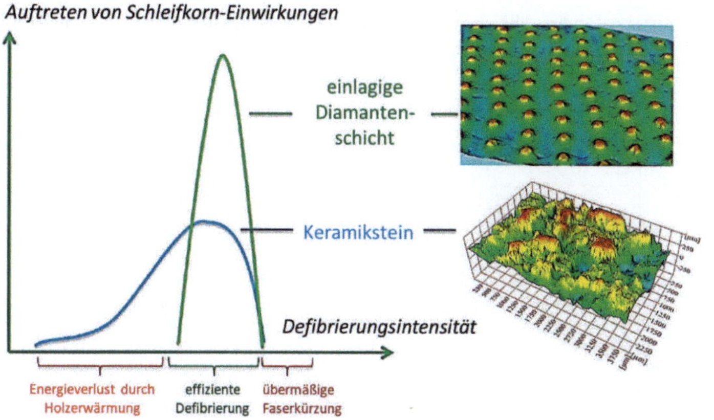

Bild 5.13 Wirkung eines Stahl-Diamant-Segments (GALILEO-Technologie) im Vergleich mit einer konventionellen Keramikstein-Oberfläche (links), dreidimensionale Darstellungen der entsprechenden Oberflächenstrukturen (rechts) [5.22]

Stein-Verfahren unter Überdruck

Das Stein-Verfahren wird seit seiner Erfindung bei Atmosphärendruck betrieben. Nach 1970 entwickelte die damalige Firma Tampella in Finnland einen Druckschleifer (PGW, Pressurized groundwood), der auf dem Prinzip des Zwei-Pressen-Schleifers aufbaut und mit Überdruck arbeitet (siehe auch Bild 5.15). *Goring* [5.17] hatte auf die Bedeutung des Wassergehalts bei Plastifizierungsvorgängen von Ligninen und Hemicellulosen hingewiesen (siehe auch Abschnitt 5.3.1.2). Ein Überdruck von 100...300 kPa führt zur Erhöhung der Sättigungstemperatur des Wassers, nach der Dampfdruckkurve beträgt sie 120 °C bei einem Überdruck von 100 kPa. Bei Arbeiten unter Überdruck treten keine Verdampfung des Wassers in der Schleifzone und damit keine negativen Auswirkungen durch Wasserentzug bei der Plastifizierung des Lignins und der Hemicellulosen ein. Im Vergleich zum SGW-Verfahren liegen damit in der Schleifzone höhere Temperaturen vor (Bild 5.14). Das in der Schleifzone befindliche Wasser dient der Plastifizierung. Auch beim Verschleifen von trockenem Holz treten bessere Ergebnisse ein.

Beim **Druckschleifer** (Bild 5.15) wird der gesamte Innenraum einschließlich der beiden Magazine unter Überdruck gesetzt. Zwei zusätzlich angeordnete Magazine über dem Absperrschieber zur Druckatmosphäre dienen der Bevorratung. Der Schleiferstein und der Schleifapparat sind beim Druckschleifer erheblich höheren Belastungen ausgesetzt als beim konventionellen Schleifer. Durch Variation der Druckbedingungen und Spritzwassertemperaturen können unterschiedliche Stoffqualitäten erzielt werden (siehe auch Bild 5.2). Beim Stein-Verfahren unter Überdruck entsteht ein langfaseriger, fester Holzstoff, der dem konventionellen Stein-Holzschliff besonders in den Festigkeitseigenschaften überlegen ist und dabei das Niveau des Refiner-

Holzstoffs erreicht (siehe auch Bild 5.18). Als Vorteil des Druckschleifens gilt eine bessere Verwertung des Holzes ohne höheren spezifischen Energieaufwand.

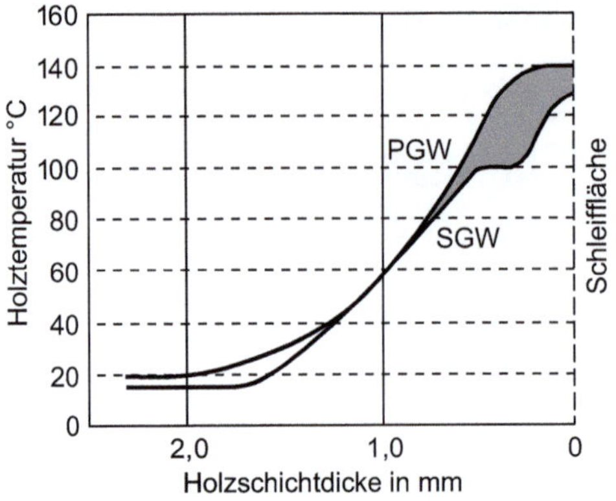

Bild 5.14 Temperatur in der Schleifzone für Steinschliff unter Atmosphärendruck (SGW) und für Druckschliff (PGW)

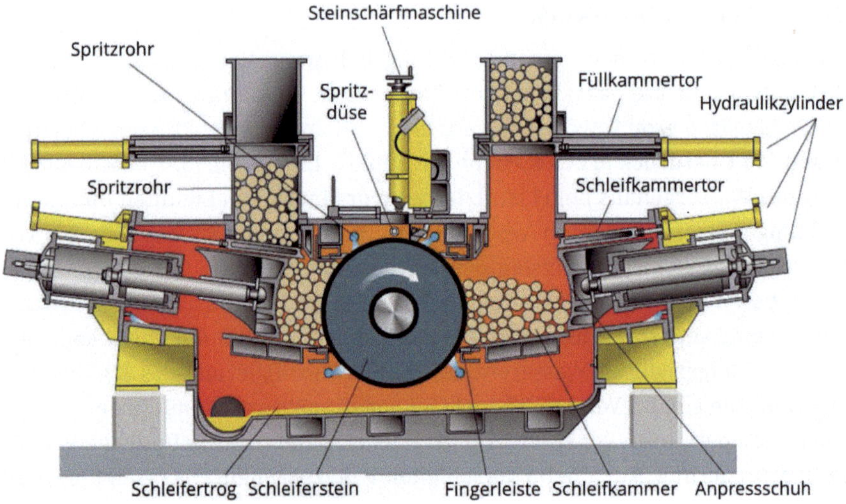

Bild 5.15 Moderner Druckschleifer [5.23]

Moderne Druckschleifer der Fa. Valmet enthalten Schleifersteine nach der GALILEO-Technologie mit Durchmessern von 1800 mm und arbeiten mit Umdrehungsgeschwindigkeiten bis 300 min^{-1}. Die verarbeitbaren Holzlängen betragen 1,0 m, 1,22 m und 1,5 m [5.23].

5.3.2 Refiner-Verfahren

5.3.2.1 Wirkprinzip

Im Refiner-Verfahren wird Faserholz zu Hackschnitzeln zerkleinert, die in Scheibenrefinern zu Holzstoff defibriert werden. Wie in Bild 5.16 gezeigt, sind je nach Hackschnitzelvor- oder -nachbehandlung verschiedene, speziell definierte Prozesse durchführbar [5.24][5.25] (siehe auch Abschnitt 5.3.2.2).

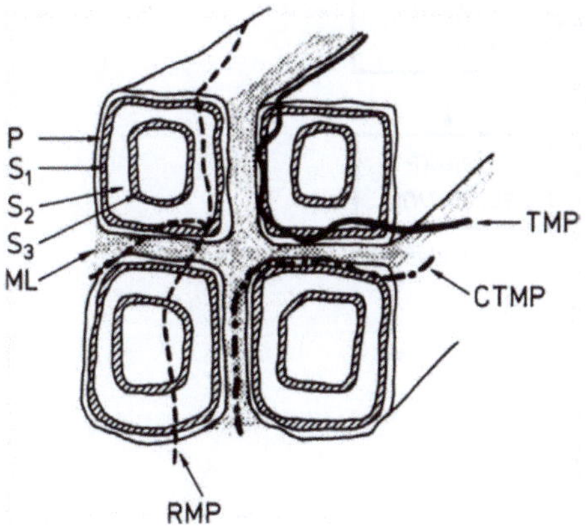

Bild 5.16
Schematische Darstellung der Bruchzonen in der Holzmatrix für die Refiner-Holzstoffe RMP, TMP und CTMP (nach *Htun et al.* [5.25], basierend auf *Franzén* [5.24])
Im Faserquerschnitt der Faser oben links sind die Faserwandschichten benannt: P = Primärwand, S_1 = Sekundärwand 1, S_2 = Sekundärwand 2, S_3 = Sekundärwand 3, ML = Mittellamelle

Das **Refiner-Verfahren** wird meistens als ein- oder zweistufiger Prozess durchgeführt. Bei mehrstufigen Prozessen wird der Hauptteil der Energie in der ersten Stufe verbraucht. Die Stoffdichte in der Mahlzone der ersten Refinerstufe soll zwischen 20 % und 45 % liegen.

Wie für das Stein-Verfahren ist **Fichtenholz** auch am besten für das Refiner-Verfahren geeignet. Kiefernholz und Laubholz mit geringen Dichten können ebenfalls verarbeitet werden. Die Hackschnitzel sollen eine hohe Holzfeuchte, eine gleichmäßige Verteilung der Abmessungen mit nur geringem Anteil an feinen Teilchen und eine hohe Reinheit aufweisen. Sand und andere mineralische Bestandteile führen zu Abrieb bei den Refinerplatten, weshalb die Hackschnitzel oft vor der Defibrierung gewaschen werden.

Ein typischer Verfahrenszug für den Refiner-Prozess wird in Bild 5.17 dargestellt.

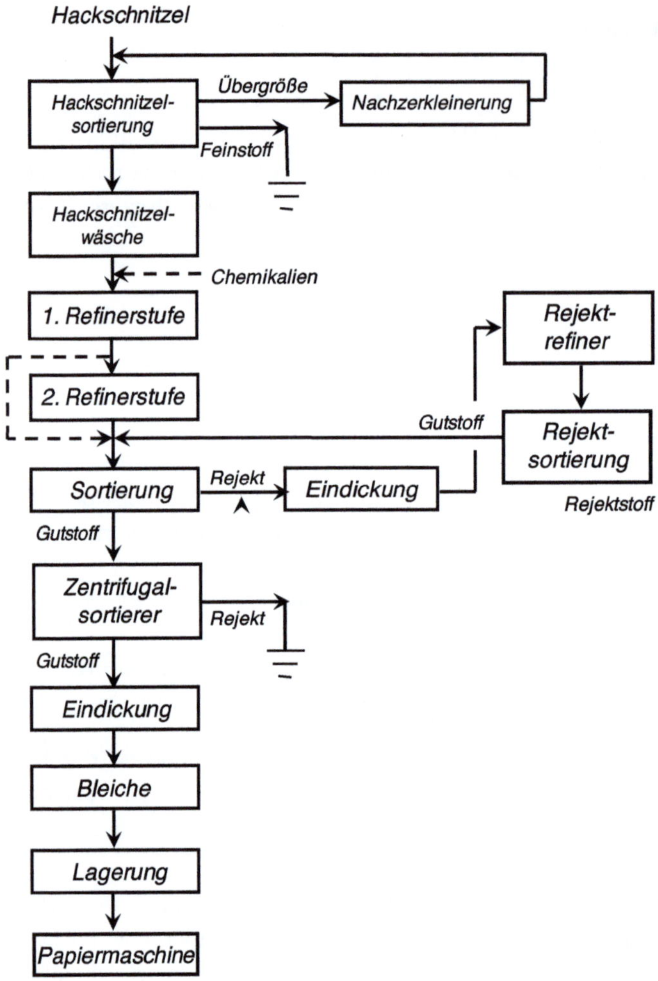

Bild 5.17 Grundlegender Verfahrenszug eines Refiner-Prozesses zur Holzstofferzeugung. Bei der Sortierung im Gutstoffkreislauf und der Rejektsortierung handelt es sich verfahrenstechnisch um eine Klassierung.

5.3.2.2 Mechanische und thermische Prozesse im Refiner-Verfahren

Die Vereinzelung der Faser aus dem Faserverbund erfolgt beim Refiner-Verfahren durch Erweichung der Lignine in der Mittellamelle und in der Primärwand der Holzfaser durch **Druckpulsationen** im Refiner (mechanische Erweichung), thermische Einflüsse (thermische Erweichung).

Es gibt zahlreiche **Prozessparameter**, die für den Charakter und die Eigenschaften des Holzstoffs verantwortlich sind:

- Druck, Temperatur und Dauer der Hackschnitzel-Vordämpfung,
- spezifischer Energieverbrauch,

- Energieverteilung innerhalb der Refiner-Stufen,
- Stoffdichte in der Mahlzone der ersten Refiner-Stufe,
- Hackschnitzelqualität,
- Refinerbauart.

Die **Defibrierungstemperatur** hat beim Refiner-Verfahren dieselbe Bedeutung wie beim Schleif-Verfahren. Nach *Giertz* [5.26] betragen die Scherfrequenzen in einem Refiner 10 kHz...1 MHz. Die Scherfrequenz wird von der Umdrehungsgeschwindigkeit, dem Mahlscheibendurchmesser und dem Refinerplattenmuster bestimmt. Von Bedeutung ist auch die Refinerbauart – Einscheiben-, Doppelscheiben- oder konischer Scheibenrefiner.

Da die Erweichungstemperatur für Hochpolymere um 7 °C steigt, wenn die Frequenz um ein Zehntel zunimmt, kann für feuchte Hackschnitzel eine **Erweichungstemperatur** von Lignin im Refiner von 120 °C bis 135 °C angenommen werden. Steigt die Temperatur auf 140 °C, wird für die Herauslösung der Faser aus dem Holzverbund aufgrund der starken Ligninerweichung nur wenig mechanische Energie benötigt, allerdings ist dieser Faserstoff für die Papiererzeugung ungeeignet. Er ist sehr grob, das erweichte Lignin verfestigt sich auf der Faseroberfläche beim Abkühlen zu einer harten Substanz, die dem Stoff einen hohen Mahlwiderstand verleiht. Liegt die Defibrierungstemperatur unter der Erweichungstemperatur des Lignins, entsteht ebenfalls ein grober Faserstoff mit geringem Festigkeitspotenzial. Nur wenn die Temperatur im Refiner nahe der Erweichungstemperatur des Lignins liegt, kann ein großer Teil der Fasern unzerstört aus dem Faserverband herausgelöst werden. Wird die Primärwand dieser Fasern in nachfolgenden Refiner-Stufen aufgebrochen, tritt Fibrillierung der Sekundärwand ein [5.26].

Die mechanischen und thermischen Prozesse während des Refiner-Verfahrens lassen sich u. a. nach *Luhde* [5.16] folgendermaßen zusammenfassen (siehe auch Abschnitt 5.3.1.2):

- Reduzierung der Hackschnitzeldimensionen auf Streichholzgröße,
- Reduzierung der Abmessungen dieser „Streichhölzer" zu Fasern,
- Faserbeanspruchung durch Druckpulsation und Scherkräfte bis zur Ermüdung der Mittellamelle,
- thermische Erweichung von Lignin und Hemicellulosen,
- Abrolleffekt (= Zusammenballung von vereinzelten Fasern),
- Fibrillierung und Kürzung der Fasern.

Der Einsatz von **Hackschnitzeln** als Rohmaterial ermöglicht die Verarbeitung von Holzqualitäten, die für den Schleifprozess ungeeignet sind (z. B. Sägewerksabfälle oder Durchforstungsholz). In Refiner-Verfahren mit chemischer Vorbehandlung lassen sich auch verschiedene **Laubholzarten** erfolgreich verarbeiten (siehe Abschnitt 5.3.2.3).

Der entstehende Faserstoff hat einen hohen Langfaseranteil mit guten Festigkeitseigenschaften und ist hinsichtlich seiner Qualität über einen längeren Zeitraum konstant, als es für Holzschliff der Fall ist.

Folgende Holzstoffe werden im Refiner-Verfahren unter Einwirkung von mechanischen und thermischen Prozessen erzeugt:

RMP (Refiner Mechanical Pulp): Verarbeitung von Hackschnitzeln in einem drucklosen Refiner (atmosphärischer Druck) (in einigen Fällen kann der Refinerausgang unter Druck stehen).

TMP (Thermo Mechanical Pulp): Verarbeitung thermisch vorbehandelter Hackschnitzel unter Druck (in den meisten Fällen steht auch der zweite Refiner unter Druck).

Thermopulp™ (Thermo Pulp) unterscheidet sich von TMP darin, dass der Faserstoff kurz vor der zweiten Refinerstufe auf sehr hohe Temperaturen gebracht wird (etwa 170 °C)

5.3.2.3 Chemische Prozesse im Refiner-Verfahren

Bei der **chemischen Holzstofferzeugung** wird eine schonende chemische Vor- oder Zwischenbehandlung mit mechanischen Refiner-Stufen verbunden. Man spricht auch von chemischer Erweichung. Für die resultierenden Eigenschaften des Faserstoffs, die zwischen denen von Hochausbeutezellstoffen und rein mechanisch/thermisch aufgeschlossenen Holzstoffen liegen, sind hier u. a. die Chemikalienart und -dosierung ausschlaggebend.

Grundsätzlich werden folgende Holzstoffe im Refiner-Verfahren mit chemischer Einwirkung zusätzlich zu den mechanischen und thermischen Prozessen erzeugt:

CMP (Chemimechanical Pulp): Hackschnitzel werden in der Regel mit Natriumsulfit und Natronlauge vorbehandelt und dann drucklos gemahlen.

CTMP (Chemithermo Mechanical Pulp): Hackschnitzel werden wie CMP vorbehandelt, aber mit geringerer Chemikaliendosierung, und dann unter Druck gemahlen.

Der **CTMP-Stoff** wird mit relativ niedriger Chemikaliendosierung unter Druck erzeugt und hat Ausbeuten von über 90 %. Der drucklos hergestellte **CMP-Stoff** erfährt eine weniger schonende chemische Behandlung, seine Ausbeute liegt daher unter 90 %. Die CTMP- und CMP-Verfahren wurden zur besseren Nutzung von Laubholz und zur Verbesserung des Bindungspotenzials steifer langer TMP-Fasern entwickelt. Die ersten Faserlinien zur Erzeugung von Holzstoffen aus Laubholz gingen bereits vor etwa 60 Jahren in Betrieb, den Durchbruch erfuhr der CTMP-Prozess jedoch erst in den 70er-Jahren des vergangenen Jahrhunderts in Folge der verbesserten TMP-Technologie hinsichtlich der mechanischen Prozessstufen. Die Defibrierbedingungen für die CTMP-Erzeugung aus Nadelholz sind vergleichsweise standardisiert. Die chemische und morphologische Zusammensetzung von Laubholz variiert deutlich mehr als die von Nadelholz, weshalb sich nur wenige Arten für den CTMP-Prozess eignen. Empfohlene Defibrierbedingungen für Nadel-und Laubhölzer sind in Tabelle 5.1 zusammengestellt. Die Ausbeute von Nadelholz-CTMP beträgt 91...96 %, die von Laubholz-CTMP 88...95 %.

Tabelle 5.1 Empfohlene Defibrierbedingungen für die CTMP-Erzeugung, unterschieden nach Nadelholz und Laubholz [5.27]

Holzart	Chemikaliendosierung, bezogen auf otro Hackschnitzelmasse	pH-Wert	Temperaturbereich	Verweildauer
Nadelholz	2...4 % Na_2SO_3	9...10	120...135 °C	2...15 min
Laubholz	0...4 % Na_2SO_3 1...7 % NaOH	12...13	60...120 °C	0...30 min

Natriumsulfit Na_2SO_3 wird bevorzugt bei der Verarbeitung von Nadelholz eingesetzt, während sich für den Aufschluss von Laubholz Natriumhydroxid NaOH allein oder in Mischung mit Natriumsulfit Na_2SO_3 besser eignet. Dieser **Sulfonierung** genannte Prozess verbessert die Zugänglichkeit der Holzstruktur für Wassermoleküle. Nach *Atack* und *Heitner* [5.28] kann die Ligninerweichung auf einen Austausch an aliphatischen Hydroxylgruppen oder Ethergruppen zurückgeführt werden. Eine Zugabe von Sulfonatgruppen bis zu 1,2 % auf otro Holz führt zu einer fast vollständigen **Fasertrennung** und zu einer Verminderung des störenden Einflusses durch steife lange Fasern. Größere Mengen an Sulfonatgruppen (>1,2...2,0 % auf otro Holz) steigern die Flexibilität dieser steifen langen Fasern und damit das Bindungspotenzial [5.28].

Die chemische Prozessstufe wird im Falle der Vorbehandlung als **Hackschnitzel-Imprägnierung** durchgeführt und ist somit einer der wichtigsten Prozessschritte bei der chemischen Holzstofferzeugung. Die physikalischen Prozesse **Penetration** und **Diffusion** sorgen für die gleichmäßige Verteilung einer möglichst großen Chemikalienmenge in möglichst kurzer Zeit innerhalb der Holzstruktur. Die gedämpften Hackschnitzel werden auf ihrem Weg durch die Zuführschnecke im Verhältnis 4 : 1 verdichtet und entspannen sich wieder in der kalten Imprägnierungsflüssigkeit. Diese Ausdehnung und der Kondensationseffekt bedingen das Einsaugen der Chemikalien in die Holzstruktur, bei der ein Chemikalienverbrauch von 2...20 % auf otro Holz erreicht werden kann. Gleichzeitig nimmt die Holzfeuchte um 5...30 % zu. Aufgrund ihres anatomischen Aufbaus können Laubhölzer mehr Flüssigkeit aufnehmen als Nadelhölzer.

5.3.2.4 Spezifischer Energieverbrauch

Der **spezifische Energieverbrauch** (richtiger massespezifischer Energieverbrauch, siehe auch Abschnitt 5.3.1.3) beeinflusst u. a. den Fibrillierungsgrad des Holzstoffs.

Für stark fibrillierte TMP- und CTMP-Faserstoffe aus Fichtenholz werden insgesamt mindestens 2 MWh/t in mehreren Mahlstufen benötigt, bei der Verarbeitung von Hackschnitzeln aus Kiefernholz sind es um 15...20 % mehr. Bild 5.18 zeigt die Festigkeiten verschiedener Holzstoffe in Abhängigkeit vom spezifischen Energieverbrauch [5.29][5.30][5.31]. Der dort herangezogene Festigkeitswert *F* [5.32] verbindet Zugfestigkeit (Reißlänge *RL*) und Durchreißfestigkeit (Durchreißwiderstand nach Elmendorf *D*(*E*)) über folgende Beziehung:

$$F = 10 \cdot RL + 0{,}1 \cdot D(E)$$

Die Reißlänge *RL* muss dabei in km, der Durchreißwiderstand *D*(*E*) in mJ/m angegeben werden.

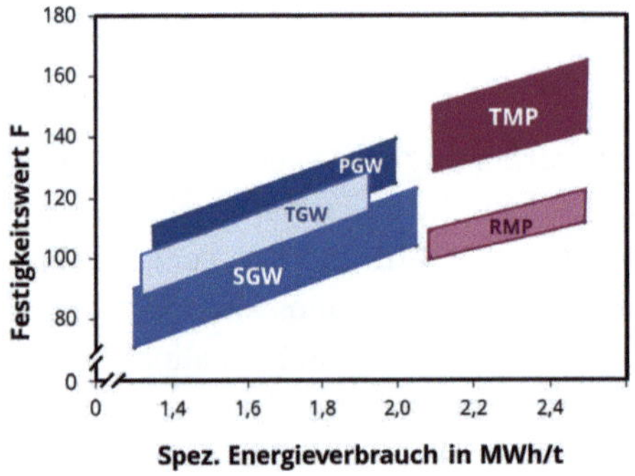

Bild 5.18
Festigkeitswert *F* nach *Süttinger* [5.32] in Abhängigkeit vom spezifischen Energieverbrauch für verschiedene Holzstoffarten [5.29][5.30][5.31]

5.3.2.5 Weiterentwicklung des Refiner-Verfahrens

Der hohe spezifische Energieverbrauch besonders beim Refiner-Verfahren gibt bereits seit Jahrzehnten Anlass dazu, nach Verbesserungen des Prozesses zur Senkung des spezifischen Energiebedarfs zu suchen.

Mit dem **RTS™-Prozess** (**R**etention time, **T**emperature, **S**peed), 1996 von *Sabourin* [5.33] erfunden, lassen sich befriedigende optische Holzstoffeigenschaften bei niedrigerem spezifischen Energieverbrauch erzielen. Die Hackschnitzel werden dafür sehr kurz bei einer Temperatur von 165 °C vorgewärmt und anschließend mit hoher Intensität in der ersten Refiner-Stufe gemahlen. Tabelle 5.2 enthält eine Gegenüberstellung von Prozess- und Stoffparametern für TMP- und RTS™-Stoff [5.34][5.35].

Der **ATMP-Prozess** kombiniert eine selektive Holzdesintegration durch mechanische Vorbehandlung und Veredelung bei erhöhter Refiner-Intensität mit einer chemischen Nachbehandlung mit beispielsweise Wasserstoffperoxid, allein oder in Kombination mit Alkali. Das ATMP-Verfahren eignet sich für die meisten Nadelholzarten, speziell für einige Kiefernarten. Bei vergleichbarem Zugfestigkeitsniveau (Tensile-Index 30 Nm/g) beträgt das Einsparpotenzial beim spezifischen Energieverbrauch gegenüber konventionellem Referenz-TMP 34 % (0,65 MWh/t). Die betrachteten ATMP-Faserstoffe behielten ihren TMP-Charakter hinsichtlich Lichtstreukoeffizient, Dichte, Dehnungseigenschaften und Festigkeit bei. Der ISO-Weißgrad von ATMP kann nach einer Behandlung mit Wasserstoffperoxid (28 kg/t) und Magnesiumhydroxid (14 kg/t) um 14 % höher sein als der von konventionellem TMP [5.37].

Tabelle 5.2 Vergleich von Prozess- und Stoffparametern für TMP- und RTS™-Stoff [5.34][5.35]

Prozess- und Stoffparameter	TMP-Stoff	RTS™-Stoff
Druck bei Vordämpfung in kPa	200...300	500...600
Verweildauer in s	120...180	12...20
Umdrehungsgeschwindigkeit in min^{-1}	1500	2300
spez. Energieverbrauch in MWh/t	3,07	2,62
Tensile-Index (Zugfestigkeits-Index) in Nm/g	57,3	57,9
Durchreißwiderstands-Index in mN m^2/g	8,7	8,9
Weißgrad in %	60,1	62,0
spez. Lichtstreukoeffizient in m^2/kg	59,4	61,8
Splitter-Anteil (Pulmac 0,1 mm) in %	0,12	0,05
Langfaseranteil (McNett R14/R28*) in %	33,5	27,4

* Bezeichnung der Rückstände (R) auf den und der Durchgänge (P) durch die McNett-Siebe nach der heute als veraltet geltenden, aber genaueren Tyler-Reihe [5.36]

Der **BCTMP-Prozess** kombiniert eine chemische Vorbehandlung der Hackschnitzel mit Natriumsulfit und Natriumhydroxid mit einer oxidativen Peroxid-Bleiche als Nachbehandlung des Refiner-Prozesses. Das Verfahren eignet sich sowohl für Nadel- als auch für Laubholzsorten [5.38].

Der **P-RC/APMP-Prozess** ist eine Weiterentwicklung des BCTMP-Prozesses. Er benötigt weniger spezifische Mahlenergie, ergibt aber bessere Faserstoffeigenschaften. Der **APMP-Prozess** (**A**lkaline **P**eroxide **M**echanical **P**ulping) wird auf Nadelholz-Hackschnitzel angewendet. Für Laubhölzer und Nicht-Holzpflanzen (früher auch Einjahrespflanzen genannt) wird der Prozess um die Stufe **P-RC** (**P**reconditioning – **R**efiner **C**hemical) erweitert. Die Chemikalien der P-RC-Stufe werden entweder zwischen der ersten und zweiten Imprägnierstufe und/oder zwischen der ersten und zweiten Refinerstufe zugegeben. Der Weißgrad des resultierenden Faserstoffs ist so hoch, dass keine separate nachgeschaltete Bleichstufe notwendig ist. Abweichend zu anderen chemimechanischen Refiner-Prozessen wird hier die Holzstruktur durch Kaustifizierung des Lignins, nicht durch seine Sulfonierung geöffnet [5.39].

5.3.2.6 Maschinen und Anlagen für das Refiner-Verfahren

Scheibenrefiner verschiedener Bauart sind die am weitesten verbreiteten Maschinen im Refiner-Prozess. Die je nach Verfahren vorbehandelten Hackschnitzel treten in der Mitte an der Welle in den Scheibenrefiner ein und werden auf dem Weg von der Mitte nach außen zwischen den beiden **Mahlscheiben** bearbeitet. Die Mahlscheiben sind mit Messerplatten (Segmenten) aus hochfestem Stahl und unterschiedlichen Profilen bestückt und werden hydraulisch zusammengepresst. Der **Mahlspalt** hat einen entscheidenden Einfluss auf die Holzstoffqualität. Der schematische Aufbau eines Scheibenrefiners ist in Bild 5.19 am Beispiel eines Doppelscheibenrefiners dargestellt (siehe auch Bild 5.23).

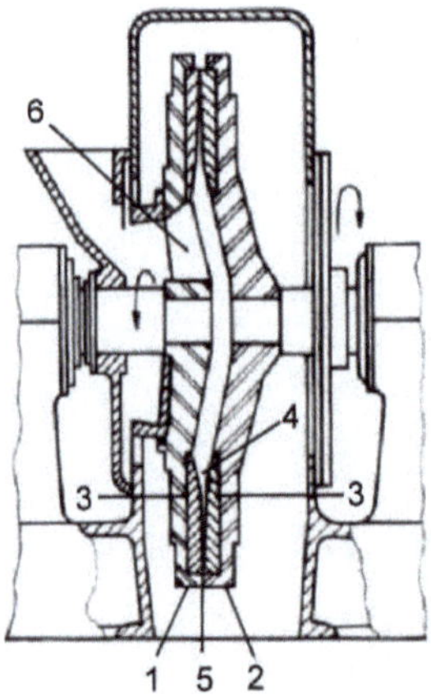

Bild 5.19
Schematischer Aufbau eines Scheibenrefiners (Doppelscheibenrefiner)
1 und 2 rotierende Mahlscheiben, 3 Mahlscheibensegmente, 4 Eintrittsbereich zur Mahlzone, 5 Austritt aus der Mahlzone, 6 Hackschnitzelzufuhr

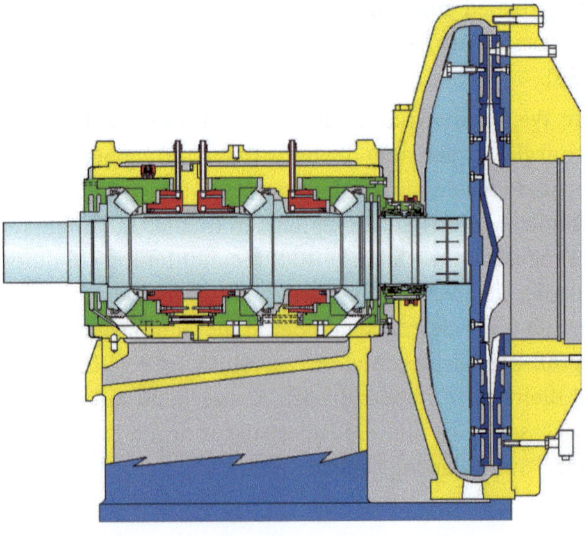

Bild 5.20
Schnitt durch einen Einscheibenrefiner (RGP 268) – Scheibendurchmesser 1727 mm (68 Zoll), Umdrehungsgeschwindigkeit 1500 min^{-1} (Quelle: Valmet)

Die einfachste Bauart eines Scheibenrefiners ist der **Einscheibenrefiner** (Single Disc, SD). Er hat eine stehende und eine rotierende Mahlscheibe (Bild 5.20). Üblicherweise arbeiten Einscheibenrefiner der Fa. Valmet bei einer Umdrehungsgeschwindigkeit von 1500 min^{-1} und haben Mahlscheiben mit einem Durchmesser von rund 1730 mm (68 Zoll).

Der **Kegelscheibenrefiner** (Conical Disc, CD) wurde als Hochkapazitätsrefiner entwickelt. Er besteht aus einem Einscheibenrefiner, dem sich eine konische Mahlzone innerhalb eines gemeinsamen Refinergehäuses anschließt (Bild 5.21). Der Winkel der konischen Mahlzone beträgt 22°. Diese Bauart sorgt für eine signifikante Vergrößerung der Mahlfläche ohne grundlegende Vergrößerung des Refinerscheibendurchmessers. Der Kegelscheibenrefiner RGP 82 CD arbeitet bei Umdrehungsgeschwindigkeiten von 1500 min^{-1} oder 1800 min^{-1} und hat heute üblicherweise einen äquivalenten theoretischen Gesamtscheibendurchmesser von rund 2080 mm (82 Zoll), bezogen auf die Mahlfläche von 3,2 m^2. Der maximale Durchmesser der konisch abgeflachten Mahlscheibe beträgt rund 60 Zoll.

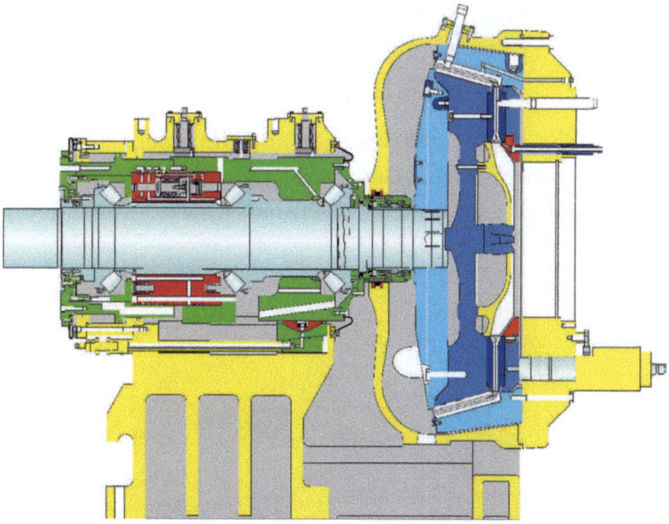

Bild 5.21 Schnitt durch einen Kegelscheibenrefiner (RGP 82 CD) – äquivalenter Scheibendurchmesser 2083 mm (82 Zoll) bezogen auf die Mahlfläche, Umdrehungsgeschwindigkeit 1500 min^{-1} (50 Hz) oder 1800 min^{-1} (60 Hz) (Quelle: Valmet)

Ein weiterer Hochkapazitätsrefiner ist der von der Fa. ANDRITZ gebaute und vertriebene **Twin-Refiner**. Der Twin-Refiner vereinigt zwei Einscheibenrefiner mit parallelen Mahlzonen in einem Refinergehäuse, indem der Rotor auf beiden Seiten mit Refinerplatten bestückt wird und zwischen zwei Statorscheiben arbeitet. Der Mahlscheibendurchmesser des Twin-Refiner TX68 (Bild 5.22) beträgt 1727 mm (68 Zoll) in beiden Mahlzonen. Dies entspricht einem Einscheibenrefiner mit einem äquivalenten theoretischen Mahlscheibendurchmesser von 2442 mm (96 Zoll), bezogen auf die Gesamtmahlfläche. Die Zuführung der Hackschnitzel erfolgt über je eine Bandschnecke auf beiden Seiten des Rotors, die direkt auf der Welle angebracht sind. Der TX68 Refiner ist für hohe Produktionsmengen bis 1500 t/d und hohe Motorleistungen bis 40 MW geeignet. Das beidseitige Lagerungskonzept des Twin-Refiners erlaubt hohe Umdrehungsgeschwindigkeiten von bis zu 2300 min^{-1}, was für bestimmte Prozesse vorteilhaft ist, z. B. für den RTS™-Prozess (siehe Abschnitt 5.3.2.5 und Tabelle 5.2).

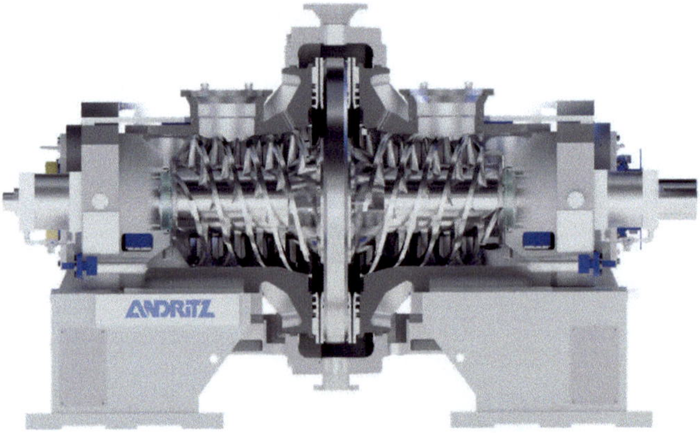

Bild 5.22 Schnitt durch einen Twin-Refiner (TX68) – Scheibendurchmesser 2 × 1727 mm (68 Zoll), äquivalenter theoretischer Gesamtdurchmesser 1 × 2442 mm (96 Zoll) für Umdrehungsgeschwindigkeiten von 1500...2300 min^{-1} (Quelle: ANDRITZ AG)

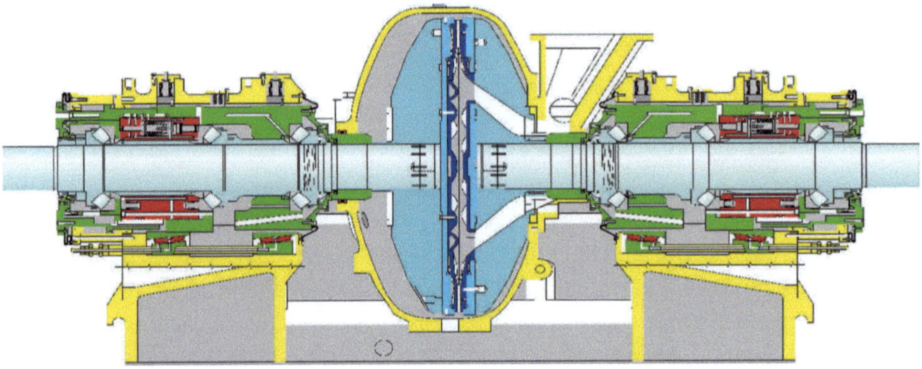

Bild 5.23 Schnitt durch einen Doppelscheibenrefiner (RGP 68 DD) – Scheibendurchmesser 1727 mm (68 Zoll), Umdrehungsgeschwindigkeit 1500 min^{-1} (Quelle: Valmet)

Auch **Doppelscheibenrefiner** (Double Disc, DD) werden häufig eingesetzt. Ihr Hauptmerkmal sind zwei gegenläufig rotierende Refinerscheiben (siehe auch Bild 5.19). Der Doppelscheibenrefiner RGP 68 DD von Valmet beispielsweise hat einen Mahlscheibendurchmesser von rund 1730 mm (68 Zoll) und arbeitet bei einer Umdrehungsgeschwindigkeit von 1500 min^{-1} (Bild 5.23).

Die **Mahlsegmente** sind das Herz eines jeden Mahlprozesses (Bild 5.24). Die Wahl des **Mahlplattenprofils**, d. h. der Anordnung der Messer entlang der Mahlzone, bestimmt die Holzstoffqualität. Auch die verschiedenen Positionen des Refiners im Prozess (erste Stufe, zweite Stufe oder Rejektstufe) erfordern unterschiedliche Mahlplattenprofile. Bidirektionale Mahlsegmente, die unabhängig von der Drehrichtung des Refiners arbeiten, sind heute Standard bei der TMP-Erzeugung. Turbine™-Segmente der Fa. Valmet sind Spezialentwicklungen für Kegelscheibenrefiner, mit denen niedrige Drücke während der Hackschnitzeldefibrierung realisiert werden können, was zu verbesserten optischen Eigenschaften des Holzstoffs führt. Refinerplatten haben Standzeiten von 300...1000 Stunden.

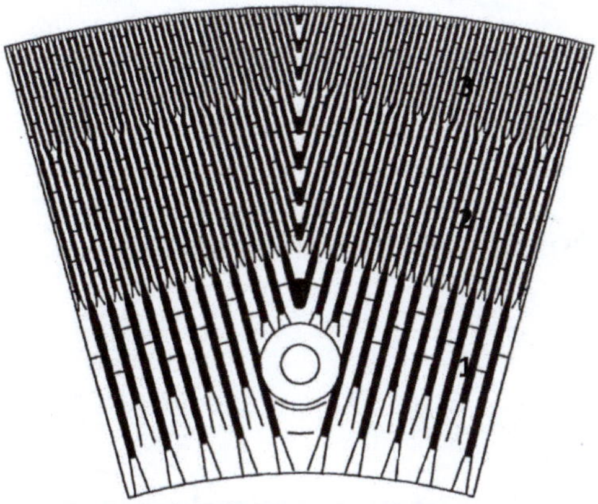

Abmessungen	Zuführung(1)	Mittelzone(2)	Feine Zone(3)
Messerbreite	3,5	2,0	1,5
Nutbreite	5,5	2,5	2,0
Nuttiefe	9-26	6-9	6,0

Bild 5.24
Beispiel für ein Refinerscheiben-Segment mit Abmessungen für die verschiedenen Mahlzonen (Segmenttyp JRGP42693 von Metso Paper Valkeakoski Oy [5.40])

Bild 5.25 zeigt eine moderne zweistufige TMP-Anlage für die Erzeugung von Zeitungsdruckpapier.

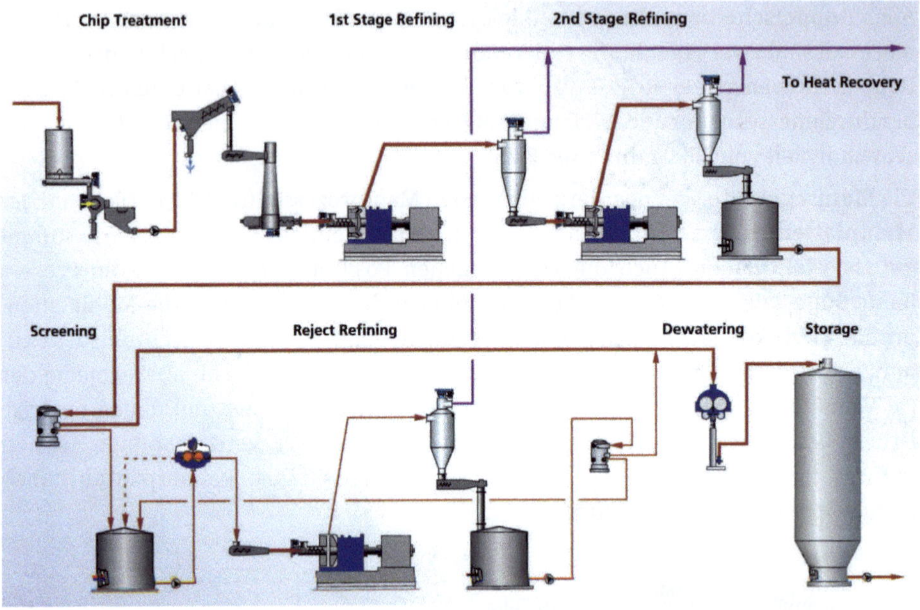

Bild 5.25 Moderne zweistufige TMP-Anlage mit Metso-Kegelscheibenrefiner RGP CD 82 in der Hauptlinie und Metso-Einscheibenrefiner RGP 268 in der Rejektlinie [5.41]

5.4 Aufbereitung des Holzstoffs – Sortierung und Rejektbehandlung

5.4.1 Grundprinzipien und Parameter

Das Ziel der mechanischen Zerfaserung von Holz ist seine **Vereinzelung** in intakte Fasern, ein Zustand, der nur im Idealfall eintritt. Im realen Zerfaserungsprozess wird eine Mischung aus verschiedenen Faserkomponenten und Bruchstücken erzeugt, die folgendermaßen charakterisiert werden können (Bild 5.26):

Splitter, störende Komponente, die aus dem Faserstoff entfernt werden muss,

Fasern, unterteilt in

lange Fasern (Länge etwa 800…4500 µm, Breite etwa 25…80 µm),

kurze Fasern (Länge etwa 200…800 µm, Breite etwa 2,5…25 µm),

Feinstoff, unterteilt in

fibrillärer Feinstoff (umgangssprachlich auch Schleimstoff genannt, Länge bis zu 200 µm, Breite etwa 1 µm),

pulverartiger Feinstoff (umgangssprachlich häufig auch Mehlstoff genannt, Länge 20…30 µm, Breite 1…30 µm).

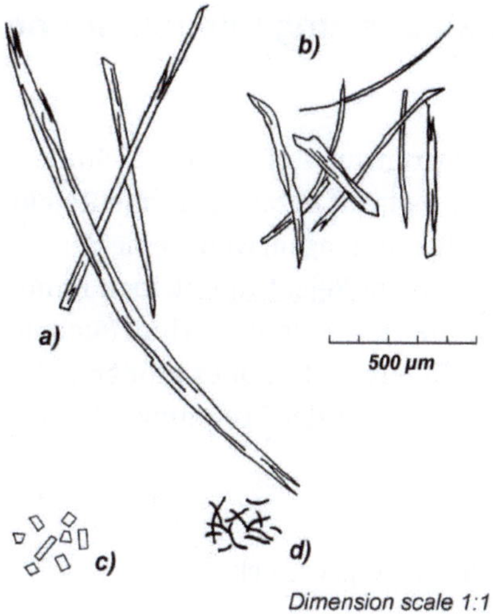

Bild 5.26
Holzschliffzusammensetzung (bearbeitet nach [5.42]). a) Lange Fasern, b) kurze Fasern, c) Mehlstoff, d) Fibrillenstoff

Weiterhin finden sich im Holzstoff Holzstückchen unterschiedlicher Abmessungen und Form, Sand sowie andere nichtfasrige Bestandteile. Unmittelbar nach der mechanischen Zerfaserung weist Holzschliff einen um 15...20 % höheren Feinstoffanteil auf als Refinerstoff. Feinstoff aus dem Refinerverfahren hat einen mehr fibrillenartigen Charakter (Schleimstoff), während der Holzschliff-Feinstoff einen höheren Anteil an sogenanntem Mehlstoff besitzt.

In Abhängigkeit von den jeweiligen Defibrierbedingungen hat der Holzstoff nach geeigneter Abtrennung unerwünschter Bestandteile folgende Zusammensetzung [5.1]:

Splitteranteil	2...6 % (im Extremfall bis 20 %)
Faseranteil	50...80 %
Langfaserstoff	25...55 %
Kurzfaserstoff	25...40 %
Feinstoffanteil	20...50 %

Bei der Holzstofferzeugung werden folgende Trennprozesse angewandt:

Klassierung – Trennung des Holzstoffs in Fraktionen nach Teilchengröße (angewendet auf die Entfernung von Splittern aus dem Stoff), umgangssprachlich, aber verfahrenstechnisch unrichtig oft auch **Fraktionierung** genannt.

Sortierung – Trennung des Holzstoffs nach Teilchendichte, d. h. Abtrennung von Mineralstoffen wie Sand und andere schwere Materialien aus dem Faserstoff (angewandt bei der Stoffreinigung). Der Begriff **Sortierung** wird oft umgangssprachlich, aber verfahrenstechnisch nicht korrekt, für die Gesamtheit aller Trennprozesse, die im Holzstoff-Produktionsprozess vorkommen, verwendet.

5.4.2 Maschinen und Anlagen für die Klassierung und Reinigung von Holzstoff

Kein realer Trennprozess führt zu einer scharf abgegrenzten Aufteilung des Stoffs in **Gutstoff** (aus dem Englischen abgeleitet auch als Akzeptstoff bezeichnet) und **Rejektstoff**. Es kommt zu einer Überlagerung der beiden Trennmengen, wobei eine der beiden die andere im Stoffstrom deutlich überwiegt, d. h. im Rejektstoff bleiben immer kleinere Bestandteile zurück, die z. B. nach ihrer Größe das Trennkriterium (Siebmaschen, Schlitze, Löcher) hätten passieren müssen. Andererseits gibt es größere, aber schlanke und flexible Teilchen im Gutstoff. Die Effektivität der Trennung wird von folgenden Parametern beeinflusst [5.43]:

Parameter des **Ausgangsstoffs**:

- Form der abzutrennenden Teilchen (kubisch, flach, langgestreckt),
- Verteilung der Teilchengröße,
- Dichte der abzutrennenden Teilchen,
- Teilchenflexibilität,
- Entwässerungswiderstand und Stoffdichte.

Parameter der **Trennelemente**:

- Form (Siebmasche, Loch, Schlitz),
- Abmessungen (Siebmaschenweite, Lochdurchmesser, Schlitzweite),
- Position und Abstand der Trennelemente,
- Anteil der offenen Trennfläche.

Prozess- oder Konstruktionsparameter:

- Gleichmäßigkeit der Stoffströmung,
- Gleichmäßigkeit von Stoffzusammensetzung und Stoffdichte,
- Art der Stoffzuführung zu den Trennelementen,
- Geometrie des Kontakts zwischen zugeführtem Stoffstrom und Trennfläche,
- Geschwindigkeit und Länge des Stoffstroms über dem Trennelement,
- Stauhöhe über der Trennfläche und spezifische Geschwindigkeit der Trennfläche,
- mechanische Einbauten zur Verstopfungsminderung.

Der grobe Rejektstoff aus dem Schleifprozess wird über die Grobstoffsortierung mit **Vibrationssieben** (Wuchtschüttlern) mit Lochdurchmessern von 6 mm abgetrennt (Bild 5.27). Der **Durchsatz** liegt zwischen 40 und 50 t/d bei einer Eingangsstoffdichte von 1 % und einer Siebfläche von 1,5 m^2.

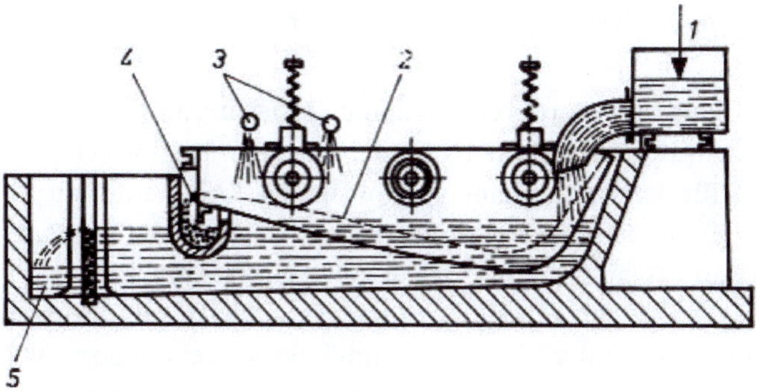

Bild 5.27 Prinzipdarstellung eines Vibrationssiebs (Wuchtschüttlers)
1 Holzschliffzuführung vom Schleifertrog, 2 Siebplatte, 3 Spritzwasser, 4 Rejektstoff, 5 Gutstoff

Im Vergleich zum Schleifprozess gibt es im Refinerstoff – TMP, CTMP und CMP – viel weniger Rejektstoff. Die Stoffe aus Refinerprozessen enthalten mehr kleine Splitter, sogenannte **Mini-Shives**, Holzstückchen und lange Fasern, die mit einer geeigneten Sortierung abgetrennt und im Rejektprozess weiterbearbeitet werden können.

Die gebräuchlichsten Anlagen bei der Klassierung und Sortierung von Holzstoff sind **Druckklassierer** (Bild 5.28).

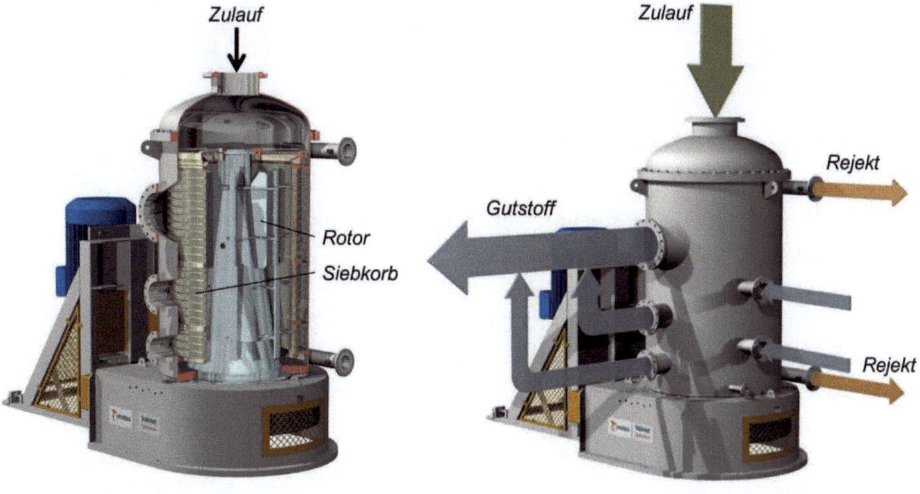

Bild 5.28 Mehrstufiger Druckklassierer (Metso MuST 703) im Querschnitt (links) und mit Stoffströmen (rechts)

Der Druckklassierer besteht aus einem **Siebzylinder** als Trennelement und einem konzentrischen **Rotor** zur Freihaltung der Sieböffnungen. Die Holzstoffsuspension wird von oben zugeführt und bewegt sich zentrifugal durch den Siebkorb. Bei mehrstufigen Klassierern werden mehrere Trennschritte mit nur einem Gerät realisiert. Splitter und steife lange Fasern werden am unteren Ende des Klassierers als **Rejektstoff** entfernt. Das Filtrat tritt mit dem Gutstoff durch die Sieböffnungen, was eine Konzentrationserhöhung im Rejektstoff bewirkt. Es bildet sich eine Rejektstoffschicht auf der inneren Oberfläche des Siebkorbs, die immer wieder durch die Rotorflügel zerstört werden muss.

Die Kapazität und Lauffähigkeit eines Sortierers, auch die Sortierungsleistung bis zu einem gewissen Grad, kann durch **Pulsationen** gesteuert werden. Es gibt verschiedene Konstruktionsformen für Pulsationselemente, von denen Foils heute am gebräuchlichsten sind. Die Wirksamkeit der Pulsation wird durch geeignete Foil-Parameter beeinflusst – Anzahl und Form der **Foils**, Breite, Abstand, Eintrittswinkel und Geschwindigkeit der Druckspitzen. Nur ein kleiner Unterschied zwischen positiven und negativen Druckspitzen ist vorteilhaft für den Trenneffekt, wobei die negativen Pulsationen stark genug sein sollen für eine Saugströmung zum Aufbrechen von Flocken, Fasern und Verunreinigungen, die sich an den Kanten der Sieböffnungen abgesetzt haben [5.44]. Beispiele für Bauformen von Siebkörben und Rotoren sind in Bild 5.29 zusammengestellt.

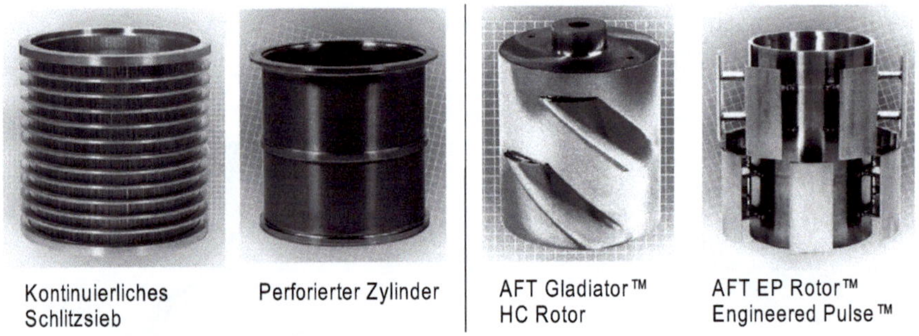

Bild 5.29 Konstruktionsformen von Siebkörben (links) und Rotoren (rechts) für Druckklassierer (AFM)

Bei der Zurückhaltung von Splittern haben sich Schlitzsiebe als geeigneter erwiesen als Lochsiebe, die aufgrund ihrer größeren offenen Trennfläche mit höherer Kapazität arbeiten können. Diesem Nachteil der Schlitzsiebe wurde durch die Entwicklung von Kontursiebplatten (**Wedge Wire**) begegnet. Schlitzsiebe auf der Basis von Wedge Wires (Bild 5.30) besitzen etwa doppelt so viel offene Siebfläche wie konventionelle Schlitzplatten.

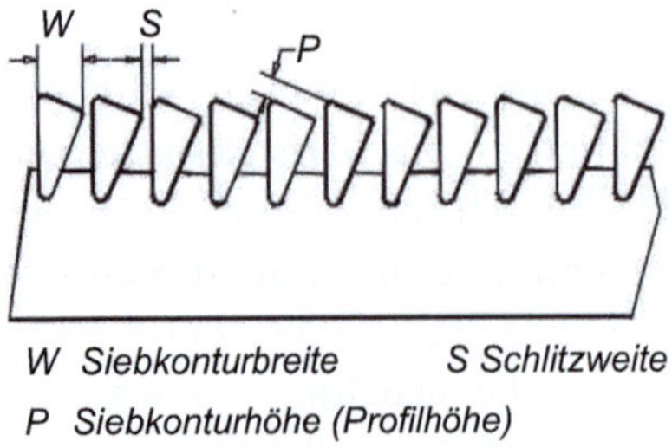

Bild 5.30 Wedge-Wire-Prinzip [5.45]

Für eine Stofftrennung (Sortierung) nach Materialdichte werden **Hydrozyklone** verwendet (Bild 5.31). In fast allen Fällen wird die Stoffsuspension tangential in ein zylindrisches oder konisches Rohr gepumpt und bewegt sich spiralförmig entlang der Außenwände des Rohrs nach unten. Schwere Teilchen finden sich im äußeren Teil der nach unten gerichteten Strömung und bewegen sich langsam durch eine Öffnung im unteren Teil des Rohrs zum **Rejektsammler**. Der Hauptstrom wendet sich über dieser Öffnung nach oben und steigt in der Mitte des Rohrs nach oben zum Ausfluss. Je nach Konstruktionsform beträgt der Druckabfall in einem Hydrozyklon 60...300 kPa (0,6...3 bar).

	Centricleaner	LC-Cleaner
Stoffdichte in %	< 1	< 1
Druckabfall in kPa (bar)	300 (3)	160 (1,6)
Beschleunigung (g = 9,81 m/s²)	500 g	150 g
Geschwindigkeit Zufluss in m/s	20	12
Faserverlust in %	2	praktisch 0
spezifischer Energieverbrauch in kWh/t	0,4 ... 0,5	0,08

Bild 5.31 Arbeitsprinzip eines Hydrozyklons (links) und Parameter für verschiedene Cleanertypen [5.34]

Es ist unmöglich, einen Holzstoffklassierer zu konstruieren, der die Partikel exakt nach ihrer Größe abtrennt. In der Realität wird jeweils nur ein bestimmter Anteil an Splittern abgetrennt, der hauptsächlich vom Volumenstrom abhängt. Neben den Effektivitätsstufen der einzelnen Trennaggregate bestimmt die Art der Kombination aller einzelnen Klassierer/Sortierer die Gesamteffektivität und Wirtschaftlichkeit der Prozessstufe „Sortierung". Bild 5.32 enthält Beispiele für moderne Sortierkonzepte.

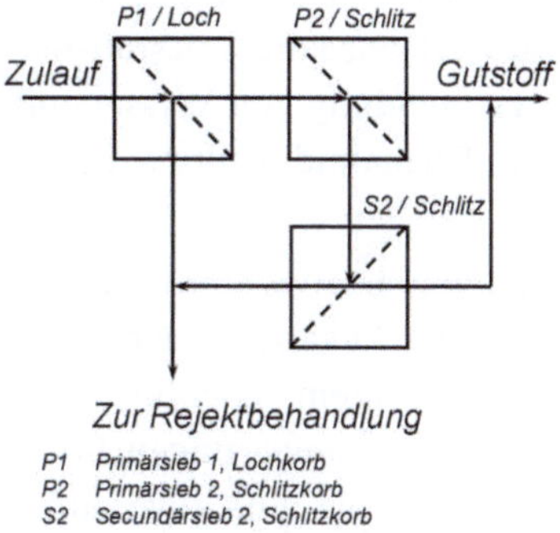

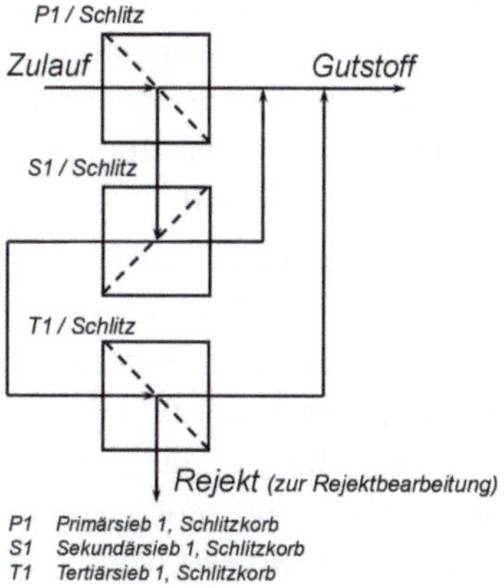

Bild 5.32 Beispiele für moderne Vorwärtssortierungen: Main-Line-Sortierkonzept (links), TMP-Sortierungssystem (rechts)

5.4.3 Rejektstoffbehandlung und Wärmerückgewinnung

Der abgetrennte grobe Rejektstoff wird in speziellen Scheibenrefinern nachbehandelt. Eine **Hochkonsistenzrejektmahlung** ist auch für Holzschliff-Rejektstoff geeignet. Der Rejektstoff, der mit 2,5 % Stoffdichte aus der Rejektbütte kommt, wird zu diesem Zweck auf 25…30 % eingedickt.

In einer TMP-Anlage spielt die **Wärmerückgewinnung** eine besondere Rolle. Ohne die technischen Möglichkeiten der Wärmerückgewinnung wäre das TMP-Verfahren wirtschaftlich nicht vertretbar. Normalerweise können etwa zwei Drittel der bei der Mahlung verbrauchten Energie in Form von sauberem Dampf zurückgewonnen werden. Der in den Refinern entstehende Dampf wird von den Fasern in speziellen Zyklonen abgetrennt und danach im Wärmeaustauscher kondensiert.

5.5 Bleiche von Holzstoff

Unter **Bleiche** versteht man ein Verfahren, bei dem unter Einwirkung von Chemikalien der Weißgrad und die Reinheit eines Faserstoffs gesteigert werden [5.50]. Es wird zwischen **ligninerhaltender** und **ligninentfernender Bleiche** unterschieden, wobei letztere auf Zellstoffe angewendet wird (siehe Abschnitt 6.3).

Für Holzstoffe kommt die **ligninerhaltende Bleiche** zum Einsatz, um eine Weißgradsteigerung mit möglichst geringem Substanzverlust zu erreichen und gleichzeitig den Vorteil der hohen Ausbeuten zu erhalten. Dabei werden die gefärbten Bestandteile des Holzstoffs modifiziert. Die Steigerung des Weißgrads beruht auf der Zerstörung von farbigen Strukturen (Chromophoren) im Holzstoff, die vorwiegend aus einem System von konjugierten Doppelbindungen mit Carbonylgruppen bestehen. Die Chromophore absorbieren Licht im sichtbaren und UV-Bereich. Durch Reduktion und Oxidation wird das konjugierte System zerstört, und die Chromophore werden in ungefärbte oder weniger gefärbte Strukturen überführt [5.14]. Industriell wird die Holzstoff-Bleiche in ein- oder zweistufigen Bleichsequenzen unter Verwendung von Wasserstoffperoxid als Oxidationsmittel oder Natriumdithionit bzw. Formamidinsulfinsäure als Reduktionsmittel durchgeführt [5.46].

Im Gegensatz zur **Dithionitbleiche**, die bei Stoffdichten von 4…10 % stattfindet, erfolgt die **Peroxidbleiche** bei Stoffdichten von über 20 %. Nach Zugabe des Bleichmittels wird der Stoff 2…3 Stunden bei Temperaturen um 70 °C in einem Bleichturm gelagert. Bei Bleichmittelmengen von 1,0…1,5 % werden Weißgradsteigerungen bis zu 14 % erreicht [5.46]. Bei höheren Weißgradanforderungen erfolgt eine **zweistufige Bleiche.** Dabei wird der Holzstoff zuerst oxidativ und anschließend reduktiv behandelt. In Abhängigkeit von der Holzart, vom Holzalter und von den Bleichparametern werden Weißgradsteigerungen von bis zu 18 % erzielt.

5.6 Latenz und Eigenschaften von Holzstoff

5.6.1 Latenz von Holzstoff

Werden Fasern bei hohen Temperaturen und hohen mechanischen Stoffdichten aus dem Holzverband herausgelöst und vereinzelt, werden sie zusammengedrückt, verdreht und verknäuelt. Beim Abkühlen in hoher Stoffdichte bleiben diese Faser-Verformungen erhalten, ein Verhalten, das **Latenz** genannt wird. Es tritt hauptsächlich bei Refinerstoffen auf [5.47], wurde aber auch bei Holzschliffen beobachtet. Da der Latenzanteil im Holzschliff unter atmosphärischem Druck marginal ist, wurde dem Verhalten keine Bedeutung beigemessen. Das änderte sich erst mit der Einführung des Druckschliffs. Latenzbedingte signifikante Veränderungen von Festigkeitseigenschaften (Zugfestigkeit = Tensile-Index und Bindungsfestigkeit = Scott-Bond) wurden bei der Verarbeitung von skandinavischem Fichtenholz (*Picea abies*, langsam gewachsen) zu Druckschliff gefunden (Bild 5.33) [5.48]. Die Latenz kann rückgängig gemacht werden d. h., die Fasern können ihre nahezu ursprüngliche Form zurückerhalten, wenn der Faserstoff bei hohen Temperaturen und niedrigen Stoffdichten gerührt wird. Dabei bauen sich „eingefrorene" mechanische Spannungen der Reste der Mittellamelle ab. Umgangssprachlich spricht man auch von Latenzentfernung. Durch die erneute Faserstreckung verändern sich auch andere Faserstoffeigenschaften – nach der Latenzentfernung hat der Holzstoff einen höheren Entwässerungswiderstand und höhere Zugfestigkeit. Latenz kann deshalb auch definiert werden als *die* Eigenschaftsdifferenz zwischen dem heißen Ausgangszustand und dem abgekühlten Zustand, die zum größten Teil wieder rückgängig gemacht werden kann [5.49].

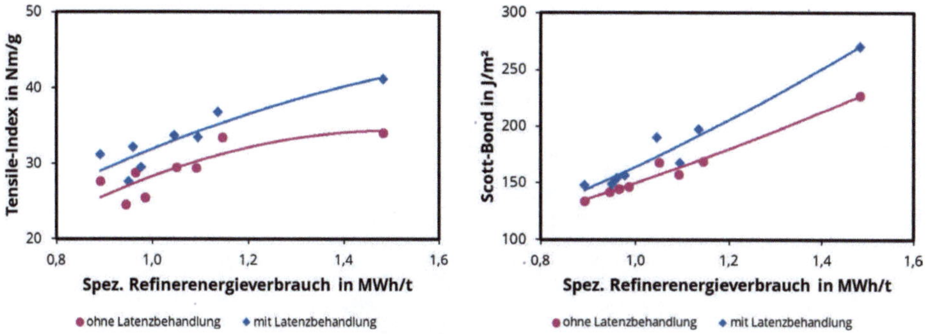

Bild 5.33 Eigenschaftsveränderung von Druckschliff aus skandinavischem Fichtenholz durch Latenzbehandlung (10 min bei 85 °C) (bearbeitet nach [5.48])

5.6.2 Eigenschaften von Holzstoff

Im Schleif- und Refinerprozess werden die Fasern auf unterschiedliche mechanische Weise beansprucht. Dementsprechend unterschiedlich ist die resultierende Fasergestalt, wie in Bild 5.34 gezeigt. Wie schon in Bild 5.26 schematisch dargestellt, ist Holzschliff sehr heterogen. Er besteht aus zahlreichen Faserbruchstücken und Faserbündeln (Splittern) mit Resten von Mittellamelle und Holzstrahlzellen (früher Markstrahlzellen genannt) sowie einer hohen Menge an Feinstoff (Bild 5.34 links). Refinerstoff wie TMP dagegen zeichnet sich durch lange, vereinzelte Fasern mit häufigen mechanischen Verformungen aus. Der Feinstoffanteil ist geringer und kann in mikroskopischen Bildern bedingt durch die Präpapiertechnik ganz fehlen (Bild 5.34 rechts).

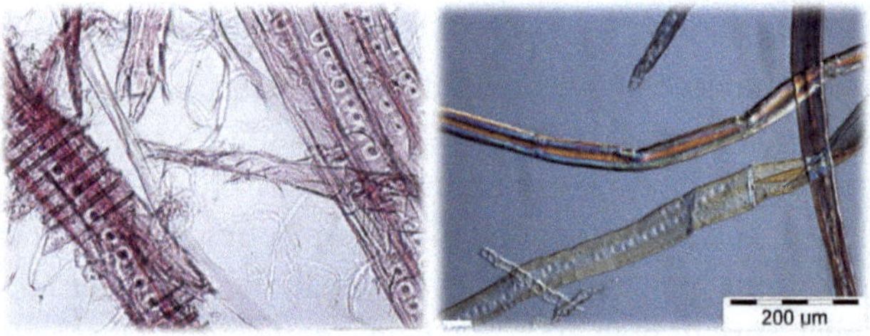

Bild 5.34 Mikroskopische Aufnahmen verschiedener Holzstoffe: Fichten-Holzschliff (links), angefärbt mit Phloroglucin, Nadelholz-TMP im teilpolarisierten Licht (rechts)

In Bild 5.35 ist eine vergleichende Übersicht verschiedener Eigenschaften und Prozesscharakteristika von Holzstoffen und Zellstoffen dargestellt, geordnet nach sinkender Ausbeute.

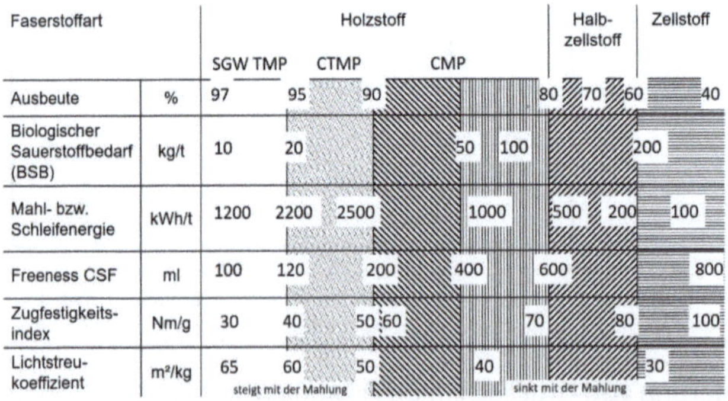

Bild 5.35 Eigenschaften von Holzstoff im Vergleich mit Halbzellstoff und Zellstoff

Mit sinkender Ausbeute wird eine zunehmende **Abwasserbelastung** (BSB in Bild 5.35) gefunden. Das Festigkeitspotenzial steigt zulasten der Lichtstreuung. Der spezifische Energieverbrauch ist für konventionelle Zellstoffprozesse niedriger, der Chemikalienverbrauch ist höher im Vergleich zu den anderen Prozessen. Der **Entwässerungs-**

widerstand (Canadian Standard Freeness, CSF) liegt zwischen ca. 100 ml für (feinstoffhaltigen) Steinschliff (SGW) und 800 ml für Zellstoff mit einem hohen Gehalt an Langfaserstoff (zur Beachtung: hohe CSF-Werte stehen für einen niedrigen Entwässerungswiderstand und umgekehrt). Die Werte für den **spezifischen Lichtstreukoeffizienten** wurden jeweils für den Faserstoff ohne zusätzliche Nachmahlung verglichen. Im Gegensatz zur Mahlung von Zellstoff nimmt der Lichtstreukoeffizient bei der Nachmahlung von Holzstoff zu.

Im Schleif- und Refinerprozess werden die Fasern auf unterschiedliche Weise vereinzelt. Bild 5.36 zeigt die Faserstoffzusammensetzung nach der Fraktionierung mit dem System Bauer-McNett für Stoffe mit unterschiedlichen Ausbeuten. Der Anteil an langen Fasern bei den Holzstoffen (Fraktion McNett R28) nimmt in der Reihenfolge SGW, RMP, TMP, CTMP zu, mehr zulasten der Mittelfraktion als des Feinstoffanteils.

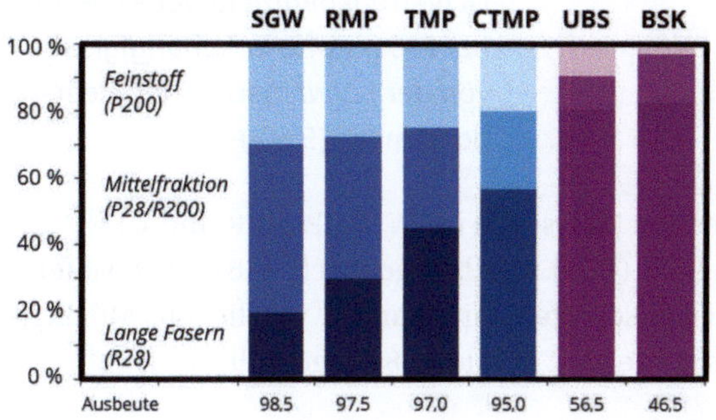

Bild 5.36 Prozentuale Zusammensetzung der Bauer-McNett-Fraktionen für verschiedene Holzstoffe (SGW, RMP, TMP und CTMP) und Zellstoffe (ungebleichter Nadelholzsulfatzellstoff UBS und gebleichter Nadelholzsulfatzellstoff BSK) (bearbeitet nach [5.50]). Bezeichnung der Rückstände (R) auf den und der Durchgänge (P) durch die McNett-Siebe nach der heute als veraltet geltenden, aber genaueren Tyler-Reihe [5.36]

Holzstoff-Fraktionen haben ein unterschiedlich starkes Bindungspotenzial. Nach *Mohlin* [5.51] ist das der Mittelfraktion am stärksten ausgeprägt.

Holzstoffe ergeben voluminöses Papier mit einem hohen **Lichtstreuvermögen** (Bild 5.37). Mit Holzstoff kann so Papier mit ausreichender Steifigkeit und Opazität bei beträchtlich niedrigerer flächenbezogener Masse hergestellt werden, als es mit Zellstoff möglich wäre. Bei vergleichbarem Entwässerungswiderstand (Canadian Standard Freeness) ergibt TMP Papiere mit dem höchsten und CTMP Papiere mit dem niedrigsten spezifischen Volumen. Von Holzstoffen hat Holzschliff GW die besten optischen Eigenschaften (Bild 5.37 unten), während TMP und CTMP die besten Festigkeitseigenschaften aufweisen (Bild 5.37 oben links und oben rechts). Aufgrund dieser guten Festigkeitseigenschaften wird z. B. bei der Herstellung von LWC-Papier aus TMP weniger Armierungszellstoff benötigt, was sich positiv auf die Opazität des LWC-Papiers auswirkt und eine wirtschaftlichere Produktion ermöglicht.

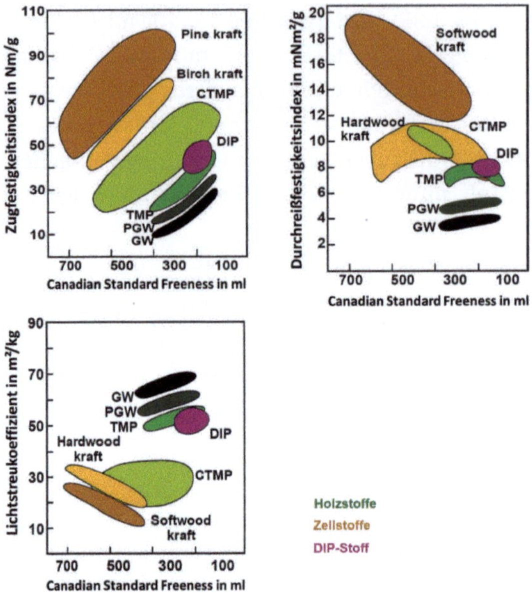

Bild 5.37 Zugfestigkeitsindex, Durchreißfestigkeitsindex und spez. Lichtstreukoeffizient verschiedener Faserstoffe in Abhängigkeit von der Entwässerbarkeit (bearbeitet nach [5.50])

Höglund et al. [5.52] haben verschiedene Holzstoffe (SGW, RMP, TMP und CTMP aus Fichtenholz) und Zellstoffe (ungebleicht (USB) und halbgebleicht (SBK) aus Kiefernholz) hinsichtlich ihrer Festigkeitseigenschaften miteinander verglichen. Mögliche Eigenschaftsbereiche für diese Faserstoffe sind in Bild 5.38 dargestellt.

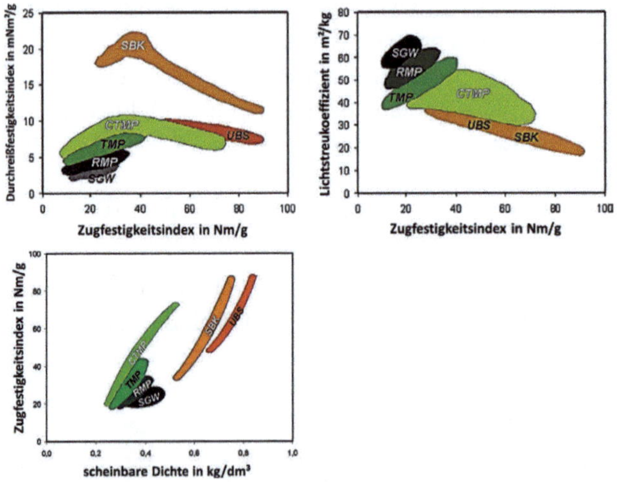

Bild 5.38 Zusammenhang zwischen Durchreißfestigkeit und Zugfestigkeit (oben links), Lichtstreukoeffizient und Zugfestigkeit (oben rechts) und Zugfestigkeit und scheinbarer Dichte (unten) für verschiedene Holzstoffe (SGW, RMP, TMP, CTMP) und Zellstoffe (ungebleichter Kiefernsulfatzellstoff UBS, halbgebleichter Kiefernsulfatzellstoff SBK) (bearbeitet nach [5.53])

Festigkeitseigenschaften nehmen in der Reihenfolge SGW, RMP, TMP, CTMP, USB und SBK zu. Die **Durchreißfestigkeit** von CTMP ist ähnlich der von ungebleichtem Zellstoff USB (Bild 5.38 oben links). Die Zugfestigkeit von CTMP erstreckt sich über große Teile der von halbgebleichtem (SBK) und ungebleichtem Zellstoff (USB) abgedeckten Bereiche, jedoch bei geringeren scheinbaren Dichten (Bild 5.38 unten). Hinsichtlich des **spezifischen Lichtstreukoeffizienten** sind die höchsten Werte bei SGW zu finden, gefolgt von RMP und TMP. Der spezifische Lichtstreukoeffizient von CTMP ist in derselben Größenordnung wie der von TMP, jedoch bei höheren Zugfestigkeiten. Zellstoffe weisen den niedrigsten spezifischen Lichtstreukoeffizienten auf und können hinsichtlich ihres Bleichniveaus (UBS oder SBK) nicht unterschieden werden (Bild 5.38 oben rechts).

In Tabelle 5.3 sind allgemeine Anforderungen an die Qualität von Holzstoffen für LWC-Papier und Tiefdruckpapier (SC-A) zusammengestellt [5.57].

Tabelle 5.3 Allgemeine Anforderungen an die Holzstoffqualität für LWC- und Tiefdruckpapier (SC-A) [5.53] (Bezeichnung der Rückstände (R) auf den und der Durchgänge (P) durch die McNett-Siebe nach der heute als veraltet geltenden, aber genaueren Tyler-Reihe [5.36])

Faserstoff	SGW	PGW	TMP	TMP
Papiersorte	SC/LWC	SC/LWC	SC	LWC
Entwässerungsvermögen (CSF) in ml	30...40	30...40	30...40	40...50
Splitteranteil in %	< 0,05	< 0,05	< 0,05	< 0,05
Grobfaseranteil (McNett R14) in %	< 1,0	< 1,0	< 7,0	< 3,0
Langfaseranteil (McNett R28) in %	10...15	14...20	28...33	22...27
Feinstoffanteil (McNett P200) in %	> 36	> 32	> 28	> 28
Scheinbare Dichte in kg/m^3	450...500	440...500	450...520	450...500
Zugfestigkeitsindex in Nm/g	> 40	> 45	> 50	> 50
Durchreißfestigkeitsindex in mNm^2/g	> 3,5	> 4,5	> 7,0	> 6,5
Spez. Lichtstreukoeffizient in m^2/kg	> 70	> 68	> 58	> 58

Literatur

[5.1] *Blechschmidt, J.; Opherden, A.*: Technologie der Holzstoff-Erzeugung. Leipzig: Fachbuchverlag, 1985

[5.2] *Sittauer, H. L.*: Friedrich Gottlob Keller. Leipzig: Fachbuchverlag, 1982

[5.3] *Sandermann, W.*: Die Kulturgeschichte des Papiers, Berlin 1988

[5.4] *Burger, P.*: Charles Fenerty and his Paper Invention. Toronto: PB Publishing Inc., 2007

[5.5] *Wolf, H.-J.*: Geschichte des Papiers. Historische Grundlagen, Portraits, Technologie, Ulm: Historia-Selbstverlag, 2012.

[5.6] *Asplund, A. J. A.*: Method of Manufacture of Pulp. US Patent US 2008892, patentiert am 23. 7. 1935

[5.7] *Asplund, A.; Bysted, I.*: Development of the thermo-mechanical pulping method. Proceedings of the 1973 International Mechanical Pulping Conference, Sessions I & II, Vortrag 15, 29 S., Stockholm, Schweden, 18. bis 21. Juni 1973

[5.8] *Rostosky, G.*: Beobachtungen beim Schleifen verschiedener Hölzer. Wochenblatt für Papierfabrikation. 1. Jahrgang (1870), Hefte 27, 28, 29, 30, 31, 32, 36, 37, 38, 39

[5.9] *Chidester, G. H.*: Use of Hardwood in the Manufacture of Newsprint. Report 2027, reviewed and reaffirmed, United States Department of Agriculture in cooperation with University of Wisconsin, Madison, Forest Products Laboratory, 1961

[5.10] *Marton, R.; Alexander, S. D.*: Properties of fiber fractions from chemical and mechanical pulps. I. Softwood pulps. TAPPI Journal 46 (1963) 2, 65 – 70

[5.11] *Marton, R.; Alexander, S. D.*: Properties of fiber fraction from chemical and mechanical pulps. III. Comparison of Poplar and Spruce pulps. TAPPI Journal 47 (1964) 11, 704 – 710

[5.12] *Marton, R.; Alexander, S. D.; Brown, A. F.; Sherman, C. W.*: Morphological limitations to the quality of groundwood from hardwoods. TAPPI Journal 48 (1965) 7, 395 – 398

[5.13] *Martin, G.; Becker, G.; Fink, S.*: Experiences with the utilization of bark-beetle-killed Norway spruce (*Picea abies*) pulpwood in mechanical pulping for supercalendered magazine paper. Proceedings of the 2007 International Mechanical Pulping Conference, Minneapolis, MN, USA, 6. bis 9. Mai 2007

[5.14] *Blechschmidt, J.; Heinemann, S.; Süß, U.*: Mechanical pulping. In: *Sixta, H.* (Hrsg.) Handbook of Pulp, Band 2, S. 1069 – 1145. Weinheim: Wiley-Verlag GmbH & Co, 2006

[5.15] *Kajojärvi, R.; Haikkala, P.; Liimatainen, H.; Lucander, M.; Tuovinen, O.*: Grinding and pressure grinding. Abschnitt 6, S. 116 – 173. In: *Lönnberg, B.* (Hrsg.) Mechanical Pulping, Band 5 der Serie Papermaking Science and Technology, 2. vollständig aktualisierte Auflage. Helsinki: Paperi ja Puu Oy, 2009

[5.16] *Luhde, F.*: Der Aufschluss des Holzes beim Schleifverfahren und beim Hackschnitzel-Refinerverfahren. Das Papier 16 (1962) 11, 655 – 663

[5.17] *Goring, D. A. J.*: Thermal softening of lignin, hemicellulose and cellulose. Pulp and Paper Magazine of Canada 64 (1963) 12, T517 – T527

[5.18] *Atack, D.; Pye, I. T.*: The measurement of grinding zone temperature. Pulp and Paper Magazine of Canada 65 (1964) 9, T363 – T376

[5.19] *Manner, H.; Reponen P.; Vahteri, R.; Kärpänen, T.*: Effect of water jet pulpstone conditioning on mechanical pulp and paper quality at Anjala paper mill. Proceedings of the 1995 International Mechanical Pulping Conference, S. 35 – 44. Ottawa, ON, Canada, 12. bis 15. Juni 1995

[5.20] *Atack D., May W. D.*: Mechanical pulping studies with a model steel wheel. TAPPI Journal 45 (1962) 2, 145 – 155

[5.21] *Tuovinen, O.*: End of Stone Age. eProceedings of the 2016 International Mechanical Pulping Conference, Presentation 8.3, 8 S., Jacksonville, FL, USA, 26. bis 28. September 2016

[5.22] *Tuovinen, O.*: Long term experience with single layer grinding surfaces (Galileo). Proceedings of the Fundamental Mechanical Pulping Research Seminar, Jyväskylä, Finnland, 11. bis 14. Juni 2017

[5.23] Pressure Grinders. Valmet-Broschüre, *https://valmet.my.salesforce-sites.com/solutionfinderweb/sfc/servlet.shepherd/version/download/0685800000274ek*, abgerufen am 26. 7. 2025

[5.24] *Franzén R.*: General and selective upgrading of mechanical pulps, Nordic Pulp and Paper Research Journal 1 (1986) 3, 4 – 13

[5.25] *Htun M., Salmén L., Eriksson L.*: A better understanding of wood as a material (a way to increase energy efficiency when making mechanical pulps). In: *Pilavachi P. A.* (Hrsg.) Energy efficiency in process technology, Elsevier Appl. Sci., London 1993, S. 1086 – 1095

[5.26] *Giertz, H. W.*: Die verschiedenen Qualitäten des Holzschliffes, des Refiner-Holzstoffes und des thermomechanischen Holzstoffes. Wochenblatt für Papierfabrikation 104 (1976) 19, 736 – 737

[5.27] *Nickull, O.; Pitkänen, M.*: Chemimechanical pulping. Abschnitt 8, S. 247 – 281. In: *Lönnberg, B.* (Hrsg.) Mechanical Pulping, Band 5 der Serie Papermaking Science and Technology. 2. vollständig aktualisierte Auflage. Helsinki: Paperi ja Puu Oy, 2009

[5.28] *Atack, D.; Heitner, C.*: State of the Art of Chemimechanical Wood Pulping Processes for Printing Paper. Das Papier 36 (1982) 10 A, V114 – V127

[5.29] *Henrich, H.-O.*: Gegenwärtiger Entwicklungsstand des klassischen Steinschliffverfahrens. Wochenblatt für Papierfabrikation 122 (1994) 1, 14 – 19

[5.30] *Meinecke, A.; Süttinger, R.; Schmidt, K.*: Das Thermoschleifen. Wochenblatt für Papierfabrikation 112 (1984) 9, 307 – 314

[5.31] *Henrich, H.*: Steinschliff unter Atmosphärendruck – ein attraktiver Holzstoff mit Zukunft. Das Papier 42 (1988) 11, 603 – 609

[5.32] *Süttinger, K.*: Analyse des Energieverbrauchs in der Holzstofferzeugung. Wochenblatt für Papierfabrikation 107 (1979) 2, 40 – 43

[5.33] *Sabourin, M. J.*: Low-resident, high-temperature, high-speed chip refining. US patent 5776305 A, filed 23 October, 1996

[5.34] *Heinemann, S.; Arndt, T.; Miletzky, F.; Zelm, R.*: Pulp and Paper. Teil C, Abschnitt 29. In: *Niemz, P.; Teischinger, A.; Sandberg, D.* (Hrsg.): Handbook of Wood Science and Technology. Heidelberg: Springer, 2021

[5.35] *Tienvieri, T.; Vuorio, P.; Loisa, M.; Artamo, A.*: Thermomechanical pulping. Abschnitt 7, S. 176 – 246. In: *Lönnberg, B.* (Hrsg.): Mechanical Pulping. Band 5 der Serie Papermaking Science and Technology. 2. vollständig aktualisierte Auflage. Helsinki: Paperi ja Puu Oy, 2009

[5.36] Particle Size – US Sieve Series and Tyler Mesh Size Equivalents. Online-Plattform für Open-Access Publikationen aus dem Bereich der Materialtechnik. AZoNetwork UK Limited, Manchester, UK, letzte Bearbeitung veröffentlicht am 1. 10. 2023. *https://www.azom.com/article.aspx?ArticleID=1417*, abgerufen am 15. 8. 2025

[5.37] *Gorski, D., Mörseburg, K., Axelsson, P., Engstrand, P.*: Peroxide-based ATMP refining of spruce: energy efficiency, fibre properties and pulp quality. Nordic Pulp and Paper Research Journal 26 (2011) 1, 47 – 63

[5.38] BCTMP – Information von Andritz Pulp & Paper. abgerufen am 27. 12. 2015

[5.39] APMP – Information von Andritz Pulp & Paper, abgerufen am 27. 12. 2015

[5.40] *Fredrikson, A.; Salminen, L. I.*: Analysis method of high-consistency chip refiner forces. Nordic Pulp and Paper Research Journal 27 (2012) 4, 695 – 701

[5.41] Mechanical Pulping Technology. Firmenschrift Sunds Defibrator, 2002, S. 33

[5.42] *Klemm, K. H.*: Neuzeitliche Holzstofferzeugung. Wiesbaden: Dr. Sändig Verlag, 1957

[5.43] *Strauß, J.*: Klassieren – ein zunehmend bedeutungsvollerer mechanischer Prozess der Papierstoffaufbereitung. Zellstoff und Papier 30 (1981) 4, 170 – 176

[5.44] *Yu, C. J., DeFoe, R. J.*: Fundamental Study of Screening Hydraulics, Part 1: Flow Patterns at the Feed-Side Surface of Screen Baskets; Mechanism of Fiber Mat Formation and Remixing. TAPPI Journal 77 (1994) 9, 767 – 782

[5.45] *Kleinhappel, S.; Lipponen, J.; Jussila, T.*: Groundwood Pulp Quality Improvements with Economical Benefit by Improved Screening Efficiency. Proceedings of the 1995 International Mechanical Pulping Conference, S. 267 – 270, Ottawa, ON, Canada, TAPPI, 12. bis 15. Juni 1995

[5.46] *Göttsching, L.; Katz, C.* (Hrsg.): Papier-Lexikon. Gernsbach: Deutsche Betriebswirte-Verlag, 1999

[5.47] *Htun, M.; Engstrand, P.; Salmen, L.*: The Implication of Lignin Softening on Latency Removal of Mechanical and Chemimechanical Pulps. Journal of Pulp and Paper Science 14 (1988) 3, 109 – 112

[5.48] *Karojärvi, R.; Nerg, H.*: Latency in Pressure Groundwood. Proceedings of the 1987 International Mechanical Pulping Conference, S. 25 – 28, Vancouver, BC, Canada, 2. bis 5. Juni 1987

[5.49] *Blechschmidt, J.*: Zum Latenzverhalten von Holzstoffen. Zellstoff und Papier 25 (1976) 10, 293 – 298

[5.50] *Sundholm, J.*: What is mechanical pulping? Abschnitt 2, S. 17 – 21. In: *Sundholm, J.* (Hrsg.) Mechanical Pulping. Band 5 der Serie Papermaking Science and Technology. Helsinki: Fapet Oy, 1999

[5.51] *Mohlin, U.-B.*: Properties of TMP fractions and their importance for the quality of printing papers. Part 1: Large variations in properties within fractions are observed. Svensk Papperstidning 83 (1980) 16, 461 – 466

[5.52] *Höglund, H.*: Modified Thermomechanical Pulp in Newsprint Furnishes. Proceedings of the 1977 International Mechanical Pulping Conference, Bd. III, Vortrag 17B, Helsinki, Finnland, 6. bis 10. Juni 1977

[5.53] *Heinemann, S.; Vehniäinen, A.*: The character and properties of mechanical pulps. Abschnitt 15, S. 456 – 514. In: *Lönnberg, B.* (Hrsg.) Mechanical Pulping. Band 5 der Serie Papermaking Science and Technology. 2. vollständig aktualisierte Auflage. Helsinki: Paperi ja Puu Oy, 2009

6 Chemischer Aufschluss von Holz

Von Klaus Fischer und Christian Bäurich

6.1 Sulfitverfahren

6.1.1 Einführung und Überblick

Die Geschichte der Papier- und Zellstofferzeugung ist eng verbunden mit der technischen und gesellschaftlichen Entwicklung (siehe auch Kapitel 1). Meilensteine waren die Erfindung des Buchdruckes und der Papiermaschine. Die Papierherstellung im Manufakturbetrieb („Schöpfen per Hand aus der Bütte") auf der Basis von textilen Abfällen als Rohstoff konnte den enorm gestiegenen Bedarf nicht mehr befriedigen. Zwangsläufig wurde mit dem Holz eine neue Rohstoffquelle erschlossen. Durch mechanischen oder chemischen Aufschluss des Holzes konnten Faserstoffe für die Papiererzeugung produziert werden.

1867 meldet *B. C. Tilghman* das Patent für die Zellstoffherstellung mit Calciumbisulfit an. 1872 konnte der schwedische Ingenieur *C. D. Ekman* aus Bergvik Sulfitzellstoff aus Holz unter Verwendung von Magnesiumbisulfit als Kochsäure herstellen. 1875 entwickelte der Chemiker *Alexander Mitscherlich* aus Münden das Calciumbisulfitverfahren.

Sulfitzellstoff ist ein Fasermaterial, das mit sulfithaltiger Kochflüssigkeit durch chemischen Aufschluss von Hölzern in sauren, neutralen oder alkalischen Medien hergestellt werden kann (Tabelle 6.1). Dabei dominiert zurzeit das **saure Bisulfitverfahren** unter Verwendung von MgO als Basenbestandteil. Der Grund dafür ist, dass bei der Verbrennung der mit organischen Substanzen aus dem Holz angereicherten Kochsäure, die als **Ablauge** bezeichnet wird, MgO und SO_2 zurückgewonnen werden können. Das ist bei der Verbrennung von Calciumbisulfitablauge durch die Bildung von $CaSO_4$ nicht möglich. Das an das Kation gebundene SO_2 wird als gebundenes SO_2, der als SO_2 bzw. H_2SO_3 vorliegende Teil als freies SO_2 und die Summe von beiden als

Gesamt-SO_2 bezeichnet. In einer sauren Mg-Bisulfitkochung werden 6...10 % Gesamt-SO_2 und 0,9...1,3 % gebundenes SO_2 eingesetzt.

Tabelle 6.1 Bereiche des Sulfitprozesses

Bezeichnung	Komponenten der Kochsäure	Gebundenes SO_2 in der Kochsäure in %	pH-Wert kalt[1)]	pH-Wert heiß[2)]	Ausbeute in % Zellstoff relativ zum Holzeinsatz
Saurer Bisulfitprozess	$M(HSO_3)_2 + SO_2 + H_2O$ [M: Ca; 2 Na; Mg; 2 NH_4]	0,9...1,3	1,5...3	2,5	45...54
Bisulfitprozess	$M(HSO_3)_2 + H_2O$ [M: 2 Na; Mg; 2 NH_4]	1,5...2,5	4...5	3,5...4,5	50...60
Neutralsulfitprozess	$Na_2SO_3 + Na_2CO_3 + H_2O$	–	7...8	6...8	75...85
Alkalisulfitprozess	$Na_2SO_3 + NaOH + H_2O$ (AQ)	–	–	9...11	56...59

1) bei Raumtemperatur gemessen
2) unter Temperatur und Druck des Aufschlussprozesses gemessen

Beim sauren Bisulfitaufschluss liegt der pH-Wert unter Druck und Temperatur am Ende der Kochung um 2,5, beim Bisulfitaufschluss zwischen 3,5 und 4,5.

Eingesetzte Holzarten

- Nadelhölzer: Fichte, Tanne, Hemlock,
- Laubhölzer: Buche, Eukalyptus, Pappel, Birke.

Bei Verwendung von Kiefer, Lärche, Douglasie stört der Gehalt an speziellen phenolischen Kerninhaltsstoffen, z. B. Pinosylvin (Bild 6.1) (0,5...1,5 % im Kiefernholz, auch als Monomethylether).

Im sauren Bereich reagiert das Pinosylvin mit dem Lignin. Es entstehen Kondensationsprodukte, die nicht herausgelöst werden können [6.1].

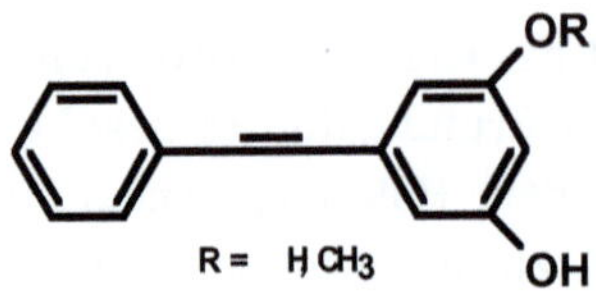

Bild 6.1
Strukturformel von Pinosylvin

6.1.2 Technologie der Sulfitzellstoffherstellung

Der größte Teil des Lignins, das in der Mittellamelle, der Primär- und der Sekundärwand (S1, S2, S3) lokalisiert ist (Bild 6.2), muss durch eine chemische Reaktion in Lösung gebracht werden.

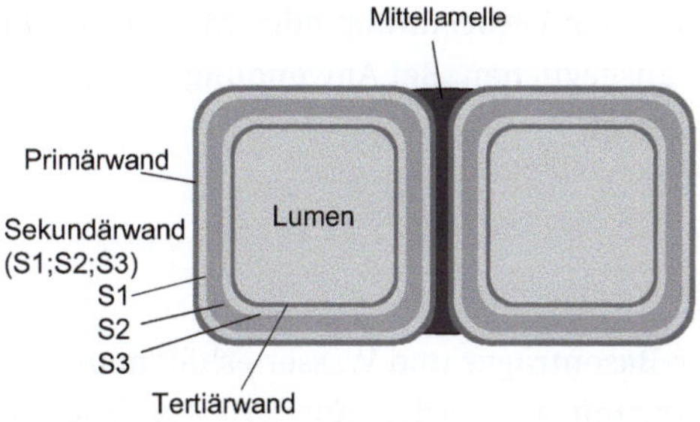

Bild 6.2
Querschnitt durch Holzzellen

Die Entfernung des Lignins aus der Mittellamelle (70...80 % Lignin) ermöglicht die **Defibrierung des Faserverbands.** Das Grundprinzip für die **Technologie des Sulfitaufschlusses** wird in Bild 6.3 gezeigt. Für die Herauslösung des Lignins aus dem Holz sind der Transport der Kochflüssigkeit in den Holzverband sowie die Entfernung der Reaktionsprodukte (der gelösten Ligninverbindungen) aus dem Holzverband erforderlich. Damit diese Transportvorgänge praktisch technisch realisiert werden können, müssen optimale Transportwege geschaffen werden. Aus Rundholz oder Sägewerksabfällen werden **Hackschnitzel** hergestellt (siehe Kapitel 4).

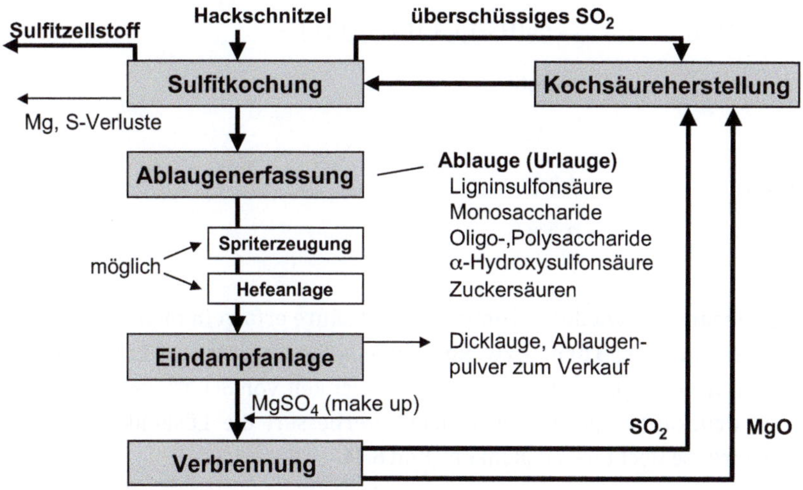

Bild 6.3 Technologie des Sulfitaufschlusses

Für die Herstellung der **Kochsäure** werden das aus der Verbrennung der Ablauge wiedergewonnene MgO und SO_2 verwendet. Verluste an Schwefeldioxid werden durch die Verbrennung von elementarem Schwefel kompensiert:

$$S + O_2 \rightarrow SO_2 \rightarrow \Delta H_R = -297 \text{ kJ/mol}$$

Der theoretisch mögliche Gehalt des Gases an SO_2 nach der Schwefelverbrennung mit Luft beträgt 21 %. In modernen Anlagen werden 18...19 % erreicht.

Durch die Zugabe von $MgSO_4$ (Make-up) vor der Verbrennung oder MgO nach der Verbrennung werden die Verluste an MgO ausgeglichen. Bei Anwendung von $MgSO_4$ wird auch ein Beitrag für die SO_2-Bilanz geleistet.

$$MgSO_4 \rightarrow MgO + \tfrac{1}{2}\, O_2 + SO_2$$

6.1.2.1 Sorption von Schwefeldioxid

Als Ergebnis der Absorption von SO_2 an den Basenträger und Wasser erhält man eine verdünnte Säure, die nach Aufkonzentrierung mit SO_2 aus dem Kochprozess als **Kochsäure** zum Einsatz kommt.

Reaktionen bei Einsatz von Mg-Base:

$$Mg(OH)_2 + 2\, SO_2 \rightarrow Mg(HSO_3)_2$$

$$SO_2 + H_2O \rightarrow H_2SO_3$$

Für die Herstellung von **Calciumbisulfitsäure** wird $CaCO_3$ mit schwefliger Säure umgesetzt:

$$CaCO_3 + 2\, H_2O + 2\, SO_2 \rightarrow Ca(HSO_3)_2 + H_2CO_3\ [CO_2]$$

$$SO_2 + H_2O \rightarrow H_2SO_3$$

Gesamt-SO_2:	4,5 %
gebundenes SO_2:	1,2 %
freies SO_2:	3,3 %

Die Aufkonzentrierung der wiedergewonnenen Kochsäure erfolgt in mehreren Druckstufen. Die Umwandlung der **Turm- bzw. Rohsäure** bedeutet, dass eine Erhöhung der Konzentration an freiem SO_2 erfolgt. Die Wasserlöslichkeit von SO_2 ist sowohl temperatur- als auch druckabhängig. Höherer Druck verbessert die Löslichkeit, höhere Temperatur bewirkt schlechtere Löslichkeit (Bild 6.4).

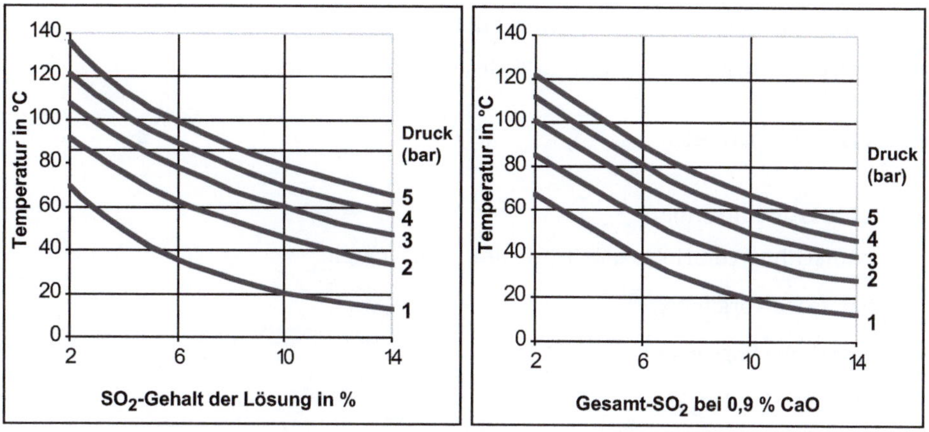

Bild 6.4 Einfluss von Druck und Temperatur auf die Löslichkeit von SO_2.
Links: Gleichgewichtszustand der schwefligen Säure, rechts: Gleichgewichtszustand von Ca-Bisulfitlösungen

6.1.2.2 Praktische Durchführung der Kochsäureherstellung

Für den Ansatz im Kocher wird Kochsäure aus dem **Hochdrucksäurebehälter** eingesetzt. Das beim Hochheizen und während des Aufschlusses durch Abgasen ausgetriebene SO_2 (hohe Konzentration, hoher Druck) wird unmittelbar zum Hochdruck-Säurebehälter zurückgeführt und hier zum Aufstärken der Kochsäure eingesetzt. Abgasströme mit niedrigerer SO_2-Konzentration und niedrigerem Druck (z. B. frei werdende Gase aus dem Ablaugentank) werden in den Niedrigdruck-Säurebehälter geleitet und dienen hier zur Aufstärkung der von der Säurestation kommenden **Rohsäure** (Bild 6.5).

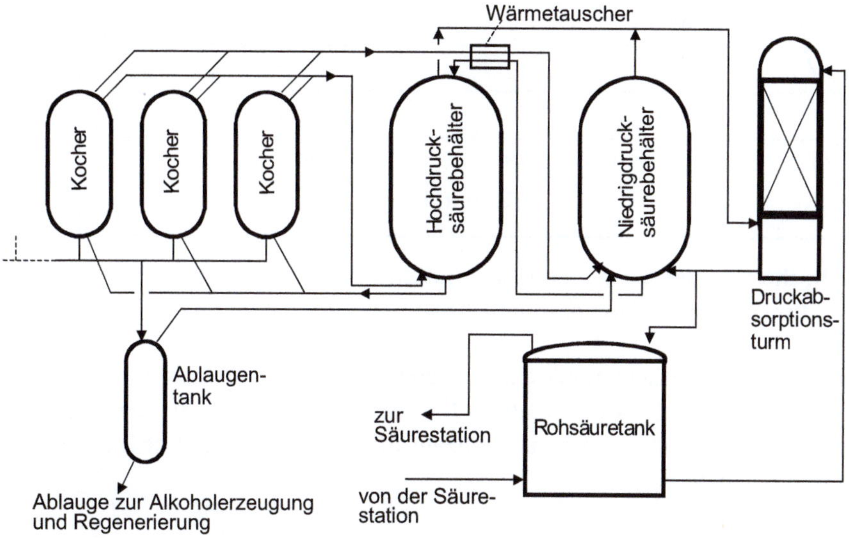

Bild 6.5 Drucksäuresystem

Kochsäurekonzentration für Papierzellstoff

z. B. saures Mg-Bisulfitverfahren 7,5 % Ges.-SO_2, 1...1,3 % MgO

6.1.2.3 Kochprozess

Aufschlussbedingungen

Beim Aufschluss von Holz zu Zellstoff sind zu beachten:

- chemische Vorgänge,
- thermische Vorgänge,
- mechanische Vorgänge.

Durch Einwirkung von Bisulfitionen (HSO_3^-) und Wasserstoffionen (H^+) wird das Lignin des Holzes in eine lösliche Form überführt und kann in Lösung gehen. Gleichzeitig werden durch die Wasserstoffionen die Celluloseketten gekürzt und ein Teil der Hemicellulosen herausgelöst. Die Reaktionen beim Zellstoffaufschluss erfolgen unter Überdruck (8 bis 10 bar).

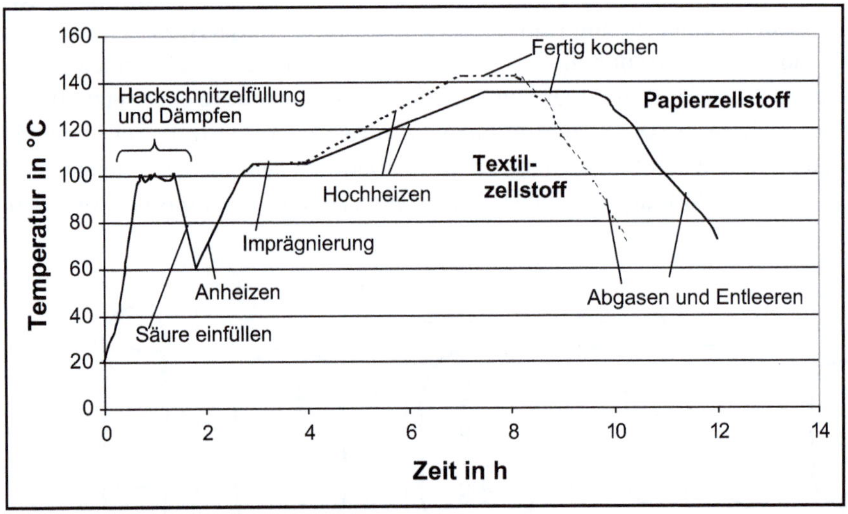

Bild 6.6 Kocherdiagramm des sauren Sulfitaufschlusses für Textilzellstoff (gepunktete Linie) und Papierzellstoff (durchgezogene Linie)

Anhand eines **Kocherdiagramms** eines diskontinuierlichen Kochers lässt sich der Ablauf eines Sulfitaufschlusses erläutern. Im Beispiel (Bild 6.6) ist die Erzeugung eines **Papierzellstoffs** im Vergleich zu Textilzellstoff dargestellt. Folgende Hauptunterschiede sind gegeben:

- Beim **Textilzellstoff** wird ein geringerer Basenanteil in der Kochsäure angewendet. Dadurch stellt sich bei gleichem Gesamt-SO_2-Gehalt ein geringerer pH-Wert ein (höhere Acidität).
- Die Kochtemperatur bei der Erzeugung von Textilzellstoff ist höher, verbunden mit einer geringeren Aufschlussdauer.
- Die Reaktionsbedingungen bei der Textilzellstofferzeugung bewirken neben der Ligninherauslösung eine verstärkte Herauslösung der Hemicellulosen. Das soll bei Papierzellstoff weitgehend vermieden werden (Ausbeute, Papierfestigkeiten).

Das **Dämpfen der Hackschnitzel** mit Sattdampf dient der besseren **Imprägnierung des Holzes** mit Kochflüssigkeit. Die Imprägnierung des feuchten Holzes (45...55 % Trockengehalt) erfolgt durch einen Diffusionsprozess, wobei das 1. *Fick*sche Gesetz wirkt:

$$\frac{\mathrm{d}m}{\mathrm{d}t} = -D\frac{\mathrm{d}c}{\mathrm{d}x}\mathrm{d}y\mathrm{d}z \qquad (6.1)$$

$\mathrm{d}m/\mathrm{d}t$ Transportrate, $\mathrm{d}c/\mathrm{d}x$ Konzentrationsgradient in x-Richtung, $\mathrm{d}y\mathrm{d}z$ nutzbare Querschnittsfläche, D Diffusionskoeffizient (negativ wegen der Transportrichtung zur geringeren Konzentration, D ist unter anderem temperaturabhängig)

Bei der Dämpfung wird das Holz erhitzt, wodurch im Holzverband befindliche Luft und Wasseranteile ausgetrieben werden. In Verbindung mit einer auf 70...80 °C vorgewärmten Kochsäure erfolgt die **Diffusion der Kochchemikalien** in die Hackschnitzel. Bei trockenen Hackschnitzeln (Trockengehalt > 75 %) ist die Penetration der für das Eindringen der Kochsäure in die Hackschnitzel maßgebliche Vorgang.

Diskontinuierliche Kocher

Die **diskontinuierlichen Kocher** sind stehende zylindrische Gefäße mit einem konischen Unterteil und abgerundetem (halbkugelförmigem) Oberteil, die von oben befüllt und nach unten entleert werden. Die modernen Kocher arbeiten mit **Zwangsumwälzung** und **indirekter Heizung** (Bild 6.7). Dadurch kann eine relativ gleichmäßige Temperatur- und Säureverteilung erreicht werden. Beim Ankochen verdichtet sich das Kochgut. Die überschüssige Kochsäure kann abgezogen werden, wodurch eine Reduzierung des **Hydromoduls** (Verhältnis von Flüssigkeit zur Trockensubstanz an Holz) erreicht wird.

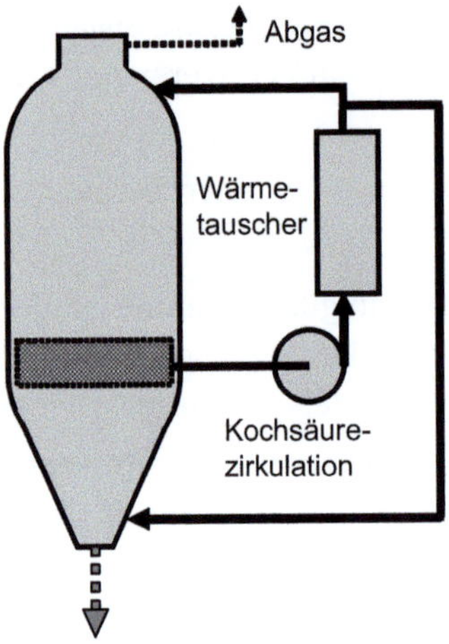

Bild 6.7
Prinzipskizze eines diskontinuierlichen Kochers (Batch-Kocher) mit indirekter Heizung

Kochermaterial

Kocherteile mit Säurekontakt müssen vor **Korrosion** geschützt werden. Dazu gibt es folgende Möglichkeiten:

- Plattierung (Auskleidung) des Kochers mit hochlegiertem austenitischem Stahl (17,5 % Cr; 10...14 % Ni; 2...2,5 % Mo),
- gesamter Kocher aus austenitischem Stahl,
- Auskleidung des Kochers mit Kohlenstoffsteinen.

Rohrleitungen und Pumpengehäuse müssen ebenfalls aus hochlegierten Stählen gefertigt werden.

Kontinuierliche Kocher

Bei der kontinuierlichen Durchführung des Aufschlussprozesses sind die ständige Zuführung von Hackschnitzeln und Kochflüssigkeit gegen den Kocherinnendruck und ein kontinuierlicher Austrag des fertigen Zellstoffes zu realisieren. Dazu wurden verschiedene Systeme entwickelt (Pandia, Sprout-Waldron, Escher-Wyss, Kamyr).

Dominierend ist der Einsatz kontinuierlicher Kocher beim Sulfatverfahren, sie werden aber auch beim Sulfitprozess angewendet. In Bild 6.8 ist das Grundprinzip des kontinuierlichen Kamyr-Kochers dargestellt.

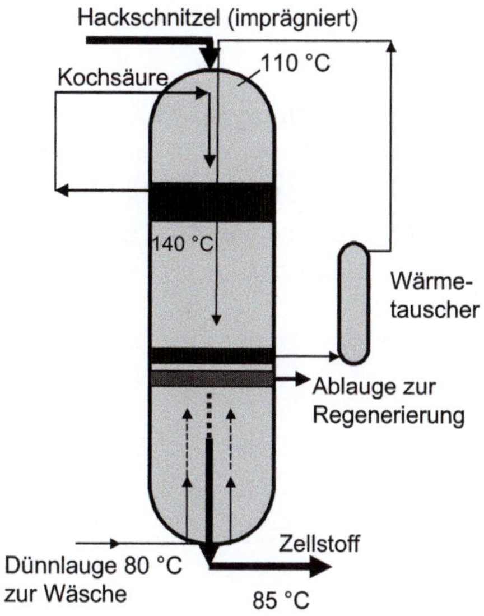

Bild 6.8
Grundprinzip des kontinuierlichen Kamyr-Kochers

6.1.3 Chemie des Sulfitaufschlusses

6.1.3.1 Kinetik des Sulfitaufschlusses

Beim Sulfitaufschluss sind **Chemikaliendosierung** und **Temperatur** wichtige Prozessparameter. Der Einfluss der für den Aufschluss spezifischen Spezies auf die Ligninherauslösung $\mathrm{d}L/\mathrm{d}t$ und den Kohlenhydratabbau $\mathrm{d}C/\mathrm{d}t$ bzw. $\mathrm{d}H/\mathrm{d}t$ (C Cellulose; H Hemicellulose) wurde von *Hagberg* und *Schöön* [6.2] und *Fischer* und *Schmidt* [6.3] in kinetischen Gleichungen erfasst.

$$\frac{\mathrm{d}L}{\mathrm{d}t} = k_\mathrm{L}(T)[L]^b[\mathrm{H}^+]^\alpha\left[\mathrm{HSO}_3^-\right]^\beta \tag{6.2}$$

$$\frac{\mathrm{d}H}{\mathrm{d}t} = k_\mathrm{H}(T)[H]^d[\mathrm{H}^+]^\gamma \tag{6.3}$$

$$k_\mathrm{L} = k_0\mathrm{e}^{-E_\mathrm{L}/T} \tag{6.4}$$

$E_\mathrm{L} \approx 12\,500$ K, $E_\mathrm{H} \approx 14\,030$ K saurer Bisulfitaufschluss für Fichte [6.2], L Lignin, H Hemicellulose, t Zeit, k Geschwindigkeitskonstante, T Temperatur (in Kelvin), E Aktivierungsfaktor [K]

Die Aktivierungsfaktoren für die Spaltung S ($1/DP$) der Celluloseketten für einen sauren Bisulfitaufschluss von Buche und für die Delignifizierung, charakterisiert durch die **Permanganatzahl** PN, betragen $E_\mathrm{S} = 21\,170$ K und $E_\mathrm{PN} = 10\,935$ K [6.3].

Aufgrund der unterschiedlichen Aktivierungsenergie der Reaktionen für Lignin- und Kohlenhydratherauslösung kann durch Veränderung der Reaktionstemperatur auf diese Reaktionen Einfluss genommen werden. Die Erhöhung der Kochtemperatur beschleunigt beide Reaktionen, im besonderen Maße aber die Kohlenhydratherauslösung.

Quellen für die aktiven Spezies sind die schweflige Säure und das Magnesiumbisulfit:

$H_2SO_3 \rightleftharpoons H^+ + HSO_3^- Mg(HSO_3)_2 \rightleftharpoons Mg^{++} + 2\ HSO_3^-$

Bild 6.9 zeigt den **Aciditätsverlauf einer sauren Bisulfitkochung** [6.3][6.4]. Wie daraus zu sehen ist, unterliegt die Wasserstoffionenkonzentration während des Aufschlussprozesses wesentlichen Veränderungen. Die pH-Zeit-Kurve in Bild 6.9 lässt deutlich drei Abschnitte erkennen. Der Anstieg im Teil A erfolgt aufgrund der Temperaturabhängigkeit des Gleichgewichts während der Anheizphase:

$H_2O + SO_2 \rightleftharpoons H^+ + HSO_3^-$

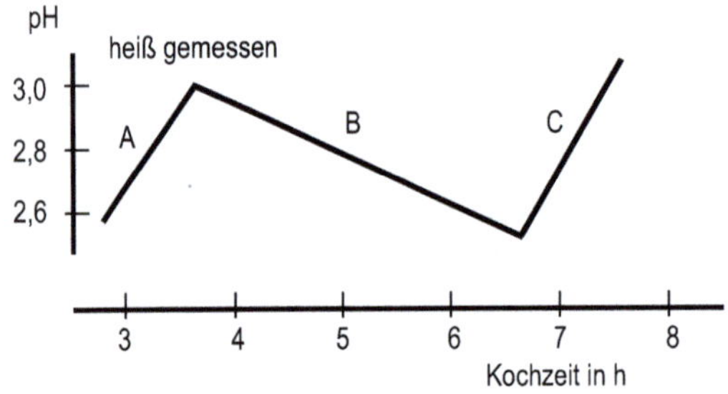

Bild 6.9
Veränderung des pH-Wertes beim sauren Sulfitaufschluss

Mit steigender Temperatur verschiebt sich das Gleichgewicht in Richtung H_2O und SO_2. Der Aciditätsanstieg im Teil B ergibt sich überwiegend aus der Bildung stark saurer Ligninsulfonsäure (RSO_3H) während der Kochung. Dieser Aciditätserhöhung während des Aufschlussprozesses wirkt die Pufferreaktion des Bisulfits der Kochsäure entgegen, sodass der pH-Wert nicht ganz so weit absinkt, wie es der Konzentration an gebildeten starken Säuren entsprechen würde [6.5].

$RSO_3H \rightleftharpoons H^+ + RSO_3^-$ Dissoziation der gebildeten starken Säuren

$HSO_3^- + H^+ \rightleftharpoons H_2O + SO_2$ Pufferreaktion

$RSO_3H + HSO_3^- \rightleftharpoons RSO_3^- + H_2O + SO_2$

Die hohe Acidität am Ende des Kochprozesses ist mit verstärkter Hydrolyse verbunden. Die Veränderung des pH-Wertes in der Endphase der Kochung kann zur Steuerung des Kochprozesses (Endpunktbestimmung) genutzt werden. Zur Steuerung kommen auch **H-Faktor-Modelle** zur Anwendung [6.6]. Wichtige Reaktionsabläufe beim Aufschluss werden nachfolgend erläutert.

6.1.3.2 Reaktionen am Lignin

Die Einwirkung der Kochchemikalien beim Sulfitaufschluss führt zur **Sulfonierung von Ligninbausteinen**, wobei das Bisulfition am α-C-Atom angreift. Dadurch kommt es sowohl zur Einführung von hydrophilen Gruppen als auch zur Fragmentierung der Ligninmakromoleküle über Lösung der α-O-4-Bindungen (Bild 6.10) [6.7].

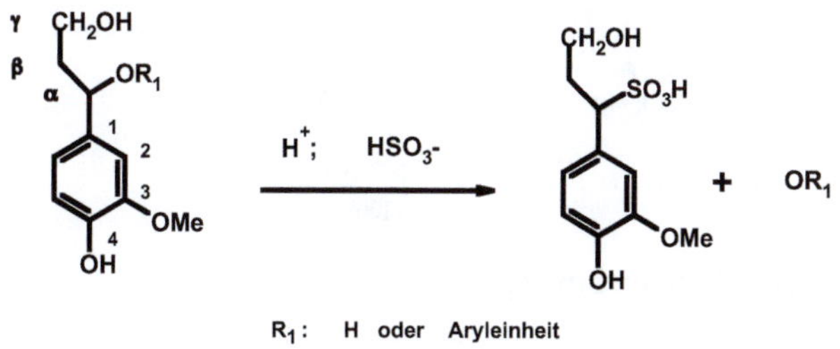

Bild 6.10 Sulfonierung von phenolischen Ligninbausteinen [6.7]

Diese Reaktionen führen zur Löslichkeit von Ligninkomponenten in der Kochflüssigkeit. Weitere Reaktionen, die zur Lösung des Lignins beitragen, sind:

- Sulfonierung von α-Carbonylgruppen,
- Sulfonierung von aldehydischen Endgruppen in γ-Position.

Eine wichtige Nebenreaktion beim Sulfitaufschluss ist die **Bildung von Thiosulfat** durch autokatalytische Zersetzung des Bisulfits oder durch Reaktionen von Bisulfit mit organischen Komponenten. Bei Thiosulfatbildung in der Kochsäure laufen Kondensationsreaktionen ab (Bild 6.11).

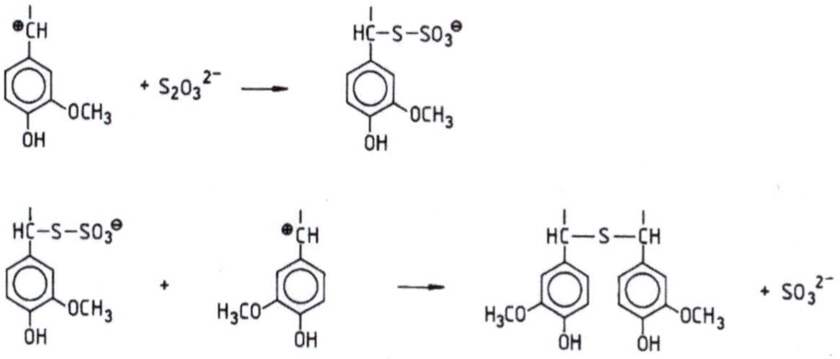

Bild 6.11 Reaktionen von phenolischen Ligninbausteinen mit Thiosulfat

Thiosulfatbildung und Sulfatbildung erfolgt beim Sulfitaufschluss in Nebenreaktionen:

Bildung von Aldonsäuren:

$$2\,HSO_3^- + 2\,RCHO \rightarrow 2\,RCOOH + S_2O_3^{2-} + H_2O$$

Disproportionierung von Bisulfit:

$$4\,HSO_3^- \rightarrow S_2O_3^{2-} + 2\,SO_4^{2-} + H_2O$$

Hoher Thiosulfatgehalt in der Kochsäure in Verbindung mit geringem pH-Wert können zur gefürchteten sogenannten **Schwarzkochung** beim sauren Sulfitaufschluss führen.

Konkurrierend zu den Sulfonierungsreaktionen erfolgen Kondensationsreaktionen durch nucleophile Addition am α-C-Atom. Anstelle der Addition von Kochsäurekomponenten erfolgt eine Verknüpfung mit Ligninfragmenten (Bild 6.12) [6.7].

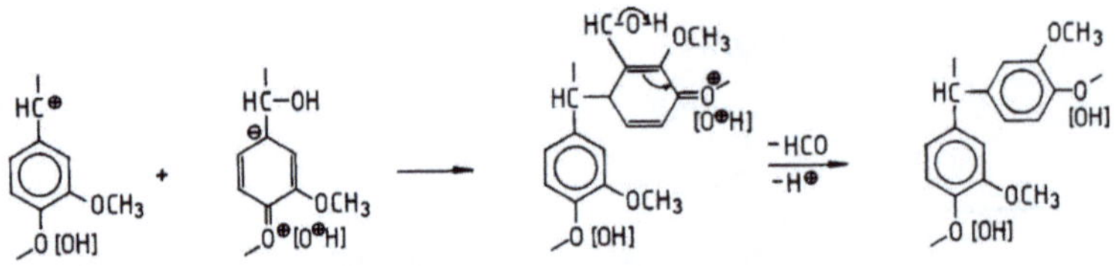

Bild 6.12 Mögliche Kondensationsreaktionen am Lignin

Es entstehen neue C-C-Bindungen, verbunden mit einer Reduzierung der Wasserlöslichkeit und einer Vergrößerung des Molekulargewichtes. Es kann, wenn nicht genügend SO_2 in der Endphase der Kochung vorhanden ist, zu einem Wiederanstieg des Ligningehaltes kommen.

6.1.3.3 Reaktionen an den Kohlenhydraten

Der Reaktionsablauf bei der sauren Hydrolyse glycosidischer Bindungen kann wie folgt erklärt werden: Im sauren Milieu vorhandene Protonen lagern sich am glycosidischen Sauerstoff an. Dort erfolgt im weiteren Verlauf die Kettenspaltung unter zwischenzeitlicher Bildung eines Carbenium-Ions. Durch Wasseranlagerung und Abgabe des Protons entstehen Monosaccharide, wie z. B. die in Bild 6.13 dargestellten Glucosebausteine.

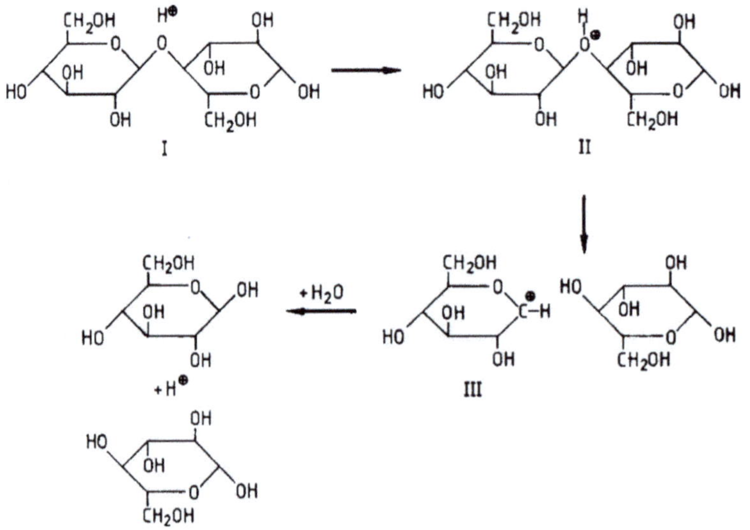

Bild 6.13 Saure Hydrolyse von glycosidischen Bindungen an Kohlenhydraten

6.1.4 Verwertung der Sulfitablauge

Zusammensetzung der Ablauge

Die Sulfitablauge fällt mit einem Trockensubstanzgehalt von 14...16 % an. Tabelle 6.2 zeigt beispielhaft die Zusammensetzung einer **Fichtensulfitablauge** von Papierzellstoff.

Tabelle 6.2 Zusammensetzung von Fichtensulfitablauge [6.8]

Komponenten	Anteil an Trockensubstanz in %	davon
Ligninsulfonate	52	Lignin 43 %; L.-Sulfonat 9 %
Extraktstoffe	3	–
Poly- und Oligosaccharide	6	–
Monosaccharide	23	Galactose 3 %; Glucose 3 %; Mannose 11 %; Arabinose 1 %; Xylose 5 %
Glucuronsäure	1	–
Aldonsäure	4	–
Zuckersulfonate	3	–
Essigsäure	2	–
Methanol	1	–
Calcium	5	–
in Summe	100	

Möglichkeiten zur Verwertung der Kohlenhydrate

Hexosen	Ethylalkohol
Pentosen	Futterhefe

Weitere Produkte des Sulfitprozesses auf Basis der Sulfitablauge

- Ablaugentrockenpulver,
- Vanillin, etwa 5 % Ausbeute, bezogen auf Lignin,
- Humuserzeugung nach oxidativer Ammonolyse,
- Borhilfsmittel,

- Furfural (bei Laubholzaufschlüssen),
- Cymol, etwa 0,3...1 kg/t, Nebenprodukt bei Fichte, wird aus dem Kocherabgas gewonnen (Bild 6.14).

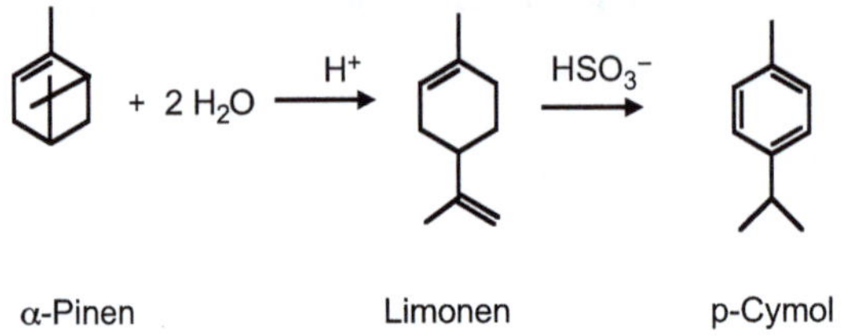

Bild 6.14
Bildung von Cymol aus Monoterpenen

6.1.5 Regenerierung der Kochchemikalien

Die Regenerierung der Kochchemikalien erfolgt über die Prozessstufen Wäsche, Eindampfung der Ablauge, Verbrennung, Lösung von MgO und SO_2.

6.1.5.1 Zellstoffwäsche

Physikalisch-chemische Grundlagen

Ziel der Zellstoffwäsche:

1. Entfernung der während des Aufschlussprozesses gelösten Holzbestandteile (Lignin, Hemicellulosen, Cellulose-Bruchstücke) und der für den Aufschluss eingesetzten Kochchemikalien,
2. vollständige Erfassung der gelösten Holzsubstanz und der eingesetzten anorganischen Chemikalien bei möglichst hoher Konzentration (14...16 % als Eingangskonzentration in die Eindampfanlage).

Charakteristische Kriterien des Waschprozesses:

- zurückgewonnener Betrag an Ablaugen-Trockensubstanz (möglichst 99 %),
- Verdünnung der erfassten Lauge.

Die Zellstoffwäsche kann als **Verdrängungswäsche** (displacement) betrachtet werden. Weiterhin kann Wäsche auch durch Verdünnen und anschließendes Eindicken bzw. durch Auspressen durchgeführt werden. **Restflüssigkeit** an und in den Fasern ist adsorptiv gebunden. Unter Wirkung eines mechanischen Kraftfelds (Druck, Vakuum, Schwerkraft) beginnt die Zwischenraumflüssigkeit abzufließen. Neben der Desorption spielt für die Entfernung der Innenflüssigkeit die Diffusion eine wichtige Rolle (Bild 6.15).

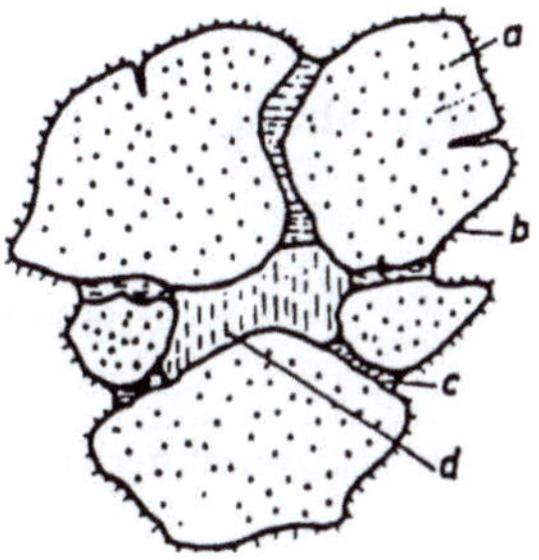

Bild 6.15
Restflüssigkeit an und in den Fasern
a Innenflüssigkeit, b Adsorptions- und Haftflüssigkeit, c Zwickelflüssigkeit, d Zwischenraumkapillarflüssigkeit

Das Auswaschen von Ligninbestandteilen aus den Fasern ist temperaturabhängig. Dabei wirkt sich auch die Veränderung der Viskosität mit der Temperatur aus. Mit steigender Temperatur wird die Diffusion verbessert. Oberhalb von 70 °C erfolgt ein starker Anstieg des Diffusionskoeffizienten, bedingt durch Änderungen in der Faserstruktur und durch die beginnende thermische Erweichung der Hemicellulosen.

Ausführung der Wäsche

Für die Durchführung der Zellstoffwäsche in mehreren Stufen kommen verschiedene Aggregate, wie **Druckdiffuseur** (Bild 6.16), **DD-Wäscher** (Drum Displacer) und **Waschpressen** zur Anwendung. Die früher weit verbreiteten Trommelfilter werden mehr und mehr durch hocheffektive Anlagen, wie Waschpressen, ersetzt. Zuweilen erfolgt bereits im Kocher eine erste Wäsche (z. B. Gegenstromwäsche in der Waschzone des kontinuierlichen Kochers). Nachfolgend sind beispielhaft einige Waschaggregate dargestellt.

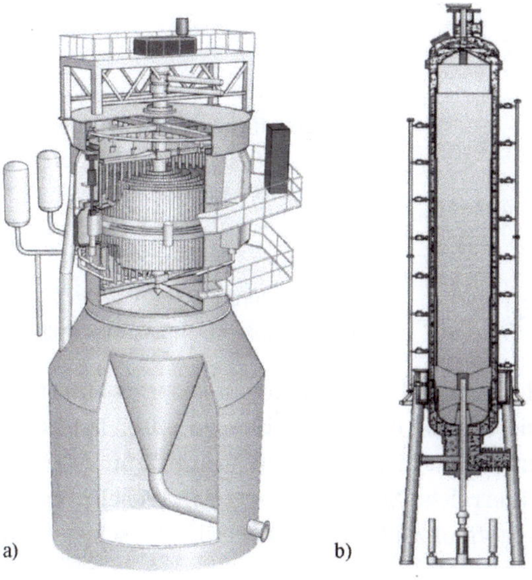

Bild 6.16
Beispiele für kontinuierlich arbeitende Diffuseure [6.9].
a) Zweistufiger, mit Atmosphärendruck arbeitender Diffuseur,
b) Druckdiffuseur

Filterwäsche

Der Filtrationsvorgang kann durch die *Carman*sche **Differenzialgleichung** charakterisiert werden:

$$\frac{dV_W}{dt_W} = \frac{F \cdot \Delta p}{\eta (R_K + \beta)} \tag{6.5}$$

V_W Volumen der Waschflüssigkeit, F Filterfläche, R_K Filterkuchenwiderstand, Δ_p Druckdifferenz, η dynamische Viskosität, β Widerstand des Filtermittels

Treibende Kraft bei der Flüssigkeitsströmung ist die **Druckdifferenz**. Danach kann man folgende Systeme unterscheiden:

- Filtration unter hydrostatischem Druck (Schwerkraftfiltration),
- Druckfiltration,
- Vakuumfiltration.

Ein mit hydrostatischem Druck arbeitendes System stellt der sogenannte Strindlund-**Filter** dar. Aufgrund der geringen Druckdifferenz ist der Filtrationseffekt begrenzt, sodass diese Filter an Bedeutung verloren haben.

Druckfilter und auch **Vakuumfilter** nutzen die erhöhte Druckdifferenz für einen verbesserten Wascheffekt. Es können mehrere Stufen auf einer Trommel untergebracht werden. Der sogenannte **DD-Wäscher** (Drum Displacer) ist ein mehrstufiger arbeitender Trommelfilter. Bild 6.17 zeigt ein dreistufiges Aggregat [6.9].

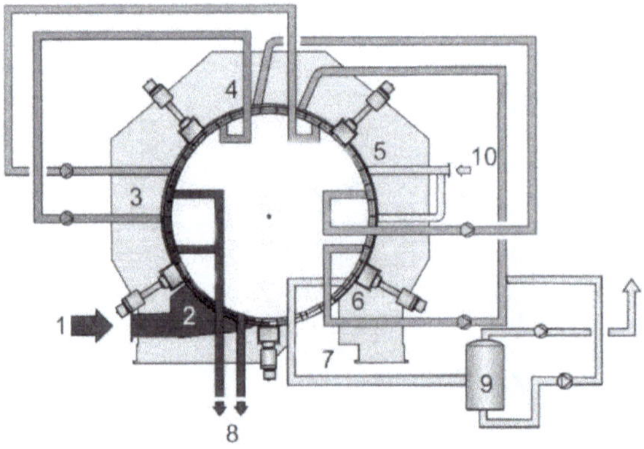

Bild 6.17
DD-Wäscher
1 Faserstoffeintritt, 2 Bildung des Faserkuchens, 3 erste Waschstufe, 4 zweite Waschstufe, 5 dritte Waschstufe, 6 Vakuumstufe, 7 Faserstoffaustrag, 8 Laugenabführung, 9 Lauge der Vakuumstufe, 10 Zugabe Waschfiltrat

Die Ausbildung der Filterschicht erfolgt unter luftfreien Bedingungen. Das Filtrat gelangt jeweils zur vorherigen Stufe. Die Wäsche erfolgt geschlossen unter Druck. Es sind nur geringe Waschwassermengen erforderlich. Durch die Vakuumzone werden im Ausgang Konsistenzen von 13...16 % erreicht. Mit dem Einsatz von **Waschpressen** (Bild 6.18) können wesentlich höhere Stoffkonzentrationen nach der Wäsche erzielt werden (30...35 %).

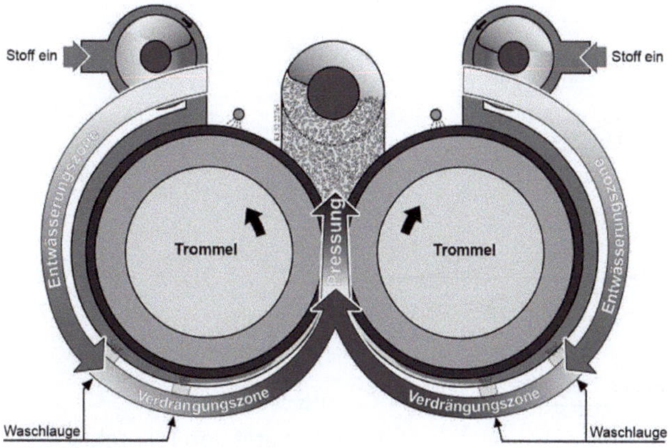

Bild 6.18 Waschpresse (Kvaerner-COMPACT PRESS™) [6.10]

6.1.5.2 Eindampfung der Ablauge

Mit der Eindampfung wird der Trockensubstanzgehalt der Ablauge von etwa 14...16 % auf etwa 62...64 % angehoben. Damit wird im Anschluss eine direkte Verbrennung der Ablauge möglich.

Physikalische Eigenschaften der Ablauge

Bei der Eindampfung der Ablauge ändern sich deren physikalische Eigenschaften, wie Dichte, Oberflächenspannung, Viskosität, Siedepunkt, spezifische Wärme.

Dichte – Trockengehalt

Bei Sulfitablauge gilt folgender Zusammenhang [6.11]:

- im Bereich von 19...25 % TG: $ATS = 2{,}03\ (\varrho_{90} - 0{,}963)$
- im Bereich von 50...65 % TG: $ATS = 1{,}79\ (\varrho_{90} - 0{,}937)$

ATS kg Ablaugentrockensubstanz je kg Lauge, ϱ_{90} Dichte der Ablauge bei 90 °C

Oberflächenspannung

Die Kenntnis der Oberflächenspannung hat Bedeutung für die Tropfenbildung und das Schäumen. Die Oberflächenspannung von Sulfitablauge beträgt 65...70 % des Wertes von Wasser (72,8 mN/m bei 20 °C) bei Feststoffgehalten von 10...60 %. Steigende Temperaturen zeigen den gleichen Effekt wie bei Wasser; es erfolgt eine Abnahme der Oberflächenspannung.

Viskosität

In Abhängigkeit von der Temperatur und dem Feststoffgehalt ändert sich die Viskosität der Ablauge (Bild 6.19).

Zunehmender Feststoffgehalt ist mit einem starken Viskositätsanstieg verbunden. Bereits bei 55 % TS-Gehalt beträgt die Viskosität bei 60 °C etwa 150 mPa·s. Temperaturerhöhung senkt die Viskosität, eine Entfernung der Hemicellulosen ebenfalls.

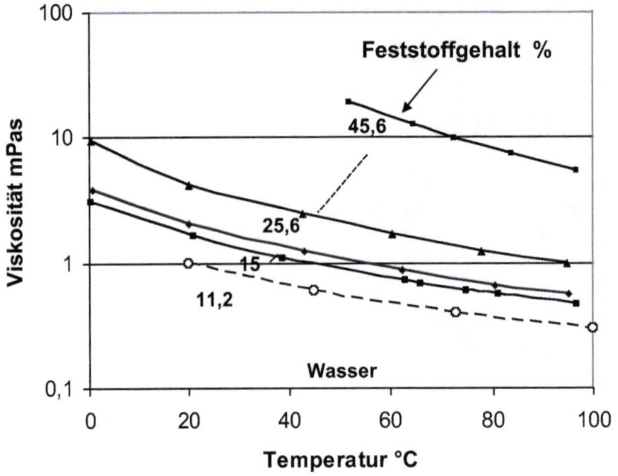

Bild 6.19
Viskosität von Sulfitablauge [6.12]

Siedepunktserhöhung

Siedetemperaturen von Lösungen sind höher als die des Lösungsmittels bei gleichen Siededrücken [6.13]:

$$\Delta T_{bp} = \Theta_{50\,\%} \cdot \frac{ATS}{W} \tag{6.6}$$

ΔT_{bp} Siedepunkterhöhung, $\Theta_{50\,\%}$ Siedepunkt bei 50 % TG, $\Theta_{50\,\%}$ für Sulfitablauge: 11,7...11,9; *ATS* Tonnen Trockensubstanz je Tonne Ablauge, *W* Tonnen Wasser je Tonnen Ablauge

Spezifische Wärme(kapazität)

Für Sulfitablauge gilt [6.13]:

$$C\left[\text{in}\frac{\text{J}}{\text{g}\cdot\text{K}}\right] = 4{,}0612 - 1{,}6747 \cdot ATS \tag{6.7}$$

ATS in kg Trockensubstanz je kg Lauge

Wärmeübergang bei durch eine Wand getrennten Medien

Die **Eindampfrate** im Verdampfer ist proportional der Wärmemenge *Q*, die übertragen wird. Die Temperaturdifferenz ist die treibende Kraft beim Wärmeübergang. Die gesamte Temperaturdifferenz in der Eindampfanlage beträgt etwa 80...100 °C (Eingangstemperatur für den Dampf etwa 135...155 °C, Kondensationstemperatur nach letzter Stufe 55 °C). Dem entgegen wirkt die Siedepunktserhöhung der Lauge durch den Salzgehalt und den zunehmenden Trockengehalt. Beim Wärmeübergang an den Rohren des Wärmetauschers sind drei Zonen mit Temperaturgradient vorhanden.

Wärmeübergang im dampfbeheizten Wärmetauscher

Der Wärmeübergang vom Dampf zur Rohrwand ist bei Eindampfanlagen unkritisch. Einflussmöglichkeiten sind gegeben durch

- Kondensatabführung (Film- oder Tropfkondensation an der Wand),

- hohe Strömungsgeschwindigkeit (Turbulenz bzw. hohe *Re*-Zahl),
- geringen Luftgehalt.

Die Wärmeleitung durch die Wand wird von Materialart und Dicke bestimmt, sie ist beim Betrieb der Anlage nicht beeinflussbar, ist aber auch nicht kritisch. Der Wärmeübergang von der Wand zur Lauge ist bestimmend für den gesamten Wärmeübergang. Hohe Strömungsgeschwindigkeiten zur Zerstörung der laminaren Grenzschicht sind anzustreben ($Re > 2100$).

Ausführung der Ablaugeneindampfung

Die Eindampfung erfolgt in mehrstufigen Verdampferanlagen. Durch Ablagerungen auf der Laugenseite wird der Wärmeübergang zusätzlich verschlechtert (Scaling-Problem). 0,1 mm Ablagerungen reduzieren den Wärmeübergang um 10 %. Eine Minimierung der Ablagerungen kann durch ständigen Wechsel von Laugen- und Dampfseite (**switching**) und durch Spülung mit saurem Kondensat der Eindampfanlage (enthält Essigsäureanteile) oder mit Salpetersäure erreicht werden. Zur Realisierung notwendiger Reinigungszyklen sind Reserven in der Anlagenauslegung vorzusehen.

Verdampfertypen

- Kurzrohrverdampfer,
- Langrohrverdampfer,
- Fallfilmverdampfer (siehe Abschnitt 6.2.5).

Es werden verschiedene **Schaltungssysteme für Eindampfanlagen** genutzt wobei die Variante C dominiert (Bild 6.20) [6.14].

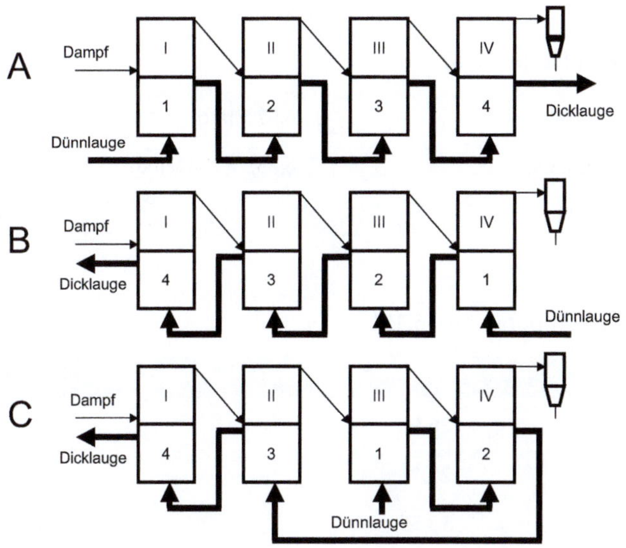

Bild 6.20 Verschiedene Schaltungssysteme, prinzipielle Darstellung für Eindampfanlagen mit vier Stufen [6.14]

Ausnutzung der Brüden

Der Wärmetauscher der ersten Stufe wird mit Frischdampf beheizt. In den folgenden Stufen dient jeweils der Brüden der vorherigen Stufe als Heizmedium. Das ist möglich, wenn

1. im nächsten Verdampfer die Siedetemperatur niedriger ist als die Sättigungstemperatur der Brüden (Vakuumverdampfanlagen),
2. eine Druckerhöhung der Brüden erfolgt (Verdampferanlagen mit Thermokompression der Brüden).

Der Frischdampfverbrauch sinkt mit der Anzahl der Stufen (Tabelle 6.3).

Tabelle 6.3 Dampfverbrauch

Zahl der Stufen	1	2	3	4	5
Dampfverbrauch in kg	1,1	0,57	0,4	0,3	0,24

6.1.5.3 Ablaugenverbrennung

Einflussfaktoren auf den **Heizwert der Ablauge** sind:

- Menge und Zusammensetzung der gelösten organischen Substanz,
- Zusammensetzung des verwendeten Holzes,
- Verhältnis der anorganischen zur organischen Substanz in der Ablauge.

In Tabelle 6.4 bzw. Tabelle 6.5 sind die **Heizwerte von Sulfitablauge** und einzelnen Holzkomponenten enthalten. Lignin hat einen höheren Heizwert als Kohlenhydrate.

Tabelle 6.4 Heizwert von Sulfitablauge [6.15]

Heizwert	Mittelwert:	6,97 MJ/kg
	Bereich:	6,85...7,754 MJ/kg
C-Gehalt	400 kg/t	

Tabelle 6.5 Heizwerte von Holzkomponenten [6.15]

Substanz	MJ/kg
Nadelholz-Lignin	26,9
Laubholz-Lignin	25,11
Kohlenhydrate	13,56
Harze, Fettsäuren	37,71

Mit der organischen CHN-Analyse der Dicklauge können der Sauerstoffbedarf und die Fluggasmenge, die theoretisch anfällt, berechnet werden. Über eine Ermittlung des Feuchteanteils und der Fluggasmenge kann auch der Taupunkt bestimmt werden. Die wichtigste Reaktion bei der Verbrennung der Ablauge ist der oxidative Abbau der organischen Substanz: $C_{org} + O_2 \rightarrow CO_2$.

Die Verbrennung von Mg-Bisulfitablauge erfolgt unter oxidativen Bedingungen (Bild 6.21), während die Verbrennung von Na-Bisulfitablauge analog zur Verbrennung von Sulfatablauge unter reduktiven Bedingungen zur Rückgewinnung der anorganischen Komponenten erfolgen muss. Aus dem Zustandsdiagramm (Bild 6.21) sind die erforderlichen Reaktionsbedingungen (Temperatur, Sauerstoffbilanz) bei der Verbrennung von Magnesiumbisulfit-Ablauge ableitbar [6.16].

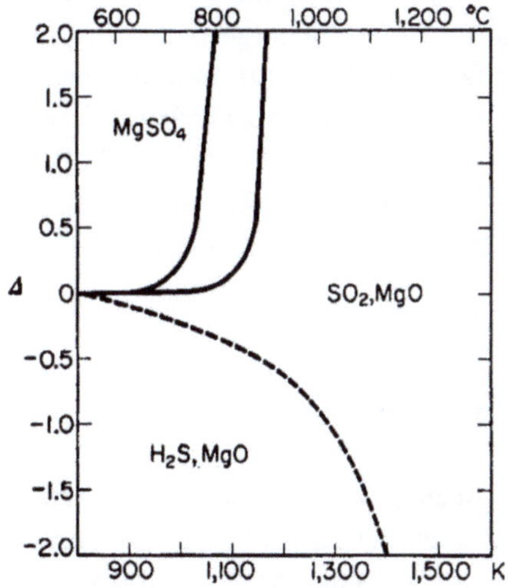

Bild 6.21 Δ,*T*-Diagramm für die Verbrennung von Mg-Ablauge

Δ Sauerstoffüberschuss bzw. Defizit in %, bezogen auf organische Substanz

Verbrennungstemperaturen von rund 1200 °C und Luftüberschuss zur Verbrennung der organischen Substanz ermöglichen die Rückgewinnung des MgO (kohlenstofffrei) und des SO_2 aus den Rauchgasen des Kessels. Die Entfernung des MgO erfolgt über Zyklon und Filter, während SO_2 durch Absorption in $Mg(OH)_2$-Slurry möglichst unter turbulenten Strömungsbedingungen gebunden wird.

6.2 Sulfatverfahren

6.2.1 Einführung und Überblick

Beim Sulfatverfahren erfolgt der **Holzaufschluss** mit einer alkalischen Kochflüssigkeit, die als wirksame Komponenten Natronlauge und Natriumsulfid enthält. Der Name des Verfahrens ist vom **Natriumsulfat** abgeleitet, das im Rückgewinnungskreislauf eingesetzt wird, um Natrium- und Schwefelverluste zu kompensieren. Die Entwicklung des Sulfatverfahrens erfolgte durch *C. F. Dahl* 1879 – 1884 [6.17]. Im Weltmaßstab hat sich das Sulfatverfahren zum dominierenden Holzaufschlussprozess entwickelt. Gründe dafür sind, dass für den Sulfataufschluss **alle** in der Welt vorkommenden **Holzarten** eingesetzt werden können und dass Sulfatzellstoffe wesentlich **höhere Festigkeiten** ergeben als nach anderen Verfahren hergestellte Zellstoffe. Daraus resultiert auch die Bezeichnung „**kraft**" (kraft process, kraft pulping). Bevorzugt erfolgt weltweit der Einsatz von **Kiefern-** und **Eucalyptusholz** für das Sulfatverfahren. Nachteile dieser Zellstoffe sind die schwere Bleichbarkeit und die im Vergleich zum Sulfitverfahren geringere Ausbeute. Erst mit der Einführung der **Chlordioxidbleiche** wurde die Herstellung von gebleichten Zellstoffen mit Weißgraden von 88...90 % ISO möglich.

6.2.2 Technologie der Sulfatzellstoffherstellung

Neben dem eigentlichen Aufschlussprozess im Kocher wird in zahlreichen Verfahrensstufen die **Regenerierung der Kochchemikalien** betrieben. In einem mehrstufigen Waschprozess wird die Ablauge vom Zellstoff getrennt, anschließend bis auf 68...70 % Trockensubstanzgehalt (teilweise auch darüber) eingedampft und der Verbrennung zugeführt. Unter reduktiven Bedingungen wird im unteren Teil des Verbrennungskessels Na_2SO_4 (Make-up) zu Na_2S reduziert, unter oxidativen Bedingungen im oberen Teil die organische Substanz zu CO_2 und H_2O verbrannt und das Natriumhydroxid in Natriumcarbonat überführt.

Die im Verbrennungskessel anfallende Schmelze (**Sodaschmelze**), die aus Na_2CO_3 und Na_2S besteht, wird gelöst und in der Kaustifizierung mit Kalkmilch ($Ca(OH)_2$) umgesetzt. Dabei wird Na_2CO_3 in NaOH überführt (Bild 6.22).

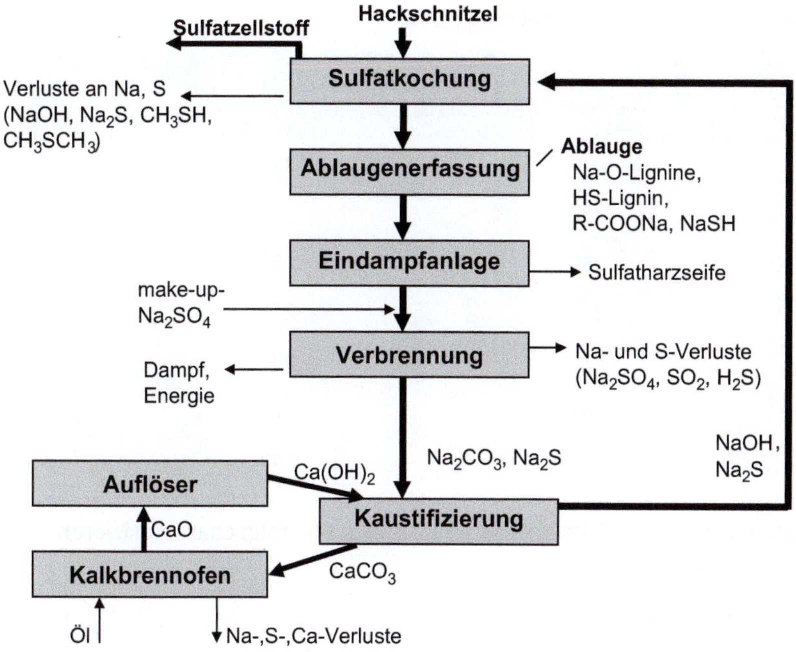

Bild 6.22 Sulfataufschluss

Das entstehende Calciumcarbonat wird zur Branntkalkerzeugung (CaO) genutzt, woraus wiederum Kalkmilch $Ca(OH)_2$ für die Kaustifizierung erhalten wird [6.18].

6.2.2.1 Kochlauge

Im Verlauf der Regenerierung einer Sulfatzellstoff-Fabrik liegen nach wichtigen Prozessstufen Laugen unterschiedlicher Qualität vor:

- **Schwarzlauge:** Ablauge nach dem Kochprozess,
- **Grünlauge:** Schmelze aus dem Regenerierungskessel, gelöst in Dünnlauge bzw. Wasser,
- **Weißlauge:** Lauge nach der Kaustifizierung,
- **Kochlauge:** Weißlauge + Anteile von Schwarzlauge.

Die erhaltene Weißlauge hat beispielsweise folgende Zusammensetzung:

Tabelle 6.6 Weißlaugenzusammensetzung [6.18]

Komponente	Konzentration	
	in g/l NaOH	in g/l Na_2O
NaOH	98	76
Na_2S	43	33
Na_2CO_3	25	19
Na_2SO_4	3	2
Effektivalkali	120	93
Aktivalkali	141	109
Gesamtalkali	169	130

Die **Schwarzlauge** nach der Zellstoffwäsche lässt sich wie folgt charakterisieren:

Feststoffgehalt: 14...18 %, pH-Wert: > 12

Zusammensetzung des Feststoffes:

- organische Komponenten 65 %,
- Alkalilignin, Harze und Fettsäuren, Abbauprodukte der Kohlenhydrate,
- sonstige organische Holzkomponenten,
- anorganische Komponenten 35 %,
- Natriumcarbonat, Natriumthiosulfat,
- Natriumsulfid, Natriumhydrogensulfid.

6.2.2.2 Aufschlussprozess

Aufschlussbedingungen

Der alkalische Aufschluss erfolgt bei höherer Temperatur (etwa 170 °C), als der saure Bisulfit-Prozess. Die aktiven Komponenten der Kochlauge sind: OH^--, SH^-- und S^{--}-Ionen. Diese Ionen entstehen aus NaOH und Na_2S wie folgt:

$$NaOH \rightarrow Na^+ + OH^-$$

$$Na_2S + H_2O \rightarrow 2\,Na^+ + SH^- + OH^-$$

Folgende Gleichgewichtsreaktionen sind wirksam:

$$S^{--} + H_2O \leftrightarrow HS^- + OH^-$$

$$HS^- + H_2O \leftrightarrow H_2S + OH^-$$

Die Anteile sind pH-abhängig, und während der konventionellen Sulfatkochung liegt der Schwefel vorwiegend als Hydrosulfidion (HS^-) vor [6.19]. Beim Sulfataufschluss können drei Phasen unterschieden werden (Bild 6.23).

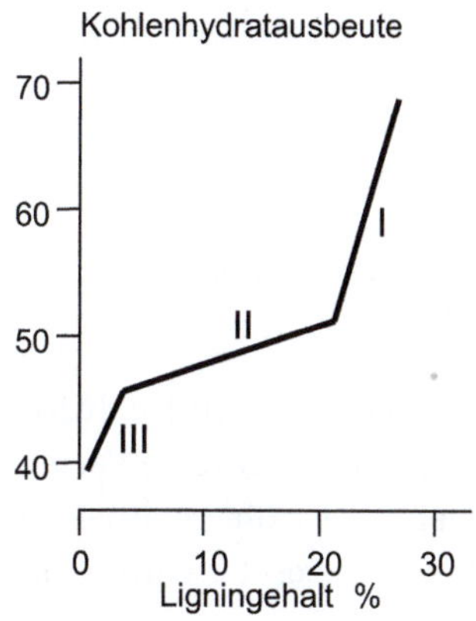

Bild 6.23

Phasen des Sulfataufschlusses [6.20]

I Initial stage: Verbrauch von 60 % des Alkalis und starkes Absinken des Kohlenhydratgehaltes bei geringer Ligninherauslösung

II Bulk delignification: Hauptdelignifizierung bei relativ geringer Änderung des Gehaltes an Kohlenhydraten und der effektiven Alkalikonzentration

III Final delignification: Abnahme des Kohlenhydratgehaltes und der Konzentration an effektivem Alkali

Die Kinetik und die Aktivierungsenergie für die „initial"- und „bulk"-Phase wurden bestimmt [6.21].

$$-\frac{dL}{dt} = k \cdot L[OH^-]^{0,7...0,8} \cdot [HS^-]^{0,1...0,4} \qquad (6.8)$$

Aktivierungsenergie E_a = 150 kJ/mol, L Ligningehalt

Der scheinbar geringe Einfluss von HS^--Ionen auf die **Delignifizierungsgeschwindigkeit** sagt nichts über den großen Einfluss auf die Qualität aus. Die **Sulfidionenkonzentration** darf am Ende der Bulk-Delignifizierung nicht zu niedrig sein, um hohe Restligninwerte und eine Senkung der Viskosität nach der Initialphase zu vermeiden. Dies beeinflusst die Qualität der Zellstoffe.

Der **Alkalieinsatz** für den Sulfataufschluss liegt normalerweise im Bereich von etwa 14...22 %, bezogen auf trockene Holzsubstanz bei einer **Sulfidität** von etwa 20...30 %. Die höheren Werte für den Alkalieinsatz ermöglichen die Herstellung von Zellstoffen mit relativ geringer **Kappa-Zahl**, die für die Bleiche vorgesehen sind. Geringere Alkalieinsätze sind für Zellstoffe hoher Kappa-Zahl, z. B. für Verpackungspapiere und Karton, üblich.

Aktivalkali:	$NaOH + Na_2S$
Effektivalkali:	$NaOH + ½ Na_2S$
Sulfidität:	$Na_2S/(NaOH + Na_2S)$

Durch Einwirkung der aktiven Komponenten der Kochlauge wird das Lignin fragmentiert und in Lösung gebracht. Gleichzeitig erfolgt eine alkalische Hydrolyse von Kohlenhydraten, das Herauslösen kurzkettiger Hemicellulosen und eine teilweise Retention von Xylan an der Faseroberfläche. Die Geschwindigkeit der **Ligninherauslösung** ist temperaturabhängig. Relativ geringe Temperaturänderungen im Bereich der Fertigkoch-Temperatur haben großen Einfluss auf die Reaktionsgeschwindigkeit. Auf der Grundlage der *Arrhenius*-Beziehung

$$k = A \cdot \mathrm{e}^{\left(-\frac{E_\mathrm{a}}{RT}\right)} \tag{6.9}$$

k Reaktionsgeschwindigkeit, E_a Aktivierungsenergie, T absolute Temperatur, R allgemeine Gaskonstante, A Konstante

wurde von *Vroom* [6.22] eine Methode zur Steuerung des alkalischen Aufschlusses entwickelt, bei der die Parameter Zeit und Temperatur zu einer numerischen Variablen, dem sogenannten **H-Faktor**, zusammengefasst wurden. k_L ist die relative Geschwindigkeitskonstante (dimensionlos), wobei k_L bei 100 °C eins gesetzt wurde und die Bezugsbasis darstellt.

$$H = \int_{t_0}^{t} k_\mathrm{L}\, \mathrm{d}t \tag{6.10}$$

Unter Nutzung der für den Prozess bestimmten Aktivierungsenergie wurde die relative Reaktionsgeschwindigkeit in Abhängigkeit von der Temperatur ermittelt. Dieser Zusammenhang ist im Bild 6.24 [6.22] gezeigt. Bei Veränderung der Kochtemperatur ändert sich entsprechend die relative Reaktionsgeschwindigkeit. Der H-Faktor beim Aufschluss entspricht der Fläche unter der Kurve der relativen Reaktionsgeschwindigkeit über der Zeit.

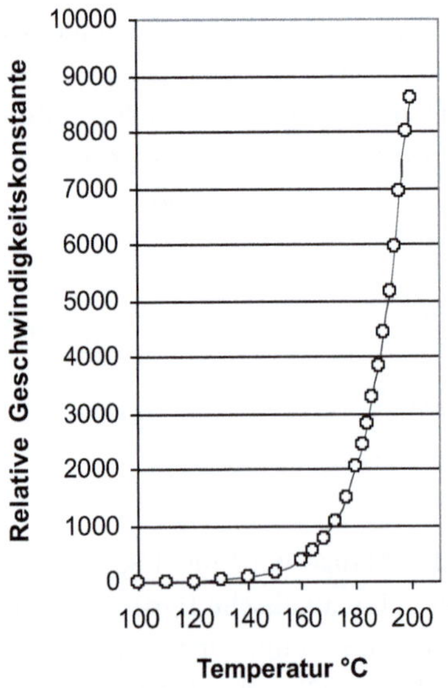

Bild 6.24
Relative Reaktionsgeschwindigkeit beim Sulfataufschluss über der Temperatur

Damit kann bei sonst gleichen Bedingungen (Chemikalienkonzentration, Hydromodul, Holzqualität, ...) in verschiedenen Kochungen durch die Anpassung der Aufschlussdauer bzw. der Temperatur die gleiche Delignifizierung erreicht werden. Ergänzende Messung der OH^--Konzentration ermöglicht eine Verbesserung der Kochersteuerung. Der Aufschluss erfolgt diskontinuierlich (in **Batch-Kochern**) oder kontinuierlich, z. B. in einem **Kamyr-Koch-System**.

Diskontinuierlicher Aufschluss

Die Prozessabläufe im diskontinuierlichen Kocher umfassen Füllen mit Hackschnitzeln, Dämpfen, Befüllen mit Lauge, Hochheizen mit Zwischenabgasen, Fertigkochen, Endabgasen und Entleeren (siehe Kocherdiagramm, Bild 6.25). Beim **kontinuierlichen Prozess** erfolgen diese Prozessstufen teilweise in unterschiedlichen Apparaten bzw. in verschiedenen Zonen des Kochers. Analog zum Sulfitaufschluss sind heute eingesetzte Batch-Kocher stehende zylindrische Gefäße mit konischem Unterteil, bei modernen Anlagen meist mit einem Volumen von 200...400 m^3.

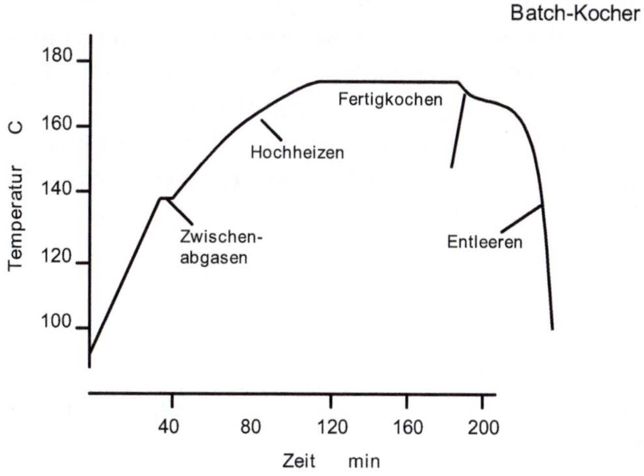

Bild 6.25
Kocherdiagramm einer Sulfatkochung

Beim Zwischenabgasen werden leicht flüchtige Komponenten, vorwiegend aus den Terpenen des Holzes freiwerdende Substanzen, die den Partialdruck im System erhöhen, abgeführt (Terpentinanlage).

Vorteile des diskontinuierlichen Verfahrens:

- größere Flexibilität (Umstellen von Holzart, Produktionsmenge, Aufschlussgrad ist im Batch-Kocher einfacher; beim kontinuierlichen Kocher fällt bei Umstellungen Zellstoff minderer Qualität an, Soll die Produktionsmenge reduziert werden, kann auf die Nutzung einiger Batch-Kocher verzichtet werden. Der Betrieb des kontinuierlichen Kochers sehr weit unter der projektierten Leistung ist nicht möglich),

- größere Zuverlässigkeit (bei Ausfall eines Kochers reduziert sich die Produktionsmenge z. B. um 10...15 %. Bei Ausfall des kontinuierlichen Kochers bedeutet das Gesamtausfall der Zellstoff-Produktion),
- leichteres An- und Abfahren,
- höhere Terpentinausbeute,
- weniger Probleme bei erhöhtem Feingutanteil der Hackschnitzel.

Charakteristische Merkmale von modernen diskontinuierlichen Anlagen:

- relativ große Anzahl von großen Kochern,
- zwei oder drei große Laugentanks (Druckgefäße),
- zwei oder drei Schwarzlaugenimprägnierungsstufen,
- Kochstufe für Weißlauge bei hohem Hydromodul,
- schonender Zellstoffaustrag bei reduzierter Temperatur.

Solche Systeme mit speziellem Anlagendesign verschiedener Lieferanten sind eingeführt z. B. als SUPERBATCH™ oder als RDH™ (Rapid Displacement Heating) [6.23] [6.24]. Beispielhaft wird im Folgenden das sogenannte **Superbatch-System** erläutert. Im Gegensatz zum klassischen diskontinuierlichen Verfahren, wo nach dem Füllen des Kochers mit Hackschnitzeln und Kochlauge der Kocherinhalt ohne Austausch von Laugenanteilen bis zum Ende des Aufschlusses im Kocher verbleibt, wird hier die Lauge des Kochers mit der gleichen Hackschnitzelfüllung mehrfach gewechselt. Ein **Kocherumtrieb** umfasst folgende Abschnitte:

- Füllen mit Hackschnitzeln,
- Einfüllen von Imprägnierlauge,
- Einfüllen von heißer Lauge (Schwarzlauge und Weißlauge),
- Heizen und Kochen (Laugenzirkulation, Nachdosierung von Weißlauge zur Einstellung des Alkaligehaltes möglich),
- Verdrängung der Kochlauge (Zugabe kalter Verdrängungslauge zur Beendigung des Aufschlusses),
- Entleerung.

Die Kocherei hat eine größere Anzahl diskontinuierlicher Kocher, die aus den unterschiedlichen Laugevorratsbehältern entsprechend dem jeweiligen Stadium des Aufschlusses wechselweise mit Lauge beschickt werden. Diese Verfahrensweise gestattet, ähnlich wie in kontinuierlichen Anlagen, im Verlauf des Aufschlusses gezielt das **Alkaliprofil** zu beeinflussen, um eine hohe Zellstoffqualität zu erreichen.

Kontinuierlicher Aufschluss

(Arbeitsprinzip siehe Abschnitt 6.1)

Vorteile des kontinuierlichen Verfahrens:

- geringerer und gleichmäßigerer Dampfbedarf, geringere spezifische Energiekosten,
- gleichmäßiger Anfall der nichtkondensierbaren Gase,
- kompakte Bauweise, geringer Platzbedarf,
- geringer Personalbedarf.

Charakteristische Merkmale von modernen kontinuierlichen Anlagen:

- Normaldruck-Vordämpfer mit großer Verweilzeit,
- (Ein- oder) Zweigefäß-Kocher,
- gestaffelte Zugabe der Weißlage an zwei oder mehreren Stellen,
- erste Kochzone im Gleichstrom,
- Gegenstrom-Zone für verlängerte Kochung bei der gleichen Temperatur und Wäsche verbunden mit der Kühlzone im unteren Kocherteil,
- alternativ einen Vorimprägnierkessel für Schwarzlauge bei Temperaturen von etwa 120 °C.

Spezielle Lösungen für die Führung des kontinuierlichen Aufschlusses sind z. B. **low-solids™ cooking** oder **ITC™** (Iso-Thermal Cooking).

Low-solids™ cooking

Grundprinzip des Low-solids™-Aufschlusses ist, im Verlauf der Kochung (insbesondere zum Ende der Kochung hin) ein niedriges Niveau an gelösten Ligninkomponenten in der Kochflüssigkeit zu haben. Des Weiteren wird über den gesamten Verlauf des Aufschlusses ein gleichmäßig niedriger Alkaligehalt eingestellt. Das wird erreicht, indem an mehreren Stellen im Kocher eine Abführung an Aufschlussflüssigkeit vorgenommen wird. Gleichzeitig erfolgt ein Make-up durch Zugabe von heißer Weißlauge bzw. von Waschwasser. Durch die Reduzierung der gelösten Ligninkomponenten in der Bulk und Residual Delignification werden die Durchreißfestigkeit verbessert, der Alkaliverbrauch reduziert und die Bleichbarkeit verbessert [6.25].

ITC™(Iso-Thermal Cooking)

Hierbei wird nahezu der gesamte Kocher für den Aufschluss genutzt. Auch im unteren Teil des Kochers wird Weißlauge im Gegenstrom dosiert. Die Temperatur im Kocher ist vergleichmäßigt. Die Waschzone ist verkürzt. Die Selektivität des Aufschlusses ist verbessert, sodass Ausbeute und Viskosität bei gleicher Kappa-Zahl erhöht sind.

6.2.3 Chemie des Sulfataufschlusses

6.2.3.1 Reaktionen am Lignin

Beim **Abbau des Lignins** während des Sulfataufschlusses sind Hydrogensulfid-Ionen und Hydroxid-Ionen wirksam. Verschiedene Bindungstypen in der Ligninstruktur zeigen unterschiedliches Verhalten und Stabilität unter den Bedingungen des alkalischen Aufschlusses. Dabei sind α- und β-Aryl-Ether-Bindungen die dominierenden Typen von Ligninbindungen. Deren Spaltungen (Bild 6.26) tragen maßgeblich zum Ligninabbau beim Sulfataufschluss bei. **Ligninstrukturen** mit freien Phenoleinheiten werden im alkalischen Milieu zu Phenolat-Ionen deprotoniert. An ihrer Seitenkette kann dann die Spaltung der α-Aryl-Etherbindung oder die Abspaltung von γ-Hydroxylgruppen erfolgen. Es entsteht zwischenzeitlich eine Chinon-Methid-Struktur. Die Rolle des HS^--Ions besteht in seiner nucleophilen Addition in die α-Position der Seitenkette an die Chinon-Methid-Struktur. Das entstehende α-Thiolat-Ion greift anschließend am β-C-Atom an, wodurch es zur Spaltung der β-O-4-Etherbindung kommt. Gleichzeitig entsteht eine schwefelhaltige zyklische Struktur, ein Thiiran. Dieses zerfällt unter Freisetzung von elementarem Schwefel unter Bildung von Vinylarylverbindungen [6.7][6.26].

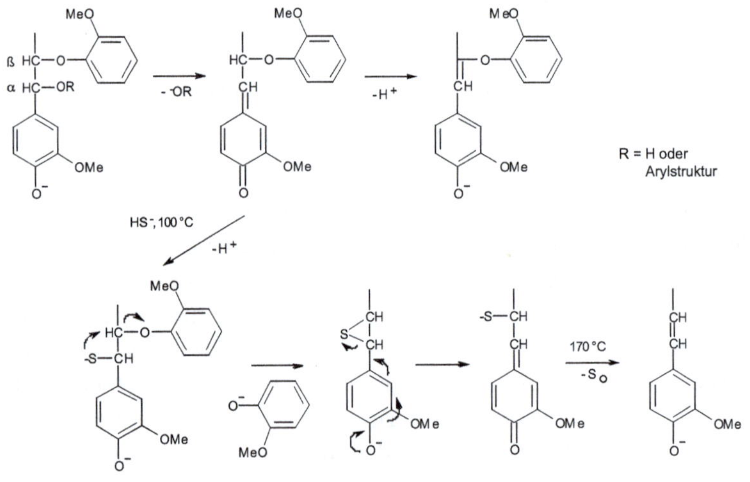

Bild 6.26 Spaltung von phenolischen β-O-4-Ligninstrukturen im Sulfataufschluss

In nichtphenolischen Lignineinheiten werden β-Aryl-Etherbindungen bei ausreichend hoher Hydroxidionenkonzentration gespalten, allerdings ist die Reaktionsgeschwindigkeit wesentlich geringer. Lignineinheiten mit freien phenolischen Gruppen können bei Einwirkung von OH^--Ionen durch Spaltung der β-γ-C-C-Bindung Formaldehyd abspalten. Diese Reaktion ist insofern von Bedeutung, als das Vorhandensein von Formaldehyd in der Kochlauge zu Kondensationsreaktionen des Lignins beiträgt

(Bild 6.28) [6.7][6.27]. Demethylierungen unter Beteiligung von Hydrogensulfidionen führen zur Bildung von Methylmercaptan und Dimethylsulfid (Bild 6.27). Sie sind hauptsächlich für den unangenehmen **Geruch der Kochlaugen** verantwortlich.

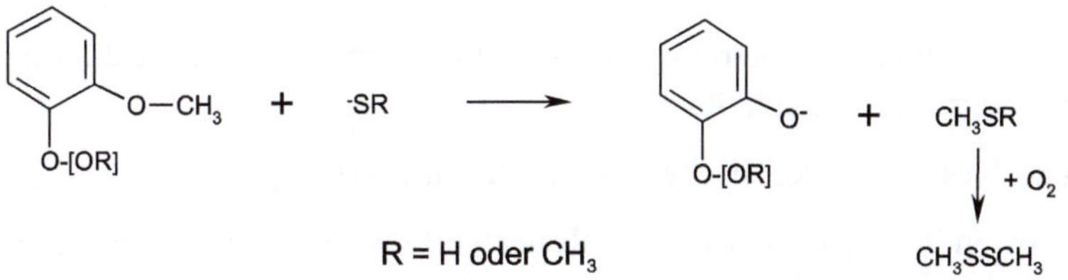

Bild 6.27 Bildung der geruchsintensiven Verbindungen Methylmercaptan, Dimethylsulfid und Dimethyldisulfid beim Sulfataufschluss

Analog zum Sulfitaufschluss erfolgen Kondensationsreaktionen am Lignin, welche mit den Abbaureaktionen konkurrieren.

6.2.3.2 Ligninkondensation im Alkalischen

Wie bereits angedeutet, führen die alkalischen Bedingungen neben einem **Ligninabbau** auch zu einer partiellen Neuverknüpfung von Lignineinheiten, sodass Sulfatzellstoffe im Allgemeinen dunkler sind als Sulfitzellstoffe und der Bleichaufwand dadurch höher wird. In Bild 6.28 sind die wichtigsten Reaktionen zusammengefasst [6.7]. Die Kondensation schließt entweder die Bildung reaktiver Chinonmethide ein (siehe A) oder erfolgt durch Reaktion mit Formaldehyd (siehe B).

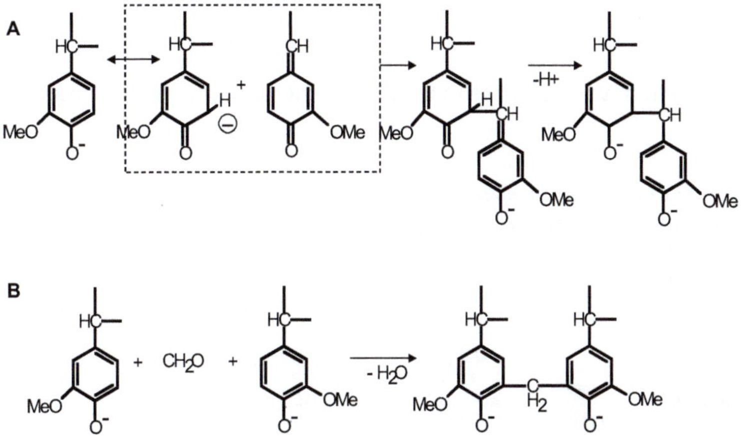

Bild 6.28 Mögliche Kondensationsreaktionen des Lignins beim Sulfataufschluss

6.2.3.3 Reaktionen an den Kohlenhydraten

Unter den Bedingungen des alkalischen Aufschlusses laufen verschiedene Reaktionen an den Kohlenhydraten ab. Die wichtigsten davon sind:

- Lösung kurzkettiger (nichtabgebauter) Kohlenhydrate,
- Abschälen von monomeren Zuckereinheiten vom Kettenende her bis zur Bildung einer stabilen Endgruppe (Peeling-Reaktion),
- alkalische Hydrolyse von glycosidischen Bindungen und Acetylgruppen,
- Abbau von gelösten Polysacchariden, hydrolysierten Fragmenten und abgeschälten Monosacchariden.

Am bedeutungsvollsten für die Herauslösung von Polysacchariden und die Reduzierung der Kettenlänge der Cellulose sind die **Peeling-Reaktion** und die **alkalische Hydrolyse**. Die Peeling-Reaktion geht vom reduzierenden Kettenende aus und besteht in einer schrittweisen Abspaltung von Monomeren (Abschälen = peeling), wobei an der verkürzten Cellulosekette ein neues reduzierendes Ende entsteht. Die Reaktion startet mit einer basenkatalysierten Umlagerung der Carbonylgruppe am C-1 nach C-2 und anschließende Abspaltung der Cellulosekette vom C-4. Das verbleibende Monomer wird zu einer stabilen Isosaccharinsäure umgebaut [6.28].

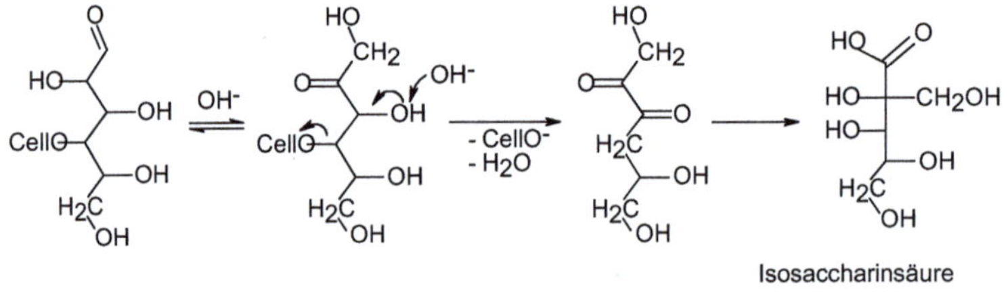

Bild 6.29 „Peeling-Reaktion" von Cellulose mit aldehydischer Endgruppe, Bildung von Isosaccharinsäure

Die Reaktion kommt für eine Cellulosekette zum Stillstand, wenn am Kettenende eine Metasaccharinsäureeinheit entsteht (Bild 6.30).

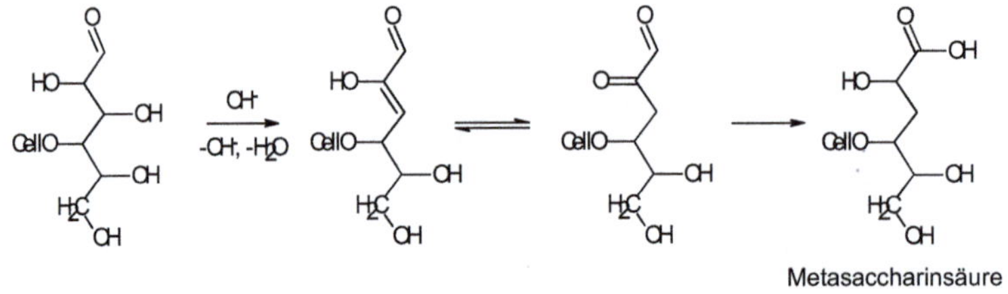

Bild 6.30 Bildung der Metasaccharinsäure bei der „Peeling-Reaktion"

Diese Reaktion wird als **Stoppreaktion** (stopping reaction) bezeichnet. Die alkalische Hydrolyse von Cellulose kann an einer beliebigen Position in der Kette beginnen. Als Produkte der Spaltung entstehen entweder ein neues reduzierendes und ein nichtreduzierendes Kettenende oder anstelle des reduzierenden Endes eine Anhydroglucoseeinheit, das Lävoglucosan (Bild 6.31).

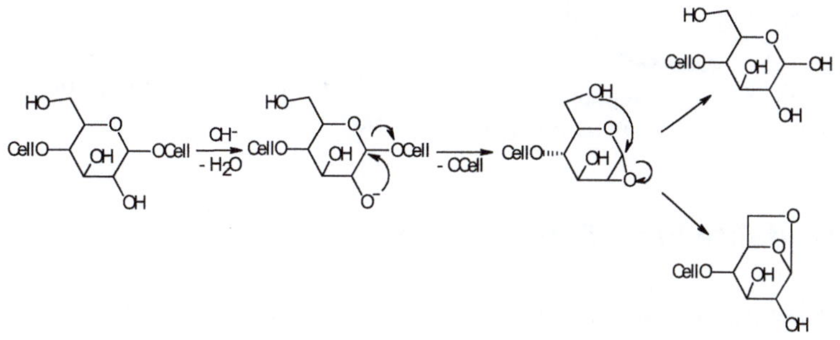

Bild 6.31 Alkalische Hydrolyse von Cellulose

Das neu gebildete reduzierende Kettenende kann wiederum als Ausgangspunkt für die Peeling-Reaktion dienen, die Lävoglucosaneinheit hat dagegen eine niedrige Reaktivität. Zur Erhöhung der **Faserstoff-Ausbeute** und **Verbesserung der Festigkeiten** des Zellstoffes wird eine verbesserte Ligninherauslösung bei gleichzeitiger Reduzierung des Kohlenhydratabbaus angestrebt. Dazu können folgende Möglichkeiten genutzt werden:

- Nutzung von Polysulfid beim Sulfataufschluss durch Zugabe von elementarem Schwefel zur Kochlauge,
- Einsatz von Anthrachinon (AQ).

Polysulfid stabilisiert die Hemicellulosen bei niedrigen Temperaturen (100...120 °C) durch Oxidation der aktiven Endgruppen der Polysaccharide zu alkalistabilen Aldonsäuren, wodurch die Kohlenhydratherauslösung beim Aufschluss reduziert wird. Die Zugabe einer relativ geringen Menge von AQ bewirkt eine deutliche Zunahme der Ausbeute. Bei einer Dosierung von 0,05 % AQ auf atro Holz kommt 1 Mol AQ auf 500 C9-Einheiten, d. h., die Wirksamkeit dieses Mittels ist sehr hoch. Seine Wirksamkeit kann entsprechend Bild 6.32 erklärt werden [6.29].

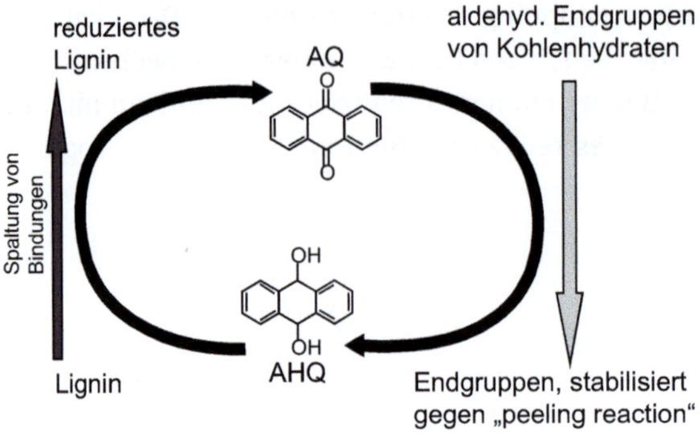

Bild 6.32
Wirkprinzip des Anthrachinons (AQ)

6.2.4 Nebenprodukte beim Sulfataufschluss

Die klassischen Nebenprodukte beim Sulfataufschluss sind **Terpentin** und **Tallöl**. Das aus den Abgasen des Kochprozesses gewonnene Rohterpentin zeigt einen fauligen Geruch. Durch Destillation wird es gereinigt. Hauptkomponenten im gereinigten Terpentin sind α-Pinen, β-Pinen und Δ^3-Caren (Bild 6.33).

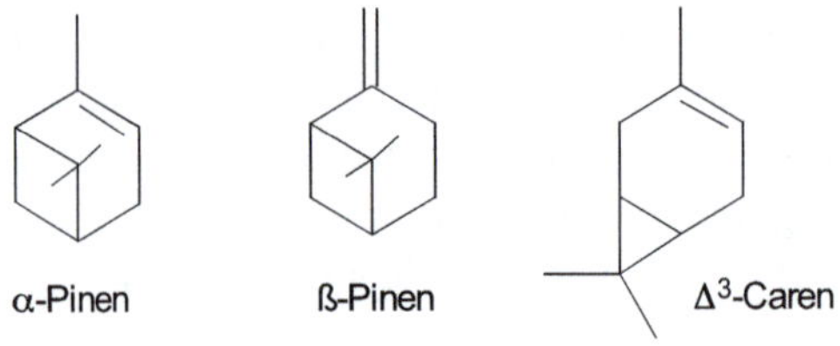

Bild 6.33
Monoterpene als Komponenten des Terpentins

Tallöl fällt bei der Schwarzlaugenaufbereitung an. Es enthält Fettsäuren, Harzsäuren und unverseifbare Bestandteile, bei Kiefer z. B. 50 % Fettsäuren, 40 % Harzsäuren, 10 % Unverseifbares. Bei der Destillation werden zwei Hauptfraktionen erhalten: Fettsäuren und Tallharz. Die Hauptkomponenten des Tallharzes sind Abietiensäure, Neoabietinsäure und Dehydroabietinsäure (Bild 6.34).

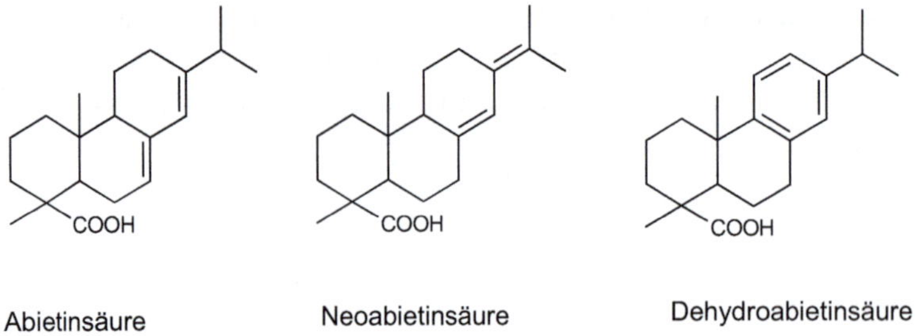

Bild 6.34 Diterpene (Harzsäuren)

6.2.5 Regenerierung der Kochchemikalien

Die **Wäsche** des Kocherstoffes erfolgt analog der Zellstoffwäsche für den Sulfitzellstoff (Abschnitt 6.1.5.1).

6.2.5.1 Eindampfung der Ablauge

Für die nachfolgende Verbrennung der Ablauge im Regenerierungskessel ist ein hoher Feststoffgehalt erforderlich.

Physikalische Eigenschaften der Ablauge

Analog zur Sulfitablauge ändern sich die Eigenschaften der Sulfatablauge bei der Eindampfung.

Dichte – Trockengehalt

Bei niedrigem Feststoffgehalt ist die Dichte der Schwarzlauge nur geringfügig höher als die des Wassers.

Mit zunehmender Konzentration steigt die Dichte an. Von Einfluss ist die genaue Zusammensetzung (anorganische und organische Komponenten). Folgende Anhaltswerte gelten für 60 °C:

Trockengehalt	%:	20	40	60	80
Dichte	kg/m^3:	1100	1220	1360	1530

Eine Temperaturerhöhung reduziert die Dichte (50 °C ca. 40 kg/m^3).

Oberflächenspannung

Die Oberflächenspannung von Sulfatablaugen liegt bei Trockengehalten zwischen 15 und 50 % bei etwa 25 mN/m. Die Unterschiede von Laubholz- und Nadelholzlaugen sind gering. Bei Trockengehalten unterhalb von 15 % und oberhalb von 50 % zeigt die Ablauge ansteigende Werte für die Oberflächenspannung.

Viskosität – Temperatur

Für die Abhängigkeit der Viskosität von der Temperatur und dem Feststoffgehalt wurde folgende Beziehung ermittelt [6.30]:

$$\log \frac{\eta_{\mathrm{bl}}}{\eta_{\mathrm{W}}} = \frac{\frac{DS \cdot 373}{T}}{0{,}69 - 0{,}656 \frac{DS \cdot 373}{T}} \qquad (6.11)$$

η_{bl} Viskosität der Schwarzlauge in Pa·s, η_{W} Viskosität des Wassers in Pa·s, *DS* Trockengehalt in g/g, *T* Temperatur in K

Die Viskosität von **Schwarzlauge** kann durch Temperaturbehandlung gesenkt werden. Die in Schwarzlauge gelösten Lignine und teilweise Polysaccharide (Xylane) verursachen durch ihre Knäuelgröße der Polymere bei Trockengehalten > 50 % die exponentielle Zunahme der Viskosität mit dem Trockengehalt. Temperaturerhöhung auf 160...180 °C verursacht einen Abbau der polymeren Substanz durch das vorhandene Restalkali. Die dadurch reduzierte Viskosität ermöglicht eine Steigerung des Trockengehaltes auf 80 %.

Siedepunkterhöhung

Für Schwarzlauge gilt bei Atmosphärendruck folgende Beziehung [6.31].

$$\Delta T = 6{,}173 \cdot X - 7{,}48 \cdot X(X)^{0{,}5} + 32{,}747 \cdot X^2 \qquad (6.12)$$

ΔT Siedepunkterhöhung, X Feststoffkonzentration

Wärmeleitfähigkeit

Die Wärmeleitfähigkeit der Schwarzlauge sinkt mit steigendem Trockensubstanzgehalt und mit fallender Temperatur.

Spezifische Wärmekapazität

Die spezifische Wärmekapazität hängt von den spezifischen Wärmekapazitäten der Laugenkomponenten ab, diese Größe sinkt mit steigendem Trockengehalt und auch mit steigender Temperatur der Schwarzlauge.

Wärmeübergang

Für den Wärmeübergang von der Dampfseite zur Laugenseite in den Wärmetauschern gelten die gleichen Gesetzmäßigkeiten, wie bei Sulfitablauge. Ablagerungen erhöhen den Widerstand für die Wärmeleitung und verschlechtern damit den Wärmeübergang.

6.2.5.2 Ausführung der Ablaugeneindampfung

Für die Eindampfung gibt es verschiedene **Verdampfertypen**. Während früher verstärkt **Langrohrverdampfer** mit aufsteigendem Laugenstrom in den Rohren des Wärmetauschers für die Schwarzlaugeneindampfung eingesetzt wurden, hat heute die Anwendung von **Fallfilm-Verdampfern** zugenommen. In den Langrohrverdampfern steigt die Lauge nach oben und wird bei beginnender Verdampfung durch den Dampf beschleunigt. Ein Nachteil ist die verstärkte Neigung zur Verkrustung. Im Fallfilm-Verdampfer wird ein Laugenkreislauf von oben nach unten realisiert, der durch die Schwerkraft unterstützt wird. Diese Verdampfer können im Lastbereich von 30... 100 % gut arbeiten. Es kommen Platten- und Rohrwärmetauscher mit der Laugenseite innerhalb oder auch außerhalb der Rohre zur Anwendung. Mehrere **Verdampferstufen** sind notwendig, um die erforderliche Wassermenge zu verdampfen (Bild 6.35).

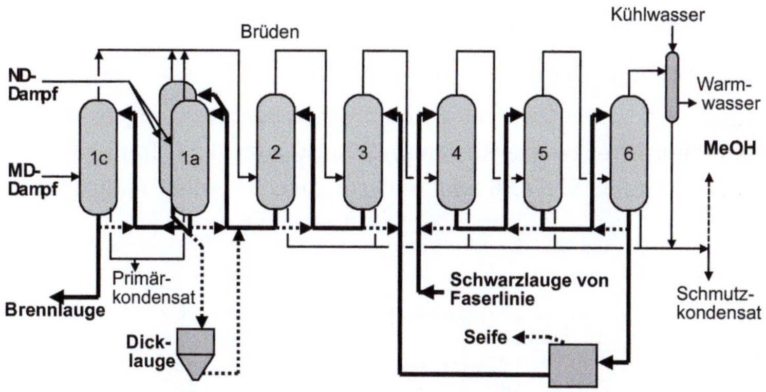

Bild 6.35 Eindampfanlage für Schwarzlauge mit Fallfilm-Verdampfern [6.32]

Grundprinzip ist, dass nur eine Stufe mit Frischdampf beheizt wird und in der weiteren Folge die Brüden als Wärmeträger zur Beheizung der einzelnen Stufen genutzt werden. Da die Brüden geringere Wärmeinhalte besitzen, muss in der folgenden Stufe Vakuum angelegt werden. Eine weitere Möglichkeit wäre die Anwendung der Thermokompression.

Die **Laugenströmung** und die **Dampfströmung** sind in verschiedener Abfolge möglich. Die Stufen sind meist nummeriert, beginnend mit der Stufe des höchsten Druckes und der höchsten Temperatur. Die Strategie der Laugen-Durchfluss-Schaltung variiert in Abhängigkeit von der Verdampferkonstruktion, vom geforderten Feststoffgehalt nach der Verdampfung und von den Eigenschaften der Schwarzlauge. **Verkrustung** ist ein wichtiges Problem bei der Verdampfung. Die Anlagen sind von Zeit zu Zeit für Wäsche und Reinigung außer Betrieb zu nehmen, um die gebildeten Ablagerungen zu entfernen, die den Wärmeübergang reduzieren. Die Entfernung von Sulfatharzseife zur Tallölproduktion erfolgt bei der Verarbeitung von Nadelholzlaugen im mittleren Teil der Eindampfanlage.

Hoher Trockengehalt der Dicklauge ist vorteilhaft bei der Verbrennung im Laugenregenerierungskessel.

Voraussetzung für hohe Trockengehalte ist die Reduzierung der Viskosität der hochkonzentrierten Ablauge durch Wärmebehandlung (s. o.).

6.2.5.3 Ablaugenverbrennung

Der **Ablaugenverbrennungskessel** ist die teuerste und wichtigste Einheit für jede Sulfatzellstoff-Fabrik. Folgende **Funktionen** sind damit zu erfüllen:

- Entfernung des restlichen Wassers aus der Dicklauge,
- Verbrennung der organischen Inhaltsstoffe der Schwarzlauge,
- Dampfproduktion aus dem Wärmeinhalt der Verbrennungsgase,

- Reduzierung der Schwefelkomponenten zum Sulfid,
- Rückgewinnung der anorganischen Salze als Schmelze.

Diese Vorgänge müssen bei Einhaltung der strikten Umweltanforderungen im Hinblick auf die Luftemission [Grenzwerte für Staub, SO_2, NO_x und TRS (Total Reduced Sulfides) im Rauchgas] ablaufen. Bild 6.36 zeigt die Prinzipskizze eines Ablaugenregenerierungskessels.

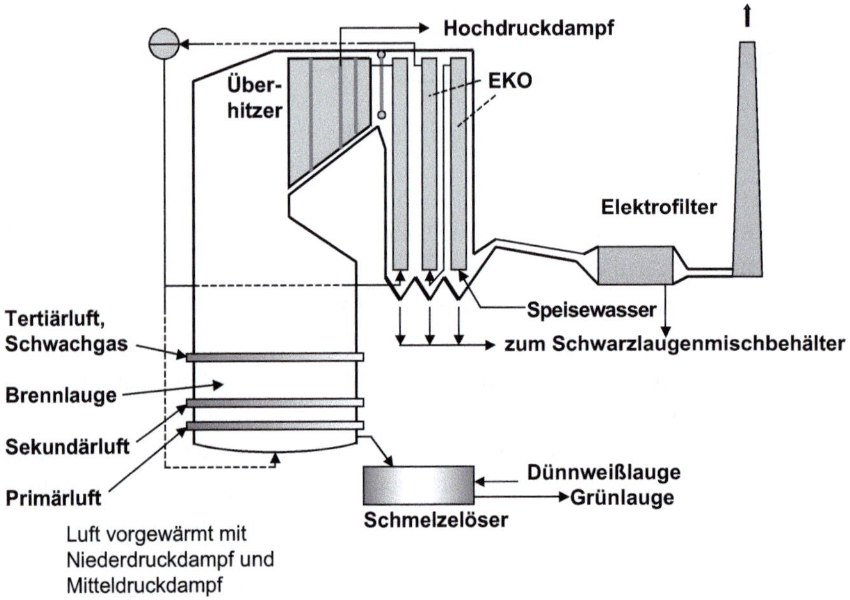

Bild 6.36 Regenerierungskessel für Sulfatablauge [6.32]

Die konzentrierte Schwarzlauge wird nach der Zumischung von Make-up-Chemikalien und zurückgewonnener Flugasche mit Dampf weiter erhitzt und in den Verbrennungskessel eingespritzt. Vorgewärmte Luft wird an drei Stellen in den Kessel eingeblasen. Primär- und Sekundärluft werden in der Nähe der Laugendüsen zugeführt, wobei die Menge etwas niedriger ist, als sie im stöchiometrischen Verhältnis zur kompletten Verbrennung erforderlich wäre. Reduzierende Bedingungen sind im unteren Kesselabschnitt notwendig, damit aus den vorhandenen Schwefelverbindungen Sulfide entstehen (Bild 6.37) [6.33]. Die heißen Verbrennungsgase durchströmen die Rohrbündel der Dampferzeugungsanlage im Kessel: Dampferzeuger, Überhitzer und Economiser.

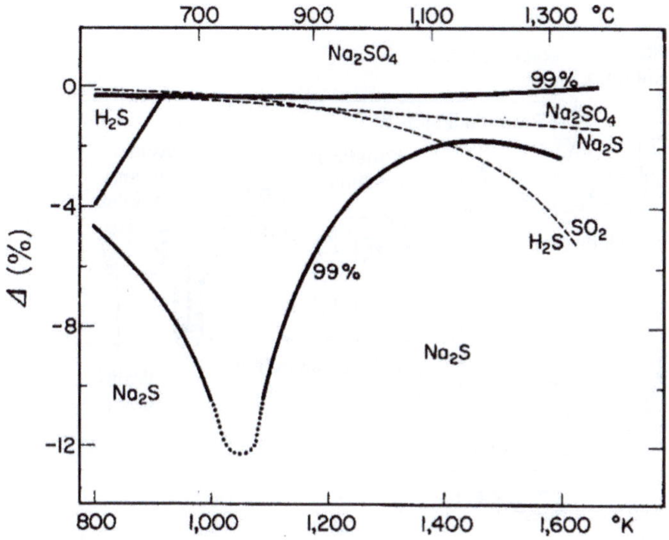

Bild 6.37 S-Verbindungen von Natrium bei der Verbrennung der Dicklauge; Reaktionsprodukte in Abhängigkeit von der Temperatur bei Sauerstoffdefizit

Mit Elektrofiltern werden feine Staubpartikel aus den Rauchgasen abgetrennt. Diese Asche (vorwiegend Natrium-Salze) wird zurückgeführt und der Schwarzlage vor der Verbrennung beigemischt.

Wichtige Primär-Reaktionen:

Bildung von Na_2S:

$$Na_2SO_4 + 2C \; Na_2S + CO_2$$

$$Na_2SO_4 + 4C \leftrightarrow Na_2S + 4\,CO$$

Bildung von Na_2CO_3:

$$Na_2O + CO_2 \leftrightarrow Na_2CO_3$$

$$Na_2S + H_2O + CO_2 \leftrightarrow Na_2CO_3 + H_2S$$

Die Sodaschmelze läuft mit etwa 820 °C unten aus dem Regenerierungskessel und gelangt so zum Schmelzelöser-Behälter. Für die Schmelzelösung wird meist Waschwasser aus der Kaustifizieranlage eingesetzt. Es entsteht die sogenannte **Grünlauge**.

Kaustifizierung

Die Umwandlung von Natriumcarbonat in Natriumhydroxid ist ein schon sehr lange angewendeter chemischer Prozess und wird **Kaustifizierung** genannt. Die Reaktionen bei dieser Kaustifizierung sind unverändert. Kontinuierlich weiterentwickelt wurden Anlagentechnik und Prozesskontrolle [6.34].

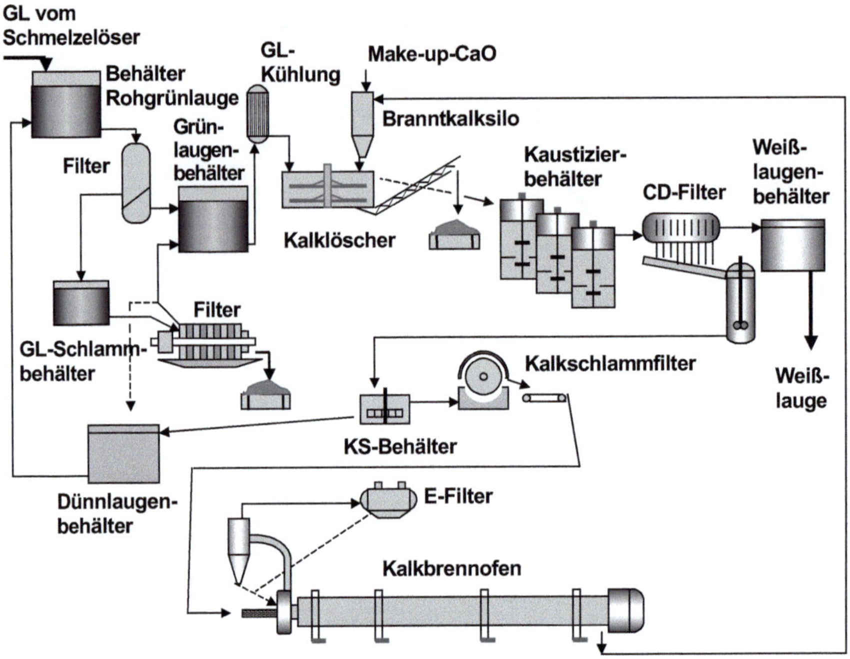

Bild 6.38 Kaustifizierung und Kalkofen

Nach der **Grünlaugenklärung** (Sedimentationsprinzip, Wäsche und Filtration des Sedimentes) reagiert die Lauge mit **Kalkmilch**:

$Ca(OH)_2 + Na_2CO_3 \rightarrow CaCO_3 + 2\ NaOH$

Diese Reaktion läuft in mehreren hintereinander geschalteten Behältern ab. Die entstehende Weißlauge enthält noch das gebildete Calciumcarbonat, was in der nachfolgenden Weißlaugenklärung durch Sedimentation oder Druckfilter abgeschieden wird. Der Kalkschlamm wird gewaschen, eingedickt und im **Kalkbrennofen** (Drehrohrofen) in Calciumoxid überführt.

$CaCO_3 + \text{Wärme} \leftrightarrow CaO + CO_2$

Der entstehende Branntkalk wird gelöscht

$CaO + H_2O \rightarrow Ca(OH)_2$

und steht für die Kaustifizierung zur Verfügung. Verluste können durch zusätzlichen Branntkalk ausgeglichen werden (Make-up).

6.3 Bleiche

6.3.1 Einführung

Die geringe Selektivität und die langsame Delignifizierung in der Endphase (final phase) des Sulfatprozesses und des Sulfitprozesses sind die Ursachen dafür, dass in ungebleichten Zellstoffen **Restligningehalte** auftreten. Deshalb muss nach der unterbrochenen Delignifizierung in der Kochung eine weitere **Delignifizierung in der Bleiche** stattfinden. Die Entfernung des restlichen Lignins, besonders das des ungebleichten Sulfatzellstoffs, ist durch die vorwiegend oxidativ wirkenden Bleichmittel schwierig, sodass sowohl mehrere Bleichstufen als auch alkalische Extraktionsstufen notwendig sind. Die **chromophoren Strukturen**, die in den Aufschlussprozessen im Restlignin entstanden sind, müssen durch Herauslösung des Restlignins beseitigt werden, damit der für gebleichte Zellstoffe notwendige Weißgrad und die Festigkeitseigenschaften erreicht werden.

Das **effektivste Bleichmittel** für chemisch hergestellte Zellstoffe war über viele Dekaden das **Chlor** (zusammen mit Hypochlorit). Mit der Entwicklung eines industriellen Herstellungsverfahrens für **Chlordioxid** Ende 1940 wurde die Erzeugung von voll gebleichten Sulfatzellstoffen mit der Sequenz CEDED (C **C**hlor, E alkalische **E**xtraktion, D Chlor**D**ioxid) möglich.

Die Erkenntnis, dass chlorierte Lignine auch in großer Verdünnung die Umwelt stark belasten, führte zur Eliminierung der Chlorstufe sowohl bei der Bleiche von Sulfat- als auch von Sulfitzellstoffen. Mit der Entdeckung, dass Magnesiumverbindungen die Selektivität einer mit Sauerstoff geführten Bleiche erhöhen, war die Möglichkeit einer **Sauerstoffbleiche** (O) gegeben. Rund 50…65 % vom Restlignin beim Nadelholz-Sulfatzellstoff und Sulfitzellstoff können mit einer Sauerstoffstufe entfernt werden, ohne die Festigkeiten drastisch zu reduzieren. Mit der Herausnahme von Chlor aus den Bleichsequenzen war die Einführung der **ECF-Bleiche** (elemental chlorine free) verbunden, bei der nur Chlordioxid oder Hypochlorit von den chlorhaltigen Bleichmitteln verwendet wird. Alternativ zu den ECF-Sequenzen erfolgte die Einführung von **TCF-Bleichen** (total chlorine free), die vollständig ohne sogenannte chlorhaltige Bleichmittel arbeiten, d. h. mit Sauerstoff (O), Wasserstoffperoxid (P) und Ozon (Z) sowie Peressigsäure (PES). Diese Entwicklungen führten zu einer drastischen Senkung der **Abwasserlast** und des **Wasserbedarfs** in der Bleicherei. Mit der Einführung der sauerstoffhaltigen Bleichreagenzien war ein anderes Problem verbunden. Neben den ionischen Reaktionen treten Hydroxylradikalreaktionen auf. Sauerstoff (O_2) liegt selbst als Biradikal vor, und bei der Reaktion mit dem Lignin entstehen über Einelektronen-Reaktionen das Superoxidanionradikal ($O_2^{\cdot -}$), Wasserstoffperoxid (H_2O_2) und organische Peroxide, die über Sekundärreaktionen Hydroxylradikale bilden können. Hydroxylradikale werden auch bei der Wasserstoffperoxidbleiche und Ozonbleiche gebildet. Die Hydroxylradikale (•OH) verursachen in den Bleichsequenzen Oxidation und Abbau der Cellulose und der Hemicellulosen, wenn nicht spezielle Vorkehrungen getroffen werden. Es muss hier aber gesagt werden, dass eine komplette Vermeidung des Abbaues nicht möglich ist.

6.3.2 Chemie und Technologie der Bleiche

6.3.2.1 Sauerstoffbleiche

Die Delignifizierung von Zellstoffen mit Sauerstoff wurde ab etwa 1970 in die industrielle Praxis eingeführt. Die erste Anlage zur Sauerstoffbleiche wurde Ende der 60er-Jahre bei Sappi South Africa in die Produktion überführt [6.34]. Grundlage dafür war neben der Zugabe geringer Mengen an Magnesiumsalzen zur Reduzierung des Celluloseabbaus die Entwicklung von Mischsystemen, die eine Einmischung des schlecht löslichen Sauerstoffes im MC-Bereich effektiv ermöglichten. Die Einbindung einer **Sauerstoff-Delignifizierung** zwischen Kochung und Bleiche ist in Bild 6.39 gezeigt.

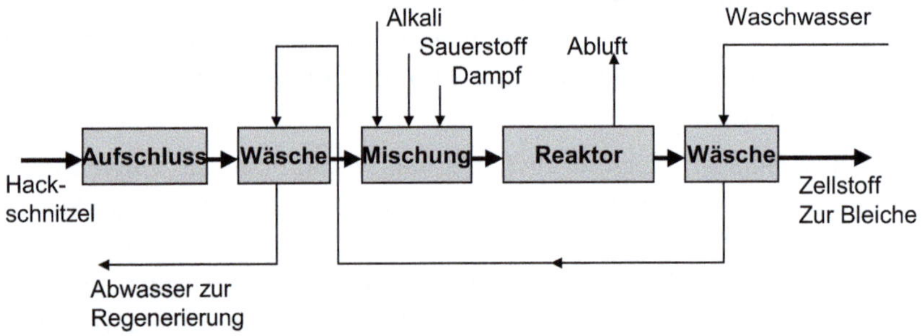

Bild 6.39 Einordnung der Sauerstoffbleiche zwischen Aufschluss und nachfolgender Bleiche [6.35]

Die **bleichende Wirkung des molekularen Sauerstoffs** im alkalischen Milieu beruht vor allem auf seinem elektrophilen Charakter und seinem relativ hohen Oxidationspotenzial. Am Lignin vorhandene phenolische OH-Gruppen werden durch Hydroxidionen deprotoniert und bilden Phenolationen. Die Reaktion mit molekularem Sauerstoff führt zur Bildung von Phenoxylradikalen und Superoxidanionradikalen. Die Phenoxylradikale unterliegen einer Mesomerie-Stabilisierung. Eine Reduktion dieser Radikale durch $O_2^{\bullet-}$ führt zur Bildung von Muconsäureestern bzw. Muconsäure [6.35] (Bild 6.40).

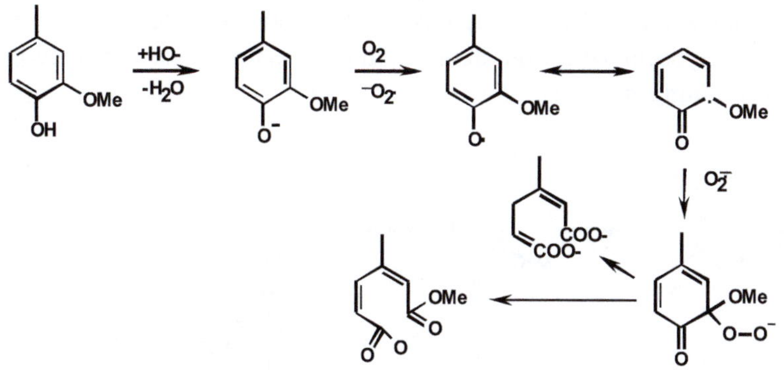

Bild 6.40 Reaktionen phenolischer Ligninbausteine bei der alkalischen Bleiche mit Sauerstoff [6.35]

Die organischen Peroxide ergeben durch eine schwermetallinduzierte Zersetzung Hydroxylradikale, die zum Abbau der Cellulose führen.

$$ROOH + Fe^{2+} \rightarrow RO^{-} + \bullet OH + Fe^{3+}$$

Durch OH•-Radikale werden die Hydroxylgruppen der Kohlenhydrate zu Ketogruppen oxidiert, wodurch die betreffenden Anhydroglucoseeinheiten (AGE) zu Ausgangspunkten für Kettenbrüche infolge der β-Alkoxyeliminierung werden. Diese Reaktionen sind in Abschnitt 6.3.2.3 ausführlich beschrieben.

An den Kohlenhydraten sind aufgrund des hohen pH-Werts auch Peeling-Reaktionen möglich. Der **Ausbeuteverlust** bei der Sauerstoffbleiche ist aber durch die Umwandlung von reduzierenden Endgruppen der Polysaccharide zu Aldonsäuren durch die Sauerstoffoxidation begrenzt. Die Hexuronsäuren, die sich aus der Methylglucuronsäure des Xylans während des alkalischen Aufschlusses bilden, werden durch die Sauerstoffbleiche nicht entfernt. Für Sulfitzellstoffe werden „mildere“ Bedingungen angewendet (Temperatur, Chemikalieneinsatz). Auch in diesem Fall ist im Prinzip die Chemikalienrückführung zur Regenerierung möglich (Voraussetzung: gleiche Base, wie beim Aufschluss anwenden).

6.3.2.2 Chlordioxidbleiche

Chlordioxid ist ein sehr effektives Delignifizierungsmittel, da es das Restlignin abbaut und Chromophore im Zellstoff beseitigt, ohne die Kohlenhydrate anzugreifen. Es wirkt als Oxidationsmittel. Im Verlauf der Bleichreaktion wird es zum Chloridion reduziert und liefert dabei fünf Oxidationsäquivalente:

$$ClO_2 + 5\,e^{-} + 4\,H^{+} \rightarrow Cl^{-} + 2\,H_2O$$

Für praktische Belange wird das Chlordioxid als Menge an aktivem Chlor angegeben, wobei 1 kg ClO_2 2,63 kg an aktivem Chlor entsprechen. Bei der Bleiche mit Chlordioxid werden Alkylreste unter Ausbildung chinoider Strukturen abgespalten und Ringspaltungen realisiert. Deshalb ist Chlordioxid zur Entfernung stark kondensierter Lignine geeignet. Primär treten keine chlorierten organischen Produkte auf. Intermediär entstehendes Chlor bzw. Hypochlorit führen dennoch in begrenztem Maße zur Bildung von chlorierten Verbindungen [6.36].

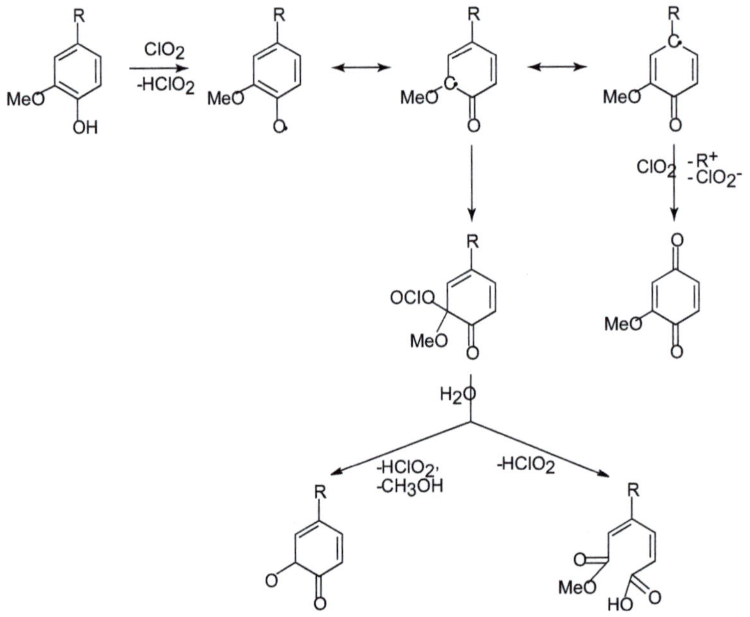

Bild 6.41 Reaktionen von Chlordioxid mit phenolischen Ligninstrukturen [6.36]

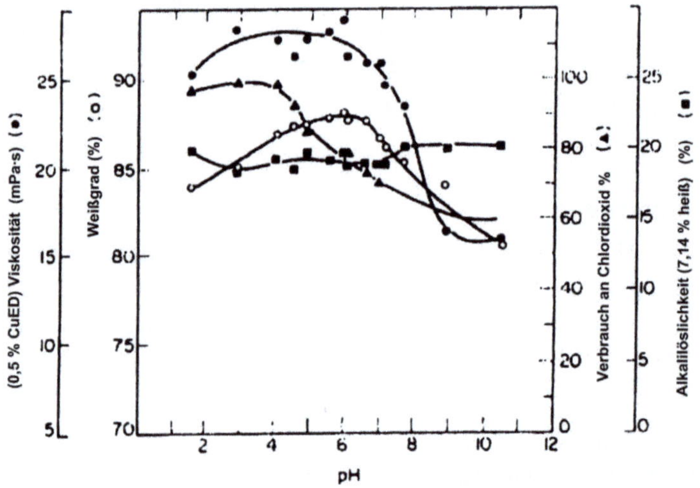

Bild 6.42 Zellstoffeigenschaften in Abhängigkeit vom pH-Wert in der D-Stufe [6.37]

Chlordioxidlösungen sind im Bereich von pH 4...6 gegenüber ungeschädigten Kohlenhydraten inaktiv. In diesem Bereich ist deshalb kein Celluloseabbau zu beobachten (Bild 6.42). Reduzierende Aldehydgruppen werden durch ClO_2 in Carboxylgruppen umgewandelt. Stark vorgeschädigte Kohlenhydrate werden aber durch ClO_2 weiter abgebaut.

6.3.2.3 Ozonbleiche

Die Bleiche mit Ozon wird immer im sauren Medium durchgeführt, um die Selbstzersetzung des Ozons in Wasser zu minimieren:

$$2\ O_3 + OH^- = O_2^{\bullet -} + \bullet OH + 2\ O_2$$

Trotzdem erfolgt bei Temperaturen von 40...50 °C eine bestimmte Radikalbildung, die bei Anwesenheit von Schwermetallen stark zunimmt.

$$Fe^{2+} + O_3 + H_2O \rightarrow [Fe(OH)]^{2+} + O_2 + HO^\bullet$$

$$O_3 + HO^\bullet \rightarrow O_2 + HOO^\bullet$$

$$[Fe(OH)]^{2+} + HOO^\bullet \rightarrow Fe^{2+} + H_2O + O_2$$

Ozon ist ein sehr starkes Oxidationsmittel, was rasch mit den meisten organischen Substanzen einschließlich lignocellulosischem Material reagiert. Der Angriff am Lignin erfolgt sowohl an aliphatischen Doppelbindungen der Seitenkette als auch am aromatischen Ring (Bild 6.43).

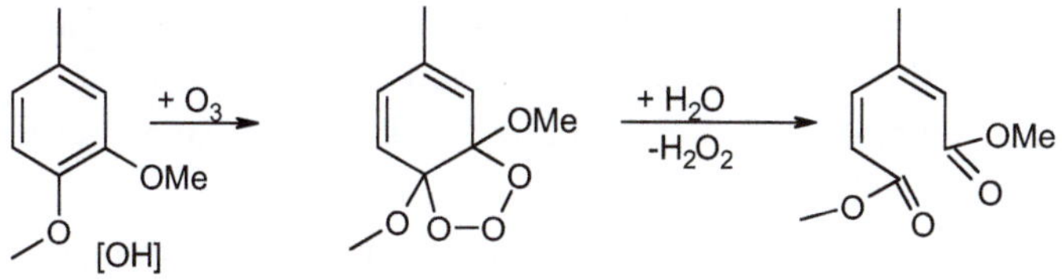

Bild 6.43 Reaktion des Ozons mit aromatischem Ring des Lignins [6.37]

Die durch Zersetzung des Ozons gebildeten Hydroxylradikale reagieren aufgrund ihres hohen Oxidationspotenzials in der Zellstoffbleiche unselektiv. Neben den Ligninstrukturen werden Kohlenhydrate, z. B. die Cellulose, angegriffen. Wichtigste Reaktion ist dabei die H-Abstraktion an der Anhydroglucoseeinheit (AGE), woraus die Oxidation der entsprechenden OH-Gruppe zur Ketogruppe resultiert (Bild 6.44 A). Die solcherart voroxidierte AGE, die sich an einer beliebigen Stelle der Cellulosekette befinden kann, unterliegt im alkalischen Milieu der β-Alkoxyeliminierung, wodurch die glycosidische Bindung gelöst wird (Bild 6.44 B).

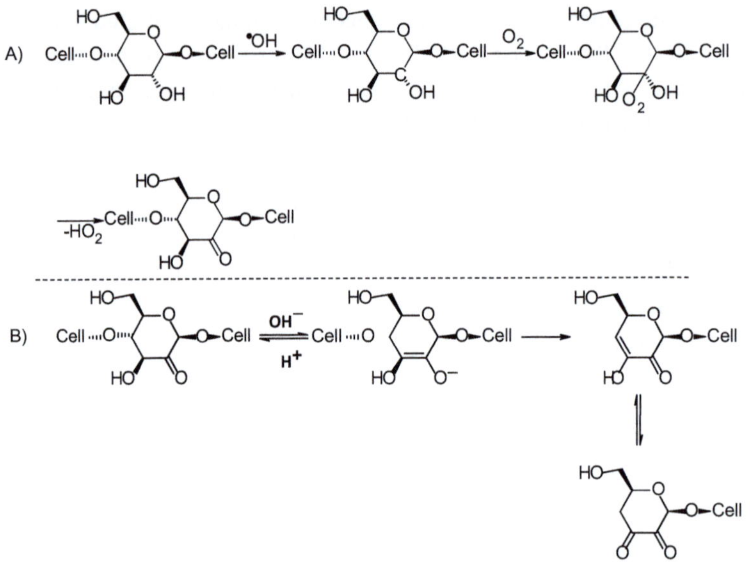

Bild 6.44 Spaltung der Cellulosekette durch Radikale bei der Ozonbleiche [6.38]

6.3.2.4 Peroxidbleiche

Wasserstoffperoxid wird seit längerer Zeit in Verbindung mit Natriumsilikat für die **Bleiche von Holzstoffen** eingesetzt, da es Chromophore beseitigen kann, ohne Lignin herauszulösen. Später wurde es zunehmend für die Intensivierung von Standard-Bleichsequenzen angewendet (in der ersten Extraktionsstufe zur Verbesserung der Delignifizierung oder zur Weißgradstabilisierung in der Endbleiche). Dabei waren die Einsatzmengen an Peroxid relativ niedrig (5...10 kg/t).

Die effiziente Bleiche für chemisch erzeugten Zellstoff erfordert bei Anwendung von H_2O_2 eine gründliche Entfernung durch Ansäuern oder Maskierung der Schwermetalle, z. B. durch EDTA oder DTPA. Schwermetalle katalysieren die Peroxidzersetzung wie folgt:

$$Fe^{2+} + H_2O_2 \rightarrow HO^{\bullet} + OH^- + Fe^{3+}$$

$$Fe^{3+} + {}^-OOH + OH^- \rightarrow Fe^{2+} + O_2^{\bullet -} + H_2O$$

Die Peroxidbleiche wird im alkalischen Milieu bei Temperaturen bis 100 °C und 2...4 h Dauer durchgeführt. Aus dem Wasserstoffperoxid bildet sich das Perhydroxylanion.

$$H_2O_2 + OH^- \rightarrow HOO^- + H_2O$$

Die Fähigkeit von Peroxid, im alkalischen Milieu chromophore Gruppen, besonders Carbonylgruppen, zu beseitigen, ist für Holzstoff bekannt. Im chemisch erzeugten Zellstoff ist die Oxidation und Lösung von Lignin notwendig. In der Peroxidbleiche ist die Oxidation von phenolischen β-O-4-Strukturen der Hauptweg zur Ligninentfernung. Dabei kommt es zu einer Aufspaltung dieser Strukturen bei gleichzeitiger Einführung von COOH-Gruppen (Bild 6.45 [6.39]).

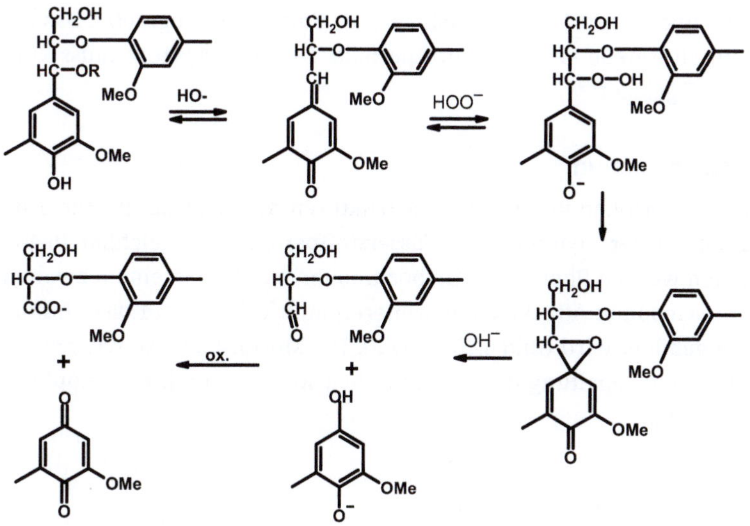

Bild 6.45 Oxidation einer phenolischen β-O-4-Struktur mit alkalischem Wasserstoffperoxid

Die Reaktionen der Kohlenhydrate sind ähnlich denen in der Sauerstoffstufe. Die aus der Zersetzung des Peroxids resultierenden Hydroxylradikale oxidieren Hydroxylgruppen zu Carbonylgruppen an der Polysaccharidkette und führen im alkalischen Medium zu Spaltungen der Celluloseketten.

6.3.2.5 Bleiche mit Peressigsäure (PES)

Die **Peressigsäure** rückte in den letzten Jahren als Reagenz in chlorfreien Bleichsequenzen immer mehr in den Blickpunkt. Trotz des hohen Preises wurden einige Zellstoffwerke mit TCF-Sequenzen auf Peressigsäure umgestellt. Die selektive Delignifizierung und die hohe bleichende Wirkung zeichnen die Persäuren dabei aus. Die Bleiche mit Peressigsäure hat gegenüber der Ozonbleiche den Vorteil der geringen Depolymerisation von Hemicellulosen und Cellulose und dem damit verbundenen hohen Festigkeitsniveau des Zellstoffs. Außerdem ist sie gegenüber Übergangsmetallen im sauren pH-Wert-Bereich stabiler als Ozon. Peressigsäure kann auf drei Wegen hergestellt werden:

1. $CH_3C(O)OH + H_2O_2 \leftrightarrow CH_3C(O)OOH + H_2O$
2. $CH_3C(O)\text{-}O\text{-}(O)CCH_3 + H_2O_2 \leftrightarrow CH_3C(O)OOH + CH_3C(O)OH$
3. $CH_3C(O)OH + O_3 \rightarrow CH_3C(O)OOH + O_2$

In den Reaktionen 1 und 2 wird 1 % Schwefelsäure als Katalysator zugesetzt. Das Reaktionsprodukt enthält Anteile an Wasserstoffperoxid. Die Peressigsäure muss kühl und bei pH-Werten < 7 gelagert werden.

Reaktionen der PES mit Lignin

Die PES reagiert mit den phenolischen Ligninstrukturen als Elektrophil (Bild 6.46, Weg A). Die Reaktion ist der Reaktion des Wasserstoffperoxids vergleichbar [6.40]. Durch die Reaktionen werden Phenole zu Orthochinonen oxidiert. In einem zweiten Schritt erfolgt die nucleophile Attacke eines weiteren Moleküls PES auf das Chinon, wobei Muconsäure gebildet wird (Bild 6.46, Weg B). Die Muconsäure ist, wie bereits gezeigt, das Resultat einer Spaltung des aromatischen Ringes, womit chromophore Gruppen zerstört werden.

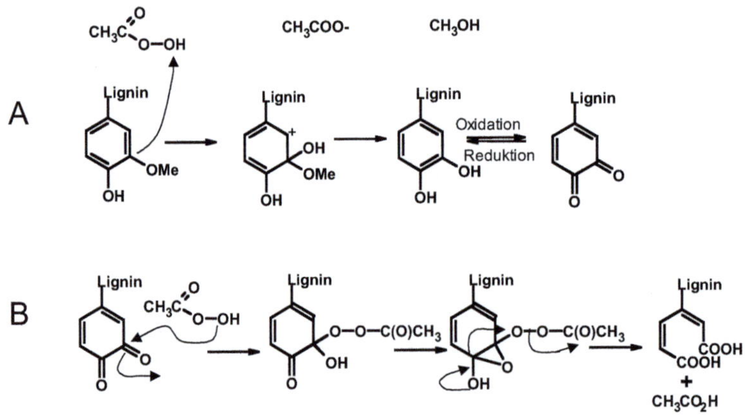

Bild 6.46 Ligninreaktionen bei der Peressigsäurebleiche [6.40]

Reaktionen an den Kohlenhydraten

Aufgrund der zahlreichen Untersuchungen in der Vergangenheit und der hohen Selektivität von PES wurde gezeigt, dass der Celluloseabbau während der Bleiche nicht selbst durch die Peressigsäure hervorgerufen wird. Ein **Reaktionsmodell** fußt auf der Hypothese, dass der Celluloseabbau vor allem durch Hydroxylradikale verursacht wird, die ihrerseits durch den Übergangsmetall-katalysierten Zerfall von Wasserstoffperoxid (siehe Abschnitt 6.3.2.4) entstehen. Nach diesem Modell wird das im Gleichgewicht mit der Peressigsäure stehende Wasserstoffperoxid (siehe Herstellungsweg 1 und 2) katalysiert zersetzt, wodurch die Konzentration der Peressigsäure ständig sinkt. Es entstehen HOO• und HO•, wovon das Hydroxylradikal zur Oxidation der Cellulose und zu nachfolgendem Abbau führt. Die Randbedingungen und der Mechanismus dieses Prozesses sind jedoch bisher nicht umfassend untersucht worden (Bild 6.47) [6.40].

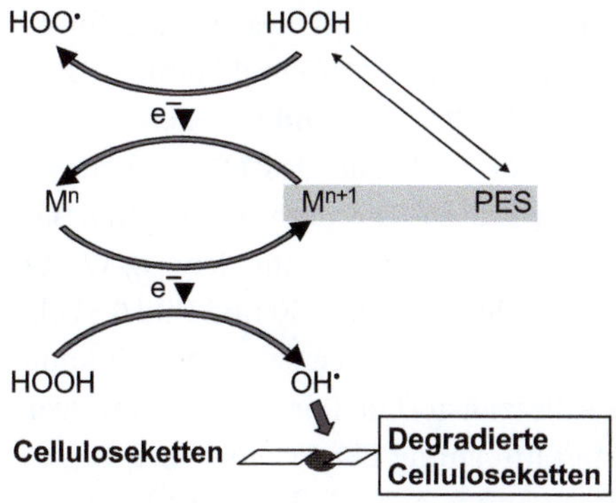

Bild 6.47
Mechanismus der Kettenkürzung bei der PES-Bleiche

6.4 Eigenschaften von Sulfit- und Sulfatzellstoffen

Sulfitzellstoffe sind gekennzeichnet durch folgende Eigenschaften:

- relativ hohe Ausbeute,
- gute Bleichbarkeit,
- geringe Mahlresistenz,
- Variation von Ausbeute, Hemicellulosenanteil und papiertechnologischen Eigenschaften in breitem Umfang durch Modifikation des Aufschlusses möglich,
- insgesamt vergleichsweise niedrige Festigkeitseigenschaften gegenüber Sulfatzellstoffen.

Sulfatzellstoffe sind gekennzeichnet durch folgende Eigenschaften:

- relativ geringe Ausbeute,
- schwer bleichbar durch hohen Kondensationsgrad des Restlignins,
- hoher Mahlwiderstand,
- hohe Festigkeiten, insbesondere hohe dynamische Festigkeiten.

Beim **Sulfitaufschluss** erfolgt das Eindringen der Kochchemikalien vorwiegend von der **Mittellamelle** her. Dadurch kommt es zu einer partiellen oder vollständigen Entfernung der Primärwand und einem bevorzugten Ablauf von Aufschlussreaktionen an den äußeren Schichten der Sekundärwand. Demgegenüber beginnt der Aufschluss beim **Sulfatverfahren** vorwiegend vom **Lumen** her, wodurch die Primärwand weitgehend erhalten bleibt. Daraus resultieren die in Bild 6.48 bis Bild 6.51 dargestellten Verteilungen der Hemicellulosen und des DP über die Faserwand [6.41]. Die Untersuchungen erfolgten an Fasern nach chemischem Abschälen der äußeren Zellwände (Acetylierung und Herauslösen) und rasterelektronisch-mikroskopischer Untersuchung der nach der Abschälung vorliegenden Zellwände sowie Bestimmung der Monosaccharidzusammensetzung [6.42]. Der Kiefernsulfatzellstoff besitzt eine intakte Primärwand mit einer sehr hohen Konzentration an Xylan (23 %) und Mannan (18 %, Bild 6.48). Die hohen Konzentrationen an Xylan in der Primärwand des Kiefernsulfatzellstoffes resultieren aus der Xylanadsorption, die während des alkalischen Aufschlusses stattfindet. In Verbindung mit den sehr hohen Durchschnittspolymerisationsgraden in der Primärwand (DP_w rund 2900 und DP_n rund 900) und dem DP-Wert in der S1- und der S2-Wand im Vergleich zum Sulfitzellstoff (Bild 6.50 und Bild 6.51) bewirken diese speziellen chemischen und morphologischen Eigenschaften die hohen dynamischen und statischen Festigkeiten von Sulfatzellstoffen. Der Sulfitzellstoff weist bei dem untersuchten Zellstoff eine komplette Entfernung der Primärwand auf. Generell muss ausgeführt werden, dass die Primärwand je nach Hydrolysebedingungen während der Kochphase teilweise oder vollständig entfernt wird. [6.42]. Die niedrigen Xylan- und Mannanwerte in dem äußeren Teil der Zellwand in Verbindung mit den niedrigen DP-Werten der Zellwände sind für das Festigkeitsbild des Sulfitzellstoffes verantwortlich.

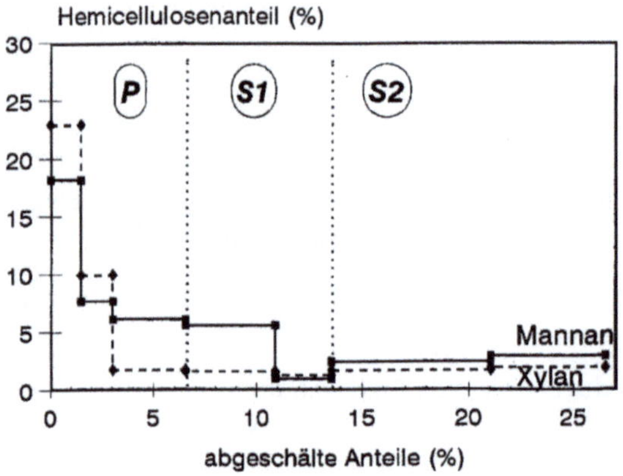

Bild 6.48
Verteilung der Hemicellulosen bei Kiefernsulfatzellstoff
P Primärwand, S1 Sekundärwand 1, S2 Sekundärwand 2

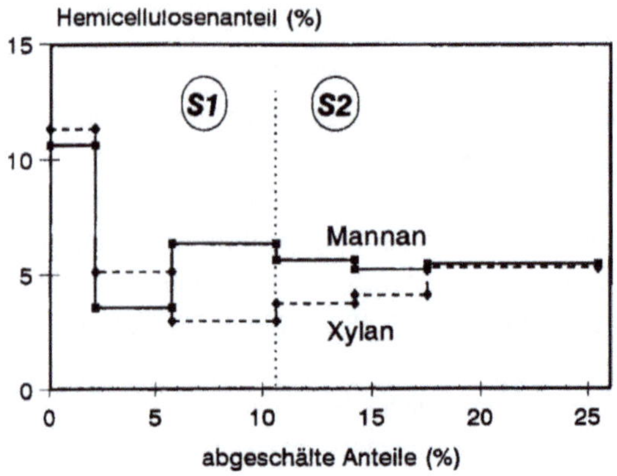

Bild 6.49
Verteilung der Hemicellulosen bei Fichtensulfitzellstoff
S1 Sekundärwand 1, S2 Sekundärwand 2

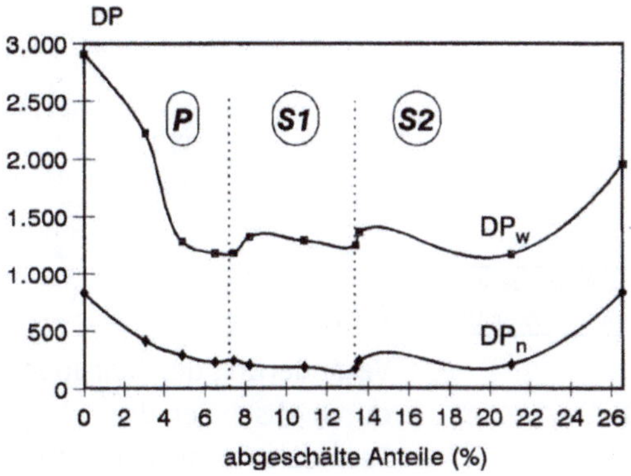

Bild 6.50
Verteilung des DP bei Kiefernsulfatzellstoff
DP_w massebezogen, DP_n anzahlbezogen

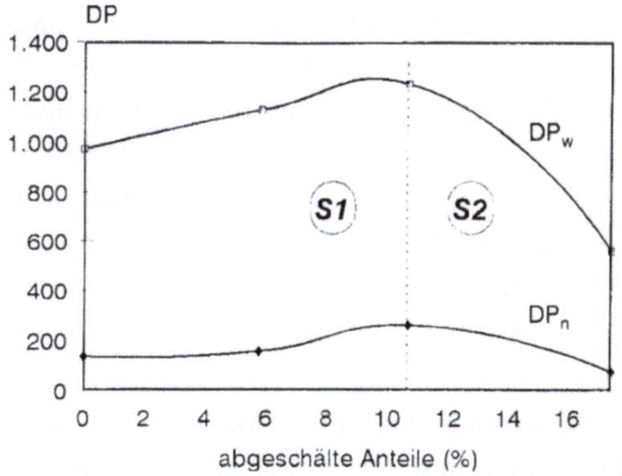

Bild 6.51
Verteilung des DP bei Fichtensulfitzellstoff
DP_w massebezogen, DP_n anzahlbezogen

Durch **Abschälen der Faseroberfläche** und nachfolgende Bestimmung von Festigkeitseigenschaften bei Sulfit- und Sulfatzellstoffen konnte die Bedeutung der in der Faseraußenwand befindlichen Hemicellulosen für die Ausbildung der Papierfestigkeiten nachgewiesen werden [6.41]. Bild 6.52 und Bild 6.53 zeigen einen Vergleich der **Reißlänge** und des **Tear-Index** von Fichtensulfit- und Kiefernsulfatzellstoff vor und nach einer Abschälung von 10 %.

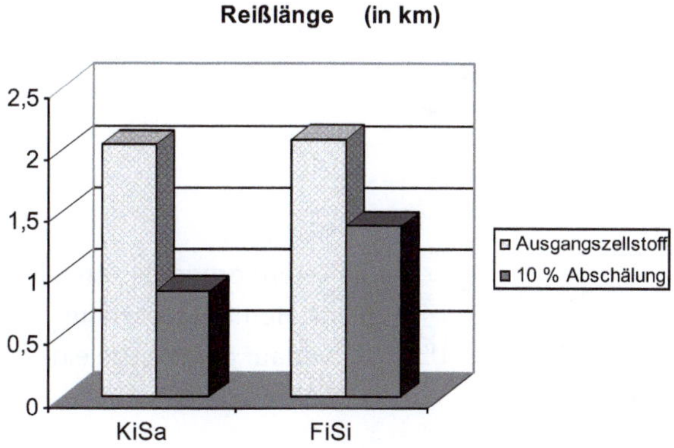

Bild 6.52
Veränderung der Reißlänge durch Abschälen der Faseroberfläche (KiSa und FiSi ungemahlen)

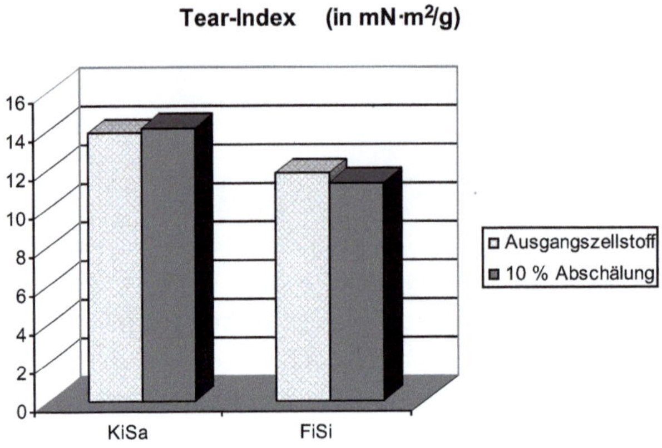

Bild 6.53
Veränderung des Tear-Index durch Abschälen der Faseroberfläche (Zellstoffe ungemahlen)

Die mit dem alkalischen Verfahren aufgeschlossenen Zellstoffe weisen in den äußeren Bereichen der Faserwand eine hohe Konzentration an Mannan und Xylan auf. Wird durch eine Entfernung der Faserwandaußenschichten die ursprünglich hohe Konzentration an Hemicellulosen in diesen Bereichen beseitigt, so verringern sich die Werte für die Reißlänge. Der Tear-Index dagegen ist nahezu unverändert. Beim Fichtensulfitzellstoff sind in der Außenschicht der Faserwand deutlich weniger Hemicellulosen konzentriert. Bei deren Entfernung kommt es nur zu einer geringeren Absenkung der Reißlänge. Der Tear-Index bleibt fast auf dem gleichen Niveau.

Die Hemicellulosen in den Zellstoffen werden durch eine **Zellstoffbleiche** unterschiedlich abgebaut [6.42]. Das betrifft bei Sulfitzellstoff vor allem Mannan, sowohl in einer peroxidverstärkten Sauerstoffstufe als auch in einer Ozonstufe in der S1- und S2-Wand. Die S1-Wand wird massenmäßig stark abgebaut. Bei Anwendung einer Peressigsäurebleiche ist dieser Abbau von Hemicellulosen nur geringfügig. Das bedeutet, dass mit einer Sequenz Sauerstoff, Peressigsäure und Peroxid im Vergleich zu Sauerstoff, Ozon und Peroxid höhere Festigkeiten sowohl bei der Reißlänge als auch beim Tear-Index erhalten werden [6.43]. Auch für Nadelholz-Sulfatzellstoffe konnte gegenüber dem Kocherstoff mit der Bleiche ein leichter Rückgang an Hemicellulosen nachgewiesen werden (Bild 6.54) [6.44].

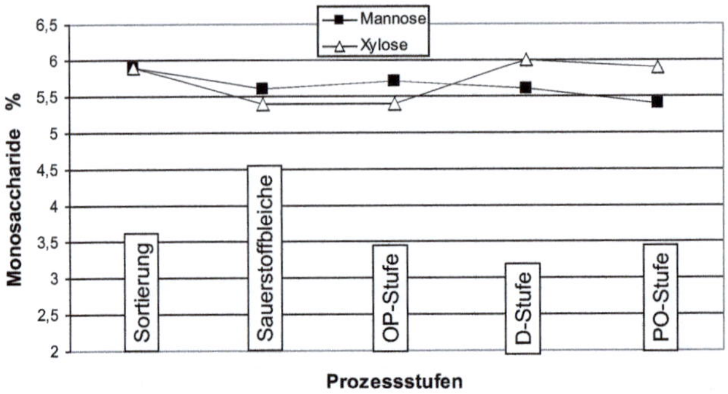

Bild 6.54
Veränderung des Anteils an Hemicellulosen im Verlauf der Bleiche eines Sulfatzellstoffs

Dieser Rückgang tritt insbesondere in der Sauerstoffstufe bei Mannan und Xylan ein. Das setzt sich für Mannan zum Ende der Bleichsequenz noch weiter fort, während bei Xylan offensichtlich eine Stabilisierung erfolgt, sodass, bedingt durch Herauslösung anderer Komponenten aus dem Faserstoff, der relative Xylananteil im Verlauf der Bleiche wieder etwas ansteigt. Bei der Analyse der Verteilung der Hemicellulosen über den Faserquerschnitt eines voll gebleichten Sulfatzellstoffes (ECF) wurde in der Primärwand ein erhöhter Anteil an Xylan gefunden. Demgegenüber ist die Konzentration an Mannan über den Faserquerschnitt konstant. In Verbindung mit der Veränderung des Hemicellulosengehaltes bei der Bleiche verändern sich auch die Festigkeiten des Faserstoffes. So kommt es zu einer Reduzierung der Durchreißfestigkeit um 12...18 % im fertig gebleichten Zellstoff gegenüber dem Kocherstoff [6.45], [6.46]. Für die Zugfestigkeit ist die Entwicklung im Bild 6.55 dargestellt [6.46].

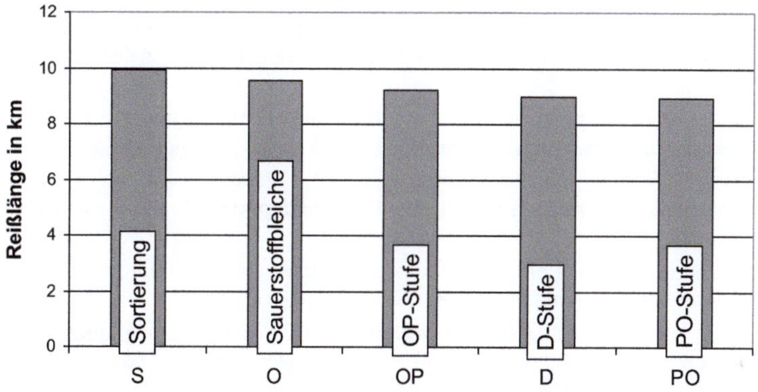

Bild 6.55 Entwicklung der Zugfestigkeit in einzelnen Prozessstufen

Literatur

[6.1] *Erdtmann, H.:* The phenolic constituents of pine heartwood. Svensk Kem. Tid 56 (1944) 1, 2-14

[6.2] *Hagberg, B.; Schöön, N. H.:* Kinetic aspects of the acid sulfite cooking process. Part 3: Mathematical Simulation of Cooks. Svensk Papperstidning 77 (1974) 15, 557-562

[6.3] *Fischer K.; Schmidt, I.:* Kinetic of cellulose and lignin degradation during the acid bisulfite process and the possibilities for cooking control. Tappi Journal 74 (1991) 1, 181-185

[6.4] *Ingruber, O. V.:* pH-Control in Sulfite Pulping. Pulp and Paper Magazine of Canada 58 (1957) 10, 161-169

[6.5] *Rydholm, S. A.:* Pulping Processes. 6. Auflage, S. 488. New York: Wiley, 1965

[6.6] *Sixta, H.:* Sulfite Chemical Pulping. In: *Sixta, H.* (Hrsg.): Handbook of pulp, Band 1, Abschnitt 4.3, S. 431-432.Weinheim: Wiley-VCH Verlag GmbH & Co. KGaA, 2006

[6.7] *Gierer, J.:* The chemistry of delignification. A general concept. Holzforschung 36 (1982) 1, 43-51

[6.8] *Rydholm, S. A.:* Pulping Processes. 6. Auflage, S. 774. New York: Wiley, 1965

[6.9] *Pikka, O.; ; Vesala, R.; Carlsson, J. G.; Steffes, F.; Gullichsen, J.:* Pulp washing applications. Abschnitt 7, S. A571-A601. In: *Gullichsen, J.; Fogelholm, C.-J.* (Hrsg): Chemical pulping. Book 6 A of the series Papermaking Science and Technology. Helsinki: Fapet Oy, 2000

[6.10] Kvaerner Pulping Betriebshandbuch 2005/Technische Beschreibung

[6.11] *De Haas, G.:* Recovery systems. Proceedings of the IUPAC EUCEPA Symposium on Recovery of Pulping Chemicals. Helsinki, May 13–17, 1968

[6.12] *Kobe, K. A.; McKormack, J.:* Viscosity of pulping waste liquors. Ind. Eng. Chem. 41 (1949) 12, 2847–2848

[6.13] *Ingruber, O. V.; Koucurec, M. J.; Wong, A.* (Hrsg.): Sulfite Science and Technology. Volume 4 of the series Pulp and Paper Manufacture. Atlanta: Joint Textbook Committee of the Paper Industry, 1989

[6.14] *Lengyel, P.; Morvay, S.:* Chemie und Technologie der Zellstoffherstellung. Budapest: Akadémia Kiadó, 1973, S. 211

[6.15] *Lechtenböhmer, S.; Nanning, S.; Hillebrand, B.; Buttermann, H.-G.:* Einsatz von Sekundärbrennstoffen. Bundesministerium für Umwelt, Naturschutz und Reaktorsicherheit, Forschungsbericht 204 42 203/02 zum Projekt UBA-FP 000893, Dessau: 2004

[6.16] *Rydholm, S. A.:* Pulping Processes. 6. Auflage, S. 788. New York: Wiley, 1965

[6.17] *Dahl, C. F.:* Process of Manufacturing Cellulose from Wood. U.S. Patent 296,935, Apr. 15, 1884

[6.18] *Rydholm, S. A.:* Pulping Processes. 6. Auflage, S. 799. New York: Wiley, 1965

[6.19] *Tormund, D.; Teder, A.:* New findings on sulphide chemistry in kraft pulping liquors. Proceedings of the 5th International Symposium on Wood, Fiber and Pulping Chemistry, Raleigh, NC, USA 1989, S. 247–254

[6.20] *Lindgren, C. T.; Lindström, M. E.:* The Kinetics of Bulk and Residual Delignification in Kraft Pulping of Birch and Factors Affecting the Amount of Residual Phase Lignin. Nordic Pulp and Paper Research Journal 12 (1997) 2, 124–134

[6.21] *Norden, S.; Teder, A.:* Modified kraft process for softwood bleached-grade pulp. Tappi Journal 62 (1979) 7, 49–51

[6.22] *Vroom, K. E.:* The „H"-Faktor: A means of expressing cooking times and temperature as single variables. Pulp and Paper Magazine of Canada 58 (1957) C 3, 228–231

[6.23] *Svedman, M. A.; Kovasin, K. K.; Tikka, P. O.:* Relations between cooking condition, pulp quality and bleachability using new superbutch experimental cooking system. Proceedings of the 8th International Symposium on Wood and Pulping Chemistry, Helsinki, Finland 1995

[6.24] *Sezgi, U. S.; Kirkman, A. G.; Jameel, H.; Chang, H.; Morrison, J. J.; Bianchini, C. A.; Wilson, J. R.:* A combined discrete continuous simulation model of an RDH tank. Tappi Journal 77 (1994) 7, 213–220

[6.25] *Marcoccia, B. S.; Poulin, T. M.:* A low solids pulping update. 29th Pulp and Paper Meeting, Sao Paulo, Brasilien, 1996

[6.26] *Hon, D. N.-S.; Shiraishi, N.:* Wood and Cellulosic Chemistry. New York: Marcel Dekker, 2001, S. 458

[6.27] *Hon, D. N.-S.; Shiraishi, N.:* Wood and Cellulosic Chemistry. New York: Marcel Dekker, 2001, S. 487

[6.28] *Meller, A.:* The Chemistry of Alkaline Degradation of Cellulose and oxidized Celluloses I. Holzforschung 14 (1960) 3, 78–89

[6.29] *Gratzl, J.:* The reaction mechanisms of anthraquinone in alkaline pulping. Proceedings of the EUCEPA-Symposium on Wood and Pulping Chemistry, Vol. 2, 1201–1227, Finnish Pulp and Paper Research Institute, Espoo, Finland, 1980

[6.30] *Frederick, J.:* Black liquor properties. In: *Adams, T. N.* (Ed.): Kraft recovery boilers. Atlanta (GA): Tappi Press, 1997

[6.31] *Vakkilainen, E.:* Chemicals recovery. Abschnitt 11, S. B7–B34. In: *Gullichsen, J.; Fogelholm, C.-J.* (Hrsg): Chemical pulping. Book 6B of the series Papermaking Science and Technology. Helsinki: Fapet Oy, 2000

[6.32] Several Marketing Guidelines Andritz, Ahlstrom

[6.33] *Rydholm, S. A.:* Pulping Processes. 6. Auflage, S. 789. New York: Wiley, 1965

[6.34] *Rowlandson, G.:* Continuous oxygen bleaching in commercial production. Tappi Journal 54 (1971) 6, 962–967

[6.35] *Gierer, J.:* Mechanism of bleaching with oxygen containing species. Proceedings of the 4th International Symposium on Wood and Pulping Chemistry, Paris, 1987

[6.36] *Gellerstedt, G.:* Chemical aspects on kraft pulp bleaching. In: *Kennedy, J. F.; Phillips, G. O.; Williams, P. A. (Hrsg.)*: Lignocellulosics: Science, Technologies, Development and Use, S. 291 – 304. Chichester: Ellis Horwood, 1992

[6.37] *Rydholm, S. A.:* Pulping Processes. 6. Auflage, S. 989. New York: Wiley, 1965

[6.38] *Dence, C. W.; Reeve, D. W.* (Hrsg.): Pulp bleaching, Principles and Practice. Atlanta (GA): Tappi Press, 1996, S. 125

[6.39] *Gellerstedt, G.; Zhang, L.:* Chemistry of TCF bleaching with oxygen and hydrogen peroxide. In: *Argyropoulus, D. S.* (Hrsg.): Delignification Chemistry, S. 61 – 72, American Chemical Society. Washington: Oxford University Press, 2001

[6.40] *Delagoutte, T.; Lachenal, D.; Ledfon, H.:* Delignification and bleaching with peracids. Part 1: Comparison with hydrogen peroxide. Paperi ja Puu 81 (1999) 7, 506 – 510

[6.41] *Bachner, K.; Fischer, K.; Schmidt, I.:* Zusammenhang zwischen Aufbau der Zellwand und Festigkeitseigenschaften bei Faserstoffen von konventionellen und neuen Aufschlussverfahren. Das Papier 47 (1993) 10 A, V30 – V40

[6.42] *Freese, M.; Schmidt, I.; Fischer, K.:* Hemcellulose composition in the outer cell wall layers of paper grade and dissolving pulp. Macromolecular Symposia 232 (2006), 13 – 18

[6.43] Mey, K.: Bleiche von Sulfitzellstoffen hoher Ausbeute mit Ozon. Diplomarbeit an der Technischen Universität Dresden, Institut für Pflanzen- und Holzchemie, 2003

[6.44] *Schuster, C.:* Analyse des Anteils der Hemicellulosen in der Faserwand der Zellstoffe aus unterschiedlichen Prozessstufen. Masterarbeit an der Technischen Universität Dresden, Institut für Pflanzen- und Holzchemie, 2007

[6.45] *Kutzsch, T.:* Veränderung von Nadelholz-Sulfatzellstoff während der Bleiche. Masterarbeit an der Technischen Universität Dresden, Institut für Pflanzen- und Holzchemie, 2007

[6.46] *Arndt, T.:* Ligninbereinigtes Festigkeitsprofil in der Kocherei und Bleiche für Nadelholz-Sulfatzellstoff. Masterarbeit an der Technischen Universität Dresden, Institut für Pflanzen- und Holzchemie, 2005

7 Altpapieraufbereitung

Von Hans-Joachim Naujock

In Deutschland ist Altpapier der mengenmäßig bedeutendste Faserstoff. Gegenwärtig werden 16 Millionen Tonnen dieses Materials pro Jahr wieder zur Produktion von Papier, Karton und Pappe verwendet [7.1]. Die in Deutschland tätigen Unternehmen der Papierindustrie leisten somit einen wichtigen Beitrag zur Umwelt- und Ressourcenschonung. Da die Papierherstellung auf der Basis von Altpapier weniger Energie erfordert als der Einsatz von Primärfaserstoffen, wird auch die CO_2-Bilanz positiv beeinflusst.

7.1 Begriffe und Definitionen

Die Altpapieraufbereitung ist die Summe aller notwendigen Prozesse in einer bestimmten ablaufmäßigen Ordnung, die erforderlich sind, um aus einem handelsüblichen Altpapier einen Faserstoff herzustellen, den **Altpapierstoff**, der sich zur Blattbildung eignet. Sollen Eigenschaftskennwerte erreicht werden, die denen von Primärfaserstoffen entsprechen, ist auch der Begriff **Reaktivierung** gebräuchlich. Nachdem handelsübliches Altpapier die Altpapieraufbereitung durchlaufen hat, verliert es die Abfalleigenschaft. Eine Schlüsselstellung der Altpapieraufbereitung nehmen die Trennprozesse ein.

7.1.1 Kenngrößen

Um im volkswirtschaftlichen Rahmen den Einsatz von Altpapierstoff zu charakterisieren, sind bestimmte Kenngrößen üblich. Dazu zählen die **Altpapiereinsatzquote** und die **Rücklaufquote**. Am einfachsten zu bilanzieren ist die **Altpapiereinsatzquote I** (*EQ* I). Sie wird auch für internationale Vergleiche sehr häufig herangezogen:

$$EQ\,\mathrm{I} = \frac{\text{eingesetzte AP} - \text{Menge (hü)}}{\text{Produktionsmenge(Papier, Karton, Pappe)}} \cdot 100\,\% \tag{7.1}$$

AP Altpapier, hü handelsüblich

Die **Einsatzquote II** (*EQ* II) berücksichtigt die Faserstoffmengen präziser, erfordert aber detailliertere Informationen und ist daher schwieriger zu bilanzieren. Sie liefert in der Regel etwas niedrigere Werte als die *EQ* I.

$$EQ\,\mathrm{II} = \frac{\text{eingesetzte AP} - \text{Menge (hü)} \cdot (1 - \varphi) - SF}{\text{Verbrauch an otro Faserstoff}} \cdot 100\,\% \tag{7.2}$$

φ Feuchteanteil, *SF* faserfremdes Material, Stör- und Fremdstoffe, otro ofentrocken

Eine mögliche Kenngröße zur Bewertung der Effizienz der Erfassungssysteme ist die **Altpapierrücklaufquote** (*R*).

$$R = \frac{\text{erfasste AP–Menge(hü)}}{\text{Verbrauch an Papier, Karton, Pappe}} \cdot 100\,\% \tag{7.3}$$

Der **Verbrauch an Papiererzeugnissen** berücksichtigt dabei die Eigenerzeugung abzüglich der Exporte zuzüglich der Importe. Die gegenwärtigen Kenngrößen für Deutschland sind: *EQ* I = 84 %, *R* = 78 % [7.1], *EQ* II = 78 % (geschätzt). Deutschland nimmt damit im internationalen Vergleich eine führende Stellung ein, wie Tabelle 7.1 zeigt.

Tabelle 7.1 Entwicklung der Altpapiereinsatzquote *EQ* I im internationalen Vergleich, berechnet nach [7.1][7.2][7.3]

Land	Deutschland	USA	Kanada	China	Japan	Brasilien	Indonesien	Schweden	Südkorea
EQ I in %	84	46	36	61	68	44	54	11	85

In den Mitgliedsländern der **CEPI** (Confederation of European Paper Industries) werden jährlich (2024) ca. 46,2 Millionen Tonnen Altpapier wieder eingesetzt [7.4]. Die Zielstellung der CEPI lag für 2020 bei einer Einsatzquote von 74 % [7.5]. Tatsächlich erreicht wurden73,3 % und in 2023 79,3 % [7.1].

Wenn der Altpapiereinsatz weiter gesteigert werden soll, stellt sich natürlich die Frage, in welchen Produktsegmenten noch eine Aufnahmekapazität vorhanden ist. Bild 7.1 ist geeignet, diese Frage zu beantworten. Man erkennt, dass bei Zeitungsdruckpapier und (braunen) Schachteln schon eine gewisse Sättigung erreicht ist. Der größte, noch aufnahmefähige Sektor wären die anderen grafischen Papiere. Dazu ist anzumerken, dass hier die Qualitätserwartungen hinsichtlich Weiße und optischer Homogenität besonders hoch sind. Der weitere Einsatz von Altpapier in diesem Segment würde technologische Lösungen erfordern, die in ihrer Effizienz über den derzeitigen Stand der Technik hinausgehen.

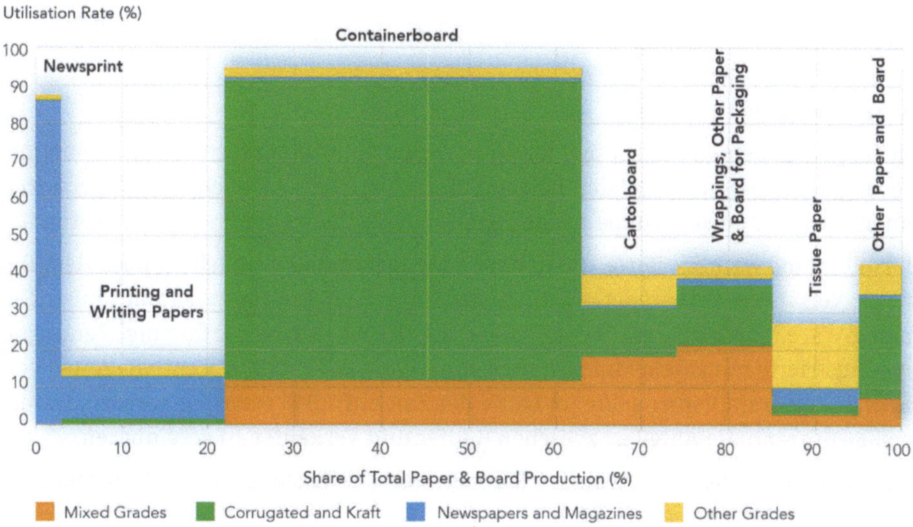

Bild 7.1 Altpapiereinsatzquote nach Produktsorten gewichtet über den Produktanteil [7.4]

Utilisation rate: Einsatzquote, Share of total paper & board production: Anteil an der gesamten Papier- und Kartonproduktion, Newsprint: Zeitungsdruckpapier, Printing and writing papiers: Schreib- und Druckpapiere, Wellpappenrohpapier:, Carton Boards: Faltschachtelkarton, Wrapping, Other Packaging Papers: Einwickelpapier und andere Packpapiere, Tissue paper: Küchenrollen und Hygienepapiere, Others: sonstige. Mixed Grades: gemischtes Altpapier, Newspapers & Magazines: Zeitungen und Zeitschriften, Corrugated & Kraft: Wellpappe und kraft(zellstoff)haltige Sorten

7.1.2 Liste der Altpapiersorten

Die stoffliche Verwertung von Altpapier erfordert einen umso geringeren technologischen Aufwand, je sortenreiner das Altpapier erfasst und gehandelt wird, d. h. je definierter seine Zusammensetzung ist. Aus diesem Grunde wurde eine **Altpapiersortenliste** erstellt, die eine freiwillige Vereinbarung zwischen Unternehmen der Papierindustrie und solchen, die Altpapier erfassen und handeln, darstellt. Die heute angewandte CEPI-Sortenliste ist aus der deutschen Sortenliste hervorgegangen und zeigt noch viele Übereinstimmungen. Sie ist an dieser Stelle nicht vollständig darstellbar, kann aber im Internet unter [7.1] oder [7.4] eingesehen oder heruntergeladen werden. Die Liste geht von folgender Systematik aus:

Sortenbezeichnung:= <Ziffer>.<Ziffer Ziffer>.<Ziffer Ziffer>

Ziffer ist eine Zahl zwischen 0 und 9.

Die erste Ziffer ist ein Wertmerkmal:

1 untere Sorten,

2 mittlere Sorten,

3 bessere Sorten,

4 kraft(zellstoff)haltige Sorten,

5 Sondersorten.

Die folgenden beiden Ziffern sind wertfrei und im Sinne einer fortlaufenden Nummerierung aufzufassen. Die letzten beiden Ziffern bieten die Möglichkeit, Sondersorten innerhalb einer Sortengruppe zu spezifizieren. Sie müssen nicht vergeben werden.

Beispiel: Eine wichtige Sorte, die in hohen Mengen anfällt und häufig nach dem Deinking-Verfahren aufbereitet wird, ist die Sorte 1.11. Die Spezifikation lautet: Deinking-Ware, sortiertes grafisches Papier aus haushaltnaher Erfassung. Zeitungen und Illustrierte mit einem Mindestanteil von jeweils 40 %. Der prozentuale Anteil von nicht deinkbarem Papier sollte im Laufe der Zeit auf 1,5 % reduziert werden. Der jeweilige prozentuale Anteil ist zwischen Käufer und Verkäufer zu vereinbaren.

Die Anwendung der Sortenliste im Rahmen der Handelstätigkeit der Unternehmen hat sich bewährt und schafft Rechtssicherheit.

7.2 Vor- und Nachteile des Altpapiereinsatzes

Obwohl die Aufbereitung von Altpapier im Einzelfall sehr aufwendig sein kann, bietet der **Altpapiereinsatz** im Vergleich zur Verwendung von Primärfaserstoffen eine Reihe von Vorteilen. Zwar ist der Einstandspreis von Altpapier sehr starken Schwankungen unterworfen [7.5], liegt aber im Mittel (die Kosten für die Aufbereitung mit eingerechnet) unter den Kosten für Holzstoffe. Dabei haben Altpapierstoffe in der Regel höhere Festigkeiten, insbesondere eine höhere dynamische Festigkeit. Die weit verbreitete Anwendung des **Deinking-Verfahrens** hat dazu geführt, dass die Bedeutung der Holzstofferzeugung in Deutschland sehr stark abgenommen hat. Der Holzstoffverbrauch liegt in Deutschland etwa bei einem Zehntel des Altpapiereinsatzes (ca. 1,04 Mio. t [7.1]). Der durchschnittliche Energieeinsatz der Altpapieraufbereitung liegt mit rund 2,5 MJ/t etwa bei einem Viertel dessen, was zur Zellstoffherstellung notwendig ist. Selbst besonders aufwendige Technologien der Altpapierstoffaufbereitung (Handelsaltpapierstoff) bleiben unter 5 MJ/t. Daneben kommt es zu einer Entlastung von Deponiekapazitäten, wobei pro Tonne verwerteten Altpapiers ca. anderthalb Kubikmeter nicht benötigter Deponieraum anzusetzen sind.

Nachteilig ist, dass Altpapier im Vergleich zu Primärfasern, und hierbei insbesondere zu Zellstoff, schlechtere papierphysikalische Eigenschaften aufweist. Dies betrifft vor allem die statische und die dynamische Festigkeit, die Helligkeit und die optische Homogenität. Aufgrund der eingeschränkten morphologischen Reserven besteht bei der Altpapierstoffaufbereitung immer die Möglichkeit, dass Feinstoffe in bedeutender Menge und niedriger Konzentration (häufig unter 1 g/dm^3) anfallen. Die sinnvolle Verwertung dieser Feinstoffe ist meist durch die niedrige Konzentration erschwert, die Eindickung von Feinstoffsuspensionen aufwendig. Daneben ist damit zu rechnen, dass sich Fremdstoffe, insbesondere klebende Bestandteile (**Stickies**) aufkonzentrieren können, wenn die Einsatzquote von Altpapier weiterhin ansteigt. Eine wichtige Forderung an eine effiziente Altpapierstoffaufbereitung muss daher lauten, über Trennprozesse möglichst viel faserfremdes Material aus dem Kreislauf zu entfernen. Erst wenn dies technologisch nicht möglich ist oder vom Aufwand her nicht vertretbar, ist es gerechtfertigt, Fremdstoffe über **Dispergierung** in der Teilchengröße soweit zu reduzieren, dass sie im aktuellen Produkt nicht mehr stören.

7.3 Physikalisch-chemische Besonderheiten von Altpapierfasern

Wenn feuchte Primärfasern getrocknet werden, kommt es zu einem Vorgang, der umgangssprachlich als **Verhornung** bezeichnet wird. In der Literatur existieren unterschiedliche Interpretationen darüber, was unter Verhornung zu verstehen ist. Aus diesem Grund sollen hier lediglich einige wenige, aber wesentliche Aspekte dieses Problems herausgearbeitet werden. Die Oberfläche der Cellulosefaser oder -fibrille besitzt eine große Anzahl von Hydroxylgruppen. Diese sind polar und weisen in der Nähe des Sauerstoffatoms eine schwach negative, in der Nähe des Wasserstoffatoms eine schwach positive Ladung auf. Befindet sich die Cellulose im wässrigen Milieu, lagern sich Wasserdipole an die Hydroxylgruppen an und egalisieren die Ladungsunterschiede. Die von einem Wasserfilm umgebenen Celluloseoberflächen sind frei beweglich und haben einen gewissen Abstand zueinander, der durch den Wasserfilm vorgegeben wird (vgl. Bild 7.2). Entfernt man das Wasser durch z. B. thermische Trocknung (Bild 7.3), nähern sich benachbarte Celloloseoberflächen auf Distanzen kleiner als 0,25 nm an. Ab dieser Distanz erfolgt der Ladungsausgleich dann unter den benachbarten Hydroxylgruppen durch Wasserstoffbrückenbindungen oder van-der-Waals-Bindungen. Diese Bindungen an der Oberfläche erzeugen die Gefügefestigkeit des Papiers. Gleichzeitig entstehen diese Bindungen aber auch im Faserinneren und führen beispielsweise zur Kontraktion des Lumens. Die Faser verändert sich vom Hohlzylinder zu einem Bändchen. Die Folgen: Die bei der Verformung auftretenden mechanischen Spannungen führen zu Rupturen im Faserquerschnitt, wie von *Oye* [7.5] nachgewiesen. Diese Rupturen schwächen die Einzelfaserfestigkeit. Werden die Fasern recycelt, können mechanische Beanspruchungen (z. B. Mahlung, Dispergierung) zum Bruch der Faser, also zur Feinstoffentstehung, führen. Außerdem bestimmt die innere Faseroberfläche (im Wesentlichen die des Lumens) die Geschwindigkeit der Wasseraufnahme und Quellung bei Rückbefeuchtung der Faser. Altpapierfasern benötigen aufgrund des kontrahierten Lumens für die Quellung im Vergleich zu Primärfasern mehr Zeit und binden weniger Wasser (z. B. über den WRV-Wert messbar).

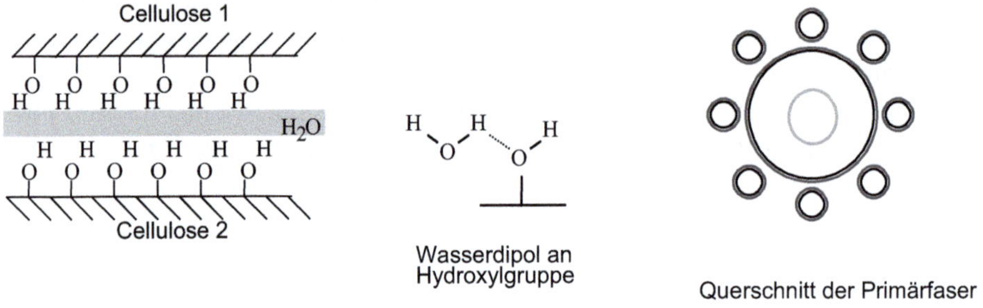

Bild 7.2 Stark vereinfachte Darstellung wassergesättigter Celluloseoberflächen, des Ladungsausgleichs an einer Hydroxylgruppe durch einen Wasserdipol und Querschnitt einer gequollenen Primärfaser

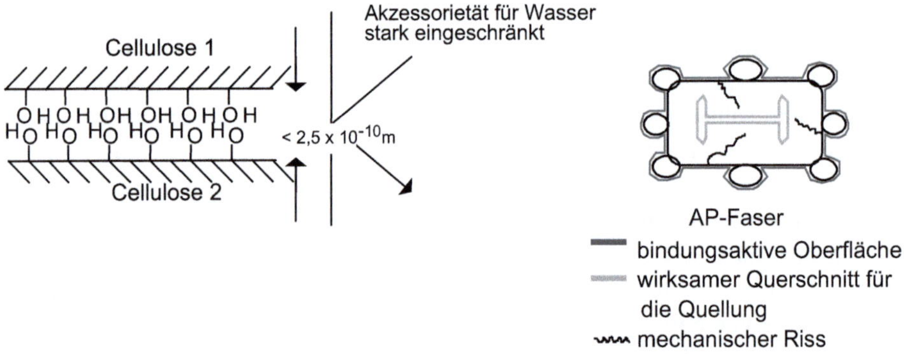

Bild 7.3 Celluloseoberflächen und Faserquerschnitt nach der Trocknung

Bild 7.2 und Bild 7.3 sind stark vereinfacht. Üblicherweise zeigen **gequollene Sulfatzellstofffasern** ringförmig um die Faser herum angeordnete Fibrillen in drei bis fünf Schichten, **Sulfitzellstofffasern** sieben bis elf. Im Bild ist symbolisch nur eine Schicht dargestellt.

Wenn einerseits jeder Papierherstellungsprozess und die damit verbundene thermische Trocknung das Fasermaterial schädigt, sich andererseits aber die Einsatzquote für Sekundärfasern ständig erhöht, ist die Frage berechtigt, ob es eine Obergrenze für die Altpapiereinsatzquote gibt. Um diese Frage beantworten zu können, muss man die Situation des Recyclings beschreiben können. Eine Kennzahl für das Recycling ist die **mittlere Zyklenanzahl** [7.7], die eine Primärfaser bei einer bestimmten Altpapiereinsatzquote durchläuft. Unter bestimmten Voraussetzungen lässt sich im Sinne der

Bilanzierung eines bestimmten Wirtschaftsraumes (z. B. bezogen auf die BRD) diese mittlere Zyklenanzahl berechnen. Unter der Voraussetzung, dass sich die Altpapiereinsatzquote nicht sprunghaft, sondern kontinuierlich ändert, und der Import und der Export von Sekundärfasern in guter Näherung ausgeglichen sind, gilt:

$$Z = \frac{1}{P} = \frac{1}{1 - EQ\,\text{II}} \tag{7.4}$$

Z mittlere Zyklenanzahl, *P* Einsatzquote Primärfasern, *EQ* II Altpapiereinsatzquote

Für die derzeitige Situation des Altpapiereinsatzes würde das eine mittlere Zyklenanzahl von annähernd drei bedeuten (Bild 7.4). Untersuchungen zum Recycling von Primärfasern in ideal geschlossenen Systemen [7.8] haben am Beispiel von ungebleichtem Kiefern-Sulfatzellstoff, also einem sehr belastbaren Material, ergeben, dass nach sieben Recyclingvorgängen praktisch kein Substrat für die Blattbildung auf einer Versuchspapiermaschine mehr zur Verfügung steht, da infolge der begrenzten First-Pass-Retention selbst bei annähernd geschlossenem Wasserkreislauf der ursprünglich zur Blattbildung geeignete Faserstoff als Feinstoff mit dem Abwasser verloren geht. Unter der Voraussetzung, dass sieben Zyklen der technisch realisierbare Grenzwert sind, ergibt sich die Grenze für die Altpapiereinsatzquote bezogen auf die Faserstoffkomponente bei ca. 84 %.

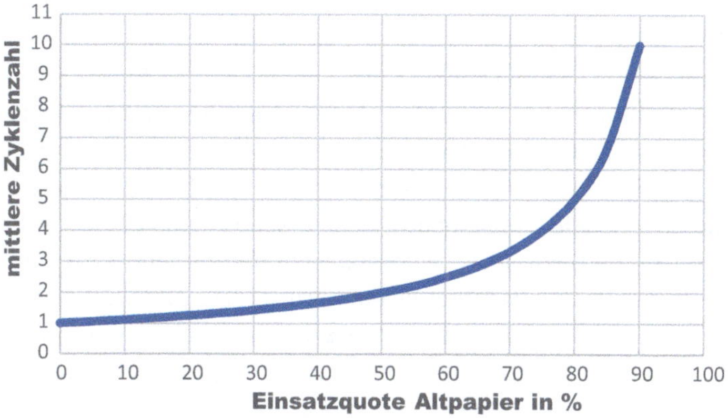

Bild 7.4 Zusammenhang zwischen der Altpapiereinsatzquote (*EQ* II) und der mittleren Zyklenanzahl

Die Aussage vieler Autoren zur begrenzten Anzahl von Recyclingzyklen rührt auch aus den versuchsbedingten Verlusten bei der Stoffaufbereitung mit Flotation her. Nach vier bis fünf Recyclingzyklen war keine ausreichende Menge an Papier für weitere Versuchsreihen mehr vorhanden. Ergebnisse aus neueren Untersuchungen [7.9], für die mehr als 3000 Laborblätter hergestellt und verarbeitet wurden, widerlegten diese vereinfachte Aussage, dass die Faserstoffqualität bzw. die verfügbare Faserstoffmenge nach maximal sieben Recyclingzyklen für eine Weiterverarbeitung nicht mehr ausreiche. In diesen Versuchen führten 25 Recyclingzyklen mit Zerfaserung in einem LC-Laborpulper und Kreislaufwasser-Laborblattbildung ohne jegliche Frischwasserzugabe zur Reduzierung relevanter Festigkeitskennwerte in Größenordnungen von nur 5 % bis 12 %, wobei der stärkste Rückgang jeweils in den ersten zwei bis vier Zyklen auftrat. Wasserrückhaltevermögen, Entwässerungswiderstand Schopper-Riegler und Mineralstoffanteil (Aschegehalt) gingen nur leicht zurück [7.9].

Von der Zusammensetzung des Fasermaterials aus betrachtet, sind Altpapierstoffe in mehrfacher Hinsicht inhomogen. Die **Inhomogenität** kann die **Reaktivierung von Altpapier** wesentlich erschweren, da Prozesschemikalien und Technologien häufig nur selektiv wirksam sind. Auch aus diesem Grund macht die Einhaltung der Sortenspezifikation nach z. B. der CEPI-Sortenliste sehr viel Sinn, die die Inhomogenität auf ein jeweils technologisch beherrschbares Minimum zu begrenzen versucht.

Untersucht man die Sorte 1.11 auf ihre Zusammensetzung, dann ist ein häufiges Ergebnis ein Gehalt von 60...70 % Holzstofffasern, der Rest besteht aus Nadel- und Laubholzzellstofffasern, wobei letztere in der Zellstoffkomponente leicht überwiegen.

7.4 Reaktivierbarkeit der Eigenschaftskennwerte von Altpapierstoffen

Unter der **Reaktivierung von Altpapierstoff** ist die Summe aller technologischen Maßnahmen (Prozesse, Verfahren) zu verstehen, die negative Auswirkungen des Recyclings ganz oder wenigstens teilweise kompensieren sollen und den Fasern Eigenschaften verleihen, die denen von Primärfasern konkurrenzfähig sind. Zielgrößen sind Eigenschaftskennwerte wie **statische und dynamische Festigkeit**, **optische Homogenität** und **Helligkeit**. Im Gegensatz zur normalen Stoffaufbereitung für Holzstoffe und Zellstoffe (siehe Kapitel 10) bedeutet Reaktivierung, dass Altpapier so aufbereitet wird, dass es mindestens in Papiersorten eingesetzt werden kann, die seiner Herkunft entsprechen, oder auch höherwertigeren. Reaktivierung ist also altpapierspezifisch und zusätzlich qualitätsverbessernd. Sie sichert die Konkurrenzfähigkeit des Altpapierstoffs gegenüber Primärfaserstoffen, insbesondere Holzstoff.

Bild 7.5 gibt einen Überblick über die wesentlichen **Möglichkeiten zur Reaktivierung** von Altpapier. Hauptsächlich werden mechanische oder mechanisch-chemische Wirkprinzipien benutzt. Maschinen und Anlagen, die auch in der allgemeinen Stoffaufbereitung Anwendung finden, sind in Abschnitt 10 erklärt. Die technologischen Abläufe sind nicht, wie häufig üblich, als Blockschemata dargestellt, sondern in einer Weise, die Abbildungen der verwendeten Maschinen und Anlagen erkennen lässt.

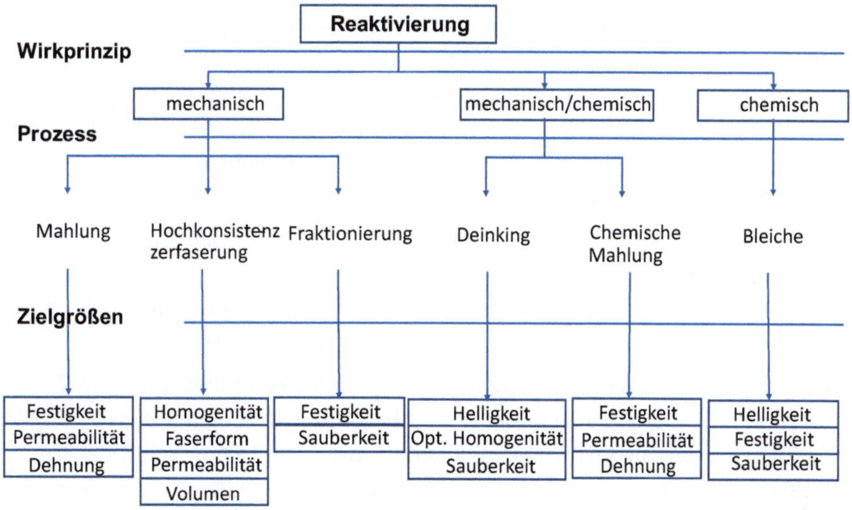

Bild 7.5 Grundsätzliche Möglichkeiten der Reaktivierung von Altpapier

Mit der chemischen Reaktivierung, der **Bleiche**, ist ein Prozess gemeint, der ähnlich aufwendig und mehrstufig zu betreiben ist wie die Zellstoffbleiche. Diese Art der Reaktivierung lässt sich im Labormaßstab recht erfolgreich umsetzen und führt bis hin zu zellstoffähnlichen Substraten, ist jedoch für eine technische Realisierung derzeit zu aufwendig und zu teuer.

Die **Mahlung** unterscheidet sich von der konventionellen Mahlung, die Bestandteil der Halbstoffaufbereitung ist, durch ihre spezielle Adaptation an das Substrat. Hierbei notwendigerweise niedrige Intensitäten (**Mahlkantenbelastung**) können erforderlich machen, die Antriebsleistung der Refiner zu reduzieren, um ein akzeptables Verhältnis zwischen Leerlauf- und Wirkleistung zu erreichen. Die **Stoffdichte** sollte möglichst hoch sein (zwischen 6 % und 15 %) und die Mahlgarnituren einen hohen Schnittwinkel (60°) besitzen.

Die **Hochkonsistenzzerfaserung** (Dispergierung) erfüllt im Wesentlichen zwei Aufgaben: Unerwünschte Bestandteile wie Druckfarbenpartikel oder auch Stickies werden in der Teilchengröße auf teilweise unter 10 µm zerkleinert und sind somit optisch nicht mehr auf der Papieroberfläche wahrzunehmen. Es ist auch denkbar, **chemische Additive** wie Nassentfestiger zuzudosieren um beispielsweise Etikettenpapiere aufzubereiten, Gleichzeitig werden die Fasern stark umgeformt. Dies führt zu einem erhöhten Volumen und beispielsweise verbessertem Sorptionsvermögen, gleichzeitig aber auch zu deutlich reduzierten statischen Festigkeiten. Je nach Anwendungsfall kann diese **Faserumformung** erwünscht sein (Karton, Hygienepapiere) oder muss durch Einleitung intensiver mechanischer Scherkräfte (Rühren bei erhöhter Temperatur, Mahlung) wenigstens partiell wieder rückgängig gemacht werden.

Die **Fraktionierung** bietet die Möglichkeit, die Langfaserkomponente des Altpapiers, die noch über etwas höhere morphologische Reserven verfügt, getrennt zu bearbeiten. Dies kann bei der Mahlung bis zu 30 % Energie einsparen [7.10]. In der Regel wird anschließend die Kurzfaserfraktion wieder zugemischt. Wäre eine Verwertung der Feinstofffraktion außerhalb der Papierindustrie möglich, ergäben sich zusätzliche interessante Möglichkeiten der Qualitätsverbesserung. Feinstoffe reduzieren die Wirksamkeit chemischer Additive in der Regel merklich. Alle Bleichprozesse würden bei Abwesenheit von Feinstoffen zu besseren Ergebnissen führen.

Deinking ist die Schlüsseltechnologie zur Aufbereitung von Altpapier für grafische Papiere und Hygienepapiere. Die Druckfarben des Altpapiers werden durch Flotation, Wäsche oder eine Kombination aus beiden entfernt, eine Idee, die letztlich auf *J. Claproth* [7.11] zurückgeht.

Unter **chemischer Mahlung** ist eine kombinierte Einwirkung mechanischer Faserbearbeitung und der Zugabe sogenannter **Mahlungsadditive** zu verstehen. Es gibt unterschiedliche Systematisierungsmöglichkeiten, die chemischen Additive, früher auch als Hilfsmittel bezeichnet, einzuordnen. Allen gemeinsam ist, dass sie Hydroxylgruppen besitzen und deshalb mehr oder weniger polar sind. Das billigste und am besten verfügbare Mahlungsadditiv ist demnach Wasser. Daneben kommen Hydroxide infrage, hier vor allem NaOH, Hemicellulosen, Stärkeprodukte und CMC.

Wie stark Papiereigenschaften durch das Recycling beeinträchtig werden, hängt von der Art des Faserstoffs ab. Je niedriger der Ligningehalt, desto stärker ist der Rückgang der statischen Festigkeiten, wie sich am Beispiel des relativen Rückgangs der Zugfestigkeit zeigen lässt [7.12][7.13].

Dabei darf allerdings nicht übersehen werden, dass Steinholzschliff ausgangs etwa 3 km Reißlänge absolut, die gemahlenen Zellstoffe etwa 6...8 km Reißlänge besitzen. So finden sich alle recycelten Stoffe bei häufigem Wiedereinsatz auf einem vergleichbaren, aber niedrigen absoluten Niveau wieder.

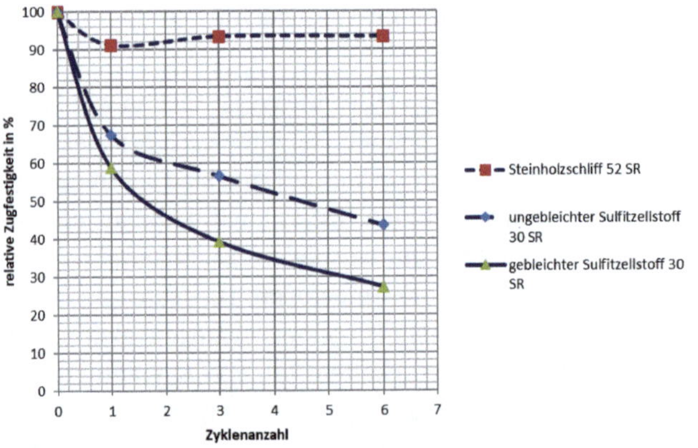

Bild 7.6 Relative Abnahme der Zugfestigkeit in Abhängigkeit von der Zyklenanzahl und der Faserstoffart (nach [7.12])

7.5 Reaktivierung von Altpapierstoffen für Produkte mit geringen Anforderungen an Helligkeit und optische Homogenität („Braune Linie“)

Wie in Bild 7.1 gezeigt, werden die dominierenden Mengen von Altpapier in der EU in **braunen Schachteln** und **Verpackungspapieren** eingesetzt. Die **Helligkeit** spielt hier keine ausschlaggebende Rolle. Wegen einer selbst in diesem Segment gewünschten guten Druckbildwiedergabe fordert man aber bereits auch hier eine gewisse Sauberkeit (**optische Homogenität**) des Faserstoffs, wenn auch die Anforderungen bei Weitem nicht so hoch sind wie bei grafischen Papieren.

Im Vordergrund der Bemühungen stehen Festigkeitseigenschaften wie statische und dynamische Festigkeit und Kennwerte, die Eigenschaften des verarbeiteten Produktes abbilden wie **CMT, RCT, ECT**. Letztere hängen von der statischen Festigkeit oder dem E-Modul ab.

7.5.1 Lieferformen des Altpapiers

Altpapier kann grundsätzlich als **Ballenware** oder **lose** geordert werden. Ballenware hat logistische Vorteile hinsichtlich der Sauberkeit im Lager und des Umschlages. Da heute selbst im Bereich der „braunen Papiere“ immer häufiger der klassische **Altpapierpulper** durch **Pulper im MC-Bereich** oder sogenannten **Zerfaserungstrommeln** ersetzt wird, nimmt die Bedeutung der zopfstabilisierenden Ballendrähte ab. Die Wichtigkeit der gründlichen Entdrahtung nimmt hingegen bei modernen Systemen für die Zerfaserung immer mehr zu, um die Betriebssicherheit der Anlagen zu garantieren. Nicht unerwähnt bleiben soll der Trend, die gesamte Altpapierbringung an Fremdfirmen zu übertragen. Diese übergeben die Ware dann entdrahtet an der Zerfaserungseinrichtung an die Papierfabrik.

7.5.2 Reaktivierung der Festigkeitskennwerte

Bild 7.7 zeigt die **Aufbereitung** von Altpapier für eine Papiermaschine, die **Testliner** und **Wellenstoff** (Fluting) herstellt [7.14]. Aus Darstellungsgründen wurde das technologische Schema nach der Fraktionierung getrennt.

Nach der Entdrahtung der Ballen wird das Altpapier einer **Zerfaserungstrommel** zugeführt. Die nachfolgende zweite Trommel trennt groben Schmutz vom Faserstoff. Gleichzeitig wird Verdünnungswasser zugegeben, das die Faserkomponente aus den Rejekten herauswäscht. Die Stoffdichte liegt dann etwa bei 3,5 %, sodass mit der Suspension eine sogenannte **Dickstoffreinigung** durchgeführt werden kann, die grobe Teilchen wie beispielsweise Metallpartikel und Sand aussortiert. Das Rejekt der ersten Stufe dieser Sortierung gelangt in eine zweite Stufe, deren Gutstoff wieder dem Einlauf der Trommel zugefügt wird. Es handelt sich um eine Kombination aus Vorwärtssortierung (erste **Cleanerstufe**) und Kaskade (**Trommel-Dickstoffreinigung**). Danach erfolgt eine Speicherung der Suspension in der **Ableerbütte**, um prozessbedingte Schwankungen des Durchsatzes ausgleichen zu können. Nach einer weiteren Verdünnung gelangt der Stoff in eine Klassierung, die zur Trennung **Lochsiebkörbe** verwendet (Ø 1,6 mm in der ersten Stufe) und als Vorwärtsschaltung ausgeführt ist. Die zweite Stufe hat eine integrierte Endstufe (**Combisorter**). Hier werden vor allem flächige Verunreinigungen wie Stippen und Folienreste abgetrennt. Der vorgereinigte Stoff beaufschlagt einen Klassierer, der eine Auftrennung in Lang- und Kurzfaserkomponente (Fraktionierung) vornimmt (zum Unterschied zwischen Klassierung und Fraktionierung siehe Kapitel 10). Die Lang- und die Kurzfaserfraktion werden anschließend getrennt weiterverarbeitet.

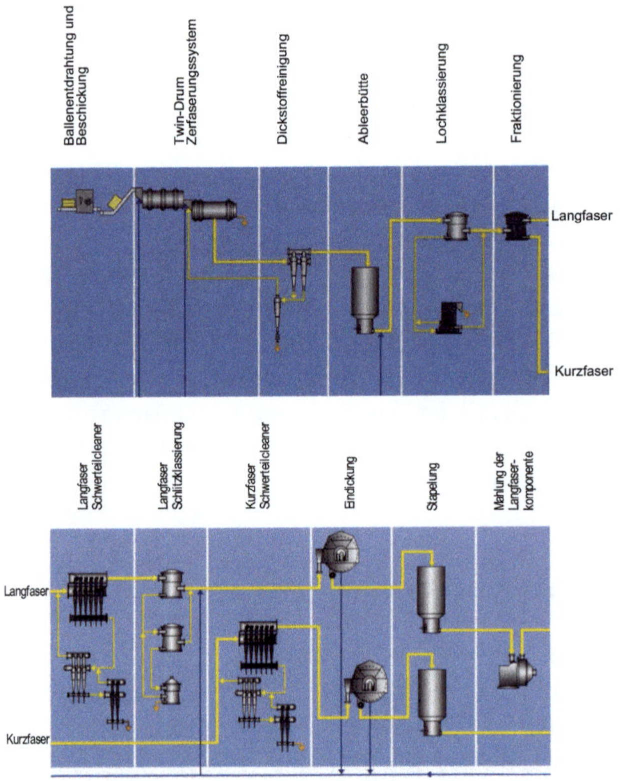

Bild 7.7 Aufbereitung von Altpapier für Verpackungspapiere:
oben: Ballenentdrahtung und Beschickung bis Fraktionierung,
unten: Langfaserschwerteilcleaner bis Mahlung der Langfaserkomponente

Für die Kurzfaserkomponente genügt als finale Reinigungsstufe eine dreistufige **Schwerteilcleaneranlage**, die als Vollkaskade ausgeführt ist. Hier werden sehr kleine Teilchen abgetrennt, die eine höhere Dichte als Wasser haben. Die Kurzfaser wird anschließend eingedickt und in einem Stapelturm zwischengelagert.

Die Langfaserkomponente durchläuft eine verfahrenstechnisch identische Schwerteilcleaneranlage und anschließend noch eine **Schlitzklassierung**. Deren erste und zweite Stufe sind als Vorwärtsschaltung, die dritte als Kaskade mit Endstufenfunktion ausgeführt. Nach einer Eindickung und einer Lagerung im **Stapelturm** wird die Langfaserkomponente gemahlen. Damit nutzt dieses Aufbereitungskonzept die Fraktionierung und die Mahlung zur Reaktivierung der Altpapierfasern. Als zusätzliche festigkeitssteigernde Maßnahme erfolgt auf der Papiermaschine noch ein **Oberflächenauftrag von Stärke**, die mit einer Filmpresse appliziert wird.

Bemerkenswert ist, dass das vorgestellte Konzept wieder auf eine Mahlung setzt, während man bei einer Reihe von älteren Anlagen glaubte, auf diesen Prozessschritt verzichten zu können. Das Problem ist, dass die Mahlung ein irreversibler Prozess ist und technologische Fehler im Nachgang praktisch nicht mehr kompensiert werden können, während die Applikation chemischer Additive, wie Stärke, CMC oder Hemicellulose, immer nahezu risikolos zu einer Steigerung der statischen Festigkeit führt.

7.5.3 Probleme und Potenziale der Mahlung von rezyklierten Fasern

Die **Reaktivierung** von Altpapierfasern mithilfe der **Faserstoffmahlung** ist technologisch insofern anspruchsvoll, als dafür spezifische Bedingungen berücksichtigt werden müssen. Der Prozess muss so geführt werden, dass eine überwiegend **fibrillierende Faserbearbeitung** möglich ist. Details dazu werden in Kapitel 10 abgeleitet. Ein Versuch, der unter ziemlich einmaligen Bedingungen hinsichtlich des Recyclings möglich war (weitestgehend geschlossene Wasser- und Stoffkreisläufe, kleintechnische Produktion) und bei dem als Faserstoff ungebleichter Kiefernsulfatzellstoff zum Einsatz kam, führte zu dem Ergebnis, dass es auch bei sieben Zyklen möglich ist, mit dem Substrat angepassten Mahlbedingungen die statische Festigkeit (Zugfestigkeit und Berstfestigkeit nach Schopper-Dalén [7.15]) jeweils auf das Niveau des schonend gemahlenen Ausgangsstoffs anzuheben. Bezüglich der dynamischen Festigkeit (Durchreißfestigkeit) hingegen war dies nicht möglich [7.7].

In Bild 7.8 ist bei der Auswertung eines Recyclingversuches dargestellt, welcher **massespezifsche Energiebedarf** für die Reaktivierung der statischen Festigkeit am Beispiel der Berstfestigkeit Schopper-Dalén [7.15] und der Zugfestigkeit notwendig ist, um nach der angegebenen Zyklenanzahl diesen Wert erneut zu erreichen. Der spezifische Energieeinsatz steigt überproportional mit der Zyklenanzahl an, aber die Reaktivierung der statischen Festigkeit gelingt in jedem Falle. Zur Erreichung einer bestimmten Berstfestigkeit ist mehr Energie notwendig als für den Fall, dass die Zugfestigkeit die Zielgröße ist. Wird der Faserstoff vor den Recyclingversuchen mit 50 kWh/t leicht angemahlen, steigt die statische Festigkeit auf 55 N·m/g bzw. 280 kPa. Auch die Reaktivierung dieser Werte ist bei entsprechender Prozessadaption möglich. Allerdings erhöht sich der massebezogene Arbeitsbedarf auf bis zu 500 kWh/t beim siebten Zyklus für die Berstfestigkeit. Dabei ist zu berücksichtigen, dass der Feinstoffgehalt von 7 % (ungemahlen) auf 43 % (siebter Zyklus, 500 kWh/t) ansteigt, obwohl die Mahlung substratbezogen und sehr schonend vorgenommen wurde.

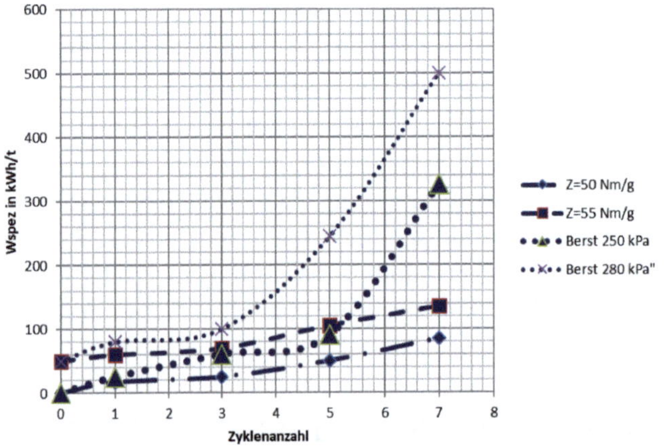

Bild 7.8
Spezifischer Energiebedarf für die Reaktivierung der statischen Festigkeit

Bild 7.9 zeigt die Verhältnisse für die dynamische Festigkeit. Die **Durchreißfestigkeit** wurde ursprünglich nach *Unger* [7.16] gemessen und nachträglich anhand stochastischer Modelle auf Elmendorf umgerechnet. Dargestellt ist die Durchreißfestigkeit des oben erwähnten Faserstoffs, die durch fibrillierende Mahlung beeinflusst wird (B_s = 1,0·W·s/m, Schnittwinkel 60°). Folgt man den Kurven von links nach rechts, dann steht der erste Punkt jeweils für den ungemahlenen Faserstoff, der nächste für einen massespezifischen Arbeitsbedarf von 50 kWh/t, die nachfolgenden für 100, 200, 300 und 400 kWh/t. Links oben ist der Verlauf bei der Mahlung des Primärfaserstoffes zu sehen. Es zeigt sich, dass die Durchreißfestigkeit des Primärfaserstoffs nach dem ersten Zyklus dramatisch abnimmt. Selbst unter sehr günstigen technologischen Bedingungen ist es nicht möglich, den Ausgangswert durch Mahlung wieder zu erreichen.

Nach der drastischen Reduzierung durch das erstmalige Recycling fallen die weiteren Verluste an Durchreißfestigkeit nicht mehr so stark aus. Es gibt sogar Bereiche, in denen sich die Kurven teilweise überlagern, sodass das Niveau des vorhergehenden Zyklus wieder erreicht werden kann, in keinem Fall aber das des Primärfaserstoffes. Der Feinstoffgehalt steigt durch die Mahlung und das Recycling stark an auf 43 %.

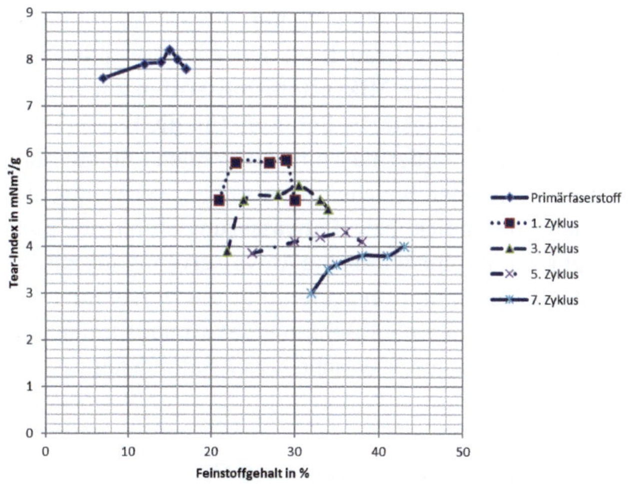

Bild 7.9 Entwicklung der dynamischen Festigkeit

Verwendet man bei der Mahlung **chemische Additive**, wie Stärke, CMC oder Hemicellulose, hat sich gezeigt [7.17] und zwischenzeitlich häufig bestätigt, dass die Zugabe dieser Mittel **vor** der Mahlung die Entwicklung der statischen Festigkeit begünstigt. Die Zugabe **nach** der Mahlung ist dann günstiger, wenn man die dynamische Festigkeit verbessern möchte. Versuche, die Additive direkt im Refiner zuzugeben [7.18], führen zu ähnlichen Ergebnissen, wie die Zugabe vor der Mahlung. Stärke wird allerdings seltener in der Masse zugegeben. Etwa 70...80 % der Anwendungen sind Oberflächenapplikationen mithilfe von Leim- oder Filmpressen in der Papiermaschine.

7.6 Reaktivierung von Altpapierstoffen für Produkte mit hohen Anforderungen an Helligkeit und optische Homogenität („Weiße Linie")

Zeitungsdruck- und **LWC-Papiere** werden üblicherweise zu 100 % aus Altpapier hergestellt. Hierbei sind die Anforderungen an die **Helligkeit** und ein sauberes Erscheinungsbild ohne erkennbare Schmutzpunkte sehr wichtig für eine später qualitativ hochwertige Druckbildwiedergabe. Dies setzt voraus, dass die Druckfarbe aus dem Altpapier möglichst vollständig entfernt ist. Verfahrenstechnische Lösungen hierfür bietet das **Deinking-Verfahren** (wörtlich übersetzt aus dem Englischen: „enttinten") in seinen beiden Varianten als **Deinking-Waschverfahren** oder **Deinking-Flotationsverfahren**. Früher gab es deutliche regionale Präferenzen für die Anwendung eines dieser Verfahren [7.19]. In Nordamerika gab man dem Waschverfahren den Vorzug, während Europa vor allem wegen des hohen spezifischen Wasserverbrauchs und der Faserstoffverluste bei der Wäsche auf das Deinking-Flotationsverfahren setzte. Heute verschwimmen mit der technologischen Weiterentwicklung die Grenzen teilweise: Um den spezifischen Wasserverbrauch zu senken, verwendet man beim Deinking-Waschverfahren häufig mehrere **Mikroflotationsstufen** zur Abwasserreinigung, die streng genommen auch Druckfarbe flotieren. Um die Wasserkreisläufe zwischen Altpapieraufbereitung und Papiermaschine zu trennen und um hohe Stoffdichten für die Dispergierung und/oder Bleiche zu erreichen, verwendet das Deinking-Flotationsverfahren mehrere Eindick- bzw. Entwässerungsstufen, die auch Waschstufen sind. Dabei benötigt man für eine wirksame Abwasserreinigung zusätzlich zur Druckfarbenflotation noch Mikroflotationsstufen. Für die Herstellung von **Tissue** aus Altpapier ist neben der Flotation eine Absenkung des Mineralstoffgehalts auf kleiner 2 % notwendig, die letztlich nur durch Wäsche erzielt werden kann.

7.6.1 Wechselwirkung zwischen Druckfarbe und Papier

Die Altpapiersorte 1.11 nach der **CEPI-Sortenspezifikation**, für die das Deinking-Verfahren hauptsächlich verwendet wird, besteht etwa zu 90 % aus Papieren, die nach dem Offsetverfahren und zu 10 % aus solchen, die nach dem Tiefdruckverfahren bedruckt sind. Dazu kommt der Digitaldruck (Tonerdruck, Inkjetdruck) mit wachsendem Anteil.

Bild 7.10 zeigt die Anteile der Druckverfahren an bedruckten Papiererzeugnissen, nicht nur grafischen Papieren, sondern auch Verpackungen. Der Anteil an Flexodruck stammt vorwiegend aus dem Verpackungsbereich. Der Offsetdruck kann seine führende Position behaupten, verliert aber leicht Anteile vorwiegend an den Digitaldruck.

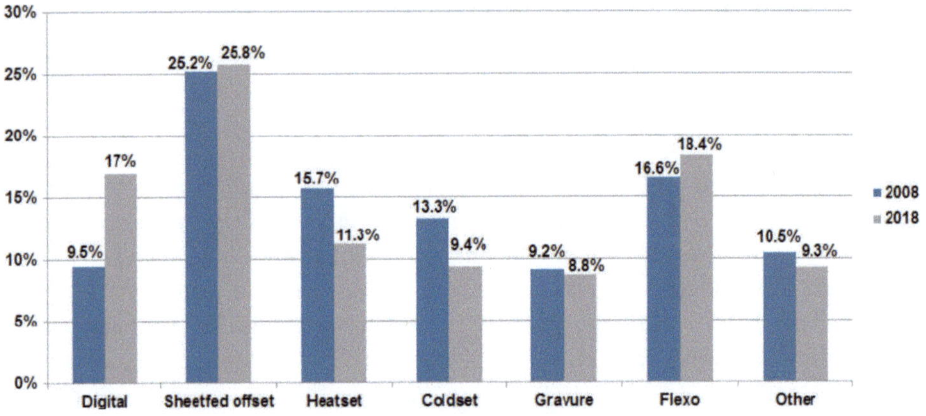

Bild 7.10 Entwicklung der Anteile der Druckverfahren [7.20]
Digital = Digitaldruck, Sheetfed offset = Bogenoffsetdruck, Heatset = Offsetdruck, heißgetrocknet (etwa 190 °C), Coldset = Offsetdruck, kaltgetrocknet (etwa 90 °C), Gravure = Tiefdruck, Flexo = Flexodruck, Other = Sonstige

Die **Wechselwirkung zwischen Druckfarbe und Druckträger** (Papier) wird in starkem Maße von der Struktur des Papiers beeinflusst. Man kann zwischen **Naturpapieren** (Fasern + Füllstoff, siehe auch Abschnitt 2.3.1), wie z. B. Zeitungsdruckpapier und gestrichenen Papieren, wie z. B. LWC-Papier, klare Unterschiede erkennen.

Bild 7.11 zeigt vereinfacht die Möglichkeiten der Kontaktausbildung zwischen Druckfarbe und Papier. Bei **ungestrichenen Papieren** haftet die Druckfarbe an der Faseroberfläche, sie penetriert die interfibrillären Zwischenräume. Ist die Viskosität der Druckfarbe ausreichend niedrig (z. B. bei Tiefdruckfarbe), kann die Farbe unter Umständen auch in das Lumen penetrieren. Dies führt zum Verlaufen gedruckter Rasterpunkte längs der Faser. Man spricht hier vom sogenannten **Dochteffekt**. Die Ablösung von der Faseroberfläche gelingt durch alkalische Quellung in Kombination mit mechanischen Scherkräften. Die Druckfarbenbindemittel können der Dickenänderung der Faser bei der Quellung in der Regel nicht folgen, sodass es zum Platzen des Druckfarbenfilms kommt. Der Kontakt zur Faseroberfläche wird geschwächt. Wirken in dieser Situation zusätzlich noch mechanische Scherkräfte auf die Oberfläche ein, wird eine Druckfarbenablösung wahrscheinlich. Druckfarbe aus dem Inneren des Lumens kann nicht entfernt werden. Die Fasern erscheinen nach dem Deinking als Melierfasern.

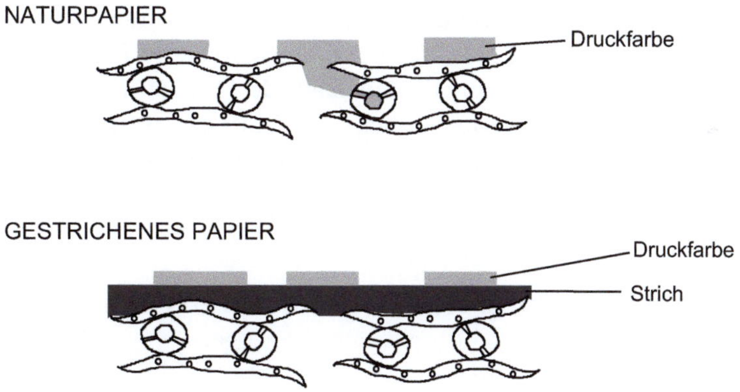

Bild 7.11 Kontaktausbildung zwischen Druckfarbe und Papier

Anders ist die Situation bei **gestrichenen Papieren**. Die Druckfarbe wird hier auf der Strichschicht verankert. Auch ein geringfügiges Eindringen in die Strichschicht ist möglich, ein Faserkontakt jedoch unwahrscheinlich. Da die Strichschicht im Vergleich zum Faservlies relativ spröde ist, platzt sie beim Zerfasern des Altpapiers gemeinsam mit der Druckfarbe ab. Die Fasern sind praktisch nicht mit Druckfarbe verunreinigt. Unter Laborbedingungen liefert die Flotation gestrichener Papiere ohne Bleiche (lediglich Einsatz der Deinking-Lösung „A") so Weißgradsteigerungen zwischen 10 % und 14 % absolut, während beim Deinken von Zeitungsdruckpapieren nur Differenzen von 4…6 % erreicht werden.

Tiefdruckfarben trocknen schnell und können nach dem Zerfasern des Altpapiers relativ große Partikel liefern, die sich schwer flotieren lassen. Da jeder Deinking-Prozess, der dem Stand der Technik entspricht, mindestens eine **Dispergerstufe** (Zerkleinerung der Druckfarbenpartikel) beinhaltet, bleibt dieses Problem aber beherrschbar.

Bei **Offsetdruckfarben** unterscheidet man zwischen einer physikalischen und einer chemischen Trocknung. Unter **physikalischer Trocknung** wird dabei die Immobilisierung und Fixierung des Druckfarbenfilms auf dem Druckträger verstanden. Sie erfolgt unmittelbar im Druckprozess. Die **chemische Trocknung** oder **Alterung** ist die oxidative Vernetzung des Druckfarbenbindemittels. Sie erfolgt im Zeitraum von Tagen bis Monaten unter Anwesenheit von Luftsauerstoff. Zeitungen werden nach dem Offsetverfahren bedruckt. In der Regel erfolgt ein schneller Rücklauf dieser Produkte etwa in Zeiträumen, die kürzer sind als sechs Monate. Sind die Altpapiere wesentlich älter als sechs Monate, nehmen die Probleme bei der Druckfarbenentfernung zu.

Flexodruckfarben liefern nach der Zerfaserung des Altpapiers sehr kleine (< 5 µm) Partikel, die hydrophil sind. Aus beiden Gründen bewirken selbst moderne Deinking-Flotationsanlagen keine zufriedenstellende Weißgradsteigerung, wenn ein nennenswerter Anteil flexobedruckter Papiere im Altpapier enthalten ist.

Beim Digitaldruck verwendete **Inkjet-Farben** liefern oft sehr kleine hydrophile Partikel, die schwer zu deinken sind. Bei der Prüfung der Deinkbarkeit im Labor nach standardisierten Methoden [7.21], ehemals INGEDE-Methode 11, liefern die damit bedruckten Substrate schlechte Kennwerte. Mögliche Lösung ist das Aufsprühen eines sogenannten meist Calciumchlorid enthaltenden Primers vor dem eigentlichen Druck.

7.6.2 Chemikalien des Deinking-Flotationsverfahrens und ihre Wirkung

Die klassische **Deinking-Rezeptur** orientierte sich an Hochdruckfarben, die heute keine Rolle mehr spielen. Dennoch eignet sie sich auch gegenwärtig noch zur Entfernung von Offset- und Tiefdruckfarben, da das enthaltene Alkali die Faserquellung begünstigt. Die Faseroberfläche vergrößert sich dabei um ca. 30 %. Die **Druckfarbenbindemittel** können dieser Formänderung nicht folgen, sodass der Druckfarbenfilm aufbricht und der Kontakt zum Substrat gelockert wird. Appliziert man jetzt noch Scherkräfte, kann Druckfarbe von den Fasern abgelöst werden. Tenside verhindern die Rückfällung der abgelösten Druckfarbe auf die Faseroberfläche.

Die Schwankungen hinsichtlich der Konzentration in Tabelle 7.2 ergeben sich aus der Zusammensetzung des Altpapiers, des Prozesswassers und des angestrebten Weißgrades des Faserstoffs. Neben der klassischen alkalischen Rezeptur ist es auch möglich, im neutralen Milieu zu deinken. Letztere Fahrweise eignet sich u. U. für niedriger mit Druckfarben belastete Büroaltpapiere, die bereits einen hohen Weißgrad besitzen. **Neutral-Deinking** kann höhere Faserverluste zur Folge haben.

Tabelle 7.2 Deinking-Chemikalien – Funktion und Dosierung

Chemikalie	Funktion/Wirkung	Dosierung*
Natronlauge	▪ Quellung der Faser ▪ Modifizierung des Druckfarbenbindemittels (Hydrophilierung, Herabsetzung der Kohäsion) ▪ Aktivierung des Wasserstoffperoxids ▪ Vergilbung ligninhaltiger Fasern abhängig von Dosierung und Temperatur	nach pH (10,5) oder 0,5…1,2 %
Tensid	▪ Hydrophobisierung von Druckfarbenpartikeln ▪ Verhinderung der Rückfällung der Druckfarbe auf die Faseroberfläche ▪ Verringerung der Oberflächenspannung der Suspension ▪ Stabilisierung des Schwimmprodukts (Schaum)	0,1…0,5 %
Natronwasserglas	▪ Pufferwirkung ▪ Stabilisierung von Wasserstoffperoxid ▪ Quenchen von Schwermetallionen ▪ Flotationshilfsmittel (Koagulation)	0,1…0,5 %
Wasserstoffperoxid	▪ Bleiche der Faserkomponente ▪ Verhinderung der alkaliinduzierten Vergilbung ▪ Druckfarbenablösung (nur bei hoher Stoffdichte)	0,5…3 %

* Konzentrationsangaben bezogen auf otro Altpapier

7.6.3 Überblick über die Verfahrenstechnik der Druckfarbenflotation

Die **Flotation** ist aus verfahrenstechnischer Sicht ein Heterokoagulations-Trennprozess. Dabei kommen alle Phasen (fest, flüssig, gasförmig) vor, Teilchen lagern sich aufgrund von **Benetzbarkeitsunterschieden** zu größeren Aggregaten zusammen, es bildet sich ein Schwimmprodukt (Schaum), welches in der Regel durch Dekantieren aus dem Prozessraum entfernt wird.

Das Flotationsverfahren wurde der Erzaufbereitung entlehnt. Folgerichtig waren die ersten Flotationszellen für die Papierindustrie Rührwerkszellen, die sich aus der Denver-Zelle [7.22] ableiten ließen. Erst ab etwa 1975 setzte eine Entwicklung ein, die zu speziell auf die Bedürfnisse der Papierindustrie zugeschnittenen Lösungen führte, die ohne Rührwerke auskamen, wie z. B. die SWEMAC-Zelle.

Der prinzipielle Aufbau einer **Flotationszelle** soll am Beispiel der **Voith EcoCell** gezeigt werden (Bild 7.12).

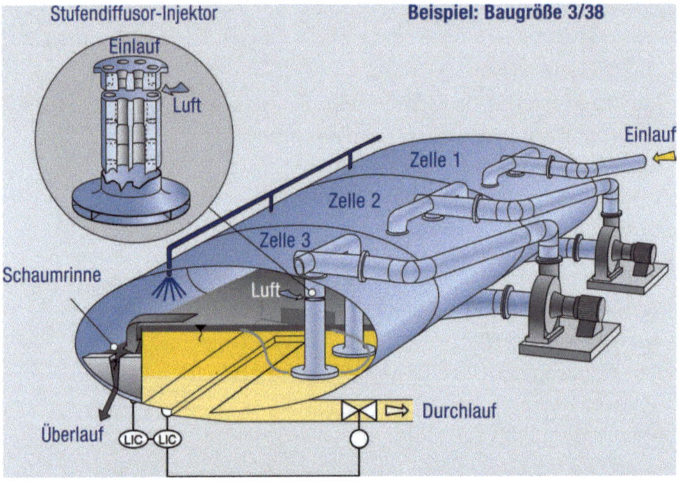

Bild 7.12 Aufbau und Schaltung der Voith EcoCell

Der **Einlauf** ist die unflotierte Faserstoffsuspension mit ca. 1 % Stoffdichte, oft auch als **Graustoff** bezeichnet. Im **Überlauf** findet sich das dekantierte Schwimmprodukt (**Schaum**), das aus Flüssigkeit, Fasern, Füllstoffen und Druckfarbe besteht. Die gereinigte Suspension, der **Gutstoff**, gelangt in den Durchlauf. Da zur Druckfarbenabtrennung ca. zehn Minuten Verweilzeit in der Flotationszelle notwendig sind, wird die Anzahl der benötigten Flotationszellen von der Durchsatzmenge (Produktionsmenge) bestimmt. Die Zellen sind so geschaltet, dass der Durchlauf der n-ten Zelle in den Einlauf der (n+1)-ten vorgeführt wird. Der Schaum wird dekantiert, durch Spritzrohre im Volumen reduziert und in der Schaumrinne gesammelt. Da mit dem Schaum ca. 30 % der eingesetzten Fasern verloren gehen, wird er in der Regel in einer Sekundärstufe nochmals flotiert. Der Gutstoff der Sekundärstufe wird in der Regel in den Einlauf der Primärstufe zurückgeführt. Die Belüftung erfolgt im oberen Teil des Injektors durch einen **Diffusorsprung** (siehe Detailzeichnung links oben in Bild 7.12). Dabei versucht das System, den bleibenden Druckverlust durch das Einsaugen von Luft auszugleichen. Anschließend gelangt das Suspensions-Luft-Gemisch mit hoher kinetischer Energie auf den Prallteller und wird in der Zelle verteilt.

7.6.3.1 Elementarschritte des Flotationsprozesses

Die **Druckfarbenflotation** erfolgt in drei Teilschritten: Bildung des Blase-Teilchen-Aggregates (BTA), Aufstieg des BTA zur Oberfläche und Bildung des Schwimmprodukts, Trennung des Schwimmprodukts vom übrigen Zelleninhalt.

Bildung des Blase-Teilchen-Aggregates (BTA)

In einem ersten Schritt muss die **Druckfarbe hydrophobisiert** werden, damit die Voraussetzung erfüllt ist, sie an eine Luftblase anlagern zu können. Dazu wird ein **Tensid** benötigt. Als Tenside kommen aliphatische Fettsäuren oder Fettalkoholethoxylate in Frage.

Bild 7.13 zeigt den Aufbau einer **aliphatischen Fettsäure**. Die Carboxylgruppe dissoziiert in Wasser, spaltet ein Proton ab, wird damit polar (negative Ladung). Der Rest der Kette ist hydrophob, also wasserabweisend (Phobie = Angst). Die Kettenlänge kann zwischen C_{12} und C_{18} variieren. Grundsätzlich gilt: Je länger die Kette, desto günstiger der Flotationseffekt. Dabei muss jedoch berücksichtigt werden, dass das Tensid bei üblichen Flotationstemperaturen (ca. 40 °C) noch flüssig ist. Damit liegt die obere Grenze bei C_{18} (Stearinsäure).

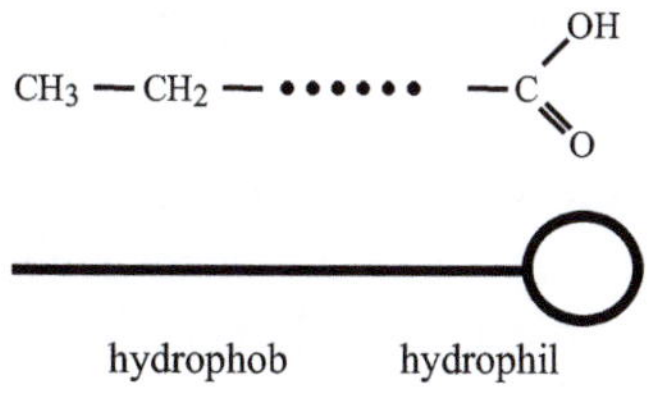

Bild 7.13
Struktur einer aliphatischen Fettsäure

Bild 7.14 gibt in starker Vereinfachung wieder, wie sich das Tensid an die Oberfläche des Druckfarbenpartikels anlagert. Zunächst tragen beide Partner eine negative Ladung. Diese würde die Anlagerung verhindern. Da im Prozesswasser Calciumionen als Härtebildner vorhanden sind, bildet das zweifach positiv geladene Calcium eine Brücke zwischen Druckfarbenoberfläche und Tensid. Prinzipiell wären alle zweiwertigen Metalle geeignet. Es hat sich aber gezeigt, dass Calcium am besten wirkt. Die Bedeutung des Calciums lässt sich im Labor leicht nachweisen, indem man zunächst Zeitungspapier und die Deinking-Chemikalien in destilliertem Wasser suspendiert und anschließend flotiert. Es entsteht ein heller, instabiler Schaum. Lässt man jetzt langsam eine $CaCl_2$-Lösung einlaufen, entsteht ein stabiler, schwarzer Schaum. Bei Überdosierung von $CaCl_2$ funktioniert die Flotation ebenfalls nicht, da sich zu große Kalkseifenflocken-Druckfarbenaggregate bilden, die durch die Luftblasen nicht mehr an die Oberfläche transportiert werden können. Im Bereich üblicher Wasserhärten zwischen 15 °dH und 30 °dH funktioniert die Flotation mit Fettsäure optimal.

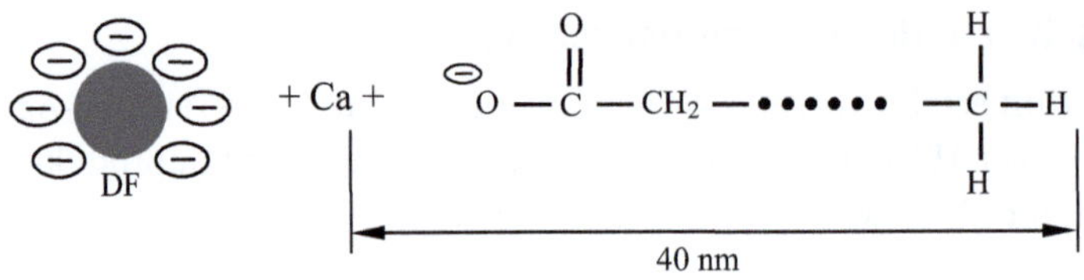

Bild 7.14 Anlagerung der dissoziierten Fettsäure an die Druckfarbenoberfläche über eine Calciumbrücke

Ist das Druckfarbenteilchen hydrophobisiert, sind folgende weitere Voraussetzungen zu erfüllen, damit es zur **Ausbildung eines BTA** kommt:

- Das Druckfarbenteilchen muss eine ausreichend hohe kinetische Energie besitzen, um den inzwischen auch auf der Luftblasenoberfläche gebildeten Tensidfilm zu durchbrechen (Überwindung der line energy). Das notwendige Maß an kinetischer Energie ist zeitabhängig. An Luftblasen in statu nascendi sind nur wenige Tensidmoleküle angelagert, die leicht linear verschieblich sind. Mit zunehmender „Lebensdauer" der Blase nimmt die Dichte der Tensidbelegung zu und damit auch die zur Ausbildung des **BTA** notwendige **kinetische Energie** [7.23].
- Das Druckfarbenteilchen muss sich innerhalb eines kritischen Kollisionsradius auf die Luftblase zubewegen (oder umgekehrt), sonst kommt es zu keiner Kontaktausbildung.
- Die Kontaktdauer zwischen Blase und Teilchen muss ausreichend groß sein. Hypothetisch gilt: Die Kontaktzeit muss größer oder gleich sein als die Dauer einer vollständigen gedämpften harmonischen Schwingung, die die Luftblase beim Auftreffen des Teilchens ausführt [7.24].

Aufstieg des BTA

Damit das BTA aufsteigen kann, muss die **Auftriebskraft** der Blase ausreichend groß sein, d. h., die Blase muss einen gewissen **Mindestdurchmesser** besitzen. In technischen Systemen ist diese Bedingung immer erfüllt. Die Aufstiegsgeschwindigkeit der Blasen errechnet sich für kleine Blasen (Kugelform) nach dem Stokesschen Gesetz.

$$V = (\rho_{\mathrm{Fl}} - \rho_{\mathrm{Gas}})\frac{d^2 \cdot g}{18 \cdot \eta_{\mathrm{Fl}}} \tag{7.5}$$

ρ_{Fl} Dichte der Deinking-Flotte, ρ_{Gas} Dichte der Luft, d mittlerer Luftblasendurchmesser, g Erdbeschleunigung, η_{Fl} Viskosität der Deinking-Flotte

Je größer der Blasendurchmesser, desto deutlicher weichen die Blasen von der Kugelform ab. Sie bilden Ellipsoide, später Schirmblasen. Schirmblasen generieren sehr hohe Turbulenzen an der Unterseite, die dazu führen können, dass gebildete BTA wieder zerstört werden. Sie sind daher für die Flotation nicht geeignet. Blasen mit einem

Durchmesser von 5 mm sind völlig ausreichend, um vorkommende Druckfarbenpartikel auszutragen. Das Stokessche Gesetz gilt nicht mehr für Blasen, die signifikant von der Kugelform abweichen.

In den Zonen der Flotationszelle, in denen BTA aufsteigen, sollten die Turbulenzen, die zur Bildung der BTA notwendig waren, möglichst vollständig abgebaut sein. Die Aufstiegswege in das Schwimmprodukt sollten möglichst kurz sein, um zu verhindern, dass große Blasen, die den Blasenschwarm mit hoher Geschwindigkeit von unten durchströmen, mit kleineren koagulieren, noch größere bilden und letztlich zu Turbulenzen im Schwimmprodukt beitragen.

Bildung des Schwimmprodukts (Abtrennung des Schaums)

In den oberen Bereichen der Flotationszelle, in denen sich das **Schwimmprodukt** (Schaum) bildet, sollte ausschließlich laminare Strömung herrschen. Dabei hat sich der Verzicht auf Rührwerke sehr positiv ausgewirkt. Der Schaum wird in der Regel dekantiert, wobei die Kante mit Spritzrohren gereinigt wird.

Es ist auch möglich, den Schaum abzusaugen. Dabei wird zwar Energie für das Gebläse benötigt, gleichzeitig reduziert sich aber das Schaumvolumen von 10 auf 1. Die Zusammensetzung des Schaums kann mit der Altpapierzusammensetzung (Anteil gestrichener Papiere, Illustrierter) schwanken. Im Mittel setzt sich der Feststoffanteil einer Sekundärstufe wie folgt zusammen: 10 % Druckfarbe, 40 % Füllstoffe, 50 % Fasern.

7.6.3.2 Selektivität der Flotation bezüglich der Partikelgröße

Einige Zeit kontrovers diskutiert, hat sich nicht zuletzt durch die Weiterentwicklung messtechnischer Möglichkeiten nun doch gezeigt, dass die **Druckfarbenflotation** selektiv hinsichtlich der Partikelgröße erfolgt. Der **Wirkungsgrad der Flotation** nimmt für Teilchen, die kleiner als 10 µm sind, stark ab. Diese Teilchen können durch Wäsche effizienter abgetrennt werden. Teilchen, die größer sind, als 100 µm, werden ebenfalls praktisch nicht mehr flotiert. Es bestehen jedoch technologische Möglichkeiten, diese Grenze nach oben zu verschieben auf etwa 250 µm. Sind die Teilchen noch größer, hilft nur die Sortierung mithilfe von Cleanern.

Ansätze, die technologische Beeinflussungsmöglichkeiten zur Verbesserung der Flotation großer Teilchen beschreiben, finden sich bei *Schulze* [7.24].

Als Ursache für das **Nichtflotieren großer Teilchen** wird angegeben, dass die kinetische Energie der Teilchen die Haftenergie an der Luftblase überschreitet und das Partikel von dieser abreißt. Soll die Flotation funktionieren, muss daher die kinetische Energie kleiner als die Abreißenergie sein.

$$E_{\mathrm{kin}} < E_{\mathrm{ab}} > \frac{1}{2} m_{\mathrm{P}} \cdot V_{\mathrm{t}}^{2} \tag{7.6}$$

E_{kin} kinetische Energie des Teilchens, E_{ab} Abreißenergie des Teilchens von der Luftblase, m_{p} Masse des Teilchens, v_{t} turbulente Relativgeschwindigkeit

Die Aufstellung der **Energiebilanz** führt zu einer Gleichung, die elementar nicht lösbar ist. *Schulze* [7.24] gibt daher eine Näherungslösung an, die mit bildanalytischen Vergleichen der Druckfarbenpartikel-Größenverteilungen vor und nach der Flotation gut korreliert. Man benötigt zu ihrer Berechnung folgende Größen:

- ρ_{Fl} Dichte der Flüssigkeit,
- ρ_{DF} Dichte der Druckfarbe,
- g Erdbeschleunigung,
- ν kinematische Viskosität der Deinking-Flotte,
- P effektive Leistung in der Zelle,
- m Masse des Zelleninhaltes,
- σ Oberflächenspannung der Deinking-Flotte,
- R_B Radius der Luftblase,
- Θ Randwinkel des Dreiphasenkontaktes.

Die benötigten physikalischen Größen lassen sich auch bei technischen Flotationszellen mit vertretbarem Aufwand messen. Benutzt man die Näherungslösung zur Simulation des Prozesses, wird man feststellen, dass die Energiedissipation und der Luftblasenradius die wichtigsten Größen sind, mit denen sich die maximal flotierbare Teilchengröße steuern lässt.

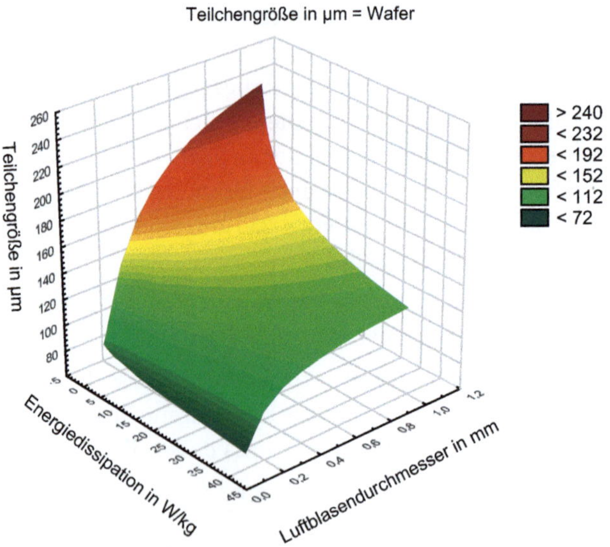

Bild 7.15 Beeinflussung der maximal flotierbaren Druckfarbenpartikelgröße durch Energiedissipation und Luftblasendurchmesser

Randbedingungen waren: Dichte der Druckfarbe 1400 kg/m^3, Dichte der Deinking-Flotte 1000 kg/m^3, kinematische Viskosität $0{,}697 \cdot 10^{-2}$ cm^2/s, Oberflächenspannung $5{,}01 \cdot 10^{-2}$ N/m, Randwinkel 17,5°. In Bild 7.15 sind die funktionalen Zusammenhänge der Formel 7.6 grafisch dargestellt. Man sieht, dass Luftblasen eine gewisse Mindestgröße von ca. 0,4 mm besitzen sollten, wenn man größere Partikel erfolgreich flotieren will. Danach relativiert sich der Einfluss der Luftblasengröße, und die Energiedissipation gewinnt an Bedeutung. In **technischen Flotationszellen** sind immer ausreichend **große Luftblasen** vorhanden, um auch große Partikel flotieren zu können. Problematisch ist eher, dass die Luftblasen zu groß sind und damit Turbulenzen verursachen, die ihrerseits wiederum die Flotation großer Partikel verhindern. Da die Energiedissipation einen Mittelwert über den gesamten Zelleninhalt darstellt, lässt sich das Flotationsergebnis deutlich verbessern, wenn durch konstruktive Maßnahmen in der Zelle sichergestellt ist, dass in den Gebieten des Blasenaufstiegs turbulente Strömungen eliminiert werden.

7.6.4 Anlagentechnische Realisierung des Deinking-Flotationverfahrens

Heutiger Stand beim Bau moderner Deinking-Anlagen ist die sogenannte **Zwei-Loop-Technologie**. Darunter ist zu verstehen, dass es zwei vom Papiermaschinenkreislauf getrennte Wasserkreisläufe jeweils um die Flotation herum gibt. Bild 7.16 zeigt eine solche Anlage zur Aufbereitung von Altpapier für holzstoffhaltige grafische Papiere. Nach der Ballenentdrahtung gelangt das Altpapier in eine Trommel zur Suspendierung, in der auch die Deinking-Chemikalien zudosiert werden. Ansonsten ist der Prozessablauf im Wesentlichen identisch mit dem in Bild 7.7 gezeigten Prozess. Lochsortierung (Lochklassierung wäre verfahrenstechnisch richtiger) und Stapelung sind vertauscht. Nach dem Stapelturm wird der Faserstoff auf ca. 0,8 % verdünnt und in Cleanern bzw. Druckklassierern (Cleaner in Vollkaskade, Klassierer in Teilkaskade) weiter gereinigt. Der als optional dargestellte Prozessschritt kann zur Entfernung von Stickies genutzt werden. Danach erfolgt die Flotation mithilfe mehrerer in Reihe geschalteter Primärzellen (die oberen Zellen im Bild 7.16). Der Schaum wird in eine sogenannte Sekundärflotation gegeben, um die Faserverluste zu minimieren. Der Unterschied zwischen **Primär-** und **Sekundärflotation** liegt in der Belüftung der Zellen. Die Zellen der Sekundärflotation haben in der Regel kleinere Öffnungen und saugen weniger Luft an als die der Primärstufe. Wie bereits erwähnt, wird der Gutstoff der Sekundärstufe in den Einlauf der Primärstufe zurückgeführt. Nach der Flotation erfolgt eine weitere **Klassierung** in Teilkaskade. Danach wird der Stoff in Scheibenfiltern eingedickt (Stoffdichte etwa 8...10 %) und nachfolgend in einer Schneckenpresse entwässert auf etwa 30...35 % Stoffdichte. Gegebenenfalls können **Bleichchemikalien** zugemischt werden (in der Regel Wasserstoffperoxid). Der nachgeschaltete **Bleichturm** garantiert die zur Reaktion des Bleichmittels mit dem Faserstoff notwendige Verweildauer. Im **Disperger** wird der Stoff intensiven mechanischen Scherkräften ausgesetzt, die Druckfarbenpartikel, aber auch Störstoffe zerkleinern. Die Druckfarbenpartikel werden auf Größen reduziert, die teilweise unter der **Sichtbarkeitsgrenze** liegen bzw. auf Partikelgrößen reduziert, die sich wieder flotieren lassen.

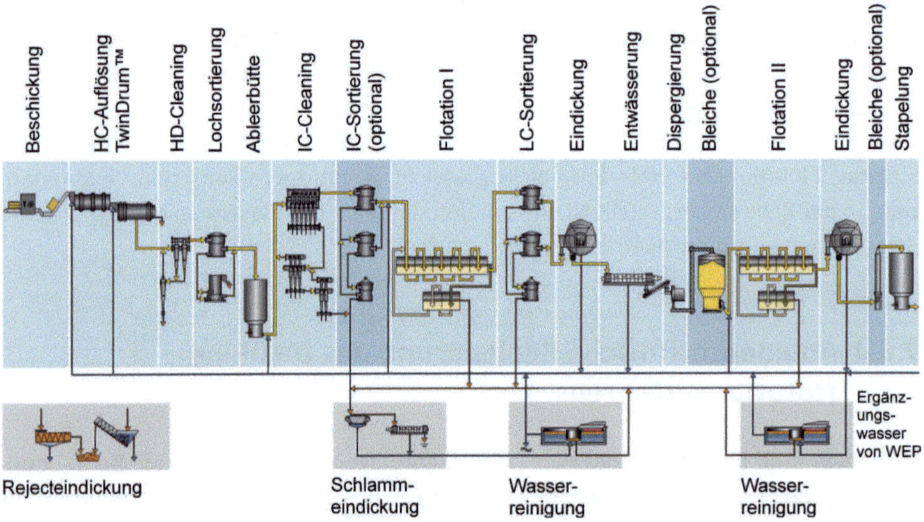

Bild 7.16 Deinking-Anlage zur Aufbereitung von Altpapier für holzstoffhaltige grafische Papiere [7.19]
(WEP: waste effluent plant, Abwasserreinigungsanlage)

Es erfolgt eine nochmalige Flotation, danach eine Eindickung und die Möglichkeit einer **Rohrbleiche** mit kurzen Verweildauern. Diese Bleiche ist häufig reduktiv unter Einsatz von Natriumdithionit oder Formamidinsulfinsäure (FAS). FAS ist als Bleichmittel sehr teuer, hat aber den Vorteil, dass sie anders als andere Bleichmittel farbliche Nuancierungen beseitigen kann. Danach ist der Altpapierstoff fertig zur Ganzstoffmischung mit ggf. weiteren Halbstoffen. Die Wirksamkeit unterschiedlicher Deinking-Prozesse (1-Loop, 2-Loop, für Zeitungsdruckpapier, SC- und LWC-Papier) hinsichtlich wichtiger Faserstoffkennwerte ist in Tabelle 7.3 angegeben.

Tabelle 7.3 Veränderung wesentlicher Faserstoffeigenschaften durch das Deinking-Flotationsverfahren [7.19]

Charakterisierung der Rohstoffe (gemessen im Zulauf Lochsortierung) **Deinking-Ware**, d. h. 40...60 % Zeitungen (aus Mitteleuropa) 60...40 % Illustrierte (aus Mitteleuropa)		
Weißgrad	% ISO	45...48
Schmutzpunkte	mm^2/m^2	1500...3000
Stickiefläche*	mm^2/kg	3000...6000
Aschegehalt (575 °C)	%	20...25
Charakterisierung der Fertigstoffe (gemessen im Zulauf Stapelturm) **Rohstoff** 40...60 % Zeitungen (aus Mitteleuropa) 60...40 % Illustrierte (aus Mitteleuropa)		

* gemessen nach TAPPI T277 [7.25]

Eigenschaft	Einheit	ZD	ZD 1-Loop	ZD aufgebessert	SC	LWC
Weißgrad	% ISO	60...62	57...61	65...68	65...68	68...72
Schmutzpunkte	mm^2/m^2	100...200	120...250	100...200	50...100	50...100
Stickiefläche*	mm^2/kg	< 200	< 300	< 200	< 100	< 100
Aschegehalt (575 °C)	%	12...16	14...18	12...16	12...16	9...13

* gemessen nach TAPPI T277 [7.25]

7.7 Klebende Bestandteile im Altpapier (Stickies)

Zu den Fremdstoffen im Altpapier, die seine Reaktivierung besonders erschweren, zählen die sogenannten **Stickies** (aus den Englischen von sticky = klebrig). Sie stellen ein übergreifendes Problem der Altpapieraufbereitung dar, da sie sowohl bei braunen Papieren als auch bei grafischen Papieren zu Produktionsschwierigkeiten führen können. Diese Schwierigkeiten entstehen in der Regel dort, wo das meiste Wasser fließt oder die Papierbahn erwärmt wird, d. h., die Stickies verlegen z. B. Siebe der Blattbildungseinrichtung, Nass- und Trockenfilze, führen zu einem erhöhten Anfall von Schaberdreck oder auch zum Bahnabriss, wenn sie an der Trockenzylinderoberfläche ankleben, einen Bahneinriss oder ein Loch verursachen. Als **Quelle für Stickies** kommen Kleber von Haftetiketten (PSA = pressure sensitive adhesive), Schmelzkleber von Broschürenbindungen u. Ä. infrage. Die chemische Zusammensetzung ist sehr heterogen. Häufig ist Ethylenvinylacetat (EVA) beteiligt. Stickies werden morphologisch klassifiziert in **Makrostickies** und **Mikrostickies**. Als Makrostickies bezeichnet man solche, die auf einem Trennkriterium mit 0,1 mm Schlitzweite zurückgehalten werden. Dabei werden Labormethoden genutzt, bei denen die Klassierung auf üblichen Analysegeräten (Haindl-Bauer-McNett-Fraktionator, Brecht-Holl-Gerät, Somerville-Fraktionator o. Ä.) durchgeführt wird. Einzelheiten sind der INGEDE-Methode 4 [7.26] zu entnehmen. Der Rückstand auf der Schlitzplatte wird nach geeigneter Probenvorbereitung bildanalytisch ausgewertet. Mikrostickies passieren dieses Trennkriterium und sind bildanalytisch in der Regel nicht nachweisbar. Eine Möglichkeit, ihren Gehalt zu bestimmen, ist die Extraktion des Substrats in organischen Lösungsmitteln, wie z. B. DMF oder DCM (Dimethylformamid oder Dichlormethan), und eine gravimetrische Analyse. Weiterhin unterscheidet man zwischen Primär- und Sekundärstickies. **Primärstickies** sind solche, die mit dem Altpapier in die Stoffaufbereitung gelangen und als Makrostickies nachweisbar sind. **Sekundärstickies** sind solche, die aus kolloidal gelöster Substanz oder Mikrostickies durch Teilchenagglomeration entstehen und dann wieder als Makrostickies nachweisbar werden. Die Entstehung von Sekundärstickies wurde z. B. an bestimmten Cleanern nachgewiesen [7.27]. Auch die Veränderung des pH-Wertes oder die Änderung von Ladungsverhältnissen kommen in Betracht. Da die Stickies hydrophobierbar sind, ist die Druckfarbenflotation eine gute Möglichkeit, sie abzutrennen. Auch geeignet sind Waschprozesse mit nachfolgender Wasseraufbereitung. Weil auch bei braunen Produkten die Anforderungen an die Sauberkeit steigen, wird erwogen, in die Stoffaufbereitung zumindest eine Flotationsstufe einzubeziehen, die nicht schwerpunktmäßig Druckfarbe, sondern Stickies abtrennt. Die Wirksamkeit der **Stickieabtrennung** durch Flotation wird aus Tabelle 7.3 ersichtlich. Sie liegt beim Deinking-Flotationsverfahren bei bis zu 98 %.

Literatur

[7.1] DIE PAPIERINDUSTRIE – Leistungsbericht PAPIER 2024, Berlin: Die Papierindustrie e. V., April 2024

[7.2] Recovered Paper Data 2017. Food and Agriculture Organization of the United Nations, Rom, 2019. *https://openknowledge.fao.org/server/api/core/bitstreams/541b7c54-d8ef-48ca-b93a-5eca0e11a9bd/content*, abgerufen am 1. 10. 2025

[7.3] Top 10 Largest Paper Producing Countries in the World (2018). BizVibe-Network, 8. 2. 2018. *https://www.bizvibe.com/blog/packaging/largest-paper-producing-countries-2018/*, abgerufen am 1. 10. 2025

[7.4] Key Statistics 2024, European Pulp and Paper Industry. Confederation of European Paper Industries (CEPI), Brüssel, 2025, *https://www.cepi.org/wp-content/uploads/2025/07/Cepi-2024-Key-Statistics.pdf*, abgerufen am 21. 08. 2025

[7.5] *Faul, A.:* Paper value chain activities on recycling and deinking. ipw (2008) 11, 20 – 21

[7.6] *Oye, R.:* Einsatz von Altpapier in Japan. Vortrag, gehalten auf dem EUCEPA-Symposium zum Thema „Recycling bei der Herstellung von Zellstoff und Papier", Prag, Tschechien, 10. bis 13. Oktober 1983

[7.7] *Blechschmidt, J.; Naujock, H.-J.; Arnhold, D.:* Neue Erkenntnisse beim Einsatz von Altpapierstoff für die Papiererzeugung. Zellstoff und Papier 34 (1985) 2, 64 – 66

[7.8] *Naujock, H.-J.:* Reaktivierung von Altpapier durch Faserstoffmahlung und Deinking. Dissertationsschrift an der Technischen Universität Dresden, Fakultät Maschinenwesen, 1985

[7.9] *Putz, H.-J; Schabel, S.*: Der Mythos begrenzter Faserlebenszyklen – Über die Leistungsfähigkeit einer Papierfaser. Wochenblatt für Papierfabrikation 146 (2018) 6, 350 – 357

[7.10] *Blechschmidt, J.; Strauß, J.:* Fraktionierung von Altpapierstoffen. Zellstoff und Papier 29 (1980) 2, 62 – 66

[7.11] Justus Claproth. Wikipedia-Artikel, *https://de.wikipedia.org/wiki/Justus_Claproth*, abgerufen am 1. 10. 2025

[7.12] *Blechschmidt, J.; Opherden A.:* Altpapier – Faserstoff für die Papiererzeugung. Abschnitt 2.5, Mahlung von Altpapierstoff. Leipzig: Fachbuchverlag, 1979

[7.13] *Naujock, H.-J.*: Reaktivierbarkeit der Eigenschaftskennwerte von Altpapierstoff. Abschnitt 10 in: *Blechschmidt, J.* (Hrsg.): Altpapier. Leipzig, Fachbuchverlag im Carl Hanser Verlag, 2011

[7.14] *Wetzler, K.-T.;Schubert, H.-L.*: Adolf Jass, Schwarza – erneut eine komplette Produktionsanlage zur Herstellung von Verpackungspapieren. twogether, Paper Technology Journal, 2004, Heft 17, S. 36 – 38, herausgegeben von Voith GmbH & Co. KGaA, Heidenheim

[7.15] Berstdruckprüfer nach Schopper-Dalén. In: *Korn, R.; Burgstaller, F.*: Papier- und Zellstoffprüfung. Zweite, erweiterte Auflage, S. 172 – 174, Berlin/Göttingen/Heidelberg: Springer-Verlag, 1953

[7.16] *Unger, E.*: Die Durchreiß- und Einreißfestigkeit und damit zusammenhängende Fragen der Festigkeitsbewertung von Papier und Papierstoffen. Zellstoff und Papier 9 (1960) 3, 99 – 110

[7.17] *Scheipl, G.:* Unterschied zwischen Getrennt- und Gemischtmahlung bei Zellstoffen sowie Einfluß von Mahlzusatzstoffen und Hilfsstoffen auf die Mahlung. Unveröffentlichte Diplomarbeit an der Hochschule München, Fakultät 05, 1994

[7.18] *Borchers, B.; Schramm, S.:* Verbesserung der Fixierung von Stärke auf den Fasern durch Zugabe während der Fibrillierung. PTS-Abschlussbericht zum Vorhaben AiF 13281BR, 2004

[7.19] *Cedra, I.:* Technologie der Herstellung holzhaltiger Druckpapiere. Vortrag, gehalten am 24. 06. 2002 an der Hochschule München

[7.20] Marktreport Druckindustrie, e-Dossier, Ostfildern: Deutscher Drucker Verlagsgesellschaft mbH & Co. KG. *https://www.print.de/shop/download-marktreport-druckindustrie/*, abgerufen am 15. 09. 2025

[7.21] ISO 21993:2020-01 Papier und Faserstoff – Prüfung der Deinkbarkeit für bedruckte Papierprodukte

[7.22] *Blechschmidt, J.; Opherden A.:* Altpapier – Faserstoff für die Papiererzeugung. Abschnitt 2.3.10 Maschinen zum Entfärben von Altpapierstoff. Leipzig: Fachbuchverlag, 1979

[7.23] *Schulze, H. J.:* Zur Hydrodynamik der Flotations-Elementarvorgänge. Wochenblatt für Papierfabrikation 122 (1994) 5, 160 – 168

[7.24] *Schulze, H. J.:* Physikalisch-chemische Elementarvorgänge des Flotationsprozesses. Berlin: Deutscher Verlag der Wissenschaften, 1981, S. 256

[7.25] Macro stickies content in pulp: the „pick-up" method. Test Method TAPPI/ANSI T 277 sp-21

[7.26] Bestimmung von Makrostickys in Deinkingstoffen. INGEDE-Methode 4, herausgegeben von INGEDE e. V., Bietigheim-Bissingen

[7.27] *Gerber, H.:* Bestimmung und Reduzierung von Mikro- und Makrostickies in einer DIP-Anlage und dem folgenden Papiermaschinenkreislauf. Unveröffentlichte Diplomarbeit an der Hochschule München, Fakultät 05, 1998

8 Biogene Faserstoffe

Von Helga Zollner-Croll

8.1 Einführung und Überblick

Unter **Bioökonomie** versteht man unterschiedliche wissensbasierte Aktivitäten zur Herstellung von Produkten aus nachwachsenden Rohstoffen wie zum Beispiel aus Pflanzen, aber auch aus tierischen Rohstoffen oder Mikroorganismen. Die Bioökonomie bietet also eine Chance, unseren Konsum und unsere Lebensweise nachhaltiger zu gestalten, den Klimawandel zu stoppen, die Freisetzung von Treibhausgasen zu verringern.

Die Erzeugung von Papier oder Karton basiert hauptsächlich auf **nachwachsenden Rohstoffen**, aus Primär- und Sekundärfaserstoffen und spielt somit eine Schlüsselrolle hinsichtlich der Bioökonomiestrategie weltweit. Im Jahr 2023 wurden in den CEPI-Ländern etwa 15,0 Mio. t Marktzellstoff produziert [8.1]. Die Hauptrohstoffquellen für die Zellstoffindustrie in Europa sind Nadelhölzer und Laubhölzer (für Details siehe Kapitel 3). Primärfaserstoffe können jedoch neben Holz als Rohstoffquelle auch **aus Nicht-Holzpflanzen**, u. a. aus Einjahrespflanzen, gewonnen werden. Die Sekundärfaserstoffe stammen aus der Aufbereitung von Altpapier (für Details siehe Kapitel 7). Die Herstellung von Faserstoffen aus biogenen Agrarreststoffen bekommt somit einen zunehmenden Stellenwert in der Papierindustrie und Forschungsaktivitäten zur Konversion von Biomasse unter anderem aus biogenen Agrarreststoffen in adäquate Faserstoffe sind mannigfaltig.

Tabelle 8.1 bietet einen Überblick über mögliche alternative Faserquellen.

Tabelle 8.1 Konventionelle und alternative Fasern für die Papierindustrie

Holz		Nicht-Holz				
Nadelbaum	**Laubbaum**	**Agrarreststoffe**	**Bast**	**Blatt**	**Gras**	**Samen**
Fichte Kiefer Lärche Douglasie	Buche Birke Eukalyptus Pappel	Bagasse Stroh Hopfen Spargel	Hanf Jute Kenaf	Abaca Flachs Sisal	Bambus Miscanthus Esparto	Baumwolle

8.2 Allgemeine Fasereigenschaften

Um eine **Eignung der alternativen Faserstoffe** hinsichtlich einer Zellstoff- und Papierherstellung abschätzen zu können, werden bestimmte Beobachtungen zur Evaluierung herangezogen. Dabei werden folgende Faser- und Zellwandeigenschaften gemessen: die **Faserlänge** (in mm oder µm), der **Faserdurchmesser** (in µm), die **Dicke des Lumens** (in µm) und die **Zellwanddicke** (in µm). Aus diesen Fasereigenschaften können unterschiedliche Parameter berechnet werden, mit deren Hilfe alternative Faserrohstoffe mit konventionellen Lang- und Kurzfasern verglichen werden können (Tabelle 8.2).

Tabelle 8.2 Fasereigenschaften und deren abgeleiteten Werte

Eigenschaften	Formel
Coarseness (längenbezogene Fasermasse) in g/m	$\frac{\text{Gesamtmasse der Fasern}}{\text{Gesamtlänge der Fasern}}$
Schlankheitsgrad	$\frac{\text{Faserlänge}}{\text{Faserdurchmesser}}$
Flexibilitätskoeffizient	$\frac{\text{Lumendicke}}{\text{Faserdurchmesser}} \cdot 100\,\%$
Runkel-Verhältnis	$\frac{2 \cdot \text{Zellwanddicke}}{\text{Lumendicke}}$
Steifigkeitskoeffizient	$\frac{\text{Zellwanddicke}}{\text{Faserdurchmesser}} \cdot 100\,\%$
Formfaktor	$\frac{\text{Faserlänge}}{\text{Zellwanddicke}}$

Die **Faserlänge und Faserlängenverteilung** hängen sehr stark von den jeweiligen Pflanzen ab (Bild 8.1). So haben Nadelhölzer eine durchschnittliche Faserlänge von 2...5 mm, Laubhölzer von 0,8...1,5 mm, Bast- und Blattfasern von 2...5 mm und Stroh, Bagasse oder Bambus von 1...2,5 mm. Eine höhere Faserlänge prägt viele Festigkeitseigenschaften in den gebildeten Papieren positiv, insbesondere die Zugfestigkeit und die Weiterreißarbeit. Die **Zellwanddicke** beeinflusst die Festigkeit der Einzelfaser. Papiere aus Fasern mit einer sehr dünnen Zellwand haben niedrigere Weiterreißfestigkeiten, dafür aber ein höhere Dichte und eine geringere Luftdurchlässigkeit. Papiere aus Fasern mit einer dickeren Zellwand weisen höhere Weiterreißfestigkeiten und ein höheres spezifisches Volumen und bessere Absorptionseigenschaften auf.

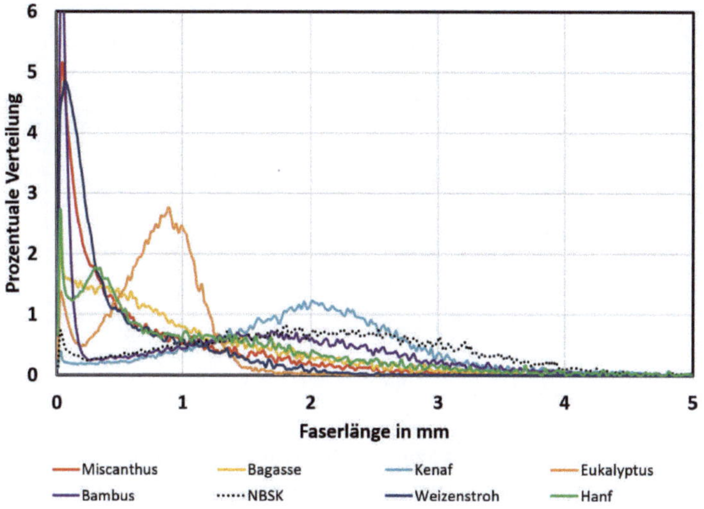

Bild 8.1 Faserlängenverteilung von diversen Nicht-Holzpflanzen im Vergleich zu Laubholz (Eukalyptus) und Nadelholz (NBSK = **N**ordic **B**leached **S**oftwood **K**raft Pulp)

Der **Schlankheitsgrad** ist das Verhältnis von Faserlänge zum Faserdurchmesser und gibt einen Hinweis auf die Zugfestigkeit und die Weiterreißfestigkeit im Papier. Der **Flexibilitätskoeffizient** gibt an, wie flexibel die Fasern im Blattbildungsprozess sind, ob diese kollabieren können und so eine große Bindungsoberfläche zwischen den Fasern entstehen kann. Das **Runkel-Verhältnis** ist das Verhältnis von Zellwanddicke zu Lumendicke. Ist das Verhältnis größer als 1, sind es Fasern mit einer hohen Zellwanddicke bzw. einem hohen Celluloseanteil. Solche Fasern zeigen geringere Bindungspotenziale. Ist das Runkel-Verhältnis gleich oder kleiner 1, eignen sich die Fasern gut zum Einsatz für die Papierherstellung. Diese Fasern sind in der Regel flexibler und kollabieren im Blattbildungsvorgang, sodass dann im Papier eine bessere Faser-Faser-Bindung entsteht. Der **Steifigkeitskoeffizient** ermöglicht eine Aussage hinsichtlich Festigkeiten. So hat eine höhere Steifigkeit geringere Werte bei der Zugfestigkeit, der Weiterreißfestigkeit oder der Falzzahl im Papier zur Folge. Der Formfaktor gibt Aufschluss über die Flexibilität im Papier [8.2][8.3].

Tabelle 8.3 Ergebnisse fasermorphologischer Untersuchungen mit dem Faserlängenenanalysator Valmet FS 5

Rohstoff	Längenbezogene Faserlänge $L_c(l)$ in mm	Faserbreite in µm	Feinstoff A in %	Feinstoff B in %	Feinstoff in %
Eukalyptus	0,85	11,9	13,7	67,1	52,5
NBSK	2,1	18,5	8,8	8,2	53,5
Bagasse	1,1	15,8	21	34,2	54,5
Weizenstroh	0,72	13,7	36	75,8	82,3
Hanf	1,32	18,5	31	48,2	68,5
Kenaf	2,01	12,9	4,92	29,9	39,5
Abaca	2,87	13,3	15,2	30,6	75,9
Bambus	1,85	13,7	32,5	51	90
Miscanthus	0,94	14,5	37,3	61,8	90

Neben den Fasern enthalten Nicht-Holzpflanzen auch diverse andere Bestandteile. Die Parenchymzellen sind cellulosehaltig. Die Dimensionen dieser Zellen variieren mit der Quelle des Rohmaterials. Sie können zwischen 30 % und 45 % der Masse ausmachen und sind eine Hauptursache für einen sehr hohen Feinstoffgehalt in Faserstoffen aus Agrarreststoffen. Sie tragen in der Regel nicht zur Festigkeit des Papiers bei und verursachen oft ernsthafte Entwässerungsprobleme auf der Papiermaschine. Die Gefäßzellen sind sehr unterschiedlich aufgebaut, zum Beispiel können sie spiralförmig in Stroh sein, lang, schmal und zylindrisch in Bagasse und Bambus, kurz, breit und zylindrisch mit einem kurzen Schwanz in Laubhölzern. In Nadelhölzern fehlen Gefäßzellen. Gefäßzellen können das sogenannte Gefäßzellenrupfen beim Bedrucken von Feinpapieren verursachen. Die Epidermiszellen sind deutlich kleinere Zellen mit oft gezackten Rändern. Sie treten entweder in Gruppen oder einzeln auf. Ihr Vorhandensein ist auffällig in Stroh oder Bagasse.

8.3 Papiertechnologische Anforderungen

Der Einsatz von alternativen Faserstoffen aus **Agrarreststoffen** erfährt jedoch **Begrenzungen hinsichtlich der Aufbereitungsart** und den daraus folgenden **papiertechnologischen Eigenschaften, der Rohstoffverfügbarkeit und der Wirtschaftlichkeit** [8.4][8.5].

Alternative Faserstoffe sollten eine ähnliche Faserlängen- oder Teilchengrößenverteilung wie konventionelle Langfaser – oder Kurzfaserzellstoffe aufweisen. Fasern aus biogenen Agrarreststoffen sind im Allgemeinen schlanke, fragile Fasern mit einer durchschnittlichen Faserlänge von 0,5 mm bis 1,5 mm. Holzfasern haben eine höhere Coarseness (längenbezogene Fasermasse) und eine höhere Einzelfaserfestigkeit. Die Faserlängen liegen für Kurzfasern im Bereich zwischen 0,6 mm und 1,5 mm, Langfasern im Bereich zwischen 1,5 mm und 6 mm. Faserstoffe aus Agrarreststoffen haben in der Regel auch weitere Bestandteile wie einen hohen Feinstoffgehalt, Kieselzellen oder Markzellen. Die Entwässerungsdauern sind meist höher als bei Holzzellstoffen.

Des Weiteren sollen die Faserstoffe bindungsfähig sein und so zu den Festigkeiten der papiernen Flächengebilde beitragen, einer Grundvoraussetzung für die Blatt- bzw. Bahnbildung. Zu den wichtigsten Festigkeitsqualitätsmerkmalen von grafischen Papieren oder Verpackungspapieren zählen die Zugfestigkeit und der Elastizitätsmodul. Für grafische Papierqualitäten, die vor allem für den Rollendruck bestimmt sind, ist auch die Weiterreißfestigkeit von Bedeutung. Für Verpackungspapiere (Liner) kommen der SCT-Wert (Streifenstauchwiderstand) und die Berstfestigkeit hinzu. Für die Festigkeiten spielen die Faser-Faser-Bindungsmöglichkeiten sowie die Faserlänge eine wichtige Rolle. Für Kartonsorten ist eher das massespezifische Volumen und somit die Biegesteifigkeit des Produkts der wichtigste Qualitätsparameter.

8.4 Agrarreststoffe

8.4.1 Zuckerrohr und Bagasse

Die beiden wichtigsten **Zuckerpflanzen** sind Zuckerrohr und Zuckerrübe. Weitere Zuckerpflanzen sind Zuckerahorn, Zuckerhirse, Zuckerpalme und Agave. Im Erntejahr 2018/2019 wurden weltweit rund 176 Mio. t Zucker erzeugt. Die Herstellung von Haushaltszucker (Saccharose) stammt zu etwa 79 % aus Zuckerrohr (*Saccharum officinarum*) und zu etwa 21 % aus Zuckerrüben (*Beta vulgaris*) [8.6]. Zuckerrohr wird der Familie der Süßgräser (*Poaceae*) zugeordnet und stammt ursprünglich aus Ostasien, wird aber heutzutage in vielen klimatisch geeigneten Regionen angebaut. Aufgrund des wachsenden Interesses an Biotreibstoffen wird zunehmend mehr Zuckerrohr auch für die Herstellung von Bioethanol eingesetzt.

Zuckerrohr ist eine einkeimblättrige Pflanze (Monokotyledone) mit einem typischen, grasartigen Erscheinungsbild. Die Halme haben einen Durchmesser von 20...45 mm und erreichen eine Höhe von 3...6 m. Die Ernte der Zuckerrohrstängel findet je nach Zuckergehalt und Reifegrad nach 10 bis 24 Monaten statt. Die Stängel werden gewaschen, zerkleinert und der Zuckerrohsaft durch Extraktion mit heißem Wasser gewonnen. Die zurückbleibende Fasermasse wird **Bagasse** genannt und kann zur Energiegewinnung oder als Fasermaterial für die Papierindustrie eingesetzt werden [8.7].

Bagasse besteht aus Cellulose (etwa 45,4 %), Hemicellulose (etwa 28,7 %), Lignin (etwa 23,4 %) und Mineralstoffen (Asche, etwa 2,7 %) [8.8]. Die Herstellung der Bagassefasern (Bild 8.2) erfolgt in der Regel durch eine saure Hydrolyse, gefolgt von einem alkalischen Faserstoffaufschluss. Der alkalische Aufschluss kann entweder das **Soda-Verfahren** oder das **Sulfatverfahren** sein. Die erhaltenen Fasern können sowohl mit einer ECF- als auch einer TCF-Bleichsequenz zu hohen Weißgraden von 83...86 % ISO-Weißgrad gebleicht werden. Die gebleichten Fasern weisen eine Viskosität von > 800 ml/g auf [8.9]. Der Sodaaufschluss der Bagasse wird derzeit häufig für die kommerzielle Herstellung von Fasern und somit für Papierprodukte verwendet. Das Soda-Verfahren hat viele Vorteile wie kurze Kochdauern und niedrige Temperaturen. Es bringt jedoch Nachteile mit sich wie z. B. die Schwierigkeit bei der Rückgewinnung von Chemikalien aufgrund des Vorhandenseins von Kieselsäureverbindungen und eine geringe Ausbeute. Neben dem chemischen Aufschluss können Bagassefasern auch mittels **CMP-Verfahren** hergestellt werden. [8.10] Die Ergebnisse des chemisch-mechanischen Aufschlusses von Bagasse zeigten, dass die Anwendung einer milden chemischen Behandlung mit anschließender mechanischen Zerfaserung einen Zellstoff mit vergleichbaren Festigkeitseigenschaften wie Buchensulfitzellstoff ergibt [8.11].

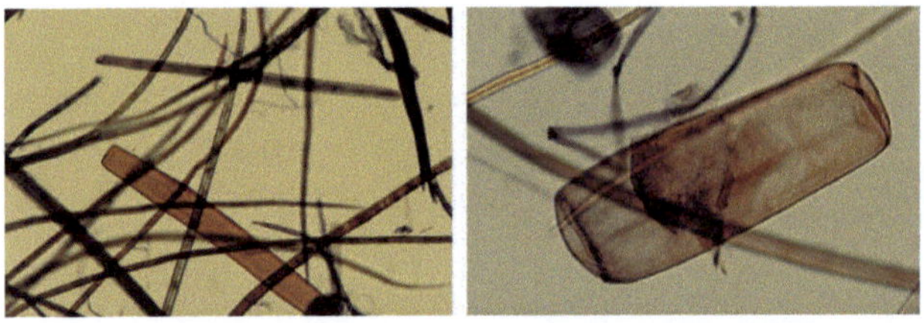

Bild 8.2 Bagassefasern mit Gefäßzellen

Dieser Faserstoff kann also als ergänzender Halbstoff für die Herstellung von grafischen Papieren in Regionen mit verfügbarem Angebot an Bagasse verwendet werden. Weitere Einsatzmöglichkeiten für Bagassefasern sind der Verpackungsbereich, häufig auch Einweggeschirr in den unterschiedlichsten Formen und Größen für die Gastronomie-Branche (Tiefziehen oder Thermoumformen). Die Produkte eignen sich sowohl für warme als auch für kalte Speisen, da sie kälte- und hitzebeständig sind.

8.4.2 Stroh

Stroh ist ein Sammelbegriff für **gedroschene und trockene Halme unterschiedlicher Getreidesorten** wie zum Beispiel Weizen, Roggen, Gerste oder Hafer. In Deutschland werden rund 11,7 Mio. Hektar als Ackerfläche genutzt [8.12]. Weizen wird dabei auf rund 3 Mio. Hektar angebaut. 2019 betrug die Erntemenge von Weizen rund 23 Mio. t, von Gerste rund 11,5 Mio. t und von Roggen rund 3,2 Mio. t [8.13]. Damit ist das Getreidestroh ein äußerst interessanter landwirtschaftlicher Agrarreststoff, der in großen Mengen zur Verfügung steht. Stroh bietet sich also als industriell nutzbare Biomasse an. Dabei lässt sich Stroh aufgrund seiner faserigen Struktur gut als Faserrohstoff für die Papierherstellung einsetzen.

Historisch gesehen war Stroh bereits in der frühen Entwicklung der Papierherstellung in ausreichender Menge verfügbar und wurde daher bereits als Faserrohstoff in Asien und in Europa verwendet. Ein häufig eingesetztes Aufschlussverfahren für Stroh ist der **Soda-Prozess**, ein ausgereiftes Verfahren, das aber wegen der Rückgewinnung der Schwarzlauge aufgrund des hohen Silikatgehalts im Rohmaterial immer noch ernsthafte Probleme mit sich bringt. Silikate verursachen große Schwierigkeiten bei der Laugeneindampfung durch Verkrustungen im Wärmetauschern, beim Verbrennen der konzentrierten Ablauge und im Kalkofen, was die NaOH-Rückgewinnungsrate erheblich einschränkt.

Eine Alternative zum chemischen Kochprozess wäre eine **thermomechanische Zerfaserung** der Strohhalme. Untersuchungen an der Papiertechnischen Stiftung (PTS) zeigten, dass TMP-Fasern aus Stroh in Mischungen mit Altpapier zu geringeren Zugfestigkeiten führen, jedoch das massespezifische Volumen und die Biegesteifigkeit in Laborblättern positiv beeinflussen können [8.5].

In den vergangenen zehn Jahren gab es in Nordamerika einige Investitionen in neue **Strohzellstofffabriken** [8.14] bzw. in Produkte mit einem Anteil an Strohzellstoff als Faserstoffressource [8.15]. Auch in Deutschland entsteht zurzeit eine Zellstofffabrik, die für eine Fertigung von Zellstoff aus Weizenstroh als Agrarreststoff ausgelegt ist. Dieser alternative Zellstoff soll in der Tissue-Fertigung industriell eingesetzt werden [8.16].

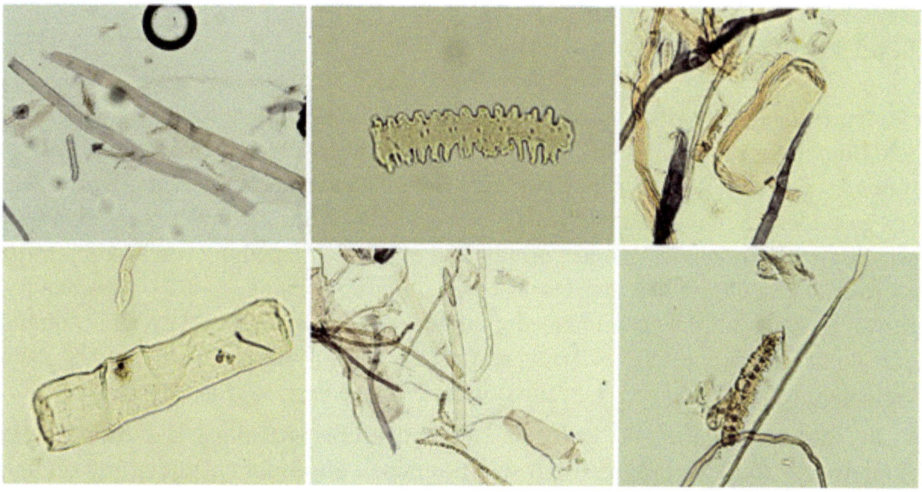

Bild 8.3 Langgestreckte, dünne Bastfasern von Weizenstroh, gezackte Epidermiszellen und Gefäßzellen

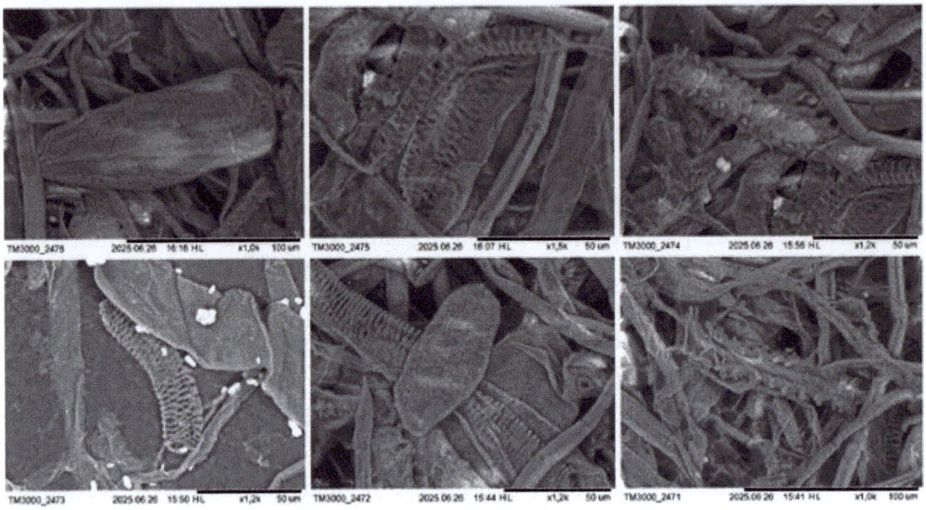

Bild 8.4 REM-Aufnahmen Weizenstroh mit sackartigen Parenchymzellen und gezackte Epidermiszellen

Mikroskopaufnahmen (Bild 8.3, Bild 8.4) zeigen langestreckte, dünne Fasern des Weizenstrohs. Typisch für Stroh sind die dickwandigen Epidermiszellen, die wegen ihrer zackigen Struktur oft auch Sägezahnzellen genannt werden. Mit dieser zackigen Oberfläche greifen die Zellen ineinander und bilden so die Oberfläche des Strohhalms. Häufig findet man auch die sackartigen Parenchymzellen, die an den Enden abgerundet und geschlossen sind.

8.4.3 Hopfen

Hopfen (*Humulus*) wird der Familie der **Hanfgewächse** (*Cannabaceae*) zugeordnet. Alle Hopfen-Arten kommen auf der nördlichen Halbkugel vor. Der bekannteste Vertreter der Gattung ist der sogenannte Echte Hopfen (*Humulus lupulus*), der hauptsächlich zum Bierbrauen verwendet wird. Er ist ein sehr wichtiges Gewürz, das dem Bier sein bitter schmeckendes Aroma verleiht und durch die Ausfällung von Proteinen zur Klärung des Gewürzes bzw. des Bieres beiträgt. Darüber hinaus hat Hopfen einen positiven Einfluss auf die Schaumeigenschaften eines Bieres und wirkt neben Alkohol und Kohlensäure als Konservierungsmittel. Die Restprodukte finden verschiedene Verwendungsmöglichkeiten, z. B. zur Düngung von Feldern oder als Tierfutter.

Nicht jeder Teil des Hopfens ist für das Brauen von Bier wichtig. Die Extraktion des Hopfens mit Kohlenstoffdioxid hat das Hauptziel, die Bitterstoffe der Harze, den Aromastoff der Öle und den Gerbstoff der Polyphenole freizusetzen. Die Bitterstoffe enthalten Alpha-Säuren (Humulon), Beta-Säuren (Lupulon), Gamma-Säuren (Humulion) und Delta-Säuren (Hulupon). Das Hopfenaroma setzt sich aus über 300 Komponenten ätherischer Öle wie Myrcen, Caryophyllen, Humulen, Geranol usw. zusammen. Die absoluten und relativen Mengen sind im Wesentlichen von der eigentlichen Sorte als auch vom Anbaujahr abhängig [8.17].

Die Einsatzmöglichkeit von **Hopfenreststoffen** für die Papier- und Kartonherstellung wurde innerhalb eines Forschungsprojektes an der Papiertechnischen Stiftung (PTS) untersucht [8.4]. Reststoffe der Hopfenextraktion zerkleinerte man mithilfe einer Labormühle auf eine mittlere Partikelgröße von 100...200 µm und mischte sie mit unterschiedlichen Mengen an Frischfaserzellstoff. Einlagige und mehrlagige Laborblätter wurden mithilfe eines Rapid-Köthen-Blattbildners hergestellt und die mechanischen Eigenschaften der Laborblätter analysiert. Die Möglichkeiten zur Ausbildung von Bindungen zwischen Reststoffpartikeln und Fasern sind als beschränkt zu beurteilen. Die unterschiedlichen Mischungen weisen ein niedriges Niveau der mechanischen Eigenschaften wie Biegesteifigkeit und Spaltfestigkeit auf und limitieren den Einsatz von Hopfenrückständen als Faserersatzstoff. An einer Pilotanlage konnten Versuchspapiere mit einem Faserersatzstoffanteil von 25 % hergestellt werden. Diese Papiere waren bei ausreichender mechanischer Festigkeit gut zu verarbeiten, rezyklierbar und kompostierbar.

8.4.4 Spargel

Spargel (*Asparagus*) ist eine Pflanzengattung in der Familie der **Spargelgewächse** (*Asparagaceae*) und in Europa, Asien und Afrika weit verbreitet. Der Gemüsespargel (*Asparagus officinalis*) ist eine von etwa 220 Arten aus der Gattung Spargel (*Asparagus*).

Spargel wird weltweit als Nahrungsmittel angebaut und verkauft. Vor dem Verkauf wird Spargel jedoch sortiert. Stangen, die nicht der Norm entsprechen, werden entfernt oder die Enden abgeschnitten. Weitere Reststoffe sind u. a. Schalen des Spargels. Diese Reststoffe sind ungenutzte Ressourcen, die in einem Forschungsprojekt hinsichtlich ihrer Einsatzmöglichkeit bei der Papier- und Kartonherstellung analysiert wurden [8.18].

Epidermiszellen bilden die äußere Wand der Spargelstangen. Die Zellen sind einreihig, dünnwandig und kompakt angeordnet. Die Wandschicht ist lipophil und enthält einen Wachsfilm als Schutz vor UV-Licht und vor dem Austrocknen. Die Schichten innerhalb der Zellwand bestehen aus Parenchymzellen. Im Inneren der Spargelstangen befindet sich das Sklerenchym (für Stabilität) und die vaskulären Bündel.

Spargelstangen, Endstücke und Schalen von verschiedenen Gemüsespargelsorten wurden mithilfe einer PFI-Labormühle unter Variation der Anzahl an Umdrehungen gemahlen und mit unterschiedlichen Mengen an Frischfaserzellstoff gemischt. Einlagige Laborblätter fertigte man mithilfe eines Rapid-Köthen-Blattbildners und analysierte die mechanischen Eigenschaften der Laborblätter. Die Möglichkeiten zur Ausbildung von Bindungen zwischen Reststoffpartikeln und Fasern werden als gut beurteilt. Das im Spargel enthaltenen Wachs hat eine verzögerte Wasseraufnahme im Papier bzw. im Karton zur Folge. Ein weiterer Schwerpunkt der Untersuchungen lag in der Beurteilung der Kreislaufwasserqualität. Filtratanalysen ergaben einen erhöhten kationischen Bedarf und einen starken Anstieg der CSB-Werte.

8.4.5 Ananas

Die Ananas (*Ananas comosus*) gehört zur Familie der Bromeliengewächse (*Bromeliaceae*) und ist ursprünglich in Amerika beheimatet. Heute zählt sie zu den weltweit wichtigsten tropischen Kulturpflanzen, wobei Indonesien, die Philippinen, Costa Rica, Brasilien und China die führenden Erzeugerländer darstellen. Die mehr als 70 bekannten Sorten werden in vier Hauptgruppen eingeteilt: Queen, Smooth Cayenne, MD-2 (Honey Gold) und Spanish Pineapple. Unterschiede bestehen insbesondere in der Fruchtproduktion, der Morphologie und Anzahl der Blätter.

Die aus den Blättern der Ananaspflanze gewonnene Faser (Pineapple Leaf Fiber, PALF) (Bild 8.5) zeichnet sich durch einen hohen Cellulosegehalt (> 50 %), einen signifikanten Anteil an Hemicellulose (~ 30 %) sowie durch eine günstige Faserlänge aus. Diese Eigenschaften bedingen sowohl eine verbesserte Haftung als auch eine höhere Qualität bei der Papierherstellung. Aufgrund ihrer biologischen Abbaubarkeit und vorteilhaften mechanischen Eigenschaften wird PALF zunehmend als Rohstoff für die Zellstoffproduktion eingesetzt.

Untersuchungen zur chemischen Aufbereitung von PALF zu Kraftpapier zeigten eine hohe Reißfestigkeit, was das Potenzial dieser Faser als nachhaltige Alternative für Papierprodukte und lebensmittelechte Verpackungsmaterialien unterstreicht [8.19][8.20].

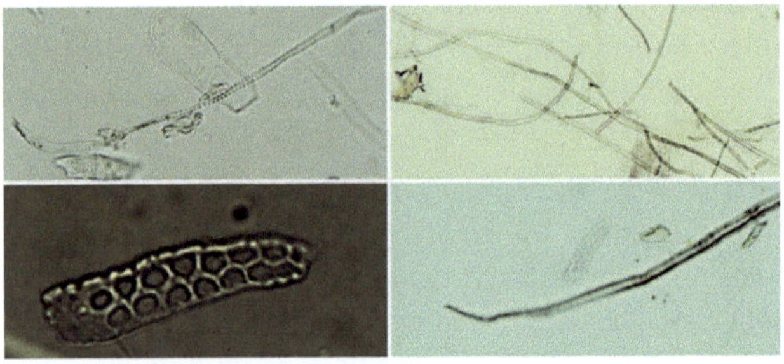

Bild 8.5 Ananas-Blattfasern und Gefäßzellen

8.4.6 Silphie

Die Durchwachsene Silphie (*Silphium perfoliatum* L.), oft als „Becherpflanze" bezeichnet, stellt eine Kulturpflanze im Bereich der alternativen Faserstoffe dar. Ursprünglich in Nordamerika beheimatet, wird sie seit mehreren Jahren in Deutschland erprobt und zunehmend im landwirtschaftlichen Versuchsanbau kultiviert. Die Pflanze zeichnet sich durch ihre mehrjährige Nutzung, ihr ausgeprägtes ökologisches Potenzial sowie ihre Eignung als Rohstoffquelle für die Biogasproduktion, aber auch für die Papierindustrie und andere biobasierte Anwendungen aus.

Die Durchwachsene Silphie zeigt ein hohes ökologisches Potenzial und stellt einen wichtigen Baustein für die Förderung der Biodiversität in Agrarlandschaften dar. Ihre nektar- und pollenreichen Blüten bieten eine wertvolle Nahrungsquelle für Honig- und Wildbienen, Hummeln, Schwebfliegen sowie Schmetterlinge. Gleichzeitig fördern Silphie-Bestände die Aktivität von Regenwürmern und anderen Bodenlebewesen. Der reduzierte Erosionsdruck und die verbesserte Bodenstruktur tragen zu einer nachhaltigen Bodenbewirtschaftung bei. Die Pfahlwurzeln verleihen der Pflanze hohe Toleranz gegenüber Trockenheit und Kälte.

Die Durchwachsene Silphie gehört zur Familie der Korbblütler (*Asteraceae*). Im ersten Anbaujahr entwickelt sie lediglich eine bodenständige Blattrosette. Ab dem zweiten Jahr treiben daraus 5…10 (mit zunehmendem Alter bis zu 25) aufrechte, vierkantige Stängel, die eine Höhe von 2…3 m je nach Düngung erreichen können.

Die Blätter sind dreieckig bis oval mit gezacktem Rand, an der Oberseite dunkelgrün und behaart. Ab Juli bis September bilden sich leuchtend gelbe, 4…8 cm große Blütenköpfe. Jede Einzelblüte blüht etwa 10 bis 12 Tage, wobei die Pflanze kontinuierlich neue Blütenköpfe hervorbringt. Die duftenden, nektar- und pollenreichen Blüten sind Anziehungspunkt zahlreicher Insekten wie Bienen, Schwebfliegen, Hummeln und Schmetterlinge. Die Samen reifen im Laufe des Septembers heran. Nach der Befruchtung entwickeln sich grün-braune Achänen von 9…15 mm Länge und 6…9 mm Breite [8.21]. Bild 8.6 zeigt Bestandteile des aus Silphie gewonnenen Faserstoffs.

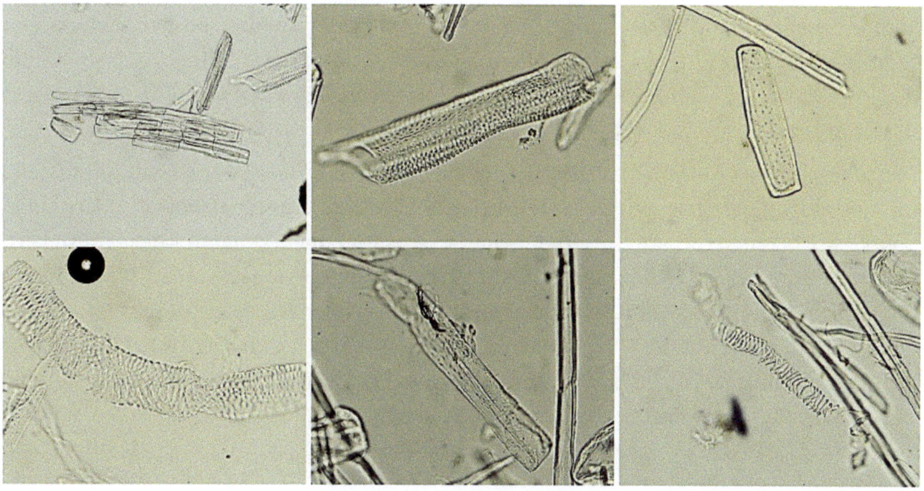

Bild 8.6 Silphie-Faserbündel, Fasern, Parenchymzellen und Spiralzellen

8.5 Bastfasern (Hanf)

Als **Nutzhanf** werden alle Hanfsorten bezeichnet, die für eine industrielle Nutzung (und nicht als Rauschmittel) angebaut und verwendet werden. Hierbei handelt es sich vor allem um die Hanfsorte *Cannabis sativa*. Nutzhanf wird vor allem zur Gewinnung von Hanffasern angebaut, weitere Produkte sind Hanfschäben, Hanfsamen sowie das daraus gewonnene Hanföl [8.22].

Hanffasern sind mengenmäßig der wichtigste Rohstoff des Nutzhanfs und werden für eine Fülle an Anwendungsmöglichkeiten eingesetzt. Seit mehr als 2000 Jahren verwendet man Hanffasern zur Herstellung unterschiedlichster Produkte wie zum Beispiel bei der Textil-, Papier-, Seil- und Ölproduktion. Historisch bedeutsam waren sie vor allem für die Herstellung von Segeltuch, Tauen und Seilen bis weit in das 19. Jahrhundert. Das älteste Stück Papier – über 2000 Jahre alt – wurde in China entdeckt und ist aus Hanf hergestellt. Bis 1883 wurden zwischen 75 und 90 % des gesamten Papiers auf der Welt aus Hanffasern hergestellt. Hanfpapier kann außerdem häufiger recycelt werden als Papier auf Holzbasis [8.23]. Die bei der Fasergewinnung als Nebenprodukt anfallenden Hanfschäben werden häufig als Tiereinstreu oder als Gartenmulch verwendet, alternativ auch als Rohstoff für die Produktion von Leichtbauplatten oder als Schüttdämmung sowie energetisch als Brennstoff.

Hanfpflanzen werden bis zu 4,0 m hoch, an dem krautigen Stängel wachsen in einem Abstand von 10...30 cm fingerförmig geteilte Blätter mit einem etwa 6 cm langen Stiel. Der Stängel besteht aus einer außenliegenden Rinde, die die Bastfasern liefert, und aus einem innen liegenden Holzteil, der bei der klassischen Bastfasergewinnung als Hanfschäben, ein Abfallprodukt, anfällt. Die Bastfasern können für die Textilindustrie verwendet oder als Spezialzellstoff veredelt werden. Die anfallenden Schäben können ebenfalls zur Herstellung von Papier, Pappe oder Karton genutzt werden. Der **Ligningehalt** des Hanfs ist relativ niedrig. Hanfbastfasern enthalten 70...74 % Cellulose, 15...20 % Hemicellulose, 3,5...5,7 % Lignin, etwa 0,8 % Pektin und bis 7 % weitere Bestandteile wie Wachse und Mineralstoffe [8.24].

Der schematische Aufbau eines Hanfstängels ist in Bild 8.7 als Querschnitt dargestellt. Im inneren Teil des Stängels befinden sich die Markhöhle und das Mark (1), anschließend der Holzkern (2). Auf diesen entfällt ein Großteil der Biomasse. Dieser Holzkern wird vom Kambium (3), der eigentlichen Wachstumszone, umschlungen. Nach Innen bilden sich neue Holzzellen, nach außen entstehen Primärfasern (4) und Sekundärfasern (5), die sogenannten Bastfasern. Diese sind mithilfe von Lignin bzw. Pektin zu Bündeln verknüpft. Das Parenchymgewebe bildet die Matrix für die Bastfaserbündel. Der äußere Rand des Bastes wird von der Epidermis (6) umschlossen.

Bild 8.7
Schematischer Querschnitt eines Hanfstängels (bearbeitet nach *Hesch et al.* [8.25])

Die Verknüpfung der Bastfasern mit dem Parenchymgewebe verleiht der Hanfpflanze ihre sehr gute Biegefestigkeit. Dabei tragen die Bastfasern zu einer hohen Zugfestigkeit bei, die elastischen Parenchymzellen sorgen für die Biegefestigkeit im Verbund. Die Primärfasern sind in geordnetem Bündel zuerst in der Pflanze angelegt. Während des Wachstums der Pflanze werden die Sekundärfasern in einer zweiten Bastschicht angelegt. Diese sorgen für eine zusätzliche Stabilität der Hanfpflanze. Primärfasern sind in der Regel dicker und länger als die Sekundärfasern.

Für die Gewinnung von Bastfasern müssen diese vom Holzanteil getrennt werden. Die traditionelle Methode ist das **Rösten** oder auch **Rotten** des Hanfs. Bei dieser Bastfasergewinnung werden die Pektine, die für die Verbindung der Fasern mit dem Holzkern im Hanfstängel verantwortlich sind, mithilfe von Röstbakterien abgebaut. In den weiteren Prozessschritten werden dann die einzelnen Bestandteile mechanisch von den holzigen Teilen getrennt. Modernere Trennmethoden benutzen Enzyme oder Dampfdruck-, Tensid- oder Ultraschallaufschlussverfahren [8.25].

Typisches Erkennungsmerkmal für Hanffasern sind die dickwandigen Epidermiszellen (Bild 8.8 rechts), die wegen des zackigen Randes oft auch Sägezahnzellen genannt werden. Sie umschließen den Halm.

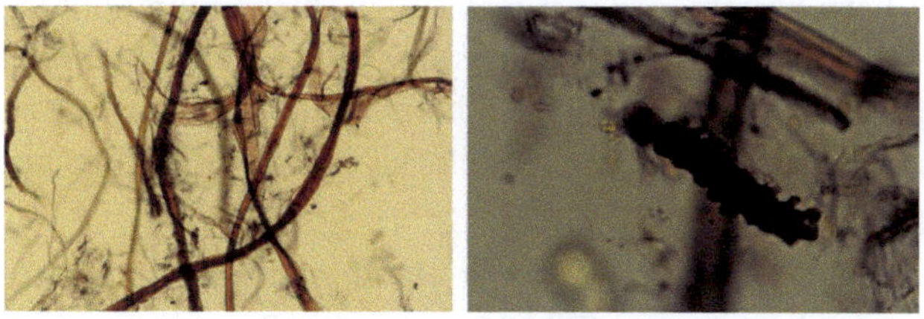

Bild 8.8
Hanf-Bastfasernetzwerk (links) und -Epidermiszelle (rechts)

Auch **Hanfschäben**, die oft als minderwertigerer Rohstoff eingestuft sind, wurden als potenzieller Rohstoff für Hygienepapier untersucht. Die Hanfschäben wurden durch drei Aufschlussverfahren hergestellt – Autohydrolyse (hydrothermal), Zerfaserung auf Natriumcarbonatbasis und Kraftaufschluss mit hoher Ausbeute – und mit Laubholz-Zellstoff verglichen. Um den Industriestandards zu entsprechen, mischte man Laubholz- und Hanfzellstofffasern in einem Trockenmassenverhältnis von 75 : 25 und stellte daraus Tissue-Papierblätter her. Wünschenswerte Tissue-Papiereigenschaften wie Wasseraufnahme, Berstfestigkeit, Weichheit und Zugfestigkeit (trocken und nass) wurden gemessen und verglichen, und die Mischungen aus Kurzfasern und

Hanfschäben können für die Herstellung von Hygienepapieren wie Toilettenpapier oder Küchenrollen verwendet werden [8.26].

8.6 Blattfasern (Abacá)

Abacá (*Musa textilis*) stammt aus der Gattung Bananen (*Musa*) und gliedert sich in die Familie der **Bananengewächse** (*Musaceae*) ein. Abacá wird auch Manilahanf genannt, da die Hauptstadt der Philippinen traditionell als wichtiger Exporthafen für diesen Faserrohstoff diente. Der Name ist jedoch irreführend, da Abacá nicht zur Gattung Hanf (*Cannabis*) gehört. Als Faserbanane oder Textilbanane werden neben Abacá auch weitere Faserpflanzen aus der Familie der Bananengewächse bezeichnet. Abacá wird als Faserpflanze genutzt. Da die Fasern eine sehr hohe Wasserresistenz aufweisen, werden sie häufig bei der Herstellung von Schiffstauen oder bei Fischernetzen eingesetzt.

Die Bananenpflanze wird etwa 3 m hoch und kann einen Durchmesser von rund 20 cm haben. Der Scheinstamm besteht aus einem Kern, dem eigentlichen Stamm, und bis zu 25 Blattscheiden. Ausgehend von einem flachen Wurzelsystem wachsen pro Einzelpflanze bis zu 25 vertikale Scheinstämme. Die etwa 1,5 m langen und 150...260 µm dicken Hartfasern der Abacáblätter werden hauptsächlich verwendet, da die Fasern hohe Zugfestigkeit und Falzfestigkeit aufweisen. Abacáfasern enthalten etwa 68 % Cellulose, etwa 19 % Hemicellulosen und 12...13 % Lignin. Der Mineralstoffanteil wird mit 4...5 % ausgewiesen [8.27].

Vor der Ernte werden die Blätter vom Stängel der Abacá-Pflanze entfernt, sodass der Stängel aus einem zentralen Kern besteht, der von mehreren Schichten umhüllt ist. Für die Aufbereitung der Abacá-Stängel zu Zellstoff muss man die Hüllen durch mechanisches Abstreifen entfernen, um höhere Ausbeuten bei der Zellstofferzeugung zu erhalten. Die eigentliche Faserstoffherstellung ist meist ein alkalischer Aufschluss mit Natronlauge (**Soda-Kochung**) [8.28].

Typisch für Abacá-Zellstoff sind die sehr langen Fasern. Häufig sieht man auch Anhäufungen von Zellen aus der Epidermiswand (Bild 8.9, links). Die Parenchymzellen sind bei Abacá rundlich bis länglich und weisen Perforationen auf (Bild 8.9, rechts).

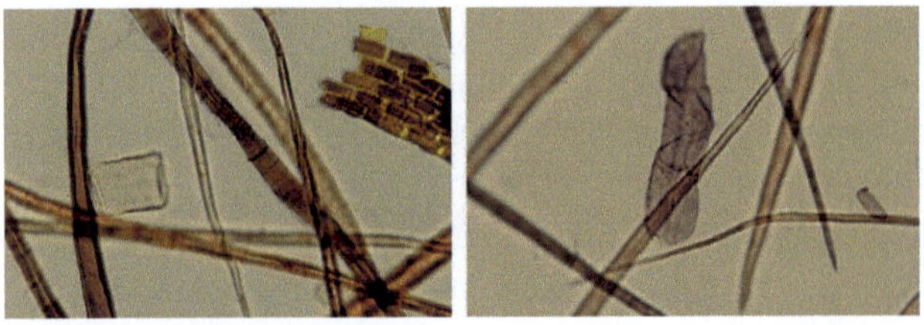

Bild 8.9
Lange, schlanke Fasern des Abaca-Zellstoffs mit Epidermiszellen (links) und Parenchymzellen (rechts)

Zellstoffe aus Abacáfasern werden häufig bei der Herstellung von Spezialpapieren wie zum Beispiel für Teebeutel, Zigarettenpapier, Wursthüllen, Banknoten oder verschiedene industrielle Filter genutzt. In der Automobilindustrie werden mittlerweile häufig naturfaserverstärkte Verbundstoffe, unter anderem auch mit Abacáfasern, eingesetzt. Aktuell werden weitere Einsatzbereiche für entsprechende Naturfaser-Verbundwerkstoffe gesucht.

8.7 Gräser

8.7.1 Bambus

Bambus (*Bambuseae*) ist eine Tribus von Süßgräsern aus der Unterfamilie der **Bambusgewächse** (*Bambusoideae*) mit zahlreichen Arten. Bambusse kommen in Asien, Nord- und Südamerika sowie Australien natürlich vor. In China sind bis zu 500 Arten der Bambusse heimisch, etwa 100 Arten in Japan. Viele Arten stammen aus Nord- und Südamerika. Der Verbreitungsschwerpunkt liegt in den Tropen bis Subtropen. Weltweit bedeckt Bambus eine Fläche von etwa 37 Mio. Hektar, davon etwa 5,5 Mio. Hektar in China. Ungefähr 25 % der weltweiten Bambusproduktion stammt aus China. Von den etwa 500 verschiedenen Bambusarten eigenen sich ungefähr 30 Arten für die Zellstoff- und Papierindustrie, wie zum Beispiel *Bambus distegia*, der Moso-Bambus *Phyllostachys pubescens* und der Wasserbambus *Phyllostachys heteroclada* [8.29]. Generell ist Bambus ein bedeutender, schnell nachwachsender Rohstoff mit vielfältigen Anwendungsmöglichkeiten als Baustoff oder als Brennmaterial wie zum Beispiel Pellets oder Holzkohle. Weitere Anwendungen betreffen die Verwendung als Nahrungsmittel, die Nutzung als Baumaterial für Möbel, die Produktion von Papier, Karton oder Textilien und Biowerkstoffen.

Bambusfasern haben eine mittlere Faserlänge von 1,5...2,0 mm und einen höheren Schlankheitsgrad im Vergleich zu Weizenstroh oder Bagasse. Die Zellwand der Bambusfasern ist dicker und das Lumen ist kleiner, sodass die Fasern im Allgemeinen weniger flexibel sind und im Blattbildungsprozess nicht so leicht kollabieren. Wie Bild 8.10 und Bild 8.11 zeigen, sind seine Parenchymzellen klein, rundlich oder länglich, die Gefäßzellen stark getüpfelt und eher lang.

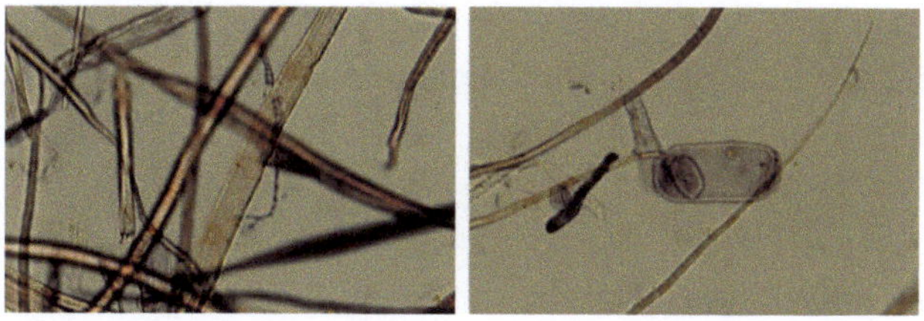

Bild 8.10 Gebleichte Bambusfasern (links) mit einer länglichen Parenchymzelle (rechts)

Bild 8.11
Gebleichte Bambusfasern mit Bambus-Gefäßzellen (stark getüpfelt) und Parenchymzellen

Vergleicht man gebleichte Bambuszellstofffasern aus einem Kraftaufschluss mit Nadelholzzellstofffasern (NBSK = **N**ordic **B**leached **S**oftwood **K**raft Pulp), so eignen sich diese Bambusfasern auch für die Herstellung von Feinpapieren. Bambusfasern weisen eine geringere Mahlresistenz auf. So benötigt man weniger massespezifische Mahlenergie, um einen Zielentwässerungswiderstand zu erhalten. Die Festigkeiten der Bambusfasern liegen auf einem ähnlichen Niveau wie die der NBSK-Fasern. Des Weiteren eigenen sich Bambusfasern sehr gut für Hygienepapiere, da diese neben den Festigkeiten auch einen positiven Einfluss auf die Weichheit der Produkte haben.

8.7.2 Miscanthus

Miscanthus (Familie *Poaceae*) ist eine in Ostasien weit verbreitete Gruppe mehrjähriger, rhizomatöser Graspflanzen, die zur Gruppe der **Einkeimblättrigen Pflanzen** (Monocotyledoneae) und zur Familie der Gräser (*Gramineae*) gehören. Die bekanntesten Sorten sind Riesen-Miscanthus (*Miscanthus x giganteus*), Zucker-Miscanthus (*Miscanthus sacchariflorus*), sogenanntes Elefantengras (*Miscanthus sinensis*) sowie *Miscanthus floridulus* und *Miscanthus lutarioriparius* [8.30][8.31]. Riesen-Miscanthus ist ein hochproduktives, rhizomatöses, mehrjähriges C4-Gras und eine sterile (nicht-invasive) Hybride aus Elefantengras und Zucker-Miscanthus. Es wächst in gemäßigten Klimazonen wie Europa mit einem Trockenmasseertrag von 10...40 t Hektar pro Jahr zu Höhen von mehr als 4 m innerhalb einer Vegetationsperiode heran.

Der Begriff „Elefantengras" ist nicht sehr spezifisch, und viele verschiedene Gattungen in der Familie der *Poaceae* haben den gleichen Namen. Die Pflanzen *Pennisetum purpureum, Arundo donax* und *Saccharum ravennae* werden auch als Elefantengras bezeichnet und gehören zur Familie der *Poaceae. Pennisetum purpureum*, auch als Napiergras, Elefantengras oder Ugandagras bekannt, ist eine mehrjährige tropische Grasart, die in den afrikanischen Grasländern beheimatet ist. *Arundo donax* ist ein hohes, mehrjähriges Schilfrohr, eine sogenannte Schilfart. Es hat mehrere gebräuchliche Namen, darunter Riesenschilf, Elefantengras, Carrizo, Arundo, Spanisches Schilfrohr, Colorado-Flussrohr und Wildrohr. *Saccharum ravennae*, mit den gebräuchlichen Namen Ravenna-Gras oder Elefantengras, ist eine Grasart aus der Gattung der Zuckerrohrgewächse (*Saccharum*). Es ist in Südeuropa, Westasien und Südasien heimisch.

Die Nicht-Holzfasern von *Miscanthus sinensis* können mit einem **Hochausbeute-Aufschlussverfahren** erzeugt werden [8.32]. Die wichtigsten physikalisch-mechanischen

Eigenschaften wie Entwässerungswiderstand, Zug-, Weiterreiß- und Berstfestigkeit bzw. die optischen Eigenschaften wie die Helligkeit und die Opazität wurden untersucht. Auch die Entwicklung der Eigenschaftskennwerte infolge Mahlung testete man an 80 g/m^2-Laborblättern. Die vielversprechendsten Ergebnisse hinsichtlich der Eignung für die Papierherstellung lieferte gebleichter Zellstoff aus *Miscanthus sinensis*. Aufgrund ihrer guten Zellstoffeigenschaften werden die Fasern für die Herstellung von Druck- oder Schreibpapieren mit einem Einsatz bis zu 20 % als geeignet eingestuft.

Bild 8.12 und Bild 8.13 zeigen in mikroskopischen Aufnahmen die morphologischen Bestandteile von Miscanthus-Faserstoff.

Vergleicht man die Eigenschaften der Fasern aus *Miscanthus sinensis* mit denen von Birkenfasern als Kurzfaserholz-Referenz, stellt man fest, dass die Nicht-Holz-Zellstoffe weniger fest als die Birkenzellstoffe sind, insbesondere hinsichtlich der Zugfestigkeit [8.33][8.34]. Die Wahl des Aufschlussverfahrens scheint jedoch einen entscheidenden Einfluss auf die erreichbare Zugfestigkeit zu haben. Die Zugfestigkeit der aus alkalischen Nicht-Holz-Zellstoffen hergestellten Papiere war vergleichbar mit der von Papieren aus Birkenzellstofffasern. Die Wahl der Nicht-Holzart scheint ausschlaggebend für die Zugfestigkeit zu sein. Die maximale Zugfestigkeit nimmt in folgender Reihenfolge ab: Birke > Elefantengras > Weizenstroh > Rohrglanzgras. Der Schwerpunkt der Bewertung der Fasereigenschaften lag auf den Druck- und Schreibpapiersorten. Man kam also zu dem Schluss, dass Nicht-Holzfaserzellstoffe ein potenzieller Rohstoff für die Zellstoff- und Papierindustrie sind.

Die Einsatzmöglichkeiten von *Miscanthus giganteus*-Fasern als solche und in verschiedenen Mischungen zusammen mit Altpapier untersuchte man ebenfalls [8.36]. Miscanthus-Fasern wurden in einem mechanischen Verfahren (TMP und CTMP) hergestellt. Die Bleiche des CTMP-Faserstoffs erfolgte einstufig mit Wasserstoffperoxid. Typische Eigenschaften für die Papierherstellung (Entwässerungswiderstand, Dichte, Porosität, Zugfestigkeitsindex, Weiterreißarbeit, Berstfestigkeitsindex, Helligkeit und Opazität) wurden sowohl für die beiden Hochausbeute-Zellstoffe als auch in verschiedenen Mischungen mit Altpapier gemessen. Es wird berichtet, dass die Zugabe von gebleichten CTMP-Fasern aus Miscanthus zu den recycelten Fasern die Eigenschaften für die Papierherstellung verbesserte. Man kam zu dem Schluss, dass die Mischungen zu einer zufriedenstellenden Reißfestigkeit und Berstfestigkeit für Druck- und Schreibzwecke führen. Die Mischung von *Miscanthus giganteus*-Fasern mit verschiedenen Anteilen von Altpapier führte zu einer Verbesserung der Zugfestigkeit in den Laborblättern. Daraus wurde geschlussfolgert, dass *Miscanthus giganteus*-Fasern zur Verstärkung von Recyclingfasern und zur Verbesserung der mechanischen Eigenschaften von altpapierhaltigen Papieren eingesetzt werden können.

Weitere Untersuchungen hinsichtlich der Einsatzmöglichkeiten von *Miscanthus giganteus* fokussierten sich auf eine potenzielle Verwendung der Fasern für Wellpappenrohpapiere, welche üblicherweise aus Altpapierfasern hergestellt werden. Das Ziel dieser Analyse war es, die mechanischen Festigkeitseigenschaften zu erhöhen. Es wurden verschiedene Aufschlussbedingungen analysiert und die Festigkeitseigenschaften der Laborblätter mit denen von handelsüblichen Wellenstoffpapieren verglichen. Die aus dem Miscanthus-Faserstoff hergestellten Laborblätter zeigten bessere mechanische Eigenschaften als die aus rezyklierten Wellpappen hergestellten Laborblätter. Die untersuchten Festigkeitseigenschaften waren CMT, RCT und CCT. Aufgrund dieser Untersuchungsergebnisse kam man zu dem Schluss, dass die Mahlung der einflussreichste Faktor ist, aber Faserstoff aus *Miscanthus giganteus* generell gute Eigenschaften als Rohstoffersatz für die Wellpappenrohpapierherstellung hat [8.36].

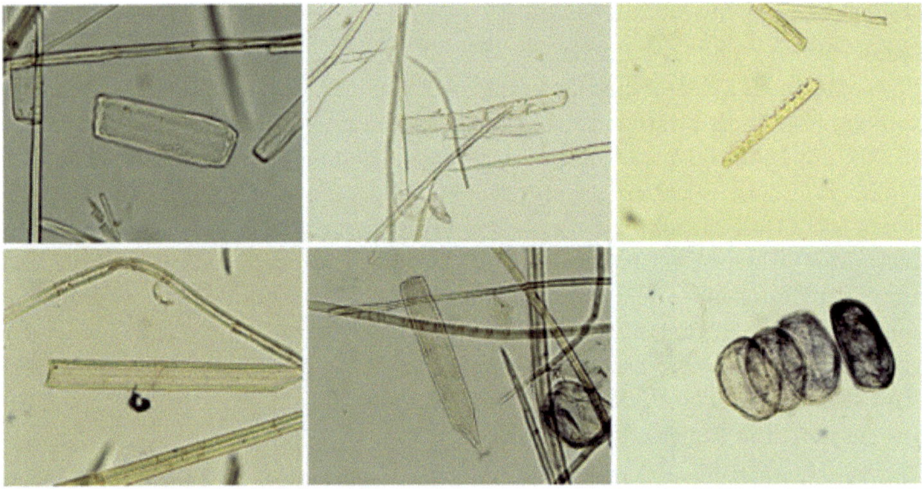

Bild 8.12 Miscanthus – Fasern, Gefäßzellen, Epidermiszellen und Parenchymzellen

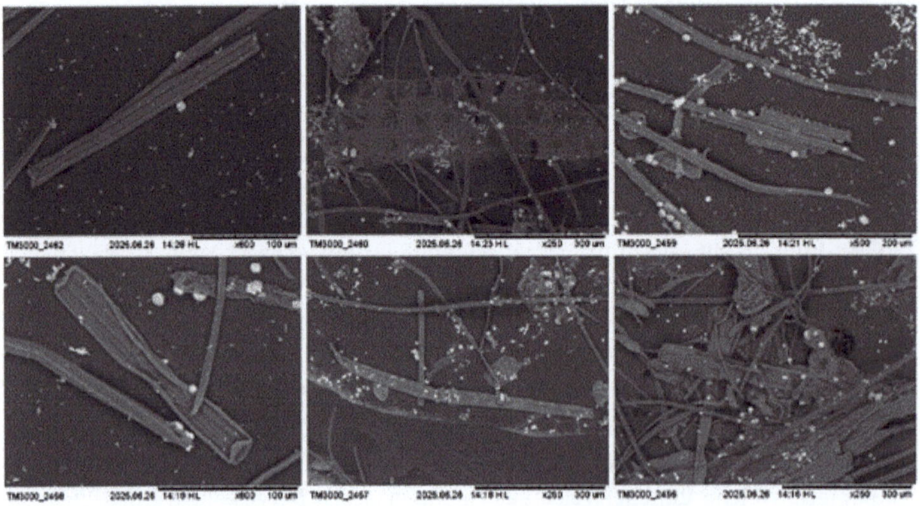

Bild 8.13 REM-Aufnahmen von Miscanthus – Fasern, Gefäßzellen, Epidermiszellen und Parenchymzellen

8.7.3 Gras

Als Gras werden einkeimblättrige Pflanzen mit einen runden, hohlen Halm, langen, schmalen Blättern und unscheinbaren Blüten bezeichnet. Botanisch gehören Gräser zur Ordnung der Süßgrasartigen; die beiden wichtigsten Gruppen sind **Süßgräser** und **Sauergräser**. Das auf Grünland gewachsene Gras oder auf Äckern gezogenes Ackergras wird überwiegend in roher, silierter Form als Grassilage oder getrockneter Form als Heu für Tiere als Futter verwendet. Eine weitere Anwendung ist der Einsatz der Grassilage als Substrat bei der Produktion von Biogas. Aufgrund der faserigen Struktur wird Gras traditionell als Material zur Dachabdeckung verwendet.

Für die Zellstofferzeugung können unterschiedliche Grassorten wie zum Beispiel Bambus oder Miscanthus verwendet werden. Aber auch **Gras von Grünflächen** wird in Europa zunehmend für die Faserstoffherstellung verwendet. Dazu ist eine mechanische Aufbereitung des getrockneten Grases notwendig. Untersuchungen ergaben, dass eine mechanische Zerkleinerung und Pelletierung des **Heus** einen maßgeblichen Einfluss auf die Rohstoffeigenschaften und somit auf die Eignung bei der Papierherstellung hat [8.37]. Dabei kommt es zu einer klassischen, rein mechanischen Aufbereitung der Grasfasern inklusive einer Zerfaserung, Sortierung, verschiedener Reinigungsstufen sowie einer Mahlung. Zu Problemen können die wasserlöslichen Bestandteile bei Grasfasern führen, die die Wasserkreislaufqualität innerhalb einer Papierfabrik möglicherweise negativ beeinflussen. Durch eine Adaptation im Aufbereitungsprozess können jedoch diese wasserlöslichen Bestandteile abgetrennt und die Kreislaufwasserproblematik beherrscht werden. Die Faserlängen der Grasfaserstoffe liegen ähnlich der der Kurzfasern in der Regel im Bereich von 0,2…1,2 mm. Je nach Art der Vorreinigungsstufen variiert der Anteil an Kurzfaser- und Langfaserkomponenten. Grasfasern können grundsätzlich als Faserkomponente in Mischungen aus Frischfasern wie Zellstoff oder Holzstoff oder in Altpapiermischungen einem Papierherstellungsprozess zugeführt werden. Grasfasern weisen ein Faser-Faser Bindungspotenzial auf und können sowohl zur statischen als auch zur dynamischen Festigkeit von Papieren beitragen.

Bild 8.14
Verpackung aus Graspapier

Gras als Rohstoff hat einen positiven Einfluss auf das massespezifische Volumen in den Produkten, führt allerdings je nach Einsatzbereich zu reduzierten Festigkeitswerten. Aufgrund dieser Eigenschaften eignet sich der Rohstoff Gras bei Verpackungspapieren bzw. bei Verpackungen (Bild 8.14). Der Rohstoff ist für den Lebensmittelbereich einsetzbar.

Literatur

[8.1] Key Statistics 2023, European Pulp and Paper Industry. Confederation of European Paper Industries (CEPI), Brüssel, 2024, *https://www.cepi.org/wp-content/uploads/2024/09/Key-Statistics-2023-FINAL-2.pdf*, abgerufen am 17. 6. 2025

[8.2] *Areo, O.; Omole, A. O.*: Cell morphological studies of *Artocarpus altilis* (Parkinson ex. Zorn) Forsberg wood. ProLigno 16 (2020) 1, 36 – 45

[8.3] *Akgül, M.; Tozluoglu, A.*: Some chemical and morpholgical properties of juvenile woods from beech (*Fagus orientalis* L.) and pine (*Pinus nigra* A.) plantations. Trends in Applied Science Research 4 (2009) 2, 116 – 125

[8.4] *Dietz, W.; Schütt, F.; Domack, W.*: Ersatz klassischer Faserstoffe durch biogene Reststoffe, Teil 1. Wochenblatt für Papierfabrikation 142 (2014) 4, 200 – 205

[8.5] *Dietz, W.; Sieger, L.; Schütt, F.; Schramm, S.*: Ersatz klassischer Faserstoffe durch biogene Reststoffe, Teil 2. Wochenblatt für Papierfabrikation 142 (2014) 5, 267 – 273

[8.6] *Ahrens, S.*: Produktion von Zucker weltweit nach Zuckerpflanze im Jahr 2018/19. *https://de.statista.com/statistik/daten/studie/454293/umfrage/produktion-von-zucker-weltweit/*, abgerufen am 4. 10. 2025

[8.7] *Peters, D.*: Kohlenhydrate als Fermentationsrohstoff. Chemie Ingenieur Technik 78 (2006) 3, 229 – 238

[8.8] *Pereira, P. H. F.; Voorwald, H. C. J.; Cioffi, M. O. H.; Mulinari, D. R.; Da Luz, S. M.; Da Silva, M. L. C. P.*: Sugarcane Bagasse pulping and bleaching: Thermal and chemical characterization. BioResources 6 (2011) 3, 2471 – 2482

[8.9] *Li, Z.; Li, J.; Xu, J.; Mo, L.-h.*: Clean Bleaching Engineering Practice for Bagasse Pulp. BioResources 10 (2015) 2, 2667 – 2680

[8.10] *Khakifirooz, A., Ravanbakhsh, F., Samariha, A., Kiaei, M.*: Investigating the Possibility of Chemimechanical Pulping of Bagasse. BioResources 8 (2013) 1, 21 – 30

[8.11] *Knoblauch, J., Winter, L., Zollner-Croll, H.*: Comparison of Pulp Properties from Kraft, Sulfite and ASAM process. IPW International Paperworld, Das Papier (2000) 1, T1 – T5

[8.12] *Ahrens, S.*: Landwirtschaftliche Nutzfläche in Deutschland nach Nutzungsart bis 2025. *https://de.statista.com/statistik/daten/studie/183734/umfrage/landwirtschaftliche-nutzflaeche-in-deutschland-2010/*, abgerufen am 4. 10. 2025

[8.13] *Ahrens, S.*: Erntemenge von Getreide in Deutschland nach Art bis 2025. *https://de.statista.com/statistik/daten/studie/28890/umfrage/erntemenge-von-getreide-in-deutschland-seit-1960/*, abgerufen am 4. 10. 2025

[8.14] *Rodden, G.*: North America's First Tree-Free Market Pulp Mill. TAPPI Paper360, März/April 2019, 26 – 28 *https://www.panaprint.com/uploads/1/5/9/1/15913260/tree-free_pulp_free_mill.pdf*, abgerufen am 10. 1. 2021

[8.15] *Matthis, S.*: Kimberly-Clark launches products made with wheat straw and bamboo. PULPAPERnews, May 12th, 2015, *https://www.pulpapernews.com/20190804/6586/kimberly-clark-launches-products-made-wheat-straw-and-bamboo*, abgerufen am 10. 1. 2021

[8.16] Zellstoff aus Stroh wird Wirklichkeit. Essity Pressemitteilung vom 7. 10. 2020, *https://www.essity.de/Images/Essity_2020_Zellstoff_aus_Stroh_tcm345-101232.pdf*, abgerufen am 5. 11. 2020

[8.17] Hopfenpflanzerverband Tettnang e. V. *https://tettnanger-hopfen.de/*, abgerufen am 19. 10. 2025

[8.18] *Kenkenberg, J.*: Untersuchung von Spargelpapier für die Papierindustrie. Unveröffentlichte Bachelor-Arbeit an der Hochschule München, 2020, Bayern Innovativ Projekt

[8.19] *Jawaid, M.; Asim, M.; Tahir, P. M.; Nasir, M. (Hrsg.)*: Pineapple Leaf Fibers. Processing, Properties and Applications. Springer Nature Singapore Pte Ltd. 2020, *https://doi.org/10.1007/978-981-15-1416-6*

[8.20] *Liao, S.; Chen, J.; Wang, X.*: An Update on Pineapple Leaf Fibers. Journal of Natural Fibers 22 (2025) 1, Artikel 2509129, online-Publikation 31. Mai 2025, *https://doi.org/10.1080/15440478.2025.2509129*

[8.21] *Gansberger, M.; Montgomery, L. F. R.; Liebhard, P.*: Botanical characteristics, crop management and potential of *Silphium perfoliatum* L. as a renewable resource for biogas production: A review. Industrial Crops and Products 63 (2015), 362 – 372

[8.22] *Carus, M. et al.*: Studie zur Markt- und Konkurrenzsituation bei Naturfasern und Naturfaser-Werkstoffen (Deutschland und EU). Gülzower Fachgespräche, Band 26, Fachagentur Nachwachsende Rohstoffe e. V., 2008

[8.23] *Mahapatra, N. N.*: Extraction, processing, properties and use of hemp fiber. Textile Today, 2018, May 28th, 2018, *https://www.textiletoday.com.bd/extraction-processing-properties-and-use-of-hemp-fiber*, abgerufen am 4. 10. 2025

[8.24] *Manaia, J. P.; Manaia, A. T.; Rodriges L.*: Industrial Hemp Fibers: An Overview. Fibers 7 (2019) 12, Artikel-Nr. 106, *https://doi.org/10.3390/fib7120106*

[8.25] *Hesch, R.; Meyer, A.; Beckmann, F.; Hesch, K.*: Hanf–Perspektiven für eine ökologische Zukunft, Eine realistische Betrachtung. Lemgo: TAOASIS Verlag, 1997

[8.26] *Naithani, V.; Tyagi, P.; Jameel, H.; Lucia, L. A.; Pal, L.*: Ecofriendly and innovative processing of hemp hurds fibers for tissue and towel paper. BioResources 15 (2020) 1, 706 – 720

[8.27] *Vijayalakshmi, K.; Neeraja, Ch.; Kavitha, A.; Hayavadana J.*: Abaca Fibre. Transactions on Engineering and Science 2 (2014) 9, 16 – 19

[8.28] *Jiménez, L.; Ramos, E.; Rodríguez, A.; De la Torre, M. J.; Ferrer, J. L.*: Optimization of pulping conditions of abaca. An alternative raw material for producing cellulose pulp. Bioresource Technology 96 (2005) 9, 977 – 983

[8.29] *Zhao, G.; Lai, R.; He, B.; Greschik, T.; Li, X.*: Replacement of softwood kraft pulp with ECF bleached bamboo kraft pulp in fine paper. Bioresources 5 (2010) 3, 1733 – 1744

[8.30] *Iglesias, G.; Bao, M; Lamas, J.; Vega, A.*: Soda Pulping of *Miscanthus Sinensis*. Effects of operational variables on pulp yield and lignin solubilization. Bioresource Technology 58 (1996) 1, 17 – 23

[8.31] *Qin, J.; Yang, Y.; Jiang, J.; Yi, Z.; Xiao, L.; Ai, X.; Chen, Z.*: Comparison of lignocellulose composition in four major species of Miscanthus. African Journal of Biotechnology 11 (2012) 62, 12529 – 12537, *DOI: 10.5897/AJB11.3248*

[8.32] *Oggiano, N.; Angelini, L. G.; Cappelletto, P.*: Pulping and paper properties of some fibre crops. Industrial Crops and Products 7 (1997) 1, 59 – 67

[8.33] *Thykesson, M.; Sjöberg, L. A.; Ahlgren, P.*: Pulping of grass and straw. Nordic Pulp and Paper Research Journal 12 (1997) 21, 128 – 134

[8.34] *Ahlgren, P.; Thykesson, M.; Sjöberg, L. A.*: Paper Properties of grass and straw pulps. Industrial Crops and Products 7 (1998) 2 – 3, 351 – 362

[8.35] *Cappelletto, P.; Mongardini, F.; Barberi, B.; Sannibale, M.; Brizzi, M.; Pignatelli, V.*: Papermaking pulps from the fibrous fraction of *Miscanthus x Giganteus*. Industrial Crops and Products 11 (2000) 2 – 3, 205 – 210

[8.36] *Marin, F.; Sánchez, J. L.; Arauzo, J.; Fuertes, R.; Gonzalo, A.*: Semichemical pulping of *Miscanthus giganteus*. Effect of pulping conditions on some pulp and paper properties. Bioresource Technology 100 (2009) 17, 3933 – 3940, *https://doi.org/10.1016/j.biortech.2009.03.011*

[8.37] *Cruse, F.; Dietz, W.; Höller, M.; Szafera, S.*: Entwicklung eines Verfahrens zur Gewinnung von Gras als Rohstoff und Verarbeitung für die Herstellung von Papierprodukten unter besonderer Berücksichtigung des Aufbaus einer nachhaltigen Wertschöpfungskette. Abschlussbericht über ein Entwicklungsprojekt, gefördert unter Az: 30990/01 von der Deutsche Bundesstiftung Umwelt, Mai 2015, *https://d-nb.info/1077752962/34*, abgerufen am 4. 10. 2025

9 Additive der Papiererzeugung

Von Thoralf Gliese und Stephan Kleemann

Die Herstellung von Papier beruht maßgeblich auf dem Einsatz von faserhaltigen Rohstoffen (Zellstoff, Holzstoff, Altpapier). Rund 89 % des gesamten Rohstoffbedarfs in der Papier- und Kartonherstellung werden hiermit abgedeckt (Bild 9.1). Etwa 8 % des Rohstoffbedarfs basiert auf mineralischen Rohstoffen, die in Form von **Füllstoffen** (Wet End) und **Pigmenten** zur Oberflächenveredelung (Coating) zum Einsatz kommen. Mit Blick auf die chemische Komplexität des Papierherstellungsprozesses scheint es zunächst überraschend, dass **chemische Additive** (alter Begriff: Hilfsmittel) nur etwa 3 % aller verwendeten Rohstoffe ausmachen. Annähernd die Hälfte hiervon ist Stärke, die auf Basis natürlicher und nachwachsender Rohstoffe, wie Mais, Kartoffeln, Weizen oder Tapioka, hergestellt wird. Neben den traditionell eingesetzten Aluminiumverbindungen (z. B. Al_2SO_4, Polyaluminiumchlorid) kommt heutzutage insbesondere den synthetischen chemischen Additiven (Spezialchemikalien) erhöhte Bedeutung zu [9.1].

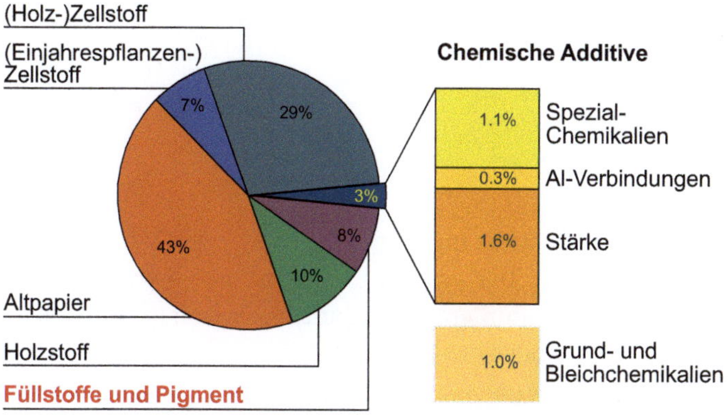

Bild 9.1 Rohmaterialverbrauch bei der Papierherstellung (2006)

Bild 9.2 zeigt die Marktanteile verschiedener chemischer Additive, gruppiert nach funktionellen Additiven und Prozessadditiven. Funktionelle Additive beeinflussen die Eigenschaften bzw. Qualität des fertigen Papierprodukts, wohingegen Prozessadditive benötigt werden, um den Papierherstellungsprozess effizienter zu gestalten.

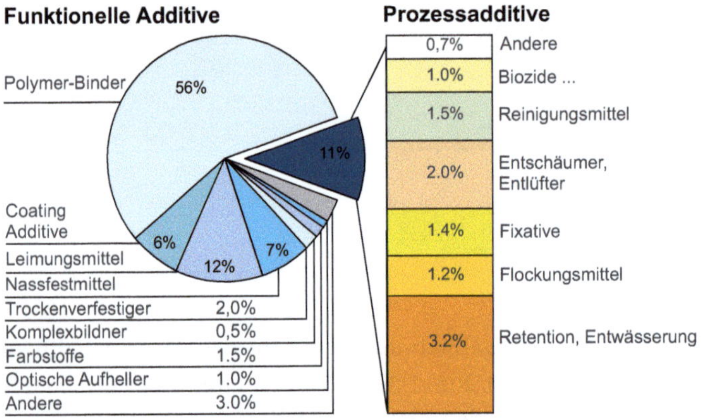

Bild 9.2 Marktanteile chemischer Additive

Innerhalb der Gruppe der funktionellen Additive decken Polymerbinder mit 56 % den größten Anteil ab. Diese Klasse synthetischer Binder (z. B. Styrol-Butadien-Polymere) wird insbesondere bei der Oberflächenveredelung holzstoffhaltiger und holzfreier grafischer Papiere eingesetzt. Prozessadditive ermöglichen Produktivitätssteigerungen und verbessern die Effizienz („Runnability“) von Papier- und Kartonmaschinen. Von besonderer Bedeutung sind hierbei Additive zur Verbesserung von Retention und Entwässerung sowie Fixiermittel zur Kreislaufwasserbehandlung und Störstoffbekämpfung. Trotz der vergleichsweise geringen Verbrauchsraten für chemische Additive tragen diese einen erheblichen positiven Effekt im Produktionsprozess und bei der Definition der Endprodukteigenschaften bei. Aufgrund dieser vorteilhaften Eigenschaften ist davon auszugehen, dass die spezifischen Verbrauchsraten für chemische Additive in den kommenden Jahren stärker wachsen werden [9.1].

9.1 Mineralische Additive

Mineralische Additive werden als Füllstoffe und Pigmente seit langer Zeit in der Papier- und Kartonherstellung eingesetzt. Der ursprüngliche Gedanke hierfür war die Erhöhung des Papiergewichts. Heute dominieren funktionelle, ökonomische und ökologische Triebkräfte den Einsatz mineralischer Rohstoffe.

Füllstoffe und **Pigmente** werden definiert als weiße, anorganische, wasserunlösliche Mineralien mit kleiner Partikelgröße. Neben kostengetriebenem Einsatz kommen Füllstoffe und Pigmente in der modernen Papier- und Kartonherstellung zunehmend als funktionelle Additive im Wet End sowie in der Oberflächenveredelung (Coating) zum Einsatz. Damit bilden diese mineralischen Rohstoffe einen integralen Teil der Papierwertschöpfungskette und sind maßgeblich für die Definition der Endprodukteigenschaften verantwortlich. Typische Charakteristika, welche den Einsatz von Füllstoffen und Pigmenten in diversen Anwendungsbereichen definieren, können wie folgt zusammengefasst werden:

- Partikelgröße und Partikelgrößenverteilung,
- Formfaktor/Aspect Ratio (rund, plättchenförmig, nadelförmig, ...),
- Morphologie, spezifische Oberfläche,
- Abrasivität, Dichte,
- chemische Zusammensetzung, Reaktivität und Oberflächenladung,
- optische Parameter (Weißgrad, Streukoeffizient, Brechungsindex, ...),
- rheologisches Verhalten (Slurry, Streichfarbenformulierung).

Das Einsatzspektrum mineralischer Rohstoffe ist mannigfaltig und umfasst die Behandlung klebriger Verunreinigungen bzw. von Störstoffen, den Einsatz als Füllstoff im Wet End sowie als Streichpigment bei der Herstellung von Streichfarbenformulierungen. Aber auch bei der Druckfarbenherstellung nutzt man vorteilhafte Eigenschaften von Mineralien. Der Gesamteinsatz mineralischer Rohstoffe ist in den zurückliegenden Jahren stark angestiegen und beträgt heute weltweit etwa 32 Mio. t. Hierbei nehmen Mineralien auf Basis von **Calciumcarbonat** ($CaCO_3$) einen wichtigen Platz ein. GCC (Ground Calcium Carbonate) repräsentiert etwa 52 % aller weltweit in der Papier- und Kartonherstellung genutzten Mineralien. Hinzu kommt die synthetische Carbonatform PCC (Precipitated Calcium Carbonate) mit einem Marktanteil von 21 %. **Kaolin** (Clay) hat in den letzten 20 Jahren kontinuierlich Marktanteile verloren, nimmt mit 21 % aber immer noch einen bedeutsamen Anteil im Spektrum mineralischer Rohstoffe ein. Hinzu kommt **Talkum** mit 4 % sowie eine große Gruppe von Spezialmineralien (ATH, TiO_2, $BaSO_4$, Silica, Gips ...), welche zusammengefasst weniger als 1 % des weltweiten Mineralienbedarfs abdecken.

Knapp zwei Drittel aller Mineralien kommen in der **Oberflächenveredelung** zum Einsatz (19,5 Mio. t). Hier dominieren GCC und Kaolin die Produktauswahl. Im Gegensatz hierzu hat sich PCC, insbesondere durch den starken Einsatz als Füllstoff, für die Herstellung ungestrichener, holzfreier Papiere (UWF), oft auch in Kombination mit sogenannten Onsite-Produktion den größten Marktanteil im Wet End erarbeitet. Der Gesamteinsatz aller Mineralien im Wet End beläuft sich auf 12,5 Mio. t jährlich.

Hauptanwendungsgebiete von mineralischen Rohstoffen sind grafische Papiere (Schreib- und Druckpapiere) sowie gestrichener Karton. In den zurückliegenden Jahren konnte eine rasche Zunahme des Einsatzes von Füllstoffen und Pigmenten beobachtet werden. Die Wachstumsraten des Mineralieneinsatzes waren hierbei höher als die der Papierproduktion, und es ist anzunehmen, dass dieser Trend auch in Zukunft anhält. Dafür können sowohl die Bemühungen zur Optimierung der Kostenstruktur bei der Papierherstellung, Maßnahmen zur Verbesserung der Energieeffizienz, Faserverknappung, als auch qualitative Aspekte verantwortlich gemacht werden. Bild 9.3 zeigt typische Toleranzbänder für den Mineraliengehalt verschiedener Papier- und Kartonsorten. Der gezeigte Mineraliengehalt schließt sowohl die im Wet End eingesetzten Füllstoffe als auch die zur Oberflächenveredelung genutzten Streichpigmente mit ein.

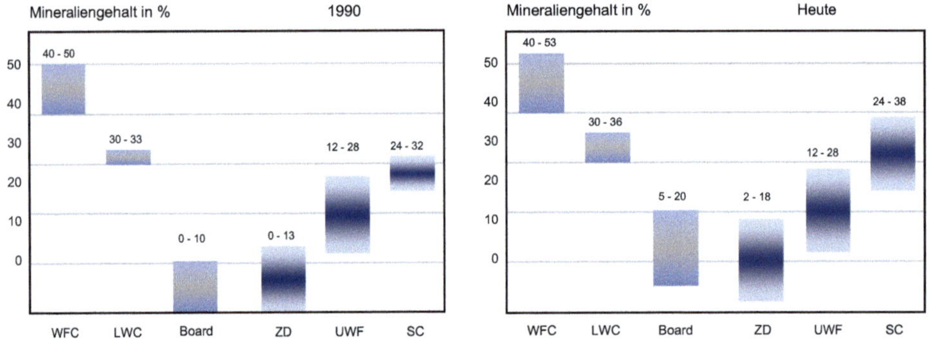

Bild 9.3 Mineraliengehalt verschiedener Papiersorten (Vergleich 1990 mit 2006)

Einige Papiersorten, wie zum Beispiel holzstofffrei, mehrfach gestrichene Papiere (WFC), enthalten heute zum Teil schon mehr als 50 % Mineralien. Man beobachtet aber auch bei anderen grafischen Papieren, wie Zeitungsdruck (ZD) oder gestrichenem Karton, eine stetige Zunahme des Mineralieneinsatzes.

Mineralische Füllstoffe und Pigmente kommen heutzutage in der Regel als wässrige **Dispersionen** (Slurry) mit hohem Feststoffgehalt (65...78 %) zum Einsatz. Damit sind Vorteile im Hinblick auf Handhabung (Pumpfähigkeit, Staubfreiheit, direkte Anwendbarkeit, ...), Lagerung und Energieeffizienz verbunden. Um eine Füllstoff- oder Pigmentslurry mit hohem Feststoffgehalt überhaupt bereitstellen zu können, werden Dispergiermittel benötigt. **Dispergiermittel**, meist Polyacrylate, werden bereits im Verlauf der Mineralienaufbereitung in vergleichsweise geringen Mengen eingesetzt bzw. benötigt und bestimmen neben dem erreichbaren Feststoffgehalt die generellen Fließeigenschaften einer Dispersion (Viskosität), deren Stabilität und eine Reihe von anwendungstechnischen Eigenschaften im Wet End sowie im Bereich der Oberflächenveredelung.

9.1.1 Charakterisierung von Füllstoffen und Pigmenten

9.1.1.1 Weißgrad

Der **Weißgrad** beschreibt die Remissionsfähigkeit von Füllstoffen und Pigmenten bei einer Wellenlänge von 457 nm und einer Spaltbreite von 44 nm. Damit wird nur der

Teil des sichtbaren Lichtspektrums abgedeckt, in dem das menschliche Auge eine besondere Empfindlichkeit in Bezug auf die Weißeempfindung hat [9.2].

Mineralische Füllstoffe und Pigmente bieten aufgrund ihrer diversen chemischen Zusammensetzung und unterschiedlichen geologischen Entstehungsformen ein breites Weißgradspektrum beginnend mit 70 % bis 100 % (Bild 9.4). Damit sind die meisten Mineralien weißer als mechanische Faserstoffe wie SGW, PGW oder CTMP.

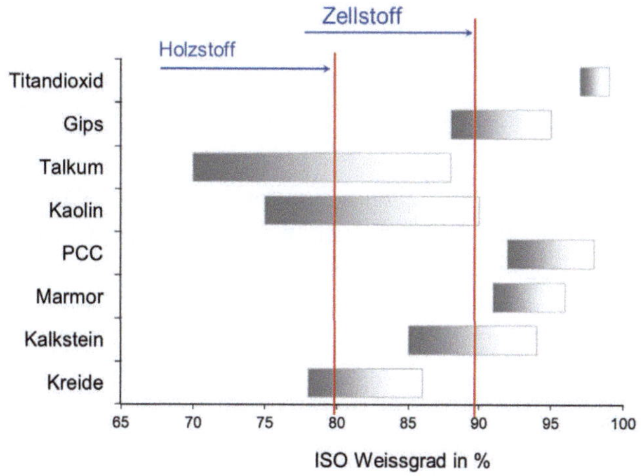

Bild 9.4 Typische Weißgradbereiche verschiedener mineralischer Rohstoffe

Für hohe Weißgradanforderungen (> 90 %), insbesondere beim Einsatz von gebleichtem, chemischen Zellstoff, können nur noch kalkstein- oder marmorbasierte GCCs, Titandioxid oder andere Spezialpigmente eingesetzt werden. Dies geschieht oft in Kombination mit optischen Aufhellern (OBA).

9.1.1.2 Brechungsindex (Brechzahl)

Der **Brechungsindex** (RI, Brechzahl) zählt zu den wichtigen optischen Eigenschaften von Mineralien. Er beschreibt die **Intensität der Richtungsänderung** (Brechung) eines Lichtstrahls beim Auftreffen auf eine Grenzfläche zwischen zwei Medien. Je höher der Brechungsindex, desto höher das Lichtstreuungspotenzial. Tabelle 9.1 zeigt die Brechungsindizes verschiedener Mineralien gegenüber Luft. **Titandioxid** kann aufgrund seiner Kristallstruktur und Partikelgröße Licht sehr effizient brechen. Grenzflächen, die aus Materialien mit ähnlichem Brechungsindex aufgebaut sind, streuen Licht nur sehr ineffektiv. Deshalb sollte die Selbstaggregation von Mineralien im Papier bzw. die schlechte Dispergierung von Mineralien vermieden werden.

Tabelle 9.1 Brechungsindexwerte verschiedener mineralischer Rohstoffe (gegenüber Luft)

Rohstoff	Brechungsindex
Clay/Kaolin	1,55
kalziniertes Kaolin	1,56
Calciumcarbonat – GCC, PCC	1,56…1,65
Gips	1,52…1,58
Talkum	1,57
Titandioxid	2,55…2,76

Für eine definierte Lichtwellenlänge λ lässt sich der streuungsoptimale Partikeldurchmesser (D) eines Streichpigments aus der Differenz der Brechungsindizes von Pigment (RI_P) und Binder (RI_B) näherungsweise wie folgt berechnen:

$$D = \frac{\lambda}{2{,}1}(RI_P - RI_B) \tag{9.1}$$

9.1.1.3 Streuungskoeffizient

Der Streuungskoeffizient s ist neben dem Brechungsindex und dem Absorptionskoeffizienten k eine wichtige physikalische Größe zur Beschreibung von Wechselwirkungen mit Lichtstrahlen, insbesondere im Hinblick auf Weißgrad und Opazität. Das optische Streuvermögen hängt von der **Partikelgröße** und der **Partikelgrößenverteilung** ab. Optimale Streuung wird erreicht, wenn die Partikelgröße etwa 40 % der Wellenlänge des einfallenden Lichtstrahls entspricht. Dies ist bei sichtbarem Licht etwa bei 0,15…0,30 µm der Fall. **Titandioxid** verdankt diesem Phänomen das hohe optische Streuvermögen. Mit weiter sinkender Partikelgröße sinkt der Streukoeffizient wieder, und die Partikel werden schließlich transparent (Tabelle 9.2).

Tabelle 9.2 Streuungskoeffizienten verschiedener mineralischer Rohstoffe im Vergleich zu Faserstoffen

Rohstoff (Mineral/Faserstoff)	Streukoeffizient in cm^2/g
Clay/Kaolin	700…1200
kalziniertes Kaolin	2000…3000
Calciumcarbonat – GCC	1400…1900
Calciumcarbonat – PCC	2100…2700
Titandioxid	4500…6000
Zellstoff	220…450
Holzstoff	500…700

9.1.1.4 Partikelmorphologie

Die Partikelmorphologie bzw. Partikelform von Mineralien ist mannigfaltig und beeinflusst diverse Prozess- und Endprodukteigenschaften. Füllstoffe und Pigmente unterscheiden sich hauptsächlich durch runde, plättchenförmige, prismatische oder nadelförmige Partikelstrukturen. Ein Maß für die Partikelmorphologie bzw. Partikelgeometrie ist der **Formfaktor** (Aspect Ratio), der als Längen-Dicken-Verhältnis definiert ist (Bild 9.5).

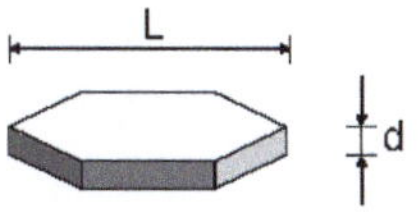

$$A.R. = \frac{L\,[\mu m]}{d\,[\mu m]}$$

Bild 9.5
Definition des Formfaktors (Aspect Ratio)

Der Formfaktor von natürlichem Calciumcarbonat (GCC) liegt üblicherweise bei 1, wohingegen Kaolin je nach Lagerstätte einen Formfaktor zwischen 10 und 60 aufweisen kann. Beim noch plättchenförmigeren Talkum kann dieser Wert auf über 70 ansteigen.

Durch den Formfaktor von Mineralien für die Papiererzeugung werden unter anderem Retentions- und Entwässerungseigenschaften, Abrasion, rheologische Eigenschaften (erzielbarer Feststoffgehalt, Verhalten bei hohen Scherraten), Porosität, Faserabdeckung (Packungsverhalten in Strichstrukturen, ...) sowie Glanzentwicklung beeinflusst.

9.1.1.5 Partikelgröße und Partikelgrößenverteilung

Die Partikelgröße und deren statistische Verteilung zählen zu den relevanten Eigenschaften zur Bestimmung optimaler Einsatzprofile mineralischer Rohstoffe. Die bei der Papierherstellung eingesetzten Füllstoffe und Pigmente haben üblicherweise mittlere Partikelgrößen (d_{50}) zwischen 0,5 µm und 3 µm, wobei Streichpigmente in der Regel feiner sind als Füllstoffe.

Zur **Klassifizierung der Partikelgrößenverteilung** (Feinheit) von mineralischen Produkten greift man traditionell auf mikroskopische Verfahren oder besser auf folgende zwei Verfahren zurück: Die sedigrafische Röntgenbeugung sowie die Laserlichtbeugung an Oberflächen von mineralischen Partikeln in verdünnten Lösungen. Beide Methoden liefern reproduzierbare Aussagen zu Häufigkeitsverteilungen von äquivalenten Kugeldurchmesserwerten.

Bei der heute üblichen sedigrafischen Bestimmung des Partikeldurchmessers kommt das Sedimentationsgesetz nach Stokes zur Anwendung. Hierbei wird ein äquivalenter Kugeldurchmesser x_W bestimmt.

Für die Papierindustrie hat sich die in Bild 9.6 gezeigte Darstellung der kumulierten Partikelhäufigkeiten in Gewichtsprozent des Gesamtprobengewichts durchgesetzt. Zu beachten ist die logarithmische Skalierung der Abszisse. Wichtige zu entnehmende

Kennzahlen sind der mittlere Partikeldurchmesser d_{50} sowie der Topcut d_{98}, der auch als **Überkorn** bezeichnet wird. Die Steilheit der Kurve gibt Auskunft über die Breite der Partikelgrößenverteilung. Je steiler die Kurve ist, desto enger ist die Verteilung.

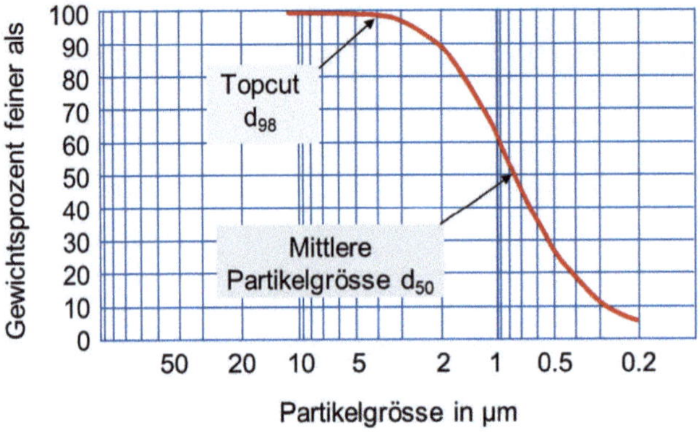

Bild 9.6 Typische Partikelgrößenverteilungskurve von Füllstoffen/Pigmenten

9.1.1.6 Spezifische Oberfläche

Die **spezifische Oberfläche** von Füllstoffen und Pigmenten beschreibt die Gesamtoberfläche eines Partikels inklusive der inneren Oberfläche in m^2/g. Neben der **Quecksilberporosimetrie** hat sich insbesondere die BET-Methode (BET: *Stephen* ***Brunnauer***, *Paul Hugh* ***Emmet***, *Edward* ***Teller***) als Analyseverfahren verbreitet. Die BET-Oberflächenbestimmung beruht auf dem Prinzip der Adsorption von gasförmigem Stickstoff (N_2) an Partikeloberflächen in einer monomolekularen Schicht. Aufgrund von Kühlung durch flüssigen Stickstoff (–196 °C) schwingen die Gasmoleküle weniger und benötigen weniger Anlagerungsfläche. Auf diese Weise können mehr Gasmoleküle adsorbiert werden. Nachfolgendes Heizen der Probe löst einen Teil der adsorbierten Gasmenge von der Oberfläche, und man erhält eine Adsorptions-Desorptions-Isotherme. Die dabei gemessene Menge an adsorbiertem bzw. frei werdendem Gas ist proportional zur Partikeloberfläche.

Typische BET-Werte für Füllstoffe und Pigmente liegen im Bereich von 5 bis 20 m^2/g. Spezialpigmente (z. B. Silica) erreichen spezifische Oberflächen von bis zu 300 m^2/g. Partikelgröße, Partikelgrößenverteilung und Partikelmorphologie werden indirekt in der spezifischen Oberfläche widergespiegelt. Feinere Füllstoffe und Pigmente haben gewöhnlich höhere spezifische Oberflächen als grobe. Ferner korreliert die spezifische Oberfläche mit dem Dispergiermittelbedarf, dem erreichbaren Feststoffgehalt einer Slurry sowie dem Leimungsmittelverbrauch im Wet End und dem Bindemittelbedarf in einer Streichfarbenformulierung. In der Endanwendung des Papiers beeinflusst die spezifische Oberfläche von Mineralien die Flüssigkeitsabsorption sowie das Wegschlagen von Druckfarben bei gestrichenen Oberflächen.

9.1.1.7 Partikelladung

Die entweder kationische, meist aber anionische elektrostatische Ladung von mineralischen Oberflächen hat eine große Bedeutung in Bezug auf

- die Stabilität von Dispersionen,
- die Rolle von Füllstoffen im Wet End (**Retention**, Wechselwirkung mit anderen Additiven),
- die Herstellung und Verarbeitung von Streichfarbenformulierungen.

So kann ein grundlegendes Verständnis für den Partikelladungszustand bei der Auswahl des richtigen Retentionssystems oder des richtigen Dosierortes hilfreich sein. In Streichfarbenformulierungen können starke elektrostatische Wechselwirkungen zu Flockulationseffekten führen, die die Rheologie der Streichfarbe, aber auch die Endprodukteigenschaften (z. B. Glanz) negativ beeinflussen können.

Mineralische Füllstoffe und Pigmente haben üblicherweise ein **Zetapotenzial** von –30 ...+30 mV, abhängig von deren chemischer Zusammensetzung, der Aufbereitung und dem Zustand bzw. Ionengehalt des umgebenden flüssigen Mediums (pH-Wert, Menge an gelösten anorganischen Salzen, Polyelektrolytgehalt, ...). Die Konzentration von Calciumionen (Ca^{2+}) hat beispielsweise einen direkten Einfluss auf das Zetapotenzial von dispergiertem Calciumcarbonat. Niedermolekulare Polyelektrolyte (M_W = 3000...15 000 g/mol) auf Polyacrylsäuresalzbasis adsorbieren stark auf geladenen Partikeloberflächen, erzeugen hierdurch eine starke negative Oberflächenladung sowie Abstoßungseffekte und können demzufolge effizient als Dispergiermittel eingesetzt werden. Die Partikelladung kann bei definierter Verdünnung mit dem SCD-Prinzip („**Streaming Current Detector**") analytisch genau bestimmt werden [9.3][9.4].

9.1.1.8 Härte und Abrasivität

Die Abrasivität eines mineralischen Füllstoffs ist nicht notwendigerweise allein von dessen Härte abhängig. Dennoch ist die Härte eines Minerals ein wichtiges Charakteristikum. Härte ist der mechanische Widerstand, den ein Körper einer mechanischen Einwirkung entgegensetzt. Harte Stoffe ritzen weichere. Dieser Umstand ist die Grundlage der Härteprüfung nach *Friedrich Mohs* (1773 - 1839), einem deutschen Mineralogen. Die Mohs-Härte-Skala ist eine relative, nichtlineare Skala. Mineralien mit dicht gepackten Kristallstrukturen und starken kovalenten Bindungskräften sind üblicherweise härter. Mineralien mit metallischen oder van-der-Waals-Bindungen tendieren dazu, weicher zu sein. Das weichste Mineral ist Talkum, Diamant ist das härteste Mineral (Tabelle 9.3).

Tabelle 9.3 Mohs-Härte verschiedener Mineralien

Mineralischer Rohstoff	Mohs-Härte
Clay/Kaolin	2...2,5
Calciumcarbonat - GCC, PCC	3 (...3,5)
Gips	2
Talkum	1
Titandioxid	5...7

Die **Abrasionsneigung** eines Füllstoffs hängt neben der Härte vor allem von den qualitativen Eigenschaften des Füllstoffs (Überkorn d_{98}, Verunreinigungen, z. B. Quarz, Partikelmorphologie, ...) sowie den Prozessbedingungen (Siebdesign, Auswahl und Material der Entwässerungselemente, Vakuumeinstellungen, Retention, ...) ab.

9.1.2 Mineralische Füllstoffe und Pigmente

9.1.2.1 Calciumcarbonat – GCC (Ground Calcium Carbonate)

Calciumcarbonat ist eines der am meisten verbreiteten Mineralien in der Erdkruste. Natürliche Carbonate treten in verschiedenen Gesteinsformen auf: **Kreide**, **Kalkstein** und **Marmor**. Alle drei geologischen Erscheinungsformen basieren auf rhomboedrischen Calcitkristallen und unterscheiden sich im Wesentlichen durch ihr Alter und die Gesteinsentstehung (Tabelle 9.4).

Chemisch gesehen sind Calciumcarbonate ($CaCO_3$) Salze der Kohlensäure (H_2CO_3). Die Entstehung von natürlichen Carbonat-Lagerstätten ist eng mit der Klima- bzw. Erdgeschichte verknüpft. Natürliche Carbonate entstehen durch Sedimentation von carbonathaltigen Organismen (Muscheln, Schnecken, ...) am Meeresboden beziehungsweise durch (Fällungs-)Reaktionen von Calciumsalzen mit dem CO_2 der Luft. Marmor ist ein metaphorisches Gestein, das, ausgehend von jüngeren Carbonatgesteinen, unter Einfluss von Hitze und Druck rekristallisiert.

Tabelle 9.4 Klassifikation von natürlichem Calciumcarbonat

Kriterium	Maßeinheit	Kreide	Kalkstein	Marmor
Alter	Mio. Jahre	80...110	110...150	300...500
Genesis	–	Biomineralisierung	Biomineralisierung	Metamorphose
Dichte	g/cm^3	1,9...2,8	2,68...2,76	2,6...2,84
Weißgrad	%	78...86	85...94	90...96
Typische Verunreinigungen	–	Fe, Mn, Clay	Fe, Mn, Clay	Graphit, Quarz, ...

Die Herstellung von GCC-Slurries erfolgt in mehrstufigen Nassmahlanlagen. Nach Gewinnung des Rohsteins im Tagebau wird dieser in Backenbrechern zerkleinert, vorsortiert und in einer Waschanlage von anhaftenden Verunreinigungen befreit. Hierauf folgt die schrittweise Reduktion der Partikelgröße durch den Einsatz von Stangen- oder Kugelmühlen. Chemische Verunreinigungen (Graphit, Glimmer, Silikate) können in einem ebenfalls mehrstufigen Flotationsprozess mithilfe von Tensiden entfernt werden. Die abschließende Mikronisierung dient der definierten Einstellung der Partikelgröße bzw. Partikelgrößenverteilung. Hier werden unter Nutzung von Dispergiermitteln auch der endgültige Feststoffgehalt und die Viskosität der Slurry eingestellt. Vor der Verladung und dem Versand werden die Slurries mit einem Feststoffgehalt von bis zu 78 % mit Bioziden konserviert und damit gegen mikrobielle Angriffe widerstandsfähig gemacht.

Aufgrund des hohen Weißgrads und weiterer positiver Eigenschaften bei der Herstellung und Verarbeitung ist Calciumcarbonat heute der bedeutendste Rohstoff für mineralische Füllstoffe und Pigmente bei der Papiererzeugung. Dem stand lange Zeit die Empfindlichkeit gegenüber Säuren entgegen. Traditionell wurde die Papierherstellung früher im sauren pH-Bereich 3...6 durchgeführt. Hier führen Zersetzungsreaktionen zu kritischen Abbauprodukten, die sowohl Ablagerungsprobleme als auch erhöhte Gasgehalte, Schaumbildung sowie eine Reihe anderer Prozessprobleme (z. B. erhöhter Additivverbrauch, Aufsalzung, ...) auslösen können (Bild 9.7)).

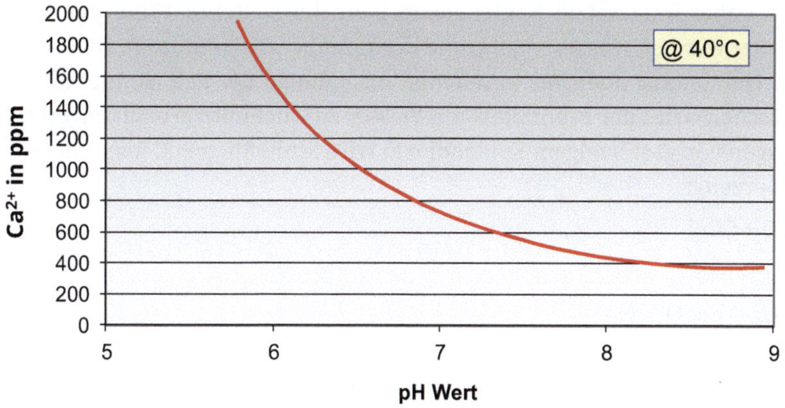

Bild 9.7 Löslichkeit von Calciumcarbonat

$CaCO_3 + H_2SO_4 \rightarrow CaSO_4 + CO_2\uparrow + H_2O$

Vor diesem Hintergrund ist es wichtig, den pH-Wert bei der Papierherstellung durchgängig oberhalb von 6,8 zu halten und auch das lokale Absinken des pH-Wert (z. B. durch Zugabe saurer Additive) zu vermeiden. Ergänzend zur **neutralen Fahrweise** hat sich mit der **alkalischen Fahrweise** ein weiteres verfahrenstechnisches Konzept durchgesetzt. Dieses kommt durch den Einsatz zusätzlicher, nicht gepufferter Alkaliquellen (z. B. Natronlauge, Natriumhydrogencarbonat) im Stoffkreislauf zustande.

Neben den bereits genannten Vorteilen bietet die neutrale Fahrweise auch technologische und kommerzielle Anreize durch Energieeinsparpotenziale bei der Faserstoffmahlung, geringere Korrosion von Maschinen- und Anlagenteilen sowie erhöhte **Alterungsbeständigkeit** der so hergestellten Papiere.

Zahlreiche Papierfabriken haben in den zurückliegenden Jahrzehnten ihre **Wet-End-Systeme** von der traditionell sauren auf neutrale oder alkalische Fahrweise umgestellt, um somit die zahlreichen Vorteile des Carbonateinsatzes nutzen zu können. Gemahlene Calciumcarbonate weisen üblicherweise eine breite Partikelgrößenverteilung auf. Dies hat Vorteile in Bezug auf den erreichbaren Feststoffgehalt der GCC-Dispersion bzw. der daraus hergestellten Streichfarbenformulierung (high solids coating). Beim Oberflächenveredeln von Papieren (CWF, LWC) haben sich die hohe Packungsdichte und Deckkraft von GCC, geringer Binderbedarf sowie die vorteilhaften rheologischen Eigenschaften ebenso als sehr vorteilhaft erwiesen. Seit einigen Jahren sind auch GCC-Dispersionen mit enger Partikelgrößenverteilung am Markt. Damit erzielt man bessere optischen Eigenschaften (höherer Streuungskoeffizient, höhere Opazität) sowie bessere Abdeckung durch raschere Immobilisierung [9.3]–[9.8].

9.1.2.2 Calciumcarbonat – PCC (Precipitated Calcium Carbonate)

Ergänzend zur Gruppe der natürlichen Calciumcarbonate bildet PCC eine weitere Gruppe sogenannten **synthetischer Carbonate**, die über einen dreistufigen Prozess gewonnen werden. Der erste Schritt umfasst die Herstellung von Branntkalk CaO aus Kalkstein. Das dabei freigesetzte Kohlendioxid kann im späteren Fällungsprozess wieder eingesetzt werden, was aber aufgrund der räumlichen Trennung von Branntkalk- und PCC-Herstellung aber nur in seltenen Ausnahmen der Fall ist. Im zweiten Schritt (Kalklöschen) wird der Branntkalk mit Wasser zu Calciumhydroxid umgesetzt. Durch Einbringen von gasförmigem Kohlendioxid wird schließlich PCC über eine Fällungsreaktion erzeugt:

$$CaCO_3 \rightarrow CaO + CO_2 \uparrow$$

$$CaO + H_2O \rightarrow Ca(OH)_2$$

$$Ca(OH)_2 + CO_2 \rightarrow CaCO_3 + H_2O$$

Der Feststoffgehalt der so gewonnenen PCC-Dispersion liegt üblicherweise unter 20 % und kann ohne Einsatz von Dispergiermitteln auf etwa 35 % angehoben werden. Eine weitere Erhöhung des Feststoffgehalts erfordert weitere mechanische und/oder thermische Aufkonzentrierungsverfahren sowie den Einsatz von Dispergiermitteln.

Man unterscheidet drei verschiedene **PCC-Morphologien** (Kristallstrukturen) (Tabelle 9.5):

- skalenoedrisches („rosettenförmiges“) PCC,
- rhomboedrisches („prismatisches“) PCC,
- aragonitisches („nadelförmiges“) PCC.

Skalenoedrische PCC-Strukturen werden mit großem Abstand am häufigsten eingesetzt, insbesondere für Füllstoffanwendungen für ungestrichene, holzfreie Papiere (UWF). Die damit verbundenen Vorteile liegen im Bereich der optischen Papiereigenschaften und basieren insbesondere auf dem hohen Weißgrad und einem guten Streukoeffizienten von PCC. Darüber hinaus gelingt es, bedingt durch Partikelgröße und -form, eine abstandshaltende Wirkung im Fasergefüge zu erzeugen, was positiv zum Volumen des Papierblatts beiträgt (Bild 9.8).

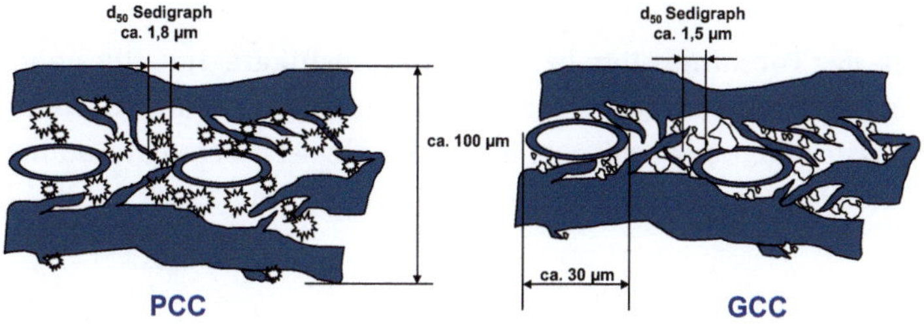

Bild 9.8 Einlagerungsmodell für PCC-Füllstoffe im Vergleich zu GCC

Tabelle 9.5 Eigenschaften von PCC und typische Anwendungsbereiche

Eigenschaften	Maßeinheit	Wet End	Coating
Morphologie	–	Sc, Rh, Ara	Ara, Rh
Spezifische Oberfläche BET	m^2/g	4...20	7...14
Partikelgröße d_{50}	µm	1,0...3,5	0,6...1,0
Weißgrad	%	95,0...97,5	93,0...97,0
Typische Anwendungen	–	UWF, SC	CWF, Karton, ...

Negative Begleiterscheinungen dieses Effekts sind die reduzierte Papier- und Gefügefestigkeit (Internal Bond) sowie eine offenere Papierblattstruktur. Die höhere Porosität und Permeabilität haben eine stärke Wasser- und Druckfarbenpenetration zur Folge. Darüber hinaus wird mitunter ein höherer Verbrauch an chemischen Additiven beobachtet, wenn PCC im Wet End zum Einsatz kommt [9.3].

Aragonitische PCC-Strukturen werden hauptsächlich im Bereich der Oberflächenveredelung (Coating) verwendet. In diesem Fall müssen PCC-Dispersionen auf über 70 % Feststoffgehalt aufkonzentriert werden. Die Vorteile des Einsatzes von Coating-PCC lassen sich wie folgt zusammenfassen: sehr gute Deckkraft, gute Opazität und Glanzentwicklung. Damit konzentrieren sich die Einsatzbereiche von Coating-PCC auf höherwertige, (glänzende) Bilderdruckpapiere und gestrichene Premiumprodukte.

Der PCC-Herstellungsprozess bietet eine hohe Flexibilität im Hinblick auf Partikelmorphologie, Partikelgröße und Agglomerationsgrad. Diese Freiheitsgrade lassen sich gezielt ausnutzen, um hochfunktionelle Partikelstrukturen zu generieren, welche in Spezialanwendungen zum Einsatz kommen. An dieser Stelle seien exemplarisch agglomerierte, aragonitische PCC-Füllstoffe zur Verbesserung des Papierblattvolumens oder ultrafeine PCC-Strukturen mit hoher spezifischer Oberfläche für Inkjet-Anwendungen genannt.

9.1.2.3 Kaolin/Clay

Kaolin zählt zur Gruppe der **Tonmineralien** bzw. **Aluminiumsilikate**. Hauptbestandteil dieser Mineraliengruppe ist das weit verbreitete Schichtsilikat Kaolinit, das wiederum ein Verwitterungsprodukt des Feldspats ist. In der idealen Form hat Kaolinit ($Al_2Si_2O_5(OH)_4$) eine plättchenförmige hexagonale Struktur (Bild 9.9).

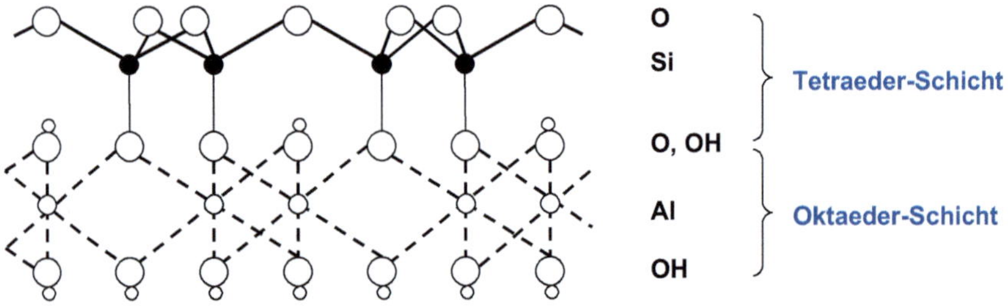

Bild 9.9 Kristallstruktur des Schichtsilikats Kaolinit

Kaolinitkristalle weisen eine typische Zweischichtstruktur auf, in der eine Tetraederschicht mit einer Oktaederschicht verknüpft ist. Die Struktur von Kaolinit ändert sich durch thermische Behandlung in Luft bei atmosphärischem Druck (Kalzinierung). Bei Temperaturen von 550...600 °C beginnt eine Dehydroxylierung, die zu amorphem Metakaolin führt.

$$2Al_2Si_2O_5(OH)_4 \rightarrow 2Al_2Si_2O_7 + 4H_2O$$

bei T > 550 °C

Im Gegensatz zu Calciumcarbonat ist Kaolin chemisch weitgehend inert und kann sowohl in sauren als auch in alkalischen pH-Bedingungen zum Einsatz kommen. Kaolin unterscheidet sich zudem durch eine relativ hohe **freie Oberflächenenergie** von 550...600 kJ/cm^2 von anderen typischen Mineralien für die Papierherstellung. Im Vergleich hierzu weisen Calciumcarbonate (75...80 kJ/cm^2) oder Talkum (68...70 kJ/cm^2) deutlich geringe Oberflächenenergien auf.

Man unterscheidet **primäre** und **sekundäre Vorkommen** (Tabelle 9.6). In primären Lagerstätten werden Muttergesteine wie z. B. Granit in situ durch heiße Oberflächenwässer, Grundwässer oder hydrothermale Fluide chemisch verwittert. Sekundäre

Kaoline sind zumeist umgelagerte primäre Kaoline. Am Ort der Entstehung wurden sie erodiert, anschließend transportiert und gemeinsam mit anderem Material in Form von Linsen abgelagert.

Tabelle 9.6 Typische Eigenschaften primärer und sekundärer Kaoline

Eigenschaften	Primäre Kaoline	Sekundäre Kaoline
Weißgrad	80...85 %	84...88 %
Formfaktor	25...70	10...25
Typische Lagerstätten	England, Deutschland, Ukraine, China	USA (Georgia), Brasilien, China
Typische Anwendungen	Wet End: SC-Papier (Tiefdruck, Offset) Coating: (U)LWC, WFC, ...	Wet End: SC-Papier (Tiefdruck, Offset) Coating: (U)LWC, WFC, ...

Kaoline werden nach ihrer Gewinnung im Tagebau einem aufwendigen und komplexen Aufbereitungsprozess unterzogen. Dieser beginnt mit dem Suspendieren in Wasser und nachfolgender Befreiung von Sandbestandteilen („Degritting"). Hierauf erfolgt eine Partikelfraktionierung, an die sich umfangreiche Reinigungsschritte (Säure- oder Alkalibehandlung, Flockulation, Flotation, oxidative oder reduktive Bleiche, Magnetabscheidung, Delaminierung) anschließen. Die so aufbereiteten Kaolinprodukte kommen als Slurry oder sprühgetrocknete Produkte zum Versand [9.2][9.3][9.9].

Die plättchenförmige Partikelstruktur von Kaolin hat Vorteile beim Einsatz in Papiersorten, in denen gute Abdeckung von Faserstrukturen gefordert ist bzw. hohe Anforderungen in Bezug auf die Papier- und Druckglanzentwicklung bestehen. Die Glanzentwicklung hängt insbesondere vom Grad der **Delaminierung** und der individuellen Partikelgröße ab.

Kaoline waren lange Zeit die bevorzugten Füllstoffe und Pigmente zur Herstellung grafischer Papiere. Die dominierende Rolle ist in den zurückliegenden 30 Jahren insbesondere durch die Markteinführung hochweißer Calciumcarbonate verschwunden. Zunächst wurde Kaolin in holzfreien Papiersorten ersetzt, inzwischen nimmt die Kaolinsubstitution auch bei holzstoffhaltigen Druckpapieren, insbesondere SC- und LWC-Papieren, einen breiten Raum ein. Ungenügende Dispergierung von Kaolin führt zu unzureichenden Fließeigenschaften und zu Verarbeitungsproblemen im Wet End sowie in den Streichaggregaten. Wässrige Suspensionen von Kaolin koagulieren bei niedrigen pH-Werten und dispergieren unter alkalischen Bedingungen.

Der isoelektrische Punkt liegt näherungsweise bei pH 7. Der pH-abhängige Ladungscharakter der Kanten von Kaolinpartikeln kann unter sauren pH-Bedingungen zur Bildung sogenannten Kartenhausstrukturen führen, die durch ihren Fließwiderstand zur ungewollten Erhöhung der Viskosität beitragen. Durch Zugabe von Polyanionen

(z. B. Na-Polyacrylat), die an der Oberfläche der Kaolinplättchen adsorbieren, wird eine starke negative Ladung aufgebaut, welche die Dispersion stabilisiert und fließfähig macht.

Das **rheologische Verhalten** von Kaolindispersionen bzw. Streichfarben mit hohem Kaolinanteil ist komplex. Kaoline haben bedingt durch ihre plättchenförmige Partikelstruktur ein natürliches Wasserrückhaltevermögen. Dadurch wird ein exzessiver Wasserverlust beim Aufbringen der Streichfarbe auf ein absorptives Substrat verhindert. Die Plättchenstruktur hat allerdings insbesondere bei Kaolinen mit hohem Aspect Ratio Nachteile, da die für Streichfarbenformulierungen angestrebte Strukturviskosität nicht dargestellt werden kann. Die Viskosität bei erhöhten Scherraten hängt stark von der Partikelform und den Packungsstrukturen der Partikel ab. Bei sehr hohen Scherraten kann dies sogar zu einem unerwünschten Anstieg der Viskosität (Dilatanz) führen.

9.1.2.4 Talkum

Talkum ($Mg_3Si_4O_{10}(OH)_2$) ist ein weiches, **dreischichtiges Magnesiumsilikat**. Es entsteht durch hydrothermische Verwitterung von nicht aluminiumhaltigen Magnesiumsilikatgesteinen. Eine Elementarzelle (Bild 9.10) setzt sich aus einem Magnesium-Sauerstoff-Hydroxyl-Oktaeder zusammen, der zwischen zwei Siliziumoxid-Tetraeder eingefügt ist. Die Oberfläche dieser Elementarzellen enthält keine Hydroxylgruppen, womit der hydrophobe und chemisch inerte Charakter von Talkum erklärt werden kann. Die Schichtpakete sind durch schwache van-der-Waals-Kräfte gebunden und können bereits durch schwache Scherkräfte delaminiert werden.

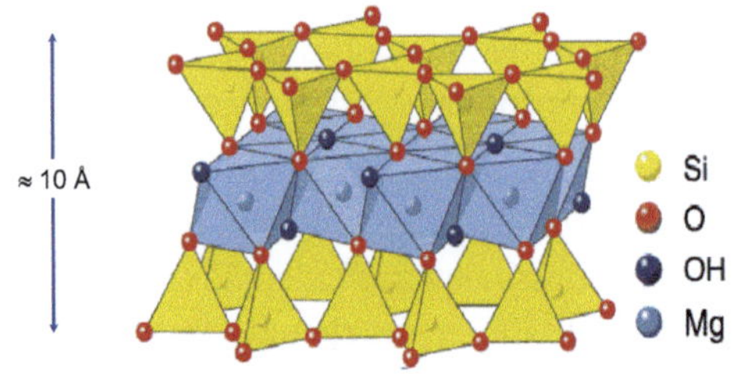

Bild 9.10
Talkum-Elementarzelle

Talkum ist ein stark plättchenförmiges (Aspect Ratio = 30...80) und zudem sehr weiches, wenig abrasives Mineral (Mohs-Härte = 1). Hinzu kommen spezielle Eigenschaften wie der bereits erwähnte hydrophobe und organophile Charakter. Die Wasserlöslichkeit von Talkum ist sehr gering. Bei der Dispergierung von Talkum müssen Netzmittel eingesetzt werden, um ein einwandfreies Einmischen in Wasser zu gewährleisten. Ergänzend hierzu verhindern Dispergiermittel eine Agglomeration von Talkumpartikeln in der Dispersion.

Die Intensität des Einsatzes von Talkum in der Papier- und Kartonherstellung ist regional sehr unterschiedlich und hängt von der Lagerstättensituation bzw. Verfügbarkeit ab. In Asien und Finnland wird Talkum in großen Mengen eingesetzt. Üblicherweise erfolgt der Einsatz von Talkum in Blends mit anderen Mineralien, meist Calciumcarbonat oder Kaolin. Die stark ausgeprägte **Plättchenform der Talkumpartikel** führt zu positiven Eigenschaften in der Anwendung, insbesondere zu guter Glätteentwicklung beim Einsatz als Füllstoff oder Streichpigment. Hauptanwendungsbereiche sind ungestrichene und gestrichene, holzstoffhaltige grafische Papiere. Der durch geringe Kohäsionskräfte zwischen den Kristallschichten hervorgerufene lamellare Charakter von Talkum kann außerdem effektiv zur Reduktion des Friktionskoeffizienten von Papieroberflächen genutzt werden. Talkum wird deswegen auch gern zur Vermeidung von Kernplatzern beim Wickeln von Jumborollen (LWC) eingesetzt. Speziell im Tiefdruck führt der organophile Charakter von Talkum zu sehr guten Druckergebnissen. Der Einsatz in hochweißen Druckpapieren ist aufgrund der geringen Weiße von Talkum nur eingeschränkt möglich. Eine Ausnahme bildet hier die Verwendung in Streichfarbenformulierungen für holzstofffrei gestrichene, matte Offsetpapiere, in denen Talkum unter anderem zur Verbesserung der Oberflächengüte sowie der **Scheuerfestigkeit** eingesetzt werden kann [9.3][9.9].

Sehr feine (mikronisierte) Talkumspezies werden weiterhin für die **Bekämpfung klebriger Verunreinigungen** in der Faserstoffaufbereitung (DIP, Holzstoffe) eingesetzt. Talkum kann organische, klebende Bestandteile effizient adsorbieren, maskieren und damit unschädlich machen. Störende Verunreinigungen (Harz, Stickies) werden so daran gehindert zu agglomerieren und können mit dem Papier aus dem Herstellungskreislauf ausgetragen werden.

9.1.2.5 Spezialmineralien

Gemäß den eingangs dargestellten Marktanteilen decken die in den Abschnitt 9.1.2.1 bis Abschnitt 9.1.2.4 beschriebenen Mineralien 96 % des weltweiten Mineralienbedarfs bei der Papier- und Kartonherstellung ab. Die verbleibenden 4 % verteilen sich auf diverse Spezialfüllstoffe und Pigmente, von den im Folgenden einige ausgewählte Produkte vorgestellt werden sollen.

Kaoline können durch einen weiteren Veredelungsschritt in **kalzinierte Kaoline** umgewandelt werden. Unter **Kalzinierung** versteht man einen Sinterprozess zur thermischen Aggregation von Kaolinprodukten. Hierbei wird das getrocknete Kaolinprodukt in einem Kalzinierofen bei 550...1100 °C irreversibel dehydroxyliert und infolgedessen in nichtkristallines Aluminiumsilikat transformiert. Kalzinierte Kaoline haben signifikant höhere spezifische Oberflächen bis 100 m^2/g und streuen Licht durch Einbringen zusätzlicher Luft-Feststoff-Grenzflächen wesentlich effektiver. Vorteilhaft ist darüber hinaus der auf 89...93 % gesteigerte Weißgrad. Neben den verbesserten optischen Eigenschaften (Weißgrad, Opazität) kann durch den Einsatz von kalzinierten Kaolinen unter anderem das Durchscheinen und Durchschlagen von Druckfarben in holzstoffhaltigen grafischen Papieren (SC-Papier, Zeitungsdruck) reduziert werden. Demgegenüber stehen Nachteile wie die erhöhte Abrasivität, niedrigerer Feststoffgehalt (< 50 %) sowie ein deutlich anspruchsvolleres rheologisches Verhalten, vor allem bei hohen Scherraten [9.2][9.9].

Titandioxid (TiO_2) wird insbesondere infolge seiner herausragenden optischen Eigenschaften in Spezialanwendungen eingesetzt. Hierzu zählen vor allem grafische Spezialpapiere mit hohen Opazitätsanforderungen, z. B. Dünndruckpapiere (z. B. Bibelpapier) oder Umschlagpapiere sowie Etiketten- und Dekorpapiere. Im zuletzt genannten Fall wird Titandioxid speziell zur Erhöhung der Nassopazität eingesetzt.

Zur Herstellung von synthetischem Titandioxid werden heute sowohl das Sulfat- als auch das Chloridverfahren verwendet. Titandioxid kommt in zwei bedeutsamen Kristallmodifikationen vor: **Anatas** und **Rutil**. Beide Erscheinungsformen von Titandioxid zeigen sehr vorteilhafte physikalische Eigenschaften, insbesondere im direkten Vergleich mit Standardmineralien wie Calciumcarbonat, Kaolin oder Talkum. Rutil hat eine kompaktere Kristallstruktur und weist hierdurch Werte für Dichte, Brechungsindex und Mohs-Härte auf (Tabelle 9.7). Titandioxid ist ein außergewöhnlich stabiles, chemisch inertes Mineral und praktisch unlöslich in Wasser, Säuren und alkalischen Medien.

Tabelle 9.7 Eigenschaften verschiedener Spezialmineralien

Mineralientyp	Kurzzeichen	Weißgrad R_{457} in %	*RI*	Dichte in g/cm³	Spezifische Oberfläche in m²/g	Mohs-Härte
Titandioxid	TiO_2	97...99	–	–	8...30	–
→ Rutil	–	–	2,75	4,25	–	6...7
→ Anatas	–	–	2,55	3,87	–	5...6
Gips	$CaSO_4 \cdot 2\,H_2O$	90...94	1,52	2,3	2...5	7...14
ATH	$Al(OH)_3$	96...99	1,58	2,4	5...16	2,5

Aufgrund der extremen **Feinheit von Titandioxid-Partikeln** (d_{50} = 0,15...0,30 µm) lassen sich diese schwer im Papier retinieren. Möglichkeiten des Einsatzes von Retentions- bzw. Flockungsmitteln sind eingeschränkt, da diese eine Clusterbildung von Einzelpartikeln hervorrufen würden und somit die Partikelgröße virtuell erhöhen. Damit einher geht die Reduktion des optischen Streuvermögens, was entsprechend vermieden werden sollte. Im Bereich der Oberflächenveredelung kommt Titandioxid nur in ausgewählten Spezialanwendungen zum Einsatz, in denen hohe Anforderungen bezüglich Weißgrad und Deckkraft bestehen. Da die Kosten des Titandioxid-Einsatzes hoch sind, erfolgt die Anwendung oft in Verbindung mit Extendern, üblicherweise weniger teure Mineralien wie Aluminiumtrihydroxid (ATH). Ein Nachteil der Anwendung von Titandioxid ist, dass es Energie im nahen UV-Bereich (λ = 350...400 nm) absorbiert (Bild 9.11). Hierdurch wird die Effizienz von **optischen Aufhellern** reduziert, und ein gemeinsamer Einsatz ist wenig sinnvoll [9.2][9.3][9.9].

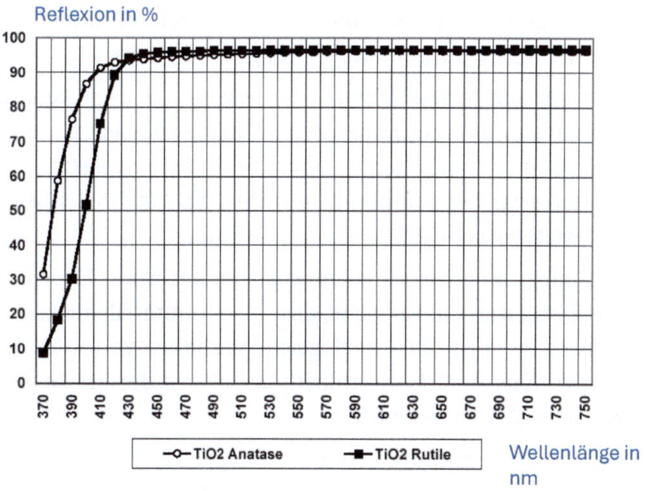

Bild 9.11 Reflexionskurven von TiO_2 (Anatas, Rutil) im UV- und sichtbaren Lichtspektrum [9.9]

Gips wird in der Papierindustrie meist in Form des Dihydrats von Calciumsulfat ($CaSO_4 \cdot 2\,H_2O$) eingesetzt und aus natürlichen Quellen (Sedimentgesteine) oder als Nebenprodukt diverser industrieller Prozesse (z. B. Rauchgasentschwefelung) gewonnen. Wird Gips als Streichpigment eingesetzt, kommt in der Regel die gefällte Form des Calciumsulfats zum Einsatz (PCS = Precipitated Calcium Sulfate).

Die Dihydratform des Calciumsulfats hat eine um 10...15 % geringere Dichte im Vergleich zu Standardmineralien, enthält 20,92 % Kristallwasser und gilt als relativ weiches Mineral mit geringem Abrasionspotenzial (Tabelle 9.7). Die Grundproblematik des Einsatzes von Gips in der Papierherstellung liegt in der hohen Wasserlöslichkeit des Produkts (2,1 g/l bei 20 °C). Gips ist ein neutrales Salz und puffert im Gegensatz zu Calciumcarbonat den pH-Wert des Wassers nicht. Unabhängig von den pH-Bedingungen im jeweiligen Einsatzfall bleibt das Löslichkeitspotenzial von Gips konstant. Die Löslichkeitsproblematik beim Einsatz von Gips erfordert eine präzise Steuerung der Wet-End-Chemie, insbesondere der Retention. Anderenfalls treten Probleme mit erhöhter Leitfähigkeit und Wasserhärte auf, die in der Folge zu erheblichen Ablagerungsproblemen im Papiermaschinenkreislauf führen können.

Die Anwendung von Gips als Füllstoff im Wet End hat bislang nur untergeordnete Bedeutung. Hauptanwendungsbereiche sind Streichfarbenformulierungen für holzstoffhaltige, gestrichene Druckpapiere (LWC, MWC). Hoher Weißgrad und vorteilhafte Partikelmorphologie sorgen für gutes optisches und mechanisches Abdeckvermögen. Die gemeinsame Verwendung von Gips und optischen Aufhellern führt zu weiteren Vorteilen bei der Erzielung eines hohen Weißgradniveaus. Die geringe Pigmentdichte ergibt bei gleichem Strichgewicht eine voluminösere Strichschicht und trägt zu einer angenehmen Haptik der Papieroberfläche bei. Weiterhin wird die Offset-Bedruckbarkeit verbessert. Zu beachten ist die kritische Kompatibilität mit anderen Mineralien (Kaolin), die zu Problemen in der Streichfarbenaufbereitung führen kann [9.3][9.9].

Aluminiumtrihydroxid (ATH) ist ein Spezialmineral, hergestellt aus dem Rohstoff Bauxit. Es wird insbesondere aufgrund seiner hohen Weiße, der verbesserten Druckfarbenaufnahme sowie wegen seiner flammhemmenden Wirkung eingesetzt. Letztere beruht auf dem Effekt, dass ATH bei Temperaturen oberhalb 200 °C das in der Kristallstruktur enthaltene Kristallwasser (34,5 %) freisetzen kann.

Die Struktur der etwa 0,9...1,1 µm großen ATH-Partikel ist plättchenförmig. Hervorzuheben ist ferner der hohe Weißgrad und die Tatsache, dass Aluminiumtrihydroxid im pH-Bereich von 3,5...10 chemisch inert ist. Das rheologische Verhalten von ATH-Slurries mit einem Feststoffgehalt von bis zu 65 % ist unkritisch, solange der pH-Wert im optimalen Bereich zwischen 6 und 7 gehalten wird.

Die typischen Einsatzbereiche von Aluminiumtrihydroxid liegen unter anderem in den Bereichen Thermopapier, Inkjet sowie gestrichener Karton. Hierbei wird ATH oft als Ersatzmineral für Titandioxid, Silicas oder kalzinierte Kaoline eingesetzt. Hauptziel der Anwendung ist die Nutzung des hohen Streuvermögens von ATH zur Optimierung von Weißgrad und Opazität, die Verbesserung der Oberflächeneigenschaften (Glanz, Glätte) sowie der Bedruckbarkeit [9.2][9.3][9.9].

Neben den bereits aufgeführten Spezialmineralien wird eine Reihe weiterer Füllstoffe und Pigmente genutzt, die allerdings nur begrenzte kommerzielle Bedeutung haben bzw. nur in speziellen Anwendungen zum Einsatz kommen.

Silica ist die synthetische, amorphe Form von Siliziumdioxid. Silica-Produkte finden in diversen Papierherstellungsprozessen Anwendung, in denen spezielle Eigenschaften (Opazität, Porosität, Friktion, Tintenaufnahme) mit kleinen Zugabemengen eingestellt werden müssen. Im Wet End kommen Silicas insbesondere bei der Herstellung von leichtgewichtigen Zeitungsdruckpapieren zum Einsatz, um Weißgrad, Opazität und das Durchschlagen bzw. Durchscheinen von Druckfarben zu verhindern. Das Zusammenwirken von Partikelgröße, Partikelstruktur und -oberfläche erzeugt bei Silica-Anwendungen in der Oberflächenveredelung (z. B. gestrichene Inkjet-Papiere) kontrollierte Porenstrukturen mit starken Kapillarkräften, die zu exzellenten Flüssigkeitsabsorptionseigenschaften und präzisen bzw. brillanten Druckergebnissen führen [9.3][9.5].

Eine relativ junge Entwicklung sind die chemisch **modifizierten Calciumcarbonate** (MCC – Modified Calcium Carbonate). Natürliches Calciumcarbonat (GCC) wird hierbei chemisch modifiziert, wodurch völlig neuartige Partikelstrukturen mit variierenden Oberflächeneigenschaften und sehr hoher spezifischer Oberfläche erschlossen werden können (Tabelle 9.8). Dadurch lassen sich Partikel mit ausgezeichneten Absorptionseigenschaften generieren, die eine gezielte Steuerung der Menge sowie der Kinetik der Druckfarbenaufnahme ermöglichen. Die fragilen Strukturen lassen sich durch Satinage leicht komprimieren, wodurch glatte und hochglänzende Oberflächen entstehen. Der Einsatz von MCC erfolgt üblicherweise im Sinne eines mineralischen Additivs in Verbindung mit Standardprodukten wie GCC, PCC, Kaolin.

Plastikpigmente bilden eine Ausnahme unter den hier vorgestellten Füllstoffen und Pigmenten, da sie die einzige organische Produktklasse bilden. Insbesondere in der Oberflächenveredelung von hochwertigen Bilderdruckpapieren werden sowohl **Vollkugelpigmente** (SBPP – Solid Bead Plastic Pigment) als auch **Hohlkugelpigmente** (HSPP – Hollow Sphere Plastic Pigment) eingesetzt. Plastikpigmente sind rein synthetische Produkte, die durch radikalische Polymerisation erzeugt werden und als wässrige Dispersion von diskreten Polymerpartikeln vorliegen. Der Feststoffgehalt dieser vergleichsweise teuren Produkte ist gering und liegt bei 27...40 % (HSPP) bzw. 48...56 % (SBPP). Werden Plastikpigmente in Streichfarbenformulierungen von glänzenden Papieren eingesetzt, so generieren sie glatte, gut bedruckbare Oberflächen und einen hohen Papierglanz durch differenzierte Packungsstrukturen und eine thermoplastische Deformation während der Satinage. Zudem werden die optischen Eigenschaften durch die hohe Weiße und geringe Absorptionseigenschaften gestrichener Papiere verbessert. Neben den bereits erwähnten Packungsstrukturen trägt die verstärkte Lichtbrechung beim Einsatz von Hohlkugelpigmenten zur Verbesserung der Opazität bei. Während der Trocknung diffundiert das im Kern befindliche Wasser durch die Hülle und hinterlässt einen luftgefüllten Hohlraum, der zu einer mehrfachen Brechung von Lichtstrahlen führt [9.2][9.9].

Tabelle 9.8 Eigenschaftsprofile verschiedener Spezialmineralien

Eigenschaften	Silica	MCC	Plastikpigment
Chemische Zusammensetzung	SiO_2	modifiziertes $CaCO_3$	Polystyren
Dichte	2,1 g/cm^3	2,6 g/cm^3	SBPP: 1,01...1,05 g/cm^3 HSPP: 0,50...0,85 g/cm^3
Partikelgröße	0,1...0,8 µm	1,5...3 µm	SBPP: 100...550 nm HSPP: 300...1100 nm
Spezifische Oberfläche	40...350 m^2/g	30...80 m^2/g	-
Brechungsindex	1,45...1,55	-	HSPP/BSPP: 1,59 HSPP-Kern: 1,0
Weißgrad	93...97 %	85...95 %	95...98 %
Anwendungen	Spezialpapiere, Inkjet, ZD	Inkjet, ZD, SC, WFC	WFC, LWC, ULWC

9.1.3 Dispergiermittel

Eine mineralische **Dispersion** besteht üblicherweise aus dem **Dispersionsmedium** (kontinuierliche Phase) und den **dispergierten Teilchen** (disperse Phase). Die Herstellung einer stabilen Dispersion baut auf einem mehrstufigen Prozess auf, der sowohl rein mechanische als auch chemische Prozessstufen beinhaltet. Im Verlauf des Mineralienaufbereitungsprozesses wird das Rohmaterial durch Einbringung mechanischer Energie auf die gewünschte Teilchengröße zerkleinert. Dieser Prozess ist irreversibel und erzeugt fein verteilte Partikel, die eine spontane Neigung zur Agglomerat- bzw. Clusterbildung haben. Um dies zu verhindern, werden chemische Additive (Dispergiermittel) eingesetzt, die eine Deflockulation und Stabilisierung bewirken und somit die Bereitstellung einer Slurry bei maximalem Feststoffgehalt, niedriger Viskosität und guter Lagerfähigkeit generell ermöglichen. Art und Menge des eingesetzten Dispergiermittels hängen in erster Linie von den chemischen Oberflächeneigenschaften des zu dispergierenden Mineralienpartikels sowie von der Teilchengröße, der spezifischen Oberfläche und dem gewünschten Feststoffgehalt der Slurry ab.

Heute kommen insbesondere zwei Arten von Dispergiermitteln zur Anwendung: **Polyphosphate** werden durch Polykondensation von Orthophosphat bei Temperaturen oberhalb 500 °C gewonnen. Die dabei vorhandenen Freiheitsgrade in Bezug auf die Eigenschaften des Polymers sind weitgehend eingeschränkt. Zur Dispergierung werden meist linearkettige Polyphosphate (in Form von Natriumsalzen) mit niedrigem Polymerisationsgrad genutzt. Typische Vertreter sind Tetranatriumpyrophosphat $Na_2P_2O_7$ oder Natriumtripolyphosphat $Na_5P_3O_{10}$. Ein Nachteil der Anwendung von Polyphosphaten liegt des Weiteren in der geringen Hydrolysestabilität, wodurch die Beständigkeit von Slurryeigenschaften beeinträchtigt wird.

Wirtschaftlich und mengenmäßig haben **Polyacrylate** bzw. Polyacrylsäuresalze heutzutage die weitaus größere Bedeutung. Diese lassen sich als niedermolekulare Produkte einer radikalischen Polymerisation von Acrylsäure ($H_2C{=}CH{-}COOH$) oder Methacrylsäure ($CH_2{=}C(CH_3){-}COOH$), die mit Natrium, Kalium oder Ammonium neutralisiert wurden, charakterisieren. Der hierbei verfügbare Gestaltungsspielraum ist im Vergleich zu Polyphosphaten breiter. Typische mittlere Molekulargewichte M_W von Polyacrylaten liegen im Bereich von 3000…15 000 g/mol.

Eine homogene, stabile Verteilung der in der kontinuierlichen Phase dispergierten Teilchen ist nur gewährleistet, solange die Teilchen durch abstoßende Kräfte auseinander gehalten, d. h. anziehende Kräfte (van-der-Waals-Kräfte, elektrostatische Kräfte) entsprechend kontrolliert werden. Heute werden üblicherweise zwei **Stabilisierungsmechanismen** genutzt:

- elektrostatische Stabilisierung,
- sterische Stabilisierung.

Die mit Abstand wichtigste Stabilisierungsmethode ist die **elektrostatische Stabilisierung** (Bild 9.12). Grundvoraussetzung für die Nutzung der elektrostatischen Stabilisierung ist das Vorhandensein von Ladungen an der Oberfläche bzw. im Grenzbereich zwischen der festen Partikeloberfläche und der kontinuierlichen Phase. Durch Adsorption (Chemisorption) stark negativ geladener Dispergiermittel an der Oberfläche von Füllstoff- und Pigmentpartikeln wird eine Hülle positiv geladener Gegenionen erzeugt, die nicht direkt an der Partikeloberfläche anhaften („diffuse, ionische Doppelschicht"). Nur bei ausreichend hoher Ionenstärke kann durch Adsorption geladener Polymere (Polyelektrolyte, z. B. auf Basis Polyacrylat) die elektrostatische Wechselwirkung hinreichend kontrolliert werden. Mit zunehmendem Abstand vom Partikel entsteht ein Gleichgewicht zwischen positiven und negativen Ladungen in der kontinuierlichen Phase. Die diffuse, ionische Doppelschicht agiert als stabilisierende Kraft durch Erzeugung von Abstoßungskräften zwischen den Partikeln. Mit zunehmender Dicke dieser Doppelschicht verbessert sich die Stabilisierung der Dispersion.

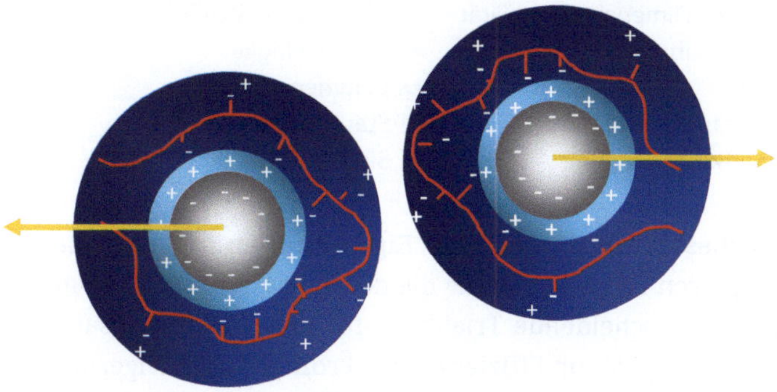

Bild 9.12 Prinzip der elektrostatischen Stabilisierung von Dispersionen

Sterische Stabilisierung tritt auf, wenn langkettige, in der Regel nicht-ionogene Makromoleküle durch Adsorption oder kovalente Bindung an der Teilchenoberfläche verankert werden und die herausragenden Polymerenden eine Annäherung der Teilchen verhindern. Optimale sterische Stabilisierung erfordert eine ausreichende Dicke der Polymerhülle sowie eine feste Verankerung der stabilisierenden Polymere. Zur sterischen Stabilisierung von Füllstoffen und Streichpigmenten können unter anderem Stärke oder Polyvinylalkohol eingesetzt werden. Der Dispergiermittelbedarf für Füllstoffe und Streichpigmente liegt in der Größenordnung von 0,2...1 % und wird definiert durch das Viskositätsminimum einer Dispersion bei gegebenem Feststoffgehalt, wobei dieser Zustand gleichzeitig die optimale Stabilität charakterisiert.

9.1.4 Anwendungsbeispiele

9.1.4.1 Anwendungen im Wet End

Mineralische Füllstoffe haben ebenso wie Faserstoffe und chemische Additive einen starken Einfluss auf die Blattbildung, die Trocknung des Papiers sowie die Entwicklung mechanischer und optischer Eigenschaften. Damit werden die Prozessabläufe, aber auch Funktionen in der Endanwendung (z. B. Bedruckbarkeit) beeinflusst [9.7]. Tabelle 9.9 fasst die Vor- und Nachteile des Einsatzes von Füllstoffen in vereinfachter Form zusammen.

Tabelle 9.9 Vor- und Nachteile des Einsatzes von Füllstoffen

Vorteile	Nachteile

▪ verbesserte Oberflächeneigenschaften (Glätte)
▪ verbesserte optische Eigenschaften (R_{457}, Opazität)
▪ verbesserte Blattformation & Dimensionsstabilität
▪ verbesserte Druckfarbenannahme
▪ erhöhte Papierblattdichte
▪ verbesserte Alterungsbeständigkeit ($CaCO_3$)
▪ reduzierte Gesamtrohstoffkosten
	▪ Festigkeitsverlust
	  ▪ Zugfestigkeit
	  ▪ Weiterreißfestigkeit
	▪ Biegesteifigkeit
	▪ Volumenverlust
	▪ Staubneigung
	▪ Siebabrasion

Neben den messbaren **Verbesserungen optischer Eigenschaften** und der Oberflächengüte von gefüllten Papieren ist zweifelsohne die durch Fasersubstitution mögliche **Kosteneinsparung** eine entscheidende Triebkraft für den Füllstoffeinsatz. Vor dem Hintergrund der Bemühungen zur Effizienz- und Profitabilitätssteigerung bemühen sich Papierhersteller um die **Maximierung des Füllstoffgehaltes** im Papier. Dies ist natürlich nur solange möglich, wie es die angestrebten Papiereigenschaften für diverse Endnutzungen zulassen. Der gesteigerte Füllstoffeinsatz geht einher mit einer Verringerung der statischen und dynamischen Festigkeiten, der Biegesteifigkeit sowie der Oberflächen- und z-Festigkeit. Chemische Additive und Trockenverfestigungssysteme auf Basis von Stärke werden erfolgreich eingesetzt, um diesen Nachteilen entgegenzuwirken.

Füllstoffe kommen als primäre Füllstoffe, sekundäre Füllstoffe aus dem Ausschuss-Kreislauf sowie tertiäre Füllstoffe zum Einsatz. Letztere, aus deinkten Faserstoffen (DIP) stammende Füllstoffe haben eine gemischte, in der Regel unbekannte und schwankende Zusammensetzung.

Die **Füllstoffauswahl** berücksichtigt primär das erforderliche Eigenschaftsprofil des herzustellenden Papiers, logistische Überlegungen, Produktverfügbarkeit und Kosten. In holzfreien Naturpapieren (UWF) sowie in holzfreien Streichrohpapieren werden vorzugsweise PCC und GCC bzw. Blends dieser Füllstoffe eingesetzt. In ungestrichenen holzstoffhaltigen Papieren (SC-Papier, Zeitungsdruck) finden Kaolin sowie Mischungen aus Kaolinen mit GCC und PCC Anwendung. Für spezielle Anforderungen (Opazität, Bedruckbarkeit) kommen auch geringe Mengen an Silica oder kalziniertem Kaolin zum Einsatz. Bei holzstoffhaltigen Streichrohpapieren für LWC, MWC bzw. HWC greift man üblicherweise auf Füllstoffe wie GCC, Talkum oder PCC zurück. Darüber hinaus gibt es Spezialanwendungen zur Einstellung spezifischer Eigenschaften: PCC findet zum Beispiel bei der Herstellung von Zigarettenpapier Anwendung, um u. a. die Porosität einzustellen. Titandioxid verfügt über außerordentliche optische Eigenschaften, die einen Einsatz bei Dünndruckpapieren und Dekorpapier rechtfertigt.

Füllstoffe sind bezüglich ihrer Dimensionen im Vergleich zu faserigen Rohstoffen sehr klein, weisen keine ausreichende Eigenretention auf und können auch nicht hinreichend durch Filtrationsmechanismen im Fasernetzwerk zurückgehalten werden. Dies veranschaulichen die erheblichen Dimensionsunterschiede zwischen einer Einzelfaser (L = 0,5…2 mm, d = 30…50 µm) und Füllstoffpartikeln (d_{50} = 1…3 µm). Um Füllstoffe im Prozess der Blattbildung gut zurückhalten zu können und eine homogene Verteilung dieser im Blattgefüge sicherzustellen, werden **Retentionsmittel** eingesetzt.

Bild 9.13 demonstriert die unterschiedliche Wirkung von Füllstoffen bei der Anwendung in einem Standard-Kopierpapier mit einer flächenbezogenen Masse von 80 g/m^2. Ein grobes Füllstoff-GCC wird mit zwei skalenoedrischen PCC-Typen verglichen, wobei der Füllstoffgehalt im Papier mit 18 % konstant gehalten wurde. Der Einsatz von PCC führt zu Verbesserungen der optischen Eigenschaften (Weißgrad, Opazität, Streukoeffizient) sowie des Papiervolumens. Insbesondere beim Einsatz von grobem S-PCC kann das Volumen bei gleichzeitiger Erhöhung der Porosität noch einmal deutlich gesteigert werden. Im Vergleich zu GCC verschlechtern sich die Festigkeitseigenschaften bei beiden PCC-Produkten.

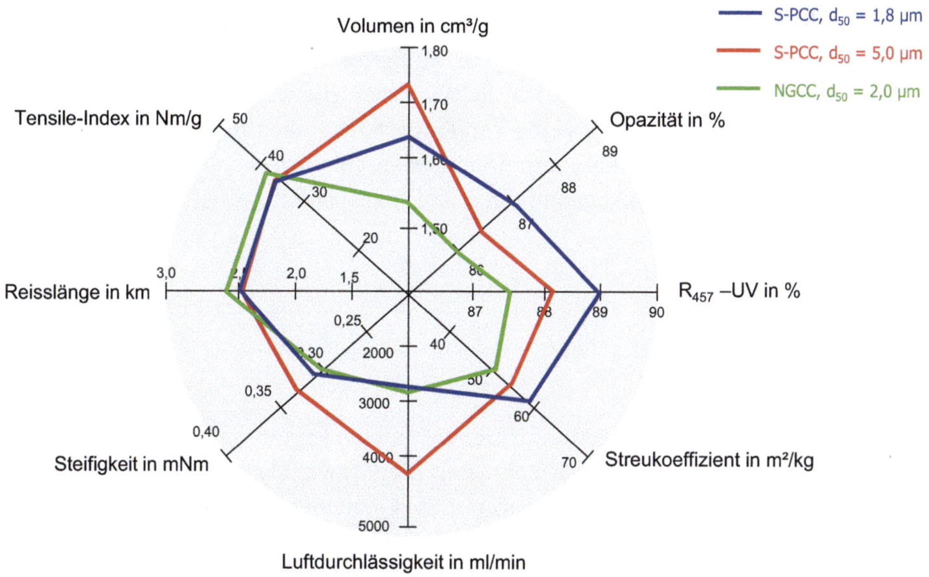

Bild 9.13 Eigenschaftsprofil GCC- bzw. PCC-gefüllter UWF-Papiere

9.1.4.2 Anwendungen im Bereich der Oberflächenbehandlung (Coating)

Beim Veredeln von Papier und Karton steht **die Gestaltung der Oberfläche** im Vordergrund (siehe Kapitel 12). Dies geschieht durch Aufbringen von mineralischen Rezepturen. Eine **Streichfarbenformulierung** besteht gewöhnlich aus den vier **Hauptbestandteilen**:

- Pigmente bzw. Pigmentmischungen,
- Binder (synthetisch und/oder natürlich),
- Co-Binder,
- Additive.

Die **Auswahl der Pigmente** hängt in erster Linie vom Anwendungsprofil des gestrichenen Fertigprodukts ab. Oft ist es das Druckverfahren (Offset, Tiefdruck, Flexo), das die Pigmentauswahl bestimmt. Hauptkriterien für die Produktauswahl sind Partikelgröße, Partikelgrößenverteilung, Partikelform, Brechungsindex, Streukoeffizient und Dichte. Darüber hinaus müssen verarbeitungs- und prozesstechnische Parameter wie Feststoffgehalt, Dispergierung, chemische Stabilität und Kompatibilität mit anderen Streichfarbenkomponenten in Betracht gezogen werden. **Mineralische Streichpigmente** (GCC, Kaolin, Talkum, PCC) bestimmen etwa 80...95 Gewichts-% von Streichfarbenformulierungen bzw. 70...80 % der Volumenfraktion. Damit haben Pigmente weitgehenden Einfluss auf die Kosten und die Qualität eines Papierstrichs. Die Hauptfunktionalität eines Streichpigments liegt in der optischen und mechanischen Abdeckung von Faserstrukturen mit dem Ziel einer möglichst homogenen Oberflächentopografie. Damit wird die Papieroberfläche glatter und in Abhängigkeit von der Pigmentauswahl und gegebenenfalls nachfolgenden Satinageschritten auch glänzender. Die optischen Eigenschaften (Opazität und Weißgrad) können entsprechend verbessert werden, und das Papier wird auf die Weiterverarbeitung im Druck vorbereitet. Bedingt durch die Tatsache, dass die Papieroberfläche nach dem Oberflächenveredeln (Coating) mit einer mineralisch dominierten, feinporösen Strichstruktur abgedeckt ist, kann die Druckfarbenannahme und -penetration gezielt kontrolliert werden.

9.2 Chemische Additive

Der Anteil der chemischen Additive an der weltweiten Papier- und Kartonherstellung beträgt nur ca. 1 % der gesamten Rohmaterialien. Nach Abzug der in Abschnitt 9.1 behandelten Bindersysteme, die daran mit 56 % beteiligt sind (Bild 9.2), verbleiben für die übrigen funktionellen Additive und Prozessadditive nur noch 0,5 % Anteil an den Rohstoffmengen. Trotz ihres geringen Verbrauchs zeigen chemische Additive einen gewaltigen **Einfluss auf den Produktionsprozess und die Produkteigenschaften**. Aufgrund dieser insgesamt positiven Effekte und der damit zu erzielenden ökologischen und ökonomischen Vorteile wird erwartet, dass die Verbrauchsmenge an chemischen Additiven in den kommenden Jahren weiterhin zunehmen wird. Im Gegensatz zu Investitionen in maschinenbauliche Lösungen können die Ausgaben für chemische Additive aufgrund der schnellen und preiswerten Substitution quasi als Pseudo-Fixkosten behandelt werden. Der leichte Wechsel zu anderen chemischen Additiven erlaubt die jeweils situationsbedingt beste Ausführung, ohne dass erst kostspielige Geräte ersetzt und längere Produktionsausfälle in Kauf genommen werden müssen. Bevor die Optimierung der Prozessadditive erfolgen kann, sollte jedoch in jedem Fall die maschinenbaulich beste Lösung zuerst gesucht werden. Denn, im Gegensatz zu chemischen Additiven, verbleiben bei maschinenbaulichen Lösungen keine Zusätze im Wassersystem, in der Abluft oder im Produkt.

Trotz ihres mengenmäßig geringen Anteils summiert sich der Wert der weltweit eingesetzten chemischen Additive auf über 20 Mrd. Euro (Bild 9.14).

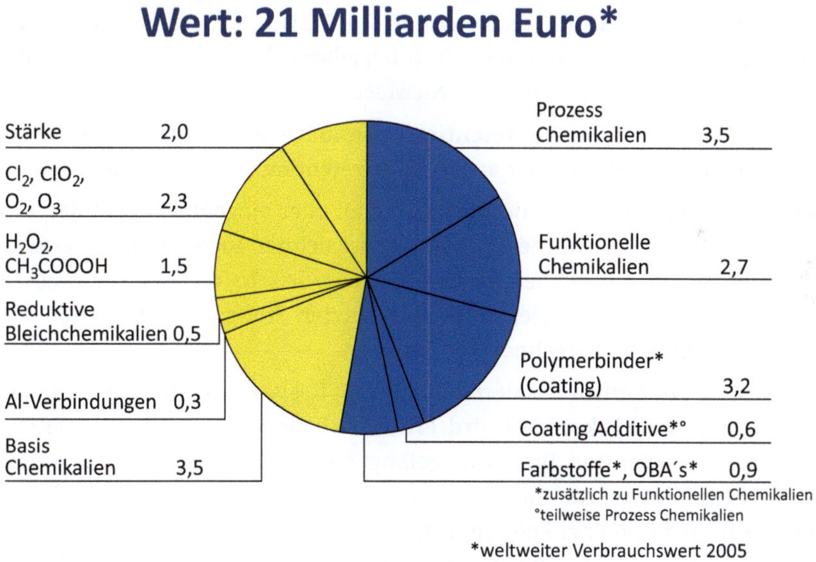

Bild 9.14 Wert der chemischen Additive (weltweit, 2005)

Die 0,5 % Mengenanteil der chemischen Additive teilen sich auf eine Vielzahl an **Spezialchemikalien** für unterschiedliche Anwendungszwecke auf. Diese lassen sich in zwei große Gruppen unterscheiden, die **Prozesschemikalien** und die **funktionellen Chemikalien** (Tabelle 9.10).

Tabelle 9.10 Einteilung der chemischen Additive

Prozesschemikalien	Funktionelle Chemikalien
Retention/Entwässerungsbeschleuniger	Leimungsmittel
Fixiermittel	Nassfestmittel, Vernetzer
Flockungsmittel, Koagulantien	Trockenfestmittel, Stärke
Entschäumer, Entlüfter	Farbstoffe, optische Aufheller
Biozide, Bio-Dispergatoren	Strichbinder, Strich-Additive
Reiniger, Dispergatoren, andere	Komplexbildner, andere

9.2.1 Retentionsmittel und Entwässerungsbeschleuniger

Unter **Retention** versteht man das Zurückhalten von Substanzen im fertigen Papier. Meist bezieht sich diese Angabe auf die Retention von Füllstoffen, prinzipiell kann es sich jedoch auf jeden im Papier enthalten Stoff beziehen, also auch auf Fasern oder einzelne Additive, wie z. B. Leimungsmittel, Nassfestmittel, optische Aufheller, ...

Prinzipiell wird zwischen **Over-all-Retention** („Gesamtretention“) und **One-Pass-Retention** („First-Pass Retention“ oder auch „Sofortretention“) unterschieden.

Die **Over-all-Retention** bezeichnet hierbei den Anteil aller eingebrachten Stoffe, die insgesamt im Papier verbleiben. Dieser Wert berücksichtigt auch alle im Kreislauf geführten Anteile und hat daher überwiegend betriebswirtschaftliche Bedeutung, da er aus dem Anteil aller in der Papierfabrik eingesetzten Stoffe und der Menge des daraus gefertigten Produktes berechnet werden kann.

Da der Rest des nicht auf Anhieb retinierten Stoffes im Kreislaufwasser verbleibt und in die Stoffaufbereitung zurückgeführt wird, erhöht sich die Konzentration an diesem Stoff in der Faserstoffsuspension. Insgesamt gelangt mehr davon ins Papier, als wenn das Siebwasser abgeführt würde und der Wert für die Over-all-Retention ist daher immer höher als für die One-Pass-Retention, die normalerweise im Labor durch Messung der Retention bei einfacher Siebbeaufschlagung bestimmt wird. Die mit dem Siebwasser abgehende Stoffmenge wird hierbei als **Siebdurchfall** (Siebdurchgang) bezeichnet.

Die Vorteile einer **optimierten und konstanten Retention** sind vielfältig. Optimierung bedeutet in diesem Zusammenhang nicht notwendigerweise Maximierung. Wichtig ist die Herstellung eines stabilen und gleichmäßigen Zustandes mit möglichst geringen Schwankungen und guter Formation.

Je nach Betriebsbedingungen und Papierqualität lassen sich in vielen Fällen eine ganze Reihe von **Effekten** erzielen, von denen die folgenden die wichtigsten sind:

- Retention von Füllstoffen, Feinstoffen und Farbpigmenten einschließlich Ruß,
- höhere Verdünnung im Stoffauflauf und als Folge bessere Blattbildung und Formation, gleichmäßigere Durchsicht und damit Qualitätsverbesserung,
- Verringerung der Zweiseitigkeit, verbesserte Opazität, im Allgemeinen längere Sieblaufzeiten wegen reduzierter Abrasion,
- geringere Belastung des Wasserkreislaufs, verbesserte Wirksamkeit der Faserstoffrückgewinnungsanlagen, geringere Verschmutzung des Vorfluters,
- bessere Retention von Additiven, z. B. von Stärke, Harzleim, Leimungsmittel, Farbstoffen,
- im Allgemeinen eine Entwässerungsbeschleunigung bei Verarbeitung von Altpapier und hozstoffhaltigen Rohstoffen sowie bei höher gemahlenen Zellstoffen,
- Erniedrigung des spezifischen Dampfverbrauches, d. h. Energieeinsparung, durch höheren Trockengehalt nach der Pressenpartie und geringeren spezifischen Wärmebedarf bei der Trocknung,
- Einsparung von Pumpenenergie wegen geringerem Feststoffgehalt im Siebwasser,
- Produktionssteigerung bei insgesamt besserer Runnability.

Der Einsatz von Retentionsmitteln kann vereinzelt jedoch auch **negative Effekte** haben:

- Optische Aufheller werden von stark kationischen Produkten in ihrer Wirkung geschwächt.
- Entgegengesetzt geladene andere Additive können beeinträchtigt werden, z. B. anionische Harzbekämpfungsmittel durch kationische Retentionsmittel.
- Bei Überdosierung von Retentionsmitteln ist eine stärkere Flockenbildung im Papierstoff und dadurch stärkere Wolkigkeit, d. h. schlechtere Formation im Papier möglich.

Retentionsmittel können entsprechend ihrer Herkunft in die folgenden **Gruppen** unterteilt werden:

- anorganische Stoffe: Aluminiumsalze, Silicagele, Bentonit;
- modifizierte organische Naturprodukte: modifizierte Stärke, Guar, Carboxymethylcellulose;
- synthetische organische Polymere: Polyacrylamide (PAM), Polyethylenimine (PEI), Polyamidoamine (PAAm), Polyvinylamine (PVAm), Polyethylenoxide (PEO), Polydiallyldimethylammoniumchlorid (PolyDADMAC);
- Kombinationen mehrerer organischer Stoffe in Form von Dualsystemen oder in Kombination mit anorganischen Stoffen als Mikropartikelsysteme, z. B. mit kolloidaler Kieselsäure oder Bentonit.

Weltweit dominieren die **Aluminiumverbindungen**, insbesondere Aluminiumsulfat und Polyaluminiumhydroxychloride (PAC) mit 65 % Anteil am Gesamtverbrauch (bezogen auf 2,3 Mio. t Trockensubstanz). Sie werden gefolgt von, überwiegend kationisch modifizierter, Stärke mit rund 31 % Anteil.

Die verbleibenden 4 % teilen sich überwiegend auf die folgenden Polymere auf: Polyacrylamide, Polyethylenimine, Polyamine, Polyamidamine und Polyvinylamine, wobei Polyacrylamide überwiegen.

9.2.1.1 Aluminiumverbindungen

Aluminiumverbindungen haben ein breites Anwendungsspektrum bei der Papierherstellung. Beispielsweise werden sie bei der Harzleimung sowohl zur Verbesserung von Entwässerung und Retention als auch zur Harzfixierung eingesetzt. Ein wichtiges Einsatzfeld ist auch die Störstofffixierung zur Kreislauf- und Abwasserreinigung einschließlich der Schlammeindickung. Dabei werden neben Aluminiumsulfat und den verschiedenen Typen von Poly-Aluminiumchloriden untergeordnet auch Poly-Aluminiumnitrate sowie Poly-Aluminiumnitratsulfate eingesetzt. Trotz der Entwicklung von synthetischen organischen Produkten sind Aluminiumverbindungen als kostengünstige und effiziente Additive ein fester Bestandteil der Papierherstellung.

Aluminiumverbindungen werden im Bereich der **Stoffaufbereitung** eingesetzt, meist kurz vor dem Einsatz des synthetischen Retentionsmittels. Sie helfen sowohl bei der **Retention** als auch der Entwässerungsbeschleunigung. Hierbei neutralisieren sie auch anionische Störstoffe und helfen, diese an die Fasern zu fixieren und mit dem Papier auszutragen.

Früher war das in der Papierindustrie fälschlicherweise als „**Alaun**" bezeichnete Aluminiumsulfat in Verbindung mit einer Produktion bei pH 4,5…5, der sogenannten **sauren Fahrweise**, die wichtigste Chemikalie. Mit zunehmender Umstellung auf die Produktion bei weitgehend neutralem pH-Wert, der sogenannten **Neutralfahrweise**, hat Alaun jedoch in den meisten Ländern an Bedeutung verloren. Die Chemie des Aluminiumsulfats (bzw. des Al^{3+}-Ions) in wässriger Lösung ist außerordentlich komplex. Das Wirkungsoptimum polykationischer Aluminiumkomplexe wie beispielsweise $[Al_8(OH)_{20}]^{4+}$ und $[Al_{13}(OH)_{34}]^{5+}$ liegt bei pH 4,8. Im Bereich zwischen pH 5,2 und pH 8 liegt das Aluminium als ausgefälltes, wasserunlösliches Aluminiumhydroxid $Al(OH)_3$ vor. Oberhalb von pH 8 beginnt sich Aluminiumhydroxid in Form von Aluminat-Anionen ($[Al(OH)_4]^-$) zu lösen.

9.2.1.2 Polyaluminiumchloride

PAC steht als Abkürzung für Polyaluminiumchloride, genauer: **Aluminiumpolyhydroxychloride**. Hierbei handelt es sich um eine Vielzahl verschiedener Verbindungen, je nach Verhältnis von OH-Gruppen zu Cl-Ionen. Ihr Anwendungsgebiet ist die Alternative zum Einsatz von „Alaun" bei pH-Werten oberhalb von ca. 6.

PACs haben die allgemeine Summenformel $[Al_2(OH)_{6-x}Cl_x \cdot y\ H_2O]_n$ mit $y \cong 2x$ und $n = 15$

Die **Charakterisierung der PAC**s erfolgt durch die Basizität in %: (1 – x/6) · 100 % oder den Basizitätsgrad: das Molverhältnis von OH-Gruppen zu Al-Ionen. Dem PAC mit Summenformel $[Al_2(OH)_3Cl_3 \cdot 6\,H_2O]_{15}$ wird eine Basizität von 50 % und der Basizitätsgrad 1,5 zugeordnet.

Im Gegensatz zum Al-Sulfat liegen die Aluminiumionen in PACs auch bei pH 6 bis fast 8 noch als teilhydrolisierte vorgefertigte Polymerverbindungen vor. Während Al-Sulfat ab ca. pH 6 hauptsächlich in Form des anionischen Aluminats $Al(OH)_4^-$ vorliegt, stellen PACs bis in den Neutralbereich hinein noch kationische Al-Polymerkomplexe, überwiegend in hochmolekularer Form zur Verfügung. Als Nachteil der PACs muss mit einer nicht unerheblichen Chloridfracht im System gerechnet werden, was Korrosionsprobleme nach sich ziehen kann.

9.2.1.3 Polyacrylamide

Polyacrylamide (PAM) sind lineare makromolekulare Verbindungen. Sie haben in der Regel sehr hohe Molmassen M_w bis 10^7 g/mol mit relativ enger Molmassenverteilung (Polydispersität M_w/M_n ca. 10). Sie besitzen niedrige bis mittlere Ladungsdichten von 0...5 meq/g Feststoff bzw. 0...6 meq/g Polymer. Die Herstellung von Polyacrylamiden erfolgt durch radikalische Polymerisation von Acrylamid.

Kationische Polyacrylamide stellt man beispielsweise durch Copolymerisation von Acrylamid mit kationischen Acrylsäureestern wie z. B. Dimethylaminoethylacrylat-Methochlorid her. Die Ladungsdichte des resultierenden Polymeren wird durch das Verhältnis der eingesetzten Monomeren festgelegt. Die kationischen Polyacrylamide besitzen ihr Stabilitätsmaximum etwa bei pH 4. Sowohl bei niedrigen als auch bei höheren pH-Werten tritt (zumindest) partielle Verseifung der kationischen Estergruppen ein. Die resultierenden amphoteren Polyacrylamide neigen zur Ausfällung (Bildung unlöslicher Polyelektrolytkomplexe). Anionische Polyacrylamide erhält man durch Copolymerisation von Acrylamid mit Natriumacrylat.

Der Begriff **Polyacrylamide** umfasst sowohl Homo- als auch Copolymere von Acrylamid. Bei der Verwendung als Retentionsmittel liegen diese in hochmolekularer Form vor und sind im Allgemeinen mit kationischen, aber auch anionischen Gruppen modifiziert.

Das Eigenschaftsprofil und damit der Verwendungszweck der Polyacrylamide wird insbesondere durch das Molekulargewicht und die Ladung bestimmt. Die Anwendungen schwanken von nieder geladenen niedermolekularen PAM als **Fixiermittel und Belagsverhinderer** über kationische und anionische **Trockenverfestiger** bis zu den hochmolekularen Flockungsmitteln.

Die **Wirkungsweise von Polyacrylamiden** ist stark von der Produktvorbereitung und Dosierweise abhängig. Zuerst muss die 0,2...1 %ige Stammlösung zur Entfaltung der Polymerketten für ca. 30 Minuten reifen, bevor sie dann zur endgültigen Konzentration von < 0,05 % verdünnt wird. Wie bei allen Retentionsmitteln sollte die Zugabe bei möglichst schneller und gleichmäßiger Verteilung erfolgen, entweder vor oder nach dem Drucksortierer vor dem Stoffauflauf. Die Dosierung nach dem Drucksortierer ist schonender für das langkettige PAM, die Dosierung vor dem Drucksortierer resultiert in einer homogeneren Verteilung. Bei starkem Scherkrafteinfluss verliert PAM an Wirksamkeit und die volle Wirksamkeit bildet sich gegebenenfalls auch nach Abstellen der Scherung nicht mehr vollständig zurück.

9.2.1.4 Polyethylenimine

Reine Polyethylenimine (PEI) sind verzweigte makromolekulare Verbindungen. Durch ihre intramolekular verbrückten Strukturelemente haben sie im Vergleich zu Polyacrylamiden eine eher kugelförmige Gestalt. Die Bestimmung der Molmasse mittels Lichtstreuung ergab bei reinen Polyethyleniminen M_w bis 10^6 g/mol, wobei die Verteilung in der Regel sehr breit ist (Polydispersität M_w/M_n ca. 100…200). Sie besitzen hohe Ladungsdichten von 10 bis 23 meq/g (bei pH 4,5).

Die Herstellung der reinen Polyethylenimine erfolgt durch säurekatalysierte Polyaddition von Ethylenimin (EI). Das Verhältnis von primären zu sekundären zu tertiären Stickstoffatomen beträgt etwa 1:2:1. In wässriger Lösung hängt die Ladungsdichte der Polyethylenimine vom pH-Wert ab.

Modifizierte Polyethylenimine (z. B. Polymin SK) enthalten als Struktureinheiten Polyamid, Polyethylenimin und Polyethylenoxid, die chemisch miteinander verknüpft sind. Die Moleküle haben kugelförmige (spherische) Gestalt und besitzen Molmassen bis etwa 10^6 g/mol. Bei pH 7 beträgt die Ladungsdichte von Polymin SK 6,5 meq/g.

9.2.1.5 Polyvinylamine

Polyvinylamine (PVAm) werden durch radikalische Polymerisation von N-Vinylformamid und anschließende Hydrolyse bzw. Teilhydrolyse des entstehenden Polyvinylformamids hergestellt und sind in Analogie zu den Polyacrylamiden lineare makromolekulare Verbindungen. Bei der (partiellen) Hydrolyse von Polyvinylformamid (PVFA) werden die Formamidgruppen durch Wasser gespalten (hydrolysiert), sodass Aminogruppen entstehen. Die Ladungsdichte von (partiell) hydrolysiertem PVFA ist eine Funktion des Hydrolysegrades (HG) und liegt zwischen 0 und 100 %. Hierbei kann die Ladungsdichte durch den Grad der Hydrolyse in weitem Rahmen fast beliebig variiert werden (LD_{max} = 23 meq/g). Es ist eine Besonderheit dieser Verbindungsklasse, dass die Einstellung des Molekulargewichtes und der Ladungsdichte in zwei Schritten unabhängig voneinander eingestellt werden kann.

9.2.1.6 Polyamidoamine

Polyamidoamine (PAAm) erhält man durch Kondensation von Dicarbonsäuren, z. B. Adipinsäure mit Diaminen, z. B. Diethylentriamin. Durch Umsetzung mit Epichlorhydrin erhält man hochmolekulare Verbindungen. Die Molmassen liegen ähnlich wie beim Polyethylenimin.

Die nieder- bis mittelmolekularen Produkte, wie Polyamidoamine, Polyethylenimine und Polydadmacs gibt es als Lösungspolymere mit einem Wirkstoffgehalt von 20…50 %.

Diese Produkte lassen sich in der Regel mit einfachen Mitteln aufbereiten. Es reichen eine Produktförderpumpe und eine nachgeschaltete Mischeinrichtung aus.

9.2.1.7 Polydiallyldimethylammoniumchlorid

Polymere auf Basis von Polydiallyldimethylammoniumchlorid (Poly-DADMAC) werden hauptsächlich als Fixiermittel und gegebenenfalls als Retentionsmittel bei der Dualen Fahrweise eingesetzt. Die Produkte sind nicht so hoch molekular wie Polyacrylamide. Sie haben in der Regel eine hohe Ladungsdichte. Daher finden sie häufig als **Störstofffixierer** Anwendung. PolyDADMAC kommt meistens als wässrige Lösung mit Polymergehalten zwischen 20 und 50 % in den Handel. Es gibt auch feste Polydadmacs in Granulatform. Hier wird dann ebenfalls eine aufwendigere Lösetechnik benötigt.

9.2.1.8 Mikropartikelsysteme

Mikropartikelsysteme bestehen aus zwei **Komponenten**, einem wasserlöslichen hochmolekularen kationischen Polymer und einer kolloidal gelösten oder suspendierten kleinen anionischen Mikropartikelkomponente (Tabelle 9.11). Letztere hat eine große spezifische Oberfläche.

Das kationische Polymer wird zuerst zugesetzt, beispielsweise unmittelbar vor oder nach der Stoffauflaufpumpe oder vor dem Vertikalsichter. Diese Dosierung bewirkt eine partielle Belegung der Faser- und Füllstoffoberfläche, wodurch die Gesamtladung durchaus noch negativ sein kann.

Nach weitgehender Zerstörung der zuerst gebildeten Primärflocken durch Scherkrafteinfluss in der Stoffauflaufpumpe oder im Vertikalsichter werden anschließend anionische Mikropartikel zugegeben, wobei der **Zugabeort** möglichst nahe am Stoffauflauf sein soll. Die Mikropartikel reagieren mit den an den Faser- und Füllstoffoberflächen angelagerten kationischen Polymeren und bilden eine Art Brücke. Man erhält eine feine, dichte Flocke mit reversiblem Bildungscharakter.

Tabelle 9.11 Übersicht verschiedener Mikropartikel-Retentionssysteme

Polymer	Mikropartikel	Handelsname
kationisches Polyacrylamid	Bentonit, alkalisch aktiviert	Hydrocol®
kationisches Polyacrylamid	Silikasol, Kieselsäure	Composil P®
kationisches Polyacrylamid	anionisches Borosilikat	Ultra Positek®
kationisches Polyacrylamid	anionische Mikropolymer	Polyflex®
kationisches Polyacrylamid	Kombination anion. Mikropartikel	Telioform®
kationische Stärke	Silikasol, Kieselsäure	Composil®
kationische Stärke	Aluminiumsulfat + NaOH	Hydrosil®

Neben dem Einsatz von den beschriebenen Retentionssystemen werden auch **Kombinationen mit klassischen Fixiermitteln** gefahren.

Die **Einsatzweise von Mikropartikelsystemen** soll exemplarisch an der Kombination von kationischem Polyacrylamid und Bentonit erläutert werden. Die zum Einsatz kommenden Bentonite sind hierbei alkalisch aktiviert. Durch die Aktivierung mit NaOH entsteht ein hochquellfähiger Bentonit mit erhöhter Plastizität.

Im Dünnstoffbereich wird dem Stoff-Wassergemisch ein kationisches PAM zugegeben. Dieses erzeugt via Brückenflockung relativ große Flocken. Es ist eine Besonderheit und typisches Merkmal von Mikropartikelsystemen, dass diese zuerst gebildeten Primärflocken durch Scherkrafteinfluss von den im System befindlichen Pumpen und Drucksortierern gezielt zerstört werden.

Die nun gebildeten **Mikroflocken** besitzen auf ihren Oberflächen eine kontrollierte, sehr gleichmäßig verteilte kationische Ladung. Unmittelbar vor dem Stoffauflauf, meist an der Stelle wo üblicherweise das Retentionsmittel zugegeben wird, erfolgt die Dosierung der hydrierten Bentonits als Slurry.

Aus der Reaktion der Komponenten resultiert eine Flockung, die eine offene Netzwerkstruktur aufweist. Diese Struktur ist es vor allem, die eine sehr intensive Entwässerung auf dem Sieb und in den Pressen ermöglicht, da die Feinstoffe und kolloidalen Teilchen in der Mikroflocke gebunden sind und deshalb die Poren des Blattes nicht verstopfen können. Diese Koagulation der Feinstoffe und Kolloiden verhilft zudem zu einem Anstieg der Retention.

Neben der korrekten Auswahl der beiden Komponenten, die eine Lösung für den jeweils vorliegenden Anwendungsfall darstellt, ist die Wahl der richtigen Dosierstellen von erheblichem Einfluss.

9.2.1.9 Netzwerkretentionsmittel – Polyethylenoxid (PEO)

Die Netzwerkflockungssysteme bestehen aus zwei nicht-ionischen Komponenten, die in Lösung über Wasserstoffbrücken einen Multikomplex bilden. Dieser wirkt wie ein Netz, welches Feinstoffe und vor allem Kolloidteilchen „herausfischt". Da die Retentionswirkung nicht auf elektrostatischer Wechselwirkung beruht, sind solche Systeme unempfindlicher gegenüber anionischen Störstoffen. Der Einsatz dieses Retentionssystems wird hauptsächlich außerhalb von Europa beschrieben.

Im Gegensatz zu den allen anderen Retentionsmitteln wird das Polyethylenoxid nur in einer nichtionischen (ungeladenen) hochmolekularen Form als Retentionsmittel eingesetzt. Hierzu werden Produkte mit einem Molekulargewicht von bis zu größer 4 Millionen angegeben. Polymerlösungen von Polyethylenoxid haben eine hohe Viskosität, daher wird das Produkt hauptsächlich als Pulver eingesetzt. Zum Auflösen benötigt man eine aufwendige Löseanlage, ähnlich, wie bei Polyacrylamid.

Polyethylenoxide werden als Dualsysteme eingesetzt. Allein zeigen diese Produkte kein ausreichendes Entwässerungs- und Retentionsverhalten, daher muss vor der Zugabe des Polyethylenoxids ein Phenol-Formaldehyd-Harz in etwas größerer Menge dem Stoff zugegeben werden, um die gewünschte Wirkung zu erzielen.

9.2.1.10 Modifizierte Stärke

Kationisch oder anionisch modifizierte Stärke wird durch Umsetzung von Stärke mit anionischen oder kationischen Reagenzien entweder durch Veresterung oder Veretherung gewonnen. Anionische Stärken werden bevorzugt bei saurer Fahrweise und Einsatz von kationischen Fixiermitteln verwendet. Bei typischer Neutralfahrweise wird anionische Stärke im Produkt und im Papiermaschinenkreislauf nicht ausreichend fixiert und führt zu überhöhten CSB und BSB-Werten.

Kationische Stärke addiert sich aufgrund ihrer entgegengesetzten Ladung selbst an die leicht anionische Faseroberfläche und kann sowohl zur Retentionsverbesserung als auch zur Formationsverbesserung eingesetzt werden. Sie wird heute üblicherweise durch die Reaktion mit 1-Chlor-2-hydroxypropyl-trimethlyammoniumchlorid hergestellt. Dabei entstehen Stärkeether, die quarternäre Ammoniumgruppen als Seitenkette tragen. Diese kationischen Stärken unterscheiden sich vor allem über den Substitutionsgrad (d. h. die Anzahl der kationischen Gruppen im Verhältnis zu der Zahl der Anhydroglucose-Monomereinheiten), den Stärkerohstoff und das Herstellungsverfahren. Durch die genannten Parameter werden die Eigenschaften und die Wirkung der Stärke im Papierstoff wesentlich beeinflusst.

In holz- und altpapierhaltigen Systemen ist eine effektive Entfernung der Störstoffe aus dem Kreislauf für einen ungestörten Papiermaschinenlauf und ökonomischen Einsatz kationischer Stärke wichtig. Hierzu ist oft der Einsatz von **Fixiermitteln** vor der Zugabe der Stärke hilfreich, da sonst die Stärke vorrangig mit den Störstoffen unter Bildung von **Koazervaten** reagiert und damit nicht mehr ausreichend an die Faseroberfläche gebunden werden kann.

9.2.1.11 Wirkungsmechanismen

In den meisten Praxisfällen ist das **Zetapotenzial** zwar wichtig, aber nicht allein die entscheidende Größe zur Steuerung und Kontrolle der Retentions-, Entwässerungs- und Flockungswirkung [9.2]. Mit den Wirkungsmechanismen „Mosaikhaftung" und „Brückenbildung" und weiteren komplexen Mechanismen lassen sich die Effekte verschiedener chemischer Additive teilweise besser deuten.

Prinzipiell kann die zur Retention erforderliche Flockenbildung auf verschiedene Wege erfolgen. Der am einfachsten zu verstehende Mechanismus ist hierbei die

Zetapotenzialgesteuerte Ladungsneutralisation

Die negativ geladene, d. h. anionisch reagierende Faserstoff- und Pigmentsuspension wird durch das positiv geladene, also kationische Retentionsmittel je nach Zugabemenge ganz oder teilweise neutralisiert. Die Abstoßungskräfte verringern sich mit zunehmender Ladungsneutralisation. Die Teilchen können sich einander nun soweit nähern, dass van der Waal'sche Kräfte, d. h. Massenanziehungskräfte, wirksam werden. Dieser Vorgang wird beispielsweise durch Aluminiumsulfat bewirkt.

Die Wirkungsweise von polymeren Verbindungen wird gerne mit den folgenden Modellen beschrieben:

Mosaikhaftung (patching)

Durch die teilweise Adsorption kationischer Retentionsmittel auf der Oberfläche der Fasern und Pigmentteilchen bilden sich mosaikartige Zentren mit positiver Ladung. Hierbei ziehen die elektrostatischen Kräfte der positiven Flächen noch vorhandene negative Oberflächenladungen von anderen Stoffteilchen an. Dieser Mechanismus tritt insbesondere bei Polymeren mit hoher Ladungsdichte und mittleren Molmassen, wie z. B. kugelförmigen Molekülen mit hoher Ladungsdichte (z. B. Polymin SK) auf. Die Flockenbildung wird zwar durch Scherung behindert, die einmal gebildete Flocke ist jedoch kompakt und recht scherstabil. Die Flockenstruktur ist auch die Ursache für die in einer ganzen Reihe von Fällen beobachtete verbesserte **Pressen-Entwässerung** bei Einsatz von Polymin SK. Die feinere Flockung bedingt eine gleichmäßigere Formation. Die Pressen entfalten so eine bessere Wirkung, verglichen mit einer ungleichmäßigen Formation, weil der Druck besser die ganze Fläche des Papiers erfasst.

Brückenbildung (bridging)

Die Annahme bei diesem Modell ist, dass bei ausreichend großer Kettenlänge lineare, meist kationische Polyelektrolyte die Entfernung zwischen zwei Feststoffpartikeln überbrücken und dadurch Agglomerate bilden können. Diese Bindungsart kann nur mit einem sehr langkettigen Additiv erreicht werden. Bei zu hoher Ladungsdichte erfolgt eine vollständige, flache Adsorption des Polyelektrolyten, sodass die Bildung von Brücken nicht mehr möglich ist. Ist die Ladungsdichte zu gering, kann das Polymere nicht oder nur schwach adsorbieren, sodass ebenfalls keine Brücke formiert wird. Wird das negativ geladene Faserstoffteilchen bereits vorher mit einem positiv geladenen Additiv wie z. B. Alaun oder einem Polyethylenimin umgeladen, so kann ein anionisches, also negativ geladenes Retentionsmittel mit hohem Molekulargewicht in gleicher Weise als Brückenbildner eingesetzt werden. Hierbei werden Teile der Molekülkette auf beiden zu verbindenden Oberflächen adsorbiert und über den langkettigen Polymerteil miteinander verbunden. Die hierbei auftretenden voluminösen Flocken sind anfällig gegen Scherungseinfluss und ihre Zerstörung ist weitgehend irreversibel. Eine Abwandlung hiervon ist ein modifiziertes Brückenbindungsmodell unter Einbeziehung von Feinstoff durch Bildung von Polymer-Feinstoff-Assoziaten.

Dieses Modell der Brückenbildung wird gerne bei hochmolekularen Polymeren mit niederer Ladungsdichte herangezogen. Typische Vertreter sind die Polyacrylamide.

Komplexe Modelle

In diese Gruppe fallen Flockungsmechanismen wie beispielsweise Dualsysteme, Nano- und Mikropartikelsysteme, Netzwerk-Systeme, Multikomponentensysteme oder auch die durch Site Blocking Agents (SBA) ausgelöste Brückenbildung. SBA sind normalerweise Polymere mit niederem Molekulargewicht und relativ hoher Ladungsstärke.

Eine Kombination der besprochenen Modelle ist der Einsatz von Dualsystemen aus einem zuerst zugegebenen kurzkettigen hochgeladenen Polymer zur partiellen Umladung und einem langkettigen anionischen Polymer zur Flockenbildung.

Es gibt aber auch Systeme aus zwei unterschiedlichen kationischen Polymeren, bei denen man davon ausgeht, dass es sich um ergänzende Mechanismen von Mosaikhaftung und Brückenbildung handelt.

Last not least gibt es Retentionssysteme, die mit ganz anderen Mechanismen arbeiten, wie beispielsweise die Kombination von Phenolharzen mit hochmolekularem Polyethylenoxid PEO (siehe Abschnitt 9.2.1.9).

9.2.2 Fixiermittel

Der Einsatz von Prozesschemikalien bei der Papierherstellung ist mit der Einführung der Neutralfahrweise um ein Vielfaches komplexer geworden. Als wichtigste Ursachen sind erkennbar: gestiegene Ansprüche an die Papierqualität, erhöhter pH-Wert mit Ausschluss der bekannten Aluminiumchemikalien, vermehrter Einsatz von Altpapier und Schließung der Wasserkreisläufe.

Die erwünschte **Reaktion der Prozesschemikalie** erfolgt je nach Anwendungszweck mit Fasern, Fein- und Füllstoffen (Bildung eines Adduktes aus Substrat und kationischem Polymer) und resultiert in positiven Auswirkungen z. B. im Hinblick auf Retention, Entwässerung, Leimung, Festigkeit, etc. Bei der unerwünschten Reaktion der Prozesschemikalie mit einem sogenannten **Störstoff** werden die aktiven Zentren blockiert, sodass entweder keine oder nur eine weit reduzierte Wirkung möglich ist.

Das Resultat ist ein (in der Regel schwerlöslicher) Polyelektrolytkomplex, bei welchem die positiven Ladungsträger über ionische Bindungen abgeschirmt sind.

Die wasserunlöslichen, synthetischen Störstoffe wie beispielsweise **White Pitch** oder **Stickies** gewinnen zunehmend an Bedeutung. Hauptquellen sind gestrichener Ausschuss (z. B. aus LWC-Produktion) und Altpapier. Mit der Fixierung der störenden Substanzen an Fasern bzw. Feinstoffen und Austrag mit dem Papier kann dieses Problem bekämpft werden.

Bei der **Störstoff-Fixierung** reagiert zunächst das hochgeladene und nur mit mittlerem Molekulargewicht ausgestattete (polykationische) Fixiermittel mit dem (polyanionischen) Störstoff unter Bildung eines Polyelektrolytkomplexes mit positiver Überschussladung.

Beim Mechanismus der Störstoff-Fixierung erfolgt im zweiten Schritt die Fixierung des Komplexes an die Faser. Dieser zweite Schritt ist sehr viel langsamer als der erste, da es sich um eine Reaktion zwischen Komponenten in zwei verschiedenen Phasen (fest und flüssig) handelt.

Zur erfolgreichen Fixierung gelöster Störstoffe muss die Ladung des Fixiermittels grundsätzlich möglichst hoch sein, um dem Komplex aus Störstoff und Fixiermittel eine maximale positive Ladung zu verleihen.

9.2.3 Leimungsmittel

Papier besteht überwiegend aus Cellulosefasern, anderen Polyosen verschiedenster Art sowie aus Füllstoffen. Sowohl Cellulose als auch die Polyosen (Hemicellulosen) sind hydrophile, von Wasser gut zu benetzende Materialien. Die Leimung dient der **Hydrophobierung der Cellulosefaser**, das heißt sie verhindert oder bremst das Eindringen von Wasser in das Faservlies und garantiert so die Dimensionsstabilität. Durch eine gesteuerte Verminderung der Saugfähigkeit erhält das Papier die gewünschten Eigenschaften Beschreibbarkeit und Bedruckbarkeit. Die Leimung ist die Voraussetzung für viele Anwendungen von Papier und Karton, ob man mit Inkjet oder Offset bedruckt oder auch verkleben will. Auch die Verpackung von feuchten Gütern erfordert eine Hydrophobierung des Verpackungsmaterials, daher sind Transportbehälter aus Wellpappe geleimt.

Die Leimung und kann durch **Massezusatz** oder **Oberflächenleimung** mit anorganischen oder organischen kolloiden Leimungsmitteln erzielt werden. Hierzu werden **verstärkte** und **unverstärkte Harzleime** eingesetzt, **synthetische Leimungsmittel** wie Alkylketendimere (AKD), Alkylbernsteinsäureanhydride (ASA), Stearinsäure (für Spezialpapiere) oder fluororganische Verbindungen (FCs). Bei der Oberflächenleimung können auch in Wasser quellbare und kolloidal gelöste Stoffe wie Tierleim, Stärke und Kasein zum Einsatz kommen, welche bei der Masseleimung nur als Schutzkolloide bei der Leimzubereitung verwendet werden.

Bezogen auf den Anteil der weltweit eingesetzten chemischen Additive nehmen die Leimungsmittel als funktionale Komponente mit 10 % einen vergleichsweisen großen Anteil ein. Leimungsmittel sind mengenmäßig nach den Streichfarbenbindern die zweitgrößte Position. Wenn man sich die einzelnen Vertreter innerhalb dieser Gruppe anschaut sieht man sehr deutlich, dass der **Harzleim** den Hauptvertreter stellt. Dies liegt zum einen an den spezifisch hohen Mengen, die zur Erzielung der Spezifikationen nötig sind und zum anderen, dass er für spezielle Applikationen, etwa im Kartonbereich, aufgrund spezifischer Eigenschaften unverzichtbar ist.

Die Leimung wird aus verschiedenen Gründen eingesetzt:

In Druckpapieren für den Mehrfarben-Offsetdruck muss das Papier den kurz aufeinanderfolgenden Benetzungsvorgängen mit Wasser in den zu durchlaufenden Druckwerken widerstehen, ohne in Maschinen- oder Quer- oder Z-Richtung zu quellen. Hier soll also eine gute **Dimensionsstabilität** während den kurzen Benetzungsvorgängen erreicht werden.

Bei anderen Papieren soll beispielsweise das Eindringen von Flüssigkeit oder Wasser aus der Streichfarbe beim folgenden Veredelungsvorgang oder beim Streichen verhindert werden. In Ink-jet Papieren will man das Verlaufen und Auslaufen der Tinten verhindern, mit dem Ziel eines klaren Schriftbildes. Dies erinnert noch an den ursprünglichen Zweck der Tintenabweisung.

9.2.3.1 Harzleimung

Im Jahre 1807 führte *Fritz Illig* die Harzleimung in die Papierindustrie ein. Dieses Verfahren bewirkte erstmals eine **partielle Hydrophobierung** des Papiers in der Masse, während die vorgehend beschriebenen Leimungsmittel durch Tränkung des fertigen Papiers aufgebracht wurden und dieses durch ein Verschließen der Poren beschreibbar machten.

Im Laufe der Zeit ersetzte man Alaun – das Kaliumaluminiumsulfat – durch das billigere und wirksamere Aluminiumsulfat. Der Papiermacher nennt jedoch auch diese Verbindung aus Tradition bis auf den heutigen Tag „**Alaun**". Alaun kann auch als Retentionshilfe oder bei der Dispergierung von Harzpartikeln wertvolle Dienste leisten. Als weitere Aluminiumquelle kommen heute Aluminate $[Al(OH)_4^-]$ oder Polyaluminiumchloride (PAC) $[Al_n(OH)_mCl_{3n-m}]$ in Frage, welche entweder dem Stoff oder Rückwasser zugeführt werden. Der optimale pH-Wert der klassischen Harzleimung liegt bei ca. 4,5.

Die Hauptbestandteile der eingesetzten Harze sind Abietinsäure und Levopimarsäure. Weiterhin sind geringe Mengen an Harzestern (< 5 %) sowie verseifbare und unverseifbare Begleitstoffe (< 5 %) und Spuren von Schwefel (125...250 ppm) enthalten. Als Verschnittmittel können den Harzleimen unverseifbare Harze, Paraffin, Wachs, Montanwachs, Stearin, Wasserglas, Tierleim, Stärke und Pflanzenschleime zugemischt werden.

Durch Umsetzung der Harzsäuren mit Maleinsäureanhydrid kann die Anzahl der Carboxylgruppen je Molekül und damit die Reaktionsfähigkeit erhöht werden. Hierzu werden die Harze mit Maleinsäureanhydrid und/oder Fumarsäureanhydrid nach Diels-Alder durch Cycloaddition umgesetzt. Die Säurezahl (SZ) kann mit dieser Maßnahme durch Einführung von 2 zusätzlichen Carboxylgruppen in das Harzsäuremolekül gesteigert werden. Die so hergestellten Leimungsmittel werden als „**verstärkte Harzleime**" bezeichnet.

Harzseifen sind die Na- oder K-Salze der vollständig verseiften Harze, d. h. also die Salze der dabei entstandenen Carbonsäuren. Analog zu klassischen Seifen, den Na- und K-Salzen langkettiger Carbonsäuren (Fettsäuren), weisen auch Harzseifen ein hydrophobes und ein hydrophiles Ende auf.

Die optimale klassische Harzleimung erfordert die Gegenwart von Aluminium-Ionen bzw. Alumiminiumhydroxid-Flocken. Das Aluminium-Ion hat hierbei zwei Aufgaben: Anlagerung der negativen Harzteilchen an die negativen Cellulosefasern unter Bildung dativer, koordinativer Bindungen mittels eines Resinatkomplexes, wobei während der Trocknung eine Orientierung der hydrophoben (= unpolaren) Gruppen im Al-Resinat-Komplex nach außen – von der Faser weg – auftritt. Vor der Frittung zeigen die hydrophoben Enden in den Micellen nach innen und damit weg vom Wasser. Diese Umkehrung (Inversion) der Polarität im letzten Schritt wird als **„Frittung"** bezeichnet. Erst durch die Frittung wird der hydrophobierende Leimungseffekt bewirkt. Um die Frittung durchzuführen ist eine Mindesttemperatur erforderlich. Die Höhe dieser Frittungstemperatur ist produktabhängig. Generell kann jedoch gesagt werden, dass Harzseifen eine höhere Frittungstemperatur benötigen wie Harzdispersionen.

Der optimale Leimungsbereich liegt um **pH 4,7**. Unterhalb pH 3,6 tritt kaum noch Leimungswirkung auf. Oberhalb pH 5 nimmt die positive Ladung des Al-Resinatkomplexes deutlich ab. Hierdurch entstehen wiederum mehr Aggregate, die letztlich schlechtere Leimung bewirken.

Die wesentlichen **Vorteile** der Harzleimung sind die relativ geringe Kosten und relativ hohe Sicherheit in der Anwendung sowie gute Leimgradabstufung und die Möglichkeit zur Ausbildung von einseitiger Glätte am Yankee-Zylinder.

Die **Nachteile** sind die durch die notwendige Anwesenheit von Aluminiumsulfat bedingte mangelnde Langzeitstabilität des Papiers. Da sich die klassische Harzleimung nur im sauren Bereich ausbildet, können Calciumcarbonat und Harzleim normalerweise nicht gemeinsam in der Papiermasse eingesetzt werden.

9.2.3.2 Alkylketendimer (AKD)

Der Name AKD leitet sich von der Bezeichnung „**A**lkyl**k**eten**d**imer" ab. Es handelt sich hierbei um einen **wachsartigen, wasserunlöslichen Feststoff**, der vor der eigentlichen Anwendung in Wasser dispergiert werden muss. Hierbei wird im Allgemeinen **kationische Stärke** zur Dispergierung zugesetzt, um damit die Retention des AKD an der Faser zu verbessern.

Bei der Herstellung von AKD kommen Fettsäuren im Bereich von C_{10} bis C_{22} zum Einsatz. Die verwendete Fettsäure beeinflusst die Leimungseffektivität des AKD und den Schmelz- und Kristallisationspunkt des AKD und des Hydrolyseproduktes. Generell gilt, je länger die Kettenlänge der verwendeten Fettsäure ist, umso besser ist die Leimungswirkung und umso höher liegen der Schmelz- und Kristallisationspunkt des Produktes.

Es wird postuliert, dass AKD mit den OH-Gruppen der Cellulose unter Aufspaltung des Laktonringes reagiert. Dabei entsteht ein beta-Ketoester. Allerdings tritt auch nicht gebundenes AKD im fertigen Papier auf. Durch Extraktion und Analyse der gewonnenen Mengen kann man den Anteil an gebundenem AKD bestimmen.

Ebenso wie ASA reagiert das AKD leider auch mit Wasser. Dabei entsteht Dialkylketon und Kohlensäure. Das hydrolisierte AKD ist eine wachsartige Substanz und hat keine Leimungswirkung. Durch kontinuierliche Verfahrensoptimierung wurde es möglich, die Hydrolyse so weit zu minimieren, dass stabile und einsatzfertige Dispersionen mit Feststoffgehalten von 6...20 % hergestellt werden können. Dies wurde unter anderem durch Einsatz eines Schutzkolloids, meist eine spezielle kationische Stärke, erreicht. Die heute angebotenen AKD-Dispersionen haben in der Regel eine Lagerstabilität von mindestens 30 Tagen. Diese ist allerdings von der Lagertemperatur abhängig.

Die schnelle Reaktionsgeschwindigkeit von ASA erfordert die Herstellung der gebrauchsfertigen Emulsion in der Papierfabrik kurz vor der Zugabe zum Stoff. Hingegen ermöglicht die langsamere Reaktionsgeschwindigkeit von AKD den Einsatz gebrauchsfertiger Dispersionen. Allerdings kann die langsamere Reaktion auch von Nachteil sein, weil sich die Leimung mit AKD noch nicht vollständig in der Papiermaschine einstellt (keine on-machine Leimung).

Damit AKD vornehmlich im **neutralen und alkalischen Gebiet** geleimt wird, kann **Calciumcarbonat** als billiger und guter Füllstoff verwendet werden. Durch den relativ hohen pH-Wert wirken optische Aufheller intensiver, das heißt zur Erzielung der gleichen Weiße wie bei der „sauren Harzleimung“ kann ihre Menge reduziert werden. Ein weiterer Vorteil ist die Alkalibeständigkeit der Diketenleimung.

Trotz dieser Vorteile wird dieser Masseleimungsmittel-Typ wegen einiger gravierender Nachteile nicht allgemein verwendet.

Einer davon ist die Unverträglichkeit mit Alaun. Der gesamte Wasserkreislauf muss weitgehend frei von Aluminiumionen sein. Weiterhin ist eine Abstufung des Leimungsgrades nur schwer möglich: entweder ist das Papier gut geleimt – oder gar nicht. Außerdem erfordert die Ausbildung der Leimung bis zu einigen Tagen Zeit. Durch Zusatz von Promotern (meist stark kationische Fixiermittel) kann die Leimungsausbildung zwar beschleunigt werden, jedoch sind diese Fixiermittel nicht gut mit optischen Aufhellern verträglich und belasten außerdem das Kreislaufwasser. Bedingt durch die Stearylgruppen haben mit Diketenen geleimte Papiere eine höhere Oberflächenglätte. Das kann zu gefährlichem Rutschen der Papiere im Stapel führen. In neuerer Zeit haben AKD geleimte Produkte noch mit dem weiteren Problem zu kämpfen, dass die durch Hydrolyse entstehenden Ketone wegen ihrer Verdampfbarkeit für die Verschmutzung der Kopierer mitverantwortlich gemacht werden.

Gewöhnlich wird AKD als mit kationischer Stärke stabilisierte Dispersion dem Stoff zugesetzt, wobei natürlich die Retention und Größenverteilung wichtig sind.

Ein interessantes Phänomen stellt die Reversibilität (= Umkehrung) der AKD-Leimung bei Verwendung von gefälltem Calciumcarbonat (PCC) dar. Dieser in USA sehr oft beobachtete Effekt (**Fugative Sizing** genannt), die Verminderung der Leimungswirkung im Laufe der „Nachreife“, wird u. a. mit einer partiellen Restmobilität der AKD-Moleküle begründet. Diese sollen sich hierbei im Laufe der Zeit von der Oberfläche in das Innere des relativ großporigen PCC verlagern, was mit der bereits erwähnten Minderung der Leimungswirkung einhergeht. Andere Quellen betrachten insbesondere die Hydrolyse des AKD an den teilweise stark basischen Oberflächen des PCC als Hauptgrund der Reversibilität.

9.2.3.3 Alkenylbernsteinsäureanhydrid (ASA)

Alkenylbernsteinsäureanhydrid (englisch **A**lkenyl**s**uccinic**a**nhydride = ASA) wird aus Olefinen (ungesättigte Kohlenwasserstoffe) durch Reaktion mit Maleinsäureanhydrid hergestellt.

Es handelt sich hierbei um eine dieselölähnliche Flüssigkeit, die wasserunlöslich ist und vor der eigentlichen Anwendung in Wasser emulgiert werden muss. Die oleophilen Ketten, zwei pro ASA-Molekül, sind kürzer als in AKD.

Für ASA wird postuliert, dass es mit den OH-Gruppen der Cellulose unter Aufspaltung des Anhydridringes reagiert. Dabei entsteht ein Halbester. Daneben tritt auch nicht gebundenes, voll hydrolysiertes ASA im fertigen Papier auf. Durch Extraktion und Analyse der gewonnenen Mengen kann man den Anteil an gebundenem ASA bestimmen, ähnlich wie beim AKD.

ASA wird innerhalb von Stunden in Wasser hydrolisiert, mit steigender Temperatur und höherem pH-Wert schneller. ASA wird wie AKD als feine Dispersion (Emulsion) mit kationischer Stärke zur besseren Retention verwendet. Aufgrund der kurzen Hydrolysestabilität muss die Emulgierung des ASA in der Papierfabrik erfolgen. Derartige Emulgieranlagen müssen „just in time“ das möglichst fein emulgierte Produkt erzeugen. Normalerweise wird pro Papiermaschine jeweils eine Emulgieranlage benötigt.

Je feiner die Emulsion, desto langsamer ist die Hydrolyse und umso besser erfolgt auch die Anlagerung des ASA. Schlechte Emulsionen haben einen 50 %-Anteil von ca. 3 µm, die besten heutigen Anlagen kommen hierfür auf Werte von < 1 µm.

Da die Reibung mit steigender Kettenlänge des oleophilen Restes abnimmt, ist ASA geleimtes Papier aufgrund der kürzeren oleophilen Ketten weniger rutschig als mit AKD geleimtes. ASA geleimte Produkte weisen zudem als einziges Leimungsmittel eine gegen heißes Wasser stabile Leimung auf (Heißwasser-Cobb).

Das Abbauprodukt von ASA aus der Hydrolyse ist anionisch geladen und trägt hierdurch beim Einsatz in der Masse zu einem **erhöhten Störstoffpotenzial** bei. Besonders die Calcium- und Magnesiumsalze der entstehenden Alkenylbernsteinsäure führen zu klebrigen Partikeln, die zu erheblichen Schwierigkeiten führen können. Die Aluminiumsalze zeigen diese unangenehmen Eigenschaften nicht, weshalb die Dosierung von geringen Mengen Alaun im Gegensatz zum Einsatz von AKD durchaus positiv wirken kann. Aufgrund der vergleichsweise schnellen Hydrolyse macht ASA nur bei sehr guter Retention einen Sinn.

9.2.3.4 Polymerleimungsmittel

Andere Typen synthetischer Leimungsmittel sind Dispersionen und kolloide Lösungen organischer Polymere auf Basis von Acrylsäureestern, Maleinsäureanhydrid, Maleinsäure-Styrol-Copolymeren u. a. m., die sogenannten **Polymerleimungsmittel**. Sie werden in anionischer und kationischer Einstellung angeboten. Folgende **Produktgruppen** stehen industriell zur Verfügung:

- Styrol-Maleinsäureanhydrid-Coploymerisate (SMA),
- Polyurethan-Dispersionen (spielen heute so gut wie keine Rolle mehr, da zu teuer).

Für die Masseleimung werden sie aufgrund des hohen Preises wenig verwendet, und wenn, dann nur die kationischen Produkte. Sie lagern sich aufgrund ihrer Ladung an die Cellulosefaser an, benötigen zum „Ausfällen“ also kein Alaun. Für die Ausbildung eines geschlossenen Films in oder auf dem Papier sind ihre Einsatzmengen, die bereits Leimungswirkung ergeben, zu gering. Sie bilden vielmehr hydrophobe Zentren im Papier aus, ähnlich wie beim Harzleim, die wiederum die Benetzbarkeit vermindern und das Eindringen von Flüssigkeiten verzögern. Im Allgemeinen werden diese synthetischen Leimdispersionen nur dann der Papiermasse zugesetzt, wenn spezielle Eigenschaften wie Alkalibeständigkeit oder Registriertintenbeständigkeit gefordert sind. Man kann polymere Leimungsmittel auch in Kombination mit der klassischen Harzleimung verwenden.

9.2.4 Trockenverfestiger

Durch den stark gesteigerten Verbrauch von Altpapier sowie zunehmende Füllstoffgehalte ergeben sich zwangsläufig Verschlechterungen der Papierfestigkeiten.

Es gibt **natürliche und synthetische Trockenfestmittel**:

- Stärke (native, anionisch und kationisch und amphoter modifiziert),
- Galaktomannane (Guar),
- Carboxymethylcellulose (CMC),
- Polyvinylalkohol (PVAl),
- Alginate,
- Polyacrylamide (gegebenenfalls in Kombination mit Glyoxal).

Durch die **zusätzlichen Wasserstoffbrückenbindungen** und ionischen Bindungen verfestigen diese Substanzen das Papiergefüge, ohne die Blattbildung zu stören. Es werden wichtige mechanische Festigkeitseigenschaften des Papiers verbessert.

Dadurch erreicht man beim Papier und Karton die benötigten Festigkeitssteigerungen für z. B.:

- Reißlänge,
- Berstfestigkeit,
- Gefügefestigkeit (Internal Bond),
- Weiterreißfestigkeit,
- Stauchfestigkeit,
- Falzfestigkeit,
- Rupffestigkeit,
- Spaltfestigkeit (Ply-Bond).

9.2.5 Nassfestmittel

Die Ausrüstung von Papier mit Nassfestmitteln wird stets dann erforderlich, wenn durch Benetzung bzw. Durchtränkung mit Wasser ein für die gewünschte Anwendung zu großer Abfall der mechanischen Werte des Papiers resultiert. Eine große Bedeutung liegt insbesondere auf dem Gebiet des Verpackungswesens.

Nassfest hergestellt werden beispielsweise: Hygienepapiere, Tissues, Land- u. Seekarten, Taschentücher, Servietten, Filterpapiere, Filterkarton, Imprägnierrohpapiere, Schleifrohpapier, Dekorpapiere, Papiertischtücher, Kosmetiktücher, Etiketten- und Plakatpapiere, Dekorationspapiere, Tapetenrohpapiere, Sack- und Tütenpapiere, Papiertragetaschen und Einwickelpapiere für benetzende Lebensmittel, Banknotenpapiere, Dokumentenpapiere.

Ein Papier wird im Allgemeinen als **nassfest** bezeichnet, wenn es nach völliger Durchtränkung mit Wasser noch mindestens 15 % seiner ursprünglichen Trockenfestigkeit aufweist. Bei einem unverfestigten Papier liegt die Nassfestigkeit unter vollkommener Sättigung mit Wasser nur etwa in einer Größenordnung um 2...7 %, bezogen auf die Werte für den trockenen Zustand. Ohne Nassfestmittel, aber mit starker Leimung, findet man 10...12 %, mit viel Nassfestmittel, jedoch ohne Leimung, dagegen 15...50 %.

In Abgrenzung zur Leimung bzw. Hydrophobierung werden bei der Nassverfestigung durch Zugabe geeigneter Additive oder mithilfe spezieller Verfahrensweisen **neue (kovalente) Bindungselemente** im Papier geschaffen, sodass es auch nach Befeuchtung oder Sättigung mit Wasser zur Anhebung der Festigkeitseigenschaften kommt. Durch Leimung oder Hydrophobierung kann demgegenüber allenfalls das Eindringen von Flüssigkeiten hinausgezögert werden. Allerdings lässt sich diese Trennung nicht in allen Fällen so klar voneinander abgrenzen.

Nassfestmittel werden vorteilhaft in der Masse eingesetzt, was aber in manchen Fällen der Verwendung als Oberflächenmittel, in Verbindung mit einem Streichauftrag oder als Zusatz zu Bindemitteln bei der Trockenvlieserzeugung nicht ausschließen muss.

Bei der **Massezugabe** kommt es darauf an, dass das Nassfestmittel bei der zumeist vorherrschenden hohen Verdünnung fest an die Faser gebunden wird. Dabei muss es selbst noch wasserlöslich oder zumindest sehr fein dispergiert sein, damit eine gleichmäßige Verteilung in der Stoffsuspension und damit auch gleichmäßige Fixierung auf den Fasern stattfinden kann. Daher bricht man bei der Herstellung der synthetischen Nassfestmittel die Kondensation oder Polymerisation zu einem Zeitpunkt ab, wo dieser Zustand noch gegeben ist. Es können sowohl anionische als auch kationische Produkte eingesetzt werden, wobei erstere mithilfe von Fixiermitteln auf die Fasern ausgefällt werden müssen, was bei kationischen Produkten nicht notwendig ist.

9.2.5.1 Melamin-Harz-Nassfestmittel

Für die Papierindustrie wurden Melaminharze ab 1944 von Bedeutung, nachdem kationische, wässrige Harzkolloide entwickelt wurden, die ein gutes Aufziehvermögen auf Cellulosefasern zeigten.

Eine ganze Reihe von Papierqualitäten werden **in der Masse mit Melaminharz** nassverfestigt. Überwiegend werden diese bei technischen **Spezialpapieren** eingesetzt.

Beispiele sind: Etikettenpapiere, Banknoten und Wertpapiere, Lebensmittelverpackungspapiere, Wäschezeichenpapiere, Tapetenpapier, Schleifrohpapier, technische Filterpapiere, Dekorpapier, Overlaypapier, Finishfolien.

Die höchsten relativen Nassfestigkeiten werden auf ungebleichten oder halbgebleichten Zellstoffen erzielt. Bei gebleichten Zellstoffen ergeben sich bei TCF-Qualitäten tendenziell höhere Nassfestigkeitswerte als bei ECF-Zellstoffen.

Bei zunehmendem Mahlgrad steigt die absolute Nassfestigkeit des Papiers. Da die Trockenfestigkeit ebenfalls zunimmt, bleibt die relative Nassfestigkeit weitgehend unverändert. Melaminharze sind kaum störstoffempfindlich. Bei sehr hohen anionischen Frachten oder hohem Feinstoffgehalt können jedoch Leistungseinbußen auftreten.

Die **„klassische“ Dosierreihenfolge** ist Harzleim, dann Aluminiumsulfat, danach Melaminharz. Allgemein gilt, dass die anionischen Zusätze vor der Zugabe des Nassfestmittels eingemischt sein sollten. Eine direkte Vermischung von Melaminharz mit Aluminiumsulfat ist zu vermeiden. Nach dem Melaminharz wird in der Regel nur noch das Retentionsmittel dosiert.

Die **Vernetzungsreaktionen der Melaminharze** werden sauer katalysiert. Optimal ist ein pH-Wert um 4,5. Durch Steigerung der Dosiermenge kann ein höheres Nassfestigkeitsniveau zu erreichen. Melaminharze bieten hierbei gegenüber der Gruppe der Polyamidamin-Epichlorhydrin-Harze den Vorteil, dass auch bei sehr hohen Dosierungen keine kationische Überladung des Stoffes auftritt und damit kein negativer Einfluss auf Retention, Formation, Stofffänger usw. befürchtet werden muss.

Melaminharze sind wärmekondensierende Harze. Je höher die Trocknungstemperatur, umso eher wird die maximale Leistung des Nassfestmittels erreicht. In der Regel beträgt die bei der Aufrollung des Papiers erzielte Nassfestigkeit 60...70 % des maximal möglichen Wertes. Der Endwert wird während der Papierlagerung innerhalb einiger Tage bis zwei Wochen erreicht.

Die Maßnahmen, die man zum **Wiederaufschlagen des Ausschusses** oder nassfesten Altpapiers vorsehen muss, hängen vom Grad der ausgebildeten Nassfestigkeit ab. Nasser Ausschuss (Gautschbruch) kann ohne zusätzlichen Harzeinsatz direkt wiederverwendet werden. Frisch produziertes Papier sollte möglichst bald, am besten in einem separaten **Ausschusspulper**, wiederaufgeschlagen werden. Der Nassfestmittelanteil dieses Papiers wirkt in der neuen Produktion nicht mehr. Altpapier sollte in einem eigenen Strang, am besten unter erhöhter Temperatur (60...80 °C) und eventuell sauren Bedingungen (pH 33,5) aufgeschlagen werden. Die technologisch beste Lösung stellt der Einsatz eines Hochkonsistenzpulpers oder **Heißzerfaserers** (Dispergators) dar.

Melaminharze können auch direkt auf die Papieroberfläche aufgetragen werden. Voraussetzung für eine gute Wirkung ist allerdings, dass das Papier nicht oder nur sehr schwach massegeleimt wurde. Es bietet sich hier an, die Nassverfestigung zusammen mit der Leimung in die Oberfläche zu verlegen. Hiermit ist auch eine Entlastung des Kreislaufwassers und des Abwassers verbunden.

9.2.5.2 Epichlorhydrin-Harze

Als Basispolymer können Polyalkylenpolyamine oder Polyamidoamine eingesetzt werden. Daher werden die entstehenden Harze als **P**oly**A**min-**E**pichlorhydrin-Harz (PAE-Harz) oder **P**oly**A**mido**A**min-**E**pichlorhydrin-Harz (PAAE-Harz) bezeichnet.

Die Reaktivität von Epichlorhydrin ist zum einen bestimmt durch das vorhandene organisch gebundene Chloratom und zum anderen durch die im Molekül befindliche Epoxidgruppe. Die Hauptaufgabe des Epichlorhydrins besteht darin, das Basispolymer weiter zu vernetzen und reaktive Zentren für die Weiterreaktion im Papier mit den Celluloseketten bereitzustellen. Dabei wird das ursprünglich wasserlösliche Polymer weiterpolymerisiert und in eine wasserunlösliche oder schwerlösliche Verbindung überführt.

Epichlorhydrin-Harze sind in einem weiten pH-Bereich (vom schwach sauren bis in den alkalischen Bereich) reaktionsfähig. Optimale Bedingungen sind jedoch der Neutralbereich und schwach alkalische Bedingungen. Deshalb werden sie auch häufig als **Neutralnassfestmittel** bezeichnet. Wegen dieser Eigenschaft können sie in Calciumcarbonat gefüllten Papiersorten verwendet werden und eröffnen in Kombination mit Neutralleimungsmitteln den Weg zu geleimten, neutral und alkalisch hergestellten Papieren und Kartons. Klassische Anwendungsbeispiele für Epichlorhydrin-Harze sind Fotopapier, Laminat- und Dekorpapier, Flüssigverpackungskarton und Hygienepapiere, aber auch Kaffeefilterpapier und Teebeutelpapier. Die gute Beständigkeit der durchgehärteten Harze gegenüber sauren und alkalischen Lösungen erklärt ihr breites Anwendungsspektrum in verschiedenartigen Endprodukten.

Ein Vorteil dieser Harze ist die bereits in der Papiermaschine auftretende **hohe Nassfestigkeit**. Je nach Temperatur und Verweilzeit in der Trockenpartie können am Ende der Papiermaschine schon bis zu 80 % der erzielbaren Nassfestigkeit erreicht werden. Neben diesen Eigenschaften zeigen PAAE-Harze aufgrund ihrer kationischen Ladung und ihrer hohen Molekulargewichte im Papiermaschinenkreislauf auch andere Effekte, die zum Teil bewusst genutzt werden. So wirken sie beispielsweise retetionsunterstützend. Bei der Herstellung von Laminat- und Dekorpapieren ist das Nassfestmittel Bestandteil des Retentionssystems und hilft, die hohen Füllstoffanteile des verwendeten Titandioxids im Faservlies zurückzuhalten. Die Wirkung von Leimungsmittel wird unterstützt (bessere Retention) und im Falle von Akylketendimer zeigen Epichlorhydrin-Harze Promotorwirkung und beeinflussen die Leimungsausreifung positiv. Andererseits können sie anionische Prozesschemikalien negativ beeinflussen. Bekanntes Beispiel hierfür ist die Reduzierung der Wirkung von optischen Aufhellern.

Nachteilig an den Epichlorhydrin-Harzen ist wegen der permanenten Nassfestigkeit die **schwierige Ausschussaufbereitung**. Diese ist jedoch meist bei höheren Temperaturen (60...80 °C) und pH-Werten von 10 bis 12 bei Einsatz von Scherkräften durch Aufschlagen im Pulper möglich.

9.2.5.3 Glyoxal-Harze

Glyoxal gehört zur Gruppe der Aldehyde, genauer der Dialdehyde. Die Aldehydfunktion ist eine reaktive Gruppe, an der sich weitere Umsetzungen durchführen lassen und mit deren Hilfe sich das Molekül an andere Moleküle anlagern lässt. Da diese Gruppe im Glyoxal zweimal im Molekül vorhanden ist, kann sie als Vernetzer für andere Moleküle benutzt werden. Glyoxal ist der einfachste Dialdehyd. Glyoxalmodifizierte Nassfestmittel haben aufgrund der temporären, also nicht permanent ausgebildeten Nassfestigkeit eine Nischenposition für spezielle Anwendungen gefunden.

9.2.6 Entschäumer/Entlüfter

Es kann zwischen Entschäumern und Entlüftern unterschieden werden, auch wenn der Übergang fließend zu betrachten ist. Entschäumer zielen primär darauf ab, Oberflächenschaum zu zerstören, während Entlüfter eher die feinteilig dispergierte Luft in der Suspension entfernen sollen. Reine Entschäumer sind stark hydrophob (wasserunlöslich), während Stoffentlüfter eine geringere Hydrophobie und damit eine bessere Dispergierbarkeit aufweisen.

Gründe für die Erhöhung der Probleme durch Luft und Schaum sind beispielsweise:

- Einengung der Wasserkreisläufe,
- Erhöhung der Kreislauftemperaturen,
- neue Holzstoffe, mit höheren Gehalten an Extraktstoffen (TMP, PGW, CTMP),

- Verwendung von Recyclingfasern,
- höhere PM-Geschwindigkeiten,
- Doppelsiebe,
- nicht optimale Systemführung mit Möglichkeiten zum Lufteinzug, Bildung von Wirbeln ...

Durch Schaum verursachte **Produktionsprobleme** sind:

- abnehmende Förderleistung der Pumpen,
- Ablagerungen im Kreislauf,
- ungewollte Flotation/verstärkte Schaumbildung,
- zunehmende Konzentration hydrophober Stoffe (örtliche Schmutzinseln),
- Schleimwachstum,
- Abrisse,
- Entwässerungsprobleme.

Grenzflächenaktive Substanzen bestehen aus einer hydrophilen Gruppe und einem organischen, hydrophoben Rest. Der hydrophile Teil befindet sich im Wasser und der hydrophobe an der Luft. Es genügen oft sehr geringe Mengen an Tensiden, um eine beträchtliche Schaumbildung zu bewirken. Quellen für grenzflächenaktive Substanzen sind Harze, Fettsäuren, Lignine/Ligninsulfonate, und Stärke sowie synthetische Produkte wie Tenside und Bindemittelfragmente aus Altpapier, Emulgatoren und Netzmittel aus chemischen Additiven, Leimungsmittel und Nassfestmittel oder Dispergatoren.

9.2.7 Optische Aufheller

Im Jahre 1929 wurden optische Aufheller eher zufällig entdeckt. Damals wurde in der Textilindustrie beobachtet, dass bei Verwendung von **Esculin** Viskose und Flachs eine höhere Weiße aufwiesen, als man das bis dahin gewohnt war.

Optische Aufheller sind in der Lage, UV-Licht unterhalb einer Wellenlänge von 400 nm im für Menschen unsichtbarer Wellenlängenbereich zu absorbieren und in einem sichtbaren Bereich von 420...460 nm in Form von Fluoreszenz zu remittieren. Somit wird die fehlende **Blaukomponente** des reflektieren Tageslichtes ausgeglichen und das Papier erscheint wieder weiß. Dieser Vorgang wird auch als Fluoreszenz bezeichnet.

Optische Aufheller sind teuer und sollten daher möglichst viel UV-Licht absorbieren und möglichst viel Licht im sichtbaren Bereich wieder emittieren. Das Absorptionsmaximum sollte hierbei in einem Bereich von 350...400 nm liegen. Die Wirkung sollte unabhängig vom pH-Wert, der Wasserhärte und enthaltenen Additiven gleichmäßig und vollständig auftreten.

Die hauptsächlich in der Papierindustrie eingesetzten optischen Aufheller sind Derivate der **Diamino-Stilben-Disulfonsäure**, auch **Flavonsäure** genannt, und liegen allgemein als Natriumsalze vor. Je nach Anzahl der Sulfogruppen im Molekül unterscheidet man zwischen Disulfo-, Tetrasulfo- und Hexasulfotypen.

Auch wenn es kationische Typen gibt, haben industriell eingesetzte optische Aufheller einen anionischen Charakter und gleichen somit hinsichtlich der Ladung der Cellulosefaser. Sie sind wasserlöslich, farbneutral und gleichen den Direktfarbstoffen bezüglich ihrer Faseraffinität. Die Löslichkeit und das Aufziehverhalten sind jedoch von der Anzahl der enthaltenen Sulfogruppen abhängig. Sind viele funktionelle Gruppen vorhanden, ist die Wasserlöslichkeit gut, aber das Aufziehverhalten schlecht und umgekehrt. Eine Besonderheit der optischen Aufheller ist die sogenannten **cis-trans Isomerie** des Moleküls. Nur in der trans-Form wirkt der Aufheller fluoreszierend und nur in dieser Form ist es ihm möglich, stabil auf die Faser aufzuziehen. Das Aufziehverhalten von Optischen Aufhellern und damit auch ihre Wirksamkeit kann durch Zusatz von CMC oder Polyvinylalkohol spürbar gesteigert werden.

9.2.8 Farbstoffe

Als Farbstoffe bezeichnet man ganz allgemein Substanzen, die aufgrund ihres chemischen Aufbaus Gegenständen ein farbiges Aussehen verleihen können. Alle lassen sich in die folgenden vier Gruppen zusammenfassen:

- natürliche anorganische Farbstoffe,
- synthetische anorganische Farbstoffe,
- natürliche organische Farbstoffe,
- synthetische organische Farbstoffe.

Zur ersten Gruppe gehören die Erdfarben, z. B. Ocker oder Umbra. Diese haben als Eisenverbindungen nur ein vergleichsweise schwaches Anfärbevermögen. Bedeutender ist heute die Gruppe der synthetischen anorganischen Farbstoffe, zu der z. B. die Eisenoxydpigmente sowie der Ruß gehören.

Zur Gruppe der natürlichen organischen Farbstoffe gehört die ganze Palette der Natur- und Pflanzenfarben, wie beispielsweise Rotholz, Blauholz etc. Obwohl diese Farbstoffe an Farbstärke fast allen anorganischen Farbstoffen überlegen sind, werden sie aufgrund ihrer schlechteren Lichtechtheiten heute in der Papierindustrie nicht mehr eingesetzt. Nur das Saftbraun, das als wesentlichen Bestandteil wasserlösliches Natriumhuminat enthält, wird noch vereinzelt zur Altpapierfärbung eingesetzt. Allerdings wird der Farbstoff heute synthetisch durch Alkalischmelze von Braunkohle hergestellt.

Die bedeutendste und zahlenmäßig größte Gruppe sind die **synthetischen organischen Farbstoffe**. Für das Färben von Papier kommen Farbstoffe folgender vier **Klassen** in Betracht:

- basische Farbstoffe,
- Säurefarbstoffe,
- substantive Farbstoffe,
- Pigmente.

Diese vier Gruppen unterscheiden sich untereinander stark in ihrem färberischen Verhalten, z. B. ihrem Aufziehvermögen auf bestimmten Rohstoffen.

Allen Gruppen gemeinsam ist das Vorliegen mehrerer miteinander konjugierter Doppelbindungen zu einem übergeordneten Doppelbindungssystem mit leicht beweglichem π-Elektronensystem. Dieses Elektronensystem stellt aufgrund seiner Wechselwirkung mit dem eingestrahlten Licht und der daraus durch Absorption entzogenen Energie die physikalische Basis der Farbgebung dar. Welchen Teil des Spektrums der Farbstoff absorbiert hängt, von der Länge des konjugierten π-Elektronensystems und der freien Beweglichkeit der Elektronen ab.

Atomgruppen, welche die Elektronenbeweglichkeit erhöhen bzw. das konjugierte System verlängern nennt man „**Chromophore**" (griechisch Farbträger). Hierunter fallen beispielsweise die Azogruppe (-N=N-), die Ethylengruppe (-CH=CH-) und die Carbonylgruppe (-C=O).

Atomgruppen, welche die Haftung des Farbstoffes an der Faser verstärken und zudem die Farbe vertiefen nennt man „**Auxochrome**" (griechisch Farbverstärker). Hierzu zählt man Gruppen wie $-OH$, $-NH_2$, $-SO_3H$ und $-COOH$.

Papier wird überwiegend in der Masse gefärbt. Hierbei wird der Farbstoff aus dem Wasser, in dem er gelöst vorliegt, ausgezogen und auf oder in der Papierfaser verankert wird. Der Färbevorgang wird durch chemische und physikalische Kräfte bewirkt. An dem gesamten Prozess sind hauptsächlich die Papierfaser, der Farbstoff und das Wasser beteiligt.

9.2.8.1 Basische Farbstoffe

Der Name dieser Verbindungsklasse leitet sich von der Zugehörigkeit zur Gruppe meist salzsaurer Salze von Farbstoffbasen ab. Charakteristisch ist die Triphenylmethan-Konfiguration, die bei vielen basischen Farbstoffen anzutreffen ist.

Das basische Verhalten dieser Farbstoffe resultiert aus den an den Farbmolekülen gebundenen Aminogruppen, welche im neutralen und sauren Bereich protoniert und damit kationisch (positiv geladen) vorliegen.

Diese Produktgruppe zeichnet sich durch **sehr gutes Aufziehvermögen auf ligninhaltigen Faserstoffen**, Holzschliff, ungebleichten Zellstoffen und Altpapier aus. Sie sind von hoher Brillanz sowie farbstark und erzeugen nur ein gering gefärbtes Abwasser. Ein Nachteil ist die **geringe Lichtechtheit**.

Das Haupteinsatzgebiet liegt im Bereich Karton, Verpackungspapier, Testliner, Schrenzpapier sowie zur Weißnuancierung.

9.2.8.2 Saure Farbstoffe

Diese Farbstoffe liegen meist als Alkalisalze von Sulfosäuren vor. Es handelt sich überwiegend um sogenannte Azofarbstoffe. Charakteristisch hierfür sind die sogenannten „Azobrücken", das sind zwei durch Doppelbindung miteinander verbundene Stickstoffatome –N=N-. Es gibt aber auch saure Farbstoffe auf Basis von Triphenylmethan, welche jedoch aufgrund der enthaltenen Sulfogruppen (–SO_3H) ebenfalls zu dieser Farbstoffgruppe zählen.

Aufgrund der enthaltenen Säuregruppe liegen die Vertreter dieser Farbstoffgruppe im neutralen und basischen Bereich anionisch (negativ geladen) vor.

Diese Farbstoffe haben im Allgemeinen eine geringe bis **schlechte Affinität zu Papierfaserstoffen**. So ist meist nur mit Alaun oder anderen Fixiermitteln ein einigermaßen farbloses Abwasser erzielbar. Die Produkte zeigen **keine Melierungsneigung** und häufig relativ bessere Lichtechtheit als basische Farbstoffe. Das Haupteinsatzgebiet liegt in der Tauch- und Oberflächenfärbung, speziell für grafische Papiere und Verpackungspapiere.

9.2.8.3 Substantive Farbstoffe

Als substantive Farbstoffe werden solche Farbstoffe bezeichnet, die ohne Fixiermittel auf Cellulosefasern aufziehen und deren Färbungen relativ gute Lichtechtheiten zeigen. Es sind vorwiegend Natriumsalze von Azoverbindungen mit Sulfo- oder Carboxylgruppen. Das **starke Aufziehverhalten** beruht auf dem gleichzeitigen Vorliegen von Wasserstoffbrücken in Form der regelmäßig angeordneten Hydroxyl- und Sulfogruppen sowie auf einer sehr großen, flach ausgebildeten Molekülstruktur mit ausgedehnten Systemen von konjugierten Doppelbindungen.

9.2.9 Biozide

Die durch Einengung der Wasserkreisläufe, insbesondere bei der Verwendung von Altpapier als Faserstoff geschaffenen Probleme der Kreislaufwasseranreicherung mit anorganischen und organischen Substanzen haben negative Einflüsse auf die Produktivität, Qualität des Produktes und Haltbarkeit der Anlagen. Biologische Schleimbildung sowie der biologische Abbau von Roh- und Zuschlagsstoffen stellen hierdurch einen potenziellen Störfaktor im Produktionsgeschehen dar.

Der größte Teil der im Fabrikationswasser enthaltenen **organischen Stoffe** ist biologisch abbaubar und dient den Mikroorganismen als Nahrungsquelle. Insbesondere beim Einsatz von Altpapier als Faserstoff werden CSB-Werte von 10 000 mg/l und darüber gefunden, denen BSB-Werte von 6000...8000 mg/l gegenüberstehen. Aufgrund der reichlichen Belastung der zunehmend engeren Wasserkreisläufe liegt genügend organisches Material vor, sodass es zu einer außerordentlich hohen Anreicherung an Mikroorganismen kommen kann, die im geschlossenen Kreislauf über 10^9 Kolonien pro ml übersteigen kann.

Circa 90 % dieser Werte beruhen auf anaeroben und 10 % auf aeroben Keimen. Bei Pilzen und Hefen werden Werte von 10^6 Kolonien pro ml erreicht. Diese Mikroorganismen sind vorrangig für die Schleimbildung, Geruchsbelästigung und Korrosionsprobleme in Papierfabriken verantwortlich.

Die Bekämpfung der biologischen Belastung sollte nur in dem für eine gute Produktivität erforderlichen Maße erfolgen. Die zunehmend eingesetzten **oxidativ wirkenden Biozide** weisen keine Gewöhnungseffekte auf und zeigen ein breites Wirkungsspektrum. Falls doch Adaption erwartet wird, muss das Biozid stoßweise dosiert werden (intermittierende Dosierung), damit die minimale Hemmkonzentration bei der Dosierung stets sicher überschritten wird.

Die vorliegende Übersicht zu den Chemischen Additiven bei der Papier- und Kartonherstellung beinhaltet auch Ergebnisse aus einer Vielzahl von Gesprächen und Informationen aus meinen letzten fast 40 Berufsjahren in diesem Bereich. Ein besonderer Dank gebührt hierbei den teilweise schon nicht mehr in diesem Industriebereich aktiven Firmen Akzo Nobel, Hercules, Ciba, Benckiser-Knapsack, Giulini, BASF und weiteren.

Literatur

[9.1] Chemical Additives for the Production of Pulp & Paper. Frankfurt: Deutscher Fachverlag GmbH, 2008

[9.2] *Hagemeyer, R. W.*: Pigments for Paper. Atlanta: Tappi Press, 1997

[9.3] *Holik, H.*: Handbook of Paper and Board. Weinheim: WILEY-VCH Verlag GmbH & C. KGaA, 2006

[9.4] *Eklund, D.; Lindström, T.*: Paper Chemistry. Grankulla: DT Paper Science Publications, 1991

[9.5] *Scott, W. E.*: Principles of Wet End Chemistry. Atlanta: Tappi Press, 1996

[9.6] Industrial Minerals & Rocks (7th Edition). Littleton, CO: Society for Mining, Metallurgy, and Exploration, 2006

[9.7] *Tegethoff, F. W.*: Calciumcarbonat – Von der Kreidezeit ins 21. Jahrhundert. Basel, Boston, Berlin: Birkhäuser Verlag, 2001

[9.8] *Matthes, S.*: Mineralogie – Eine Einführung in die spezielle Mineralogie, Petrologie und Lagerstättenkunde. Berlin, Heidelberg, New York: Springer-Verlag, 2001

[9.9] *Lehtinen, E.*: Pigment Coating and Surface Sizing of Paper. Band 11 of the Series Papermaking Science and Technology. Helsinki: Fapet Oy, 2000

10 Aufbereitung der Faserstoffe (Halbstoffe)

Von Hans-Joachim Naujock

Die Aufbereitung der Faserstoffe hat das Ziel, aus Halbstoffen, Abmischungen von Halbstoffen und ggf. faserfremdem Material (Füllstoffe, chemische Additive) eine zur Blattbildung geeignete Suspension herzustellen.

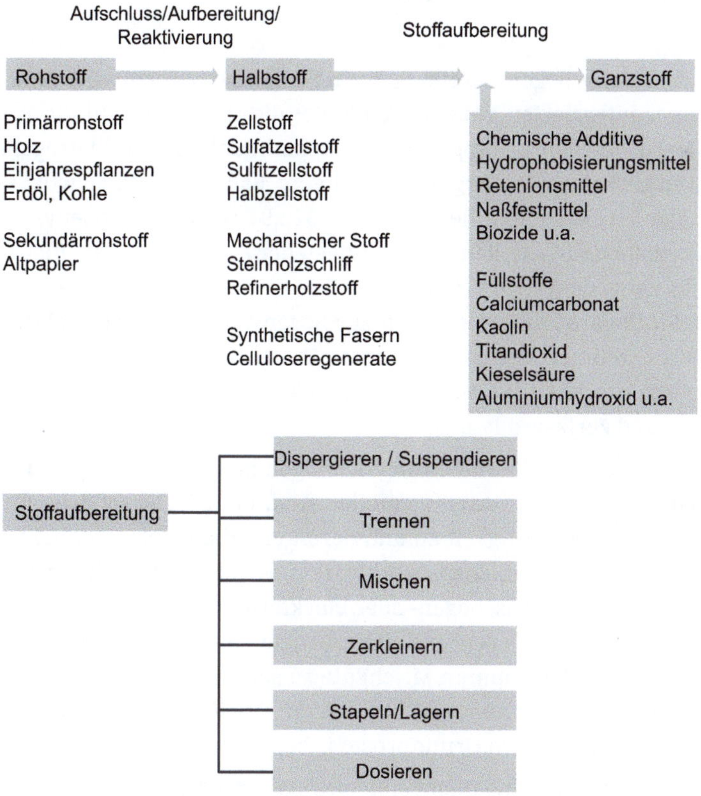

Bild 10.1 Stoffaufbereitung: Erläuterung der Begriffe und verfahrenstechnische Grundprozesse

Die in der Papiertechnik üblichen Begriffe werden in Bild 10.1 erläutert und in den verfahrenstechnischen Zusammenhang eingeordnet.

Bild 10.2 gibt eine Übersicht über den Materialeinsatz der Papierindustrie in Deutschland im Jahr 2024 [10.1].

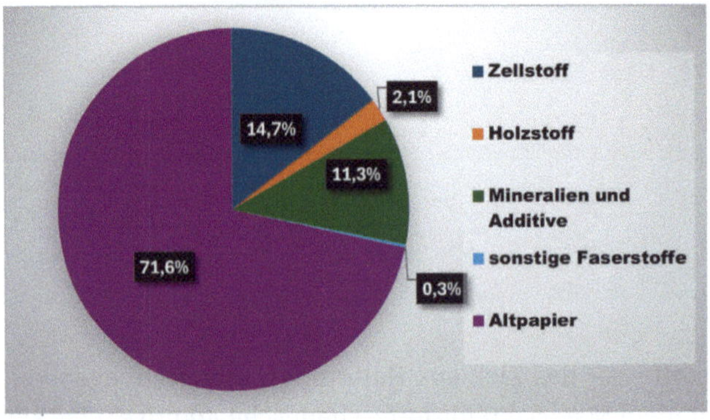

Bild 10.2 Materialeinsatz der Deutschen Papierindustrie 2024 (nach [10.1])

10.1 Dispergieren/Suspendieren

Die Faserstoffe oder Halbstoffe liegen bereits dann in **Suspensionsform** vor, wenn ihre Herstellung in einer integrierten **Fabrik** (beinhaltet die Halbstoff- und die Papierherstellung) erfolgt ist. Werden sie hingegen als sogenannter Marktstoff bezogen, dann dominieren zwei Lieferformen: **Bogenware**, die zu Ballen verpresst wurde, oder die **Blockform**. Der Trockengehalt liegt etwa bei 92...94 %. Bei der Bogenware orientieren sich die Formate häufig an den Abmessungen der Euro-Palette. Die Blockform findet sich bei flockengetrockneten Halbstoffen. Die trockenen Flocken werden zu Blöcken verpresst. Blockware hat im Vergleich zur Bogenware bei gleicher Masse ein um ca. 30 % größeres Volumen, benötigt also mehr Transportraum, hat aber den Vorteil, dass die Blöcke sehr schnell Wasser aufnehmen können und sich mit einem geringeren Energieaufwand zerfasern lassen.

Die meisten Grundprozesse der Stoffaufbereitung benötigen mehr oder weniger **frei bewegliche Einzelfasern**, die in Wasser eingequollen sind, um ihre Oberfläche für die spätere Ausbildung der Papierfestigkeit zu aktivieren und die Fasern flexibel zu machen. Deshalb ist der erste wesentliche Grundprozess der Stoffaufbereitung das **Dispergieren/Suspendieren**. Ziel ist es, bogen- oder blockförmige Gebilde im wässrigen Medium in **Einzelfasern** zu zerlegen und die erzeugte Suspension über einen bestimmten Zeitraum mit einer bestimmten Mischgüte zu speichern. Dabei ist es zunächst nicht beabsichtigt, die Einzelfasern zu bearbeiten. Die Verwendung des Begriffs Zerfaserung ist deshalb für diesen Grundprozess ebenfalls gerechtfertigt.

Aus verfahrenstechnischer Sicht ist eine Dispersion ein aus zwei Phasen bestehendes Stoffsystem (kontinuierliche Phase, disperse Phase), bei dem ein Stoff in einem anderen in feinster Form verteilt ist. Die Phase besitzt einen Aggregatzustand (fest, flüssig oder gasförmig).

Kontinuierliche Phase: Phase mit dem größten Masseanteil (auch Dispergiermittel, Dispergenz).

Disperse Phase: Phase, die in der kontinuierlichen Phase verteilt ist (auch dispergierte Phase).

Die Tabelle 10.1 zeigt die für Dispersionen gebräuchlichen Bezeichnungen.

Tabelle 10.1 Bezeichnungen für Dispersionen

Kontinuierliche Phase / Disperse Phase	Fest	Flüssig	Gasförmig
Fest	Legierung	Suspension	Rauch
Flüssig	feste Emulsion	Emulsion	Aerosol
Gasförmig	fester Schaum	Schaum	–

Etwa 90 % des innerbetrieblichen Transports in einer Zellstoff- oder Papierfabrik erfolgt mithilfe von Pumpen in Rohrleitungen und benötigt so die Suspensionsform. Die Stoffsysteme werden weiterhin nach dem **Grad der Zerteilung** (Dispersität) unterschieden. Die Verfahrenstechnik unterscheidet Lösungen, kolloiddisperse Systeme, feindisperse Systeme (100...1000 nm) und grobdisperse Systeme (> 10 µm bis mm-Bereich). Die für die Papierindustrie sehr häufigen Dispersionen sind **grobdispers** (Fasersuspension) oder **feindispers** (Füllstoffsuspensionen, Streichmassen).

10.1.1 Kennzeichnung eines suspendierten Halbstoffsystems

Die vollständige Kennzeichnung eines suspendierten Halbstoffsystems erfordert eine Vielzahl von Angaben. Dazu gehören:

- die Angabe, welche **Stoffarten** in welchen **Mengenanteilen** am System beteiligt sind,
- die Merkmale der **dispersen Phase** (granulometrischer Zustand).

  Im Falle von Halbstoffsuspensionen zählen hierzu:

  - die Faserlänge,
  - die Faserbreite,
  - die Faserfeinheit,
  - die Faseroberfläche,

- das Faservolumen sowie die Verteilungsfunktionen dieser fünf Größen mit den zugehörigen Parametern (Mittelwerte, Streuungen).
- die räumliche Verteilung der einzelnen Teilchen in der kontinuierlichen Phase (Beschreibung des Mischungszustandes).
- der thermodynamische Zustand (innere Energie des Systems, Temperatur u. Ä.).

Zur Kennzeichnung des **granulometrischen Zustands** sei auf Kapitel 16 verwiesen. Die Mengenanteile werden wie folgt beschrieben:

$$\mu = \frac{m_{\text{dis}}}{m_{\text{ges}}} \tag{10.1}$$

μ massebezogener Mengenanteil, m_{dis} Masse der dispersen Phase, m_{ges} Masse des gesamten Systems

In der Papiertechnik ist es üblich, die Kennzeichnung der Mengenanteile über die Stoffdichte vorzunehmen:

$$SD = \frac{m_{\text{otro}}}{m_{\text{ges}}} \tag{10.2}$$

SD Stoffdichte, m_{otro} Masse des ofentrockenen Faserstoffs

Für niedrige Stoffdichten (< 1 %) kann man die Annahme treffen:

$$\rho_{\text{F}} = \rho_{\text{W}} \tag{10.3}$$

ρ_{F} Dichte der wassergesättigten Fasern, ρ_{W} Dichte des Wassers

sodass man schreiben kann:

$$SD = \frac{m_{\text{otro}}}{V_{\text{ges}} \cdot \rho_{\text{W}}} \tag{10.4}$$

V_{ges} Volumen des gesamten Systems

Damit ist zum Beispiel für Analysezwecke die einfacher und schneller zu realisierende volumetrische Dosierung möglich.

Da in der Papiertechnik eine oft sehr willkürliche Terminologie für die Unterscheidung der verschiedenen Stoffdichtebereiche zur Anwendung kommt, ist in [10.2] eine Definition dieser Bereiche angegeben.

Etwas vereinfachend kann man auch mit folgender **Systematik** arbeiten:

- **LC-Bereich**: Low consistency, SD < 8 %, Bereich niedriger Stoffdichte,
- **MC-Bereich**: Medium consistency, SD = 8...15 %, Bereich mittlerer Stoffdichte,
- **HC-Bereich**: High consistency, SD > 15 %, Bereich hoher Stoffdichte.

Diese Systematik orientiert sich an der Transportfähigkeit der Suspension. Im LC-Bereich ist das Fördern der Suspension mit Kreiselpumpen möglich, im MC-Bereich nur mit speziellen Kreiselpumpen, die einen Fluidisator und eine Vakuumabsaugung besitzen, im HC-Bereich mit Pumpen generell nicht mehr. Hier benötigt man Förderschnecken, Gurtbandförderer o. Ä.

10.1.2 Suspendieren von Halbstoffen im LC-Bereich

Anwendungen im **LC-Bereich** werden für **Primärfasern** bevorzugt. Zum einen besitzen Primärfasern einen vergleichsweise niedrigen Zerfaserungswiderstand, zum anderen sind sie praktisch frei von Stör- und Fremdstoffen, sodass keine Trennoperationen notwendig sind. Häufig findet man den LC-Bereich aber auch noch bei der Aufbereitung von Altpapier, hierbei insbesondere für die sogenannte „braune Linie".

Zum Suspendieren im LC-Bereich werden sogenannte **Pulper** verwendet. Trivialsprachlich kommen häufig auch die Begriffe Turbolöser oder Stofflöser vor. Aus verfahrenstechnischer Sicht ist dies aber nicht korrekt. Bei den Faserstoffsuspensionen handelt es sich nicht um Lösungen, sondern um grobdisperse Stoffsysteme. Die Verwendung des englischen Begriffes Pulper umgeht dieses Dilemma.

Ein LC-Pulper besteht aus einem zylindrischen Behälter, der in der Regel im unteren Teil konisch ausläuft. Bild 10.3 zeigt einen solchen **Pulper**, der zusätzlich drei **Trennoperationen** ausführt:

- Die **Zopfwinde** entfernt spinnende Bestandteile (Ballendrähte, Kordeln, Kunststofffolien u. Ä.).
- Die **Schwerschmutzschleuse** – hier Junkomat genannt – trennt metallische Verunreinigungen sowie Sand, Steine, Glas u. Ä.
- Eine **Lochplatte** unter dem Rotor hält Stippen (unzerfasertes Material) zurück.

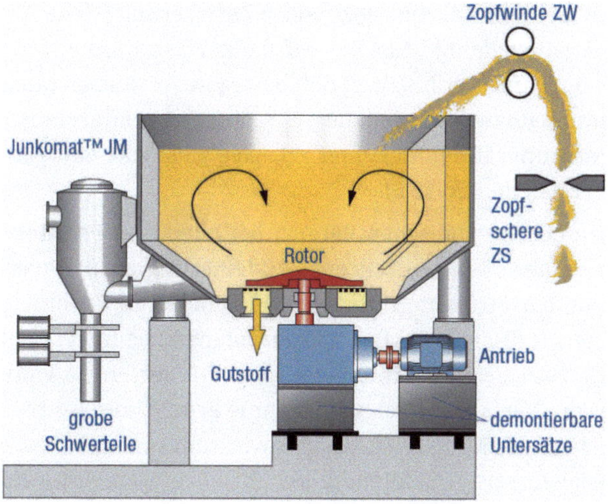

Bild 10.3 Vertikalpulper für LC-Anwendungen (Quelle: Voith Unipulper)

Nach der Lage der Rotorachse gibt es neben dem in Bild 10.3 gezeigten **Vertikalpulper** auch **Horizontalpulper**.

Im Abschluss des konischen Teils befindet sich der Rotor, der üblicherweise über einer Lochplatte läuft und mit hohen Umfangsgeschwindigkeiten von bis zu 30 m/s Turbulenzen generiert. Die Form des Rotors wird dem Substrat angepasst: Für Altpapier gibt es Rotoren mit Zerreißwirkung, die über die Turbulenzgenerierung viel Antriebsenergie verbrauchen. Energetisch wesentlich günstiger verhält sich der **Vokes-Rotor** (Bild 10.4), dessen Flügel im Querschnitt ein Tragflächenprofil zeigen. Die Zerreißwirkung ist hier gering, die Freihaltung des Trennkriteriums (Lochplatte) dagegen optimal durch die induzierten Druckpulsationen.

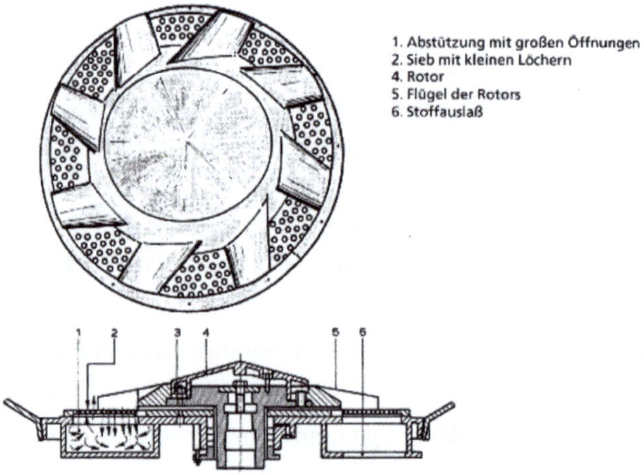

Bild 10.4
Vokes-Rotor [10.3]

Unterhalb des Rotors befindet sich in der Regel ein Lochblech, das unzerfasertes Material, die sogenannten Stippen, zurückhalten soll. Der Lochdurchmesser orientiert sich an den nachgeschalteten Maschinen für eine sekundäre Zerfaserung (siehe Abschnitt 10.1.7). Sind diese sehr leistungsfähig in Bezug auf die Zerfaserungsleistung (Entstippung), so kann der Lochdurchmesser bis zu 20 mm betragen. Ansonsten muss er gegebenenfalls bis auf ca. 5 mm reduziert werden. Bei sehr kleinen Lochdurchmessern wird der Großteil der Zerfaserungsarbeit im Pulper geleistet, was seine energetische Effizienz verschlechtert (vergleiche Bild 10.5).

Im zylindrischen und teilweise auch im konischen Bereich befinden sich **Prallleisten**. Sie wandeln die Antriebsenergie so um, dass sie zur Zerkleinerung genutzt werden kann. Gleichzeitig dienen sie der Strömungsführung und generieren Turbulenzen, die ihrerseits wiederum Energie dissipieren. Das Einsparpotenzial beim Verzicht auf Einbauten zur Strömungsführung zeigt der **IntensaPulper** IP-R der Firma Voith (Bild 10.6). Hierbei wird das aus der Verfahrenstechnik bekannte Prinzip des Rührens in zylindrischen Gefäßen außerhalb der Mitte realisiert, das wirksam verhindert, das sich Teilchen auf stationären kreisförmigen Bahnen im Behälter bewegen, ohne auf den Rotor zu treffen.

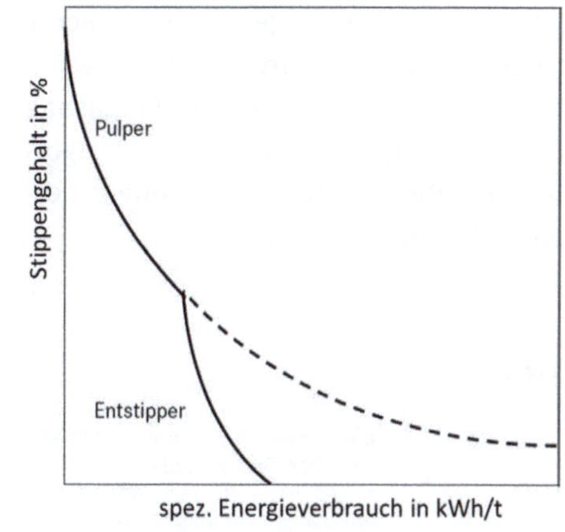

Bild 10.5
Reduzierung des Stippengehalts im Pulper und im Entstipper in Abhängigkeit vom spezifischen Energieverbrauch [10.4]

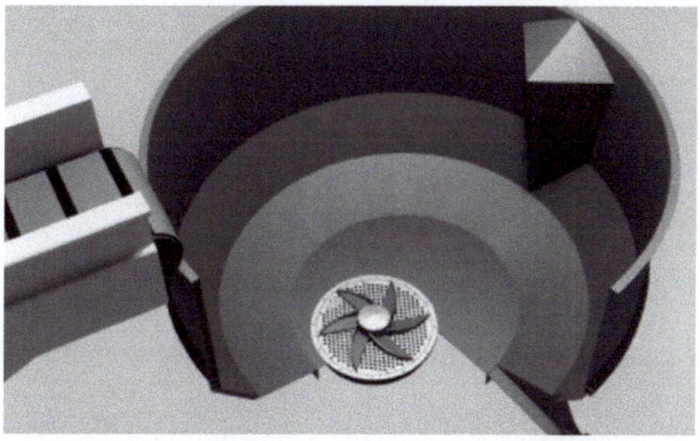

Bild 10.6
IntensaPulper IP-R der Firma Voith

Nach Angaben des Herstellers beträgt die Energieeinsparung beim Dispergieren von japanischen Wellpappenabfällen (JOCC) im Vergleich zu einer konventionellen Lösung, die rund 30 kWh/t benötigt, über 50 % [10.5]. Die in Bild 10.3 und Bild 10.6 gezeigten Pulper arbeiten kontinuierlich. Es gibt auch solche mit einer diskontinuierlichen Arbeitsweise.

10.1.3 Suspendieren von Halbstoffen im MC-Bereich

Im LC-Bereich kann man weit verbreitete, gut verfügbare und preisgünstige Kreiselpumpen verwenden. Der MC-Bereich erfordert eine spezielle Art von Kreiselpumpen, die über einen Fluidisator und einen Vakuumanschluss verfügen.

MC-Pumpen sind eine spezifische Lösung für die Zellstoff- und Papiertechnologie. Bild 10.7 zeigt die Schnittdarstellung einer MC-Pumpe. Für den MC-Bereich gilt in grober Näherung, dass ein Prozent Stoffdichte etwa einem Volumenprozent Luftgehalt in der Suspension entspricht. Weil die Luft im Pumpenkörper aus Regionen hohen Drucks in Regionen niedrigen Drucks, also vom Auslauf zurück zum Einlauf strömt, würden normale Kreiselpumpen hier versagen. In der Folge würde der Rotor in Luft umlaufen und die Pumpe könnte keinen Stoff mehr fördern. Aus diesem Grund ist im Unterschied zu normalen Kreiselpumpen eine permanente Entgasung notwendig, die durch ein extern angelegtes oder ein im Inneren der Pumpe erzeugtes Vakuum erfolgt. Die zweite Besonderheit ist der Fluidisator, der durch hohe Scherkräfte Turbulenzen erzeugt, die die Suspension fließfähig erhalten.

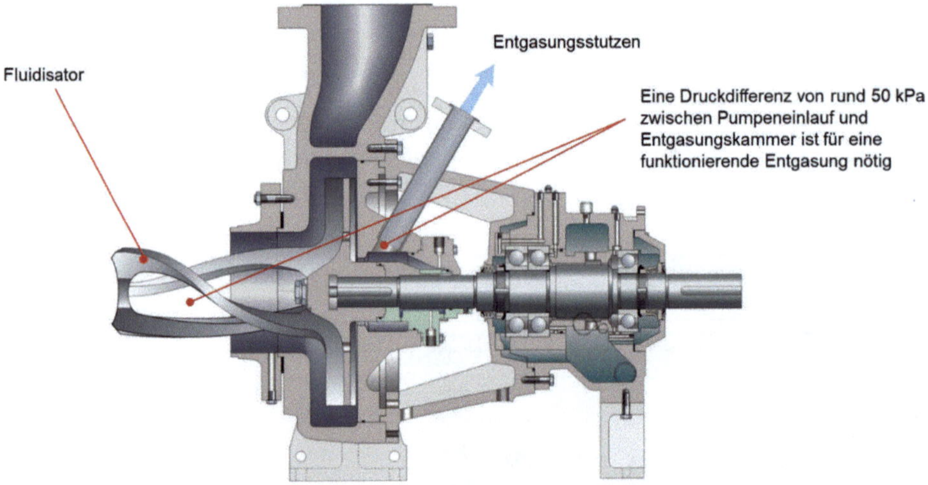

Bild 10.7 MC-Pumpe (mit freundlicher Genehmigung von Sulzer-Ahlström)

Würde man bei einem der in Bild 10.3 und Bild 10.6 gezeigten LC-Pulper kontinuierlich die Stoffdichte erhöhen, indem man immer mehr Faserstoff zuführt, ohne den Pulper zu entleeren und Wasser zu ergänzen, käme es zur Brückenbildung, d. h., der Rotor liefe in Luft um, und die Förderung der Suspension in senkrechter Richtung auf den Rotor zu würde komplett zum Erliegen kommen. Aus diesem Grunde erfordern **MC-Pulper** einen speziell gestalteten **Rotor**, der eine Förderung der Suspension in senkrechter Richtung gewährleistet (Bild 10.8).

Der Rotor läuft nach oben in Form einer Förderschnecke aus. So ist sichergestellt, dass die senkrechte Förderrichtung ständig gewährleistet ist. Der vorgestellte Pulper beginnt das Suspendieren bei einer Stoffdichte von ca. 15 %. Wenn das Material zerfasert ist, verdünnt man weiter bis zur Pumpfähigkeit und entleert ihn danach.

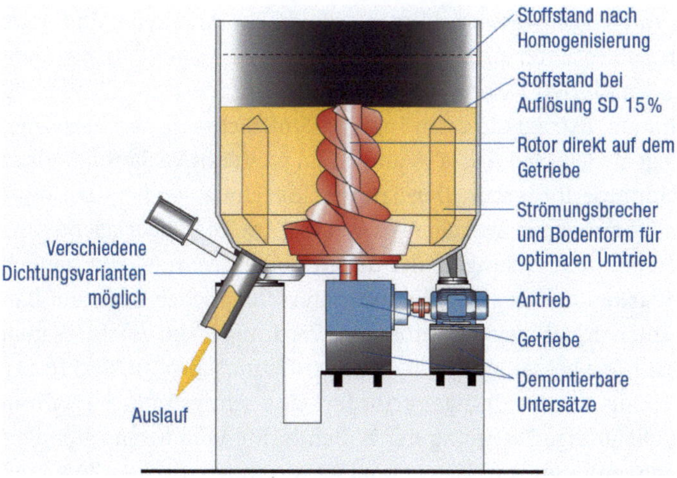

Bild 10.8 MC-Pulper, Typ: HDC (Quelle: Voith)

Auch für MC-Pulper gibt es kontinuierlich arbeitende Ausführungen.Ein solches Beispiel ist inklusive der Systemeinbindung in Bild 10.9 gezeigt. Dem MC-Pulper wird im unteren Teil Verdünnungswasser zugeführt, sodass eine Ableerung in den Sekundärpulper möglich wird.

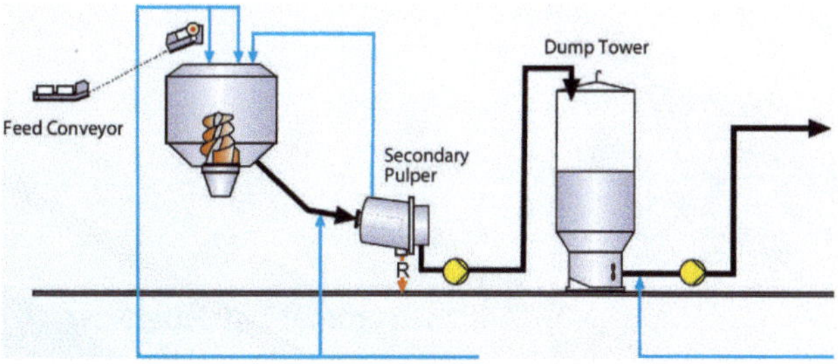

Bild 10.9 Kontinuierlich arbeitender MC-Pulper mit Sekundärpulper (Quelle: Valmet)
Feed Conveyor = Zuführband, Secondary Pulper = Sekundärpulper, Dump Tower = Ableerbütte

10.1.4 Suspendieren von Halbstoffen im HC-Bereich

Im **HC-Bereich** spricht man häufig auch von **Krümelstoff**, d. h., es gibt praktisch kein frei tropfbares Wasser mehr. Damit fallen Arbeitsorgane, die Strömungen in Flüssigkeiten erzeugen können, als Möglichkeit des Energieeintrags aus. Man greift auf Trommeln zurück, die ähnlich wie ein Betonmischer arbeiten (und teilweise auch so heißen: Betonniere, ursprünglich Fa. Lamort). Die erste bekannte technische Realisierung geht auf die **Ahlstrom-Trommel** zurück (Bild 10.10).

Neben der im Bild nicht sichtbaren Altpapierzuführung besteht die Anlage auf der linken Seite aus einer geschlossenen Trommel, auf der rechten Seite aus einer verkleideten Siebtrommel mit Waschwasserzuführung. Beide Trommelteile sind starr miteinander verbunden und rotieren mit einer Drehzahl von ca. 15 min^{-1}. In der Siebtrommel werden die suspendierten Fasern aus dem **Rejekt** ausgewaschen und in einer flachen **Bütte** gesammelt. Beträgt die ursprüngliche Stoffdichte im geschlossenen Teil etwa 18...20 % so liegt sie jetzt bei 3,5...4 % und ist im weiteren Verlauf mit einer konventionellen Kreiselpumpe förderbar. Der Trommeldurchmesser liegt bei etwa 3,5 m, die Baulänge der Trommelteile zwischen 10 m und 17 m. Die Berücksichtigung der Patentsituation brachte dann Lösungen, bei denen beide Trommelteile baulich voneinander getrennt wurden und gegenläufig mit unterschiedlicher Drehzahl laufen (Fa. Finkh), bzw. zu solchen, die weitere Einbauten (Verdränger) im geschlossenen Teil enthalten, um die Fallhöhe besser auszunutzen (TwinDrum, Fa. Voith, Bild 10.11). Der störungsfreie Betrieb mit dem Verdränger erfordert eine sehr gründliche **Ballenentdrahtung** und die vollständige Trennung der Ballendrähte vom losen Altpapier. Die Stoffdichte in der sogenannten Auflösetrommel kann dann zwischen 20 % und 26 % liegen.

Bild 10.10
Auflösetrommel Typ: FiberFlow
(Quelle: Ahlstrom)

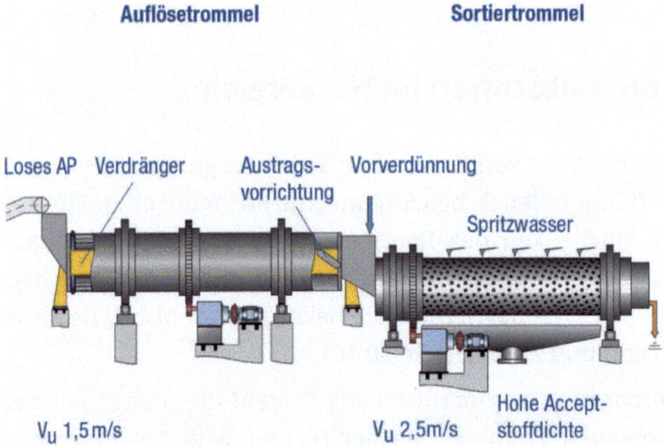

Bild 10.11
Auflösetrommel Typ:
TwinDrum-Pulper
(Quelle: Voith)

10.1.5 Vergleich der Konzepte

Konzepte, die den LC-Bereich bevorzugen, zeichnen sich insbesondere dadurch aus, dass der technische und bautechnische Aufwand relativ gering ausfällt. Es entstehen kompakte Anlagen, die sich störsicher betreiben lassen. Je höher die Stoffdichte, desto besser wird die **Wirkung von Prozesschemikalien**, wenn deren Zusatz im Pulper erfolgen soll und notwendig ist. Dies gilt z. B. für **Nassentfestiger, Bleichmittel** und **Deinking-Chemikalien**. Für diese erhöht sich die Diffusionsgeschwindigkeit, d. h., sie gelangen schneller an den Reaktionsort und wirken dort mit höherer Konzentration. Die unterstützende Wirkung von Wasserstoffperoxid für die Druckfarbenablösung konnte nur in MC- und HC-Bereich sicher nachgewiesen werden. Je niedriger die Stoffdichte, desto größer ist die Zerreißwirkung des Rotors. Dies kann bedeuten, dass faserfremdes Material im LC-Bereich sehr stark zerkleinert wird. Es ist dann in nachfolgenden Trennprozessen schwieriger zu entfernen bzw. der dafür notwendige Aufwand erhöht sich. Der große Vorteil der Trommelsysteme besteht darin, dass Fremdstoffe, wie CDs oder DVDs oder Folien in Originalgröße, erhalten bleiben und bereits durch den Siebteil sicher abgetrennt werden. Dies verringert den Aufwand für eine nachfolgende Reinigung des Faserstoffes entscheidend.

Ein weiterer Vorteil des Dispergierens/Suspendierens bei höherer Stoffdichte liegt in der **Energieeinsparung**. Obwohl der Energiebedarf sehr stark von den Faserstoffeigenschaften beeinflusst wird und damit substratspezifisch ist, liegen die Werte für eine Mischung aus 50 % Zeitungen und 50 % Zeitungen (Deinking-Ware), die in kleintechnischen Anlagen ermittelt wurden, bei 50...70 kWh/t für LC-Pulper, 30...35 kWh/t im MC-Bereich und bei 15...25 kWh/t für HC-Trommeln.

10.1.6 Kennzeichnung des Zerfaserungserfolges

Zur Kennzeichnung des Zerfaserungserfolges wird der Stippengehalt, der nach standardisierten Labormethoden (z. B. Fraktionierung nach *Brecht-Holl*, Methode *Brecht-Zippel* [10.6]) entweder im zeitlichen Verlauf oder – für technische Anlagen besser geeignet – über dem massespezifischen Energiebedarf zu ermitteln ist, herangezogen. Er ermöglicht eine technisch begründete Entscheidung, zu welchem Zeitpunkt die Zerfaserung im Pulper abgebrochen und in einem energetisch effizienter arbeitenden System (Sekundärpulper, Entstipper) weitergeführt wird. Somit lassen sich Einsparpotenziale erschließen. Die empirischen Ansätze lassen sich wie folgt formulieren:

Ansatz 1:

$$c_{\mathrm{st}} = c_0 \cdot \mathrm{e}^{kt} \tag{10.5}$$

oder

$$c_{\mathrm{st}} = c_0 \cdot \mathrm{e}^{kw_{\mathrm{spez}}} \tag{10.6}$$

Ansatz 2:

$$c_{st} = c_0 \cdot t^k \qquad (10.7)$$

oder

$$c_{st} = c_0 \cdot {w_{spez}}^k \qquad (10.8)$$

c_{st} Stippengehalt, c_0 Konstante, k Zerfaserungswiderstand, t Zeit, w_{spez} massebezogener Zerfaserungsarbeitsbedarf

Beide Ansätze können durch Logarithmieren der Formeln in eine lineare Form überführt werden. Aus den experimentell ermittelten Daten für den Stippengehalt lässt sich dann der **Zerfaserungswiderstand** analytisch mithilfe der linearen Regression ermitteln. Stellt man die ermittelten Daten halb- (Ansatz 1) oder doppeltlogarithmisch (Ansatz 2) grafisch dar, ergibt sich für den Zusammenhang eine Gerade. Die Berechnung des Steigungsdreiecks dieser Geraden ist die Möglichkeit, den Zerfaserungswiderstand auf einfache Weise grafisch zu ermitteln. Der Zerfaserungswiderstand ist eine substratspezifische Kenngröße. Der Ansatz 1 eignet sich in der Regel besser für Flächengebilde (Altpapier, Zellstoffbögen), der Ansatz 2 besser für konstruktiv aufgebaute Gebilde (Wellpappe, Karton für Flüssigverpackungen). Eine Vielzahl von Beobachtungen lässt Trends erkennen.

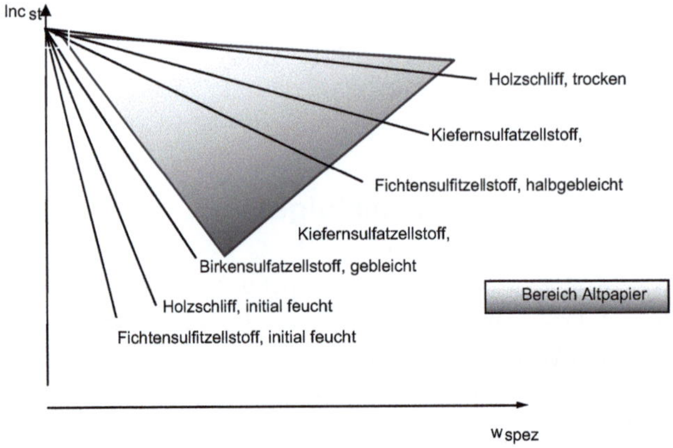

Bild 10.12 Zerfaserungskennlinien unterschiedlicher Faserstoffe – Logarithmus des Stippengehalts c_{st} als Funktion des massebezogenen Zerfaserungsarbeitsbedarfs w_{spez} (qualitativ)

Im Bild 10.12 ist der Zerfaserungswiderstand k gleichbedeutend mit dem Anstieg der Geraden. Je flacher sie verlaufen, desto größer der Zerfaserungswiderstand. Den höchsten Zerfaserungswiderstand im Bild besitzt somit trockener Holzschliff, den niedrigsten initial feuchter Fichtensulfitzellstoff. Unter ansonsten vergleichbaren Bedingungen gilt für den Zerfaserungswiderstand, er ist umso höher, je höher der Ligningehalt, je größer die Faserlänge, je höher der Trockengehalt des Substrates. Altpapier hat im Allgemeinen einen relativ hohen Zerfaserungswiderstand. Gemessene Kennlinien liegen in einem bestimmten Bereich, der determiniert wird durch die unterschiedliche Faserzusammensetzung, die Trocknungsmethode, die Zugabe von Additiven wie Leimungsmitteln und Nassfestmitteln, Oberflächenbeschichtungen sowie den konstruktiven Aufbau (Wellpappe, Verbundwerkstoffe). Die genaue Kenntnis des Zerfaserungswiderstandes gestattet es, die Dispergierung im Pulper genau dann abzubrechen, wenn der Faserstoff den Stippengehalt sicher unterschritten hat, der die Grenze der Pumpfähigkeit bestimmt. Nachgeschaltete Aggregate wie **Sekundärpulper** oder **Entstipper** arbeiten mit einer wesentlich steileren Kennlinie d. h., sie reduzieren den Stippengehalt mit einem deutlich geringeren Energiebedarf als der Pulper selbst.

10.1.7 Entstipper und Sekundärpulper

Der Einsatz dieser Aggregate erfolgt mit dem Ziel, den Stippengehalt energetisch effizient so zu reduzieren, dass er zu keinen Produktionsstörungen oder Fehlern im Papier führen kann. Im Allgemeinen bezeichnet man Fasersuspensionen als stippenfrei, wenn der Stippengehalt 0,5 Masse-% unterschreitet.

Entstipper

Für alle Bauarten von Entstippern ist charakteristisch, dass sie Rotoren besitzen, die mit einer hohen Umfangsgeschwindigkeit (40...50 m/s) laufen. Zwischen einer Rotor-Stator-Paarung entsteht eine Art Labyrinth mit einer Spaltweite von etwa einem Millimeter, das von der Fasersuspension passiert werden muss. Sie wird dabei innerhalb kürzester Distanzen auf die Umfangsgeschwindigkeit beschleunigt bzw. am Stator von dieser wieder auf null heruntergebremst. Diese Art der Beanspruchung wird auch als **„mechanische Hochfrequenz"** bezeichnet. Die dabei auftretenden hohen Scher- und Prallkräfte sind in der Lage, letzte Faserbündel noch in ihre konstituierenden Elemente, die Einzelfasern, zu zerlegen.

Bild 10.13 Zahnscheibenentstipper (Bauart: Voith)

Stellvertretend für die möglichen Entstipperbauarten (Zahn-, Lochscheiben oder Labyrinthentstipper) zeigt Bild 10.13 einen **Zahnscheibenentstipper**, die am häufigsten eingesetzte Variante. Der Vorteil dieses Entstippertyps besteht darin, dass es sich um kleine und kompakte Maschinen handelt. Nachteilig sind der durch Turbulenzgenerierung immer noch recht hohe Energiebedarf und die Störanfälligkeit gegenüber metallischen Partikeln und abrasiven Verunreinigungen. Die Entstipper eignen sich daher besser im Bereich des Dispergierens von Primärfaserstoffen als im Altpapierbereich. Sollen sie dennoch im Altpapierbereich eingesetzt werden, ist eine gründliche Vorreinigung der Suspension unbedingt notwendig, z. B. über Druckklassierer, Magnetabscheider oder Dickstoffschleudern.

Sekundärpulper

Sekundärpulper sind Aggregate, die ähnliche Aufgaben wie Pulper realisieren, ihnen aber in der ablaufmäßigen Anordnung der Teilprozesse nachfolgen. Sie führen die im Pulper begonnene Zerfaserung weiter, werden vorzugsweise im Bereich der Sekundärfasern eingesetzt und realisieren eine weitergehende Abtrennung von mindestens Schwerschmutz, häufig auch Leichtschmutz. Sie arbeiten in der Regel energiesparender als Entstipper, da die Umfangsgeschwindigkeiten des Rotors häufig nur um die 20 m/s liegen. Gleichzeitig haben sie auch das Potenzial, den Faseranteil im Rejekt zu reduzieren, sodass sie Trennprozesse in Endstufenfunktion realisieren können. Jeder Hersteller hat für die Sekundärpulper eigene Bezeichnungen, allen gemeinsam sind die wesentlichen Grundfunktionen.

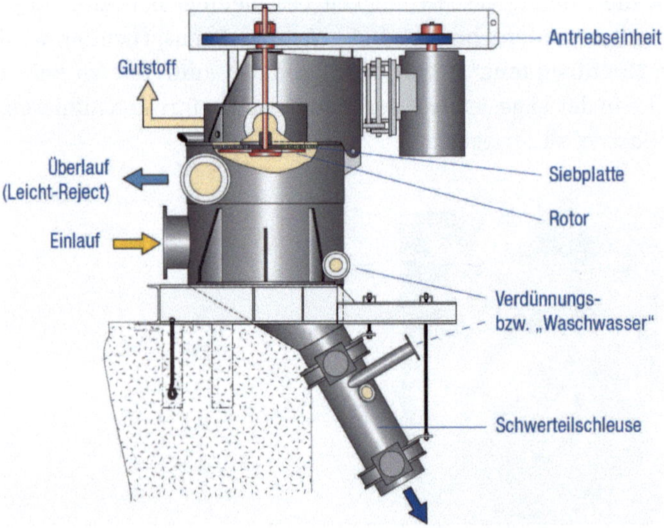

Bild 10.14 Sekundärpulper vom Typ: Contaminex CMV (Quelle: Voith)

Stellvertretend für andere Lösungen zeigt Bild 10.14 einen Sekundärpulper vom Typ **Contaminex**. Er wurde ausgewählt, weil er in den technologischen Schemata von Kapitel 7, Bild 7.8, in der Systemanbindung gezeigt wird. Die Besonderheit besteht in der Anordnung des Rotors im oberen Teil „über Kopf". Dadurch wird der Verschleiß von Lochplatte und Rotor durch Schwerschmutz minimiert. Die Zugabe von Waschwasser ermöglicht die Trennung des Schwerschmutzes von Fasern und hilft auf diese Weise, den Faserstoff effizienter zu nutzen.

10.2 Trennprozesse

Trennprozesse im Rahmen der Stoffaufbereitung sorgen dafür, dass faserfremdes Material und zur Blattbildung nicht geeignete Faserverbunde (Stippen, Splitter) aus dem Stofffluss entfernt werden und eine Qualitätsbeeinträchtigung des Papiers ausgeschlossen ist. Für Trennprozesse gibt es aus der Sicht der Verfahrenstechnik klare Definitionen, die in der Papiertechnik aufgrund umgangssprachlicher Gewohnheit oder durch Vorgaben für Produktbezeichnungen seitens des Maschinenbaus nicht immer konsequent angewendet werden. Aus diesem Grund zeigt Tabelle 10.2 den verfahrenstechnischen Sachverhalt und entsprechende Beispiele aus der Papiertechnik.

Tabelle 10.2 Verfahrenstechnische Definitionen der Trennprozesse

Trennprozesse	Klassieren	Sortieren	Abscheiden
Definition	Trennen nach geometrischer Form und Größe	Trennen nach einem physikalischen Merkmal	Trennen nach Phasen
Beispiel	kubische, flächige oder zylindrische Teilchen	Dichte, Benetzbarkeit	fest-flüssig oder flüssig-gasförmig
Beispiele Papiertechnik	Splitter aus Holzstoff, Folienreste, Stickies aus Altpapierstoff	Metallteilchen, Glas, Sand, Styropor aus Altpapierstoff, Deinking-Flotationsverfahren	Entgasung von Suspensionen, Entwässerung der Suspension
Aggregate/ Maschinen	Drucksortierer, Plansortierer (eigentlich besser Druckklassierer, Planklassierer)	Cleaner, Zentrifugen, Flotationszellen	Schneckenpressen, Deculator

10.2.1 Ideale Trennung – technische Trennung

Der Unterschied zwischen einer idealen Trennung und einer realen (technischen) Trennung soll im folgenden Beispiel einer Klassierung erläutert werden.

Eine in guter Näherung normalverteilte Grundgesamtheit mit einer minimalen Teilchengröße x_{min} und einer maximalen Teilchengröße x_{max} wird mithilfe eines Trennkriteriums, das in seinen Abmessungen zwischen beiden Extremwerten liegt, in **Grobgut** und **Feingut** getrennt (Bild 10.15). Die Trennung ist ideal, da es keinerlei Überschneidung der Teilmengen gibt. Nach der Trennung ist die maximale Teilchengröße im Feingut gleich der minimalen Teilchengröße des Grobgutes und gleich der Abmessung des Trennkriteriums.

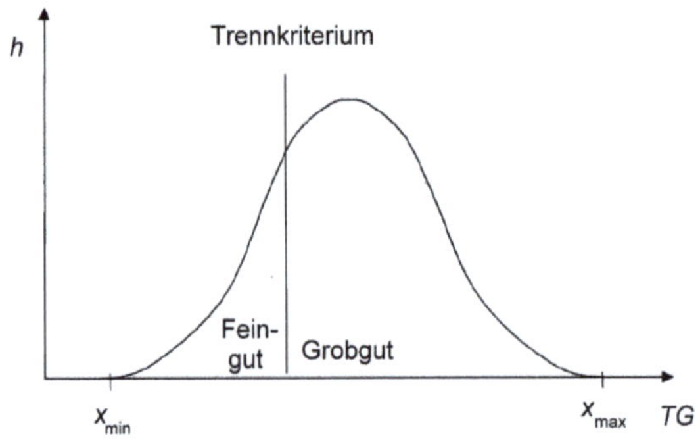

Bild 10.15
Teilchengrößenverteilung einer idealen Trennung
h relative Häufigkeit, *TG* Teilchengröße, x_{min} minimale Teilchengröße, x_{max} maximale Teilchengröße

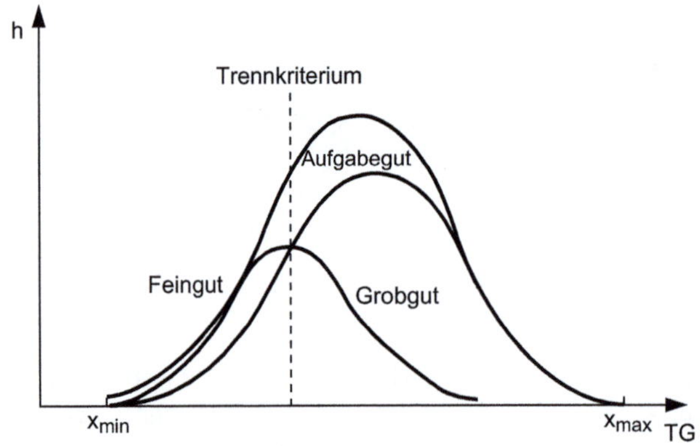

Bild 10.16
Teilchengrößenverteilung einer realen Trennung
h relative Häufigkeit, *TG* Teilchengröße, x_{min} minimale Teilchengröße, x_{max} maximale Teilchengröße

Eine reale oder technische Trennung verläuft qualitativ so, wie in Bild 10.16 gezeigt. Es kommt zu einer Überschneidung der Merkmalsverteilungen, d. h., es gelangt immer Feingut in das Grobgut und umgekehrt. Die Superposition der Kurven für Grob- und Feingut ergibt wieder die Dichtefunktion (Häufigkeitsverteilung) des Aufgabegutes. Der Teil des Feinguts, der von der Teilchengröße her in das Grobgut gehören würde, trägt oft die Bezeichnung Überkorn, umgekehrt der Teil des Grobgutes im Teilchengrößenbereich des Feinguts Unterkorn. Die Ursachen für die Merkmalsüberschneidung können z. B. Fertigungstoleranzen des Trennelementes oder dynamische Veränderungen der Strömungsverhältnisse im und am Trennkriterium sein. Der Quotient der Häufigkeit einer Teilchengröße im Grobgut zur Häufigkeit im Aufgabegut ergibt die Trenngradkurve $T(x)$ (Bild 10.17).

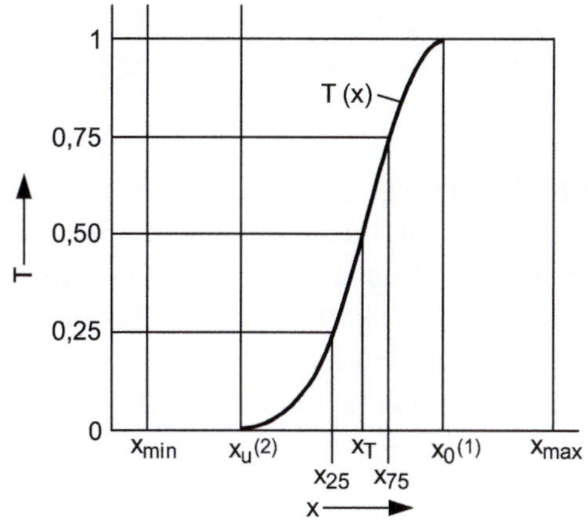

Bild 10.17
Trenngradkurve [10.7]
T Trenngrad, *x* Teilchengröße, x_T Trennteilchengröße (wird mit 50 %iger Wahrscheinlichkeit abgetrennt), x_{25} bzw. x_{75} Teilchengrößen, die mit 25 %iger bzw. 75 %iger Wahrscheinlichkeit abgetrennt werden, x_U untere Teilchengröße des Grobgutes, x_O obere Grenzteilchengröße des Grobgutes

Aus der Trenngradkurve ergibt sich die **Trennschärfe** (*TS*):

$$TS = \frac{x_{25}}{x_{75}} \quad (10.9)$$

Im Falle einer idealen Trennung verläuft die Trenngradkurve senkrecht. Die Teilchengrößen, die mit 25 %iger und 75 %iger Wahrscheinlichkeit vorkommen, sind gleich, die Trennschärfe damit gleich eins. Wegen $x_{25} < x_{75}$ gilt bei jeder realen Trennung $TS < 1$. Die Trennschärfe ist damit so etwas wie der „Wirkungsgrad" der Trennung, wobei gilt:

- $TS > 0{,}9$: analytische Trennung;
- $TS = 0{,}8...0{,}9$: scharfe technische Trennung;
- $TS = 0{,}7...0{,}8$: technische Trennung;
- $TS < 0{,}7$: unscharfe Trennung.

Zu beachten ist, dass jeder technische Trennvorgang mit einer ebenfalls wirkungsgradbehafteten analytischen Trennung bewertet wird.

10.2.2 Klassierprozesse

Die am häufigsten verwendeten Aggregate sind **Druckklassierer**. **Planklassierer** (Wuchtschüttler) findet man noch im Bereich der Zellstoffherstellung (Abtrennung von Knoten), der Holzschliffherstellung (Abtrennung des „Sauerkrauts") und ggf. im Bereich der Altpapieraufbereitung. Sie werden im Wesentlichen nur noch für Trennmengen mit großen Teilchengrößen eingesetzt, da sie dafür robust genug sind.

Bild 10.18 zeigt die Explosionsdarstellung eines **Klassierers**. Von unten nach oben erkennt man das auf einem Fundament aufgebaute Gehäuse mit der Antriebseinheit, den **Stoffverteiler**, einen mit einteiligen, geraden **Foils** bestückten Rotor, den **Sieb-**

korb und letztlich den Deckel. Ein derartiger Aufbau ist für viele einstufige Typen charakteristisch. Der Arbeitsbereich liegt bei Stoffdichten zwischen 0,3 % und 4,5 %. Grundsätzlich gilt, je feiner das Trennkriterium (hier ein sogenannter NIMAX-Stabsiebkorb mit **Schlitzweiten** bis hinunter zu 0,1 mm), desto niedriger die Stoffdichte und desto höher die **Trennschärfe**. Der Einlauf erfolgt tangential von unten, der Durchlauf wird etwa in Gehäusemitte entnommen, der Stutzen für den Überlauf befindet sich unten rechts. Der Rotor arbeitet zentrifugal zulaufseitig. Die auf ihm angebrachten Foils erzeugen **Druckpulsationen**, die den Siebkorb ständig freihalten und kleine Teilchen durch das Sieb hindurch in Durchlaufrichtung beschleunigen. Je nach Einsatzgebiet gibt es unterschiedliche Ausführungen von Rotoren (Bild 10.19).

Bild 10.18
Explosionsdarstellung eines Klassierers am Beispiel Druckklassierer OptiScreen FS (Valmet)

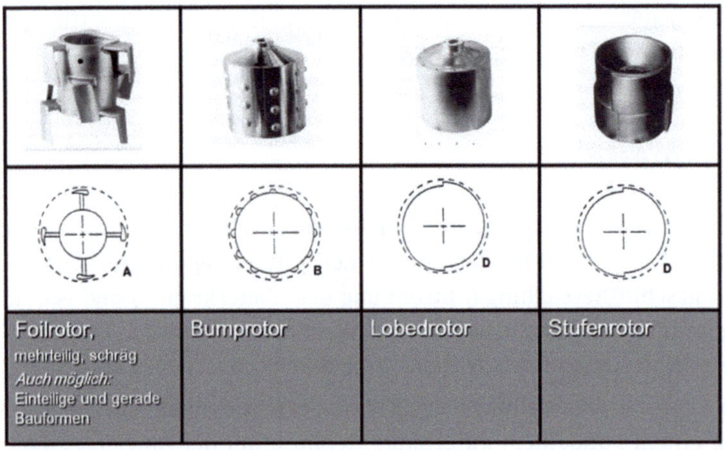

Bild 10.19 Rotorbauformen für Druckklassierer (Skizzen aus [10.8])

Rotorbauformen

Der **Foilrotor** ist die häufigste Bauform. Er liefert einen klaren Druckpuls mit niedriger Frequenz und hohen Amplituden. Wird er im Konstantteil der Papiermaschine eingesetzt, kann dies zu Schwankungen der flächenbezogenen Masse in Maschinenlaufrichtung führen. Die Freihaltung des Trennkriteriums wird von dieser Bauform am effizientesten gesichert. Sie besitzt ein gutes Reduzierungspotenzial gegenüber Stickies. Pulsationsprobleme werden häufig durch mehrteilige, schräg angeordnete Foils entschärft.

Bumprotoren eignen sich eher zum Einsatz im Konstantteil der Papiermaschine. Sie liefern Druckpulse mit kleiner Amplitude und hoher Frequenz, die in der Regel das MD-Masseprofil nicht mehr stören. Das Potenzial der Stickiereduzierung ist geringer als beim Foilrotor.

Die deutlichsten Druckpulse liefert der **Lobedrotor**. Dabei kann im Bereich des Peaks die Strömungsgeschwindigkeit durch das Trennkriterium bis zum 20-fachen der mittleren rechnerischen Strömungsgeschwindigkeit ansteigen. Dabei werden Stippen zerfasert (gewollte Zerkleinerung der Trennmenge), aber auch Stickies zerkleinert (nicht gewollte Zerkleinerung der Trennmenge). Die Gefahr der negativen Beeinflussung des MD–Masseprofils ist bei dieser Bauform am größten, wenn sie im Konstantteil installiert sie. Der Stufenrotor kann auch als mehrteiliger Lobedrotor verstanden werden.

Die Rotoren können zentrifugal oder zentripetal beschleunigen. Ihre Anordnung kann einlauf- oder durchlaufseitig erfolgen. Soll die Trennmenge nicht zerkleinert werden, sind **Zentripetalklassierer** mit Rotoren im Gutstoffbereich am besten geeignet. Bei ihnen ist allerdings auch die Gefahr am größten, dass im Falle einer Verstopfung des Siebs dieses und der Rotor schwer beschädigt werden. Eine sehr interessante Lösung stellt der **Moduscreen** der Fa. Andritz dar. Bei diesem rotiert der Siebkorb, und das Foil ist starr im Gutstoffbereich angeordnet. Seine Effizienz ist bezüglich der Abtrennung kleiner Metallteilchen (Heftklammern) sehr hoch bei äußerst geringem Verschleiß der Bauteile.

Siebkörbe werden nach der Form der Öffnungen in Loch- und Schlitzsiebkörbe unterteilt (Bild 10.20).

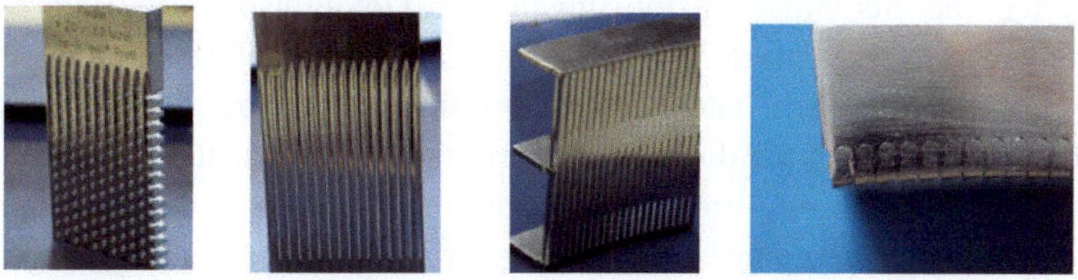

Lochsieb

Schlitzsieb, gefräst

Schlitzsieb, C-Bar Stabkonstruktion (Fa. Voith)

Bild 10.20 Trennkriterien von Siebkörben: a) Lochsieb, b) Schlitzsieb, gefräst, c) Schlitzsieb, C-Bar Stabkonstruktion (Quelle: Andritz, Voith)

Das **Lochsieb** und das gefräste **Schlitzsieb** stammen von der Fa. Fiedler Perforiertechnik (Andritz), die rechten beiden Bilder zeigen eine Stabkonstruktion (C-Bar der Fa. Voith), wobei der äußerste rechte Bildteil die Art und Weise des Fügens erkennen lässt. Generell gilt, dass Lochsiebe besser zur Abtrennung flächiger Verunreinigungen (Stippen, Folie, ...) und Schlitzsiebe besser zur Abtrennung kubischer Verunreinigungen (Holzstoffsplitter, Styropor, Glassplitter, Metallklammern) geeignet sind. Das Lochsieb stellt ein Trennkriterium mit 2 mm Durchmesser dar, das in Durchflussrichtung auf 3 mm aufgeweitet wird, um Verstopfungen zu minimieren. Beide Schlitzsiebkörbe haben eine Schlitzweite von 0,2 mm.

Gefügte Schlitzsiebe (Stabsiebkörbe) erlauben Schlitzweiten bis hinunter zu 0,1 mm, und die Toleranzen der Schlitzweite sind geringer. Die auf der Vorderseite der zerspanend hergestellten Siebelemente sichtbaren Einfräsungen sorgen für ein gleichmäßigeres Anströmen des Trennkriteriums und eine Vermeidung von Strömungsablösungen durch das Trennkriterium hindurch, sodass die gefertigte Distanz und die hydraulische Distanz in bessere Übereinstimmung gebracht werden. Damit erhöht sich die Trennschärfe. Die Stabsiebkörbe werden so gestaltet, dass das Gebiet der Strömungsablösung vor dem Trennkriterium liegt und dieses selbst vollständig ablösungsfrei durchflossen wird. Fertigungstechnisch bedingt und aus Stabilitätsgründen liegt der offene Profilflächenanteil (ε) zwischen 0,05 und 0,1. Die benötigte Gesamtfläche (A_{ges}) des Siebkorbes ergibt sich aus dem Volumenstrom (Q), der durch den Klassierer durchgesetzt werden soll unter Berücksichtigung einer mittleren rechnerischen Strömungsgeschwindigkeit (v_{quer}) zwischen 1 m/s und 2 m/s.

$$A_{\text{ges}} = \frac{Q}{\varepsilon \cdot v_{\text{quer}}} \tag{10.10}$$

Höhere Strömungsgeschwindigkeiten erhöhen die Gefahr von Verstopfungen und der Zerkleinerung weicher Trennmengen (z. B. Stickies) und sollten daher bereits durch die Auslegung des Prozesses vermieden werden.

10.2.3 Sortieren

Nachdem in Kapitel 7 bereits einige Ausführungen zum Flotationsprozess (Heterokoagulations-Trennverfahren) gemacht wurden, erfolgt an dieser Stelle eine Konzentration auf den Trennprozess nach Teilchendichte mithilfe von **Cleanern** oder auch **Kegelschleudern.** Die Triebkraft für diesen Trennprozess ist die Beschleunigung im Zentrifugalkraftfeld, das durch eine rotierende Strömung im Inneren des Cleaners erzeugt wird. Cleanerbauarten unterscheiden sich in der Anzahl der Strömungswege. Die Grundform ist der Dreiwegetyp mit Einlauf, Durchlauf und Überlauf. Sollen neben Schwerschmutz auch noch Leichtschmutz und Luft abgetrennt werden, entstehen **Vier-** und **Fünfwegetypen.** Einige wichtige Beispiele sind in der Tabelle 10.3 zusammengestellt. Der Typ KS 200 ist ein klassischer Dreiwegecleaner, bei dem die

Zentrifugalkraft genutzt wird, um Teilchen mit einer Dichte deutlich größer als 1 g/cm^3 abzutrennen. Diese sedimentieren zunächst an der **Cleanerwandung**, werden durch die Strömung allmählich nach unten in die **Schwerteilschleuse** gefördert und dort abgetrennt.

Tabelle 10.3 Cleanerbauarten und technische Daten laut Hersteller (Fa. Voith)

Technische Daten	KS 200	KS 900	Leichtteilcleaner LT 3
Prinzipansicht	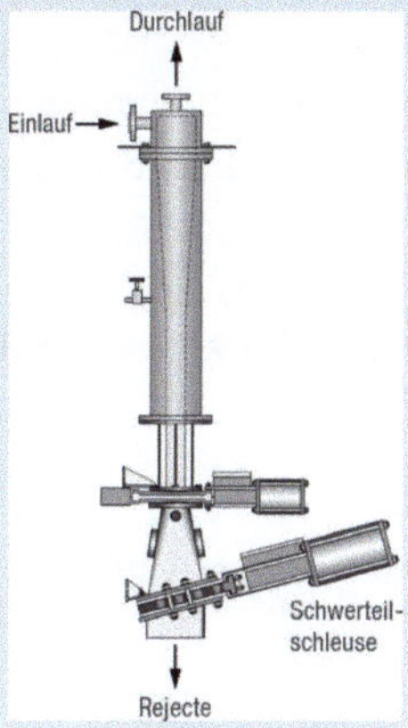	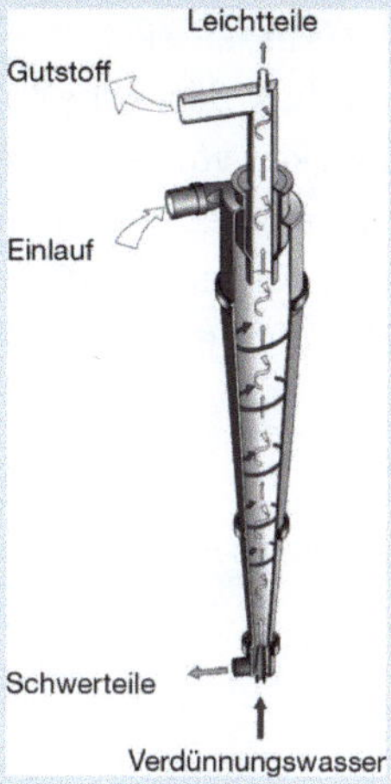	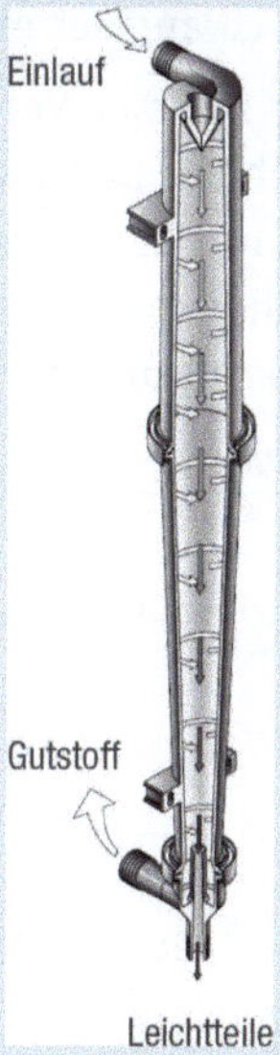
Maximal zulässiger Betriebsdruck in bar	4	4	4
Maximal zulässige Betriebstemperatur in °C	70	70	70
Einlaufdruck in bar	1,5...4	–	–
Δp Einlauf/Durchlauf in bar	1...2	1,5	1,5
Volumenstrom Einlauf in l/min	600...1400	900	160
Maximale Einlaufstoffdichte in %	1...2 (3,5)	≤2	1,5
Spülwasser in l/min	–	60...120	–

Der Cleaner vom Typ KS 900 ist ein Vierwegetyp. Er trennt Schwerteile aus der Suspension. Gutstoff und Leichtschmutz sammeln sich an der Achse des Cleaners. Der Leichtschmutz wird zentral nach oben entfernt, der Gutstoff aus dem abgewinkelten Durchlauf. Damit Schwerschmutzpartikel die Cleanerunterseite nicht verstopfen, gibt es die Möglichkeit, mit Verdünnungswasser gegenzuspülen. Dies verbessert auch die Trennschärfe und senkt den Faseranteil im Rejekt. Der Leichtteilcleaner LT 3 wird aufgrund der Strömungsführung, die den Gutstoff nach unten ausleitet, auch als **Reversecleaner** bezeichnet. Seine Aufgabe ist die Abtrennung von Leichtschmutz. Ansonsten ist auch er ein Dreiwegetyp.

Wichtig für das Verständnis der Arbeitsweise von Cleanern ist der Verlauf ihrer Trennschärfe in Abhängigkeit von der Teilchendichte (Bild 10.21). Abgetrennt werden können nur Teilchen, die entweder eine niedrigere oder aber eine höhere Dichte als Wasser haben. Außer von der Dichte wird die Trennschärfe noch vom Betrag der Zentrifugalkraft und der Stoffdichte beeinflusst. Für die **Zentrifugalkraft** gilt:

$$F_Z = \frac{m_P \cdot v^2}{r} \tag{10.11}$$

F_Z Zentrifugalkraft, m_P Masse des Partikels, v Strömungsgeschwindigkeit, r Radius des Cleaners

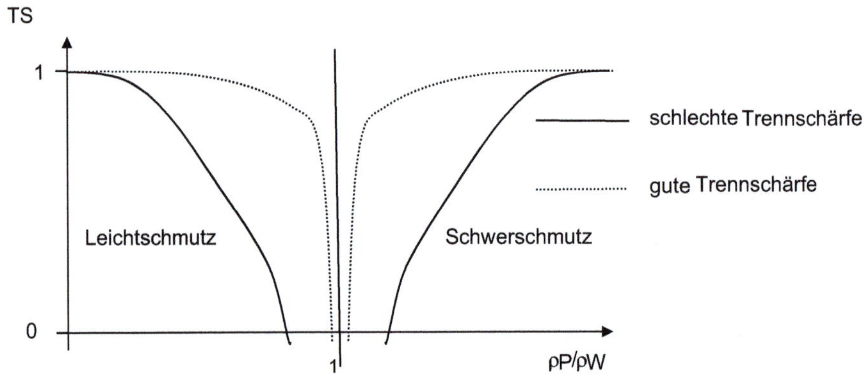

Bild 10.21 Trennschärfe für Cleaner in Abhängigkeit von der Teilchendichte
ρ_W Dichte des Wassers, ρ_P Dichte der Partikel, *TS* Trennschärfe

Die **Trennschärfe** lässt sich durch die Erhöhung der Strömungsgeschwindigkeit verbessern. Dabei wird allerdings mehr Pumpenenergie benötigt. Cleaner im Bereich der Feinreinigung kommen so etwa auf eine Zentrifugalbeschleunigung von 200...300 g. Da im Cleaner die Strömungsgeschwindigkeit vom Einlauf zum Auslauf aufgrund innerer Reibung abnimmt, versucht man, die Zentrifugalkraft durch eine Verringerung des Radius etwa konstant zu halten. Deshalb haben die meisten Cleaner eine konische Bauform.

Während bei einem idealen Klassierer (Trennmenge wird nicht zerkleinert) die Trennteilchengröße im Wesentlichen durch die Geometrie des Trennkriteriums bestimmt wird, hängt sie im Cleaner von der Verweildauer, der Sink- oder Aufstiegsgeschwindigkeit und den Abmessungen des Cleaners ab [10.9]:

$$d_{50} = \left[\frac{18}{16\,L} \cdot \eta \cdot \frac{(1-R_\mathrm{f})}{Q \cdot (\rho_\mathrm{P} - \rho_\mathrm{W})}\right]^{0,5} \cdot \left[\frac{2{,}3 \cdot D_\text{Ü}}{D_\mathrm{C}}\right]^{0,8} \cdot \frac{{D_\mathrm{E}}^2}{0{,}45} \tag{10.12}$$

d_{50} Durchmesser der Teilchen, die mit 50 %iger Wahrscheinlichkeit abgetrennt werden, L Länge des Cleaners, R_f Durchflussverhältnis Durchlauf-/Einlaufvolumenstrom, Q Durchsatz, ρ_P Dichte der Partikel, ρ_W Dichte des Wassers, $D_\text{Ü}$ Überlaufdurchmesser, D_C Cleanerdurchmesser, D_E Einlaufdurchmesser

Nach Ansicht der Autoren trifft die Formel den Sachverhalt umso besser, je niedriger die Stoffdichte ist, d. h. je freier sich die Teilchen bewegen können, ohne durch Fasernetzwerke behindert zu sein.

10.2.4 Schaltungsvarianten und Berechnungsgrundlagen für Trennprozesse

Ein Trennaggregat lässt sich im einfachsten Fall als **Dreiwegesystem** darstellen, wie in Bild 10.22 gezeigt.

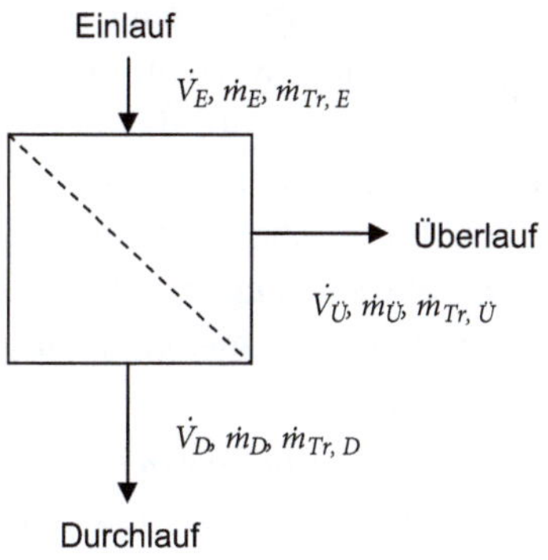

Bild 10.22
Symbolische Darstellung und Bilanzgrößen eines Trennaggregates
$\dot{V}$ Volumenstrom, $\dot{m}$ Massenstrom, *E* Einlauf, *Ü* Überlauf, *D* Durchlauf, *Tr* Trennmenge

Die gestrichelte Linie symbolisiert das Trennkriterium. Besonders wichtig sind die Bilanzen der Trennmenge. Sie sollte sich im Überlauf anreichern und im Durchlauf verringern. Ist dies nicht der Fall und sind die Trennmengen in Überlauf und Durchlauf gleich, dann ist das Aggregat für die untersuchte Trennmenge wirkungslos. Trennmengen sind z. B. Splitter, Stippen, Stickies, Glas, Sand, Metallteilchen, Styropor. Der Wirkungsgrad der Trennung wird oft über die Trennmengenreduzierung R beschrieben.

$$R = \frac{\dot{m}_\mathrm{T,E} - \dot{m}_\mathrm{T,D}}{\dot{m}_\mathrm{T,E}} = 1 - \frac{\dot{m}_\mathrm{T,D}}{\dot{m}_\mathrm{T,E}} \tag{10.13}$$

Die Bilanzierung der **Trennmengenreduzierung** ist ausreichend, wenn das Trennaggregat als ideale Maschine arbeitet, d. h., innerhalb des Sortierers oder Klassierers verschwindet keine Trennmenge (z. B. wegen der Zerkleinerungswirkung der Foils), und es wird keine generiert (z. B. Sekundärstickies im Cleaner). Sollte diese Bedingung nicht erfüllt sein, bilanziert man in analoger Weise die Trennmengenzurückhaltung durchlaufseitig. Trennaggregate können grundsätzlich **in Reihe** oder **parallel geschaltet** werden. Ist die Trennmengenreduzierung der einzelnen Aggregate bekannt, berechnet sich die Trennmengenreduzierung einer Reihenschaltung wie folgt:

$$R_{ges} = 1 - (1 - R_1) \cdot \ldots \cdot (1 - R_n) \tag{10.14}$$

R_{ges} Trennmengenreduzierung der Gesamtschaltung, R_1 Trennmengenreduzierung der ersten Stufe, R_n Trennmengenreduzierung der n-ten Stufe

Bei einer Parallelschaltung kommt es zur Mittelwertbildung:

$$R_{ges} = \frac{1}{n} \cdot (R_1 + \ldots + R_n) \tag{10.15}$$

Jede technologische Anwendung kann auf eine Reihenschaltung oder eine Parallelschaltung oder eine Kombination aus beiden zurückgeführt werden. Die häufigsten technologischen Schaltungsvarianten sind die **Kaskadenschaltung** und die **Vorwärtsschaltung**.

Bild 10.23 zeigt diese beiden Schaltungsvarianten für Trennaggregate. Daneben sind auch noch Mischschaltungen möglich, z. B. die Teilkaskade.

Die **Vorwärtsschaltung** erfordert eine hohe Trennmengenreduzierung in jeder Stufe, da die Durchläufe sofort in einem gemeinsamen Strang gesammelt werden und für die nachgeschalteten Prozesse die Gutstoffqualität determiniert ist. Um das Rejekt möglichst faserfrei zu bekommen, kann es erforderlich sein, nach der dritten Stufe noch einen Wäscher oder Endstufensortierer zu betreiben. Diese Schaltungsvariante spart im Vergleich zur Kaskadenschaltung Pumpenenergie ein, sollte aber nur eingesetzt werden, wenn die Beaufschlagung mit einer bestimmten Trennmenge niedrig ist, also möglichst nicht im Bereich der Altpapierstoffaufbereitung.

Eine **Kaskadenschaltung** ist dadurch gekennzeichnet, dass der Gutstoff der $(n + 1)$-ten. Stufe in den Einlauf der n-ten Stufe zurückgeführt wird. Dadurch kann das Trennaggregat der ersten Stufe mit bis zum etwa 1,8-fachen des Gesamtvolumenstroms belastet werden. Das erfordert eine höhere Pumpenenergie als die Vorwärtsschaltung und eine Berücksichtigung bei der Auslegung der Kapazität der einzelnen Stufen. Eine sehr gute Trennmengenreduzierung muss durch die erste Stufe gesichert sein, die Trennmengenreduzierung der nachfolgenden Stufen ist nicht so entscheidend. Diese Schaltung eignet sich insbesondere bei hohen Anteilen an Trennmenge im Stoff, also auch für die Altpapieraufbereitung.

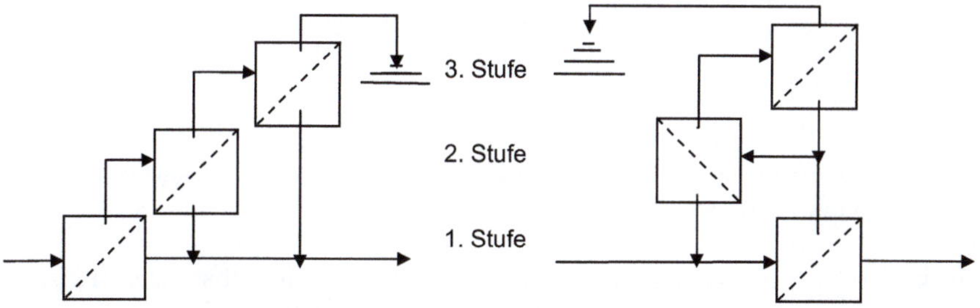

Bild 10.23 Vorwärtsschaltung (links) und Kaskadenschaltung (rechts) von Trennaggregaten

10.2.5 Abscheiden

Im Rahmen der Stoffaufbereitung ist es oft notwendig, den Bereich der Stoffdichte zu verändern durch

- **Verdünnung**, wenn z. B. für Trennprozesse höhere Trennschärfen benötigt werden oder durch
- **Eindicken/Entwässern**, wenn chemische Reaktionen intensiver ablaufen sollen oder bestimmte Faserumformungen wie beispielsweise Kneten oder Dispergieren beabsichtigt sind.

Unter **Eindicken** versteht man dabei im Allgemeinen Filtrationsprozesse, die die Stoffdichte von sehr niedrigen Werten bis in den MC-Bereich anheben können. Frei tropfbares Wasser bleibt dabei verfügbar. Der eigentliche Abscheideprozess besteht aus dem Entwässern in den Bereich von etwa 50 % Stoffdichte und zum Teil darüber (HC-Bereich). Hierzu eigenen sich beispielsweise **Doppelsiebpressen** (z. B. Fa. Andritz) oder **Schneckenpressen**. Dabei wird alles frei tropfbare Wasser entfernt. In Bild 10.24 ist eine **Thune Press** gezeigt. In einem perforierten und teilweise verstärkten Metallzylinder rotiert eine Schnecke, die durch zunehmende Steigung und wachsenden Durchmesser des Innenkonus vom Einlauf zum Auslauf hin kontinuierlich wachsende Entwässerungskräfte erzeugt. Im Auslauf sorgt ein verstellbarer Gegenkonus für eine weitergehende Entwässerung. Der Antrieb befindet sich idealerweise dort, wo das höchste Drehmoment benötigt wird, auf der Auslaufseite.

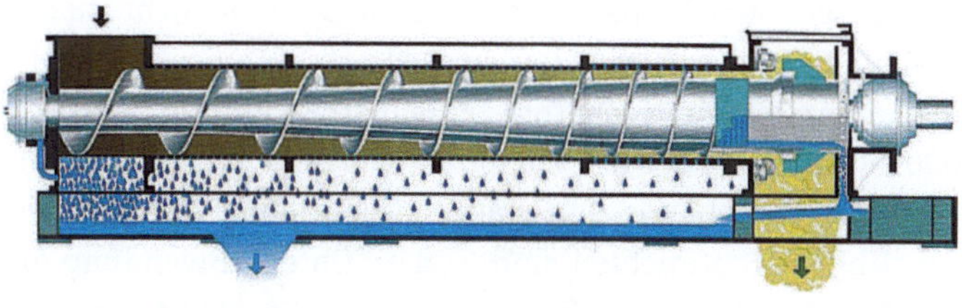

Bild 10.24 Thune Press (Quelle: Voith)

Die beim Eindicken entfernte **Wassermenge** berechnet sich zu:

$$\Delta\dot{m}_{H_2O} = \frac{SD_A - SD_E}{SD_A \cdot SD_E} \cdot \dot{m}_{Fest} \tag{10.16}$$

Δm_{H2O} entfernter Massenstrom Wasser, SD_E Stoffdichte Einlauf absolut, SD_A Stoffdichte Auslauf absolut, m_{Fest} zugeführter Massenstrom Feststoff

Da Schneckenpressen eingesetzt werden, um kolloidal gelöste Substanzen (Extraktstoffe, Zellstoffherstellung) oder auch sehr kleine Partikel (Druckfarbe < 25 µm) zu entfernen, kann man in guter Näherung davon ausgehen, dass sich die Trennmengenreduzierung R proportional zur entfernten Wassermenge verhält (Formel 10.17).

$$R = \frac{SD_A - SD_E}{SD_A\,(1 - SD_E)} \tag{10.17}$$

SD_E Stoffdichte Einlauf absolut, SD_A Stoffdichte Auslauf absolut

Für den Gesamtwirkungsgrad einer mehrstufigen Wäsche gilt dann wiederum Formel 10.14.

10.3 Mischen, Stapeln, Lagern

Für die drei Grundoperationen **Mischen**, **Stapeln** und **Lagern** verwendet die Papiertechnik **Bütten** und **Büttensysteme**. Dabei gibt es hinsichtlich der Volumina unterschiedliche Tendenzen: Moderne Prozessleittechnik erlaubt sehr kurze **Rückwirkungszeiten** auf den Prozess, was für eine Verkleinerung der Büttenvolumina spricht. Andererseits können hohe Preise für den Bezug von Elektroenergie zu einer **Regelfahrweise** zwingen, die ihrerseits wieder **größere Büttenvolumina** erforderlich macht. Da innerhalb der Bütten die **Mischgüte** (Homogenität) der Suspension durch Rührwerke zeitlich aufrechterhalten werden muss, werden etwa 6...8 % des Elektroenergiebedarfes der Papierfabrik hierzu verbraucht. Die Papierindustrie verwendet **stehende und liegende Bütten** sowie **Großraumbütten**. Stehende Bütten haben eine Kapazität von einigen wenigen bis zu einigen hundert Kubikmetern. Sie stehen in der Regel im Gebäude und werden dazu benötigt, Übergänge zwischen kontinuierlich und diskontinuierlich ablaufenden Prozessen zeitlich zu puffern. Liegende Bütten werden oftmals dort eingesetzt, wo die Bauhöhe stehende Systeme nicht zulässt, z. B. im Bereich der Ausschussaufbereitung im Keller der Papiermaschine. Großraumbütten unterstützen die Regelfahrweise und schaffen zeitlich große Puffer. Ihre Kapazität reicht etwa von 1000 m^3 bis zu 10 000 m^3. Entsprechend ihrer Größe errichtet man sie außerhalb der Produktionsgebäude und stattet sie mit einer aufwendigen thermischen Isolation aus. Übliche Stoffdichten sind 3...4 %. Unter Anwendung der MC-Fördertechnik sind auch Stoffdichten um 12 % möglich. Die Lagerung von 100 t otro Faserstoff (entspricht etwa dem Produktionsvorrat einer modernen Papiermaschine für grafische Papiere von rund drei Stunden) erfordert bei einer Stoffdichte von 4 % ein Volumen von rund 2500 m^3, bei einer Stoffdichte von 12 % dagegen nur ein Volumen von rund 835 m^3.

10.4 Faserstoffmahlung

Verfahrenstechnisch gesehen, ist jede Mahlung ein **Zerkleinerungsprozess**, bei dem neue (reaktive) Oberflächen geschaffen werden sollen. Das Ziel gilt so uneingeschränkt auch für die Faserstoffmahlung im Rahmen der Papiertechnik. Eine **Verringerung der Teilchengröße** ist dabei aber aufgrund der besonderen Struktur der Papierfasern nicht in jedem Falle notwendig. Die Mahlung der Fasern ist ein in mehrfacher Hinsicht **stochastisch ablaufender Prozess**. So ist es möglich, einzelne primäre Suspensions- oder Papiereigenschaften gezielt einzustellen, davon abhängige aber nicht. Die Bedeutung der Mahlung für den Gesamtprozess ergibt sich daraus, dass die Ergebnisse, die an der Faser erzielt werden, irreversibel sind. Fehler, die in diesem Prozess gemacht werden, sind in der Regel nicht oder nur sehr aufwendig zu korrigieren. Der Verbrauch an Elektroenergie ist sehr stark produktabhängig und kann in Einzelfällen (Spezialpapiere) bis zu 60 % des Gesamtverbrauches für diesen Energieträger in der Papierfabrik betragen. Dabei sind nur 1...10 % der eingesetzten Energiemenge für die beabsichtigte Faserumformung tatsächlich physikalisch notwendig. Der Rest wird im Wesentlichen über Turbulenzen und Reibung in Wärme umgewandelt, sodass sich hier ein großes Potenzial zur Energieeinsparung eröffnet.

10.4.1 Physikalisch-chemische Aspekte der Mahlung

Die Notwendigkeit der Mahlung ist am leichtesten für Zellstoffe zu erklären. Würde man aus ungemahlenem Zellstoff ein Blatt bilden, entstünde ein voluminöses, hochporöses Flächengebilde mit sehr geringen Festigkeiten, etwa vergleichbar mit einem Löschblatt. Fasern, die länger als rund 3 mm sind, würden nicht ausreichend in das Gefüge eingebunden und wie Fremdkörper wirken. Bereits geringe Reibung an der Oberfläche würde sie aus dem Gefüge lösen, das Papier neigt so stark zum Stäuben, was neben der extrem hohen Saugfähigkeit das Bedrucken unmöglich machen würde. Erst die Mahlung schafft ein dichtes, festes Flächengebilde mit einer guten Haptik und einem typischen Klang, das sich unter anderem auch gut bedrucken und beschreiben lässt.

Damit die Mahlung in der besprochenen Weise wirksam werden kann, ist die **Anwesenheit von Wasser** notwendig. Es wirkt als **Quellungs-**, **Transport-**, **Schmier-** und **Gleitmittel** sowie als **Kühlmittel**.

Quellung

Wasserdipole können durch Diffusion in die amorphen Bereiche der Faserstruktur eindringen. Aufgrund ihrer Polarität lagern sie sich an die schwach negativ geladenen Hydroxylgruppen der Oberflächen von Hemicellulosen und Cellulose an. Dabei kommt es zu einer räumlichen Ausdehnung und Auflockerung der Fibrillenstruktur im Inneren der Faser. Insbesondere die Hemicellulosen liegen aufgrund von möglichen Seitenketten bereits in einer räumlich etwas ausgedehnteren Struktur vor und sind so für Wasser besser zugänglich als Cellulose selbst. Da Hemicellulosen in hoher Konzentration in der S_2-Lamelle zu finden sind, spricht man gelegentlich von „Quellkörperchen". Es ist vorstellbar, dass die Wassereinlagerung von diesen „Quellkörperchen" ausgeht und danach den gesamten Faserquerschnitt erreicht. Die Quellung senkt somit die Resistenz der Fasern gegen mechanische Beanspruchungen. Im Falle der Mahlung heißt das, dass für ein gewünschtes Ergebnis weniger Energie benötigt wird, wenn die Fasern vorher gut gequollen waren. Die Quellung ist ein exothermer Prozess. Sie funktioniert daher am besten in kaltem Wasser. Die technologisch relevante Quelldauer liegt bei etwa zwei Stunden. Quellwasser ist chemisch gebundenes Wasser, das sich auf rein mechanischem Wege nicht mehr aus den Fasern entfernen lässt.

Transportmittel

Bearbeitete Faserstoffe und Feinstoffe müssen aus dem Prozessraum entfernt werden. Dies übernimmt das in der Mahlmaschine durch Druckunterschiede und Fliehkräfte strömende Wasser. Leider werden auf diese Weise auch Turbulenzen generiert, die die energetische Effizienz der Mahlung in der erwähnten Weise so negativ beeinflussen.

Schmier- und Gleitmittel/Kühlmittel

Besonders im LC-Bereich kann man die Rotor-Stator-Paarung einer Mahlmaschine als ein Gleitlager betrachten. Gleitmittel ist die wässrige Suspension selbst, die wegen ihrer strukturellen Eigenschaften auch verhindert, dass aufgrund von Anstellkräften oder dem hydrodynamischen Paradoxon Rotor und Stator aufeinandertreffen („Clamping"). Wasser allein würde bei geringen Mahlspalten (Distanz zwischen Rotor und Stator) unweigerlich zu **Clamping** führen. Die Wärmeentwicklung durch Reibung verringert sich im Vergleich zur Mahlung im HC-Bereich, sodass ein Verbrennen des Faserstoffes (im HC-Bereich möglich) ausgeschlossen ist, solange Durchfluss durch die Maschine vorhanden ist.

10.4.2 Mechanische Aspekte der Mahlung

Die Einwirkung äußerer Kräfte auf die Faser kann entweder zur **Fibrillierung** oder zur **Faserkürzung** führen. Tatsächlich treten beide Effekte immer gleichzeitig auf.

Nach *Levlin* [10.10] ist keiner dieser beiden Effekte ausschließlich zu entwickeln und der jeweils andere vollständig zu eliminieren. Bild 10.25 zeigt einen ursprünglich ungemahlenen Fichtensulfitzellstoff (oben [10.11]) und die Beeinflussung seiner Morphologie infolge Mahlung. **Externe Fibrillierung** bedeutet, dass die Faserlänge erhalten bleibt und aus der Oberfläche der Faser, vorzugsweise aus der substanzreichen S_2-Schicht, einzelne Fibrillen herausgelöst werden. Dazu muss die Primärlamelle aufgebrochen werden, was – da sie mechanisch sehr resistent ist – viel Energie erfordert. Der Energiebedarf kann verringert werden, wenn die Primärlamelle infolge Quellung aus dem Faserinnneren unter mechanische Spannung gesetzt wird. Aufgrund ihrer Dimensionen liegen die Fibrillen an der Grenze der Darstellbarkeit mithilfe eines Lichtmikroskops. **Interne Fibrillierung** ist nur mithilfe eines Elektronenmikroskops oder eines konfokalen Lasermikroskops zu visualisieren [10.12]. Dabei verändert sich der Faserquerschnitt vom Zylindertyp (manchmal auch Röhrentyp genannt) zum Band- oder Bändchentyp. Die relativ starre Cellulosematrix im Inneren der Faser wird aufgebrochen, und die einzelnen Stränge werden gegeneinander verschiebbar. Auf diese Weise entstehen flexible Fasern mit einem hohen Bindungsvermögen ebenfalls ohne messbare Verringerung der Faserlänge. Externe und interne Fibrillierung führen nur zu einem geringen Anstieg des Entwässerungswiderstands. Dagegen erhöhen sich statische und dynamische Festigkeit. Die in Bild 10.25 dargestellte **Faserkürzung** ist insofern ungewöhnlich, als sie an den Faserenden scharfe Schnittkanten liefert. Häufig sind diese aufgepinselt. Es entstehen kleine kubische Teilchen hier etwa von 200 µm Länge. Außerdem zeigt das Bild auch für diesen extremen Fall in der Suspension frei bewegliche Fibrillen. Der Entwässerungswiderstand steigt stark an. Eine Verbesserung der statischen Festigkeit ist innerhalb gewisser Grenzen nachweisbar. Die dynamische Festigkeit sinkt bereits zu Beginn der Mahlung.

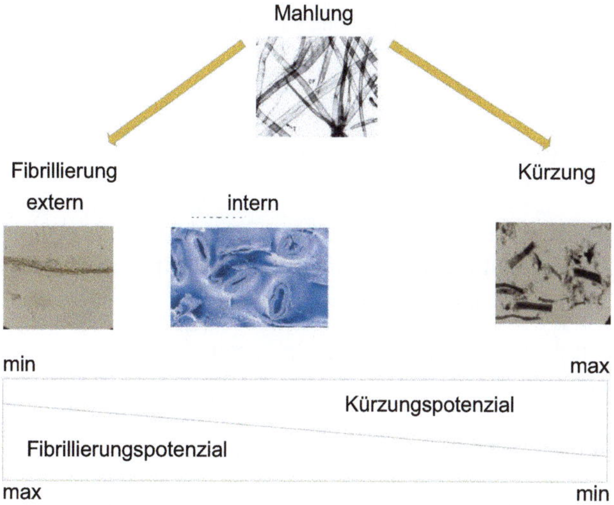

Bild 10.25
Das Axiom der Faserstoffmahlung

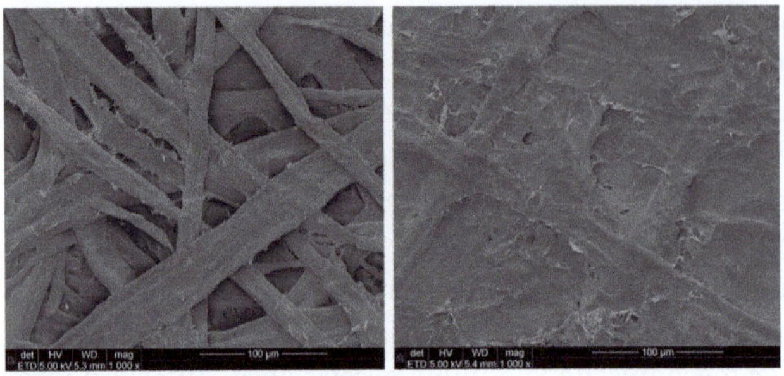

Bild 10.26 Veränderung der Papierstruktur durch überwiegend fibrillierende Mahlung eines Nadelholzsufatzellstoffes [10.13]

Bild 10.26 wurde mithilfe eines Rasterelektronenmikroskops aufgezeichnet. Es zeigt die Oberfläche von Papierstrukturen aus umgemahlenem (links) und fibrillierend gemahlenem Nadelholzsulfatzellstoff (rechts). Die Fasern entsprechen eher einem Bändchentyp als einem Zylindertyp. Der ungemahlene Zellstoff ist sehr offenporig, die einzelnen Fasern gut erkennbar. Einige Fasern, insbesondere in der linken Abbildung oben links, zeigen kurze Härchen. Das sind Fibrillen, die der Faserstoff nativ mitbringt. Gefügefestigkeit entsteht im günstigsten Fall an den Faserkreuzungspunkten sofern diese senkrecht zur Blattfläche (z-Richtung) nicht weiter als 0,25 nm voneinander entfernt sind. Die rechte Abbildung in Bild 10.26 zeigt ebenfalls einige Fasern des Bändchentyps. Die Faseroberflächen sind mit Feinstoff (hier: Fibrillen) bedeckt. Auch die in der linken Abbildung noch offenen Poren sind nahezu vollständig mit fibrilliertem Material verschlossen. Damit wirken die Fasern ähnlich einer Stahlarmierung im Beton und können von außen auf das Gefüge einwirkende Kräfte in alle Richtungen des Raumes ableiten. Für das Papier bedeutet das eine hohe Gefügefestigkeit, die sich vor allen in der statischen Festigkeit (Zugfestigkeit, Bestfestigkeit) widerspiegelt. Die Zugfestigkeit der Struktur der linken Abbildung liegt bei 3 km Reißlänge, die der rechten Abbildung bei 9 km Reißlänge.

10.4.3 Bauarten von Mahlmaschinen

Tabelle 10.4 zeigt eine Übersicht über Bauarten von Mahlmaschinen. Ende des 17. Jahrhunderts wurde mit dem **Holländer** die Universalmaschine der Papierherstellung erfunden (siehe Abschnitt 1.3). Mithilfe des Holländers kann man

- Faserstoffe zerfasern und in die Suspensionsform überführen,
- die Fasern mahlen,
- Farben oder andere Additive zumischen,
- die Suspension stapeln und
- die Mischgüte beibehalten, bis der Stoff für die Blattbildung benötigt wird.

Tabelle 10.4 Bauarten von Mahlmaschinen

Bauart	Zylindermühlen		Kegelmühlen		Scheiben-mühlen
Variante	Holländer	Papillon-Refiner	Flachkegel-mühlen	Steilkegel-mühlen	
Prinzipansicht	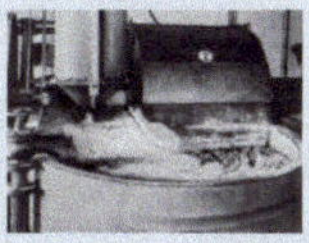				
Hersteller	unbekannt	Andritz	Jordan	Valmet (früher Metso)	Andritz
Leistung in kW	bis etwa 200	400...3600	bis etwa 400	90...2800	315...2500
Durchsatz minimal	–	200...1000 l/min	–	5...800 t/d Stoffdichte 2...6 %	400...6500 l/min
Durchsatz maximal	rund 100 t/d	2500...11 000 l/min	rund 150 t/d	–	2500...23 000 l/min
Stoffdichte-bereich	LC	LC	LC	LC	LC bis HC

Da ständig der gesamte Troginhalt des Holländers umgewälzt werden muss, ist die energetische Effizienz unbefriedigend. Man hat daher für jede der einzelnen Aufgaben, die der Holländer erfüllen kann, Einzweckmaschinen entwickelt, die energetisch günstiger arbeiten und auf die zum Teil bereits eingegangen wurde. Da der Holländer nicht dazu neigt, Faserstoffe zu verspinnen und ein sehr gutes Kürzungspotenzial aufweist, wird er auch heute teilweise noch im Bereich der Wertpapiere oder anderer Spezialpapiere eingesetzt, die ursprünglich lange Fasern wie Baumwolle, Abaka oder Kunstfasern benötigen.

In der historischen Entwicklung folgte auf den Holländer die **Flachkegelmühle**. Dabei ging man von der Überlegung aus, das den Rotor nur zu etwa 20 % überlagernde Grundwerk als Stator über den gesamten Umfang der Maschine zu erweitern, um zu kleineren und kompakteren Lösungen zu kommen, die die gesamte Fläche des Rotors als Gegenpart nutzen. Außerdem entfällt das Umwälzen einer größeren Suspensionsmenge. Damit eine Triebkraft entsteht, welche die Suspension vom Einlauf zum Auslauf strömen lässt, konstruierte man einen flachen Kegelwinkel. Die Triebkraft ist der Druckanstieg vom Einlauf (geringerer Durchmesser) zum Auslauf aufgrund abnehmender Strömungsgeschwindigkeit. Da zumindest bei älteren Konstruktionen ein Messerwinkel von 0° vorlag, kürzte auch diese Maschine die Fasern stark. Da sowohl Rotor als auch Stator Verschleißteile sind, war es nachteilig, dass bei einem Garniturwechsel stets beide Lager (Antriebsseite, Verstellseite) ausgebaut werden mussten. Dies erhöhte den Wartungsaufwand. Dem begegnete man mit der Entwicklung der **Steilkegelmühlen**, bei denen eine vergleichbare Mahlfläche durch den höheren Winkel auf einem kürzeren Kegel untergebracht werden konnte. Gleichzeitig verkürzte sich der Abstand vom Kegel zum antriebsseitigen Lager. Damit sank die dynamische Belastung des Lagers so deutlich, dass eine nur einseitige Lagerung ausreichte, um die entstehenden Kräfte aufzunehmen. Der Rotor läuft auf diese Weise selbstzentrierend, und es ist möglich, den Stator in ein Tor einzubauen, das sich für den Garniturwechsel öffnen lässt. Auf diese Weise erhöht sich die Zugänglichkeit der Garnitur, und der Wartungsaufwand sinkt. Ähnliches gilt auch für die **Scheibenmühle**, die streng genommen eine Kegelmühle mit einem Kegelwinkel von 180° ist. Das Bild in Tabelle 10.4 zeigt eine Twin-Flow-Variante mit einem auf der Vorder- und Rückseite bemesserten Rotor und zwei Statoren. **Twin-Flow-Mühlen** haben gegenüber Einscheibenmühlen den Vorteil, dass bei gleicher Baugröße die doppelte Mahlfläche zur Verfügung steht und somit bei vergleichbarer Intensität etwa der doppelte Durchsatz zustande kommt (siehe auch Abschnitt 5.3.2.6). Die Scheibenmühle ist die einzige Mahlmaschine, bei der die Beschleunigung der Suspension durch den Rotor keine Kräfte erzeugt, die Fasern gegen die Statormesser stapeln. Sie besitzt aus diesem Grunde das höchste Fibrillierungspotenzial. Da die Fibrillierung im LC-Bereich aber stark vom Schnittwinkel der Garnitur abhängt, haben auch andere Bauarten von Mahlmaschinen ein gutes Fibrillierungpotenzial, wenn sie über hohe Schnittwinkel verfügen. Eine interessante Neuerung stellt der **Papillon Refiner** dar. Diese Zylindermühle realisiert die Förderung der Suspension nicht über den Druckanstieg, sondern einen hohen Schnittwinkel (in der Regel 70°). Der Vorteil ist die im Vergleich zu den anderen Bauarten bei niedrigen Drehzahlen deutlich geringere Leerlaufleistung. Allerdings werden die Fasern hierbei auch trotz hohen Schnittwinkels relativ stark gekürzt. Erhöht man die Drehzahl, verbessert sich die Fibrillierung, aber der energetische Vorteil gegenüber z. B. der Scheibenmühle verringert sich [10.14].

10.4.4 Wirkpaarung in messergarnierten Mahlmaschinen

Aus der Sicht der Verfahrenstechnik kennzeichnen Wirkpaarungen die denkbar kleinste charakteristische Wechselwirkung zwischen den Arbeitsorganen einer Maschine und dem Gut. In Bild 10.27 ist diese Wirkpaarung am Beispiel einer **messergarnierten Mahlmaschine** gezeigt. Es werden drei charakteristische Zonen unterschieden. Die in ihnen ablaufenden Prozesse konnten mit hochgeschwindigkeitskinematografischen Untersuchungen belegt werden [10.15].

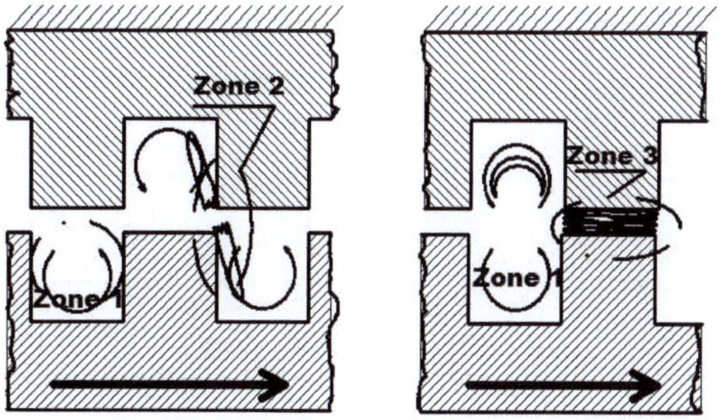

Zone 1: Innerhalb der Nuten
Zone 2: Begegnung zweier Messerkanten
Zone 3: Übereinandergleiten zweier Messer

Bild 10.27
Zonen der Wirkpaarung

Zone 1: Innerhalb der Nuten

Zerfall und Neuformierung von Fasernetzwerken; Transport des Faserstoffes zur Bearbeitung; Abtransport von Feinstoff aus der Mahlzone. Durch Turbulenzgenerierung werden etwa 40...90 % der mechanischen Energie umgewandelt, jedoch wäre der Betrieb der Maschine ohne die genannten Transportprozesse nicht möglich.

Zone 2: Begegnung zweier Messerkanten

Beginnende Konsistenzerhöhung; Faserkürzung durch radiale Scherung, seltener Fibrillierung durch Prallkräfte; tangentiales Aufkämmen von Fasern auf die Messeranlaufkanten; Transport in Zone 3.

Zone 3: Überlagerung zweier Messeroberflächen

Maximum der Konsistenzerhöhung wird erreicht; Kraftübertragung vom Messer auf die Faser, bei ausreichend großem Mahlspalt überwiegend von Faser zu Faser; Fibrillierung der Fasern; bei hohen Intensitäten der Bearbeitung auch Fibrillierung bis hin zur Aufhebung der Faserstuktur; elastische und plastische Deformation des Faserstoffpolsters hält den Mahlspalt gegen Anstellkräfte und hydrodynamische Kräfte offen.

10.4.5 Einflussgrößen auf den Mahlprozess

Das Ergebnis der Faserstoffmahlung wird vom Mahlgut selbst, von der Mahlmaschine und der Prozessführung beeinflusst. An dieser Stelle kann nur ein sehr kurzer Überblick über die im Bild 10.28 angeführten Einflussgrößen nach Bedeutung gegeben werden.

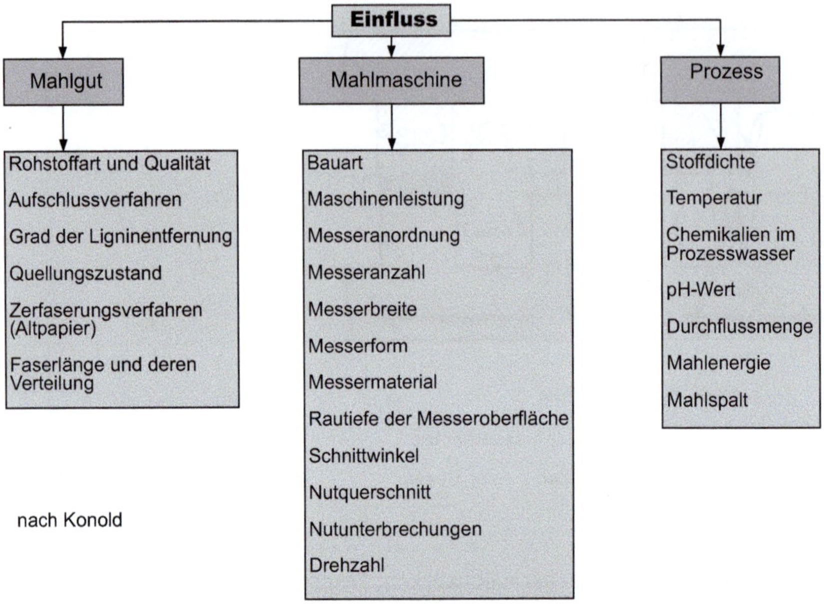

Bild 10.28 Einflussgrößen auf den Mahlprozess [10.16]

10.4.5.1 Einflüsse des Mahlguts

Allgemein gilt, dass nicht die durchschnittliche Konzentration der drei chemischen Hauptbestandteile des Holzes und der Cellulose-DP, sondern die partielle Verteilung dieser Größen über den Faserquerschnitt dafür entscheidend sind, wie viel Energie für eine beabsichtigte Stoffwandlung notwendig ist und in welcher Weise sie ggf. abläuft. Partiell hohe Konzentrationen an Lignin erschweren die Mahlung und führen zu erhöhtem Energieverbrauch. Partiell hohe Konzentrationen von Hemicellulosen in der S_2-Lamelle verbessern die Zugänglichkeit für Wasser zur Faser und begünstigen eine fibrillierende Mahlweise. Der Sulfataufschluss lässt die Primärlamelle besser intakt als der Sulfitaufschluss. Da eine befriedigende Fibrillierung nur über den Zugang zur S_2-Lamelle erreicht werden kann und dazu die Primärlamelle mithilfe mechanischer Energie aufgebrochen werden muss, sind Sulfatzellstoffe mahlresistenter als vergleichbare Sulfitzellstoffe. Der Übergang von konventionellen Chlorbleichen zu umweltverträglicheren ECF- oder TCF-Sequenzen veränderte ebenfalls die Verteilung der genannten Größen über den Zellquerschnitt. Für vergleichbare Zellstoffe und vergleichbare statische Festigkeiten benötigt man mit den ECF- oder TCF-Sequenzen zwischen 30 % und 50 % mehr massespezifische Mahlenergie.

10.4.5.2 Einflüsse der Mahlmaschine

Alle modernen Mahlmaschinen (mit Ausnahme des Holländers) können heute mit **Mahlgarnituren** ausgestattet werden, die einen hohen Schnittwinkel besitzen. Damit eignen sie sich alle für eine fibrillierende Mahlung mit einem leichten Vorteil für die

Scheibenmühle. Ebenso sind alle mit einem Schnittwinkel von nahezu 0° auszustatten, was im LC-Bereich die Faserkürzung begünstigt. Damit tritt die Bedeutung der Bauart für die Art und Weise der Stoffwandlung (nicht für den massespezifischen Energiebedarf) in den Hintergrund.

Messeranzahl, Messerlänge und in gewisser Weise auch die **Messerbreite** bestimmen die mögliche Intensität der Mahlbehandlung. Sie lassen sich in der **spezifischen Mahlkantenbelastung** zusammenfassen.

Spezifische Mahlkantenbelastung (B_s)

Die Definition der spezifischen Mahlkantenbelastung B_S geht auf *Brecht* und *Siewert* [10.17] zurück. Auch diese Begriffsbildung ist aus verfahrenstechnischer Sicht recht unglücklich, suggeriert sie doch eine Kraftwirkung auf eine (oder mehrere) Messerkanten. Deshalb wird vorgeschlagen, die spezifische Mahlkantenbelastung als eine Intensitätskenngröße zu verstehen, die angibt, welche Energiemenge über eine bestimmte Messerlänge in die Faserstoffsuspension eingetragen wird. Die Mahlkantenbelastung im Sinne einer wirksamen (und messbaren) Kraft aufzufassen, führt auf Irrwege. Als Maßeinheit für die spezifische Mahlkantenbelastung sollte daher W·s/m oder J/m vor N – formal ebenfalls richtig – bevorzugt werden.

Bereits bei der Definition der **sekündlichen Schnittlänge** gibt es einige Kontroversen. Bekanntlich gilt:

$$B_S = \frac{P_{\text{eff}}}{L_S} \tag{10.18}$$

B_S spezifische Mahlkantenbelastung, P_{eff} effektive Mahlleistung, L_s sekündliche Kantenlänge.

In der Literatur (z. B. [10.18]) findet man häufig:

$$L_S = z_R \cdot z_{St} \cdot l \cdot n \tag{10.19}$$

L_s sekündliche Kantenlänge, z_R Anzahl der Rotormesser, z_{St} Anzahl der Statormesser, l überschnittene Messerlänge, n Drehzahl

In der Literatur gibt es sehr viele Widersprüche darüber, was genau unter l zu verstehen ist, da es auf einer Mahlgarnitur in aller Regel eine Vielzahl von Messern unterschiedlicher Längen gibt. Daher ist es etwas besser zu formulieren:

$$L_S = \sum_{i=1}^{k} (z_{R,i} \cdot z_{St,i} \cdot l_i) \cdot n \tag{10.20}$$

L_s sekündliche Kantenlänge, $z_{R,i}$ Anzahl der Rotormesser der Messerart i, $z_{St,i}$ Anzahl der Statormesser der Messerart i, l_i Länge des Messers der Messerart i

Die Summe fasst man zur **Maschinenkonstanten *k*** zusammen (Tabelle 10.5). Auch aus Formel 10.20 ist noch nicht erkennbar, welchen Bildungsvorschriften „i“ bzw. „l_i“ folgen.

Tabelle 10.5 Berechnung der Maschinenkonstante ***k*** nach der Zonenmethode

Nummer der Zone	Anzahl Messer auf dem Rotor innerhalb der Zone	Anzahl der Messer auf dem Stator innerhalb der Zone	Länge der Zone in mm	Produkt in mm
1	80	80	20	128 000
2	40+40	40+40	25	160 000
3	40	40	55	88 000
			$\Sigma = k$	376 000

Für die Berechnung von ***k*** gibt es zwei grundlegende und allgemeingültige Vorschriften: die **Einzelmesserbetrachtung** und die **Zonenbetrachtung**. Beide liefern unabhängig voneinander bei richtiger Anwendung das gleiche Ergebnis, aber mit sehr unterschiedlichem Aufwand. Gibt es auf einer Garnitur z. B. 20 unterschiedliche Messer (nicht ungewöhnlich), dann sind bei der Einzelmesserbetrachtung im ungünstigsten Fall $20^2 = 400$ Wechselwirkungen zu berücksichtigen. Selbst unter Verwendung bestimmter mathematischer Hilfsmittel (hier: lexikografische Anordnung der Permutationen) können leicht Wechselwirkungen übersehen werden und einen großen Fehler verursachen. Am Beispiel einer Scheibenmühle, das in Analogie auch für alle anderen Arten von Mahlmaschinen gilt, soll gezeigt werden, dass ein Messer durch genau drei Bestimmungsstücke in seiner Lage eindeutig beschrieben werden kann (siehe Bild 10.29): den inneren Radius R_i, an dem das Messer beginnt, den äußeren Radius R_a, an dem es endet, und seine Länge L_i.

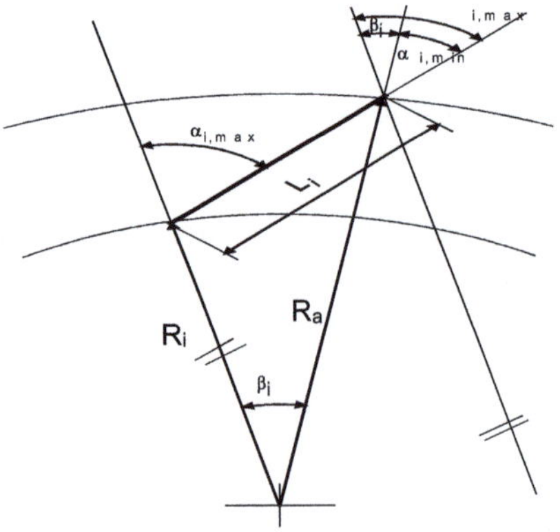

Bild 10.29
Geometrische Bestimmungsstücke eines Messers am Beispiel einer Scheibenmühlengarnitur. R_i innerer Radius, R_a äußerer Radius, L_i Länge des Messers der Messerart *i*, β_i Sektorenwinkel des Messers *i*, $\alpha_{i,max}$ maximaler Messerwinkel, $\alpha_{i,min}$ minimaler Messerwinkel

Die genannten Größen gestatten die **Berechnung der sekündlichen Kantenlänge** ebenso wie die **Berechnung des Messerwinkels** und **des Schnittwinkels**. Die Methodik der Zonenbetrachtung wird anhand von Bild 10.30 erkennbar. Auf einer Scheibenmühlengarnitur befinden sich drei Messer, die alle am Außenradius R_a der Garnitur beginnen. Außerdem soll gelten, dass Rotor- und Statorscheibe identisch sind. Die zugehörigen Messerlängen L_i und die Anzahlen z_i entnehme man der in Bild 10.30 enthaltenen Tabelle.

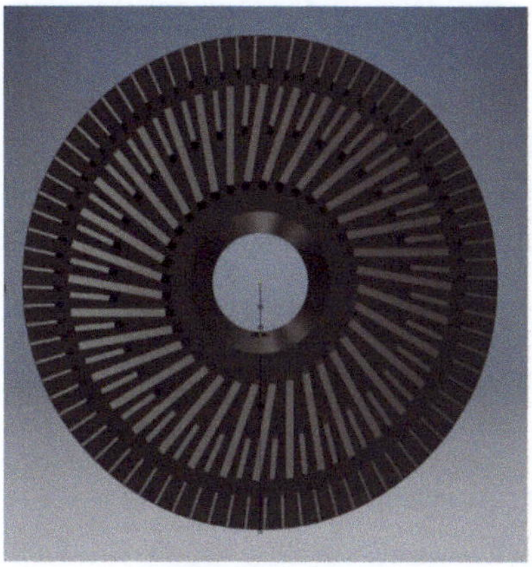

Messer	Messeranzahl	Messerlänge in mm	R_a in mm	R_i in mm
1	80	20,0	150,4	135,0
2	40	80,0	130,0	55,0
3	40	25,0	130,0	110,0

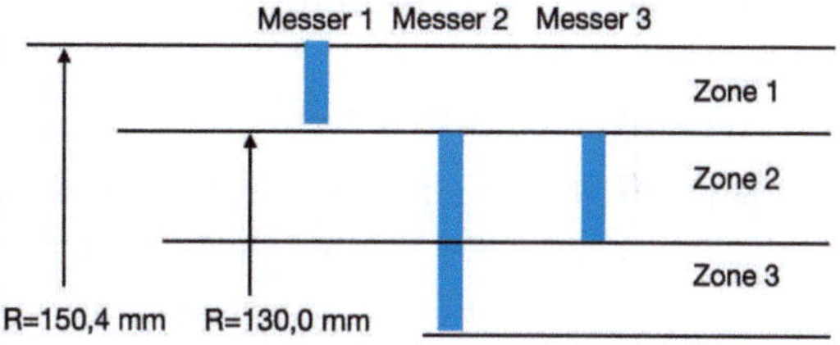

Bild 10.30 Ableitung der Zonen der Bemesserung

Die Zonenbetrachtung beginnt dann mit einer Vereinfachung der Geometrie, wie rechts unten in Bild 10.30 gezeigt. Dazu „hängt“ man alle Messerarten senkrecht am Außenradius auf. Eine Zone beginnt dann am äußersten Messer (in diesem Falle beginnt Messer 1 bei R_a) und endet dort, wo ein Messer endet. Die Länge der Zone 1 ist in diesem Fall gleich der Länge des Messers „1“, also 20 mm. Die Länge der anderen Zonen erhält man durch Differenzbildung: Länge der Zone 2 = $L_2 - L_3$ = 55 mm usw.

Danach muss man lediglich noch feststellen, wie viele Messer auf Rotor bzw. Stator in der jeweiligen Zone vorhanden sind. Da in unserem Beispiel Rotor und Stator identisch sind, ergeben sich auch die gleichen Zahlen. In der Zone 1 sind 80 Messer vorhanden. In Zone 2 entfällt dann das Messer 1. Dafür sind je 40 Messer der Messerarten 2 und 3 vorhanden. In der Zone 3 entfällt das Messer 2. Die effektive Leistung P_{eff} wird häufig über eine Messung der elektrischen Größen bestimmt:

$$P_{eff} = P_{ges} - P_{leer} \tag{10.21}$$

P_{eff} effektive Leistung, P_{ges} Gesamtleistung des Refinerantriebs, P_{leer} Leerlaufleistung (beide als Wirkleistung)

Die **Leerlaufleistung bei Wasserumtrieb** spiegelt den physikalischen Sachverhalt am besten wieder. Ist ihre Ermittlung aus Gründen der Betriebssicherheit der Mahlmaschine nicht möglich, wird sie häufig bei maximalem Mahlspalt und Stoffumtrieb ermittelt, um Clamping zu vermeiden.

Für jeden Faserstoff gibt es einen optimalen Kennwert für B_s. Unterschreitet man diesen Wert, ist der Gradient für die Zugfestigkeitsentwicklung über dem massebezogenen Energieverbrauch niedrig (energetisch unwirtschaftlich). Überschreitet man ihn, sinkt die statische Festigkeit ggf. unter den Ausgangswert des ungemahlenen Faserstoffes. Im Allgemeinen gilt, je höher B_s, desto größer die Ausprägung des Effektes der Faserkürzung. Tendenziell gilt für optimale B_s-Werte, dass sie der Mahlresistenz des Faserstoffes angepasst sein sollten. Je höher diese ist, desto höher kann B_s in der Regel gewählt werden (z. B. Altpapier 0,25...0,5 W·s/m, Nadelholzsulfitzellstoff 0,75...1,0 W·s/m, Nadelholzsulfatzellstoff 1,0...3,0 W·s/m, Laubholzzellstoffe 0,5...1,0 W·s/m, Baumwolle 5,0...10 W·s/m). Die angegebenen Werte sind als orientierend zu verstehen. Im Einzelfall können Besonderheiten des Substrates oder der verwendeten Mahlgarnitur auch zu abweichenden Größenordnungen führen.

Messerwinkel/Schnittwinkel

Der **Schnittwinkel** ist im LC-Bereich das wichtigste Mittel, um zwischen überwiegender **Fibrillierung** oder überwiegender **Kürzung** „umzuschalten". Erst hohe Schnittwinkel (experimentell nachgewiesen etwa > 50°) sind in der Lage, den Faserstoff in die Zone 3 zu transportieren und auf den Messeroberflächen zu bearbeiten. Bei kleinen Schnittwinkeln überwiegt die Kürzung durch Abscheren der Fasern in der Zone 2.

Auch für die Ermittlung von Messerwinkel und Schnittwinkel gibt es in der Literatur etwas widersprüchliche Bestimmungsmethoden. Bild 10.29 erlaubt eine exakte mathematische Definition der Winkelverhältnisse für ein einzelnes Messer und weiter für die gesamte Garnitur. Es wird erkennbar, dass der Messerwinkel von der Lage der Überlagerung mit dem Gegenmesser abhängt. In der Nähe des Einlaufs ist der Messerwinkel maximal, in der Nähe des Auslaufs minimal. Die Mittelwertbildung kann über das arithmetische Mittel erfolgen:

$$\alpha_i = \frac{\alpha_{i,\max} + \alpha_{i,\min}}{2} \tag{10.22}$$

Verschiebt man eine Gerade parallel zu R_i durch das Ende des Messers bei R_a, dann entstehen Stufenwinkel an geschnittenen Parallelen, sodass gilt:

$$\alpha_{i,\max} = \beta_i + \alpha_{i,\min} \tag{10.23}$$

$\alpha_{i,\min}$ und b_i – und damit auch $a_{i,\max}$ – lassen sich aus den Größen R_a, L_i und R_i mithilfe des Cosinussatzes berechnen, sodass für den mittleren Messerwinkel der Messerart „*i*" gilt:

$$\alpha_i = \arccos\left[\frac{{L_i}^2 + {R_\mathrm{a}}^2 - {R_\mathrm{i}}^2}{2 \cdot L_i \cdot R_\mathrm{a}}\right] + \frac{1}{2}\arccos\left[\frac{{R_\mathrm{a}}^2 + {R_\mathrm{i}}^2 - {L_i}^2}{2 \cdot R_\mathrm{a} \cdot R_\mathrm{i}}\right] \tag{10.24}$$

Der mittlere Messerwinkel von Rotor oder Stator $\alpha_{\mathrm{R,St}}$ berechnet sich dann zu:

$$\alpha_{R,St} = \frac{\sum\limits_{i=1}^{k} (z_{i,R,St} \cdot L_{i,R,St} \cdot \alpha_{i,R,St})}{\sum\limits_{i=1}^{k} (z_{i,R,St} \cdot L_{i,R,St})} \tag{10.25}$$

Daraus wiederum ergibt sich der mittlere Schnittwinkel α zu:

$$\alpha = \alpha_R + \alpha_{St} \tag{10.26}$$

Der Vorteil der Methode besteht darin, dass man ggf. die Garnitur im eingebauten Zustand im Refiner vermessen kann, da Herstellerangaben nicht immer verfügbar sind oder auch fehlerhaft sein können. Dann verwendet man den Innendurchmesser D_i und den Außendurchmesser D_a einander gegenüberliegender Messer. Der Nachteil der Methode liegt darin, dass die Arcuscosinusfunktion im Bereich von Winkeln kleiner als 10° schlecht differenziert, bei größeren Winkeln hingegen sehr gut. Da es hinsichtlich der Faserkürzung bei kleinen Messerwinkeln im LC-Bereich keine Unterschiede gibt (eine 0°-Garnitur kürzt genauso wie eine 15°-Garnitur, letztere läuft nur leiser), hat dieser Nachteil keine technologische Konsequenz. Nach diesen Bildungsvorschriften ergibt sich der Messerwinkel für das in Bild 10.30 gezeigte Beispiel zu 7°, der Schnittwinkel zu 14°.

Technologische Auswirkung von spezifischer Kantenbelastung und Messerwinkel/Schnittwinkel

Der Einfluss der vorher diskutierten Einflussgrößen am Beispiel der statischen und dynamischen Festigkeit soll anhand der Mahlung von vier Zellstoffen diskutiert werden [10.19]. Es wurde jeweils ein Nadelholzzellstoff und ein Laubholzzellstoff einmal mit hoher und einmal mit niedriger Mahlresistenz untersucht. Die Mahlung erfolgte in Scheibenmühlen mit 12“ Scheibendurchmesser bei 4 % Stoffdichte und Durchsatzmengen von 100 dm^3/min. Tabelle 10.6 enthält die Informationen über die Zellstoffe. Die Mahlgarnituren waren aus Cr-Ni-Stahl mit Schnittwinkeln von 15° (kürzend) und 60° (fibrillierend) gefertigt.

Tabelle 10.6 Übersicht über die untersuchten Zellstoffe

Bezeichnung	Bleichsequenz	Holzart	Mahlresistenz
LHN	ECF	Birke	niedrig
LHH	ECF	Eukalyptus	hoch
NHN	ECF	Fichte/Tanne/Kiefer	niedrig
NHH	ECF	Fichte/Kiefer	hoch

Bild 10.31 zeigt die Ergebnisse für die statische Festigkeit. Da bei einem höheren Schnittwinkel besser fibrilliert wird, ergeben sich für die meisten der untersuchten Zellstoffe bessere statische Festigkeiten durch Mahlung mit der 60°-Garnitur. Die niedrigeren Werte für die Mahlkantenbelastung sind hier besser geeignet, um höhere Festigkeiten zu entwickeln. Bei Verwendung der Scheibe mit 15° Schnittwinkel sind die Ergebnisse mit unterschiedlichen Mahlkantenbelastungen etwa gleichwertig, bei NHH ist die höhere Kantenbelastung unter Umständen leicht überlegen.

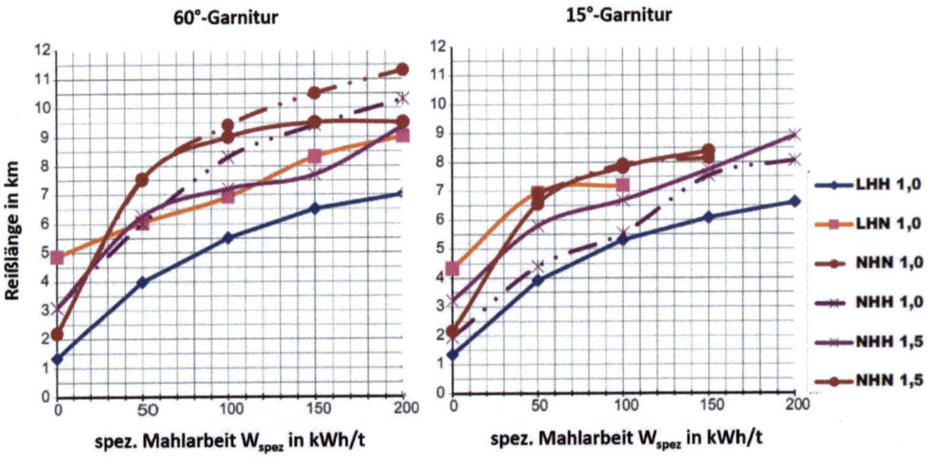

Bild 10.31 Entwicklung der statischen Festigkeit von Zellstoffen in Abhängigkeit von massebezogener Mahlarbeit, Schnittwinkel und spezifischer Mahlkantenbelastung. Bezeichnungen der Zellstoffe siehe Tabelle 10.6, die Ziffern nach dem Zellstoffnamen sind die spezifische Mahlkantenbelastung in W·s/m, die Multiplikation der Reißlänge in km mit 10 ergibt den Bruchkraftindex in N·m/g

Bild 10.32 zeigt die Entwicklung der dynamischen Festigkeit. Da diese sehr stark von der Faserlänge abhängt, wird hier besonders die Überlegenheit der fibrillierenden Mahlung mit der 60°-Garnitur deutlich. Die niedrigeren Mahlkantenbelastungen begünstigen ebenfalls die Fibrillierung, sodass sie zu höheren Kennwerten führen als die Belastung mit 1,5 W·s/m. Etwas überraschend zeigt der Eukalyptus-Zellstoff ein sehr gutes Potenzial für die Entwicklung des untersuchten Kennwertes.

Im Zuge der Weiterentwicklung der Theorie der spezifischen Mahlkantenbelastung, wurde eine Vielzahl weiterer interessanter Kennwerte abgeleitet. *Baker* [10.20] kommt zu dem Schluss, dass ein Kennwert umso seltener in der Praxis angewendet wird, je mehr Informationen und Messwerte zu seiner Ableitung erforderlich sind.

Das **Messermaterial** beeinflusst stark das Verschleißverhalten und die Rauigkeit der Garnituren. Zähe Materialien, wie Cr-Ni-Stähle, neigen zur Ausbildung gerundeter Messeranlaufkanten. Dies ist günstig für den Transport der Fasern in die Zone 3 und damit eine fibrillierende Mahlung. Des Weiteren neigen sie auch zur Ausbildung typischer Riefen auf der Messeroberfläche (hohe Rauheit). Harte und verschleißresistente Legierungen (z. B. Ni-Hard oder K-Alloy) behalten relativ glatte Oberflächen. Sie eignen sich insbesondere zur Mahlung relativ starrer, unflexibler Fasern, so z. B. für die Splitterreduzierung bei Holzstoffen. Flexible Fasern reagieren bis etwa 20 µm Rautiefe relativ unempfindlich, starre Fasern werden bei zu hoher Rauigkeit zu Feinstoff zerkleinert.

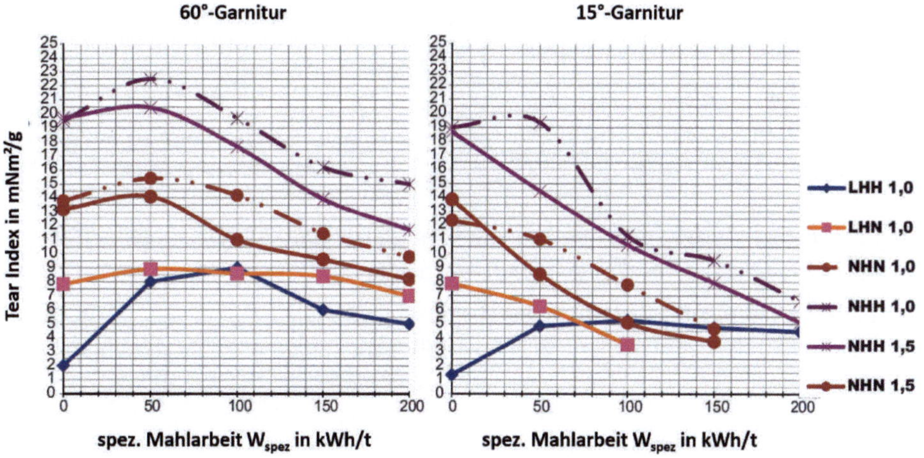

Bild 10.32 Entwicklung der dynamischen Festigkeit von Zellstoffen in Abhängigkeit von massebezogener Mahlarbeit, Schnittwinkel und spezifischer Mahlkantenbelastung. Dem Bild liegt der gleiche Sachverhalt zugrunde wie in Bild 10.31

Je höher die **Drehzahl**, desto besser in der Regel die Fibrillierung, da sich die Fasern dann aufgrund eines strömungstechnischen Phänomens auf der Messeroberfläche stapeln (die gleiche Wirkung, wie ein hoher Schnittwinkel). Allerdings steigen die Leerlaufverluste proportional etwa zur dritten Potenz der Drehzahl, sodass es energetische Grenzen gibt, diese Erscheinung zu nutzen.

10.4.5.3 Einflüsse der Prozessführung

Je höher die **Stoffdichte** ist, desto geringer fällt die Bedeutung des Schnittwinkels für die Fibrillierung aus, da die Fasern aufgrund von Strömungsvorgängen in Zone 3 transportiert werden. Untersuchungen haben gezeigt, dass die Erhöhung der Stoffdichte über 15 % hinaus keine nennenswerten technologischen Vorteile mehr bringt, jedoch die Gefahr der Pyrolyse des Faserstoffes erhöht.

Höhere **pH-Werte** als 7 führen zu stärkeren Gradienten der statischen Festigkeit über dem massebezogenen Arbeitsbedarf, aber in der Regel zum sofortigen Rückgang der dynamischen Festigkeit aufgrund von Strukturschwächung und Feinstoffproduktion.

Die **Durchflussmenge** sollte in der Größenordnung des hydraulischen Schluckvermögens des Refiners liegen, wenn überwiegend fibrilliert werden soll. Reduzierte Durchflussmengen führen zur Begünstigung der Faserkürzung.

Der massebezogene Arbeitsbedarf W_{spez} charakterisiert das Ausmaß der Faserbearbeitung. Er berechnet sich für einen kontinuierlichen Prozess zu:

$$W_{\text{spez}} = \frac{P_{\text{eff}}}{\dot{m}_{\text{otro}}} \tag{10.27}$$

Für die Rezirkulationsmahlung ergibt sich:

$$W_{\text{spez}} = \frac{P_{\text{eff}}}{m_{\text{otro}}} \cdot \Delta t \tag{10.28}$$

m_{otro} Fasermasse otro, t Zeit

Man verwendet diese Kenngröße auch zum Vergleich von Mahlungsergebnissen, die mit unterschiedlichen Maschinen erzielt wurden.

Der Mahlspalt wird zur Einstellung der spezifischen Mahlkantenbelastung (der Intensität der Faserbearbeitung) benutzt. Er verhält sich reziprok zur Mahlkantenbelastung.

Literatur

[10.1] DIE PAPIERINDUSTRIE – Leistungsbericht Papier 2025. Berlin: Die Papierindustrie e. V., Mai 2025

[10.2] ZELLCHEMING Merkblatt XVI/2/99 Begriffsbestimmung „Abfallpapier", „Altpapier", „Papierabfall"

[10.3] *Bos, J. H.; Veenstra, P.; Verhoeven, H.; de Vos, P. D.:* Das Papierbuch, Handbuch der Papierherstellung, Abschnitt 6.2.2 Auflösung des Altpapiers, S. 123 – 129. Houten: EPN Verlag 1999

[10.4] *Holik, H.*: Grundprozesse und Maschinen zur Altpapieraufbereitung. In: *Blechschmidt, J.* (Hrsg.): Altpapier, Kapitel 12, S. 94 – 153. Leipzig: Fachbuchverlag 2011

[10.5] *Iwashige, N.:* Erfolg für IntensaPulper IP-R in Japan. Twogether, Paper Technology Journal, Heft 27, Januar 2009, S. 72 – 73, herausgegeben von Voith GmbH & Co. KGaA, Heidenheim

[10.6] *Brecht, W.; Zippel, F.*: Die Ermittlung des Stippengehaltes von Faserstoffsuspensionen. Wochenblatt für Papierfabrikation Teil 1: 84 (1956) 18, 727 – 731, Teil 2: 84 (1956) 19, 767 – 770, Teil 3: 84 (1956) 20, 807 – 810

[10.7] DIN ISO 9276-4:2019-09 Darstellung der Ergebnisse von Partikelgrößenanalysen – Teil 4: Charakterisierung eines Trennprozesses

[10.8] *Bliss, T.*: Screening. Chapter XII, 229 – 247, in: *Kocurek, M. J. u. a.*(Hrsg.): Pulp and Paper Manufacture. Vol. 6 Stock Preparation. Atlanta: The joint textbook committee of the paper industry 1992

[10.9] *Bliss, T.*: Centrifugal cleaning. Chapter XIII, 248 – 261, in: *Kocurek, M. J. u. a* (Hrsg.) Pulp and Paper Manufacture. Vol. 6 Stock Preparation. Atlanta: The joint textbook committee of the paper industry 1992

[10.10] *Levlin, J. E.:* Über die Bedeutung der Mahlweise bei der Mahlung verschiedener Zellstofftypen. Das Papier 30 (1976) 10 A, V33 – V42

[10.11] *Ilvessalo-Pfäffli, M.-S.:* Fiber Atlas. Berlin, Heidelberg, New York: Springer Verlag 1995, S. 19

[10.12] *Steinmaßl, Ch.:* Entwicklung eines neuartigen Mahlverfahrens. Unveröffentlichte Diplomarbeit an der Fachhochschule München, Fakultät 05, 2005

[10.13] *Wolfinger, T.:* Dreidimensionale Strukturanalyse und Modellierung des Kraft- Dehnungsverhaltens von Fasergefügen, Dissertationsschrift an der Technischen Universität Dresden, Fakultät Umweltwissenschaften, Dresden, 2016, S. 110 und S. 124

[10.14] *Colditz, T.:* Mahlung für Spezialpapiere. Unveröffentlichte Diplomarbeit an der Fachhochschule München, Fakultät 05, 2006

[10.15] *Fox, T. S.; Brodkey, R. S.; Nissan, A. H.:* Inside a disk refiner. TAPPI Journal 65 (1982) 7, 80 – 83

[10.16] *Konold, G.:* Mahlaggregate – Ihre Auswahl und ihre Abstimmung auf die verschiedenen Mahlaufgaben. Das Papier 27 (1973) 4, 121 – 129

[10.17] *Brecht, W.; Siewert, W.:* Zur theoretisch-technischen Beurteilung des Mahlprozesses moderner Mahlmaschinen. Das Papier 20 (1966) 1, 5 – 14

[10.18] *Göttsching, L.; Katz, C.* (Hrsg.): Papier-Lexikon. Gernsbach: Deutscher Betriebswirte-Verlag 1999

[10.19] *Bär, G.; Naujock, H.-J.:* Verbesserung der Homogenität der Zellstoffmahlung als Grundlage der Eigenschaftsoptimierung grafischer Papiere. INFOR-Forschungsbericht, 2002

[10.20] *Baker, C. u. a.:* Refining technologies. Part of the Pira Reviews of Pulp & Paper Technology series. Leatherhead: Pira International Ltd. 2000, S. 35 – 55

11 Papierherstellung

Von Hans-Joachim Naujock

Ziel der Papierherstellung ist es, die im Rahmen der Stoffaufbereitung hergestellte Suspension, den Ganzstoff, zu einer endlosen Bahn zu formen, diese zu entwässern und aufzurollen. Die Papierbahn soll im Idealfall isotrop sein, d. h. in der x-y-Ebene (Bahnebene) und senkrecht dazu in z-Richtung (Bahndicke) in allen Distanzen gleiche Eigenschaften aufweisen. Technische Systeme, die Papiermaschinen, können sich diesem Ideal beliebig nähern, werden es aber aus Gründen, auf die im Folgenden noch näher eingegangen wird, niemals vollständig erreichen.

Der Begriff *Papier* wird in diesem Abschnitt universell verwendet und schließt Karton und Pappe mit ein, sofern diese nicht besonders hervorgehoben sind.

Die Qualität des Papiers muss den Kundenforderungen genügen und dabei wirtschaftlich herstellbar sein. Nach der Stoffaufbereitung (Rezeptur, Faserbearbeitung) wird sie durch die Prozessführung auf der Papiermaschine und ggf. durch in die Papiermaschine integrierte Veredlungsschritte determiniert.

11.1 Stoffzufuhrsysteme (konstanter Teil)

Das Stoffzufuhrsystem – auch konstanter Teil oder Konstantteil genannt – ist die Schnittstelle zwischen der Stoffaufbereitung und der Papiermaschine. Hier soll der Ganzstoff final gereinigt werden. Dabei sind eventuell noch vorhandene kleinste Partikel von Stör- oder Fremdstoffen abzutrennen. Die Trennung erfolgt in der Regel sowohl durch Klassieren als auch durch Sortieren. Insbesondere bei Sorten mit niedriger flächenbezogener Masse ist außerdem die Entlüftung der Suspension wichtig. Daneben ist es vorteilhaft, Dosierstellen für scherempfindliche Polymere wie Flockungs- und Retentionsmittel (vgl. Kapitel 9) unmittelbar vor dem Stoffauflauf der Papiermaschine vorzusehen, damit sie ihre Wirksamkeit möglichst vollständig entfalten können.

Die Herkunft der Bezeichnung *konstanter Teil* wird unterschiedlich interpretiert. Der Ursprung ist sicher in der frühindustriellen Zeit zu finden, da zu Beginn der industriellen Papierherstellung unmittelbar der Papiermaschine vorgelagerte Bestandteile und Hilfsmaschinen wie Rührbütten, Schöpfräder, Knotenfänger, Schütteleinrichtungen und einige Pumpen über Riemenantriebe bewegt wurden, die von einer zentralen Antriebswelle ausgingen, die ihrerseits mit konstanter Drehzahl von einem einzigen Antrieb (Dampfmaschine, später Elektromotor) versorgt wurde [11.1].

Eine modernere Interpretation besagt, dass der Papiermaschine zeitlich konstant ein Volumenstrom der Suspension pulsationsfrei mit gleichbleibendem Mischungsverhältnis der einzelnen Komponenten zugeführt werden soll und umfasst die dazu notwendigen technischen Bauteile und Maschinen.

Obwohl die einzelnen Stoffkomponenten in den meisten Fällen bereits einen Trennprozess durchlaufen haben, erfolgt direkt vor der Papiermaschine im konstanten Teil eine nochmalige Reinigung des Gesamtstoffs.

Weitere Aufgaben im Konstantteil sind:

- Einstellung der Stoffsuspension auf die Stoffdichte des Stoffauflaufs,
- Entlüftung der Stoffsuspension,
- Zumischung von weiteren chemischen Additiven, wie z. B. Retentionsmitteln,
- Regelung der Mengen und Strömungsgeschwindigkeiten der Suspension für die Papiersorten, die auf der betreffenden Papiermaschine herstellt werden.

11.1.1 Stoffdichteregelung

Zielgröße für die Regelung der Stoffdichte ist die durch die Papiersorte definierte flächenbezogene Masse auf der Mutterrolle der Papiermaschine. In der Regel – chemische Additive aus der Betrachtung einmal ausgeklammert – sind im einfachsten Fall folgende drei Stoffströme homogen zu durchmischen und dem Stoffauflauf zuzudosieren – der maschinenfertige Ganzstoff aus der Maschinenbütte, das Siebwasser aus dem Siebwasserbehälter und das Rückwasser und/oder Frischwasser aus der Wasseraufbereitung der Anlage.

Bei einer Online-Dosierung der Komponenten kommen häufig statische Mischer (Bild 11.1) zum Einsatz. Da sie keine mechanisch bewegten Bauteile besitzen, fallen die Scherkräfte moderater aus und sie eignen sich zur Einmischung scherempfindlicher Substanzen. Spezielle Einbauten (im Bild der sternförmige Körper) generieren Turbulenzen und verkürzen die Mischstrecke bei gleichzeitiger Verbesserung der Homogenität der Durchmischung. Die zur Mischung notwendige Energie entspricht dem bleibenden Druckverlust über dem Bauteil.

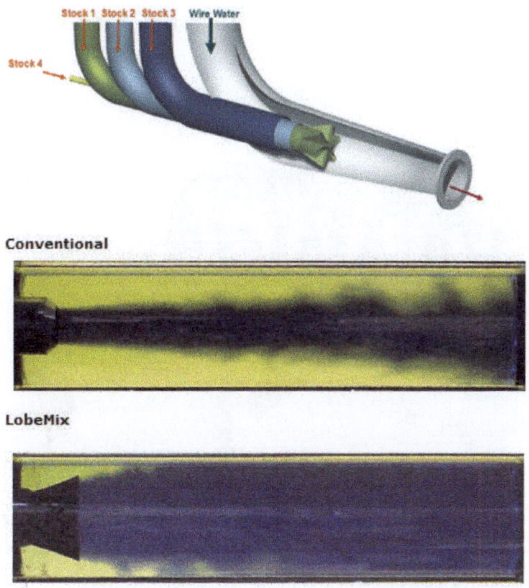

Bild 11.1
Lobe Mix. Oben: statischer Mischer für z. B. drei Faserstoffkomponenten (Stock 1 bis 3) und ein Additiv (Stock 4) sowie Siebwasser (engl. wire water). Mitte und unten: vergleichende Darstellung des Mischeffekts (Quelle: Metso/Valmet)

11.1.2 Entlüftung der Suspension

Luft in der Faserstoffsuspension kann eine Reihe von Problemen hervorrufen:

- Wachstum und Ablagerung aerober Mikroorganismen (Schleim),
- Anlagenkorrosion,
- Kavitation in Pumpen,
- Schaumprobleme bei der Bahnbildung,
- Flockenbildung bei der Entwässerung und schlechte Blattformation,
- Nadellöcher im Papier (pin holes).

Die letzteren beiden Probleme spielen vor allem bei Produkten mit niedrigen flächenbezogenen Massen (z. B. unterhalb 100 g/m^2) eine Rolle, im Kartonbereich eher nicht. Die Luft sollte aus diesem Grund spätestens im Konstantteil der Papiermaschine so vollständig wie möglich aus der Suspension entfernt werden. Die am häufigsten anzutreffende Anlage für diesen Prozess ist der Deculator (Bild 11.2).

Er besteht aus einem zylindrischen Edelstahlkessel, in dem sich ein Wehr oder Rohr zur Niveauregulierung befindet. Der Einlauf ist in der Regel die Durchlaufsammelleitung des Kanisteraufbaus einer Cleaneranlage. Die Suspension spritzt mit hoher Geschwindigkeit auf die obere Behälterwand und wird dabei feinstverteilt. Aufgrund der großen Oberfläche kann das Aerosol schnell entlüften. Vor dem Wehr wird die entlüftete Suspension entnommen und dem Stoffauflauf der Papiermaschine zugeführt. Der Unterdruck beträgt etwa 0,6...0,8 bar. Korrespondierend muss die senkrechte Längenprojektion der Leitungen für den Überlauf und die entlüftete Suspension etwa 8...10 m betragen. Die Wirksamkeit der Entlüftung liegt bei modernen Installationen bei nahe 100 %.

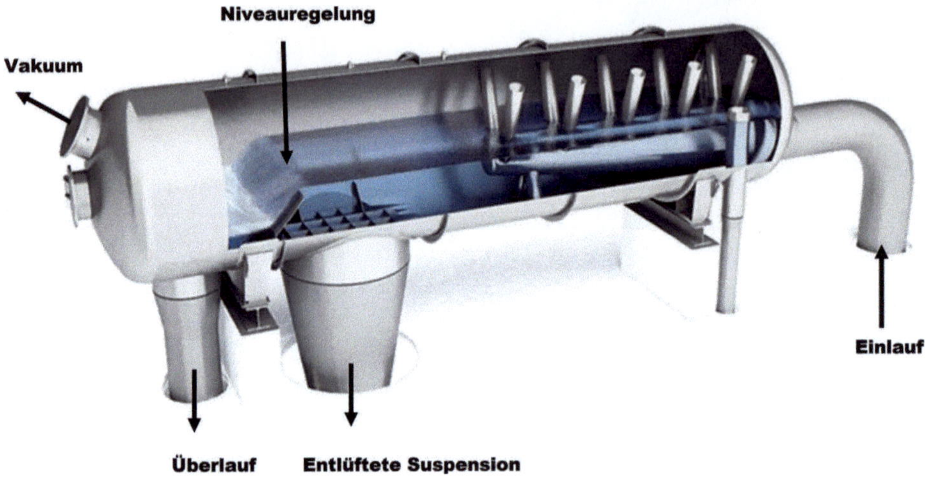

Bild 11.2 Deculator (Quelle: Valmet)

11.1.3 Mengen und Strömungsgeschwindigkeiten

Die Menge an Suspension (hier: Volumenstrom), die der Bahnbildung zugeführt werden muss, lässt sich nach Formel 11.1 überschlägig berechnen:

$$\dot{V}_{\mathrm{Susp}} = \frac{b_{\mathrm{PM}} \cdot v_{\mathrm{PM}} \cdot m_{\mathrm{A}}}{SD \cdot R \cdot \rho_{\mathrm{Susp}}} \tag{11.1}$$

$\dot{V}_{\mathrm{Susp}}$ Volumenstrom der Suspension, b_{PM} Arbeitsbreite der Papiermaschine, v_{PM} Papiermaschinengeschwindigkeit, m_{A} flächenbezogene Masse, SD Stoffdichte im Stoffauflauf, R Retention der Bahnbildungseinheit, ρ_{Susp} Dichte der Suspension

***Beispiel:** Bei einer Papiermaschine mit 8,4 m Arbeitsbreite, einer Maschinengeschwindigkeit von 1800 m/min, die Papier mit einer flächenbezogenen Masse von 80 g/m² produzieren soll und von der weiterhin bekannt ist, dass die Stoffdichte im Stoffauflauf 0,8 % beträgt, die Retention 85 %, die Suspensionstemperatur 45 °C (entspricht einer Dichte von 990 kg/m³) ergibt sich ein Suspensionsvolumenstrom von 2,995 m³/s. Unter der Annahme, dass die Stoffdichte in der Maschinenbütte 4 % und im Siebwasserbehälter 0,15 % beträgt und keine Frischwasserergänzung erfolgen muss, sind 0,506 m³/s Ganzstoff mit 2,489 m³/s Siebwasser zu vermischen und dem Stoffauflauf zuzuführen.*

Die Strömungsgeschwindigkeit der Suspension, die dem Stoffauflauf zugeführt wird, sollte möglichst hoch sein, um Flockung zu vermeiden. Oft liegt sie bei 8 m/s. In diesem Fall benötigt man bei Anwendung der Kontinuitätsgleichung einen Rohrdurchmesser von 70 cm oder kleiner. Die Dosierung großer Volumenströme wie Ganzstoff und Siebwasser erfolgt durch drehzahlgeregelte Pumpen, die Dosierung der Additive erfordert wesentlich feinfühliger arbeitende Dosiersysteme wie z. B. FlowJec der Firma Voith (siehe Bild 11.3 [11.2]).

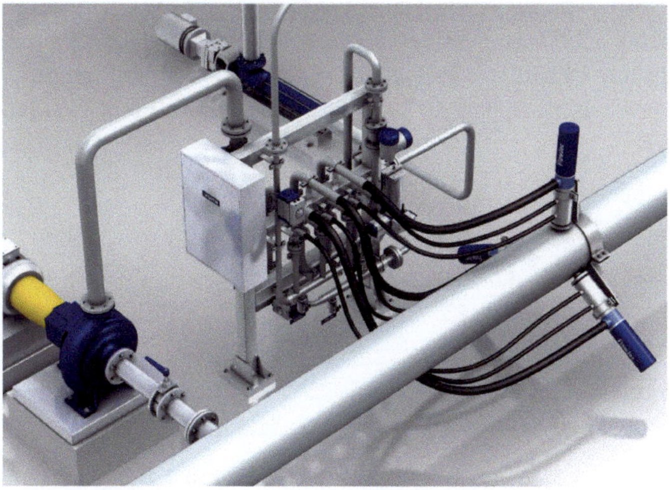

Bild 11.3 Dosiersystem für Additive FlowJec der Fa. Voith [11.2]

11.2 Papiermaschine

Jahrhunderte lang war Papier über die Herstellung von **Einzelbögen** in der Manufaktur erzeugt worden. Unmittelbar an der Schwelle zum 18. Jahrhundert begann man nach Lösungen zur Herstellung einer endlosen Papierbahn zu suchen, weil der Papierbedarf mit dem zunehmenden Umfang und der Verbreitung von Druckerzeugnissen – die Londoner Times erschien z. B. erstmals am 1. Januar 1785 – sprunghaft angestiegen war. Innerhalb eines historisch sehr kurzen Zeitraums von 1799 bis 1805 wurden alle heute noch verwendeten wesentlichen Bahnbildungseinrichtungen (Langsieb, Doppelsieb, Rundsieb) erfunden (siehe auch Abschnitt 1.4).

Anstelle des verfahrenstechnisch korrekten Begriffs *Bahnbildung* wird umgangssprachlich häufiger der Begriff *Blattbildung* verwendet, der bezüglich der Anwendungsform des Produkts auch eine gewisse Berechtigung besitzt.

Der konstruktive Aufbau der Papiermaschine und die in ihr verwendeten Baugruppen sind produktspezifisch. Trotz des Trends zur Standardisierung und der Verwendung vereinheitlichter Module sind viele Papiermaschinen Unikate. Im Folgenden sollen die Grundfunktionen der Papiermaschine und die zu ihrer Realisierung notwendigen Baugruppen erläutert werden, bevor auf sortenspezifische Maschinen für grafische Papiere, für den Bereich Verpackungspapiere und Karton, Hygienepapiere und ausgewählte Spezialpapiere eingegangen wird.

11.2.1 Grundfunktionen der Papiermaschine

Mit Ausnahme der Trogrundsiebmaschinen (heute sehr selten noch im Einsatz) muss jede Papiermaschine über die in Bild 11.4 gezeigten Grundfunktionen und Baugruppen verfügen, um die verfahrenstechnischen Grundprozesse **Bahnbilden**, **Pressen** und **Trocknen** zu vollziehen.

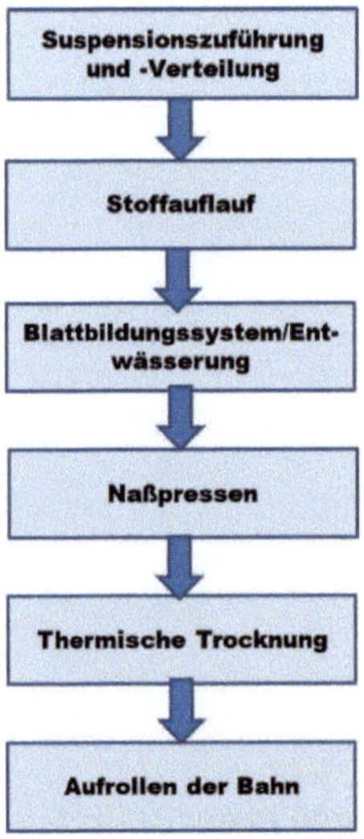

Bild 11.4
Grundfunktionen der Papiermaschine

Im Sinne der Steigerung der Produktivität und der Vermeidung von Ausschuss durch Umrollvorgänge wurden sogenannte integrierte Konzepte entwickelt. Dies bedeutet, dass Maschinen, die ursprünglich baulich getrennt von der Papiermaschine Veredlungsprozesse wie Oberflächenauftrag (Streichen) oder Glätte- und Glanzerzeugung (Kalander) nach dem Umrollen der von der Papiermaschine stammenden Mutterrolle realisiert haben, nunmehr direkt in die Papiermaschine mit eingebaut sind. Einige Beispiele dafür werden im Folgenden vorgestellt.

11.2.1.1 Suspensionszuführung und -verteilung

Der in der Stoffaufbereitung hergestellte Ganzstoff wird in einer Rohrleitung der Papiermaschine zugeführt. Er muss aus dem Kreisquerschnitt des Rohrs z. B. mit einem Durchmesser von z. B. 800 mm auf einen Rechteckquerschnitt von 10 000 mm Breite und 60 mm Höhe so verteilt werden, dass es keine Strömungsablösungen und Entmischungen gibt. Diese durchaus anspruchsvolle Aufgabe lösen Stoffauflaufverteiler und Stoffauflauf.

Es gibt eine Vielzahl von Stoffauflaufverteilern. Entsprechend der historischen Entwicklung sind viele von ihnen hinsichtlich der Breitenanpassung an die Papiermaschine limitiert. Dazu gehören Diffusor, Faltdiffusor, Bertram-Verteiler und Querstromverteiler (siehe auch [11.3]).

Derzeit gebräuchliche Verteilertypen sind der Rund- oder Zentralverteiler (Bild 11.5) und der Rohrstromverteiler (Bild 11.6).

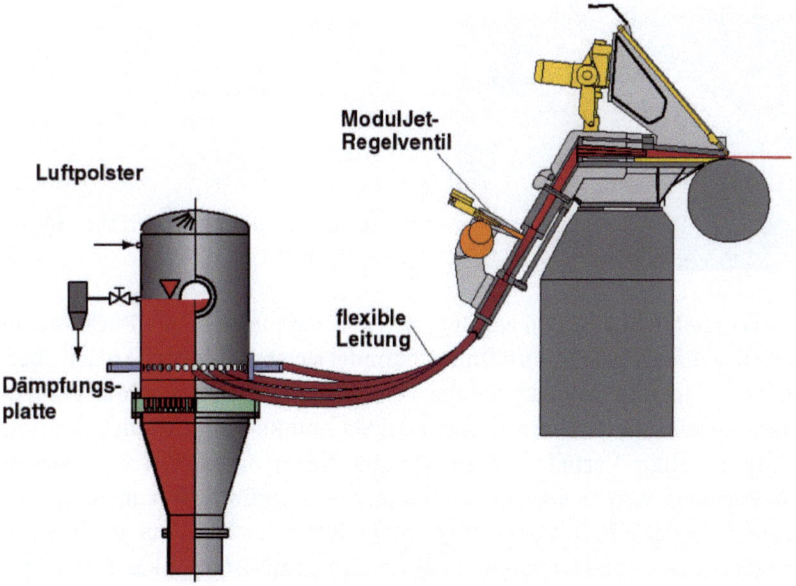

Bild 11.5 Rundverteiler mit Pulsationsdämpfer und Überleitung in den Stoffauflauf mit Verdünnungswassertechnik der Fa. Voith [11.4]

Der **Rundverteiler** wurde ursprünglich von der PAMA Freiberg entwickelt. Bild 11.5 zeigt eine Weiterentwicklung, die durch die Firma Voith erfolgte. Dabei ist der Verteiler mit einem Pulsationsdämpfer kombiniert. Druckpulsationen, die sich über den Stoffauflauf fortpflanzen, können bei bestimmten Frequenzen und ausreichender Amplitude zu Schwankungen der flächenbezogenen Masse in Maschinenlaufrichtung (MD) führen. Es ist daher für die Qualität des Papiers vorteilhaft, diese zu eliminieren. Dies geschieht durch die Wechselwirkung zwischen Dämpfungsplatte (Reibungselement im Sinne der Rheologie, das Amplituden abbaut) und Luftpolster als dem elastischen Element, das eine Rückstellbewegung einleitet. Der Verteiler besitzt einen zentralen Staupunkt, der an der Suspensionsoberfläche genau in der Achse des zylindrischen Behälters liegt. Am zentralen Staupunkt ist die Strömungsgeschwindigkeit gleich Null. In gleicher räumlicher Entfernung vom zentralen Staupunkt ist die Strömungsgeschwindigkeit immer gleich. Die Suspension verlässt also den Verteiler mit gleichen Geschwindigkeiten in allen radial angeordneten Öffnungen und wird über flexible Schläuche dem Stoffauflauf zugeführt. Die Schläuche besitzen ähnliche Längen und Krümmungen – somit den gleichen Strömungswiderstand – sodass alle Teilströme, die den Stoffauflauf erreichen, mit gleicher Geschwindigkeit ankommen. So kann ein konstantes Querprofil garantiert werden. Zusätzlich gibt es über das Modul-Jet-Regelventil eine Verdünnungswassersteuerung.

Bild 11.6
Rohrstromverteiler ohne Verteilerrohre der Fa. Voith [11.4]

Der **Rohrstromverteiler** in Bild 11.6 verjüngt sich konisch hin zu einem Rücklauf auf der linken Seite des Bildes. Die Einlauföffnung befindet sich rechts oben. An der Oberseite sind die Bohrungen erkennbar, die die Verteilrohre zum Stoffauflauf aufnehmen sollen. Der Verteiler besitzt keinen zentralen Staupunkt. Damit ist nicht a priori garantiert, dass in allen Verteilerrohren die gleiche Strömungsgeschwindigkeit herrscht. Dem Verteiler wird Suspension im Überschuss zugeführt, d. h. mehr, als für die Bahnbildung erforderlich. Der Überschuss fließt durch den Rücklauf ab. Eine Differenzdruckregelung zwischen Einlauf und Überlauf gewährleistet die konstante Strömungsgeschwindigkeit in allen Verteilerrohren. Der Vorteil dieses Verteilers liegt darin, dass alle denkbaren Maschinenbreiten damit bedient werden können. Das macht ihn zu der Bauform, die am häufigsten anzutreffen ist.

11.2.1.2 Stoffauflauf

Die Aufgabe des Stoffauflaufs besteht darin, die Suspension zu dosieren, zu homogenisieren und über die Maschinenbreite gleichmäßig hinsichtlich Masse, Strahlgeschwindigkeit und Strahlrichtung der Blatt- bzw. Bahnbildungseinrichtung zuzuführen.

Die ersten moderneren Stoffaufläufe, die eine Beeinflussung der Blattformation zuließen, waren Staulattenstoffaufläufe, die wahrscheinlich um 1889 von *Füllner* entwickelt wurden [11.5]. Sie funktionieren bei Maschinengeschwindigkeiten von bis zu 120 m/min und sind gelegentlich noch heute, wenn auch sehr selten, im Bereich der Spezialpapierherstellung anzutreffen. Der Zwang zur Produktivitätssteigerung führte zu immer höheren Papiermaschinengeschwindigkeiten, die dann durch offene Stoffaufläufe, offene Hochdruckstoffaufläufe, geschlossene Stoffaufläufe mit Druckluftsteuerung und schließlich mit den modernen Pumpenstoffaufläufen bedient wurden. Auch die inneren Einbauten der Stoffaufläufe veränderten sich. Anstelle von rotierenden Lochwalzen oder Lamellenlochwalzen traten Stufendiffusore. Das sind starre Einbauten, die die Energie für die Generierung von Mikroturbulenzen der Strömungsgeschwindigkeit entnehmen. Diese Einbauten sorgen für die vor allem bei der Verwendung von langen Fasern wichtige Entflockung der Suspension und somit für eine gute Blattformation (siehe Bild 11.7). Die Durchflussrichtung im Bild verläuft von links nach rechts. Der Einbau von Lamellen hat den Vorteil, dass sich die generierten Mikroturbulenzen in z-Richtung (senkrecht zu den Lamellen) nicht gegenseitig beeinflussen.

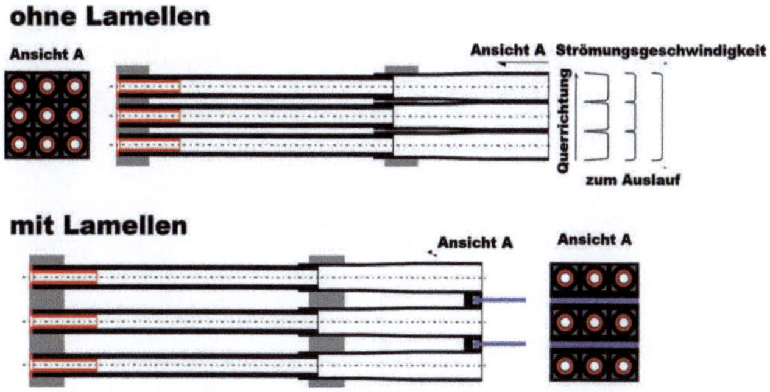

Bild 11.7 Stufendiffusore ohne und mit Lamellen [11.4]

Informationen über die älteren Stoffauflauftypen finden sich beispielsweise in [11.6].

In Bild 11.9 ist ein moderner Stoffauflauf in Kombination mit dem Einlaufbereich eines Doppelsiebformers zu sehen. Bei etwas veränderter Geometrie kann dieser Stoffauflauf auch mit anderen Bahnbildungseinrichtungen wie z. B. einem Langsieb kombiniert werden. Er zeichnet sich durch eine Verdünnungswasserregelung aus, wobei die Teilströme für Ganzstoff und Verdünnungswasser jeweils mit der gleichen Anzahl in gleichen Abständen (ca. 60...80 mm) über die gesamte Maschinenbreite so angeordnet sind, dass genau ein Verdünnungswasserteilstrom mit genau einem Ganzstoffteilstrom in der Mischkammer sektional zusammengeführt wird. Dies eröffnet die Möglichkeit, sowohl die Verteilung der flächenbezogenen Masse in Querrichtung (CD-Richtung) als auch die Faserorientierung sehr feinfühlig zu beeinflussen. Die Breite, über die sich die Regelung einer Sektion auswirkt, liegt etwa bei 100 mm, was einer Blendenregelung deutlich überlegen ist. Die Steuerung der flächenbezogenen Masse erfolgt so, dass in einer Sektion der Volumenstrom im Vergleich zu benachbarten Sektionen gleich bleibt und das Verhältnis der Volumenströme von Verdünnungswasser und Ganzstoff variiert wird.

Bei der Beeinflussung der Faserorientierung bleibt das Verhältnis der Volumenströme von Verdünnungswasser und Ganzstoff konstant. Im Vergleich zu den benachbarten Sektionen erhöht oder senkt man den Gesamtvolumenstrom und damit lokal die Strömungsgeschwindigkeit. Um eine Flockenbildung, die die Durchsicht des Papiers (Blattformationsgüte) negativ beeinflussen würde, zu vermeiden, arbeitet man mit einer Differenzgeschwindigkeit zwischen Stoffstrahl und Blattbildungssieb. In der

Regel eilt das Sieb um 3 % bis 5 % dem Stoffstrahl vor (Unterstau). Liegen die Geschwindigkeitsvektoren des Stoffstrahls und des Siebs auf der gleichen Linie (Zielgröße der Orientierungsregelung), ergibt sich eine überwiegend längs gerichtete Faserorientierung. Da man eine hohe Blattformationsgüte (geringe Wolkigkeit) als Qualitätsmerkmal in der Regel fordert, lässt sich das Eingangs genannte Ideal der Isotropie somit nicht vollständig erfüllen. Zugfestigkeit und Bruchdehnung sind in der Folge richtungsabhängig. Die Zugfestigkeit ist in Längsrichtung (MD = machine direction) höher als in Querrichtung (CD = cross direction), bei der Bruchdehnung verhält es sich umgekehrt.

In Bild 11.8 ist dieser Zusammenhang qualitativ dargestellt. Im Sinne der Isotropie wäre die Äquivalenz von Strahl- und Siebgeschwindigkeit optimal. Die Blattformationsgüte wäre schlecht. Beispiele für die Möglichkeiten zur Verbesserung der Blattformationsgüte werden in Abschnitt 11.2.1.6 diskutiert.

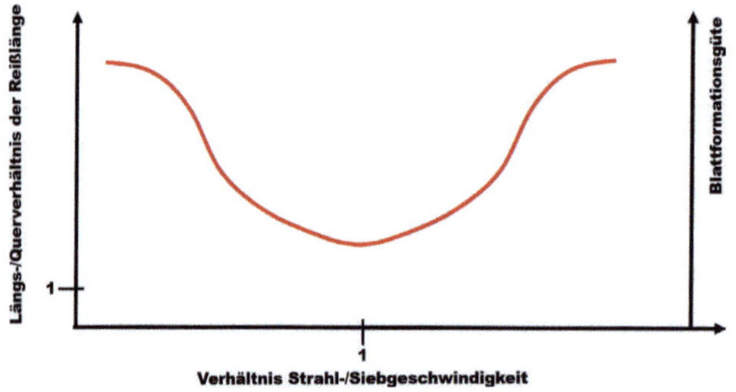

Bild 11.8 Blattformationsgüte und Anisotropie als Funktion des Verhältnisses Strahl-/Siebgeschwindigkeit

Weichen die Wirkungslinien der Vektoren von Stoffstrahl- und Siebgeschwindigkeit voneinander ab, ergibt sich eine Faserorientierung, die der Differenz beider Vektoren folgt, also von der überwiegenden Längsausrichtung abweicht. Dann besteht nach der Formatausrüstung die Gefahr der sogenannten diagonalen Blattverspannung, die in schlimmsten Fall zu einem Diagonalcurl (siehe Bild 11.51, links oben) führt. Bei der Bogenverarbeitung funktioniert dann in der Regel der Transport nicht mehr (siehe auch Abschnitt 12.9) und es kommt zu Reklamationen seitens der Verarbeiter.

Bewertet werden kann die Faserorientierung durch die TSO-Messung (tensile stiffness orientation = Zugsteifigkeitsorientierung, siehe Abschnitt 16.3.2.2).

Im Mikroturbulenzgenerator findet eine Entflockung der Suspension statt. Der Wirbeldurchmesser der Turbulenz sollte in der Größenordnung der Faserlänge (1...2 mm) liegen. Dafür sorgen u. a. die Lamellen in der Auslaufdüse. Der im Inneren des Stoffauflaufs notwendige Pumpendruck zum Erreichen einer bestimmten Strahlgeschwindigkeit kann näherungsweise unter Zugrundelegung der Auslaufformel von *Torricelli* berechnet werden (Formel 11.2):

$$p = \frac{\rho}{2\varphi} v^2 + \rho g h \qquad (11.2)$$

p Druck im Stoffauflauf, ρ Dichte der Suspension, φ Auslauffaktor, v Strahlgeschwindigkeit, g Erdbeschleunigung, h geodätische Höhendifferenz Druckmessstelle – Strahlauftreffpunkt

Der Auslauffaktor kann Werte zwischen 0 und 1 annehmen und ist der Multiplikator der Strahlgeschwindigkeit, dessen Größe von der Auslaufform des Stoffauflaufes abhängt. Der Wert 1 bedeutet, dass die Strahlgeschwindigkeit nicht durch die Auslaufform reduziert wird. Tabelle 11.1 zeigt einige charakteristische Verhältnisse.

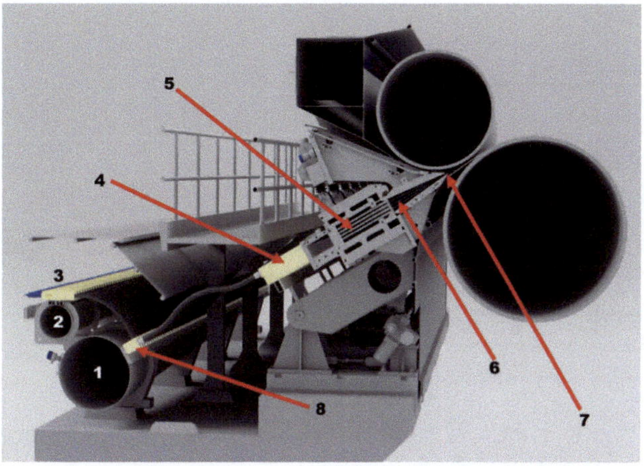

Bild 11.9 Stoffauflauf MasterJet Pro G der Fa. Voith [11.7]

1 Rohrstromverteiler für den Ganzstoff, 2 Rohrstromverteiler für Verdünnungswasser, 3 Steuereinheit für Verdünnungswasserdosierung, 4 Turbulenzgenerator, 5 Mikroturbulenzgenerator, 6 Stoffauflaufdüse mit Lamellen, 7 Einlaufzwickel des Doppelsiebformers, 8 Mischkammer

Tabelle 11.1 Abhängigkeit des Auslauffaktors von der Auslaufform

Auslaufform	Düse	Blende	Düsenblende
	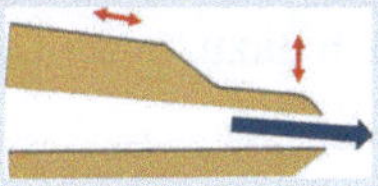	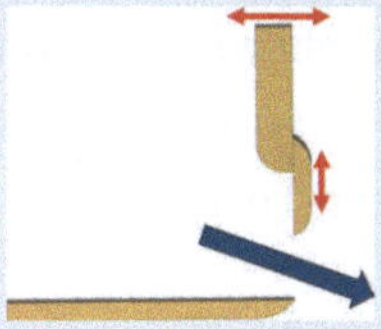	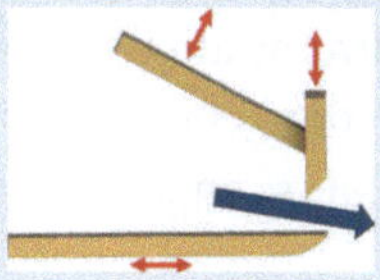
Auslauffaktor φ	0,96...0,99	0,88...0,93	0,92...0,96

Die angegebenen Werte sind Richtwerte. Abweichungen können sich durch die Strahlgeschwindigkeit (je höher, desto größer der Auslauffaktor) und die Spaltweite (je geringer, desto niedriger der Auslauffaktor) ergeben.

Die Düse verursacht den geringsten Druckverlust, leistet aber den geringsten Beitrag zur Entflockung der Suspension. Aufgrund der schlanken Form eignet sie sich insbesondere für Stoffaufläufe an Doppelsiebformern. Die Blende bietet das höchste Entflockungspotenzial, bleibt aber aufgrund der räumlich expansiven Bauform hinsichtlich der Einsatzmöglichkeiten dem Langsieb vorbehalten. Die Düsenblende ist ein Kompromiss, der den moderaten Druckverlust der Düse mit der verbesserten Entflockung der Blendenform kombinieren soll. Einsatzgebiet ist das Langsieb.

Für den in gewisser Weise allgemeinen Fall eines Spaltformers, wie in Bild 11.9 gezeigt, erhält man präzisere Ergebnisse, wenn man weitere Faktoren einbezieht.

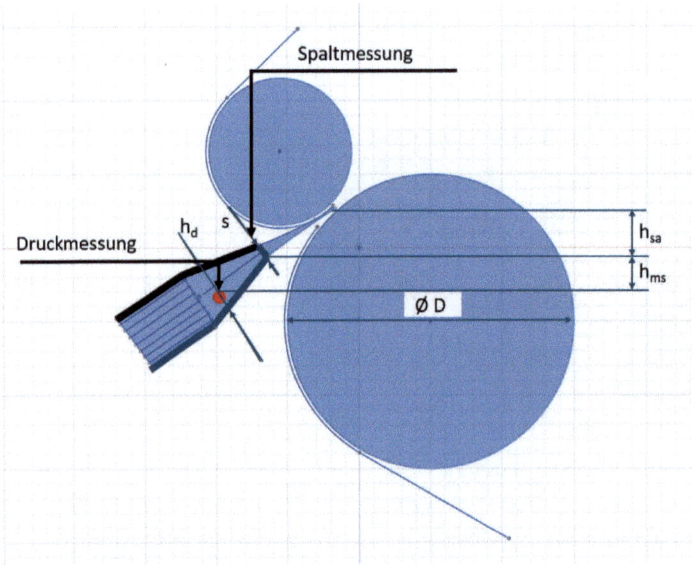

Bild 11.10 Illustration der Geometrie für die Druckberechnung am Spaltformer

Bild 11.10 zeigt die für die nachfolgende Druckberechnung (in Anlehnung an [11.4]) notwendigen geometrischen Verhältnisse an einem Spaltformer, der in gewisser Weise den allgemeinsten Fall der strömungstechnischen Betrachtung darstellt. Für die Verhältnisse am Langsieb ergeben sich im Vergleich dazu Vereinfachungen, da die Terme mit der geodätischen Höhe entfallen können.

Es gilt für den Spaltformer (Formel 11.3):

$$p = \frac{\rho}{2}\left[(v_{\mathrm{Sieb}} + \Delta v_{\mathrm{S}})^2 + 2gh_{\mathrm{sa}} + \frac{4\sigma}{\rho D}\right]\left[1 + \varphi - \left(\frac{c_{\mathrm{k}} \cdot s}{h_{\mathrm{d}}}\right)^2\right] + \rho g h_{\mathrm{ms}} \tag{11.3}$$

p Druck im Stoffauflauf, ρ Dichte der Suspension, *f* Auslauffaktor, v_{Sieb} Siebgeschwindigkeit, Δv_{s} Voreilung des Strahls, bei Unterstau negatives Vorzeichen, h_{sa} Höhendifferenz Strahlauftreffpunkt – Auslaufspalt, c_{k} Kontraktio nsfaktor des Strahls, *s* Weite des Auslaufspalts, σ Siebspannung, *D* Durchmesser der Formierwalze, h_{d} Düsenhöhe, h_{ms}Höhendifferenz Druckmessstelle – Auslaufspalt, *g* Erdbeschleunigung

Der notwendige Druck im Stoffauflauf liegt bei einer Papiermaschine mit einem Spaltformer, die mit 1800 m/min läuft, in der Größenordnung von 450 kPa bis 480 kPa.

11.2.1.3 Die Spezifik der Suspensionsentwässerung über einem Sieb

Per definitionem entwässern alle nachfolgend dargestellten Bahnbildungssysteme über einem Sieb. Die diagonale Siebmaschenweite bestimmt die Teilchengrößen, die vom Sieb initial zurückgehalten werden können. Aus verfahrenstechnischer Sicht läuft ein Filtrationsprozess ab, der außer dem Trennkriterium Sieb noch mindestens eine Triebkraft, einen Differenzdruck, benötigt, damit Wasser durch das Sieb fließen kann.

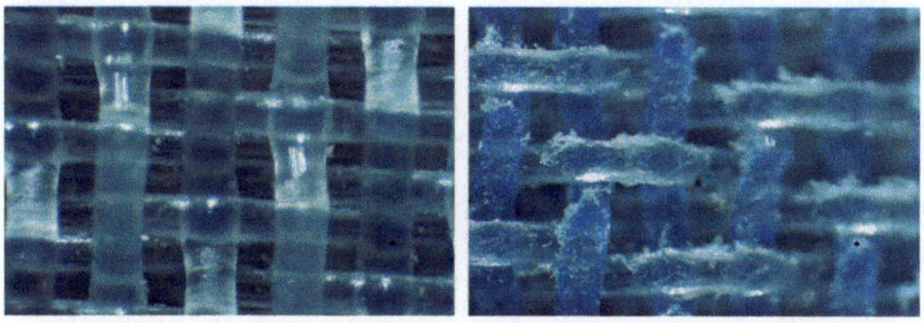

Bild 11.11 Papiermaschinensieb für Feinpapiere/grafische Papiere: links die papierberührende Seite, rechts die Unterseite

Bild 11.11 zeigt eine mikroskopische Aufnahme eines Papiermaschinensiebs für den Einsatz im Bereich Feinpapiere/grafische Papiere. Ein solches Sieb hat eine Reihe teils konträrer Forderungen zu erfüllen:

- Es soll möglichst masselos sein, um Antriebsenergie zu sparen.
- Es soll einer hohen mechanischen Belastung durch Spann- und Antriebskräfte sowie den Bremskräften, die die Entwässerungselemente des Bahnbildners erzeugen, widerstehen können und dimensionsstabil bleiben.
- Hinsichtlich der auftretenden Reibung an der Antriebswalze und an statischen Entwässerungselementen soll es verschleißresistent sein.
- Es soll einen großen Anteil offener Fläche und einen geringen Strömungswiderstand besitzen, um eine zügige Entwässerung zu gewährleisten.
- Es soll eine möglichst geringe Maschenweite haben, um Feststoffe (Fasern, Feinstoff, Füllstoff) im Idealfall vollständig zurückzuhalten.
- Es soll eine glatte Oberfläche besitzen, um nicht das Webmuster auf die Papieroberfläche zu übertragen (Markierungsfreiheit).

Der Blick in die Aufzählung zeigt, dass jede reale Siebkonstruktion notwendigerweise einen technischen/technologischen Kompromiss darstellen muss.

Zur Massereduzierung trug der Ersatz von Metallsieben (in der Regel Bronze) durch Kunststoffsiebe (Polyester, Polyamid) bei. Diese Siebe haben einen konstruktiven Aufbau und sind in der Regel zwei- bis dreilagig gewebt. Für die papierberührende Seite verwendet man feines Garn mit einem Fadendurchmesser von ca. 0,1 mm bis 0,15 mm in der Regel in Leinenbindung verwoben. Diese Bindungsart garantiert eine engmaschige und verhältnismäßig glatte Struktur und ist in Bild 11.11 links zu sehen. Die weitere(n) Lage(n), die Verschleißseite, gewährleistet die mechanische Stabilität des Siebs und man verwendet gröbere Garne mit Fadendurchmessern von etwa 0,3 mm. Die bevorzugte Bindungsart ist die langflottierende Köperbindung (Bild 11.11, rechter Teil). So entstehen größere Poren für eine schnellere Entwässerung durch Verringerung des Strömungswiderstands. Gleichzeitig entsteht ein höheres Stauvolumen für den Fall, dass wegen der Spezifik des Bahnbildners Wasser in Sieblaufrichtung über eine gewisse Distanz mitgeschleppt werden soll. Es ist auch möglich, in die Verschleißseite Fäden mit quadratischem Querschnitt einzuweben (vgl. Voith MultiForm IC2™). Dies erhöht das Stauvolumen und die mechanische Stabilität. Zur Gewährleistung der Dimensionsstabilität des Siebs wird dieses beim Hersteller unter Zugbeanspruchung und der Applikation von Wärme vorkonditioniert.

Da sich im Sieb die Feststoffe der Suspension einlagern können, ist eine kontinuierliche Reinigung mit Wasserstrahlen erforderlich. Dazu verwendet man Hoch- und/oder Niederdruckspritzrohre oder traversierende Reinigungsköpfe.

Retention

Bild 11.12 zeigt die Größenverhältnisse von Fasern, Feinstoff und Füllstoff im Verhältnis zur Siebmaschenweite, die hier mit 200 µm angenommen wird (entspricht etwa Anwendungen bei grafischen Papieren). Bezüglich der Fasern gibt es zwei Extremfälle: Erfolgt die Anströmung des Siebs so, dass die Faserlängsachse senkrecht zur Siebmasche orientiert ist, kann jede Faserart das Sieb passieren. Die Retention wäre gleich Null. Erfolgt die Anströmung so, dass die Faserlängsachse siebparallel orientiert ist, können unmittelbar sowohl Nadelholz- als auch Laubholzfasern auf dem Sieb zurückgehalten werden. Die Richtung des Suspensionsstrahls und die Differenzgeschwindigkeit Strahl/Sieb bewirken, dass der zweite Fall überwiegt. Fein- und Füllstoffe können aus Gründen der Geometrie in beiden Fällen eigentlich nicht zurückgehalten werden.

Betrachtet man zunächst eine einseitige Entwässerung, dann sind für die Retention im Wesentlichen Filtration und in geringerem Ausmaß Eindickung ausschlaggebend. Unmittelbar nach dem Auftreffen des Suspensionsstrahls auf das Sieb bleiben zunächst lange Fasern auf dem Sieb zurück und bilden eine Filterhilfsschicht, Fein- und Füllstoffe passieren das Sieb. Die Filterhilfsschicht verringert die Porengröße stark, sodass nachfolgend auch Fein- und Füllstoffe zurückgehalten werden können. Bei der Füllstoffretention spielt die Wechselwirkung der Oberflächenladungen z. B. Faser-Retentionsmittel-Füllstoffpartikel neben der rein mechanischen Retention eine wichtige

Rolle (siehe dazu Abschnitt 10.2.1.11). Bei einseitiger Entwässerung ergibt sich damit notwendigerweise ein Unterschied in der Partikelgrößenverteilung zwischen Oberseite und der siebberührenden Seite der Papierbahn (Oberseite und Unterseite). An der Siebseite finden sich überwiegend lange Fasern. Der Langfasergehalt nimmt nach der Oberseite hin ab. Die Siebseite dagegen ist verarmt an Fein- und Füllstoffen, deren Gehalt zur Oberseite hin ansteigt.

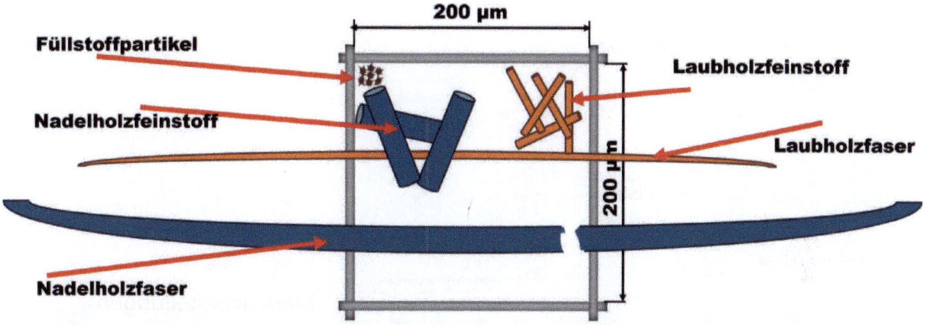

Partikelgröße		
Partikelgattung	**Länge in µm**	**Durchmesser in µm**
Nadelholzfaser	**3000 bis 5000**	**35 bis 55**
Laubholzfaser	**800 bis 1500**	**15 bis 18**
Füllstoff	**0,5 bis 2**	

Bild 11.12 Retention: Größenverhältnisse Partikel zu Siebmasche

Die Retention hat neben der verfahrenstechnischen auch eine ökonomische Dimension. In der Bilanz wäre es optimal, wenn der Massestrom der der Papiermaschine zugeführten Feststoffe gleich ist dem Massestrom, der mit dem fertigen Papier die Papiermaschine verlässt.

In der Regel unterscheidet man zwischen der First-Pass-Retention und der Gesamtretention. Die First-Pass-Retention bilanziert über die Bahnbildungseinheit, die Gesamtretention über die Papiermaschine insgesamt.

Filtration

Für die Beschreibung und Berechnung von Filtrationsprozessen gibt es in der Verfahrenstechnik idealisierte Modelle, die im Zusammenhang mit der Bahnbildung auf der Papiermaschine nicht direkt anwendbar sind, jedoch qualitatives Verständnis der Einflussgrößen auf das Resultat des Entwässerungsvorgangs vermitteln. Am ehesten zutreffend wäre eine Kombination aus Kuchenfiltration und Tiefenfiltration [11.8]. Bild 11.13 zeigt stark schematisiert und idealisiert (kugelförmige Partikel anstelle eher zylindrischer Fasern) die Unterschiede beider Modelle. Bei der Kuchenfiltration bildet das Sieb das Trennkriterium, auf dem sich bei senkrechter Durchströmung des Systems die Partikel in höherer Konzentration als Schicht oder Pad, eben dem Filterkuchen, aufbauen. Bei der Tiefenfiltration kann das Trennkriterium zunächst nur das Filterhilfsmittel zurückhalten. Die grün dargestellten kleinen Partikel könnten das Sieb passieren. Die Filterhilfsschicht reduziert die freie Porenfläche des Siebs stark, sodass nun die kleinen Partikel in diese eingelagert werden können bzw. auf dieser sedimentieren.

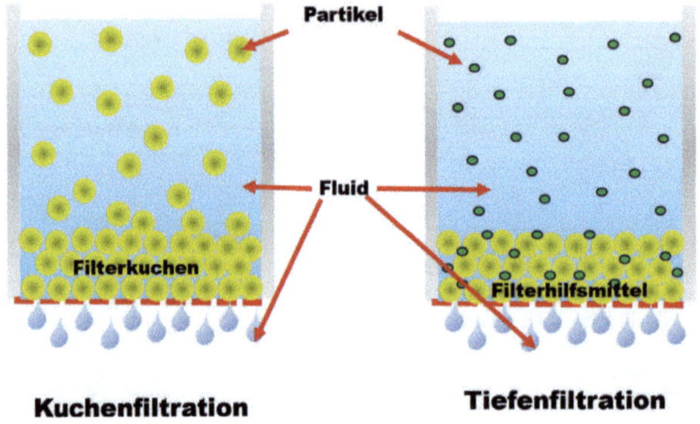

Bild 11.13 Modellvorstellungen zum Filtrationsprozess (nach [11.8])

Übertragen auf die Bahnbildung der Papiermaschine trifft am ehesten folgendes zu: In einer ersten Phase, unmittelbar nachdem die Suspension mit dem Sieb in Kontakt kommt, überwiegt die Kuchenfiltration. Sie formiert eine Filterhilfsschicht aus langen Fasern auf dem Sieb in die bzw. auf die in einer weiteren Phase, der Tiefenfiltration, Fein- und Füllstoffe eingelagert werden können.

Mathematische Modelle lassen sich in der Regel nur qualitativ auswerten. Da wäre als erstes die *Darcy*-Gleichung (siehe Formel 11.8). Die sich bildende Bahn entwässert umso schneller, je höher die anwendbare Druckdifferenz ist. Eine zu schnelle Entwässerung verschlechtert allerdings auch die Retention von Fein- und Füllstoffen zumindest bei niedrigen flächenbezogenen Massen. In der Regel wird mit Suspensionstemperaturen von 40 °C bis 45 °C gearbeitet. Höhere Temperaturen reduzieren die dynamische Viskosität des Wassers und beschleunigen die Entwässerung, erfordern jedoch zusätzliche Energie. Bei sehr schwer zu entwässernden Suspensionen wie z. B. für Transparentzeichenpapier oder Pergaminpapier erhöht man die Bahntemperatur ggf. auf 90 °C, um diesen Effekt zu nutzen. Die Kapillarlänge „l“ in der Formel 11.8 ist proportional der flächenbezogenen Masse. Sie verändert sich während der Bahnbildung dynamisch mit der wachsenden Dicke des Filterkuchens. Kritisch ist die Ermittlung der sogenannten Permeabilitätskonstante „k“. Dieser Parameter ist eigentlich keine Konstante, sondern eine Funktion der Entwässerungsdauer (oder Filterkuchendicke) darstellt. Im Rahmen eines Forschungsprojekts gelang es, die Abschätzung der Größenordnung von „k“ etwa für den Endzustand der Entwässerung auf der Bahnbildungseinheit bei 20 % Trockengehalt durchzuführen [11.9] (Tabelle 11.2).

Tabelle 11.2 Permeabilitätskonstante bei 20 % Trockengehalt für diverse Faserstoffe [11.9]

Faserstoff	Fluting	TMP	Z+Z	ungebleichter Sulfatzellstoff					
W_{spez} in kWh/t	–			0	20	40	60	120	160
k in 10^{-17} m²	1,25	1,33	8,83	7,12	5,86	3,30	1,03	0,36	0,14

Bezüglich der Faserstoffe bedeuten Fluting und Z+Z redispergiertes Altpapier aus Wellpappenrohpapier bzw. aus einer Mischung von 50 % Zeitungen und 50 % Zeitschriften. Der ungebleichte Kiefernsulfatzellstoff wurde überwiegend fibrillierend gemahlen mit den angegebenen Abstufungen hinsichtlich des massebezogenen Mahlarbeitsbedarfes.

Auch der Ansatz von *Hagen-Poiseuille* (Formel 11.4) beschreibt die Filtrationsgeschwindigkeit. Auf seiner Basis war es mit der gleichen Versuchsanordnung, wie sie für die Ermittlung der Daten in Tabelle 11.2 zum Einsatz kam, eine Abschätzung des Porenradius des Filterkuchens für unterschiedliche Faserstoffe möglich (Tabelle 11.3).

$$\dot{V} = \frac{\pi \cdot r^4 \cdot \Delta p}{8 \cdot \eta \cdot l} \qquad (11.4)$$

$\dot{V}$ Volumenstrom, π Kreiskonstante, r Porenradius, Δp Druckdifferenz, η dynamische Viskosität, l Kapillarlänge

Tabelle 11.3 Porendurchmesser und offener Flächenanteil ε bei 20 % Trockengehalt für diverse Faserstoffe

Faserstoff	Fluting	TMP	Z+Z	ungebleichter Sulfatzellstoff					
W_{spez} in kWh/t	–			0	20	40	60	120	160
r in µm	49,7	37,3	45,8	61,2	57,9	47,5	38,2	36,5	27,1
ε in %	0,1988	0,1492	0,1832	0,2448	0,2316	0,1900	0,1528	0,1460	0,1084

Bei einer Siebmaschenweite von 200 µm bedeutet ein Wert von $\varepsilon = 0{,}2$ % eine offene Fläche mit einem Durchmesser von rund 9 µm. Füllstoffpartikel könnten daher bei gut entwässernden Faserstoffen selbst bei einem Trockengehalt, wie er beim Übergang von der Bahnbildungseinheit in die Pressenpartie charakteristisch ist, noch aus dem Filterkuchen ausgewaschen werden. Dies betont die Bedeutung der Wirksamkeit von Retentionsmitteln.

Generierung von Differenzdrücken

Wie bereits erwähnt, benötigt die Filtration als Triebkraft einen Differenzdruck über dem verwendeten Sieb. Im einfachsten Fall ist dies bei einem horizontal angeordneten Sieb der hydrostatische Druck, der proportional ist der Dichte des Aufgabegutes und der geodätischen Höhendifferenz Sieb-Suspensionsspiegel ($\Delta p = \rho g \Delta h$). Beim Langsieb reicht dieser Differenzdruck aus, um einen dünnen Filtratfilm auf der Unterseite des Siebs zu erzeugen (Bild 11.14). Ebenfalls beim Langsieb ist es möglich, den Stoffauflauf so zu justieren, dass der Suspensionsstrahl unter einem bestimmten Winkel zwischen Brustwalze und Siebtisch auftrifft. Dies generiert ebenfalls einen Differenzdruck, dessen Größe vom Strahlauftreffwinkel α und der Strahlgeschwindigkeit v abhängt.

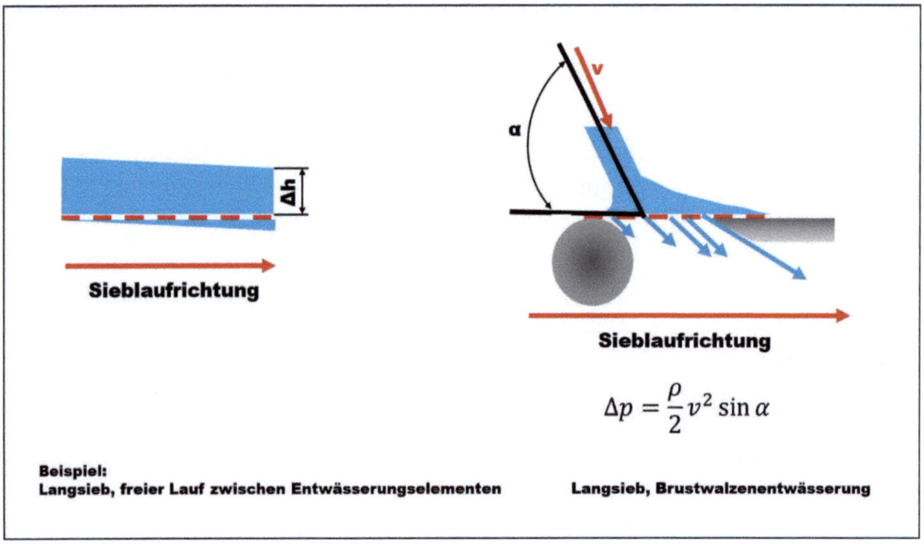

Bild 11.14 Hydrostatischer und hydrodynamischer Druck am Langsieb

Ein weiteres, für das Langsieb typisches Entwässerungselement ist die Registerwalze (Bild 11.15).

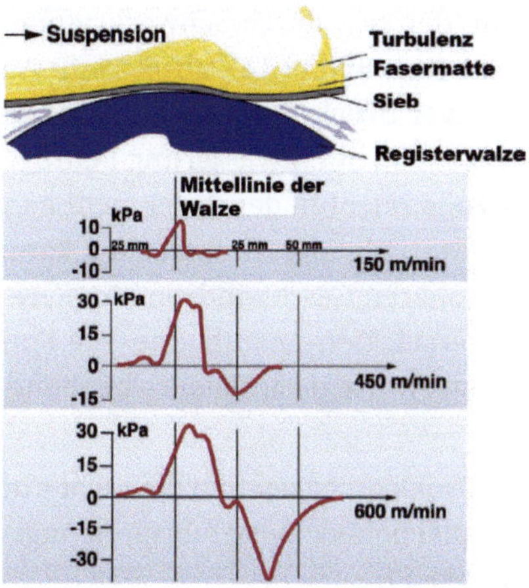

Bild 11.15
Geschwindigkeitsabhängiger Druckaufbau an der Registerwalze [11.10]

Wegen ihrer geschwindigkeitsabhängigen Druckverteilung ist die Registerwalze heute nur noch selten und dann vor allem bei langsam laufenden Papiermaschinen zu finden. Der Grund ist die geschwindigkeitsabhängige Druckverteilung. Im Anlaufbereich vor der Walzenmitte entsteht ein positiver Druckimpuls, der bei niedrigen Geschwindigkeiten zunächst einen günstigen Einfluss auf die Blattformationsgüte hat, da er Faserumlagerungen in der Suspensionsschicht und somit eine Entflockung zulässt. Bei höheren Geschwindigkeiten erzeugt er aber Spritzer in der Grenzschicht Suspension-Luft, die den Blattaufbau komplett zerstören können. Möchte man auch bei höheren Geschwindigkeiten nicht auf den Einbau von Registerwalzen verzichten, gäbe es zunächst die Möglichkeit, den Walzendurchmesser zu erhöhen. Dies senkt den Anlaufpeak. Gleichzeitig steigt aber das Trägheitsmoment der Walze quadratisch mit dem Durchmesser und erfordert eine höhere Leistung des Siebantriebs. Aus diesem Grund sind bei höheren Geschwindigkeiten Foils, die die Registerwalzen ersetzen, die bessere Alternative (Bild 11.16).

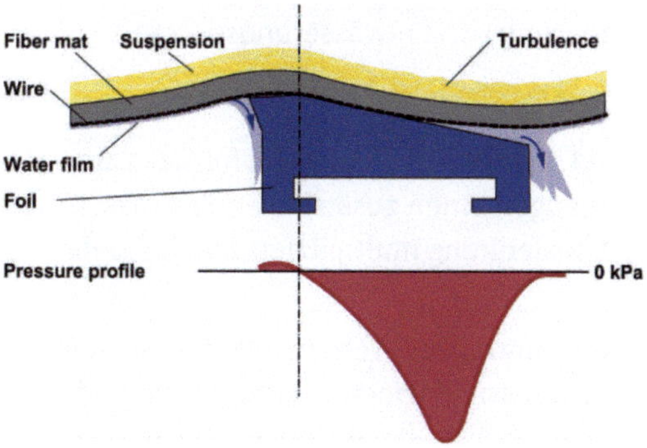

Bild 11.16
Druckverhältnisse am Foil [11.10]

An der Vorderkante des Foils wird der Wasserfilm, der sich durch Schwerkraftentwässerung an der Unterseite des Siebs gebildet hat (vgl. Bild 11.14), abgestreift. An der Rückseite entsteht durch Filmspaltung ein negativer Druck, der mit dem Quadrat der Geschwindigkeit zunimmt und zu einer weitergehenden Entwässerung beiträgt. Der geringe Druckimpuls an der Anlaufkante des Foils reicht in der Regel nicht aus, eine Entflockung zu bewirken. Bis etwa 400 m/min Maschinengeschwindigkeit kann man preisgünstige Kunststofffoils verwenden, bei höheren Geschwindigkeiten Keramikfoils oder Kunststofffoils mit einer keramisch verstärkten Anlaufkante. Die Entwässerungsleistung des Foils übertrifft die der Registerwalze insbesondere bei höheren Geschwindigkeiten.

Einige Entwässerungselemente, die einen Differenzdruck erzeugen und die nicht nur auf das Langsieb beschränkt sind, sondern zum Beispiel bei Doppelsiebformern angewendet werden können, zeigt das nachfolgende Bild 11.17.

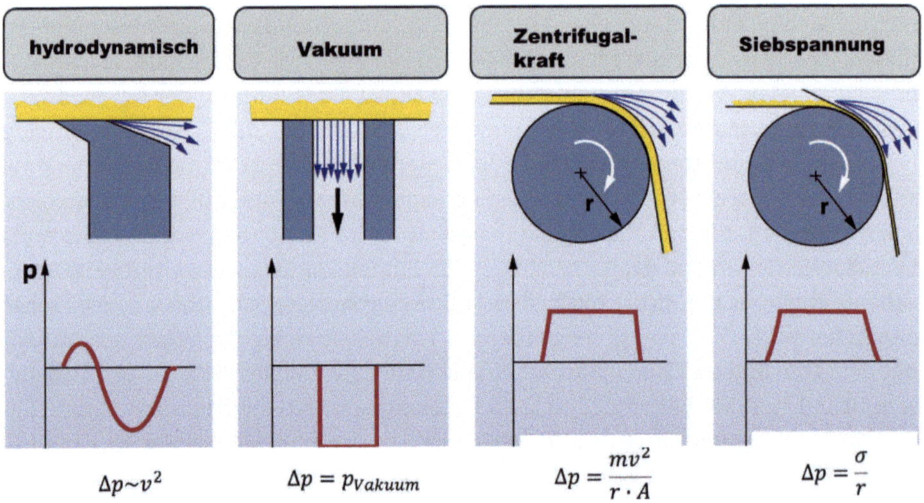

Bild 11.17 Weitere Möglichkeiten zu Generierung von Entwässerungsdrücken (nach [11.10])

Blades bzw. Counterblades (links in Bild 11.17) sind in Doppelsiebformern und Hybridformern einsetzbar. Counterblades erzeugen einen zusätzlichen Entwässerungsdruck ($\Delta p = \sin\alpha \cdot \sigma$), der dem Sinus der Siebauslenkung multipliziert mit der Siebspannung entspricht.

Vakuumapplikationen sind Saugkästen oder Saugwalzen. Verbaut werden sie in Rundsiebformern, Langsieben, Hybridformern, Doppelsiebformern, Schrägsieben und Crescentformern.

Bei Doppelsiebformern und Crescentformern nutzt man Zentrifugalkräfte und die Siebspannung. Letztere wird auch beim Hybridformer ausgenutzt.

11.2.1.4 Systeme für die Bahnbildung

Geschichtlich beginnt die Entwicklung der Bahnbildungssysteme mit der Erfindung des Langsiebs von *Louis Robert* im Jahre 1799 (vgl. Kapitel 1). Im Laufe der nachfolgenden zwei Dekaden wurden alle Systeme erfunden, die bis heute, wenn auch wesentlich moderner und produktiver, im Einsatz sind.

Die Bahnbildung ist eine der wichtigsten verfahrenstechnischen Grundprozesse der Papiererzeugung und umfasst den Gesamtmechanismus der Vorgänge und Reaktionen, die von der Faserstoffsuspension zur feuchten Bahn führen. Am wichtigsten ist die Filtration, daneben Sedimentation, Adsorption, Agglomeration, Retention und Faserorientierung.

Die Aufgabe der Bahnbildungssysteme ist die initiale Entwässerung des Ganzstoffs und die Formierung einer endlosen Bahn, in der die Fasern bereits fixiert sind und die eine, wenn auch geringe, Eigenfestigkeit besitzt. Während der Bahnbildung auf einem oder zwischen mehreren Sieben in der sogenannten Nasspartie einer Papier-, Karton oder Pappenmaschine wird die Stoffdichte von 0,5...2 % im Stoffauflauf auf 18...22 % nach der Siebpartie gesteigert. Pro kg otro Papier werden 120 kg Wasser entfernt (Annahme: Stoffdichte im Stoffauflauf 0,8 %, Stoffdichte nach Bahnbildungseinheit 22 %). Das entspricht einer Entwässerungsleistung von 96 %. Die initiale Entwässerung in der Siebpartie ist somit die mengenmäßig leistungsfähigste und kostengünstigste der gesamten Papiermaschine und sollte aus wirtschaftlichen Gründen so intensiv wie möglich betrieben werden. Setzt man den Aufwand für den Wasserentzug von 1 Tonne otro Stoff in der Siebpartie gleich 1, dann beträgt er in der Pressenpartie das 67-fache und in der Trockenpartie das 325-fache.

Die Bahnbildungszone ist ein sehr sensibler Teil der Papiermaschine. Ein Papiermacherspruch lautet:

> *„Dort, wo das meiste Wasser fließt, werden die größten Fehler (hinsichtlich der Papierqualität) gemacht!"*

Das Ergebnis des Prozesses der Bahnbildung ist die als Blattformation bekannte räumliche Verteilung der Fasern und anderer Feststoffe im papiernen Flächengebilde (siehe auch Abschnitt 2), die traditionell vom Papiererzeuger und Papierverbraucher mit vielen Begriffen gekennzeichnet wird, z. B. gute und schlechte Durchsicht, wolkige, porzellanartige Durchsicht usw. Moderne Messverfahren gestatten heute eine exakte technische Bewertung der Blattformation. Trotzdem wird damit keineswegs die Qualität der Bahnbildung eindeutig umrissen. Unter Qualität wird allgemein „Güte" bzw. „Beschaffenheit einer Sache" verstanden. In wirtschaftlich-technischer Hinsicht lässt sich Qualität als die Gesamtheit der Eigenschaften von Erzeugnissen, die den Grad der Eignung für den vorgesehenen Verwendungszweck bestimmen, definieren. Die Bahnbildung hat damit entscheidenden Einfluss auf die Qualität [11.11].

Die Bezeichnung der Papiermaschine wird meistens von der Art der Bahnbildung bzw. der Siebführung in der Nasspartie abgeleitet (siehe Abschnitt 2.1). Es stehen Rundsiebe, Rundsiebformer, Langsiebe, Doppelsiebformer, Schrägsiebe und Crescent-Former zur Verfügung.

11.2.1.5 Rundsieb

Ein heute nur sehr seltenes, am ehesten im Bereich der Spezialpapiere bzw. Kartonherstellung anzutreffendes System ist das Rundsieb (Bild 11.18). Es existiert in den Bauformen Gleichstromrundsieb, Gegenstromrundsieb und teilbeaufschlagtes Rundsieb und besitzt folgende Verfahrensmerkmale:

- Filtrationssystem: Sieb-(eingedickte) Suspension-Suspension.
- Dosierung: Überschussdosierung, im Trog ist mehr Suspension vorhanden, als zur Herstellung einer bestimmten flächenbezogenen Masse erforderlich ist.
- Dosierung nach dem Schöpfprinzip.
- Die herstellbare flächenbezogene Masse ist sehr stark von der Maschinengeschwindigkeit und der Trogstoffdichte abhängig. Bei 100 m/min (maximal realisierbare Geschwindigkeit bei Gleich- und Gegenstromrundsieben) liegt sie etwa bei 20 g/m^2 (umgekehrte Proportionalität).
- Das Querprofil der flächenbezogenen Masse ist nicht beeinflussbar.
- Die Maschinengeschwindigkeit ist limitiert auf 100 m/min (150 m/min beim teilbeaufschlagten Rundsieb).

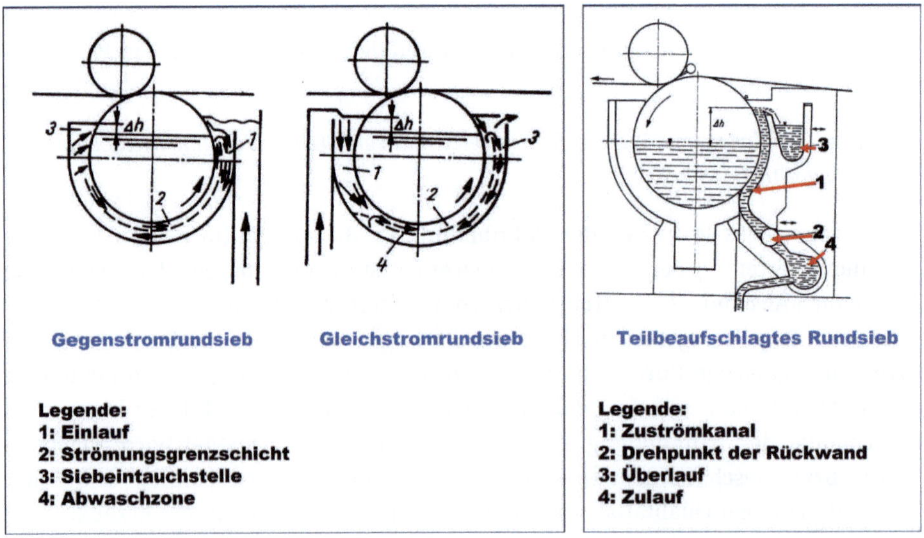

Bild 11.18 Bauarten von Rundsieben [1.12][1.13]

Aufgrund seiner kompakten Bauform eignet sich das Rundsieb zur Herstellung mehrlagiger Flächengebilde (Karton, Pappe). Dann sind mehrere Rundsiebe hintereinander angeordnet und gautschen auf den gleichen Abnahmefilz ab, der in der Regel über eine Saugextraktorpresse in die eigentliche Pressenpartie einläuft (siehe Bild 11.19). Die niedrige Produktivität des Einzelsiebs wird in diesem Fall durch die erzielbaren hohen flächenbezogenen Massen der Gesamtanlage massemäßig kompensiert. Nachteile der Rundsiebe sind neben der niedrigen Geschwindigkeit eine schlechte Retention und eine schlechte Blattformation des Einzelsiebs (kompensiert, wenn mehrere Elementarlagen übereinander gegautscht werden). Wenn diese Technologie heute noch im Einsatz ist, dann in der Regel bei Produkten mit hoher Wertschöpfung (hochwertiger Karton, Wertpapiere, Transformerboard). Sie steht in Konkurrenz zu den wesentlich breiteren und produktiveren Mehrlangsiebmaschinen.

Bild 11.19 Mehrrundsiebmaschine zur Kartonherstellung (Quelle: *H.-J. Naujock*)

11.2.1.6 Rundsiebformer (Saugformer)

Der Rundsiebformer oder Saugformer verbindet die Möglichkeiten, die in der kompakten Bauform des Rundsiebs gegeben sind, mit einer höheren Produktivität. Eine Prinzipskizze ist in Bild 11.20 gezeigt.

Verfahrensmerkmale des Rundsiebformers:

- Filtrationssystem Sieb-Suspension-statische Wand.
- Dosierung nach dem Druckaufgussprinzip.
- Keine Überschussdosierung.
- Die Aufnahme der flächenbezogenen Masse hängt ebenfalls von der Maschinengeschwindigkeit und der Auflaufstoffdichte ab, aber bei Weitem nicht so stark wie beim Rundsieb.

- Die Querprofilregelung der flächenbezogenen Masse ist z. B. mit den gleichen Elementen möglich wie in Bild 11.9 gezeigt.
- Die Maschinengeschwindigkeit ist auf maximal 400 m/min limitiert.
- Die herstellbare flächenbezogene Masse liegt zwischen 30 g/m² und 120 g/m².
- Die kurzzonige, scharfe Entwässerung bewirkt eine schlechte Retention.
- Die statische Wand hat eine dominierende Längsorientierung der Faser zur Folge, sodass sich das Längs-/Querverhältnis der Zugfestigkeit zwischen 2 : 1 und 4 : 1 einstellt.

Die Triebkraft für die Entwässerung ist Vakuum unterschiedlicher, in Richtung auf die Gautschwalze zunehmender Intensität und nicht mehr nur eine geringe hydrostatische Niveaudifferenz Δh von 200...400 mm wie bei den Rundsieben (siehe Bild 11.18). Das ermöglicht die höhere Maschinengeschwindigkeit.

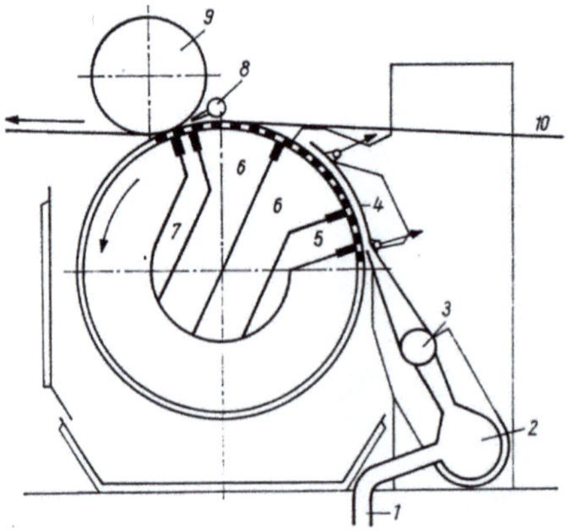

Bild 11.20
Rundsiebformer [1.14]
1 Rohrstromverteiler, 2 Ausgleichskammer, 3 Drehpunkt der verstellbaren Rückwand, 4 Rückwand (Oberlippe), 5 Vorsaugkammer, 6 Saugkammer, 7 Nachsaugkammer, 8 Schnabelsauger, 9 Abgautschwalze, 10 Abnahmefilz

11.2.1.7 Langsieb

Das Langsieb ist eine sehr universelle Bahnbildungseinrichtung und mit seiner Erfindung im Jahre 1799 auch die älteste. Die Entwässerung findet durch ein horizontal geführtes Sieb in nur eine Richtung statt, wodurch sich Inhomogenitäten in z-Richtung (senkrecht zur Blattebene) ausbilden, die schließlich zu unterschiedlichen Eigenschaften auf der dem Sieb abgewandten Seite (Oberseite) und der mit dem Sieb im Kontakt befindlichen Seite (Siebseite) des papiernen Flächengebildes führen (Zweiseitigkeit).

Man findet Langsiebe in vielen Spezialpapiermaschinen, aber auch im Bereich der grafischen und der Verpackungspapiere. Es ist möglich, mehrere Langsiebe miteinander in einer Maschine zu kombinieren und so den Bereich der flächenbezogenen Masse für Karton abzudecken. Da die möglichen Geschwindigkeiten des Langsiebs die der Rundsiebe und Rundsiebformer deutlich übertreffen, erreicht man so eine merkliche Steigerung der Produktivität.

Verfahrensmerkmale des Langsiebs:

- Filtrationssystem Sieb-Suspension-Luft,
- Dosierung nach dem Druckaufgussprinzip,
- keine Überschussdosierung.
- Die Querprofilregelung der flächenbezogenen Masse ist z. B. mit den gleichen Elementen möglich wie in Bild 11.9 gezeigt, außerdem durch Lippenverstellung des Stoffauflaufs (nicht zu favorisieren).
- Ein relativ großer Bereich der flächenbezogenen Masse von etwa 8...250 g/m^2 ist herstellbar.
- Die Grenzfläche zur ruhenden Luft begrenzt die Maschinengeschwindigkeit auf ca. 1000 m/min (ca. 1200 m/min mit aufgesetztem Hybridformer), sonst tritt Spritzen auf, das die Blattformation zerstört.
- Triebkräfte für die Entwässerung sind die Schwerkraft, hydrodynamischer und/oder hydrostatischer Unterdruck (Registerwalzen, Foils, Vakuumsauger).

Bild 11.21 zeigt eine mögliche Konfiguration für ein Langsieb mit der Laufrichtung von links nach rechts. Die Papierbahn ist rot dargestellt.

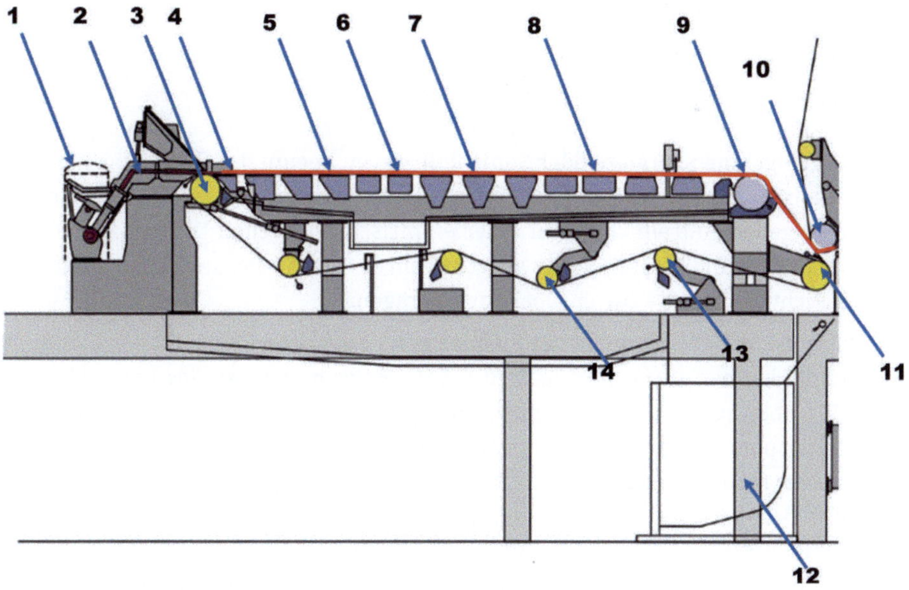

Bild 11.21 Bahnbildung auf dem Langsieb [11.13]

1 Pulsationsdämpfer, 2 Stoffauflauf mit Verdünnungswasserregelung, 3 Brustwalze, 4 Siebtisch, 5 VForm-Hydrofoil, 6 und 7 Foilkästen, 8 Flachsauger, 9 Siebsaugwalze, 10 Pickup-Walze. 11 Siebantrieb, 12 Gautschbruchbütte, 13 Siebleitwalze, 14 Siebspannwalze

Durch die nach oben offene Konstruktion des Langsiebs ergeben sich Möglichkeiten zur Verbesserung der Blattformation, die über die Variation des Strahl-/Siebgeschwindigkeitsverhältnis hinausgehen. Gegenwärtig nicht mehr weit verbreitet sind Formationsspritzrohre oder die sogenannte Sheraton- oder Sonic-Roll [11.15]. Erstere sind in Querrichtung mit gleichen Abständen angeordnete Düsen, die in der Regel in kurzer Distanz nach dem Auslauf des Stoffauflaufs einen sehr dünnen Wasserstrahl auf den Suspensionsspiegel abgeben, der am Auftreffpunkt Mikroturbulenzen zur Entflockung generiert.

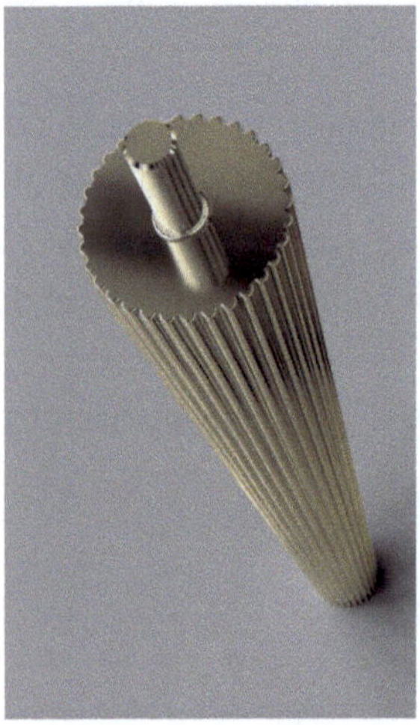

Bild 11.22
Sheraton- oder Sonic-Roll

Bild 11.22 zeigt eine Sheraton- oder Sonic-Roll, die zu Beginn der Entwässerungsstrecke des Langsiebs zwischen zwei Foils oder Foilkästen montiert wird. In der Regel hat sie einen eigenen Antrieb, läuft mit einer empirisch ermittelten Differenzgeschwindigkeit zum Sieb und leitet in dieses aufgrund ihrer Oberflächenstruktur Schwingungen in z-Richtung ein, die zur Entflockung beitragen.

Maßnahmen zur Entflockung in der Siebpartie im Zusammenhang mit der Langsiebblattbildung können sinnvoll sein, da die Entwässerungsstrecke des Langsiebs z. B. bis zu 40 m betragen kann, im Doppelsiebformer nur rund ein Zehntel davon. Das Entflockungspotenzial der innerhalb des Stoffauflaufs dissipierten relativen Energie in Form von Mikroturbulenzen reduziert sich wie folgt: Stoffauflauf = 100, Auslauf des Stoffauflaufs (Düse) = 10, Auftreffen des Strahls auf das Langsieb = 1. Durch den langen Entwässerungsweg steigt dann die Flockungswahrscheinlichkeit insbesondere bei hohem Langfasergehalt der Suspension. Der Ersatz der Registerwalzen durch Foils führte dazu, dass kaum Druckimpulse in z-Richtung entstehen, die die Entflockung begünstigen könnten. Gleichzeitig wird aber auf diesem Weg natürlich auch verhindert, dass die Suspension bei höheren Maschinengeschwindigkeiten beim Anlauf des Siebs gegen die Registerwalzen zu spritzen beginnt, was die Blattformation komplett zerstören würde.

Die wirksamste Methode zur Verbesserung der Blattformation auf dem Langsieb ist jedoch die Siebschüttelung, in der Regel als Brustwalzenschüttelung. Ursprünglich verwendete man auf der Antriebsseite der Maschine einen rotierenden Körper mit einer Pleuelstange, die durch einen Kreuzkopf mit der Welle der Brustwalze verbunden war, der die Rotation in eine lineare Bewegung in Richtung der Achse der Brustwalze umwandelte. Für die Rückstellkraft sorgte in der Regel eine Blattfeder auf der Gegenseite. Dabei wurden Schwingungen nicht nur in Richtung der Walzenachse, sondern auch in Richtung des Fundamentes (y-Richtung) generiert, die sich u. U. auch auf andere Maschinenbaugruppen (z. B. Pressen) negativ auswirkten. Mit wachsenden Arbeitsbreiten der Papiermaschinen und folgerichtig zunehmenden Massen, die zu bewegen waren, stieg auch die Fundamentbelastung. Die Fa. Voith entwickelte daher einen Schüttelbock, dessen Prinzip in Bild 11.23 gezeigt ist. Dabei rotieren zwei Wuchtmassen, orange im Bild, gegenläufig mit gleicher Drehzahl aber um 180° phasenverschoben. Die generierten oszillierenden Kräfte wirken nur in Richtung der Achse der Brustwalze. Die Rückstellkräfte generieren Federn im Schüttelbock selbst, sodass die Brustwalze selbst lediglich zwei Loslager benötigt. Das Fundament ist nur statisch durch die Gewichtskraft des Schüttelbocks und nicht mehr dynamisch belastet.

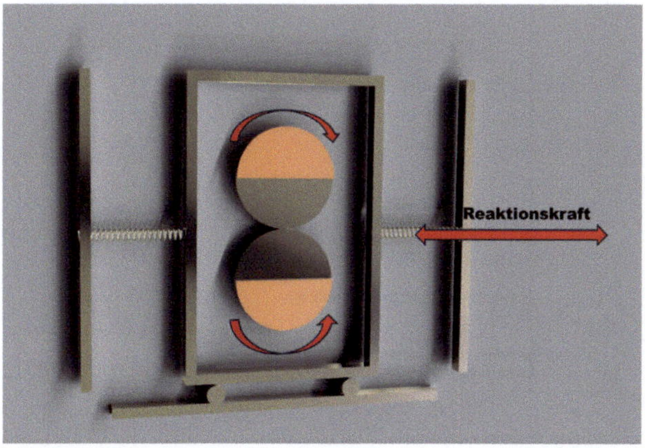

Bild 11.23
Ursprüngliches DuoShake-Konzept der Fa. Voith

In der Weiterentwicklung fügte man ein zweites Paar Wuchtmassen hinzu, wie in Bild 11.24 gezeigt. Jedes Paar rotiert für sich genommen gegenläufig mit einer Phasenverschiebung von 180°. Auf diesem Wege wird die dynamische Fundamentbelastung ebenfalls eliminiert.

Bild 11.24
Prinzip des Voith DuoShake mit vier Wuchtmassen

Das zweite Massenpaar erlaubt zusätzlich die Steuerung der Amplitude der Schüttelbewegung durch Phasenlage und Drehrichtung. Die Realisierung dieser Steuerung ist in Bild 11.25 und Bild 11.26 dargestellt.

Die Bilder zeigen zwei Extremfälle dieser Amplitudensteuerung. Die gegenläufige Rotation des zweiten Wuchtmassepaares mit 180° Phasenverschiebung reduziert die Amplitude auf null.

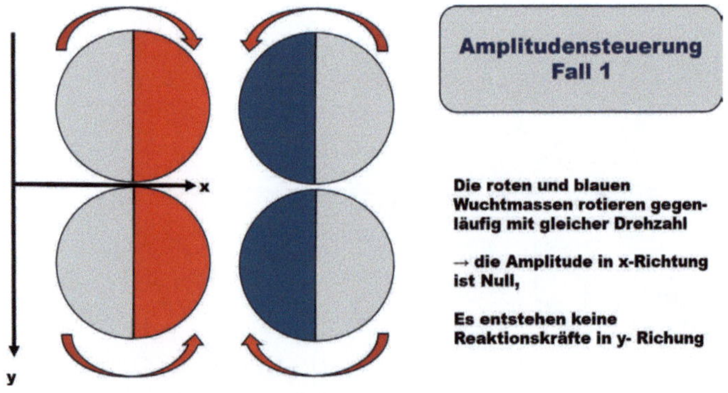

Bild 11.25
Amplitudensteuerung, erstes Extrem: Amplitude minimal (Null)

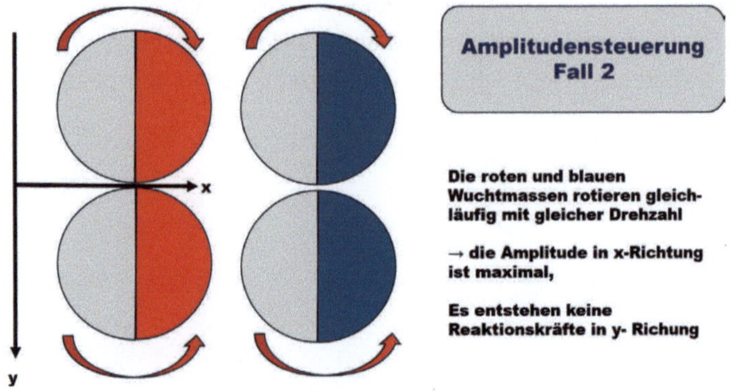

Bild 11.26
Amplitudensteuerung, zweites Extrem: Amplitude maximal

Gleichlaufende Drehrichtung und gleiche Phasenlage maximieren die Amplitude. Deren absoluter Wert hängt von der Federkonstante ab, mit der die Rückstellkraft realisiert wird. Neben der Amplitude kann auch die Schüttelfrequenz über die Drehzahl der Wuchtmassen gesteuert werden. Die Fa. Voith hat eine empirische Beziehung zwischen Frequenz, Amplitude und Maschinengeschwindigkeit aufgestellt, die sogenannte Schüttelkennzahl SKZ (siehe Formel 11.5).

$$SKZ = \frac{f^2 \cdot A}{v_{PM}} \tag{11.5}$$

SKZ Schüttelkennzahl in min^{-1}, *f* Frequenz oder Drehzahl der Wuchtmassen in min^{-1},
A Amplitude in m, v_{PM} Papiermaschinengeschwindigkeit in m/min

Bei einer Drehzahl der Wuchtmassen von 500 min^{-1}, einer Amplitude von 20 mm und einer Papiermaschinengeschwindigkeit von 1000 m/min ergibt sich eine Schüttelkennzahl von 5 min^{-1}, nach den Angaben von Voith [11.16] wären es 5000, da die Firma die Maßeinheiten nicht berücksichtigt. In Abhängigkeit von der zu bewegenden Masse empfiehlt Voith Schüttelkennzahlen zwischen 2500 und 5000 (2,5 min^{-1} und 5,0 min^{-1} nach Formel 11.5).

Die Siebschüttelung ist eine Möglichkeit, den in Bild 11.8 gezeigten Zusammenhang wenigstens teilweise so zu beeinflussen, dass man trotz eines Verhältnisses von Strahl- zu Siebgeschwindigkeit von nahe 1 eine ausgezeichnete Blattformationsgüte erhält und dem Ideal der Isotropie, Längs-/Querverhältnis der Reißlänge von 1, nahekommt.

Da das Langsieb im Bereich der Spezialpapiere und der Kartonherstellung seine Bedeutung behält und auch für die nachfolgend beschriebene Kombination Langsieb mit Hybridformer eine Siebschüttelung möglich ist, wurde ihrer Beschreibung an dieser Stelle Raum gegeben.

11.2.1.8 Langsieb mit Hybridformer

Wie erwähnt, entwässert das Langsieb nach einer Seite und erzeugt dadurch Inhomogenitäten in z-Richtung (senkrecht zur Blattebene). Um diese etwas zu entschärfen, setzte man früher zwischen zwei Flachsaugern einen Egoutteur (siebbespannter Zylinder ohne eigenen Antrieb) auf das Langsieb auf. Dieser diente gleichzeitig der Entflockung. Mit steigenden Geschwindigkeiten musste der Durchmesser der Egoutteure immer weiter vergrößert werden, um Spritzen zu vermeiden. Dadurch stieg dessen Trägheitsmoment nicht-linear an, und immer mehr Antriebsenergie musste durch das Langsieb bereitgestellt werden. Deshalb entschloss man sich, ein Sieb mit einem eigenen Antrieb und Leit- und Spannwalzen auf das Langsieb aufzusetzen, das zusätzlich Saugkästen als Entwässerungselement bekam, den Hybridformer (Bild 11.27).

Die Blattbildung beginnt mit den Verfahrensmerkmalen des Langsiebs und ändert sich am Hybridformer wie folgt:

- Filtrationssystem Sieb-Suspension-Sieb (kein Grenzflächenproblem, da beide Siebe mit der gleichen Geschwindigkeit laufen).
- Beidseitige, alternierende Entwässerung (bis 40 : 60 im Vergleich Obersieb : Untersieb).
- Siebspannung, Radialbeschleunigung und Bladeauslenkung im Formierschuh generieren zusätzliche Triebkräfte für die Entwässerung.

Die Vorteile des Einbaus eines Hybridformers liegen in der Produktivitätssteigerung durch höhere Maschinengeschwindigkeiten und einer Verbesserung der Blattformation. Für den Anwendungsbereich grafische Papiere ist die Verringerung der Zweiseitigkeit der Druckfarbenannahme besonders wichtig.

Bild 11.27 Langsieb mit aufgesetztem Hybridformer von Voith [11.17]
1 Obersieb, 2 Saugkasten, 3 Formierschuh

11.2.1.9 Doppelsiebformer

Wenn man die Grenzen der vorgenannten Bahnbildungssysteme (einseitige, beim Hybridformer überwiegend einseitige Entwässerung) hinsichtlich der Zweiseitigkeit der Papiereigenschaften und die Limitierung der Papiermaschinengeschwindigkeit überwinden möchte, dann ist der Doppelsiebformer, auch als Gap-Former oder Spaltformer bekannt, die folgerichtige Alternative. Bild 11.28 zeigt stellvertretend für andere eine weit verbreitete Variante im Bereich der Massenpapiere (grafische Papiere, Verpackungspapiere), den DuoFormer TQv von Voith. Von der Bauart her ist es ein Roll-Blade-Roll Former. Die Papierbahn ist rot dargestellt.

Verfahrensmerkmale des Doppelsiebformers:

- Filtrationssystem Sieb-Suspension-Sieb,
- Druckaufgussprinzip,
- keine Überschussdosierung,
- Bereich der flächenbezogenen Masse 30...130 g/m^2,

- Querprofilregelung möglich (siehe Bild 11.9),
- kein bekanntes Limit der Papiermaschinengeschwindigkeit,
- zusätzliche Entwässerungskräfte (Fliehkraft, Siebspannung, Siebauslenkung durch Blades).

Der Former besitzt eine sehr starke initiale Entwässerung an der Formierwalze (bis zu 90 %). Die Blattformationsgüte wird über verstellbare Blades in der Formierzone bestimmt. Die alternierende Entwässerung nach beiden Seiten durch die Blades bewirkt eine gleichmäßige Verteilung von Fein- und Füllstoffen und beseitigt die Zweiseitigkeit der Bahnoberflächen. Die Siebsaugwalze sorgt dafür, dass die Papierbahn dem Untersieb folgt.

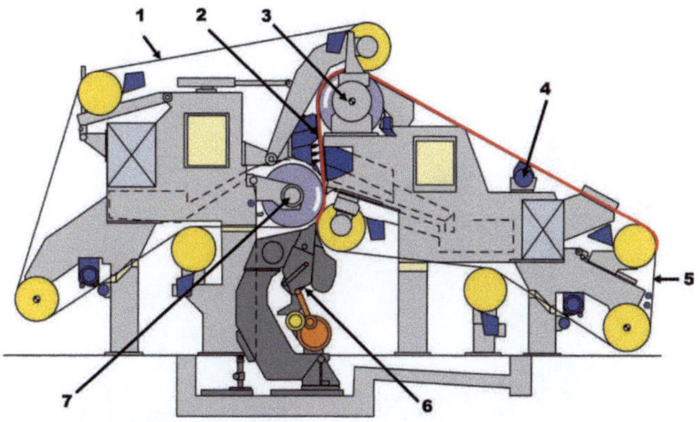

Bild 11.28 DuoFormer TQv von Voith

1 Obersieb, 2 Formierzone mit Blades, 3 Siebsaugwalze, 4 Hochvakuumsauger, 5 Untersieb, 6 Stoffauflauf mit Verdünnungswasserregelung, 7 Formierwalze

11.2.1.10 Schrägsieb

Es gibt Spezialpapiere, die aus sehr langen Fasern hergestellt werden müssen, um z. B. die Blattfestigkeit bei sehr niedrigen flächenbezogenen Massen zu garantieren. Ein Beispiel ist der Einsatz von Abaca-Fasern für Teebeutelpapier mit einer flächenbezogenen Masse von 12 g/m². Da lange Fasern sehr stark zur Flockung neigen, wäre bei den niedrigen flächenbezogenen Massen durch die Neigung zu Wolkigkeit keine geschlossene Blattoberfläche herstellbar. Aus diesem Grunde ist die Stoffdichte im Stoffauflauf um mindestens eine Zehnerpotenz geringer als üblich (z. B. 0,01...0,08 % anstelle sonst ca. 0,8 %), da die Intensität der Flockung mit steigender Verdünnung abnimmt. Um am Ende des Siebs eine Stoffdichte zwischen 18 % und 23 % zu erzielen, die für die Überführung in die Pressenpartie notwendig ist, muss eine sehr große Wassermenge über das Sieb entfernt werden. Das leistet nur das Schrägsieb (Bild 11.29). Wie bei der klassischen Langsiebmaschine bildet sich eine Zweiseitigkeit des papiernen Flächengebildes aus.

Verfahrensmerkmale des Schrägsiebs:

- Filtrationssystem Sieb-Suspension-statische Wand,
- Druckaufgussprinzip,
- keine Überschussdosierung,
- Vakuumentwässerung direkt im Stoffauflauf,
- Bereich der flächenbezogenen Masse 7...300 g/m^2.
- Limit der Papiermaschinengeschwindigkeit bei etwa 500 m/min.

Außer aus den konventionellen Papierfasern lassen sich mithilfe des Schrägsiebs auch Vliese aus synthetischen Fasern, Metallfasern und Mineralfasern wie Glas oder Steinwolle, Kevlar u. ä. ggf. unter Zugabe von Bindemitteln bzw. Bindefasern herstellen.

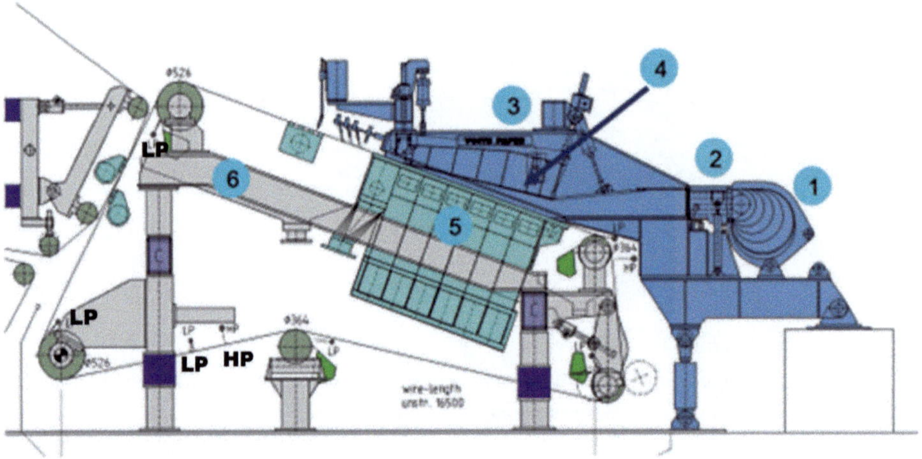

Bild 11.29 Schrägsieb HydroFormer (nach [11.13])
1 Verteilrohr, 2 Turbulenzgenerator, 3 Vorderwand, 4 Formationsbereich, 5 Entwässerungskästen, 6 Siebpartie

11.2.1.11 Crescent-Former

Ein Sonderstellung nimmt der Crescent-Former ein, der in Tissue-Maschinen zum Einsatz kommt. Crescent (engl. für Mondsichel) Former (Bild 11.30) waren lange Zeit durch restriktive Patente geschützt und nur in den USA verbreitet. Sie eignen sich für die Herstellung ein- und mehrlagiger Papiere, Spezialpapiere und vor allem auch Tissue.

Verfahrensmerkmale des Crescent Formers:

- Filtrationssystem Sieb-Suspension-Filz,
- Druckaufgussprinzip,
- keine Überschussdosierung,

- Querprofilregelung der flächenbezogenen Masse mit Verdünnungswasser möglich,
- Bereich der flächenbezogenen Masse: ab ca. 10 g/m^2,
- kein Limit der Papiermaschinengeschwindigkeit bekannt (2100 m/min Konstruktionsgeschwindigkeit für Tissue-Maschinen),
- Entwässerungskräfte sind Siebspannung und Fliehkraft.

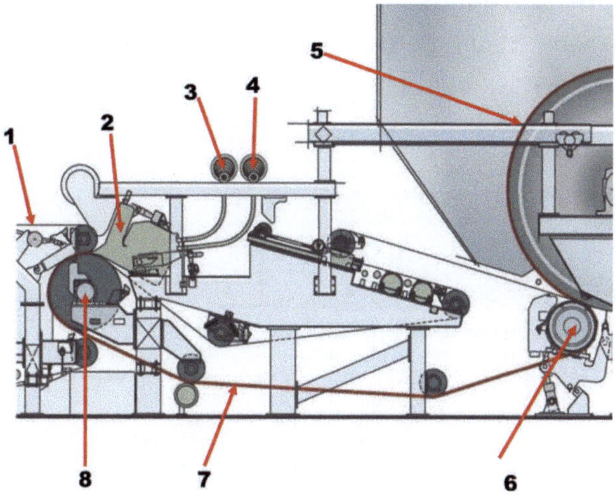

Bild 11.30 Crescent Former an einer Tissue-Maschine [11.18]
1 Papiermaschinensieb, 2 Zweischicht-Stoffauflauf, 3 Rohrstromverteiler Stoff A, 4 Rohrstromverteiler Stoff B, 5 Yankee-Zylinder, 6 Presswalze, 7 Pressfilz mit aufgegautschter Papierbahn, 8 Formierwalze

11.2.2 Nasspressen

Ziel des Nasspressens ist die weitergehende Entwässerung der Papierbahn ursprünglich mit mechanischen Mitteln. Es gibt mittlerweile technische Lösungen, die die Synergie in der gleichzeitigen Applikation von mechanischer und thermischer Energie nutzen (Presstrocknung, Impulstrocknung). Es erfolgt eine Verdichtung der Papierbahn mit einem bleibenden Verlust an Dicke, nachdem die Papierbahn die Nasspresszone verlässt. Leistungsfähige Pressen erreichen aktuell einen Trockengehalt von 55 %. Damit liegt das Nasspressen bezüglich der energetischen Effizienz der Entwässerung an zweiter Stelle nach der Bahnbildung. Das restliche Wasser bis zu einem gewünschten Endtrockengehalt von 94...96 % muss dann thermisch entfernt werden. Es gibt eine Verbindung zwischen Nasspressen und thermischer Trocknung: Die Steigerung des Trockengehaltes in den Pressen um 1 % spart ca. 4 % thermische Energie in der Trockenpartie oder erhöht die Produktivität der Papiermaschine um 4 %. Bei rein mechanischer Entwässerung können das Wasser an der Oberfläche der Faser und das Kapillarwasser entfernt werden, Quellwasser und Konstitutionswasser dagegen nicht. Der maximal erreichbare Trockengehalt wird somit wesentlich durch den Anteil an Quellwasser bestimmt, der stoffspezifisch ist (Faserstoffauswahl, Feinstoffart und -gehalt, Mahlungszustand). Insgesamt gibt es ca. 40 Variable, die Einfluss auf das Maß der Wasserentfernung haben. Sie sind in den Wechselwirkungen zwischen Papierbahn, Pressfilz(en) und Maschine begründet.

11.2.2.1 Theorie des Nasspressvorgangs

Essenziell für das Verständnis der Wirkungsweise der Nasspressen ist die Theorie nach *Wahlström* [11.19] (Bild 11.31), die, obwohl bereits 1969 begründet, auch auf moderne Pressen anwendbar ist.

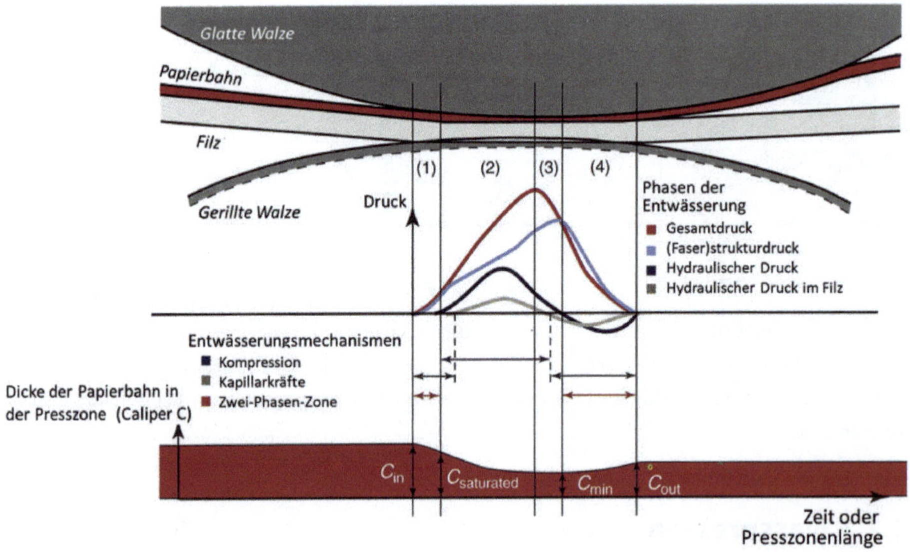

Bild 11.31 Phasen des Nasspressvorgangs nach *Wahlström* (nach [11.19])

Bild 11.31 zeigt schematisch eine einfach befilzte Transversalflusspresse. Von den Druckverteilungskurven in Bild 11.31 wird die Presszonendruckkurve auch als Gesamtdruckkurve bezeichnet und ergibt sich aus der Superposition von Strukturdruck und hydraulischem Druck. Die Kurve des hydraulischen Drucks im Filz ist nicht in diese Überlagerung einbezogen, sodass sich der Gesamtdruck aus der Summe aus hydraulischem Druck und Strukturdruck ergibt. Der Strukturdruck resultiert aus dem Strukturwiderstand, dem Widerstand, den die Papierbahn der Kompression entgegensetzt. Dieser ist sehr stark proportional vom Ligningehalt der Fasern abhängig und wird deshalb manchmal auch als Faserstrukturdruck bezeichnet. Der hydraulische Druck ist die Triebkraft für die Entwässerung und resultiert aus dem Fließwiderstand. Letzterer wird vom Faserstoff selbst und von der Bahnkompression beeinflusst.

Im Bild 11.31 sind vier Phasen des Pressvorgangs abgeleitet worden:

Phase 1: Vom Einlauf in den Pressspalt (im Folgenden auch als Nip bezeichnet) bis zum Aufbau des hydraulischen Drucks. Hier wirkt nur der Strukturdruck. Die Bahn wird komprimiert und die Luft entweicht aus den Kapillaren. Es findet keine Entwässerung statt.

Phase 2: Vom Aufbau des hydraulischen Drucks bis zur Pressspaltmitte (Nipmitte). Der hydraulische Druck lässt das Wasser aus der Papierbahn in den Filz fließen. Da im Filz ebenfalls ein positiver hydraulischer Druck herrscht, fließt das Wasser weiter in die Walzenstruktur (hier: Rille oder Sieb). Das Maximum des Gesamtdrucks wird erreicht.

Phase 3: Von der Nipmitte bis zur Stelle der minimalen Dicke der Papierbahn. Die Papierbahn erreicht rheologisch bedingt ihre minimale Dicke erst kurz hinter der Nipmitte. Der hydraulische Druck im Papier ist noch positiv bis zum Ende von Phase 3. Am Ende der Phase 3 fällt er auf null. An dieser Stelle ist der maximale Trockengehalt im Papier erreicht. Der hydraulische Druck im Filz ist negativ. Es beginnt also Wasser aus der Walzenstruktur zurück in den Filz zu fließen.

Phase 4: Von der minimalen Dicke des Papiers bis zum Auslauf aus dem Pressspalt. Der hydraulische Druck in Papier und Filz ist negativ. Es fließt Wasser aus der Walzenstruktur in den Filz und vom Filz zurück in die Papierbahn, die jetzt rückgefeuchtet wird. Die Papierbahn verliert einen Teil des in Phase 3 erreichten Trockengehalts. Am Ende von Phase 4 sind alle Drücke gleich Null.

Die Rückfeuchtung ist leider unvermeidbar. Eine sofortige Trennung von Filz und Papier unmittelbar nach dem Verlassen des Pressspaltes kann das Ausmaß der Rückfeuchtung begrenzen.

Druckverteilung in z-Richtung (Bahndicke)

Die Superposition von Strukturdruck und hydraulischem Druck zum Gesamtdruck gilt auch in Bezug auf die Bahndicke. Für das in Bild 11.31 gezeigte Beispiel einer einfach befilzten Presse ergeben sich dann die in Bild 11.32 gezeigten Druckverhältnisse in Bezug auf die z-Richtung.

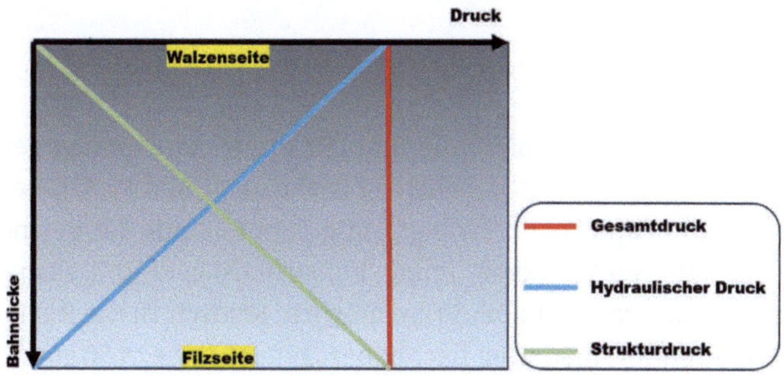

Bild 11.32 Druckverteilung im Pressnip in z-Richtung

Unter der Voraussetzung, dass Wasser mit geringem oder keinem Strömungswiderstand in den Filz abfließen kann, ist der hydraulische Druck auf der Filzseite gleich Null. Der Strukturdruck ist maximal und entspricht dem Gesamtdruck. Auf der Walzenseite ist der hydraulische Druck maximal und entspricht dem Gesamtdruck, da in diese Richtung kein Wasser abfließen kann. Da der Strukturdruck für die Bahndeformation verantwortlich ist, wird im ungünstigen Fall (grober Filz) die Filzstruktur in die Papieroberfläche eingeprägt, nicht das Oberflächenrelief der Walze.

Variablen des Nasspressvorgangs

Da die Berücksichtigung von ca. 40 Variablen, die einen Einfluss auf das Ergebnis des Pressvorgangs, die Wasserentfernung, haben, etwas schwierig ist, wählten *Busker* und *Cronin* [11.20] einen pragmatischen Ansatz. Sie unterschieden zwischen primären und sekundären Variablen. Primäre Variablen sind solche, die die Trockengehaltssteigerung um vier und mehr Prozent beeinflussen, sekundäre solche, bei denen das Potenzial der Trockengehaltssteigerung selbst unter Berücksichtigung erwartbarer technischer Weiterentwicklung unterhalb von vier Prozent bleibt. Eine Übersicht vermittelt Tabelle 11.4.

Tabelle 11.4 Variablen des Nasspressvorgangs nach *Busker* und *Cronin* [11.20]

Primäre Variablen	Sekundäre Variablen
Rückfeuchtung nach dem Nip	initialer Strömungswiderstand des Filzes
Eingangstrockengehalt der Bahn	Eingangstrockengehalt des Filzes
flächenbezogene Masse	Geschwindigkeitsbedingte Rückfeuchtung im Nip
Stoffeigenschaften	Form der Druckverteilung im Nip
Doppelbefilzung	Walzenbelag
Bahntemperatur	Filzaufbau
Pressimpuls	
Gleichmäßigkeit des Drucks im Filz	

Rückfeuchtung nach dem Nip

Nach dem Verlassen des Pressnips sollten Papierbahn und Filz sofort voneinander getrennt werden, was konstruktiv bedingt nicht möglich ist (siehe auch Bild 11.31). Bei doppeltbefilzten Pressen folgt die Papierbahn zwangsläufig dem Filz mit der geringeren Permeabilität bzw. der höheren Wassersättigung. Konstruktiv bedingt ist eine Trennung von diesem Filz erst nach ca. 20 cm bis 30 cm möglich. Kritisch ist die Rückfeuchtung besonders bei Papieren mit niedriger flächenbezogener Masse (< 80 g/m^2). Unter anderem aus diesem Grund sind Doppelbefilzungen eher im Kartonbereich anzutreffen. Ein gemeinsamer Lauf von Papierbahn und Filz über eine Distanz von einem Meter kann zu einem Trockengehaltsverlust von 8 % bis 10 % führen.

Eingangstrockengehalt der Bahn

Je höher der Trockengehalt ist, der in der Bahnbildungseinheit erreicht wird, desto intensiver kann in der Pressenpartie ohne Gefahr der Bahnverdrückung gearbeitet werden (Linienkraft. Pressimpuls). Der mögliche Gewinn an Trockengehalt liegt bei 6 % bis 8 % besonders bei Papieren mit hoher flächenbezogener Masse.

Flächenbezogene Masse

Die beabsichtige Größenordnung der Trockengehaltssteigerung in der Pressenpartie führt zu einer Menge an ausgepresstem Wasser, die direkt proportional zur flächenbezogenen Masse ist. Eine Abschätzung ist über das Flächenaustrittsvolumen des Wassers V_A möglich (Formel 11.6):

$$V_{\mathrm{A}} = \frac{(TG_{\mathrm{A}} - TG_{\mathrm{E}}) \cdot m_{\mathrm{A}}}{TG_{\mathrm{A}} \cdot TG_{\mathrm{E}} \cdot \rho} \qquad (11.6)$$

V_{A} Flächenaustrittsvolumen, TG_{A} Trockengehalt im Auslauf der Presse oder des Pressspalts (absolut), TG_{E} Trockengehalt im Auslauf der Presse oder des Pressspalts (absolut), m_{A} flächenbezogene Masse, ρ Dichte des Wassers

Da keine Bahnverdrückung zugelassen werden darf, muss gelten (Formel 11.7):

$$V_{\mathrm{A}} \leq V_{\mathrm{Stau}} \qquad (11.7)$$

V_{A} Flächenaustrittsvolumen, V_{Stau} Stauvolumen

Diese Bedingung muss sowohl für jeden einzelnen Pressspalt als auch für die gesamte Pressenanordnung innerhalb der Papiermaschine erfüllt sein. Das Stauvolumen ist konstruktiv limitiert. Je nach Pressenbauart wird es vom Pressfilz, dem Profil der Presswalze oder des Walzenmantels oder den Bohrungen der Saugpresswalze bereitgestellt.

Die nachfolgende Übersicht zeigt die Berechnung des Stauvolumens am Beispiel eines Rillenprofils und für eine blindgebohrte Presswalze.

Die Simulation mit dem Laborgerät FiberXpress der Fa. Voith ergab beispielsweise einen Rückgang im Trockengehalt um bis zu 6 % bei einer Verdopplung der flächenbezogenen Masse unter ansonsten gleichen Bedingungen [11.9].

$$V_{Stau} = \alpha\left(h_{eff} - h_W - d_h\right)$$

für das Rillenprofil gilt

$$\alpha = \frac{b_R}{b_R + b_S}$$

für die blindgebohrte Walze gilt

$$\alpha = \frac{\pi \cdot D^2}{4 \cdot A \cdot B}$$

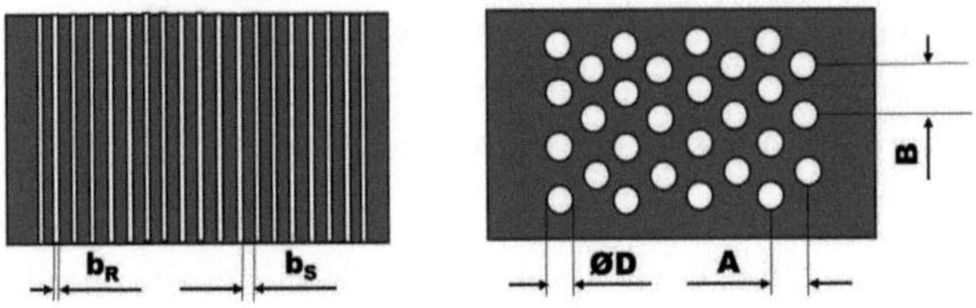

V_{Stau} Stauvolumen
α offener Profilflächenanteil
h_{eff} nutzbare Höhe des Walzenprofils
h_W Höhe der Wasserfüllung im Profil im Nipeinlauf
d_h Profilkompression infolge Linienkraft
b_R Breite der Rillen
b_S Breite der Stege
π Kreiskonstante
D Durchmesser der Bohrung
A horizontale Teilung des Bohrmusters
B vertikale Teilung des Bohrmusters

Stoffeigenschaften

Man unterscheidet hinsichtlich der Stoffeigenschaften zwischen strukturdruckbegrenztem Pressen und durchflussbegrenztem Pressen. Im ersten Fall bringt eine Steigerung der Pressenbelastung (Linienkraft, Pressimpuls, siehe dort) keinen weiteren Gewinn an Trockengehalt, da die Papierbahn sich mehr oder weniger inkompressibel verhält. Dies ist, wie vorher beschrieben, insbesondere bei Fasern mit hohem Ligningehalt, also Holzstoffen, der Fall. Die Wirkung der Presse ist durchflussbegrenzt, wenn der Strömungswiderstand im Inneren des Faservlieses so hoch ist, dass die Verweilzeit im Nip nicht ausreicht, um das eigentlich frei tropfbare Wasser zu entfernen. Dies tritt z. B. bei stark fibrillierend gemahlenen Faserstoffen auf, bei denen die Porendurchmesser in z-Richtung (Bahndicke) sehr klein sind. Entscheidend ist hier in der Regel nicht der Entwässerungswiderstand *Schopper-Riegler* (SR-Wert), sondern das Wasserrückhaltevermögen. Der interne Strömungswiderstand der Papierbahn ist der zweite Grund, weshalb bei zu hohen Anstellkräften der Presse eine Bahnverdrückung stattfinden kann: Wenn aufgrund mangelnden Wasserabflusses in den Filz sich dort der hydraulische Druck nicht oder nur ungenügend abbauen kann, fließt das Wasser in Richtung niedriger Drücke, also in der Bahnebene in Richtung des Nipein- oder -auslaufes. Es werden Strömungsmuster in der Bahn sichtbar (schlechte Blattformation) oder es kommt zum Bahnbruch.

Doppelbefilzung

Für die Berechnung der Entwässerung kapillar-poröser Güter verwendet die Verfahrenstechnik unter anderem die *Darcy*-Gleichung (Formel 11.8):

$$\dot{V} = k \cdot \frac{A \cdot \Delta p}{\eta \cdot l} \tag{11.8}$$

$\dot{V}$ Volumenstrom, k Permeabilitätskonstante, A Fläche, Δp Druckdifferenz, η dynamische Viskosität des Fluids, l Kapillarlänge

Für den vorliegenden Fall der Pressenentwässerung ist die Gleichung nicht im Sinne einer direkten Berechnung geeignet, weil die Permeabilität der Bahn nicht konstant, sondern eine Funktion der Bahnverdichtung ist, deren zeitlichen Verlauf Bild 11.31 zeigt. Sie kann aber verwendet werden, um qualitative Aussagen zu treffen.

Die Doppelbefilzung ist vor allen im Bereich höherer flächenbezogener Massen (z. B. > 250 g/m²) und vergleichsweise dicker Bahnen, also im Kartonbereich sinnvoll. Da das ausgepresste Wasser beidseitig statt nur einseitig aus der Bahn in je einen der beiden Filze fließen kann, halbiert sich die Kapillarlänge. Theoretisch (Formel 11.8) würde dies einer Verdopplung der entfernten Wassermenge entsprechen, qualitativ zumindest zu einer messbaren Erhöhung führen. Der unumgängliche Effekt der Rückbefeuchtung ist umso geringer, je höher die flächenbezogene Masse ist. Auch dies spricht für Anwendungen dieser konstruktiven Lösung im Kartonbereich. 6 % bis 8 % Einfluss auf den Endtrockengehalt sind erwartbar.

Bahntemperatur

Auch hier kann die Formel 11.8 bei der Interpretation helfen. Übliche Bahntemperaturen liegen bei 40 °C bis 45 °C. Durch den Einsatz eines Dampfblaskastens könnte man die Bahntemperatur vor Einlauf in den Pressnip auf beispielsweise 80 °C erhöhen. Die dynamische Viskosität des Wassers verringert sich dann von 653,3 µPa·s auf 354,5 µPa·s und der Volumenstrom nimmt qualitativ zu. Bis zu 6 % Trockengehaltssteigerung sind möglich. Wesentlich größere Effekte lassen sich mit höheren Temperaturen erzielen, wenn es technisch gelingt, Konzepte der Presstrockung (bis 150 °C) oder der Impulstrocknung (bis 500 °C) zu realisieren. *Busker* und *Cronin* gehen von einer Trockengehaltssteigerung um 0,5 % bis 1,3 % bei einer Temperaturerhöhung um 10 K aus (zitiert in [11.21]).

Pressimpuls

Der Pressimpuls ist physikalisch definiert als Integral des Gesamtdruckverlaufs über der Verweildauer im Pressnip. Es ist mathematisch nicht trivial, eine Funktion $p = f(t)$ zu definieren. Aus diesem Grunde versucht man, die Gesamtdruckkurve durch ein flächengleiches Rechteck zu ersetzen (Bild 11.33).

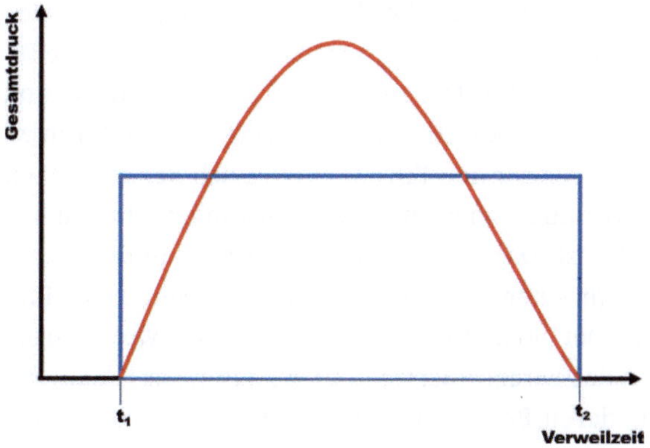

Bild 11.33
Grundlage der Ableitung des Pressimpulses

Dann kann man schreiben (Formel 11.9):

$$I = \frac{F_L}{v_{PM}} = \frac{\sum F}{v_{PM} \cdot b_N} \tag{11.9}$$

I Pressimpuls, F_L ... Linienkraft, v_{PM} Papiermaschinengeschwindigkeit, ΣF Summe der Anstellkräfte der Presse, b_N Breite des Pressnips

Das gilt zunächst nur für Walzenpressen mit in Bezug auf die Nipmitte symmetrischer Gesamtdruckkurve. Der mathematische Beweis für die Gültigkeit im Falle eines unsymmetrischen Gesamtdruckverlaufs, wie er bei Schuhpressen auftritt, ist dem Autor bisher nicht gelungen. In der Literatur wird er aber trotzdem genauso verwendet.

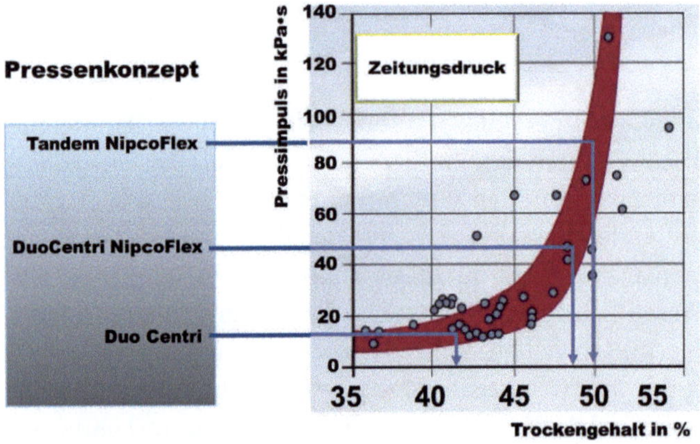

Bild 11.34 Einfluss von Pressenkonzept und Pressimpuls auf den Endtrockengehalt (nach [11.22])

Wie in Bild 11.34 gezeigt, hat der Pressimpuls den bei Weitem stärksten Einfluss auf den erreichbaren Endtrockengehalt. Dieser liegt in der Größenordnung von 10 % bis 15 %.

Gleichmäßigkeit des Druckes im Filz

Pressfilze sollen langlebig, mechanisch hoch belastbar, dimensionsstabil, permeabel, mit hohem Rücksprungvermögen (nach dem Nip erreichen sie wieder die gleiche Dicke wie vor dem Nipeinlauf) und markierungsfrei sein. Diese Anforderungen sind teilweise konträr und nur durch aufwendig konstruierte, mehrlagige Strukturen zu realisieren. Bild 11.35 zeigt einen Pressfilz für den Einsatz im Bereich der grafischen Papiere, der mit einem zweilagigen Grundgewebe zur Gewährleistung der hohen mechanischen Belastbarkeit ausgestattet ist. Das allein würde den Druck in der Presse nur punktuell in die Papierbahn weiterleiten. An den Kontaktstellen fände eine Entwässerung statt, dazwischen nicht. Der Strukturdruck beim Kontakt wäre extrem hoch, sodass sich das Webmuster in das Papier überträgt. In der Literatur [11.20] finden sich Hinweise, dass bei Filzen, deren Benadelung stark verschlissen ist, an den

Kontaktstellen zum Grundgewebe der zehn- bis zwanzigfache Nenndruck herrscht. Da in den Zwischenräumen des Gewebes nicht entwässert wird, sinkt der erreichbare Trockengehalt in der Größenordnung von 6 % bis 8 %. Daneben werden in der Presse Vibrationen generiert („die Presse brummt"), die zu einem höheren Lagerverschleiß und unrund werden der Presswalze(n) führen. Die mehrfache Benadelung des Filzes auf Papier- und Walzenseite glättet den zeitlichen Druckverlauf im Nip. Damit wird die Papierbahn in der Bahnebene gleichmäßig belastet, entwässert über die gesamte Fläche und erfährt im Idealfall keine Filzmarkierungen.

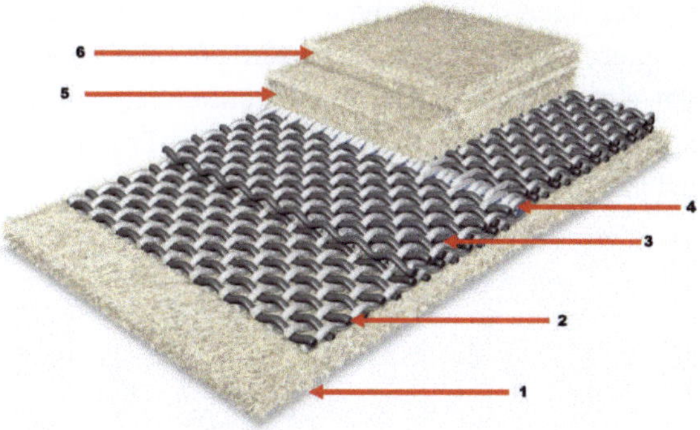

Bild 11.35 Pressfilz für grafische Papiere (nach Voith [11.23])

1 Benadelung Walzenseite, 2 Grundgewebe erste Lage, 2 Grundgewebe zweite Lage, 4 Verschluss, 5 Benadelung Papierseite erste Lage, 6 Benadelung Papierseite weitere Lagen

Sekundäre Variablen

Der **initiale Strömungswiderstand des Filzes** ist um Zehnerpotenzen niedriger als der Strömungswiderstand innerhalb der Papierbahn. Er hat damit nur geringen Einfluss auf den erreichbaren Trockengehalt. Allerdings verschlechtert er sich während der Laufzeit des Filzes durch die Einlagerung von Feinstoffen, Füllstoffen und/oder klebenden Bestandteilen (Stickies, Harz usw.). Um dem entgegenzuwirken, wird der Filz in der laufenden Presse ständig gereinigt. Dazu verwendet man Hoch- (10 bar bis 30 bar) und Niederdruck- (2 bar bis 3 bar) Spritzrohre mit dazwischen angelegten Rohrsaugern (ca. 0,5 bar Unterdruck). Leit- und Spannwalzen können mit Schabern ausgestattet werden. Unter Umständen ist es sinnvoll, den Filz außerhalb der Papiermaschine einer Wäsche mit speziellen Chemikalien zu unterziehen und danach wieder einzuziehen, statt ihn zu ersetzen. Der Strömungswiderstand des Filzes kann mit geeigneten Messgeräten überwacht werden [11.24].

Die Differenz zwischen Ein- und Ausgangstrockengehalt ist zu Beginn der Laufzeit des Filzes relativ hoch. Der höhere **Eingangstrockengehalt** nähert sich im Laufe der Zeit dem Ausgangstrockengehalt immer mehr an. Sind beide Werte gleich, kann dies ein Signal sein, den Filz zu ersetzen. Der Einfluss auf den Papiertrockengehalt ist kleiner als 4 %.

Die **geschwindigkeitsbedingte Rückfeuchtung** im Nip hat als Ursache in der Regel Fliehkräfte, die Wasser aus dem Profil der Presswalzen in den Filz zurückschleudern. Dem kann durch den Einbau von Deflektoren entgegengewirkt werden.

Der Pressimpuls ist die eigentlich entscheidende Triebkraft für die Erreichung des Endtrockengehaltes. Die Form der **Druckverteilung im Nip** spielt eine untergeordnete Rolle, solange der Maximalwert der Gesamtdruckkurve nicht so hoch ist, dass er zur Bahnverdrückung führt. Im Vorteil sind hier Schuhpressen, die den gleichen Pressimpuls wie eine Walzenpresse mit einem geringeren Maximaldruck (Linienkraft) erreichen (vgl. Bild 11.36). Das führt zu einer schonenderen Entwässerung. Die bleibende Reduzierung der Bahndicke ist geringer, d. h. das massebezogene Volumen der Bahn bleibt eher erhalten. Da die Papiereigenschaft der Biegesteifigkeit dem massebezogenem Volumen folgt, ergeben sich insbesondere im Kartonbereich Vorteile durch den Einsatz von Schuhpressen, sodass die ersten Exemplare dieses Pressentyps in Kartonmaschinen installiert wurden.

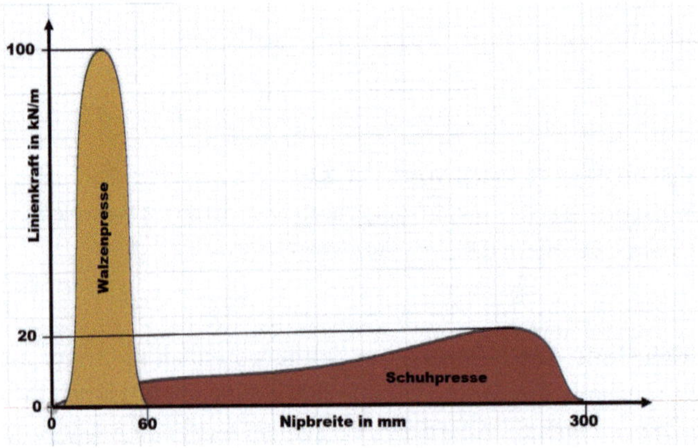

Bild 11.36 Vergleich der Lastverhältnisse von Walzenpresse und Schuhpresse

Unter den Bedingungen gleicher Maschinengeschwindigkeit und gleicher Strömungsgeschwindigkeit des Wassers innerhalb der Papierbahn ist zu erwarten, dass der Druckverlauf in der Schuhpresse aufgrund der fünffachen Verweildauer trotz geringerer Triebkraft (hydraulischer Druck) zu einem geringfügig höheren Trockengehalt führt.

Beim **Einfluss des Walzenbelags** liegt der Fokus auf der Härte des Belags, bestimmt durch das für den Bezug verwendete Elastomer. Die Angabe der Härte erfolgt traditionell in der Maßeinheit *Pussy and Jones* (P&J). Ein Bereich von hart nach weich, von 10 P&J bis 40 P&J, entspricht einem E-Modul von 110 N/mm^2 bis 16 N/mm^2. Der Zusammenhang ist nicht linear. Ein weicherer Walzenbelag führt zu einer Verbreiterung des Pressnips und damit unter ansonsten vergleichbaren Bedingungen zu einer geringfügig längeren Verweildauer der Bahn im Nip, verbunden mit einer Trockengehaltssteigerung kleiner 4 %. Zu beachten ist, dass bei der Verwendung weicherer Walzenbezüge auch der Leistungsbedarf für den Pressenantrieb steigt, da mehr Walkarbeit verrichtet wird.

Der **Filzaufbau** steht in engem Zusammenhang mit der vorerwähnten Gleichmäßigkeit des Drucks im Filz. Mehrlagenaufbau und möglichst feinfaserige Benadelung sind besonders bei Papieren mit niedriger flächenbezogener Masse wichtig. Des Weiteren besteht die Möglichkeit, druckempfindliche Membranen mit einer Art Ventilwirkung in den Filz einzubauen. Unter Druck kann Wasser durch diese Membranen strömen. Fehlt der Überdruck, sperren sie den Wasserdurchfluss. Dies kann den Rückfeuchtungseffekt beim Verlassen des Nips mindern und etwa zu 2 % Trockengehaltssteigerung führen.

11.2.2.2 Bauarten und Anordnung von Nasspressen

Die dominierende Bauart bei modernen Pressenkonstruktionen ist die Schuhpresse. Da bei höheren flächenbezogenen Massen größere Wassermengen durch den Nip transportiert werden müssen, findet man im Kartonbereich häufig auch Saugpressen (siehe Bild 11.50). Daneben gibt es noch Pressen mit belüftetem Pressnip als Rillenpressen, Diagonalrillenpressen oder Pressen mit blindgebohrtem Mantel. Ältere Konstruktionen wie Vollmantelpressen oder Siebtuchpressen sind in modernen Maschinen nicht mehr anzutreffen. Hinsichtlich der erreichbaren Trockengehalte sind die Schuhpressen am leistungsfähigsten.

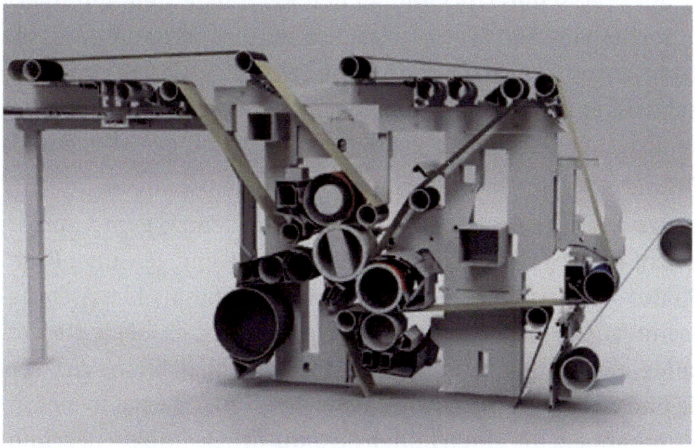

Bild 11.37 DuoCentri NipcoFlex Presse von Voith [11.25]

Pressen-Anordnungen sollen heute möglichst kompakt sein, um umbauten Raum und Material einzusparen. Ein Beispiel dafür ist die in Bild 11.37 gezeigte DuoCentri NipcoFlex Presse. Ihr Einsatzgebiet reicht von Karton über Verpackungspapiere bis hin zu grafischen Papieren. In der abgebildeten Presse ist die Laufrichtung des Papiers von rechts nach links. In derselben Richtung erfolgt die Zählung der Pressnips.

Auf einen doppelt befilzten ersten Nip folgt eine Saugwalze, und der letzte Pressnip wird von einer NipcoFlex Schuhpresse gebildet. Alle drei Pressen sind als sehr kompakte Kombination angeordnet. In der letzten Presse wird die Papierunterseite durch eine keramikbeschichtete Nipco P Walze geglättet. Weitere Details zu möglichen Kompaktpressenbauarten zeigt Bild 11.71.

An dieser Stelle soll die auch in Bild 11.38 dargestellte NipcoFlex Anordnung erläutert werden. Oberwalze (NipcoFlex) und Unterwalze (Nipco-P) besitzen je ein starr stehendes Joch (grau). Im Joch der Unterwalze sind Kolben eingesetzt (im Bild rot dargestellt), die durch Drucköl gegen den Stahlmantel gepresst werden und diesen verformen. Die Verformung dient dem Durchbiegungsausgleich der Walze und kann in sehr vielen Zonen über die Maschinenbreite auch zur Korrektur des Feuchte-Querprofils genutzt werden. Damit die Reibung zwischen Kolben und angetriebenem Stahlmantel weitestgehend aufgehoben wird, besitzt der Kolben Kapillarbohrungen, durch die ein Teil des Drucköls an die Kolbenoberfläche strömt, diese vollständig benetzt und einen permanenten Flüssigkeitsfilm zwischen Kolben und Mantel aufbaut (hydrodynamisches Lager).

Die in Bild 11.38 als „NipcoFlex“ bezeichnete obere Walze ist keine Walze im eigentlichen Sinn. Um ein starr stehendes Joch (grau) rotiert ein Schlauch oder Mantel, der stirnseitig durch Dichtelemente verschlossen ist. Das Material ist in der Regel gegossenes gewebeverstärktes Polyurethan. Der Mantel erhält seinen Kreisquerschnitt dadurch, dass im Inneren ein leichter Überdruck herrscht und am Joch Keramikleisten angebracht sind, die die Form stabilisieren. Im Inneren wird er durch einen Ölfilm benetzt, der die Reibung am Pressschuh (rot) und an den Keramikleisten minimiert. Dieses Öl wird über die rechts von der Symmetrieachse im Joch verlaufende, gelb dargestellte Druckölleitung zugeführt, steuert den Anpressdruck des Schuhs und kühlt das System. Überschüssiges Öl wird über die links von der Symmetrieachse im Joch befindliche Leitung abgesaugt, gereinigt, gekühlt, ergänzt und dem System als Drucköl wieder zugeführt.

Bild 11.39 zeigt die Wirkungsweise des Pressschuhs. Drucköl, das zentral dem Anpresskolben (rot) zugeführt wird, erzeugt die zur Entwässerung notwendige Linienkraft. Wird nur die zentrale Leitung angesteuert, ergibt sich das im Bild als klassisch bezeichnete Profil des Gesamtdrucks in der Presszone. Wird zusätzlich noch die von schräg rechts unten kommende Leitung beaufschlagt, dann ergibt sich eine Art Verkantung des Pressschuhs und das als progressiv bezeichnete Profil. Dies hat insbesondere den Vorteil, Papierstoffbahnen, die einen hohen Strukturdruck aufbauen, gründlich zu entwässern.

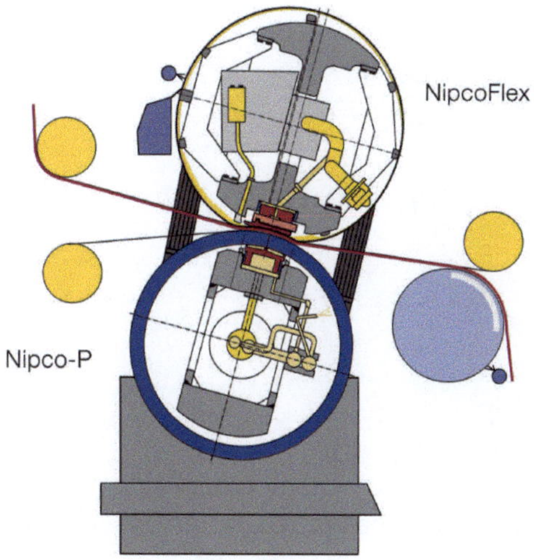

Bild 11.38
Pressenanordnung NipcoFlex
(Quelle: Voith)

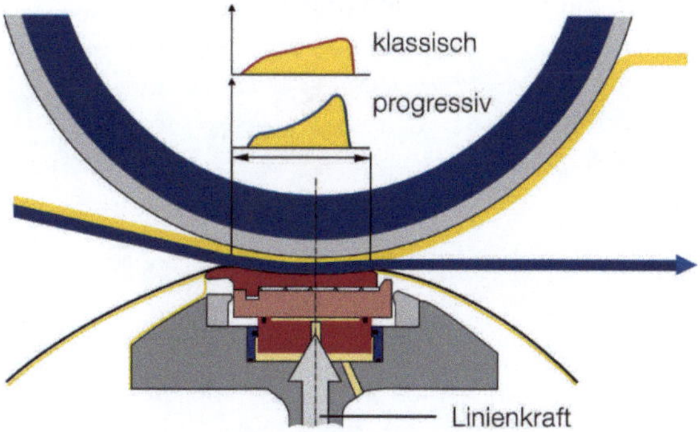

Bild 11.39 Wirkungsweise des Pressschuhs (Quelle: Voith)

Die beste Entwässerungsleistung erreicht heute eine Anordnung zweier Schuhpressen. Bild 11.40 zeigt eine sogenannte Tandem-NipcoFlex-Presse. Eine derartige Anordnung ist eine Standardlösung sowohl für grafische Papiere als auch für Verpackungspapiere mit niedrigen flächenbezogenen Massen. Sie erzielt derzeit die höchsten Trockengehaltssteigerungen in der Papierindustrie.

Aufgrund der hohen Leistungsfähigkeit von Schuhpressen ist es in bestimmten Fällen auch möglich, diese nur mit einem Nip auszulegen. Bezogen auf Bild 11.40 bedeutet das, dass eine der beiden Pressen-Baugruppen entfallen könnte. Damit ergibt sich ein gewisses Einsparpotenzial hinsichtlich der Betriebskosten (Energie, Filze) und der Investitionskosten.

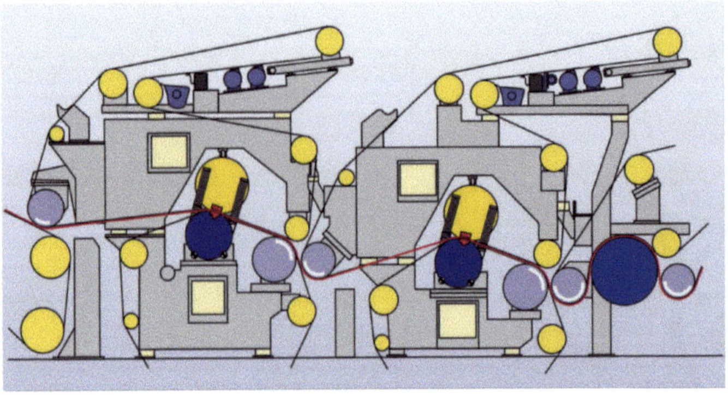

Bild 11.40 Tandem-NipcoFlex-Presse von Voith [11.25]

Tabelle 11.5 zeigt die maximalen Trockengehalte in Abhängigkeit von der Papiersorte, die mit Schuhpressen erreichbar sind.

Tabelle 11.5 Erreichbare Trockengehalte mit Schuhpressen [nach 11.22]

Papiersorte	Flächenbezogene Masse in g/m^2	Füllstoffgehalt in %	Maschinengeschwindigkeit in m/min	Trockengehalt in %
Zeitungsdruck	45	15	1600	51...53
SC	56	30	1550	53...55
LWC	39	12	1300	50...52
Holzstofffrei (Kopierpapier)	80	18	1400	46...52

11.2.2.3 Pressfilze

Die Bezeichnung **Pressfilz** rührt daher, dass in den Anfängen der industriellen Papierherstellung tatsächlich Wollfilze verwendet wurden. Heute bestehen die Pressfilze aus synthetischen Fasern, die wesentlich robuster sind und eine mehrlagige Herstellung mit spezieller Funktionalität jeder Einzellage zulassen.

Pressfilze erfüllen eine Anzahl wichtiger Funktionen innerhalb der Pressenpartie. Sie führen die Papierbahn dimensionsstabil durch die Pressenpartie und sorgen so dafür, dass kein Arbeitsvermögen der Papierbahn verbraucht wird und diese nicht abreißt. Des Weiteren stellen sie Stauvolumen zur Verfügung, in dem das Wasser, das im Nip aus dem Papier austritt, transportiert werden kann. Bild 11.35 zeigt einen möglichen Aufbau eines mehrlagigen Pressfilzes. Die das Papier berührende Seite ist oben. Wesentliche Anforderungen an die Pressfilze und ihre Funktionalität wurden bereits in Abschnitt 11.2.2.2 besprochen.

Da die Filze mit dem Wasser auch Fein- und Füllstoffe transportieren, müssen sie nach jedem Nipdurchgang gereinigt werden. Das geschieht durch eine Anordnung von Hoch- (10 bar bis 30 bar) und Niederdruckspritzrohren (2 bar bis 3 bar) und Rohrsaugern (–0,5 bar) in der Papiermaschine, die über die gesamte Bahnbreite wirksam sind. Auf diese Weise wird gewährleistet, dass die Permeabilität über einen längeren Zeitraum ausreichend hoch ist.

11.2.2.4 Grenzen der mechanischen Entwässerung - Pressensimulation

Das vorrangige Ziel des Nasspressens ist ein möglichst hoher Trockengehalt. Dabei besteht die Gefahr, dass man den Einfluss auf weitere Papiereigenschaften aus dem Blick verliert. Einen Überblick über die grundlegenden Tendenzen zeigt Tabelle 11.6.

Tabelle 11.6 Beeinflussung von Eigenschaftskennwerten des Papiers beim Nasspressen

Eigenschaftskennwert des Papiers	Tendenzielle Entwicklung
Dicke	–
Biegesteifigkeit (vor allem Karton)	–
Dichte	+
Statische Festigkeit	+
Opazität (niedrige m_A)	–
Blattformationsgüte	= (–)
Permeabilität	–
Sorptionsvermögen	–
Rauheit der Papieroberfläche	+

Dichte, statische Festigkeit und Rauheit der Papieroberfläche nehmen zu. Alle anderen Eigenschaften erfahren eine Verringerung. Die Blattformationsgüte bleibt in der Regel gleich. Es gibt jedoch Beispiele, bei denen transversaler Wasserfluss im Mikrobereich die Blattformation negativ beeinflusst. Die Betriebsbedingungen der Pressenpartie müssen sich also an der geforderten Papierqualität orientieren und erfahren so unter Umständen eine Limitierung hinsichtlich des maximal erreichbaren Trockengehalts.

Eine Begrenzung der anwendbaren Linienkraft bzw. des Gesamtdrucks ergibt sich aus dem Zwang, eine Bahnverdrückung zu vermeiden. Die Bahnverdrückung kann zwei wesentliche Ursachen haben – ein zu geringes Stauvolumen des Filzes bzw. des Walzenprofils und eine zu geringe Permeabilität der Papierbahn (in seltenen Fällen auch des Filzes). Im ersten Fall lassen sich Grenzwerte relativ leicht berechnen. Im zweiten Fall ist die Berechnung der Grenzwerte sehr schwierig, da sich die Permeabilität beim Nipdurchgang nicht linear verändert und zudem vom Strukturwiderstand beeinflusst wird.

Lässt man die möglicherweise limitierenden Papiereigenschaften außer Betracht, gibt es eine physikalische Grenze für den mit mechanischen Mitteln maximal erreichbaren Trockengehalt, nämlich das Wasserrückhaltevermögen WRV der Papierbahn. Es gilt (Formel 11.10):

$$TG_{\text{max}} = \frac{1}{WRV + 1} \tag{11.10}$$

TG_{max} mit mechanischen Mitteln maximal erreichbarer Trockengehalt (absolut)

WRV Wasserrückhaltevermögen (absolut)

Ein WRV von 2 bedeutet, 1 g otro Faserstoff kann 2 g Wasser binden. Damit ergibt sich ein maximaler Trockengehalt durch mechanische Entwässerung von rund 0,33 oder 33 %. Moderne Pressenkonzepte erreichen jedoch wesentlich höhere Trockengehalte. Wie lässt sich dieser Widerspruch erklären?

Die Norm ISO 23714 [11.26] schreibt die Entwässerung in einer Zentrifuge bei 3000 g vor. Versuche mit einer Ultrazentrifuge mit bis zu 60 000 g zeigten, dass die in der Methode festgelegte Beschleunigung von 3000 g zu niedrig ist, um den physikalischen Sachverhalt in einer Pressenpartie abzubilden [11.27].

Mit dem Voith FiberXpress [11.9] lässt sich der physikalische Sachverhalt besser darstellen. Bild 11.41 zeigt die erreichbaren Trockengehalte am Beispiel von Altpapierstoffen und TMP-Stoff als dem Vertreter für strukturdruckbegrenztes Pressen. Bild 11.42 zeigt die Verhältnisse für Zellstoff am Beispiel von Fichtensulfitzellstoff (FiSi) und daraus hergestellter mikrofibrillärer Cellulose (MFC). Die Prüfbedingungen für die unterschiedlichen Proben sind in Tabelle 11.7 angegeben:

Tabelle 11.7 Prüfbedingungen mit dem Voith FiberXpress für ausgewählte Faserstoffproben

Prüfbedingung	Altpapier und TMP	FiSi und MFC
Vorentwässerungsdruck für 20 % Trockengehalt in kPa	500	250
Hauptdruck in MPa	9	9
Prüfdauer unter Hauptdruck in s	900	900
Prüftemperatur in °C	22	23
Flächenbezogene Masse des Prüflings in g/m²	2000	2000

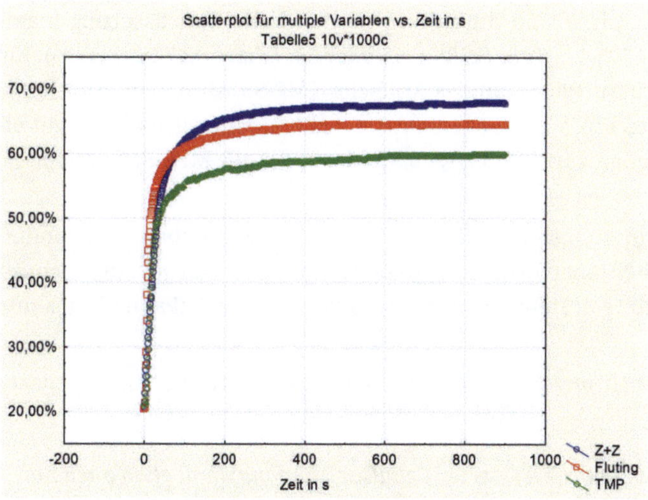

Bild 11.41 Maximal erreichbare Trockengehalte beim Einsatz des Voith FiberXpress [11.9]

Legende: Z+Z: Zeitungen und Zeitschriften je 50 %, Fluting: Wellenstoff aus 100 % Altpapierstoff, TMP: Thermomechanical Pulp

Die zu untersuchende Probe wird zunächst mit relativ niedrigem Druck auf 20 % Trockengehalt vorentwässert. Dies soll einerseits den Übergang von der Blattbildungseinheit in die Pressenpartie simulieren, andererseits verhindern, dass Feinstoff verlorengeht. Da MFC nur aus Fein- und Feinststoff besteht, muss hier noch schonender vorentwässert werden. Bei der Untersuchung von MFC kann die notwendige Dauer für die Vorentwässerung bis zu 8 h pro Analyse betragen.

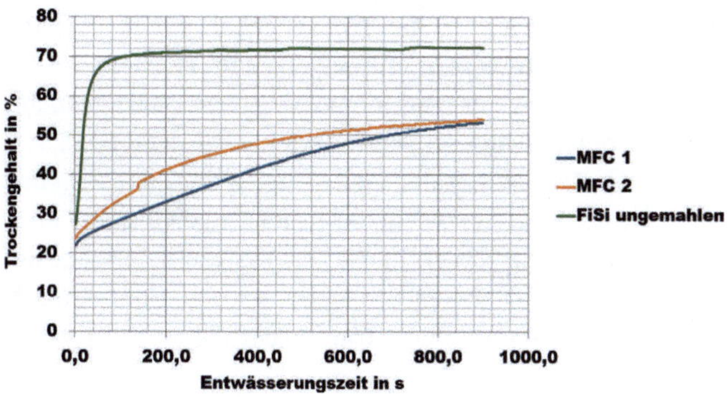

Bild 11.42 Maximal erreichbare Trockengehalte bei Zellstoff am Beispiel Fichtensulfitzellstoff

Für die untersuchten Altpapiere sind durch rein mechanische Entwässerung maximale Trockengehalte von 65 % bis 68 % (WRV 0,54 oder 54 % bzw. 0,47 oder 47 %), für das wegen des hohen Strukturwiderstandes kritische TMP-Substrat immerhin 60 % (WRV 0,67 oder 67 %) erreichbar. Der ungemahlene Fichtensulfitzellstoff erreicht einen maximalen Trockengehalt von 72 % (WRV 0,39 oder 39 %), die MFC-Substrate 54 % (WRV 0,85 oder 85 %).

Anwender der WRV-Bestimmungsmethode nach ISO 23714 werden die vorstehenden Werte kritisch sehen, sollten aber bedenken, dass der maximale Druck, der sich im Zentrifugeneinsatz bei 3000 g erzielen lässt, bei lediglich etwa 500 kPa, und dies nur initial, liegt.

Nebenprodukt dieser Betrachtungen ist folgende Hypothese, die freilich im Gegensatz zu [11.28] steht:

> *Ein Gramm mechanisch feinst zerfaserter Cellulose kann maximal etwa auch nur ein Gramm Wasser durch Quellung binden, d. h. das WRV ist rund 1 oder 100 %.*

Für die Bewertung der Schuhpressen, die heute Trockengehalte von 50 % bis 55 % erreichen, bedeutet dies, dass es noch Reserven gibt, die im Hinblick auf die Energieeinsparung in der Trockenpartie erschlossen werden können. Der technisch/technologische Aufwand ist sicher erheblich und die Eigenschaften der Papierbahn sind möglicherweise limitierend. Es könnte sich aber wirtschaftlich lohnen.

11.2.3 Thermische Trocknung

In der Trockenpartie wird der dritte Schritt der Papierentwässerung vollzogen, das Verdampfen des Wassers aus der feuchten, von der Pressenpartie kommenden Papierbahn durch Wärmeübertragung. Dabei wird der Trockengehalt der Papierbahn von 50 %...55 % auf 94 %...96 % gesteigert. Dieser Endtrockengehalt, mit dem das Papier ausgeliefert wird, sollte etwa im Bereich des thermodynamischen Gleichgewichts mit der Umgebung liegen, der bei den meisten Anwendungen vorkommt (etwa 23 °C, 50 % relative Luftfeuchte). Statt des Trockengehalts wird oft auch der Feuchtegehalt angegeben, im vorliegenden Fall 4 %...6 %. Damit ist in der Regel die gewünschte Planlage des Papiers sicherzustellen. Ein solcher Trockengehalt ist nur auf dem Wege der thermischen Trocknung erreichbar. Dafür stehen die Methoden der Kontakttrocknung, der (Zwangs-) Konvektionstrocknung und der Strahlungstrocknung zur Verfügung.

Zur Theorie der Trocknung wird auch auf den Abschnitt 14.2.7 verwiesen.

Die **Kontakttrocknung** mithilfe von Trockenzylindern ist die am weitesten verbreitete Anwendungsform. Die in Bezug auf die Zylinderanordnung einreihige Trockenpartie ist die modernste Auslegungsart. Bei älteren Papiermaschinen und im Bereich der Kartonproduktion finden sich doppelreihige Trockenzylinderanordnungen.

Bei Tissuemaschinen (TAD-Anlagen) und bei der Produktion von Spezialpapieren (hier: Filterpapier) gibt es **Durchströmtrockner**, in denen mithilfe der Zwangskonvektion getrocknet und das Volumen des Papiers geschont wird.

Erfolgt im Rahmen der Veredlungsprozesse ein Oberflächenauftrag (z. B. Streichen, Pigmentieren), ist die Papierbahn kurzzeitig mit einem Fluidfilm überzogen, der keinen mechanischen Kontakt verträgt. In diesem Fall ist die **Strahlungstrocknung** das Mittel der Wahl.

Tabelle 11.8 zeigt eine Übersicht der Trocknungsarten und ihrer charakteristischen Daten. Die effizienteste Wärmeübertragung erfolgt bei der Kontakttrocknung. Der größte Wärmestrom und damit die höchste Trocknungsgeschwindigkeit ist mit der Strahlungstrocknung im Infrarotbereich zu erreichen. Da Gas und Elektroenergie sogenannte „Edelenergieträger" sind, setzt man die darauf basierenden Trocknungsarten nur dort ein, wo es keine Alternative gibt.

Tabelle 11.8 Anwendung der Trocknungsarten in der Papiertechnik (nach [11.29])

Trocknungsart	Kontakttrocknung	Konvektionstrocknung	Strahlungs-trocknung (Infrarot)
Energiequelle	Dampf	Gas	Gas/Elektroenergie
Wärmeübertragungskoeffizient in $W/m^2 \cdot K$	500...3000	50...300	50...110
ΔT in K	10...40	100...300	800...1000
Wärmestrom in kW/m^2	10...40	20...90	50...110
Beispiele	Trockenzylinder	Yankee-Haube bei Tissue Schwebetrockner in Streichmaschinen	Streichmaschinen

Neben der Trocknung der Papierbahn auf einen Trockengehalt bzw. Feuchtegehalt gleichmäßig in Längs- und Querrichtung hat die Trockenpartie die Aufgabe, die Papierbahn störungsfrei, d. h. ohne Abrisse, Faltenbildung usw. zur Schlussgruppe zu transportieren [11.30].

11.2.3.1 Kontakttrocknung

Zentrales Element ist der dampfbeheizte Trockenzylinder. In Bild 11.43 sind zwei Varianten solcher Trockenzylinder gezeigt. Traditionell wurden Trockenzylinder gegossen. Gusseisen hat eine höhere Wärmedurchgangszahl als Stahl. Gleichzeitig ist seine Festigkeit im Vergleich zu Stahl geringer. Bei breiten Papiermaschinen bedeutet das in der Regel, dass gegossene Zylinder aus Stabilitätsgründen eine größere Wanddicke benötigen. Damit wird der Vorteil des besseren Wärmedurchgangs zumindest teilweise wieder aufgehoben. Bild 11.43 bewertet beide Varianten.

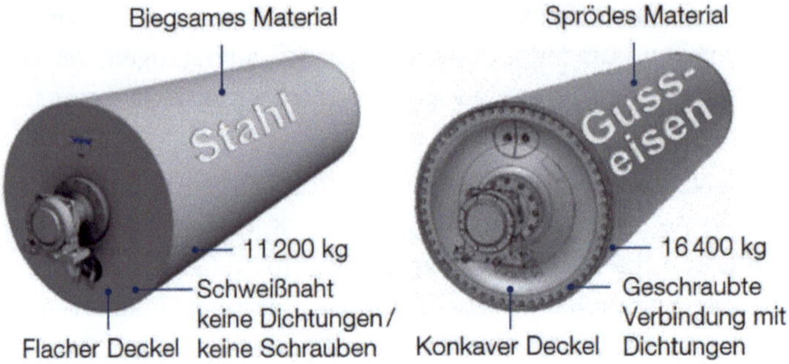

Bild 11.43 Vergleich zweier Trockenzylinder aus Stahl (EvoDry) und Gusseisen [11.31]

Dampf strömt von der Antriebsseite der Papiermaschine in die Trockenzylinder ein, kondensiert und wird auf der Führerseite über stationäre oder rotierende Syphons entnommen und dem Kesselhaus wieder zugeführt. Die Kondensationswärme heizt den Zylinder und außerhalb desselben die Papierbahn und das Trockensieb. Die bauliche Anordnung der Trockenzylinder innerhalb der Papiermaschine heißt Trockenpartie.

Das Verhalten des Kondensats innerhalb des Trockenzylinders hängt von der Maschinengeschwindigkeit ab. Bei sehr niedrigen Geschwindigkeiten bildet sich ein Sumpf. An den Teilen des Zylinders, die nicht vom Sumpf benetzt sind, ist die Wärmeübertragung sehr gut. Mit steigenden Maschinengeschwindigkeiten erhöht sich das Schleppvermögen der Zylinderinnenwand in Bezug auf das Kondensat. Aus dem Sumpf wird eine Kaskade. Ein Teil des Kondensats befindet sich im freien Fall innerhalb des Zylinders. Dadurch ist das Trägheitsmoment des Zylinders zeitlich gesehen undefiniert. Bei dem als konstant anzusehenden Antriebsdrehmoment ergibt sich damit eine zeitlich stochastische Drehzahlschwankung, die vor allem bei Papieren mit niedriger flächenbezogener Masse zu Abrissen innerhalb der Trockenpartie führen kann. Bei hohen flächenbezogenen Massen, also beispielsweise im Kartonbereich, ist dies weniger kritisch. Die Maschinengeschwindigkeit, bei der dieses Phänomen auftritt, liegt bei den üblichen Trockenzylinderdurchmessern (1800 mm) bei etwa 400 m/min. Ist die Maschinengeschwindigkeit wesentlich höher als 400 m/min, bildet sich ein stabiler Kondensatring. Da das Kondensat ein vergleichsweise schlechter Wärmeleiter ist, verringert sich der Wärmedurchgang über dem gesamten Zylinderumfang umso mehr, je dicker die Kondensatschicht ist. Die Geschwindigkeitsabhängigkeit des Kondensatverhaltens zeigt Bild 11.44.

Bild 11.44 Kondensatverhalten als Funktion der Maschinengeschwindigkeit

Im Bereich des stabilen Ringbetriebs (etwa ab 600 m/min) ist die Strömung innerhalb des Rings laminar. Da Wasser ein vergleichsweise schlechter Wärmeleiter ist (vgl. Tabelle 11.7), verschlechtert sich der Wärmeübergang mit zunehmender Dicke des Kondensatrings. Aus diesem Grunde empfiehlt sich der Einbau von Kondensatstörleisten. Wie links in Bild 11.45 gezeigt, generieren diese Störleisten Turbulenzen innerhalb des Kondensatrings. Dadurch kommt es zur Zwangskonvektion, die die Wärmeübertragung verbessert. Bild 11.45 zeigt rechts die Einbausituation der Störleisten in dem Trockenzylinder.

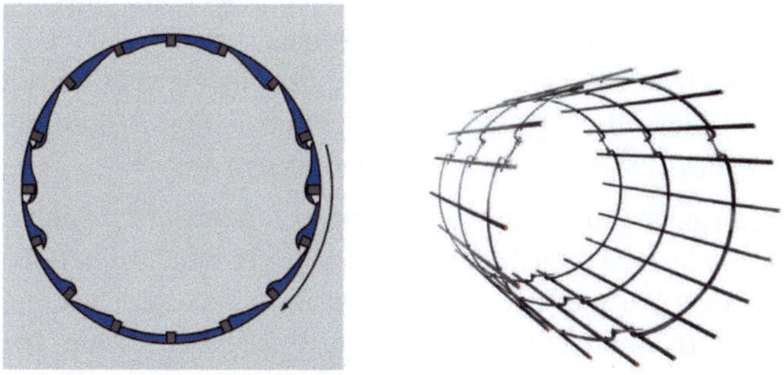

Bild 11.45 Wirkungsweise und Einbau der Kondensatstörleisten ([11.32] und [11.33])

Der Kondensatring benötigt eine gewisse Dicke, damit durch die Rotation des Zylinders die Störleisten vom Kondensat „übersprungen“ werden können. Diese Betriebsverhältnisse werden in Bild 11.46 illustriert.

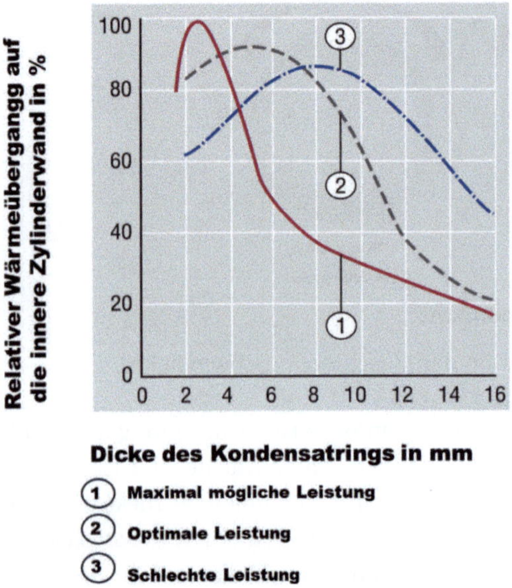

Bild 11.46
Wirksamkeit der Kondensatstörleisten in Abhängigkeit von der Dicke des Kondensatrings (nach [11.32])

Die Dicke des Kondensatrings wird über einen Syphon reguliert, der das Kondensat kontinuierlich aus dem Trockenzylinder heraussaugt. Bild 11.47 zeigt einen stationären Syphon. Es besteht auch die Möglichkeit, den Syphon im Trockenzylinder rotieren zu lassen. Stationäre Syphons werden in der Regel bei schnelllaufenden Papiermaschinen eingesetzt, da sie den Vorteil haben, dass der Differenzdruck, der zur Ableitung des Kondensats erforderlich ist, konstant und drehzahlunabhängig in Bezug auf den Trockenzylinder ist. Bei rotierenden Syphons steigt die notwendige Druckdifferenz mit steigender Drehzahl des Syphons nichtlinear (quadratisch) an.

Bei der Wärmeübertragung aus dem Dampfraum des Trockenzylinders in die Papierbahn (Bild 11.48) sind mehrere Materialschichten von innen nach außen zu berücksichtigen, die unterschiedlich gut Wärme leiten. Kondensat ist, wie besprochen, ein relativ schlechter Wärmeleiter. Die Schichtdicke liegt idealerweise bei 5...10 mm. Der Gradient der Temperaturabnahme ist größer als innerhalb des Dampfraums. Der Mantel des Trockenzylinders hat eine Dicke von etwa 25 mm. Er ist ein um den Faktor von rund 80 besserer Wärmeleiter als der Kondensatfilm. Der Temperaturgradient ist im Vergleich deshalb der niedrigste der beteiligten Materialien. Im Einlaufbereich eines Trockenzylinders gelangt Schleppluft zwischen Papierbahn und Trockenzylinder. Der Temperaturgradient ist hier am größten bei allerdings sehr dünner und durch die Siebspannung über den Umfang gesehen kontinuierlich reduzierten Schichtdicke. Die folgende Schicht sind trockene Papierfasern als schlechter Wärmeleiter gefolgt von feuchten Fasern mit einem im Vergleich zum getrockneten Material wiederum etwas verringertem Temperaturgradienten.

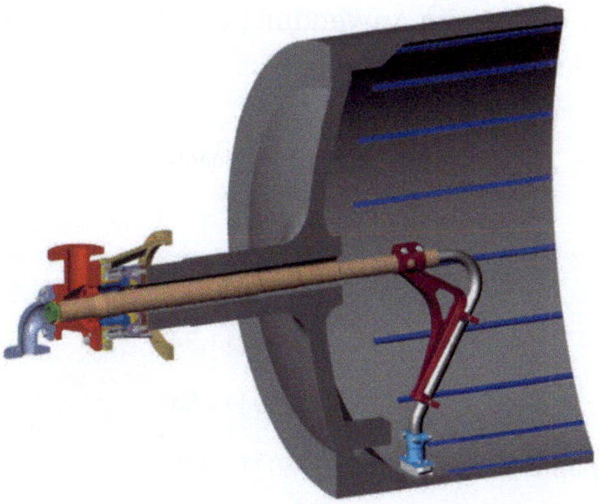

Bild 11.47
Syphon zur Kondensatableitung und Kondensatstörleisten (nach Voith [11.33])

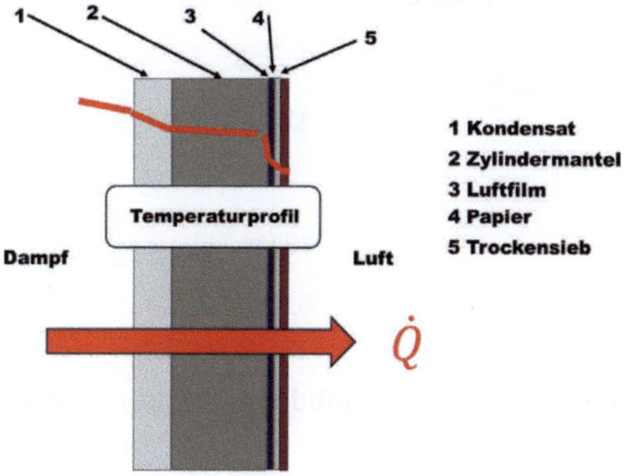

Bild 11.48
Wärmedurchgang am Trockenzylinder

$$\dot{Q} = k \cdot A \cdot \Delta T \tag{11.11}$$

$\dot{Q}$ Wärmestrom, k Wärmedurchgangszahl, A Papierberührte Fläche, ΔT Temperaturdifferenz Dampfraum-Papierbahn

Die Wärmedurchgangszahl berechnet sich nach folgender Formel:

$$k = \frac{1}{\frac{1}{\alpha_1} + \frac{1}{\alpha_2} + \frac{d}{\lambda}} \tag{11.12}$$

α_1 Wärmeübergangskoeffizient Kondensat-Trockenzylinderwand, α_2 Wärmeübergangskoeffizient Zylinderwand-Luft, d Dicke der Trockzylinderwand, λ Wärmeleitfähigkeit Trockenzylindermaterial

Der Wärmetransport durch den Luftfilm (Ziffer 3 in Bild 11.48) wird in der Regel vernachlässigt. Luft ist mit einem Wärmeleitkoeffizienten λ von 0,0262 W/(m·K) zwar ein schlechter Wärmeleiter, die Dicke des Luftfilms liegt aber in der Größenordnung der Rauheit der Zylinderoberfläche, also im Mikrometerbereich.

Eine Übersicht über wichtige Koeffizienten, die für die Anwendung der Formel 11.11 und der Formel 11.12 erforderlich sind, findet sich in Tabelle 11.9.

Tabelle 11.9 Übersicht über Koeffizienten im Zusammenhang mit der Wärmeübertragung

Koeffizient	Stoff/Zustand	Wert
α in $kJ/(m^2hK)$	Sumpfbetrieb	3300 [11.34]
	Ringbetrieb	2500 [11.34]
	Schreib- und Druckpapier	420 [11.34]
	Zeitungsdruckpapier	790 [11.34]
	Pergamin-, Pergamentersatzpapier	1045 [11.34]
λ in $W/(m \cdot K)$	Luft	0,0262
	Grauguß	41,5...52,2 [11.35]
	Stahl, unlegiert	48...58 [11.36]
	Stahl, hochlegiert	15 [11.36]
	Wasser	0,6 (bei 20 °C)

Für Papier gilt: Je höher die scheinbare Dichte (früher als Rohdichte bekannt), desto höher der Koeffizient für den Wärmeübergang.

Die Zylindertemperatur wird der Trockenkurve für kapillarporöse Güter angepasst, beginnt etwa mit 60 °C beim Einlauf in die Trockenpartie, steigert sich auf 100 °C...110 °C und sinkt dann auf ca. 80 °C...90 °C am Ende der Trockenpartie. Die niedrige Temperatur im Einlauf ist notwendig um einerseits eine Dampfblasenbildung im Papier zu verhindern, andererseits um zu vermeiden, dass die Adhäsion zwischen Zylinderoberfläche und trockenen Fasern größer ist als die zwischen trockenen und noch feuchten Fasern innerhalb der Papierbahn. Trockene Fasern würden aus der Bahnoberfläche herausgerupft und so unvertretbar viel Schaberdreck am Trockenzylinder produzieren.

In Bild 11.49 sind die Temperaturen, Trockengehalte und der Dampfdruck für eine Trockenpartie einer Papiermaschine für Zeitungsdruckpapier mit einer flächenbezogenen Masse von 42 g/m² zusammengestellt. Es handelt sich um eine einreihige Trockenpartie mit 31 Trockenzylindern und einer Papiermaschinengeschwindigkeit von 1672 m/min.

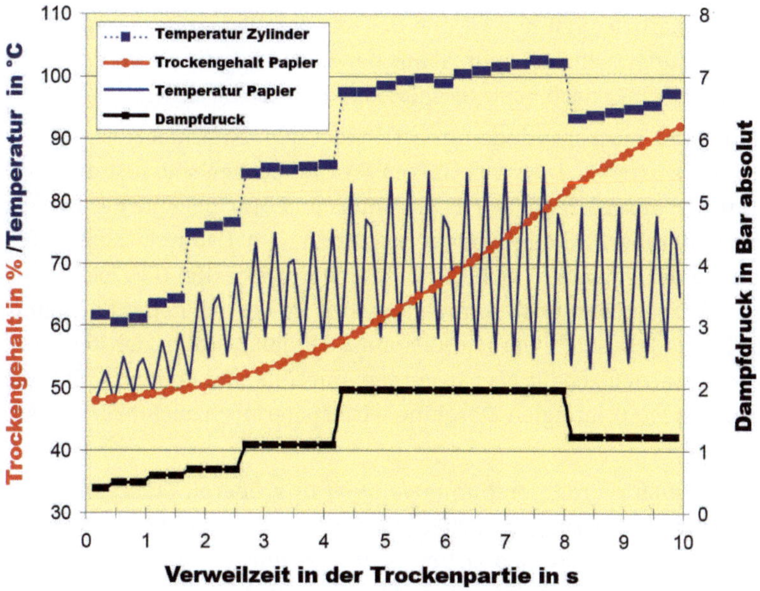

Bild 11.49 Temperaturentwicklung während der Trocknung in einer Papiermaschine (nach [11.29])

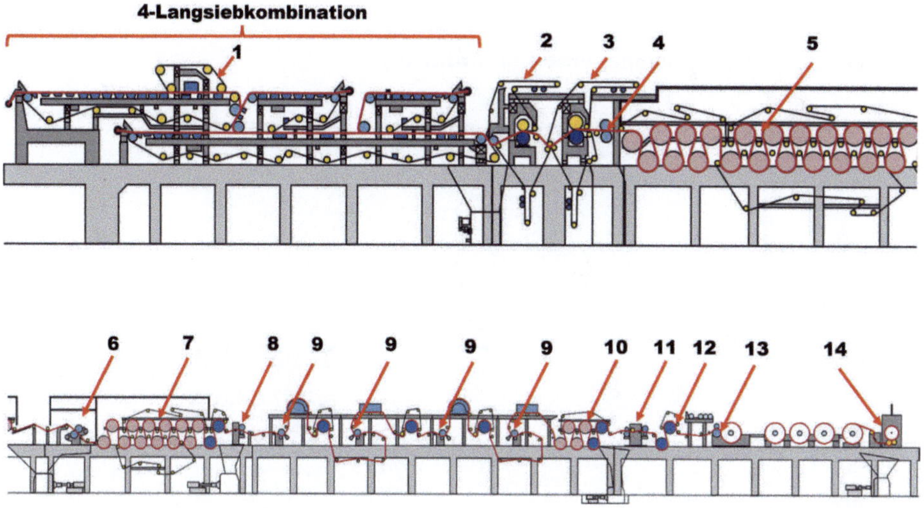

Bild 11.50 Kartonmaschine mit zweireihiger Trockenpartie und Nachtrockenpartien von Voith [11.37]

1 Hybridformer, 2 Saugpresse, 3 Schuhpresse, 4 Offsetpresse, 5 Zweireihige Vortrockengruppe, ca. ⅓ der Gesamtlänge, 6 Filmpresse, 7 erste Nachtrockengruppe, 8 Hard-Nip Glättwerk, 9 Blade Auftragswerk, 10 zweite Nachtrockengruppe, 11 Soft-Nip Glättwerk in Tandemanordnung, 12 Kühlzylinder, 13 Tragwalzenaufroller, 14 Umroller/Rollenschneider

Um die Wärmeenergie effizient zu nutzen und das aus dem Papier verdampfte/verdunstete Wasser strömungstechnisch optimal aus der Trockenpartie zu entfernen, ist die Trockenpartie unter einer nach oben geschlossenen Haube installiert.

Nach der Anordnung der Trockenzylinder unterscheidet man zwischen zweireihigen und einreihigen Trockenpartien. Die zweireihigen Trockenpartien sind historisch gesehen älter. In ihnen ist alternierend jeweils die Unter- und die Oberseite des Papiers mit der Trockenzylinderoberfläche in Kontakt (vgl. Bild 11.50). Dadurch schrumpfen Ober- und Unterseite des Papiers in Querrichtung etwa gleichartig. Dies ist günstig für die Planlage des Erzeugnisses und besonders wichtig im Bereich hoher flächenbezogener Massen (Karton). Deshalb werden Kartonmaschinen heute in der Regel mit zweireihigen Trockenpartien gebaut bzw. beginnen einreihig und enden zweireihig. Die Spezifik der in Bild 11.50 gezeigten Maschine wird später noch ausführlich erläutert.

Einreihige Trockenpartien wurden erst ab etwa 1990 in größeren Stückzahlen gebaut. Ihr Vorteil liegt in der Nutzung der Synergien der thermischen und der Konvektionstrocknung. In einreihigen Trockenpartien ist immer nur die Unterseite des Papiers mit dem Trockenzylinder in Kontakt und schrumpft deshalb stärker als die Oberseite. Dadurch kann es zum sogenannten Curl (Rollneigung) des Papiers kommen. Bild 11.51 zeigt dies und andere Fehler bezüglich der Planlage, die durch die Trocknung verursacht werden können.

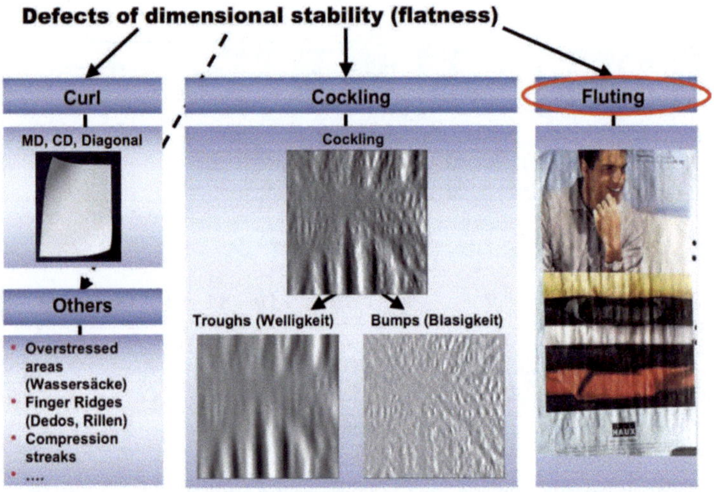

Bild 11.51 Typische Abweichungen von der Planlage, die ihre Ursache in der Trocknung haben [11.29]

Eine wirksame Methode, Planlagefehler zu kompensieren, ist die Übertrocknung des Papiers (nahe an 100 % Trockengehalt) und die anschließende Rückfeuchtung mithilfe von Düsenfeuchtern und/oder Dampfblaskästen. Dieser Weg ist vom Standpunkt der Energieökonomie nicht der effizienteste. Bild 11.52 zeigt daher eine innovative Lösung, bei der in der senkrecht angeordneten Trockengruppe die trockenzylinderberührte Papierseite von der Unterseite zur Oberseite wechselt (Laufrichtung von rechts nach links).

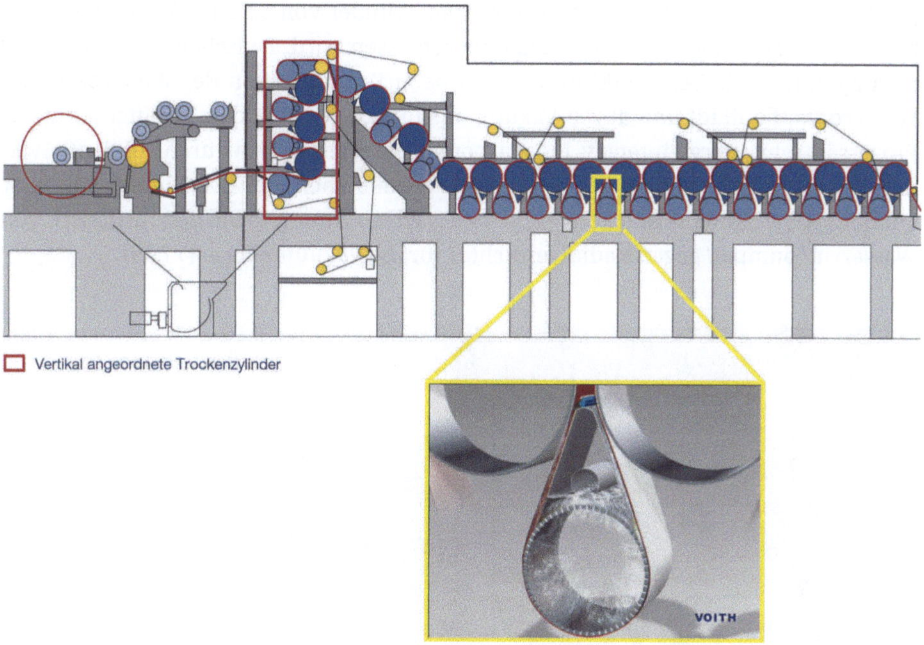

Bild 11.52 Einreihige Trockenpartie mit Curl-Kompensation in der senkrechten Trockengruppe (DuoDry CC) [11.38]

Die untere Reihe der einreihigen Trockenpartie in Bild 11.52 besteht aus Walzen, die durch Vakuumbesaugung eine erzwungene Konvektion generieren und auf diese Weise Wasserdampf aus der Trockenpartie entfernen (siehe Ausschnittvergrößerung in Bild 11.52). Damit das Vakuum nicht unkontrolliert aus der Saugzone entweichen kann, sind am Stabilisator mit Dreiecksquerschnitt flexible Dichtleisten (DynaSeal) angebracht.

Die Papierbahn wird mithilfe von Trockensieben durch die Trockenpartie geführt. Dabei soll das Arbeitsvermögen durch die Vermeidung von freien Zügen erhalten und die Faltenbildung vermieden werden. Die Herstellung der Trockensiebe erfolgt durch Weben oder durch Fügen (Spiralsieb). Die Anforderungen sind neben hohen Festigkeiten eine hohe Permeabilität und eine geringe Dicke, damit wenig Schleppluft in die

Zwickel zwischen Sieb und Trockenzylinder gelangt, die zu Bahnflattern und zur Faltenbildung führen könnte. Das Material ist Polyester oder Polyphenylensulfid.

11.2.3.2 Konvektionstrocknung

Wie bereits erwähnt, nutzt man bei einreihigen Trockenpartien eine Synergie zwischen Kontakt- und Konvektionstrocknung. Typische Anwendungsfälle für die Konvektionstrocknung finden sich im Bereich der Tissueherstellung (TAD) und bei Filterpapieren. Dort wird mit Durchströmtrocknern gearbeitet (siehe Bild 11.53). Die Papierbahn umspannt dabei einen perforierten Zylinder von 3,5...4 m Durchmesser zu mindestens 270°, der von einer Haube umschlossen wird. Zwischen der Haube und dem Zylinder zirkuliert Heißluft, die sich beim Durchströmen der Papierbahn mit Wasserdampf auflädt und durch Vakuum ins Innere des Zylinders gesaugt wird. Der Prozess ist sehr energieintensiv. Einsparpotenziale ergeben sich durch effiziente Wärmerückgewinnung, Absenkung des Trockengehalts nach der TAD-Einheit von 96 % auf beispielsweise 65 % und konventionelle Nachtrocknung sowie den Austausch von Wasserringpumpen gegen Radialverdichter für die Vakuumanlage [11.39].

Bild 11.53 Einbau eines Durchströmtrockenzylinders in die Trockenhaube [11.39]

Eine weitere Anwendungsmöglichkeit der Papiertrocknung durch Zwangskonvektion sind die sogenannten Prallstromtrockner (Impingement Dryer). Ein mögliches Konstruktionsprinzip zeigt Bild 11.54. Die gezeigte Anordnung ist besonders dafür geeignet, die Trocknungskapazität für unter Rekonstruktion befindliche Papiermaschinen zu erhöhen, bei denen die bisher vorhandene Trockenpartie eine erwünschte Steigerung der Maschinengeschwindigkeit nicht zulassen würde. Ist im Papiermaschinenkeller eine ausreichende Bauhöhe vorhanden, um die senkrechte Bauform des Trockners einbauen zu können, ändert sich an der Gesamtlänge der Papiermaschine nichts.

In [11.40] wird berichtet, dass es durch den Einbau des gezeigten Prallstromtrockners möglich wurde, die Produktivität der Maschine um 15 % zu steigern. Die Papierbahn wird mit dem Trockensieb zunächst nach unten geführt, um einen Zylinder der gleichen Bauart, wie in der konventionellen Trockenpartie herum dann wieder nach oben in die bereits vorhandene Trockenpartie eingebunden. In die freie Strecke zwischen den senkrecht übereinanderstehenden grauen Zylindern sitzt links und rechts eine Haube, in der durch Verbrennung von Gas Heißluft erzeugt wird, die über Gebläse in die im Bild dunkelrot dargestellten Prallstromkästen gelangt und von dort über Düsen mit hoher Geschwindigkeit auf die Papierbahn aufprallt (daher der Name). Dieser Vorgang ist im Detail im Bild 11.55 skizziert.

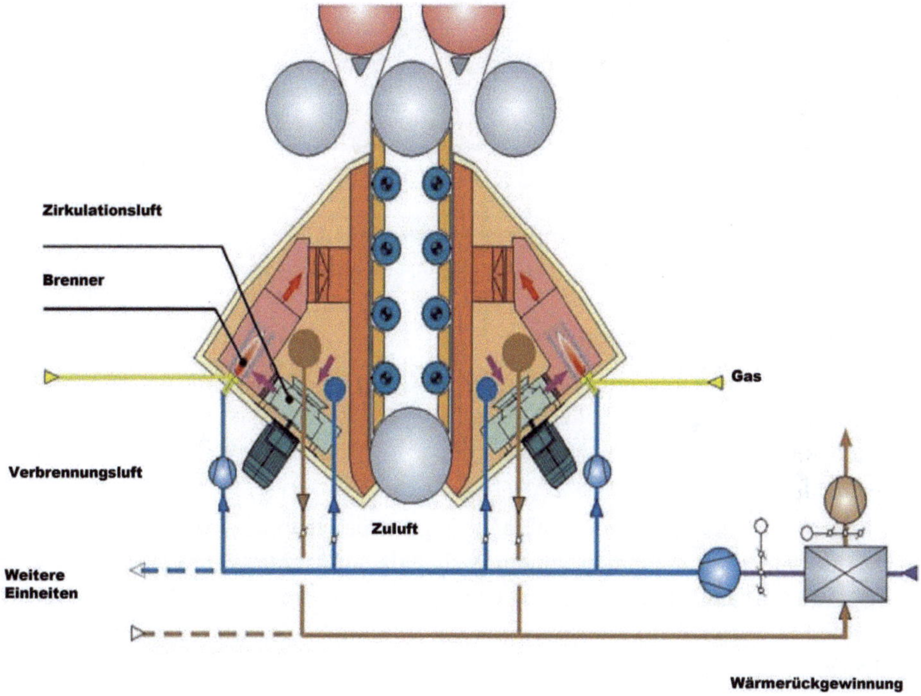

Bild 11.54 Anordnung eines Prallstromtrockners unterhalb einer konventionellen Trockenpartie [11.40]

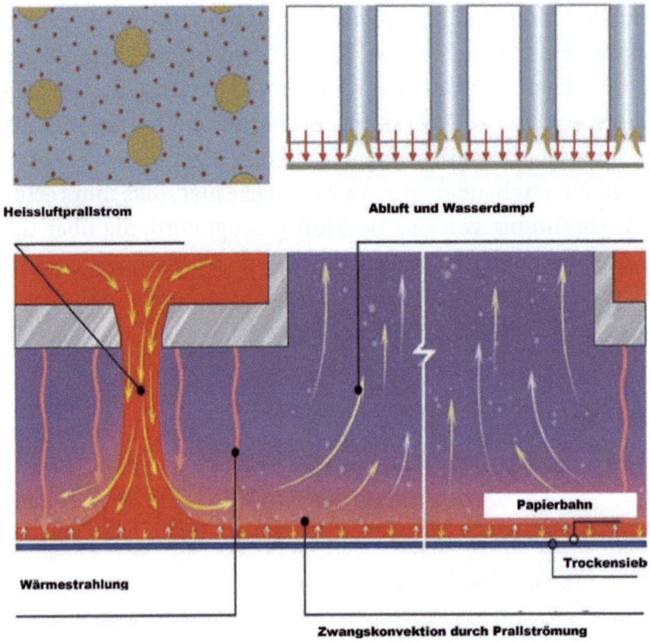

Bild 11.55 Prinzipdarstellung der Prallstromtrocknung [11.40]

11.2.3.3 Strahlungstrocknung

Die Strahlungstrocknung erfolgt mithilfe von Infrarot- (IR-) Strahlern. Diese werden elektrisch, häufiger aber gasbeheizt ausgeführt. Ein lokales Maximum der IR-Absorption von Wasser liegt bei einer Wellenlänge von 1500 nm. Diese sollte durch die Strahler bedient werden. [11.41][11.42].

Die Anordnung der einzelnen Strahler erfolgt in Baugruppen, wie in Bild 11.56 gezeigt. Mit dem HelioX-Element, einem gasbeheizten Strahler für hohe Intensitäten von bis zu 14 kW bei einer Abmessung von 150 mm × 200 mm (kleine Abbildung rechts in Bild 11.56) ließen sich in der gezeigten Anordnung bis zu 420 kW/m Arbeitsbreite an Trocknungsenergie bereitstellen.

Bild 11.56 Anordnung eines IR-Trockners in einer Papiermaschine.
Kleines Bild: IR-Strahler HelioX der Fa. Voith [11.43]

11.2.4 Auftrag von Oberflächenbeschichtungen (Inline-Konzepte)

Der Oberflächenauftrag erfolgt zum Zwecke der Leimung oder als Strichauftrag. Die Leimung steuert die Sorptionseigenschaften des Papiers und kann die Festigkeit (vor allem die statische) positiv beeinflussen. Durch den Strichauftrag sollen dem Papier und Karton zusätzliche Eigenschaften verliehen und der Gebrauchswert erhöht werden. Das Aufbringen eines Strichs auf die Papier- oder Kartonoberfläche wird auch als Veredeln bezeichnet. Verarbeitungstechnisch betrachtet gehört das Aufbringen von Oberflächenbeschichtungen zu den Verfahren zur Kombination von Materialien.

Gestrichene Papiere sind solche, die durch ein- oder beidseitige Oberflächenbehandlung mit einem aus Pigment und Bindemittel und gegebenenfalls weiteren Zusätzen bestehenden Aufstrich (Streichfarbe) versehen sind. Durch den Aufstrich werden die Unebenheiten des Rohpapieres ausgefüllt und es wird eine geschlossene Oberfläche gebildet. Auf diese Weise erhält das Papier beste Druckeigenschaften, Glanz oder besondere dekorative Wirkung. Auch können funktionelle Eigenschaften an der Oberfläche entwickelt werden.

Je nach Egalisier-Applikator kann man einen Egalisierstrich oder einen Konturstrich erzielen (siehe Bild 11.57).

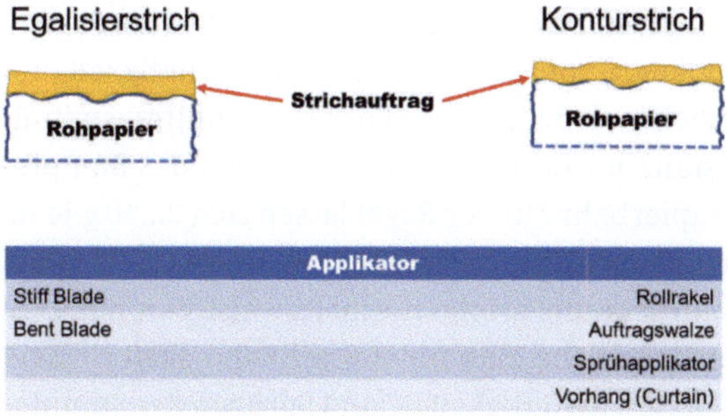

Bild 11.57 Grundsätzliche Möglichkeiten des Strichauftrags

Einseitig gestrichene Papier werden gewöhnlich als Chromopapier, beidseitig gestrichene Papiere als Kunstdruckpapier bezeichnet (siehe auch Abschnitt 2.3). Als Streichrohpapiere werden sowohl holzstoffhaltige als auch holzstofffreie Papiere verwendet, aber auch Papiere, die bis zu 100 % aus Altpapierstoff bestehen (siehe auch Abschnitt 2.3).

11.2.4.1 Zusammensetzung der Streichfarbe [11.44]

Eine Streichfarbe enthält üblicherweise folgende Komponenten (Details in Kapitel 13):

- Pigmente, die in Wasser mit Dispergierhilfsmitteln dispergiert werden. Stofflich entsprechen die Streichpigmente im Wesentlichen den Füllstoffen. Die natürlichen Pigmente werden im Vergleich zu den Füllstoffen mit höherer Teilchenfeinheit und höherem Weißgrad hergestellt.

- Bindemittel natürlicher und synthetischer Herkunft
  - natürliche Bindemittel, z. B. Stärke,
  - synthetische Bindemittel, z. B. Polyvinylacetat.
- Additive mit verschiedenen Funktionen, beispielsweise:
  - Dispergierhilfsmittel zur Pigmentdispergierung,
  - Härtungsmittel,
  - Weichmacher,
  - Viskositätsregler.

Der Auftrag erfolgt in Streichmaschinen, die entweder in die Papier- bzw. Kartonmaschine integriert sein können (Online-Streichen) oder separat betrieben werden (Offline-Streichen).

11.2.4.2 Baugruppen zum Oberflächenauftrag

Die traditionell angewandte Lösung für den Oberflächenauftrag auf die Papierbahn als inline Baugruppe ist die Leimpresse (Bild 11.58). Die Papierbahn wird senkrecht zwischen zwei Walzen (in der Regel Stahlwalzen mit Elastomerbezug) nach unten geführt. Oberhalb des Walzenspalts befindet sich ein- oder beidseitig der Sumpf mit dem Auftragsmittel. Als Auftragsmittel können Leim, Stärke, Pigmentsuspensionen gefärbt oder ungefärbt oder Biozide eingesetzt werden. Die Menge, die auf die Papierbahn übertragen werden kann, ist abhängig von der Maschinengeschwindigkeit, der Linienkraft, mit der die Walzen angestellt werden, der Viskosität des Auftragsmittels und der Konzentration der Wirksubstanz im Auftragsmittel, der Höhe des Sumpfes und dem Absorptionsvermögen der Papierbahn. In der Regel lassen sich 2...10 g je m^2 und Seite übertragen. Der Trockengehalt der Papierbahn geht dabei von ca. 96 % auf 60...70 % zurück. Die notwendige Nachtrocknung erfolgt normalerweise zumindest in der ersten Position mit Strahlungstrocknern. Die Maschinengeschwindigkeit ist limitiert, da es durch Schleppluft bei hohen Geschwindigkeiten zum Spritzen des Sumpfes kommen kann. Mit einigem konstruktiven Aufwand sind Maschinengeschwindigkeiten bis ca. 1000 m/min erreichbar.

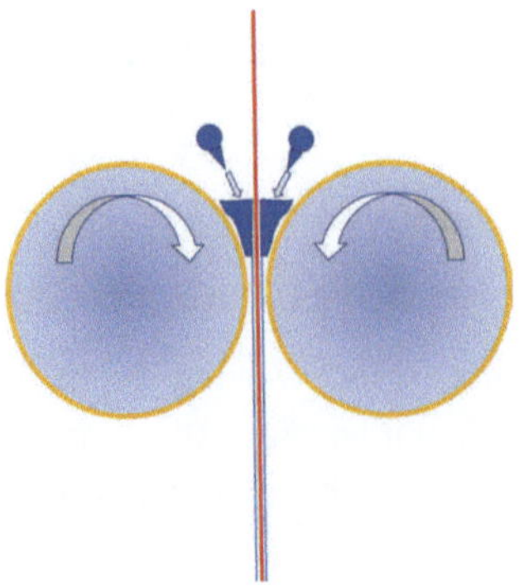

Bild 11.58
Leimpresse

Eine Möglichkeit, das Geschwindigkeitslimit der Leimpresse zu überwinden und Konstruktionsgeschwindigkeiten bis zu 2000 m/min zu erreichen, ist die Vordosierung des Auftragsmittels auf die Auftragswalzen. Eine technische Realisierung dieses Prinzips ist die Filmpresse, hier dargestellt anhand des SpeedSizer der Fa. Voith (Bild 11.59).

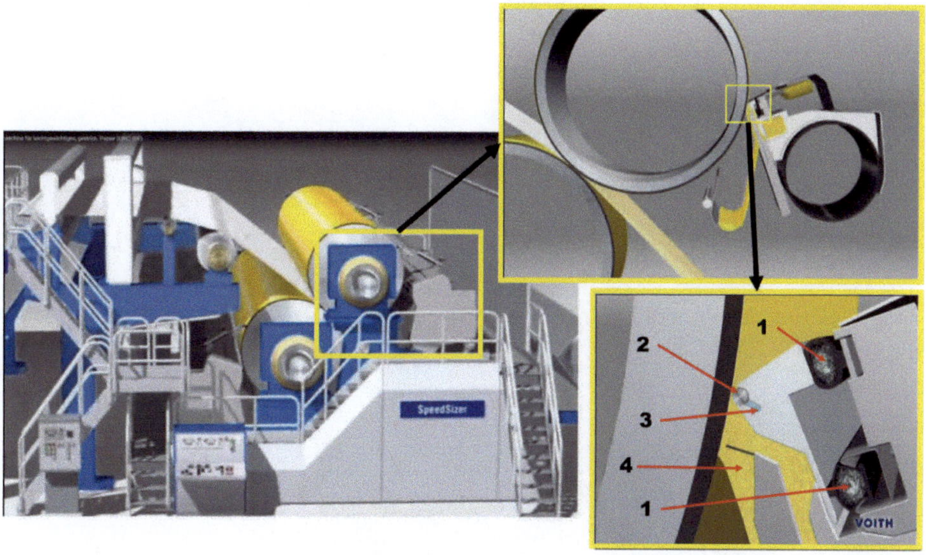

Bild 11.59 SpeedSizer der Fa. Voith [11.45]
1 Druckschlauch zur Rakelanstellung, 2 Rollrakel, 3 Spülwasserzuleitung zum Rakel, 4 Streichfarbenrücklauf

An jeder der beiden Auftragswalzen befindet sich ein Streichkopf, der für die rechte Seite in Bild 11.59 im Detail dargestellt ist. Das Aggregat arbeitet mit einer Überschussdosierung und besitzt demzufolge einen Streichfarbenrücklauf. Die Dosierung der auf die Walze übertragenen Streichfarbenmenge erfolgt über die Auswahl der Geometrie des Rakelstabs und der Variation des Anpressdrucks über die Druckschläuche. Im Vergleich zur Leimpresse kann man bei der Filmpresse Streichfarben mit höheren Feststoffgehalten verwenden und so die Auftragsmenge erhöhen und die Abdeckung der Oberfläche verbessern. Der Hersteller veröffentlicht dazu die in Bild 11.60 dargestellten Angaben.

Daneben existieren Streichaggregate, die nur eine Papierseite bearbeiten. Dazu zählen Walzenauftragswerke und Sprüheinrichtungen.

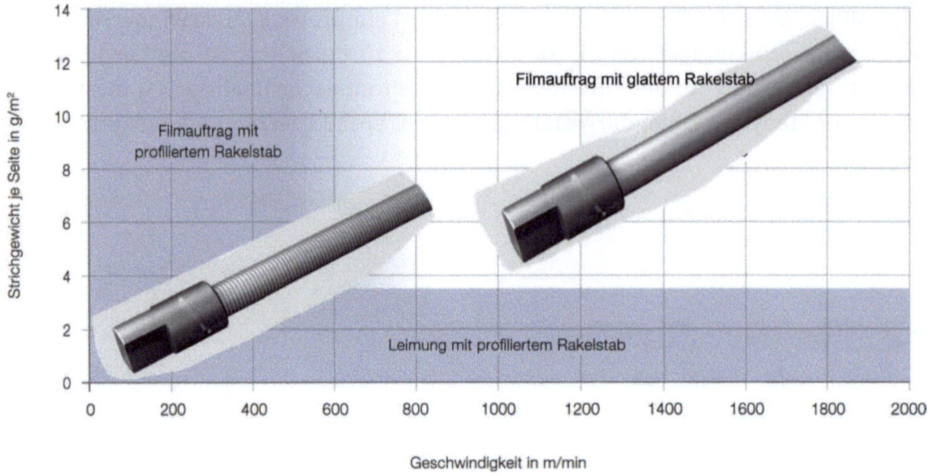

Bild 11.60 Auftragsmengen (Strichgewicht) in Abhängigkeit von der Geometrie des Rakelstabs [11.46][11.47]

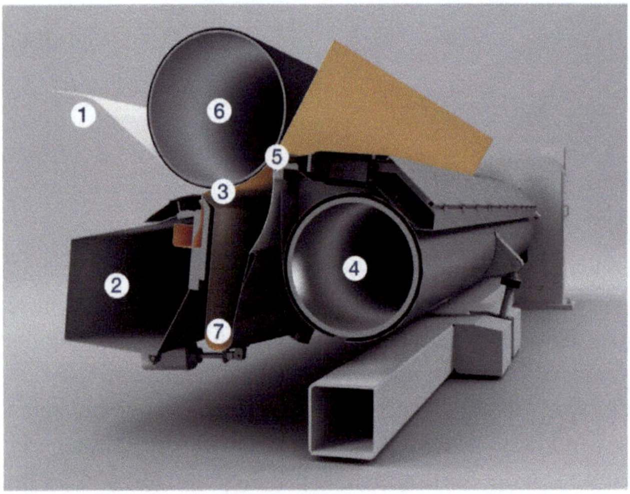

Bild 11.61 DynaCoat von Voith [11.48]

1 Bahneinlauf, 2 Farbauftragswerk, 3 Farbauftrag auf die Bahn, 4 Rakelbalken mit z. B. Blade, 5 Blade (Streichklinge), 6 Gegenwalze, 7 Farbrücklaufrinne

Bild 11.61 zeigt ein Blade-Auftragswerk für einen einseitigen Egalisierstrich. Eine ausreichende Abdeckung der Papieroberfläche vorausgesetzt, hat diese Auftragsart den Vorteil, dass Glättwerke effizienter arbeiten können. Die Streicheinrichtung kann sowohl in inline als auch in offline Konzepten verwendet werden.

Ein Auftragsverfahren, das sich ebenfalls in der jüngeren Vergangenheit etablieren konnte, ist das Vorhangstreichen (Curtain Coating). Hierbei lassen sich ebenfalls Maschinengeschwindigkeiten von bis zu 2000 m/min erreichen. Ein weiterer Vorteil besteht darin, dass der Vorhang aus bis zu drei Strömen von Streichmasse gebildet werden und jeder Streichmassenstrom eine eigene Rezeptur haben kann. In Bild 11.62 ist ein Curtain Coater mit der Möglichkeit gezeigt, den Vorhang aus zwei Streichmasseströmen zu bilden. Kritische Größe für die Qualität des Oberflächenauftrags ist die Stabilität des Vorhangs. Durch entsprechende Einbauten (Positionen 4 und 5 in Bild 11.62) muss gewährleistet sein, dass keine Schleppluft und keine außerhalb des Coaters generierte Turbulenz den Vorhang aus der Senkrechten auslenkt.

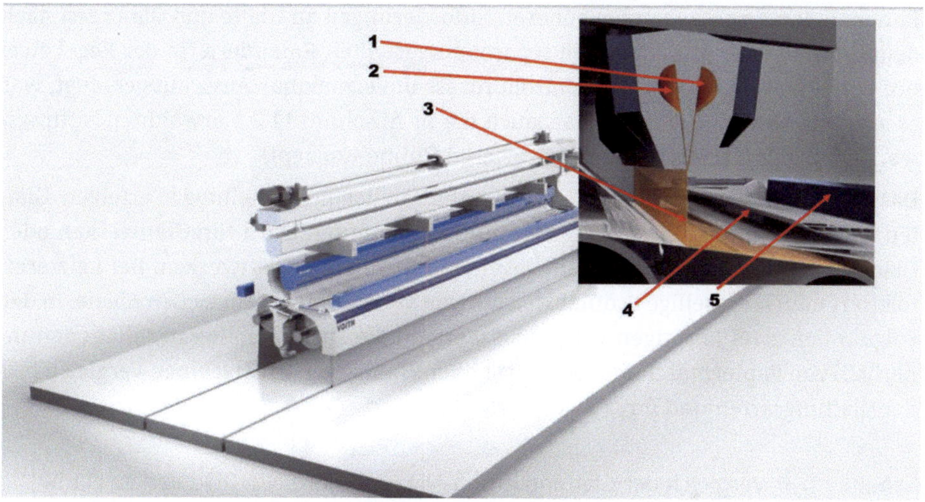

Bild 11.62 Curtain Coater DynaLayer™ der Fa. Voith [11.49]
1 und 2 Dosierung für zwei ggf. unterschiedliche Streichfarben, 3 Streichfarbenvorhang (Curtain), 4 Strömungseinbauten, 5 Zufuhr des senkrecht nach oben gerichteten Luftvorhangs

Nach dem Streichen werden die Papiere in der Regel satiniert und ausgerüstet.

11.2.5 Satinage (Inline-Konzepte)

Da die feuchte und leicht verformbare Papierbahn mithilfe textiler Träger (Blattbildungssiebe, Pressfilze, Trockensiebe) durch die Papiermaschine geführt wird, lässt es sich nicht vermeiden, dass sich die textilen Strukturen wenigstens teilweise in der Oberfläche des Papiers abbilden. Es entsteht so eine gewisse Rauheit, die je nach Anwendungsfall mehr oder weniger stört. Bei grafischen Papieren ist eine glatte Oberfläche im Tiefdruck und zunehmend auch im Offsetdruck für eine gute Druckbildwiedergabe unabdingbar. Das gilt zumindest teilweise auch für Verpackungspapiere. Aus diesem Grund muss das Oberflächenrelief eingeebnet werden, das Papier wird satiniert. Unter Satinage versteht man den Durchgang einer Papier- oder Kartonbahn zwischen Walzen unter Druck zur Umformung des Materials. Das Satinieren wird in speziellen Maschinen durchgeführt, den Kalandern. Es wird unterschieden in Hard-Nip-Kalander, auch als Superkalander bekannt, oder in Soft-Nip-Kalander (siehe auch Abschnitt 12.3). Um die zu glättenden Papiere für den Satinagevorgang elastisch zu machen und um zu erreichen, dass die Gefügeverdichtungen beibehalten werden, wird das Papier teilweise vorher gefeuchtet.

Glättwerke/Kalander

Früher besaßen die Papiermaschinen ein einfaches eingebautes Glättwerk aus drei bis fünf Walzen (Qualitätsmerkmal maschinenglattes Papier, siehe Abschnitt 2.3). Die Endqualität erreichte man bei höheren Anforderungen an Glätte und Glanz erst nach dem Umrollen der Mutterrolle in separat aufgestellten Kalandern (in der Regel zwei pro Papiermaschine). Da jeder Umrollprozess unvermeidbar Ausschuss erzeugt, war es sinnvoll, sowohl Glättwerke als auch die in Abschnitt 11.2.4 erwähnten Auftragswerke in die Papiermaschine zu integrieren (Inline-Konzept).

Das Glätten des Papiers kann nach zwei grundsätzlichen Zielstellungen erfolgen: Glätten nach konstanter Dicke (kalibrieren) in sogenannten Hard-Nip-Glättwerken oder Glätten nach konstanter Dichte in sogenannten Soft-Nip-Glättwerken. Bei Letzteren toleriert man langwellige Profilabweichungen von der mathematischen Ebene. In der Folge sollen zwei Lösungen vorgestellt werden, die sich als inline-Installationen innerhalb von Papiermaschinen bewährt haben. Tabelle 11.10 zeigt einen Vergleich beider Glättungsarten und ihrer Zweckeignung.

Tabelle 11.10 Vergleich der Glättung in Soft-Nip- und Hard-Nip-Glättwerken [11.50]

Glättwerk	Soft-Nip-Glättung	Hard-Nip-Glättung
Technische Lösung (Beispiel)	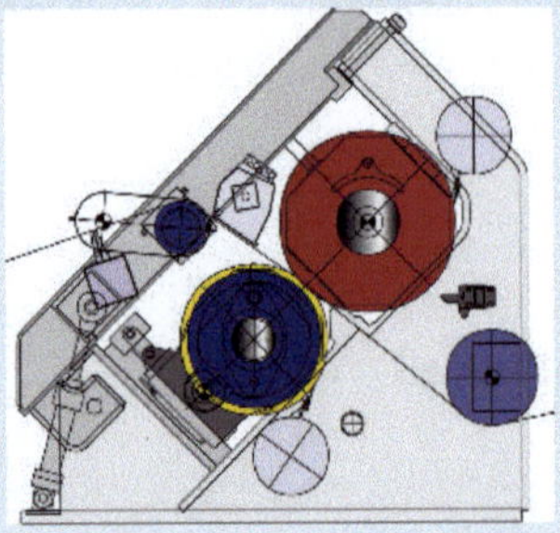	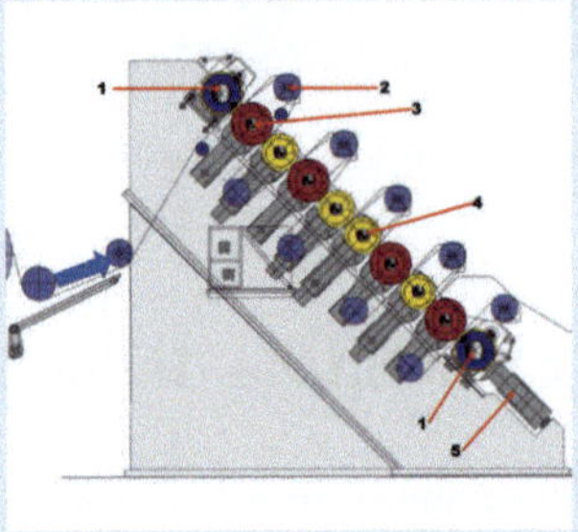
Anzahl der Nips	1...2	4...14
Linienkraft in kN/m	100...300	200...500
Temperatur in °C	130...230	110...150
Zweckeignung	Naturdruckpapiere (ungestrichen) für Tief- und Offsetdruck, Karton, Glättung vor dem Strichauftrag	SC-Papiere, LWC-Papier, hochwertige holzstofffreie Druckpapiere, Spezialpapiere, die eine konstante Dicke haben müssen

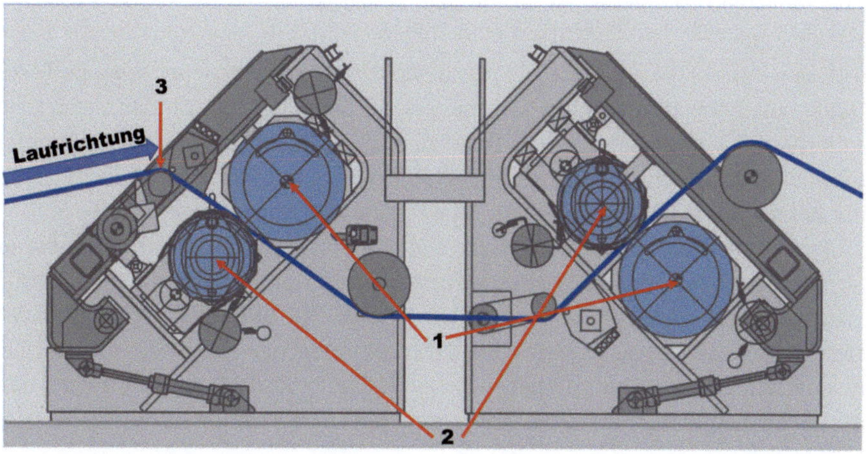

Bild 11.63 EcoSoft™ Delta der Fa. Voith [11.51]
1 Induktiv beheizte Stahlwalze, 2 durchbiegungskompensierte, zonengesteuerte Walze mit Elastomerbezug, 3 Papierbahn

Die Soft-Nip Glättung nutzt ggf. nur einen Spalt (Nip) zur Bearbeitung der Papierbahn. Dann wird z. B. nur die Oberseite bearbeitet (siehe entsprechendes Bild in Tabelle 11.10). Bild 11.63 zeigt eine Tandemanordnung zweier Nips. Mit dieser Anordnung wird jede Papierseite auf die gleiche Weise bearbeitet und die Zweiseitigkeit der Papiereigenschaften vermieden. Die Glättwerke besitzen eine elastomerbezogene Walze mit Zonensteuerung der Durchbiegung und als Gegenstück eine meist induktiv beheizte Stahlwalze mit geschliffener Oberfläche zur Erzeugung der Glätte. Sie arbeiten mit vergleichsweise geringen Linienkräften, aber hohen Temperaturen. Dadurch wird das Volumen des Papiers geschont (wichtig im Kartonbereich als Garantie für hohe Biegesteifigkeiten). Die Linienkraft wird über den Öldruck in der durchbiegungskompensierten Walze eingestellt. Die Einebnung des Reliefs erfolgt durch den bei hohen Temperaturen erreichten Glasübergang von insbesondere Hemicellulose, aber auch Cellulose. Dadurch verformt sich nur die unmittelbar walzenberührte Faserschicht und Lumen und Faserwand sowie Fasern untereinander verschmelzen in dieser Zone. Glätte wird generiert. Gleichzeitig werden die interfibrillären Bindungen verstärkt und die statische Festigkeit kann sich verbessern. Weitere in Richtung zur Elastomerwalze liegende Faserschichten erreichen die Glasübergangstemperatur aufgrund der geringen Kontaktzeiten nicht, bleiben also unbeeinflusst. Im Nip wird der Elastomerbezug der Gegenwalze im Millimeterbereich komprimiert. Dadurch reduziert sich hier die Umfangsgeschwindigkeit der Walze geringfügig, da die Drehzahl konstant bleibt. Es entsteht Reibung, die an dieser Papierseite Glanz erzeugt (Glanz und Glätte sind nicht identisch). Da die erreichte konstante Dichte auch bedeutet, dass die Sorptionseigenschaften über die gesamte Bahnoberfläche in alle Richtungen konstant sind, eignet sich diese Technik als Vorglättung für einen nachfolgenden Strichauftrag oder bei Naturpapieren für eine gleichmäßige Halbtonwiedergabe bei niedrigviskosen Druckfarben (Tiefdruck oder Inkjet).

Bild 11.64 zeigt ein Beispiel für ein Hard-Nip-Glättwerk mit neun Nips. Es besteht ebenfalls aus beheizten Stahlwalzen mit geschliffener Oberfläche zur Generierung von Glätte und Elastomerwalzen zu Erzeugung von Glanz. Die applizierten Temperaturen sind im Vergleich zum Soft-Nip-Glättwerk etwas niedriger, dafür sind die Linienkräfte höher. Die walzenspezifischen Effekte sind die gleichen wie bei der Soft-Nip-Glättung. Je eine zonengesteuerte Walze mit Durchbiegungsausgleich oberhalb und unterhalb der Kalanderwalzen sorgen für konstante Linienkräfte in Querrichtung. Die Anordnung der Walzen in einer um 45° geneigten Stuhlung erleichtert den Walzenwechsel dank besserer Zugänglichkeit. Da bei modernen Kalandern die Gewichtskraft jeder einzelnen Walze kompensiert werden kann, ist der Energieaufwand dafür im Vergleich zu einer senkrechten Anordnung um rund 30 % niedriger.

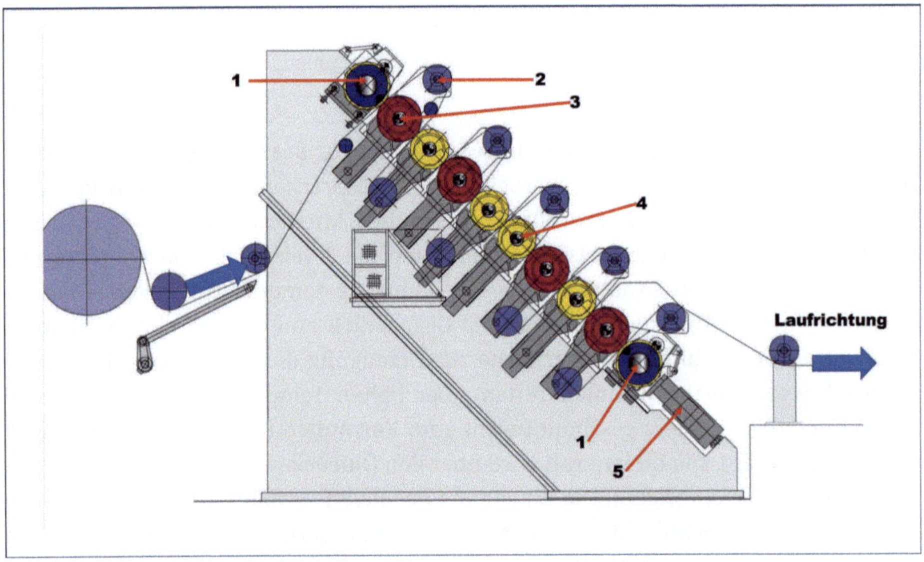

Bild 11.64 Janus™ MK2 Kalander der Fa. Voith [11.52]
1 durchbiegungskompensierte, zonengesteuerte Walze, 2 Breitstreckwalze, 3 Stahlgusswalze, beheizt, 4 Walze mit Elastomerbezug, 5 Anstellvorrichtung

Zu den erwähnenswerten Fehlern beim Glätten wie Faltenbildung oder Überdehnung des Papiers durch Breitstreckwalzen gehört auch die **Schwarzsatinage**. Dieser etwas irreführende Begriff beschreibt transparente Stellen im Papier, die durch den Glasübergang bei zu hohen Linienkräften und/oder Temperaturen entstehen können. Betrachtet man die Papieroberfläche im Schräglicht bei etwa 15°, remittieren diese Stellen das Licht nicht und erscheinen dadurch dunkel bis schwarz. Für einen 90°-Betrachter sind sie dagegen einfach nur transparent. Abhilfe schafft eine geänderte Verteilung der Linienkraft von Nip zu Nip oder eine Reduzierung der Temperatur.

11.2.6 Fertigstellung in der Schlussgruppe – Aufrollen der Papierbahn

Im abschließenden Teil der Papier-, Karton- oder Pappenmaschine, der Schlussgruppe, kann die Bahn noch konditioniert, d. h. auf den geforderten Endtrockengehalt bzw. die geforderte Endfeuchte eingestellt werden, sie wird ggf. noch einmal geglättet und schließlich aufgerollt. Verarbeitungstechnisch betrachtet gehört das Aufrollen der Papier- oder Kartonbahn zu den umformenden Verfahren [11.53]. Dabei wird die Papierbahn auf einen sogenannten Tambour (mit Hartgummi beschichtete Stahlwalze) aufgewickelt. Es entsteht die Mutterrolle. Ist der maximal mögliche Wickeldurchmesser (in der Regel 3,5...4,8 m) erreicht, muss die Mutterrolle aus der Maschine entfernt und ein neuer Wickelvorgang gestartet werden. Das technisch zu lösende Problem besteht also darin, den notwendigerweise diskontinuierlichen Wickelprozess an die kontinuierlich laufende Papiermaschine so anzupassen, dass die Maschine mit konstanter Geschwindigkeit weiterlaufen kann.

Jeder Lieferant von Papiermaschinen hat mindestens ein Aufrollkonzept. Das möglicherweise älteste, auf dem viele gegenwärtige Entwicklungen aufbauen, ist der Tragtrommelroller oder Poperoller [11.54].

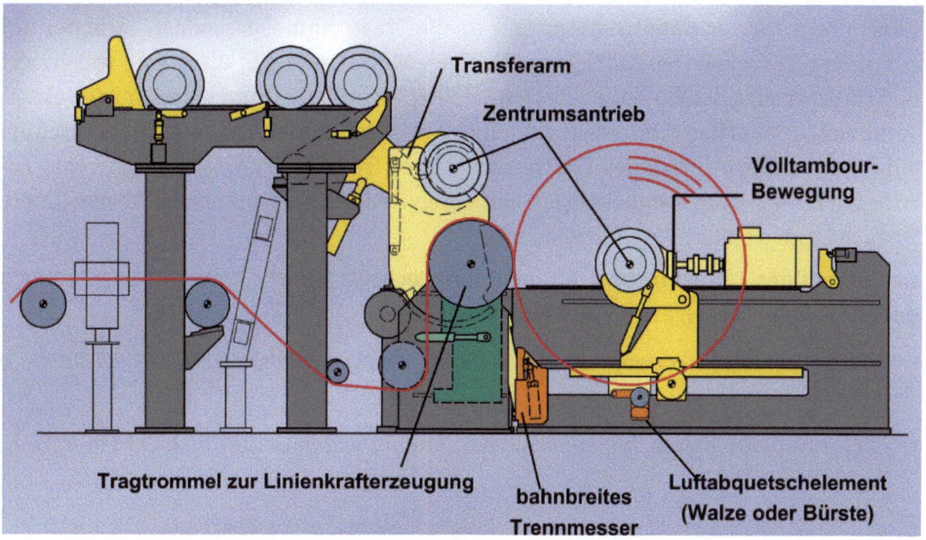

Bild 11.65 Aufroller nach dem Tragtrommelprinzip (Sirius™ Aufroller) [11.55]

Bild 11.65 zeigt beispielhaft einen Aufroller, der mit dem Tragtrommelprinzip arbeitet. Das zu lösende Problem besteht darin, dass die Papierbahn mit der konstanten Geschwindigkeit der Papiermaschine aufgerollt werden muss. Für die Mutterrolle bedeutet dies, dass sich ihre Drehzahl mit steigendem Durchmesser kontinuierlich verringert. Gelöst wird dieses Problem dadurch, indem die Tragtrommel mit konstanter

Drehzahl und der Umfangsgeschwindigkeit läuft, die der Maschinengeschwindigkeit entspricht. Die Tragtrommel kann traversieren und so den Anpressdruck gegen die Mutterrolle steuern. Die Mutterrolle traversiert ebenfalls nach rechts, bis der gewünschte (oder mögliche) Durchmesser erreicht ist. Sie hat einen eigenen Antrieb und die Drehzahl wird über eine Bahnspannungsmessung geregelt. Ein weiteres Problem ist die Schleppluft, die auf Ober- und Unterseite der Bahn mitgeführt wird. Die Schleppluft der Unterseite kann entfernt werden, indem man die Tragtrommel mit einen gerillten Elastomerüberzug versieht (ähnlich einem Reifenprofil). Die Schleppluft der Oberseite wird über das Luftabquetschelement entfernt. Entfernt man die Schleppluft nicht, kann dies zu Wickelfehlern führen (Falten, Luftblasen, zu geringe Wickelhärte, Teleskopieren, schlimmstenfalls Abrisse). Die Bedeutung dieser Probleme nimmt zu, je weniger permeabel die Papierbahn und/oder je höher die flächenbezogene Masse ist.

Ist der Durchmesser der Mutterrolle erreicht, erfolgt der Rollenwechsel. Der Transferarm beschleunigt den eingelegten Leertambour auf Maschinengeschwindigkeit und legt ihn auf die Tragtrommel ab. Das Trennmesser schlägt die Bahn von der Mutterrolle. Die Bahn, die aus der Papiermaschine kommt, wird pneumatisch in den Zwickel zwischen Leertambour und Tragtrommel geblasen oder durch Zentrifugalkräfte dahin geschleudert. Das Aufwickeln auf dem neuen Tambour beginnt. Die Mutterrolle wird in die Endlage traversiert (in Bild 11.65 nach rechts) und abgebremst. Der Transferarm bringt unter ständigem Andruck an die Tragtrommel den neuen Tambour auf die untere Traverse. Der Antrieb der fertigen Mutterrolle gibt diese frei, traversiert nach links zurück in die Position des neuen Wickels und übernimmt den Antrieb dieses Tambours. Die fertige Mutterrolle mit einer Masse von bis zu 160 t wird der Maschine entnommen. Der Antrieb des Transferarms wird frei, der Transferarm schwenkt zurück nach oben zum Tambourlager, um einen neuen Leertambour zu übernehmen. Danach kann sich der Vorgang wiederholen.

Der Ablauf des Tambour- bzw. Mutterrollenwechsels ist sehr komplex. Es lohnt sich daher, im Internet folgende Videos anzuschauen:

- Voith Doerries Poperoller, *https://www.youtube.com/watch?v=EkWYT3nwmEo* [11.56],
- Sirius Aufrollsysteme, *https://www.youtube.com/watch?v=ZtRoIiUM6tA* [11.57].

11.2.7 Bauarten von Papiermaschinen

Früher war jede Papiermaschine ein Unikat. Heute versuchen alle Maschinenbauer, dort, wo es möglich ist, auf modulare Konzepte zurückzugreifen. Das erleichtert Planung, Fertigung, Montage und Inbetriebnahme und sollte zu einer win-win-Situation für Lieferanten und Kunden führen. Zumindest im Bereich der grafischen Papiere, der Verpackungspapiere und bei Hygienepapieren lassen sich derartige Konzepte erfolgreich realisieren, im Bereich der Technischen und Spezialpapiere eher selten.

Die nachfolgenden Darstellungen (Bild 11.66, Bild 11.67 und Bild 11.68) leiden darunter, dass die Papiermaschinen ein Längen-/Höhenverhältnis von bis zu 30/1 haben. Da das nutzbare Buchformat maximal 205 mm zulässt, bedeutet dies, dass die darstellbare Bauhöhe auf ca. 7 mm schrumpft. Aus diesem Grund sind die großen Maschinen in mehrere Segmente unterteilt dargestellt, die in der Realität linear angeordnet sind.

11.2.7.1 Papiermaschinen für grafische Papiere

Bild 11.66 zeigt eine Papiermaschine zur Herstellung holzstofffreier gestrichener grafischer Papiere. Die herstellbaren flächenbezogenen Massen liegen im Bereich von 40...190 g/m^2. Die Konstruktionsgeschwindigkeit beträgt 1600 m/min.

Die Maschine besteht aus den bereits besprochenen Baugruppen Stoffauflauf mit Verdünnungswasserregelung, Doppelsiebformer, zwei Schuhpressen und einer konventionellen Walzenpresse, einer einreihigen Vortrockenpartie, einer Filmpresse, einem U-Turn, einem Infrarottrockner, einer einreihigen gefolgt von einer zweireihigen Nachtrockenpartie, einem Hard-Nip-Glättwerk und einem Tragwalzenaufroller. Der U-Turn erzeugt ein Luftkissen, über das die beidseitig gestrichene Bahn berührungsfrei und ohne den Strich zu beschädigen in den IR-Trockner geführt wird.

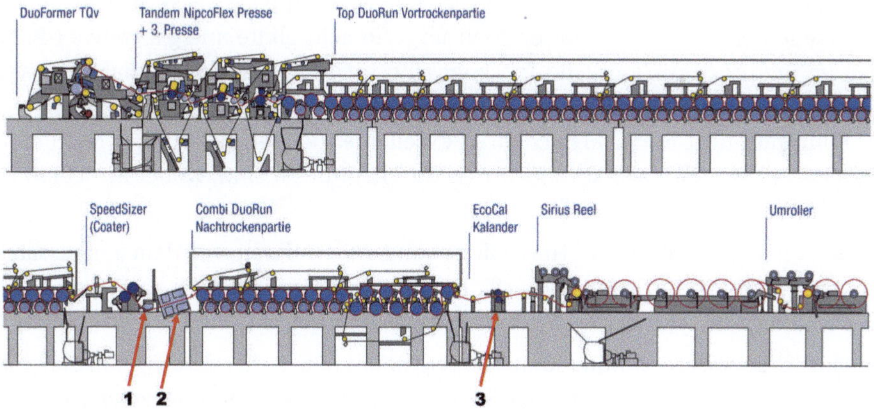

Bild 11.66 Papiermaschine zur Herstellung grafischer Papiere [11.58]
1 U-Turn, 2 Infrarottrockner, 3 Hard-Nip Kalander

Die in Bild 11.66 dargestellte Maschine ist zur Herstellung sehr hochwertiger Druckpapiere konzipiert. Deshalb schließen sich offline noch eine Streichmaschine und zwei Hard-Nip-Glättwerke an (siehe Bild 11.67), von denen eines dargestellt ist.

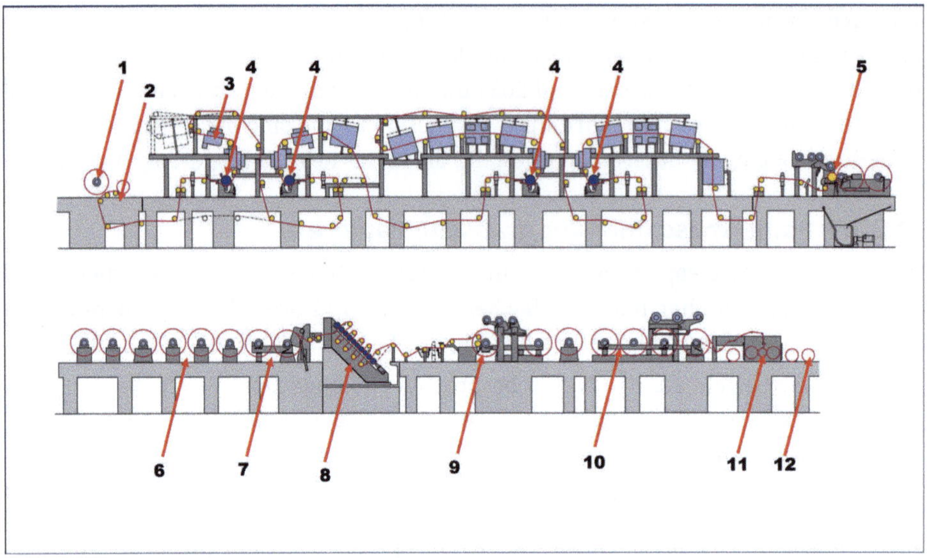

Bild 11.67 Off-Line-Veredlungskonzept zur Papiermaschine aus Bild 11.66 [11.58]
1 Mutterrolle der PM, 2 Abrollstation (flying splice), 3 Infrarottrockner, 4 Blade-Streicheinrichtung, 5 Tragtrommelroller, 6 Rollenlager, 7 Abwickelstation, 8 Hard-Nip Glättwerk, 9 Aufrollstation, 10 Rollenlager und Abrollung, 11 Umroller/Rollenschneider, 12 Rolle im Kundenformat

Bei den vier Streichstationen handelt es sich um Blade-Auftragswerke, wie in Bild 11.61 dargestellt. Der einseitige Egalisierstrich sorgt für sehr glatte und glänzende Oberflächen im Endprodukt. Sämtliche Trockner sind Infrarottrockner. Die Bahn kann mit der ungestrichenen Seite über Walzen in die Trockner geführt werden. Der Vorteil des Konzeptes liegt in der erreichbaren exzellenten Papierqualität, der Nachteil darin, dass sieben Auf- bzw. Abrollprozesse durchzuführen sind, wobei bei jedem Einzelnen unvermeidbarer Ausschuss entsteht.

Für den gesamten Prozess der Herstellung von LWC-Papieren, von dem ein Ausschnitt bereits in Bild 11.59 gezeigt und erläutert wurde, empfiehlt sich das Video *https://www.youtube.com/watch?v=wap_6AnTvf8, Voith Interactive* [11.59].

Die Möglichkeiten eines Inline-Konzepts zeigt Bild 11.68. Es handelt sich um die größte Papiermaschine der Welt mit einer Siebbreite von 11 800 mm und einer Länge von fast 600 m. Aus einem Rohstoffmix, bestehend aus deinktem Altpapier, Lang- und Kurzfasersulfatzellstoff sowie gebleichtem Holzstoff entstehen hochwertige Druck- und Verpackungspapiere. Das Rohpapier kann eine flächenbezogene Masse von rund 150 g/m^2 haben. Dazu kommen noch bis zu ca. 100 g/m^2 Strichauftrag.

Der Vergleich von Bild 11.68 mit Bild 11.66 offenbart einige Elemente des Modul-Konzeptes (Doppelsiebformer, Schuhpressen, Trockenpartie ...). In Bild 11.68 erkennt man drei Filmpressen (SpeedSizer) für einen doppelseitigen Konturstrichauftrag, gefolgt von einem U-Turn und einer Infrarottrockengruppe. Es folgen vier Blade-Streicheinrichtungen für einen Egalisierstrich mit jeweils nachfolgenden Infrarottrockengruppen. Danach folgt die Aufrollung der Mutterrollen und ihr Weitertransort in das Rollenlager, aus dem zwei parallel zueinander installierte Hard-Nip-Kalander beschickt werden.

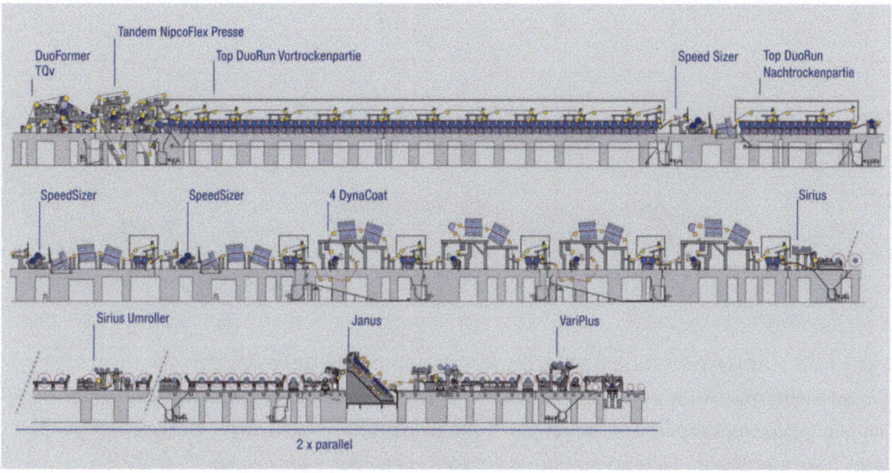

Bild 11.68 Papiermaschine für Druckpapiere mit hoher flächenbezogener Masse und für hochwertige Verpackungspapiere bzw. -karton [11.60]

Die letzte Operation in Bild 11.68 ist das Rollenschneiden auf Kundenformate (siehe Abschnitt 12.8).

Man zählt in Bild 11.66 und Bild 11.67 vier Wickelstationen mit entsprechendem Ausschussanfall an jeder einzelnen Station und erkennt einen Vorteil des Konzeptes in Bild 11.68.

Die Bedienung und Wartung einer 600 m langen Papiermaschine ist dabei sicher eine einzigartige Herausforderung.

11.2.7.2 Papiermaschinen für Verpackungspapiere, -Karton

Verpackungspapiere und Verpackungen unterliegen dem Trend zum Leichtbau. Entsprechend groß ist der Bereich, den die flächenbezogene Masse überstreichen kann. Eine technische Lösung, die den Bereich von ca. 60 g/m^2 (Papier) bis in den Kartonbereich bei ca. 260 g/m^2 flexibel abdeckt, zeigt Bild 11.69.

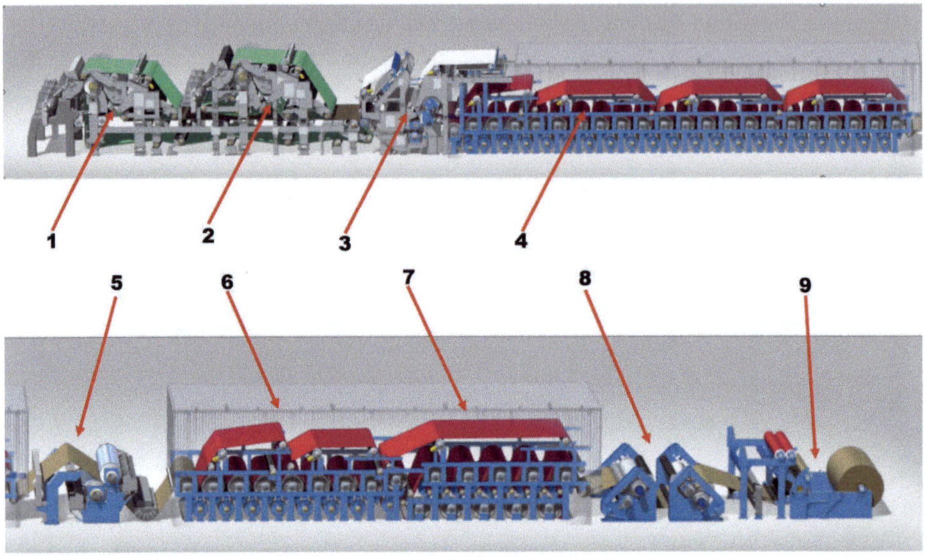

Bild 11.69 Papiermaschine für Verpackungspapiere (Quelle: Voith)
1 Doppelsiebformer Rücklage, 2 Doppelsiebformer Decklage, 3 DuoCentri NipcoFlex-Presse, 4 einreihige Vortrockenpartie, 5 Filmpresse, 6 einreihige Nachtrockenpartie, 7 doppelreihige Nachtrockenpartie zur Planlagekorrektur, 8 EcoSoft™ Kalander, 9 Aufrollung

Die Maschine besitzt zwei Doppelsiebformer, einen für die Rücklage und einen für die Decklage. Nach dem Vergautschen beider Lagen übernimmt ein Pickup die Überführung in die Kompaktpresse. Es folgen eine einreihige Vortrockenpartie und eine Filmpresse. In der Filmpresse können Farbe, festigkeitssteigernde Applikationen wie Stärke oder ein Pigmentstrich aufgetragen werden. Am häufigsten wird hier Farbe eingesetzt. Verpackungspapiere werden in der Regel aus 100 % Altpapier gefertigt und würden grau aussehen. Appliziert man braune Farbe, entsteht der Eindruck, dass als Rohmaterial ungebleichter Sulfatzellstoff verwendet worden wäre. Dies suggeriert optisch eine höhere Wertigkeit.

Der Filmpresse folgt eine einreihige Nachtrockenpartie, die mit einer zweireihigen Nachtrockenpartie kombiniert wird. Letztere dient zur Vermeidung der Rollneigung und ist vor allem bei der Anfertigung von Papieren mit höheren flächenbezogenen Massen wichtig. Ein Soft-Nip-Glättwerk in Tandemanordnung glättet Rück- und Decklage volumenschonend. Dies kann ein entscheidender Vorteil sein, wenn das Papier in Verpackungen eingesetzt werden soll, die eine hohe Biegesteifigkeit für ihre Funktionalität benötigen. Die Aufrollung schließlich übernimmt ein Tragtrommelaufroller, wie bereits in Bild 11.65 besprochen.

Bild 11.70 zeigt die Einzelheiten der Erzeugung der Papierbahn mit zwei Doppelsiebeinheiten bis zum Vergautschen. Bemerkenswert ist, dass das Untersieb des Rücklagenformers (7) Lauflängen von 80...90 m erreicht – ein entsprechend teurer Bestandteil der Bespannung der Maschine.

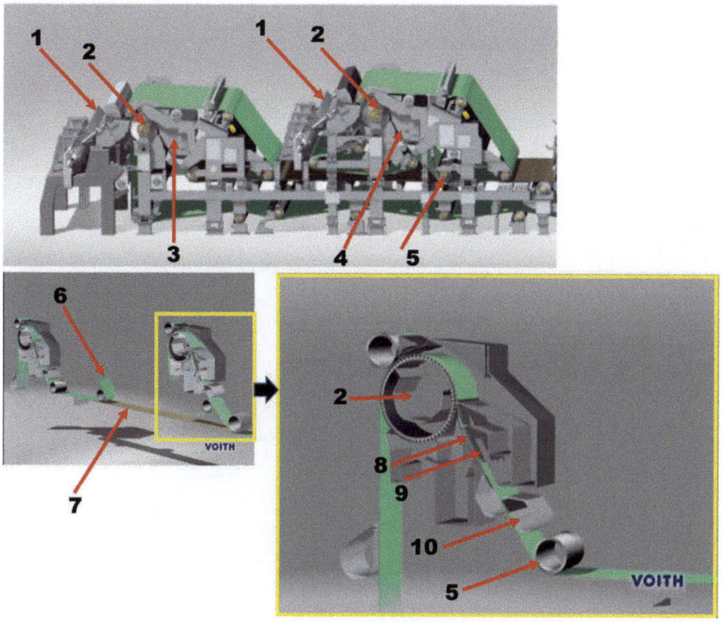

Bild 11.70 Details der Bahnbildungseinheit der Papiermaschine aus Bild 11.69 (Quelle: Voith)

1 Stoffauflauf mit Verdünnungswasserregelung, 2 Formierwalze, 3 Formierzone Rücklage, 4 Formierzone Decklage, 5 Gautschwalze, 6 Obersieb des Rücklagenformers, 7 Untersieb des Rücklagenformers, 8 Formierzone mit Blades, Decklage, 9 Saugkasten, 10 Trennsauger

Bild 11.71 zeigt die verwendete Kompaktpresse, die sich im Aufbau etwas von der in Bild 11.37 vorgestellten Lösung unterscheidet. Die Laufrichtung des Papiers ist von links nach rechts. Es beginnt mit einer Pickup-Einrichtung (1). Der erste Pressnip wird von einer profilierten Presswalze (blindgebohrt oder mit Rillenprofil) und einer Saugpresswalze gebildet. Diese beiden Walzen garantieren ein sehr hohes Stauvolumen, d. h. sie können sehr viel Wasser aus der Papierbahn aufnehmen und aus der Presse transportieren. Dies ist bei hohen flächenbezogenen Massen wichtig, da das Flächenaustrittsvolumen für Wasser aus der Bahn proportional mit der flächenbezogenen Masse ansteigt. Ein weiterer Pressnip entsteht zwischen der Saugpresswalze und der durchbiegungskompensierten, zonengesteuerten Walze (5). Die Papierbahn folgt der glatten Oberfläche der letzteren Walze in den Schuhpressnip (3). Dieser trägt wesentlich zum hohen Endtrockengehalt von etwa 50 % bei, der mit der gesamten Anordnung erreichbar ist.

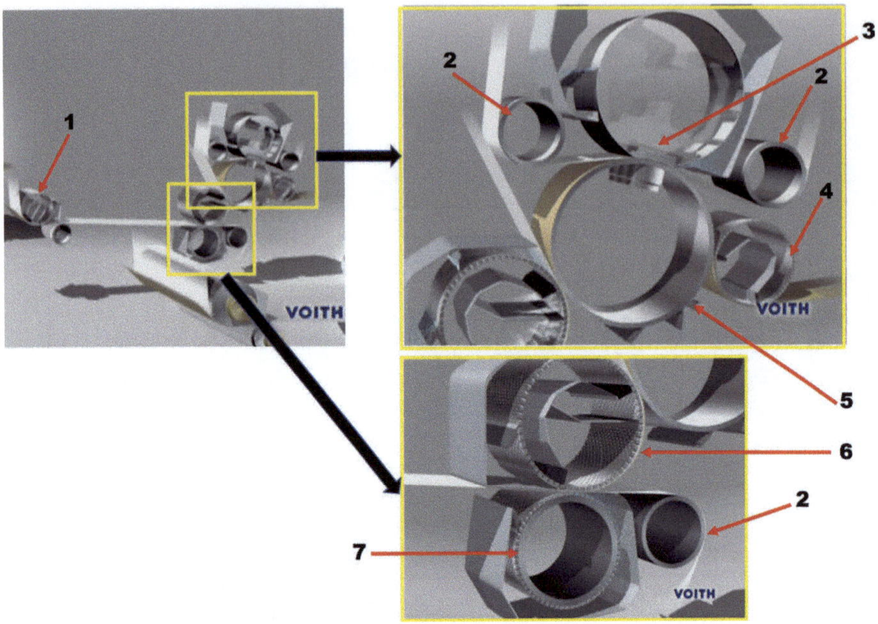

Bild 11.71 Details der DuoCentri NipcoFlex-Presse aus Bild 11.37 (Quelle: Voith)
1 Pickup-Walze, 2 Filzleitwalze, 3 Schuhpresse, 4 Saugwalze, 5 zonengesteuerte Walze,
6 Saugpresswalze, 7 Venta-Nip Walze

Benötigt man für die Verpackung ein Ausgangsmaterial, das von der flächenbezogenen Masse her deutlich dem Kartonbereich zuzuordnen ist, dann reichen in der Regel zwei Bahnbildungseinheiten nicht aus. Häufig werden Mehrlangsiebeinheiten verwendet, wie in Bild 11.50 gezeigt. Die hier vorgestellte Maschine verwendet vier Langsiebe, eines davon mit Hybridformer. Die nachfolgende Pressenpartie besteht aus einer Saugpresse, um mit den anfallenden hohen Wassermengen fertig zu werden. Der zweite Pressnip ist eine Schuhpresse für einen hohen Trockengehalt, der dritte besteht aus einer unbefilzten Offsetpresse zur Oberflächenglättung. Alle Trockenpartien sind zweireihig. Die erste Trockenpartie (Vortrockengruppe) ist so lang, dass sie aus Gründen der Darstellbarkeit in Bild 11.50 nach ca. dem ersten Drittel abgeschnitten wurde. Es folgt eine Filmpresse mit den gleichen technologischen Möglichkeiten, wie bei Bild 11.69 besprochen, sowie eine Nachtrockengruppe. Danach passiert die Bahn ein Hard-Nip-Glättwerk, das sie für die nachfolgenden vier Egalisierstreicheinrichtungen (zwei je Seite) einebnen soll. Die Trocknung in der Inline-Streicheinrichtung erfolgt mithilfe von elektrisch beheizten Infrarottrocknern. Die sich anschließende zweireihige Nachtrockenpartie dient der Planlagekorrektur. Ein Soft-Nip-Glättwerk in Tandemanordnung erzeugt beidseitig Glätte und Glanz. Nach der Passage zweier Kühlzylinder läuft die Bahn in einen Tragwalzenaufroller. Die Maschine produziert gestrichenen Faltschachtelkarton mit flächenbezogenen Massen zwischen 150 g/m^2 und 450 g/m^2 mit Geschwindigkeiten zwischen 233 m/min und

500 m/min (600 m/min Konstruktionsgeschwindigkeit). Die Bahnbreite am Aufroller beträgt 5630 mm.

11.2.7.3 Papiermaschinen zur Herstellung von Tissue

Tissue Maschinen sind die schnellsten Maschinen der Papierindustrie, da sie mit geringen flächenbezogenen Massen (10...20 g/m^2) und sehr gut entwässernden Faserstoffen (Primärfaserstoffe oder aufwendig aufbereitetes Altpapier) arbeiten. Die Arbeitsgeschwindigkeit kann bis zu 2200 m/min reichen. Diese Maschinen benötigen in der Regel nur eine Einheit zur thermischen Trocknung, im TAD-Bereich auch zwei. Das kann ein Yankee-Zylinder mit großem Durchmesser sein (z. B. 5500 mm) oder die bereits erwähnten Durchströmtrockner. Die Bahnbildung erfolgt bei den hohen Geschwindigkeiten zweckmäßigerweise mit einem Doppelsiebformer oder einem Crescent Former. Da für die angestrebten Endprodukte hohe Saugfähigkeiten erforderlich sind, muss die mechanische Entwässerung sehr schonend, in der Regel durch nur einen Schuhpressnip erfolgen. Die Bahn wird mithilfe eines Kreppschabers vom Trockenzylinder abgenommen. Dabei wird ein Teil der entstandenen Faser-Faser-Bindungen wieder aufgebrochen, was die Weichheit und Saugfähigkeit positiv beeinflusst. Eine mögliche Konstruktion für eine Tissue-Maschine wird in Bild 11.72 gezeigt. Das Formerkonzept wurde bereits im Zusammenhang mit Bild 11.30 erörtert.

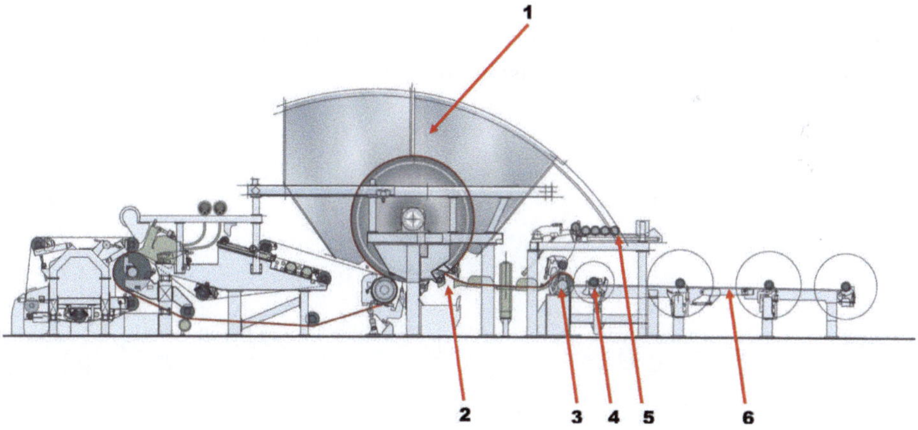

Bild 11.72 Tissue-Maschine mit Crescent Former (vgl. Bild 11.30) [11.18]
1 Trockenhaube des Yankee-Zylinders, 2 Schaberbalken mit Kreppschaber, 3 Tragtrommelaufroller, 4 entstehende Mutterrolle, 5 Tambourlager, 6 Rollenlager/Transport

11.2.7.4 Papiermaschinen für Spezialpapiere

Während bei den Massenpapieren (grafischen und Verpackungspapieren) modulare Maschinen-konzepte realisiert werden können und in den vorangegangenen Beschreibungen erkennbar sind, ist dies bei Spezialpapieren in der Regel nicht der Fall. Das liegt unter anderem daran, dass bestimmte Papiersorten spezielle Bauteile oder

Baugruppen innerhalb der Papiermaschine erfordern, die sonst nirgendwo anzutreffen sind. Filterpapiere oder Teebeutelpapiere benötigen z. B. das Schrägsieb als Blattbildungseinheit, Banknotenpapier benötigt Rundsiebe mit Expansionszylindern, Zigarettenpapiere Markierpressen für das Mollette-Wasserzeichen, Chromoersatzkarton oder einseitig glatte Papiere Glättzylinder, um nur einige Beispiele zu nennen.

Für viele dieser Maschinen gilt in der Regel auch, dass die Arbeitsbreite gering ist (z. B. 2...4 m) und sie mit niedriger Geschwindigkeit laufen (teilweise unter 100 m/min). In ihrer Wertschöpfung sind sie allerdings den Maschinen für Massenpapiere oftmals überlegen.

Die flächenbezogenen Massen, die hergestellt werden sollen, reichen von 8 g/m^2 (Kondensatorpapier) bis etwa 300 g/m^2 (Fotokarton).

Als Einheiten für die Bahnbildung kommt sehr häufig das Langsieb zum Einsatz, ggf. mit Zusatzeinrichtungen wie Siebschüttelung zur Verbesserung der Blattformationsgüte und Hybridformer. Aber auch Doppelsiebformer, Rundsiebe oder Rundsiebformer (Banknotenpapiere, Karton) sind möglich.

Überall dort, wo ein voluminöses Vlies gefragt ist, verwendet man Schuhpressen. Auch Venta-Nip Pressen kommen zum Einsatz. Bei Maschinen, die unter 100 m/min laufen, findet man gelegentlich sogar noch Vollmantelpressen.

Die Trockenpartie ist häufig zweireihig oder kombiniert einreihig und zweireihig, selten komplett einreihig.

Je nach Sorte sind innerhalb oder außerhalb der Papiermaschine aufwendige Strichauftragswerke und/oder Kalander installiert.

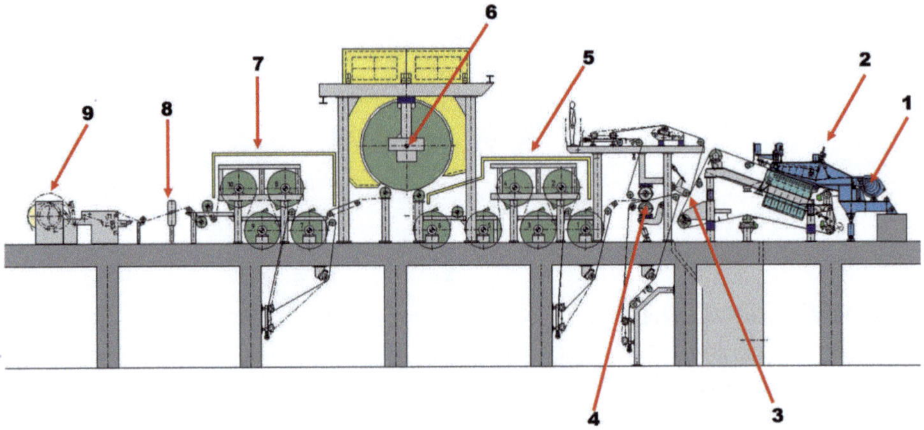

Bild 11.73 Papiermaschine zur Herstellung von Kfz-Filterpapier [11.13]
1 Rohrstromverteiler, 2 Schrägsieb, 3 Pickup, 4 Venta-Nip Presse, 5 Vortrockengruppe, 6 Durchströmtrockner, 7 Nachtrockengruppe, 8 Messrahmen des Prozessleitsystems, 9 Aufrollung

Es ist an dieser Stelle leider nicht möglich, auf die sich notwendigerweise ergebende Vielfalt maschinentechnischer Lösungen auch nur annähernd ausführlich einzugehen. Deshalb soll hier exemplarisch nur eine **Maschine zur Herstellung von Kfz-Filterpapier** vorgestellt werden (Bild 11.73).

Die Anforderungen an das Kfz-Filterpapier sind eine definierte Porengröße für eine hohe Trenngüte und ein hohes Volumen für eine hohe Staubkapazität. Eingesetzt werden Primärfasern mit einer hohen Faserlänge (z. B. längenbezogene mittlere Faserlänge 2,6 mm), die nur bei sehr hoher Verdünnung (z. B. Stoffdichte 0,08 %) nicht flocken. Damit sind in der Bahnbildungszone sehr große Wassermengen zu entfernen, die ein Schrägsieb erforderlich machen. Die Bahn wird mit ca. 20 % Trockengehalt von einer Pickup-Einrichtung in die Pressenpartie mit nur einem Nip überführt. Da lange Fasern zum Einsatz kommen, ist der Entwässerungswiderstand sehr niedrig, sodass ein Nip und nachfolgend eine relativ kurze Trockenpartie ausreichend sind. Die Überführung in die Vortrockengruppe erfolgt über einen freien Zug. Die Zylinderanordnung in der Vortrockengruppe lässt darauf schließen, dass der Durchströmtrockner in diesem Beispiel nachträglich im Rahmen einer Rekonstruktion in die Maschine eingebaut wurde. Es folgt eine Nachtrockengruppe mit konventionellen Trockenzylindern und die Aufrollung.

Literatur

[11.1] *Hoyer, F.*: Handbuch der Papier- und Pappenfabrikation (Papierlexikon), Band 1, Artikel: Konstante Antriebe, S. 999 f. Wiesbaden: Dr. Sändig Verlag K. G. Nachdruck 1955

[11.2] Increase in efficiency through new dosing technology- Dosiersystem FlowJec, Voith GmbH & Co. KGaA, Heidenheim *https://voith.com/corp-en/papermaking/flowjec.html*, abgerufen am 08. 05. 2025

[11.3] *Zerler, D.* (federführender Autor): Lehrbuch der Papier- und Kartonerzeugung, Abschnitt 6.1 Stoffverteilersysteme, S. 196 – 198. Leipzig: Fachbuchverlag, 1989

[11.4] *Cebulla, J.*: Skript zur Vorlesung „Stoffauflauf". Unveröffentlichtes Material der Hochschule München, 2004

[11.5] *Hofmann, C.* (Hrsg.): Praktisches Handbuch der Papier-Fabrikation, Band 1, S. 611 f. Berlin: Verlag der Papierzeitung, 1891

[11.6] *Zerler, D.* (federführender Autor): Lehrbuch der Papier- und Kartonerzeugung, Abschnitt 6.2.1 Konstruktiver Aufbau von Stoffaufläufen, S. 201 – 204. Leipzig: Fachbuchverlag, 1989

[11.7] Komponenten für die Papierherstellung – Stoffauflauf MasterJet Pro G. Voith GmbH & Co. KGaA, Heidenheim. *https://voith.com/corp-de/papierherstellung/masterjet-pro.html?116632 %5B%5D=2&116643%5B%5D=1*, abgerufen am 16. 07. 2023

[11.8] *Schwister, K.; Levin, V.*: Verfahrenstechnik für Ingenieure, 2. Auflage, S. 227 ff. Leipzig: Fachbuchverlag im Carl Hanser Verlag München, 2014

[11.9] *Hamann, L.; Naujock, H.-J.*: Bewertung der Potenziale zur Energieeinsparung und zur Faserstoffqualität beim Nasspressen, S. 35, Bericht zum INFOR-Projekt 174, München, 2015

[11.10] *Moser, J.*: Skript zur Vorlesung „Forming Technology". Unveröffentlichtes Material der Hochschule München, 2001

[11.11] *Blechschmidt, J.*: Papierqualität: Begriffe und Anforderungen. Wochenblatt für Papierfabrikation 122 (1994) 3, 73 – 75

[11.12] *Zerler, D.* (federführender Autor): Lehrbuch der Papier- und Kartonerzeugung, Abschnitt 6.4.3 Vollbeaufschlagtes Rundsieb, S. 229 – 230. Leipzig: Fachbuchverlag, 1989

[11.13] *Leihgraf, R.*: Eine kurze Einführung in die vielfältige Welt der Spezialpapiere. Vortrag, gehalten an der Hochschule München am 17. 11. 2022

[11.14] *Zerler, D.* (federführender Autor): Lehrbuch der Papier- und Kartonerzeugung, Abschnitt 6.4.4 Teilbeaufschlagtes Rundsieb und Rundsiebformer, S. 230 – 232. Leipzig: Fachbuchverlag, 1989

[11.15] *Thorp, B. A.; Kocurek, M. J.*: Pulp and Paper Manufacture, Vol. 7: Paper Machine Operations. 3rd edition, p. 210. Atlanta/GA, USA and Montréal, QUE, Canada: Joint Textbook Commitee of the Papier Industry, 1983

[11.16] DuoShake™ Das reaktionskräftefreie Schüttelwerk, Voith GmbH & Co. KGaA, Heidenheim. *https://www.voith.com/corp-en/DuoShake-Produktblatt-de.pdf*, abgerufen am 16. 08. 2025

[11.17] Komponenten für die Papierherstellung – Formerkonzepte. Voith GmbH & Co. KGaA, Heidenheim. *https://voith.com/corp- de/papierherstellung/formerkonzepte.html?123693 %5B%5D=2*, abgerufen am 25. 07. 2023

[11.18] Crescent Former or Conventional Tissue Machine Technology. Published by TissueStory, the Global Knowledge Center for Tissue Paper Products September 9, 2017, *https://www.tissuestory.com/2017/09/09/crescent-former-or-conventional-tissue-machine-technology/*, abgerufen am 17. 07. 2023

[11.19] *Wahlström, P. B.*: Our present understanding of the fundamentals of pressing. Pulp and Paper Magazine of Canada, 70 (1969) 19, T349 – T369

[11.20] *Busker, L. H.; Cronin, D. C.*: The Relative Importance of Wet Press Variables in Water Removal: Effect of Grammage. Pulp Paper Canada 85 (1984) 6, T138 – T147

[11.21] *McDonald, J. D.; Kerekes, R. J.*: Estimating limits of wet pressing on paper machines. TAPPI Journal 16 (2017) 2, 81 – 87

[11.22] *Kleiser, G.*: Skript zur Vorlesung „The Press Section“. Unveröffentlichtes Material der Hochschule München, 2003

[11.23] Infinity Pressfilze – Everything is possible. *https://voith.com/corp-de/papermaking/infinity.html*, abgerufen am 08. 05. 2025

[11.24] L&W Felt Permeability Meter, *https://library.e.abb.com/public/c5b56c1107794bd6ac317e210a5d079f/891_LW_Felt_Permeability_Meter_v2.0.pdf?x-sign=uo8fZbpxdJ1PAgCjKV2Y8x6RGjupafMtilI8ouCGT14Iz8posKYB9JTHOrLHJJaT*, abgerufen am 18. 05. 2025

[11.25] Komponenten für die Papierherstellung – Pressenkonzepte. Voith GmbH & Co. KGaA, Heidenheim. *https://voith.com/corp-de/papierherstellung/pressenkonzepte.html?131795 %5B%5D=1#132411*, abgerufen am 16. 07. 2023

[11.26] ISO 23724:2014-01. Pulps – Determination of water retention value (WRV)

[11.27] *Wels, T.*: Charakterisierung der Bindungsaktivität von ausgewählten Papierfaserstoffen. Ingenieurpraktikumsarbeit Nr. 472, unveröffentlichte Arbeit an der Technischen Universität Dresden, Sektion Verarbeitungs- und Verfahrenstechnik, Wissenschaftsbereich Papiertechnik, 1989

[11.28] *Erhard, K.; Fiedler, M.; Kretzschmar, J.*: Senkung der Kosten gefüllter Papiersorten durch die Einlagerung von Faser-Füllstoff-Compounds auf Basis nanoskaliger Cellulosen. PTS-FORSCHUNGSBERICHT IGF 16359, 2013

[11.29] *Mayer, R.*: Drying Technology. Vortrag, gehalten an der Hochschule München im November 2004

[11.30] *Göttsching, L.; Katz, C.* (Hrsg.): Papier-Lexikon. Gernsbach: Deutscher Betriebswirte-Verlag 1999

[11.31] Die Zukunft der Trocknung sind Zylinder aus Stahl. EvoDry-Produktbroschüre. Voith GmbH & Co. KGaA, Heidenheim. *https://voith.com/corp-de/papierherstellung/trocknungskonzepte.html?116520%5B%5D=0&116704%5B%5D=1*, abgerufen am 16. 07. 2023

[11.32] ThermoBars™ – for optimum heat flux, Voith GmbH & Co. KGaA, Heidenheim. *https://www.voith.com/corp-en/456_en_1197_e_vpm-4009-thermo_bars_en-screen.pdf*, abgerufen am 16. 08. 2025

[11.33] Turbulator™ Tube-Stangen®, Kadant Johnson LLC, *https://fluidhandling.kadant.com/de/produkte/zubehoer/stoerleisten*, abgerufen am 16. 08. 2025

[11.34] *Böck, A.; Kästner, H.-U.; Zerler, D.*: Formeln, Tabellen und Darstellungen für die Papiererzeugung und -verarbeitung. Schriftenreihe der Papiermacherschule Gernsbach, Band 13, erste Auflage, S. 138 f. Gernsbach, 1993

[11.35] KE-Werksnorm, Kemptener Eisengiesserei Adam Hönig AG, *https://www.ke-ag.de/wp-content/uploads/2017/11/Werkstofftabelle_GJL.pdf*, abgerufen am 18. 08. 2025

[11.36] Leitfähigkeit. Wikipedia-Artikel, *https://de.wikipedia.org/wiki/W%C3%A4rmeleitf%C3%A4higkeit*, abgerufen am 18. 08. 2025

[11.37] *Riesenberger, H.*: Bohui BM 1, A benchmark in China for the paper industry worldwide. Twogether, Paper Technology Journal, Heft 19, Februar 2005, S. 36 – 39, herausgegeben von Voith GmbH & Co. KGaA, Heidenheim.

[11.38] Komponenten für die Papierherstellung – Trocknungskonzepte. Voith GmbH & Co. KGaA, Heidenheim. *https://voith.com/corp-en/papermaking/drying-concepts.html*, abgerufen am 16. 07. 2023

[11.39] *Richards, P.; Marenco, S.; Guadagno, J.*: TAD: Looking for Highest Quality at Lowest Possible Energy Input, TAPPI Paper 360°, published July 19, 2022 *https://paper360.tappi.org/2022/07/19/tad-looking-for-highest-quality-at-lowest-possible-energy-input/*, abgerufen am 17. 07. 2023

[11.40] Impingement Drying. Valmet Technical Paper Series. Valmet Oyj, Espoo, Finland. Published May 17, 2012. *https://www.valmet.com/globalassets/media/downloads/white-papers/drying-and-air-systems/wpd_impingementdrying.pdf/*, abgerufen am 17. 07. 2023

[11.41] *Mojet, B. L.; Ebbesen, S. D.; Lefferts, L.*: Light at the interface: the potential of attenuated total reflection infrared spectroscopy for understanding heterogeneous catalysis in water. Chemical Society Reviews 39 (2010) 12, 4643 – 4655, *DOI: 10.1039/c0cs00014k*

[11.42] *Coker, D. F.; Reimers, J. R.; Watts; R. O.*: The Infrared Absorption Spectrum of Water. Australian Journal of Physics 35 (1982) 5, 623 – 638 (*https://www.publish.csiro.au/ph/pdf/ph820623*, abgerufen am 17. 07. 2023)

[11.43] Komponenten für die Papierherstellung – Kontaktlose Trocknung und Bahnführung. Voith GmbH & Co. KGaA, Heidenheim. *https://voith.com/corp-de/papierherstellung/kontaktlose-trocknung-und-bahnfuehrung.html?124090 %5B%5D=0#115921*, abgerufen am 16. 07. 2023

[11.44] *Strunz, A.-M.*: Grundlagen der Papiertechnik. Papiertechnische Stiftung, PTS-Schrift 1998

[11.45] SpeedSizer AT. Ausschnitt aus dem Video „Voith Papierherstellung – Grafische Papiermaschine für leichtgewichtiges, gestrichenes Papier (LWC)". Voith GmbH & Co. KGaA, Heidenheim. *https://www.youtube.com/watch?v=wap_6AnTvf8, Voith Interactive*, abgerufen am 17. 07. 2023

[11.46] SpeedSizer AT – Höchste Papierqualität durch gleichmäßigen Filmauftrag. Produktbroschüre S. 3. Voith GmbH & Co. KGaA, Heidenheim. *https://voith.com/corp-de/0_1237_SpeedSizer_AT_de_interaktiv.pdf*, abgerufen am 17. 07. 2023

[11.47] Rakelstäbe, Röchling SE & Co. KG, Mannheim. *https://www.roechling.com/de/industrial/papierindustrie/streichaggregate/robacoat-rakelstaebe*, abgerufen am 17. 07. 2023

[11.48] Komponenten für die Papierherstellung – DynaCoat. Voith GmbH & Co. KGaA, Heidenheim. *https://voith.com/corp-de/papierherstellung/dynacoat.html?116853 %5B%5D=0*, abgerufen am 16. 07. 2023

[11.49] Komponenten für die Papierherstellung – DynaLayer. Führende Curtain-Coating-Technologie. Voith GmbH & Co. KGaA, Heidenheim. *https://voith.com/corp-de/papierherstellung/dynalayer.html?104066 %5B%5D=3*, abgerufen am 16. 07. 2023

[11.50] *Rothfuss, U.*: Grundlagen der Satinagetechnologie. Vortrag, gehalten an der Hochschule München am 06. 05. 2002

[11.51] EcoSoft™ calenders – for the complete range of soft nip calendering. Produktbroschüre, Voith GmbH & Co. KGaA, Heidenheim. *https://voith.com/corp-en/620_e_50-765_pb_ecosoft_en.pdf*, abgerufen am 17. 07. 2023

[11.52] *Rothfuss, U.*: Calendering Technology. Vortrag, gehalten an der Hochschule München im November 2004

[11.53] *Wilken, R.*: Verfahren der Papierverarbeitung. Abschnitt 5 in: *Blechschmidt, J.; Heinemann, S. Naujock, H.-J.* (Hrsg.): Papierverarbeitungstechnik. Zweite, überarbeitete und erweiterte Auflage. München: Carl Hanser GmbH & Co. KG, 2024

[11.54] *Hoyer, F.*: Handbuch der Papier- und Pappenproduktion (Papierlexikon), Band 2, Artikel: Rollapparate, S. 1542 f. Wiesbaden: Dr. Sändig Verlag K. G., Nachdruck 1955

[11.55] *Maurer, J.*: Wickeltechnik. Vortrag, gehalten an der Hochschule München im April 2002

[11.56] Voith Doerries Pope Reel, Video, *https://www.youtube.com/watch?v=EkWYT3nwmEo*, abgerufen am 26. 07. 2023

[11.57] Sirius Winding Systems, *https://www.youtube.com/watch?v=ZtRoIiUM6tA*, abgerufen am 26. 07. 2023

[11.58] Nantong PM 1 erfolgreich gestartet. Twogether, Paper Technology Journal, Heft 31, Dezember 2010, S. 20 – 23, herausgegeben von Voith GmbH & Co. KGaA, Heidenheim

[11.59] Video „Voith Papierherstellung – Graf. Papiermaschine für leichtgewichtiges, gestrichenes Papier (LWC)". Voith GmbH & Co. KGaA, Heidenheim. *https://www.youtube.com/watch?v=wap_6AnTvf8, Voith Interactive*, abgerufen am 17. 07. 2023

[11.60] Hainan PM 2 – die größte Papiermaschine der Welt. Twogether, Paper Technology Journal, Heft 31, Dezember 2010, S. 17 – 19, herausgegeben von Voith GmbH & Co. KGaA, Heidenheim

12 Glätten und Ausrüsten von Papier

Von Peter Svenka und Eduard Davydenko

12.1 Glätten von Papier – Einleitung

Zum Erzielen der **Gebrauchseigenschaften Glätte**, **Glanz** und insbesondere der **Bedruckbarkeit**, aber auch der optischen Erscheinung und der technischen Funktionen wie Dichte oder Transparenz, wird das Papier während des Herstellungsprozesses geglättet.

Unter Glätten wird verfahrenstechnisch die Einebnung der rauen Oberfläche eines papiernen Flächengebildes verstanden. Technologisch betrachtet, wird zwischen dem Glätten (Erzeugung von maschinenglattem Papier in harten Nips) und dem Satinieren (Erzeugung der Glätte in elastischen Walzenspalten) unterschieden [12.1] (siehe auch Abschnitt 12.2.2).

Die erste Oberflächenbehandlung mit Glätteffekt erfährt die nasse Bahn in der Pressenpartie. Die Grundlagen der **Glättbarkeit des Papiers** und Kartons werden allerdings bereits während der Bahnbildung (Massenverteilung bzw. Formation) gelegt. Beim Glätten werden die Strukturen der Filze und Walzen im Pressnip auf die mit ihnen in Kontakt kommende Oberfläche der Papier- oder Kartonbahn übertragen (geprägt). Faltschachtelkarton und Spezialpapiere erfahren anschließend eine weitere volumenschonende, einseitige Glättung am **Glättzylinder** in der **Trockenpartie**.

Vor dem Streichen (siehe Kapitel 13) wird meist eine Vorglättung im **Glättwerk** oder im **Softnip-Kalander** durchgeführt.

Die Endglättung erfolgt hinter der Trockenpartie der Papier- oder Streichmaschine online im **Glättwerk, Softnip-, Schuh-, Band-** oder **Multinip-Kalander** oder offline im **Superkalander** oder **Multinip-Kalander**.

Entscheidend für den Einsatz der jeweiligen Glätttechnik sind die qualitativen Anforderungen an das Endprodukt, das sortenabhängige Glättungspotenzial der jeweiligen Glättanlage, die Wirtschaftlichkeit und die örtlichen Gegebenheiten (siehe auch Kapitel 10).

12.2 Grundlagen der Glättung

Die Glättung ist eine **thermisch mechanische Umformung** der Papierbahn. Sie ist meist auf die Oberflächenschicht gerichtet, jedoch stets auch – mit meist unerwünschter – Veränderung des Gesamtgefüges verbunden. Der verfahrens- und apparativ bedingte Verlust an Dicke bzw. am spezifischem Volumen ist möglichst gering zu halten, und die Eigenschaftsstreuungen in Papierbahn-Querprofilen sind im Vergleich zur ungeglätteten Bahn zu verringern [12.2].

12.2.1 Parameter der Glättung

Die Glättung erfolgt in einem oder mehreren **Nips**, gebildet durch harte metallische Walzen oder eine Kombination aus metallischen Walzen und Walzen mit elastischen Oberflächen. Die bei der Glättung einer Papier- oder Kartonbahn mit bestimmter Stoffzusammensetzung, Formation und Ausgangsglätte erzielbaren **Glätteffekte** werden durch die Temperatur der Walzen und der Papierbahn, dieDruckspannung und die Verweildauer im Nip sowie die Anzahl der Nips, die elastischen Eigenschaften der Walzen und deren Oberflächengüte und schließlich durch die Bahnfeuchte und -Gradienten bestimmt.

Die Glättung steigt mit zunehmender Temperatur und Druckspannung, sie nimmt ab mit höherer Geschwindigkeit und somit geringerer Verweildauer. Die Druckspannung im Nip ist abhängig von den Abmessungen und den Werkstoffeigenschaften der nipbildenden Walzen und der sogenannten **Linienlast**. Größere Walzendurchmesser und niedrigere E-Modulen der Walzen haben breitere Nips mit niedrigerer Druckspannung im Nip zu Folge und somit eine weniger intensive, volumenschonendere Glättung. Bei gleicher Linienlast, kleineren Walzendurchmessern oder härteren Walzen sind die Nips schmaler und die Glättung intensiver bei gleichzeitig größerer Verdichtung der Bahn. In Tabelle 12.1 sind die wesentlichen Parameter der Glättung und deren Auswirkung auf einige Bahneigenschaften zusammengestellt. Die Darstellung zeigt jedoch lediglich die Intensität des jeweiligen Einflusses ohne Bewertung, ob dieser sich positiv oder negativ auf die jeweilige Eigenschaft auswirkt. Bei vorhandenen Produktionsanlagen kann die Intensität der Glättung durch die Temperatur der Walzen, die Linienlast und bei offline-Anlagen zusätzlich durch die Geschwindigkeit beeinflusst werden. Eine Steigerung des Glätteffekts im Kalander ist auch durch **Erwärmung und Anfeuchtung der Bahn** mittels Dampfblaskasten oder Aufsprühen von Wasser zu erreichen.

Tabelle 12.1 Parameter der Glättung und die Intensität ihrer Auswirkung auf die Bahneigenschaften

Parameter	Volumen	Glätte	Glanz	Schwarzsatinage
Druckspannung	++	++	++	++
Temperatur	+	+	++	+
Verweildauer	+	+	+	+
Nipzahl	+	+	+	+
Feuchte	+	+	+	++
Oberflächenrauheit der Walzen	–	+	++	–
++ Starker Einfluss, + moderater Einfluss, – geringer Einfluss				

Die Glätteffekte nehmen mit steigender Nipzahl nichtlinear zu. Der größte prozentuelle Anstieg ist in den ersten vier Nips festzustellen. Mit abnehmender Walzenzahl der Softnip- und Multinip-Kalander kommt der **Glätte der Walzenoberfläche**, die der Bahn im Nip aufgeprägt wird, zunehmende Bedeutung zu.

Der Einfluss der **Temperatur** auf die Glättung ist durch die Eigenschaften der polymeren Fasern des Papiers erklärbar. Sie erweichen in einem bestimmten Temperaturbereich der **Glasübergangstemperatur**, die von der Faserart und deren Feuchtegehalt abhängig ist [12.3]. Mit zunehmendem Feuchtegehalt sinkt die Glasübergangstemperatur, das Wasser wirkt als Weichmacher. Erwärmt man gezielt nur eine dünne Oberflächenschicht der Bahn auf die Glasübergangstemperatur, wird diese im Nip leichter verformt als das kältere Innere der Bahn. Derartige Gradienten können sowohl in der Temperaturverteilung der Bahn als auch in der Feuchteverteilung eingestellt werden. Gradienten der Temperatur und Feuchte in z-Richtung ermöglichen deshalb eine selektivere Deformation, d. h. Glättung der Oberfläche unter erhöhtem Volumenerhalt im Inneren des papiernen Flächengebildes [12.4].

12.2.2 Niparten – Harter Nip und Softnip

Elastische Walzenbezüge vergleichsmäßigen die Deformation durch einen mehr flächigen Kontakt und lokale Verformungsfähigkeit im Walzenspalt, während ein harter Nip punktuell höhere und damit ungleichmäßigere Verdichtung erzeugt. Die im Papier vorhandenen dickeren Stellen (Flocken) werden erheblich stärker verdichtet als die dünneren Stellen. Dadurch entstehen die für das Glättwerk typischen Glanzstellen an der Oberfläche, die im Extremfall, insbesondere bei höherem Feuchtegehalt und schlechter Formation, zur **Schwarzsatinage** der Bahn führen können. Im **Softnip** dagegen erfährt demgegenüber das Papier aufgrund der Elastizität des Walzenbezugs eine gleichmäßige Verdichtung; Glanzstellen und Schwarzsatinage werden auch bei hohem Feuchtegehalt vermieden bzw. deutlich reduziert. Die **softnip-geglätteten Papiere** sehen deshalb nicht nur besser aus, sondern haben auch aufgrund der gleichmäßigeren Druckfarbenpenetration eine erheblich bessere Bedruckbarkeit. Mit abnehmender Härte (E-Modul) des Walzenbezugs wird auch der Anpressdruck an die beheizte Walze gleichmäßiger, die an der elastischen Walze anliegende Bahnseite erfährt jedoch auch eine geringere Glättung.

12.3 Ausführungsformen der Glättungsanlagen

12.3.1 Glättwerke

Das Glättwerk dient zur Erzeugung **maschinenglatter Papiere** oder zur Vorglättung vor dem Streichen. Ältere Glättwerke bestehen aus vier bis sechs (Bild 12.1), neuere meist aus zwei bis drei übereinander angeordneten **Hartgusswalzen** (Bild 12.2). Durch höhere Temperatur der Walzen, die mit der raueren Seite der Papierbahn in Kontakt kommen, kann die **Zweiseitigkeit** der Bahn korrigiert werden. Glättwerke werden zum Glätten von Schreib- und Druckpapieren, Verpackungspapieren und Karton eingesetzt. Mehrwalzige Glättwerke mit Wasserschabern bei niedrigen Linienlasten dienen der volumenschonenden Einebnung der Kartonoberfläche. Die **Dickenquerprofil-Regelung** wird entweder mit thermischen Profiliersystemen basierend an lokaler Beheizung oder Kühlung der Walzen oder besonders vorteilhaft mit Nipkontrollwalzen erzielt.

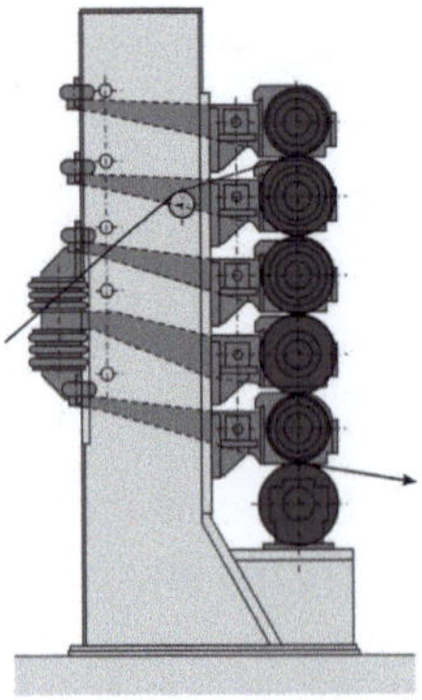

Bild 12.1
Glättwerk mit sechs Hartgusswalzen

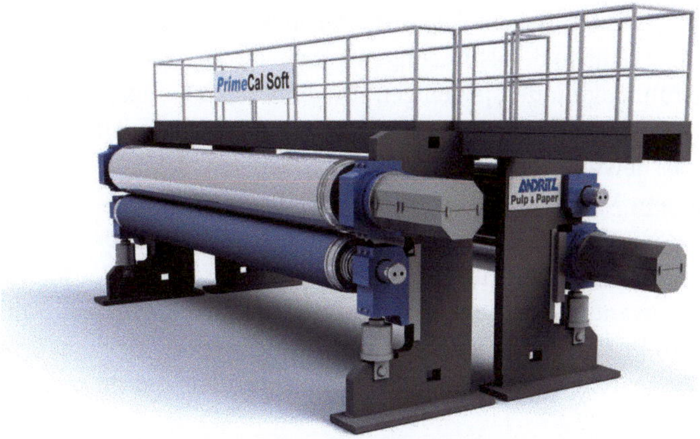

Bild 12.2 Softnip-Kalander für beidseitige Glättung (Quelle: Andritz Küsters)

Bei der Produktion von Karton werden Single-Nip-Glättwerke zur Querprofil-Regelung der Dicke und volumenschonenden Glättung eingesetzt. Um eine Volumenschonung und Verringerung des Steifigkeitsverlusts durch die online Glättung zu erhöhen, wird die Bahn vor dem Glätten abgekühlt. Die Bahnkühlung kann mittels Kühlzylinder am Ende der Trockenpartie erfolgen. Eine intensivere Kühlung der Kartonbahn vor dem Glättwerk wird durch Befeuchtung der Bahn mittels Sprühdüsen und Luftanblasung erzielt (Aqua cooling calendering, Valmet). Das Glätten erfolgt bei hoher Walzentemperatur bei Nutzung des Gradientenverfahrens zur Schonung des Volumens. Nach Erfahrungen hat eine Abkühlung der Bahn um 10 °C eine Verringerung der Verdichtung um etwa 1 % zu Folge. Rohstoffeinsparungen von 2...4 % werden angegeben. Einsparungen in ähnlicher Größe können durch Walzentemperaturen von bis zu 260 °C erreicht werden (Voith).

Insbesondere bei Papiersorten, die als Druckträger dienen, kommen wegen des Vorteils der besseren Bedruckbarkeit zunehmend Softnip-Kalander anstelle der Glättwerke zum Einsatz.

12.3.2 Softnip-Kalander

Die **Online-Softnip-Glättung** wurde Anfang der 1990er-Jahre eingeführt. Zur wirtschaftlichen Anwendung war die Entwicklung neuer Maschinenkomponenten, hierbei vor allem von Biegeeinstellwalzen, beheizten harten Walzen und neuer, widerstandsfähiger elastischer Walzenbezüge sowie leistungsfähiger Steuerungen, erforderlich. Im **Softnip-Kalander** werden der oder die Nips jeweils zwischen einer harten, meist beheizten Walze und einer Walze mit elastischem Kunststoffbezug gebildet werden.

Softnip-Kalander sind meist hinter der Trockenpartie vor der Aufwicklung angeordnet. Sie werden in unterschiedlichen Ausführungen gebaut, wobei die Anzahl der Nips und die Ständerausführung an den jeweiligen Anwendungsfall angepasst werden. In Bild 12.2 ist ein typischer Softnip-Kalander zur beidseitigen Bahnglättung dargestellt. Beide Walzen des jeweiligen Walzenpaares werden angetrieben, um die Bahneinführung bei offenem Nip zu ermöglichen. Die Bahnseite, die gegen die Walzenoberfläche der beheizten Walze gepresst wird, erfährt dabei aufgrund der Erweichung der polymeren Fasern eine wesentlich intensivere Glättung als die der kühleren elastischen Walze zugewandte Bahnseite. Bei einseitiger Glättung von z. B. Faltschachtelkarton wird nur ein Nip angewendet. Eine an beiden Seiten gleichmäßige Glättung mit geringer Glanzentwicklung wird im Soft/Soft Nip erzielt, der durch zwei elastische Walzen gebildet wird.

Die mit elastischem Bezug versehenen **Biegeeinstellwalzen** dienen bei Anwendung von einzelelement-gesteuerten Biegeeinstellwalzen (Nipkontrollwalzen) einer exakten Querprofilregelung der Dicke, die von der Höhe der Linienlast und der Temperatur der beheizten Walze unabhängig ist. Die elastischen Walzenbezüge werden im Hinblick auf die technologische Eignung (E-Modul, Oberflächeneigenschaften, Schaberbarkeit, Markierungsresistenz) und auf die thermische und mechanische Belastbarkeit ausgewählt.

Typisch für den Softnip-Kalander ist die Anordnung der Walzen in **Einzelnips**. Dadurch wird eine exakte Steuerung der Linienlastverteilung über die Walzenbreite erzielt. Temperatur und Linienlast können in jedem einzelnen Nip in weiten Bereichen unabhängig voneinander gesteuert werden. Dadurch sind zum einen die Glätteffekte im großen Ausmaß variierbar und zum anderen kann die Zweiseitigkeit der Bahn minimiert werden.

Die hohe Temperatur der harten beheizten Walzen ermöglicht das Erzielen der Glätteffekte bei niedrigerer Druckspannung [12.5]. Durch die Herabsetzung der Druckspannung bzw. der Linienkraft wird die Bahn volumenschonender geglättet.

Die **Softnip-Kalander** ermöglichen eine effiziente und wirtschaftliche Glättung vieler Papiersorten. Sie werden überall dort eingesetzt, wo ein gleichmäßiges Glätten ohne Glanzflecken und Speckigkeit bei bester Bedruckbarkeit gefordert wird. Zum Erzielen höchster Glätte-/Glanzwerte bei hohen Geschwindigkeiten sind vier oder mehr Nips erforderlich.

12.3.3 Superkalander

Bis Mitte der 1990er-Jahre war der Superkalander die einzige Anlage, mit der man grafische Papiere mit hohen Anforderungen an Glanz und Glätte herstellen konnte (Bild 12.3). Im Superkalander sind 9...16 Walzen in einem Ständer übereinander angeordnet. Die **Ober- und Unterwalzen** sind meist harte **Biegeeinstellwalzen**, im

Walzenstapel sind abwechselnd elastische **Walzen** und **beheizte Hartgusswalzen** angeordnet. Die Hartgusswalzen werden mit Wasser temperiert und bei hohen Glanzwerten der Bahn hartverchromt oder mit verschleißfesten Schichten versehen. Die maximale Vorlauftemperatur liegt bei 140 °C, die Walzenoberflächentemperatur bei 100 °C. Die Zweiseitigkeit der Bahn wird durch getrennt regelbare Heizkreisläufe für Walzen oberhalb und unterhalb des **Wechselnips** gesteuert. Bei Verdichtungskalandern werden meist gehärtete Stahlwalzen eingesetzt. Diese werden mit Dampf auf Oberflächentemperaturen um 160 °C beheizt.

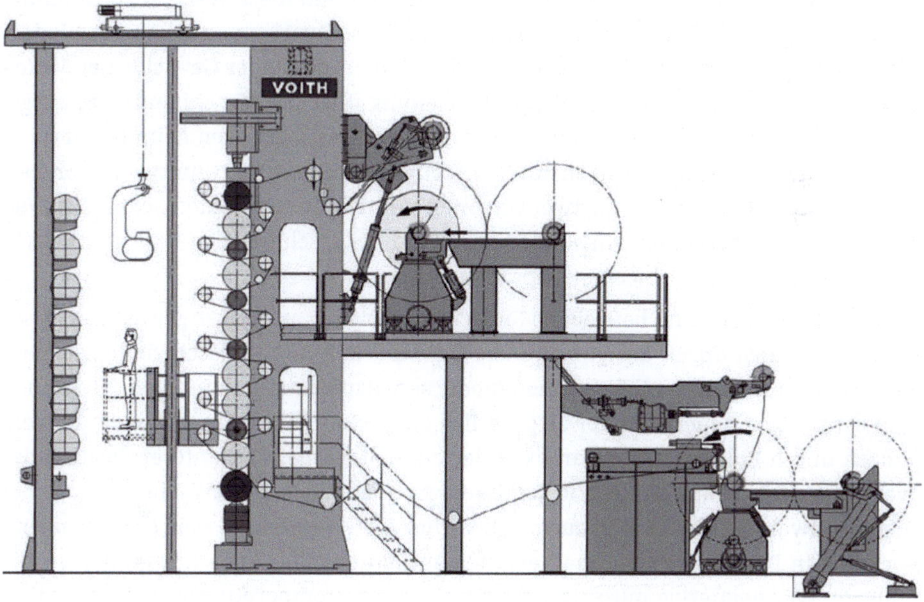

Bild 12.3 12-Walzen Superkalander mit Flying Splice an der Abwicklung und automatischen Rollenwechsel an der Aufwicklung (Quelle: Voith)

Die elastischen Walzen haben einen **Walzenbezug** aus **Baumwollpapier** oder einem Papier, das aus einer Mischung von 18...50 % Wollfasern und Baumwollfasern besteht. Die **Papierwalzen** werden durch Verpressen meist runder, in der Mitte mit dem Achsdurchmesser ausgestanzter Papierbögen hergestellt. Die in Laufrichtung der Bahn um 30° bis 90° umgelegten Ringe werden auf die in hydraulischer Presse senkrecht stehende Achse aufgelegt und mit hohem Druck verpresst. Die Verschlüsse an den Enden der Achsen werden mittels Bordscheiben und Muttern gebildet. Nach dem Pressen und Verschließen wird der Bezug in einer Drehbank bearbeitet. Die Abdrehreserve der Papierwalzen beträgt je nach Durchmesser 150...200 mm, die Standzeiten im Kalander meist sechs Tage. Zum Ausgleich der großen Durchmesserunterschiede werden die Lagergehäuse auf Spindeln mit verstellbaren Anschlägen an beiden Seiten aufgehängt. Die Walzen werden durch Linearführungen oder Hebel am

Ständer gelagert. Die Nips werden durch Anheben des Walzenpaketes mit der Unterwalze geschlossen. Damit beide Bahnseiten mit den Hartgusswalzen in Kontakt kommen haben die Superkalander einen **Wechselnip**, der durch zwei elastische Walzen gebildet wird, meist zwischen der vierten und fünften Walze, von unten gezählt. Superkalander mit ungerader Walzenzahl haben keinen Wechselnip, die Zweiseitigkeit wird dann z. B. durch unterschiedliches Strichgewicht eingestellt. Das Walzenpaket wird nur durch eine Hartgusswalze angetrieben, meist in der dritten oder fünften Position von unten. Im Unterschied zum Glättwerk, wo die Papierbahn die Walzen umschlingt, wird im Superkalander die Bahn nach jedem Nip über Leitwalzen, nach dem ersten Nip auch über Breitstreckwalzen geführt. Auf diese Weise wird Faltenbildung in Folge der Bahnverformung auch bei hohen Druckspannungen vermieden. Moderne Superkalander sind mit Kompensation überhängender Gewichte der Mittelwalzen zur Verbesserung der Linienlastverteilung über die Maschinenbreite ausgestattet [12.6]. Zum Schutz der Baumwollwalzen vor Markierungen beim Bahnriss ist eine Schnelltrennung der Walzen durch sofortiges Absenken der Unterwalze vorgesehen. Die Papierbahn wird von zwei Personen mithilfe der an beiden Seiten des Walzenpaketes angebrachten Fahrbühnen von Hand bei geschlossenen Nips und Kriechgeschwindigkeit in die einzelnen Nips eingeführt.

Der traditionelle, offline betriebene Superkalander mit aus Papier gepressten elastischen Walzen ist durch deren begrenzte Belastbarkeit in der Geschwindigkeit limitiert. Um der Geschwindigkeit einer modernen Papiermaschine folgen zu können sind bereits drei Superkalander erforderlich geworden. Durch Ersatz von Baumwollwalzen durch Polymerbezüge an exponierten Stellen, meist in unterer Position des Walzenpaketes, gelang es, die Stillstandszeiten zu reduzieren. Der alleinige Ersatz der Baumwollwalzen führt jedoch auch zum Verlust an Glätteffekten, weil die Wärmeentwicklung in Polymerbezügen im Vergleich zu Baumwollbezügen nur gering ist. Die fehlende Wärmeenergie muss deshalb durch höhere Temperatur der harten Walzen oder Anhebung der Linienlast ausgeglichen werden.

12.3.4 Multinip-Kalander

Seit Mitte der 1990er-Jahre haben Multinip-Kalander die Superkalander ersetzt [12.7] [12.8]. Sie kommen für die **Satinage** von SC-Papieren, LWC, MWC und holzstofffreien gestrichenen Papiere zum Einsatz, meist online. Offline werden sie dann eingesetzt, wenn die Papiermaschinengeschwindigkeit zu hoch ist um die technologischen Effekte zu erreichen, derzeit bei SC-A und holzstofffreien gestrichenen Papieren. Durch Anwendung höherer Temperatur der beheizten harten Walzen und Einsatz hoch belastbarer elastischer Walzenbezügen ist eine Steigerung der **Satinagegeschwindigkeit** möglich geworden. Multinip-Kalander haben 3...14 Walzen, die Walzenzahl wird an die erforderlichen **Satinageeffekte** angepasst. Die elastischen Kunststoffbezüge haben im Vergleich zu den Papierwalzen des Superkalanders nur eine geringe Abschleifreserve von etwa 12 mm im Durchmesser. Dies ermöglicht, auf die Spindel zur Verstellung der Walzenposition zu verzichten. Alle Mittelwalzen werden durch Hebel direkt am Ständer befestigt. Das Walzenpaket wird vorteilhaft auf zwei voneinander unabhängig steuerbare Walzenstapel unterteilt, um die **Zweiseitigkeit** gezielt beeinflussen zu können und die Gefahr von **Barring** herabzusetzen. Die Anwendung von **Nipkontrollwalzen** mit elastischem Bezug in oberer und unterer Position des Walzenstapels ermöglicht bereits im ersten Nip die Anwendung einer hohen Walzentemperatur ohne Einsatz teurer, beheizter Biegeeinstellwalzen mit hartem Mantel. Die meist mit Thermalöl, in einigen Anlagen auch mit Dampf temperierten Mittelwalzen können auf 120...190 °C Oberflächentemperatur beheizt werden. Weitere Veränderungen gegenüber dem herkömmlichen Superkalander bestehen in der Möglichkeit der Steuerung der Linienlast-Kennlinie. Der Unterschied der Linienkräfte zwischen unterem und oberem Nip kann durch Kompensation der Walzengewichte gezielt reduziert oder ganz eliminiert werden, sodass in allen Nips die gleiche Linienlast herrscht. Dadurch wird das Glättungspotenzial verbessert und die Walzenzahl kann im Vergleich zum Superkalander reduziert werden. Bahnquerprofile werden über zonen- oder einzelelementgesteuerte Biegeeinstellwalzen (Nipkontrollwalzen) in unterer und oberer Position des Walzenpaketes optimiert.

Die Walzenstapel werden je nach Hersteller mit 45°-Neigung (Janus) oder senkrecht (Optiload, *Prime*Cal ProSoft) angeordnet (Bild 12.4). Die Papierbahn wird wie beim Superkalander zwischen den Nips über Leit- und Breitstreckwalzen geleitet. Die höheren Temperaturen und die damit verbundene Austrocknung des Papiers erfordern den Einsatz von Rückbefeuchtungseinrichtungen bzw. eine höhere Eingangsfeuchte des Papiers. Um bei hoher Temperatur Beschädigungen der Walzenbezüge durch Kontakt mit den beheizten Walzen zu vermeiden, ist eine Fahrweise mit überbreiter Bahn und Randbeschnitt nach dem Kalander erforderlich.

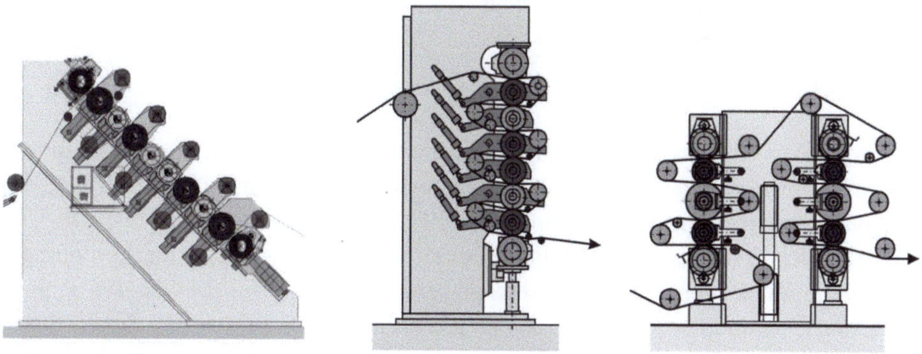

Bild 12.4 Multinip-Kalander unterschiedlicher Bauart (Quellen: Voith, Valmet, Andritz Küsters)

Im Multinip-Kalander werden alle Walzen angetrieben, um mit offenen Nips die Papierbahn aufführen und die Nips erst bei voller Bahnbreite und drehenden Walzen schließen zu können. Die Bahn wird bei Online-Betrieb meist mithilfe von Seilen aufgeführt. Auch im Offline-Betrieb erfolgt die Bahneinführung wie bei Streichmaschinen mithilfe eines Seiles.

12.3.5 Schuhkalander

Der Schuhkalander besteht aus einer **weichen Schuhwalze** und einer **beheizten harten Walze** (Bild 12.5). Der Aufbau der Schuhwalze eines Schuhkalanders ist der Schuhwalze ähnlich, die in den Schuhpressen verwendet wird. Die Schuhwalze besteht aus einem elastischen Belt und einem konkaven Schuh. Im Schuhkalander wird die zu glättende Seite der Papierbahn mithilfe eines konkaven Schuhs und eines weichen Belts gegen eine beheizte Walze gedrückt. Die Schuhlänge beträgt 50...150 mm. Die Oberflächentemperatur liegt im Bereich 70...300 °C. Bei einer typischen maximalen Druckspannung von 2,5...15 MPa beträgt die Linienlast dadurch 100...1500 kN/m.

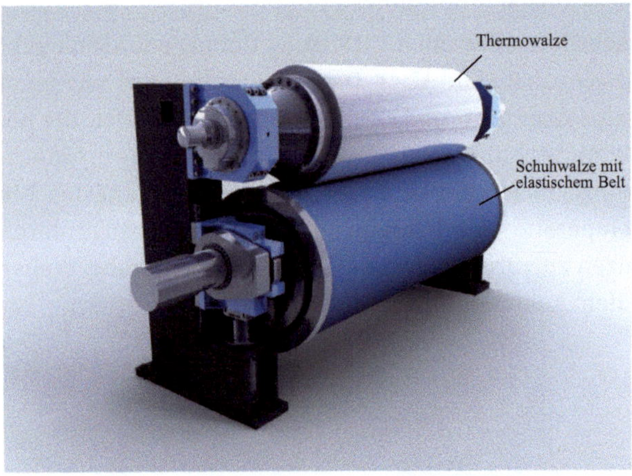

Bild 12.5 Aufbau eines Schuhkalanders (Quelle: Andritz Küsters)

Der lange Nip wird zwischen einer beheizten, harten Walze und dem weichen Belt der Schuhwalze gebildet. Der Schuhkalander arbeitet nach dem Funktionsprinzip des sogenannten **„gradient calendering“** [12.3][12.4][12.9]. Die bestmöglichen Oberflächeneigenschaften werden bei vorgegebenen Werten für das spezifische Volumen und die Steifigkeit erreicht, wenn die plastische Kompression der oberen Papierschichten groß und der mittleren Schichten klein ist [12.10]. Die Papierbahn wird besser geglättet, wenn große Unterschiede (Gradienten) der Temperatur und der Feuchte in z-Richtung des Papiers eingestellt werden. Die bleibende Verformung des Papiers ist abhängig von der Verweildauer im Nip. Die zu Glättung notwendige **Plastifizierung der Papieroberfläche** resultiert aus dem Wärmestrom von der beheizten

Walze auf die Papierbahn [12.11][12.12]. Der Schuhkalander hat einen weichen Belt im Vergleich zu einem Walzenbezug eines Softkalanders. Der Elastizitätsmodul des Belts ist etwa 10-mal niedriger als der von Walzenbezügen eines Softnip-Kalanders. Der Belt kann sich im Schuhkalander-Nip gut an die Oberfläche anpassen (Bild 12.6). Das bewirkt eine gleichmäßige Druckverteilung zur Papieroberfläche. Diese Art der Oberflächenbehandlung wird auch als **„contour-type calendering“** bezeichnet [12.11][12.13]. Die Rückseite des Papiers erfährt keine Glättung. Das Glättergebnis mit einem Schuhkalander ist eine sehr gleichmäßige Dichte des Papiers. Bei der Bewertung der Gleichmäßigkeit des Papiers im Schräglicht können geringere Werte für Glanzvariationen und Print-Mottling an den mit dem Schuhkalander kalandrierten Papieren festgestellt werden.

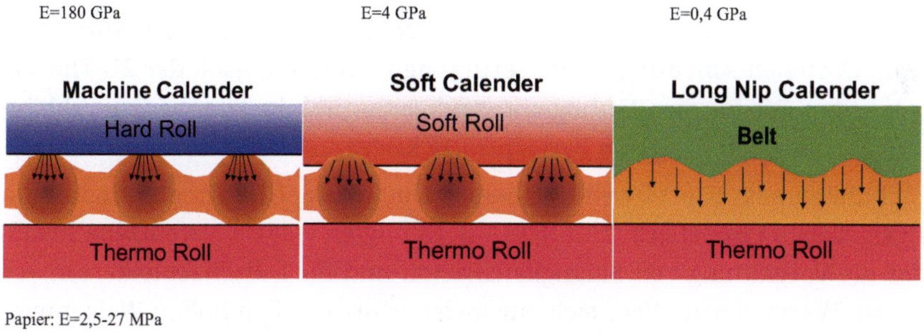

Bild 12.6 Vergleich verschiedener Methoden für die Glättung [12.10][12.14]

Die notwendigen Temperatur- und Feuchtegradienten können durch die Rückbefeuchtung und Aufwärmung der Papieroberfläche unmittelbar vor dem Schuhkalander-Nip eingestellt werden. Um hohe Oberflächentemperaturen (bis zu 300 °C) zu erreichen, können eine induktiv beheizte Tokuden-Walze oder eine zusätzliche externe induktive Heizung an den Thermowalzen eingesetzt werden. Abhängig von der Einlauftemperatur der Bahn werden ein Dampfblaskasten oder ein Düsenfeuchter für die Rückbefeuchtung der Bahn verwendet. Die Einsatzgrenzen des Schuhkalanders ergeben sich aus der Belastbarkeit und der Härte des Belts. Die mechanische Belastung ist mit einer maximalen Druckspannung von etwa 10...15 MPa limitiert. Das Limit für die thermische Belastung des Belts liegt bei etwa 100...120 °C (Belttemperatur). Dies erfordert eine zusätzliche Beltkühlung besonders im Randbereich. Eine weitere Maßnahme zum Schutz des Belts ist die Fahrweise mit überbreiter Bahn.

Bei der Glättung mit dem Schuhkalander spielt die **thermische Energie** eine entscheidende Rolle. Diese Aussage trifft mit der Ausnahme von thermosensitiven Papieren auf alle Papier- und Kartonsorten zu. Physikalisch bedeutet die Kennzahl Q_t die zugeführte thermische Energie, bezogen auf die Fläche der Papierbahn, in J/m². Q_t kann aus einer Ableitung der eindimensionalen Theorie nach *Guérin* und *Morin* [12.15] unter Nutzung der nachfolgenden Formel ermittelt werden.

$$Q_t \gg k \cdot T_{\text{int}} \sqrt{\frac{L \cdot \lambda \cdot c \cdot \rho}{v}}$$

k Konstante ($k \approx 0{,}84$), T_{int} Kontakttemperatur (Übergangstemperatur) des Papiers mit der Thermowalze in °C, L Kontaktlänge in m, λ Wärmeleitfähigkeit des Papiers in W/(K m), c Spezifische Wärmekapazität des Papiers in J/(K kg), ρ scheinbare Dichte des Papiers in kg/m^3, v Geschwindigkeit in m/s

Die **Kontakttemperatur (Übergangstemperatur)** T_{int} kann nach *Grigull* und *Sandner* [12.16] berechnet werden. Die Kennzahl Q_t stellt eine Kenngröße dar, welche die Schuhlänge, die Bahngeschwindigkeit und die Temperatur der Thermowalze in praxisrelevanten Parameter-Bereichen verknüpft. Für vorgegebene Geschwindigkeit können daraus die optimale Schuhlänge und die optimale Temperatur der Thermowalze bestimmt werden. Die Formel aus der eindimensionalen Theorie beschreibt nur näherungsweise die Verhältnisse im Schuhkalander-Nip. Für eine exakte Bestimmung der Kennzahl Q_t stehen Ableitungen zur Verfügung [12.17], die nach der 2D-Theorie entwickelt wurden. Die für die Glättung notwendige thermische Energie Q_t ist abhängig von der Papiersorte und liegt im Bereich 2…12 kJ/m^2.

Der erste Schuhkalander (Opti-Dwell-Kalander, Valmet) ging 1994 für die Produktion von Flüssigkeitskarton in Betrieb [12.10][12.14]. Es folgten weitere vereinzelte Installationen für die Vorglättung von Flüssigkeitskarton und für Faltschachtelkarton vor dem Streichen. Wegen der im Vergleich zur meist erforderlichen hohen Walzentemperatur relativ niedrigen thermischen Belastbarkeit des Belts und des damit verbundenen aufwändigen Randschutzes bei wechselnder Bahnbreite hat sich diese Glätttechnik für die meisten Papiersorten bisher nicht durchsetzen können, obwohl diese Glätttechnologie große Potenziale bietet. Einer der wenigen Schuhkalander in Betrieb wird für die kommerzielle Produktion von Verpackungspapier eingesetzt (Stand 2021). Bei der Glättung von Sackpapier können hohe Glanz- und Glättungswerte bei hoher Porosität und geringen Werten für Glanzvariation und Print-Mottling erreicht werden. Der Vorteil des Schuhkalanders, nämlich die Glättung bei niedriger Druckspannung, zahlt sich hier besonders aus. Zum Randschutz des Belts wird mit überbreiter Papierbahn und einem anschließenden Randbeschnitt produziert.

Der Schuhkalander kann am effektivsten bei Papiersorten eingesetzt werden, die zum Glätten keine hohen Temperaturen erfordern. So lieferte der Schuhkalander bei der Glättung von thermosensitivem Papier sehr gute Ergebnisse.

12.3.6 Metallband-Kalander

Der Metallband-Kalander mit einem langen Nip **(ValZone-Kalander)** wurde als Weiterentwicklung des Schuhkalanders und des **Condebelt-Trocknungsverfahrens** Ende der 1990er-Jahre entwickelt [12.18][12.19]. Der Metallband-Kalander wird schematisch in Bild 12.7 dargestellt. Er besteht aus einer beheizten Walze, einer durchbiegungsgesteuerten Walze, aus einem glatten Metallband und aus drei Leitwalzen, von denen zwei beheizt werden. Im Metallband-Kalander beträgt die Kontaktzone 1000 mm statt 10...15 mm bei einem Softnip-Kalander oder 50...150 mm bei einem Schuhkalander.

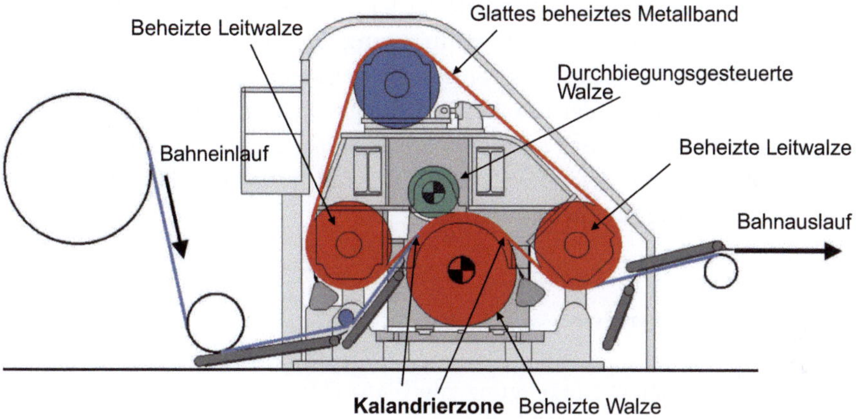

Bild 12.7 Schematische Darstellung des Metallband-Kalanders [12.20]

Unter langer Einwirkungsdauer, bei hoher Temperatur, hohem Feuchtegehalt und niedriger Druckspannung im Nip kann am Metallband-Kalander eine optimale **Plastifizierung der Papieroberfläche** bei geringer Oberflächenrauheit und verbesserter Bedruckbarkeit am Metallband-Kalander erreicht werden. Im Nip des Metallband-Kalanders werden beide Seiten des Papiers durch die Wirkung der Thermowalze und des beheizten Metallbandes gleichzeitig geglättet. Der gesamte Kalandrierbereich des Metallband-Kalanders besteht aus drei Zonen: Vorheizung, Pressung und Nachbehandlung. In der Vorheizzone wird die Papierbahn vorgewärmt und plastifiziert. Die Druckspannung im Nip ergibt sich aus der Zugspannung des Belts und ist mit 0,2 MPa verhältnismäßig gering. In dieser Zone wird das Papier minimal komprimiert. In der Presszone findet die eigentliche Glättung statt. In dieser zweiten Zone besteht die Möglichkeit, mithilfe einer Durchbiegungsausgleichswalze das Querprofil für die Dicke zu beeinflussen. In der Nachbehandlungszone schließlich wird das Glättergebnis stabilisiert. Die Oberflächentemperatur der Thermowalze liegt im Bereich 150...200 °C. Die Wärmeübertragung beim Metallband-Kalander ist aufgrund einer langen Kontaktzone sehr effektiv. Dadurch kann der Eingangsfeuchtegehalt erhöht werden. Mit dem Metallband-Kalander können besonders hohe Werte für die **Steifigkeit** und für das **spezifische Volumen** erreicht werden. Höhere Geschwindigkeit und höhere Trocknungskapazität sind weitere Vorteile dieser neuen Glätttechnologie.

Der erste Metallband-Kalander ging 2006 für die Produktion von Faltschachtelkarton in Betrieb. Kalander dieser Ausführungsform sind für anspruchsvolle Anwendungen geeignet, da die Installation mit hohen Investitionskosten und hohem Energiebedarf verbunden ist.

12.3.7 Prägekalander

Prägekalander dienen der Herstellung von **dreidimensionalen Strukturen an der Papierbahn**. Geprägt wird zwischen zwei Walzen. Das Papier wird mit einer elastischen Walze an die Prägewalze mit eingraviertem Muster gepresst. Unterschieden wird zwischen **Rapportprägung** und **Wildprägung**. Bei der Rapportprägung wird das Muster auch in die elastische Walze eingewaschen, beide Walzen werden in ihren Umdrehungen mittels Zahnrädern exakt zueinander synchronisiert. Dies ermöglicht eine ausgeprägte Strukturbildung an beiden Bahnseiten. Bei der Wildprägung erfolgt keine Synchronisierung der beiden Walzen, die Prägung ist nicht so tief. An der Rückseite befindet sich eine elastische Walze.

12.3.8 Friktionskalander

Friktionskalander werden zur Erzeugung von Glanz eingesetzt. Der bekannteste Anwendungsfall ist das Glätten von Spielkartenkarton. Der Friktionskalander besteht aus meist drei Walzen, zwei Hartgusswalzen und einer Baumwollwalze in der Mitte. Die beiden harten Walzen werden mit unterschiedlichen Geschwindigkeiten angetrieben, 10...30 % höher als die Bahngeschwindigkeit. Der Schlupf führt zur hoher Glanzentwicklung. Die obere Walze ist meist mit Dampf beheizt.

12.4 Walzen in Glättwerken und Kalandern

12.4.1 Durchbiegungseinstellwalzen

Eine wesentliche Voraussetzung zum Erzielen gleichmäßiger Glätteffekte im Querprofil ist die exakte **Kontrolle der Linienlastverteilung über die Walzenbreite**, unabhängig vom Betrag der mittleren Linienlast. Die Durchbiegung der Walzen wird durch das Eigengewicht und die Kräfte zur Einstellung der Linienlast hervorgerufen. Bei einer bestimmten Linienlast kann die Durchbiegung durch Schleifen einer **Bombage**, also durch Schleifen einer balligen Oberflächenform, kompensiert werden, allerdings nur für eine bestimmte mittlere Linienlast. Bei anderen Einstellungen der mittleren Linienlast werden wieder Abweichungen im Querprofil verursacht. Durch die Entwicklung der **Schwimmenden Walze (S-Walze)** von Küsters in den 1960er-Jahren gelang es, die Durchbiegung der Walzen über einen weiten Bereich der Linienkräfte zu kompensieren und damit eine Voraussetzung für den Bau von breiten und schnelllaufenden Papiermaschinen zu schaffen. Bei der S-Walze rotiert ein zylindrischer Walzenmantel um eine feststehende Achse (Bild 12.8). Mittels Längs- und Stirndichtungen wird zwischen der Achse und dem Walzenmantel eine Druckkammer geschaffen, in die Hydrauliköl zugeführt wird. Die Höhe des hydraulischen Drucks in der Druckkammer bzw. die Druckdifferenz zwischen der Druckkammer und der Leckölkammer kann so eingestellt werden, dass die Durchbiegung der Gegenwalze bei jeder mittleren Linienlast kompensiert werden kann. Langwellige Profilkorrekturen sind durch Erhöhung oder Absenkung des Kammerdruckes möglich. Bei niedriger Linienlast kommt zur Anpassung an die Durchbiegung der Gegenwalze eine zweite, rückwärts gerichtete Druckkammer zur Anwendung. Der Antrieb erfolgt mithilfe von Zahnriemen, Aufsteckgetrieben, Planetengetrieben oder über einen Zapfen bei Anwendung eines Dreiringlagers. Die S-Walzen werden in Glättwerken, Soft- und Superkalandern und auch in der Pressenpartie eingesetzt [12.21].

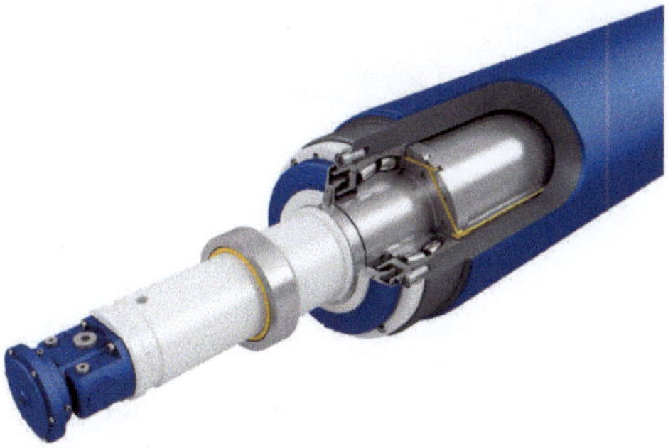

Bild 12.8
Schwimmende Walze (S-Walze) mit Öldruckkammer in Druckrichtung (Quelle: Andritz Küsters)

Erhöhte Korrekturmöglichkeiten und schmalere Einflussbreite in Querrichtung wird mit Stempelgestützten Walzen erzielt, bei denen der rotierende Walzenmantel an der feststehenden Achse mittels hydrostatischer Stempel abgestützt wird (Bild 12.9). Bei Walzen mit langwelliger Korrekturmöglichkeit wird die Walzenbreite in sechs bis acht Zonen unterteilt, in denen mehrere Stempel mit gleichem hydraulischem Druck versorgt werden [12.22].

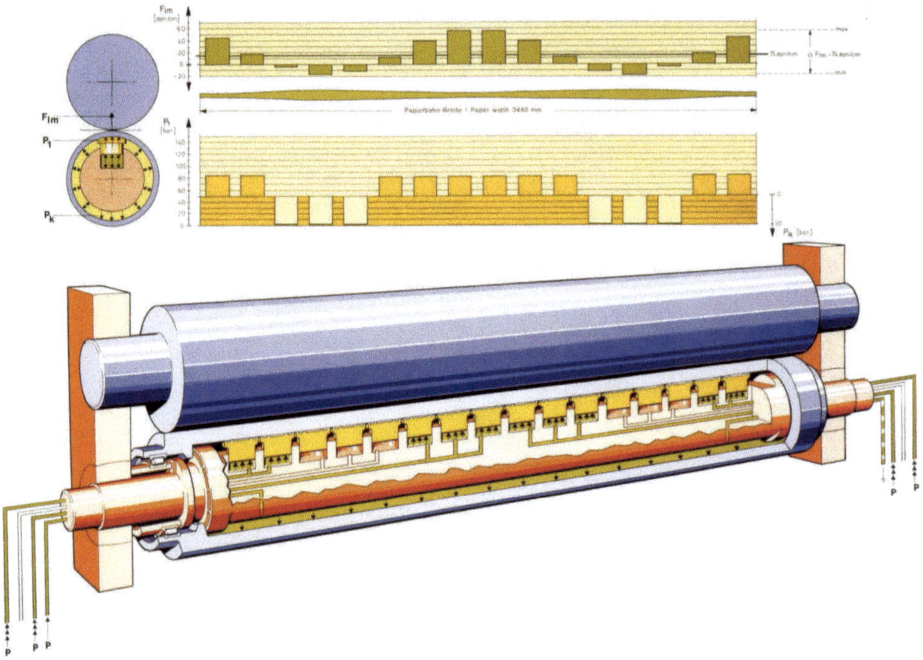

Bild 12.9 Hydrostatisch abgestützte Walze mit gruppenweiser Ansteuerung der Elemente (Quelle: Andritz Küsters)

Durch die Regelung des Drucks in jedem einzelnen Stempel, eingeführt von Küsters im Jahre 1994, wurde eine exakte Einstellung der Linienlastprofile im Nip möglich (Bild 12.10). Um auch bei niedriger Linienlast lokale Entlastungen im Querprofil zu ermöglichen, werden Walzen mit einer oder zwei Reihen von zusätzlichen Stempeln ausgerüstet, die Kräfte weg vom Nip auf den Walzenmantel ausüben können. Rückzugskräfte durch Anbringung des hydraulischen Drucks im Innern der Walze werden bei der MULTI HV-Walze erzeugt [12.23].

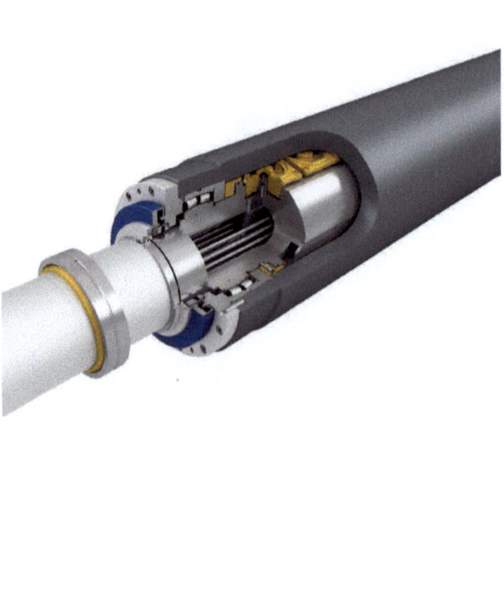

Bild 12.10 Einzelelement-gesteuerte Biegeeinstellwalze – Nipkorrekturwalze (Quelle: Andritz Küsters)

Die **Profilkorrekturen** können im Vergleich zu thermischen Systemen, bei denen die Gegenwalze lokal aufgeheizt oder heruntergekühlt wird, sehr schnell wirksam werden und sind unabhängig von der Temperatur der Walzen. Die Korrekturen werden ohne zusätzliche Energie durchgeführt, die bei den thermischen Systemen erforderlich ist. Einzelelement-gesteuerte Biegeeinstellwalzen werden in Glättwerken, Soft- und Multinip-Kalandern angewendet. Meist wird mit ihnen das Dickenquerprofil geregelt, wobei auch eine gleichzeitige Regelung des Glanzprofils möglich ist.

12.4.2 Beheizte Walzen

12.4.2.1 Aufgabe und prinzipielle Lösung

Die Papierbahn wird in einem Kalander-Nip einer **Warm-Druckumformung** unterworfen [12.24]. Neben der Druckspannung im Nip ist die **Oberflächentemperatur der Thermowalzen** für das Glättergebnis maßgebend. Je nach Papiersorte beträgt die Oberflächentemperatur 80...300 °C. Bei Oberflächentemperaturen unter 120 °C kann als Heizmedium sowohl Heißwasser als auch Dampf zum Einsatz gelangen. Im Temperaturbereich bis 170 °C wird Dampf oder Thermalöl eingesetzt. Über 170 °C werden die Thermowalzen mit Thermalöl beheizt. Die maximale Oberflächentemperatur, die mit Thermalöl erreicht werden kann, liegt bei etwa 220 °C. Im Temperaturbereich 220...300 °C ist der Einsatz einer externen induktiven Zusatzheizung oder einer Tokuden-Walze mit induktiver Beheizung erforderlich. Die beheizten Walzen bestehen aus einem Walzenballen, aus zwei Walzenzapfen und aus einer Drehdurchführung. Die Walzenzapfen sind überwiegend aus einem geschmiedeten Stahl gefertigt. Der Walzenballen wird aus einem speziellen Schalenhartguss, stahlähnlichen Gussqualitäten oder Schmiedestahl hergestellt.

12.4.2.2 Walzen aus Schalenhartguss

Der Schalenhartguss gehört zu den am meisten verbreiteten Werkstoffen für Thermowalzen. Nach Einschätzung [12.25] sind ca. 96 % der weltweit eingesetzten Thermowalzen aus Schalenhartguss. Die Walzen werden meistens an Hart- und Soft-Glättwerken mit einem Single Nip eingesetzt. Die Walzen aus Hartguss haben einen Kern und eine Härteschicht. Der Kern ist grau erstarrt und besteht aus einem perlitischen Grundgefüge mit Lamellengraphit. Dieser Werkstoff kann auch als **Verbundguss** betrachtet werden. Die Härteschicht ist weiß erstarrt und stellt einen graphitfreien Werkstoff dar, bestehend aus einer perlitischen Grundmasse mit Zementit. Zwischen der Härteschicht und dem Kern befindet sich eine Übergangszone aus den Bestandteilen der grau und weiß erstarrten Komponenten der Gefüge. Die Dicke der Härteschicht beträgt 15...20 mm und wird über die chemische Zusammensetzung, die Schmelzbehandlung usw. eingestellt. Die **Verschleißfestigkeit** und die **Oberflächenhärte** der Thermowalze aus Schalenhartguss werden durch die Struktur der Härteschicht bestimmt. Der Anteil an Zementit spielt dabei eine wichtige Rolle. Durch die Zugabe von Legierungselementen können die Härte und Verschleißfestigkeit erhöht werden.

Die mittlere Oberflächenhärte einer Walze aus Schalenhartguss liegt je nach Ausführung zwischen 450 HV und 600 HV. Die beheizten Walzen werden für zwei unterschiedliche Temperaturbereiche der Walzenoberfläche konzipiert. Im Temperaturbereich unter 120 °C befinden sich die Peripherbohrungen bei dieser Walzenausführung noch innerhalb des grau erstarrten Bereichs im Walzenquerschnitt. Die geringere Anzahl an Peripherbohrungen, bedingt durch den größeren Abstand der Bohrungen zur Walzenoberfläche, und der Einsatz preiswerterer Dichtelemente ergeben eine preiswertere Walze. Eine andere Ausführung der Thermowalzen wird in einem Oberflächentemperaturbereich von bzw. über 120 °C eingesetzt. Die Peripherbohrungen liegen hier weit außen, in der Übergangszone vom weißen zum grau erstarrten Gussgefüge. Der Walzenkörper besteht aus einem Schalenhartguss mit höherer Festigkeit und verbessertem Wärmedurchgang.

12.4.2.3 Walzen aus Schmiedestahl

Insbesondere bei Walzen für hohe Heizleistungen und Oberflächentemperaturen (über 220 °C) können hohe thermische Beanspruchungen auftreten. Hinzu kommen die mechanischen Beanspruchungen aufgrund von Biegewechselspannungen in höchstbelasteten Soft- und Multinip-Kalandern. Bei sehr hohen mechanischen und thermischen Beanspruchungen werden daher Walzen aus Schmiedestahl eingesetzt, die überwiegend aus 42CrMo4, 34CrNiMo12-5, 35NiCrMoV12.5mod bzw. 62CrMoV6-3 bestehen. Die Walzen werden nach dem Schmieden vergütet, das heißt, die Rohlinge werden über T_{Ac3} erwärmt und anschließend abgeschreckt. Die T_{Ac3}-Temperatur richtet sich nach dem Werkstoff und liegt für die oben genannten Materialien im Bereich 820...920 °C. Als Abschreckmedium wird entweder Wasser, Polymer oder Öl verwendet. Das sich einstellende Gefüge ist ein Martensit mit möglichen Anteilen von Bainit, abhängig vom Legierungszustand. Die Festigkeiten sind in diesem Fall sehr hoch bei geringen Zähigkeiten. Die Walzen werden nach dem Abschrecken angelassen, um die gewünschte Festigkeitsstufe einzustellen. Die **Anlasstemperaturen** liegen im Bereich 550...680 °C infolge der vorhandenen Legierungselemente. Der Martensit wird dabei angelassen und gleichzeitig werden innere Spannungen abgebaut. Die Festigkeit nimmt bei gleichzeitigem Anstieg der Zähigkeit ab. Der Härtebereich liegt für die vergüteten Walzen bei 280...330 HB. Nach dem Vorbearbeiten werden die Walzen entweder beschichtet oder es wird eine zusätzliche induktive Oberflächenbehandlung durchgeführt. Beide Prozesse haben das Ziel, ein besseres Verschleißverhalten der Oberfläche zu erzielen. Beim **Induktionshärten** wird die Oberflächenhärte von etwa 300 HV auf 500...600 HV angehoben. Die mögliche erzielbare Härte ist vom Kohlenstoffgehalt und die Einhärttiefe von den gewählten Prozessparametern abhängig. Letztere liegt im Normalfall zwischen 5...8 mm. Die Walzen werden im Anschluss an den Härte- bzw. Beschichtungsprozess auf das erforderliche Endmaß geschliffen [12.26].

Die Walzen aus Schmiedestahl werden an hochbelasteten Soft- und Multinip-Kalandern eingesetzt. Der Marktanteil der Thermowalzen aus Schmiedestahl ist aufgrund hoher Investitionskosten deutlich geringer als bei Schalenhartguss und liegt nach Information [12.25] unter 3 %.

12.4.2.4 Walzen aus Sphäroguss

Eine kostengünstige Alternative zum Schmiedestahl sind die Walzen aus Gusseisen mit Kugelgraphit. Gegenüber einem Gusseisen mit Lamellengraphit ist der Graphit beim Sphäroguss in kugeliger Form ausgeschieden. Dadurch werden gegenüber dem Schalenhartguss bessere mechanische und thermische Festigkeitseigenschaften erreicht. Diese Walzen werden auch als Sphäroguss CDI (engl. **c**hilled **d**uctile **i**ron) bezeichnet. Der Marktanteil der Thermowalzen aus Sphäroguss ist sehr gering und liegt nach Information [12.27] unter 2 %.

12.4.2.5 Oberflächenbeschichtungen für die beheizten Walzen

Zur weiteren Erhöhung der Oberflächenhärte und der Verschleißfestigkeit werden Kalanderwalzen thermisch beschichtet. In den Tabelle 12.2 und Tabelle 12.3 sind die Oberflächeneigenschaften der Thermowalzen zusammengestellt, die mit gängigen Verfahren zur Oberflächenbeschichtung erzielbar sind.

Tabelle 12.2 Oberflächenbeschichtungen für Thermowalzen (Quelle: Walzen Irle)

Plasmatriert	Induktiv gehärtet	Thermisch hartstoffbeschichtet (HVOF)	Hartchrom
Oberflächenhärte			
bis 1300 HV0.1 üblich > 700 HV0.1	bis 640 HV0.2 üblich 500...600 HV0.2	1200 HV0.3 Matrix: 300 HV0.3 Carbide: ≈ 1700 HV0.3	800...1050 HV0.1 üblich 850 HV0.1
Härtetiefe/Schichtdicke			
0,1...1,0 mm	üblich 3...8 mm	üblich 0,12...0,18 mm	üblich 0,16...0,2 mm
üblich 0,5 mm			
Erzielbare Oberflächenrauhigkeit			
Ra < 0,03 µm	Ra < 0,03 µm	Ra < 0,03 µm	Ra < 0,03 µm
Einsatztemperatur			
< 500 °C	< 280 °C (abhängig von der gewählten Anlasstemperatur)	< 300 °C	< 300 °C

Tabelle 12.3 Eigenschaften der thermischen Beschichtungen [12.28]

Beschichtungs-material	Stoffliche Zusammensetzung	Oberflächenhärte (HV)	Dicke der Schicht (mm)
Metall	WC-12 % Co	800...1400	0,1...0,5
	WC-10 % Co-4 % Ni	800...1200	0,1...0,5
	WC-20 % Co-7 % Ni	800...1200	0,1...0,5
	Cr_2C_2-25 % NiCr	600...1100	0,10...0,75
Oxidkeramik	Al_2O_3	800...1200	0,1...0,5
	Al_2O_3-3 %...40 % TiO	700...1200	0,1...0,5
	Cr_2O_3	1000...1400	0,1...0,5

12.4.2.6 Ausführungsformen

Um eine gute Wärmeübertragung und gleichmäßige Temperaturverteilung auf der Walzenoberfläche zu erreichen, muss das Heizmedium innerhalb des Walzenkörpers gleichmäßig verteilt werden. Die einfachste, aber nicht wartungsfreie Ausführungsform ist die **Verdrängerkörper-Walze**. Bei den Verdrängerkörper-Walzen von Typ Äquitherm-V (Hüttenwerke Königsbronn) ist ein Verdrängerkörper in der Zentralbohrung des Walzenkörpers fest eingeschrumpft. Mithilfe der Abstandshalter wird ein definierter kreisförmiger Spalt zwischen dem Rohr und dem Walzenkörper eingestellt.

Die Thermowalzen mit Verdrängerkörper werden heutzutage hauptsächlich für Tissue-Anwendungen eingesetzt oder als Ersatzwalzen für bestehende Kalander geliefert. Der Anteil der Verdrängerkörper-Walzen an neuen Kalandern beträgt heutzutage etwa 10...15 % [12.25].

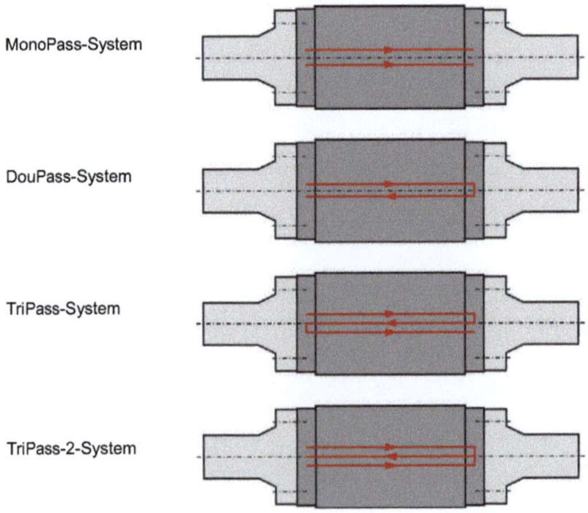

Bild 12.11
Ausführformen der peripher gebohrten Walzen
(Quelle: Hüttenwerke Königsbronn)

Ein anderes System für die Verteilung des Heizmediums ist die Verteilung durch die peripheren Bohrungen, die das Heizmedium durch den Walzenkörper leiten. Für die Verteilung des Heizmediums durch die peripheren Bohrungen gibt es die in (Bild 12.11) zusammengestellten Ausführungsformen.

Beim Duo Pass-S-System wird eine Wendel in die rücklaufende Bohrung eingebracht. Durch diese Wendel wird das Fluid in eine Drallströmung versetzt, die den Temperaturverlust des Fluids durch stetig steigende Fließgeschwindigkeit weitestgehend kompensiert.

Beim Betrieb der beheizten Walzen bei hohen Temperaturen kann es zu großen Temperaturdifferenzen zwischen der Walzenoberfläche und den inneren Schichten des Walzenkörpers in radialer Richtung kommen. Diese Temperaturdifferenzen können Zug- und Druckspannungen verursachen, die zu Ausbildung von Rissen im Walzenkörper führen [12.29]. Besonders große Temperaturdifferenzen und damit Thermospannungen können insbesondere im instationären Zustand bzw. beim Aufheizen und Abkühlen der Walze auftreten. Demnach werden die maximal zulässige Aufheiz- und Abkühlgeschwindigkeiten von nicht verchromten Walzen wie folgt begrenzt:

- **Schalenhartguss**: beim Aufheizen und beim Abkühlen 2 K/min,
- **Schmiedestahl**: beim Aufheizen und beim Abkühlen 4 K/min.

Bei den peripher gebohrten Walzen werden in die außerhalb der Papierbahnbreite liegenden peripheren Bohrungen Isolierkörper eingesetzt, um den Wärmeübergang vom Heizmedium in den Walzenkörper zu verringern.

12.5 Externe induktive Zusatzheizung

Eine Thermowalze mit konventioneller Ölheizung ist in der Regel auf 220 °C Oberflächentemperatur begrenzt. Die externe induktive Zusatzheizung dient einer maßgeblichen Erhöhung der Oberflächentemperatur der beheizten Walzen. Die maximal erreichbare Temperatur ist vom Material der Walze und der Vorlauftemperatur des Heizmediums abhängig. Eine externe Induktionsheizungsanlage ermöglicht eine Steigerung der Oberflächentemperatur auf bis zu 300 °C (an den Soft- und Multinip-Kalandern). Erhöhte Oberflächentemperaturen ermöglicht ein volumenschonendes Glätten. Verbesserung der Oberflächenglätte bei gleichem Volumen und hohes Potenzial zur Steigerung der Geschwindigkeit sind weitere Vorteile der Temperaturerhöhung der Thermowalzen. Die induktive Zusatzheizung kann an den Glättwerken, Multinip- und Soft-Kalandern, Superkalandern und an den Schuhkalander eingesetzt werden.

12.6 Dampfblaskästen

Die Dampfblaskästen werden heute effektiv zur Unterstützung des Glättvorgangs an Offline- und Online-Kalandern eingesetzt. Die Anwendung von Dampf direkt vor dem Kalander-Nip bewirkt zwei **Effekte** – die Temperaturerhöhung der Papierbahn durch die Kondensationswärme und die Feuchtezufuhr zur Papierbahn durch eine gezielte Kondensation von Wasserdampf.

Temperatur- und Feuchterhöhung führen zur Senkung des **Verformungswiderstands** der Papierbahn. Bei porösen Bahnen kondensiert der Dampf auch im inneren der Bahn und die Wirkung erstreckt sich auf die gesamte Bahndicke, bei dichten Bahnen beschränkt sich die Wirkung auf die oberen Papierschichten. Das bietet folgende Vorteile beim Kalandrieren:

- Das Niveau für den Glanz kann angehoben werden.
- Die Glätte kann verbessert werden.
- Die Dampfblaskästen können auch für beidseitige Bedampfung der Papierbahn eingesetzt werden.

Dadurch kann die **Zweiseitigkeit** beeinflusst werden. Mit der örtlich unterschiedlichen Aufheizung der Bahn durch die Kondensationswärme ist auch eine Beeinflussung des **Querprofils** für Glanz und Glätte möglich (Bild 12.12). Die Wirkung ist auf Bahntemperaturen unterhalb der Kondensationstemperatur des Dampfes beschränkt. Bei hohen Bahntemperaturen kommen meistens Düsenfeuchter zum Einsatz.

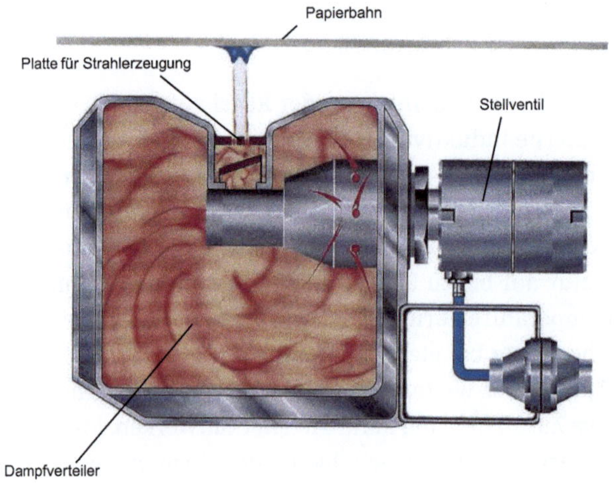

Bild 12.12
Dampfblaskasten
(Quelle: Andritz)

12.7 Düsenfeuchter

Düsenfeuchter werden für die Unterstützung des Glättvorgangs zur Lösung folgender Aufgaben eingesetzt:

- für optimale Rückbefeuchtung zur Verbesserung der Feuchte-Querprofile,
- zur Verbesserung der Dimensionsstabilität des Papiers und Reduzierung der Curl-Neigung,
- zur Reduzierung von Cockling (Blasigkeit) durch Lösung von eingefrorenen Spannungen, verursacht durch inhomogene Feuchteverteilung bei Zeitungsdruckpapier und SC-Papieren,
- zur Verbesserung der Glätte und Anhebung des Glanzniveaus,
- zur Vermeidung von Schwarzsatinage bei SC-Papieren (Bild 12.13).

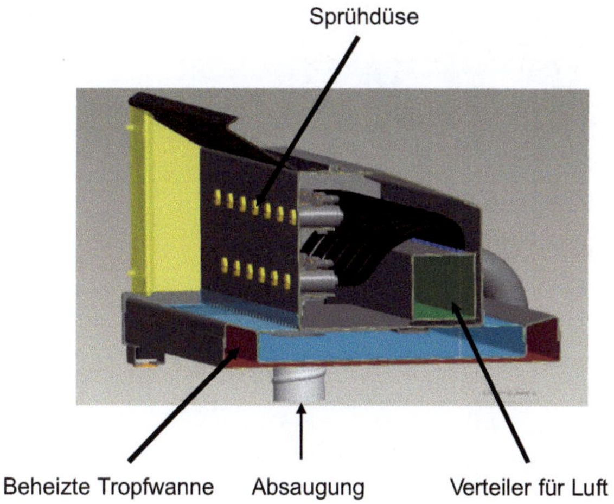

Bild 12.13
Düsenfeuchter Andritz [12.30]

12.8 Rollenschneider

Von Kurt Hiller

12.8.1 Wirkprinzip

In der **Ausrüstung** werden die auf Tamboure aufgewickelten fertig produzierten Papiere, die sogenannten **Mutterrollen**, weiterverarbeitet. Auf **Rollenschneidmaschinen** werden Papierrollen hergestellt, die direkt versandt werden können oder auf **Querschneidern** in Formate geschnitten werden.

Unabhängig von der Wickeltechnologie sind alle Rollenschneider ähnlich aufgebaut. Die Mutterrollen werden auf einem Abrollständer abgewickelt. Die Papierbahn führt über Leitwalzen und eine Breitstreckeinrichtung in die Messerpartie. Nach dem Längsschnitt werden die einzelnen Bahnen auf Hülsen gewickelt. Entsprechend des produzierten Papiers werden Stützwalzen- oder Tragwalzen-Rollenschneider eingesetzt (Bild 12.14 und Bild 12.15).

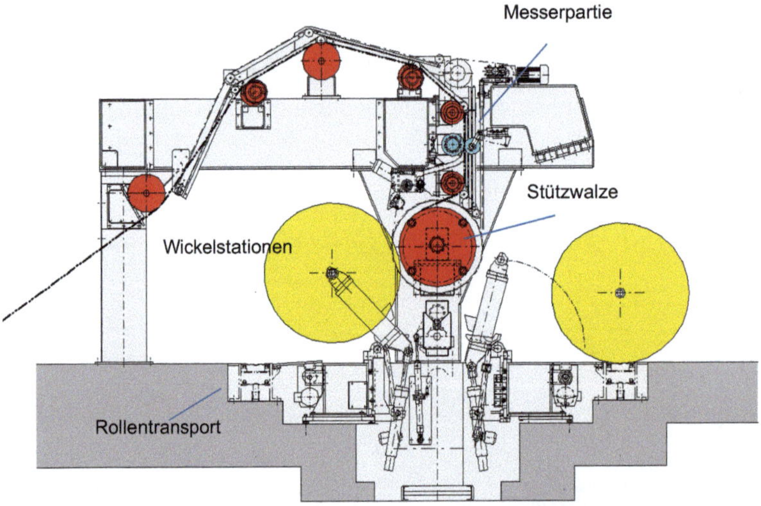

Bild 12.14 Stützwalzen-Rollenschneider (Quelle: Andritz)

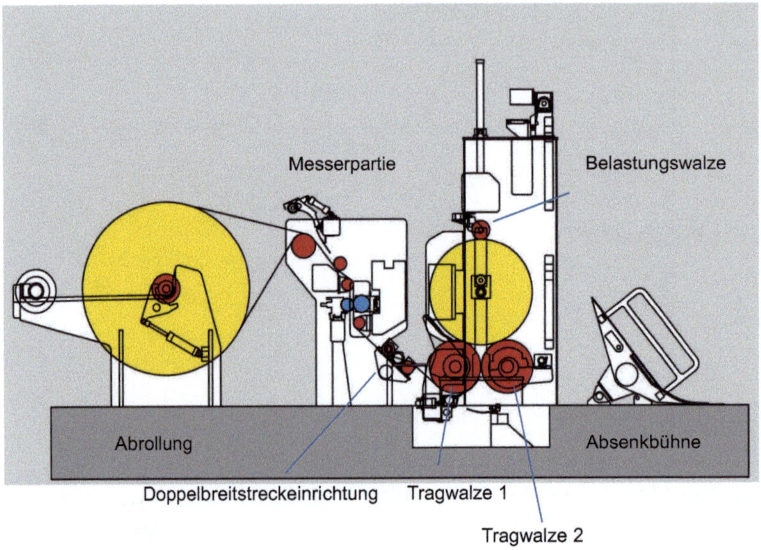

Bild 12.15 Tragwalzen-Rollenschneider (Quelle: Andritz)

Fertigrollendurchmesser reichen von ca. 1000 mm bis zu 2100 mm. Die Rollendurchmesser unterscheiden sich nach Papiersorte und Weiterverarbeitung. Bei einer Weiterverarbeitung in der Papierfabrik, z. B. am Querschneider, richtet sich der Rollendurchmesser nach den dort maximal möglichen Abrolldurchmessern. Die Rollendimensionen sind zum einen von der Wickeltechnologie, als auch von den eingesetzten Rollenschneidern und den betrieblichen Transportmöglichkeiten begrenzt:

- Zeitungsdruckpapiere — Ø 1000...1250 mm
Breite 500...1500 mm
- Offsetpapiere, Kopierpapiere — Ø 1000...1500 mm
Breite 1500...2700 mm
- Tiefdruckpapiere — Ø 1000...1500 mm
Breite 1500...4300 mm
- Verpackungspapiere — Ø 1250...1500 mm
Breite 1500...2700 mm
- Karton — Ø 1350...2100 mm
Breite 1000...2100 mm

In seltenen Fällen, vor allem bei sehr starkem Karton, werden die Mutterrollen direkt in den Querschneider eingelegt.

Man unterscheidet bei den Rollenschneidern

- die **Produktionsmaschinen**, die in der Linie mit der Papiermaschine stehen und
- kleinere, sogenannte **Rollendokter** (Umroller), auf denen Papierrollen umgewickelt werden.

Dabei werden Sondergrößen gewickelt oder Klebstellen gemacht. Umroller werden heute bis zu einer Breite von 3,6 m eingesetzt.

Eine gute **Papierrolle** ist dadurch gekennzeichnet, dass sie sich problemlos weiterverarbeiten lässt und dass keine Papierfehler durch den Wickelprozess entstanden sind. Im Zentrum ist die Rolle hart und wird nach außen hin weicher.

Zur Bestimmung der **Wickelhärte** stehen verschiedene Verfahren zur Verfügung. Sehr gebräuchlich sind die Verfahren mit **Schmidt-Hammer** oder **Parotester**. Diese nach dem Rückprall arbeitenden Verfahren zeigen jedoch nur die Härte an der Oberfläche der Papierrolle. Beim Verfahren mit der **Smith-Needle** wird eine in der Größe definierte Nadel an der Rollenstirnseite entlang des Durchmessers in die Rolle gedrückt. Die Kraft, die nötig ist, um die Papierlagen zu verdrängen, kann auf einer Skala abgelesen werden und ergibt einen relativen Wert zur Rollendichte.

Ein sehr genauer Verlauf der Rollendichte kann mit dem **Gap-Test** bestimmt werden. Dabei wird die Papierrolle abgewickelt und die Dehnung der jeweils obersten Papierbahn bestimmt.

Bei modernen Rollenschneidern wird die Rollendichte online gemessen. Dabei wird die Länge der in die Maschine laufenden Papierbahn mit der Aufwickellänge in Relation gesetzt, woraus sich die Rollendichte mathematisch bestimmen lässt.

Wickelfehler werden sowohl durch das Papier selbst, durch Hülsen, nicht korrekte Fahrparameter oder Mängel am Rollenschneider hervorgerufen. Nachfolgend sind einige der häufigsten **Wickelfehler** und ihre Entstehung kurz beschrieben.

- **Unrunde Rollen**: entstehen durch zu weiche Wicklung, speziell im Rollenkern.
- **Kreppfalten**: Bahnverschiebungen auf der Rolle, nachdem die Bahn durch den NIP gelaufen ist.
- **Platzstellen**: deuten auf zu starke Abweichungen oder auf dicke Stellen im Papierprofil hin.
- **Bauchige Rollen**: verursacht durch das Papierprofil oder schlechte Ausrichtung der Walzen am Rollenschneider.
- **Jahresringe**: kennzeichnend für Mängel an der Messerpartie.

Rollenschneider für **Tissue** sind dadurch gekennzeichnet, dass sie mehrere Abrollungen haben. Mehrere Tissuebahnen werden gleichzeitig abgewickelt, durch einen Kalander verbunden und dann aufgewickelt. Die Aufwicklung im Rollenschneider darf im Gegensatz zum Wickeln bei Papier die Dichte des Materials nicht beeinflussen. Aus diesem Grund werden die Hülsen auf eine Wickelachse aufgezogen, die beim Wickeln durch die Pinolen gewichtsentlastet werden

Die maximale Produktionskapazität der Papiermaschine darf durch den Rollenschneider nicht beeinträchtigt werden. Bei der Auslegung der Leistungsfähigkeit sind die Papiersorte und die geforderten Rollengrößen wesentlich. Aus der Produktionskapazität der Papiermaschine errechnen sich die möglichen Rüstzeiten, der maximale Tambourdurchmesser, die benötigte Geschwindigkeit und die Beschleunigung des Rollers. Bei den Rüstzeiten sind sowohl die Tambourwechselzeit als auch die Rollenwechselzeiten zu berücksichtigen. Weiterhin sollte die Effizienz eines Rollenschneiders nicht mehr 85 % betragen, das bedeutet eine Reservezeit von ca. 3 Stunden pro Tag. Diese Reservezeiten sind nötig, damit kleinere Störungen am Rollenschneider oder am Weitertransport der Rollen, Wartezeiten für Kran, Klebstellen in der Papierrolle usw. nicht einen Stillstand der Papiermaschine verursachen. In kritischen Fällen sind zwei Rollenschneider hinter einer Papiermaschine installiert.

12.8.2 Aufbau einer Rollenschneidmaschine

Die **Abrollungen** sind zur Aufnahme von Mutterrollen ausgelegt. Die Mutterrollen können einen Durchmesser bis zu 4000 mm haben und wiegen je nach Papiersorte und Papierbahnbreite bis zu 120 t. Mit dem Bremsgenerator, gekuppelt über den Antriebsstrang mit dem Tamboureisen, wird der benötigte Bahnzug aufgebracht. Gleichzeitig hilft der **Bremsgenerator** vor allem bei dünnen Papieren bei der Beschleunigung der Mutterrollen. Der aufgebaute Bahnzug ist papierabhängig. Der Bahnzug reicht von 200 N/m bei Zeitungspapier bis zu 3000 N/m bei Karton.

Weitere Funktionen am Abroller sind **Seitenverstellung** und **Oszillation**.

Bei Umrollern werden Achslosabrollungen für Papierrollen mit Hülsen eingesetzt. Die **Hülsen** werden in expandierenden Spannköpfen gehalten. Diese Achslosabrollungen sind in einem weiten Bereich seitenverstellbar und mit einer Seitenkantenregelung ausgerüstet. Eine Regelung der Seitenkante ist nötig, um z. B. eine am Produktionsroller verlaufende Rollen wieder gerade zu wickeln.

Bei höherer Produktion verbindet ein Tambourmagazin den Pope-Roller der Papiermaschine mit der Abrollung. Der Transport der vollen Tamboure zum Abroller ist automatisiert. Leere Tamboure werden in einem Magazin, das über dem Rollenschneider angeordnet ist, gesammelt, bis diese dann mit dem Kran zur Papiermaschine zurückgeführt werden.

Die **Leitwalze** führt die Papierbahn von Abroller in den Rollenschneider. Der Durchmesser der Leitwalze berechnet sich nach der kritischen Geschwindigkeit. Meist sind die Beschleunigungen der modernen Rollenschneider so hoch, dass es nötig ist, die Leitwalze anzutreiben, um störenden Einflüsse im Bahnzug zu vermeiden. Alternativ werden Walzen aus CFK eingesetzt, die ein sehr geringes Trägheitsmoment haben. Die Oberfläche von nichtangetriebene Leitwalzen muss genügend Reibung übertragen können, um die Walze mit der Papierbahn zu beschleunigen, bzw. abzubremsen. Ob eine Nutung erforderlich ist, richtet sich nach der Luftdurchlässigkeit des zu verarbeitenden Papiers.

Zur **Messerpartie** gehört eine **Breitstreckeinrichtung** vor der Messerpartie. Diese hat die Aufgabe, die Bahn vor dem Schnitt auszustreichen, um einen faltenfreien Lauf durch die Messerpartie zu gewährleisten. Weiterhin muss in die Papierbahn eine Querspannung eingebracht werden, sodass nach dem Schnitt die Bahn leicht aufspringt.

Der Durchmesser der Breitstreckwalzen berechnet sich nach Bahnbreite, Umschlingungswinkel und Bahnzug. Je nach Durchmesser der Walze, Bahnbeschleunigung und Papiersorte wird die Oberfläche der Breitstreckwalze ausgewählt.

Die Einzelmesser arbeiten nach dem **Scherenschnittprinzip** und sind in **Ober- und Untermesser** aufgeteilt. Die **Untermesser** (unter der Papierbahn) sind Außenläufermotore, auf deren rotierenden Gehäuse die Messerscheiben geschraubt werden. Die

Untermesserscheiben werden aus Verschleißgründen häufig mit einer Hartmetallschneide ausgerüstet. Ober- und Untermesser sind zwischen segmentierten Leitwalzen angeordnet, die einen tangentialen Papierlauf an den Messerschneiden sicherstellen.

Die Untermessermotore werden über einen Frequenzumrichter angesteuert, der die Messergeschwindigkeit ca. 5 % über die Bahngeschwindigkeit regelt. Aus Gründen der Rüstzeitverkürzung werden heute meist nur noch automatisch positionierende Messerpartien eingesetzt.

Die **Breitstreckung** nach dem Schnitt hat die Aufgabe, die geschnittenen Papierbahnen soweit zu trennen, dass die aufgewickelten Rollen gut separiert sind. Die Anzahl der produzierten Rollen und die Papiersorte definieren die eingesetzte Technologie. Bei wenigen Rollen reicht üblicherweise eine einfache Breitstreckwalze. Werden viele Rollen produziert, empfiehlt sich eine Doppelbreitstreckeinrichtung. Bei einer einfachen Breitstreckwalze werden die Papierbahnen vom Aufwickeln nur gespreizt, während bei einer Doppelbreitstreckeinrichtung die zweite Walze die Papierbahnen wieder parallel führt. Breitsteckwalzen stehen entweder mit einem festen Bogen oder mit einem hydraulisch verstellbaren variablen Bogen zur Auswahl.

Die Bogenhöhe der Breitsteckeinrichtungen sollte ca. 0,5 % der Bahnbreite betragen. Die Oberfläche der Breitstreckwalzen ist sorgfältig zu wählen. Bei nicht angetriebenen Breitstreckwalzen muss die Rauheit der Oberfläche eine Beschleunigung durch die Papierbahn ermöglichen, gleichzeitig darf durch die axialen und radialen Schubkräfte die Oberfläche des Papiers nicht beschädigt werden. Zur Luftabführung sind die Breitstreckwalzen genutet.

In der **Aufrollung** wird technologisch zwischen Tragwalzen- und Stützwalzenmaschinen unterschieden.

Bei **Tragwalzenmaschinen** werden die Papierrollen durch zwei Tragwalzen und eine Belastungswalze erzeugt. Die Tragwalzen, auf denen die Papierrolle liegt, werden elektrisch so angetrieben, dass mit Hilfe der zweiten Tragwalze ein Moment in die Papierrolle eingewickelt wird. Die Belastungswalze sorgt für gleichmäßige Nip-Kräfte. Das Gewicht der Papierrolle beeinflusst den Wickelprozess. Zur Reduzierung der Gewichtseinflüsse der Papierrollen werden anstelle einer Tragwalze auch Bändersysteme eingesetzt oder die Geometrie der Tragwalzen zueinander während des Wickelprozesses verändert.

Bei Rollenschneidern nach dem **Stützwalzenprinzip** werden die Papierrollen auf Tragarmen aufgenommen und an eine Walze angedrückt. Das Wickelergebnis ist somit unabhängig vom Gewicht der Papierrolle. Um die Rollen hart wickeln zu können, verfügen die Stützwalzenroller über Zentrumsantriebe, die in den Tragarmen integriert sind.

Die maximale Geschwindigkeit von Rollenschneidern liegt heute bei ca. 3300 m/min, Beschleunigungen können bis zu 65 m/min/s betragen.

Um die geforderten hohen Kapazitäten der Rollenschneider bei einem Minimum an Bedienpersonal zu erreichen, sind Rollenschneider heute voll automatisiert. Der Rollenwechsel mit Anfangs- und Endverleimung findet ohne jeglichen manuellen Eingriff statt und wurde auf etwa 15 s verkürzt. Die Verleimung wird je nach Anwendung mit Kalt- oder Heißleim ausgeführt.

Der **Tambourwechsel** kann von den Bedienern während der Laufzeit des Rollenschneiders vorbereitet werden. In einer Vorbereitungsstation wird das Papier auf dem Tambour mit einer Spitze versehen. Nach dem Tambourwechsel kann diese Spitze dann auf der ersten Leitwalze aufgelegt werden. Der Transport durch die Maschine erfolgt dann wieder automatisch.

Es ist auch möglich, den Tambourwechsel voll zu automatisieren und auf dem Tambour eine Klebstelle zu realisieren. Für einen manuellen oder automatischen Tambourwechsel sind 6...8 Minuten zu veranschlagen.

Zur weiteren Automatisierung wird der Rollenschneider direkt mit dem Produktionssystem der Arbeitsvorbereitung verbunden. Entsprechend einer gelesenen Tambournummer werden automatisch die zu schneidenden Längen bzw. Durchmesser mit den zugehörigen Bahnbreiten an den Rollenschneider übermittelt.

Reproduzierbare Wickelergebnisse werden durch die **Steuerung** und den **Antrieb** gewährleistet. Die Steuerung enthält eine komfortable Rezepturverwaltung, bei denen die Fahrparameter des Rollenschneiders Papieren und Durchmessern zugeordnet sind.

Regenerative, wartungsfreie **Wechselstromantriebe** haben die technologisch sinnvolleren Gleichstromantriebe verdrängt. An den Abrollpositionen sind bei Papierbreiten von 8 m und Abrolldurchmessern von 4 m Motoren bis zu einer Leistung von 2000 KW installiert. Diese Leistungen werden allerdings nur bei Beschleunigung und Abbremsen abgerufen.

12.8.3 Nebeneinrichtungen

Im Rollenschneider gibt es zwei wesentliche Staubquellen. Staub entsteht zum einen bei Schneiden, zum anderen an den Walzen, über die sich die Papierbahn bewegt. Dabei werden Fasern aus dem Papier herausgerissen.

Bei Papieren, die mit Lebensmittel in Kontakt kommen oder bei hochwertigen Papieren, die bedruckt werden, ist es häufig notwendig, eine **Staubabsaugung** am Rollenschneider zu installieren.

Die **Randstreifen** an Rollenschneidmaschinen werden entweder über ein Gebläse zum Papiermaschinenpulper gefördert oder in einem Pulper direkt unter dem Rollenschneider aufgelöst. Welche Art der Randstreifenentsorgung gewählt wird, hängt von der Rollenschneidergeschwindigkeit, von der flächenbezogenen Masse des Papiers und von der möglichen Randstreifenbreite ab.

Ein gutes Wickelergebnis vor allem bei hohen Rollenschneidergeschwindigkeiten stellt hohe Anforderungen an die **Hülsenqualität**. Dazu gehören saubere, gerade Schnittkanten, exakter Rundlauf, keine Durchbiegung und klimatische Konditionierung. Vollautomatische Transportsysteme mit Hülsensäge stellen die rechtzeitige Versorgung des Rollenschneiders mit Hülsen sicher. Die benötigten Hülsendaten, wie Länge, Durchmesser und Qualität werden direkt vom Rollenschneider an die Steuerung der Hülsensäge und deren Magazin übergeben.

12.9 Formatausrüstung

Von Jürgen Blechschmidt und Sabine Heinemann

12.9.1 Prinzip der Formatausrüstung

Papiere, die nicht in Rollenform zur Auslieferung kommen, werden in **Querschneidern** auf ein bestimmtes Format geschnitten. Im Querschneider werden dabei sowohl ein **Längsschnitt** als auch ein **Querschnitt** ausgeführt. Der Längsschnitt teilt die maschinenbreiten Rollen in Laufrichtung in die entsprechenden Bahnbreiten, durch den Querschnitt werden die Bahnen quer zur Laufrichtung auf die gewünschte Formatlänge geschnitten.

Querschneider werden unterschieden in **Simplex-Querschneider** mit einer Quermessereinrichtung und **Duplex-Querschneider** mit zwei Quermessereinrichtungen.

Mit dem Duplex-Querschneider können auf einem Querschneider gleichzeitig zwei verschiedene Formatlängen geschnitten werden. Die Hälfte der Bahnen wird dabei über die erste Quermesserpartie hinweggeführt und erst durch das zweite Quermesser geschnitten.

Als Quermesserpartien werden genutzt [12.1]:

Gleichlauf-Quermesserpartie

Die Gleichlauf-Quermesserpartien arbeiten mit rotierendem Ober- und Untermesser, wobei die rotierenden Quermesser im Moment des Schnitts stets die gleiche Geschwindigkeit wie die Papierbahn haben. Diese Maschine zeichnet sich durch hohe Schnittgenauigkeit aus.

Der Querschnitt erfolgt nach dem Scherenschnitt-Prinzip, wobei die Trennung der Papierbahn von einer Maschinenseite zur anderen verläuft. Hierfür müssen die Messertrommeln zu der durchlaufenden Bahn in einem bestimmten Winkel, dem Schnittwinkel, gestellt sein. Heute kommen fast ausschließlich diese Maschinentypen zum Einsatz.

Halb-Gleichlauf-Quermesserpartie

Die Halb-Gleichlauf-Quermesserpartie besteht aus einem das Untermesser tragenden Messerbalken und einer rotierenden Messertrommel mit dem Obermesser.

Die Messertrommel wird so angetrieben, dass während des Schnitts quer über die Bahnbreite die Umfangsgeschwindigkeit des Obermessers identisch mit der Bahngeschwindigkeit ist.

Konventionelle Messerpartie

Die konventionelle Messerpartie besteht aus einem Messerbalken mit Untermesser und einer rotierenden Messertrommel mit dem Obermesser. Der Schnitt der Bahn erfolgt nicht gleichzeitig über die gesamte Arbeitsbreite, sondern verläuft scherenschnittartig von der einen zur anderen Maschinenseite.

Die **Arbeitsbreiten der Querschneider** betragen bei Papier bis zu 2200 mm, bei Karton bis zu 2800 mm. Im Kartonbereich kommen Maschinen bis 4500 mm zum Einsatz. Die **Produktionsgeschwindigkeit** ist konstruktions- und formatabhängig und liegt bei Simplex-Querscheidern bei 400 m/min [12.27].

12.9.2 Aufbau und Arbeitsweise des Simplex-Querschneiders

Als Beispiel für einen Querschneider ist in (Bild 12.16) der schematische Aufbau des Simplex-Querschneiders mit Gleichlauf-Quermesserpartie dargestellt. Nachfolgend werden seine Hauptteile beschrieben [12.1][12.27]:

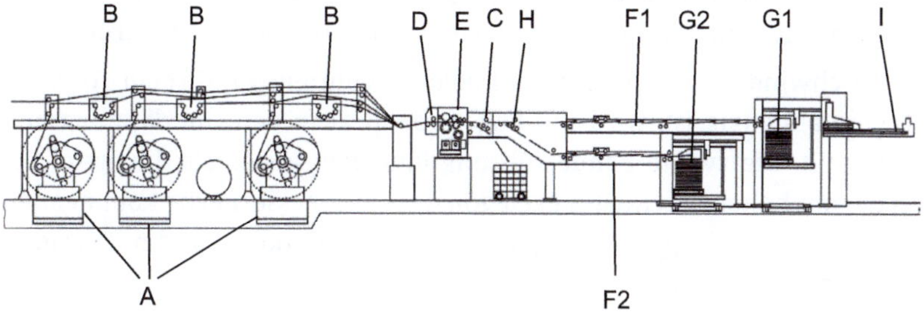

Bild 12.16 Simplex-Querschneider SYNCHRO [12.27]

A - Einzelabrollungen mit Flying Splice, B - Planrichtpartie, C - Bogenschleuse, D - Längsschneidepartie, E - Quermesserpartie, F - Überlappungen 1+2, G - Gutbogenableger 1+2, H - Wechselschleuse, I - Schnellstapelwechsel mit PALETTOMAT

Abrollgestell

Zur Verringerung der Stillstandzeiten durch das Entnehmen der leeren Abwickelachsen oder Tamboure sowie Einhängen neuer Rollen und damit zur Gewährleistung einer kontinuierlichen Arbeitsweise werden verschieden Abrolleinrichtungen genutzt:

- Einzel- oder Einfach-Abrolleinrichtung,
- Mehrfach-Abrolleinrichtung,
- Drehkreuz-Abrolleinrichtung.

Planrichtpartie

Die Planrichtpartie dient zum Erzielen flachliegender Bögen.

Längsschneidepartie

In der Längsschneidepartie werden die Bahnen auf die gewünschte Bahnbreite beschnitten. Sie besteht aus Ober- und Untermesser in Einzelhaltern, wobei die Untermesser angetrieben sind. Die Messerpaare sind quer zur Laufrichtung verstellbar und werden entweder manuell oder automatisch auf die gewünschte Längsschnittbreite positioniert.

Vorziehpartie

In der Vorziehpartie wird die Bahn von der Rolle abgezogen. Sie befindet sich unmittelbar vor der Quermesserpartie und besteht aus einer oberen und unteren Walze. Die Papierbahn wird zwischen die beiden Walzen geführt, festgehalten und so in die nachfolgende Quermesserpartie gefördert.

Quermesserpartie

Gleichlauf-Quermesserpartie (siehe Abschnitt 12.9.1).

Bogen-Transporteinrichtung

Die in Format geschnittenen Bögen werden von einer Bänderführung erfasst und zum Ableger transportiert. Sie passieren die Schleusenpartie, auch Sortierschleuse genannt, um dann überlappt auf der Überlappungspartie abgelegt zu werden. Es folgt die Überführungspartie, von der die Bogen in den Ableger transportiert werden.

Da die Arbeitsgeschwindigkeit eines Querschneiders vom einwandfreien Arbeiten des Bogenablegers abhängig ist, wird der Bogentransport in den Überlappungseinrichtungen unterteilt. Die zweite Bänderführung läuft langsamer als die erste. Dadurch werden die mit hoher Geschwindigkeit von der Quermesserpartie kommenden Papierbögen abgebremst, schuppenförmig übereinander geschoben und mit verminderter Geschwindigkeit abgelegt.

Bei den Schleusenpartien unterscheidet man Sortierschleusen und Wechselschleusen. Die Sortierschleuse lenkt fehlerhafte Bögen in einen Ausschussbehälter oder Sortierableger um.Die Wechselschleuse findet man zusätzlich zur Sortierschleuse in Querschneidern mit zwei Ablegern. Sie lenkt den Transport der guten Bögen wechselweise auf einen der beiden Ableger.

Bogenableger

Im Ableger werden die Formatbögen auf Paletten gestapelt. Senktischableger sind so konstruiert, dass die Ablage der Bögen immer in gleicher Höhe erfolgt.

12.9.3 Sonderbauarten von Querschneidern

Zum Schneiden von Wasserzeichenpapieren und Briefumschlagformaten werden Spezialquerschneider verwendet, die sichern, dass sich das Wasserzeichen stets an derselben Stelle im fertigen Papier befindet bzw. die das Schneiden von schiefwinkligen Formaten ermöglichen.

12.10 Verpacken von Papier

Von Jürgen Blechschmidt und Sabine Heinemann

Der letzte Teil der Ausrüstung ist das Verpacken des Papiers, des Kartons oder der Pappe seinem jeweiligen Verwendungszweck entsprechend. Für den Transport zu den Betrieben der Papier-, Karton- und Pappenverarbeitung muss die Verpackung sorgfältig dem jeweiligen Wert sowie dem Transportweg (Land-, Luft- oder Seetransport) entsprechend gewählt werden, um das Produkt vor mechanischen Beschädigungen und Klimaeinflüssen zu schützen.

12.10.1 Verpacken von Rollenpapieren

Das Verpacken von **Rollenpapieren**, insbesondere Druckpapieren, erfolgt meist in **Rollenpackmaschinen** (Bild 12.17) [12.1]. Die unverpackte Rolle wird in der Rollenpackmaschine zentriert, auf Durchmesser und Breite abgetastet und mit einem Innenstirndeckel versehen. Ein Quertransport bewegt die Rolle in die Wickel- und Faltstation, wo sie mit Packpapier umwickelt wird, das breiter ist als die zu verpackende Rolle. Der überstehende Teil wird an der Stirnseite mit sogenannten Falträdern in Falten gelegt und festgedrückt. Die Rolle gelangt nun in die Packpresse, deren Pressplatten die Außenstirndeckel mittels Hitze und Druck auf die Stirnseite der Rolle kleben, wobei die Faltung flach gepresst wird.

Auf Stirnseite und Ballenseite erfolgt die Etikettierung der Rolle mit allen wichtigen Daten (Masse, Papiersorte, flächenbezogene Masse, Kommissions-Nr., Kunden-Nr. usw.).

Moderne Rollenpackmaschinen arbeiten mit dem Spiralwickelprinzip, genannt **Twister** (Bild 12.17). Diese Packmaschine kommt mit einer einzigen Größe herkömmlichen Packpapiers aus. Dabei wird ausgehend vom Rollendurchmesser und der erforderlichen Anzahl von Packpapierlagen automatisch der Anstellwinkel der Abwickeleinheit, deren seitliche Verfahrgeschwindigkeit und die Rotationsgeschwindigkeit der Rolle ermittelt. Die gesamte Rolle wird in einer einzigen Wickelsequenz verpackt (System Voith Twister).

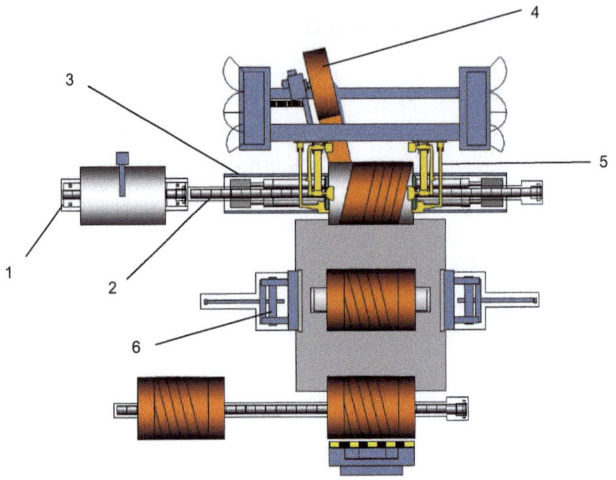

Bild 12.17 Rollenpackmaschine Twister™ 1 Center (Quelle: Voith)

1 – Zentrierplattentransporteur mit Durchmessermessung, Breitenmessung, vorbereitet für Montage auf einer Waage, 2 – Plattentransporteur für den Quertransport, 3 – Wickelstation mit Rollenausstoßer auf einen Scherenhubtisch, 4 – Packpapierspender für Spiralwicklung und Kantenschutz, 5 – Faltstation, 6 – Packpresse mit Rollenfänger/Ausstoßer

Die **Verpackung von Kartonrollen** erfolgt heute meist durch **Umreifen mit Stahlbändern**.

Einfache Papiere werden in den Rollenschneidmaschinen oft mit mehreren Lagen Packpapier umhüllt. Zur Stabilisierung werden an den Stirnseiten Wellpappscheiben angepresst und geklebt.

In Bild 12.18 ist eine komplette Rollenpackanlage dargestellt.

Bild 12.18 Rollenpackanlage (Quelle: Roll Care System)

12.10.2 Verpacken von Formatpapier

Das vom Querschneider kommende, auf Paletten gestapelte Formatpapier (siehe Abschnitt 12.8) wird in halb- oder vollautomatischen **Schrumpfanlagen** verpackt [12.27]. Die **Schrumpffolie** (Polyethylen-Folien von 0,06...0,18 mm Dicke) bewirkt Feuchtekonstanz in der Palette und Schutz gegen äußere Einflüsse. Sie plastifiziert bei einer Temperatur von 150...200 °C, schrumpft und garantiert nach Abkühlung einen festen Halt auf der Palette [12.27].

Wertvolle Formatpapiere werden ries-, halbries- oder viertelriesweise mit Packpapier eingeschlagen und die dabei entstehenden „Zungen“ verklebt (**Einriesung**).

Literatur

[12.1] *Göttsching, L.; Katz, C. (Hrsg.):* Papier-Lexikon. Gernsbach: Deutscher Betriebswirte-Verlag, 1999

[12.2] *Pav, J.; Svenka, P.*: Der Kompaktkalander – die Antwort auf die Herausforderung nach hohen Geschwindigkeiten bei der Glättung und Satinage. Das Papier 39 (1985) 10 A, V171 – V186

[12.3] *Back, E. L.*: Understanding the effects of hot calendering. Das Papier 43 (1989) 5, 144 – 154

[12.4] *Crotogino, R.-H.:* Temperature-Gradient Calendering. Tappi Journal 65 (1982) 10, 97 – 101

[12.5] *Svenka, P.; Dähling, P.-H.:* Glätttechnik für gestrichenes Papier und gestrichenen Karton. Coating 36 (2003) 5, 182 – 186

[12.6] *Bresser, H.; Kayser, F.:* SNC-Der Superkalander der 90er-Jahre. Das Papier 43 (1989) 10 A, V169 – V182

[12.7] *Kayser, F.; Gwosdz-Kaupmann:* Aus alt mach neu – Aufwertung vorhandener Superkalander. Twogether, Paper Technology Journal, Heft 6 (1988), S. 46 – 49, herausgegeben von Voith GmbH & Co. KGaA, Heidenheim

[12.8] *Svenka, P.; Brendel, B.*: ProSoft – Die neue Glätttechnologie. Wochenblatt für Papierfabrikation 126 (1998) 11/12, 558 – 562

[12.9] *Todorovic, A.; Hämäläinen, T.*: Shoe nip calender possibilities for board and paper. Proceedings of the 2003 Tappi Spring Technical Conference & Trade Fair. Chicago, IL, USA, 2003

[12.10] *Tuomisto, M.; Tani, M.*: Enter Shoe Calenders. Proceedings of the 1998 Finishing and Converting Conference. S. 767 – 772, Minnesota, MN, USA

[12.11] *Leinonen, H.; Lares, M.; Tani, M.*: Langnipkalandrieren – Qualität und Produktivität. Wochenblatt für Papierfabrikation 129 (2001) 20, 1320 – 1324

[12.12] *Moreau-Tabiche, S.; Maume, J.-P.; Morin, V.; Piette, P.; Guerin, D.; Chaussy, D.*: Wood containing paper pilot calendering: obtained results though supercalendering, soft nip calendering and extended nip concept. Wochenblatt für Papierfabrikation 129 (2001) 9, 596 – 605

[12.13] *Lares, M.; Kuni, S.; Tani, M.*: Coating and finishing concepts for high quality coated board grades. Paper Technology 41 (2000) 6, 39 – 45

[12.14] *Arnesjö, P.; Tuomisto, M.; Hakansson, S.; Tani, M.*: Korsnäs AB, Gävle, Sweden: The first mill to operate a shoe calender. Proceedings of the 1999 Papermakers Conference, Vol. 2, S. 765 – 772. Atlanta: TAPPI Press, 1999

[12.15] *Guérin, D.; Morin, V.*: Fundamentals and practical experiments of heat transfer in calenders. Proceedings of the TAPPI Spring Technical Conference & Trade Fair. Chicago, IL, USA, 2003

[12.16] *Grigull, U.; Sandner, H.*: Wärmeleitung. 2. Auflage. Berlin, Heidelberg, New York, London, Paris, Tokyo, Hong Kong: Springer-Verlag, 1990

[12.17] *Davydenko, E.; Gnilke, W.*: Optimierung der Glättung von Karton anhand analytischer Berechnungen. Wochenblatt für Papierfabrikation 135 (2007) 7, 854 – 861

[12.18] *Viljanmaa, M.; Halmari, E.*: ValZone metal belt calender starts a new era in calendering. Fiber & Paper 8 (2006) 3, 46 – 51

[12.19] *Viljanmaa, M.*: Calendering method and a calender that makes use of the method, Pat. EP0973971 (Publ. 26 January 2000, App. 26 March 1998), Prior. no. WO1998FI000270 (26 March 1998), FI19970001343 (4 February 1997)

[12.20] *Tuomisto, M.*: ValZone-Metal Belt Calender. Proceedings of the 94th Annual Meeting, A1 – A4. Montreal, QC, Canada, 2008

[12.21] *Brendel, B.*: Gegenüberstellung des Verformungsverhaltens von schwimmend gelagerten und hydrostatisch abgestützten Walzen. Das Papier 34 (1980) 4, 125 – 129

[12.22] *Schneid, J.*: Konstruktionsmerkmale der NipcoFloat-Superkalander. Das Papier 45 (1991) 6, 302 – 309

[12.23] *Brendel, B.*: Die Entwicklung der Multi HV-Walze. Das Papier 49 (1995) 6, 366 – 382

[12.24] *Baumgarten, H.-L.*: Über die Satinage von Druckpapieren. Dissertationsschrift an der Technischen Hochschule Darmstadt, 1978

[12.25] *Holzhäuer, J.-M.* (Hüttenwerke Königsbronn): persönliche Auskunft (2021)

[12.26] *Krodel-Teuchert, L.* (Hüttenwerke Königsbronn): persönliche Auskunft (2009)

[12.27] Taschenbuch Papiertechnologie. Heidelberg: Dr. Curt Haefner-Verlag, 2007

[12.28] *Jokio, M.*: Papermaking Part 3, Finishing. Book 10 of the series Papermaking Science and Technology. Helsinki: Fapet Oy, 1999

[12.29] *Zaoralek, H.-M.*: Vorrichtung zur Behandlung einer Materialbahn. DE OS 3720132 (angemeldet am 16. Juni 1987)

[12.30] *Winheim, S.; Linnoma, P.; Kettunen, H.*: High precision water moisturisation system. ipw (2006) 5, 1 – 3

13 Streichen von Papier und Karton

Von Reinhard Sangl

13.1 Einführung

13.1.1 Zweck und Bedeutung

Die Oberfläche von Papier und Karton ist rau und zerklüftet, wenn man sie bei entsprechender Vergrößerung betrachtet. In Bild 13.1 ist das Fasergefüge des ungestrichenen Papiers an der Oberfläche deutlich erkennbar. Ein qualitativ hochwertiger Druck auf Papier erfordert aber eine Oberfläche, die glatt und eben ist, um scharfe Druckpunkte sowie ein brillantes Erscheinungsbild des Drucks zu gewährleisten. Die Druckfarbe entwickelt sich unterschiedlich, je nachdem, ob sie auf Fasern oder Füllstoffe trifft oder ob sie ein Tal in der Oberfläche ausfüllen muss.

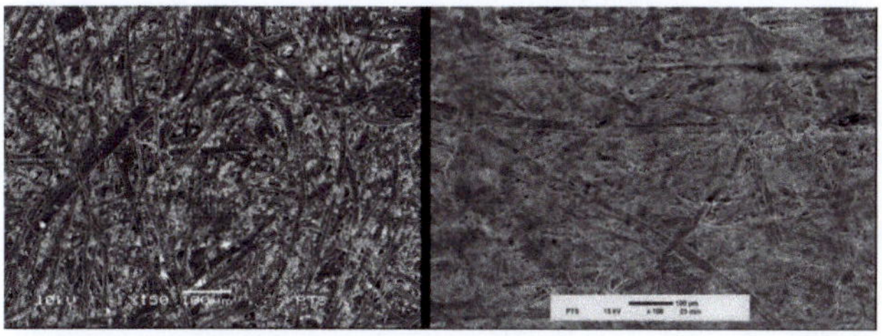

Bild 13.1 Oberfläche eines Streichrohpapiers (links) und eines geglätteten SC-Papiers (rechts). Die mineralischen Füllstoffe erscheinen in der rasterelektronenmikroskopischen Aufnahme weiß

Eine thermisch-mechanische Oberflächenbehandlung (**Satinage**) kann diese zerklüftete Oberfläche deutlich einebnen. Aus Bild 13.1 rechts ist zu erkennen, dass bei diesem satinierten Papier (super-calendered paper, SC-Papier) der Füllstoffgehalt höher ist. Die Füllstoffe sind gleichmäßiger verteilt, und dementsprechend ist in viele Fällen auch das Druckergebnis deutlich besser.

Mit dem Papierstrich wird die raue Oberfläche bedeckt, sodass die Fasern mit ihrem Durchmesser um die 30 µm (je nach Faserart) an der Oberfläche kaum mehr erkennbar sind. In Bild 13.2 ist stattdessen nur die **mineralische Oberfläche** erkennbar. Eine solche vollständige Abdeckung ist aber erst bei Auftragsgewichten von über ca. 10 g/m^2 zu erwarten.

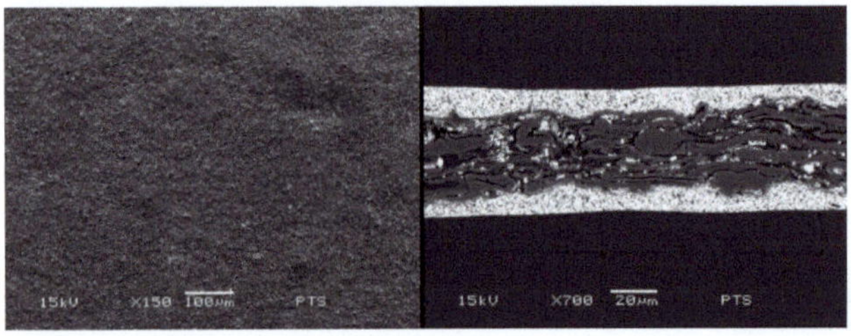

Bild 13.2 Oberfläche eines gestrichenen Papiers in der Draufsicht (links) und Querschnitt (rechts) eines beidseitig gestrichenen Papiers

Bei **Querschnittsaufnahmen** wie in Bild 13.2 rechts sind die Rauheit des ungestrichenen Papiers und die abdeckende und einebnende Funktion des Strichs besonders schön erkennbar. Ein Druckpunkt, mit welchem Druckverfahren er auch auf das Papier gebracht wird, kann sich auf dieser gestrichenen Oberfläche exakter entwickeln und zu einem brillanten und kontrastreichen Bild führen, insbesondere wenn die Oberfläche einen hohen Weißgrad aufweist.

Da sich Druckprodukte wie Zeitschriften und Magazine zu einem großen Teil aus Werbung finanzieren, stellt die gute Bedruckbarkeit eine wesentliche Voraussetzung für ein hochwertiges Druckpapier dar.

Papier wird im Allgemeinen gestrichen zur Verbesserung

- des Erscheinungsbilds (Weißgrad, Glanz, Farbort, Farbbrillanz, usw. z. B. bei Verpackungen und Werbeartikeln),
- des Verhaltens bei der Weiterverarbeitung und im Druck (Gleichmäßigkeit der Annahme und Abgabe von Flüssigkeiten, z. B. im Druck, von Haftungs- und Release-Eigenschaften),
- des Schutzes von Rohpapier oder von Verpackungsgütern gegen äußere Einflüsse (z. B. Barriereeigenschaften gegen Sauerstoff, Wasserdampf, Fetten oder Ölen usw.)

Bei Druckpapieren zielt der Papierstrich insbesondere auf die Verbesserung der Bedruckbarkeit durch

- verbesserte Morphologie (gleichmäßigere Oberfläche, vor allem in Bezug auf Glätte und Penetration),
- verbesserte optische Eigenschaften (Weiße, Opazität, Glanz).

Weitere qualitative Vorteile bei Druckpapieren sind

- ein geringerer Druckfarbenverbrauch,
- eine verbesserte Lackierbarkeit,
- ein geringeres Stauben.

Wirtschaftliche Vorteile (je nach Produkt) sind ein geringerer Faserstoffanteil und geringere Herstellungskosten bei Einsatz kostengünstiger Streichfarbenbestandteile. [13.1][13.2][13.3][13.4]

13.1.2 Entwicklung

Historisch betrachtet, beginnt „die Streicherei" mit dem manuellen Aufbringen von Farben, Kreiden, Kaolin usw. im Mittelalter [13.5]. Es dauerte mehrere hundert Jahre, bis 1866 in Dresden eine von der Rolle arbeitende Streichmaschine mit Walzenauftrag der Streichfarbe und Egalisierung mit Bürsten in Betrieb genommen wurde [13.6]. 1872 wurde mit der Buntpapierfabrik Aschaffenburg die industrielle Herstellung von gestrichenen Papieren eingeleitet.

Die Bedeutung gestrichener Papiere und Kartons hatte seitdem weltweit stetig stark zugenommen. Lag der Anteil gestrichener Produkte im Jahr 1965 noch bei etwa 10 %, waren es im Jahr 1980 etwa 20 %. Der Produktionsrückgang bei den grafischen Papieren hat diese Entwicklung stark gehemmt, der Anteil an gestrichenem Papier betrug im Jahr 2010 noch immer etwa 20 %. Dieser Rückgang konnte auch durch die wachsende Nachfrage nach gestrichenem Karton nicht ausgeglichen werden [13.7].

Das Bild 13.3 zeigt wesentliche Entwicklungen der Streichtechnik als maschinelles Papierveredelungsverfahren von 1960 bis 2010. Diese Abbildung kann von unten, also von der Jahresachse, nach oben betrachtet werden, wobei die Entwicklungen bei Pigmenten, Binder und Additiven sowie bei den Auftragsaggregaten verdeutlicht werden.

Bei den Streichpigmenten hat das **Calciumcarbonat** seit den 1980er-Jahren stetig an Bedeutung gewonnen. Heute ist gemahlenes Calciumcarbonat, GCC, mengenmäßig das bei Weitem wichtigste Streichpigment. Andere Sorten, wie das gefällte (präzipitierte) Calciumcarbonat PCC oder Neuentwicklungen mit besonders hoher Glätteentwicklung, definierter Korngrößenverteilung oder hoher spezifischer Oberfläche konnten für Massenpapiere keine so herausragende Stellung als Streichpigment einnehmen. Das ist vor allem auf die höheren Kosten zurückzuführen. Mit den rheologisch einfacheren rhomboedrischen Pigmenten aus GCC sind inzwischen auch Streichfarben mit 70 % Feststoffgehalt und darüber möglich. Hohe Feststoffgehalte sind erwünscht wegen qualitativer Vorteile, aber auch aufgrund der verringerten Trocknungskosten.

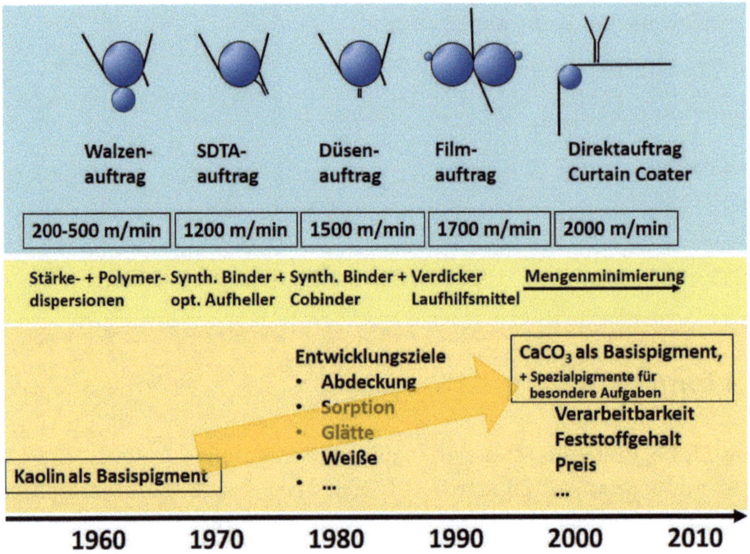

Bild 13.3 Schematische Darstellung der Entwicklungen in der Papierstreichtechnik von 1960 bis 2010

Vergleichsweise hohe Kosten sind die Hauptursache dafür, dass sowohl die Bindemittelmengen als auch Zahl und Mengen anderer Additive in Streichfarben im Durchschnitt stark reduziert wurden. Mit der Verknappung synthetischer Rohstoffe wächst das Interesse an Stärke als Bindemittel, auch Polyvinylalkohol wird heute in vielen Standardrezepturen mit Massenanteilen von bis zu einem Prozent eingesetzt.

Heutige **Streichanlagen für LWC-Papiere** werden für Bahngeschwindigkeiten von 2000 m/min und darüber ausgelegt. Der ursprüngliche Walzenauftrag mit Blade-Egalisierung ist inzwischen vor allem bei höheren Bahngeschwindigkeiten über 1000 m/min durch den Düsenauftrag abgelöst worden. Entwicklungen mit kurzer Einwirkzeit der Streichfarbe auf das Papier (Short Dwell Time Applicator, SDTA, und auch Spray Coater) konnten sich aufgrund von Qualitätsproblemen nicht dauerhaft am Markt durchsetzen. Mit der Filmpresse wird das Papier im Streichprozess weniger beansprucht, da die Streichfarbe nicht auf der Papierbahn, sondern auf der Auftragswalze dosiert wird. Die Bahn wird weniger belastet; die Zahl der Abrisse konnte verringert werden und ein Online-Betrieb wurde in vielen Fällen wirtschaftlich. „Berührungslose“ Systeme wie der Curtain Coater werden bei bestimmten Papier- und Kartonsorten aus dem Bereich der Spezialanwendungen, wo es auf eine gute Abdeckung des Untergrunds z. B. für den Auftrag von Barriereschichten ankommt, bereits erfolgreich eingesetzt.

Der **Strich** ist eine gezielte **Veredelung des Naturprodukts Papier**. Der folgende Überblick umreißt Anforderungen an die Streichfarbe und das gestrichene Papier und zeigt wesentliche Prozesse sowie wichtige Produkteigenschaften gestrichener Papiere und Kartons, die durch diese Veredlungsmaßnahmen erzielt werden.

13.1.3 Anforderungen beim Streichen von Papier und Karton

Streichfarben sind wässrige Dispersionen. Industrielle Anlagen sind, bedingt durch den Explosionsschutz, nur in seltenen Ausnahmefällen für lösungsmittelhaltige Farben geeignet. Die Streichfarbe muss im Herstellungsprozess des gestrichenen Papiers gut verarbeitbar sein, um damit eine Oberfläche zu erzeugen, die die Eignung des gestrichenen Papiers für die folgenden Prozesse sicherstellt.

Die **Wechselwirkungen** der **Streichfarbe** mit dem **Streichrohpapier** und dem **Auftragssystem** stellen die erste Herausforderung für den Entwickler dar. Im Weiteren bestimmt der Verwendungszweck, z. B. das Druckverfahren, wie die Beschaffenheit der Papieroberfläche nach dem Strich sein soll. Da Papier oft mit Lebensmitteln in Kontakt kommen kann, werden, wenn möglich, lebensmittelrechtlich zugelassene Komponenten verwendet.

13.1.3.1 Anforderungen an die Streichfarbe

Generell müssen die Streichfarbeneigenschaften im Betriebsfenster der Auftragsaggregate liegen und auf das Rohpapier abgestimmt sein. Steuergrößen sind insbesondere die **Viskosität** und das **Wasserrückhaltevermögen** der Streichfarben.

Die Anforderungen an die Streichfarbe kommen aus dem Streichkonzept und der Verfahrenstechnik. Einige sind in Tabelle 13.1 aufgeführt.

Tabelle 13.1 Anforderungen an die Streichfarbe aus dem Streichkonzept

Parameter	Spezifizierte Anforderung
Online-Streichen	▪ hohes Wasserrückhaltevermögen bei höherer Temperatur, um beim Überschussauftrag eine konstante Streichfarbenzusammensetzung zu erreichen ▪ geringe Vergilbungsneigung wegen hoher Trocknungstemperaturen ▪ rasche Filmbildung
Vorstrich	▪ Ausgleichen der Unebenheiten des Rohpapiers (z. B. durch gröbere Pigmente) ▪ hohes Pigmentbindevermögen wegen Penetration des Bindemittels ins Rohpapier
Mittelstrich	▪ weitere Vergleichmäßigung der Oberfläche und Abdeckung des Untergrunds
Deckstrich	▪ Funktionalisierung der Oberfläche, z. B. gute Bedruckbarkeit

Tabelle 13.1 Anforderungen an die Streichfarbe aus dem Streichkonzept *(Fortsetzung)*

Parameter	Spezifizierte Anforderung
Satinage	▪ gute Satinierbarkeit, also problemlose Erhöhung von Glätte und Glanz ▪ geringe Klebrigkeit ▪ geringe Neigung zur Thermovergilbung
Streichgeschwindigkeit	▪ hohe Scherstabilität aller Komponenten
Chemische Stabilität	▪ Vermeidung ungewollter Wechselwirkungen zwischen Streichfarbenkomponenten, z. B. Calciumionenstabilität

13.1.3.2 Anforderungen an das gestrichene Papier

Papier wird gestrichen, damit es bestimmte Anforderungen besser erfüllen kann. Bei Druckpapieren ist dies vor allem die Bedruckbarkeit, bei anderen Papieren werden z. T. ganz spezielle Eigenschaften erwartet (Tabelle 13.2).

Tabelle 13.2 Anforderungen an das gestrichene Papier aus den nachfolgenden Verarbeitungsprozessen

Parameter	Spezifizierte Anforderung
Alle Druckverfahren	▪ Gleichmäßigkeit in Glätte und Sorptionseigenschaften ▪ Festigkeit (vor allem Weiterreißarbeit) ▪ Steifigkeit ▪ Planlage, Dimensionsstabilität
Hochdruck	Die Druckfarbe wird von den erhabenen Stellen der Druckform auf das Papier übertragen, heute vor allem im Flexodruck mit polymerbasierten Druckplatten. ▪ Porosität, Wegschlagen und Glätte
Tiefdruck	Die Druckfarbe muss aus gefrästen oder geätzten Näpfchen des Druckzylinders gesaugt werden. Das Papier muss also gut am Zylinder anliegen. ▪ Glätte ▪ Saugfähigkeit, Kompressibilität
Bogen-Offsetdruck	Die Druckplatte besteht aus hydrophoben und hydrophilen Zonen, von denen die hochviskose Druckfarbe bzw. Wasser auf das Papier übertragen wird und ohne thermische Unterstützung trocknet. ▪ Farbwegschlagen ▪ Rupffestigkeit ▪ Wasserfestigkeit ▪ Druckgleichmäßigkeit, Druckglanz ▪ Druckfarbentrocknung

Parameter	Spezifizierte Anforderung
Rollen-Offsetdruck	Bei einer Druckfarbenübertragung wie beim Bogen-Offsetdruck (nass in nass); wird die Farbe am Ende thermisch getrocknet (hohe Geschwindigkeiten). Daher auch: ▪ geringe Blisterneigung
Inkjet-Druck	Druckfarbentröpfchen werden aus Düsen auf das Papier gespritzt. Die Papieroberfläche muss Farbstoffe binden, hohe Wassermengen müssen im Volumen aufgenommen werden. ▪ Porosität, Saugfähigkeit, Quellbarkeit (Farbempfangsschicht muss Flüssigkeit der Inkjet-Farbe aufnehmen können), ▪ Ladung (in der Regel kationisch) zur Fixierung anionischer Tinten an der Oberfläche
Lebensmittelkontakt	▪ Geruchsarmut, Minimum an restflüchtigen Anteilen ▪ Erfüllung lebensmittelrechtlicher Bestimmungen

Weiterhin müssen **Kartons oder Spezialpapiere** zusätzliche Anforderungen erfüllen, wie Tabelle 13.3 zeigt.

Tabelle 13.3 Zusätzliche Anforderungen an Kartons oder Spezialpapiere

Parameter	Spezifizierte Anforderung
Universelle Bedruckbarkeitseigenschaften	Offsetdruck, Tiefdruck, Flexodruck z. T. auch Digitaldruck zum Individualisieren, Porosität, Wegschlagen
Verarbeitbarkeit	rillbar, falzbar, biegsam, biegesteif usw.
Verklebbarkeit	oft auch heißsiegelfähig
Lackierbarkeit	
Barriereeffekte gegenüber Verpackungsgütern	Wasserdampf/Fett/Sauerstoff/Aroma
Mechanische Schutzfunktionen	hohe Steifigkeit bei möglichst geringer flächenbezogener Masse
Spezielle Effekte	z. B. hohe Glätte, wenn Sensoren, RFIDs, elektrische Schaltungen usw. aufgedruckt werden sollen

13.2 Materialien

13.2.1 Streichrohpapier

Das Streichrohpapier stellt die Basis für den Streichprozess dar und ist entscheidend für die Qualität des gestrichenen Papiers und für die Laufeigenschaften auf der Streichmaschine. Je gleichmäßiger das Streichrohpapier ist, desto hochwertiger kann das gestrichene Papier sein. **Fehler im Papier** lassen sich durch den Papierstrich nur unzureichend ausgleichen, im Gegenteil – häufig werden Fehler im Rohpapier durch den Papierstrich sogar verstärkt. Dies gilt auch für Mehrfachstriche. Fehler im Rohpapier und mögliche Auswirkungen zeigt Tabelle 13.4.

Tabelle 13.4 Erscheinungen im Rohpapier und mögliche Auswirkung beim Streichen

Erscheinungen im Rohpapier	Mögliche Auswirkung beim Streichen
Löcher	Abriss wegen Verklebung der Bahn an Gegenwalze
Klumpen	Abriss wegen Herausreißen feuchter Klumpen
Klebestellen	Abriss wegen Festigkeitsverlust oder Blade
Gefäßzellen	Strichausbruch wegen mangelnder Haftung
Profilschwankungen (z. B. Glätte, Feuchte, Festigkeit)	Wolkigkeit, Dimensionsinstabilität
Randbeschädigungen	Abriss wegen zu geringer Weiterreißfestigkeit
Mangelnde Oberflächenfestigkeit	Anreicherungen von Fasermaterial in der Streichfarbe (→ Bleeding)

Die Wechselwirkungen mit der Streichfarbe einerseits und die Belastung des Papiers im Streichprozess andererseits bestimmen die Anforderungen an das Rohpapier. Generell wird auf eine hohe Gleichmäßigkeit der Papieroberfläche Wert gelegt.

Allerdings beeinflusst nicht nur das Rohpapier die Strichqualität. Umgekehrt kann auch der Strich die Rohpapierherstellung wesentlich beeinflussen. Typische negative Auswirkungen sind ein erhöhter Verbrauch an Additiven, Ablagerungen, und die Bildung von Harzflecken (**White Pitch**).

Wenn der **gestrichene Ausschuss** oder der Randbeschnitt in den Stoffkreislauf zurückgeführt wird, beeinträchtigt die hohe **anionische Ladung** aus den Streichfarbenbestandteilen (Dispergiermittel, Bindemittel u. a.) die Wirkung von Retentionsmitteln und anderen chemischen Additiven bei der Rohpapierherstellung.

In saurer Umgebung löst sich **säureempfindliches Calciumcarbonat** auf. Es entstehen CO_2-Bläschen. An diesen **Bläschen** lagern sich hydrophobe Bestandteile an und werden gesammelt. Sie stellen eine potenzielle Ursache für Ablagerungen dar (siehe auch Kapitel 9).

Bindemittelreste im gestrichenen Ausschuss können bei falscher Dispergierung als **White Pitch** oder als Strichgries zu Ablagerungen und Produktionsstörungen führen.

Streichrohpapier und Streichfarbe können bezüglich der Streichfarbenpenetration dann besonders gut aufeinander abgestimmt werden, wenn das Streichrohpapier sehr gleichmäßig in allen Eigenschaften wie Rauheit, Porosität usw. ist.

13.2.2 Pigmente

Aufgrund ihres großen Anteils bestimmen die Pigmente auch zu einem großen Teil die Eigenschaften von Streichfarben und gestrichenen Papieren. Der Überblick über Pigmente und Füllstoffe in Kapitel 9 wird im Folgenden durch spezifische Anmerkungen für den Strich ergänzt.

13.2.2.1 Anforderungen an Pigmente

Wesentliche Eigenschaften des gestrichenen Papiers werden durch die eingesetzten Pigmente bestimmt.

Insbesondere auf die folgenden Stricheigenschaften hat das **Pigmentsystem** großen Einfluss:

- Weiße, Opazität,
- Glanz, Glätte,
- Porosität und Saugfähigkeit,
- Rupffestigkeit.

Ziel ist es, möglichst große Mengen preiswerter Pigmente mit hoher Weiße rheologisch unkompliziert bei hohen Feststoffgehalten zu verarbeiten.

Die wichtigsten Eigenschaften von Pigmenten sind in Kapitel 9 dargestellt, sodass hier nur auf die Partikelgröße und die Größenverteilung eingegangen werden soll.

13.2.2.2 Teilchengröße und Teilchengrößenverteilung

Partikel lassen sich als Einzelpartikel durch ihre **Größe** und in ihrer Gesamtheit durch ihre **Größenverteilung** charakterisieren. Insbesondere bei Partikeln mit hohem Aspect Ratio, also bei ausgeprägt plättchenförmigen oder stäbchenförmigen Teilchen, ist die Angabe einer Partikelgröße nicht mehr ohne weiteres möglich. Oft wird vereinfachend die Größenverteilung angegeben, die eine Teilchenmischung aus Kugeln mit denselben Materialeigenschaften aufweisen würde, wenn sie mit einem bestimmten Messverfahren bestimmt wird, beispielsweise über die Sinkgeschwindigkeit oder das Beugungsbild von Laserstrahlen. Aus der Sedimentationsanalyse erhält man die Größenverteilung, die Kugeln mit gleicher Sinkgeschwindigkeit hätten. Wenn man von der Partikelgröße spricht, muss auch die Art der Messung angegeben werden.

Bei einer breit verteilten Partikelmischung sind Feinpartikel in den Zwickelvolumina, während solche Feinpartikel in Mischungen mit enger Partikelgrößenverteilung fehlen (vgl. Bild 13.4).

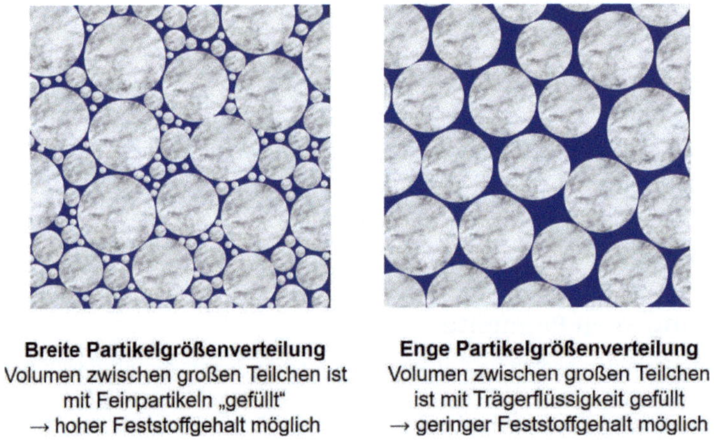

Bild 13.4 Schematische Darstellung einer breiten (links) und einer engen (rechts) Partikelgrößenverteilung

Die Veränderung der Partikelverteilung als (kumulative) Massensummenverteilung ist in Bild 13.5 dargestellt.

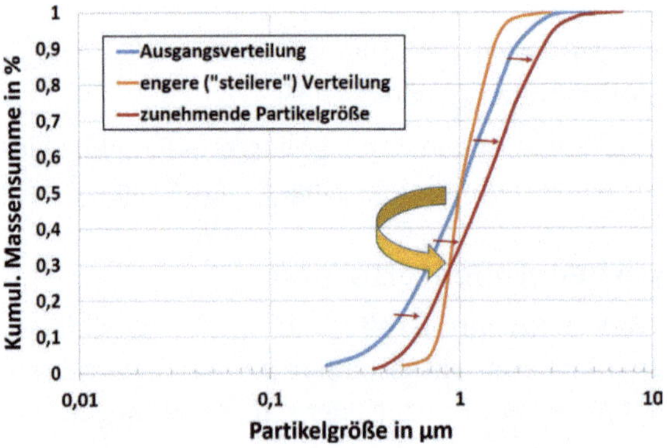

Bild 13.5 Zunehmende Korngröße bedeutet eine Verschiebung der Ausgangsverteilung in Richtung größere Partikel; eine steilere Korngrößenverteilung bedeutet eine Drehung der Ausgangsverteilung

In Tabelle 13.5 ist dargestellt, wie sich Partikelgröße und Partikelgrößenverteilung auf verschiedene Eigenschaften von Pigmentslurrys, Streichfarben und gestrichene Oberflächen auswirken können. Da praktisch eine zunehmende Korngröße nicht unbedingt eine exakt parallele Verschiebung der Ausgangsverteilung bedeutet und auch bei einer steileren Verteilung nicht festgelegt ist, wie die Drehung erfolgt, müssen im Einzelfall immer die Verteilungskurven verglichen werden, wenn die Veränderung beurteilt werden soll. Die Tabelle soll daher mehr dazu beitragen, Änderungen zu verstehen und zu beurteilen, als allgemein gültige Aussagen zu treffen.

Tabelle 13.5 Grundsätzliche Auswirkungen von zunehmender Partikelgröße und breiterer Korngrößenverteilung auf Streichfarbe und gestrichene Oberfläche

Auswirkung	Zunehmende Partikelgröße	Begründung	Breitere Korngrößen-verteilung	Begründung
auf die Streichfarbe				
Fließverhalten	rheologisch schwieriger (je nach Verteilung)	weniger kleine Partikel in Zwickeln	rheologisch einfacher	Platz in Zwickeln kann genutzt werden
Feststoffgehalt	sinkend (je nach Verteilung)	weniger kleine Partikel in Zwickeln	höher	Platz in Zwickeln kann genutzt werden
Spezifische Oberfläche	sinkend	aus Geometrie	höher (je nach Verteilung)	mehr kleine Partikel
Bindemittel-bedarf	abnehmend	weniger Kontaktstellen	höher (je nach Verteilung)	mehr kleine Partikel
auf die Oberfläche				
Glanz	abnehmend	größere Partikel an der Ober-fläche	geringer (je nach Verteilung)	größere Partikel an der Ober-fläche
Glätte	abnehmend	größere Partikel an der Ober-fläche	geringer (je nach Verteilung)	größere Partikel an der Ober-fläche
Gesamtes Porenvolumen	zunehmend (je nach Verteilung)	weniger kleine Partikel in Zwickeln	geringer (je nach Verteilung)	Platz in Zwickeln kann genutzt werden
Porengrößen-verteilung	mehr größere Poren (je nach Verteilung)	weniger kleine Partikel in Zwickeln	weniger große Poren (je nach Verteilung)	Platz in Zwickeln kann genutzt werden

Die Angabe „90 % < 2 µm“ für die oben erwähnte breit verteilte Partikelmischung besagt, dass 90 % der Gesamtmasse aller Partikel von solchen Teilchen ausgemacht wird, die kleiner sind als 2 µm (eigentlich: langsamer sedimentieren als Kugeln desselben Pigmentmaterials mit einem Durchmesser von 2 µm). Die Angabe bedeutet also **nicht**, dass 90 % der Teilchen kleiner sind als 2 µm! Der Anteil der Teilchen an der Gesamtzahl der Teilchen, die kleiner sind als 2 µm ist in diesem Fall sicher wesentlich höher. Die wenigen größeren Teilchen haben eine relativ hohe Masse. Ihr Anteil an der Gesamtmasse ist also hoch, während ihr Anteil an der Gesamtanzahl gering ist. Für die Erklärung von Vorgängen an Streichpigmenten muss man sich dieser Tatsache bewusst sein.

13.2.3 Bindemittel

Bindemittel in Streichfarben haben die Aufgabe, die Pigmente untereinander und mit dem Rohpapier so zu verbinden, dass die Beanspruchung während der Herstellung und der Verarbeitung nicht zum Ablösen des Striches führt. Dazu wurden in den Anfängen des Streichens praktisch ausschließlich natürliche Stoffe wie Tierleim, Casein (ein Milchprodukt) und Stärke eingesetzt. Seit Mitte des 20. Jahrhunderts stellen **Latexteilchen** den Hauptteil von Bindemitteln dar, der durch kleinere Mengen an Stärke, Polyvinylalkohol und Carboxy-Methyl-Cellulose ergänzt werden kann.

Natürliche Bindemittel (hydrophil, wasserlöslich) sind z. B.

- Casein,
- Proteine,
- Stärke,
- Alginate,
- Cellulosederivate.

Weiter lösliche Bindemittel bzw. Cobinder sind z. B.

- Polyvinylalkohole,
- Carboxymethylcellulosen.

Synthetische Bindemittel sind Polymerdispersionen, die auf unterschiedlichen Monomeren aufgebaut sind, wie z. B.

- Styrol-Butadien,
- Acrylsäureester-Styrol,
- Acrylsäureester-Vinylacetat,
- Mischpolymerisate obiger Ausgangsprodukte mit Acrylnitril,
- Vinylacetat mit geringen Anteilen von Copolymeren,
- Vinylacetat-Ethylen.

Heute stehen lösliche Bindemittel und Bindemitteldispersionen zur Verfügung, die auf unterschiedlicher Chemie basieren.

Aus diesen Monomeren werden in einer gesteuerten Polymerisation Latexkugeln synthetisiert. Die Eigenschaften des Latex lassen sich im Wesentlichen durch die Art der Monomere, Größe der Kugeln (meist 100...50 nm) definieren.

13.2.3.1 Anforderungen

Das Bindemittel muss die Pigmente untereinander und mit dem Rohpapier verankern. Üblicherweise wird heute von Polymerdispersionen kein Einfluss auf die Streichfarbeneigenschaften erwartet; das Fließverhalten und das Wasserrückhaltevermögen werden gezielt durch Additive oder lösliche Bindemittel in geringeren Mengen gesteuert.

Das Bindemittel beeinflusst viele Eigenschaften von Papier und der Streichfarbe sowie die Vorgänge beim Dosieren (Tabelle 13.6, Tabelle 13.7 und Tabelle 13.8).

Tabelle 13.6 Beeinflussung von Papiereigenschaften durch das Bindemittel

Eigenschaft	Erläuterung
Bindekraft	wichtigste Aufgabe der Binder
Farbannahme, Wegschlagverhalten	wegen Anlagerung an Pigmente
Adsorption von Wasser und Druckfarbe	wegen Anlagerung an Pigmente
Klebrigkeit der Oberfläche	z. B. bei Satinage
Glanz	mehr Binder verringert den Papierglanz
Blisterneigung	wegen Filmbildung
Biologische Stabilität	abbaubar
Löslichkeit und Wischfestigkeit	abhängig von Vernetzung
Geruch und Geschmack	vor allem durch Restmonomere
Entwicklung von Pigmenteigenschaften	wegen Anlagerung an Pigmente

Tabelle 13.7 Beeinflussung der Streichfarbe durch das Bindemittel

Streichfarbeneigenschaft	Erläuterung
Fließverhalten	vor allem lösliche Binder und Cobinder
Stabilisierung von Pigmenten	Dispergiermittelwanderung
Kompatibilität der Streichfarbenbestandteile	chemische und physikalische Affinitäten

Tabelle 13.8 Einfluss des Bindemittels auf Vorgänge bei und nach der Dosierung der Streichfarbe

Vorgang	Erläuterung
Wasserretention	vor allem lösliche Bindemittel und Cobinder
Scherstabilität	gering bei Polymerdispersionen
Einebnung der Streichfarbe	z. B. durch Thixotropie
Migration während der Trocknung	vor allem lösliche Binder
Trocknungsgeschwindigkeit	u. a. wegen Filmbildung

13.2.3.2 Bindemittelkonzepte

In Streichfarben werden die **synthetischen Bindemittel** als Basisbindemittel meist zusammen mit **Cobindern** oder **Verdickern** eingesetzt (Bild 13.6). Spezialbinder, bei denen auf einen Cobinder verzichtet wird, sind selten. Typische Cobinder wie **Stärke** verbessern auch das Laufverhalten der Streichfarben und wirken als Carrier für optische Aufheller, was Verdicker alleine nicht leisten.

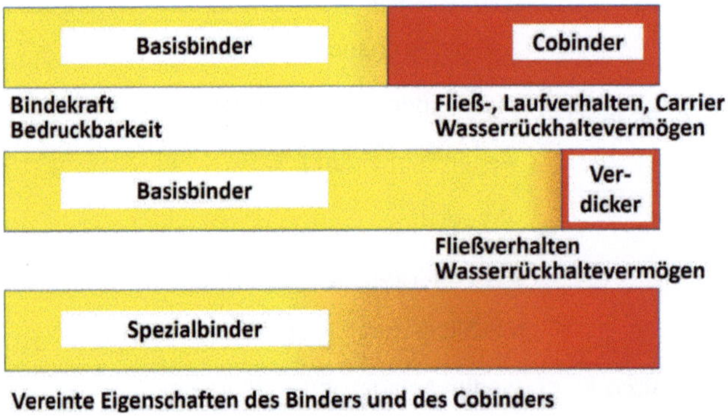

Bild 13.6 Bindemittelkonzepte

Bild 13.7 veranschaulicht, wie die Aufgaben von Bindemittel und Cobinder in Streichfarben verteilt sind. Das Abbinden von Pigmenten an die Fasern und die Farbaufnahme werden vor allem durch das synthetische Bindemittel gesteuert, während der Einfluss der geringen Cobindermengen auf Viskosität, Wasserrückhaltevermögen und damit auf das Laufverhalten ungleich höher ist. Als Carrier für optische Aufheller eignen sich synthetische Basisbinder nicht, auch dafür werden Cobinder zugegeben.

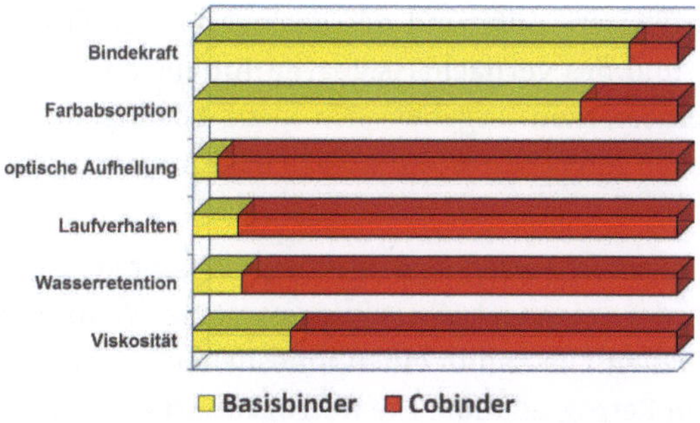

Bild 13.7
Verteilte Aufgaben von Bindemittel und Cobinder

13.2.3.3 Eigenschaften von Bindemitteln

Lösliche Bindemittel werden heute meist als Cobinder zu Polymerdispersionen zur Steuerung von Fließeigenschaften und der Wasserretention zu Polymerdispersionen gegeben. Bei Stärke, Polyvinylalkoholen oder Proteinen steigt die Bindekraft mit zunehmender Molmasse. Mit steigender molarer Masse wird aber auch die Viskosität erhöht, sodass Streichfarben mit hohen Anteilen dieser Komponenten nur noch bei vergleichsweise geringem Feststoffgehalt verarbeitbar sind.

13.2.3.4 Stärke im Strich

Stärke wird aus nachwachsenden Rohstoffen gewonnen. Man kann unterscheiden zwischen **Getreidestärken**, die z. B. aus Weizen oder Mais gewonnen werden, und **Wurzelstärken** aus Kartoffeln oder z. B. aus Tapioka. Beide Stärketypen werden in Streichfarben eingesetzt.

Beim Streichen wird Stärke eingesetzt, um die Rheologie der Streichfarbe zu verbessern, die Wasserretention und die Steifigkeit des Papiers zu erhöhen.

Bei der Oberflächenbehandlung wird von der Stärke erwartet, dass die Stärke frei von Verunreinigungen ist, denn Verunreinigungen können

- die Bindekraft verringern,
- zu erhöhtem Stauben des Papiers führen,
- die Anreicherung von Teilchen im Vorrats- und Arbeitsbehälter fördern,
- zu Verschmutzung von Stäben führen und
- den Bedarf an optischen Aufhellern und an Leimungsmittel erhöhen.

Die Ladung der Stärke (im Strich normalerweise anionisch, bei der Leimung manchmal kationisch) soll konstant eingestellt sein, um kationisch/anionische Wechselwirkungen zu vermeiden. Das Viskositätsniveau muss gut definiert auf ein niedriges Niveau eingestellt sein, um Viskositätsschwankungen zu vermeiden. Durch gesteuerte Modifizierungsprozesse wie enzymatischen Abbau, Dextrinierung oder Carboxylierung wird eine enge Molekulargewichtsverteilung und hohe Funktionalität erzielt. Die Viskosität der Stärke soll über längere Zeiträume stabil bleiben und so eine geringe Neigung zur Retrogradation aufweisen. Aufgrund des geringeren Anteils an **Amylosen** (17...20 % statt rund 27 %) und des vernachlässigbaren Anteils an Fetten (im Gegensatz zu 0,3...0,9 % in Getreidestärken) ergeben sich klare Lösungen aus Wurzelstärken, während Getreidestärken Amylose-Fett-Komplexe bilden können, die zu einer Trübung führen.

Stärke muss verkleistert, gequollen und gekocht werden, damit sie in Wasser gelöst in Streichfarben einsetzbar ist. Das erfordert eigene Aufbereitungssysteme. Wenn die Stärke aus dem gelösten, stark gequollenen Zustand in einen unlöslichen, entquollenen Zustand übergeht, spricht man von Retrogradation. Die **Retrogradation** ist weitgehend irreversibel und führt zu einer mikrokristallinen Struktur. Die Neigung zur Retrogradation ist abhängig vom Molekulargewicht und Typ der Stärke. Stärkekörner, die reich an Amylose sind, neigen stärker zur Retrogradation als Stärkekörner mit einem hohen Anteil an verzweigtkettigem Amylopectin.

Wasserbindende Substanzen sowie kühle Temperaturen verstärken die Retrogradation. Stärke und stärkehaltige Streichfarben sollen daher nicht über längere Zeiten gelagert werden.

Die **Penetration** der Stärke ins Papier wird durch ihre Viskosität bestimmt. Eine stark abgebaute Stärke mit niedrigem Molekulargewicht erlaubt eine niedrige Viskosität der Streichfarbe bei hohem Stärkeanteil. Allerdings nimmt mit sinkendem Molekulargewicht auch die Bindekraft der Stärke ab, und – vor allem beim Einsatz im Vorstrich – penetrieren relativ große Mengen Stärke in das Rohpapier. Das kann zu einer Festigkeitserhöhung im Rohpapier genutzt werden, muss aber durch eine erhöhte Bindemittelmenge im Vorstrich ausgeglichen werden.

Bei ungleichmäßigen Oberflächeneigenschaften des Rohpapiers kann eine starke Bindemittelpenetration zu Schwankungen der Bindemittelkonzentration an der Oberfläche und damit zu einem wolkigen Ausdruck (Mottling) führen. Beim heute üblichen „High-Solids-Streichen" kann man stärkebedingtes Mottling oft vermeiden.

13.2.3.5 Latex

Latex-Polymerdispersionen sind wässrige Flüssigkeiten mit einem Feststoffgehalt von um die 50 %. Der Feststoff in diesen Dispersionen besteht aus Kugeln mit sehr einheitlicher Partikelgröße, die zwischen etwa 100 und 200 nm liegt, meist um 120...140 nm. Diese Kügelchen führen zu der weißlichen Farbe der Dispersion. Aufgrund der geringen Teilchengröße kann man von rund 10^{15} Teilchen in einem Milliliter Dispersion ausgehen. In diesen Kügelchen ist ein polymerer Kern umhüllt von einer Schale, deren Oberfläche mit chemischen Gruppen und Emulgatoren zur Stabilisierung der Teilchen belegt ist (Bild 13.8).

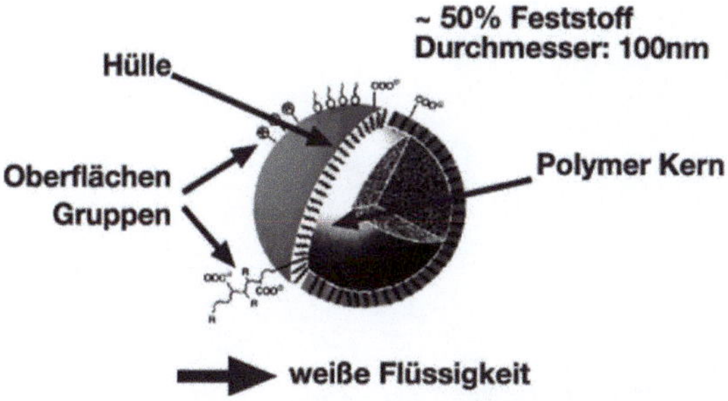

Bild 13.8
Aufbau von Latexteilchen [13.8]

Die Filmbildung von Polymerdispersionen zeigt Bild 13.9.

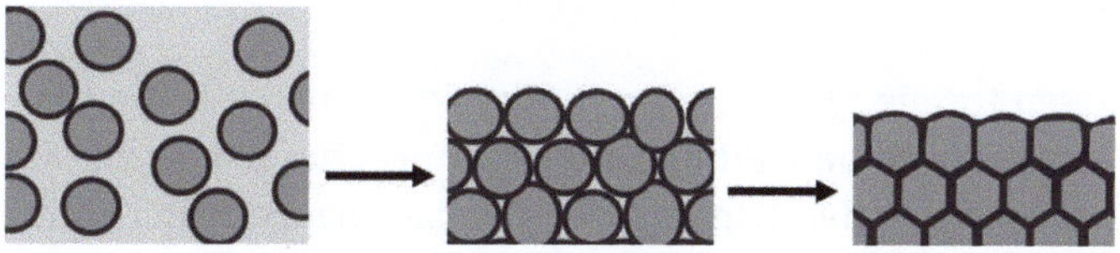

Bild 13.9 Schematische Darstellung der Filmbildung aus vereinzelten Polymerbinderteilchen in Suspension (von links nach rechts)

In einer Dispersion vereinzelte Partikel nähern sich aufgrund des Wasserentzugs (Penetration in das Rohpapier und Trocknung) immer weiter an, bis sie schließlich eine Wabenstruktur ausbilden, in der die Teilchen dann unter Temperatureinwirkung verschmelzen. Durch diese Filmbildung entwickeln sich die Kohäsionskräfte.

Die Annäherung und Verschmelzung von Latexpartikeln verursacht eine Schrumpfung des Films. Das führt zu Spannungen im Papier, die zu einem U-förmigen Verformen, dem Curl, führen kann. Papier wird in der Regel beidseitig gestrichen, um diese Schrumpfung zu kompensieren.

Die Pigmente „schwimmen" beim Streichen nicht in einer Bindemittelmatrix wie beim Lackieren, dafür ist im Allgemeinen zu wenig Bindemittel in der Streichfarbe. Unterstützt durch Oberflächenenergien, verteilt sich das Bindemittel nicht gleichmäßig auf den Pigmenten, sondern konzentriert sich an den Berührpunkten benachbarter Teilchen. Die Bindemittelverfilmung führt daher zu einer Art „Punktschweißen" der Pigmente.

Die Filmbildung des Bindemittels an der Pigmentoberfläche verändert die Oberflächenenergie und die Kapillarität des Strichs, wie Bild 13.10 zeigt. Die Kapillaren werden verkleinert, und die Oberfläche wird hydrophobiert.

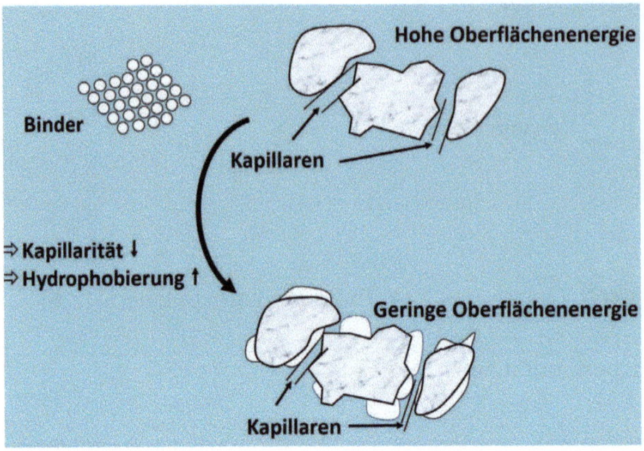

Bild 13.10 Einfluss des Bindemittels auf den physikalisch-chemischen Charakter

Als charakteristische Größen für die synthetischen Bindemittel gelten z. B. die **Glasübergangstemperatur** und die **minimale Filmbildungstemperatur**, die für die Verfilmung und die Härte des entstehenden Filmes sowie für das Pigmentbindevermögen verantwortlich sind. Die folgende Zusammenstellung zeigt die Bereiche, in denen diese beiden Kennwerte liegen.

Minimale Filmbildungstemperatur (MFT)

- für Offset-Binder 1...30 °C,
- für Tiefdruckbinder < 1 °C.

Glasübergangstemperatur (T_g), steuerbar vor allem über die Monomerenzusammensetzung

- für 1,3 Butadien: –108 °C (weich),
- für Styrol: +100 °C (hart),
- Offsetbinder 5...40 °C,
- Tiefdruckbinder –15 ... 5 °C.

13.2.3.6 Steuerung der Eigenschaften von synthetischen Bindemitteln

Zur Steuerung der Eigenschaften von Polymerdispersionen kann die Monomerenzusammensetzung, der Vernetzungsgrad, der Gelgehalt, die Teilchengröße oder der Carboxylierungsgrad verändert werden (Tabelle 13.9).

Tabelle 13.9 Parameter zur Steuerung der Eigenschaften von Polymerdispersionen, Auswirkungen auf Stricheigenschaften

Monomerenzusammensetzung
▪ Pigmentbindevermögen ▪ Druckgleichmäßigkeit ▪ Druckfarbentrocknung ▪ Porosität ▪ Härte/Steifigkeit ▪ Druckglanz ▪ Vergilbungsneigung ▪ Geruch
Vernetzungsgrad/Molgewicht
▪ Pigmentbindevermögen ▪ Porosität ▪ Wasserfestigkeit
Gelgehalt
▪ hoher Gelgehalt → hohes Molekulargewicht ▪ niedriges Quellverhalten in Lösemittel ▪ niedrige Flexibilität der Moleküle
Teilchengröße
▪ 0,1 ...,2 µm ▪ niedrige Teilchengröße → hohe Bindekraft ▪ Porosität, Druckfarbstand
Carboxylierungsgrad

Eine Veränderung dieser Größen wirkt sich unterschiedlich auf die erwarteten Eigenschaften des gestrichenen Papiers aus, wie in folgender Übersicht dargestellt ist.

Erst eine Optimierung dieser Stellgrößen bezüglich **aller** Anforderungen führt zu einem ausgewogenen Bindemittel. Die „Stellgrößen", mit denen die Stricheigenschaften gesteuert werden können, wirken in oft unterschiedlicher Weise auf verschiedene Papiereigenschaften.

Mit abnehmender **Partikelgröße der Latex-Teilchen** steigt prinzipiell die Bindekraft der Dispersion. Bei Streichfarbenauftrag können diese besonders kleinen und mobilen Partikel mit dem Wasser ins Rohpapier penetrieren. Dort, wo diese Penetrationsvorgänge besonders stark sind, verarmt der Strich – womöglich auch noch partiell – an Bindemittel. Das kann Ursache für Abmehlen von Streichfarbe wegen zu geringer Pigmentbindung und für Mottling, also wolkigen Ausdruck wegen ungleichmäßiger Oberfläche, sein.

Als weiteres Beispiel kann auch der **Gelgehalt** dienen. Ein zunehmender Gelgehalt, also höheres Molekulargewicht, kann die Rupffestigkeit erhöhen, senkt allerdings die Temperatur, bei der Blistern erstmals auftritt. Wenn ein geschlossener Film beim Trocknen der Druckfarbe im Rollen-Offsetdruck das Entweichen von Wasserdampf verhindert, entstehen im Papier explosionsartig Blasen, die das Papiergefüge zerreißen. Je geringer die Blistertemperatur ist, desto anfälliger ist das Papier gegen diese Belastung.

Latexpartikel haben eine sehr einheitliche Größe. Wenn diese Partikelgröße nicht in das Spektrum der Pigmentkorngröße passt, weil diese gezielt ebenfalls möglichst monodispers hergestellt wurden, kann das zu einer Begrenzung des Feststoffgehaltes führen. Der Einsatz von breit verteilten (polydispersen) Latexpartikeln in Streichfarben, die auf Calciumcarbonaten mit enger Korngrößenverteilung aufbauen, kann zu einer Erhöhung des Feststoffgehaltes von 5...10 % umgesetzt werden.

13.2.4 Strichadditive

Additive in Streichfarben sollen den Herstellungsprozess stabilisieren (z. B. Dispergiermittel, Netzmittel, Entschäumer, Konservierungsmittel), die Laufeigenschaften der Streichfarben verbessern (Viskositäts- und WRV-Regler, Fließ- und Satinagehilfsmittel) und zur verbesserten Produktqualität beitragen (Härter/Vernetzer, Nuancierfarbstoffe, optische Aufheller). Ein bestimmtes Produkt erfüllt meist nicht nur eine Funktion in der Streichfarbe, es beeinflusst oft auch Vorgänge oder Eigenschaften, die manchmal so nicht gewünscht sind.

Im Folgenden werden einige Beispiele aufgezeigt, die in Streichfarben besondere Bedeutung aufweisen.

13.2.4.1 Dispergiermittel

Mangelhaft dispergierte Streichpigmente können in Streichfarben zu Problemen führen. Mögliche Probleme aufgrund **mangelhafter Pigmentdispergierung** sind:

- hohe Viskosität bei vergleichsweise niedrigen Feststoffgehalten,
- Schwierigkeiten beim Pumpen, Filtrieren usw.,
- verstärkte Sedimentation der Pigmente,
- Agglomeration und Aggregation von Pigmenten, die sich unter dem Blade sammeln können und zu Rakelstreifen und Abrissen führen,
- Koagulation von Bindemitteln durch Abzug von Emulgatoren aus der Latex-Oberfläche,
- verschlechterte Abdeckung des Rohpapiers durch die Streichfarbe,
- verringerte Glätte und Glanzentwicklung.

Daher ist neben der mechanischen Dispergierung auch die chemische Stabilisierung der Dispersion entscheidend für effiziente Prozesse und Produkte mit hoher Qualität.

Dispergiermittel lagern sich an der Oberfläche von Pigmenten an und verhindern deren Agglomeration.

Bei der **elektrostatischen Stabilisierung** führen meist anionisch geladene Polymere wie Polyacrylate mit hoher Pigmentaffinität zu einer Oberflächenladung, die bei allen Partikeln gleichnamig ist. Dadurch stoßen sich diese dann elektrostatisch stabilisierten Pigmente gegenseitig ab.

Bei einer ladungsneutralen Belegung der Oberfläche spricht man von Schutzkolloiden oder von sterischer Stabilisierung. Durch ihre räumliche Ausdehnung verhindern diese Makromoleküle eine Agglomeration von Pigmenten.

Eine Vielzahl von Stoffen kann die Oberfläche belegen, so z. B. Stärke, Gelatine, Tenside, Ammoniak, Natriumhydroxid. In der Praxis sind aber vor allem Salze von Polycarbonsäuren, Polyacrylate und seltener auch Polyphosphate im Einsatz. Vor allem Polyacrylate, die bei der Mahlung von natürlichem $CaCO_3$ als Mahlhilfsmittel eingesetzt werden, sind häufig verwendete Dispergiermittel. Eine gute Stabilität erhält man in der Regel dann, wenn das Zetapotenzial der Pigmente unter etwa -40 liegt; stärkste Agglomeration tritt im Bereich der Ladungsneutralität, also in der Nähe des isoelektrischen Punktes bei einem Zetapotenzial von etwa 0 auf.

Mit diesen **elektrostatisch geladenen Polymeren** gelangt bei der Verwendung von Altpapier oder Ausschuss eine hohe anionische Fracht in die Wasserkreisläufe von Papierfabriken, die durch vorsichtige Dosierung oder chemische Gegenmaßnahmen berücksichtigt werden muss.

Bei pH-Werten kleiner als 6...7 sind die Polyacrylat-Dispergiermittel nicht wirksam. Eine Absenkung des pH-Wertes kann daher zu Pigment-Flockulation und den anderen oben gezeigten Problemen führen.

13.2.4.2 Schaumverhüter, Schaumzerstörer

Vor allem dann, wenn ein Streichfarbenüberschuss bei hoher Geschwindigkeit auf die gewünschte Menge zurückdosiert werden muss, reichert sich **Luft in der Streichfarbe** an und kann bis zu 40 % des Volumens einnehmen. Oberflächenaktive Stoffe wie Emulgatoren aus Bindemitteln und Additiven, aber auch Mikroorganismen können kleine Bläschen stabilisieren, die dann zu Problemen führen. Probleme durch **Gasblasen** in Streichfarben sind:

- erschwerte volumetrische Dosierung aufgrund von Lufteinschlüssen,
- Beeinträchtigung der Rheologie und Laufeigenschaften, Viskositätserhöhung,
- Skip Coating, also ungedeckte Stellen des Rohpapiers bei Düsen-Aggregaten,
- Oberflächendefekte (Löcher, Krater),
- Beeinträchtigung der Rupffestigkeit.

Verfahrenstechnische Maßnahmen, die den Lufteintrag bzw. die Entstehung von Gasen (z. B. CO_2 aus $CaCO_3$ bei pH-Wert-Absenkung) verhindern, liegen vor allem in der Strömungsführung und der Vermeidung von mechanischem Lufteintrag beim Rühren und Pumpen. Durch **Schaumzerstörer**, die bereits bei der Streichfarbenherstellung eingearbeitet werden müssen und die die Stabilisierung von Blasen stören, können hohe Gasgehalte effektiv verhindert werden. Die Zugabe von Schaumzerstörern nach der Streichfarbenaufbereitung kann helfen, die oben genannten Probleme zu mindern. Bei hohen Gasgehalten werden auch mechanische Zentrifugalentlüfter eingesetzt.

Eine **Überdosierung** von Additiven zur Kontrolle des Gasgehaltes, die oberflächenaktiv und manchmal ölbasierend sind, kann zu einer weiteren Erhöhung des Gasgehaltes oder zu „Fischaugen" führen.

13.2.4.3 Viskositäts- und WRV-Regler

Durch den Einsatz von **Verdickern** sollen die **Fließeigenschaften der Streichfarbe** so beeinflusst werden, dass die Streichfarbe auch bei kleinen z. B. prozessbedingten Veränderungen in der Zusammensetzung stabil verarbeitet werden kann (Tabelle 13.10). Die erforderlichen Fließeigenschaften richten sich vor allem nach dem Auftragssystem.

Tabelle 13.10 Übersicht über Streichfarbenverdicker und Cobinder [13.9]

Produkt	Lieferform	Aufbereitung	Besonderheit
Stärke	Pulver	Kochen	Cobinder, relativ geringe Pigmentaffinität, Vergilbungsneigung
(Soja-)Protein	Pulver	Kochen	
Casein	Pulver	Kochen	früher Standard; heute vor allem im Gussstrich
CMC	Pulver, Lösung	Direktzugabe (auch trocken)	Allround-Produkt
HEC	Pulver, Lösung	Direktzugabe	geringes WRV, vor allem in den USA
Alginate	Pulver	Direktzugabe, Auflösen	hohes WRV, hoher Preis, vor allem in den USA
PVOH	Pulver	Kochen	bester Carrier für OBA
Acrylat-Polymere	Dispersion, Lösung	Direktzugabe	Allround-Produkte, leichtes Handling
Assoziative Verdicker	Dispersion	Direktzugabe	gutes Laufverhalten, niedriges WRV

In der Gruppe der Viskositätsregler und Regler des Wasserrückhaltevermögens, die auch mit Cobinder oder Verdicker überschrieben werden kann, werden Produkte zusammengefasst, die die Mobilität der Wasserphase verringern. Die verdickende Wirkung beruht meist auf Raumerfüllung der wässrigen Phase durch Polymere mit einer hohen Molmasse (z. B. Polyvinylpyrrolidon), auf Wechselwirkungen mit anderen Streichfarbenbestandteilen (Brückenbildung) oder auf intermolekulare Assoziation durch Mizelbildung an hydrophoben Endgruppen (Assoziativ-Verdicker). Die Raumerfüllung kann durcheine hohe Strukturordnung wie bei Polysacchariden, durch intramolekulare Ladungstrennung (z. B. Acrylat-basierende Co-Polymere) oder durch Vernetzung in der Wasserphase stabilisiert werden.

Neben Stärke und Carboxy-Methyl-Cellulosen (CMC) als natürliche Produkte (vereinzelt auch Soja-Protein, Casein, Alginate und Hydroxy-Ethyl-Cellulose HEC) werden für diese Aufgaben vor allem synthetische Produkte wie Polyvinylalkohole PVOH, Acrylat-Polymere und seltener auch assoziative Verdicker eingesetzt.

Die Wirkung der üblichen synthetischen Verdicker (ASE = alkali-swellable emulsions) entsteht bei der Absenkung des pH-Wertes der ursprünglich sauren Produkte.

Um zu verhindern, dass Wasser zu schnell in das Rohpapier wegschlägt, werden Polymere mit starker Wechselwirkung mit Wassermolekülen eingesetzt. Aufgrund der ausgeprägten Polarität der Wassermoleküle mit einer hohen anionischen und kationischen Ladungsdichte an den Sauerstoff- bzw. Wasserstoff-Molekülen bilden sich Hydrathüllen aus Wassermolekülen sowohl an anionischen Gruppen als auch an elektrophilen organischen Resten.

Bei höheren Temperaturen werden diese Wasserstoffbrücken allerdings schwächer, und die Streichfarbe verliert erheblich an Wasserrückhaltevermögen. Eine Übersicht über die Wirkungsweise von Verdickern der Wasserphase gibt Bild 13.11.

Wirkprinzip	**Beispiel**	**Illustration**
Hohe Molmasse	Polyvinylpyrrolidon	
Intramolekulare Ladungstrennung	Copolymer aus Acrylat-Monomeren	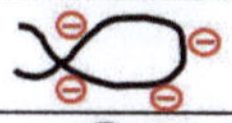
Vernetzung	vernetzte Polyacrylate	
Höhere Strukturordnung	Polysaccharide	
Intermolekulare Assoziation	**assoziative Verdicker**	

Bild 13.11 Verdickung in der Wasserphase [13.9]

13.2.4.4 Fließ- und Satinageadditive

Stearate und **Wachsemulsionen** in Papierstreichfarben dienen in erster Linie dazu, Defekte aus dem Kontakt mit heißen Oberflächen, vor allem das Herausrupfen von Strichbestandteilen zu vermeiden. Stearate beeinflussen auch die Viskosität; sie erhöhen die Viskoelastizität. Abhängig vom Pigmentsystem können auch Polyethylenglykole, Polypropylenglycole oder Polyvinylpyrrolidon zu diesem Zweck verwendet werden.

13.2.4.5 Härter/Vernetzer

Vor allem natürliche Bindemittel und Additive wie Stärke, CMC und Polyvinylalkohol sind wasserlöslich und weisen eine geringe Wasserfestigkeit auf, die durch Vernetzungsreaktionen erhöht werden kann. Einige Produktgruppen sind in folgender Tabelle aufgezeigt (Tabelle 13.11).

Tabelle 13.11 Übersicht über einige Vernetzungs- und Härtungsmittel [13.9]

Produkt	Chemie	Reaktionszeit	Formaldehydgehalt	Carrierwirkung	Anmerkung
Glyoxal	OHC-CHO	schnell	sehr gering		Vergilbungsneigung
Harnstoff-Formaldehyd	$NH-CH_2-OH/-OCH_3$ CO $NH-CH_2-OH/-OCH_3$	lang	erheblich	gut	geringe Lagerstabilität
Melamin-Formaldehyd	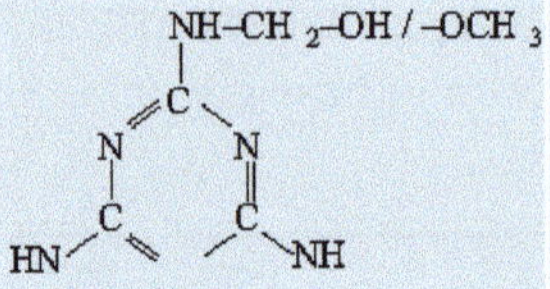	lang	geringer als HF	gut	geringe Lagerstabilität auch bei niedrigerer Temperatur
Epoxidharz	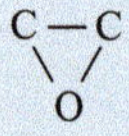		frei		hoch wirksam, lagerstabil, giftig
Ammonium-Zirkonium-Carbonat	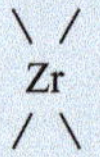	schnell	frei	keine	auch für Acrylester Geruch (Ammoniak)

13.2.4.6 Optische Aufheller

Da Weiße beim Verbraucher den Eindruck von Reinheit und Qualität des Produktes vermittelt (Untersuchungen haben gezeigt, dass eine weißere Verpackung häufiger gekauft wurde), versucht man, diesen Eindruck zu verstärken.

Optische Aufheller sind organische Moleküle, die nicht wahrnehmbare UV-Anteile des Lichtes absorbieren und als wahrnehmbares blaues Licht wieder emittieren (z. B. eine Transformation von Licht der Wellenlänge 350 nm in eine Wellenlänge von um die 440 nm). Das Papier erscheint dadurch stärker blaustichig, die unerwünschten Gelbtöne werden kaschiert.

Derivate der Flavonsäure in ihrer linearen trans-Form besitzen diese Eigenschaft, Licht umzuwandeln (Bild 13.12). In der cis-Form liegen diese Moleküle wie ein Sandwich zusammengefaltet vor und sind als optische Aufheller wirkungslos. Diese isomere cis-Form ist allerdings die stabile Form, stellt also den Zustand dar, den das Molekül auf Dauer anstrebt.

Bild 13.12 Chemische Struktur eines optischen Aufhellers in der trans-Form

Durch die Umwandlung der metastabilen trans- in die stabile cis-Form der optischen Aufheller verlieren aufgehellte Papiere wie Poster oder Kalender mit der Zeit ihren strahlenden Weißgrad, vor allem bei langer Einwirkung energiereicher UV-Strahlung.

Bei Stabilisierung von optischen Aufhellern durch Carrier verhindert man die Umwandlung der trans- in die unwirksame cis-Form oder verlangsamt sie zumindest, indem funktionelle Gruppen (insbesondere SO_3H-Gruppen) an das Molekül angelagert werden, um es durch Wechselwirkungen mit anderen Komponenten zu stabilisieren:

- Der Di-Sulfo-Typ zeigt eine hohe Affinität zu Cellulose, weist aber Stabilitätsprobleme auf bezüglich Alaun, Kationen usw.
- Der Tetra-Sulfo-Typ ist nicht mehr ganz so affin zu Cellulose, aber stabiler.
- Beim Hexa-Sulfo-Typ ist die pH-Stabilität am höchsten, allerdings die Affinität zu Cellulose sehr gering.

Bei der Stabilisierung von optischen Aufhellern durch Carrier werden der Streichfarbe gezielt Komponenten zugegeben, die eine hohe Affinität zum Aufhellermolekül aufweisen. Di-Sulfo- und Tetra-Sulfo-Typen sind für den Einsatz im Rohpapier prädestiniert. In Streichfarben werden vor allem Tetra- und Hexa-Typen eingesetzt, die zur Stabilisierung auf andere Carrier als Cellulose aufziehen. Wirksame Carrier in Streichfarben für Tetra- und Hexa-Typen sind z. B.Polyvinylalkohol, CMC, Cellulosefasern und auch Stärke; in abgeschwächter Form auch Chemikalien wie Polyvinylpyrrolidon, HF oder MF-Harze sowie synthetische Cobinder.

Optische Aufheller ohne Carrier sind wirkungslos. Synthetische Bindemittel alleine wirken nicht als Carrier. Eine Streichfarbe muss daher geeignete Carrier enthalten, wenn optische Aufheller zur Einstellung des Farbortes verwendet werden.

13.2.5 Streichfarben und ihre Eigenschaften

Streichfarben sind ein wässriges Gemisch aus Pigmenten, Bindemitteln und Additiven. Chemische Additive werden in geringen Mengen zur Verbesserung des Laufverhaltens und der Produkteigenschaften hinzugefügt. Mit den Streichfarbenkomponenten, die oben vorgestellt worden sind, und ihren Wechselwirkungen untereinander werden also die Eigenschaften der Streichfarbe eingestellt.

Tabelle 13.12 Umrechnung der Streichfarbenzusammensetzung in die Mischvorschrift von Streichfarbenkomponenten als Handelsware und in Volumenanteile am Beispiel einer Streichfarbe für Offsetdruckpapiere (Feststoffgehalt dieses Beispiels: 66,5 %)

Komponente	Zusammensetzungen	Feststoffgehalt der Handelsware HW	Masse Wirkst./Masse gesamt	Masse Wasser in HW/Masse gesamt	Masse HW/Masse gesamt	Massendichte	Vol.-Anteil
Einheit	Teile	%	%	%	%	kg/l	%
$CaCO_3$	80	73	46,7	17,3	63,9	2,7	21,2
Kaolin	20	70	11,7	5,0	16,7	2,7	5,3
Latex	8	50	4,7	4,7	9,3	0,8	7,1
Stärke	4	30	2,3	5,4	7,8	0,8	3,6
Additive	2	50	1,2	1,2	2,3	0,8	1,8
Wasser			33,5		0,0	1	41,0
Luft						10–0,3	20,0
Summe	114	%	100,0	33,5	100,0		100,0

13.2.5.1 Streichfarbenzusammensetzung

Es hat sich bewährt, die Zusammensetzung von Streichfarben zu beschreiben, indem die trockene Menge der jeweiligen Bestandteile als Massenanteile auf die trockene Menge aller Pigmente in der Streichfarbe bezogen wird. So kann eine Streichfarbe für Offsetdruckpapiere aus 80 Teilen $CaCO_3$ und 20 Teilen Kaolin bestehen. Im Weiteren enthaltene Bindemittel werden z. B. mit 7 Teilen Latex und 4 Teilen Stärke sowie 2 Teilen Additive für Lauf- und Qualitätseigenschaften angegeben. Um diese Streichfarbe eindeutig zu charakterisieren, muss auch der Feststoffgehalt, z. B. 66,5 % angegeben werden, damit wird die Wassermenge in der Streichfarbe festgelegt. Tabelle 13.12 zeigt die Umrechnung der Streichfarbenzusammensetzung, angegeben in Teilen pro 100 Teilen Pigment bei gegebenem Feststoffgehalt der Komponenten in die Mischvorschrift Masse Handelsware pro Gesamtstreichfarbenmasse. Die letzten beiden Spalten berücksichtigen dann auch noch den Gasgehalt von 20 % in der Streichfarbe. Man erkennt, dass der Anteil der Pigmente am Gesamtvolumen mit 21,2 % bei Weitem nicht mehr so dominant ist wie der Anteil der Pigmentmasse an der Gesamtmasse der Streichfarbe mit 63,9 %. Dies sollte berücksichtigt werden, wenn man Vorgänge in der Streichfarbe mechanistisch zu erklären versucht.

Das **Fließverhalten** und das **Wasserrückhaltevermögen** von Streichfarben müssen so eingestellt werden, dass die Farbe mit dem jeweiligen Auftragssystem verarbeitbar ist.

13.2.5.2 Scherviskosität

Als Viskosität wird der Widerstand bezeichnet, den ein Fluid einer Beanspruchung entgegensetzt. Bild 13.13 veranschaulicht diese Definition bei einer **Scherbeanspruchung**. Die Kraft F wirkt auf eine Platte mit der Fläche A, um diese gegen eine andere Platte mit der Geschwindigkeit v zu bewegen. Die Geschwindigkeit der Flüssigkeit mit der dynamischen Viskosität η im Raum zwischen den Platten ist gekennzeichnet durch die Haftbedingung an jeder Platte und einen linearen Anstieg dazwischen.

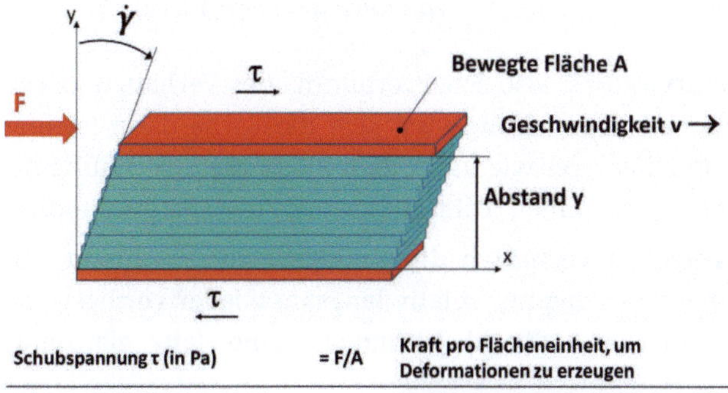

Schubspannung τ (in Pa)	= F/A	Kraft pro Flächeneinheit, um Deformationen zu erzeugen
Schergeschwindigkeit D oder $\dot{\gamma}$ (in s^{-1})	= v/y	Verhältnis aus Geschwindigkeitsgefälle und Plattenabstand
Viskosität η (in mPas)	= τ/D	Widerstand, den das Fluid dem Fließen entgegengesetzt

Bild 13.13 Skizze zur Veranschaulichung der dynamischen Viskosität eines Fluids

Für die Produktionskontrolle werden Streichfarben meist der Einfachheit halber nur anhand ihrer Viskosität bei geringer Scherung charakterisiert. Hier hat sich das **Einhängeviskosimeter nach Brookfield** bewährt, bei dem ein Rotationskörper in einem Becher rotiert und das Drehmoment bei undefiniertem Scherspalt abgegriffen wird. Häufig wird diese Viskosität als Brookfield-Viskosität angegeben, wobei die Spindel, die benutzt wird, ebenso angegeben werden muss wie die Drehzahl, bei der die Messung stattgefunden hat, und die Messtemperatur. Oft wird die Viskosität als BV_{100} bei 100 Umdrehungen pro Minute mit Spindel 4 und bei Raumtemperatur angegeben.

Streichfarben sind aber komplexe Fluide, deren Verhalten sich nicht nur bei unterschiedlichen Temperaturen, sondern auch bei verschiedenen Beanspruchungen (Dehnung, Scherung) verändert. Diese Veränderung hängt auch davon ab, wie schnell diese Beanspruchung aufgebracht wird. Mit diffizileren Messgeräten als dem Einhängeviskosimeter kann auch das Verhalten der Streichfarbe bei hohen Beanspruchungen oder bei zeitlich veränderter Belastung bestimmt werden.

Während der Streichfarbenverarbeitung können **Scherraten** von über $10^6\ s^{-1}$ auftreten (vgl. Bild 13.14). Mit dem **Kapillarviskosimeter** lassen sich Scherraten bis mehrere Millionen reziproke Sekunden nachstellen; die anderen dargestellten Systeme erlauben Messungen im Scherratenbereich bis mehrere $10^4\ s^{-1}$.

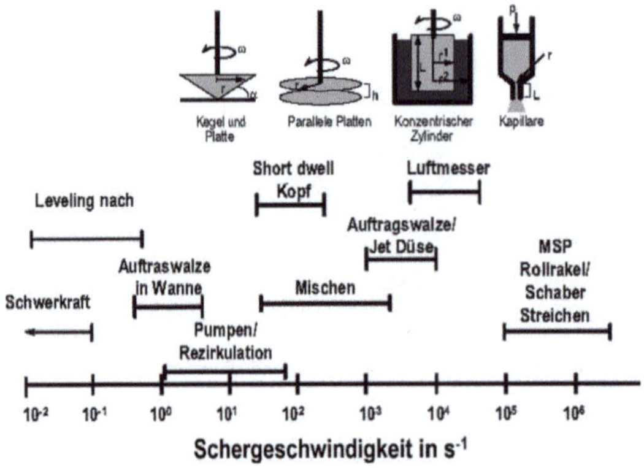

Bild 13.14 Relevante Scherbereiche im Streichprozess und Messbereiche von Messgeräten [13.10]

Eine Streichfarbe muss strukturviskoses, also scherverdünnendes Verhalten zeigen (Bild 13.15). Bei erhöhter **Scherbeanspruchung** lässt sich die Farbe dann leichter durch einen Spalt wie in einem Filter oder wie unter dem Blade pressen. Würde die Viskosität bei steigender Belastung zunehmen (**Dilatanz**), würde der Spalt verstopfen.

Außerdem ist meist ein **thixotropes Verhalten der Streichfarbe** erwünscht, das heißt, dass die Farbe nach einer Scherung nur relativ langsam wieder verdickt und damit genügend Zeit für eine Nivellierung verbleibt und sich eine glatte, glänzende Oberfläche ausbilden kann.

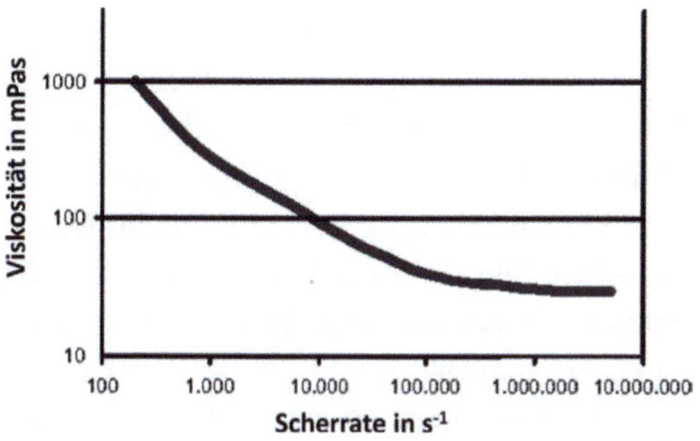

Bild 13.15 Beispiel für strukturviskoses Verhalten von Streichfarben

Prinzipiell erfüllen die meisten Streichfarben diese Voraussetzungen meist gut, da sich komplexe Polymerstrukturen bei hoher Belastung auflösen und dadurch den Strömungswiderstand verringern. Nach der Belastung benötigt der Strukturaufbau dann wieder eine gewisse Zeit.

Wird der Feststoffgehalt einer Streichfarbe so weit erhöht, dass die Pigmente in der Streichfarbe nicht mehr frei beweglich sind, verhaken diese bei zunehmender Belastung der Streichfarbe, und das dilatante Verhalten, das mit **High-Shear-Viskosimetern** auch nachgewiesen werden kann, führt zu Problemen an Filtern und Auftragssystemen. Wenn die Streichfarbe sehr nahe an ihrem Immobilisierungspunkt verarbeitet wird, kann diese Dilatanz schon bei extrem geringfügiger Feststoffgehaltserhöhung auftreten.

13.2.5.3 Wasserrückhaltevermögen

Die Bedeutung des Wasserrückhaltevermögens kann anschaulich am Prozess des **Blade-Streichens** erklärt werden. Man möchte Streichfarben bei möglichst hohem Feststoffgehalt verarbeiten, um qualitative Vorteile, z. B. bezüglich Glanz und Abdeckung, zu erhalten, aber auch um Trocknungsenergie dadurch einzusparen, dass dann wenig Wasser verdampft werden muss. Wird bei hohem Feststoffgehalt eine geringe Wassermenge entfernt, kann eine ursprünglich „gutmütige" Streichfarbe sehr plötzlich dilatant werden. Die Streichfarbe gibt unmittelbar nach dem Auftrag relativ hohe Wassermengen an das Rohpapier ab und ist dann unter dem Blade dilatant. Dieses Verdicken würde zu Rakelstreifen und Abrissen führen. Eine solche Fahrweise wäre nicht denkbar. Das Wasser muss in der Streichfarbe so stark zurückgehalten werden, dass das Blade immer in eine mobile, strukturviskose Farbe eintaucht. Das Wasserrückhaltevermögen der Farbe muss durch Pigmentauswahl (Kaoline haben z. B. ein höheres Wasserrückhaltevermögen als $CaCO_3$), vor allem aber durch chemische Additive so eingestellt werden, dass das Rohpapier mit seiner initialen Saugfähigkeit diese Farbe nicht zu sehr entwässert.

Ähnliches gilt beim **Filmpressenauftrag**, bei dem die Streichfarbe im Nip nur teilweise immobilisieren darf, um eine saubere Spaltung des Streichfarbenfilms in der mobilen Phase zu gewährleisten.

Wenn beim Bladeauftrag Streichfarben mit niedrigeren Feststoffgehalten verwendet werden, stört ein zu niedriges Wasserrückhaltevermögen den Prozess. Wenn die mobilen Bestandteile der Streichfarbe rasch in das Papier eindringen, verarmt diese an solchen Bestandteilen, bevor sie vom Blade auf die gewünschte Menge rückdosiert wird. Mit der Zeit ändert sich dadurch die Streichfarbe am Maschinenbehälter, sie verarmt an löslichen und mobilen Bestandteilen. Bild 13.16 verdeutlicht, wie sich die Streichfarbe im Vorratsbehälter verändert, wenn sie mit dem Rücklauf vermischt wird. In dem Beispiel wird aus der Streichfarbenaufbereitung kontinuierlich eine Farbe mit einem Feststoffgehalt von 63 % in den Vorratsbehälter gepumpt. Um einen Auftrag von 10 g/m^2 auf der Papierbahn zu erhalten, sollen 30 g/m^2 aufgetragen werden, und der Überschuss von 20 g/m^2 wird durch das Blade rückdosiert und wieder in den Vorratsbehälter geführt. Wenn die Papierbahn unter den gegebenen Bedingungen 1,2 g je m^2 Papier aufnimmt, bedeutet das, dass der Streichfarbenüberschuss einen höheren Feststoffgehalt, nämlich 68 % aufweist. Durch die Mischung mit der Farbe aus der Farbküche entsteht eine Streichfarbe, die jetzt mit über 66 % Feststoffgehalt an die Papierbahn geführt wird. Diese Streichfarbe unterscheidet sich demnach stark im Feststoffgehalt und auch in der Zusammensetzung der anderen Bestandteile von der 63 %igen Streichfarbe, die vielleicht für diese Anwendung entwickelt wurde. Es kann nicht mehr die gleiche Qualität produziert werden.

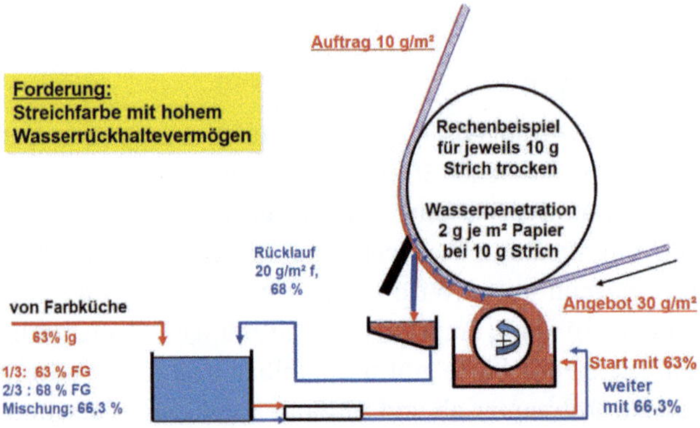

Bild 13.16 Illustration der Bedeutung des Wasserrückhaltevermögens beim Streichfarbenauftrag (nach BASF)

Das Wasserrückhaltevermögen darf weder zu hoch noch zu niedrig sein, um einen stabilen Streichprozess sicherzustellen (Tabelle 13.13).

Tabelle 13.13 Einfluss des Wasserrückhaltevermögens auf das Streichergebnis beim Bladestreichen [13.11]

Wasserrückhalte-vermögen	Auswirkung am Blade	Folge für den Prozess
zu hoch	▪ späte Immobilisierung	▪ geringer Absorptionswiderstand ▪ unzureichende Faserabdeckung ▪ Bindemittelmigration
im optimalen Bereich	▪ konstanter Feststoffgehalt ▪ kontrollierte Immobilisierung ▪ kontrollierte Wasserabgabe	▪ konstante Bladekraft/Auftragsgewicht ▪ Bladespitze läuft in der mobilen Phase ▪ hoher Absorptionswiderstand ▪ geringe Faserquellung ▪ geringe Bindemittelmigration ▪ einfachere Trocknung
zu niedrig	▪ Faserquellung ▪ Immobilisierung vor dem Blade ▪ Streichfarbenfeststoff steigt	▪ hohe Rauheit ▪ Dilatanzstreifen ▪ erhöhte Bladekraft/Auftragsgewicht

13.2.5.4 Dehnrheologie

Sowohl beim Filmsplit nach dem Farbauftrag mit der Filmpresse als auch beim Auftrag von Streichfarbe mit einem Gießer oder Fließer wird die Streichfarbe stark gedehnt, bevor sie auf dem Papier konsolidiert. Die Dehnrheologie erschließt sich aber der Messtechnik noch nicht in allen Facetten.

13.2.5.5 Oberflächenspannung

Die hohen Geschwindigkeiten von Vorgängen beim Streichen von Papier erschweren die Bestimmung der Oberflächenspannung. Zwischen dem Austritt des Vorhangs aus der Düse eines **Curtain Coaters** und dem Kontakt des Vorhangs mit der Papierbahn liegen je nach Abstand der Düse nur Millisekunden. Daher ist es für diesen Vorgang relevant, ob z. B. stabilisierende Tenside in diesem Zeitraum bereits an die Oberfläche des Vorhangs gelangen. Die Messung der Blasenlebensdauer gibt Anhaltspunkte für diese Geschwindigkeit.

13.3 Prozesse beim Streichen

13.3.1 Streichfarbenaufbereitung

Streichfarben werden in der **„Streichküche“** manchmal in einem kontinuierlichen Prozess, heute in den meisten Fällen in diskontinuierlich arbeitenden Anlagen hergestellt. In der folgenden Abbildung ist schematisch der Weg der Rohstoffe bis zum Streichrohpapier aufgezeigt. Angelieferte Rohstoffe, die oft mit Tanklastzügen antransportiert werden, werden in einem Rohstofflager in Vorratstanks gelagert. Natürliche Binder und Cobinder wie Stärke müssen aufbereitet, also bei erhöhten Temperaturen eventuell unter Druck in Wasser gelöst, bevor sie gefiltert werden. Trocken angelieferte Pigmente müssen in jedem Fall auch mechanisch dispergiert werden, um Agglomerate in der Streichfarbe zu vermeiden. Die Streichfarbenkomponenten werden nach einer weiteren Filtrierung gemischt und bevorratet, wobei in manchen Fällen die Zugabereihenfolge eingehalten und Reaktionszeiten berücksichtigt werden müssen, die richtigen Komponenten wechselwirken und man die gewünschten Eigenschaften erhält. Die fertige Streichfarbe wird in die Arbeitsbehälter vorgepumpt, von wo sie, nach einer eventuellen mechanischen Entgasung auf das Papier aufgebracht wird. Beim Überschussauftrag wird der größte Teil der Farbe vom Papier wieder abgerakelt und in den Arbeitsbehälter zurückgeführt (nur etwa 5 % der aufgetragenen Farbe verbleibt auf dem Papier).

Streichfarbenreste aus Sortenwechseln, Abrissen o. Ä. werden einer Reststoffverwertung zugeführt oder nach einer Eindickung in die Streichfarbenaufbereitung zurückgeführt. Wesentliche **Vorgänge bei der Streichfarbenaufbereitung** sind:

- Pump- und Lagervorgänge, Bevorratung,
- Filtriervorgänge,
- Dispergier- und Mischvorgänge,
- Rohstoffaufschluss (z. B. Kochen von Stärke),
- Entgasungsvorgänge (je nach Empfindlichkeit des Auftragsaggregats),
- Vorgänge zur Rohstoffaufbereitung, also vor allem das Auflösen.

Die Elemente werden mit Dampf, Druckluft und Reinigungswasser versorgt und sind an ein Prozessleitsystem angeschlossen. Alle Bauteile müssen aus korrosionsfesten Materialien gefertigt sein.

13.3.1.1 Pumpen, Lagern und Bevorraten

Zur Förderung der Streichfarbe werden heute meist **Schneckenpumpen** eingesetzt, andere Bauarten von Verdrängerpumpen, z. B. druckluftgesteuerte Membranpumpen, sind je nach Hersteller ebenfalls im Einsatz.

Um Sedimentation zu vermeiden, erfolgt die Lagerung und Bevorratung von Ausgangsstoffen und Streichfarben erfolgt meist in **geschlossenen**, mit langsam laufenden Rühreinrichtungen versehenen **Edelstahltanks**, die an eine Biozіddosierung angeschlossen sind. Die Größe von Pufferbehältern richtet sich nach den Volumina, die gepuffert werden sollen. Tangentiale Flüssigkeitszufuhrsysteme, nach Möglichkeit auch Zufuhr unter dem Flüssigkeitsspiegel, sowie ausreichende Füllstände minimieren den Lufteintrag. In vielen Fällen ist eine Temperierung der Streichfarbe wünschenswert.

13.3.1.2 Filtrieren und Sieben

Zum Abtrennen von Verunreinigungen oder Agglomeraten werden meist Filterpakete verwendet, bei denen die Druckdifferenz vor und nach dem Filtermedium Auskunft darüber gibt, wann der Filter gereinigt und gespült werden muss. Es wird mehrmals filtriert, wobei es Fälle gibt, in denen Maschenweiten von unter 100 µm eingesetzt werden.

Offene Siebe haben den Vorteil, dass die Art der Verunreinigung unmittelbar erkennbar ist, aber die Einbindung in Prozessleitsysteme ist eher schwierig; die Siebe sind schwieriger sauber zu halten.

13.3.1.3 Dispergier- und Mischvorgänge

Zum Mischen von Komponenten werden **Rührwerke** eingesetzt, die kein hohes Scherfeld erzeugen sollen, sondern die Volumenelemente in einem Behälter möglichst gleichmäßig verteilen sollen. Ausführungsbeispiele sind Balkenmischer oder Propellerrührer mit Stromstörern.

Dispergiergeräte haben dagegen die Aufgabe, bei hohem Schergefälle Agglomerate, z. B. von Pigmenten zu zerstören. Jedes Volumenelement in einem Behälter muss also mindestens einmal in den Bereich der hohen Scherung gelangen. Rotor-Stator-Systeme haben sich für diese Aufgabe bewährt, Cady Mill, VST-Mixer sind Ausführungsbeispiele.

Dispergiersysteme führen der Dispersion viel Energie zu und erwärmen sie auch. Scherempfindliche Güter wie beispielsweise Bindemittel werden erst nach der mechanischen Dispergierung zugegeben, um sie nicht zu schädigen.

Chemische Dispergiermittel werden schon bei der mechanischen Dispergierung zugegeben, um die erzeugten Oberflächen zu belegen und Einzelteilchen wirksam zu stabilisieren.

13.3.1.4 Rohstoffaufschluss

Insbesondere natürliche Bindemittel und Cobinder wie Stärke müssen thermisch aufgeschlossen werden, um vollständig gelöst zu werden. Dazu dienen **kontinuierlich betriebene (Jet-Kocher)** oder **diskontinuierliche Anlagen** in der Streichfarbenaufbereitung. Diese Reaktoren werden mit Druck und Temperatur (z. B. 2 bar, 121 °C) beaufschlagt, und bei Batch-Betrieb sind Verweilzeiten einzuhalten, die je nach Aufschlussbedingungen in der Größenordnung von 30 min liegen können. Die Aufbereitungsbedingungen haben einen großen Einfluss auf die Eigenschaften (z. B. Viskosität) der Stärke.

13.3.1.5 Entgasung

Während der Streichfarbenaufbereitung, bei der Rückführung von Streichfarbenüberschuss vom Papier in den Kreislauf (z. B. Bladeaufrag) und bei der Zugabe von sauren Medien in calciumcarbonathaltige Systeme (z. B. ASE-Verdicker) werden Luft und Gas in die Streichfarbe eingetragen. Vor allem beim **Düsenauftrag** muss dieses **Gas** entfernt werden, um zu verhindern, dass sich Bläschen in der Düse sammeln, agglomerieren und schließlich zu ungedeckten Stellen im Strich führen. Die **mechanische Entgasung** erfolgt in der Regel mit Hydrozyklonen, die je nach Blasengröße den Gasgehalt auf unter 4 Vol.-% reduzieren können. Werden noch geringere Gasgehalte gefordert – beim Curtain Coater führt jedes Bläschen unmittelbar zu einem Oberflächendefekt –, reicht die Entgasungswirkung eines Hydrozyklons nicht mehr aus. Für eine vollständige Entgasung werden dann meist **Vakuumentgasungsanlagen** eingesetzt, die auch in der Lebensmittelindustrie verwendet werden.

Mechanische Entgaser können mit chemischen Entlüftern und Schaumverhinderern kombiniert werden.

Bild 13.17
Dispergiermaschine in einer kontinuierlichen Anlage zur Streichfarbenaufbereitung [13.12]

Vorteile kontinuierlich betriebener Anlagen sind

- hohe Flexibilität,
- hohe Dispergiereffizienz,
- hohe Produktionsleistung (Großanlagen),

- geringe Baugröße (bis 80 % weniger als kontinuierlich) und daher
  - geringe Investitionskosten,
  - geringer Energiebedarf (bis 90 % Einsparung),
  - geringe Lagerhaltung,
  - geringer Reinigungsbedarf,
  - geringe Streichfarbenverluste.

13.3.1.6 Kontinuierliche und diskontinuierliche Streichfarbenaufbereitung

Streichküchen können kontinuierlich oder diskontinuierlich betrieben werden.

Der Hemmschuh bei der kontinuierlichen Streichfarbenaufbereitung (Bild 13.17) liegt in der Verwendung fester Stoffe, da die Dosiertechnik für feste Stoffe weniger ausgereift ist. In vielen Fällen wird auch die Pufferung von Volumina als Argument für die diskontinuierliche Betriebsweise gebraucht. Bei Ausfall von Anlagenteilen kann der Betrieb mit den gepufferten Mengen aus den Vorratstanks aufrechterhalten werden, während bei kontinuierlicher Betriebsweise Pufferbehälter nicht *a priori* erforderlich sind und ein Teilausfall zum Stillstand der Gesamtanlage führen würde, wenn keine redundanten Systeme installiert sind.

13.3.2 Auftragen von Streichfarbe

Beim Streichen von Papier und Karton kann man zwischen dem Auftrag von Streichfarbe auf das Papier und der Dosierung und Egalisierung der Streichfarbe unterscheiden. Wird mehr Farbe aufgetragen, als letztlich auf dem Papier bleiben soll, spricht man von einem **Überschussauftrag** (Bild 13.18), der mit **Walzen**, mit **Düsen** oder aus einem **„Sumpf“** erfolgen kann.

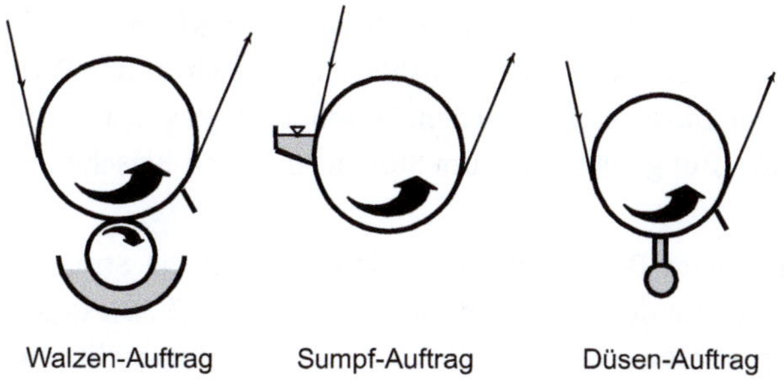

Bild 13.18 Arten des Überschussauftrags: Düsen-, Walzen- und Sumpfauftrag

Diese Prinzipien des Auftrags existieren in einer Vielzahl von Variationen. So ist z. B. die Leimpresse ein bekanntes Beispiel für den Sumpfauftrag. Dabei wird zwischen zwei Walzen ein Leimflottensumpf gegeben, und je nach Anpressdruck der Walzen, Aufnahmeverhalten der Papierbahn zwischen diesen Walzen und Viskosität der Leimflotte penetriert die Leimflotte in das Rohpapier.

Beim Sumpfauftrag führt die Bewegung der Papierbahn – bei der Leimpresse bewegen sich auch die Auftragswalzen mit Bahngeschwindigkeit – zu Turbulenzen und ungewollten und schwer kontrollierbaren Strömungszuständen, die bei hohen Geschwindigkeiten zu Fehlstellen wie ungedeckten Stellen führen können. Das **SDTA**-Auftragswerk (SDTA = Short Dwell Time Application) (Bild 13.19) mit seiner kompakten Bauart stößt ebenfalls bei höheren Geschwindigkeiten und Auftragsgewichten an die Grenzen.

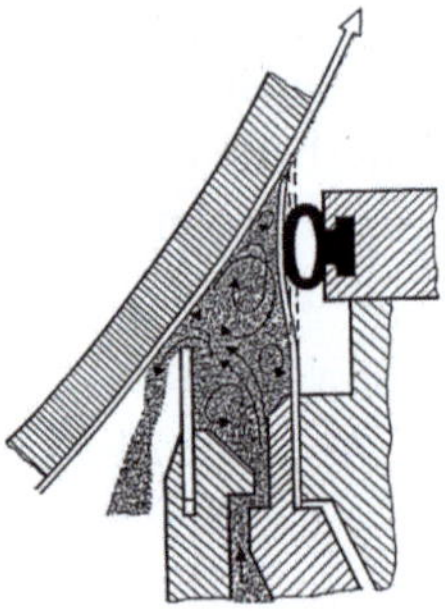

Bild 13.19
SDTA-Auftragswerk (Short Dwell Time)

Auch der **Walzenauftrag** scheint bei Bahngeschwindigkeiten von 1000...1600 m/min an seine Grenzen zu stoßen, bei denen das ungleichmäßige Strömungsbild durch die Blade-Egalisierung nicht mehr ausgeglichen werden kann.

Beim **Düsenauftrag** wird die Streichfarbe nicht in das Papier gedrückt; beim Sumpfauftrag ist die Zeit zwischen Auftrag und Egalisierung kurz. Daher penetriert auch bei diesem Verfahren weniger Wasser in das Rohpapier als beim Walzenauftrag.

Durch Aggregate in der Streichfarbe (mangelnde Pigmentdispergierung oder unzureichende Filtrierung der Streichfarbe) oder durch Gasblasen, die sich in der Düse sammeln, kann der Strahl aus der Düse gestört werden. Düsenauftragssysteme werden mit einer mechanischen Entlüftung betrieben, um Störungen durch Bläschen zu vermeiden.

Die Strömungsverhältnisse sind beim **Düsenauftrag** definiert durch die Strahlgeschwindigkeit und den Winkel, in dem der Strahl auf die Papierbahn trifft. Diese beiden Parameter müssen zusammen mit der Streichfarbenviskosität so eingestellt sein, dass ein **„backflow"**, also eine Strömung auf der Papierbahn entgegen der Laufrichtung vermieden wird. Vorteile des Düsenauftrags gegenüber dem Walzenauftrag sind:

- hohe Feststoffgehalte der Streichfarbe,
- geringe Antriebsleistung am Coater,
- geringe Farbverluste bei Abriss durch reduzierte Farbumlaufmengen,
- reduzierte Vorentwässerung der Streichfarbe,
- Einsparungspotenziale an Cobinder in der Streichfarbe,
- verringerte Bindemittelmigration,
- besserer Strichstand,
- höherer Glanz und Glätte.

Direktauftrag

Wenn die Streichfarbe ohne Nachdosierung direkt in der Menge aufgetragen wird, die auch auf dem Papier verbleiben soll, spricht man häufig von einem **Direktauftrag**. Schlitzdüsen, aus denen ein Vorhang (Curtain) gebildet wird (der auf die Papierbahn gelegt wird) und die nur wenige µm von der laufenden Bahn die Flüssigkeit übertragen oder Sprühdüsen stellen die heute bekannten Möglichkeiten dar (siehe Bild 13.20).

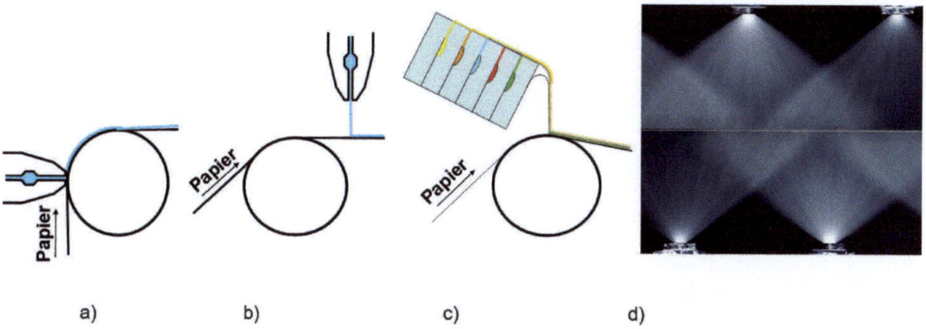

Bild 13.20 Möglichkeiten des Direktauftrags von Streichfarbe mit Curtain Coater und Sprühdüsen [13.13]. *a) Slot-Dye Coater (Bead Coating), b) Slot-Dye Coater (Curtain Coating), c) Slide-Dye Coater (Multi-layer Curtain Coater), d) Direktauftrag mit Sprühdosen (Spray Coater)*

Mit einem **Spray-Coater**, der mit mehreren Reihen von Sprühdüsen betrieben wird, kann ebenfalls Streichfarbe auf Papier aufgebracht werden. Das Betriebsfenster bei dieser Auftragsart ist allerdings eingeschränkt; um Tröpfchen von ca. 40 µm zu erzeugen, ist eine Viskosität BV_{100} kleiner als 100 mPa·s erforderlich, was den Feststoffgehalt der verwendeten Streichfarbe begrenzt. Die Spraydüsen müssen regelmäßig gereinigt und rechtzeitig ersetzt werden. Solche Spray-Coater konnten sich nicht am Markt etablieren.

Breitschlitzdüsen können in verschiedenen Modi betrieben werden, um ein Fluid auf eine laufende Bahn zu applizieren.

Der **Bead-Coating-Modus** (Bild 13.20 a) birgt die Gefahr des Kontaktes der Düse mit dem Substrat. Für Papierbahnen, bei denen die Rauigkeit in der Größenordnung dieses Abstands liegt, ist daher diese Gefahr recht groß.

Der Einsatz von Schlitzdüsen für den Direktauftrag im **Slot-Dye-** und **Slide-Dye-Modus** ist für Spezialpapiere weltweit eingeführt und hat sich auch für den Auftrag von Barriereschichten auf Karton bewährt. Die Herstellung gestrichener Massenpapieren mit **Curtain Coatern** verlief in vielen Pilotversuchen sehr positiv.

13.3.3 Dosieren von Streichfarben

Beim **Überschussauftrag** muss die Streichfarbe egalisiert und rückdosiert werden. Dies kann mit **Schaberklingen (Blades)**, mit **Rakeln** oder mit einem **Luftstrahl** erfolgen (Bild 13.21). Wie oben erwähnt, soll die Dosierung der Streichfarbe gerade noch in einer mobilen Schicht erfolgen; ein möglichst großer Teil der Streichfarbe, die am Papier verbleiben soll, soll bereits immobilisiert sein.

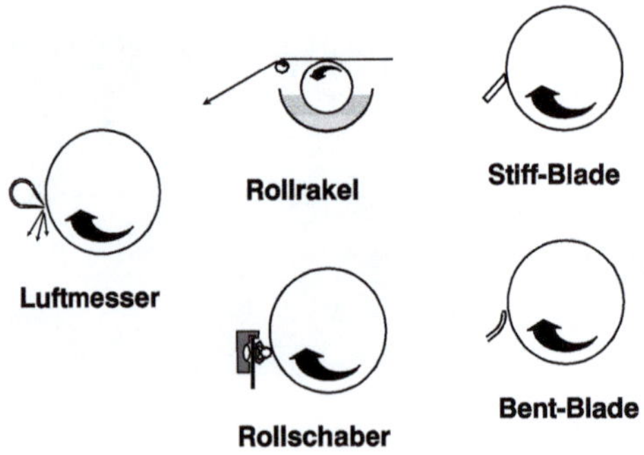

Bild 13.21
Dosier- und Egalisierelemente beim Streichen

Bei der Herstellung von Massenpapieren haben Düsen-(Jet-)Auftragssysteme mit Blade-Egalisierung die früher üblichen Walzenauftragssysteme weitgehend abgelöst. Bei Jet-Coater ist der Farbüberschuss am Papier geringer; es muss nur etwa die 15-fache Menge der Auftragsmasse wieder abgerakelt werden, während beim Walzenauftrag etwa 25mal so viel Farbe auf das Papier gebracht werden muss, wie nach der Dosierung auf dem Papier bleiben soll. Auch die Zahl der Abrisse, die durch das Auftragssystem bedingt sind, sinkt nach dem Übergang von Walzen- auf Düsenapplikation.

Der Einsatz von Rakel, die nach Möglichkeit als Rollschaber an einer Gegenwalze betrieben werden, um die Auftragsmasse unabhängig von der Bahnspannung einstellen zu können, ist auf Papier bei höheren Geschwindigkeiten eher problematisch.

13.3.3.1 Blade-Egalisierung

In Bild 13.22 ist das Egalisieren mit einem Blade dargestellt.

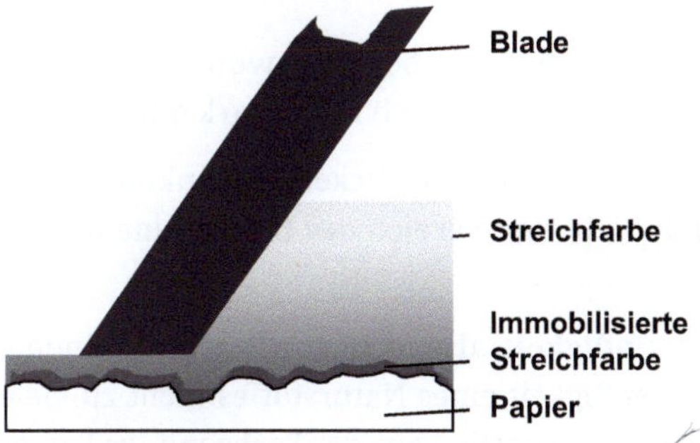

Bild 13.22 Schematische Darstellung des Bladeauftrags

Erläuterungen zum Bladeauftrag:

- Die Spitze des Stiff-Blades ist so angeschliffen, dass sie parallel zur Papierbahn ausgerichtet ist.
- Vor dem Blade (hier: rechts vom Blade) befindet sich sehr viel mehr Streichfarbe auf dem Papier als nach dem Blade. Real bleiben etwa 4...7 % der aufgetragenen Farbe auf dem Papier.
- Nach dem Blade ist die Strichoberfläche **eben und glatt**.
- In der Streichfarbe über dem Papier entsteht ein **Konzentrationsgradient**. Zwischen Auftrag und Egalisierung penetrieren die mobilen Bestandteile, vor allem Wasser, gelöste Stoffe sowie besonders kleine disperse Anteile aus der Farbe in das Papier. Der Feststoffgehalt nahe an der Papierbahn ist höher als derjenige in der Farbe, die abgestreift wird.
- Über dem Papier bildet sich eine Schicht immobilisierter Streichfarbe aus **(Filterkuchen)**.
- Das Papier ist unter der Streichfarbe mit Wasser getränkt. **Wasser penetriert** ins Papier aufgrund von Kapillarkräften, vor allem auch durch den Druckimpuls unter dem Blade.

Bei der Abstimmung von Streichfarbe und Papier müssen mehrere Bedingungen erfüllt werden. Die Streichfarbe muss in der Zeit zwischen Auftrag und Egalisierung:

- genügend Viskosität mitbringen, um einen hydrodynamischen Druck unter dem Blade aufzubauen, der einen stabilen Lauf durch konstanten Anpressdruck des Blades ermöglicht,
- bereits eine immobilisierte Schicht ausbilden, damit das Blade nicht direkt auf den Fasern „kratzt" („Filterkuchenbildung"),

- zwischen Blade und dem Papier noch eine mobile Streichfarbenschicht aufweisen, die als „Schmiermittel“ für einen stabilen Lauf sorgt. Die Viskosität des Strichs darf also nicht zu hoch werden, damit das Auftragsgewicht noch gehalten werden kann.

Die Wasseraufnahme vom **Papier** muss:

- in der **richtigen Menge** erfolgen, damit die Streichfarbe den gewünschten Immobilisierungsgrad erreicht, die Fasern im Papier aber noch nicht stark quellen,
- möglichst **gleichmäßig** stattfinden, damit es nicht zu Dickenschwankungen der immobilisierten Schicht kommt, die dann in den Bereich des Blades hineinragen würde,
- mit der **richtigen Penetrationsgeschwindigkeit**, also nicht zu schnell stattfinden, damit gerade bei nicht exakter Gleichmäßigkeit eines Naturstoffes nicht zu viele lösliche oder kleine Streichfarbenbestandteile partiell aus der Farbe mit ins Papier gezogen werden. Die Folge wären Ungleichmäßigkeiten im gestrichenen Produkt, z. B. ein ungleichmäßiger Ausdruck („Mottling“).

Wenn diese Abstimmung gestört wird, z. B. durch eine Geschwindigkeitserhöhung, eine Veränderung der Saugfähigkeit des Rohpapiers oder des Feststoffgehalts der Streichfarbe, ihrer Viskosität oder ihres Wasserrückhaltevermögens, kann man unter Umständen die Grenzen des Betriebsfensters erreichen. Es kann zu Rakelstreifen oder anderen Qualitätsverschlechterungen kommen, Auftragsgewichtsschwankungen oder sogar Bahnrisse können auftreten.

13.3.3.2 Zeitlicher Ablauf beim Blade-Streichen

Wenn Papier bei einer Geschwindigkeit von 1200 m/min gestrichen wird, hat die Streichfarbe etwa 40 ms Zeit, um zwischen Auftrag und Egalisierung in das Rohpapier zu penetrieren, wenn diese Strecke etwa 80 cm lang ist.

Wird ein 0,4 mm dickes Blade an die Papierbahn angelegt, ist die Kontaktlänge je nach Anstellwinkel in der Größenordnung von einem halben Millimeter. Die Vorgänge unter dem Blade sind dann innerhalb von 25 µs abgeschlossen. Scherraten von mehreren Millionen reziproken Sekunden werden innerhalb dieses Zeitraumes aufgebaut und wieder zurückgenommen.

Messungen der **Streichfarbenviskosität** oder des **Wasserrückhaltevermögens** für solche kurzen Zeiträume sind erforderlich, um vorhandene mathematische Simulationen des Streichvorganges noch weiter an die Realität anzupassen.

13.3.3.3 Streichmesser (Blades)

Mit den Blades wird der Streichfarbenüberschuss bei Maschinen mit bis zu 10 m Breite und darüber bei Geschwindigkeiten von bis zu 2000 m/min egalisiert. Durch exakte Fertigung, geeignete Apparatetechnik und richtige Betriebsweise muss sichergestellt werden, dass weder über die Breite der Papierbahn noch längs der Bahn Ungleichmäßigkeiten entstehen.

Mehr oder weniger abrasive Pigmente in der Streichfarbe und Füllstoffe im Rohpapier führen dazu, dass die Streichmesser zu Beginn des Streichvorganges „eingeschliffen“ und während des Betriebs ständig abgeschliffen werden. Bei diesem Abschleifen darf sich der Winkel nicht ändern, mit dem das Messer die Streichfarbe vom Papier abrakelt. Unterschiedliche Systeme der Maschinenbauer gewährleisten dies weitgehend durch entsprechenden mechanischen Aufbau.

Stiff Blades (Rigid Blades) sind an der Spitze angeschliffen in dem Winkel, in dem das Blade an die Papierbahn angestellt wird. Bei einer Erhöhung der Vorspannung des Blades steigt die Kraft, mit der das Blade gegen die Bahn und die Gegenwalze drückt, und das Strichgewicht sinkt. Diese Anpresskraft kann mechanisch innerhalb gewisser Grenzen eingestellt werden. Unterschiedliche Bladedicken erlauben es, den Bereich zu erweitern, in dem verschiedene Auftragsgewichte konstant gefahren werden können.

Streichmesser sind aus Stahl, um die geforderte Biegung zu erreichen. Aufgrund der starken Abnutzung haben sich auch Streichmesser mit **keramisch beschichteten** Bladespitzen auf dem Markt etabliert. In vielen Fällen amortisieren sich die höheren Investitionskosten durch die höheren Standzeiten dieser Elemente.

In jüngster Zeit werden auch andere, **gummierte Beschichtungen** der Bladespitze eingesetzt. Probleme bei diesen Elementen ergeben sich erstaunlicherweise nicht unbedingt aus einer sehr kurzen Standzeit. Beim Anfahren der Streichanlage wird das Streichmesser angelegt, bevor die Farbe aufgetragen wird. Dadurch entstehen sehr hohe Temperaturen, die die Kunststoffbeschichtungen schädigen. Verfahrenstechnische Maßnahmen müssen die temperaturempfindlichen Kunststoffe schützen.

Beim **Bent-Blade**-Betrieb werden Streichmesser ohne Anschliff verwendet. Ähnlich einer Spachtel liegen sie flach auf der Papierbahn auf. Im Gegensatz zum Stiff Blade führt eine Erhöhung des Anpressdrucks am Prozessleitsystem hier nicht zu einer Reduzierung des Strichgewichtes. Das Auftragsgewicht steigt sogar, denn wenn man die flache Seite des Messers stärker gegen die Gegenwalze drückt, wird die Kontaktfläche des Blades mit der Walze größer, und der Druck sinkt.

13.3.3.4 Bartbildung

Eine ungewollte Erscheinung, die für die Blade-Egalisierung typisch ist, und die zu erheblichen Qualitätseinbußen oder zu Bahnrissen führen kann, ist das Bleeding, Schaberüberkochen oder die Ausbildung von nassen oder trockenen Bärten an der Bladespitze. Bild 13.23 zeigt Erscheinungsformen und Einflussgrößen bei dieser Prozessstörung auf. Die Streichfarbe und damit auch die Streichfarbenzusammensetzung, das Rohpapier und die Maschinentechnik mit Streichmaschinenausführung und der Bladegeometrie sowie die Betriebsweise, also die Geschwindigkeit und der Anpressdruck des Blades, beeinflussen die Bartbildung (vgl. z. B. [13.14]).

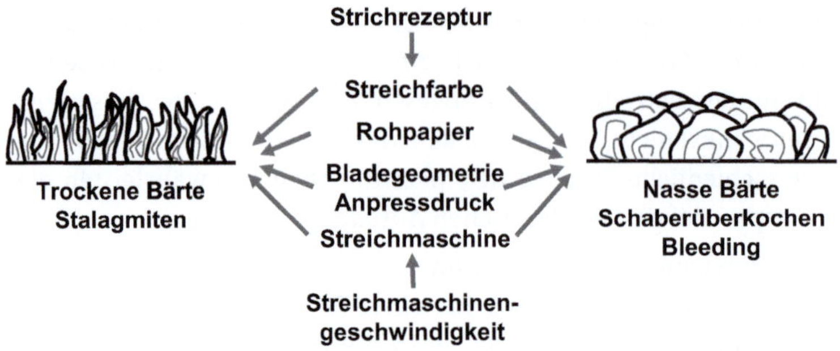

Bild 13.23 Bartbildung beim Blade-Coating und Einflussfaktoren

13.3.3.5 Rollschaber-Egalisierung

Rollschaber werden meist gegen eine Walze, die Gegenwalze, betrieben. Diese Gegenwalzen sind wie die Gegenwalzen beim Bladeauftrag meist gummiert. Während beim glatten Rakel neben der Geometrie (Durchmesser) auch Betriebsweise (Geschwindigkeit, Stabanpressung) und Streichfarbeneigenschaften (Feststoffgehalt, Viskosität, auch im High-Shear-Bereich) einen großen Einfluss auf das Auftragsgewicht haben, ist mit gerillten Rakeln die Geometrie der Rillen ausschlaggebend. Das Auftragsgewicht wird im Wesentlichen durch das Volumen in den Rillen und den Feststoffgehalt der Streichfarbe bestimmt, wie in Bild 13.24 veranschaulicht.

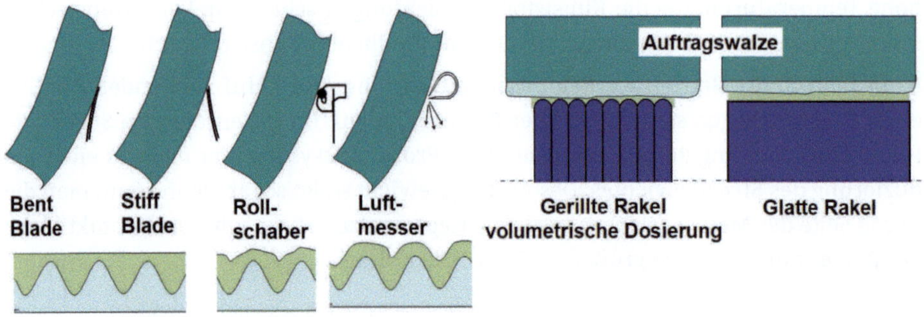

Bild 13.24 Vergleich verschiedener Egalisierelemente (Rauheit und Abdeckung des Untergrunds nehmen von links nach rechts zu) und Veranschaulichung von gerillten und glatten Rakeln (rechts)

Durch einen geringeren Durchmesser der gerillten und glatten Rakel wird die Strichmasse bei gleicher Anpresskraft verringert. Die Rakelstangen rotieren in Kunststoff-Rakelbetten, die mit Wasser gespült werden. An die Genauigkeit der Fertigung dieser Rakelstangen werden sehr hohe Ansprüche gestellt.

Die Form gerillter Rakelstangen ergab sich ursprünglich aus der Umwicklung mit Draht. Heute werden die Nuten häufig gefräst. Werden pigmentierte Systeme aufgetragen, hat sich wegen des mechanischen Verschleißes der Einsatz von glatten Rakelstangen bewährt. Abrasive Pigmente verändern das Volumen zwischen Papier und Rakel während des Betriebs. Beim Auftrag von pigmentfreien Leim- oder Stärkeflotten bevorzugt man häufig gerillte Rakel.

Keramikschichten zur Erhöhung der Standzeit von Rollschabern sind möglich, aber auch Sonderbauformen mit einem stehenden Schaber, der bei einer Drehung mit einer gummierten Oberfläche den Streichfarbenüberschuss abschabt. Die heute typische Anwendung von Rollschabern ist zur Dosierung bei Filmstreichverfahren.

13.3.3.6 Vergleich verschiedener Egalisierelemente

Bild 13.24 zeigt verschiedene **Dosierelemente**. Das Strichbild bei der Bladeegalisierung ist durch eine sehr glatte Oberfläche gekennzeichnet. In der Bent-Blade-Fahrweise lassen sich bei höheren Geschwindigkeiten die Strichmassen nicht mehr so einfach kontrollieren, sie können aber bei niedrigerer Geschwindigkeit auch über 15...20 g/m^2 liegen. Das Stiff-Blade hat sich bei hohen Geschwindigkeiten gut bewährt und liefert eine ähnliche Glätte wie das Bent-Blade. Beide Fahrweisen erlauben hohe Feststoffgehalte.

Der Rollschaber deckt in etwa dasselbe Betriebsfenster ab wie das Stiff-Blade, vielleicht bei etwas geringeren Geschwindigkeiten. Allerdings ist das Strichbild beim Rollschaber anders. Die Streichfarbe wird nicht mit einem Messer abgezogen. Dadurch folgt der Strich zu einem gewissen Grad der Kontur des Rohpapiers. Man erreicht dadurch eine bessere Abdeckung, aber eine geringere Glätte.

Dieser Konturstrich ist beim Egalisieren mit dem Luftmesser sehr ausgeprägt. Der Untergrund wird in fast idealer Weise abgedeckt und Flecken auf dem Rohpapier sehr gut kaschiert. Da das Betriebsfenster bei diesem Aggregat bezüglich Feststoffgehalt, Viskosität und Betriebsgeschwindigkeit stark limitiert ist, wird oft ein Ersatz für dieses Aggregat angestrebt.

13.3.4 Übertragung einer vordosierten Streichfarbe

Wird die Farbe auf der Papierbahn dosiert, deren Festigkeit zudem durch die Penetration von Wasser geschwächt wurde, dann sind Abrisse der Papierbahn zu erwarten. Möglichkeiten, die Farbe vor dem Kontakt mit Papier zu dosieren, sind z. B. der Gravurwalzenauftrag oder die Filmpresse.

Ähnlich wie beim Tiefdruck werden beim **Gravurwalzenauftrag** Näpfchen in den Auftragswalzen mit Streichfarbe gefüllt und beim Kontakt mit der Papierbahn auf diese entleert. Aufgrund der Abnutzung der Raster und des eingeschränkten Betriebsfensters, auch bezüglich der Auftragsmasse, hat sich dieses Auftragssystem bei Massenpapieren nicht etabliert.

Der **Filmauftrag**, die Übertragung einer vordosierten Farbe mit einer glatten Walze, ähnlich dem Offsetdruck, hat in den letzten 20 Jahren dagegen vielfach die Bladeegalisierung abgelöst.

Filmauftrag

Beim Filmauftrag wird die Streichfarbe auf der glatten, gummierten Übertragungswalze durch eine Art SDTA-Auftragssystem dosiert. Die Gegenwalze ist ebenfalls als Übertragungswalze ausgeführt, sodass ein beidseitiger simultaner Streichfarbenauftrag auf das Papier möglich ist.

Zur Dosierung hat sich der glatte **Rollschaber** für pigmentierte Systeme auch bei hohen Geschwindigkeiten gut bewährt. Die so dosierte Farbe soll zu einem möglichst großen Teil auf das Papier übertragen werden. Die Filmpressen, die nach diesem Prinzip betrieben werden, werden häufig inline installiert, da dabei das Papier nur wenig belastet wird und wesentlich weniger Abrisse auftreten als beim Düsenauftrag mit Blade-Egalisierung.

Der prinzipielle Aufbau einer Filmpresse ist in Bild 13.25 dargestellt. Die Rollschaber sind zum Dosieren eines **Überschuss-Sumpfes** angebracht.

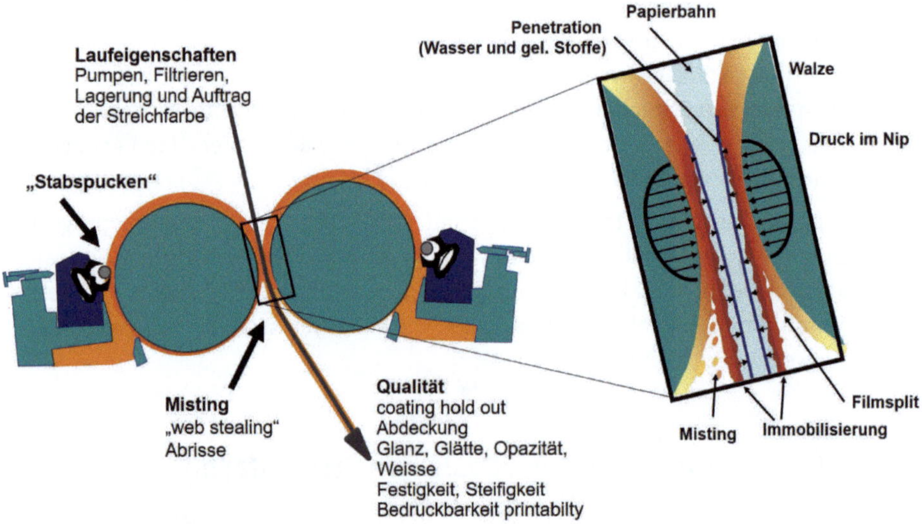

Bild 13.25 Prinzipschema einer Filmpresse [13.15] und Vorgänge bei der Farbübertragung

Stabile Pump- und Filtriervorgänge sowie erfolgreiche Maßnahmen gegen Agglomerationsvorgänge in der Streichfarbe sind maßgeblich für ein gutes Laufverhalten. Koagulationen in den Streichfarben können verschiedene Ursachen haben, und zwar

- Pigment-Bindemittel-„Reaktionen“ (auch: Dispergiermittelwanderung),
- pH-Reduzierung,
- hohe Elektrolytkonzentrationen,
- Mikroorganismen,
- extreme Scherkräfte (Blade-Stab-Einfluss).

Mögliche Probleme beim Filmpressenauftrag sind in Tabelle 13.14 zusammengefasst.

Tabelle 13.14 Mögliche Probleme beim Filmpressenauftrag

Erscheinung	Erklärung
Flammigkeit	ungleichmäßige Filmqualität an der Auftragswalze
Stabspucken	Lösen von Streichfarbentröpfchen vom Dosierelement
Misting	Nebelbildung nach dem Auftragsnip
Trockenlaufen	Antrocknen der Streichfarbenrestmenge nach dem Walzennip
Web-stealing	unkontrolliertes Mitlaufen der Bahn mit einer Auftragswalze und Bahnflattern

Maßnahmen zur Verbesserung des Strichbildes auf der Filmübertragungswalze:

- Verdünnung der Streichfarbe,
- Beeinflussung der Rheologie (das ist meist nur eine temporäre Möglichkeit; Streichfarben sollten möglichst einen hohen Feststoffgehalt aufweisen) durch veränderten Verdicker (Stabilisierung von dispersen Partikeln durch Schutzkolloide zur Verhinderung von Domänenbildung wegen Wasserphasenverdickern),
- chemische oder mechanische Entlüftung der Streichfarbe.

Gegen die Ablösung von Tröpfchen an der Rakelstange („Stabspucken") können Eingriffe in die Rheologie wie Verdünnung helfen. Eine Verdünnung verändert aber die Streichfarbenzusammensetzung und lässt Qualitätseinbußen erwarten.

Um **Misting** und **Trockenlaufen** zu verhindern, sollte man sich die Vorgänge bei der Farbübertragung vor Augen halten (Bild 13.25). Die Papierbahn wird durch den Nip der beiden Auftragswalzen geführt. Mit der Walze kommt das Papier in Kontakt mit dem vordosierten Film. Verstärkt durch den Nipdruck wird Wasser mit gelösten Inhaltsstoffen in das Papier penetrieren, und auf der Oberfläche entsteht eine immobilisierte Streichfarbenschicht.

Die Farbe soll möglichst vollständig übertragen werden. Dann findet der Filmsplit in einer sehr dünnen, nicht immobilisierten Schicht statt, und es steht wenig mobile Streichfarbe für das Spritzen (Misting) zur Verfügung. Ist die Streichfarbe vollständig immobilisiert, spaltet der Film darin. Die Oberfläche des gestrichenen Papiers tendiert dann zu einer Orange-Peel-Struktur, da die immobilisierte Schicht nicht mehr nivelliert. Der zurückgeführte Film kann an der Walze antrocknen. Entscheidend für diese Prozesse ist also die Kontrolle von Penetration und Immobilisierung der Streichfarbe.

Ein höherer Feststoffgehalt verringert im Allgemeinen diese Probleme des Mistings und erlaubt eine Teil-Immobilisierung der Streichfarbe auf dem Papier. Auch die

Streichgeschwindigkeit und das Farbangebot können verringert werden, wenn die Immobilisierung zu langsam ist.

Das **Web-stealing** ist oft eine Folge von Zweiseitigkeit des Papiers und kann beim Offline-Betrieb häufig durch eine Drehung der Bahn behoben werden. Ansonsten können Veränderungen in der geometrischen Anordnung der Auftragswalzen helfen, diese Probleme zu beseitigen. Auch unterschiedliche Streichfarbenzusammensetzungen auf den beiden Seiten des Papiers tragen zu einer eindeutigen Führung der Bahn bei.

Die Oberfläche von Papier, das mit Filmauftrag gestrichen wurde, ist weniger glatt als bei Blade-gestrichenen Papieren. Diesen verfahrenstechnischen Nachteil kann man aber teilweise kompensieren durch eine hohe Rohpapierglätte, geeignete Streichfarbenformulierungen und Betriebsweise des Auftragsaggregats. Heute sind Papiere für den Tiefdruck auf dem Markt, die durch Filmauftrag gestrichen wurden.

13.3.5 Direktauftrag

Bei den oben gezeigten Möglichkeiten des Direktauftrags hat sich für Massenpapier noch kein System eindeutig durchgesetzt. Das ein- oder mehrlagige **Curtain Coating** stößt derzeit aber auf das größte Interesse. Zu beachten ist, dass das Auftragsverfahren die erzielbare Papierqualität stark beeinflusst. Fehlt die Blade-Egalisierung der nassen Strichschicht, so müssen Abstriche an der Papierglätte hingenommen werden, während die Abdeckung des Untergrundes durch einen Konturstrich, der den „Bergen und Tälern" der Oberfläche folgt, verbessert wird. Bild 13.26 zeigt das Prinzip des Konturstrichs beim einlagigen (a) und mehrlagigen (b) Curtain Coating. Die Bedingungen, bei denen dieses Aggregat typischerweise betrieben wird, sind in Tabelle 13.16 zusammengestellt.

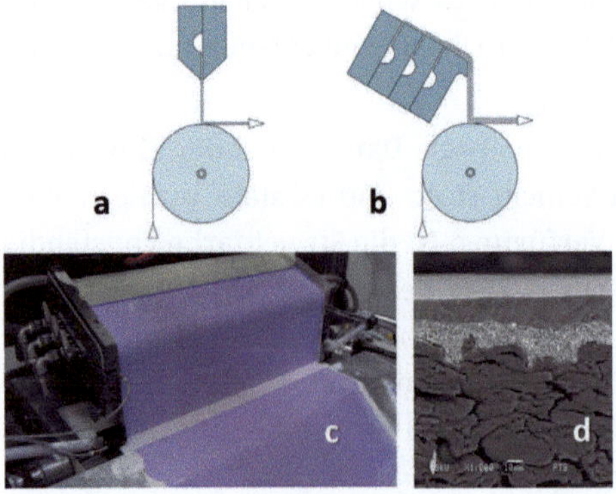

Bild 13.26
Oben: Prinzip des Vorhangstreichens mit Schlitzdüse (a) und Mehrschicht-Gleitdüse (b). Unten: Dreischicht-Gleitdüse im Betrieb (c); REM-Querschnitt eines dreischichtig beschichteten Papiers im BSE-Modus (d). (Quelle: PTS)

Tabelle 13.15 Arbeitsbedingungen beim Curtain Coating

Düsenaustritt	
Durchfluss in l/(m·min)	6...25
Schlitzbreite in mm	0,2...0,6
Geschwindigkeit in m/min	10...100
Vorhang	
Vorhanghöhe in mm	50...300
Dehnung	1,5...10
Fallzeit in s	0,1...0,2
Dehnrate in s^{-1}	$10^2...10^3$
Auftreffpunkt	
Geschwindigkeit in m/min	50...150
Dehnung	5...20
Dehnzeit in µs	10...100
Dehnrate in s^{-1}	$10^5...10^6$

Kritisch für die Runnability beim Curtain Coater sind die Vorhangstabilisierung sowie die rheologische Optimierung der Streichfarbe. Da nicht egalisiert wird, bleibt jeder Strichfehler, z. B. durch Agglomerationen oder vor allem durch Gasblasen, erhalten. Eine hochwirksame Entgasung der Streichfarbe ist daher essenziell.

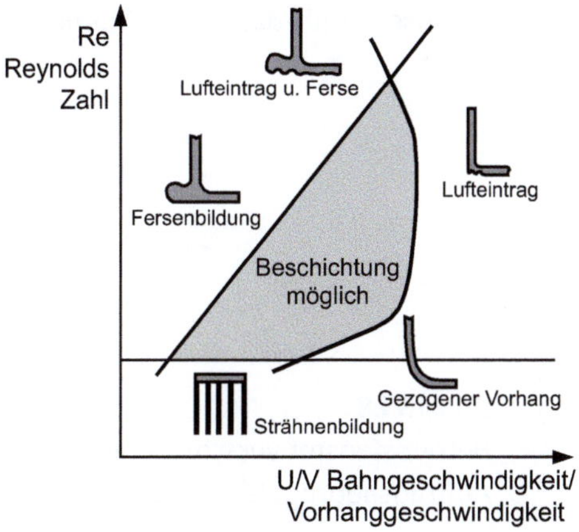

Bild 13.27 Grenzen des Vorhangstreichens [13.16]

Um einen stabilen Vorhang im Betrieb sicherzustellen, wird die Streichfarbe zunächst von einer Auffangwanne gesammelt. Erst wenn der Vorhang stabil ist, wird diese Wanne entfernt, und der Vorhang trifft auf das Papier. Die starke Dehnung der Streichfarbe kann zu einem Aufreißen des Films an der Papierbahnoberfläche führen. Die Grenzen des Vorhangstreichens sind in Bild 13.27 illustriert.

Aus dieser Abbildung wird deutlich, dass bei geringen Geschwindigkeiten der Bahn die Gefahr der Fersenbildung entsteht, die ein sauberes Strichbild verhindert. Zu hohe Bahngeschwindigkeiten können zu Lufteintrag führen oder den Vorhang von der Papierbahn abziehen. Wenn die Vorhanggeschwindigkeit zu gering ist, ist der Vorhang instabil, es bilden sich Strähnen.

Für einen stabilen Vorhang soll die Weber-Zahl *We* größer als 2 sein:

$$We = \frac{\text{Trägheitskraft}}{\text{Oberflächenkraft}} = \frac{\rho \cdot v^2 \cdot L}{\sigma}$$

ρ Dichte, v relative Strömungsgeschwindigkeit (Vorhanggeschwindigkeit), L charakteristische Länge (Vorhanglänge), σ Oberflächenspannung

Neben der **Vorhanggeschwindigkeit** v ist also auch die **Verringerung der Oberflächenspannung** σ eine Möglichkeit zur Vorhangstabilisierung. Durch den Einsatz von oberflächenaktiven Substanzen, die in der Zeit vom Düsenaustritt bis zum Kontakt des Vorhangs mit dem Substrat an die Oberfläche des Vorhangs wandern, kann der Vorhang stabilisiert und das Betriebsfenster in Richtung niedriger Bahn- und Vorhanggeschwindigkeiten bzw. geringer Filmdicke erweitert werden.

Bei mehrlagigen Curtain Coatern unterstützen sich die einzelnen Lagen, sodass dünne Schichten in einem stabilen Vorhang aufgetragen werden.

Ein Vergleich der Betriebsfenster von Filmcoatern, Bladeanlagen und Curtain Coatern in Bild 13.28 zeigt, dass bei hohen Strichmassen und hohen Maschinengeschwindigkeiten der Curtain Coater klare Vorteile aufweist, also gerade da, wo die Filmpresse ihre stärksten Limitierungen hat (siehe Tabelle 13.17).

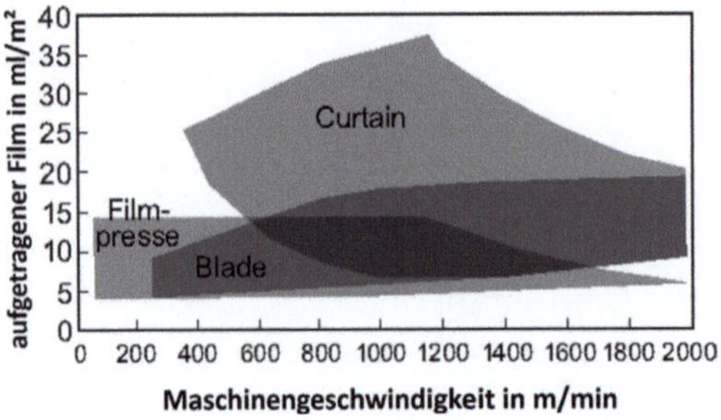

Bild 13.28 Betriebsfenster verschiedener Auftragsaggregate

Tabelle 13.16 Vergleich der Auftragsmethoden Blade, Film, Curtain (Vorhang)

Runnability grafische Papiere	Einheit	Blade	Film	Curtain
Feststoffgehalt	%	60...70	60...65	60...70
Viskosität *BV*100	mPa·s	500...1500	500...1200	300...1500
Strichmasse	g/m^2	7...15	5...10	7... > 20
Verschleißteile	–	Blade	Rakelstab	keine
Bahnbelastung	–	hoch	gering	sehr gering
Herausforderungen	–	Bleeding, Bahnbelastung	Filmsplit (Misting, Orange peel)	Dehnbarkeit der Farbe

Das Blade zeichnet sich durch Glätte, der Curtain Coater durch einen gleichmäßigen Film mit guter Abdeckung des Substrates aus. Die Filmpresse liegt dazwischen. Untersuchungen haben gezeigt, dass auch der Rollschaber in etwa bei der Filmpresse einzuordnen ist.

Zu den besonderen Vorteilen beim Multi-Layer Curtain Coater gehört, dass die Bahn mehrfach ohne Zwischentrocknung gestrichen werden kann. Das bedeutet, dass alle Energieverluste bei der Strichtrocknung nur noch einmal anfallen. Verschiedene Funktionalitäten, wie Barrieren gegen unterschiedliche Stoffe, Bedruckbarkeitseigenschaften usw., können in einzelnen Strichschichten konzentriert und diese dann übereinander aufgetragen werden, ohne dass sie sich vermischen. Chemische oder physikalische Reaktionen zwischen den Strichschichten müssen aber vermieden werden, da diese die Vorhangstabilität beeinträchtigen oder zerstören könnten. Das Wasser aus wasserbasierten Streichfarben muss durch einen Trocknungsschritt entfernt werden.

13.3.6 Abstimmung von Streichfarbe und Rohpapier

Aufgrund der Wechselwirkungen zwischen Streichfarben und Streichrohpapieren, die von den Auftragsaggregaten mitbestimmt wird, lässt sich die Frage nach den optimalen Streichfarbeneigenschaften nicht ohne Kenntnis der Eigenschaften von Streichrohpapier und Auftragsbedingungen beantworten. Dies soll zunächst am Beispiel des Bladestreichens mit Überschuss-Auftrag illustriert und dann anhand des Filmpressenstreichens ergänzt werden.

In Bild 13.29 wird verdeutlicht, dass bei geringer Saugfähigkeit des Streichrohpapiers, also langsamer Penetration von Wasser (mit gelösten Bestandteilen) die Gefahr ungleichmäßiger Bindemittelmigration (Mottling) steigt, der geringe Bladedruck erschwert die Einstellung einer konstanten Strichmasse.

Eine Immobilisierung der Streichfarbe noch vor der Egalisierung auf dem Papier verursacht nicht nur eine Aufkonzentrierung der Streichfarbe durch erhöhte Rücklaufkonzentrationen, sondern auch eine hohe Feuchte im Rohpapier mit eventuellen Quellungen. Bei den stark erhöhten Feststoffgehalten kann die Streichfarbe nicht mehr homogen egalisiert werden.

Bei veränderter Geschwindigkeit der Streichmaschine müssen demnach die Wasseraufnahmegeschwindigkeit des Rohpapiers und die Wasserabgabegeschwindigkeit der Streichfarbe aufeinander abgestimmt werden.

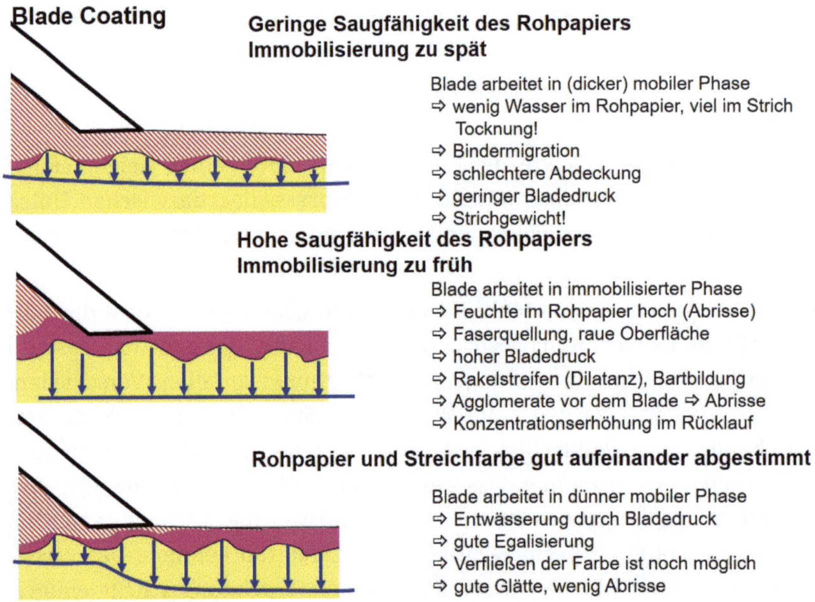

Bild 13.29 Wechselwirkungen zwischen Streichfarbe und Rohpapier beim Überschussauftrag mit Blade-Egalisierung

Mit denselben Überschriften bezüglich Saugfähigkeit und Immobilisierung können – wie in Bild 13.30 – die Vorgänge beim Filmpressenauftrag interpretiert werden. Mit Maßnahmen zur schnelleren Streichfarbenimmobilisierung (z. B. hoher Feststoffgehalt der Streichfarbe; offeneres Streichrohpapier) kann dem Misting entgegengewirkt werden, da die Adhäsion der immobilisierten Streichfarbe am Rohpapier größer ist und das Abspritzen von Tropfen verhindert. Wird die Immobilisierung zu schnell im Vergleich zur Maschinengeschwindigkeit, kann die Gefahr des Trockenlaufens entstehen.

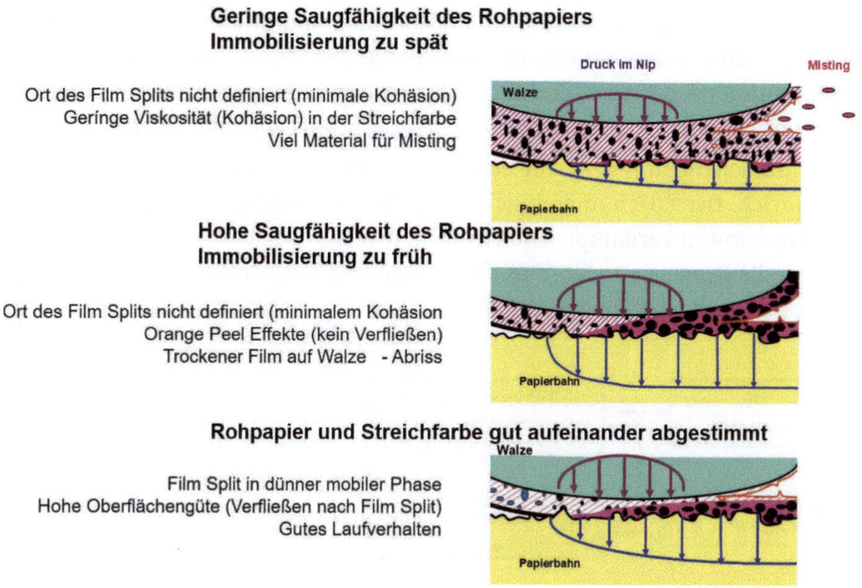

Bild 13.30 Wechselwirkungen zwischen Streichfarbe und Rohpapier beim Überschussauftrag mit Blade-Egalisierung und beim Filmpressenstrich

Die gezeigten Beispiele gelten für einen Strichauftrag im Überschuss. Bei der Direktdosierung mit dem Curtain Coater kann durch die Immobilisierungsgeschwindigkeit die Abdeckung und die Glätte des gestrichenen Papiers beeinflusst werden. Zusätzlich erfordert dieses Aggregat auch Streichfarbenoptimierungen, um die Stabilität des Prozesses sicherzustellen.

13.3.7 Trocknen des gestrichenen Papiers

Unmittelbar nachdem die Streichfarbe in ihrer gewünschten Menge auf dem Papier liegt, würde eine Bahnberührung die Oberfläche schädigen, Streichfarbe würde sich an der Oberfläche von Walzen usw. ablagern und zu Abrissen führen. Die **Trocknung von Streichfarben** muss daher **berührungslos** erfolgen.

Bei der Strichtrocknung muss also mit einem berührungslosen Verfahren in kurzer Zeit eine große Wassermenge entfernt werden. Eine hohe Trocknungsleistung bei geringem Energiebedarf darf die Qualität nicht beeinflussen. Beim Trocknen muss das Wasser an die Oberfläche transportiert und verdampft werden. Der Wasserdampf muss abgeführt werden. Zum Verdampfen des Wassers wird etwa fünf Mal soviel Energie benötigt wie zum Aufheizen der feuchten Papierbahn [13.17]. Die erforderliche Energie kann in Form von Wärme oder elektromagnetischer Energie zugeführt werden. Beim Streichen werden **IR-Strahlungstrockner, Konvektionstrockner und Kontakttrockner** genutzt. Beheizt wird in der Regel mit Gas. Elektrische Strahler haben zwar Vorteile bezüglich ihrer Strahlungsleistung, und ihre maximale Intensität trifft relativ gut zusammen mit den Absorptionsbanden von Wasser. Allerdings sind die Betriebskosten relativ hoch. Aufgrund ihrer raschen Ansprechzeit werden Elektrostrahler vor allem zur Regelung des Feuchtequerprofils am Ende eingesetzt.

Durch **Strahlungstrockner** wird die Bahn sehr schnell aufgeheizt, oder besser das Wasser im Strich. Der Strich immobilisiert. Das Wasser wird in den anschließenden Konvektionstrocknern verdampft und entfernt. Am Ende folgen oft Kontakttrockner, die vor allem die Dimensionsstabilität bestimmen und mit denen der Endtrockengehalt genau eingestellt wird (Bild 13.31).

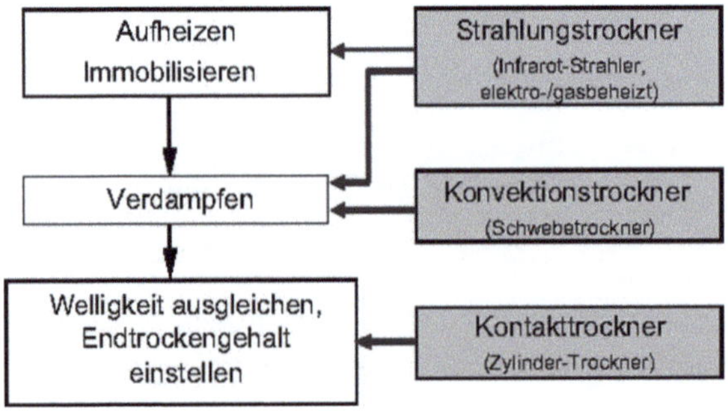

Bild 13.31 Arten und Aufgaben der Strichtrocknung

Die übertragene Energie muss vom Papier absorbiert werden. Die Anteile, die reflektiert oder transmittiert werden, sind Verluste und tragen nicht zur Trocknung bei (Bild 13.32).

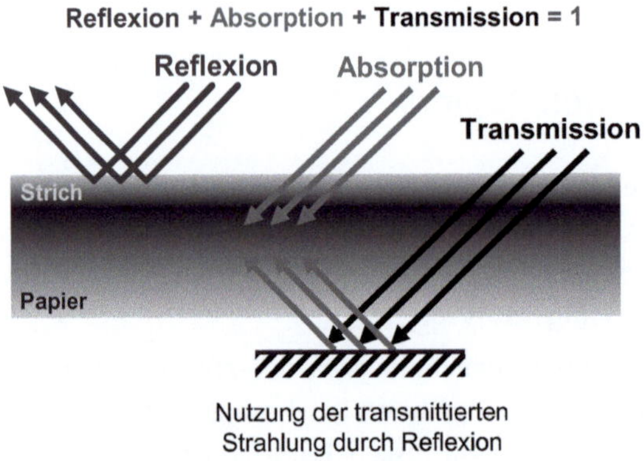

Bild 13.32 Reflexion, Absorption und Transmission von Strahlung; Summe von reflektierter, absorbierter und transmittierter Strahlungsanteile = 1

Die **Energiedichte**, die mit IR-Strahlern auf das Papier übertragen werden kann, ist etwa doppelt so hoch wie die bei Lufttrocknern, während Zylindertrockner nur sehr viel weniger Energie übertragen können.

Wenn die Bahn wie beim Filmauftrag simultan an beiden Seiten gestrichen wird, ist eine Bahnführung über Walzen nicht möglich. Mit sogenannten **Airturns** wird die

Bahn berührungslos auf einem heißen Luftpolster umgelenkt und gleichzeitig getrocknet. Bei flachen Trocknungseinheiten wird die Bahn stabilisiert, indem abwechselnd von oben und von unten ein Luftstrahl auf die Bahn prallt, was zu einem sinusförmigen Verlauf der schwebenden Bahn führt. Zur Energieeinsparung tragen Maßnahmen wie Frischluftvorwärmung und Umluftbetrieb bei.

13.3.7.1 Penetration und Migration

Um eine ausreichende Qualität der Strichschicht zu erhalten, müssen die bei der Trocknung stattfindenden Migrationsvorgänge beherrscht werden. Dies gilt vor allem bei dickeren Strichschichten und bei niedrigen Feststoffgehalten der Streichfarbe. Sehr dünne Striche bei hohem Feststoffgehalt sind oft weniger empfindlich.

Zunächst penetrieren mobile Bestandteile beim Kontakt mit der Streichfarbe in das Rohpapier. Geschwindigkeit und Tiefe der Penetration werden bestimmt durch die Saugfähigkeit des Rohpapiers und die Neigung einer Streichfarbe, an der Grenzfläche zu „gelieren" und eine Barriereschicht zu entwickeln. Wird die Penetration durch solche Barrieren behindert, die lokal z. B. auch von Gefäßzellen oder anderen Ungleichmäßigkeiten der Rohpapieroberfläche verursacht werden können, migrieren während der Trocknung diese mobilen Streichfarbenbestandteile stärker an die Oberfläche. Da besonders Bindemittel zu diesen mobilen Bestandteilen gehören, die klein sind und der Strömung des Wassers folgen, führen solchen Barrieren zu einer Bindemittelanreicherung an der Oberfläche. Ungleichmäßige Bindemittelkonzentration an der Papieroberfläche ist eine wesentliche Ursache von **Mottling**.

13.3.7.2 Temperaturführung bei der Strichtrocknung

Die Bahntemperatur soll während der Trocknung so gesteuert werden, dass hohe Qualität und geringer Energiebedarf sichergestellt sind. In der Praxis hat sich hierbei vor allem bei hohem Feststoffgehalt der Streichfarbe und hohen Streichgeschwindigkeiten bewährt, IR-Strahler mit hoher Leistung einzusetzen. Im Anschluss wird eine kurze „Trocknungspause" eingelegt, in der das erwärmte Wasser verdunstet und folglich die Bahntemperatur fällt. Um das restliche Wasser mit den Lufttrocknern zu entfernen, werden dann wieder höhere Temperaturen an der Bahnoberfläche erreicht.

Wichtig ist, dass Temperaturen von etwa 70 °C mindestens einmal überschritten werden, denn erst in diesem Temperaturbereich kann man von einer vollständigen Binderverfilmung ausgehen.

13.3.8 Satinage gestrichener Papiere

Nach dem Streichen wird die Papieroberfläche üblicherweise geglättet. Details dieser Glättprozesse (Kalandrieren oder Satinieren) sind in Kapitel 10 und Kapitel 12 erläutert.

13.4 Gestrichene Produkte

Druckpapiere müssen in ein Eigenschaftsfenster passen, das z. B. durch optische Eigenschaften und Bedruckbarkeit definiert ist. Für Spezialpapiere existieren im Prinzip ähnliche Fenster, und ein qualitativer hochwertiger Strich ist in vielen Fällen in der Lage, Streichrohpapier in dieses Fenster zu bringen. Um diese Betriebsfenster zu bestimmen, ist eine ausgefeilte Messtechnik, online oder im Labor, erforderlich. Viele Be- und Verdruckbarkeitseigenschaften lassen sich nur in Praxisversuchen bestimmen.

13.5 Beispiele für Streichfarben für spezielle Einsatzzwecke

Modellrezepturen für Streichfarben gibt es nicht. Streichfarben, die für ein bestimmtes Papier, an einer bestimmten Anlage aufgetragen werden, haben an anderen Anlagen schon oft zu kläglichen Ergebnissen geführt. Aus diesem Grund sollen einige wesentliche Eigenschaften aus den Druckverfahren zusammengefasst und daraus Streichfarbenkomponenten und Anteile entwickelt werden.

13.5.1 Streichfarbe für Papiere für den Tiefdruck

Beim Tiefdruck wird eine dünnflüssige Druckfarbe, die auf Toluol basiert, aus gravierten oder geätzten Näpfchen der Druckwalze auf das Papier übertragen. Das Papier muss an der Druckwalze gut anliegen, um jedes Näpfchen auszusaugen. Daraus leitet sich ab, dass das Papier für diesen Verwendungszweck besonders glatt sein und auch eine ausreichende Saugfähigkeit aufweisen muss. Bei hohen Druckgeschwindigkeiten werden im Tiefdruck Jumbo-Rollen verarbeitet, d. h. Rollen mit einer Breite von 2100 mm, im Bereich der Wellpappenproduktion von bis zu 4320 mm. Diese hohe Masse an Papier und die Beschleunigungen stellen hohe Ansprüche an die Wickelgüte der Rollen. Besonders in Hülsennähe können Kreppfalten und Platzstellen entstehen, die im Druckvorgang zu Problemen führen oder hohe Mengen an Makulatur ergeben, falls der Rest auf der Hülse vorsichtshalber zu groß gewählt werden muss. Aus diesem Grund sollen die einzelnen Papierlagen gut aufeinander gleiten. Eine Streichfarbe für Tiefdruckpapiere kann daher wie folgt zusammengesetzt sein (Tabelle 13.17).

Tabelle 13.17 Mögliche Zusammensetzung einer Streichfarbe, deren Oberflächen für den Tiefdruck geeignet ist

Komponente	Anteile (bezogen auf 100 T Pigment)	Funktion in der Streichfarbe
Kaolin	75	unterstützt Glätte und Faserabdeckung durch hohen Aspect Ratio (stark plättchenförmig)
Talkum	25	verbessert das Gleiten der Papierlagen aufeinander und ist ebenfalls ausgeprägt plättchenförmig
Bindemittel	4...5	wegen niedriger Druckfarbenviskosität nur geringe Menge an SB- oder SA-Latex erforderlich, manchmal selbstverdickende Alleinbinder
Verdicker	0,2...0,3	stellt Viskosität und Wasserrückhaltevermögen der Streichfarbe ein
Gleitmittel	0,8	verhindert Ablagerungen am Kalander
Entschäumer	0,03	hilft, Schaumbildung (auch aufgrund des hydrophoben Talkums) zu vermeiden

Ausgeprägt plättchenförmige Pigmente lassen hohe Feststoffgehalte nicht zu. Die tatsächliche Streichfarbenzusammensetzung kann je nach Produktionsbedingungen von dieser Rezeptur stark abweichen. Inzwischen enthalten auch Papiere für den Tiefdruck optischen Aufheller; wie in allen Formulierungen wird stetig daran gearbeitet, den Einsatz möglichst kostengünstiger Bestandteile zu erhöhen.

13.5.2 Streichfarbe für Papiere für den Offsetdruck

Der Offsetdruck ist das am häufigsten angewendete Druckverfahren. Beim Offsetdruck werden dickflüssige, mineralölbasierende Druckfarben von einem glatten Gummituch auf das Papier übertragen. Die nichtdruckenden Stellen werden mit Wischwasser benetzt.

Die Zugkräfte beim Split der hochviskosen Druckfarben dürfen nicht zum Ausrupfen von Strich führen. Die Strichoberfläche muss ausreichende Wasserfestigkeit aufweisen. Die Druckfarbe muss gleichmäßig und schnell genug in das Papier wegschlagen. Im Rollenoffset wird das Papier sehr schnell erhitzt und darf dabei unter dem Strichfilm keine Blasen bilden.

Gefordert wird daher beim Offsetdruck eine gleichmäßige, offene Oberfläche, die gut abgebunden, also rupffest ist und durch den Kontakt mit dem Wischwasser nicht angegriffen wird.

Die tatsächliche Streichfarbenzusammensetzung (Tabelle 13.18) kann je nach Produktionsbedingungen von dieser Rezeptur stark abweichen. Als Cobinder wird häufig bis zu rund 1 Teil Polyvinylalkohol eingesetzt.

Tabelle 13.18 Mögliche Zusammensetzung einer Streichfarbe, deren Oberflächen für den Offsetdruck geeignet sind.

Komponente	Anteile (bezogen auf 100 T Pigment)	Funktion in der Streichfarbe
Gemahlenes Calciumcarbonat	80...100	öffnet die Oberfläche und erlaubt hohen Feststoffgehalt der Streichfarbe und hohen Weißgrad der Oberfläche
Kaolin	0...20	unterstützt die Glanzentwicklung mit weniger ausgeprägter Plättchenform
Bindemittel	6...12	blisterresistenter SA- oder SB-Binder mit hoher Bindekraft
Cobinder	0,3...6	steuert Viskosität und Wasserrückhaltevermögen, dient als Carrier für optische Aufheller
Gleitmittel	0,8	verhindert Ablagerungen am Kalander
Vernetzer	0,8	verbessert die Wasserfestigkeit des Strichs
Optischer Aufheller	0,5	erhöht den Weißgrad bei Tageslicht
Entschäumer	0,03	hilft, Schaumbildung (auch aufgrund des hydrophoben Talkums) zu vermeiden

Der Feststoffgehalt liegt üblicherweise weit über 50 %; der pH-Wert der Streichfarbe wird mit NaOH je nach verwendeten Komponenten auf etwa 8,5 eingestellt, um das Auflösen von $CaCO_3$ zu vermeiden und die Wirksamkeit von Dispergiermitteln und Verdickern nicht zu beeinträchtigen.

13.5.3 Streichfarbe zum Streichen von Karton

Aufgrund der hohen flächenbezogenen Masse wird Karton oft mehrfach gestrichen, um die höhere Rauheit besser auszugleichen. Da die Festigkeit von Karton prinzipiell hoch genug ist, den Streichprozess ohne Abrisse zu überstehen, wird er meist online gestrichen, also bei hohen Temperaturen von Papier und Streichfarbe im Bereich von 60 °C.

Die Streichfarbenzusammensetzung ist prinzipiell ähnlich wie für Offsetdruckpapiere mit folgenden Besonderheiten (Tabelle 13.19).

Tabelle 13.19 Besonderheiten beim Kartonstrich

Strichaufbau	Komponente	Anteile im Vergleich zu Offset-Streichfarben und spezielle Funktion in der Streichfarbe
Vorstrich	grobes GCC, oft ohne Kaolin, manchmal mit steiler KGV, Bindemittel, Cobinder	▪ kosteneffizientes Füllen der „Täler", unterstützt Abdeckung, ▪ hohe Mengen bis 15 Teile und darüber wegen verstärkter Penetration in den Rohkarton, ▪ Stärke inzwischen beliebt als Teilersatz des synthetischen Bindemittels fast im Verhältnis 1:1, ▪ WRV bei hohen Temperaturen schwierig
Mittelstrich	feineres GCC, mit Kaolinanteil, manchmal mit Titandioxid und/oder calc. Kaolin, ATH	▪ erlaubt hohen Feststoffgehalt und bringt Weiße, ▪ verbessert die Abdeckung, ▪ optimiert die Abdeckung von ungleichmäßiger Kartonoberfläche
Deckstrich	feinteilige Pigmente mit Kaolinanteil	▪ Funktionalisierung der Oberfläche, ▪ Glanz, Glätte, Weißgrad, Bedruckbarkeit auch Digitaldruck (vor allem auch Inkjet zum Individualisieren)

Generell ist zu beachten: Titandioxid und optischer Aufheller löschen sich gegenseitig, da sie die gleiche Wellenlangen absorbieren. Der Einsatz optischer Aufheller im Mittel- und Deckstrich kann optimiert werden.

Beim Streichen von Karton sind die Variationsmöglichkeiten sehr vielfältig, da mehrfach gestrichen wird und oft auch der Rohkarton mehrlagig aufgebaut ist. Detaillierte Untersuchungen zur Optimierung von Auftragssystemen und Strichrezepturen sind extrem aufwendig.

Karton wird bei vergleichsweise niedrigen Geschwindigkeiten unter etwa 600 m/min gestrichen. Aufgrund der hohen flächenbezogenen Masse ist der geschwindigkeitslimitierende Schritt meist die Rohstoffversorgung bei der Bahnerstellung.

13.6 Alternative Streichverfahren

Wasserlose Verfahren, also **Powder-Coating** ähnlich der Elektrofotografie, Extrusionscoating aus Schmelzen oder UV-stabilisierende Systeme, werden es schwer haben, die bewährten wasserbasierenden Systeme abzulösen. Es gibt umfangreiche Forschungsarbeiten auf diesen Gebieten, die auch deren Machbarkeit belegen (z. B. [13.18]). Bis allerdings auch die wirtschaftlichen Vorteile aus diesen Verfahren gezogen werden können, scheint noch einige Zeit zu vergehen.

Literatur

[13.1] *Sangl, R.* (Hrsg.): Optimierung der Streichtechnik, Teil 1 Technologische Anforderungen an Streichrohpapiere, Pigmente, Bindemittel und Additive. PTS-Seminar SR 1551. München: Papiertechnische Stiftung (PTS) 2015

[13.2] *Sangl, R.* (Hrsg.): Optimierung der Streichtechnik, Teil 2 Wechselwirkungen zwischen Druckfarbe und Papier. PTS-Seminar SB 1552. München: Papiertechnische Stiftung (PTS) 2015

[13.3] *Sangl, R.* (Hrsg.): Optimierung der Streichtechnik, Teil 3 Herstellung und Beurteilung von Streichfarben. PTS-Seminar SK 1459. München: Papiertechnische Stiftung (PTS) 2014

[13.4] *Sangl, R.* (Hrsg.): Optimierung der Streichtechnik, Teil 4. Auftragssysteme für das Streichen von Papier und Karton. PTS-Manuskript SA 655. München: Papiertechnische Stiftung (PTS) 2006

[13.5] *Schanz, D.*: Prinzipieller Überblick über das Streichen, die verwendeten Maschinen, Systeme und Verfahren. Vortrag auf dem Jahrestreffen des APV Darmstadt 1971. In: Tagungsband Streichen von Papier und Karton. Biberach/Riß: Güntter Staib Verlag

[13.6] *Wallpott, G.*: Aufbau und Auftragsverfahren von Papier-Streichmassen – Einführung und Überblick. Sonderdruck der Bayer Farben Revue, Leverkusen, 1973

[13.7] DIE PAPIERINDUSTRIE – Leistungsberichte PAPIER. Berlin: Die Papierindustrie e. V. *https://www.papierindustrie.de/*

[13.8] *Sangl, R.*: Streichen von Papier und Karton. Abschnitt 13 in: *Blechschmidt, J.; Naujock, H.-J.* (Hrsg.): Taschenbuch der Papiertechnik. Dritte, neu bearbeitete und erweiterte Auflage. München: Carl Hanser GmbH & Co. KG, 2021

[13.9] *Hanciogullari, H.*: Moderne Binder und Co-Binder-Systeme für gestrichene Kartons. In: *Sangl, R.; Pietsch, M.* (Hrsg.): Optimierung der Streichtechnik, Teil 1 Technologische Anforderungen an Streichrohpapiere, Pigmente, Bindemittel und Additive. PTS-Manuskript 751. München: Papiertechnische Stiftung (PTS) 2007

[13.10] *Roper, J.*: Rheology of pigment slurries and coating formulations. Chapter 10, p. 318 – 354. In: *Paltakari, J.* (Hrsg.): Pigment Coating and Surface Sizing of Paper. Book 11 of the Series Papermaking Science and Technology, 2nd totally updated edition. Helsinki: Paperi ja Puu Oy, 2009

[13.11] *Hemmes, J.; Bergh, N.-O.; Glittenberg, D.*: Maßgeschneiderte Spezialstärken zur Optimierung unterschiedlicher Streichverfahren und Papierqualitäten. Wochenblatt für Papierfabrikation 122 (1994) 7, 259 – 264

[13.12] *Bauer, T.*: Modern und effizient: Kontinuierliche Streichfarbenaufbereitung. In: *Sangl, R.* (Hrsg.): Optimierung der Streichtechnik, Teil 3 Herstellung und Beurteilung von Streichfarben. PTS-Seminar SK 1459. München: Papiertechnische Stiftung (PTS) 2014

[13.13] *Sangl, R.*: Überblick über die wichtigsten Auftragssysteme zum Pigmentieren und Streichen von Papier und Karton. In: *Sangl, R.* (Hrsg.): Einführung in die Papiererzeugung. Modul 4, Streichen, Ausrüstung und Hilfsbetriebe. Abschnitt 9, PTS-Manuskript PE 334. München: Papiertechnische Stiftung (PTS) 2003

[13.14] *Weigl, J. et al.*, in: *Sangl, R.* (Hrsg.): Optimierung der Streichtechnik, Modul 4, Auftragssysteme für das Streichen von Papier und Karton, PTS-Manuskript SA1455. München: Papiertechnische Stiftung (PTS) 2014

[13.15] *Scheiflinger, R.*, in: *Sangl, R.* (Hrsg.): Optimierung der Streichtechnik, Modul 4, Auftragssysteme für das Streichen von Papier und Karton, PTS-Manuskript SA1455. München: Papiertechnische Stiftung (PTS) 2014

[13.16] *Henninger, C.*, in: *Sangl, R.* (Hrsg.): Optimierung der Streichtechnik, Modul 4, Auftragssysteme für das Streichen von Papier und Karton, PTS-Manuskript SA1455. München: Papiertechnische Stiftung (PTS) 2014

[13.17] *Aust, R.*: Strichtrocknung – Anforderungen und Lösungen. In: *Sangl, R.* (Hrsg.): Optimierung der Streichtechnik, Teil 4 Auftragssysteme für das Streichen von Papier und Karton. PTS-Manuskript SA 655. München: Papiertechnische Stiftung (PTS) 2006

[13.18] *Vähä-Nissi, M.; Hildén, S.; Aikala, M.*: Coating of paper with highly filled powders. Powder Technology 294 (2016) 6, 185 – 190

14 Papierverarbeitungstechnik

Von Renke Wilken

14.1 Einleitung

Die Papierverarbeitungstechnik umfasst alle Prozessschritte, die notwendig sind, aus Papier, Pappe oder Karton fertige Produkte herzustellen. Wie der folgenden Übersicht entnommen werden kann, stellen die verschiedenen Branchen der Papier verarbeitenden Industrie auch Produkte her, die nicht nur aus Erzeugnissen der Papierindustrie, sondern die auch aus einer Kombination mit anderen Materialien bestehen können, namentlich Druckfarben, Lacken und Klebstoffen, aber auch Folien aus Kunststoff oder Metall, textile Materialien oder andere flächige Werkstoffe, wenn auch Papier, Pappe und Karton in aller Regel klare Dominanz haben (vgl. Bild 14.1). Trotzdem muss sich die Papierverarbeitungstechnik mit allen diesen Werkstoffen beschäftigen und ihre besonderen Eigenschaften allein oder in Kombination mit Papier bei der Prozessgestaltung berücksichtigen.

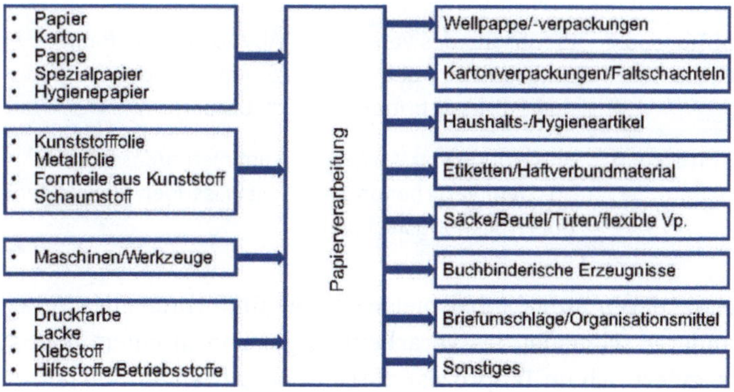

Bild 14.1 Die große Bandbreite der Papierverarbeitungsprodukte erzwingt eine ebenso große Bandbreite der Roh- und Hilfsstoffe, zu denen u. a. auch Papier und Karton gehören

Angesichts der großen Vielfalt an Branchen und Produkten ist es bemerkenswert, dass die Prozesse, die vom Rohmaterial zum Fertigprodukt führen, im Detail zwar produktspezifisch konfiguriert sind, dass die ihnen zugrunde liegenden verfahrenstechnischen Basisschritte aber weitgehende Gemeinsamkeiten aufweisen. Die Analyse von Papierverarbeitungsprozessen zeigt nämlich, dass der Weg vom Rohmaterial zum Fertigprodukt stets und völlig unabhängig von der Art des hergestellten Produktes in eine wohlgeordnete Folge von Teilprozessen zerlegt werden kann, in denen die gleichen verfahrenstechnischen Prinzipien Anwendung finden. Die Teilprozesse können in unterschiedlicher Reihenfolge anzutreffen sein, es gibt aber keinen Teilprozess, dessen verfahrenstechnisches Prinzip singulär ist und der in gleicher oder in eng verwandter Art in keinem anderen Teilprozess zu finden ist. Die in Papierverarbeitungsprozessen angewendeten verfahrenstechnischen Prinzipien lassen sich in sieben Gruppen einteilen, die in Tabelle 14.1 zusammengestellt sind.

Tabelle 14.1 Verfahrensgruppen der Papierverarbeitungstechnik, die mit ihnen angestrebten Ziele sowie ausgewählte Beispiele

Gruppe	Bezeichnung	Verfahrensziel	Beispiele
1	Umformende Verfahren	Herstellung bleibender Formänderung	Ziehen, Prägen, Rillen, Wellenformen
2	Trennende Verfahren	Aufhebung des Stoffzusammenhalts	Schneiden, Stanzen
3	Verbindende Verfahren (Fügen)	Herstellung des Stoffzusammenhalts	Kleben, Siegeln, Rändeln
4	Verfahren zur Kombination von Materialien	Eigenschaften erzeugen, die die Rohmaterialien für sich nicht besitzen	Imprägnieren, Beschichten, Laminieren
5	Verfahren zur Übertragung von Informationen	Informationen erzeugen	Drucken, Codieren, Beschriften
6	Verfahren zum Transport in Maschinen	Zuführung des Verarbeitungsgutes zu den einzelnen Prozessschritten	Ab-/Aufwickeln, Bahnzuregelung, Bahnkantensteuerung
7	Verfahren zum Trocknen	Entfernung von Wasser aus dem Verarbeitungsgut (Trocknungstechnik)	Laminieren/Kaschieren mit wässrigen Klebstoffen

Es gibt somit Teilprozesse, deren Aufgabe beispielsweise die Umformung des Verarbeitungsguts ist, ein anderer schneidet das Verarbeitungsgut und in einem dritten wird es bedruckt. Stets ändert sich im Teilprozess durch das angewendete Verfahren der Zustand des Verarbeitungsguts von einem Anfangszustand zu einem Ausgangszustand, wobei der Ausgangszustand eines Teilprozesses der Anfangszustand des Folgeprozesses ist. Der finale Ausgangszustand wird als **Fertigprodukt** bezeichnet.

Welche Verfahrensgruppe auch immer betrachtet werden mag, die in einem Teilprozess eine Zustandsänderung bewirkt, in aller Regel ist das Ergebnis dieses Teilprozesses das Resultat der Arbeit einer auf das Verarbeitungsgut einwirkenden Maschine oder eines Teils einer Maschine (Werkzeug, Wirkorgan) und der Reaktion des Verarbeitungsgutes darauf. Ein idealer Prozessschritt benötigt deshalb ideal ausgelegte und konstruierte Werkzeuge bzw. Maschinen und ideale Eigenschaften des Verarbeitungsguts, damit eine genau vorbestimmte Zustandsänderung vollzogen werden kann.

Da die Anforderungen an das Verarbeitungsgut in den einzelnen Prozessschritten aber höchst unterschiedlich sein können, ist seine ideale Anpassung an den gesamten Verarbeitungsprozess (= Summe der Teilprozesse) in aller Regel nicht möglich. Es ist deshalb unvermeidlich, die Eigenschaften des Verarbeitungsgutes wenigstens an die wichtigsten Prozessschritte möglichst gut anzupassen und Eignungsminderungen für weniger wichtige Prozessschritte in Kauf zu nehmen. Hinzu kommt noch, dass Materialien wie Papier und Karton hygroskopisch sind, also mit dem Umgebungsklima in Wechselwirkung treten und dabei die für den Verarbeitungsprozess notwendigen Eigenschaften verändern können.

Unter diesen Gesichtspunkten kommt der Suche nach konstruktiven Lösungen für Maschinen und Werkzeugen mit höherer Toleranz gegenüber nichtidealen Verarbeitungsgütern eine besondere Bedeutung zu. Sie ist eine ständige Herausforderung auch für zukünftige Maschinen- und Werkzeugentwicklungen. Ebenso kommt der Entwicklung von Papier- und Kartonsorten größte Bedeutung zu, die hinsichtlich ihrer Verarbeitungseigenschaften konstant sind und hinsichtlich des Ausmaßes der Abweichungen vom Ideal diesem möglichst nah kommen. Hier wäre schon eine Minimierung der Schwankungsbreite wichtiger Eigenschaftswerte ein wichtiger Beitrag.

Alle am Papierverarbeitungsprozess Beteiligten sind also aufgefordert, ihren Beitrag zu leisten, dass die Teilprozessführungen sicher und robust sind und dass sie zudem wirtschaftlichen und ökologischen Ansprüchen gerecht werden. Voraussetzung ist das sichere Verständnis der Vorgänge in Maschine und Material, die zu der gewünschten Zustandsänderung führen. Dazu einen Beitrag zu leisten ist Gegenstand der folgenden Abschnitte.

Zuvor soll aber mit einigen ausgewählten Kennzahlen die papierverarbeitende Industrie charakterisiert werden. Im Jahr 2024 gab es in Deutschland 457 Betriebe mit mehr als 50 Mitarbeitern, die zu dieser Industrie gerechnet werden, mit insgesamt rund 80 500 Beschäftigten [14.1]. Die papierverarbeitende Industrie ist also ausgeprägt mittelständisch. Diese 457 Betriebe setzen 22,76 Mrd. EUR um [14.1], mehr als die papiererzeugende Industrie (rund 15,0 Mrd. EUR [14.2]) und die grafische Industrie (nominaler Umsatz rund 16,8 Mrd. EUR [14.3]).

14.2 Die Verfahren der Papierverarbeitung

14.2.1 Gruppe 1: Umformende Verfahren

14.2.1.1 Einführung

Ziel der umformenden Verfahren ist das Herbeiführen von **Gestaltänderungen des Verarbeitungsguts** ohne Änderung des Stoffzusammenhalts und der Masse. Nach DIN 8580 [14.4] werden die in Bild 14.2 gezeigten Verfahrensausprägungen unterschieden.

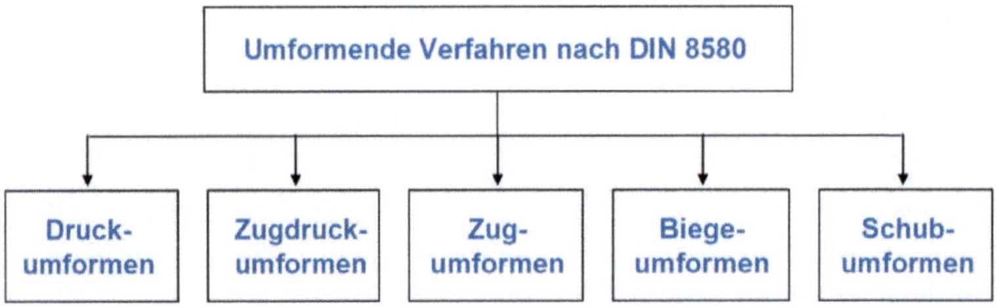

Bild 14.2 Die umformenden Verfahren nach DIN 8580 [14.4]

Verfahren	Endform des Verarbeitungsgutes	Verfahren	Endform des Verarbeitungsgutes
Falten	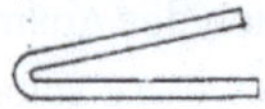	Vollprägen und Hohlprägen	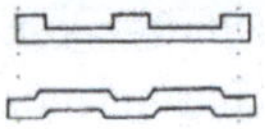
Falzen	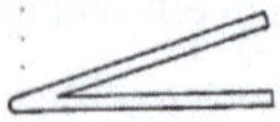	Hohlkörper prägen	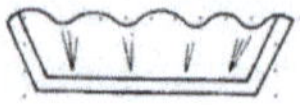
Plissieren		Ziehen	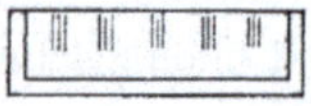
Wellenformen (Riffeln)		Bördeln	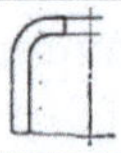
Abkanten	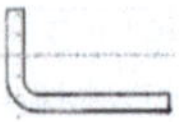	Rollen	
Runden	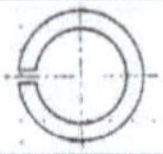	Sicken	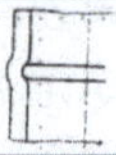
Wickeln	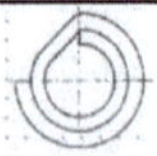	Verjüngen	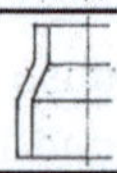

Bild 14.3 Übersicht über die umformenden Verfahren nach *Tenzer* [14.5]

Nicht alle Verfahrensausprägungen kommen in der Papierverarbeitung zum Einsatz, hauptsächlich sind es die **Druckumformverfahren** (z. B. das Prägen), die **Zugdruckumformverfahren** (z. B. das Ziehen) und insbesondere die **Biegeumformverfahren** (z. B. das Wellenformen (Riffeln)). Eine Übersicht über die umformenden Verfahren in der Papierverarbeitung zeigt Bild 14.3.

Dass Papier dauerhaft umformbar ist, verdankt es seinen **elastischen und plastischen Verformungseigenschaften**. Am besten untersucht sind die **Zugspannungs-/Dehnungseigenschaften**, die sich einfach im **Zugversuch** bestimmen lassen. Ein typisches Ergebnis eines solchen Versuchs ist die Zugspannungs-/Dehnungs- bzw. die Zugkraft-/Dehnungs-Kurve (Bild 14.4). Der lineare Kurvenabschnitt, beginnend im Koordinatenursprung, entspricht dem elastischen Bereich, in dem das *Hookesche Gesetz* gilt. Handelt es sich um eine Zugspannungs-/Dehnungs-Kurve, entspricht der Anstieg des linearen Bereichs dem **Elastizitätsmodul** (E-Modul). Im Falle einer Zugkraft-/Dehnungs-Kurve entspricht dieser Anstieg der **Zugsteifigkeit**. Die Kurve endet mit dem Bruch der Probe bei Erreichen der Bruchkraft mit der zugehörigen Bruchdehnung.

Oft wird in der Papiertechnik der Zugsteifigkeit der Vorzug gegeben, weil die Bestimmung der Querschnittsfläche von Papierproben, wie sie für den E-Modul benötigt wird, problematisch ist. Bei Papier geht der elastische Verformungsbereich typischerweise schon bei Dehnungen um 0,1 % in den plastischen über. Von da an verursachen Zugkräfte irreversible Längenänderungen der Probe. Das im Zugversuch gezeigte Verhalten ist auch im Stauchversuch zu beobachten, dieser Bereich entzieht sich aber der einfachen messtechnischen Zugänglichkeit. Das gilt auch für das Verformungsverhalten in z-Richtung.

Die Verformungseigenschaften von Papier sind anisotrop und unterscheiden sich erheblich in den drei Hauptrichtungen. Im Vordergrund steht meist nur die x-y-Ebene. In der Regel ist die **Dehnbarkeit** eines Papiers in der Blattebene senkrecht zur Maschinenrichtung deutlich größer als in der Maschenrichtung, mit der **Zugfestigkeit** verhält es sich umgekehrt. Die Verformbarkeit ist zudem abhängig vom Feuchtegehalt und der Temperatur. Mit zunehmendem Feuchtegehalt steigt die Dehnbarkeit und sinkt die Zugfestigkeit. Mit steigender Temperatur sinkt die Elastizitätsgrenze von Papier. Die mit umformenden Verfahren angestrebten Formänderungen eines Papiers sind somit umso leichter und sicherer zu erreichen, je besser es hinsichtlich Feuchtegehalt und Temperatur vorkonditioniert ist.

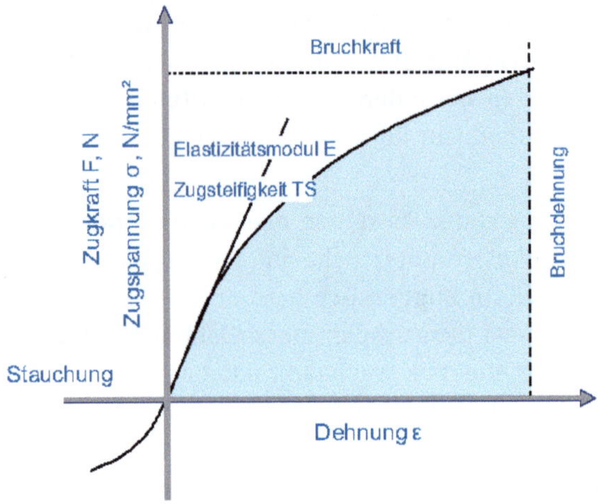

Bild 14.4
Typisches Zugspannungs-/Dehnungsdiagramm für Papier [14.6]

14.2.1.2 Druckumformung

Druckumformverfahren finden in der Form des **Prägens** vielfältige Anwendung in der Papierverarbeitung (vgl. Abschnitt 14.2.1.5). Ausgenutzt wird die sehr niedrige Elastizitätsgrenze von Papier bei Druckbelastungen senkrecht zur Blattebene. Die durch die Druckumformung bewirkte Gestaltänderung ist mit **Dehnungs- und Stauchungsvorgängen** verbunden. Erstere begrenzen die Verformbarkeit von Papier, denn die Bruchdehnung liegt in der Regel bei 4 %, im Einzelfall kann sie aber sehr stark davon nach oben und nach unten abweichen. Stets ist die Dehnbarkeit stark vom Feuchtegehalt des Verarbeitungsgutes und seiner Temperatur abhängig.

Zur Gestaltänderung des Verarbeitungsgutes muss ein gewisser Umformwiderstand σ überwunden werden. Die dafür notwendigen Kräfte hängen von der zu verdichtenden Fläche A und von den spezifischen Verformungseigenschaften des Verarbeitungsgutes ab, die durch den spezifischen Umformwiderstand σ_0 ausgedrückt werden. Für σ gilt somit

$$\sigma = c \cdot \sigma_0 \cdot A \qquad (14.1)$$

Der Faktor c ist eine Korrekturgröße.

Die im Verarbeitungsgut stets noch vorhandenen elastischen Verformungsanteile bewirken ein gewisses Maß an **Rückschwellung**, nachdem die verformende Kraft abgeschaltet wurde. Normalerweise kann Papier und Karton bis auf etwa 50 % der Anfangsdicke komprimiert werden. Die bleibende plastische Verformung des Verarbeitungsgutes nach dem Druckumformprozess wird durch die bezogene Formänderung beschrieben, worunter der Quotient aus Dickenänderung und Anfangsdicke verstanden wird. Ein Richtwert für die Rückschwellung mag 20 % der Anfangsdicke sein, entsprechend einer bezogenen Formänderung von 0,2. Bild 14.5 zeigt schematisch einige technisch gebräuchliche Druckumformungsverfahren.

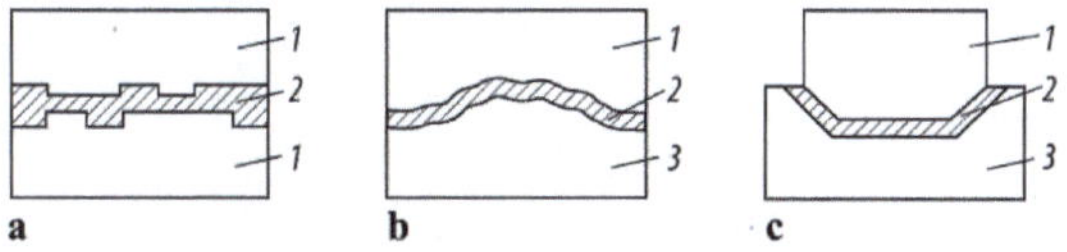

Bild 14.5 Prägen. a – Vollprägen (zweiseitig), b – Hohlprägen, c – Hohlkörperprägen (nach *Tenzer* [14.5])

1 – Matrize, 2 – Prägegut und 3 – Patrize

14.2.1.3 Biegeumformung

Wenn am freien Ende eines fest eingespannten Papierstreifens eine Kraft angreift, erfährt er eine Biegeumformung (Bild 14.6). Die Eigenschaft eines Verarbeitungsgutes, biegenden Kräften Widerstand entgegenzusetzen, wird mit **Biegesteifigkeit** S bezeichnet, sofern die durch die Kraft erzeugten Biegungen so klein sind, dass nur elastische Verformungen auftreten. Sie ist bei einlagigen Verarbeitungsgütern das Produkt aus dem E-Modul E (bzw. der Zugsteifigkeit TS) als Kenngröße der mechanischen Materialeigenschaften und dem Flächenträgheitsmoment I als Kenngröße der Streifengeometrie. Ist b die Breite des Streifens, der einer Biegeumformung unterliegt, und D seine Dicke, dann gilt

$$S = E \cdot I = E \cdot \frac{b \cdot D^3}{12} = TS \cdot \frac{b \cdot D^2}{12} \tag{14.2}$$

$[S] = \mathrm{Nm}^2$

Oft wird die Biegesteifigkeit S breitenbezogen mit dem Formelzeichen S_b angegeben und in der Einheit Nm gemessen.

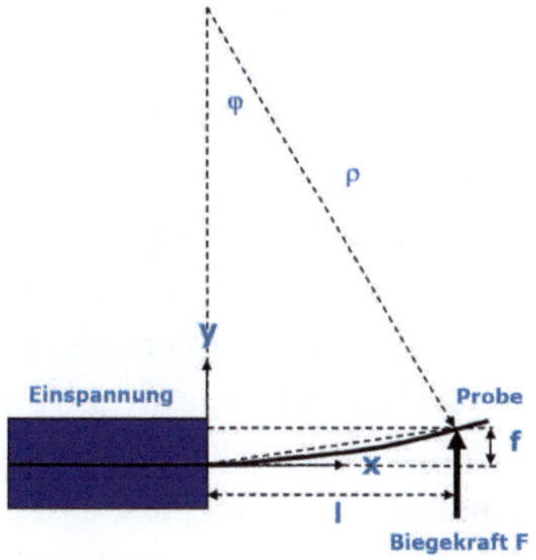

Bild 14.6 Biegeverformung einer einseitig eingespannten Papierprobe [14.6]

l Einspannlänge, *f* Auslenkung am Kraftangriffspunkt,
x, *y*, *φ* Winkel des betrachteten Kreissegments,
ϱ Krümmungsradius der Probe

Technische Anwendung der Biegeumformung sind das **Wickeln** und das **Riffeln** (Wellenformen) von Papier. Beim Wickeln werden die in Bild 14.7 gezeigten Grundformen unterschieden. Das endlose **Spiralwickeln** ist das Standardverfahren zur Herstellung von Wickelkernen für die Papier-, Kunststoff- und Textilindustrie. Wickelverfahren werden auch zur Herstellung von Trommeln, Dosen und anderen Verpackungsmaterialien verwendet.

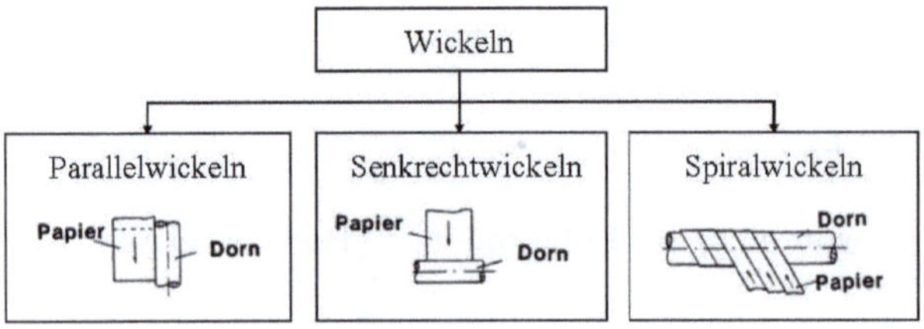

Bild 14.7 Grundformen des Wickelns von Papier um einen Dorn als Anwendungsbeispiel für Biegeumformungen

Beim **Parallelwickeln** wird eine Papierbahn unter Verwendung eines Klebstoffs von einem rotierenden Dorn aufgewickelt. Die Maschinenrichtung des Papiers liegt parallel zur Dornachse. Die Länge des Wickels ist durch die Dornlänge und seine Dicke durch die Breite der Papierbahn und dem Durchmesser des Dorns begrenzt.

Beim **Senkrechtwickeln** stehen Maschinenrichtung des Papiers und Dornachse senkrecht aufeinander. Wieder wird das Papier unter Verwendung eines Klebstoffs auf den rotierenden Dorn aufgewickelt. Hinsichtlich der Länge des Wickels setzt die Papierbahnbreite Grenzen, die Wanddicke des Wickels ist nicht begrenzt.

Ein besonders wichtiges Verfahren ist das **Spiralwickeln**. Mit ihm lassen sich endlose Rohre aus Papier herstellen, die als Rohmaterial zur Herstellung von Wickelkernen für die Papier-, Kunststoff- und Textilindustrie und von Trommeln, Dosen und anderen formstabilen Verpackungsmaterialien verwendet werden. Schräg auf einen feststehenden Wickeldorn zulaufende schmale und mit Klebstoff versehene Papierbahnen werden mithilfe eines umschlingenden Antriebriemens aufgewickelt. Dabei muss die Riemenfriktion höher sein als die Friktion zwischen Papier und Dorn. Außerdem müssen Klebstoffe verwendet werden, die so schnell verfestigen, dass die vom Antriebsriemen erzeugten Schubkräfte übertragen werden und der bereits gebildete Wickel über den Wickeldorn gleiten kann. Der endlos produzierte Wickel wird dann auf die gewünschten Längen gesägt. Die Dicke des Wickels ergibt sich aus der Anzahl der zugeführten Papierbahnen und ist begrenzt.

Das **Wellenformen** bzw. **Riffeln** von Papier ist ein Grundprozess bei der Herstellung von **Wellpappe**. Umformendes Werkzeug ist die Eingriffzone zweier geriffelter und auf etwa 180 °C beheizter Walzen. Die sorgfältige Konditionierung des Papiers bezüglich Feuchtegehalt und Temperatur dient dazu, die **Glasübergangstemperatur von Lignin** zu überschreiten. Bei den hohen Temperaturen und gleichzeitig hohen Feuchtegehalten des Papiers erhöht sich die Verformbarkeit von Papier so stark, dass es die starken Dehnungen von deutlich mehr als 10 % im Riffelprozess übersteht und nach dem Abkühlen eine stabile Wellenform bilden kann. Bei der Bestimmung der Glasübergangstemperatur des Papiers wird zwischen den Glasübergangstemperaturen von Cellulose, Hemicellulose und Lignin unterschieden, wobei es für eine ausreichende Verformbarkeit des Papiers genügt, die niedrigste dieser drei Glasübergangstemperaturen, nämlich die von Lignin, zu überschreiten. [14.7][14.8]

14.2.1.4 Zug-/Druckumformung

Zug-/Druckumformungen finden in der **Form des Ziehens** (umgangssprachlich oft noch Tiefziehen genannt) in der Papierverarbeitung gelegentlich Anwendung. Bild 14.8 zeigt eine Ziehvorrichtung schematisch. Der Ziehstempel (1) drückt das vom Faltenhalter (2) fixierte Verarbeitungsgut (3) in die Ziehbüchse (4). Der Prozess verlangt speziell dafür ausgerüstete Verarbeitungsgüter, die hinsichtlich ihrer Dehnbarkeit und ihrer Reibungseigenschaften angepasst sind.

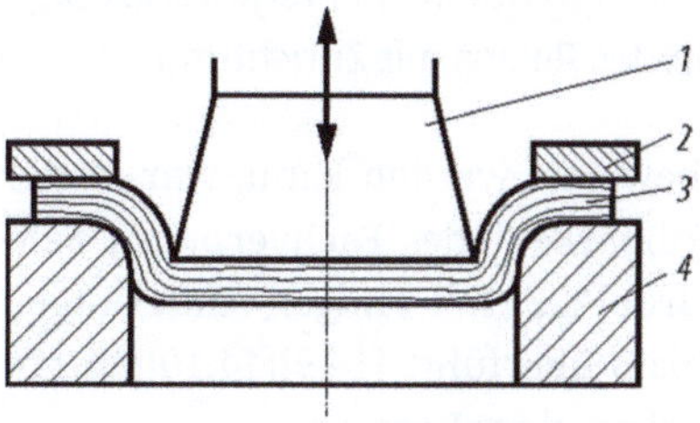

Bild 14.8
Schema einer Ziehvorrichtung (nach *Tenzer* [14.5])
1 – Ziehstempel, 2 – Faltenhalter, 3 – Verarbeitungsgut, 4 – Ziehbüchse

14.2.1.5 Rillen und Falzen

Das **Rillen** ist ein spezielles dem Prägen verwandtes Druckumformverfahren, das der Vorbereitung von Biegestellen bei dickeren Verarbeitungsgütern wie Wellpappe und Faltschachtelkarton dient. Das Falten um die Rilllinie ist also ein dem Rillen sich anschließender und zeitlich getrennter Verfahrensschritt, der ebenfalls den umformenden Verfahren zuzuordnen ist. Im einfachsten Fall wird an der beabsichtigten Biegestelle mithilfe eines **Rillwerkzeugs** Druck auf das Verarbeitungsgut ausgeübt. Die dadurch erzeugten plastischen Verformungen in z-Richtung hinterlassen eine dauerhafte Dickenverringerung, die wiederum die lokale Reduktion der Biegesteifigkeit zur Folge hat. Beim Falten entsteht eine genau definierte Biegelinie. Das Prinzip dieses Vorgangs zeigt Bild 14.9 oben. Beim Rillen mit Zurichtung (Bild 14.9 unten) liegt unterhalb des Verarbeitungsguts eine Zurichtung, die zusammen mit der Grundplatte einen schmalen, längs des Rillwerkzeugs (Rillmesser) verlaufenden Kanal bildet, in den das Rillmesser das Verarbeitungsgut eindrückt. Wenn die Breite des Rillmessers, die Breite der Rillnut und die Eindringtiefe des Rillmessers korrekt gewählt wurden, schädigen die dabei erzeugten zusätzlichen Scherbelastungen im Verarbeitungsgut das Fasergefüge, ohne dass der Karton einreißt. Dadurch reduziert sich der Elastizitätsmodul und damit die Biegesteifigkeit lokal. Auch beim Rillen muss der bereits in Abschnitt 14.2.1.2 erwähnte Umformwiderstand des Verarbeitungsguts überwunden werden.

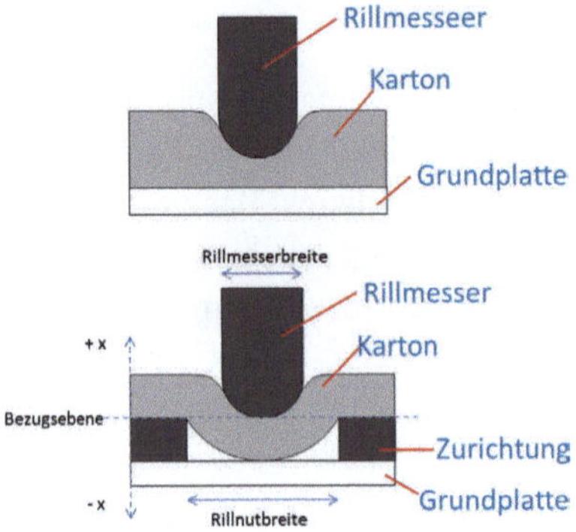

Bild 14.9
Oben: Prinzip des Rillens ohne Zurichtung (Dickenverringerung durch ein Prägewerkzeug).
Unten: Prinzip des Rillens mit Zurichtung

Ein Verfahren, mit dem die Güte von Rillungen bewertet werden kann, war in der zurückgezogenen Technischen Richtlinie „Gute Rillbarkeit" des Fachverbands Faltschachtelindustrie e. V. (FFI) beschrieben und wurde 2021 mit einigen Änderungen und Ergänzungen in die Norm DIN 55437 Teil 1 bis 3 überführt [14.9][14.10][14.11]. Bild 14.10 enthält zwei Beispiele für die gute Rillbarkeit eines Kartons.

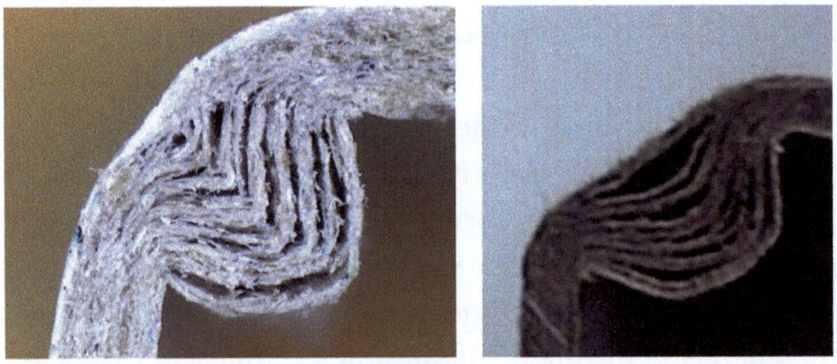

Bild 14.10
Rilllinien nach dem Falten

Unter dem **Falzen** versteht man eine Biege- und Druckumformung ohne Vorbereitung der Biegestelle, die bei dünneren Verarbeitungsgütern Anwendung findet, insbesondere bei der Herstellung von Produkten der grafischen Industrie wie Zeitungen, Zeitschriften oder Bücher. Die sich beim Falten um die von der Falzmaschine definierten Biegelinie einstellende Formänderung wird mit starkem Druck beaufschlagt, wodurch es in der Biegelinie zur Schädigung des Fasergefüges kommt. Die Elastizität des Verarbeitungsgutes geht dadurch lokal verloren, der Falz schwillt nicht oder nicht nennenswert zurück.

14.2.2 Gruppe 2: Trennende Verfahren

14.2.2.1 Einführung

Ziel der trennenden Verfahren ist die **Aufhebung des stofflichen Zusammenhalts** des Verarbeitungsgutes an genau definierten Stellen. Nach DIN 8580 [14.4] unterteilt man die trennenden Verfahren in sechs Untergruppen (Bild 14.11).

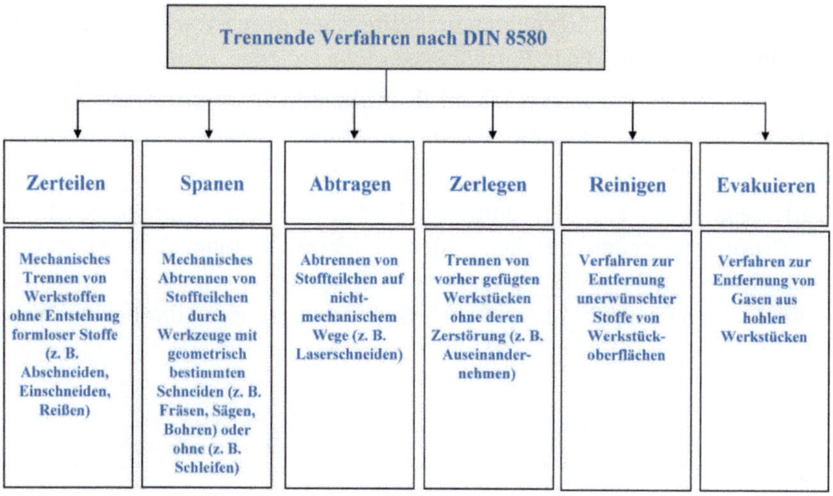

Bild 14.11 Trennende Verfahren nach DIN 8580 [14.4]

Nicht alle Ausprägungen der trennenden Verfahren finden in der Papierverarbeitung Anwendung. Hauptsächlich sind es die ersten drei in Bild 14.11 gezeigten Verfahrensausprägungen **Zerteilen**, **Spanen** und **Abtragen**.

Unter **Zerteilen** versteht man das mechanische Trennen ohne Erzeugung formloser Teile in den Verfahrensausprägungen Abschneiden (Schneiden) und Reißen (Bild 14.12). Maschinen zum Schneiden sind in den Formen Kreismesser, Planschneider, Rotationsstanze, Flachbettstanze usw. in vielfältiger Form zu finden. Auf einige besonders charakteristische Maschinen wird im Folgenden eingegangen. Das Reißen von Papier als weitere Form des Zerteilens wird mit Vorbereitung der Reißstelle durch z. B. Perforieren oder ohne Vorbereitung oft unter Verwendung einer Reißschiene überwiegend manuell durchgeführt.

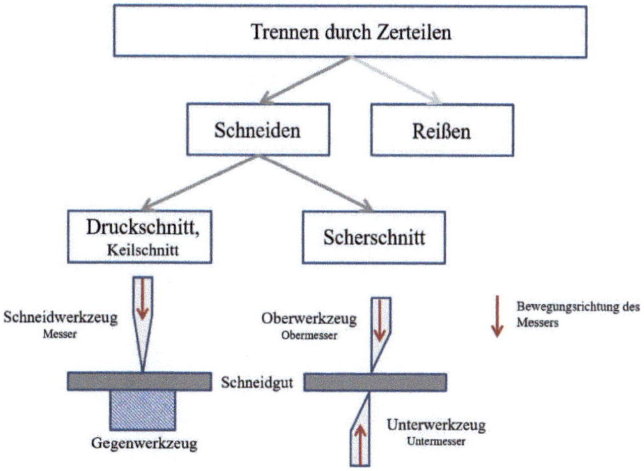

Bild 14.12 Trennen durch Zerteilen

Spanen ist das mechanische Abtrennen von Stoffteilchen durch Werkzeuge mit geometrisch bestimmten Formen (z. B. Fräsen, Sägen Bohren) oder auch das Abtrennen von Stoffteilchen ohne bestimmte Formen (z. B. Schleifen).

Das **Abtragen** schließlich ist das Abtrennen von Stoffteilchen auf nicht mechanischem Wege (z. B. Laserschneiden und Wasserstrahlschneiden).

Wie Bild 14.12 zeigt, lassen sich die trennenden Verfahren in der Ausprägung Schneiden in zwei Gruppen aufteilen, nämlich in den **Druckschnitt** (oder Keilschnitt) und in den **Scherschnitt**. Die Wirkprinzipien dieser Schneidverfahren sind in Bild 14.12 unten dargestellt. Eine Übersicht über mögliche Ausführungsformen der beiden Gruppen zeigt Bild 14.13.

Grundprinzip	**Messerform**	**Messer-bewegung**	**Wirkprinzip**	**Anwendungsbeispiel**
Druckschnitt	Flachmesser	stillstehend	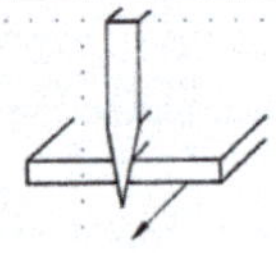	Rasierklingenschnitt
		oszillierend	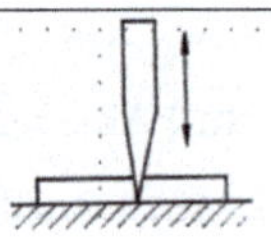	Flachbettstanze
		rotierend	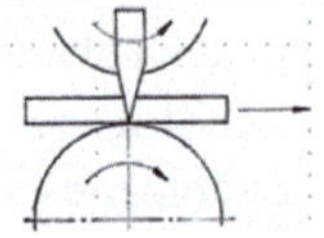	Rotationsstanze (axiales Messer)
	Rundmesser	rotierend	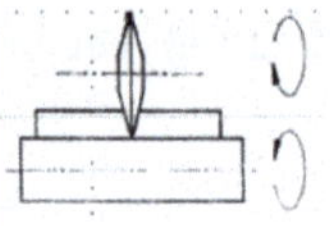	Rotationsstanze (radiales Messer)
Scherschnitt	Flachmesser	oszillierend	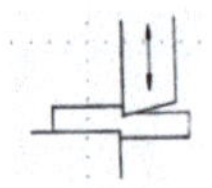	Schlagschere
		rotierend	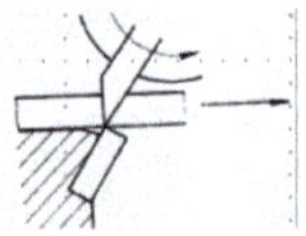	Querschneider
	Rundmesser	rotierend	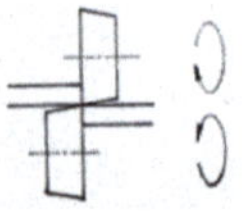	Kreismesser

Bild 14.13 Wirkprinzipien der schneidenden Verfahren (nach *Tenzer* [14.5])

Wesentliche Zielgrößen bei der Anwendung trennender Verfahren in der Ausprägung Schneiden sind die

- **Maßgenauigkeit der Schnitte**, also die exakte Einhaltung der gewünschten Schneidlinie und die
- **Schnittkantengüte**. Diese wird geprägt durch die Staubfreiheit und die geraden und sauberen Schnittkanten.

Die Einflussgrößen auf die Zielgrößen sind naturgemäß nicht nur die Beschaffenheit der Schneidwerkzeuge (Werkzeuggeometrie, Werkstoff und Oberflächenbeschaffenheit), sondern auch das gewählte Schneidverfahren (Druckschnitt oder Scherschnitt) und nicht zuletzt das Schnittgut, seine Größe, seine Struktur und seine sonstigen relevanten Materialkennwerte.

14.2.2.2 Druckschnitt

Das Prinzip des Druckschnitts (Bild 14.12 unten links) ist das **Trennen des Verarbeitungsguts** mithilfe eines meist keilförmigen **Flach- oder Rundmessers**, das in der Regel senkrecht oder senkrecht mit einer überlagerten horizontalen Bewegungskomponente gegen eine Schneidunterlage (Gegenwerkzeug) arbeitet, wobei im Moment des Aufsetzens des Messers auf die Schneidunterlage die Schneide exakt parallel zur Schneidunterlage ausgerichtet sein muss. Zur besseren Veranschaulichung des Schneidvorgangs wird im Folgenden angenommen, dass das Schneidgut aus vielen, sehr dünnen geschichteten Lagen besteht.

Der Schneidvorgang beginnt, wenn das Messer auf das **Schneidgut** Papier bzw. Karton aufsetzt und dieses komprimiert. Dabei werden die oberen Lagen des Schneidguts gedehnt, am stärksten die oberste Lage, die unterhalb der Messerschneide reißt, wenn ihre Bruchdehnung überschritten wird. Mit stetig fortschreitender Messerbewegung setzt sich der Vorgang Lage für Lage fort, bis die Verformung des Schneidguts nicht mehr ausreicht, um die dann oberste Lage bis zum Bruch zu dehnen. Nun wird das unter dem Messer befindliche Restmaterial zunehmend komprimiert, bis ungefähr der porenfreie Zustand im Schneidgut erreicht ist. In diesem Zustand kommt es zu Gefügeschädigungen im Schneidgut und zum Absinken der Gefügefestigkeit. Die sich im Umfeld der Messerschneide einstellenden Druckspannungen, die unmittelbar unter der Schneide Maximalwerte annehmen, und die Zugspannungen infolge der Materialverformung und auch infolge der Materialverdrängung durch die Flanken des Messerkeils führen schließlich zum Bersten des Schneidguts und der Schnitt ist vollendet.

Bei einem keilförmigen Messer wird nur etwa die Hälfte der eingeleiteten Druckkräfte für die Komprimierung des Schneidguts verwendet. Der Rest wird für die Materialverdrängung infolge des Messerkeils sowie zur Überwindung der Reibkräfte verbraucht. Die zum Schneiden erforderlichen Druckkräfte sind somit umso geringer, je schlanker der Messerkeil ist, je geringer der Reibungskoeffizient Messer-Schneidgut ist und je besser sich das Verarbeitungsgut schneiden lässt.

Pauschal betrachtet, muss zum Trennen eines Schneidguts eine spezifische Kraft F_z aufgewendet werden. Beim Druckschnitt mit einem senkrecht arbeitenden geraden Messer ist diese Kraft F_z proportional zum spezifischen Schneidwiderstand τ_0, einem Maß für den Widerstand, den das Schneidgut unter den herrschenden Schneidbedingungen dem wirkenden Messer entgegensetzt.

$$F_Z = const \cdot \tau_0 \cdot l \tag{14.3}$$

Darin ist l die momentane im Eingriff befindliche Messerlänge. Bei einem scharfen Schneidwerkzeug liegen die spezifischen Schneidwiderstände für Faltschachtelkarton um 30 N/mm, bei Graupappe um 50 N/mm und für Hartpappe bei über 70 N/mm.

Typische Ausführungsformen für den senkrechten Schnitt mit geraden Messern ist die **Flachbettstanze**. Beispiel einer Maschine, in der der senkrechte Schnitt mit Rundmessern ausgeführt wird, ist die Rotationsstanze.

Ein weiterer wichtiger Vertreter der Maschinen, die das Druckschnittverfahren anwenden, ist der **Planschneider**, der typischerweise unsymmetrische Messer verwendet. Der grundsätzliche Aufbau eines Planschneiders ist in Bild 14.14 erläutert. Der auf einer ebenen Unterlage liegende Papierstapel wird mit einem Pressbalken fixiert. Das in der Regel unsymmetrische Messer führt den Schnitt durch, wobei der vor dem Messer liegende Teil des Schneidguts vom Messerwinkel verdrängt wird.

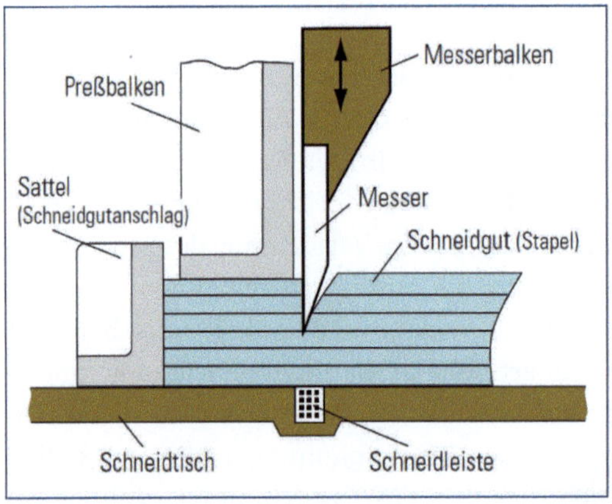

Bild 14.14
Prinzipaufbau eines Planschneiders (nach *Nestler* in *Kipphan* [14.12])

Je nach Bewegungsablauf des Messers unterscheidet man zwei unterschiedliche Maschinentypen (Bild 14.15). Beiden Maschinentypen ist gemeinsam, dass das Messer am Ende des Schneidprozesses genau parallel auf das Gegenwerkzeug aufsetzt. Mithilfe der horizontalen Bewegungskomponente lassen sich die Kräfte zum Schneiden erheblich senken, weil dadurch eine scheinbare Verringerung des Keilwinkels des Messers eintritt. Das lässt sich am Beispiel des „ziehenden Schnitts“ verdeutlichen, dessen Geometrie in Bild 14.16 gezeigt ist. Ein unsymmetrisches keilförmiges Messer mit dem Messerwinkel β, dessen Schneide gegenüber dem Schneidgut um den Winkel

γ geneigt ist, bewegt sich in Richtig des Pfeils. Die Vorschubrichtung ist somit gegenüber dem Schneidgut um den Winkel θ geneigt. Für den Betrachter in Messervorschubrichtung erscheint der Messerwinkel α kleiner als der tatsächliche Messerwinkel β zu sein. Es gilt folgende geometrische Beziehung:

$$\tan \alpha = \tan \beta \cdot \sin(\theta - \gamma) \tag{14.4}$$

Für den Grenzfall, dass $\gamma = \theta = 0$ ist, für den Fall also, dass die Messerschneide sich genau parallel zur Oberfläche des Schneidguts bewegt, wird $\alpha = 0$; das Messer bekommt scheinbar eine ideal scharfe Schneide.

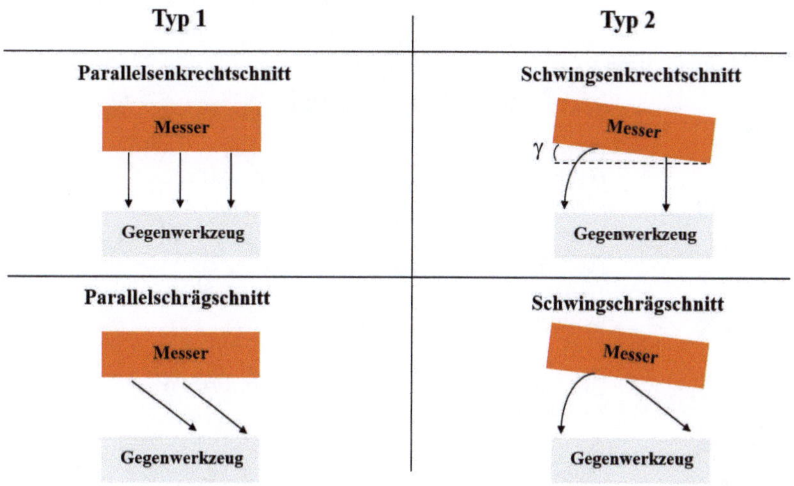

Bild 14.15 Bewegungsabläufe der Messer in verschiedenen Planschneidertypen. Beim Typ 2 ist das Messer in der Ausgangsposition um den Winkel γ geneigt.

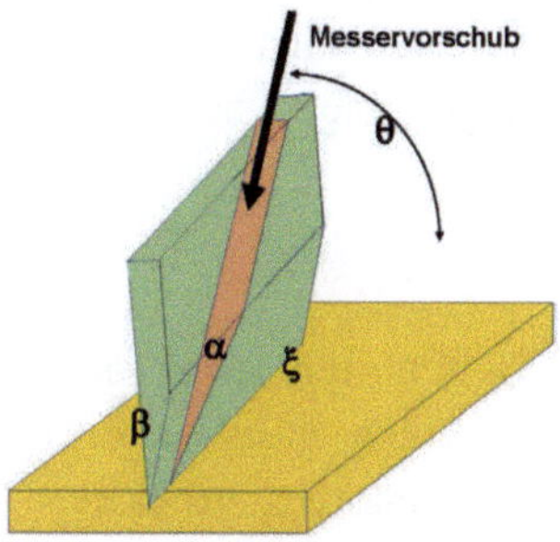

Bild 14.16
Geometrie des ziehenden Schnitts

Bei Planschneidern vom Typ 1 (Bild 14.15 links) ist das gesamte Messer gleichzeitig im Eingriff. Während des gesamten Schneidvorgangs muss die Schneidkraft den konstanten Schneidwiderstand überwinden. Bei Planschneidern vom Typ 2 (Bild 14.15 rechts) ist das aufgrund der Schwenkbewegung des Messers nicht der Fall. Der Schnitt beginnt vielmehr an der Kante des Schneidguts, an der das Messer zuerst aufgesetzt hat. Hier wird das Schneidgut bereits durch den Messerkeil verdrängt, bevor der Schnitt über die ganze Länge des Schneidguts begonnen hat. Als Folge entsteht ein Drehmoment, welches das Schneidgut verformen und die Schnittgüte reduzieren kann. Den Verformungen muss durch sorgfältiges Anpressen entgegengewirkt werden.

Beim Planschneider sind noch weitere **Schnittfehler** möglich, aus deren charakteristischen Merkmalen am Schneidgut die Ursachen abgelesen und abgestellt werden können (Bild 14.17).

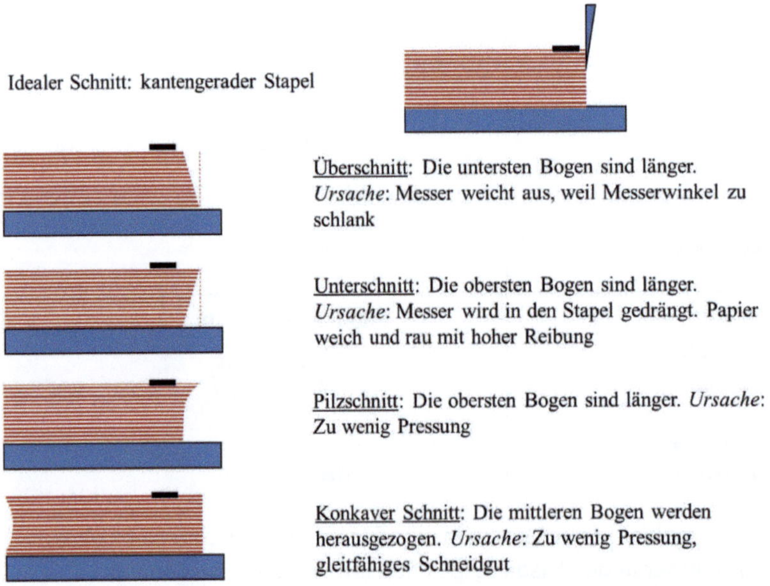

Bild 14.17 Schnittfehler beim Planschneider (nach [14.13]). Geschnitten wird ein Papierstapel, der mit einem Pressbalken auf der Maschinenunterlage fixiert ist. Das Messer bewegt sich unmittelbar vor dem Pressbalken von oben nach unten. Der idealerweise senkrechte Schnitt kann typische Abweichungen zeigen, aus denen Abhilfemaßnahmen abgelesen werden können.

14.2.2.3 Scherschnitt

Das Prinzip des Scherschnitts (Bild 14.12 unten rechts) ist das **Trennen des Verarbeitungsgutes mithilfe von zwei gegeneinander arbeitenden Flach- oder Rundmessern**, dem Ober- und dem Untermesser, die sich scherend aneinander vorbei bewegen und dabei den Schnitt ausführen. Die Vorgänge im Schneidgut beim Schneiden entsprechen weitgehend den oben beschriebenen, jedoch kommt beim Scherschnitt noch ein während des Schneidvorganges auf das Schneidgut wirkendes Drehmoment hinzu, das durch den Versatz von Ober- und Untermesser entsteht und dem ggf. durch geeignet angebrachte Niederhalter entgegengewirkt werden muss.

War beim senkrechten Druckschnitt die zum Überwinden des **Schneidwiderstands** erforderliche Messerkraft F_z proportional zur momentanen Schnittlänge (siehe Formel 14.3), so ist er beim Scherschnitt proportional zum Schneidquerschnitt A:

$$F_z = const \cdot \tau_0 \cdot A \tag{14.5}$$

τ_0 ist wieder der für das Material eigentümliche spezifische Schneidwiderstand, der sich bei den gegebenen Schneidbedingungen einstellt. Den Begriff des Schneidquerschnitts verdeutlicht Bild 14.18.

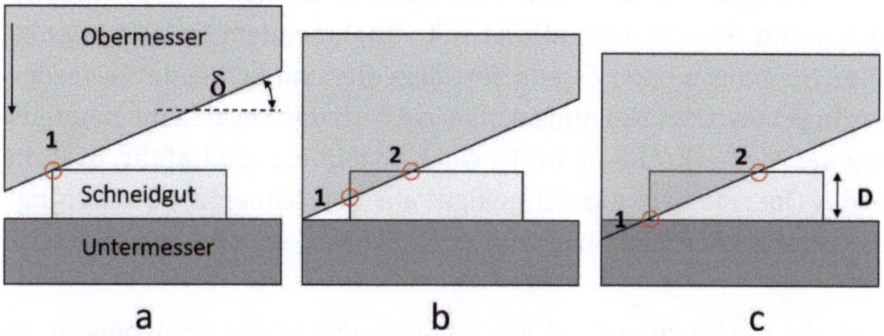

Bild 14.18 Der Schneidquerschnitt (nach *Tenzer* [14.5])

Der Schnitt beginnt, wenn das sich in z-Richtung bewegende Obermesser an der Stelle $z = 0$ gerade auf das Schneidgut aufsetzt. Wenn sich das Obermesser weiterbewegt und in das Schneidgut eindringt, deckt es eine dreiecksförmige Fläche ab. Diese Fläche bezeichnet man mit Schneidquerschnitt A. Im Intervall $0 \leq z \leq D$ gilt

$$A = A_1 = \frac{\left(D - \frac{z}{2}\right) \cdot z}{\tan \delta} \tag{14.6}$$

Wenn das Messer die Position $z = D$ erreicht hat, hat A seinen Maximalwert A_{max} erreicht. Bei weiter fortschreitender Messerbewegung bleibt der Schneidquerschnitt konstant, bis das Obermesser den Punkt $z = l \,/\, \tan\delta$ erreicht hat. Im Intervall $D < z < l \cdot \tan \delta$ gilt somit:

$$A = A_2 = A_{\max} = \frac{D^2}{2 \cdot \tan \delta} \tag{14.7}$$

Wenn sich das Obermesser weiter längs der z-Achse bewegt, beginnt der Abschnitt A_3 des Schneidquerschnitts, bis das Messer den Punkt $z = D + l \cdot \tan \delta$ erreicht hat und der Schnitt vollendet ist. Im Intervall $l \cdot \tan \delta \leq z \leq D + l \cdot \tan \delta$ gilt dann:

$$A = A_3 = \frac{(D^2 + l \cdot \tan \delta - z)^2}{2 \cdot \tan \delta} \tag{14.8}$$

Für den spezifischen Schneidwiderstand τ_0 erhält man durch Einsetzen der Formel 14.7 in die Formel 14.5

$$\tau_0 = \frac{F_{\max} \cdot 2 \cdot \tan\delta}{D^2} \tag{14.9}$$

Zuweilen wird der spezifische Schneidwiderstand einfach durch den Quotienten aus $F_{\max}$ und der Querschnittsfläche $l \cdot D$ des Schneidguts ausgedrückt. Der scheinbare Schneidwiderstand τ_{sch} ist unabhängig vom Neigungswinkel des Obermessers. Unter Verwendung der Formel 14.9 lässt sich aber schreiben:

$$\tau_{\text{sch}} = \frac{F_{\max}}{l \cdot D} = \frac{D}{2 \cdot l \cdot \tan\delta} \cdot \tau_0 \tag{14.10}$$

Die erforderliche Messerkraft F ist nun abhängig vom Neigungswinkel δ. Die Messerkraft F ist maximal, wenn $\delta = 0$ ist und nimmt mit zunehmendem Neigungswinkel rasch ab. Ein großer Neigungswinkel δ reduziert also die zum Schneiden erforderlichen Kräfte. Allerdings bewirken Neigungswinkel $\delta > 6°$ in der Regel keine nennenswerte Verringerung der Messerkräfte mehr. Es wächst vielmehr die Gefahr, dass die geneigte Schneide des Obermessers das Schneidgut aus der Schneidzone verdrängt. Das ist bei einem Reibungskoeffizienten μ zwischen Schneidgut und Messer > $\tan\delta$ der Fall.

Eine wichtige technische Ausführungsform des Scherschnitts ist das **Kreismesser**. Es besteht aus einem kreisförmigen Untermesser und einem ebenfalls kreisförmigen Obermesser, deren typischen geometrischen Gegebenheiten in Bild 14.19 schematisch gezeigt sind. Der Winkel α beträgt im Fall von Schneidgütern aus Papier etwa 0,5°. Zum Schneiden von Kunststoff- und Metallfolien wird der Winkel kleiner und im Fall von Vliesen und textilen Materialien etwas größer gewählt. Infolge der Verschränkung berühren sich Ober- und Untermesser in einem Punkt, dem Schneidpunkt. Der Abstand h der Messerachsen im Verhältnis zu den Messerdurchmessern gibt den Grad der Überlappung beider Messer an. Sie soll etwa 1 mm betragen.

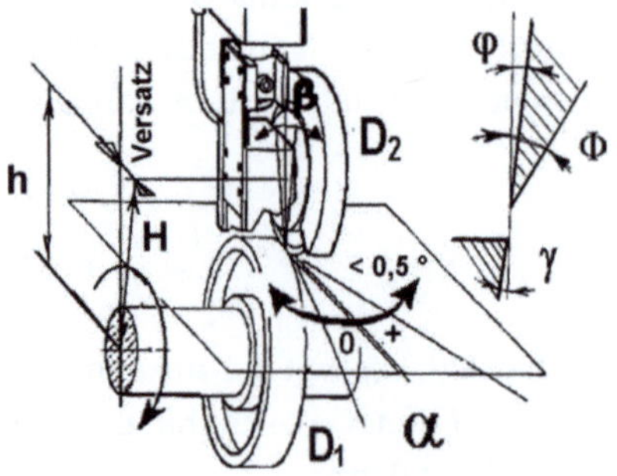

Bild 14.19 Schema einer Kreismesseranordnung [14.14]

D_1 Durchmesser des Untermessers, D_2 Durchmesser des Obermessers, H Schneidgut, h Abstand der Messerachsen ($h < D_1 + D_2$), α Winkel, um den das Obermesser gegen das Untermesser verschränkt ist, Θ Keilwinkel des Obermessers, ϕ Hinterschliffwinkel des Obermessers, γ Hinterschliffwinkel des Untermessers, Φ Verkippung des Obermessers

Von Bedeutung ist die vertikale Anordnung der beiden Messerteile bzw. ihr Versatz. Sind die Messerteile genau senkrecht übereinander angeordnet (Versatz ist Null), ist ein sicherer Schnitt nur möglich, wenn das Schneidgut in der Ebene des Schneidpunktes beider Messerteile einläuft. Dieser liegt aber tiefer als der Zenit des Untermessers, die Materialbahn muss deshalb nach dem Schnitt angehoben werden, um über das Untermesser laufen zu können. Dadurch muss eine Kraft in z-Richtung aufgebaut werden, die so groß werden kann, dass die Schnittgüte beeinträchtigt wird. Um die unerwünschten Kräfte in z-Richtung zu vermeiden, werden die Messer soweit versetzt angeordnet, dass der Schneidpunkt in den Zenit des Untermessers fällt. Nun muss das geschnittene Schneidgut aber über einen langen Weg am verschränkten Obermesser vorbeilaufen, wodurch es zur Reibungsbelastung mit Minderungen der Schnittgüte kommen kann. Der sorgfältigen Justierung der Schneidmesser kommt deshalb eine besondere Bedeutung zu.

Bei dicken Verarbeitungsgütern wie **Vollpappe** oder **Wellpappe** lassen sich mit den zweiteiligen Kreismessern keine qualitativ hochwertigen Schnitte mehr erzeugen. Für diese Materialien werden dann einteilige und sehr dünne Kreismesser verwendet, deren Rotationsgeschwindigkeit hoch im Vergleich zur Bahngeschwindigkeit ist. Die Messer werden so angeordnet, dass am Eintauchpunkt in das Schneidgut nur geringe Druckkräfte in z-Richtung aufgebaut werden. Die Messerkonstruktion muss außerdem sicherstellen, dass die Reibung zwischen Messer und Schneidgut so gering wie möglich ist. In der Praxis ist die ständige Ölschmierung der Schneide und der Messerflanke unvermeidlich. Nützlich ist die Verwendung von Gegenwerkzeugen, die aber nicht die Funktion eines Untermessers haben, sondern nur große Durchbiegungen des Schneidgutes verhindern sollen. Oft werden dafür Bürstenkonstruktionen verwendet. Im Übrigen muss die Messeranordnung so gewählt werden, dass Druckkräfte in z-Richtung so klein wie möglich sind.

Eine weitere wichtige technische Umsetzung des Scherschnitts ist der **Querschneider**, der benötigt wird, wenn eine endlose Papierbahn zu Formaten ausgerüstet werden soll.

Er besteht im einfachsten Fall aus einem geraden Untermesser und einem rotierenden Obermesser (Bild 14.20). Das Obermesser ist so angeordnet, dass es das Untermesser in genau einem Punkt berührt. Dieser Punkt läuft während des Schneidvorgangs über die gesamte Bahnbreite. Daraus erklärt sich eine problematische Seite dieser Querschneiderbauform. Während des Schneidvorgangs bleibt die Materialbahn zwischen Unter- und Obermesser geklemmt. Das von den Stützwalzen vorgeschobene Schneidgut staut auf und legt sich erst wieder plan, wenn der Schnitt vollendet und die Schneidzone freigegeben ist. Während des Schneidvorgangs bewegt sich das Obermesser mit tangentialer Bewegungskomponente durch das Schneidgut. Typischerweise entsteht dadurch eine prismatisch schräg durch das Schneidgut verlaufende Schnittkante.

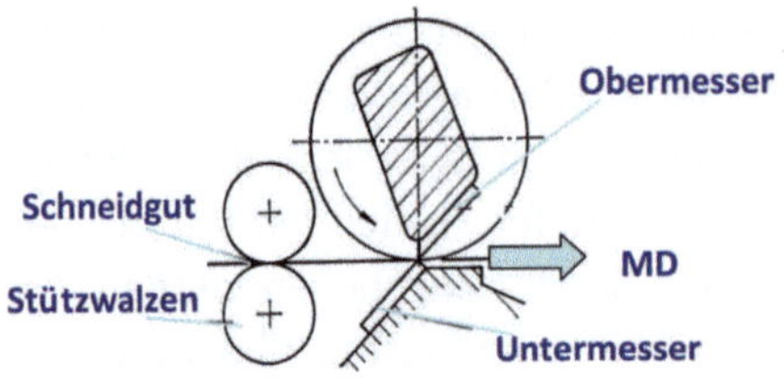

Bild 14.20
Prinzip eines Querschneiders mit feststehendem Untermesser [14.14]

Eine Querschneiderlösung, die die Nachteile des Querschneiders mit feststehendem Untermesser vermeidet, ist der **Synchro-Querschneider mit beweglichen Ober- und Untermessern**. Die beiden schlangenförmigen Messer sind auf den Mantelflächen von Zylindern so befestigt, dass sie sich wieder in genau einem Punkt, dem Schneidpunkt, berühren. Während des Schnitts läuft der Schneidpunkt über die gesamte Bahnbreite.

Die Fortpflanzungsgeschwindigkeit v des Schneidpunkts kann sehr hoch werden. Für sie gilt:

$$v = v_{\mathrm{B}} \cdot \cot \delta \tag{14.11}$$

Wenn beispielsweise der Neigungswinkel δ des Messers 1° beträgt und die Bahngeschwindigkeit $v_{\mathrm{B}} = 400$ m/min, dann ergibt sich v = 22 900 m/min = 382 m/s. Trotz der sehr hohen Fortpflanzungsgeschwindigkeit müssen die Messerwalzen des Synchro-Querschneiders gegenüber der Laufrichtung der Papierbahn um einen kleinen Winkel verdreht sein, der so gewählt werden muss, dass ein genau rechtwinkliger Schnitt möglich wird.

Eine mögliche Konfiguration der Messer auf den Messerwalzen zeigt Bild 14.21. Die mit dem Synchro-Querschneider erzielbare Schnittgüte ist in der Regel sehr gut, jedoch auch von vielen Faktoren abhängig, unter anderem vom

- Messerkreisdurchmesser,
- Messerwalzenabstand (Überlappung),
- Anordnung Untermesser zu Obermesser,
- Messerwinkel, Messergeometrie.

Auch bei den Scherschneidverfahren sind zahlreiche **Schnittfehler** möglich. Aus vielen Fehlerbildern kann unmittelbar auf die Ursachen geschlossen und Abhilfemaßnahmen gezielt ergriffen werden. Oft sind falsche Werkzeugjustierungen, verschlissene Werkzeuge oder unterdimensionierte und nicht hinreichend biegesteife Werkzeuge die Ursache, dass das korrekte Schneiden eher in ein Reißen übergeht. Unsaubere Papierkanten mit herausstehenden Fasern und starke Staubbildung können die Folge sein. Die sorgfältige Überwachung und Justierung der Werkzeuge sind somit Voraussetzung für genaue, saubere und staubfreie Schnitte. Die gebotene Sorgfalt muss sich auch auf die Peripherie des Schneidwerkzeugs erstrecken, also auf die Elemente der Papierführung wie Einzugswalzen vor dem Schneidwerkzeug und die, die nach dem Querschnitt die einzelnen Bogen führen, namentlich die Fangbänder.

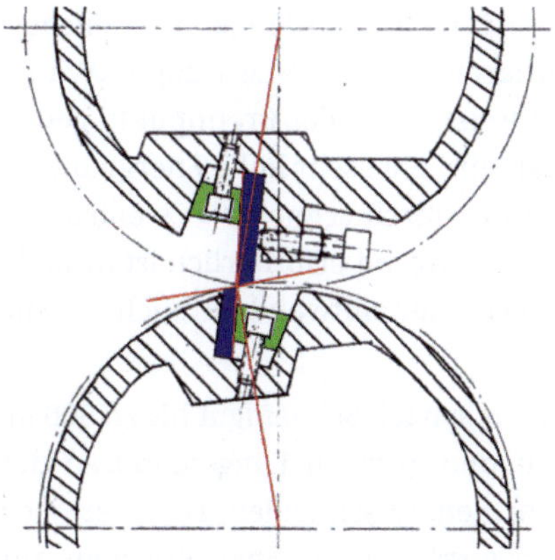

Bild 14.21
Schematischer Querschnitt durch die Walzen eines Synchro-Querschneiders [14.14]

Es darf aber auch nicht übersehen werden, dass die Maßgenauigkeit eines Papierbogens nicht nur von der Schneidwerkzeugeinstellung, sondern auch von anderen Faktoren wie Feuchtdehnungen und Trockenschrumpfungen abhängt. Insbesondere beim mehrlagigen Schneiden müssen alle Papierbahnen das gleiche Gleichgewichtsklima aufweisen.

14.2.2.4 Abtragende Schneidverfahren

Wie eingangs schon erwähnt, gehören das **Wasserstrahlschneiden** und das **Laserschneiden** zu den abtragenden Schneidverfahren. Während ersteres in der Papierverarbeitung nur noch ausnahmsweise anzutreffen ist, hat sich letzteres einen festen Platz innerhalb digitaler Produktionstechniken erobern können, insbesondere bei der Herstellung selbstklebender Etiketten.

Obwohl sich mit dem **Wasserstrahlschneidverfahren** eine sehr gute Schnittgüte auch bei dickeren Materialien wie Wellpappe erzielen lassen, hat es sich in der Papierverarbeitung, wohl auch wegen der nicht zuletzt durch den Verschleiß der Wasserdüse bedingten hohen Betriebskosten, nicht durchgesetzt. Einige Kenndaten der Strahlgewinnung verdeutlichen den zu leistenden Aufwand, wenn eine hohe Schnittgüte erzielt werden soll:

- Erzeugung eines Ölbetriebsdrucks mit Hydraulikpumpe (etwa 200 bar),
- Übertragung auf Wasser mittels oszillierenden Öl/Wasserzylinder im Verhältnis 20 : 1,
- Wasserdruck bis zu 6500 bar,
- Fokussierung mittels Düse mit Durchmesser 0,1...0,4 mm,
- Strahlgeschwindigkeit etwa 2500 m/s.

Beim Auftreffen auf das Schneidgut führt die hohe kinetische Energie des Strahls zur Mikrozerspanung und damit zum Schneiden.

Für das **Laserschneiden** kommen in erster Linie CO_2-Laser in Frage, die üblicherweise bei einer Wellenlänge von $\lambda = 10{,}6\ \mu m$ emittieren und deren Leistung 1 kW und mehr betragen kann. Der Laserstrahl wird so fokussiert, dass der Brennpunkt genau in der Ebene des Schneidguts liegt. Im Brennpunkt wird eine sehr hohe Energiedichte erreicht, die den Werkstoff verdampfen lässt und dadurch schneidet. Es entstehen allerdings Abgase, die problematisch sein können. Zwingend erforderlich ist deshalb ein geschlossener Arbeitsraum mit Absaugung. Erhöhter Aufwand ist auch für die Reinigung der Abluft erforderlich.

Die erreichbaren Schneidgeschwindigkeiten können je nach Schneidgut bis zu 500 m/min betragen. Das entspricht nur bei einfachen und geraden Längsschnitten der Bahngeschwindigkeit. Sind dagegen komplexe Formen zu schneiden, reduziert sich die Bahngeschwindigkeit erheblich, weil die Massenträgheit des Spiegelsystems zur Strahlführung Grenzen setzt. Zudem muss ein großer regelungstechnischer Aufwand geleistet werden, damit jeder Punkt der Schneidlinie mit gleicher Energiedichte beaufschlagt wird.

14.2.3 Gruppe 3: Verbindende Verfahren (Fügen)

14.2.3.1 Einführung

Ziel der verbindenden Verfahren (Fügeverfahren) ist die **Herstellung vom stofflichen Zusammenhalt** an genau definierten Stellen. Nach den herrschenden Wirkprinzipien werden im Wesentlichen drei Verfahrensgruppen unterschieden (Bild 14.22).

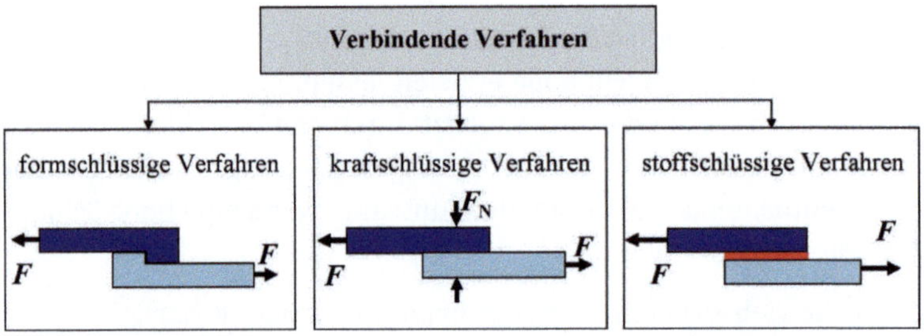

Bild 14.22 Wirkprinzipien verbindender Verfahren (Fügeverfahren)

Mit weitem Abstand wichtigste verbindende Verfahren in der Papierverarbeitung sind stoffschlüssige Verfahren mit den in Bild 14.23 gezeigten Verfahrensvarianten, von denen wiederum das Kleben die größte Bedeutung hat.

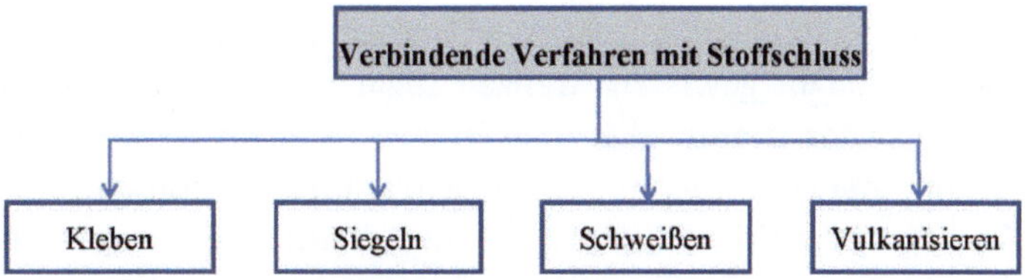

Bild 14.23 Verbindende Verfahren mit Stoffschluss

Als Beispiele für verbindende Verfahren mittels Kraft- und Formschluss sind das Nähen, das Nieten und das Rändeln zu nennen.

14.2.3.2 Kleben

Das **Kleben** ist ein **stoffschlüssiges verbindendes Verfahren**, das dadurch gekennzeichnet ist, dass es einen **Klebstoff** verwendet. Ein Klebstoff wiederum ist definitionsgemäß ein nichtmetallischer Werkstoff, der Fügeteile durch **Flächenhaftung (Adhäsion)** und **innere Festigkeit (Kohäsion)** miteinander verbinden kann (Bild 14.24).

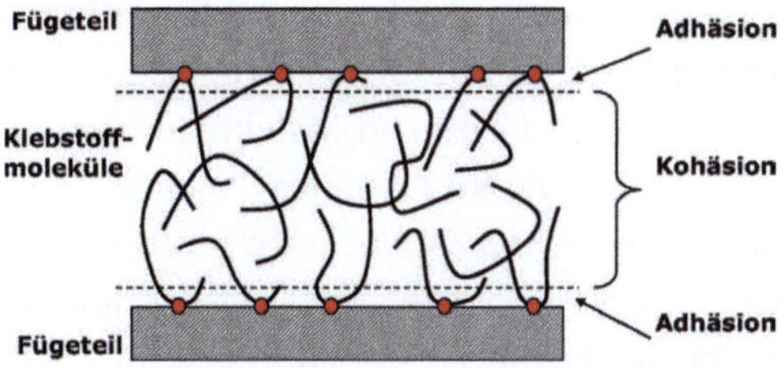

Bild 14.24 Schema einer Klebschicht zwischen zwei Fügeteilen [14.6]

Nach der Definition ist der Vorgang des Klebens durch Adhäsion und Kohäsion gekennzeichnet. **Kohäsion** findet im Volumen des Klebstofffilms statt. Die dort vorhandenen gleichartigen Moleküle, die den Klebstoff aufbauen, sorgen stets für anziehende Wechselwirkungskräfte, sodass Kohäsion sich gewissermaßen von selber einstellt. Ihre Größe ist allerdings von vielen Parametern abhängig, u. a. von der mittleren Masse und der Massenverteilung der polymeren Klebstoffmoleküle. **Adhäsion** ist dagegen ein Grenzflächenphänomen, an dem die Klebstoffmoleküle und die Moleküle in der Oberfläche der Fügeteile beteiligt sind. Da diese Moleküle in aller Regel verschiedenartig sind, kann nicht von der Existenz anziehender Wechselwirkungskräften von vornherein ausgegangen werden, sondern sie müssen durch die an die Fügeteile angepasste Wahl der Klebstoffmoleküle ermöglicht werden. Die Frage, unter welchen Bedingungen Adhäsion auftritt und wie denn die **Klebstoffmoleküle** beschaffen sein müssen, hat deshalb eine besondere Bedeutung für die Klebetechnik. Die Formulierung von Klebstoffen, also die Auswahl von polymeren Werkstoffen und der benötigten Hilfsmittel, erfordert die genaue Kenntnis ihrer Chemie, dennoch bleibt die Feinanpassung eines Klebstoffs an die Beschaffenheit von Fügeteilen zu einem großen Teil Empirie. Die moderne **Theorie der Adhäsion** basiert auf der **Ad-**

sorptionstheorie. Sie hat sich weitgehend durchgesetzt und ist in der Lage, die **Verklebbarkeit** eines Fügeteils und in gewissen Grenzen sogar die zu erwartenden **Klebenahtfestigkeiten** zu prognostizieren, allerdings ist auch sie nicht völlig widerspruchsfrei. Die **Adsorptionstheorie** geht von Nebenvalenzkräften (Wasserstoffbrückenbindungskräfte, Van-der-Waals-Kräfte) aus, die für die Adhäsion verantwortlich sind. Merkmal der Nebenvalenzkräfte ist ihre äußerst kurze Reichweite, die im Bereich atomarer Größenordnungen liegt. Der Bindungsabstand im Falle einer Wasserstoffbrückenbindung beträgt z. B. 0,28 nm [14.15]. Daraus ergeben sich zunächst zwei Basisanforderungen an Klebstoffe:

- Ein Klebstoff muss im flüssigen Zustand appliziert werden, denn nur eine Flüssigkeit kann sich einer Fügeteiloberfläche so weit annähern, dass Adhäsionskräfte überhaupt aufgebaut werden können.
- Ein Klebstoff muss die Fügeteiloberflächen benetzen können bzw. die Fügeteiloberflächen müssen benetzbar sein. Wichtige Kenngrößen für Benetzungsvorgänge sind die Oberflächenspannung des flüssigen Klebstoffs bzw. die Oberflächenenergie des Fügeteils.

Diesen Basisanforderungen kommt deshalb in der Klebetechnik eine **Schlüsselfunktion** zu. Der Begriff der **Oberflächenspannung** wird mit Bild 14.25 erläutert. Es wird eine Flüssigkeit angenommen, die aus kugelförmig gezeichneten Molekülen besteht. Zunächst wird ein Probemolekül im Innern der Flüssigkeit betrachtet (Position 1). Es hat rund um sich herum gleichartige Nachbarn, zu denen es Wechselwirkungen unterhält, die sich aber gegenseitig aufheben. Ohne Schwerkraft wäre das Probemolekül kräftefrei. Die Situation ändert sich an der Oberfläche der Flüssigkeit (Position 2). Da außerhalb der Flüssigkeit Vakuum herrschen soll, fehlen nun Nachbarn im äußeren Halbraum, die verbleibenden Wechselwirkungskräfte heben sich nicht auf, es entsteht vielmehr eine nach innen gerichtete Resultierende. Diese Kraft sorgt dafür, dass jede Flüssigkeit bestrebt ist, eine möglichst kleine Oberfläche einzunehmen, im Idealfall eine Kugel. Wird das Probemolekül an den Rand der Flüssigkeitsbehälterwand verschoben (Position 3), sind die Moleküle der Behälterwand die Nachbarn im Halbraum außerhalb der Flüssigkeit. Zu „artfremden" Molekülen bestehen zwar auch Wechselwirkungen, sie müssen aber nicht anziehender Natur sein. Je nach Art der Wechselwirkungen stellt sich eine resultierende Kraft ein, die Null wird, wenn die Wechselwirkungen zwischen Probemolekül und Wandmolekülen gleich der zu den Flüssigkeitsmolekülen ist. Die resultierende Kraft wird maximal, wenn es keine Wechselwirkungen zwischen Probemolekül und Wandmolekülen gibt.

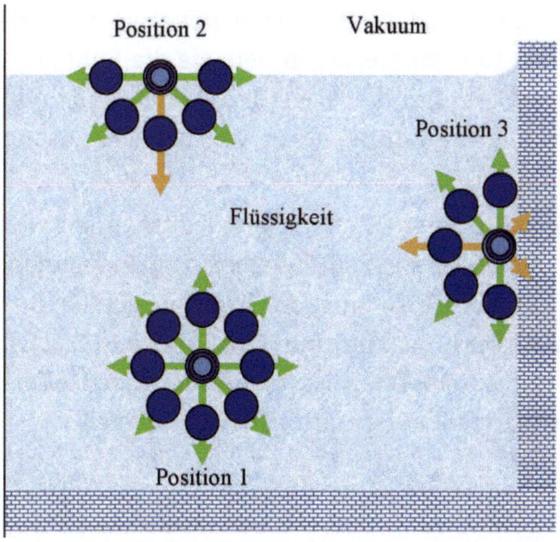

Bild 14.25
Begriff der Oberflächenspannung

Soll die Oberfläche vergrößert werden, muss dafür Energie aufgewendet werden, die Oberflächenspannung σ, angegeben in der Einheit mN/m. Die Beschreibung des Begriffs Oberflächenspannung führt auch unmittelbar zur Konstruktion eines Messgerätes, mit dem sich die Oberflächenspannung von Flüssigkeiten messen lassen, dem Tensiometer [14.16]. Das Gerät misst die Kraft F, die erforderlich ist, mittels eines eingetauchten Rings mit der benetzten Ringlänge l eine die Oberfläche vergrößernde Flüssigkeitslamelle aus einer Flüssigkeit herauszuziehen. Unmittelbar vor dem Abreißen der Lamelle erreicht die Zugkraft ihren Maximalwert F_{max}. Diese Kraft ist proportional zur Länge l des Rings. Für die Oberflächenspannung σ ergibt sich dann mit f als dimensionslosem Gerätekorrekturfaktor:

$$\sigma = \frac{F}{l} \cdot f \tag{14.12}$$

Neben der Ringmethode gibt es noch weitere Methoden zur Bestimmung der Oberflächenspannung, auf die hier aber nicht eingegangen werden soll. Die Bandbreite der Oberflächenspannungen technischer Flüssigkeiten reicht von 23,5 mN/m (Methylethylketon, 22 °C) bis 72,8 mN/m (Wasser, 20 °C).

So einfach das Messen der Oberflächenspannung σ_l von Flüssigkeiten ist, so schwierig ist die Messung der Oberflächenenergie σ_s im Falle von Festkörpern. Ein erster Eindruck lässt sich gewinnen, wenn das Verhalten eines auf der Festkörperoberfläche sitzenden Tropfens einer Flüssigkeit mit bekannter Oberflächenspannung σ_l beobachtet wird. Im Gleichgewicht stellt sich ein Zustand ein, der durch die *Young*-Gleichung beschrieben wird:

$$\sigma_S = \gamma + \sigma_l \cdot \cos\delta \tag{14.13}$$

Die Gleichung beschreibt, wie die Oberflächenspannung des Flüssigkeitströpfchens σ_l, die versucht, dessen Oberfläche zu minimieren (sie wird deshalb als Projektion des in der Fußlinie des Tropfens tangential angreifenden Vektors dargestellt, der den

Winkel δ zur Festkörperoberfläche einschließt) und die Oberflächenenergie des Festkörpers σ_s, die versucht dessen Oberfläche zu minimieren, in dem sie die Fußfläche des Flüssigkeitstropfen zu vergrößern trachtet, und die Grenzflächenspannung γ in der Fußfläche des Tröpfchens, die versucht, die Fußfläche zu verkleinern, zusammenwirken.

Zu einer exakten Bestimmung von σ_s reicht die *Young*-Gleichung aber nicht aus. Zwar können σ_l und der Randwinkel δ direkt gemessen werden, um aber σ_s zu errechnen, müsste γ bekannt sein, was leider nicht der Fall ist. So taugt die *Young*-Gleichung nur für erste Abschätzungen, die gleichwohl äußerst wichtig sind, wie Tabelle 14.2 zeigt. Ihr ist zu entnehmen, dass Benetzung nur zu erwarten ist, wenn die Oberflächenenergie des Fügeteils σ_s größer ist als die Oberflächenspannung der Flüssigkeit σ_l.

Tabelle 14.2 Sonderfälle der *Young*-Gleichung

Winkel δ	Erscheinung	*Young*-Gleichung	Aussagen zu σ_s
$\delta \sim 0°$	Spreitung, vollkommene Benetzung	$\sigma_s - \gamma = \sigma_1$	$\sigma_s > \sigma_1$
$0° < \delta < 90°$	Gute Benetzung	$\sigma_s - \gamma \geq 0$	$\sigma_s > \sigma_1$
$90° < \delta < 180°$	Partielle Benetzung	$\sigma_s \geq \gamma - \sigma_1$	$\sigma_s < \sigma_1$
$\delta \sim 180°$	Keine Benetzung, Abstoßung	$\sigma_s - \gamma = 0$	$\sigma_s < \sigma_1$

Ein Erfahrungswert sagt, dass die Oberflächenspannung von flüssigen Klebstoffen häufig um 35 mN/m liegt. Damit reduziert sich die Frage nach der **Verklebbarkeit** eines Fügeteils auf die Frage, ob seine Oberflächenenergie größer als 35 mN/m ist oder nicht. Die Gültigkeit dieser Aussage setzt voraus, dass die Grenzflächenspannung klein ist. Auf der Schlussfolgerung aus der *Young*-Gleichung basiert der Einsatz von Prüfflüssigkeiten als Schnellmethode zur Prüfung der Verklebbarkeit von Fügeteilen. Geeignete **Prüfflüssigkeiten** sind in der Norm DIN ISO 8296 [14.17] standardisiert.

Mit einer verfeinerten Methode [14.18] lassen sich mehr oder weniger exakte Berechnungen der Oberflächenenergie von Festkörpern und der Grenzflächenspannung γ vornehmen. Grundlage sind die Randwinkelmessungen sitzender Flüssigkeitströpfchen, die aus hinsichtlich ihrer oberflächenenergetischen Daten unterschiedlichen Flüssigkeiten bestehen. Diese Methodik ist auch grundsätzlich geeignet, Aussagen über die zu erwartende Höhe der Adhäsion zu machen, ausgedrückt als Adhäsionsarbeit W_A. W_A ist die Arbeit, die aufgebracht werden muss, um die wirkende Adhäsion zu überwinden:

$$W_A = \sigma_s + \sigma_l - \gamma \tag{14.14}$$

W_A ist maximal, wenn die Grenzflächenspannung γ Null ist. Dies ist dann der Fall, wenn der verfestigte Klebstoff und die Fügeteile in allen oberflächenenergetischen Eigenschaften genau übereinstimmen.

Bisher wurden nur die Voraussetzungen für das Entstehen von Adhäsion und ausschließlich die Wechselwirkung zwischen Klebefläche und applikationsfertigem flüssigen Klebstoff besprochen. Nach der Kontaktnahme muss letzterer aber verfestigen, um letztendlich zu einer festen Klebeverbindung zu führen. Je nach Klebstoffsystem gibt es unterschiedliche Verfestigungsmechanismen, die aber alle dazu führen können, dass sich die oberflächenenergetischen Eigenschaften des flüssigen Klebstoffs von denen des verfestigten Klebstoffs unterscheiden. Eine optimale Benetzung der Klebefläche durch den Klebstoff muss nicht zwangsläufig auch die feste Haftung des verfestigten Klebstoffs bedeuten.

Zusammenfassend lässt sich feststellen, dass ein Klebstoff:

- chemisch so beschaffen sein muss, dass er zum Fügteil Nebenvalenzkräfte aufbauen kann,
- im applikationsfertigen Zustand eine Oberflächenspannung haben muss, die kleiner als die Oberflächenenergie des Fügeteils ist, damit er dieses benetzen kann,
- als Flüssigkeit appliziert werden muss und
- nach der Applikation verfestigen und einen kohäsiven Film bilden muss.

Auf die vielen weiteren Anforderungen an Klebstoffe, die sich aus dem konkreten Anwendungsfall ergeben, kann hier nicht eingegangen werden.

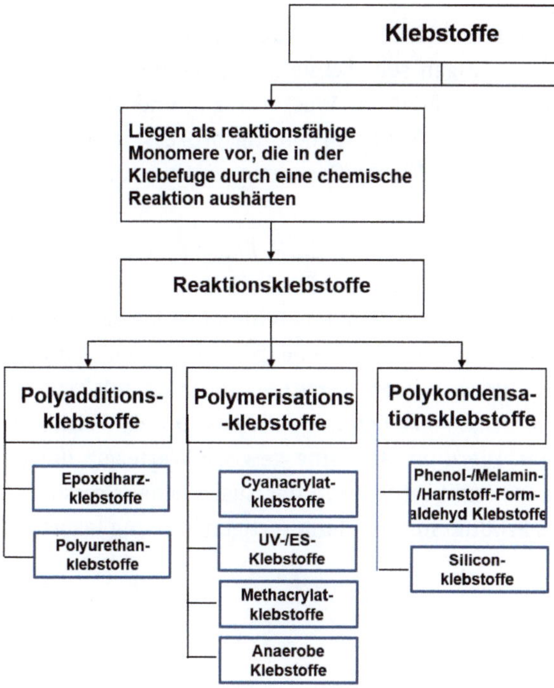

Bild 14.26 Systematik der Klebstoffarten, geordnet nach dem Verfestigungsmechanismus (nach *Habenicht* [14.19])

Wie ausgeführt, sind Klebstoffe polymere Systeme, die im flüssigen Zustand appliziert werden und die sich durch die Art ihrer Verfestigung unterscheiden. Die möglichen **Mechanismen der Verfestigung** können zur Aufstellung der in Bild 14.26 gezeigten Systematik der Klebstoffarten benutzt werden (vgl. *Habenicht* [14.19]).

In der Papierverarbeitung haben die physikalisch verfestigenden **Schmelzklebstoffe** (engl.: **Hotmelt**) und die wässrigen **Dispersionsklebstoffe** mit Abstand die größte Bedeutung. Reaktive Klebstoffe werden in Form von PUR-Hotmelts z. B. in der Buchbinderei verwendet. Zur Herstellung von Wellpappe finden wässrige Klebstoffe auf Stärkebasis Anwendung.

Schmelzklebstoffe sind lösemittel- und wasserfreie thermoplastische Klebstoffsysteme, die sich durch Aufwärmen verflüssigen lassen und beim Abkühlen wieder verfestigen. Sie werden im geschmolzenen Zustand appliziert und verfestigen sehr schnell durch Wärmeentzug. Schmelzklebstoffe werden als schüttfähiges Granulat, in Form von Blöcken oder anderen Formen geliefert. Zu ihrer Verarbeitung müssen sie aufgeschmolzen werden, und die Schmelze muss über einen beheizbaren Schlauch dem Auftragskopf zugeführt werden. Auch wenn häufig Antioxidantien Rezepturbestandteil sind, muss doch die Klebstoffschmelze vor Sauerstoffzutritt geschützt werden.

Dispersionsklebstoffe sind wässrige Klebstoffsysteme, die in einem komplexen Polymerisationsverfahren (Emulsionspolymerisation) hergestellt werden. Sie verfestigen durch Wasserentzug und dem Zusammenfließen der dispergierten polymeren Teilchen zu einem festen Film.

Der Zeitbedarf für die Verfestigung unterscheidet sich bei den beiden Klebstoffsystemen erheblich. Schmelzklebstoffe verfestigen sehr schnell, Dispersionsklebstoff bedürfen saugfähiger Fügeteile. Dennoch benötigt der Wasserentzug und die Filmbildung bei Dispersionsklebstoffen einige Zeit. Der Verarbeitungsprozess, in dem verbindende Verfahren unter Nutzung dieser Klebstoffsysteme angewendet werden sollen, muss das berücksichtigen.

Der Vorgang des Klebens läuft in drei Phasen ab (Bild 14.27). *Phase 1* ist die Vorbereitung der Klebeflächen. Sie müssen sauber, staub- und fettfrei sein und die Oberflächenenergie muss ausreichend hoch sein. *Phase 2* ist das Bilden der Klebschicht. Zu ihr gehört der Auftrag des Klebstoffs auf eines der Fügeteile (bei manchen Klebstoffen auch auf beide Fügeteile) und nach einer gewissen Wartezeit, der offenen Wartezeit, die Vereinigung der Fügeteile. Der Prozess setzt sich mit der *Phase 3* fort, welche die Fixierung der Klebung zum Ziel hat. Diese umfasst eine gewisse Wartezeit, die geschlossene Wartezeit, die auch die Presszeit umfasst, in der zusätzlicher Pressdruck auf die Klebung ausgeübt wird. Das Produkt mit der dann fertigen Klebung lagert auf unbestimmte Zeit.

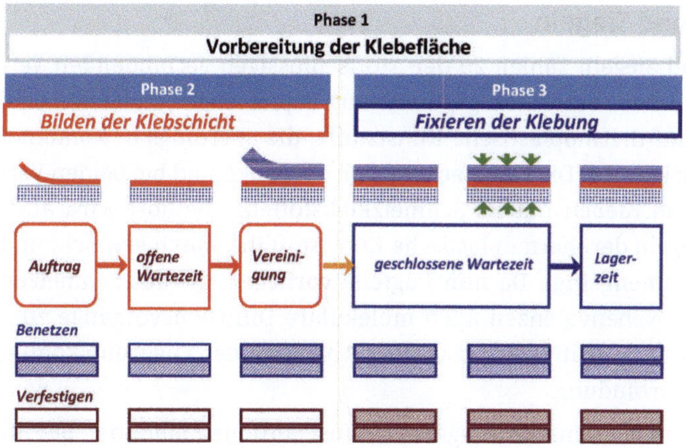

Bild 14.27 Die drei Phasen des Klebe-Prozesses

Klebeverbindungen sind ausgelegt, Zug- und Scherkräften zu widerstehen. Insbesondere schälende Beanspruchungen sind schädlich und werden von vielen Klebeverbindungen nicht vertragen. In Bild 14.28 werden die Vorgänge schematisch verdeutlicht, die in einer auf Zug belasteten Klebeverbindung ideal starrer Fügeteile mit einem viskoelastisch verformbaren Klebstoff zum Versagen führen. Die Teilbilder zeigen von links nach rechts zunächst den unbelasteten Fall (Teilbild A). Die aufgebrachte Zugbelastung verursacht anfangs elastische Dehnungs-Verformungen der Klebschicht (Teilbild B). Wenn die Dehnungen ein gewisses Maß überschritten haben, beginnen sich zunächst kleine, dann größere Bereiche des polymeren Klebstoffs von der Fügeteiloberfläche abzulösen, weil die Zugspannungen in der Klebschicht die Adhäsionskräfte an einzelnen Stellen überwiegen (Teilbild C). Es bilden sich erste Kavitationen, die sich dann immer weiter ausdehnen und schließlich in mehr oder weniger ausgeprägte Filamentbildung übergehen (Teilbild D) und die im Versagensfall zum Ablösen des Klebstoffs von der Fügeteiloberfläche führt (Adhäsionsbruch) (Teilbild E). Überwiegen dagegen die Adhäsionskräfte, dann reißen die gedehnten Polymerfilamente und im Versagensfall spaltet sich der Klebstofffilm (Kohäsionsbruch). Die Filamentbildung in der Praxis zeigt Teilbild F.

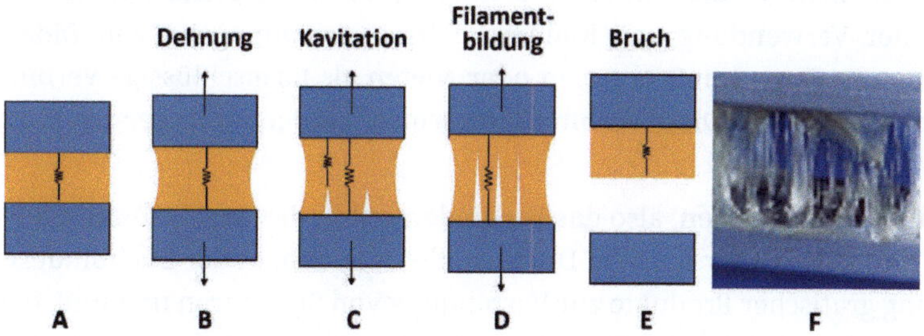

Bild 14.28 Prozesse in einer Klebeverbindung, die auf Zug bis zum Versagensfall belastet wird (nach [14.19]). (Quelle: Fraunhofer IFAM)

14.2.3.3 Schweißen und Siegeln

Auch das Schweißen und Siegeln zählen zu den stoffschlüssigen verbindenden Verfahren. Sie können nicht bei Verarbeitungsgütern aus Papier angewendet werden, sondern beziehen sich auf thermoplastische Kunststoffe, die allerdings in Kombination mit Papier vorliegen können. Die klebetechnischen Vorgänge sind bei beiden Verfahren verwandt mit dem Kleben mittels Schmelzklebstoffen. Wie dort wird auch beim Schweißen und Siegeln der thermoplastische Kunststoff thermisch erweicht und dann unter Druck zusammengefügt. Da nun Fügteile vorliegen, die aus Schmelzen bestehen, können neben Nebenvalenzen auch molekulare Diffusionsvorgänge zum Aufbau von Adhäsionskräften beitragen. Nach dem Abkühlen der Fügezone kommt es dann zu einer festen Verbindung.

Von **Schweißen** spricht man, wenn die Fügeteile Kunststofffolien sind, der Begriff **Siegeln** ist den Papier-Kunststoff- oder Aluminiumfolie-Kunststoff-Verbunden vorbehalten. In diesen Fällen sind die thermoplastischen und thermisch aktivierbaren Schichten oft im Extrusionsverfahren erzeugt worden. Eine Verbindung kann im Regelfall nur entstehen, wenn eine thermisch reaktivierbare Beschichtung mit einem gleichartigen Fügeteil in Kontakt gebracht wird.

Eine Ausnahme stellt das **Kaltsiegelverfahren** dar, mit dem Verbindungen allein durch Druck und ohne vorherige thermische Aktivierung hergestellt werden können. Voraussetzung für seine Anwendung ist die Beschichtung beider Fügeteile mindestens an den Fügestellen mit einer Kaltsiegelmasse. Diese Massen bilden nach der Applikation nicht-klebrige Filme. Erst beim Verpressen beider Fügeteile werden Mechanismen ausgelöst, die zu molekularen Diffusionsvorgängen führen und die eine feste Verbindung ermöglichen. Viele Kaltsiegelmassen enthalten Naturkautschuk als wesentliches Polymer.

14.2.3.4 Kraft- und formschlüssige Verfahren

Formschlüssige Verbindungen sind dadurch gekennzeichnet, dass die Formgebung der beiden Fügeteile ihre Bewegung aufgrund von tangentialen Zugkräften F verhindert. Der Formschluss kann auch mithilfe eines Hilfsmittels, beispielsweise Stift, Niete, Draht oder Faden, erreicht werden. Unter Berücksichtigung dieser Definition müssen Verbindungen unter Verwendung von Klammern (Heftverbindungen), von Fäden (Nähen), von Stiften in Form von Schrauben oder Nieten als formschlüssige Verbindungen angesprochen werden. Diese Verbindungsformen werden im Folgenden kurz vorgestellt.

Die Verfahrensausprägung **Heften**, also das Verbinden mit in der Regel metallischen Heftklammern aus rundem oder flachem Draht, findet man u. a. in der buchbinderischen Verarbeitung grafischer Produkte zur Verbindung von Signaturen im Bund, bei der Herstellung von Broschüren und ähnlicher Produkte. Eine weitere wichtige Anwendung sind Klammern als verbindende Elemente bei der Verarbeitung z. B. von Schwerwellpappen. Auch im Bürobereich sind Heftklammern ein häufig angewendetes Verbindungselement.

Die Festigkeit von gehefteten Verbindungen hängt ab von der

- Festigkeit des Verarbeitungsgutes, insbesondere von seiner Weiterreißfestigkeit und seiner Berstfestigkeit,
- Festigkeit des Heftklammerdrahts und dessen Biegewiderstand,
- Art der Krafteinleitung und Anordnung der Heftklammern bezüglich der wirkenden Kräfte.

Die Beanspruchbarkeit einer durch die Kräfte *F* scherend beanspruchte Klammerverbindung hängt zunächst von der Festigkeit der Fügeteile ab. Übersteigt die Fügeteilfestigkeit bestimmte Werte, dann beginnt die Festigkeit der Klammer dominierend zu werden (Bild 14.29). Eine Erhöhung der Verbindungsfestigkeit gelingt dann nur über Klammern aus stärkerem Draht.

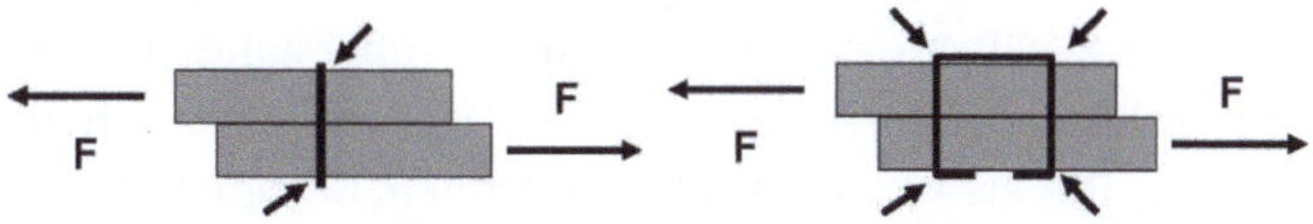

Bild 14.29 Verbindungen durch Heftklammern. Unter Einwirkung von Scherkräften werden auf die Heftklammern Drehmomente erzeugt.

Auch die Verfahrensausprägung **Nähen** findet man bei der buchbinderischen Verarbeitung grafischer Erzeugnisse in Form der Fadenheftung zur Verbindung von Signaturen.

Nach Abschluss des Nähvorgangs wird der gebildete Buchblock im Rücken mit einer Klebstoffschicht versehen, wodurch die Fäden fixiert und der Buchblock stabilisiert wird. Durch Hinterkleben mit einem Fälzelmaterial kann die Stabilisierung des Buchblocks noch gesteigert werden. In wesentlich einfacherer Form werden Nähverfahren zum Verschließen von Papiersäcken verwendet. Sie haben den Vorteil, dass durch Ziehen am Ende des Nähfadens die Naht leicht aufgezogen und damit der Sack leicht geöffnet werden kann.

Die Verfahrensausprägung **Schrauben und Nieten** ist im Wesentlichen auf das Anbringen von Applikationen an Papierverarbeitungsprodukten wie spezielle Kartonagen beschränkt. Nieten ermöglichen zudem die Herstellung von Scharnieren, wovon gelegentlich ebenfalls bei Kartonagen Gebrauch gemacht wird. Schraubverbindungen haben in der Papierverarbeitung keine Bedeutung. Anders als bei Klammern müssen im Falle der Verwendung von Nieten die Verbindungsstellen vorgelocht werden.

Die Verfahrensausprägungen **Rändeln** und **Prägen** können aufgrund ihrer Wirkmechanismen weder den formschlüssigen noch den kraftschlüssigen Verbindungen eindeutig zugeordnet werden. Dazu tragen sie noch Merkmale von stoffschlüssigen Verbindungen (Verbindungen von Fügeteilen aus Papier allein durch die Wirkung hoher Flächenpressungen).

Solche Verbindungen sind erforderlich, wenn kein Klebstoff verwendet werden kann, wie es beispielsweise bei Kaffee- und Teefiltern der Fall ist, die im bestimmungsgemäßen Gebrauch einer Heißwasserextraktion ausgesetzt sind. Die erforderlichen Verbindungsstellen werden durch Rändeln hergestellt. Rändeln ist ein Verfahren, bei dem die zu verbindenden Papierlagen durch ein Paar ineinander greifende Zahnräder geführt werden. Dabei werden lokal sehr hohe Flächenpressungen erzeugt, die die Papierlagen komprimieren, aber keine Änderung der geschichteten Anordnung der Fasern im Papier bewirken. Es ist aber sehr wahrscheinlich, dass unter der Flächenpressung Schädigungen der Faserwände ausgelöst werden. Es kann dann davon ausgegangen werden, dass Hemicellulosen aus der Faserwand austreten. Diese können dazu beitragen, dass auf trockenem Wege Wasserstoffbrückenbindungen zwischen den Fasern der zu verbindenden Papiere aufgebaut werden können, die letztendlich die Festigkeit der Verbindung gewährleisten. Die Filterpapiere sind nassfest ausgerüstet. Auch diese Ausrüstung muss eine Rolle spielen, denn die Rändelverbindungen sind so nassfest, dass der Filtrationsprozess mühelos überstanden wird. Bild 14.30 zeigt links eine rasterelektronische Aufnahme eines Querschnitts durch die Rändelung einer Kaffeefiltertüte. Die Presszonen sind zu erkennen. Geeignet für das Rändelverfahren sind verhältnismäßig offenporige und langfaserige Papiere.

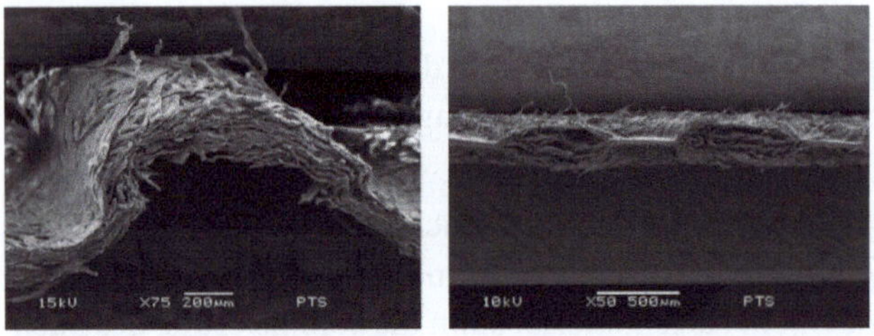

Bild 14.30 Querschnitt durch die Rändelung einer Kaffeefiltertüte (links) und die Prägungen eines vierlagigen Papiertaschentuchs (rechts)

Verwandt mit dem Rändeln sind **Prägeverfahren**, mit denen ebenfalls Papierbahnen miteinander klebstofffrei verbunden werden können. Anwendung findet es bei der Herstellung von Hygienepapierwaren wie Taschentücher, Küchenrollen oder auch Toilettenpapier aus Tissue-Papier zur Verbindung einzelner Tissue-Papierlagen zu einem hinreichend festen mehrlagigen Verbund, wofür aber ebenfalls erhebliche Flächenpressungen erforderlich sind. Deshalb werden die Prägungen punktförmig ausgeführt und die Prägepunkte oft so angeordnet, dass sie ein dekoratives Muster bilden. Zur Erzeugung der Prägungen durchlaufen die Tissue-Papierbahnen einen Prägekalander aus einem speziellen Walzenpaar. Eine der Walzen enthält Noppen zur Erzeugung der Prägepunkte. Die Gegendruckwalze kann unterschiedlich gestaltet sein. Beim *Union-Verfahren* enthält sie Vertiefungen, in die Noppen greifen. Das zu prägende Material wird in die Vertiefungen gedrückt und dort mit Druck beaufschlagt. Bei der *Punkt-Fläche-Prägung* ist das Gegenwerkzeug eine glatte Walze und bei der *Punkt-Punkt-Prägung* ist auch die Gegendruckwalze mit Noppen versehen, die exakt synchron zu den Noppen der Druckwalze mit diesen im Eingriff sind. Bild 14.30 zeigt rechts als Beispiel die Prägung bei einem vierlagigen Papiertaschentuch, die nach dem Punkt-Punkt-Prägeverfahren hergestellt wurden.

Bei **kraftschlüssigen Verbindungen** wird die Bewegung der Fügeteile unter den tangential wirkenden Zugkräften F durch Reibung behindert. Zu ihnen können die Einstecklaschen von Faltschachteln zählen. Kraftschlüssige Verbindungen werden auch gewählt, um aus einem flachliegenden fertig gerillten Zuschnitt einen dreidimensionalen Hohlkörper herzustellen, wobei lediglich Steckverbinden benötigt werden und keine anderen verbindenden Verfahren.

14.2.4 Gruppe 4: Verfahren zur Kombination von Materialien

14.2.4.1 Einführung

Flächengebilde aus Fasern wie Papier bringen aufgrund ihrer porösen Struktur und ihrer hydrophilen Eigenschaften oft keine günstigen Voraussetzungen mit, wenn es um Eigenschaften von Verarbeitungsprodukten geht wie Flüssigkeitsdichtigkeit oder Gasdichtigkeit, also um **Barriereeigenschaften** gegenüber Gasen und Flüssigkeiten. Papier ist auch nicht thermoplastisch, sodass es sich nicht zur Herstellung von Siegelverbindungen eignet, die manche Verarbeitungsprozesse erfordern. Für viele Verpackungsaufgaben werden deshalb Packstoffe aus **Kunststofffolien** bevorzugt eingesetzt, weil sie einfach mit hohen Barriereanforderungen versehen und – sofern sie siegelfähig sind – mit ihnen sichere Abpack- und Verschließlösungen gefunden werden können. Auf der anderen Seite haben Folien eine Reihe von nachteiligen Eigenschaften, zu denen auch die Bedruckbarkeit zählt. Die sehr gute Bedruckbarkeit, die hohe Biegesteifigkeit und die günstigen Falteigenschaften lassen Papier prinzipiell für viele Verpackungsaufgaben geeignet erscheinen, wenn die geforderten Barriereeigenschaften vorhanden wären.

Das Problem kann durch die **Kombination von Papier mit anderen Materialien** überwunden werden, sodass die günstigen Merkmale der Eigenschaftsprofile von Papier erhalten bleiben und die ungünstigen Merkmale des Papiers durch die Merkmale des Kombinationspartners ausgeglichen werden. Auf diese Weise lassen sich **Verbundwerkstoffe** schaffen, die in idealer Weise an z. B. Verpackungsaufgaben angepasst werden können. Die Vorteile von Verbundwerkstoffen mit Papier lassen sich aber natürlich auch außerhalb des Verpackungssektors sehr vielfältig nutzen.

Formal gibt es bei den Verfahren zur Kombination von Materialien drei Varianten – das Imprägnieren, das Beschichten und das Kaschieren bzw. das Laminieren (Bild 14.31). Beim **Imprägnieren** werden lediglich die Volumeneigenschaften des Papiers durch die Kombination mit einem **Imprägniermittel** geändert, die Dicke bleibt dagegen weitgehend unbeeinflusst. Beim **Beschichten** bleiben die Volumeneigenschaften unverändert. Der Beschichtungswerkstoff liegt auf der Oberfläche und haftet dort ohne Verwendung eines Klebstoffs. Das **Kaschieren** bzw. **Laminieren** unterscheidet sich vom Beschichten durch die Verwendung eines Klebstoffs zur Fixierung des Werkstoffs auf der Oberfläche. Auch hier bleiben die Volumeneigenschaften des Papiers unverändert.

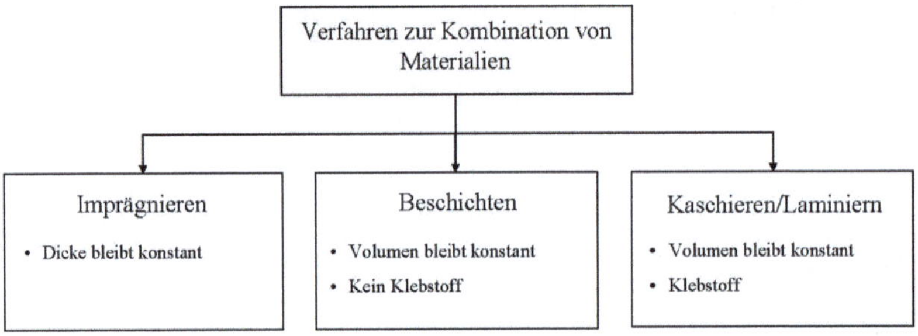

Bild 14.31 Verfahren zur Kombination von Materialien

Wie solche Kombinationspartner beschaffen sein müssen, damit sie beispielsweise geeignet sind, einem Papier Barriereeigenschaften gegenüber Gasen und Flüssigkeiten zu verleihen, kann überschlägig aus den jeweiligen **Transportmechanismen** abgeleitet werden. Für Gase beschreibt das die Diffusionsgleichung

$$\frac{\mathrm{d}m}{\mathrm{d}t} = -2 \cdot \pi \cdot r^2 \cdot D \cdot \frac{\mathrm{d}c}{\mathrm{d}z} \tag{14.15}$$

Die pro Zeiteinheit transportierte Gasmasse $\mathrm{d}m/\mathrm{d}t$ ergibt sich aus dem Konzentrationsgefälle $\mathrm{d}c/\mathrm{d}z$ über den Papierquerschnitt, also in z-Richtung, der Diffusionskonstanten D und dem repräsentativen Kapillarradius r des Papiers.

Die Diffusionskonstante D ist definiert als das Produkt aus der mittleren freien Weglänge λ der diffundierenden Gasmoleküle und ihrer mittleren thermischen Geschwindigkeit v:

$$D = \frac{1}{3} \cdot v \cdot \lambda \tag{14.16}$$

Ist τ die mittlere Zeit zwischen zwei Stößen der diffundierenden Moleküle mit Molekülen des Papiers bzw. der Schicht und m die Masse der diffundierenden Moleküle, lässt sich schreiben:

$$D = R \cdot T \cdot \frac{\tau}{m} = R \cdot T \cdot b \tag{14.17}$$

Darin sind R die allgemeine Gaskonstante, T die absolute Temperatur und b die Beweglichkeit der diffundierenden Moleküle.

Letztere wird von der mehr oder weniger offenporigen Papierstruktur nicht nennenswert eingeschränkt. Papier kann deshalb keine Diffusionsbarriere aufbauen.

Wenn allerdings Papier mit einer z. B. polymeren Beschichtung kombiniert wird, deren repräsentativer Porendurchmesser in molekulare Größenordnungen kommt, können weitgehend gasdichte Verpackungsmaterialien hergestellt werden, die umso dichter sind, je stärker die Beweglichkeit der diffundierenden Moleküle eingeschränkt werden kann. Mikrokristalline Polymere sind deshalb besser als Barrierematerial geeignet als amorphe, insbesondere wenn die diffundierenden Moleküle klein sind. Die höchsten Ansprüche an die Dichtigkeit können aber nur mit metallischen Schichten, z. B. Aluminiumfolie, erreicht werden.

Transportmechanismen für Flüssigkeiten können überschlägig der oft als ***Lucas-Washburn*-Gleichung** bezeichneten Beziehung entnommen werden, die aus der Gleichung für den Kapillardruck P_K (*Young-Laplace*-Gleichung) und der Gleichung für den Fließwiderstand P_F (*Hagen-Poiseuille*-Gleichung), der dem Kapillardruck entgegenwirkt, abgeleitet werden kann:

$$P_K = \frac{2 \cdot \sigma \cdot \cos\delta}{r} \tag{14.18}$$

$$P_F = \frac{8 \cdot \eta \cdot l}{r^2} \cdot \frac{dl}{dt} \tag{14.19}$$

Darin sind σ die Oberflächenspannung der Flüssigkeit, δ der Benetzungswinkel der Flüssigkeit an den Kapillarwänden im Papier, r der repräsentative Kapillarradius, η die Viskosität der Flüssigkeit und l die Länge der zu durchströmenden Kapillaren. Ist P_E ein ggf. herrschender äußerer Druck, der die Flüssigkeit durch die Kapillaren zu treiben sucht, dann gilt im Falle des Gleichgewichts zwischen den Drücken:

$$P_E + P_K = P_F \tag{14.20}$$

Eingesetzt liefert das die folgende Differentialgleichung:

$$P_E + \frac{2 \cdot \sigma \cdot \cos\delta}{r} = \frac{8 \cdot \eta \cdot l}{r^2} \cdot \frac{dl}{dt} \tag{14.21}$$

Die Lösung dieser Gleichung ist die ***Lucas-Washburn*-Gleichung**, die nach geeigneten Umformungen wie folgt geschrieben werden kann:

$$V = \pi \cdot r^2 \cdot \sqrt{\frac{2 \cdot r \cdot \sigma \cdot \cos\delta + P_E \cdot r^2}{4 \cdot \eta}} \cdot \sqrt{t} \tag{14.22}$$

Das transportierte Flüssigkeitsvolumen V ist danach proportional zur Wurzel aus der Kontaktdauer t. Lässt man den äußeren Druck außer Acht, dann bleiben drei Stellgrößen zur Steuerung des Flüssigkeitstransports:

- Benetzbarkeitseigenschaften der Kapillarenwand, der
- repräsentative Kapillarradius und die
- Viskosität der penetrierenden Flüssigkeit.

Mit einem porenfreien z. B. polymeren Kombinationspartner können somit auch flüssigkeitsdichte Papiere erzeugt werden. Für viele Anwendungsfälle genügt es aber, die **Benetzbarkeitseigenschaften der Kapillarwände** zu verändern, wie es beim Imprägnieren der Fall ist.

14.2.4.2 Imprägnieren

Ziel des Imprägnierens ist es, dem **Volumen des Papiers eine neue und zusätzliche Eigenschaft** zu verleihen, ohne seine Dicke zu verändern. Die Eigenschaftsveränderung kann sich auf die Fasern bzw. Kapillarwände beschränken, sie kann aber auch das vollständige Ausfüllen aller Poren im Papiervolumen mit einem anderen Stoff als Luft umfassen.

Die **Benetzbarkeitseigenschaften** der Faserwand und damit der Kapillarenwand können durch geeignete Imprägniermittel soweit reduziert werden, dass das Eindringen von Flüssigkeiten durch Kapillardepression verhindert wird. Beispiele dafür sind die fettdichte Ausstattung von Papieren und die hydrophobierende Ausstattung, die in der Papiertechnik als **Leimung** bezeichnet wird.

Für die fettdichte Ausstattung werden Imprägniermittel gewählt, die in der Lage sind, die Oberflächenspannung der Faserwände so weit zu erniedrigen, dass Fette und Öle sie nicht mehr benetzen können. Geeignet sind gewisse Fluorpolymere.

Auch die in der Papiertechnik vielfältig angewendete hydrophobierende **Leimung** ist eine Form der Imprägnierung. Das klassische Mittel zur hydrophobierenden Leimung sind **Harzleime**, die die **Beschreibbarkeit des Papiers** mit wässrigen Tinten ermöglichen. Da der für die Harzleimung notwendige sehr niedrige pH-Wert unerwünschte Folgen für die Alterungsbeständigkeit von Papier hat, sind diese Leime heute verdrängt und durch **synthetische Leimungsmittel** ersetzt, die im neutralen oder alkalischen pH-Bereich einsetzbar sind.

Ziel des Imprägnierens kann auch die vollständige Füllung der Kapillaren und Poren mit Imprägnierflüssigkeit sein, wie es beispielsweise bei der Behandlung von Dekorpapieren mit Reaktivharzen der Fall ist.

Imprägnierflüssigkeiten können als Lösung oder als Dispersion vorliegen, stets müssen sie niederviskos sein, damit das Imprägniergut in kurzen Zeiten vollständig durchdrungen werden kann. Die Menge an eindringender Flüssigkeit ist gemäß *Lucas-Washburn*-Gleichung (Formel 14.18) proportional zur Wurzel aus der Kontaktdauer.

14.2.4.3 Beschichten

Unter Beschichten versteht man das **Aufbringen einer Materialschicht auf die Oberfläche von Papier ohne Verwendung eines Klebstoffs** und ohne Veränderung der Volumeneigenschaften des Papiers. Durch die Beschichtung ist die Dicke des Verbunds größer als die Dicke des Rohpapiers.

Das **Streichen von Papier und Karton**, also das Beschichten mit einer wässrigen Pigmentschicht, ist zwar ein Beschichtungsverfahren, wird aber zur Papierherstellung gerechnet (siehe Kapitel 11) und deshalb hier nicht weiter behandelt.

Für den Prozess des **Auftragens** und der **Vergleichmäßigung von Beschichtungsmassen** auf das Rohpapier finden in Abhängigkeit ihrer physikalischen Beschaffenheit eine breite Vielfalt an Verfahrenstechniken Anwendung.

Für **Beschichtungsmassen**, die aus der Gasphase aufgetragen werden, müssen in der Regel **Hochvakuum-Verdampfungsanlagen** herangezogen werden. Beispiel für diese Technik ist die Herstellung metallisierter Papiere. Das Beschichtungsmaterial ist dabei sehr häufig Aluminium, das vor dem Beschichtungsprozess verdampft werden muss, sodass sich der Dampf auf der Papieroberfläche niederschlagen und eine dünne Metallschicht bilden kann.

Für die Beschichtung von Papier mit **thermoplastischen Kunststoffen** ist der **Extruder** das bevorzugte Gerät zur Bereitstellung der **Kunststoffschmelze**. Vom Extruder wird die hochviskose bis pastöse Schmelze einem geeigneten Auftragsaggregat zugeführt. Dieses kann eine Breitschlitzdüse sein, die einen dünnen bahnbreiten Schmelzenfilm erzeugt und auf die Papierbahn legt. Im Kontakt mit dem rückseitig gekühlten Papier erstarrt die Schmelze schnell und es bildet sich ein auf der Papieroberfläche fest haftender Polymerfilm.

Verwandt mit dem beschriebenen Beschichtungsverfahren ist das **Curtain Coating**, bei dem statt Polymerschmelzen wässrige Dispersionen oder Lösungen über eine Breitschlitzdüse spezieller Bauart verarbeitet werden. Auch hier wird ein bahnbreiter Film erzeugt und auf die Papierbahn aufgebracht. Das Curtain Coating erlaubt sogar die Erzeugung mehrlagiger Schichten in einem Arbeitsgang durch Hintereinanderschaltung mehrerer Düsen, wobei sich aber die aus den Düsen austretenden Flüssigkeitsfilme nicht vermischen dürfen. Die Herstellung hochkomplexer Schichtaufbauten wie z. B. Filme oder Papiere für die analoge Farbfotografie sind Anwendungsbeispiele dafür. Die Adaption der Verfahrenstechnik auf die Herstellung gestrichener Massenpapiere ist mittlerweile Stand der Technik.

Zwischen den beiden genannten Extremen gasförmig und hochviskos gibt es eine Vielzahl von Zwischenstufen der **Viskosität von Beschichtungsmassen** , für die jeweils angepasste Auftragsverfahren herangezogen werden. Oft sind diese Verfahren der Drucktechnik entlehnt, immer sind sie an die besonderen Bedürfnisse der Beschichtungsmasse angepasst.

14.2.4.4 Laminieren und Kaschieren

Unter Laminieren und Kaschieren versteht man **Verfahren, mit denen Kombinationen aus Papier und einem anderen Flächengebilde unter Verwendung von Klebstoff** hergestellt werden. Die Begriffe „Laminieren" und „Kaschieren" sind eigentlich synonym, werden jedoch bevorzugt verwendet, wenn ein bestimmter technischer

Sachverhalt zum Ausdruck gebracht werden soll. Die Kombination von meist bedrucktem Papier mit einer transparenten Kunststofffolie wird als **Laminieren** bezeichnet, während der Begriff **Kaschieren** für die Kombination von Papier mit einem nicht transparenten Flächengebilde steht.

Bezüglich der Verfahrenstechnik unterscheiden sich Laminieren und Kaschieren nicht wesentlich. Sie ist dadurch gekennzeichnet, dass der notwendige Klebstoff auf eine der beiden zu kombinierenden Bahnen aufgetragen wird, gefolgt vom Zusammenführen der Bahnen im Kaschierwerk und der Aufrollung des Verbundes.

Vom **Nasskaschieren** spricht man, wenn die Bahnen sofort nach dem Auftrag des nicht zwangsläufig wässrigen Klebstoffs im Kaschierwerk zusammengeführt werden und der Verbund danach einen Trockner durchläuft, der das Wasser bzw. das Lösemittel entfernt. Der fertige Verbund kann dann aufgerollt werden. Für eine erfolgreiche Anwendung dieses Verfahrens muss mindestens einer der beiden Kombinationspartner wasserdampfdurchlässig sein.

Bei nicht-wasserdampfdurchlässigen Kombinationspartnern wird das **Trockenkaschierverfahren** angewendet. Hier wird der wässrige oder lösemittelhaltige Klebstoff nach dem Auftragen auf der ersten Bahn getrocknet. Beim Zusammenführen mit der zweiten Bahn im Kaschierwerk muss der Klebstoff eine ausreichend hohe Restklebrigkeit aufweisen, um eine sichere und feste Verbindung der beiden Bahnen zu gewährleisten. Ist das nicht der Fall, kann der Klebstoff in geeigneten Kaschierwerken thermisch reaktiviert werden.

Neben den beiden genannten Verfahrenstechniken gibt es noch eine Reihe weiterer, spezieller Laminier- und Kaschierverfahren, die sich durch die Art der verwendeten Klebstoffe und deren Auftragsverfahren unterscheiden.

Beispiele für das Laminieren mit transparenten Kunststofffolien sind die Veredelung hochwertig bedruckter Papier- oder Kartonbögen. Verwendet werden hochglänzende oder matte dünne Folien aus Polypropylen, Polyester oder Celluloseacetat. Die Folien werden von der Rolle verarbeitet, wobei der erste Verarbeitungsschritt das Auftragen des Klebstoffs (überwiegend Ein- oder Zweikomponenten-Dispersionsklebstoffe) ist. Auf die Folienbahn werden nun die Druckbögen aufkaschiert, gefolgt vom Querschneiden der Folie im Zwischenraum zweier aufeinander folgender Bögen und schließlich die Aufstapelung der veredelten Bögen. In analoger Weise werden auch bedruckte Papierrollen mit Kunststofffolien veredelt.

Das Kaschieren ist ein häufig anzutreffendes Verfahren für die Veredelung von Papierverarbeitungsprodukten aus Graupappe mit bedrucktem Papier.

14.2.5 Gruppe 5: Verfahren zum Übertragen von Informationen (Drucken)

14.2.5.1 Einleitung

Der Begriff „Informationen“ ist sehr weit gefasst. Er umfasst alle **Informationen, die im Rahmen der Papierverarbeitung auf die erzeugten Produkte** aufgebracht werden müssen. Gemeint sind damit Informationen, die mit den Sinnesorganen wahrgenommen werden können, aber auch solche, deren Existenz nur messtechnisch nachgewiesen werden kann oder für dessen Wahrnehmung technische Hilfsmittel benötigt werden.

Die mit Abstand größte Bedeutung haben dabei **Bild- und Textinformationen**, die auf drucktechnischem Wege auf Papier und Karton aufgebracht werden. Sie sollen bestimmungsgemäß mit den Augen wahrgenommen werden und z. B. im Falle von Verpackungen über Packgüter und deren Zusammensetzung informieren. Es gibt Informationen, die zwar sichtbar sind, deren Sinninhalt aber ohne Hilfsmittel nicht erfasst werden kann. Dazu gehören alle Arten von Barcodes oder 2D-Codes. Auch sie werden drucktechnisch erzeugt. Im Rahmen des **Fälschungsschutzes von Produkten** können Informationen erzeugt werden, die ohne Hilfsmittel nicht wahrgenommen werden können. Beispiele sind Mikroschriften, die ohne Lupe nicht lesbar sind, oder codierte Rasterungen, deren Informationsgehalt erst durch Interferenzen mit einem Leseraster offenbart wird. Erwähnt seien auch **tastbare Informationen** wie Blindenschriftprägungen, die drucktechnisch oder mittels Prägetechnik erzeugt werden.

In der Drucktechnik werden drei Arten unterschieden:

- **Illustrationsdruck** zur Herstellung von Periodika wie Zeitungen, Zeitschriften und Illustrierte,
- **Akzidenzdruck** zur Herstellung von Akzidenzien wie Kataloge, Handzettel, Visitenkarten und andere Erzeugnisse,
- **Verpackungsdruck** zur Herstellung von Verpackungen aller Art und Packhilfsmittel wie Etiketten.

Alle Druckarten haben ihre Besonderheiten, auf die an dieser Stelle aber nicht im Einzelnen eingegangen werden kann. Es sei nur kurz angesprochen, dass der *Illustrationsdruck* im Wesentlichen auf dem konventionellen Vierfarbdruck basiert. Im *Akzidenzdruck* werden oft noch Sonderfarben hinzugenommen, wenn beispielsweise im Vierfarbsatz nicht darstellbare Sonderfarben gedruckt werden müssen. Merkmale des Verpackungsdrucks sind die Vielzahl der eingesetzten Bedruckstoffe, der benötigten Farben und der Veredelungsverfahren. Der *Verpackungsdruck* kennt Druckmaschinen mit sehr vielen Farbwerken, die notwendig sind, um die Anforderungen an die grafische Gestaltung von Verpackungen erfüllen zu können. Es ist auch nicht ungewöhnlich, in einer Druckmaschine verschiedene Druckverfahren zusammenzufassen (**Hybridmaschinen**).

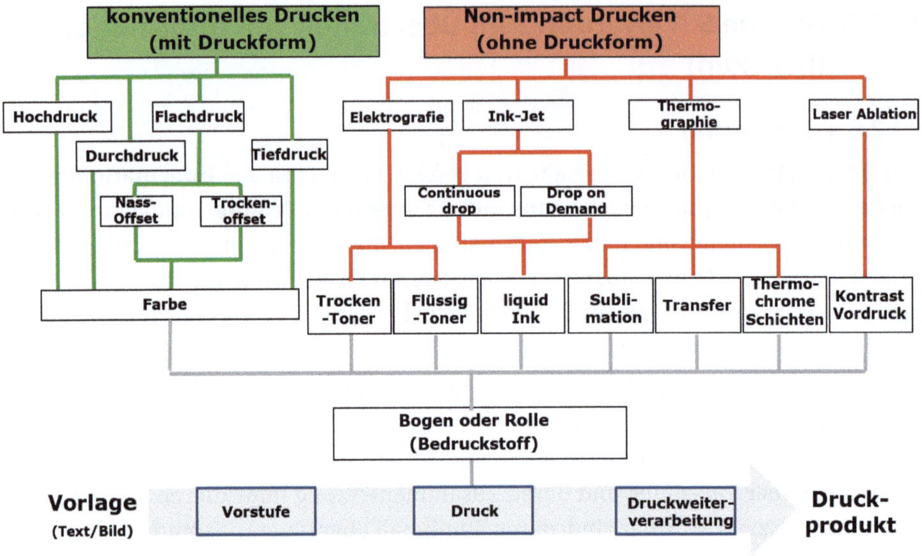

Bild 14.32 Übersicht über die konventionellen und digitalen Druckverfahren nach *Kipphan* [14.20]

Der **Ablauf des Druckprozesses** – der Workflow – ist in seiner Grundstruktur in allen Druckarten weitgehend gleich. Er ist wiederum in drei Prozessschritte gegliedert:

- **Druckvorstufe.** Dieser Prozessschritt umfasst den Satz (Texterfassung, Textformatierung, Textumbruch), die Reproduktion von Bildvorlagen und Grafiken und die Herstellung von Farbauszügen für den Mehrfarbendruck sowie die Montage (Zusammenstellen von Text-, Bild- und Grafikanteilen zur fertigen Seite) und schließlich die Druckformherstellung, sofern das gewählte Druckverfahren eine Druckform benötigt. Falls das nicht der Fall ist, erstellt die Druckvorstufe den zur Ansteuerung der Druckmaschinen erforderlichen Datensatz.
- **Druckprozess.** Dieser Prozessschritt umfasst die Zusammenführung von Druckmaschine mit Druckform (sofern benötigt), Papier und Druckfarbe. An seinem Ende steht der fertig bedruckte Bedruckstoff, aber noch nicht unbedingt das fertige Druckerzeugnis. Der Druckprozess kann konventionell mit Druckform oder digital ohne physische Druckform erfolgen. Eine Übersicht über mögliche Verfahrensausprägungen zeigt Bild 14.32.
- **Druckweiterverarbeitung.** In vielen Fällen muss das im Druckprozess entstandene Produkt weiterverarbeitet werden, um das Endprodukt entstehen zu lassen. Die Druckweiterverarbeitung kann Veredelungsprozesse ebenso umfassen wie die buchbinderische Verarbeitung oder die Aufbereitung der gedruckten Exemplare zu versandfertigen Einheiten.

14.2.5.2 Konventionelle Druckverfahren

Die konventionellen Druckverfahren sind dadurch gekennzeichnet, dass sie die Informationen mit einer physischen **Druckform** unter Verwendung einer **Druckfarbe** auf den Bedruckstoff übertragen. Je nach Verfahren kann die Informationsübertragung aber ganz unterschiedlich erfolgen. Bild 14.33 zeigt, welche Grundprinzipien der Informationsübertragung den konventionellen Druckverfahren zugrunde liegen.

Konventionelle Druckverfahren verwenden **flüssigen Druckfarben**, die sich aber je nach Verfahrensausprägung sehr voneinander unterscheiden können. Trotz der Unterschiede bestehen alle Farbsysteme aus den folgenden vier **Grundkomponenten**:

- farbgebende Stoffe (Pigmente oder Farbstoffe),
- Bindemittel,
- Lösemittel,
- Additive.

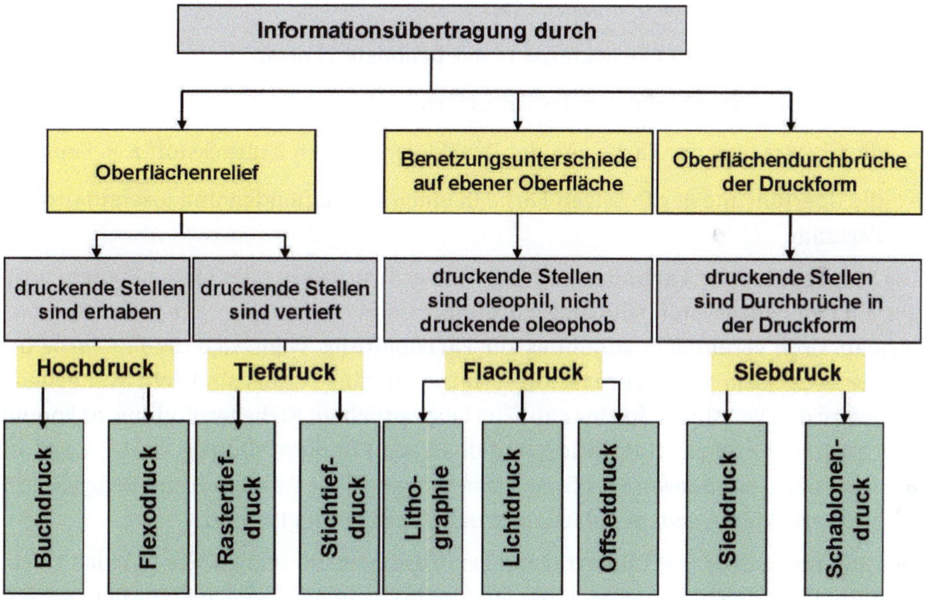

Bild 14.33 Grundprinzipien der Informationsübertragung bei den konventionellen Druckverfahren

Die wichtigsten Merkmale der verschiedenen Druckfarbenarten sind in Tabelle 14.3 zusammengestellt.

Tabelle 14.3 Basiszusammensetzung von pastösen, ölbasierten Druckfarben, von Flüssigfarben und von UV-härtbaren Farben [14.21]

Farbtyp	pastös auf Ölbasis	dünnflüssig	UV-härtend
Anwendung	Offsetdruck/ Buchdruck	Tiefdruck/Flexodruck	anpassbar an alle Druckverfahren
Bindemittel	Hartharz (Phenolharz, Kohlenwasserstoffharz u. Ä.)	Harz (Acrylharze, Nitrocellulose u. Ä.)	Oligomere (Epoxide, Acrylate)
Lösemittel	Öl (Mineralöl, vegetabilisches Öl)	organische Lösemittel oder Wasser	Monomere (Epoxide, Acrylate)
Farbgebender Stoff	Pigment	Pigment	Pigment
Additiv	diverse, Trockenstoff	diverse	diverse, Fotoinitiatoren

Wesentliche Schritte des Druckprozesses sind

- die Bereitstellung der Druckfarbe in der benötigten Form,
- das gleichmäßige Einfärben der Druckform,
- die Übertragung der Farbe von der Druckform auf den Bedruckstoff z. B. Papier,
- die Überführung der flüssigen Farbe in einen fest haftenden und lösemittelfreien Farbfilm.

Die Vorgänge bei der **Farbübertragung** von der Druckform oder einem Zwischenträger auf den Bedruckstoff sind äußerst komplex und hängen von sehr vielen Parametern ab. Grob vereinfacht kommt es zur **Farbspaltung**, wenn sich die mit Farbe bedeckte Druckform vom Bedruckstoff löst. Die Vorgänge dabei sind sehr weitgehend analog zu den Vorgängen in einer auf Zug beanspruchten Klebeverbindung, es kommt also auch hier erst zur **Kavitation** und dann zur **Filamentbildung**. In der Regel ist die Kohäsion des flüssigen Farbfilms viel geringer als die Adhäsion zum Bedruckstoff und zur Druckform, sodass Kohäsionsbruch (Filmspaltung) einsetzt.

Der auf den Bedruckstoff übertragene **Farbfilm** muss so schnell wie möglich trocknen. Am Ende dieses Prozesses muss eine Farbschicht vorliegen, die aus dem verfestigten Bindemittel besteht, in dem der farbgebende Stoff (z. B. Farbpigment) fest eingebunden ist. Die **Farbschicht** ist dann weitgehend abriebfest.

Während der **Trocknung** muss das Lösemittel entfernt werden. Das kann physikalisch durch Wegschlagen, Verdampfen oder Verdunsten erfolgen oder chemisch in einem Polymerisationsprozess. Bei manchen Farbsystemen werden auch Kombinationen aus mehreren Trocknungsverfahren angewandt.

Offsetdruck

Der Offsetdruck ist ein **Flachdruckverfahren**, bei dem die druckenden und die nicht druckende Stellen nahezu in einer Ebene liegen. Er ist ein indirektes Druckverfahren, d. h. die Druckfarbe wird von der Druckform mittels eines Drucktuchzylinders auf das Papier transferiert. Die Druckfarbe ist ölbasiert und zähflüssig bis pastös (siehe Tabelle 14.3). Die Druckform besteht in der Regel aus Metall, die druckenden Stellen sind hydrophob bzw. oleophil eingestellt, die nichtdruckenden Stellen dagegen hydrophil bzw. oleophob. Als Druckhilfsmittel wird ein Feuchtmittel (Ausnahme: wasserloser Offset) benötigt.

Das Prinzip des **Offsetdrucks** ist in Bild 14.34 gezeigt.

Der Offsetdruck hat folgende wesentlichen Verfahrensausprägungen:

- **Coldset**, gekennzeichnet durch ausschließlich physikalisch (wegschlagende) Trocknung der Farbe. Das Verfahren wird bevorzugt im Zeitungs-Rotationsdruck verwendet.
- **Bogenoffset**, gekennzeichnet durch Farben, die physikalisch und chemisch Trocknen. Anwendung bevorzugt im Verpackungsdruck.
- **Heatset**, gekennzeichnet durch physikalische Trocknung (Verdampfen des Farblösemittels). Das Heatset-Verfahren wird im Rollenoffset zur Herstellung von Akzidenzien und Periodika eingesetzt.
- **UV-Offset**, gekennzeichnet durch ein UV-härtbares Bindemittel- und Lösemittelsystem.
- **Wasserloser Offset**, gekennzeichnet durch spezielle Druckformen und dafür geeigneter Farbsysteme.

Für die Papierverarbeitung ist der **Bogenoffsetdruck** von besonderer Bedeutung. Er ist das Standardverfahren für die Herstellung von Faltschachteln und anderer Verpackungen, gekennzeichnet durch ein Bindemittelsystem, das nach dem physikalischen Entfernen des Lösemittels chemisch härtet. Dieser Vorgang kann katalytisch beschleunigt werden mit Schwermetallsalzen wie Kobalt- oder Mangan-Salzen. Die entsprechenden Additive sind die **Sikkative**. Es gibt darüber hinaus aber noch eine Vielzahl von Einflussfaktoren auf die Farbtrocknung. Genannt seien der Feuchtegehalt des Papiers und sein pH-Wert. Die Trocknungsdauer steigt mit zunehmendem Feuchtegehalt rasch an. Auf Papieren mit pH-Wert $< 4{,}5$ wird die chemische Trocknung inhibiert. Papiere mit derart niedrigem pH-Wert sind für den Bogenoffsetdruck nur bedingt geeignet.

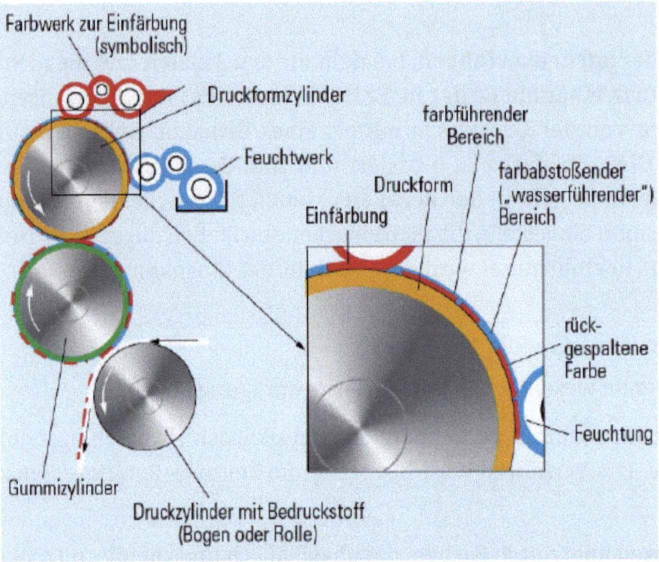

Bild 14.34 Prinzip des Offsetdrucks nach *Kipphan* [14.22]

An das Papier stellt der Offsetdruck in allen seinen Ausprägungen hohe Ansprüche:

- Die Übertragung der zähen Offsetfarbe erfordert Papiere mit hoher **Rupffestigkeit** und **Lagenfestigkeit**.
- Das Papier muss an das Farbsystem angepasste Wegschlageigenschaften haben, damit eine möglichst gute Trennung von Lösemittel und Bindemittel möglich wird.
- Der pH-Wert des Papiers muss ausreichend hoch sein.
- Das Papier darf keine Bestandteile enthalten, die nicht beständig gegenüber den oft sauer eingestellten Feuchtmitteln sind.
- Das Papier muss **staubfrei** und frei von losen Partikeln sein, die zur raschen Verschmutzung des Drucktuchs führen können.

Allgemeine Anforderungen an Papiere für den Offsetdruck sind in DIN 19306, Teil 2 [14.23], formuliert.

Tiefdruck

Beim Tiefdruck ist die Druckform ein Relief, bei dem die druckenden Stellen vertieft, die nichtdruckenden Stellen nicht vertieft sind. Die druckenden Stellen müssen aus Rasterpunkten aufgebaut sein, ein Vollflächendruck ist nicht möglich. Die Anordnung der Rasterpunkte und die Rasterpunkttiefe sind variabel, wodurch ein autotypischer Druck möglich wird. Die Druckformen sind in der Regel Metallzylinder mit Kupferoberflächen. Die Druckfarben sind beim Tiefdruck wässrig oder lösemittelhaltig und stets dünnflüssig. Der Tiefdruck ist ein direktes Druckverfahren, bei dem die Farbe direkt von der Druckform auf das Papier übertragen wird. Wenn der Bedruckstoff besondere Anforderungen insbesondere hinsichtlich der Glätte erfüllt, kann mit dem Tiefdruck-Verfahren eine hohe Druckqualität erzielt werden.

Das Prinzip des Tiefdruckverfahrens ist in Bild 14.35 gezeigt.

Der rotierende Druckzylinder durchläuft zunächst die Farbwanne, wobei sich die Rasterpunkte mit Farbe füllen. Anschließend wird der Farbüberschuss abgerakelt und werden die nichtdruckenden Stellen sowie die Stege zwischen den Rasterpunkten farbfrei gemacht. Danach kommt der Bedruckstoff mit dem Druckzylinder in Kontakt und wird mit dem Gegendruckzylinder – dem **Presseur** – gegen den Druckzylinder gepresst. Die Farbe wird direkt aus dem gerasterten Druckformzylinder auf den Bedruckstoff übertragen. Das bedingt einen sehr ebenen Bedruckstoff, der an jeder Stelle des Zylinders den Kontakt mit dem farbgefüllten Rasternäpfchen sicherstellt. Die Glätte des Bedruckstoffs ist deshalb von grundlegender Bedeutung für die vollständige Farbübertragung. Eine weitere Anforderung an den Bedruckstoff ist das schnelle **Wegschlagen des Farblösemittels**. Allgemeine Anforderungen an Papiere für den Tiefdruck sind in DIN 19306, Teil 3 [14.24], formuliert.

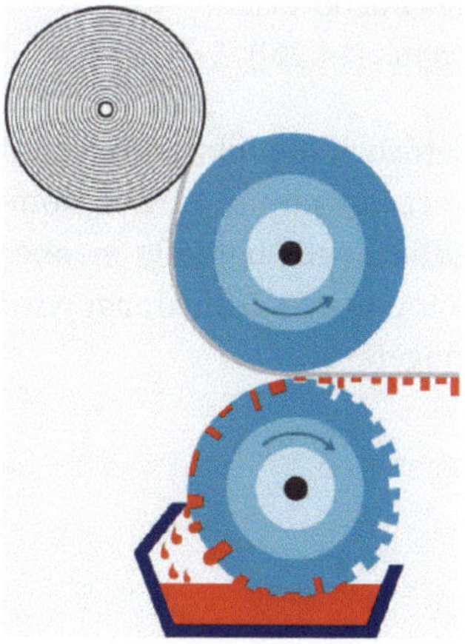

Bild 14.35
Prinzip des Tiefdrucks [14.25]

Hochdruck

Genau wie beim Tiefdruck ist die Druckform ein Relief, allerdings sind hier die druckenden Stellen erhaben, die nichtdruckende Stellen sind vertieft. Die Druckform wird aus einem Fotopolymer hergestellt. Die Druckfarben sind wässrig oder lösemittelhaltig und dünnflüssig oder ölbasiert und hochviskos oder pastös, je nach Verfahrensausprägung. Wie der Tiefdruck ist auch der Hochdruck ein direktes Druckverfahren, bei dem die Farbe direkt von der Druckform auf das Papier übertragen wird.

Verfahrensausprägungen sind der **Flexodruck** und der **Buchdruck**. Während der Buchdruck, das älteste, in der Mitte des 15. Jahrhunderts als Druckverfahren mit beweglichen Metall-Lettern von *Gutenberg* erfundene Druckverfahren (siehe Abschnitt 1.3) nur noch im Etikettendruck zu finden ist und sonst keine Bedeutung mehr in der Papierverarbeitung hat, hat sich der Flexodruck in den vergangenen Jahren zu einem sehr leistungsfähigen Druckverfahren entwickelt, dessen Anwendungsschwerpunkt der Verpackungsdruck ist.

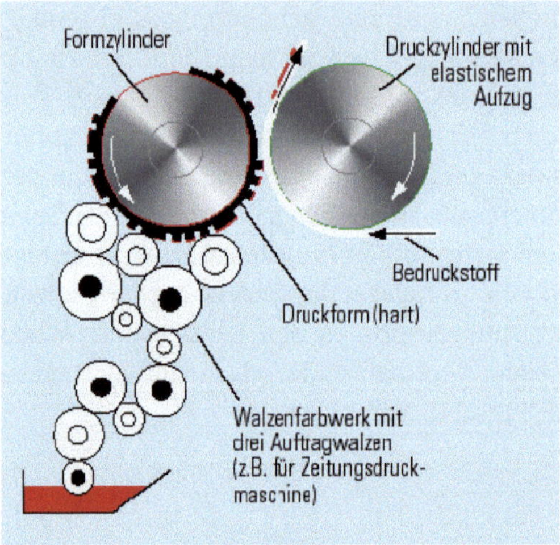

Bild 14.36
Prinzip des Buchdrucks
(nach *Kipphan* [14.26])

Der **moderne Buchdruck** (Bild 14.36) hat mit dem Offsetdruck die ölbasierten und sehr hochviskosen Druckfarben gemeinsam. Auch hier erzwingen die Farben komplexe Farbwerkskonstruktionen, im Unterschied zum Offsetdruck benötigt er aber kein Feuchtmittel. Die harte und schwer verformbare Fotopolymer-Druckform wird auf Metallzylinder aufgezogen und mittels Farbwalzen eingefärbt.

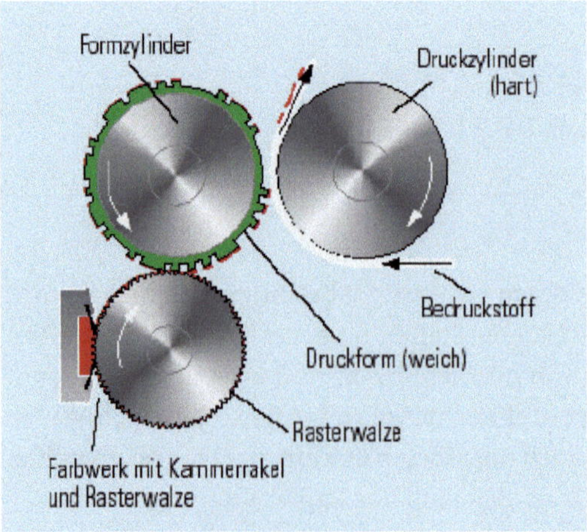

Bild 14.37
Prinzip des Flexodrucks
(nach *Kipphan* [14.26])

Der **Flexodruck** verwendet im Gegensatz zum Buchdruck weiche Fotopolymer-Druckformen, die ebenfalls auf Metall-Druckzylinder aufgezogen werden. Da die Flexodruckfarben dünnflüssig sind, wird kein aufwendiges Walzenfarbwerk benötigt, vielmehr besteht das Farbwerk lediglich aus einer Rasterwalze und einem Kammerrakelsystem (Bild 14.37). Eine besondere Rolle spielt die Auswahl der Rasterwalze, deren Beschaffenheit sorgfältig auf die Bedürfnisse der Druckform abgestimmt sein muss.

Bei beiden Ausprägungen des Hochdruckverfahrens werden keine besonderen Anforderungen an den Bedruckstoff gestellt. Auch verhältnismäßig raue Bedruckstoffe können in guter Qualität bedruckt werden.

Siebdruck

Beim Siebdruck handelt es sich um ein Durchdruckverfahren. Es werden lösemittelbasierte, wässrige oder strahlenhärtende Farben verwendet. Die Druckform ist ein Metall- oder Kunststoffsieb, bei der die nichtdruckenden Stellen mit einer Schablone abgedeckt sind, die für die Druckfarbe undurchlässig ist. Die Druckqualität wird maßgebend durch die Siebstruktur festgelegt. Als Verfahrensausprägungen sind der Flachsiebdruck und der rotative Siebdruck bekannt.

Da im Siebdruck wesentlich größere Farbmengen übertragen werden können als bei allen anderen bisher besprochenen Druckverfahren, beschreibt diese Eigenschaft auch das bevorzugte Einsatzgebiet, nämlich die Erzeugung dicker und sehr farbintensiver Drucke. Auch tastbare Braille-Schriften können im Siebdruck gedruckt werden. An den Bedruckstoff stellt der Siebdruck keine besonderen Anforderungen. Verfahrensvarianten für die Bedruckung von ebenen oder gekrümmten Metall-, Glas- und Kunststoffgegenstände sind verfügbar. Im Siebdruck können aber auch sehr feine Bildstrukturen bis in den µm-Bereich dargestellt werden, was bei der Herstellung gedruckter Elektronik genutzt wird.

Prägefoliendruck

Die Domäne des Prägefoliendrucks ist die **Erzeugung metallisch glänzender Oberflächen auf Bedruckstoffen**, es lassen sich aber auch andere Effekte erzielen, wie z. B. die **Erzeugung von Hologrammen**. Das Druckprinzip in der Verfahrensausprägung **Heißprägefoliendruck** geht aus Bild 14.38 hervor. Die Druckfarbe ist in diesem Druckverfahren nicht flüssig. Sie ist vielmehr Bestandteil eines komplex aufgebauten Farbbandes, das aus einer mit einem Mehrschichtsystem beschichtet Trägerfolie besteht. Die eigentliche Farbe gebende Schicht ist im gezeichneten Fall eine Metallaufdampfschicht sehr geringer Dicke, die zwischen einer thermisch aktivierbaren Haftschicht und einem Schutzlack eingebettet ist. Dieses Schichtsystem ist mittels einer Trennschicht mit der Trägerfolie verbunden. Zum Druck wird ein beheizbares Werkzeug mit erhabenen druckenden Stellen benötigt. Mit dem Werkzeug wird die Folie auf den Bedruckstoff gepresst und die Haftschicht reaktiviert. Die Haftkräfte der Haftschicht auf dem Bedruckstoff müssen höher sein als die Trennkräfte des Farbe gebenden Mehrschichtsystems auf der Trägerfolie. Beim Abheben der Folie verbleibt der reaktivierte Bereich auf dem Bedruckstoff und der nicht reaktivierte auf der Trägerfolie.

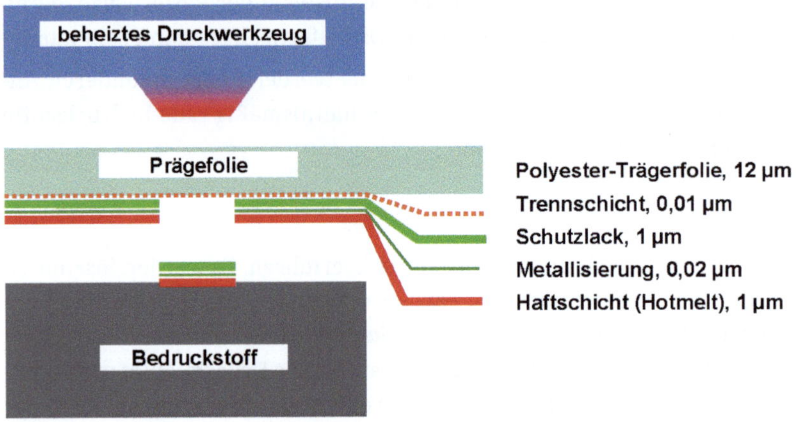

Bild 14.38 Zum Prinzip des Heißprägefoliendrucks [14.27]

In der Verfahrensausprägung **Kaltprägefoliendruck** fehlt die Haftschicht im Farbband. Stattdessen wird zuerst die Kontur der druckenden Stelle mittels einer speziellen Druckfarbe auf den Bedruckstoff gedruckt. Gegen die bedruckte Stelle wird das Farbband gepresst. Die Restklebrigkeit dieser Druckfarbe reicht dann aus, die Farbe gebende Schicht von der Trägerfolie abzulösen. Danach muss die Druckfarbe noch fertig trocknen. In der Regel werden UV-härtende Druckfarben verwendet, die erst nach der Übertragung der Prägefolie gehärtet werden.

14.2.5.3 Digitale Druckverfahren

Gemeinsames Merkmal der digitalen Druckverfahren ist das **Fehlen einer physikalischen Druckform**. Es fehlt somit auch in der Regel der Anpressdruck, der auf die Druckform ausgeübt werden muss, um Farbe auf den Bedruckstoff zu übertragen. Digitale Druckverfahren werden deshalb auch oft als **Non-Impact Druckverfahren** bezeichnet.

Eine Vielzahl von verschiedenen Verfahrensausprägungen wird unter dem Begriff Digitaldruck zusammengefasst. Dazu zählen

- Elektrofotografie mit den Untergruppen Trockentonerdruck und Flüssigtonerdruck
- Inkjet-Druck mit den Untergruppen Drop on Demand und Continuous Inkjet
- Thermodruck mit den Untergruppen Thermotransferdruck, Thermosublimationsdruck und Druck auf thermosensitiv beschichtete Spezialbedruckstoffe.
- Laserablation

Elektrofotografie

Kernstück des elektrofotografischen Druckverfahrens ist eine halbleitend beschichtete Trommel, die **Fotoleitertrommel**, auf deren Oberfläche durch Belichtung ein latentes Bild in Form einer Ladungsverteilung erzeugt wird. Dieses wird mit der Druckfarbe, dem **Toner**, entwickelt. Von der Trommel wird dann die Druckfarbe direkt oder mit Zwischenschaltung eines Übertragungszylinders auf den Bedruckstoff übertragen.

In der Verfahrensausprägung **Trockentonerdruck** ist die Druckfarbe ein feines thermoplastisches Polymerpulver mit genau definierten elektrostatischen Eigenschaften, die die auf die Ladungsverteilung auf der Oberfläche der belichteten Fotoleitertrommel abgestimmte positive Aufladung der Partikel zulassen. Zur Übertragung auf den Bedruckstoff wird dieser negativ aufgeladen. Schließlich muss der lose auf der Bedruckstoffoberfläche liegende Toner thermisch fixiert werden.

Die Übertragung des Toners auf den Bedruckstoff erfordert eine völlig ebene, falten- und blasenfreie Oberfläche, die elektrostatisch aufladbar ist. Sie muss zudem so beschaffen sein, dass der Toner nach der thermischen Fixierung fest auf seiner Oberfläche haftet.

Bei der Verfahrensausprägung **Flüssigtonerdruck** liegt der Toner in Form kleiner elektrisch geladener Partikel vor, die in Flüssigkeit dispergiert sind. Das auf der Fotoleitertrommel entwickelte Bild wird auf einen beheizten Zylinder übertragen und getrocknet. Das getrocknete Bild wird dann auf den Bedruckstoff übertragen. Bei Mehrfarbendruck wird die Fotoleitertrommel nacheinander gemäß der zu den Prozessfarben gehörenden Farbauszüge belichtet und entwickelt. Alle Farbanteile werden auf der Übertragungswalze gesammelt und getrocknet. Das komplette Bild wird dann in einem Schritt auf den Bedruckstoff übertragen.

Wegen des indirekten Druckverfahrens werden an die Bedruckstoffbeschaffenheit geringere Ansprüche gestellt als im Falle des Trockentonerdrucks, lediglich die Haftung des getrockneten Farbfilms muss gewährleistet sein.

Inkjet-Druck

Gemeinsam ist allen Inkjet-Verfahrensausprägungen die **Farbübertragung auf den Bedruckstoff in Form kleiner Farbtröpfchen**. Die verwendeten Farben sind in der Regel ähnlich den Flüssigfarben konventioneller Druckverfahren aufgebaut, unterscheiden sich von diesen aber in vielerlei Hinsicht, u. a. durch die wesentlich feineren Pigmentteilchen. Auch das Verhalten ist ähnlich: Der Inkjet-Flüssigkeitstropfen muss nach dem Auftreffen auf den Bedruckstoff den Lösemittelanteil schnell abgeben, damit das Pigment bzw. der Farbstoff mit dem Bindemittel einen fest haftenden und kontrastreichen Bildpunkt liefern kann. Wie beim konventionellen Druck mit Flüssigfarben wird die Güte des Ausdrucks wesentlich von der Beschaffenheit der Bedruckstoffoberfläche mitbestimmt. Dies gilt insbesondere für fotorealistische Bildwiedergaben, die spezielle Bedruckstoffoberflächen verlangen, wobei noch zwischen wässrigen Inkjetfarben und lösemittelbasierten Farben zu differenzieren ist. Darüber hinaus gibt es noch weitere Farbvarianten wie UV-härtende Farben und Farben, die aus der Schmelze verdruckt werden.

Seitens der Inkjet-Drucksysteme lassen sich die Verfahrensausprägungen unterscheiden, die mit einem **kontinuierlichen Tröpfchenstrom (continuous drop)** und mit **einzeln erzeugten Tröpfchen (drop on demand, DOD)** arbeiten, wobei die DOD-Anwendungen überwiegen.

Zur Tröpfchenerzeugung werden beim **DOD-Verfahren** Druckimpulse verwendet, die in einem mit Tinte gefüllten und mit einer Düse verschlossenen kleinen Kammer erzeugt werden. Das kann piezoelektrisch oder thermisch erfolgen. Die Kammer muss so mit einem größeren Tintenreservoir verbunden sein, dass das Volumen des ausgestoßenen Tröpfchens – es beträgt etwa 10 pl – aus diesem nachgefüllt werden kann. In handelsüblichen Druckköpfen für Großdrucker sind über 1000 Kammern zu Arrays zusammengefasst, die einzeln digital angesteuert werden können. Mit derartigen modernen Digitaldruckmaschinen können komplexe und mehrfarbiger Druckmotive mit hoher Auflösung gedruckt werden. Kleindrucker, wie sie beispielsweise für das monochrome Aufdrucken variabler Daten auf Verpackungen oder von Datamatrix-Codes auf Pharmafaltschachteln eingesetzt werden, verwenden oft Tintenkartuschen, in denen Tintenreservoir und Tintenkammern zur Tröpfchenerzeugung zusammengefasst sind.

Continous-drop-Verfahren verwenden ein Düsensystem, aus dem unter hohem Druck ein feiner Tintenstrahl austritt. Wird in dem Tintenstrahl eine hochfrequente Druckwelle eingespeist, löst sich der Strahl sofort nach dem Verlassen der Düse in elektrisch aufladbare Einzeltröpfchen auf. Diese durchlaufen einen Ladekondensator, der sie elektrisch auflädt. Ein Ablenkkondensator kann nun zur gezielten Ablenkung der Tröpfchen aus ihrer Flugbahn verwendet werden, sodass zwischen zum Druck benötigten und nicht benötigten Tröpfchen unterschieden werden kann. Letztere werden in das System zurückgeführt und in das vorhandene Tintenreservoir eingespeist.

Während mit DOD-Verfahren präzise auch komplexe und mehrfarbige Druckmotive dargestellt werden können, wird das Continous-drop-Verfahren eher für Druckaufgaben wie die Anbringung einfacher variabler Daten bei hohen Druckgeschwindigkeiten z. B. an Verpackungen eingesetzt.

Thermodruck

Mit dem Begriff Thermodruck fasst man drei Verfahrensausprägungen zusammen, den Thermotransferdruck, den Thermosublimationsdruck und den Druck auf thermosensitiv beschichtete Bedruckstoffoberflächen.

Der **Thermotransferdruck** hat eine gewisse Verwandtschaft mit dem Heißprägefoliendruck. Auch hier wird ein Farbband verwendet, dessen Trägerfolie mit einer thermoplastischen Schicht versehen ist, in der der Farbe gebende Stoff eingebettet ist. Die

Farbübertragung geschieht thermisch durch Reaktivierung der Trägerfolienbeschichtung, die dann auf dem Bedruckstoff haften bleibt. Es können sehr farbintensive und kontrastreiche, in aller Regel monochrome Beschriftungen hergestellt werden. Der Bedruckstoff braucht keine spezielle Oberflächenbeschichtung zu tragen. Er muss lediglich die benötigten Hafteigenschaften aufweisen (hinreichend hohe Oberflächenspannung) und er muss so eben sein, dass ein gleichmäßiger Kontakt zur Trägerfolie möglich ist. Erfahrungsgemäß soll das Rauheitsprofil kleiner 1 µm sein.

Das **Thermosublimationsdruckverfahren** benötigt Spezialbedruckstoffe, die mit einer Farbstoffempfängerschicht ausgestattet sind. Gedruckt wird mit Farbbändern, die mit sublimierbaren Farbstoffen beschichtet sind. Wenn die druckende Stelle des Bandes erhitzt wird, verdampft der feste Farbstoff, ohne vorher in den flüssigen Zustand überzugehen. Der Farbstoffdampf wird von der Farbempfängerschicht des Bedruckstoffes aufgenommen und fixiert. Das Verfahren erlaubt 4-Farbdrucke mit sehr guter Druckqualität.

Thermosensitiv beschichtete Bedruckstoffe tragen einen Pigmentstrich, der einen bei Raumtemperatur farblosen Farbstoff enthält, der aber in der Wärme einen Farbumschlag aufweist. Bei lokaler Erhitzung verfärbt sich die Oberfläche, wodurch kontrastreiche Zeichen erzeugt werden können. Zum Beschreiben wird ein Schreibkopf mit einer Vielzahl sehr kleiner, elektrisch beheizbarer Punkte verwendet, die digital angesteuert werden können. Am feststehenden Schreibkopf wird das Thermopapier vorbeigeführt und dabei mithilfe von kurzzeitig erzeugten Wärmestößen beschrieben. Thermosensitiv beschichtete Papiere werden vielfältig eingesetzt, z. B. in Faxgeräten, in Preisauszeichnungsetiketten und an vielen anderen Stellen.

Laser-Ablationsdruck

Das **Laser-Ablationsverfahren** ist dadurch gekennzeichnet, dass mithilfe eines im infraroten Spektralbereich emittierenden Lasers eine zuvor auf den Bedruckstoff aufgebrachte Kontrastschicht lokal durch Erhitzen verdampft und dadurch abgetragen wird, ohne den darunter liegenden Bedruckstoff nennenswert zu beschädigen. Dadurch werden die unter der Kontrastschicht liegende Schichten sichtbar. Eine Anwendung des Verfahrens ist die **Codierung** von beispielsweise Faltschachteln, auf die zuvor an der zu codierenden Stelle eine Kontrastschicht aufgedruckt wurde. Für diese Aufgabe werden vorwiegend CO_2-Laser (Wellenlänge: 10,6 µm oder 9,3 µm) eingesetzt. Hinweise zur Güte von Codierungen, die mit Inkjet-Druck oder Laser-Ablationsverfahren hergestellt wurden, finden sich in der FFPI-Spezifikation „Pharmakarton“ [14.28].

14.2.6 Gruppe 6: Verfahren zum Transport in Maschinen

14.2.6.1 Einführung

In der Papierverarbeitung eingesetzte Maschinen haben den Zweck, die Verfahrensschritte auszuführen, die notwendig sind, das Verarbeitungsgut von einem Anfangszustand am Eingang der Maschine in den Endzustand am Ende der Maschine überzuführen. Sie haben also einen **Materialeingang**, in dem das zu verarbeitende Gut zugeführt wird, und einen **Materialausgang**, in dem verarbeitetes Gut anfällt. Die folgende Systematik zeigt, welche Eingang-Ausgang-Konfigurationen möglich sind (Bild 14.39).

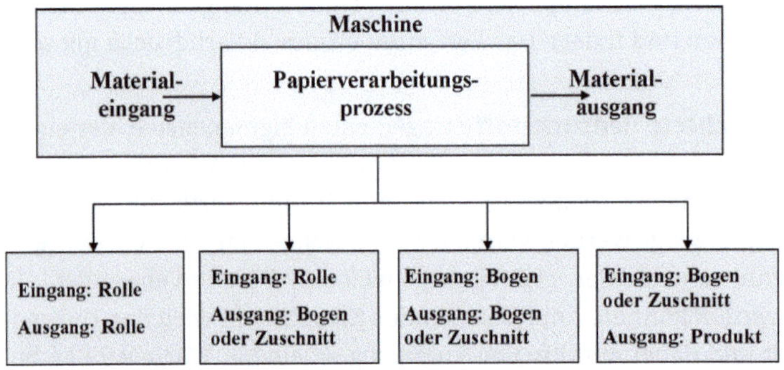

Bild 14.39 Systematik Materialeingang/-ausgang. Konfiguration bei Maschinen für die Papierverarbeitung

Beispiele für Maschinen sind:

- **Eingang: Rolle, Ausgang: Rolle:** Rollendruckmaschinen oder Rollenschneidemaschinen
- **Eingang: Rolle, Ausgang: Bogen/Zuschnitt:** Kombination von Rollenverarbeitungsmaschinen mit anschließendem integrierten Querschneider oder Rotationsstanze/Flachbettstanze
- **Eingang: Bogen, Ausgang: Bogen/Zuschnitt:** Bogen-Druckmaschine, Flachbettstanze, Kombination von Bogenverarbeitungsmaschine mit Rotationsstanze oder Inline-Flachbettstanze
- **Eingang: Bogen/Zuschnitt, Ausgang: Fertigprodukt:** Maschine zum Falten und Längsnahtkleben von Faltschachtelzuschnitten.

In allen Fällen muss das Verarbeitungsgut präzise positioniert den einzelnen Teilprozessen, die in der Maschine ablaufen, zugeführt werden. Diese Aufgaben bewältigen die Verfahren, die zur Verfahrensgruppe Transport in Maschinen.

14.2.6.2 Transport von Rolle zu Rolle

Die wesentlichen **Elemente einer Verarbeitungsmaschine**, die von Rolle zu Rolle arbeitet, zeigtBild 14.40 . Dazu gehören die Abwicklung mit Ablaufbremse und Aufwicklung, die Bahnführungselemente, die Bahnführung durch die Teilprozesse, im dargestellten Fall ohne angetriebene Walzen sowie der Bahnantrieb mit Antriebswalzen.

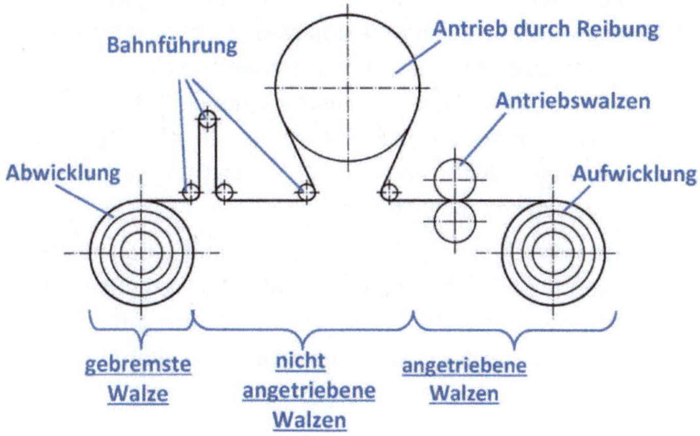

Bild 14.40 Elemente einer Verarbeitungsmaschine, die von Rolle zu Rolle arbeitet

Die Konfiguration muss sicherstellen, dass an jeder Stelle des Verarbeitungsprozesses bzw. seiner Teilprozesse die gleiche Bahngeschwindigkeit und die gleiche Bahnspannung herrschen.

Zum Aufrechterhalten des **Bahnzugs** muss die Abwicklung eine Bremse enthalten, gegen die der Bahnantrieb arbeitet. Die **Bremskraft** muss in Abhängigkeit vom Radius der Rolle einstellbar sein, um ein konstantes Bremsmoment zu erzeugen.

Die Bahnführungselemente umfassen die **Bahnkantensteuerung**, die **Bahnzugregelung** und die **Breitstreckung**.

Für die **Bahnkantensteuerung** muss die Bahnkante detektiert werden. Hierfür können optische oder Ultraschallsensoren verwendet werden. Das Detektorsignal wird zur Steuerung des Stellelements benutzt, das beispielsweise aus einem Drehrahmensystem mit vier Umlenkwalzen bestehen kann. Die Bahn umschlingt die Walzen um jeweils 90°. Die beiden mittleren Walzen können gemeinsam verdreht werden, wobei der Drehpunkt in der Ebene der einlaufenden Bahn liegen muss. Läuft die Bahn über das verdrehte Walzenpaar, entsteht ein Bahnzuggefälle, dem die Bahn auszuweichen trachtet, in dem sie in Richtung auf den niedrigeren Bahnzug aus ihrer ursprünglichen Bewegungsrichtung ausweicht. Durch die Anordnung der Walzen eines Drehrahmensystems und die Wahl nicht zu großer Verdrehwinkel muss gewährleistet werden, dass die Elastizitätsgrenze des Papiers nicht überschritten wird.

Zur **Bahnzugregelung** wird ein Tänzerwalzensystem verwendet, im einfachsten Fall ein Dreiwalzensystem mit zwei äußeren jeweils mit 90° umschlungenen Walzen und einer beweglich angeordneten Mittelwalze, die von der Bahn um 180° umschlungen wird. Der Bahnzug wird nun so geregelt, dass die Mittelwalze lagestabil bleibt. Verfügbar sind auch Messwalzen für den Bahnzug, deren Messsignal beispielsweise zur Regelung der Bremse verwendet werden kann.

Zur **Breitstreckung** werden Breitstreckwalzen oder Breitstreckstangen eingesetzt. Breitstreckwalzen sind gebogene synchron mit der Materialbahn laufende Walzen, die ein symmetrisches Bahnzugprofil mit einem Maximalwert in Bahnmitte und zu den Rändern abfallenden Werten erzeugen. Dadurch entstehen Querkräfte, die ggf. vorhandene Längswellen aus der Bahn streichen. Breitstreckstangen haben die gleiche gebogene Form und die gleiche dadurch erzielte Wirkung, sie stehen aber still. Durch sorgfältige Führung der Materialbahn muss dafür gesorgt werden, dass die Auswirkungen der Reibung zu gering wie möglich bleiben.

Der Bahnantrieb erfolgt über motorisch angetriebene Antriebswalzen, die mit einem Winkel α umschlungen werden. Infolge des Antriebsmomentes M_D ist die Bahnspannung S_2 der ablaufenden Bahn kleiner als die Bahnspannung S_1 der auflaufenden Bahn (Formel 14.23). In der Formel sind r der Walzenradius und B die Bahnbreite.

$$S_2 = S_1 - \frac{M_D}{B \cdot r} \tag{14.23}$$

Schlupf zwischen Bahn und Antriebswalze wird vermieden, wenn das Antriebsmoment M_D einen Maximalwert nicht überschreitet, der wie folgt gegeben ist:

$$M_{D,max} = r \cdot B \cdot S_1 (1 - e^{-\mu \cdot \alpha}) \tag{14.24}$$

Das maximale Antriebsdrehmoment, das schlupffrei übertragen werden kann, hängt demnach vom Reibungskoeffizienten μ und vom Umschlingungswinkel α, angegeben im Bogenmaß, ab.

Nicht angetriebenen Bahnführungs- und Leitwalzen müssen von der Bahn selbst angetrieben werden. Da die Walzen nicht reibungsfrei laufen, muss zu ihrem Antrieb ein Moment aufgebracht werden, das dafür sorgt, dass die Bahnspannung S_2 der ablaufenden Bahn größer ist als die Bahnspannung S_1 der auflaufenden Bahn. Auch hier darf das Moment nicht zu groß werden, damit Schlupf vermieden wird. Die maximale Bahnspannung $S_{2,max}$ der ablaufenden Bahn für den schlupffreien Lauf ergibt sich zu:

$$S_{2,max} = S_1 \cdot e^{\mu \cdot \alpha} \tag{14.25}$$

Hinsichtlich des Bahnzugs wirken die Verarbeitungselemente in einer Rollenmaschine, z. B. Druckwerke, Stanzwerke und andere rotativ arbeitende Werkzeuge, wie angetriebene bzw. nicht angetriebene Führungswalzen.

Am Ende des Verarbeitungsprozesses muss das Verarbeitungsgut aufgerollt werden. Analog zur Abwicklung muss der **Rollenwickler** ein Antriebsmoment aufweisen, dessen Höhe vom Radius der Rolle abhängt. Je nach Beschaffenheit des Verarbeitungsgutes müssen die Konstruktion des Rollenwicklers und die Regelung des Wickelzugs angepasst werden. Wichtige Einflussgrößen seitens des Verarbeitungsguts sind Dehnbarkeit und Reibungseigenschaften. Ziel ist es, eine Rolle mit präzise übereinanderliegenden Bahnkanten zu erzeugen, deren Wickelhärte der Beschaffenheit des Verarbeitungsguts angepasst ist, in der die Bahn ohne Lufteinschlüsse und ohne Falten vorliegt und in der gleichmäßige Zug- und Druckspannungen herrschen.

14.2.6.3 Transport von Bogen zu Bogen

Die wesentlichen Schritte, die in einer Maschine ablaufen, die von Bogen zu Bogen arbeitet, sind in Bild 14.41 gezeigt. Der Verarbeitungsprozess beinhaltet das Anlegen des Stapels an die Maschine, den Einzug einzelner Bögen in der Regel durch die Abnahme einzelner Bögen nacheinander von einem Bogenstapel, die Ausrichtung des vereinzelten Bogens z. B. mithilfe zuvor aufgedruckter **Steuermarken** und die Übergabe an das **Transportsystem** der Maschine. Nach der Bearbeitung in den jeweiligen Verarbeitungsprozessen wird schließlich ein neuer Stapel aus den Bögen des verarbeiteten Guts gebildet.

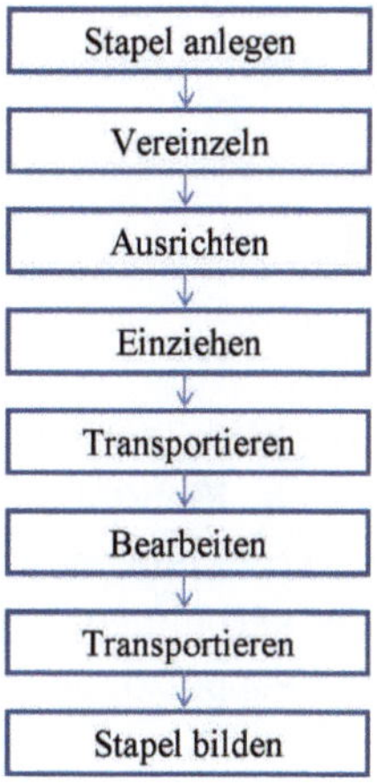

Bild 14.41
Grundelemente des Transportes in Maschinen, die von Bogen zu Bogen arbeiten

Hauptprinzipien des **Vereinzelns** sind die

- Entnahme von Bögen vom Stapel nach oben mit dem **Vakuumsauger**. Um Doppeleinzug zu vermeiden, muss das wirkende Vakuum genau auf die Luftdurchlässigkeit des Verarbeitungsguts abgestimmt sein,
- Entnahme von Bögen aus dem Stapel von unten her mit einem **Transportband**. Die Stapel können nur niedrig sein, damit die reibende Belastung zwischen dem untersten und dem darüber liegenden Bogen nicht zu Beschädigungen führt.

Das Vereinzelungssystem muss die vereinzelten Bögen einem geeigneten **Transportsystem** übergeben, in dem die Bögen mittels Klammern oder Noppen einer Transportketten oder auf andere Weise in genau definierter Weise an die einzelnen Teilprozessschritte gefördert werden. Ist D_S der Abstand der Vorderkanten zweier aufeinander folgender Bögen und v_T die Geschwindigkeit der Bögen, gilt für die Anzahl N der pro Zeiteinheit t geförderten Bögen:

$$\frac{\Delta N}{\Delta t} = \frac{v_T}{D_S} \tag{14.26}$$

In modernen Verarbeitungsmaschinen können Lagefehler der Bogen in gewissen Grenzen korrigiert werden. Oft werden dazu Steuermarken auf die Bögen gedruckt. Andere Systeme erfassen die Bogenvorderkante und eine Seitenkante mittels optischer Systeme.

Am Ende des Verarbeitungsprozesses muss erneut ein **Stapel** gebildet werden, in dem die Bögen kantengenau übereinander liegen. Dies kann geschehen, in dem das Bogentransportsystem die Bögen erst dann frei gibt, wenn sie die exakte Position auf dem bis dahin bereits gebildeten Stapel eingenommen haben. In anderen Fällen verlassen die Bögen in der Maschinenauslage die Transportelemente in horizontaler Richtung mit hoher Geschwindigkeit und werden dann in einem Schacht geführt und abgebremst. Dieser Vorgang bedingt eine gewisse Mindestbiegesteifigkeit des Verarbeitungsguts.

14.2.7 Verfahren zum Trocknen (Trocknungstechnik)

14.2.7.1 Einleitung

Im Vordergrund der folgenden Ausführungen stehen die Prozesse, die beim Trocknen von Papier und Pappe sowie von wässrigen Beschichtungsmassen, Klebstoffen, Druckfarben, Lacken u. ä. ablaufen (siehe auch Abschnitt 11.2.3). **Trocknungsvorgänge** sind stets mit dem Transport von Wasser bzw. Wasserdampf verbunden. Bei porösen und hygroskopischen Werkstoffen wie Papier, Karton und Pappe kommen einige Besonderheiten hinzu, auf die besonders eingegangen wird.

Generell sind Trocknungsvorgänge durch **drei Teilprozesse** gekennzeichnet. Zunächst muss das im Papier vorhandene Wasser verdampft werden, wozu Energie benötigt wird. Der zweite Teilprozess ist der Transport des Wasserdampfes an die Oberfläche des Trockenguts. Dieser Transport findet in Form von sukzessiven Verdampfungs- und Kondensationsprozessen statt, den sogenannten **Mikro-Soxhlet-Prozessen**. Sie sind charakteristisches Merkmal poröser Werkstoffe. Der letzte Prozessschritt ist der Abtransport des Wasserdampfes über die Umgebungsluft (siehe auch Abschnitt 14.2.7.3).

14.2.7.2 Grundlagen der Wärmeübertragung

Wärmeenergie kann aufgrund folgender Mechanismen übertragen werden:

- durch Wärmeleitung,
- durch Konvektion,
- durch elektromagnetische Strahlung,
- durch ein Hochfrequenzfeld.

Unter **Wärmeleitung** versteht man eine Form der Wärmeübertragung infolge Energietransports in ruhenden Medien. Durch die Wärmeleitung entsteht ein Wärmestrom Θ. Darunter wird die Wärmemenge $\mathrm{d}Q$ verstanden, die pro Zeiteinheit $\mathrm{d}t$ durch die Fläche A transportiert wird. Nach dem *Fourier*-Gesetz gilt für den Wärmestrom:

$$\Theta = -\lambda \cdot \frac{\mathrm{d}T}{\mathrm{d}x} \tag{14.27}$$

Darin sind λ die Wärmeleitfähigkeit des Körpers, T die Temperatur und x eine Ortskoordinate in Stromrichtung. Im stationären Fall ist der Temperaturgradient über den Querschnitt des Körpers mit der Dicke D an allen Stellen gleich. Es gilt somit

$$\Theta_{\mathrm{stat}} = -\lambda \cdot \frac{(T_1 - T_2)}{D} \tag{14.28}$$

In Tabelle 14.4 sind die Wärmeleitfähigkeiten einiger ausgewählter Stoffe aufgeführt. Die Wärmeleitfähigkeit von trockenem Papier ist ähnlich der von Luft, während feuchtes Papier eine Wärmeleitfähigkeit ähnlich der von Wasser hat.

Tabelle 14.4 Wärmeleitfähigkeit ausgewählter Substanzen [14.29]

Stoff	Wärmeleitfähigkeit in W/(m · K)
Kupfer	370
Silber	407
Gusseisen	55
Cr-Ni-Stahl	15
Ziegel-Mauerwerk	0,7
Wasser	0,6
Papier	0,12
Styropor	0,03
Luft	0,025

Die **Wärmeübertragung** bei bewegtem Medium bezeichnet man als **Konvektion**. Der Wärmestrom Θ kann im Falle der Konvektion wie folgt dargestellt werden:

$$\Theta = \alpha \cdot A \cdot (T_1 - T_2) \tag{14.29}$$

Überstreicht Luft mit der Temperatur T_1 die Oberfläche eines Körpers mit der Temperatur T_2 und der Fläche A, dann stellt sich eine Grenzschicht ein, in der die Strömungsgeschwindigkeit der Luft kontinuierlich abnimmt. Diese Grenzschicht bestimmt den Wärmeübergang, ausgedrückt durch den **Wärmeübergangskoeffizienten** $\boldsymbol{\alpha}$.

Wird ein Körper der Fläche A auf der einen Seite durch Konvektion aufgeheizt und auf der anderen Seite durch Konvektion gekühlt, dann stellt sich im stationären Zustand der folgende Wärmestrom ein:

$$\Theta = \frac{A \cdot (T_i - T_a)}{\frac{1}{\alpha_i} + \frac{D}{\lambda} + \frac{1}{\alpha_a}} \tag{14.30}$$

Darin sind T_i und T_a die Lufttemperaturen, α_i und α_a die jeweiligen Wärmeübergangskoeffizienten, D die Dicke des Körpers und λ seine Wärmeleitfähigkeit. Wesentliche Aufgabe von Konvektionstrocknern ist die Minimierung der Grenzschichtdicke mit dem Ziel, α möglichst groß zu machen.

Die **Wärmestrahlung** sei mit folgenden Ausführungen erläutert: Ein idealer schwarzer Körper der Temperatur T_1 strahlt eine elektromagnetische Welle ab, deren Absorption in einem zweiten Körper der Temperatur T_2 ($T_1 > T_2$) zu seiner Erwärmung führt. Der durch die Strahlung verursachte Wärmestrom Θ kann wie folgt beschrieben werden:

$$\Theta = A \cdot const \cdot \left(T_1^4 - T_2^4\right) \tag{14.31}$$

A ist die emittierende bzw. die absorbierende Fläche. In realen Körpern wird nur ein Bruchteil der emittierten Strahlungswärme absorbiert, der durch den stoffabhängigen Emissionskoeffizienten ε ausgedrückt wird. Bei Papier und auch Holz ist $\varepsilon \approx 0{,}9$, bei blankem Eisen oder poliertem Chrom kann ε kleiner als 0,1 werden. Wärmestrahlung wird im infraroten (IR) Spektralbereich abgegeben, der von etwa 760 nm bis 200 µm reicht. Die Absorption von IR-Strahlung geschieht durch die Anregung von Eigenfrequenzen der Moleküle im Trocknungsgut. **IR-Trockner** sind reine Temperaturstrahler, deren Emissionsmaximum möglichst gut auf die Absorptionseigenschaften des Trocknungsguts abgestimmt sein muss.

Schließlich lassen sich Körper auch durch **elektromagnetische Wechselfelder** erwärmen. Wird ein Körper einem derartigen Feld mit der Frequenz f ausgesetzt, dann können die ihn aufbauenden Moleküle zu Schwingungen angeregt werden, sofern sie über ein Dipolmoment verfügen. Die dadurch entstehenden dielektrischen Verluste führen zum Erwärmen. Zur Nutzung dieser Energieform ist das zu trocknende Gut das Dielektrikum eines Kondensators mit der Kapazität C. Wird nun eine Spannung U

mit der Hochfrequenz f angelegt, so entsteht folgender Wärmestrom, wenn $\tan \delta$ der dielektrische Verlustfaktor des Guts ist:

$$\Theta = 2 \cdot \pi \cdot f \cdot U^2 \cdot C \cdot \tan \delta \qquad (14.32)$$

Die nach diesem Prinzip arbeitenden Trockner heißen **Hochfrequenz-(HF-)Trockner** oder **Mikrowellentrockner**. HF-Trockner nutzen die Frequenz f = 27,16 MHz und Mikrowellentrockner die Frequenz f = 2,45 GHz.

14.2.7.3 Grundlagen von Trocknungsvorgängen

Unter **Trocknen** wird die Entfernung von Wasser aus einem Trocknungsgut, im vorliegenden Fall von Papier, Karton und Pappe, auf thermischen Weg verstanden. Der Einfachheit halber wird ein Trocknungsprozess mit einem **Kontakttrockner** oder einem **Konvektionstrockner** angenommen, bei dem das Trocknungsgut feuchtes Papier einseitig erwärmt wird.

Dieser Trocknungsvorgang lässt sich in drei Phasen zerlegen (siehe auch Abschnitt 14.2.7.1):

- **Phase 1:** Zustandsänderung. Überführung des Wassers in den dampfförmigen Zustand unter Zufuhr von Wärmeenergie
- **Phase 2:** Transport des Wasserdampfes an die Oberfläche des Trockenguts
- **Phase 3:** Abtransport des Dampfes von der Oberfläche.

Phase 1: Zustandsänderung

Bei sehr trockenem Papier liegt Wasser in dünner anfänglich monomolekularer Schicht vor, die über Wasserstoffbrückenbindung fest an die Faseroberfläche gebunden ist. Das Wasser ist hydratisiert. Mit zunehmendem Feuchtegehalt gehen diese Schichten in einen polymolekularen Aufbau über, wobei die Bindungsstärke mit zunehmendem Abstand von der Faseroberfläche abnimmt. Erst bei hohen Feuchtegehalten von etwa 10 % entsteht tropffähiges, also nicht mehr hydratisiertes Wasser zunächst in feinen Poren, später auch in größeren Poren. Bei Feuchtegehalten von 20 % sind nahezu alle Poren mit tropffähigem Wasser gefüllt. Zum Verdampfen von nicht hydratisiertem Wasser ist eine gewisse Wärmemenge erforderlich, die durch die Verdampfungswärme ϱ ausgedrückt wird. Bei 80 °C und im Falle von reinem Wasser ist ϱ = 2300 kJ/kg. Der durch zur Erzeugung des Feuchtigkeitsmassenstroms dG/dt erforderliche Wärmestrom Θ ist dann:

$$\Theta = \frac{dG}{dt} \cdot \varrho \qquad (14.33)$$

Wenn das Papier im Ausgangszustand sehr feucht ist (Feuchtegehalt um 20 %), dann wird zunächst nur das tropffähige und nicht hydratisierte Wasser verdampft. Erst wenn kein tropffähiges Wasser mehr vorhanden ist, beginnt der Abbau der hydratisierten Wasserschichten, wozu allerdings ein höherer Energieaufwand erforderlich ist, weil nun mehr und mehr die Bindungskräfte innerhalb der Hydratschichten überwunden werden müssen. Wie Bild 14.42 zu entnehmen ist, sind bei 80 °C zusätzlich etwa 1200 kJ/kg notwendig, um Papier ofentrocken (otro) zu machen, also nahezu alle Hydratschichten zu entfernen. Dieser Zusammenhang hat für die Auslegung von Trocknern eine große Bedeutung.

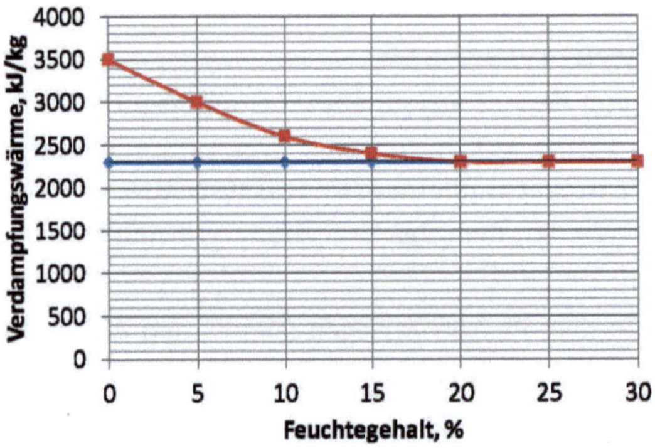

Bild 14.42
Verdampfungswärme von Wasser bei 80 °C in Abhängigkeit vom Feuchtegehalt des Papiers (blaue Kurve: Verdampfungswärme des reinen Wassers bei 80 °C)

Der **Wärmetransport** im Papierblatt erfolgt gemäß der Blattstruktur durch

- Wärmeleitung der Feststoffanteile (Fasern und Füllstoffe),
- Wärmeleitung durch Wasser in wassergefüllten Poren,
- Wärmetransport durch Wasserdampf-Luft-Gemische in teilweise gefüllten Poren,
- Wärmetransport durch Wärmestrahlung.

Allen Transportmechanismen kann eine spezifische Wärmeleitfähigkeit zugeordnet werden, die sich nach außen durch die effektive Wärmeleitfähigkeit von Papier ausdrücken lässt (siehe Tabelle 14.4).

Phase 2: Stofftransport im Volumen des Papiers

Die **Transportmechanismen** von Wasser in einem kapillaren System, wie es Papier darstellt, sind in Bild 14.43 grob schematisch dargestellt. Stellt man sich Papier als ein System von miteinander verbundenen Kapillaren unterschiedlicher Radien vor, dann wird ein über den Blattquerschnitt variierender Feuchtegehalt zu unterschiedlichen Füllungszuständen der Kapillaren mit Wasser führen. Infolge des Kapillardrucks, dessen Höhe umgekehrt proportional zum Kapillarradius ist, kommt es zum Ausgleich des Wassergehalts im Kapillarsystem, bis sich die Kapillardruckdifferenz Null einstellt.

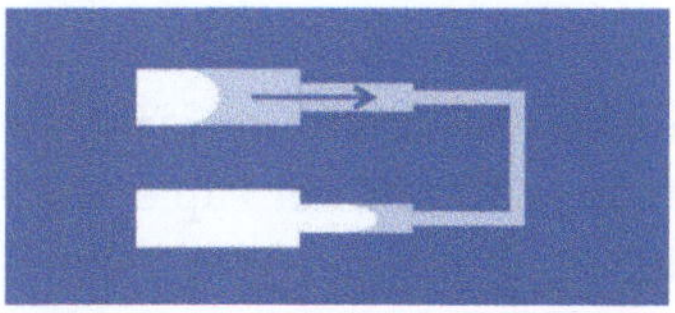

Bild 14.43 Modell des Wassertransports in einem kapillaren System. Bei unterschiedlichem Füllungsgrad der Kapillaren ist der Kapillardruck die treibende Kraft für den Ausgleich des Wasserstands in den Kapillaren

Der Transport von Wasserdampf kann vereinfacht durch Diffusion beschrieben werden. Danach ist die pro Zeiteinheit dt eine Fläche A durchsetzende Dampfmenge dm proportional zum Konzentrationsgefälle dc/dx beiderseits der Fläche A in Richtung der Normalen x. D ist die Diffusionskonstante.

$$\frac{\mathrm{d}m}{\mathrm{d}t} = -D \cdot A \cdot \frac{\mathrm{d}c}{\mathrm{d}x} \tag{14.34}$$

Da die Existenz eines Konzentrationsgefälles im Falle ungesättigten Wasserdampfs ein Temperaturgefälle voraussetzt, kann nun der Stofftransport im Volumen des Blatts durch sogenannte **Mikro-Soxhlet-Prozesse** veranschaulicht werden. Das Papier wird einseitig über die oben beschriebenen Prozesse auf die Temperatur T_1 aufgeheizt, und es kommt in oberflächennahen Schichten zum Verdampfen des Wassers. Durch Diffusion wird der Dampf von der Oberfläche weg zu kälteren Schichten des Papiers transportiert. Dort kondensiert der Dampf und über das Kapillarsystem erfolgt der Rücktransport des Wassers gemäß dem in Bild 14.43 gezeigtem Mechanismus. Wegen der fortschreitenden Erwärmung wandert die Zone des Wiederverdampfens des Wassers allmählich von der heißen Papieroberfläche weg (Bild 14.44).

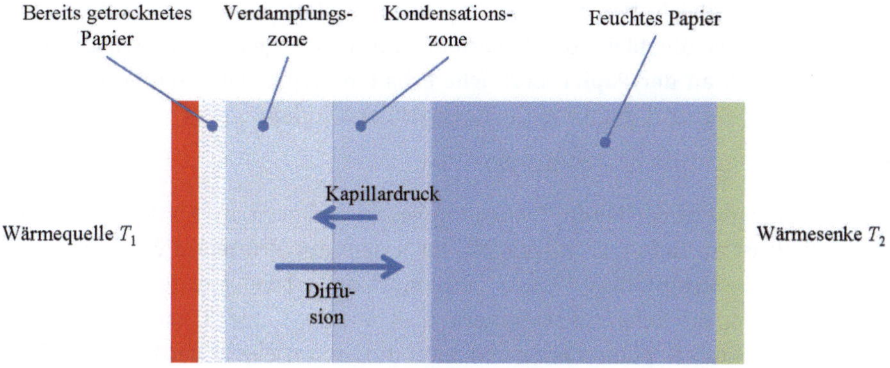

Bild 14.44 Querschnitt durch ein einseitig beheiztes Papier mit den Transportvorgängen durch Verdampfung und Kondensation (Mikro-Soxhlet-Prozesse)

Phase 3: Abtransport des Wasserdampfs

Der Wasserdampf muss – ebenfalls durch Diffusion – durch die Luftgrenzschicht, die sich zwischen der am Papier vorbeiströmenden Trocknungsluft und der Papieroberfläche ausbildet, transportiert werden. Die pro Zeiteinheit abtransportierte Dampfmenge m_D berechnet sich nach Formel 14.35:

$$\frac{dm_D}{dt} = k_g \cdot A \cdot (p_{D,W} - p_{D,\infty}) \tag{14.35}$$

Darin sind k_g der Stofftransportkoeffizient, A die Fläche, durch die der Dampf austritt, $p_{D,W}$ der Wasserdampfpartialdruck an der Papieroberfläche und $p_{D,\infty}$ der Wasserdampfpartialdruck im Außenraum. Bezeichnet man mit φ das Verhältnis von p_D zum Sättigungsdampfdruck p_s, dann gilt

$$p_{D,\infty} = \varphi \cdot p_S \cdot T_L \tag{14.36}$$

wobei T_L die Temperatur der Trocknerluft ist.

An der Grenzfläche Papier–Luft ist der Wasserdampfpartialdruck zumindest vorübergehend gleich dem Sättigungsdampfdruck bei der Trockenguttemperatur. Es lässt sich somit schreiben:

$$\frac{dm_D}{dt} = k_g \cdot A \cdot (p_S \cdot T_G - \varphi \cdot p_S \cdot T_L) \tag{14.37}$$

Die zum Erzeugen dieser Dampfmenge benötigte Wärmemenge ist:

$$\frac{dW_{Verd}}{dt} = \frac{dm_D}{dt} \cdot \varrho \tag{14.38}$$

Betrachtet sei ein Sonderfall: Die Verdampfungswärme wird über Konvektion der Trocknerluft entnommen. Dabei heizt sich das Papier so lange auf, bis der Konvektionswärmestrom gleich dem zur Verdampfung erforderlichen Wärmestrom ist. Ist die Energiebilanz erfüllt, bleibt die Papiertemperatur so lange konstant, wie der Sättigungsdampfdruck an der Papieroberfläche erhalten bleibt. Diese Temperatur wird Beharrungstemperatur T_B genannt. Die Energiebilanz lautet nun:

$$\alpha \cdot (T_L - T_G) = k_g \cdot (p_S \cdot T_B - \varphi \cdot p_S \cdot T_L) \tag{14.39}$$

Die sich insgesamt einstellende Trocknungsgeschwindigkeit in Abhängigkeit vom Feuchtegehalt ist in Bild 14.45 dargestellt. Nach der Aufwärmphase wird im 1. Trockenabschnitt das tropffähige Wasser verdampft und abtransportiert. Die Papieroberfläche nimmt die Beharrungstemperatur T_B an. Im 2. und 3. Trockenabschnitt werden zunächst das Kapillarwasser und dann die Hydratschicht verdampft und abtransportiert. Die Verdampfungsgeschwindigkeit nimmt ab, die Oberflächentemperatur nimmt zu.

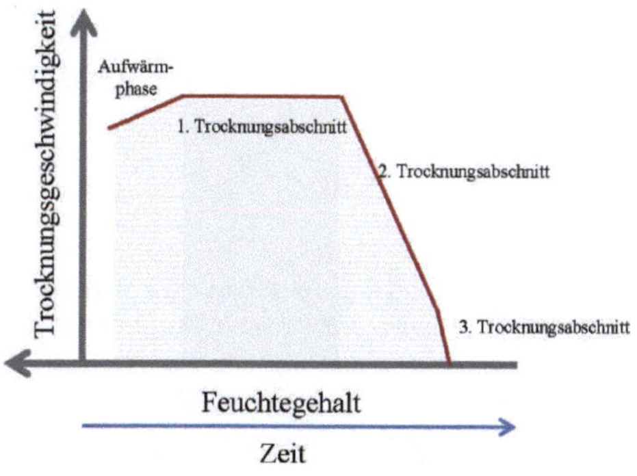

Bild 14.45
Typischer Verlauf einer Trocknung

14.3 Zusammenfassung und Ausblick

Der überwiegende Anteil der aus Papier, Karton und Pappe hergestellten Verarbeitungsgüter sind Verpackungen für die unterschiedlichsten Anwendungen. Der Verarbeitungsprozess, der vom Rohmaterial zum fertigen Produkt führt, war unter verfahrenstechnischen Gesichtspunkten beleuchtet worden. Es waren die insgesamt sieben Verfahren vorgestellt worden, die in wohlgeordneter Reihenfolge angewendet notwendig sind, um den vollständigen Verarbeitungsprozess führen zu können. Im Einzelnen waren das die trennenden Verfahren, die verbindenden Verfahren, die umformenden Verfahren, die Verfahren zur Kombination von Materialien, die Verfahren zum Übertragen von Informationen, die Verfahren zum Transport in Maschinen und die Trocknungsverfahren.

Es darf aber nicht übersehen werden, dass ein Verarbeitungsprozess die Beachtung vieler weiterer Gesichtspunkte umfasst. Dazu gehört die Einhaltung der rechtlichen Rahmenbedingungen, die allgemein gelten wie beispielsweise die europäische Verpackungsverordnung, in Deutschland umgesetzt durch das Verpackungsgesetz [14.30]. Für Lebensmittelverpackungen oder Verpackungen für die pharmazeutische Industrie gilt es, eine Reihe von speziellen Vorschriften zu beachten. Zudem müssen Verpackungen aus Papier, Karton und Pappe so gestaltet sein, dass sie möglichst gut den Belangen des Papierrecyclings entsprechen. Sie müssen sich in eine funktionierende Kreislaufwirtschaft einfügen.

Um all diesen Anforderungen gerecht werden zu können, müssen dem Verarbeiter möglichst genaue Informationen über den Anwendungszweck der Verpackungen und über die Beschaffenheit der Packgüter sowie über die jeweils zugehörigen regulativen Rahmenbedingungen zur Verfügung stehen.

Dies alles spielt sich vor dem starken Kostendruck ab, der die papierverarbeitende Industrie seit jeher ausgesetzt ist. Kreativität ist zukünftig noch mehr als in der Vergangenheit gefragt, um marktgerechte und attraktive Produkte herstellen zu können. Sinngemäß gilt das selbstverständlich auch für die vielen anderen Papierverarbeitungsprodukte, die nicht den Verpackungen zugeordnet werden können. Erfolg hat in allen Fällen der, der mit intelligenten Lösungen Produkte schafft, die Erwartungshaltungen entsprechen und Wünsche erfüllen.

Literatur

[14.1] Sozialpolitische Kerndaten, herausgegeben vom Hauptverband Papier- und Kunststoffverarbeitung e. V., Berlin, September 2025, *https://www.hpv-ev.org/index.php/aktuelles/branchendaten/*, abgerufen am 7. 10. 2025

[14.2] Die Papierindustrie – Paper & Facts. Figures 2024. Herausgegeben von Die Papierindustrie e. V., Berlin. *https://www.papierindustrie.de/fileadmin/0002-PAPIERINDUSTRIE/99_Publikationen/250305_DIE_PAPIERINDUSTRIE_Paper_Facts-Figures.pdf*, abgerufen am 26. 3. 2025

[14.3] Produktion & Umsatz in der Druck- und Medienindustrie, herausgegeben vom Bundesverband Druck und Medien BVDM, *https://www.bvdm-online.de/bvdm/branchenportal/druckindustrie/produktion-und-umsatz/*, abgerufen am 7. 10. 2025

[14.4] DIN 8580:2022–12 Fertigungsverfahren – Begriffe, Einteilung

[14.5] *Tenzer, H.-J.*: Leitfaden der Papierverarbeitungstechnik. Leipzig: Fachbuchverlag, 1989

[14.6] *Wilken, R.*: Verfahren der Papierverarbeitung. Abschnitt 5 in: *Blechschmidt, J.; Heinemann, S. Naujock, H.-J.* (Hrsg.): Papierverarbeitungstechnik. Zweite, überarbeitete und erweiterte Auflage. München: Carl Hanser GmbH & Co. KG, 2024

[14.7] *Back, E. L.; Salmen, L.*: Glass transition of wood components hold implications for molding and pulping processes. TAPPI Journal 65 (1982) 7, 107 – 110

[14.8] *Goring, D. A. I.*: Thermal softening of lignin, hemicellulose and cellulose. Pulp and Paper Magazine of Canada 64 (1963) 5, T517 – T527

[14.9] DIN 55437-1:2021-12 Prüfung von Faltschachtelkarton – Rillungen – Teil 1: Labormäßige Herstellung von Proberillungen

[14.10] DIN 55437-2:2021-12 Prüfung von Faltschachtelkarton – Rillungen – Teil 2: Visuelle Bewertung von Rillungen

[14.11] DIN 55437-3:2021-12 Prüfung von Faltschachtelkarton – Rillungen – Teil 3: Bestimmung der technischen Qualität von Rillungen

[14.12] *Nestler, R.*: Prozessabschnitte und Verfahren in der Druckweiterverarbeitung. Abschnitt 7.2, S. 818 – 899. In: *Kipphan, H.* (Hrsg.): Handbuch der Printmedien. Berlin, Heidelberg, New York: Springer-Verlag 2000

[14.13] *N. N.*: Schneiden in der Praxis – Hinweise und Voraussetzungen zum guten Schnitt. Hofheim/Ts.: Schrift der Fa. Polar-Mohr, 18. Auflage, 2001

[14.14] Mit freundlicher Genehmigung von P. Veenstra (†), ehemals Vetea, NL-Assendelft

[14.15] *Barrow, G. M.*: Physikalische Chemie, Teil III. Braunschweig: Bohmann Vieweg 1977

[14.16] Tensiometer (Oberflächenspannung). Wikipedia-Artikel. *https://de.wikipedia.org/wiki/Tensiometer_(Oberfl%C3%A4chenspannung)#:~:text=Tensiometer%20sind%20Messger%C3%A4te%20zur%20Bestimmung,siehe%20dazu%20Messung%20der%20Oberfl%C3%A4chenspannung)*, abgerufen am 15. 10. 2025

[14.17] DIN ISO 8296:2008-03 Kunststoffe – Folien und Bahnen – Bestimmung der Benetzungsspannung

[14.18] PTS-Methode PTS-PP 103/85: Bestimmung der Oberflächenspannung und Polarität von Oberflächen (Randwinkelmethode)

[14.19] *Habenicht, G.*: Kleben – Grundlagen, Technologie, Anwendungen. Wiesbaden: Friedr. Vieweg & Sohn, 2001

[14.20] *Kipphan, H.*: Übersicht zu den Druckverfahren. Abschnitt 1.3.1, S. 41 – 43. In: *Kipphan, H.* (Hrsg.): Handbuch der Printmedien. Berlin, Heidelberg, New York: Springer-Verlag, 2000

[14.21] *N. N.*: Alles über UV – Technisches Handbuch. Lausanne: Schrift der Fa. SICPA, 2002

[14.22] *Kipphan, H.*: Offsetdruck – Grundlagen. Abschnitt 2.1.1, S. 214 – 235. In: *Kipphan, H.* (Hrsg.): Handbuch der Printmedien. Berlin, Heidelberg, New York: Springer-Verlag 2000

[14.23] DIN 19306-2:2002-06 Papier – Druckpapiere – Teil 2: Technische Lieferbedingungen für Offset-Papier, gestrichen und ungestrichen, weiß

[14.24] DIN 19306-3:2002-04 Papier – Druckpapiere – Teil 3: Technische Lieferbedingungen für Tiefdruck-Papier, gestrichen und ungestrichen, weiß

[14.25] *Kipphan, H.*: Druckverfahren. Abschnitt 1.3, S. 41 – 69. In: *Kipphan, H.* (Hrsg.): Handbuch der Printmedien. Berlin, Heidelberg, New York: Springer-Verlag 2000

[14.26] *Kipphan, H.*: Hochdruck – Grundlagen. Abschnitt 2.3.1, S. 408 – 409. In: *Kipphan, H.* (Hrsg.): Handbuch der Printmedien. Berlin, Heidelberg, New York: Springer-Verlag 2000

[14.27] *Nießner, G.*: Druckfarben und Lacke für die Faltschachtelproduktion. Druckfarben-Echo Nr. 6, Farbenfabriken Michael Huber München, 1977

[14.28] FFPI-Merkblatt FFPI-SP 08/2019: Spezifikation PHARMAKARTON, Forschungsgemeinschaft Faltschachteln für die Pharmaindustrie, *https://www.ffpi.net/wp-content/uploads/2022/09/FFPI-SP-08-2019-Spezifikation-Pharmakarton.pdf*, abgerufen am 4. 5. 2023

[14.29] Wärmeleitfähigkeit, Beispielwerte. *https://de.wikipedia.org/wiki/Wärmeleitfähigkeit (Auszug)*, abgerufen am 26. 6. 2023

[14.30] Gesetz über das Inverkehrbringen, die Rücknahme und die hochwertige Verwertung von Verpackungen (Verpackungsgesetzt – VerpackG3), vom 09. Juni 2021, gültig ab 16. Mai 2023, *https://www.verpackungsgesetz.com/wp-content/uploads/gesetz_verpackg_final_fassung_ab_20230516.pdf*, abgerufen am 10. 10. 2025

15 Wasserhaushalt

Von Johannes Kappen und Hans-Jürgen Öller

15.1 Frischwasseraufbereitung

15.1.1 Frischwasserherkunft

In der deutschen Zellstoff- und Papierindustrie wurden in Deutschland im Jahre 2023 rund 179 Mio. m^3 Frischwasser als Brauchwasser im Prozess eingesetzt. Der größte Anteil mit 80 % entstammt Oberflächengewässern, gefolgt von 18 % aus Brunnen und Quellen. Die Versorgung aus dem öffentlichen Netz spielt mit rund 1 % eine untergeordnete Rolle. Zusätzlich werden im Jahr 2023 etwa 41 Mio. m^3 erwärmtes Kühlwasser in zweiter Nutzung als Prozesswasser verwendet (rund 30 % des Kühlwassereinsatzes). Der spezifische Frischwasserbedarf wurde mit 8,3 l/kg ermittelt [15.1].

15.1.2 Aufbereitungsverfahren

Da sich die in der Papierindustrie angewendeten Verfahren zur Frischwasseraufbereitung grundsätzlich nicht von denen anderer Industriebranchen unterscheiden, kann zur Beschreibung der Aufbereitungsverfahren auf die einschlägige Literatur verwiesen werden [15.2]. Im Folgenden werden deshalb nur die Ziele der Frischwasseraufbereitung kurz umrissen und die Entwicklung der angewendeten Verfahren bei der Oberflächenwasseraufbereitung dargestellt.

Die **Frischwasseraufbereitung** zu **Brauchwasser** verfolgt im Wesentlichen folgende Ziele, wobei in Abhängigkeit von der Qualität des Frischwassers und von den Anforderungen an das Brauchwasser nur ein oder mehrere Ziele erreicht werden müssen:

- Entfernung von Feststoffen,
- Verringerung der organischen Belastung und Entfärbung,
- Eliminierung von Ionen (Enthärtung, Enteisenung, Entmanganung),
- Entkeimung.

Frischwasser aus dem öffentlichen Netz wird nicht aufbereitet, ebenso wie etwa ein Viertel des Brunnen- und Quellwassers. Von Letzterem werden etwa 68 % mit Filtrationsverfahren aufbereitet, etwa 12 % werden mit Mikrobiziden versetzt und ein Anteil von rund 21 % wird mit Flockungsmitteln behandelt.

Am aufwendigsten muss Oberflächenwasser aufbereitet werden. Rund 93 % des Oberflächenwassers wird mit Filtrationsverfahren gereinigt. Dazu werden etwa zwei Drittel jeweils mittels Flockung/Fällung und mit Sedimentationsverfahren behandelt. Der Anteil des mit Mikrobiziden behandelten Oberflächenwassers betrug im Jahr 2023 38 %, bei etwa 44 % kommen zudem Chlorprodukte zum Einsatz. Weitere Verfahren der Aufbereitung sind: Enthärtung/Entcarbonisierung, Härtestabilisierung (beide zunehmend), Ionenaustausch, Enteisenung/Entmanganung usw.

Der Qualität des eingesetzten Brauchwassers kommt eine ähnliche Bedeutung zu wie den Produktanforderungen entsprechend aufbereiteter Faserstoffe oder einem abgestimmten chemischen Additivregime.

15.2 Wasserkreisläufe

15.2.1 Wassernutzung

Aufgaben des Wassers bei der Papiererzeugung

Die Aufgaben des Wassers bei der Papierherstellung sind vielschichtig. Wichtig ist beim Wassergebrauch, die für jeden Einsatzzweck erforderliche Qualität und Menge unter Beachtung von ökonomischen und ökologischen Aspekten bereitzustellen. Dies verlangt zunächst, die Qualitätsanforderungen für die jeweiligen Einsatzzwecke des Wassers zu identifizieren und zu quantifizieren.

Neben den Funktionen der Blattbildung und der Suspendierung sowie dem Transport der Fasern und Füllstoffe erfüllt das Wasser weitere wichtige Aufgaben bei der Papiererzeugung: Es dient z. B. als Spritz- und Dichtwasser in einer Vielzahl von Aggregaten zur Reinigung. Die im Prozess der Papiererzeugung eingesetzten Wässer werden nach der Nutzung gesammelt und überwiegend zurückgeführt und wiederverwendet.

Sowohl Frisch- als auch Kreislaufwasser werden je nach Anforderung auf unterschiedlichen Druckniveaus eingesetzt. Abnehmer sind neben dem Einsatz in der Sieb- und Pressenpartie der Papiermaschine eine Vielzahl anderer Verbraucher. Dies ist eine Ursache für die Komplexität der Wasserkreisläufe.

Einsatz von Frischwasser

Haupteinsatzort von Frischwasser ist die Papiermaschine. Der Einsatz erfolgt vor allem

- als Kühlwasser,
- für die Reinigung der Siebe und Pressfilze,
- zur Bahntrennung,
- an Vakuumpumpen als Dichtwasser,
- in Pumpendichtungen als Sperrwasser und
- zum Ansatz von Additiven.

Je nach Sortenbereich werden sowohl an Spritzrohren im Siebbereich als auch im Pressenbereich unterschiedlich hohe spezifische Frischwassermengen eingesetzt. Der Einsatz in der Pressenpartie beträgt typischerweise 0,3...3 l/kg. Der Frischwasserbedarf in der Siebpartie liegt in einer ähnlichen Größenordnung. Höhere spezifische Mengen ergeben sich für Tissue- und Spezialpapiere aufgrund niedriger flächenbezogener Massen und niedriger Produktionsgeschwindigkeiten.

Prinzip der Mehrfachnutzung und des Wiedereinsatzes des Kreislaufwassers

Aufgrund der hohen Bedeutung des Wassers für die Prozesse der Papiererzeugung und die resultierende Nutzung in großem Umfang ist ein einmaliger Gebrauch ökonomisch und ökologisch nicht vertretbar. Wasser wird daher in **Kreisläufen** einer **Wiederverwendung** zugeführt. Nur ein geringer Anteil des benötigten Wassers wird als Frischwasser zugeführt bzw. als Abwasser ausgeschleust. Damit wird typischerweise eine **10...20-fache Nutzung** des Wassers erreicht. In Einzelfällen werden **geschlossene Wasserkreisläufe** ohne jede Abwasserausschleusung betrieben. Das Wasser wird hier rund 100-fach wiederverwendet und verbleibt bis zu mehreren Tagen im Prozess.

Kreislaufwasser wird innerhalb der Papiererzeugung für folgende Zwecke eingesetzt:

- Suspendieren,
- Blattbildung,
- Transportmedium,
- Reinigen,
- Stoffdichteregelung,
- Schaumzerstörung,
- Nachverdünnung von Additiven.

Kreislaufwasser fällt insbesondere bei der Blattbildung am Sieb an. Der überwiegende Teil (Siebwasser 1) wird sofort wieder zur Verdünnung des aus der Stoffaufbereitung bzw. Stoffzentrale an die Papiermaschine übergebenen Gesamtstoffes eingesetzt, um die Stoffdichte auf einen für die Blattbildung erforderlichen Wert von 0,7...1,5 % Stoffdichte zu reduzieren. Die überwiegende Anzahl der übrigen oben genannten Zwecke wird unter Nutzung von mechanisch gereinigtem Kreislaufwasser, dem Klarwasser realisiert.

Grundstruktur des Aufbaus von Wasserkreisläufen

In Papierfabriken können **drei Kreisläufe** unterschieden werden. Es sind dies der Primär-, Sekundär-, und soweit vorhanden, der Tertiärkreislauf. Die Kategorisierung richtet sich entsprechend der Nähe zum Kernprozess der Blattbildung am Sieb. In Bild 15.1 sind diese Kreisläufe in einem Blockschaltbild skizziert.

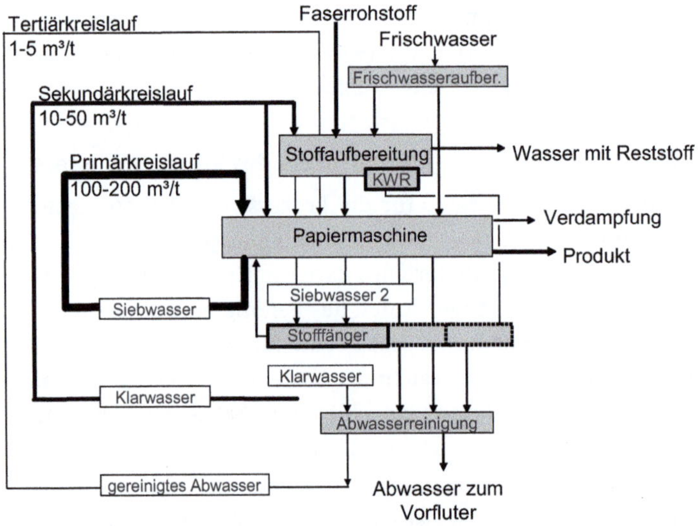

Bild 15.1 Vereinfachtes Schema der Wasserführung einer Papierfabrik (KWR = Kreislaufwasserreinigung)

Der Primärkreislauf ist in jeder Papierfabrik vorhanden. Das Vorhandensein der anderen Kreisläufe richtet sich nach dem Grad der Kreislaufeinengung.

Der Grad der Kreislaufeinengung wird mit der **spezifischen Abwassermenge, angegeben als l (Abwasser)/kg (Produkt) bzw. m³/t**, gekennzeichnet. Der Bezug der Abwassermenge kann entweder auf die Bruttoproduktion oder auf die Nettoproduktion erfolgen.

Je niedriger die spezifische Abwassermenge ist, desto stärker sind die Kreisläufe eingeengt. In sehr stark eingeengten Kreisläufen sind alle drei Kategorien von Wasserkreisläufen vorhanden.

Der **Primärkreislauf** enthält Siebwasser 1. Er ist, bezogen auf den Volumenstrom, der größte Kreislauf. Die zirkulierende Wassermenge beträgt etwa 100...200 l/kg. Der spezifische Volumenstrom richtet sich nach der Kreislaufführung, der Retention am Sieb und der Stoffdichte am Stoffauflauf. Seine Aufgabe ist der Transport des Faserstoffs und dessen Verdünnung für die Blattbildung am Sieb. Aus dem Überschuss des Primärkreislaufes entsteht der Sekundärkreislauf. Die Bedingungen am Sieb wie Retention, Hilfsmittelzugabe und Entwässerungsleistung entscheiden wesentlich über die Beschaffenheit des Wassers im Sekundärkreislauf.

Der **Sekundärkreislauf** besteht in der Regel nicht nur aus überschüssigem Siebwasser 1. Er setzt sich meist auch aus Abläufen aus dem Siebschiff, dem abgeschiedenen Wasser aus Saugkästen und den Vakuumpumpen zusammen. In eher seltenen Fällen werden Abläufe aus Bodenkanälen oder etwa der Gautschbruch diesem Kreislauf zugegeben. Der gesammelte Volumenstrom wird in der Regel einem **Stofffänger** zur mechanischen Reinigung zugeführt. Der spezifische Volumenstrom im Zulauf beträgt in der Regel 10...50 l/kg. Während der aus dem Siebwasser 2 wiedergewonnene Faserstoff der Maschinenbütte oder der Stoffaufbereitung zugeführt wird, sind die Aufgaben des erzeugten **Klarwassers** oder Klarfiltrates vielseitig. Es wird zum suspendieren von Faserstoffen im Pulper, zur Stoffdichteregelung und für Spritzrohre in der Siebpartie verwendet. Seltener findet es Anwendung als **Sperrwasser** oder zur Nachverdünnung von Hilfsmitteln. Je nach eingesetztem Stofffänger können auch mehrere gereinigte Wasserqualitäten zur Verfügung stehen, wie z. B. bei einem Scheibenfilter. Aufgrund des Frischwassereinsatzes in der Papiererzeugung kann nicht die gesamte Menge an Klarwasser bzw. -filtrat wieder verwendet werden. Der Überschuss bildet einen Bestandteil des Abwassers.

Unter einem **Tertiärkreislauf** versteht man die zumindest teilweise Rückführung von gereinigtem Abwasser. Bei Papierfabriken mit geschlossenem Wasserkreislauf, d. h. ohne Abwasserausschleusung wird die gesamte Menge zurückgeführt. Die spezifische Menge bewegt sich im Bereich von 1...5 l/kg. Die Einsatzmöglichkeiten des Wassers aus dem Tertiärkreislauf hängen von dessen Wasserqualität ab, die stark unterschiedlich ist. Anwendungsbeispiele sind z. B. der Einsatz als Pulperwasser und zur Stoffverdünnung. Der Einsatz von biologisch voll gereinigtem Wasser („Bioreinwasser") ist häufig aufgrund der Ausfällungsneigung des darin enthaltenen Calciums ein Problem, da es zu Ablagerungen und dem Zusetzen von Spritzdüsen führen kann. Daher ist der Einsatz für Spritzrohre und als Sperrwasser nur sehr selten und nur nach Behandlung des Biowassers zur Verminderung der Ausfällneigung möglich.

Grundlegende Prinzipien der Kreislaufschaltung

In Bild 15.2 ist ein einfaches System zur Papiererzeugung dargestellt. Deutlich erkennbar ist, dass in der Grundschaltung jedes der Teilsysteme potenziell Frischwasser nutzt und Abwasser überwiegend an der Papiermaschine ausgeschleust wird. Daneben tauschen die Teilsysteme Stoffaufbereitung und Papiermaschine miteinander

Wasser aus. Die von der Papiermaschine in die Stoffaufbereitung zurückgeführte Wassermenge richtet sich dabei nach der Stoffdichte des Stoffes, der aus der Stoffaufbereitung an die Maschine übergeben wird.

Grundschaltung	Kreislauftrennung	Kreislauftrennung und Gegenstromführung
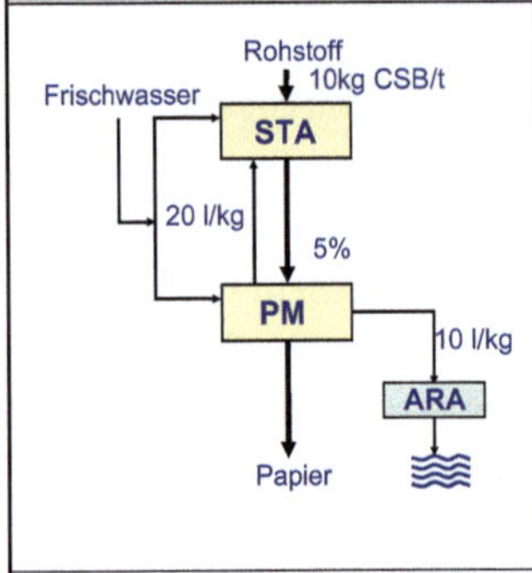	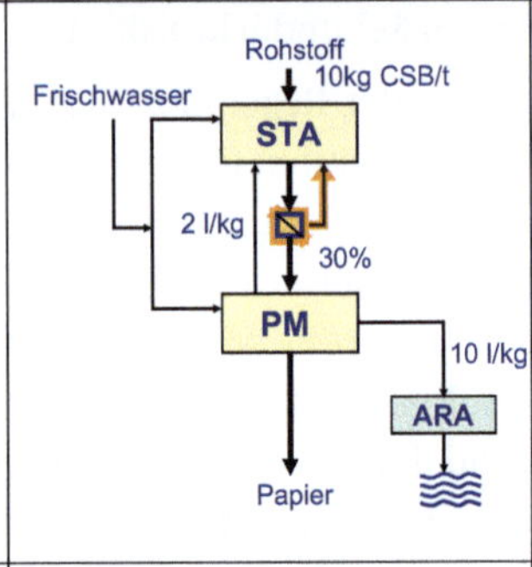	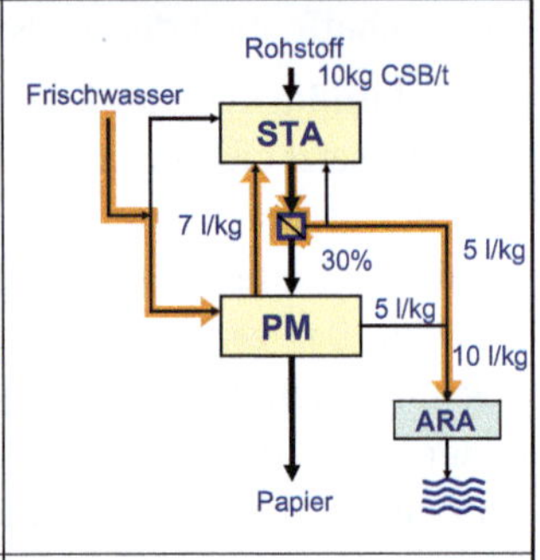
Elemente des Wasserkreislaufs (CSB: STA = 1,7 g/l; PM =1,1 g/l; Zahlenwerte angenommen)	Prinzip der Kreislauftrennung (CSB: STA = 4,9 g/l; PM =1,1 g/l)	Prinzip der Gegenstromführung (CSB: STA = 1,4 g/l; PM = 0,5 g/l)

Bild 15.2 Prinzipien der Gestaltung von Wasserkreisläufen
STA Stoffaufbereitung, PM Papiermaschine, ARA Abwasserreinigungsanlage

Mit dem Rohstoff gelangt auch organisches gelöstes und kolloidales Material in den Wasserkreislauf. Die **Beladung des Kreislaufwassers** hat eine besondere Bedeutung für den Betrieb der Anlage. Hohe Beladungen führen zu einer erheblichen Störung der Produktion und einer verminderten Produktqualität. Stellvertretend kann der **Chemische Sauerstoff (CSB)** als kennzeichnender Parameter für diese störenden Substanzen („**Störstoffe**") genutzt werden. Eine Vielzahl weiterer Parameter ist in der Praxis in Verwendung. Weitere Hinweise hierzu finden sich in Abschnitt 15.2.5. Der Vorteil des CSB ist seine in der Regel ausreichend gute Bilanzierbarkeit.

Eine wesentliche Voraussetzung für eine hohe Effizienz der Wassernutzung ist der bestmögliche **Frischwassereinsatz**.

Es ist zu vermeiden, dass das Abwasser nach der Blattbildung am Sieb der Papiermaschine mit Frischwasser verdünnt wird. Der Blattbildung als dem sensibelsten Prozess der Papiererzeugung sollte möglichst alles Frischwasser zugehen, um mit möglichst niedrigem Störstoffgehalt Papier zu produzieren. Erfolgt eine unerwünschte Verdünnung des Abwassers mit Frischwasser, so hat dieses Abwasser einen niedrigeren CSB-Wert als das Siebwasser der Papiermaschine. Der Quotient der in den filtrierten Proben ermittelten CSB-Werte im Abwasser CSB_{ABW} und im Siebwasser CSB_{SW}, „K1" genannt [15.3], macht eine Aussage über den Grad der Verdünnung des Abwassers und ist damit ein Maß für die Frischwassernutzung in der betrachteten Anlage.

$$K1 = \frac{CSB_{ABW}}{CSB_{SW}} \tag{15.1}$$

ABW Abwasser, SW Siebwasser 1

Anzustreben sind Werte für K1 ≥ 1.

Für die **Gestaltung der Wasserführung** lassen sich zwei weitere wichtige Prinzipien definieren. Es sind dies die **Kreislauftrennung** und die **Gegenstromführung**.

Kreisläufe können durch die Installation einer Eindickung (Presse) wasserseitig weitgehend voneinander getrennt werden (**Kreislauftrennung**). Es entsteht in der Stoffaufbereitung ein eigener Teilkreislauf (**Loop**). Wird die Übergabestoffdichte von der Stoffaufbereitung an die Papiermaschine z. B. von 5 % auf 30 % erhöht (Bild 15.2 Mitte), so sinkt die in diesem Strom von der Stoffaufbereitung an die Papiermaschine transferierte Wassermenge von 20 l/kg auf 2 l/kg, d. h. um rund 90 %. Diese Eindickung ist oft technologisch bedingt und zum Beispiel bei Einsatz einer Dispergierung oder Bleiche erforderlich. Durch diese Trennung können im Wasser enthaltene, unerwünschte Inhaltsstoffe in der der Papiermaschine vorgelagerten Stoffaufbereitung gehalten werden. Es entstehen zwei getrennte Kreisläufe oder Loops. Der „K2"-Wert [15.3] gibt das Verhältnis der CSB-Werte in den Wasserkreisläufen von Stoffaufbereitung und Papiermaschine wieder. Um die Papiermaschine maximal von Störstoffen zu entlasten, sollte der CSB-Wert im Siebwasser der Papiermaschine CSB_{SW} gegenüber dem CSB-Wert der Kreislaufwässer der Stoffaufbereitung CSB_{STA} so gering wie möglich sein. Dies lässt sich als Quotient dieser zwei CSB-Werte ausdrücken, der als K2 definiert ist. K2 sollte >>1 sein.

$$K2 = \frac{CSB_{STA}}{CSB_{SW}} \tag{15.2}$$

STA Stoffaufbereitung, SW Siebwasser 1

Ohne Ausschleusung von Abwasser aus dem ersten Loop fehlt allerdings eine Senke für im Wasser gelöste Störstoffe. Eine CSB-Entlastung der Papiermaschine findet aus diesem Grund nicht statt. Störstoffe werden im Loop der Stoffaufbereitung nur angereichert und gehen in der Folge an die Papiermaschine über. Die **Gegenstromführung** (Bild 15.2, rechts) ergänzt daher die Kreislauftrennung. Das in die Stoffaufbereitung zurückgeführte und so durch Aufkonzentration hoch belastete Filtrat wird aus der Anlage anteilig zur **Abwasserreinigungsanlage (ARA)** ausgeschleust. Die Stoffaufbereitung ergänzt ihr Wasserdefizit durch Nutzung von Wässern der Papiermaschine. Damit wird im empfindlichsten Teilsystem der Papiermaschine die beste Wasserqualität eingesetzt, während das Abwasser aus dem höchstbelasteten Teilsystem, der Stoffaufbereitung ausgeschleust wird. Der Wasserfluss in der Anlage nimmt dabei eine dem Stofffluss entgegengesetzte Richtung ein. Es tritt eine erhebliche Entlastung sowohl der Stoffaufbereitung als auch der Papiermaschine ein. Im dargestellten Zahlenbeispiel ergibt sich im Vergleich zum Prozess ohne Kreislauftrennung und Gegenstromführung eine Entlastung um 58 % (Vergleich der CSB-Werte).

Zur quantitativen Beschreibung der Gegenstromführung wird das Verhältnis des CSB-Wertes im Abwasser zum CSB-Wert in der Stoffaufbereitung genutzt. Dieser Quotient wird auch als $^{K1}/_{K2}$-Wert bezeichnet [15.3].

$$\frac{K1}{K2} = \frac{CSB_{\text{ABW}}}{CSB_{\text{STA}}} \tag{15.3}$$

Anzustreben ist ein $^{K1}/_{K2}$-Wert ≈ 1.

Der CSB-Wert im Abwasser entspricht dann bei einem $^{K1}/_{K2}$-Wert von 1 dem CSB-Wert in der Stoffaufbereitung. CSB verursachende Substanzen werden mit dem Abwasser aus dem höchstbelasteten Anlagenteil ausgeschleust. Die Papiermaschine ist optimal entlastet.

Sortenspezifischer Aufbau der Wasser- und Stoffkreisläufe

Stoff- und Wasserkreisläufe sind in realen Anlagen wesentlich komplexer aufgebaut, als dies Tabelle 15.1 zeigt. Neben den Anlagen mit einfachen Wasserkreisläufen (die Stoffaufbereitung hat nur einen Strang mit einem **Teilkreislauf (Loop)** und ist einer Papiermaschine zugeordnet) gibt es Anlagen mit mehreren Loops in einem oder mehreren Strängen der Stoffaufbereitung, Anlagen mit mehreren Strängen in der Stoffaufbereitung, Anlagen mit Zuordnung der Stoffaufbereitung zu mehreren Papiermaschinen und Anlagen zur Erzeugung mehrlagiger Erzeugnisse (Karton). Daneben gibt es eine Reihe von Anlagen die noch wesentlich komplexer aufgebaut sind. Dies bedeutet, dass sowohl mehrere Stränge in der Stoffaufbereitung als auch innerhalb dieser Stränge mehrere Teilkreisläufe (Loops) vorhanden sind. So ist z. B. eine Anlage zur Erzeugung mehrlagiger Erzeugnisse häufig auch eine Anlage mit mehreren Strängen in der Stoffaufbereitung.

Wasserkreisläufe lassen sich in ihrem **Aufbau** also durch die Anzahl und die Verknüpfung der vorhandenen Teilkreisläufe, den Ort der Frischwasserzugabe, den Ort der Abwasserausschleusung und den Ort der Rückführung des Wassers von der Papiermaschine in die Stoffaufbereitung beschreiben. Der in der Praxis realisierte Aufbau des Wasserkreislaufs hängt insbesondere von der produzierten Papiersorte und dem hierfür eingesetzten Rohstoff ab.

Holzstofffreie Papiere und Spezialpapiere

Die Wasserführung ist in der Regel relativ einfach gestaltet. Es handelt sich meist um eine einsträngige Anlage ohne Kreislauftrennung zwischen Stoffaufbereitung und Papiermaschine. Die Beladung des Kreislaufwassers ist aufgrund des hochwertigen Rohstoffes und des meist hohen spezifischen Frischwasserverbrauchs niedrig. Das Abwasser entsteht hauptsächlich aus überschüssigem Klarwasser und Rejektstoffen (Konstantteilsortierung usw.) der Papiermaschine. Eine gezielte Abwasserausschleusung aus der Stoffaufbereitung findet in diesem Sortenbereich meist nicht statt.

Verpackungspapiere

Der Bereich der Verpackungspapiere umfasst die Erzeugung von Wellpappenrohpapieren, Karton und Pappe. Auch in diesem Sortenbereich sind einsträngige Anlagen üblich soweit nicht mehrlagig bzw. mit weißer Decke produziert wird. Die Beladung ist jedoch im Vergleich zu der in den Wasserkreisläufen der holzstofffreien und Spezialpapiere erheblich höher, da mit dem Altpapier eine erheblich höhere Störstofffracht eingetragen und weniger Frischwasser verbraucht wird. Eine Fraktionierung und eine nachfolgende leichte Eindickung der Kurzfaser oder beider Fraktionen wird in einigen älteren Anlagen nicht zur Kreislauftrennung genutzt. In neueren Anlagen finden häufig eine Kreislauftrennung und eine Gegenstromführung statt. Die Maschinenwässer (Siebwasser) sind häufig dennoch hoch belastet. Eine Rückführung von mechanisch und/oder biologisch gereinigtem Wasser aus der ARA ist vor allem in der Kartonerzeugung üblich. Geschlossene Kreisläufe finden sich sowohl in Anlagen zur Erzeugung von Pappen (ohne integrierte biologische Kreislaufwasserreinigung) also auch von Wellpappenrohpapieren (mit und ohne integrierte Kreislaufwasserreinigung)

Grafische Papiere (z. B. Zeitungsdruck/LWC)

Der Aufbau der Kreislaufführung ist erheblich komplexer als in den beiden anderen Beispielen. Es werden häufig mehrere Arten von Faserrohstoffen eingesetzt: Altpapier, Holzstoff und Zellstoff. Die Altpapieraufbereitung mit zwei Deinking-Stufen (Vor- und Nachflotation) ist als System mit zwei durch Scheibenfilter in Kombination mit Pressen getrennten Teilkreisläufen (Loops) ausgebildet. Der Kreislauf der Holzstoffaufbereitung (soweit vorhanden) ist von dem der Papiermaschine durch einen Eindicker getrennt. Wird eine Bleiche betrieben, kann ein separater Teilkreislauf für diesen Verfahrensschritt bestehen. Die Bleiche ist dann vor- und nachher mit einer Entwässerung abgetrennt. Die Linie zur Aufbereitung des Zellstoffs ist immer ein einfaches System ohne eigenen Teilkreislauf und vergleichbar mit der Stoffaufbereitung für holzstofffreie Papiere aufgebaut. Abwasser wird häufig nur aus der Altpapieraufbereitungsanlage und aus der Schleiferei bzw. aus dem Teilkreislauf der Holzstoffbleiche ausgeschleust.

15.2.2 Kreislaufwasserreinigung

Gründe für die Kreislaufwasserreinigung

Ziele eines Einsatzes der Kreislaufwasserreinigung sind die **Steigerung der Materialeffizienz** durch die Rückgewinnung von Fasern und die Bereitstellung von gereinigtem Klarwasser zum Ersatz von Frischwasser sowie eine **Steigerung der Produktivität** durch die Eliminierung von Störstoffen aus dem Kreislaufwasser.

Kreislaufwasserreinigung an der Papiermaschine

Diese Anlagen werden als **Stofffänger** bezeichnet und typischerweise mit Siebwasser 2 beaufschlagt.

Aufgaben des Einsatzes eines Stofffängers sind **die Rückgewinnung von Fasern** und die **Bereitstellung von Brauchwasser**.

Für die Rückgewinnung von Fasern reichen Feststoffgehalte im Klarwasser von unter 100 mg/l aus. Durch eine **Entstoffung** des gesamten Siebwassers 2 kann die Stoffaufbereitung mit Wasser versorgt werden, ohne größere Fasermengen aus dem Papiermaschinenkreislauf in die Stoffaufbereitung einzutragen. Dies ist insbesondere bei einem stark wechselnden Sortenprogramm und einer nur geringen Trennung der Wasserkreisläufe wichtig, um die während der Umstellung produzierte Ausschussmenge zu minimieren.

Um Verbraucher von Wasser mit Kreislaufwasser zu versorgen, muss das Wasser in vielen Fällen mechanisch gereinigt werden.

Kreislaufwasserreinigung in der Stoffaufbereitung

Zur Kreislaufwasserreinigung in der Stoffaufbereitung können grundsätzlich die gleichen Aggregate eingesetzt werden wie an der Papiermaschine. Üblich ist jedoch die Druckentspannungsflotation (s. nachfolgend).

Aufgaben der Kreislaufwasserreinigung in der Stoffaufbereitung die **Ausschleusung von Störstoffen** und die **Steigerung der Materialeffizienz** durch Rückgewinnung von Fasern aus dem auszuschleusenden Abwasser.

Behandelt werden in der Regel in oben genannten Anlagen die Filtrate von Rejekt- und Schlammentwässerungen und von Aggregaten zur Kreislauftrennung zwischen Stoffaufbereitung und Papiermaschine, wie z. B. von Scheibenfiltern, Siebband- oder Schneckenpressen. Seltener auch die Filtrate von Wäschern, mit dem aus der Stoffsuspension Asche und/oder Druckfarbenpartikel herausgewaschen werden.

Mechanische Trennverfahren

Sedimentation

Sedimentation ist die Abtrennung einer dichteren Phase (Partikel) aus einem dispersen System unter Wirkung der Schwerkraft.

Die Sedimentation ist nur noch selten im Einsatz. Es werden Absetzbecken eingesetzt, die beim **Kratzerstofffänger** rechteckig ausgeführt sind. Der Schlamm wird über einen unten angebrachten Kratzerförderer, meist einen Kettenförderer, in den Schlammsumpf befördert, wo ihn eine Schnecke zur Dickstoffpumpe führt. Das Klarwasser wird über Abflussrinnen abgezogen. **Trichterstofffänger** sind demgegenüber konisch aufgebaut. Der Zulauf ist zentral angeordnet, das Klarwasser läuft über ein Zackenwehr außen ab. Der absetzende Schlamm gelangt in einen sich verjüngenden Konus und verdichtet sich dabei. Unten wird der Dickstoff abgezogen. Weitere Formen sind das **Rundklärbecken** (Bild 15.3) und der **Schrägklärer** (Lamellensedimentation) [15.4][15.5].

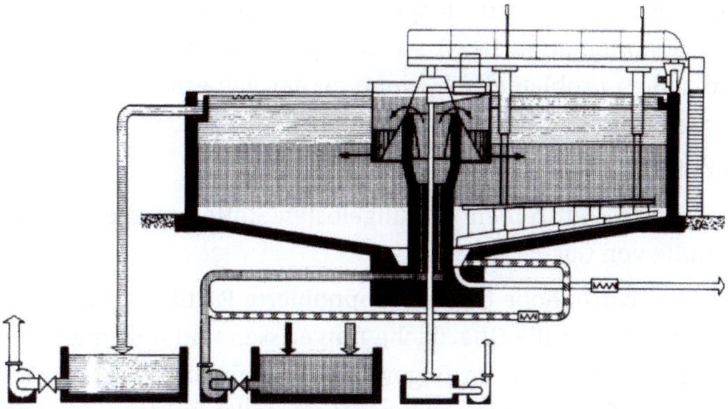

Bild 15.3 Schematische Darstellung eines Rundklärbeckens

Auf die Partikel wirkende Kräfte sind dabei die Schwerkraft und die Auftriebskraft zum umgebenden Medium.

Die Absetzgeschwindigkeit der Partikel wird mit dem Gesetz von *Stokes* beschrieben:

$$w_0 = \frac{x^2 \cdot \Delta\rho \cdot g}{18 \cdot \eta} \tag{15.4}$$

w_0 = Absetzgeschwindigkeit in m/s; x = Partikelgröße in m; $\Delta\rho$ = Dichtedifferenz Feststoff – Flüssigkeit in kg/m^3; g = (Fall-)Beschleunigung m/s^2; η = dynamische Viskosität der Flüssigkeit in Pa·s

Für eine erfolgreiche Abtrennung muss dabei die Absetzgeschwindigkeit der Partikel größer sein als die Strömungsgeschwindigkeit des umgebenden Mediums.

$$v_{\text{Strömung}} = \frac{Q_{\text{Strömung}}}{A_{\text{Becken}}} \tag{15.5}$$

$v_{\text{Strömung}}$ Geschwindigkeit der aufsteigenden Flüssigkeit; $Q_{\text{Strömung}}$ Volumenstrom des Klarwassers; A_{Becken} Oberfläche (Klärfläche) des Sedimentationsbeckens

Die Strömungsgeschwindigkeit errechnet sich dabei aus dem zu behandelnden Volumenstrom und der Oberfläche (Klärfläche) der Sedimentationsanlage. Die Strömungsgeschwindigkeit entspricht dabei der Oberflächenbelastung der Anlage. Zusätzlich beeinflusst wird das Absetzverhalten von der Bewegungsfreiheit der Partikel. Kennzahl für die Belastung mit Feststoffen ist dabei die Feststoffmenge bezogen auf die Oberfläche der Anlage.

Für eine einfache Auslegung einer Sedimentationsanlage haben sich in der Praxis Orientierungswerte für die Oberflächenbelastung und die Feststoffflächenbelastung ergeben.

Die **Oberflächenbelastung** der Anlage sollte dabei kleiner 1,2 m^3/m^2h und die **Feststoffflächenbelastung** kleiner 1,8 kg/m^2h sein.

Ein genereller Nachteil von Sedimentationsanlagen ist die geringe Stoffdichte des Sediments von maximal 2,5 %. Die zum Teil sehr langen Verweildauern können zudem anaerobe Abbauvorgänge provozieren, mit entsprechend nachteiligen Auswirkungen (Geruch, mikrobielle Kontamination usw.) auf den gesamten Wasserkreislauf. Lange Verweilzeiten sind zudem problematisch, wenn an der Papiermaschine rasch wechselnde Fertigungsprogramme gefahren werden sollen [15.5].

Druckentspannungsflotation

Unter Flotation versteht man das Auftreiben von ungelösten Stoffen an die Oberfläche einer Suspension mithilfe von Gasblasen.

In der Flotationstrübe haften hydrophobe oder hydrophobierte Partikel an den aufsteigenden Luftblasen an, werden an die Oberfläche mitgerissen und dort mit einer geeigneten Räumvorrichtung abgetrennt. Im Gegensatz zur Deinking-Flotation, wo eine selektive Abtrennung von Druckfarben erwünscht ist, sollen in der Kreislaufwasserreinigung ungelöste Feststoffe möglichst vollständig abgetrennt werden.

Verschiedene Flotationsverfahren unterscheiden sich nach Art des Blaseneintrags. In der Kreislaufwasserreinigung hat sich die **Druckentspannungsflotation** durchgesetzt. Hierbei wird Wasser unter Druck luftgesättigt und dann der Flotationskammer zugeführt, wobei durch die Entspannung sehr feine Luftblasen entstehen. Der Drucksättigungsstrom ist entweder der gesamte Zulauf, ein Teilstrom oder rückgeführtes Klarwasser (Recycling-Verfahren). Eingesetzt werden sowohl **Rundflotationsanlagen** (Bild 15.4) als auch **Rechteckflotationen.** Rechteckflotationen sind teilweise mit zusätzlichen Lamellen versehen, um die Oberfläche zu erhöhen.

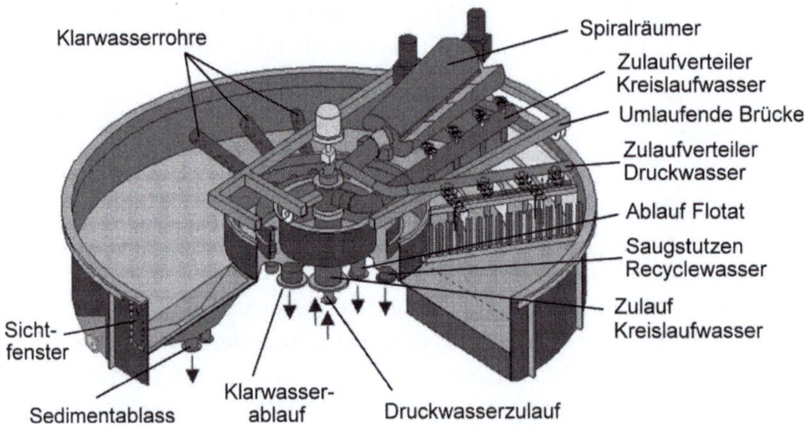

Bild 15.4 Beispiel einer Druckentspannungsflotation in Rundbauweise

Einfluss auf die Leistung der Druckentspannungsflotation haben im Wesentlichen drei Faktoren. Dies sind

- die **Anzahl und die Größe der gebildeten Luftblasen**,
- die **Hydrophobierung der zu flotierenden Teilchen** und
- die **Flockung der Partikel**.

Die Anzahl und Größe der Luftblasen wird neben der Art des Blaseneintrags von deren Neigung zur Koaleszenz (Vereinigung der Blasen) beeinflusst. Sie ist im Wesentlichen abhängig von der Oberflächenspannung der Lösung. Eine niedrige Oberflächenspannung verringert dabei die Geschwindigkeit der Koaleszenz. Entscheidend für ein gutes Flotationsergebnis ist die Abstimmung der Verweilzeit innerhalb der Flotation mit der Zeit bis zur Koaleszenz der Blasen.

Voraussetzung für das Flotieren von Partikeln ist die Anlagerung der gebildeten Luftblasen an die abzutrennenden Feststoffe. Dabei werden zwei Fälle unterschieden, die Einlagerung von Luftblasen während der Bildung der Flocken und die Anlagerung der gebildeten Luftblasen an die Flocken bzw. Partikel.

Das Flockungsverhalten ist im Wesentlichen vom richtigen **Chemikalieneinsatz** abhängig. Die Dosierung von Flockungsmitteln hat einen Anteil von 1,2 % an der insgesamt in der Papiererzeugung eingesetzten Additivmenge (bezogen auf Wirksubstanz; weltweiter Verbrauch im Jahr 2005) [15.6].

Durch kombinierten Einsatz von Flockungsmitteln und Fällungsmitteln kann über die Feststoffabtrennung hinaus mit diesen Verfahren eine Verringerung der gelösten und kolloidalen organischen Substanzen um 5...15 % erzielt werden (Messung als CSB der mit einem Papierfilter abfiltrierten Probe). Jedoch werden durch die für die Fällung notwendige hohe Additivdosierung zusätzliche Salzfrachten eingetragen [15.7]. Ebenso wird der pH-Wert des Kreislaufwassers stark verändert. Es fallen hohe Kosten an. Aus diesen Gründen wird in der Regel auf eine solche Behandlung des Kreislaufwassers verzichtet.

Für die Auslegung einer Flotationsanlage werden analog zur Auslegung einer Sedimentation die Kennwerte der Oberflächenbelastung und Feststoffflächenbelastung verwendet.

Im Allgemeinen werden eine **Oberflächenbelastung** von unter 12 m^3/m^2h und eine **Feststoffflächenbelastung** von unter 8 kg/m^2h angestrebt.

Ein generelles Problem von Flotationsanlagen besteht bei stark schwankenden Belastungen im Zulauf. Sowohl Schwankungen im Volumenstrom als auch in der Feststoffbelastung führen zu schlechten Ergebnissen.

Filtration

Siebe und Filter eignen sich zum Abscheiden von Feststoffteilchen aus einer Suspension mithilfe eines porösen Filtermittels. Gebräuchliche Filtermittel sind Siebe,

Gewebe, verfilzte Schichten, lose Schüttungen, poröse Körper und Membranen. Man unterscheidet zwischen Kuchenfiltration, Oberflächenfiltration und Tiefenfiltration.

Während in der **Kuchenfiltration** die flüssige Phase durch die Filterschicht hindurch gesaugt oder gedrückt wird, lagern sich die Feststoffe auf der Oberfläche der Schicht ab. Mit dem stetigen Aufbau eines Filterkuchens scheiden sich Feststoffteilchen auch durch molekulare Haftkräfte im Filterkuchen ab. Das Filtermedium hat lediglich die Aufgabe, den Beginn der Kuchenbildung einzuleiten und den Kuchen zu tragen. Typische Beispiele sind Scheibenfilter, die unter Nutzung einer Filterhilfsschicht zur Entstoffung von Kreislaufwasser betrieben werden.

In der **Oberflächenfiltration** bildet sich keine oder nur eine sehr dünne Filterschicht. Teilchen werden an der Oberfläche eines Filtermediums abgeschieden, d. h. mechanisch zurückgehalten. Suspension und Filterfläche bewegen sich relativ zueinander mit z. T. sehr hohen Geschwindigkeiten, die an der Oberfläche des Filtermediums wirkende Scherspannung spült die anfiltrierten Teilchen sofort wieder in die strömende Suspension ein. Ein Beispiel für die Oberflächenfiltration ist die Ultrafiltration zur Feinfiltration von Kreislaufwasser.

Bei der **Tiefenfiltration** wird ein Filterbett z. B. aus Sand oder Kies angelegt, um bei der Durchströmung Verunreinigungen gezielt darin zurückzuhalten. Schlüssel hierfür ist die niedrige Strömungsgeschwindigkeit und die hohe innere Oberfläche, die eine Ablagerung begünstigt. Der Filter muss regelmäßig gespült werden, um die zurückgehaltenen Feststoffe wieder zu entfernen. Dies erfolgt im Gegenstrom und häufig unter Nutzung von Luft. Ein typisches Beispiel sind Kiesfilter in der Frischwasseraufbereitung von Papierfabriken.

Triebkraft der Filtration ist das Druckgefälle Δp zwischen Suspensions- und Filtratseite. Zur Berechnung des Volumenstroms bei der Kuchenfiltration (z. B. Scheibenfilter) kann die folgende Form der *D'Arcy* Filtergleichung genutzt werden:

$$\frac{\mathrm{d}V}{\mathrm{d}t} = \frac{A \cdot \Delta p}{\eta \left(\frac{\alpha \cdot F_S \cdot V}{A} + \beta \right)} \tag{15.6}$$

V Filtratmenge; *T* Zeit, *A* Querschnittsfläche senkrecht zur Strömungsrichtung, Δp wirksame Druckdifferenz, α mittlerer spezifischer Kuchenwiderstand in m/kg bezogen auf die Trockenmasse des Kuchens, β Widerstand des Filtermittels in 1/m, F_s Feststoffkonzentration in kg/m^3, η dynamische Viskosität der Flüssigkeit

Zur Auslegung von Filtern in der Papierindustrie werden ebenfalls die Größen **Oberflächenbelastung** und **Feststoffflächenbelastung**, bezogen auf die zur Verfügung stehende Filterfläche, verwendet.

Zur Kreislaufwasserreinigung verwendete Scheibenfilter (Bild 15.5) erreichen im Allgemeinen eine **Oberflächenbelastung** von 3 m^3/m^{2}h und eine **Feststoffflächenbelastung** von 15 kg/m^{2}h.

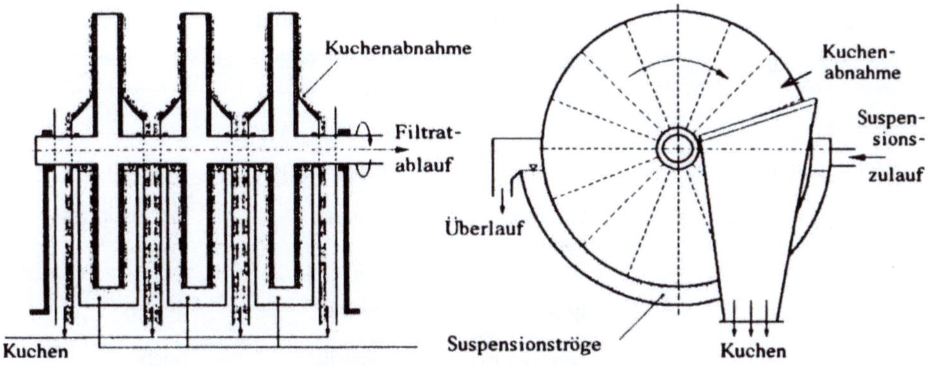

Bild 15.5 Schematische Darstellung eines Scheibenfilters [15.8]

Da man für die Filtration in der Regel eine **Filterhilfsschicht** benötigt, wird meist Faserstoff in den Zulauf zugegeben. Im Anfangsbereich der Filtrierung bis zur Ausbildung der Filterhilfsschicht anfallende Trübfiltrate werden getrennt erfasst. Das Trübfiltrat wird im Kreis gefahren oder kann zur Rückverdünnung des abgetrennten Dickstoffes verwendet werden. Dieser wird dann wieder dem Stoffsystem zugegeben. Einfache Trommelfilter mit grober Bespannung und Filterhilfsschicht erreichen Oberflächenbelastungen bis 1,5 m^3/m^2h, allerdings bei deutlich schlechterer Feststoffabtrennung.

Den guten Abtrenneigenschaften und hohen erzielten Klarwasserqualitäten stehen im Vergleich zu anderen Verfahren hohe Investitions- und Betriebskosten aufgrund eines hohen Wartungsaufwandes gegenüber.

Einsatz und Vergleich der Eigenschaften der Verfahren

Neben technischen und wirtschaftlichen Kriterien sind für die Auswahl geeigneter Verfahren zur Kreislaufwasserreinigung eine Vielzahl von Einzelfaktoren, z. B. die örtlichen Verhältnisse, relevant. Die am häufigsten eingesetzten Verfahren sind die Filtration und die (Druck-) Entspannungsflotation. Sedimentationen spielen nur mehr in Altanlagen eine Rolle. Unterschieden wurde für die Ermittlung der Werte in Tabelle 15.1 nur in die Kategorien „Entspannungsflotation“, „Sedimentation“ und „Filtration“. Erfasst wurden Aggregate, die sowohl in der Stoffaufbereitung als auch an der Papiermaschine eingesetzt werden.

Tabelle 15.1 Vergleich der Verfahren zur Kreislaufwasserreinigung

Verfahren	Sedimentation	Filtration	Flotation
Eignung			
Häufige Sortenwechsel	nein	gut geeignet	bedingt
Kleine Papiermaschinen	bedingt	weniger	gut geeignet
Kosten/Aufwand			
Platzbedarf	groß	gering	gering
Wartung	sehr niedrig	niedrig	hoch
Investitionskosten, spezifisch	niedrig	hoch	mäßig
Energieverbrauch	sehr niedrig	niedrig	mäßig
Additiveinsatz	gering	gering	höher

Deutlich unterscheiden sich die Betriebsergebnisse der verschiedenen Verfahren. Die Filtration schneidet hier besonders günstig ab und liefert zuverlässig niedrig belastetes Klar- und Superklarfiltrat. Die große erforderliche Klärfläche wird durch die Parallelschaltung von mit Sieben bespannten Scheiben auf einer Hohlwelle platzsparend erreicht. Ihre Einsatzfelder sind insbesondere die großen grafischen Papiermaschinen. Die Flotation erreicht, verglichen mit der Filtration, in der Regel nicht so geringe Feststoffkonzentrationen im Klarwasser und ist gerade im Bereich der Altpapier verarbeitenden kleineren Anlagen häufiger zu finden und wird auch in der Kreislaufwasserreinigung insbesondere in der Stoffaufbereitung eingesetzt.

Zusätzliche Feinreinigung

Aufgrund der immer weiteren Einengung der Wasserkreisläufe muss an immer mehr Verbrauchern die Verwendung von Frischwasser eingeschränkt werden. Um Frischwasser an diesen Stellen zu ersetzen, muss das **Klarwasser** eine hohe Qualität aufweisen. Vor allem für Spritzrohre im Hochdruckbereich und bei der Verwendung als Dichtwasser ist Feststofffreiheit oft gefordert. Die hohen benötigten Klarwassermengen bei stark eingeengtem System bei gleichzeitiger hoher Anforderung an die Qualität des Klarwassers von nur einigen wenigen Verbrauchern fördern den Ansatz zu mehrstufigen Reinigungen.

Verfahren zur Feinreinigung von vorbehandeltem Kreislaufwasser basieren häufig auf Filtrationsverfahren. Sie dienen sowohl als Polizeifilter bei Versagen des vorgeschalteten Reinigungsverfahrens als auch zur kontinuierlichen Verbesserung der Klarwasserqualität. Verwendung finden vielfältige Verfahren z. B. Trommelfilter mit sehr feiner Bespannung (Mikrofiltration), Patronen- und Rückspülfilter sowie in seltenen Fällen Ultrafiltration und Nanofiltration.

15.2.3 Funktion und Dimensionierung von Bütten und Behältern

In einer Papiererzeugungsanlage sind eine Vielzahl von Bütten und Behälter installiert. Die Aufgaben der installierten Volumina sind vielseitig. In den Bütten werden Faserstoffe suspendiert, nach Bedarf gelagert, vermischt oder einer Verweildauer nach (chemischer) Behandlung unterzogen. Die Kreislaufwasserbehälter dienen dazu, Wasser für Verbraucher zu bevorraten, zu sammeln oder mit einem konstanten Vordruck zur Verfügung zu stellen. Weiterhin existieren Behälter für speziellere Anwendungen, wie Standrohre zur Entgasung.

Gerade wenn diskontinuierliche Vorgänge (Abrisse, Anfahren usw.) auftreten, werden Pufferbehälter benötigt, um den plötzlichen Wasserbedarf zu decken bzw. schlagartig anfallende Filtrate aufzufangen und zu speichern, um einen Wiedereinsatz in der Produktion zu ermöglichen. Nur so kann eine unnötige Frischwasserzugabe, und in Zeiten von Wasserüberschuss, eine unnötige Abwasserausschleusung vermieden werden.

Das Gesamtvolumen V_G des Wasserkreislaufs kann also folgendermaßen kategorisiert werden:

Das **Gesamtvolumen** V_G setzt sich aus den Stoffvolumina (V_S) und den (Kreislauf-) Wasservolumina (V_W) zusammen.

$$V_G = V_S + V_W \tag{15.7}$$

Nach der **Art der Nutzung** können dynamisch genutzte Volumina (V_{dyn}) und statisch genutzte Volumina (V_{stat}) unterschieden werden.

Daher gilt:

$$V_G = V_{Sstat} + V_{Sdyn} + V_{Wstat} + V_{Wdyn} \tag{15.8}$$

Pufferbütten, Pulper und Wasserbehälter werden zum Teil dynamisch genutzt, sind also in Abhängigkeit von der Betriebssituation unterschiedlich weit gefüllt. In Rohrleitungen und einem relativ großen Teil der Apparate und anderen Bütten und Behälter befindet sich eine konstante Stoff- oder Wassermenge.

Um eine Abschätzung vorzunehmen, ob das vorhandene Puffervolumen richtig bemessen ist, wird die Summe der Volumina aller dynamisch genutzten Wasserbehälter und aller dynamisch genutzten Stoffbütten miteinander verglichen. Dynamisch genutzte Bütten und Behälter sind nicht füllstandsgeregelt und weisen einen schwankenden Füllstand auf. Typische Beispiele sind Stapelbütten und Wasserpuffer.

$$\frac{V_{Wdyn}}{V_{Sdyn}} \tag{15.9}$$

Das Verhältnis dynamisch genutzter Wasser- und Stoffvolumina zueinander weist eine typische Abhängigkeit von der spezifischen Abwassermenge auf, die sich für alle bisher untersuchten Anlagen bestätigen ließ (Bild 15.6). Liegt der für die untersuchte

Anlage ermittelte Wert auf der Kurve, ist von einer richtigen Bemessung der Wasserpuffer auszugehen. Darunter sind die Wasservolumina zu knapp (siehe „IST-Wert" in Bild 15.6), darüber zu groß ausgelegt.

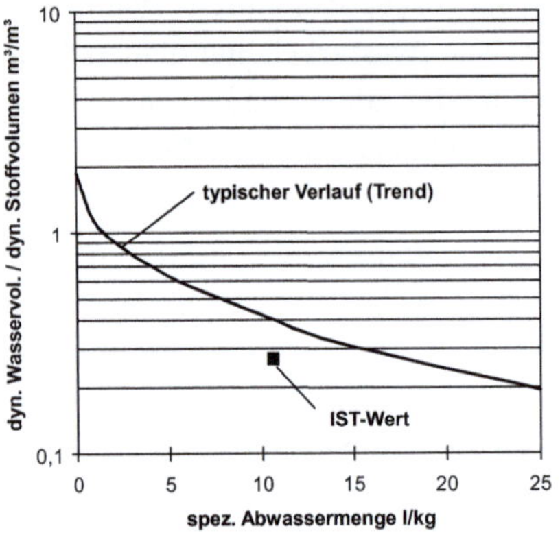

Bild 15.6 Verhältnis der dynamisch verfügbaren Wasser- und Stoffbüttenvolumina in Abhängigkeit von der spezifischen Abwassermenge

Wichtig für die Einengung der Wasserkreisläufe ist der Anteil des dynamischen Stoff- und Wasservolumens am Gesamtvolumen. Dieser Anteil hat einen großen Einfluss auf Schwankungen im System und die Verfügbarkeit von Filtrat und Klarwässern für die Produktion. Eine der wichtigsten Aufgaben bei einer Reduzierung der spezifischen Abwassermenge ist die Beherrschung und Minimierung der Schwankungen. Der Bedarf an dynamisch verfügbarem Wasservolumen gegenüber dem dynamischen Stoffvolumen steigt bei niedriger spezifischer Abwassermenge stark an.

Idealerweise werden nicht nur Wasserbehälter ergänzt, sondern auch das dynamische Stoffvolumen verringert und so an die niedrige spezifische Abwassermenge angepasst. Dies gelingt insbesondere durch die Installation kontinuierlicher Pulper, die Verringerung der Schwankungen in Stapelbütten, die Optimierung der Fahrweise bei Abrissen usw. Diese Anpassung der Stoffvolumina ist auch deshalb notwendig, um bei Stillständen oder einer Abstellung die anfallenden Wassermengen im Kreislauf halten zu können.

15.2.4 Aspekte eines gut gestalteten Wasserkreislaufs

In der Papiererzeugung hat der Wasserkreislauf aufgrund seiner zentralen Position als verbindendes Element aller Prozessstufen eine Vielzahl von Aufgaben zu erfüllen. Um diese zu ermöglichen, ist eine bestmögliche Gestaltung anzustreben. In Bild 15.7 sind die wichtigsten Kriterien für einen gut gestalteten Wasserkreislauf zusammengefasst.

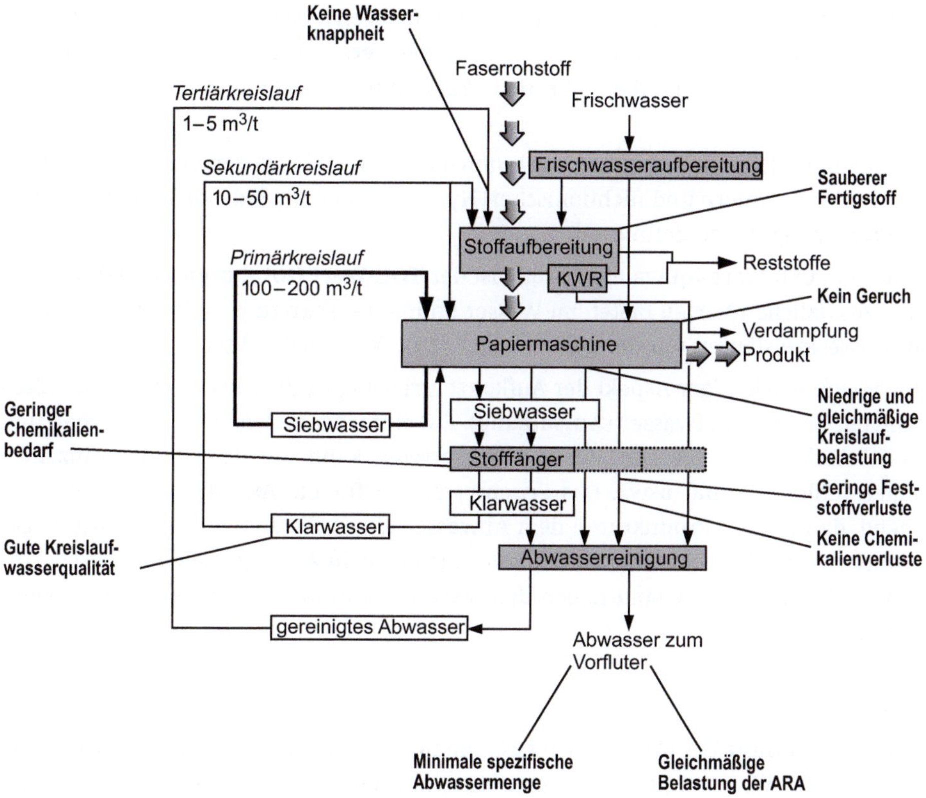

Bild 15.7 Aspekte eines gut gestalteten Wasserkreislaufs

15.2.5 Wasserkreislaufeinengung

Inhaltsstoffe des Kreislaufwassers und der Aufkonzentrierung

Wichtigste Quelle der im Kreislaufwasser vorgefundenen Inhaltsstoffe sind die eingesetzten Faserstoffe. Bei ihrer Aufbereitung werden organische und anorganische Substanzen freigesetzt und gelangen in das Kreislaufwasser. Bestimmend ist hierfür einerseits die Art des eingesetzten Faserrohstoffs. Mit 1 t Zellstoff gelangen ca. 2...6 kg **CSB (Chemischer Sauerstoffbedarf)** in den Wasserkreislauf; mit Altpapier liegt dieser Wert bei 10...45 kg CSB pro t Altpapier. Besonders hohe Werte weisen mit Stärke behandelte Verpackungspapiere auf. Zusätzlichen Einfluss haben die Randbedingungen der Faserstoffaufbereitung. Hohe Temperaturen und pH-Werte führen zu höheren freigesetzten CSB-Frachten. Weitere Quellen für eine Belastung des Kreislaufwassers sind in geringem Umfang die verwendeten Additive (z. B. Stärke).

Durch die Reduzierung der spezifischen Abwassermenge werden anorganische und organische Inhaltsstoffe im Kreislaufwasser aufkonzentriert. Für die organischen

Substanzen werden in Altpapier verarbeitenden Betrieben bei abwasserfreier Produktion sehr hohe Beladungen des Kreislaufwassers von 25 … > 40 g CSB/l erreicht. Diese Substanzen stören die Papiererzeugung und werden daher als **Störstoffe** bezeichnet.

Nach *Auhorn* [15.10] sind nur die „gelösten oder kolloidal gelösten anionischen Oligomere oder Polymere und nichtionischen Hydrokolloide“ als **Störstoffe im Sinne der Papiererzeugung** zu definieren.

Eine zum CSB-Wert äquivalente Größe ist der **TOC-Wert (total organic carbon)**, der den zusätzlichen Vorteil bietet, im Wasser online messbar zu sein. In der Regel wird in Wasserkreisläufen nur der gelöste Anteil (DOC-Wert) betrachtet.

Ein weiterer wichtiger Aspekt der Aufkonzentrierung ist die Anreicherung von Elektrolyten im Kreislaufwasser (**Aufsalzung**). Ein einfacher Parameter zur Abschätzung der Aufsalzung ist die Leitfähigkeit. Hinzutreten kann die Bestimmung einzelner Ionen (Chlorid, Sulfat usw.). Das Frischwasser ist für die Aufsalzung nicht bestimmend, da mit dem Produkt und dem Abwasser eine vollständige Ausschleusung gewährleistet ist. Ursachen für die Aufkonzentrierung in Abhängigkeit von der spezifischen Abwassermenge sind neben dem Faserrohstoff auch die eingesetzten chemischen Additive.

Wärmebilanz

Die **Wärmebilanz** [15.11] setzt sich zusammen aus **Wärmequellen:** Frischwasser, Beheizung von Wasser und Stoffsuspensionen mit Frischdampf, Dissipativer Energieeintrag in Schleifern, Refinern, Pumpen usw., Aufheizung von Wasser mit Abwärme (aus Kondensat, Hydrauliköl, Abluft, Abwasser) und aus den **Wärmesenken:** Abwasser, ausgeschleuste Rejekte und Schlämme, Abstrahlung (Bütten, Behälter, freie Oberflächen), Verdampfung an freien Oberflächen und mit Brüden (Schleiferei), Wärmeverlust mit der Papierbahn und Kühlungen mit Wärmetauschern.

Wird die spezifische Abwassermenge reduziert, sinkt gleichzeitig der Wärmeverlust mit dem Abwasser. Dadurch steigt die Temperatur des Kreislaufwassers.

Durch eine **Steigerung der Temperatur im Wasserkreislauf** an der Papiermaschine um 10 K wird von einer Erhöhung des Trockengehalts nach der Pressenpartie um 1 % und einer daraus folgenden Reduzierung des Dampfbedarfs um 4 % ausgegangen [15.12]. Praxiserfahrungen bestätigen diese Annahme.

Dies erklärt die große Bedeutung der Kreislaufwassertemperatur für die Effizienz der Papiererzeugung. Limitierende Faktoren für eine Steigerung der Temperatur sind

- die verringerte Wirksamkeit der Vakuumabsaugung im Sieb- und Pressenbereich,
- die Zunahme der Verdampfung von Kreislaufwasser in offenen Behältern mit ihren negativen Folgen für die Gebäude und das Hallenklima und

- die Erweichung klebender Substanzen (Stickys) mit der Folge einer schlechteren Sortierbarkeit in der Stoffaufbereitung; höheren Beladungen des an die Papiermaschine übergebenen Faserstoffs mit klebenden Verunreinigungen und einer steigenden Häufigkeit von Abrissen.

Es werden Temperaturen von mindestens 35 °C, besser 40...45 °C im Kreislaufwasser an der Papiermaschine angestrebt. In geschlossenen oder stark eingeengten Wasserkreisläufen werden diese Temperaturen erreicht, ohne dass Frischdampf zusätzlich eingesetzt werden muss.

Mikrobiologische Belastung und ihre Folgen

Mikroorganismen finden in den Wasserkreisläufen von Papierfabriken fast ideale Lebensbedingungen vor. Organische Extraktstoffe der Faserstoffe, Reste eine Vielzahl von Additiven und Stärke und Verunreinigungen aus dem eingesetzten Altpapier bieten ein umfangreiches Nährstoffangebot. Die Temperaturen sind mit 25...45 °C ebenfalls häufig nahe am Optimum. Sauerstoff ist in der Regel gut verfügbar. Spezialisten finden aber auch Bereiche vor, in denen kein Sauerstoff verfügbar ist. Zusätzlich sind im Wasserkreislauf in vielen Behältern und Rohrleitungen an Armaturen und in Übergängen Strömungsverhältnisse und eine Oberflächenbeschaffenheit vorhanden, die eine Ansiedlung von Mikroorganismen (Biofilm) ermöglichen.

Biofilme, die in Papiermaschinen wachsen, bestehen aus einer komplexen Zusammensetzung von Mikroorganismen, Füllstoffen, Fasern, synthetischen organischen Substanzen (Latices, Harze, Leimstoffe usw.), die in einer Matrix aus extrazellulären polymeren Substanzen (EPS) eingebettet sind.

Bei den sich entwickelnden Mikroorganismen handelt es sich um Bakterien (Schleimbildner, anaerobe Bakterien, Fadenbakterien), Pilze (Schimmelpilze, Hefen), Algen sowie auch höhere Lebensformen (Protozoen, Nematoden, Rotiferen). Die resultierende mikrobielle Belastung der Kreislaufwässer ist teilweise sehr hoch. Der Nachweis von Bakterien erfolgt üblicherweise über eine Keimzahlmessung. Typisch sind Werte von 10^5 bis 10^8 koloniebildenden Einheiten (CFU)/ml Kreislaufwasser [15.13].

Zur Kontrolle von mikrobieller Aktivität in Wasserkreisläufen werden **Biozide** eingesetzt [15.14][15.15]. Einzelne Papierfabriken können ganz auf den Einsatz von Bioziden im Kreislaufwasser verzichten.

Im Einsatz sind z. B. oxidierende Wirkstoffe, die sehr schnell und eher unspezifisch mit einem breiten Wirkungsspektrum ausgestattet sind. Ebenso werden auch nicht oxidierende Wirkstoffe und Formulierungen mit langsamerer und sehr spezifischer, meist pH-Wert abhängigen Wirkung eingesetzt, die sich neben dem Einsatz im Wasserkreislauf auch für den Einsatz zur Konservierung von Slurries u. Ä. eignen.

Als **nicht oxidierende Biozide** (seltener auch zur Topfkonservierung von Slurries usw.) werden oberflächenaktive Substanzen, Zelloberflächen aktive Substanzen, Enzyminhibitoren, Wachstums-, Vermehrungsinhibitoren eingesetzt. Typische Vertreter dieser Klasse sind DBNPA, CMIT/MIT (Isothiazolinone), Glutaraldehyd, Dithione, Quartäre Amine und Carbamate.

Als **oxidierende Sustanzen** werden z. B. Chlorgas, Natriumhypochlorit, Chlordioxid, Peressigsäure, Wasserstoffperoxid, Ozon, BCDMH eingesetzt.

Daneben sind **Biodispergatoren** im Einsatz, die eine Biolfilmbildung verhindern und kontrollieren helfen sollen. Typische Produkte, die zurzeit als Biodispergatoren eingesetzt werden, sind anionische und nichtionogene Stoffe wie z. B. EO/PO Blockpolymere, Nonylphenolethoxylate, Alkylarylsulfonate usw. und modifizierte Ligninsulfonate.

Enzyme sind ebenfalls in einzelnen Fällen in Wasserkreisläufen im Einsatz und haben die Aufgabe, die Polysaccharide oder Proteine einer EPS-Matrix zu kleineren Einheiten abzubauen und damit einen Biofilm zu entfernen oder dessen Bildung zu verhindern.

Die Dosierung von Bioziden erfolgt üblicherweise kontinuierlich in kleinen Mengen oder häufiger schockweise und zyklisch (z. B. alle 4 h) in größeren Dosen. Eine Kontrolle der Wirksamkeit erfolgt zum Beispiel durch die Bestimmung der Keimzahlen oder des ATP-Gehaltes und der Reductase sowie regelmäßig durch eine visuelle Prüfung der Schleimbildung und der Schleimbeschaffenheit in ausgewählten und als kritisch erkannten Bereichen, unterstützt durch eine mikroskopische Analyse. Das Schleimmessbrett wird ebenfalls weiterhin eingesetzt. Verfahren zum online-Monitoring bauen in der Regel auf diesem Prinzip auf und ermöglichen die quantitative Ermittlung des Zuwachses an Biomasse (Schleim).

Neben der Dosierung von Additiven sind physikalische Methoden in einzelnen Fällen im Einsatz. Diese beruhen z. B. auf galvanischen Effekten. Eine Anwendung in der Breite fehlt jedoch.

Geruchsbildung

Quellen für die Bildung geruchsrelevanter Substanzen sind mit dem Altpapier eingetragene Stärken und organische Verunreinigungen sowie ungesättigte Fett- und Harzsäuren, die als Holzextraktstoffe und mit Papierhilfsmitteln in das Kreislaufwasser gelangen [15.16]. Diese werden von Mikroorganismen durch Oxidation in geruchsrelevante kurzkettige Fettsäuren (Essig-, Propion-, Buttersäure usw.), Aldehyde (Hexanal, Capronaldehyd usw.) sowie Ketone und Alkohole umgesetzt. Daneben führen mikrobiologische Prozesse unter den typischen Randbedingungen eines eingeengten Wasserkreislaufs (niedriger O_2-Gehalt, hoher BSB) ebenfalls zu geruchsintensiven Reaktionsprodukten (kurzkettige Fettsäuren, Aldehyde und Ketone sowie H_2S und Mercaptane). Ebenso kann Wasserstoff entstehen. In geschlossenen Wasserkreisläufen finden sich infolge anaerober Stoffwechselprozesse z. T. sehr hohe Konzentrationen von mehreren Gramm pro Liter Kreislaufwasser an Fettsäuren. Schwerpunkt ist dabei zumeist die Essigsäure.

Organische Ablagerungen und Verschleimung

Schleimbildung führt zu erheblichen Störungen des Produktionsprozesses wie schlechterer Entwässerung, Schleimablagerungen an Filzen, Sieben, Maschinenstuhlungen, Pumpen und Rohrleitungen, zu erhöhten Abrisszahlen und Maschinenstillständen für Reinigungsmaßnahmen sowie zu Geruchsbelästigungen und mikrobiell induzierter Korrosion [15.17]. Die Schleimbildung hat im Weiteren drastische Auswirkungen auf die Produktqualität hinsichtlich Flecken und Löchern, mikrobieller Kontamination, Verfärbungen sowie Fehlgerüchen mit resultierenden Reklamationen.

Die Bildung der Biofilme (Schleimbildung) vollzieht sich in **drei Hauptphasen**: der Induktionsphase, der Wachstumsphase und der sich auf den Produktionsablauf und auf das Produkt besonders störend auswirkenden Plateauphase [15.18]. In der **Plateauphase** erfolgt eine Ablösung von Schleimbatzen von der Aufwuchsstelle und Einlagerung in das Papier mit der Folge der Flecken, Lochbildung und Bahnrissen.

Kalkablagerungen

Die zunehmende Kreislaufeinengung ist eine Ursache für Calcium-Probleme. Durch sie erhöht sich die Konzentration aller nicht abtrennbaren (gelösten) Stoffe im Kreislaufwasser. Mit der Kreislaufeinengung steigt die Calcium-Konzentration im Kreislaufwasser. Jedes weitere Abfallen des pH-Niveaus im Wasserkreislauf erhöht die Calcium-Konzentration zusätzlich.

Der pH-Wert im Wasserkreislauf wird in Altpapier verarbeitenden Fabriken insbesondere durch die biogene anaerobe Versäuerung bestimmt. Nicht zu unterschätzen ist die hohe Pufferkapazität des Stoff-Wasserkreislaufs aufgrund des ubiquitär vorhandenen $CaCO_3$. Entsprechend große Mengen werden gelöst und sind dann als Ca^{2+}-Ionen im Wasserkreislauf verfügbar. Im Zuge der Umstellung auf pseudoneutrale oder neutrale Leimung in den letzten Jahrzehnten wurde der Einsatz von Alaun als wichtigstes saures Hilfsmittel aus diesem Grund bereits stark reduziert.

Innerhalb des Wasserkreislaufs bleibt das Calcium in der Regel in Lösung. Es kommt nicht zu Ausfällungen. Ändert sich jedoch die Temperatur stark (Wärmetauscher) oder steigt der pH-Wert, so kann es zu Ausfällungen kommen. Für prozessnotwendige Hilfsmittel gilt es, bei der Zugabe lokale pH-Sprünge zu meiden.

Eine besondere Herausforderung stellen hohe Calciumkonzentrationen im Zulauf zur Abwasserreinigungsanlage dar. Innerhalb der Abwasserreinigungsanlage verschiebt sich das Kalk-Kohlensäure-Gleichgewicht deutlich. Insbesondere im aeroben Teil der Abwasserreinigungsanlage treten daher in der Folge häufig massive Kalkablagerungen auf.

Korrosion

Voraussetzungen für das Auftreten von Korrosion sind hohe Chlorid- und Sulfatkonzentrationen sowie verstärktes mikrobielles Wachstum. Unterschiedliche Mechanismen sind wirksam und führen zu erheblichen Materialverlusten und dem Versagen von Bauteilen und Leckagen in Rohrleitungen.

All diese Effekte werden durch eine Einengung von Wasserkreisläufen verstärkt. Hohe Anforderungen an die Materialauswahl (korrosionsbeständige Edelstähle wie zum Bespiel V4A und Duplexstähle) und an die Verarbeitung der Materialien bei der Installation (Schweißnähte usw.) sind die Folge.

Geschlossene Wasserkreisläufe und Verfahren zur integrierten Kreislaufwasserreinigung

Die vollständige Schließung der Wasserkreisläufe bedeutet den Verzicht auf jegliche Abwasserausschleusung.Die spezifische Abwassermenge beträgt im **geschlossenen Wasserkreislauf** 0 l/kg. Die für die Papiererzeugung dann noch notwendige Frischwassermenge entspricht der Wassermenge, die im Prozess verdampft wird. Diese Menge beträgt in der Regel 0,8...1,5 l/kg.

Die abwasserarme bzw. -freie Produktion von Papier gewinnt derzeit stark an Bedeutung. Ursachen sind einerseits eine fortschreitende lokale Verknappung von Oberflächenwasser die zeitweilig zu Tiefständen in Gewässern führt. Andererseits haben neu errichtete Anlagen insbesondere zur Erzeugung von Wellpappenrohpapieren sehr hohe Produktionskapazitäten. Dies lässt sich nur durch sehr niedrige spezifische Abwassermengen und in einigen Fällen durch vollständig geschlossene Wasserkreisläufe in Deckung bringen.

Biologische Verfahren sind zur Reinigung von Kreislaufwasser in Anlagen, die abwasserfrei produzieren, Stand der Technik. **Organische Inhaltsstoffe** können so erfolgreich kontrolliert werden. Schlüssel sind in der Regel anaerobe Verfahren (Abschnitt 15.3). Wurden diese in der Vergangenheit häufig in Kombination mit einem aeroben Belebtschlammverfahren angewandt, sind derzeit vermehrt Lösungen mit einer nachgeschalteten Wiederbelüftung im Einsatz. Eine Technik die sich auch anbietet, um einen Kreislauf parallel zu einer bestehenden Abwasserreinigungsanlage zu entlasten. Besonderes Augenmerk ist hierbei auf die Beherrschung der **Kalkausfällungen** nach der anaeroben Behandlung zu richten.

Die **Aufsalzung** kann mit diesen Verfahren nicht kontrolliert werden. Wichtigster Ansatzpunkt ist hier die Minimierung der mit den Additiven eingetragenen Salzfracht. Membranverfahren sind hier eine mögliche Option. Diese Verfahren liefern jedoch qualitativ sehr unterschiedliche Wässer. Nur die Umkehrosmose und die (Vakuum-) Eindampfung sind in der Lage, auch einwertige Ionen (z. B. Chlorid) zu eliminieren.

15.3 Abwasser

Die Mehrzahl der deutschen Papierfabriken kann nicht, wie oben erwähnt, abwasserfrei produzieren, d. h. nach dem Gebrauch des Fabrikationswassers muss dieses als **Abwasser** aus dem „System Papierfabrik“ ausgeschleust werden. Dies sind im Jahr 2023 rund 191 Mio. m^3 [15.1]. Durch die mehrfache Nutzung im Fabrikationskreislauf ist es im Vergleich zum aufbereiteten Brauchwasser deutlich höher mit anorganischen und organischen Inhaltsstoffen belastet. Im Falle von **indirekt einleitenden Papierfabriken** wird das chemisch-physikalisch vorgereinigte Abwasser kommunalen oder Verbandskläranlagen zugeleitet und dort mit biologischen Verfahren gereinigt.

Die sogenannten **direkt einleitenden Papierfabriken** müssen ihr Abwasser entsprechend den in der deutschen Wassergesetzgebung festgelegten Mindestanforderungen an die Parameter CSB, TOC, BSB_5, N_{gesamt} (anorganisch), TN_b, P_{gesamt} und AOX in betriebseigenen Kläranlagen reinigen, bevor es in ein aufnehmendes Gewässer abgeleitetet werden darf. Bezogen auf die Produktionsmenge werden in Deutschland 68 % des Abwassers in betriebseigenen und weitere 23 % in kommunalen bzw. Verbandskläranlagen biologisch gereinigt. 9 % verbleiben im geschlossenen Wasserkreislauf und rund 0,1 % leiden direkt und ohne biologische Reinigung ab [15.1].

Die Anforderungen an die Abwassereinleitung sind im **Anhang 28 der Abwasserverordnung (AbwV)** enthalten [15.19]. Hierbei sind sowohl Kurzzeitgrenzwerte für die o. g. Parameter basierend auf qualifizierten Stichproben, 2- oder 24-Stunden-Mischproben als auch Jahresmittelwerte für die Parameter abfiltrierbare Stoffe, TN_b, P_{gesamt} und CSB einzuhalten [15.20].

Neben den o. g. allgemein gültigen Anforderungen werden in den Einleitbescheiden häufig auch Anforderungen an weitere Parameter gestellt. Betroffen hiervon sind z. B. Stickstoff in Form von Ammonium ($NH4^+$) und Phosphor in Form von ortho-Phosphat (PO_4^{3-}) um die Eutrophierung der aufnehmenden Gewässer zu reduzieren. Ferner wird der Eintrag von Einzelstoffen und/oder Stoffgruppen zunehmend limitiert bzw. mindestens monitort. Beispielsweise betrifft dies biologisch schlecht abbaubare Komplexbildner oder die Stoffgruppe der poly- und perfluorierten Chemikalien.

Obwohl nicht im Anhang 28 erwähnt, ist bei allen direkt einleitenden Papierfabriken auch die **Abwassertemperatur** mit einem Maximum und meist auch mit einer maximalen Aufwärmspanne im aufnehmenden Gewässer begrenzt. Hierbei wird in der Regel zwischen Winter- und Sommermonaten differenziert. Die Abwassertemperatur hat in den vergangenen Jahren gerade bei der Einleitung in kleinere Gewässern an Bedeutung gewonnen.

15.3.1 Abwasserbelastung

Die Abwasserbelastung im Zulauf zu den biologischen Reinigungsstufen wird im Wesentlichen von den in Bild 15.8 zusammengefassten Faktoren beeinflusst.

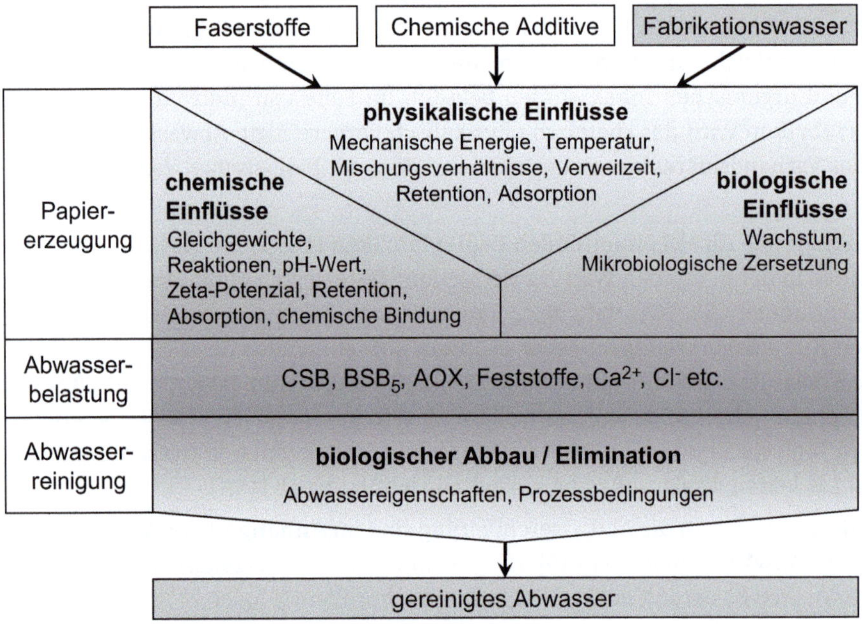

Bild 15.8 Einflussfaktoren auf die Abwasserbelastung im Zulauf zu den biologischen Reinigungsstufen

Konsequenz der Vielzahl erzeugter Papierprodukte und der davor gelagerten Einflussfaktoren physikalischer, chemischer und biologischer Natur ist der Anfall sehr unterschiedlich belastete Abwässer. In Abhängigkeit von dem Herkunftsbereich und dem Sortenprogramm sind die Abwässer sehr schwach (CSB = 20…60 mg/l bei hoch ausgemahlenen Papieren) bis sehr stark mit organischen Inhaltsstoffen (CSB bis 6000 mg/l bei Wellpappenrohpapieren und Karton aus 100 % AP) belastet (Tabelle 15.2). Die angegebenen BSB_5: CSB-Verhältnisse geben einen ersten Hinweis auf die biologische Abbaubarkeit der Abwässer.

Tabelle 15.2 Typische Konzentrationsbereiche von BSB_5, CSB und AOX im Zulauf zu biologischen Reinigungsanlagen (aus [15.21], überarbeitet)

Herkunftsbereich/Sortenprogramm		BSB_5 in mg/l	CSB in mg/l	typisches BSB_5:CSB-Verhältnis	AOX in mg/l
Holzstofffreie Papiere	Tissue	50...100	95...270	0,39	0,55...1,9
	Dekor	20...40	50...100	0,46	1,40...6,00
	holzstofffreie Druckpapiere	65...220	150...400	0,45	0,60...2,35
	holzstofffreie Spezialpapiere	40...550	90...1100	0,49	0,10...0,80
	hoch ausgemahlene Papiere	10...30	20...60	0,45	0,05...0,15
	Spezialpapiere	10...40	45...110	0,34	
	holzstofffreie gestrichene Papier	170...260	360...540	0,46	0,10...0,60
Holzstoff-haltige Papiere	SC	125...480	450...1020	0,36	0,12...0,24
	LWC	150...460	430...1300	0,38	0,13...0,35
	holzstoffhaltige Druckpapiere	200...500	500...1160	0,39	0,03...0,12
	Karton mit < 50 % AP	140...200	320...490	0,43	
Altpapier-haltige Papiere	Zeitungspapiere	460...1270	960...2400	0,48	0,10...0,15
	Wellpappenroh-papiere (braun)	1280...2840*	2190...5680*	0,53	1,80...2,00
	Karton aus 100 % AP	530...3000	1140...5500	0,48	0,11...0,55
	Recyclingpapier	250...400	540...790	0,51	

* teilweise höhere Werte beobachtet

Je größer das **BSB_5:CSB-Verhältnis**, desto höher ist der CSB-Anteil, der sich mit biologischen Verfahren eliminieren lässt. Abwässer mit einem **BSB_5:CSB $\geq$ 0,40** sind als biologisch gut abbaubar einzustufen.

15.3.2 Übersicht zu den Verfahrensstufen einer Abwasserreinigungsanlage

Eine typische Abwasserreinigungsanlage besteht mindestens aus den Stufen der **Vorklärung** und einer **biologischen Stufe**. Die Erfahrungen haben aber gezeigt, dass durch mehrstufige biologische Verfahren in der Kombination aerob-aerob oder anaerob-aerob ein wesentlich stabilerer Anlagenbetrieb erreicht wird. Abwasserreinigungsanlagen mit nur einer biologischen Reinigungsstufe sind deshalb in Deutschland nur noch sehr selten anzutreffen. Eine dritte oder auch weitergehende Reinigungsstufe kann in Fällen unter besonderen Randbedingungen/Anforderungen erforderlich sein.

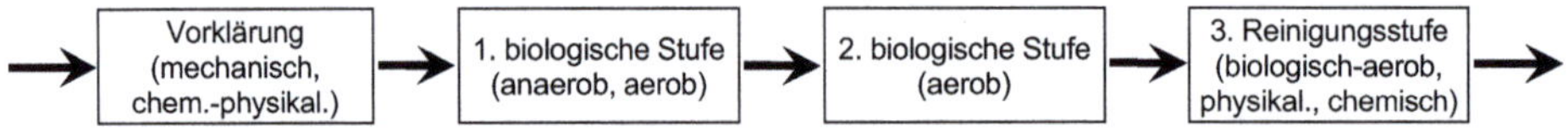

Bild 15.9 Verfahrensstufen einer typischen Abwasserreinigung

15.3.3 Vorklärung

Aufgabe der Vorklärung ist es, Bestandteile aus dem Abwasser zu entfernen, die den Betrieb der nachfolgenden biologischen Stufen stören könnten. Gröbere Schmutzstoffe wie z. B. mitgeschwemmte Holzteile, Blech-/Kunststoff-/Stoffreste, Sand/mineralische Stoffe usw. werden mit **Rechenanlagen** bzw. in **Sandfängen** entfernt, die nach dem Siebfiltrationsverfahren arbeiten.

Feinere Stoffe wie Restfaserstoffe werden nachfolgend in **Sedimentationsbecken** oder in **Flotationsanlagen** abgetrennt. Bei stark faserstoffhaltigen Abwässern werden bevorzugt Lamellenseparatoren eingesetzt. In ihnen werden durch den schrägen Einbau von Lamellen-, Kasten- oder Röhrenpaketen große Absetzflächen bei kleinen Sinkwegen geschaffen, die mit geringem Bauvolumen große Absetzleistungen erreichen (Abschnitt 15.2.2). Für die Reinhaltung der Gewässer ist die mechanische bzw. chemisch-physikalische Abwasserreinigung allein nicht ausreichend, da suspendierte und gelöste Stoffe nicht entfernt werden.

15.3.4 Anaerobe Verfahren

Grundlagen

Bei der **anaeroben Reinigung von Abwässern** wandeln die Mikroorganismen unter **Ausschluss von Sauerstoff** die organischen Inhaltsstoffe überwiegend zu Methan (Biogas), Kohlendioxid und zu Biomasse (Überschussschlamm) um. Dabei ist die Überschussschlammproduktion mit etwa 0,04 kg Biomasse pro kg abgebautem CSB deutlich niedriger als bei der aeroben Reinigung (0,60 kg Biomasse pro kg abgebautem CSB). Durch die Entstehung von Biogas (etwa 0,42 Nm^3 pro kg abgebautem CSB), das energetisch genutzt werden kann, ist die Energiebilanz beim anaeroben Abbau positiv. Biogas besteht hauptsächlich aus Methan (65...80 Vol.-%), Kohlendioxid (20...35 Vol.-%) und Wasserdampf (0...10 Vol.-%). Weitere Bestandteile sind Stickstoff (≤ 5 Vol.-%) und Sauerstoff, Wasserstoff, Ammoniak und Schwefelwasserstoff (mit meist ≤ 1 Vol.-%).

Der anaerobe Abbau lässt sich in vier Teilschritte unterteilen, an denen jeweils unterschiedliche Mikroorganismenpopulationen beteiligt sind:

1. **Hydrolyse:** Kohlenhydrate, Zellulose, Proteine, Fette werden enzymatisch in kleinere Bruchstücke bzw. gelöste Polymere umgewandelt.
2. **Versäuerung:** In diesem Schritt erfolgt die Bildung von organischen Säuren, z. T. bereits Essigsäure und anderer kleinerer Moleküle wie z. B. Alkohole sowie auch H_2 und CO_2.
3. **Acetogene Phase:** Hier erfolgt der weitere Abbau überwiegend zu Essigsäure und anderen niederen organischen Säuren.
4. **Methanogene Phase:** In diesem letzten Schritt erfolgt die Umwandlung der niederen Fettsäuren in CH_4 und CO_2, andere Gase sind nur in Spuren enthalten (s. o.).

Anaerob behandelte Abwässer müssen immer aerob nachgereinigt werden, da sie die für die Direkteinleitung geforderten Parameterkonzentrationen für BSB_5, CSB usw. nicht erreichen. Anaerobe Reinigungsstufen werden daher ausschließlich als erste biologische Reinigungsstufe eingesetzt.

Anaerob-Reaktoren

Der Durchbruch der Anaerobtechnologie in der Papierindustrie erfolgte durch die Entwicklung des UASB-Verfahrens (Upflow Anaerobic Sludge Blanket). Dieses Aufstrom- oder Upflow-Verfahren beruht auf der Bildung von sogenannten **„Pellets“** oder „Granulen“. Pellets sind eine granulatartige Ausbildung von Mikroorganismenaggregaten von etwa 1...3 mm Durchmesser und zeichnen sich durch eine hohe Sinkgeschwindigkeit aus. Sie können somit entsprechend gut im Reaktor zurückgehalten werden. Seit Ende der 90er-Jahre wird die UASB-Technologie mehr und mehr von den **EGSB-Reaktoren** (Expanded Granular Sludge Bed) abgelöst.

Knapp 65 % aller in deutschen Papierfabriken betriebenen Reaktoren sind UASB- oder EGSB-Anlagen (einschließlich Hochleistungsreaktoren). Weitere 20 % sind Biobed-Reaktoren. Andere Ausführungen sind von untergeordneter Bedeutung [15.1]. Hochleistungsreaktoren mit zwei übereinander angeordneter Abscheidern und einer internen Rezirkulation zeichnen sich durch bessere Betriebsstabilität auch bei hohen Kalziumbelastungen aus. Eine Schlammbelastung von 0,3...0,5 kg CSB/(kg otro · d) ist in allen Fällen einzuhalten.

15.3.5 Aerobe Verfahren

Grundlagen

Bei der **aeroben Reinigung von Abwässern** wandeln die Mikroorganismen unter **Zuhilfenahme von Sauerstoff** die organischen Inhaltsstoffe in Kohlendioxid und zu Biomasse (Überschussschlamm) um. Der Überschussschlammanfall ist beträchtlich und ist mit ca. 0,6 kg Biomasse pro kg abgebautem CSB rund zehnmal so hoch als bei der anaeroben Reinigung. Mit aeroben Verfahren ist jedoch eine weitergehende Reinigung möglich als mit anaeroben Verfahren. Die Abwässer können biologisch voll abgebaut werden.

Man spricht von **voll biologischem Abbau**, wenn die BSB_5-Konzentration im Ablauf der Anlagen Werte ≤ 25 mg/l erreichen. Bei richtiger Dimensionierung und optimalen Betrieb von aeroben Reinigungsstufen liegen die BSB_5-Konzentration in den Abläufen meist unter 10 mg/l.

Für einen optimalen biologischen Abbau ist ein ausgewogenes Verhältnis von bioverfügbaren Nährstoffen (Stickstoff N, Phosphor P) zu organischen Inhaltsstoffen unerlässlich. Da bioverfügbarer N und P in den Rohabwässern nicht in ausreichendem Maß enthalten sind, müssen sie zudosiert werden, meist in Form von Harnstoff und Phosphorsäure.

Das **Nährstoffverhältnis** im Zulauf zu aeroben Reinigungsstufen sollte im Bereich von **BSB_5:N:P = 100:5:1...100:3:0,5** liegen.

Es gibt eine Vielzahl von Verfahrenstechnologien zur aeroben Reinigung, auf die im Folgenden kurz eingegangen wird.

Belebtschlammverfahren

Das in der Papierindustrie am häufigsten eingesetzte aerobe Reinigungsverfahren ist das Belebtschlammverfahren, bei dem frei bewegliche Mikroorganismen unter Veratmung von Sauerstoff den biochemischen Abbau der Abwasserinhaltsstoffe vollziehen. Die entstehende Biomasse (= Überschussschlamm) wird meist in Sedimentationsbecken vom gereinigten Abwasser abgetrennt. Das Belebtschlammverfahren kann ein-, zwei- oder mehrstufig ausgeführt werden.

Schwebebettreaktoren (MBBR)

Als aerobe Hochlaststufen haben sich seit rund 25 Jahren auch Schwebebettreaktoren (Englisch: Moving Bed Biofilm Reactor, MBBR) bewährt. MBBR-Anlagen gehören wie die Biofilter (s. folgenden Abschnitt) oder Tropfkörper zu den sogenannten Biofilm-Verfahren. Bei diesen Verfahren ist die Biomasse auf Trägermaterialien fixiert. Im Falle der MBBR-Anlagen sind dies Trägerkörper. Durch Variation des Füllgrades mit Trägerkörpern kann die Anlagenkapazität in gewissen Grenzen an Produktionserhöhungen angepasst werden. Aufgrund der Abbauleistungen sind MBBR-Anlagen, ähnlich wie Anaerob-Stufen, nur als 1. biologische Stufe geeignet und erfordern eine 2. aerobe Stufe zur Nachreinigung.

Biofilter

Biofilter gehören ebenfalls zu den Biofilmverfahren und vereinen aufgrund ihrer Funktionsweise zwei Reinigungsschritte in einer Stufe: aerob-biologischer Abbau und physikalische Filtration des Abwassers. In Biofiltern sind die Mikroorganismen auf mineralischen Materialen (z. B. Blähton-Kügelchen) fixiert. Das Abwasser und die Prozessluft durchströmen den Biofilter von unten nach oben, die sessilen Mikroorganismen bewerkstelligen den biochemischen Abbau, das Trägermaterial die Filtration. Regelmäßiges Rückspülen mit Spülluft und Spülwasser entfernt die nachwachsende Biomasse und sorgt für eine gleichbleibende Durchgängigkeit der Filtrationsschicht.

Biofilter in ein- oder zweistufiger Ausführung werden zur Reinigung gering belasteter Abwässer ($BSB_5 \leq 100$ mg/l) angewendet. Sie werden auch zur Nachreinigung biologisch bereits voll gereinigter Abwässer eingesetzt, sofern sehr hohe Anforderungen an die Ablaufqualität (z. B. $BSB_5 \leq 3$ mg/l, abfiltrierbare Feststoffe ≤ 10 mg/l) gestellt werden.

Membranbioreaktoren

Eine der jüngsten Verfahrenstechnologien zur aeroben Reinigung von Papierfabrikationsabwässern sind die Membranbioreaktoren (MBR). Sie stellen eine Kombination von Belebtschlammbehandlung und Ultrafiltration (UF, Porengröße = 0,1…0,2 µm) dar, wobei die UF die Aufgabe der Nachklärung, d. h. die der Schlammabtrennung, übernimmt. Abläufe von Membranbioreaktoren sind vollkommen feststofffrei und weisen somit eine noch bessere Qualität als die von Biofiltern auf. Im Vergleich zur klassischen Verfahrenskombination „Belebtschlammbehandlung + Nachklärung" benötigen Membranbioreaktoren nur etwa 20…30 % der bebauten Fläche.

15.3.6 Dritte Reinigungsstufe bzw. weitergehende Verfahren

Die stetig steigenden Anforderungen an die gereinigten Abwässer erfordern mitunter eine weitergehende Reinigung, deren Verfahrensauswahl sich nach dem jeweiligen Parameter richtet. Zur Reduzierung der organischen Restbelastung, des sogenannten Rest-CSB, kommen z. B. die Nachfällung, die bereits angesprochenen Biofilter, eine Nachfiltration oder eine Ozonbehandlung in Kombination mit einer Biofilter-Anlage in Frage. Allen Verfahren gemeinsam sind hohe Investitions- und/oder Betriebskosten. Die Verringerung von abfiltrierbaren Stoffen kann mit Sand-/Trommel-/Tuchfilter, einer Flotation oder mittels Mikrosand-unterstützer Flockung/Fällung bewerkstelligt werden.

Besonders zu Stickstoff und Phosphor wurden die Anforderungen in den Einleitebescheiden verschärft. Daher wurden in den vergangenen Jahren konventionelle Belebtschlammanlagen immer häufiger zu Nitrifikations- und Denitrifikationszwecken umgebaut. Hierbei werden durch spezialisierte Mikroorganismen zunächst überschüssiges Ammonium zu Nitrat und dieses unter anoxischen Bedingungen zu elementarem Stickstoff umgesetzt, sodass strenge Anforderungen zu Stickstoff-Parametern eingehalten werden können. Die Nitrifikation und Denitrifikation stellen hohe Anforderungen an Belüftung und Umwälzung. Zur Elimination von anorganischen Phosphor-Verbindungen wird die sogenannte P-Fällung unter Zugabe von Eisen- oder Aluminium-Salzen angewendet. Im einfachsten Fall gelingt dies durch die Dosierung der Salze im Zulauf zu den Nachklärbecken.

Da sowohl bei Stickstoff als auch bei Phosphor über die Parameter TN_b bzw. P_{gesamt} aber auch die organischen Verbindungen erfasst werden, sollte an erster Stelle immer ein möglicher Ersatz von Additiven durch geringer N- und P-haltige Alternativen geprüft werden, bevor im Bereich der Abwasserreinigung Umbauten und Erweiterungen notwendig werden.

Literatur

[15.1] *Weßel, C.; Preidl, M.:* Wieviel Wasser verbraucht die Papierindustrie tatsächlich? Auszug aus der aktuellen Wasser- und Rückstandsumfrage des Verbands Die Papierindustrie e.V. In: Paper & Water Conference – Nachhaltige Lösungen für eine zukunftsorientierte Papierindustrie, 24.–25. September 2024, Darmstadt. Tagungsband, S. 14 – 15, *https://www.papierindustrie.de/fileadmin/0002-PAPIERINDUSTRIE/07_Dateien/8_Veranstaltungen/paperwater/Tagungsband_PaperWater_C_240910_final.pdf*, abgerufen am 7. 6. 2025

[15.2] *Wilhelm, S.:* Wasseraufbereitung: Chemie und chemische Verfahrenstechnik. 7., aktualisierte und ergänzte Auflage, Berlin, Heidelberg: Springer, 2008, *https://doi.org/10.1007/978-3-540-68887-7*

[15.3] *Kappen, J.:* Kennwerte als Werkzeuge zur Minimierung des Wasserbedarfs bei der Papiererzeugung – ein Beitrag zum prozessintegrierten Umweltschutz. In: *Wilderer, P. A.* (Hrsg.): Berichte aus Wassergüte und Abfallwirtschaft Nr. 166.Garching: Gesellschaft zur Förderung des Lehrstuhls für Wassergüte- und Abfallwirtschaft der Technischen Universität München, 2001

[15.4] *Hemming, W.; Wagner, W.*: Verfahrenstechnik. Würzburg: Vogel Buchverlag, 11., korrigierte Auflage, 2011

[15.5] *Brecht W.; Dalpke, H.-L.:* Wasser, Abwasser, Abwasserreinigung in allgemeiner Sicht und in der Sicht der Papier- und Zellstoffindustrie. Biberach/Riß: Güntter-Staib-Verlag 1980

[15.6] *Pelzer R.; Künzel, U.*: Polyacrylamide (PAM) zur Prozesswasserbehandlung am Beispiel holzhaltiger Druckpapiere Wochenblatt für Papierfabrikation 134 (2006) 22, 1320 – 1323

[15.7] *Munz W.; Tillmann O.; Eisenschmid, K.*: Salzbilanzierung einer Altpapieraufbereitungsanlage. Wochenblatt für Papierfabrikation 122 (1994) 5, 178 – 181

[15.8] *Wilichowski, M.:* Mechanische Verfahrenstechnik I + II. *http://www.mb.hs-wismar.de/~wilichowski/Skripte/MVT%20Skript.pdf*, abgerufen am 13. 12. 2020

[15.9] *Kappen, J.; Öller, H.-J.*: Messwerte eigener Untersuchungen. Datenbank der Papiertechnischen Stiftung (PTS). München: Papiertechnische Stiftung (PTS), 2004

[15.10] *Auhorn, W.*: Das Störstoff-Problem bei der Verringerung der spezifischen Abwassermenge. Wochenblatt für Papierfabrikation 112 (1984) 2, 37 – 48

[15.11] Klimaschutz durch effiziente Energieverwendung in der Papierindustrie – Nutzung von Niedertemperaturabwärme. Augsburg: Bayrisches Landesamt für Umweltschutz, 2003

[15.12] Leitfaden Energieeffizienz für die Papierindustrie. Arbeitsgemeinschaft Branchenenergiekonzept Papier, Ausgabe 2008, Download über *https://www.pius-info.de/dokumentenpool/*, abgerufen am 7. 6. 2025

[15.13] *Geller, A.; Göttsching, L.*: Korrosion in eingeengten und geschlossenen Kreisläufen – Ursache, Bestimmung der Korrosionsgeschwindigkeit und Vermeidungsmaßnahmen. Wochenblatt für Papierfabrikation 109 (1981) 15, 525 – 532

[15.14] *N. N.*: Antimikrobielle Behandlung, Monitoring und Reinigung in der Papier- und Zellstoffindustrie. Zellcheming Merkblatt FA CHAD 1/2009

[15.15] *Schenker, A.:* Übersicht über Technologien und Strategien zur mikrobiologischen Kontrolle. *H. Jung, B. Simstich (Hrsg.):* Wasserkreisläufe in der Papiererzeugung – Verfahrenstechnik und Mikrobiologie. PTSW-Manuskript PTS-MS 417. München: Papiertechnische Stiftung (PTS), 2006

[15.16] *Lustenberger, M.; Ziegeler, G.; Betz, G.*: Fehlgerüche in der Papier- und Kartonindustrie. Wochenblatt für Papierfabrikation 122 (1994) 22, 899 – 902

[15.17] *Pauly, D.; Bunk, M.:* Kontrolle der Biofilmbildung im Wasserkreislauf durch Additive und Verfahrensoptimierung. In: *Kappen, J.; Pauly, D.* (Hrsg.): Wasserkreisläufe in der Papiererzeugung – Verfahrenstechnik und Mikrobiologie. PTSW-Manuskript PTS-MS 417, S. 16 – 1 – 16 – 29, München: Papiertechnische Stiftung (PTS), 2004

[15.18] *Mauerer, N.; Saner, M.; Hilbert H.:* Kontinuierliche Erfassung der Wachstumskinetik von Ablagerungen auf Grenzflächen. Wochenblatt für Papierfabrikation 128 (2000) 22, 1546 – 1550

[15.19] Abwasserverordnung in der Fassung vom 17. Juni 2004 (BGBl. I S. 1108, 2625), die zuletzt durch Artikel 1 der Verordnung vom 17. April 2024 (BGBl. 2024 I Nr. 132) geändert worden ist. Bundesministerium der Justiz sowie Bundesamt der Justiz, *http://www.gesetze-im-internet.de/abwv/AbwV.pdf, abgerufen am 7. 6. 2025*, abgerufen am 7. 6. 2025

[15.20] *Öller, H.-J.*: Korrekte Berechnung der gewichteten produktionsspezifischen Frachtwerte gemäß der Anhänge 19 und 28 der Abwasserverordnung. Wochenblatt für Papierfabrikation 149 (2021) 1, 20 – 25

[15.21] *Möbius, C. H.:* Abwasser der Papier- und Zellstoffindustrie. 5. Auflage, Dezember 2017 (Version 5.06, Dezember 2023). Augsburg: CM–Consult, 2023, *https://www.cm-consult.de Datei: Abwasser CM_506.pdf*, abgerufen am 7. 6. 2025

16 Prüftechnik und Prozesskontrolle

Von Irene Pollex †, Franka Rochner und Olav Dau, bearbeitet und ergänzt von Sabine Heinemann und Hans-Joachim Naujock

16.1 Qualität und Prüfungen

Entsprechend dem Grundsatz, dass der Nutzen eines Produktes über dessen Wert entscheidet, beurteilen Kunden des Papier- oder Kartonherstellers den Wert eines Produktes anhand der für ihren Prozess erforderlichen Qualitätsmerkmale und der Erfüllung der Anforderungen, die aus der weiteren Verarbeitungskette sowie den Vorstellungen des Endverbrauchers resultieren.

Prüfungen dienen dazu, eine Entscheidung über Eignung und Nutzen eines Werkstoffes herbeizuführen. Die **Prüfergebnisse** bilden die Basis für diese Entscheidungen und sie bestimmen darüber hinaus weitergehende Festlegungen hinsichtlich

- Verwendbarkeit/Einsatz,
- Änderungen im Prozess oder in den Rohstoffen,
- Eingruppierungen in Sorten o. Ä.,
- Preis.

Bei der Zusammenstellung von **Prüfprogrammen** zur Untersuchung von Materialien sollten immer auch die Nachfolgeprozesse berücksichtigt werden, da nahezu alle hergestellten Papiere und Pappen weiterverarbeitet werden und vielen prozessbedingten Anforderungen genügen müssen. Insbesondere im Verpackungsbereich schließen sich zum Teil umfangreiche Abfüll-, Transport, Umschlag- und Lagerprozesse an, ehe das Produkt beim Endverbraucher im unversehrten Zustand erwartet wird.

Aus Sicht der **Weiterverarbeitung** und Anwendung gilt für alle Produkte die Forderung nach

- einer zielgerichteten Abstimmung aller Eigenschaften auf den Verarbeitungs- und Einsatzzweck,
- einer hohen Ausgewogenheit der Eigenschaften,
- der Gleichmäßigkeit der Eigenschaften innerhalb von Lieferungen,
- der Konstanz der Eigenschaften über einen bestimmten Zeitraum.

Um dem Anwender eine anforderungsgerechte und gleichbleibend hohe Qualität zu liefern, erfolgt in der Papier erzeugenden und verarbeitenden Industrie der Einsatz einer leistungsfähigen **Labor- und Prozessmesstechnik**. Diese wird für detaillierte Untersuchungen einzelner Komponenten, Prozessstufen sowie Wechselwirkungen eingesetzt und sowohl für Eingangs-, Zwischen- oder Produktionskontrollen als auch für Endprüfungen verwendet. Im Laborbereich wird vorzugsweise nach genormten Prüfverfahren gearbeitet.

16.1.1 Allgemeine Begriffe zu Prüfungen

Nachfolgend soll auf einige wiederkehrende Begriffe hingewiesen werden, die im Zusammenhang mit Prüfungen häufig genannt werden und dem Grundverständnis dienen.

Prüfungen werden üblicherweise anhand von **Merkmalen** vorgenommen. Nach DIN ISO 3534-2 [16.1] sind Merkmale Eigenschaften, die zum Erkennen oder Unterscheiden von Eigenschaften verwendet werden. Unterschieden wird in quantitative und qualitative Merkmale.

Quantitative Merkmale sind messbare Werte, die einer Skala mit definierten Abständen zuordenbar sind (kontinuierliche oder diskrete Merkmale), z. B. Dicke oder Biegesteifigkeit.

Qualitative Merkmale sind einer Skala zugeordnete Werte, auf der keine Abstände definiert sind. Von *Ordinalmerkmalen* wird gesprochen, wenn für deren Merkmalswerte eine Ordnungsbeziehung besteht, z. B. die Noten 1, 2, 3, 4 oder 5 bzw. Bezeichnungen wie gut, mittel oder schlecht. Bei *Nominalmerkmalen* (auch attributiven Merkmalen), z. B. rot, blau, grün oder Artikelnummern, bestehen für die Werte keine Ordnungsbeziehungen. Qualitative Merkmale werden häufig einer subjektiven Prüfung unterzogen (z. B. Geruchs- oder Geschmacksprüfung).

Merkmale, die die Qualität mitbestimmen, werden als **Qualitätsmerkmale** bezeichnet. Prüfungen, die anhand von Sollwerten quantitative Merkmale mittels Prüfungen (Istwerte) bestimmen und daraus Aussagen zur Abweichung und damit zur Qualität des Werkstoffes ermitteln, werden dementsprechend als **Qualitätsprüfungen** bezeichnet.

16.1.2 Grundsätze und allgemeine Abläufe bei Prüfungen

Auch im Bereich der papiernen Flächengebilde gelten die nachfolgend aufgeführten grundlegenden Vorgehensweisen für den Ablauf von Prüfungen.

- Planung der Prüfung,
- Durchführung der Prüfung,
- Auswertung der Prüfungsergebnisse (vorzugsweise durch statistische Auswertung der Daten),
- Vergleich – Abgleich der Messwerte mit Anforderungen (Sollwerte/Toleranzen, zulässige Abweichungen),
- Entscheidung – Abgleich zu Anforderungen,
- Dokumentation (Anforderungen, Prüfergebnisse, Messbedingungen, Ergebnisse, Entscheidung).

Generelle **Voraussetzungen für aussagekräftige Messungen** sind:

- eindeutige Definition des Prüfmerkmales,
- Auswahl reproduzierbarer Messverfahren mit hinreichender Genauigkeit,
- Definition der Einheiten des Prüfergebnisses,
- Festlegungen zu Art und Umfang der Stichproben,
- Festlegung der Prüfbedingungen/Prüfungsdurchführung/Messmittel,
- Eliminierung von störenden Einflüssen auf die Prüfung,
- ausreichende Anzahl von Wiederholungsmessungen zur Erhöhung der Aussagesicherheit,
- Analyse von Messwertstreuungen zur Eliminierung von systematischen und zufälligen Prüffehlern.

Da Prüfungen zeit-, mittel- und personalaufwendig sind, sollten Prüfplanungen immer auch unter wirtschaftlichen Gesichtspunkten vorgenommen werden. Das gilt insbesondere für den Umfang der Prüfungen, aber auch für die Auswahl der Messgerätetechnik.

Da im Papier- und Kartonbereich Qualitätsprüfungen fast ausschließlich als Stichprobenprüfungen durchgeführt werden, ist zu beachten, dass die Stichprobe die Grundgesamtheit so gut wie möglich repräsentieren soll, um auf Basis aussagekräftiger Ergebnisse entscheiden zu können.

Für die Planung von Prüfungen sind mögliche **Einflüsse auf die Messergebnisse** vor Messbeginn zu berücksichtigen und ggf. in einer Fehlerdiskussion auch mathematisch abzuschätzen. Das sind z. B. Umgebung, Messobjekt, Messgerät, Bediener, Messstrategie/Messplanung und Probennahme.

Nach DIN 55350 [16.2] werden **unterschiedliche Arten von Prüfungen** unterschieden. Neben den Qualitätsprüfungsarten in den Produktionsphasen sind im Papierbereich vor allem **statistische Qualitätsprüfungen**, **Auswahlprüfungen** an Zufallsstichproben sowie **wiederkehrende Prüfungen** gebräuchlich. Bei den Auswahlprüfungen sichert planmäßiges Vorgehen ein hohes Maß an Zufälligkeit und damit aussagekräftige Prüfergebnisse.

Entsprechend der Prüfungsdurchführung wird im Produktionsprozess vorrangig unterschieden in **Laborprüfungen** und **Online-Messungen**. Die Papier- und Kartonmaschinen sind mit Online-Prozessmesstechnik und entsprechenden Steuer- und Regelkreisen ausgestattet, die eine permanente Überwachung der Fertigungsqualität einzelner Hauptparameter wie z. B. Masse, Dicke oder Füllstoffgehalt sichern. Einzelne spezielle Parameter werden darüber hinaus im Labor an normkonformen Messgeräten kontrolliert. **Halb- oder vollautomatische Prüfstraßen** sind mit Modulen von einzelnen, z. T. gegenüber den Normbedingungen abgewandelten Prüfgeräten bestückt und ergänzen die Prozessüberwachung.

16.1.3 Grundlagen von Prüfungen – Normen und Regelwerke

Prüfungen werden aus Gründen der Vergleich- und Reproduzierbarkeit zumeist nach detaillierten Festlegungen ausgeführt. Üblich ist die Anwendung von Normen oder anderen Regelwerken, die den Stand der Technik repräsentieren. In jedem Fall ist es bei der Durchführung von Prüfungen unerlässlich, anzuwendende Prüfgrundlagen/Standards zu vereinbaren, sich mit den Detailfestlegungen der Prüfvorschrift vertraut zu machen, diese konsequent einzuhalten und Abweichungen nachvollziehbar zu dokumentieren.

Im Prüfbereich wird vorrangig unterschieden in:

- **Prüfnormen** (Normen, die die Einzelheiten von Prüfungen regeln),
- **Begriffsnormen** (Normen, die Begriffe und Definitionen regeln),
- **Gütenormen** (Normen, die die Qualitätsmerkmale von Erzeugnissen regeln).

Folgende Norm- bzw. Regelwerke kommen häufig zur Anwendung:

- Europäische Normen (EN); Internationale Normen (ISO); Deutsche Industrienormen (DIN) oder Kombinationen in Form von DIN-ISO- oder DIN-EN-ISO-Normen, die entsprechende Übernahmen der jeweils höherrangigen Norm darstellen. In Deutschland wird die Normungsarbeit von den Gremien des DIN e. V. (Deutsches Institut für Normung e. V.) koordiniert.
- Normenwerke anderer nationaler Gremien einzelner Länder, z. B. British Standards Institution (BSI, heute BSI-Group), ASTM International, American National Standards Institute (ANSI), Österreichische Norm (ÖNORM).

- Prüfvorschriften von Vereinen; z. B. TAPPI (nicht-staatlicher, weltweit agierender Verein der Papier- und Papierverarbeitungsindustrie mit Sitz in den USA, heute mehr und mehr gleichwertig mit ANSI-Normen als „Approved American National Standard“), Zellcheming (Verein der Zellstoff- und Papier-Chemiker und -Ingenieure, Sitz Deutschland), FINAT (Internationale Vereinigung der Hersteller selbstklebender Etiketten),
- Regelwerke oder Vereinbarungen in einzelnen Produktbereichen, zumeist herausgegeben von Verbänden, z. B. FEFCO (Verband der Europäischen Wellpappenindustrie),
- Werks- oder konzerneigene Prüfvorschriften.

Normen oder Normenwerke werden in Deutschland ausschließlich von der DIN Media GmbH vertrieben, (bis 21. 4. 2024 Beuth Verlag GmbH), einer Tochtergesellschaft des im April 1924 in Berlin gegründeten Vereins DIN e. V.

Sämtliche nachfolgend in Kapitel 16 genannten Normen waren im Oktober 2025 gültig.

16.1.4 Dokumentation von Prüfergebnissen

Üblicherweise ist die Dokumentation von Prüfergebnissen heute in den Qualitätsmanagementsystemen der Firmen geregelt, auch Prüfnormen enthalten Mindestangaben für die Prüfberichte. Im **Prüfbericht** sollten folgende Grundangaben zu Prüfungen nachvollziehbar dokumentiert sein:

- Prüfstelle/Labor,
- angewendetes Verfahren,
- Beschreibung des Zustands und eindeutige Kennzeichnung des geprüften Materials,
- Eingangsdatum/Probenentnahmedatum und Prüfdatum,
- Vorgehen bei der Probenahme,
- Prüfergebnisse (Einheit, Mittelwerte, Streumaße, Umfang der Einzelprüfungen),
- Abweichungen, Zusätze zu oder Ausnahmen von Prüfverfahren,
- Angaben über spezielle Prüfbedingungen, wie Umgebungsbedingungen.

Wenn erforderlich:

- Aussage auf Übereinstimmung mit Anforderungen/Spezifikationen,
- Angabe der geschätzten Messunsicherheit.

16.2 Prüfungen in der Papiertechnik

16.2.1 Übersicht zu Prüfungen

Im Bereich der Faserstoff-, Papier- und Papierverarbeitungstechnik gibt es eine Vielfalt von Prüfungen (Tabelle 16.1 und Tabelle 16.2). Neben einigen grundlegenden, immer wiederkehrenden Prüfungen finden viele spezielle Tests nur bei bestimmten Erzeugnissen Anwendung. Für Analysen der Zusammensetzung bei Papierwerkstoffen finden auch angepasste Verfahren aus dem Bereich der chemischen Analytik/Spektroskopie Einsatz.

Tabelle 16.1 Häufige Prüfverfahren für Rohstoffe und Zusatzstoffe/Additive

Art des Materials	Produktgruppe (Auswahl/ Beispiele)	Zur Materialbewertung häufig verwendete Prüfungen (Auswahl/Beispiele*)
Faserstoffe	Holzstoffe Zellstoffe Faserstoffe aus Altpapier	Faserstoffart, Trockengehalt, Stoffdichte, Entwässerungswiderstand, Wasserrückhaltevermögen, Desintegrationsverhalten, Faserlänge/ Faserklassifizierungen/Fraktionen, Mahlverhalten mit diversen Prüfungen zu Festigkeiten, optischen Eigenschaften usw. (analog zu Papierprüfungen); Durchschnittspolymerisationsgrad/Grenzviskositätszahl, Kappa-Zahl, Alkalilöslichkeit, Gesamt-/Oberflächenladung, Ligningehalt, Alphacellulosegehalt
Pigmente	Füllstoffe Streichpigmente	Art und Größe der Pigmente (Rasterelektronenmikroskop mit Röntgenmikroanalyse), Glührückstand bei 525 °C, 575 °C, 900 °C Korngrößenverteilung, Feuchte, optische Eigenschaften, Viskositätsverhalten, pH-Wert, wasserlösliche Anteile
Wasser	Frischwasser	pH-Wert, Trübstoffe/optische Beschaffenheit, Wasserhärte, elektrische Leitfähigkeit, Temperatur, Salzgehalt
	Betriebswasser Abwasser	CSB-, BSB-, TOC-Werte, pH-Wert, abfiltrierbare Stoffe, Temperatur, Salzgehalt
Chemische Additive	Leimungsmittel Retentionsmittel Stärke Nass- und Trockenverfestiger	Feststoffgehalt, Ladung, Gehalt an Störstoffen, Wirkung der Additive anhand von Suspensionsprüfungen oder Laborblatt/kleintechnischen Versuchen und nachgeschalteten Papierprüfungen

* nicht alle Prüfungen sind für alle Produktgruppen sinnvoll und/oder gleich wichtig

Tabelle 16.2 Häufig angewendeten Prüfmethoden zur Bewertung von Papier, Karton und Pappe (Auswahl)

Eigenschaftsgruppe	Häufig angewendete Prüfmethoden/Parameter
Grundeigenschaften	Masse, Dicke, spezifisches Volumen/ scheinbare Dichte, Feuchte
Zusammensetzung, Aufbau	qualitative und quantitative Faserstoffzusammensetzung, spezielle Schnitt- und Präparationstechniken in Verbindung mit Lichtmikroskopie und Rasterelektronenmikroskopie (REM), Röntgenmikroanalyse (RMA), spektroskopische Verfahren (FT-IR, NIR), Wärmestromdifferenz-Kalorimetrie (DSC) Thermogravimetrie (TGA), Partikelgrößenbestimmung
Festigkeitseigenschaften	Bruchkraft und Bruchdehnung, Elastizitätsverhalten, Zugsteifigkeit, Zugsteifigkeitsorientierung, Berstfestigkeit, Falzfestigkeit, Biegesteifigkeit, Durch- und Weiterreißfestigkeit, Stauchfestigkeiten (S-Test, SCT, CMT, RCT u. a.), Spaltfestigkeit, Oberflächenfestigkeit, Abrasionsverhalten, Oberflächenelastizität
Oberflächeneigenschaften	Glätte/Rauheiten (Bekk, Bendtsen, PPS, Oken, Sheffield) Oberflächenprofil, Kontaktanteil
optische Kennzahlen	z. B. Glanz, Farbort, Reflexionsfaktor (Weißgrad), Opazität
Licht-, Wärme und Feuchtigkeitsbeständigkeit	Lichtechtheitsprüfungen Xenontest, Klimaprüfungen (temperatur- und feuchtegeregelt), künstlich beschleunigte Alterung, Alterungsbeständigkeit, Bestimmung der Lebensdauerklassen
Elektrische Eigenschaften	Oberflächenwiderstand, Durchgangswiderstand
Permeationseigenschaften	Luftdurchlässigkeit (Bendtsen, Gurley, Bekk, Schopper, Sheffield, PPS, Oken), Wasserdampfdurchlässigkeit, Gasdurchlässigkeiten, Bestimmung von PIN-Holes, Quecksilberporosimetrie, Durchströmungsporosimetrie
Penetrations- und Sorptionseigenschaften	Wasserabsorption (Cobb), Feucht- und Nassdehnung, Benetzbarkeit/Penetrationsverhalten, Randwinkel, Oberflächenspannung, Beschreibbarkeit/Leimung, Fettundurchlässigkeit (Kit-Test), Saughöhe nach Klemm
Bedruckbarkeitseigenschaften	Laborprobedruckversuche zur Bestimmung von Rupffestigkeit, Farbwegschlagverhalten, Print Penetration, Druckkontrast/Farbdichte/Druckungleichmäßigkeit, Abriebverhalten/Scheuerfestigkeit

Tabelle 16.2 Häufig angewendeten Prüfmethoden zur Bewertung von Papier, Karton und Pappe (Auswahl) *(Fortsetzung)*

Eigenschaftsgruppe	Häufig angewendete Prüfmethoden/Parameter
Verarbeitungs-eigenschaften	Rill- und Faltbarkeit, Planlage, Schneidwiderstand, Heißsiegelbarkeit, Prüfung der Klebkraft, Schälwiderstands-/Delaminierungsmessungen, Faserorientierung
chemische Eigenschaften	pH-Wert, Oberflächen-pH-Wert, Kappazahl, Alkalireserve, Migrationsuntersuchungen, Ausblutechtheit Bestimmung von Inhaltsstoffen mit IR-Spektroskopie und Kapillargaschromatographie + Massenspektrometrie (GC-MS)
biologische Eigenschaften	Anzahl Kolonien bildender Einheiten (KbE), antimikrobielle Zusatzstoffe biologische Abbaubarkeit / Kompostierung
sensorische Eigenschaften	Paneltests für Geruchs- und Geschmacksprüfungen
Rezyklierbarkeit	Wiederauflösbarkeit, Deinkbarkeit

Die Auswahl geeigneter Verfahren sollte sich immer an den Anforderungen des Produkts, der Prozesse und der Kunden orientieren. Daher wird in der Praxis häufig eine Unterscheidung in Produktgruppen vorgenommen, die dann auch bevorzugt nach bestimmten Prüfverfahren untersucht werden.

Welche Labormessungen notwendig sind, richtet sich nach der Papiersorte und dem Qualitätsanspruch bzw. der geforderten Dokumentation der Qualität (Tabelle 16.3). Hierüber entscheidet nicht zuletzt der Kunde des Papierherstellers bzw. der Endkunde. Der Umfang und die geforderte Genauigkeit der Labormessungen variieren:

- mit den Anforderungen an die individuelle Papiersorte,
- weltweit mit den unterschiedlichen lokalen Qualitätsanforderungen.

Tabelle 16.3 Sortenbezogene Übersicht zu einigen häufig verwendeten Festigkeits- und Oberflächenprüfungen

Festigkeitsprüfungen	Zugfestigkeit	Bruchzähigkeit	Arbeitsaufnahmevermögen	Zugsteifigkeitsorientierung	Biegewiderstand/-steifigkeit	Durchreißwiderstand	Berstfestigkeit	Stauchwiderstand	Spaltfestigkeit
Druckpapiere	x	x	x	x	x	x	x		x
Wellpappenrohpapier	x	x	x	x	x		x	x	x
Sack-/Kraftpapier	x	x	x	x		x	x		x
Karton	x	x	x	x	x			x	x

Oberflächenprüfungen	Opazität	Glanz	Rauheit	Weißgrad/Farbe	Luftdurchlässigkeit	Absorption	Dicke
Tissue				x		x	x
Papier glatte Fläche	x	x	x	x	x	x	x
Papier raue Fläche	x		x	x	x	x	x
Karton glatte Fläche		x	x	x	x	x	x
Karton raue Fläche			x	x	x	x	x
Testliner			x	x	x	x	x
Trennpapiere					x	x	x
Wellpappe					x	x	x

In Tabelle 16.4 sind am Beispiel des Faltschachtelkartons einige der wichtigsten Prüfmöglichkeiten mit ihren Aussagen bezüglich der Weiterverarbeitung zusammengestellt. Darüber hinaus bestehen auch anwendungs-, einsatz- und füllstoffbezogene Anforderungen, die aufeinander abzustimmen sind.

Tabelle 16.4 Einfluss ausgewählter Kartoneigenschaften auf die Weiterverarbeitung

Eigenschaft	Wesentlicher Einfluss auf
Dicke, Volumen	Rillung, Stanzung Falt- und Biegeverhalten, Steifigkeit, Bogenlauf Prägbarkeit
Biegesteifigkeit	Formbarkeit, Bogentransport Belastbarkeit/Verformungsverhalten des Zuschnittes und der daraus hergestellten Packmittel
Oberflächeneigenschaften: ▪ Farbort ▪ Reflexionsfaktor (Weißgrad) ▪ Glanz ▪ Rauheit	Bedruckbarkeit Lackierbarkeit optisches Erscheinungsbild Verklebbarkeit
Barriereeigenschaften	Verklebbarkeit Rill- und Faltbarkeit
Dimensionsstabilität	Verarbeitungsverhalten des Kartons beim Drucken, Rillen und Stanzen
Hygroexpansionsverhalten	Passergenauigkeit
Planlage	Einsatzbezogenes Verhalten der Packmittel (z. B. Abpackverhalten auf Automaten)

Papier- Karton und Pappenprüfungen werden üblicherweise nach generellen Eigenschaften bzw. der Art der Prüfbeanspruchung untergliedert. Jeder dieser Eigenschaften lassen sich viele einzelne Prüfungen zuordnen, die sich zum Teil erzeugnisabhängig in einigen Details wie Probenabmessungen, Prüfdrücke, Gerätekonfiguration und Genauigkeit usw. unterscheiden.

16.2.2 Häufig verwendete Prüfnormen

Nachfolgend ist eine Auswahl wichtiger Normen aus dem Bereich der physikalischen und chemischen Materialprüfung für Faserstoffe, Papier, Karton und Pappe zusammengestellt (Tabelle 16.5 und Tabelle 16.6).

Tabelle 16.5 Materialprüfnormen aus dem Bereich Faserstoffe (Auswahl)

Physikalische Eigenschaften	
Faserlänge, Faserbreite	ISO 16065-1:2014-04, ISO 16065-2:2014-01
Stoffdichte	DIN EN ISO 4119:1996-05
Faserstoffe-Nassaufschlagen in Labor	DIN EN ISO 5263-1:2004-12, DIN EN ISO 5263-2:2004-12, DIN EN ISO 5263-3:2023-05
Labormahlung mit der PFI-Mühle	DIN EN ISO 5264-2:2011-05
Entwässerungswiderstand (SR/CSF)	DIN EN ISO 5267-1:2000-10, ISO 5267-2:2025-10
Laborblattbildung	DIN EN ISO 5269-1:2005-05, DIN EN ISO 5269-2:2005-03
Bestimmung von physikalischen Eigenschaften an Laborblättern	DIN EN ISO 5270:2022-12
Chemische Eigenschaften	
Kappa-Zahl	ISO 302:2015-08, DIN 54357:1978-08
Grenzviskositätszahl	ISO 5351:2010-02
Alkalilöslichkeit	DIN 54356:1977-11

Tabelle 16.6 Materialprüfnormen aus dem Bereich Papier, Karton und Pappe (Auswahl)

Grundeigenschaften	Angleichen der Proben an das Normklima	DIN EN ISO 187:2023-02
	Feuchtegehalt	DIN EN ISO 287:2018-03
	Dicke	DIN EN ISO 534:2012-02
	Flächenbezogene Masse	DIN EN ISO 536:2020-05
Festigkeiten	Zugversuch	DIN EN ISO 1924-2:2009-05, DIN ISO 1924-3:2007-06
	Zugversuch nach dem Eintauchen in Wasser (Nassbruchkraft)	DIN EN ISO 3781:2012-07
	Durchreißfestigkeit (Elmendorf)	DIN EN ISO 1974:2012-09
	Weiterreißarbeit (Brecht-Imset)	DIN 53115:2008-05
	Streifenstauchwiderstand (SCT, S-Test)	DIN 54518:2022-01
	Streifenstauchwiderstand (S-Test)	DIN ISO 7763:2025-07 oder DIN 5014:2019-04
	Ringstauchwiderstand (RCT)	ISO 12192:2011-09
	Flachstauchwiderstand (FCT)	DIN EN ISO 3035:2025-11
	Concora Medium Test (CMT)	DIN EN ISO 7263-1:2019-04, DIN EN ISO 7263-2:2019-04
	Kantenstauchwiderstand (ECT)	DIN EN ISO 3037:2023-03
	Durchstoßarbeit	ISO 3036:2025-03, DIN 53142-1:2014-12, DIN 53142-2:2014-12
	Falzwiderstand (Schopper)	ISO 5626:1993-11
	Berstfestigkeit Papier	DIN EN ISO 2758:2014-12
	Berstfestigkeit Pappe	DIN EN ISO 2759:2014-10
	Biegesteifigkeit (Resonanzlänge)	ISO 5629:2017-12 oder DIN 53123:2005-04
	Biegewiderstand/Biegesteifigkeit (Balkenmethode)	ISO 2493:2010-11, ISO 5628:2019-05, DIN 53121:2014-08
	Herstellung von Rillen und Bewertung der Rillbarkeit	DIN 55437-1:2021-12, DIN 55437-2:2021-12, DIN 55437-3:2021-12

Oberflächen-eigenschaften	Glätte Bekk	ISO/DIS 5627:2025-08 (Entwurf) DIN 53107:2016-05
	Rauheit Bendtsen	ISO 8791-2:2013-09 DIN 53108:2018-12
	Rauheit Parker Print-Surf	DIN ISO 8791-4:2023-08
	Reibungskoeffizient (statisch/dynamisch)	DIN ISO 15359: 2024-10
	Abrieb nach dem Reibradverfahren	DIN 53109:2008-05
Permeations-eigenschaften	Luftdurchlässigkeit Bendtsen	ISO 5636-3:2013-11 DIN 53120-1:2018-03
	Luftdurchlässigkeit Gurley	ISO 5636-5:2013-11
	Wasserdampfdurchlässigkeit, gravimetrisch	DIN 53122-1:2001-08
Optische Eigenschaften	ISO-Brightness (Innenraum) D65-Brightness (Außentageslicht)	ISO 2470-1:2016-09 ISO-2470-2:2008-11
	Opazität	ISO 2471:2008-12 DIN 53146:2016-05
	CIE Weiße, D65/10° (Außentageslicht)	DIN ISO 11475:2019-04
	CIE Weiße, C/2° (Innenraum)	DIN ISO 11476:2017-10
	Farbort (L*a*b*-Wert) (Innenraum) Farbort (L*a*b*-Wert) (Außentageslicht)	ISO 5631-1:2022-07 ISO 5631-2:2022-07
	Glanz (paralleler Strahl, 45°) Glanz (75°, TAPPI-Verfahren) Glanz (75°, DIN-Verfahren)	DIN EN 14086:2003-04 ISO 8254-1:2009-09 ISO 8254-2:2016-11
Bedruckbarkeit	Rupffestigkeit IGT	ISO 3783:2006-07
	Print Penetration IGT	IGT W24
Penetrations-eigenschaften	Wasserabsorption (Cobb-Verfahren)	DIN EN ISO 535:2023-06
	Beschreibbarkeit mit Tinte	DIN 53126:2011-11
	Saughöhe	DIN ISO 8787:1994-06
	Feuchtdehnung	DIN ISO 8226-1:1998-05 ISO 8226-2:1990-12

Tabelle 16.6 Materialprüfnormen aus dem Bereich Papier, Karton und Pappe (Auswahl) *(Fortsetzung)*

Chemische und weitere Eigenschaften	pH-Wert (Kaltextrakt)	ISO 6588-1:2021-11
	Alkalireserve	ISO 10716:2022-02
	Glührückstand 575 °C Glührückstand 525 °C Glührückstand 900 °C	DIN 54370:2020-08 ISO 1762:2019-07 ISO 2144:2019-06
	Alterungsbeständigkeit von Papieren	DIN EN ISO 9706:2024-06 Entwurf
	Lebensdauer-Klasse von Papier und Karton	DIN 6738:2007-03
	Tissueprüfungen	DIN EN ISO 12625

16.2.3 Häufig verwendete Gütenormen

Es folgt eine Auswahl wichtiger Normen von Papieren, Kartons und Verarbeitungsprodukten (Tabelle 16.7). Zum Teil sind die Grenzen zwischen Vorgaben und Prüfungen fließend.

Tabelle 16.7 Auswahl wichtiger Normen von Papier, Karton und Verarbeitungsprodukten

Norm	Inhalt
DIN 6730:2017-09	Papier- und Pappe-Begriffe
DIN 476-2:2008-02	Papier-Endformate; C-Reihe
DIN 678-1:1998-01	Briefhüllen; Formate
DIN 678-2:2008-02	Briefhüllen zur Verarbeitung in Kuvertiermaschinen, Format C6 bis C4
DIN 680:2008-02	Fensterbriefhüllen; Formate und Fenstererstellung
DIN 16551:2007-01	Briefhüllen, Begriffe; Arten von Briefumschlagen und Briefhüllen
DIN 683:1964-04	Plakatformate
DIN 9771:2008-08	Papiere für die Datenverarbeitung, Papiere für Endlosvordrucke, Abmessungen
DIN 6737:2002-11	Bürokarton

Norm	Inhalt
DIN 19306-1:2002-04	Druckpapiere – Allgemeine technische Lieferbedingungen
DIN 19306-2:2002-06	Druckpapiere – Technische Lieferbedingungen für Offsetdruckpapier
DIN 19306-3:2002-04	Druckpapiere – Tiefdruckpapier
DIN 19306-4:2005-10	Druckpapiere – Zeitungsdruckpapier
DIN 19307:1997-06	Büropapier, ungestrichen unbeschichtet, Anforderungen und Prüfung
DIN 19302:2025-07 (Entwurf)	Papier für allgemeine Verpackungszwecke
DIN 19303:2025-07 (Entwurf)	Kartonsorten, Begriffe, Definitionen, Einteilung
DIN 55468-1:2021-01	Wellpappe – Anforderungen, Prüfung
DIN 55468-2:2025-06 (Entwurf)	Wellpappe – Nassfeste Verklebung, Anforderung und Prüfung
DIN EN ISO 216:2007-12	Schreibpapier und bestimmte Gruppen von Drucksachen; Endformate A und B-Reihen
DIN EN 12281:2003-01	Druck- und Büropapiere, Anforderungen an Kopierpapier für Vervielfältigungen mit Trockentoner
DIN EN 643:2014-11	Altpapiersortenliste

16.3 Laborprüfungen

16.3.1 Prüfungen von Faserstoffen

Der heutige Stand der Prüftechnik ist geprägt durch die historische Entwicklung der Zellstoff- und Papierindustrie. In Deutschland wurden Zellstoffe und Holzstoffe lange Zeit nach den Merkblättern des Vereins der Zellstoff- und Papier-Chemiker und -Ingenieure oder nach DIN-Normen bewertet (z. B. Einheitsmethode für die Festigkeitsprüfung von Zellstoffen – Merkblatt V/10/57). Bedingt durch die Globalisierung der Wirtschaft und damit einhergehende Normungsaktivitäten kommen heute verstärkt internationale Prüfmethoden (ISO, EN) zur Anwendung, was zu einer besseren Vergleichbarkeit der Kennwerte geführt hat. Viele dieser internationalen Normen gelten übersetzt als DIN-Normen (z. B. DIN EN ISO).

16.3.1.1 Übersicht

Die physikalisch-technologische Prüfung von Faserstoffen und Halbstoffen zielt auf:

- Eigenschaften des Halbstoffs zur Papierherstellung (Prozessfähigkeit),
- Ermittlung der potenziell erreichbaren Papiereigenschaften (Produktfähigkeit).

Das Prüfprinzip beschreibt den Versuch der möglichst weitgehenden Simulation aller Verfahren und Behandlungen, die der Halbstoff bei der Papier-/Kartonherstellung zu durchlaufen hat (Anlieferung, Zerfaserung, Mahlung, Blattbildung, Trocknung).

Die Halbstoffprüfung beinhaltet im Wesentlichen:

- Probenahme und Lagerung der Proben,
- Beurteilung des Halbstoffs in der Lieferform (z. B. Bestimmung der Schmutzpunkte am Bogen),
- Probenvorbereitung (Vorzerkleinern, Quellen und Aufschlagen des Halbstoffs),
- Mahlung,
- Egalisierung und Mengenverteilung des Mahlguts,
- Laborblattbildung,
- Angleichung der Laborblätter an das für die Prüfung erforderliche Normklima (umgangssprachlich Klimatisieren genannt),
- Prüfung der Standard-Laborblätter,
- Auswertung und Darstellung der Prüfergebnisse.

16.3.1.2 Mikroskopische Unterscheidung und Bewertung von Faserstoffen

Für viele Anwendungen ist es unverzichtbar, die genaue faserstoffseitige Zusammensetzung von Papieren zu kennen oder nachträglich bestimmen zu können. Die gebräuchlichste Methode besteht darin, Papiere durch Lösen des Faserverbundes in destilliertem Wasser wieder in ihre Einzelfaserbestandteile zu überführen und diesen präparierten Stoff einer mikroskopischen Analyse zu unterziehen.

Die mikroskopische Untersuchung gibt Aufschluss über:

- Faserart (Einzelheiten der Fasern/morphologische Merkmale),
- Aufschlussart,
- Mengenanteile der Fasergemische,
- Informationen über den Faserzustand (Faserabmessungen, Fibrillierungsgrad).

Bei der Erzeugung von Papier, Karton und Pappe werden überwiegend pflanzliche Fasern eingesetzt, die mittels mikroskopischer Analyse zu unterscheiden sind (siehe auch Kapitel 8):

- Fasern aus Holz (Nadelhölzer, Laubhölzer),
- Fasern aus Samenkapseln (Baumwolle),
- Fasern aus den Stängeln bzw. Halmen von Pflanzen (Flachs und Hanf, Getreidestroh),
- Fasern aus Blättern von Pflanzen (Abacá, Sisal).

Probenvorbereitung beim Mikroskopieren von Faserstoffen

Die zum Mikroskopieren notwendige Technik erfordert etwas Übung. Gute Hinweise zur Probenpräparation sind in vielen einschlägigen Fachbüchern zu finden [16.3][16.4][16.5][16.6].

Unterscheidung der Faserarten nach ihren morphologischen Merkmalen

Papierfasern sind einzelne Zellen, die sich in Abhängigkeit von der jeweiligen Pflanzen- bzw. Holzart zum Teil erheblich in Aufbau, Aussehen und Funktion unterscheiden.

In Europa werden **Nadelholzfaserstoffe** vornehmlich aus Gemeiner Fichte (*Picea abies* (L.) H. Karst.) und Gemeiner Kiefer (*Pinus sylvestris* L.) hergestellt. Pappeln (*Populus nigra* L., *Populus tremula* L.), Birken (*Betula pendula* Roth, *Betula verrucosa* Ehrh.) und Buche (*Fagus silvatica* L.) sind häufig eingesetzte einheimische Laubholzarten. Die ebenfalls eingesetzten Eukalyptusarten (z. B. *Eucalyptus globulus, Eucalyptus grandis* oder *Eucalyptus nitens*) sind keine einheimischen, sondern Plantagenhölzer.

Bereits in Kapitel 3 wurde auf ausgewählte einheimische Holzarten und ihre Benennungen (Tabelle 3.4), Faserabmessungen von Tracheiden (Nadelholz) und Libriformfasern (Laubholz) (Tabelle 3.5), die chemische Zusammensetzung (Tabelle 3.6) und physikalische Eigenschaften ausgewählter einheimischer Holzarten (Tabelle 3.7) erläutert. Nachfolgend sind charakteristische morphologische Merkmale der wichtigsten Holzarten, die im Lichtmikroskop ungefärbt oder nach spezieller Anfärbung (siehe dort) sichtbar gemacht werden können, zusammengestellt.

Nadelhölzer werden an der Form und Größe der Faserwandöffnungen im Bereich der Kreuzungsflächen zwischen Frühholztracheiden und Holzstrahlen (früher Markstrahlen genannt) identifiziert. Ältere Literatur nennt auch die Lage der Hoftüpfel auf den Tracheiden als Unterscheidungsmerkmal, was sich aber als nicht eindeutig erwiesen hat. In Bild 16.1 sind Tracheiden von Gemeiner Fichte (links) und Gemeiner Kiefer (rechts) mit ihren charakteristischen Faserwandöffnungen im Kreuzungsbereich zu Holzstrahlen gezeigt. Typisch sind die als Fensterporen bekannten Öffnungen bei Gemeiner Kiefer (andere Kiefernarten haben diese Art der Öffnungen nicht). Die Hoftüpfel erscheinen auf den Fichten-Tracheiden einreihig, gelegentlich doppelreihig oder zerstreut. Auf Kiefern-Tracheiden sind neben ein- oder doppelreihig erscheinenden Hoftüpfeln manchmal längere oder kürzere scheinbare „Mittellinien“ zu sehen, bei denen es sich um Reste der beim chemischen Aufschluss nicht vollständig entfernten Mittellamelle handelt.

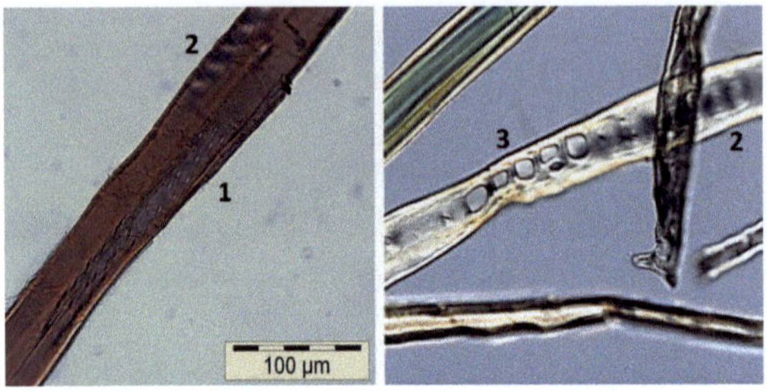

Bild 16.1 Charakteristische morphologische Merkmale an Tracheiden zur Unterscheidung von Gemeiner Fichte (*Picea abies*, links) und Gemeiner Kiefer (*Pinus sylvestris*, rechts) (Quelle: S. Heinemann)

1 – sehr kleine, runde bis ovale piceoide einfache Tüpfel, 2 – Hoftüpfel, 3 – Fensterporen

Zur morphologischen Unterscheidung der **Laubholzfaserstoffe** werden im Wesentlichen die Gefäßzellen herangezogen (Bild 16.2), die sich folgendermaßen unterscheiden:

Birken	Gefäßzellen mit zahlreichen schlitzförmigen Poren, Gefäßzellenenden mit leiterförmigen Durchbrechungen
Pappeln	mehr oder weniger lange, spitz auslaufende offene Enden der Gefäßzellen, Poren der Gefäßzellen können einseitig sein und als einzelnes Porenfeld oder -band quer zur Faserachse erscheinen
Eukalyptus	an den Enden offene, recht breite Gefäßzellen, die häufig auf dem ganzen Umfang mit länglichen schlitzförmigen Poren besetzt sind und kleinere Endfortsätze haben
Buche	beidseitig offene Gefäßzellen mit unregelmäßigen, teils rundlichen, teils länglichen Einzelporen

Zumeist für Spezialpapiersorten werden auch Fasern und Zellstoffe aus Nichtholzpflanzen als Zellstoffe oder Holzstoffe verwendet. Detaillierte Informationen zur Morphologie dieser Rohstoffe finden sich in den Abschnitten 8.4 bis 8.7.

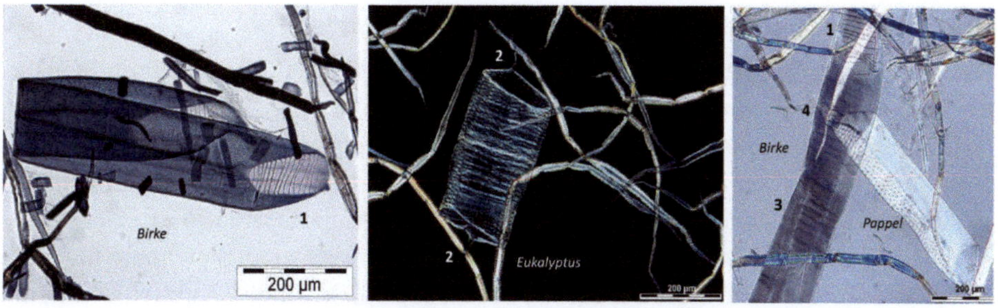

Bild 16.2 Charakteristische morphologische Merkmale an Gefäßzellen zur Unterscheidung von Birken (links), Eukalyptus (Mitte) und Pappel (rechts) (Quelle: S. Heinemann)
1 - leiterartige Endperforation, 2 - kleine Endfortsetzungen, 3 - einfache kleine Poren am Kreuzungsfeld zwischen Gefäßzelle und Holzstrahlzelle, 4 - längere Endfortsetzungen bei Pappel

Zusätzlich zu den Merkmalen, an denen die Holzart zu identifizieren ist, gibt es morphologische Merkmale, die durch die Aufbereitungsprozesse für die Faserstoffe entstehen. Im Gegensatz zum **Zellstoff** (siehe Bild 16.3 rechts) liegen in mechanisch aufgeschlossenen Faserstoffen die Nadel- und Laubholzfasern nicht mehr in der ursprünglichen Form vor. Häufig treten Faserbruchstücke und Merkmale der äußeren Fibrillierung auf. Im **Holzschliff** finden sich darüber hinaus Splitter, d. h. Faserbündel, die oft von Holzstrahlzellen (früher Markstrahlzellen) zusammengehalten werden (siehe Bild 16.3 links).

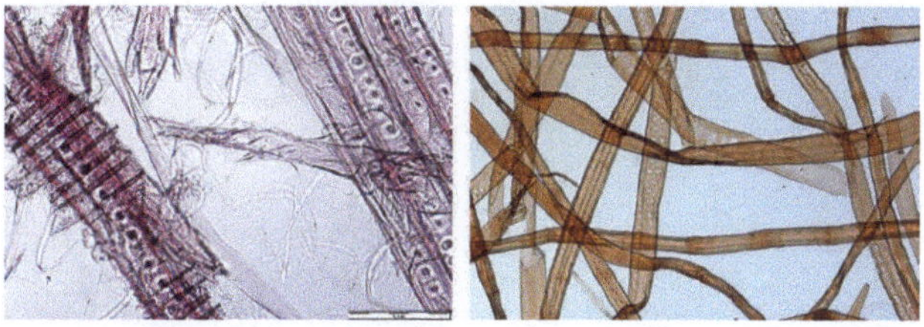

Bild 16.3 Vergleich der charakteristischen morphologischen Merkmale von Fichten-Holzschliff (links) und Nadelholz-Zellstoff (Kiefer/Fichte, rechts) (Quelle: S. Heinemann)

Die Mischung der eingesetzten Faserstoffe ist für viele Anwendungen von erheblichem Einfluss auf die Eigenschaften. Deshalb wird häufig eine **quantitative Bestimmung der Faserstoffzusammensetzung** benötigt, deren Prozedur in verschiedenen Literaturquellen genau beschrieben ist [16.6][16.7]. Dazu werden die verschiedenen Fasern differenzierend angefärbt (siehe Tabelle 16.8) und nach ihren morphologischen Charakteristika bei 100-facher Vergrößerung gezählt. Unter Beachtung der **faserstoffspezifischen Massefaktoren** [16.7][16.8][16.9] wird die prozentuale Zusammensetzung in Masseprozenten errechnet.

Unterscheidung der Faserarten über Anfärbemethoden

Die meisten Anfärbechemikalien sind aufgrund ihrer Bestandteile gesundheitsbedenklich. Für mikroskopische Arbeiten werden jedoch so geringe Mengen verwendet, dass sie bei entsprechender Handhabung und Einhaltung gegebener Sicherheitsbestimmungen dennoch angewendet werden können. In Tabelle 16.8 sind im deutschsprachigen Raum gebräuchliche Anfärbungen für Papierfaserstoffe zusammengestellt [16.4]. Die am häufigsten an suspendierten Faserstoffen angewendete Methode ist die **Anfärbung nach Herzberg** (ISO 9184-3:1990-12). Im englischsprachigen Raum ist diese Anfärbung nahezu unbekannt, dort kommt stattdessen die **Anfärbung nach Graff C** zum Einsatz (ISO 9184-4:1990-12) [16.7][16.10]. Beide Methoden nutzen jodhaltige Färbelösungen.

Tabelle 16.8 Ausgewählte Anfärbemethoden für Faserstoffe

Anfärbemethode	Unterscheidungsziel	Anfärbereagenz
Anfärbung nach *Herzberg*	allgemeine Unterscheidung von Zellstoff, Holzstoff und Hadern	Chlorzinkjodlösung nach *Herzberg*
Anfärbung nach *Alexander*	alkalisch aufgeschlossene Laubholz- und Nadelholzzellstoff	Calciumnitratlösung und Chlorzinkjodlösung nach *Herzberg*
Anfärbung nach *Kühnel*	allgemeine Unterscheidung von Zellstoff und Holzstoff	Karminazurol (Lösung aus Supranolblau und Siriusrot)
Anfärbung nach *Lofton-Merrit* in der Modifikation nach *Wisbar*	ungebleichter Sulfit- und Sulfatzellstoff	Lösung aus Fuchsinrot, Malachitgrün und Salzsäure
Anfärbung nach *Singer*	gebleichter und ungebleichter Zellstoff	Malachitgrün in 2 %iger Essigsäure + Chlorzinkjodlösung nach *Herzberg*
Wiesner-Reaktion	qualitativer Nachweis verholzter Fasern in Papier	Phloroglucin-Lösung [16.11]

16.3.1.3 Allgemeines Vorgehen bei Faserstoffprüfungen im Labor

Für die Untersuchung von Zellstoffen existieren eine Reihe von Methoden und Standardverfahren, die mit entsprechenden Modifizierungen auch für andere Faserstoffe wie Altpapiere oder deren Faserstoffe nutzbar sind (Tabelle 16.9). Entscheidend für die Aussagefähigkeit der Prüfungen sind, wie bei anderen Prüfungen auch, die Kenntnisse zum Werkstoff, dem Ziel der Prüfungen sowie die Probennahme und Stoffvorbereitung.

Folgende Untersuchungen werden zur Probenvorbereitung bei Faserstoffprüfungen angewendet (siehe auch Tabelle 16.5 und Tabelle 16.6):

- Probennahme für die Prüfung von Faserstoff, DIN EN ISO 7213:2022-03,
- Bestimmung des Handelsgewichtes von Lieferposten bei der Zellstoffprüfung, DIN EN ISO 801-1:1996-11 und DIN EN ISO 801-1:1996-11,
- Probenvorbereitung mit Vorzerkleinern, Quellen und Desintegrieren („Aufschlagen") des Halbstoffs (Aufschlagen von Zellstoffen DIN EN ISO 5263-1:2004-12, Aufschlagen von Holzstoffen bei 20 °C DIN EN ISO 5263-2:2004-12 und Aufschlagen von Holzstoffen bei ≥ 85 °C DIN EN ISO 5263-3:2023-05),
- Bestimmung der Stoffdichte von Halbstoff-Suspensionen, DIN EN ISO 4119:1996-05
- Bestimmung des Trockengehalts von Faserstoff, DIN EN ISO 638-1:2022-07,
- Bestimmung des Glührückstands DIN 54370:2020-08 (575 °C), ISO 1762:2019-07 (525 °C) und/oder ISO 2144:2019-06 (900 °C).

Nach [16.5] wird für Faserstoffprüfungen folgendes allgemeine Vorgehen empfohlen:

- Probenahme,
- Aufbewahrung der Probe,
- Bestimmung des Trockenmasseanteils,
- Vereinheitlichung des Feuchteanteils (bei Zellstoff und Altpapier),
- Mahlung in vier verschiedenen Abstufungen (bei Zellstoffen),
- Aufschlagen, Verteilen, Mengenaufteilung des Faserstoffs für die Prüfung,
- Ermittlung der Entwässerungskenngrößen (SR-Wert, CSF-Wert, Wasserrückhaltevermögen WRV usw.),
- Fraktionierung/Faserlängenanalyse,
- Erzeugung von Prüfblättern im Laborblattbildner,
- Angleichen der Prüfblätter an das Normklima (umgangssprachlich Klimatisierung genannt),
- Aufteilen und Zuschneiden der Prüfblätter,
- Prüfung (Grundeigenschaften, Festigkeiten, optische Eigenschaften und weitere Eigenschaften bei Bedarf).

16.3.1.4 Bestimmung des Trockengehalts

Der Trockengehalt ist eigentlich ein Masseverhältnis. Die Masse eines unter vorgegebenen Bedingungen bei einer Temperatur von 105 °C ± 2 °C auf konstante Masse getrockneten Prüfmusters wird auf seine Masse zum Zeitpunkt der Probennahme bezogen und in Prozent angegeben.

Das Verfahren nach DIN EN ISO 638-1 dient zur Bestimmung des Trockengehalts von Papier-, Pappe- und Zellstoff-Durchschnittsproben nach dem Wärmeschrankverfahren (105 °C ± 2 °C). Es ist nicht geeignet für die Bestimmung des Trockengehalts von Faserstoffsuspensionen und von Handelsmassen bei Zellstoffposten.

16.3.1.5 Bestimmung der Stoffdichte

Die Stoffdichte ist das Verhältnis der Trockenmasse der abfiltrierbaren Masse zur unfiltrierten Probenmasse, angegeben als Masseanteil in Prozent (%).

Das Verfahren nach DIN EN ISO 4119 dient zur Bestimmung der Stoffdichte bei wässrigen Faserstoffsuspensionen aus einem Halbstoff oder einem Gemisch aus mehreren Halbstoffen, das Füllstoffe oder Additive enthalten dürfen. Es ist bei Laborversuchen zur Bestimmung von anderen Halbstoffeigenschaften anwendbar, aber nicht geeignet für die Bestimmung von Handelsmassen eingedickter Zellstoffe.

16.3.1.6 Nassaufschlagen von Halbstoffen im Labor

Für Zellstoff (in der Norm Chemiezellstoff) und Holzstoff existieren getrennte Verfahren zum Nassaufschlagen der Faserstoffe im Labor.

Die Verfahren DIN EN ISO 5263-1 und DIN EN ISO 5263-2 dienen der mechanischen Behandlung des Faserstoffes in Wasser bei 20 °C, wobei zusammenhängende Fasern wieder getrennt werden, die ursprünglich in der Faserstoffsuspension voneinander getrennt vorgelegen haben, ohne dass ihre strukturellen Eigenschaften nennenswert verändert werden. Das sogenannte Nassaufschlagen erfolgt unter Verwendung eines Standard-Aufschlaggeräts, das durch die – übrigens seit 80 Jahren unveränderte – festgelegte Konstruktion von Behälter und Rotor eine definierte Scherwirkung auf den Stoff erzeugt.

Das Verfahren eignet sich zum Desintegrieren (Nassaufschlagen) von Halbstoffen im Labormaßstab und ist grundsätzlich für die meisten Faserstoffe anwendbar, einschließlich der Sekundärfasern. Es ist ungeeignet für einige sehr langfasrige Faserstoffe wie beispielsweise Baumwolle oder Ramie.

Tabelle 16.9 Faserstoffvorbereitung für Laborprüfungen [16.12][16.13]

Art des Halbstoffs	Trockengehalt in %	Ofentrockene Halbstoffmasse in g	Einweichdauer mindestens	Stoff-Wasser-Volumen in ml	Anzahl der Propellerumdrehungen
Zellstoff	< 20	30	–	2000	10 000
	20 bis 60	30	30 min	2000	30 000
	> 60	30	4 h	2000	30 000
Holzstoff	< 20	60	–	2500	10 000
	20 bis 60	60	30 min	2500	30 000
	> 60	60	4 h	2500	30 000

16.3.1.7 Bestimmung des Glührückstands

Der Glührückstand, bestimmt nach DIN 54370:2020-08, ISO 1762:2019-07 oder ISO 2144:2019-06, wird umgangssprachlich oft als „Aschegehalt" bezeichnet.

Der Glührückstand ist der nach dem Verglühen der Probe bei einer festgelegten Temperatur bis zur Massekonstanz verbliebene Rückstand, angegeben in Masseprozent der klimatisierten Probe. Je nach Verfahren werden unterschiedliche Glühtemperaturen von 525 °C (ISO 1762), 575 °C (DIN 54370) oder 900 °C (ISO 2144) angewendet. Die „Veraschung" erfolgt in regelbaren elektrischen Öfen, zum Teil werden in der Laborpraxis auch entsprechende Automaten oder sogenannte Schnellverascher eingesetzt.

Der Glührückstand liefert eine empirische Zahl, aber kein quantitatives Maß für die Menge an Mineralsalzen und anderen anorganischen Stoffen in der Probe. Thermischer Abbau und/oder undefinierte Verflüchtigung während des Prozesses beeinflussen die Masse des wägbaren Rückstands. Von Pigmenten, Farbstoffen und Papieradditiven beispielsweise können keine Glührückstände bestimmt werden.

16.3.1.8 Labormahlung

Bei verschiedenen Faserstoffen, insbesondere Zellstoffen, ist eine zielgerichtete Entwicklung der Eigenschaften erst durch mechanische Bearbeitung erreichbar, die als Mahlung bekannt ist. Die Faserstoffe werden während des Mahlvorgangs in Abhängigkeit vom Mahlaggregat und den Mahlbedingungen unterschiedlichen Quetsch-, Schneid-, Stauch- und Scherbelastungen ausgesetzt, was zur Veränderung der Faserdimensionen führt. Fibrillierung der Fasern wird bevorzugt, aber Faserkürzung kann nicht vermieden werden (zur Theorie der Mahlung siehe auch Abschnitt 10.4.1 und Abschnitt 10.4.2). Die Veränderung der Faserabmessungen bewirkt eine Veränderung des Bindungsvermögens, zu dem insbesondere die Erhöhung der spezifischen Oberfläche der Fasern beitragen soll [16.14][16.15].

Zur labortechnischen Simulation der mahlungsbedingten Veränderungen werden Faserstoffe unter definierten Bedingungen in speziellen Labormahlgeräten einer solchen, in Stufen intensivierten Mahlung ausgesetzt, um anhand von Prüfblättern, die aus den gemahlenen Stoffen gefertigt werden, den Mahlverlauf (auch die Mahlresistenz) eines Stoffes und dessen Auswirkung auf einzelne Eigenschaften zu testen.

Die umfassende Prüfung eines Zellstoffs umfasst meistens vier oder fünf Mahlungen desselben Stoffs mit variablen Mahlintensitäten (variable Umdrehungszahlen des Mahlkörpers, variable Mahldauern oder variable spezifische Mahlenergie) mit anschließender physikalischer Prüfung der aus dem gemahlenen Stoff gefertigten Laborblätter sowie die Beurteilung des ungemahlenen Ausgangsstoffs.

Folgende Labormahlaggregate sind für diese Zwecke im Einsatz:

- PFI-Mühle (DIN EN ISO 5264-2:2011-05),
- Valley beater (ISO 5264-1:1979-07),
- diverse Labor- oder kleintechnische Refiner.

Das Labormahlverfahren mit der in vielen Laboren vorhandenen und verwendeten JOKRO-Mühle ist nur noch in der Schweiz genormt (SN EN 25264-3:1995). Die internationale Norm (ISO 5264-3) ist bereits seit 2003-02 und die deutsche Norm (DIN 54360) seit 2025-02 ersatzlos zurückgezogen. Die JOKRO-Mühle kann natürlich noch verwendet werden, mit der ehemaligen Norm als Durchführungsanweisung.

16.3.1.9 Entwässerungsverhalten

Die Prüfung des Entwässerungsverhaltens dient zur:

- Bewertung des Mahlungszustandes der Faserstoffe,
- Beurteilung des Faserstoffs hinsichtlich des Verhaltens in der Suspension (unter bestimmten Bedingungen sind Rückschlüsse auf das Verhalten auf der Papiermaschine möglich),
- Bewertung des Entwässerungsverhaltens und der Entwässerungsgeschwindigkeit.

Das Entwässerungsverhalten ist hauptsächlich abhängig von:

- Hydratation/Faserquellung,
- Faserabmessungen (Grad der während der Mahlung eingetretenen Faserkürzung),
- Menge und Art des vorhandenen Feinstoffs,
- Faserfibrillierung/Oberflächenzustand.

Entwässerungskennwerte wie SR-Wert oder CSF-Wert sind sehr komplexer Natur und liefern einen, allerdings nicht exakt definierbaren, Wert für das Entwässerungsverhalten des Faserstoffs. In Abhängigkeit von der Fasermorphologie und dem Quellungszustand können lang- und kurzfasrige Stoffe ggf. auch vergleichbare SR-Werte aufweisen. Anhand der Entwässerungskennwerte allein können nur eingeschränkte Aussagen zu einzelnen der obigen Fragestellungen abgeleitet werden.

Prüfung des Entwässerungsverhaltens

Das Prinzip der Laborverfahren beinhaltet die Entwässerung eines definierten Volumens einer wässrigen Faserstoffsuspension durch einen Faserkuchen, der sich während der Durchführung der Prüfung auf dem Sieb aufbaut, in eine Scheidekammer, deren Volumen vom jeweiligen Verfahren bestimmt wird.

Derzeit werden genormte und nicht genormte Laborverfahren angewandt. Zu ihnen gehören:

- **Schopper-Riegler-Verfahren** (Bestimmung des SR-Werts) (DIN EN ISO 5267-1:2000-10),
- **„Canadian Standard“ Freeness-Verfahren** (Bestimmung des CSF-Werts) (ISO 5267-2:2025-10),
- Bestimmung der Entwässerungsdauer mithilfe von Blattbildungsgeräten,

- FiberExpress (Voith) [16.16],
- Dynamic Drainage Analyzer DDA5 (ANDRITZ PulpEye) [16.17] – Permeabilitätsprüfung des über einem Sieb entwässerten Faserstoffkuchens gegenüber Wasser oder Auswertung der Entwässerungskurve während der Bildung des Faserstoffkuchens.

Ergänzend dazu können weitere Entwässerungskennwerte zur Bewertung des Quellungszustandes herangezogen werden. Das **Quellungsverhalten** gibt Auskunft über die Zugänglichkeit der amorphen Regionen in der Faserwand und die Sorptionsmöglichkeit von Wasser auf die mikrofibrillären Oberflächen. Genutzt wird dafür das **Wasserrückhaltevermögen** (ISO 23714:2014-01).

Die oft zitierte Messung der **massespezifischen Oberfläche**, beispielsweise über Permeabilitätsmethoden [16.15][16.18], Filtrationsmethoden [16.16][16.19][16.20] oder Farbstoffadsorptionsmethoden [16.21] ist nicht genormt; es sind derzeit keine modernen Messgeräte auf dem Markt.

16.3.1.10 Formcharakter von Faserstoffen und Kennzeichnung des Mahlungszustands

Der Formcharakter von Faserstoffen fasst die wesentlichen geometrischen Abmessungen der Einzelfasern wie Faserlänge, Faserlängenverteilung, Faserfeinheit, Faserdurchmesser, Faserwandstärke oder längenbezogene Fasermasse (Coarseness) zusammen.

Viele Untersuchungen belegen signifikante Korrelationen zwischen einzelnen Festigkeitseigenschaften der Papiere, wie Zugfestigkeit, Berstfestigkeit, Durchreißwiderstand oder Falzfestigkeit und der mittleren Faserlänge, der Faserwandstärke und dem Feinstoffgehalt der eingesetzten Faserstoffe.

Zur Prüfung des Formcharakters in Laborverfahren gehören beispielsweise mikroskopische Analysen (siehe Abschnitt 16.3.1.2), optische Methoden zur Ermittlung der Faserabmessungen einschließlich der Bildanalyse und verschiedene Klassier-, Sortier- oder Fraktionierverfahren zur Bestimmung von Splittergehalt und Faserstofffraktionen, aber auch von als Contaminant bezeichneten unerwünschten Bestandteilen in der Faserstoffsuspension.

Optische Verfahren

Obwohl seit mehr als hundert Jahren für die Faserstoffcharakterisierung im Einsatz, haben die optischen Methoden der **Faseranalyse** erst seit ihrer Automatisierung zunehmend Verbreitung gefunden. Es sind mehrere unterschiedliche Geräteausführungen am Markt, die sich sowohl im Stoffzufuhr- und Messsystem als auch in Einzelheiten der Berechnungsroutinen unterscheiden. Gemeinsam ist allen Systemen, dass sie ein optisches Abbild von 50 000 oder mehr einzelnen, zu analysierenden Fasern schaffen. Die Charakterisierung fasermorphologischer Eigenschaften von Papierfaserstoffen erfolgt über eine bildanalytische Auswertung dieser Bilder. Als Ergebnis liegen mindestens die Faserlänge und Faserbreite sowie ihre Verteilungen vor. Je nach Bauart werden Feinstoffanteile unterschiedlich definiert und zusätzlich die Faserwanddicke ermittelt. Berechnet werden Parameter wie längenbezogene Fasermasse (Coarseness), Faserquerschnittsfläche, Volumenindex und Curl-Index bzw. Formfaktor sowie ein Fibrillierungs-Index. Aus diesen mittleren Partikelkennwerten und ihren Verteilungen sind Festigkeitsentwicklungen bei Papieren abschätzbar.

Darüber hinaus vermittelt die **Bildanalyse** beispielsweise Aussagen zum Feinstoffanteil und -charakter sowie zur Faserstoffzusammensetzung (Mischung von Laubholz- und Nadelholzfasern). Je nach Bauart bzw. Auswertungsroutine kann auch eine Klassierung der einzelnen Fasern nach Faserform vorgenommen werden.

Klassier-, Sortier- oder Fraktionierverfahren

Klassier-, Sortier- und Fraktionierverfahren beruhen auf einer Trennung der Fasern entsprechend ihrer Länge mittels Sieben verschiedener Maschenweite, Lochplatten verschiedener Lochdurchmesser oder Schlitzplatten verschiedener Schlitzbreite. Weil ursprünglich nur mit Sieben betrieben, hat sich für diese Verfahren die klassische, aus der Verfahrenstechnik bekannte Bezeichnung **Siebanalyse** etabliert. Eine Vielzahl von Geräten und Verfahren zur Siebanalyse wurde in der ersten Hälfte des 20. Jahrhunderts zur schnellen Charakterisierung von Holzschliffen in der Betriebskontrolle entwickelt [16.22]. Allen Geräten war die siebparallele Strömung der Faserstoffsuspension während des Trennvorgangs sowie das ständige Freispülen der Öffnungen des Trennmittels zur Verhinderung des Aufbaus eines Faserkuchens gemeinsam. Nach *Brecht* und *Trenschel* würde es sich sonst um eine Filtration, nicht um eine Siebung handeln [16.22]. Für die Bestimmung von mittleren Faserabmessungen wäre die Siebanalyse zwar auch heute noch geeignet [16.23], hat diese Bedeutung mit der Entwicklung der automatisierten optischen Verfahren jedoch verloren.

Für die Bestimmung des Splitteranteils oder des Anteils an weiteren unerwünschten Bestandteilen in der Faserstoffsuspension, den sogenannten Contaminants, aber auch zur schnellen Aufteilung des Faserstoffs in Faserlängenklassen sind einige dieser Labor-Trennverfahren nach wie vor im Einsatz. Die Ermittlung des Splittergehalts und der Masseanteile der einzelnen Faserstofffraktionen erfolgt mithilfe mechanischer Trennelemente in Form von Schlitzplatten, ggf. auch Lochplatten, sowie mehrerer Siebe mit Quadratmaschengewebe unterschiedlicher lichter Maschenweite.

Als sogenannte „Einsieb"-Analyse werden die Splitter- bzw. Stippengehaltsbestimmungen mit dem **Haindl-Fraktionator** (Zellcheming-Merkblatt V/1.4/86), dem **Brecht-Holl-Gerät** (Zellcheming-Merkblatt V/1.4/86) und dem **Somerville-Fraktionator** (TAPPI/ANSI T 275 sp-23) durchgeführt. Das Brecht-Holl-Gerät dient darüber hinaus zur Aufteilung des Faserstoffs in Faserlängenklassen (Faserlangstoff, Faserkurzstoff und Feinstoff) [16.24]. Für jedes verwendete Sieb bzw. jede verwendete Schlitz- oder Lochplatte muss eine neue Faserstoffprobe vorbereitet werden. Die Ausgangsbedingungen dieser Messungen sind daher hinsichtlich Faserstoffkonzentration und Messvolumen innerhalb jedes Verfahrens gleich.

Anders ist es bei der im englischen und skandinavischen Sprachraum verbreiteten sogenannten **Kaskadenfraktionierung** nach **Bauer-McNett**, bei der in der Regel vier Fraktioniereinheiten hintereinander geschaltet sind, bestückt mit dem zu prüfenden Faserstoff entsprechenden Prüfsieben nach ASTM bzw. der Tyler-Reihe [16.25]. Die zugeführte Probemasse wird so in fünf Fraktionen aufgeteilt. Da alle Fraktioniereinheiten mit konstantem Volumen arbeiten, in jeder Einheit aber ein Teil der Faserstoffmasse zurückgehalten wird, verringert sich die Faserstoffkonzentration bei konstantem Messvolumen von Fraktioniereinheit zu Fraktioniereinheit [16.12].

Der **MasterScreen** (TAPPI/ANSI T 274 sp-22) ist eine neuere Entwicklung für die Bestimmung des Anteils unerwünschter Bestandteile in der Faserstoffsuspension, den sogenannten Contaminants. *Per definitionem* haben solche Partikel signifikant größere Abmessungen als der Faserdurchmesser. Zu den Contaminants gehören Splitter in Primärfaserstoffen oder Makrostickies, Skleroide, Schmutz, Steinzellen, Plastikpartikel, Harzteilchen (Pitch, White pitch) und andere Verunreinigungen in Primär- und Sekundärfaserstoffen. Das Gerät arbeitet mit einem vertikalen Sieb und wird mit siebparalleler Strömung beaufschlagt. Die abgetrennten unerwünschten Bestandteile werden nicht nur einer Massebestimmung zugeführt, sie können auch für weitere Analysen, wie beispielsweise mikroskopischen und bildanalytischen Untersuchungen zur Verfügung gestellt werden.

16.3.1.11 Bildung und Prüfung von Laborblättern

Zur aussagekräftigen Prüfung von Faserstoffen werden im Labormaßstab erzeugte Labor- oder Prüfblätter benutzt, die auf speziellen Blattbildungssystemen unter definierten Bedingungen hergestellt werden. Das Grundprinzip ist analog dem Vorgehen bei der Papiererzeugung:

- Entwässerung einer gut verteilten Faserstoffsuspension durch ein Sieb mit Unterstützung durch Unterdruck, wobei die Faserstoffsuspension im Gegensatz zur Bahnbildung auf der Papiermaschine senkrecht durch das Sieb entwässert wird,
- Abnahme des feuchten Faservlieses einschließlich Nassverdichtung und
- Trocknung des Faservlieses zum Papier bei gleichzeitiger Verdichtung (nur beim Rapid-Köthen-Verfahren) und Schrumpfungsbehinderung.

Die Laborblattbildung für physikalische Prüfungen eignet sich vorrangig zum Vergleich verschiedener Faserstoffe, Faserstoffzustände oder Rezepturen und erfolgt entweder nach dem konventionellen Blattbildungsverfahren (DIN EN ISO 5269-1:2005-05, Einsatzgebiet vorrangig in englischsprachigen Ländern sowie Skandinavien und Westeuropa) oder nach dem Rapid-Köthen-Verfahren (DIN EN ISO 5269-2:2005-03, Einsatzgebiet vorrangig in Deutschland, Mittel- und Osteuropa). Bild 16.4 zeigt einen Rapid-Köthen-Blattbildner.

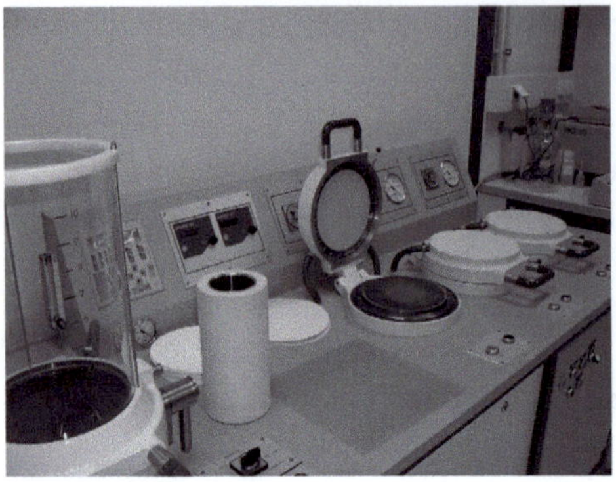

Bild 16.4
Laborblattbildungsgerät für das Rapid-Köthen-Verfahren (Quelle: Frank GmbH)

Je nach Verfahren bzw. Bauart des Blattbildungsgeräts ist das Ergebnis der Blattbildung ein rundes Laborblatt mit einem Durchmesser von 201 mm (Rapid-Köthen-Blattbildner), ein rundes Laborblatt mit einem Durchmesser von 158,8 mm (6¼ Zoll) (konventioneller Blattbildner der Standardbauart) oder ein quadratisches Laborblatt mit der unbeschnittenen Kantenlänge 200 mm (konventioneller Blattbildner der Bauart KCL [16.26]), an denen Papiereigenschaften messbar sind.

Da sich die Blattbildungsbedingungen, Pressung und Trocknung im Blattbildner deutlich von denen der Papiermaschinen unterscheiden und zudem die Verteilung der Fasern im Prüfblatt isotrop ist und damit keine Vorzugsrichtung aufweist, lassen sich die Prüfergebnisse nur begrenzt auf industrielle Papiere übertragen.

Die **Bestimmung der physikalischen Eigenschaften an Laborprüfblättern**, die aus Suspensionen von ungemahlenen oder gemahlenen Zellstoffen, aus Holzstoffen, aus Altpapierstoffen oder aus anderen Faserstoffen hergestellt wurden, ist in DIN EN ISO 5270:2022-12 geregelt. Vor der eigentlichen physikalischen Prüfung sind die Laborblätter den klimatischen Standardbedingungen von 23 °C und 50 % relativer Luftfeuchte so lange auszusetzen, bis sich zwischen Papier und Umgebungsklima ein Massen- bzw. Feuchtegleichgewicht einstellt, ein Vorgang, der unter dem Begriff **„Klimatisierung“** bekannt ist (siehe auch Abschnitt 16.3.2.1). An Laborblättern werden zumeist die scheinbare Dichte, die Zugfestigkeit, der Durchreißwiderstand, die Berstfestigkeit, die Luftdurchlässigkeit, optische Eigenschaften sowie Verformungseigenschaften wie Falzfestigkeit, Biegewiderstand oder Stauchwiderstand geprüft. Die Durchführung dieser Prüfungen gleicht bis auf wenige Ausnahmen der Prüfung von Maschinenpapier, -karton oder -pappe und wird deshalb im nachfolgenden Abschnitt beschrieben.

16.3.2 Prüfungen von Papier, Karton und Pappe

In der Papier-, Karton- und Pappenprüfung gibt es eine Vielzahl von Prüfverfahren, die in einschlägiger Fachliteratur und in Prüfnormen nachlesbar sind. Nachfolgend sollen deshalb nur einige, häufig verwendete Verfahren sehr kurz umrissen werden.

Für die Prüfungsdurchführung ist das Studium der Prüfanweisungen und Normen unverzichtbar.

16.3.2.1 Allgemeine Grundeigenschaften von Papierwerkstoffen

Rohstoff- und herstellungsbedingt weisen Papiere, Pappen sowie deren Verarbeitungsprodukte sehr charakteristische Werkstoffeigenschaften auf, die sich im Grad der Ausprägung auch bei vergleichbaren Sorten durchaus deutlich unterscheiden können.

Die wichtigsten dieser Eigenschaften sowie die für reproduzierbare Prüfungen erforderliche Gegensteuerung sind in Tabelle 16.10 zusammengestellt.

Tabelle 16.10 Übersicht zu wichtigen Grundeigenschaften von Papier und deren Berücksichtigung bei der Prüfung

Charakteristische Werkstoffeigenschaften	Prüfbedingungen	Prüf- oder Kontrollverfahren und -geräte
Hygroskopizität (Wasseraufnahme – Wasserabgabe)	Relative Luftfeuchtigkeit und Temperatur	Elektronische Temperatur- und Luftfeuchte-Messgeräte, Assmansches Aspirationspsychrometer
Inhomogenität (verschiedene Substanzen, wie unterschiedliche Faserarten, Füllstoffe, Leimung u. a.), Formation (Wolkigkeit)	Probenabmessungen, Anzahl der Einzelmessungen	Durchsicht/Formationsmessungen
Anisotropie (überwiegende Faserorientierung in Maschinenrichtung)	Prüfrichtungen, Maschinenrichtung („längs") und Querrichtung („quer")	visuell, Reißen, Feuchten, Biegen, Falzen
Zweiseitigkeit (Unterschied zwischen Ober- und Unterseite)	geprüfte Seite	visuell, mikroskopisch
Viskoelastizität (Elastizität mit Fließverhalten des Fasergefüges)	Versuchsdauer/Geschwindigkeit, definierte Lasten	

Vorbehandlung der Proben – Angleichen an das Normalklima

Papierwerkstoffe zeigen ein hygroskopisches Verhalten, d. h., sie nehmen Feuchtigkeit solange auf oder geben diese solange ab, bis sie sich im Gleichgewicht mit dem Umgebungsklima bei festgelegter Temperatur und Luftfeuchte befinden. Deshalb sind Werkstoffe, deren Materialeigenschaften durch eine Veränderung des Feuchtegehalts beeinflusst werden, vor der eigentlichen Prüfung einer ausreichenden Klimatisierung zu unterziehen. Die Angleichung an das jeweilige Normalklima gilt als abgeschlossen, wenn die Masseänderung der papiernen Flächengebilde innerhalb einer Stunde kleiner als 0,25 % ist. Als Orientierung gelten für die Klimatisierung leichtgewichtiger Papiere vier Stunden, für schwerere Papiere fünf bis acht Stunden und für Pappen ein bis drei Tage. Die sich anschließenden klimasensiblen physikalischen Prüfungen erfolgen im gleichen Klima, um genaue, wiederhol- und reproduzierbare Ergebnisse zu ermitteln.

Das **Normalklima** für die physikalische Prüfung von Faserstoff, Papier, Karton und Pappe hat eine Temperatur von (23 ± 1) °C und eine relative Luftfeuchte von (50 ± 2) %. Für tropische Länder kann ein abweichendes Klima mit einer Temperatur von (27 ± 1) °C und einer relativen Luftfeuchte von (65 ± 2) % verwendet werden (DIN EN ISO 187:2023-02).

Masse, Dicke, scheinbare Dichte und spezifisches Volumen

Die **flächenbezogene Masse** in g/m^2 (DIN EN ISO 536:2020-05) wird am klimatisierten Material durch Wägung an ausreichend großen Flächen (Vorzugsmaße: 200 mm × 250 mm) ermittelt. Bei Laborblättern wird das ganze Blatt gewogen. Da die flächenbezogene Masse geringfügigen Schwankungen unterliegt und viele Messergebnisse sich auf die flächenbezogene Masse der jeweils geprüften Probe beziehen (z. B. Zugfestigkeits-Index), wird von der flächenbezogenen Masse als Grundlage für physikalische Prüfungen kein Mittelwert gebildet.

Die **Dicke** in µm (DIN EN ISO 534:2012-02) ist definiert als Abstand zwischen den beiden Oberflächen eines papiernen Flächengebildes, der nach einem genormten Prüfverfahren unter Einwirkung einer definierten statischen Last bestimmt wird. Dafür stehen spezielle Dickenmessgeräte zur Verfügung, die mit zwei planparallelen runden Tasterflächen ausgestattet sind, zwischen die das Papier zur Messung gelegt wird. Geräteparameter wie Anpressdruck und Absenkgeschwindigkeit des Tasterstempels sowie die Planparallelität der Tastflächen sind definiert, da infolge der Kompressibilität des Fasergefüges das Ergebnis belastungsabhängig ist.

Bei papiernen Flächengebilden mit geringer mittlerer Dicke bzw. Proben mit deutlichen Dickenunterschieden innerhalb eines Blatts kann die Bestimmung der Dicke als Messung am Stapel durchgeführt werden. Da die Ergebnisse der Einzelblattmessung und der Messung am Stapel nicht identisch sind, muss die Art der Messung stets angegeben werden.

Die **scheinbare Dichte** in g/cm^3 und das **spezifische Volumen** in cm^3/g werden nach DIN EN ISO 534:2012-02 aus der flächenbezogenen Masse und der Dicke berechnet. Der früher übliche und noch heute oft benutzte Begriff „Rohdichte“ für die scheinbare Dichte ist veraltet und wird für papierne Flächengebilde nicht mehr verwendet.

16.3.2.2 Festigkeitseigenschaften

Eigenschaften bei zugförmiger Belastung

Der **Zugversuch** ist einer der wichtigsten Versuche zur Papiercharakterisierung und wird zu den statischen Papierprüfverfahren gezählt. Bei diesem Prüfverfahren wird ein Papierstreifen definierter Abmessungen, der an beiden Enden in die Klemmen einer Zugprüfmaschine eingespannt wurde, mit konstanter Dehnungsgeschwindigkeit bis zum Zerreißen gedehnt. Die breitenbezogene Bruchkraft ist die maximale Kraft, die die Probe unter festgelegten Zugbelastungen erträgt, bevor sie reißt. Nach DIN EN ISO 1924-2:2009-05 werden die Eigenschaften bei zugförmiger Belastung mit einer konstanten Dehnungsgeschwindigkeit von 20 mm/min bei einer freien Einspannlänge (Prüflänge) von 180 mm bestimmt. Diese freie Einspannlänge von 180 mm ist für die Prüfung von Maschinenpapier eingeführt. Für die Prüfung von Laborblättern nach dieser Norm wird die freie Einspannlänge auf 100 mm reduziert.

Aus den Kraft-Dehnungs-Verläufen (eigentlich Spannungs-Dehnungs-Verläufen) werden üblicherweise die nachfolgend genannten Parameter abgeleitet bzw. berechnet:

- breitenbezogene Bruchkraft in kN/m,
- Zugfestigkeits-Index (aus dem Englischen auch als Tensile-Index bekannt) in N·m/g,
- Bruchdehnung in %,
- Arbeitsaufnahmevermögen in J/m^2,
- Arbeitsaufnahmevermögen-Index in J/kg,
- Elastizitätsmodul in MPa,
- Reißlänge in km.

Parameter mit der Bezeichnung „Index" beziehen sich auf die flächenbezogene Masse des geprüften Probestücks und sind besonders bei vergleichenden Betrachtungen verschiedener Papiere oder der Eigenschaftsveränderung durch Stoffaufbereitungsprozesse wie der Mahlung den reinen Spannungs- oder Kraftangaben vorzuziehen. Die Reißlänge, vorzugsweise in km angegeben, kann wie ein Index-Parameter verwendet werden, da sie sich vom Zugfestigkeits-Index nur durch den Faktor Erdbeschleunigung g unterscheidet.

Zunehmend findet die Norm DIN ISO 1924-3:2007-06 in der Zugfestigkeitsprüfung Anwendung, die sich durch eine höhere Genauigkeit bei der Aufzeichnung der Dehnung auszeichnet. Das sogenannte „schnellere Verfahren" arbeitet mit einer konstanten Dehnungsgeschwindigkeit von 100 mm/min und einer freien Einspannlänge von 100 mm nicht nur für Labor-, sondern auch für Maschinenblätter. Neben den oben genannten Parametern wird mit dem Verfahren nach DIN ISO 1924-3 auch die Zugsteifigkeit gemessen, die für die Berechnung des Zugsteifigkeits-Index TSI (siehe dort) benötigt wird.

Zugsteifigkeits-Index (TSI) und Zugsteifigkeits-Orientierung (TSO)

Für die Papierindustrie sind neben den klassischen Zugfestigkeitseigenschaften zunehmend die Kenngrößen interessant, die das Verhalten des Papiers im Stadium der beginnenden Belastung, noch vor dem Bruch des Materials, beschreiben.

Als interessante Materialkenngröße hat sich der Elastizitätsmodul (auch vereinfacht E-Modul genannt) erwiesen, der das Papierverhalten unter Zugbeanspruchung in dem Bereich charakterisiert, in dem Spannung und Dehnung proportional sind. Aus dem E-Modul lässt sich durch Multiplikation mit der Dicke die Zugsteifigkeit in kN/m errechnen. Der Zugsteifigkeits-Index oder Tensile Stiffness Index TSI in kNm/g ergibt sich aus der Zugsteifigkeit, bezogen auf die flächenbezogene Masse des Prüfstücks. Er kann auch als dichtebezogener E-Modul beschrieben werden.

Das Maß für die Richtungsabhängigkeit der TSI-Werte stellt der TSO-Wert (Tensile Stiffness Orientation oder Zugsteifigkeits-Orientierung) dar, der in Grad angegeben wird. Aus dem TSI-Wert und der Winkelverteilung der Zugsteifigkeit sind weiterführende Aussagen zu Einflüssen auf andere richtungsabhängige Festigkeits- und Elastizitätseigenschaften sowie zu feuchtebedingten Längenänderungen oder Planlageabweichungen ableitbar. Insbesondere letztere Aussagen sind für viele Papierverarbeitungsprozesse interessant, da diese Messungen zur Aufklärung von unerwünschten Wölbungs- und Twisterscheinungen, Stapelschräglagen usw. genutzt werden können. Der TSO-Winkel wird manchmal als Faserorientierung in der Papierbahn missverstanden. Die Faserorientierung ist jedoch nur eine Komponente der Zugsteifigkeitsorientierung.

Für die Messung der TSO-Werte ist eine zerstörungsfreie Prüfung auf Ultraschall-Basis eingeführt. Sie beruht auf der Gesetzmäßigkeit, dass die Ausbreitungsgeschwindigkeit eines Ultraschallimpulses in der Papierblattebene proportional der Elastizität des Materials ist (angegeben als Zugsteifigkeitsindex TSI) [16.27]. Entsprechende Laborgeräte arbeiten mit Sender- und dazugehörigen Empfängerpaaren, die kreisförmig in einem konstanten Winkelabstand angeordnet sind und die Geschwindigkeit eines definierten, sich in der Blattebene ausbreitenden Ultraschallsignals ermitteln. TSI ergibt sich aus dem Quadrat der Ultraschallgeschwindigkeit, gemessen in km/s, multipliziert mit einer dimensionslosen Konstante nahe 1, die von der Querkontraktionszahl der Probe abhängt. Die Messignale werden mittels Fourier-Analyse mit 15 Koeffizienten für ein Polardiagramm umgewandelt (Bild 16.5 links). Aufgrund ihrer Form wird die Kurve im Polardiagramm auch „Erdnuss"-Ellipse genannt, obwohl diese Form in der Realität nicht generell so ausgeprägt ist. Reale Polardiagramme für Kopierpapier mit einer flächenbezogenen Masse von 80 g/m^2 (1), Zeitungsdruckpapier aus 100 % Altpapier (2) und Synthesefaserpapier (3) sind in Bild 16.5 rechts gezeigt.

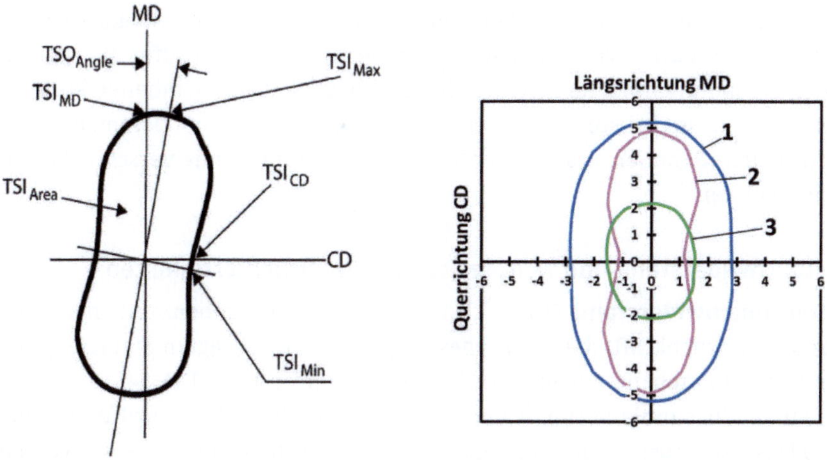

Bild 16.5 Links: Parameter von Zugsteifigkeits-Index TSI und Zugsteifigkeits-Orientierung (TSO) im Polardiagramm (nach [16.5]). Rechts: Polardiagramm für drei verschiedene Papiere

TSO_{Angle} – Winkel α zwischen TSI_{max} und TSI_{MD}, bezeichnet als TSO-Winkel oder Polarwinkel, TSI_{MD} – TSI in Maschinenrichtung, TSI_{CD} – TSI quer zur Maschinenrichtung, $TSI_{MD/CD}$ – Verhältnis zwischen TSI_{MD} und TSI_{CD} (Anisotropie), TSI_{Min} – kleinster gemessener Wert, TSI_{Max} – größter gemessener Wert, TSI_{Area} – Fläche der „Erdnuss"-Ellipse, 1 – Kopierpapier 80 g/m^2, 2 – Zeitungsdruckpapier (100 % Altpapier), 3 – Synthesefaserpapier

Der Winkel TSO_{Angle} ist wichtig für alle Papiersorten, ausgenommen für Sackkraftpapier und manchmal hochqualitativen Linerkarton. Diese Papiere werden hauptsächlich mit einem MD/CD–Verhältnis von rund 1 produziert, was einen Wert für TSO_{Angle} von entweder um 0° oder um 90° bedeutet.

Generell wird angestrebt, den Winkel TSO_{Angle} über die Maschinenbreite so nah wie möglich bei 0° zu halten. Für Kopier- und Laserdruckpapier beträgt die empfohlene maximale Abweichung für TSO_{Angle} ± 2,5° ... 3,0° an jeder Stelle über die Maschinenbreite, für alle anderen Papiere zwischen +5° und –5°.

Zugversuche an gewässerten Proben

Zugversuche an gewässerten Proben werden vorzugsweise für Papiere mit sehr hoher Saugfähigkeit, z. B. bestimmte Tissue-Produkte, angewendet. Der Versuch nach DIN ISO 3781:2012-07 dient zur Bestimmung der breitenbezogenen Bruchkraft nach dem definierten Eintauchen in Wasser. Aus der breitenbezogenen Bruchkraft können die breitenbezogenen Nassfestigkeit und ggf. das Nassfestigkeitsverhalten berechnet werden.

Der eigentliche Zugversuch wird prinzipiell analog zum Prozedere des Zugversuchs an trockenen Proben ausgeführt, nur die Probenvorbereitung ist abweichend und erfordert vor der Belastung ein komplettes oder partielles Eintauchen der Proben in destilliertes Wasser mit anschließendem Ablöschen. Die Tauchdauern sind variabel und daher zu vereinbaren. Verbreitet sind liegende Zugfestigkeitsprüfer mit speziell angepassten Einspannvorrichtungen, die Eintauchmöglichkeiten beinhalten können. Bei vertikalen Zugfestigkeitsprüfern können die Standard-Einspannklemmen durch sogenannte Finch-Klemmen ersetzt werden, Spezialklemmen mit verschiebbarem Wässerungsbehälter.

Streifenstauchwiderstand und weitere Stauch- und Druckfestigkeiten

Der **Streifenstauchwiderstand SCT** in kN/m ist die auf eine Probenbreite bezogene maximale Stauchbruchkraft, die der Probestreifen einer festgelegten Stauchung bei Belastung in der Blattebene entgegensetzt. Beim Verfahren nach DIN 54518:2022-01 beträgt die freie Einspannlänge im Gegensatz zu vielen anderen Druckprüfungen nur 0,7 mm, sodass kein Auslenken oder Ausknicken der Probe erfolgt. Die gemessene Stauchbruchkraft wird auf die flächenbezogene Masse bezogen und als Streifenstauchwiderstandsindex in kNm/kg angegeben. Dieses Verfahren hat sich insbesondere in der Prüfung von Wellpappenrohpapieren durchgesetzt, kann aber für alle papiernen Flächengebilde mit flächenbezogenen Massen von 80...400 g/m^2 angewendet werden. Für Laborblätter kommt zusätzlich die Norm DIN EN ISO 5270:2022-12 zum Einsatz.

Der **S-Test** ermittelt die Stauchfestigkeit eines Papiers über eine Länge von 4 mm und einem Offset der Klemmen von 1 mm. Eine modifizierte SCT-Klemme drückt das Papier dabei in eine S-Form mit zwei Biegestellen. Im Vergleich zum CMT (siehe unten) kann mit dieser Messung eine schnellere und einfachere Einstufung der Steifigkeit von Wellenpapieren erfolgen [6.28][6.29].

Weitere Stauch- und Druckfestigkeiten (siehe auch Tabelle 16.6) sind der Ringstauchwiderstand RCT (Ring Crush Test), der Kantenstauchwiderstand für Wellpappe ECT (Edge Crush Test), CMT (Concora Medium Test), CCT (Concora Crush Test) und CLT (Concora Liner Test).

Berstfestigkeit

Die Berstfestigkeit ist ein vor allem bei Packstoffen wichtiges Gütekriterium. Bei der Bestimmung der Berstfestigkeit erfolgt eine komplexe Beanspruchung des Papiers in x-,y- und z-Richtung, die praktischen Vorgängen entlehnt ist und die Probe zum Teil gleichzeitig einwirkenden Zug-, Dehn-, Weiterreiß- und Biegekräften aussetzt.

Die heute genutzten Verfahren zur Bestimmung der Berstfestigkeit beruhen auf der 1887 von *J. W. Mullen* erfundenen Methode [16.30]. Die Probe wird über einer elastischen Membran kreisförmig eingespannt, die bei der Prüfung mittels hydraulischer Flüssigkeit ausgewölbt wird und das papierne Flächengebilde dabei soweit dehnt, bis es birst. Der im Moment des Berstens anliegende hydraulische Druck (Berstdruck, entspricht der Bruchkraft beim Zugversuch) wird als Berstfestigkeit in kPa bezeichnet. Ergebnis der Berstdruckmessung ist der Berst-Index in kN/g. Der Berst-Index wird an handelsüblichen Berstdruckprüfern NICHT angezeigt und muss als Quotient aus dem Berstdruck und der flächenbezogenen Masse des Prüfstücks extra berechnet werden.

Für die Bestimmung der Berstfestigkeit gibt es zwei genormte Verfahren. DIN EN ISO 2758:2014-12 gilt für die Prüfung von papiernen Flächengebilden mit einem Berstdruck von 70 kPa bis 600 kPa (1400 kPa). Das Messgerät hat eine Prüffläche von 730 mm^2 und ein Verhältnis zwischen Einspannfläche und Prüffläche von 1,4. Festere papierne Flächengebilde, die in der Regel dem Karton- und Pappenbereich zuzuordnen sind, werden nach dem Verfahren DIN EN ISO 2759:2014-10 geprüft, das für einen Berstdruck von 350 kPa bis 5500 kPa gilt. Es wird ein Messgerät mit einer Prüffläche von 780 mm^2 und einem Verhältnis zwischen Einspannfläche und Prüffläche von 8,2 eingesetzt.

Durchreißwiderstand

Die Verfahren zur Bestimmung des Durchreiß- oder Weiterreißwiderstands zählen zu den wenigen dynamischen Papierprüfverfahren, die hauptsächlich für die Charakterisierung von Papieren für schnell laufende Verarbeitungsvorgänge eingesetzt werden. Alle derzeit genormten und verbreitet angewendeten Prüfverfahren messen den Durch- oder Weiterreißwiderstand vertikal zur Papierebene. Arbeiten zur Einführung von Durch- oder Weiterreißverfahren in der Papierebene, die den Reißvorgang in der Papiermaschine bei Abrissen wesentlich realistischer darstellen, zeigten zufriedenstellende Ergebnisse, konnten aber keinen Eingang in die aktuelle Normung finden [16.31][16.32][16.33][16.34][16.35].

Der Durchreißwiderstand nach *Elmendorf* (DIN EN ISO 1974:2012-09) ist definiert als die mittlere Kraft, die benötigt wird, um von einem Einschnitt in einer Papierprobe ausgehend die Probe über eine definierte Strecke (in der Regel 43 mm) durchzureißen. Das Prüfgerät arbeitet nach dem Prinzip eines Pendelschlagwerks. Je nach Durchreißwiderstand werden mehrere Papierproben (in der Regel zwei oder vier Proben) gleichzeitig in eine mittig geteilte Probenklemme eingespannt, mit einem Einschnitt versehen und durch eine von einem Pendel verursachte gegenläufige Bewegung der Spannklemmenteile auseinandergerissen. Von der Pendelskala wird die Durchreißkraft in mN abgelesen und über die Anzahl der gleichzeitig zerrissenen Proben als Durchreißwiderstand in mN berechnet. Ergebnis der Messung ist der Durchreiß-Index, berechnet als Quotient aus dem Durchreißwiderstand und der mittleren flächenbezogenen Masse der gleichzeitig zerrissenen Prüfstücke.

In Deutschland wird neben der Durchreißprüfung nach *Elmendorf* das Verfahren zur Bestimmung des Weiterreißwiderstands nach *Brecht-Imset* angewendet (DIN 53115:2008-05), bei dem analog ein Weiterreiß-Index berechnet wird.

Spaltfestigkeit

Die Verarbeitbarkeit eines mehrschichtigen Systems wie Karton und Pappe, aber auch eines mehrlagigen Papiers richtet sich häufig nach der Festigkeit, die die Schichten zusammenhält. Ist sie zu gering, so führen manche Beanspruchungen zum unerwünschten Spalten, ist sie zu hoch, werden erwünschte Delaminierungsvorgänge wie beim Falten von Karton nach Rillung behindert. Die in der Praxis vorkommenden Spaltbilder sind vielgestaltig und zum Teil auch von der Art und Intensität der Krafteinleitung abhängig.

Die Messung der Spaltfestigkeit unterscheidet viele verschiedene, nicht immer einfach zu handhabende und zum Teil stark streuende Verfahren. Zumeist wird eine Materialprobe mithilfe von doppelseitigem Klebeband mit definierter Klebekraft zwischen zwei Metallklötzer gebracht, verpresst und durch statisch oder dynamisch einwirkende Kräfte auseinander gezogen.

Gebräuchlich sind z. B. das Scott-Bond- bzw. Internal-Bond-Verfahren (DIN ISO 16260:2017-06), die Messung der Spaltfestigkeit nach *Brecht-Knittweis* (DIN 54516:2004-10), das Spaltfestigkeitsverfahren nach *Hawkins* oder die z-Spaltfestigkeit (DIN ISO 15754:2010-04).

Biegesteifigkeit

Die Biegesteifigkeit eines Werkstoffs ist das Produkt aus dessen Elastizitätsmodul und dem Flächenträgheitsmoment. Sie ist für viele Belastungsvorgänge bei Packstoffen und Verpackungen ausschlaggebend für deren Verwendbarkeit, z. B. korrelieren Biegesteifigkeit und Druckbelastbarkeit von Faltschachteln sehr eng miteinander. Bei Biegesteifigkeitsprüfungen kommen unterschiedliche Verfahren zum Einsatz – die Balkenmethode (DIN 53121:2014-08) im 2-Punkt-, 3-Punkt- oder 4-Punkt-Verfahren oder die Resonanzlängenmethode (DIN 53123-1:2005-04).

Für Papier und Karton wird überwiegend das 2-Punkt-Verfahren eingesetzt, bei dem die Biegesteifigkeit aus der Kraft errechnet wird, die zur elastischen Auslenkung einer einseitig fest eingespannten Probe unter definierten Bedingungen erforderlich ist. Biegesteifigkeit ist nur im elastischen Verformungsbereich definiert. In davon abweichenden Fällen ist die Biegekraft für exakt definierte Biegebedingungen ermittelbar. Die Biegesteifigkeit von Wellpappe wird nach der 4-Punkt-Methode bestimmt.

16.3.2.3 Oberflächeneigenschaften

Rohstoff- und herstellungsbedingt können Papiere oder Kartons sehr unterschiedliche Oberflächen aufweisen, die den optischen Eindruck oder die Haptik beeinflussen, die aber auch gravierende Auswirkungen auf Nachfolgeprozesse wie Drucken, Beschichten oder Transportieren haben und die bis hin zum Totalverlust der Funktionalität reichen können. Unter der Messung von Oberflächeneigenschaften wird in der Regel die Bestimmung der Oberflächentopographie verstanden.

Für die objektive, quantitative Charakterisierung von Papieroberflächen gibt es eine Vielzahl von Messverfahren, die einerseits in direkte und indirekte, andererseits in berührende und berührungsfreie Verfahren eingeteilt werden können (Tabelle 16.11).

Tabelle 16.11 Übersicht über eine Auswahl von Prüfverfahren zur Bestimmung der Oberflächentopographie von papiernen Flächengebilden (in Anlehnung an [16.36])

Verfahren	direkte Verfahren	indirekte Verfahren
berührende Verfahren (Kontaktverfahren)	Tastschnittverfahren (Tastnadel)	Luftstrommessverfahren
		Kontaktanteilverfahren
		Probedruckverfahren
		Reibungsmessung (Tribologie)
berührungsfreie Verfahren	Lichtschnittverfahren	Glanzmessung
	mikroskopische Verfahren (z. B. Infinite Focus)	

Die heute am häufigsten in der Papierindustrie verwendeten Prüfverfahren zur Beschreibung der Oberflächentopographie sind die konventionellen, zu den indirekten Verfahren gehörenden Luftstromverfahren. Unabhängig von der Bauart der Messgeräte strömt unter definierten Druckbedingungen Luft zwischen einer Referenzfläche und der Papieroberfläche hindurch. Beim **Glättemessverfahren nach *Bekk*** (DIN 53107:2016-05 und ISO/DIS 5627:2025-08) ist die Referenzfläche eine kreisrunde geschliffene Glasplatte mit einer Kontaktfläche von 1000 mm^2. Das in Japan entwickelte **Glättemessverfahren nach *Oken*** (ISO 8791-5:2020-05), eigentlich eine Modifikation der Glätte nach *Bekk*, verwendet als Referenzfläche eine strukturierte kreisrunde Glasplatte mit einer Kontaktfläche von 640 mm^2. Beim Verfahren zur Bestimmung der **Rauheit nach *Bendtsen*** (DIN 53108:2018-12 und ISO 8791-2:2013-09) kommt als Referenzfläche eine plane Metallringstirnfläche von 15 mm^2 und bei der **Rauheitsmessung nach Parker Print Surf** (DIN ISO 8791-4:2023-08) eine plane Metallringstirnfläche von 2,5 mm^2 zum Einsatz.

Zunehmend wird versucht, die Papieroberfläche druckfrei und mit hoher Auflösung zu charakterisieren, um Oberflächenkenngrößen wie gemittelte Rautiefe oder Spitzenhöhe oder -tiefe zu bestimmen, wie sie in DIN EN ISO 21920-2:2022-12 beschrieben sind. Neben der Laserabtastung sind lichtmikroskopische Messsysteme auf Basis infiniter Fokusvariation sowie das Streifenlicht-Projektionsverfahren (SLP), ein Lichtschnittverfahren, bei dem die Oberfläche unter einem bestimmten Winkel (Triangulationswinkel) mit einem Array von äquidistanten Streifen schräg beleuchtet wird und die projizierten Streifenmuster hinsichtlich Lage und Intensität ausgewertet werden, aussagekräftige Verfahren zur Beschreibung von Oberflächenkennwerten.

16.3.2.4 Permeationseigenschaften

Viele Papiere erfordern aus Sicht der Anwendung und Weiterverarbeitung definierte Barriereeigenschaften gegenüber gasförmigen Medien wie Luft, Sauerstoff oder Wasserdampf oder auch ein entgegengerichtetes Verhalten, wie extrem gute Luftdurchlässigkeiten (z. B. Sackpapiere zur schnellen Entlüftung beim Abfüllen).

Zur Prüfung werden unterschiedliche Verfahren herangezogen. Die **Luftdurchlässigkeit nach *Gurley*** (ISO 5636-5:2013-11) wird mit dem Gurley-Densometer gemessen. Bei der Prüfung drückt ein in Öl mit definierter Viskosität schwimmender Messzylinder definierter Masse Luft durch eine eingespannte Probe. In Abhängigkeit von der Luftdurchlässigkeit des Papiers sinkt der mit Ringmarken versehene Zylinder ab. Als Prüfergebnis wird die Zeit als ein direktes Maß für den Widerstand gegen Luftdurchgang angegeben, die zur Verdrängung von 100 cm^3 Luft benötigt wird.

Weitere gebräuchliche Verfahren, bei denen Luft zwangsweise senkrecht zur Ebene durch papierne Flächengebilde hindurchgeführt wird, sind:

- **Luftdurchlässigkeit nach *Bendtsen*** (DIN 53120-1:2018-03 und ISO 5636-3:2013-11),
- **Luftdurchlässigkeit nach *Bekk*** [6.37] oder **nach Parker Print Surf** [6.38],
- **Luftdurchlässigkeit nach *Oken*** (ISO 5636-6:2015-05).

Für beschichtete Papiere ist häufig die **Wasserdampfdurchlässigkeit** einer der entscheidenden Güteparameter. Die Bestimmung erfolgt nach dem gravimetrischen Verfahren (DIN 53122-1:2001-08, ISO 2528:2017-10 oder TAPPI/ANSI T 464 om-22). Dabei wird das Papier einseitig einem definierten Feuchtklima ausgesetzt und die Massezunahme des in einem abgedichteten Behälter unterhalb des Papiers befindlichen Absorptionsmittels gravimetrisch bestimmt. Moderne Prüfgeräte, die nach den oben genannten Normen arbeiten sollen, verwenden oft modifizierte gravimetrische Verfahren [16.39].

16.3.2.5 Penetrations- und Sorptionseigenschaften

Penetrationsvorgänge von Flüssigkeiten in Papieroberflächen sind grundsätzlich an eine ausreichende Benetzbarkeit der Oberfläche gebunden. Mithilfe von Randwinkelmessgeräten werden auch bei Papieroberflächen deren Randwinkel und Oberflächenspannungen ermittelt, indem spezielle Prüfflüssigkeiten definierten Volumens mit bekannten polaren und dispersen Anteilen auf die Oberfläche gebracht werden und die sich einstellenden Grenzflächenphänomene, zumeist mittels Kamera, beobachtet werden. Der sich zwischen der an den Testtropfen angelegten Tangente und der Grenzfläche ausbildende Randwinkel gibt im Zusammenwirken mit den Fluidkenngrößen Aufschluss zum Benetzungsverhalten.

Bestimmung des Wasserabsorptionsvermögens

Das **Wasserabsorptionsvermögen nach *Cobb*** (DIN EN ISO 535:2023-06) ist eines der traditionellen Verfahren, um die Oberflächensaugfähigkeit von Papieren zu quantifizieren. Bestimmt wird die Wassermenge, die von 100 cm^2 Papierfläche bei einseitigem Kontakt mit Wasser während einer definierten Kontaktdauer aufgenommen wird. Üblich sind Kontaktdauern von 30, 60, 120 oder 1800 s in Anhängigkeit vom Material.

Penetrationstest mithilfe von Ultraschall

Der zeitliche Verlauf der Benetzung und des Eindringens einer Prüfflüssigkeit in Papier kann mit dem Verfahren nach *Cobb* nicht aufgezeichnet werden, ist aber von Bedeutung für vergleichende Untersuchungen bei beschichtungs-, druck- und klebetechnischen Fragen. Mit dynamischen Penetrationsmessgeräten können, im Gegensatz zum Cobb-Verfahren, Penetrationsvorgänge auch im Kurzzeitbereich ab etwa 50 ms beobachtet werden.

Die dynamische Prüfung beruht auf der Messung einer Ultraschalltransmission, die sich infolge von Benetzungs-, Penetrations- und Quellungsvorgängen im Papiergefüge verändert. Dazu wird eine Probe sehr schnell in die mit Ultraschall durchstrahlte Prüfflüssigkeit getaucht und die Veränderung der Ultraschallintensität zeitabhängig gemessen.

Weitere Verfahren zur Bestimmung des Penetrations- und Sorptionsverhaltens

- Bestimmung der Saughöhe nach *Klemm* nach DIN ISO 8787:1994-06,
- Leimungsgradprüfung mittels PLG-Gerät [6.40],
- Beschreibarkeit mit Tinte nach DIN 53126:2011–11.

16.3.2.6 Optische Eigenschaften

Optische Eigenschaften sind bei vielen Papiersorten, z. B. grafischen, Büro- und Administrationspapieren, entscheidende Bewertungsparameter. Sie werden maßgeblich durch die Art, Menge und Beschaffenheit der eingesetzten der Faserstoffe, Pigmente, der Farb- und Nuancierstoffe und optischen Aufheller, aber auch durch die Prozessführung und die Papierdicke und -verdichtung bestimmt. Das auffallende Licht wird an der Papieroberfläche, den Papierfasern und Pigmenten in Abhängigkeit von der stofflichen und physikalischen Materialbeschaffenheit unterschiedlich stark reflektiert, absorbiert, gebrochen, gestreut oder durch das Papier hindurchgeleitet.

Weiße und Farbeindruck einer Oberfläche werden durch das Reflexionsvermögen des Materials, aber auch sehr stark durch die Lichtart, durch die Art und die Bedingungen der Betrachtung sowie die Messanordnung bestimmt.

In der Papierindustrie werden Farbmessungen üblicherweise mit speziellen Spektralphotometern ausgeführt, bei der das von einer Ulbricht'schen Kugel remittierte Licht auf die zu messende Probe fällt (diffuse Beleuchtung) und ein Monochromator das von der Probe reflektierte Licht in unterschiedliche Wellenlängen splittet und mittels Fotodioden unter definierten Beobachtungswinkeln erfasst [16.41].

Zur Messung sind unterschiedliche Geräte verfügbar, die in Abhängigkeit der Mess- und Auswerteroutinen unterschiedliche Ergebnisse zeigen. Daher ist die Beachtung der einschlägigen Prüfnormen und der Abgleich mit den Geräteparametern für die Vergleichbarkeit der Messungen unverzichtbar. Gleiches gilt für die normenkonforme Kalibrierung der Messgeräte.

Die Messgeometrie wird über die Winkel des einfallenden Lichts (E) und des abgestrahlten Licht (A) nach der Struktur E/A bezeichnet. Kann kein Winkel (E) oder kein Winkel (A) bestimmt werden, handelt es sich um diffuses (ideal gestreutes) Licht, das mit „d" bezeichnet wird. Übliche Messgeometrien sind:

- d/0 – Papierindustrie,
- d/8 – Papier- und Textilindustrie,
- 45/0 oder 0/45 – grafische Industrie.

Wichtiges Merkmal der Messgeräte ist die eingestellte Lichtart. Bei besseren Geräten sind mehrere definierte Lichtarten einstellbar. Heute wird am häufigsten die **Normlichtart** D65 (D50 in der grafischen Industrie) genutzt, die dem Außentageslicht entspricht. Die Normlichtart C steht für Innenraumlicht. Die Normlichtart A, die Glühlampen- oder Kerzenlicht im Innenraum beschreibt, kommt heute kaum noch zur Anwendung. Darüber hinaus verfügen die Messgeräte über verschiedene genormte Beobachtungswinkel (2°, 8° und 10°), Wellenlängenfilter (Kantenfilter) für 395 nm und 420 nm, verschiedene Messblendendurchmesser und/oder eine Glanzfalle.

Relevante Normen für die Bestimmung optischer Parameter:

- DIN 53145-1:2012-03 Messgrundlagen zur Bestimmung des Reflexionsfaktors, Messung an nicht fluoreszierenden Proben (für Messgeometrie d/8, Normlichtarten A, C und D65),
- DIN 53145-2:2012-03 Messgrundlagen zur Bestimmung des Reflexionsfaktors, Messung an fluoreszierenden Proben (für Messgeometrie d/8, Normlichtart D65),
- ISO 2470-1:2016-09 Paper, board and pulps – Measurement of diffuse blue reflectance factor (ISO Brightness) (für Normlichtart C),
- ISO 2470-2:2008-11 Paper, board and pulps – Measurement of diffuse blue reflectance factor – Outdoor daylight conditions (D65 Brightness) (für Normlichtart D65),
- DIN ISO 11475:2019-04 Paper and board – Determination of CIE whiteness, D65/10° (für Außentageslicht),
- DIN ISO 11476:2017-10 Paper and board – Determination of CIE whiteness, C/2° (für Innenlicht).

Der **Reflexionsfaktor** ist das Verhältnis des in einem Reflektometer gemessenen Reflektometerwerts der zu prüfenden Probe zum Reflektometerwert des vollkommen mattweißen Körpers (Weißstandard) unter gleichen Beleuchtungs- und Beobachtungsbedingungen. Bei Papieren wird dieser Wert auch **Weißgrad** genannt und mit einem Reflektometer unter Verwendung eines Filters, dessen Transmissionsmaximum bei einer Wellenlänge von 457 nm liegt, gemessen. Diese Wellenlänge liegt im blauen Spektralbereich des sichtbaren Lichts und entspricht der subjektiven Empfindung des menschlichen Auges, Oberflächen mit einem leichten Blauton als heller/weißer zu empfinden als Oberflächen mit beispielsweise einem leichten Gelbton. Unter **ISO-Brightness** versteht man den Reflexionswert, der in analoger Weise in einem Reflektometer unter Verwendung der Lichtart C und eines 457-nm-Filters gemessen wird.

Zur Erfassung der Wirkung optischer Aufheller werden entsprechende Messungen mit bzw. ohne spezielle Wellenlängenfilter (Kantenfilter) durchgeführt.

Farbmessungen beruhen auf Remissionsmessungen mit Farbmessfiltern in Spektralfotometern und Umrechnung auf die Normfarbwerte X, Y, Z bzw. Normfarbwertanteile. Am weitesten verbreitet ist die Charakterisierung einer Farbe durch die Koordinaten im CIELAB-Farbraum. Sie wird, bezogen auf eine Normlichtart, durch den L*-Wert (Helligkeit), den a*-Wert (rot-grün-Anteil), und den b*-Wert (gelb-blau-Anteil) beschrieben. Farbunterschiede werden zumeist als berechneter Farbabstand (ΔE) über Farbabstandsformeln aus den Farbmaßzahlen L*, a*, b* ermittelt (DIN EN ISO/CIE 11664-4:2020-03 Farbmetrik – Teil 4: CIE 1976 L*a*b* Farbraum).

Die **Opazität** ist der Grad der Lichtundurchlässigkeit eines Papiers (DIN 53146:2016-05 und ISO 2471:2008-12). Im prüftechnischen Sinn ist die Opazität eines Papiers das Verhältnis des Reflexionsfaktors einer Einzelprobe über einer vollkommen schwarzen Unterlage zum Reflexionsfaktor des gleichen Probeblatts auf einem Stapel von Blättern des gleichen Papiers, der dick genug ist, um kein Licht hindurchtreten zu lassen (sogenannte kritische Schichtdicke). Im Gegensatz zum Weißgrad wird die Opazität bei einer Wellenlänge von 525 nm gemessen, die im grünen Spektralbereich des sichtbaren Lichts liegt. In diesem Wellenlängenbereich hat das menschliche Auge sein größtes Auflösungsvermögen.

Neben Weißgrad, Farbgebung und Opazität gehören der **dichtebezogene Lichtstreukoeffizient** und der **dichtebezogene Lichtabsorptionskoeffizient** zu den bedeutenden optischen Materialkennwerten von Papier (DIN 54500:2008-09). Sie lassen sich nach der Bestimmung der Reflexionswerte R_0, R_∞ und der flächenbezogenen Masse mithilfe der Kubelka-Munk-Formel berechnen [6.42]. Der Lichtstreukoeffizient ist der Teil eines Lichtstromes, der, bezogen auf die Schichtdicke, vom Fasergefüge des Papiers streuend zurückgeworfen wird. Der Lichtabsorptionskoeffizient ist der Teil eines Lichtstromes, der, bezogen auf die Schichtdicke, vom Fasergefüge des Papiers absorbiert wird. Um hohe Reflexionswerte zu erhalten, ist eine hohe Lichtstreuung bzw. eine niedrige Lichtabsorption notwendig.

Die **Transparenz** (DIN 53147:1993-01) ist die der Opazität entgegengerichtete Größe (aber nicht der mathematische Kehrwert) und sie ist demzufolge ein Maß für die Lichtdurchlässigkeit von papiernen Flächengebilden. Dieser Parameter wird in der Regel für Papiere mit niedrigen flächenbezogenen Massen ermittelt, wenn für die bei der Opazitätsmessung erforderliche kritische Schichtdicke zu viele Probestücke bereitgestellt werden müssten.

Unter dem **Glanz** eines Papiers versteht man den Anteil eines auf die Probenoberfläche auftreffenden Lichtstrahls, der gerichtet, also im gleichen Winkel wie der Einfallswinkel, reflektiert wird. Satinierte, gestrichene Papiere, aber auch lackierte Papiere haben zumeist einen hohen Glanz. Geprüft wird der Glanz mit speziellen, zum Teil sehr unterschiedlich konstruierten und arbeitenden Glanzmessgeräten. Unter einer Vielzahl von möglichen Einstrahl- und Reflexionswinkeln haben sich die Messungen bei 45° (DIN EN 14086:2003-04) und 75° (DIN EN ISO 8254-1:2009-09 und DIN EN ISO 8254-2:2016-11) etabliert.

Entsprechend der Norm DIN EN 14086 wird die Probe mit einem parallelen Strahlenbündel unter einem Winkel von 45° zur Normalen beleuchtet und der Reflektometerwert bei gleichem Abstrahlungswinkel gemessen. Die Reflektometerskala wird mit definierten Glanznormalen kalibriert. Für glänzende Papiere wird meist ein niedriger Einstrahlungswinkel, für matte dagegen ein höherer verwendet. Es empfiehlt sich, nur Messungen miteinander zu vergleichen, die unter analogen Bedingungen erfolgten.

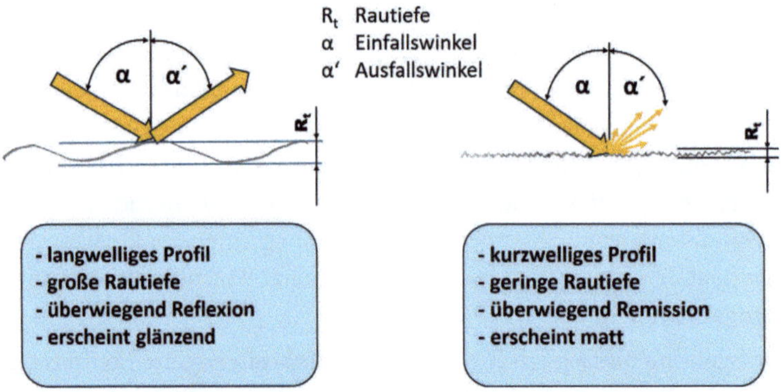

Bild 16.6 Vergleichende Betrachtung von Glanz und Glätte

Im alltäglichen Sprachgebrauch werden **Glanz und Glätte** (siehe Abschnitt 16.3.2.3) oft gleichgesetzt, obwohl das unter physikalischen Gesichtspunkten nicht korrekt ist (Bild 16.6). Glanz ist primär eine Sinnesempfindung, abhängig von physikalisch-optischen als auch von physiologischen und psychologischen Einflussgrößen und wird, wie oben beschrieben, messtechnisch über den gerichteten Anteil der Remission eines schräg einfallenden Lichtstrahls unter Reflexionsbedingungen erfasst. Die Glätte dagegen beschreibt die Ebenheit und Geschlossenheit der Oberfläche von papiernen Flächengebilden und lässt sich messtechnisch nicht bewerten. Sie wird daher über den quasi Reziprokwert Rauheit bestimmt und als eine mechanische Struktureigenschaft angesehen. [16.43]

Lichtechtheit ist die Eigenschaft eines Papiers bzw. seiner Komponenten, auf Lichtstrahlungen aus der Umgebung zu reagieren, und wurde aus der Textilprüfung auf papierne Flächengebilde übertragen. Um eine Bewertung der Lichtechtheit zu erhalten, dürfte die Belichtung nur unter den entsprechenden Belichtungsverhältnissen erfolgen. Da dies sehr zeitaufwendig und schwierig ist, wurden Geräte entwickelt, die eine farbliche Veränderung der Oberfläche nach relativ kurzer Belichtungszeit durch Xenon-Hochdrucklampen hervorrufen und die denen der Belichtung mit Tageslicht annähernd gleichen (DIN EN ISO 105-B02:2014-11 Textilien – Farbechtheitsprüfungen; Teil B02: Farbechtheit gegen künstliches Licht: Xenonbogenlicht). Die Lichtechtheit wird in Zahlen ausgedrückt, die acht typischen Verfärbungen von Wolle-Standards entsprechen. Es bedeutet Stufe 1 eine sehr geringe und Stufe 8 eine sehr hohe Lichtechtheit.

16.3.2.7 Bedruckbarkeitseigenschaften

Bedruckbarkeit ist ein komplexer Begriff, der alle Stufen des Druckprozesses vom Ausgangsmaterial bis zum Druckerzeugnis umfasst und der, in unterschiedlicher Intensität, die meisten aller hergestellten Papier- und Kartonprodukte betrifft. Drucken ist einer der Kernprozesse der Papierverarbeitung. Dennoch wird von den am Druckprozess beteiligten Partnern Bedruckbarkeit häufig aus unterschiedlichen Perspektiven und mit unterschiedlicher Zielstellung gesehen. Zur Bedruckbarkeit gehören das Druckergebnis und dessen Qualität, das Verhalten des Materials beim Druck, die Ausgangseigenschaften und Eignung eines Materials für den Druck. Alle genannten Punkte lassen sich wiederum jeweils mit einer Vielzahl von Einzeleigenschaften oder Testverfahren beschreiben (Tabelle 16.12) [16.44]. Die Auswahl der Prüfungen erfordert in jedem Fall die Beachtung des betreffenden Druckverfahrens, da diese zum Teil erheblich unterschiedliche Anforderungen an das Material stellen und das Druckergebnis entsprechend verschieden ist.

Tabelle 16.12 Übersicht zu Bedruckbarkeitsprüfverfahren

Testverfahren	indirekte Verfahren	direkte Verfahren
Labor	Messmethoden mit Praxiskorrelation, z. B. ▪ Penetration ▪ Rauheit ▪ Porosität ▪ Blattformation ▪ Absorption ▪ Glanz ▪ Zugfestigkeit (nass/trocken) ▪ Dehnung (nass/trocken)	Simulation von Drucken oder Drucktests in Probedruckgeräten, z. B. ▪ Rupfen ▪ Mottling, ▪ Druckversuche mit Variationen von Farben, Ölen, Wasser usw.
Druckmaschine	–	Druckversuche

Es sind die in Bild 16.7 aufgeführten Einflussfaktoren auf die Bedruckbarkeit zu berücksichtigen.

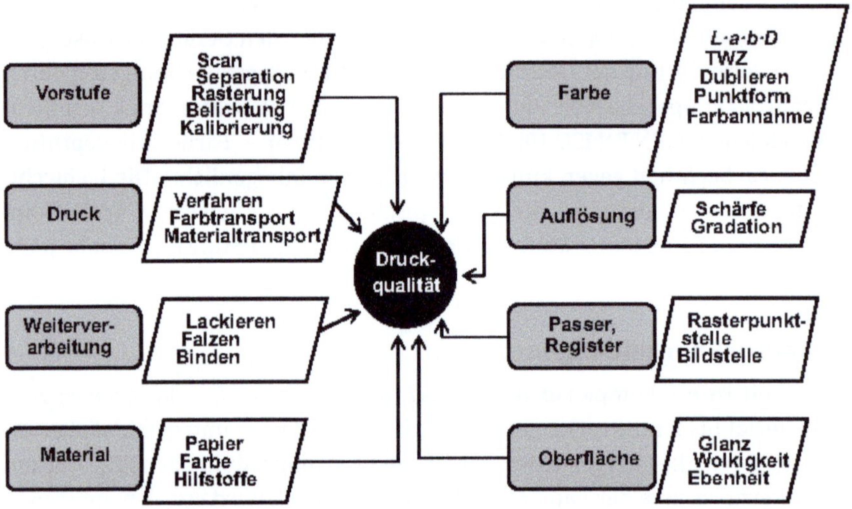

Bild 16.7 Einflussfaktoren auf die Bedruckbarkeit (IGT Testing Systems, [16.44])

Prüfmethoden für Druckfarben

Druckfarben werden mit unterschiedlichen Zielstellungen untersucht, nach denen sich auch die Auswahl der Vorgehensweise und Verfahren richtet und bei denen sowohl Labor-, Beschaffenheits- und Drucktests als auch Maschinen-Druckversuche und die Prüfung des Druckerzeugnisses erfolgen können.

Häufig verwendete Tests für Druckfarben sind:

- Prüfung der Druckfarbenrheologie (Viskosität, Fließgrenze, Oberflächenspannung, Tack),
- Farbmessungen am Druckprodukt oder Probedruck (Farbe, optische Dichte, Lichtechtheit, Opazität),
- Simulation des Druckprozesses (Probedruckmaschine),
- Homogenität (Mikroskop, Grindometer),
- Trocknung (Set-Off, Rub-Off, Wegschlagen, Blocktest ...),
- Sensorische Prüfung (Robinson-Test, subjektive Prüfung mittels menschlicher Sinnesorgane (Nase), Chromatographie).

Bedruckbarkeitsprüfungen

Zur Simulation von Druckprozessen und zur vergleichenden Bewertung von Papieren und Druckfarben werden häufig Probedrucke definierter Schichtdicke unter Laborbedingungen ausgeführt. Gewogene Andrucke werden zur Bestimmung der nachfolgend aufgezählten Eigenschaften/Parameter verwendet.

- Farbe,
- Farbbedarf,
- optische Dichte,
- Glanz,
- Scheuerfestigkeit,
- Karbonierung,
- Blocktest,
- Lichtechtheit,
- Chemikalienechtheit und Resistenz,
- sensorische Tests.

Zur Ermittlung der Eignung für den Offsetdruck sind die nachfolgend aufgezählten Bedruckbarkeitsprüfungen verbreitet, die zum Teil durch Normen oder weit verbreitete Prüfvorschriften, wie IGT-Prüfvorschriften, detailliert beschrieben sind.

- Wegschlagen, Abliegen (Set-off),
- Durchschlagen,
- Rupfen (nass und trocken) und Delaminieren,
- Lackierbarkeit/Print Penetration,
- Mottling (Druck, Wasser, Farbe),
- Kontaktvergilbung, chemisches Ghosting,
- Blistering,
- Farbannahme (Trapping).

Nachfolgend wird auf einige verbreitete Laborprüfverfahren kurz eingegangen. Allen Arbeiten am Probedruckgerät ist gemeinsam, dass die Tests Übung, Erfahrung in der Bewertung sowie gut instand gehaltene Geräte und Verbrauchsmaterialien erfordern, um zu reproduzierbaren Aussagen zu führen.

Rupftest (Pick-up Resistance) am Probedruckgerät

Mit diesem Test wird die Oberflächen- und Delaminierungsfestigkeit der Papier- oder Kartonoberfläche gegenüber einer Zugbeanspruchung in z-Richtung getestet, wie sie in vergleichbarer Art und Weise beim Drucken durch Geschwindigkeit, Zügigkeit von Druckfarbe, Feuchtung und Mehrfachdruck beim Durchlaufen der Druckspalte in Druckmaschinen gefordert ist. Bei unzureichender Festigkeit können Strichpartikel und/oder Fasern aus der Oberfläche „herausgerupft" werden, was bis hin zum Delaminieren der oberen Lagen oder zum kompletten Abheben der Strich-, Deck- und Schonlage gehen kann.

Der Test wird an einem Probedruckgerät unter genormten Bedingungen (ISO 3783:2006-07) ausgeführt. Die Kraft im Druckspalt nimmt mit zunehmender Zügigkeit (Tack) der Druckfarbe und Druckgeschwindigkeit zu. Verwendet werden spezielle Referenzflüssigkeiten (newtonsche Öle) mit definierter Viskosität. Alternativ ist auch die Verwendung von Rupftestfarbe oder Druckfarben möglich.

Die Tests werden mit beschleunigter Geschwindigkeit ausgeführt. Der Beginn des Rupfens und Delaminierens wird visuell bewertet und einer Rupfgeschwindigkeit zugeordnet. Größere ermittelte Rupfgeschwindigkeiten gehen mit festeren Oberflächen einher. Die so ermittelte Rupfgeschwindigkeit entspricht allerdings nicht der Geschwindigkeit der Druckmaschine, sondern ist eine Festigkeitskenngröße.

Lackierbarkeit/Print Penetration

Papier ist in Abhängigkeit von den Struktur-, Porositäts- und Penetrationseigenschaften der oberen Schichten in der Lage, bestimmte Mengen an Farbe oder Lack aufzunehmen. Zur Charakterisierung dieser Eigenschaft wird häufig in einem Probedruckgerät ein definierter Tropfen eines speziellen Testöls auf dem Papier ausgewalzt, sodass ein unterschiedlich großer Fleck auf der benetzten Fläche entsteht. Die Länge dieses Flecks ist ein Maß für die Lackierbarkeit. Eine gute Lackierbarkeit bedingt eine geringe Ölaufnahme und damit einen längeren Fleck.

Wegschlagtest

In Abhängigkeit von der Viskosität der Farbe und Porosität/Saugfähigkeit des Papiers schlagen Druckfarben unterschiedlich schnell in das Papier weg. Mithilfe der Probedruckgeräte kann dieses Farbwegschlagverhalten unter genormten Laborbedingungen (OENORM A 1221:2001-12) simuliert werden und erlaubt eine vergleichende Betrachtung der Papiere bzw. auch Farben. Dazu wird das Papier bedruckt und in unterschiedlichen Abständen ohne Relativbewegung gegen ein Konterpapier geführt. Der Abdruck auf dem Konterpapier wird entweder densitometrisch oder visuell durch Vergleich mit Standardproben (Skala 1 bis 5) bewertet.

16.3.3 Automatisierte Prüfsysteme

Die Zeit, da die vergleichsweise zeitaufwendige manuelle Papierprüfung für eine Qualitätskontrolle bei der Produktion papierner Flächengebilde ausreichte, ist schon lange vorbei. Schnellere Reaktionen oder gar vorausschauende Aktionen werden gefordert. Dem tragen **automatisierte Prüfsysteme** Rechnung. Sie sind entweder als Kompaktanlagen im Einsatz oder als eine Aneinanderreihung sogenannter Stand-Alone Geräte. Alle Anlagen bieten die wichtigsten genormten Papier- und Kartonprüfungen an:

- **zerstörungsfreie Prüfungen**
  - flächenbezogene Masse,
  - Dicke am Einzelblatt,
  - optische Eigenschaften (z. B. Weißgrad, Opazität);
- **die Papierprobe verformende Prüfungen**
  - Biegesteifigkeit,
  - Stauchfestigkeit,
  - Oberflächenparameter;
- **die Papierprobe zerstörende Prüfungen**
  - Festigkeitseigenschaften (Zug-, Berst- und Durch- bzw. Weiterreißparameter).

Über das Grundangebot hinaus zeichnen sich die Anlagen durch eine wachsende Zahl weiterer verschiedenster genormter Prüfmethoden aus, wodurch nahezu alle Papier- und Kartonsorten geprüft werden können. Bei Bedarf sind auch Erweiterungen der bestehenden Anlagen möglich. Zu den bekannten automatisierten Prüfsystemen gehören Valmet Paper Lab [16.45], L&W Autoline von ABB [16.46] oder FRANK-PTI-ModularLine [16.47].

16.4 Online-Messungen

Um dem geforderten Qualitätsanspruch gerecht zu werden und einen problemlosen Lauf der Papiermaschine sowie der Weiterverarbeitungsaggregate innerhalb und außerhalb der Papierfabrik zu erreichen, muss die Qualität des Papiers möglichst lückenlos in den individuell definierten Grenzen gehalten werden. Zur Sicherung der Papierqualität wird eine ganze Reihe von Parametern im Papierproduktionsprozess regelmäßig geprüft. Viele qualitätsrelevante Parameter können heute durch Sensoren, die im laufenden Prozess kontinuierlich messen, überprüft werden. Die **Sensoren von modernen Qualitätsleitsystemen**, wie sie heute beispielsweise von den großen Maschinenlieferanten angeboten werden, übernehmen automatisch, online (also direkt in der laufenden Papierbahn) die Erfassung der wichtigsten Qualitätsparameter (Tabelle 16.13). Meist geschieht dies mit einer statistischen Genauigkeit, die mit Laborproben aufgrund der herrschenden Umweltbedingungen in der Papierfabrik nicht erreicht wird.

Für viele Parameter, die heute aus physikalischen oder aus Kostengründen nicht online gemessen werden, gibt es eine Vielzahl von Labormessgeräten. Moderne Labormesssysteme kombinieren mehrere Sensoren, die teilweise sogar baugleich mit der Online-Sensorik sind (Tabelle 16.13).

Tabelle 16.13 Übersicht zu Online-Messsystemen

System	Abkürzung		englische Bezeichnung	Funktion
	deutsch	englisch		
Prozessleitsystem	PLS	DCS	distributed control system	Plattform der integrierten Automationslösung und Steuerung der Stoffaufbereitung
Maschinennahe Steuerungen	MCS	MCS	machine close controls	steuert die Maschinenfunktionen
Qualitätsleitsystem	QLS, QMS	QCS	quality control system	misst und regelt die Qualitätsparameter
Abrissanalysesystem	WBA/WBM	WBA/WBM	web break analysing/ monitoring system	analysiert Abrissursachen
Bahninspektionssystem	BIS, LD	WIS	web inspection system	Bahnfehlererkennung

16.4.1 Beispiele für Online-Messungen

Die Vorteile der kontinuierlichen Messung eines hohen Anteils der Papierproduktion im Vergleich zu den stichprobenartigen Labortests sind wirtschaftlich kalkulierbar. Aufgrund des zu erwartenden zusätzlichen wirtschaftlichen Effektes werden weitere Online-Messungen und Regelungen in Zukunft auf den Markt kommen. Heute werden die in Tabelle 16.14 aufgeführten Messungen genutzt. Dabei ist auch hier der individuelle Prozess maßgeblich für die Auswahl und den Umfang der Online-Messungen und Regelungen.

Tabelle 16.14 Übersicht zu Online-Sensoren und deren Messprinzipien

Parameter mit möglicher Online-Messung	Physikalischer Hintergrund	Geregelt
flächenbezogene Masse	Absorption radioaktiver Sr 90-, Kr 85- oder Pm 147-Strahlung	MD & CD
Feuchtegehalt	Absorption von Infrarot Strahlung oder Mikrowellen-Prinzip	MD & CD
Trockengehalt	Kalkulation flächenbezogene Masse – Feuchte	MD & CD
Dicke	mechanische oder Lasermessungen	MD & CD
Gesamtanteil an Mineralstoffen (Gesamtasche)	Absorption von FE 55 oder Röntgenstrahlung	MD
Mineralstoffanteil (Asche) Einzelkomponenten	kombinierte Absorptions- und Fluoreszenzmessung	MD
Oberflächenfeuchte	Infrarot-Absorption	MD & CD
Farbe	optische Messung	MD
Glanz	optische Messung	MD & CD
Rauheit	Lasermessung	MD
Glätte	optische Messung	MD & CD
Formation (griesig/wolkig/homogen/kontrastreich/Markierungen)	Auswertung von Videoaufnahmen	manuell
Faserorientierung	Lasermessung	CD
Porosität	Vakuummessung	manuell
Strichmasse (Strichgewicht)	Massedifferenzmessung oder Infrarotmessung	MD & CD
Bahnbreite	Fotozellenmessung oder via Sensorsignal der flächenbezogenen Masse	Nein
Temperatur	Thermometermessung bzw. Infrarotmessung	MD
Papierwinkel und Positionen	Auswertung von Kamerabildern	MD
Flecken, Löcher und andere Bahnfehler	Auswertung von Kamerabildern	Nein
Streifen und andere Streichfehler	Auswertung von Kamerabildern	Nein

Tabelle 16.14 Übersicht zu Online-Sensoren und deren Messprinzipien *(Fortsetzung)*

Parameter mit möglicher Online-Messung	Physikalischer Hintergrund	Geregelt
Randeinrisse/Abrissursachen	Auswertung von Kamerabildern	Nein
mechanische Vibrationen	Beschleunigungssensoren	Nein
Pulsationen im Prozess	Druck- und Hydrauliksensoren	Nein
Permeabilität vom Filz	Druckdifferenzmessung	z. T. Vakuum
MD = in Längs- oder Maschinenrichtung, CD = in Querrichtung		

16.4.2 Zielsetzung der Online-Messungen und -Regelungen

Online-Messungen werden eingesetzt, um Parameter der Papierproduktion zu überwachen oder die Aggregate selbst. Online-Messungen, die den Zustand der Aggregate in der Produktionslinie erfassen, dienen der gezielten Planung von Instandhaltungsmaßnahmen. Für die Papierqualität sind diese Messungen zunächst nicht relevant. Online-Messungen, die Papierqualitätsparameter kontinuierlich erfassen, arbeiten nahezu unterbrechungslos im laufenden Prozess. Die gemessenen Werte werden sofort den automatischen Regelungen zur Verfügung gestellt. Die Regelungen greifen auf das entsprechende Aggregat zu, z. B. ein Ventil, über welches der entsprechende Parameter eingestellt wird. Über die Online-Messung kann die Auswirkung der Verstellung des Aggregats dann sofort überprüft werden. Dieser Vorgang ist um ein Vielfaches schneller als der Eingriff nach diskontinuierlichen Labormessungen und garantiert eine sehr viel geringere Schwankungsbreite.

Online-Messungen sind heute in die Automation an verschiedenen Stellen integriert. Bei neuen Produktionsanlagen spricht man von einer komplett integrierten Lösung. Dabei nutzt die gesamte Automation der Produktionslinie eine gemeinsame Leitsystem-Plattform. Alle Daten des Prozesses sind in diesen Systemen an jeder Stelle verfügbar und erlauben eine Prozessanalyse, die alle Produktionsabschnitte berücksichtigt, in Echtzeit. Weitere Vorteile der integrierten Automatisierungslösung sind die einheitliche Hardware und Software, einheitliche Bedienung und größtenteils gleiche Ersatzteile. Insgesamt ist es die wirtschaftlichere Lösung, die gleichzeitig für den Papiermacher das optimale Werkzeug der Produktion darstellt.

Die Bereiche der Automatisierung, in denen Online-Messungen stattfinden sind:

- Qualitätsleitsystem,
- Bahninspektionssystem,
- Abrissanalysesystem,

- Web Monitoring System,
- Maschinenzustandsüberwachung,
- Prozessleitsystem mit Feldgeräten.

16.4.3 Online-Messungen für verschiedene Sortenbereiche

Die Automatisierungslösungen für Papier- und Kartonmaschinen werden immer individuell zusammengestellt. Der Umfang ist abhängig von der Papiersorte und vom individuellen Prozess.

16.4.4 Messverfahren Qualitätsleitsystem

Gemessen an der weltweit in Papierproduktionsprozessen installierten Online-Sensorik der Qualitätsleitsysteme sind die **Messung der flächenbezogenen Masse und Feuchte** die wichtigsten Online-Messungen. Danach folgen die **Dicke**- und die sogenannte **Aschemessung**. Die Messung der flächenbezogenen Masse war die erste Online-Messung eines Papierqualitätsparameters überhaupt. Mitte der 1950er-Jahre wurde das noch heute gültige System entwickelt. Danach folgte Ende der Dekade die erste Feuchtemessung, die aber noch auf einem berührenden und ungenaueren Prinzip basierte als das heute übliche Infrarot-Messverfahren.

Qualitätsparameter erfassende Online-Sensoren werden üblicherweise mit einem Messkopfträger in einem Messrahmen installiert. Der Messrahmen ist mechanisch den speziellen Anforderungen des individuellen Einsatzortes entsprechend ausgelegt (Umgebungsbedingungen, Maschinenbreite, Anzahl der Sensoren, Papierdurchlaufwinkel, usw.). Messkopf (Sensor), Sensor-Firmware und die dazu gehörige Bedienungs- und Berichtsoftware stellen zusammen die Messung dar. Der Messrahmen mit Messkopfträger und Sensoren ist insgesamt als Präzisionsmessgerät zu betrachten.

16.4.4.1 Messung der flächenbezogenen Masse über Betastrahlung

Die Messung der flächenbezogenen Masse basiert auf der Beta (β)-Strahlenabsorptionsmethode. Betastrahlen werden proportional zur Masse einer Substanz abgeschwächt, wenn die Substanz mit Betastrahlen durchstrahlt wird. Bei der Anwendung auf Papierbahnen werden berührungslos über die Papierbahn traversierende Sensoren eingesetzt. Dabei wird je nach Massebereich Promethium 147, Krypton 85 oder Strontium 90 als radioaktive Strahlungsquelle verwendet (Bild 16.8).

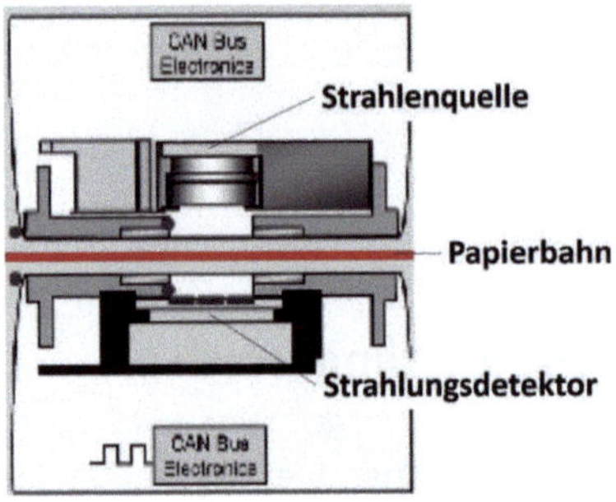

Bild 16.8
Sensor für die Online-Messung der flächenbezogenen Masse mit Betastrahlen

Der radioaktive Strahl wird bei voller Einstrahlung am gegenüberliegenden Detektor gemessen und dann mit der Strahlung verglichen, die den Empfänger erreicht, wenn sich zwischen Sender und Empfänger eine Papierbahn befindet. Der Grad der Strahlungsabsorption ist abhängig von der flächenbezogenen Masse. Dabei wird die gesamte flächenbezogene Masse mit allen Papierkomponenten erfasst. Als Detektor wird ein Silizium-Halbleiterdetektor verwendet. Ältere Sensoren verwenden eine wartungsaufwendigere Ionisationskammer. Die Strahlungsquelle ist nur während einer Messung geöffnet. Sobald der Messkopf in seine Ruheposition (Offsheet-Position) gefahren wird, verschließt der Sensor automatisch die radioaktive Quelle, sodass dann keine Strahlung mehr austreten kann. Dieser Verschlussmechanismus funktioniert auch bei Stromausfall.

Vorteil der Messung mit dem Silizium-Halbleiterdetektor ist u. a. die höhere Auflösung dieser Sensoren, da weniger sensoreigene Materie durchstrahlt werden muss. Es steht ein höherer Absorptionsbereich für die Messung zur Verfügung. Dadurch kann das Messsignal höher aufgelöst werden und man kann mit dem niedrigeren radioaktiven Material höhere Gewichtsbereiche erfassen.

16.4.4.2 Messung der Papierfeuchte über Infrarot-Strahlung

Zur Online-Bestimmung der Papierfeuchte wird im unteren Bereich der flächenbezogenen Masse das **Infrarot-Messverfahren** angewendet. Der limitierte Massebereich variiert bei den Sensoren der gängigen Hersteller zwischen 200 g/m^2 und 600 g/m^2 je nach Bauart des Sensors. Bei höheren Massen wird das etwas ungenauere **Mikrowellen-Messprinzip** eingesetzt. Beide Messprinzipien gehören zu den berührungslosen Messungen.

Beim **Infrarot-Messverfahren** erfassen die Sensoren die charakteristische Absorption bei vier Wellenlängen, die folgende Frequenzen repräsentieren (Bild 16.9):

- Absorptionsfrequenz für Wasser,
- Referenzfrequenz,
- Absorptionsfrequenz für Faser,
- Referenzfrequenz.

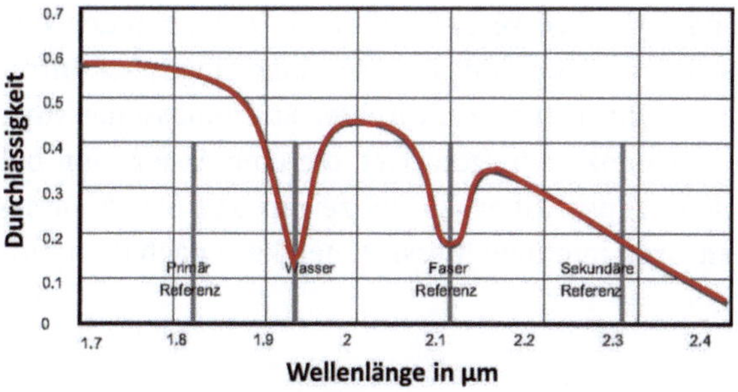

Bild 16.9
IR-Spektrum der Feuchtemessung im Transmissionsmodus mit vier Vergleichsfrequenzen

Bei einem Feuchtegehalt von null würden das Absorptionssignal und das Referenzsignal gleich stark am Empfänger eintreffen. Je mehr Wasser sich im Papier befindet, desto stärker weicht das Niveau des Absorptionssignals vom Referenzsignal ab. Der Unterschied wird ausgewertet. Sensoren, die auf vier Frequenzen messen, arbeiten unabhängig von der Messung der flächenbezogenen Masse. Die Fasermasse wird mit einem zweiten Frequenzpaar zeitgleich mit gemessen. Dadurch wird eine deutlich höhere Genauigkeit erreicht.

Der mechanische Aufbau der am Markt befindlichen Sensoren unterscheidet sich aus patentrechtlichen Gründen. Gemeinsam ist allen eine Lichtquelle (z. B. eine Projektorlampe), die mit niedriger Spannung betrieben wird und dadurch als Quelle für Infrarotstrahlung dient. Der Infrarotstrahl wird durch die Papierbahn auf den gegenüberliegenden Empfänger geschickt. Spätestens dort wird eine Frequenzanalyse durchgeführt, um die Absorption auf den o. g. Frequenzen zu analysieren.

Beim **Reflexionsmessverfahren** (Bild 16.10), also der einseitigen Messung, ist die Oberflächenfeuchte der zu messende Qualitätsparameter (z. B. vor der Leimpresse oder vor einer Filmpresse). Bei diesen Sensoren wird das Infrarotsignal schräg auf die Papierbahn geführt, und die Reflexion des Signals wird in demselben Messkopf empfangen und ausgewertet. Bei sehr leichten Papieren, z. B. Tissue, kann man mit den Reflexionsmessungen nur gegen einen Reflektor oder eine Walze messen und bekommt eine Aussage über die gesamte Feuchte. Beim Reflexionsmessverfahren muss der Abstand zwischen Messkopf und Papierbahn in einem festgelegten Bereich bleiben (Tiefenschärfe).

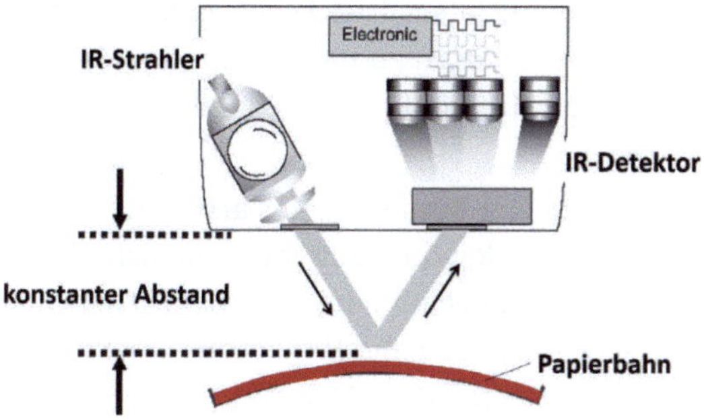

Bild 16.10
IR-Feuchtemessung im Reflexionsmodus

Feuchtemessungen werden direkt nach der Presse, ggf. auf den Filzen, nach der Vortrockengruppe, vor jedem Auftragswerk und am Ende der Maschine eingesetzt. Infrarotsensoren kommen im Reflexionsverfahren auch zur direkten Strichmassemessung zum Einsatz. Dabei werden dann Frequenzen ausgewertet, die eine Absorption bei Strichkomponenten, die in der Strichrezeptur überwiegen, zeigen. Zur Strichmassebestimmung werden die Infrarotsensoren in einem Messrahmen kurz nach dem Auftragswerk installiert.

Otro-Kalkulation

Die Otro-Online-Messung ist ein rein mathematischer Kalkulationsvorgang im Qualitätsleitsystem. Dabei wird das Ergebnis der Feuchtemessung vom Ergebnis der Messung der flächenbezogenen Masse subtrahiert. Diese Kalkulation findet mindestens für jeden Punkt auf dem Querprofil statt. Der Begriff „otro" steht für „ofen-trocken" und hat seit langem den früher benutzten Begriff „atro" („absolut trocken") ersetzt, da absolut trockene Situationen auf der Erde normalerweise nicht auftreten können.

Kalkulation der Strichmasse

Die Messungen von flächenbezogener Masse und Feuchte vor und nach einem Auftragswerk ermöglichen die Subtraktion der jeweiligen Otro-Werte. Daraus ergibt sich die Otro-Auftragsmasse der Streichfarbe. Das ist die statistisch akkurate und heute am häufigsten eingesetzte Methode der Ermittlung der Strichmasse. Die Präzision der Messungen kann erhöht werden, wenn man höheren technischen Aufwand betreibt und zusätzliche direkte Strichmassesensoren oder zusätzliche Füllstoffmessungen einsetzt.

16.4.4.3 Messung der Dicke

Für die Dicke wird in der Papierindustrie im deutschsprachigen Raum auch die aus dem Englischen kommende Bezeichnung **Caliper** verwendet. Bei der Dickenmessung handelt sich traditionell um eine mechanisch die Papierbahn berührende Abstandsmessung. Der magnetische Widerstand einer Spule im Tastkopf verhält sich dabei umgekehrt proportional zur Dicke. Diese Veränderung wird ausgewertet. Die am Markt verfügbaren bzw. installierten Sensoren sind alle sehr ähnlich aufgebaut. Abhängig vom Auflagedruck und der Form bzw. dem Material des berührenden Bauteils können diese berührenden Sensoren bei einigen Sorten zu Problemen führen (Markierungen auf der Papierbahn, Verschleiß am Messkopf, Verschmutzung des Messkopfs, ...).

Diese Sensoren werden deshalb nach und nach von berührungslos arbeitenden Sensoren auf Laserbasis (Bild 16.11) abgelöst. Die Dickenmessung mit dem sich gegenüberliegendem Lasersensorpaar oberhalb und unterhalb der Papierbahn misst den Abstand zum Papier über den Winkel der Laserreflexion. Der Winkel des Laserstrahls verändert sich mit der Änderung der Papierdicke und dem Abstand zur Papierbahn.

Da sich die Lage der Papierbahn beim berührungslosen Sensor ständig leicht ändert, muss mit einem Sensor oberhalb und einem unterhalb der Bahn gemessen werden. Dabei werden die Laserstrahlen sehr schnell getaktet (pulsierend), um die gleiche Stelle Papier zu messen, ohne dass sich die Sensoren gegenseitig stören.

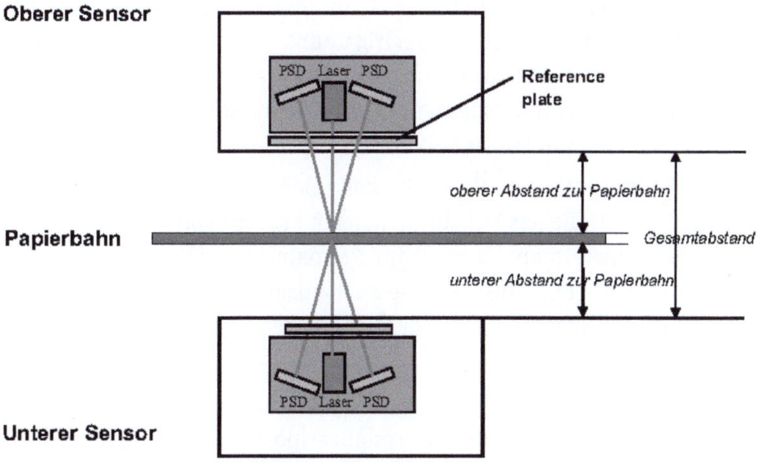

Bild 16.11 Dickensensor (laserbasierend)

Die Papierdicke entspricht dem Gesamtabstand, d. h. der Summe aus oberem Abstand und unterem Abstand. Diese Dickenmessung wird im Rohpapierbereich, nach dem Glättwerk und nach Kalandern eingesetzt.

16.4.4.4 Messung des Füllstoffgehalts

In den Papiermaschinen sind drei Varianten der Online-Messung des Füllstoffanteils (umgangssprachlich als Aschegehalt bekannt) eingesetzt:

- Messung einer oder zweier festgelegter Füllstoffkomponenten,
- Messung des Gesamtfüllstoffgehalts unabhängig von der Zusammensetzung,
- Messung des Gesamtfüllstoffgehalts und der Füllstoffzusammensetzung.

Die sogenannten „**Aschesensoren**" funktionieren ähnlich wie die Sensoren zur Bestimmung der flächenbezogenen Masse. Im Senderteil des Messsystems befindet sich eine Strahlenquelle (radioaktives FE-55-Material oder eine Röntgenröhre). Die Strahlung tritt durch das Papier und wird durch Füllstoffgehalt entsprechend der Masse absorbiert. Die hindurchgetretene Strahlung trifft auf den Empfänger, üblicherweise eine Ionisationskammer. Dieser Aufbau ist durch höheren Instandhaltungsaufwand gekennzeichnet. Bei neueren Sensorentwicklungen wird für die Messung des Füllstoffanteils ein Silizium-Halbleiterdetektor eingesetzt, der eine höhere Genauigkeit verspricht und deutlich geringere Kosten über die Lebenszeit des Sensors verursacht.

Die ersten sogenannten Aschemessungen waren relativ einfache Röntgenmessungen, bei denen eine Röntgenröhre mit einer Spannung betrieben wurde, die zur Absorption der Strahlung durch maximal zwei Komponenten führte. Viele der heute installierten Sensoren für die Messung des Füllstoffanteils verwenden das Isotop FE 55 zur Online-Bestimmung des Gesamtfüllstoffgehaltes. Alternativ werden auch Röntgenröhren eingesetzt, deren Absorptionskurve mechanisch durch Ablenkbleche in der Röhre angepasst wurde, um drei Komponenten gleichzeitig unabhängig von der Zusammensetzung zu messen. Die modernen Füllstoffmessungen benutzen im Sensor zusätzlich zum FE-55-Strahler eine Röntgenfluoreszenzmessung. Damit ist es möglich, die Anteile der Füllstoffe (Kaolin, TiO_2, $CaCO_3$) zu berechnen.

Die Messungen des Füllstoffanteils benötigen den kalkulierten Otro-Wert (siehe dort) als Referenzsensor zur Darstellung des Füllstoffgehalts in Prozent von der Otro-Masse. Die Online-Messung des Füllstoffgehalts wird im Rohpapierbereich eingesetzt. Bei einigen Applikationen kann die Füllstoffmessung auch zusätzlich zur Otro-Differenzmessung zur Bestimmung der Strichmasse eingesetzt werden.

16.4.4.5 Filzzustandsmessungen

In den meisten Fabriken wird der Zustand der Pressfilze sporadisch mit Handmessgeräten geprüft. Durch immer engere Platzverhältnisse in den Pressen und die hohen Maschinengeschwindigkeiten an modernen Papierproduktionslinien sind Handmessungen für die Mitarbeiter ein Sicherheitsrisiko, welches inzwischen ausgeschlossen werden kann. Online-Messungen für Permeabilität, Feuchte und Temperatur der Pressfilze werden an modernen Produktionslinien eingesetzt. Die Systeme sind entweder in das Automatisierungskonzept integriert oder laufen als autarke Systeme, wenn sie an bestehenden Maschinen nachgerüstet werden. Durch die automatisch stattfindende regelmäßige Messung in kurzen Zeitabständen und die Möglichkeit der historischen Datenverarbeitung lässt sich die Filzlaufzeit optimieren. Neben dem Sicherheitsaspekt tragen weitere Effekte wie Energieeinsparungen durch Optimierung des Rohrsaugervakuums zu einer schnellen Amortisation dieser Online-Messung bei.

16.4.5 Messverfahren mit Kamerasystemen

Bei Papieren, in denen keine Löcher akzeptiert werden können, wurde bis weit in die 1980er-Jahre hinein ein Beobachter an das Ende der Papiermaschine auf eine Art Tennis-Schiedsrichterstuhl gesetzt. Diese Person hatte die undankbare Aufgabe, Löcher an inzwischen 400 m/min und schneller laufenden Papierbahnen zu finden. Dies ist selbst bei bester Konzentration nicht eine Schicht lang möglich. Dabei wurden schon in den 1960er-Jahren erste Lochdetektoren an Papiermaschinen erfolgreich eingesetzt. Diese analogen Systeme waren technisch einfach, aber wirkungsvoll aufgebaut. Fototransistoren, quer zur Papierbahn angebracht, wurden im Durchlichtverfahren beleuchtet. Wenn ein Loch im Papier erkennbar wurde, traf das Licht auf den Fototransistor und setzte dadurch ein für den Papiermacher deutliches Signal in Gang (Hupe). Später kamen dann Farbmarkierer hinzu, die am Bahnrand den Fehlerort markieren sollten. Tatsächlich markierten diese Systeme nicht nur den Bahnrand, sondern triebseitig im Umkreis von 10 m alles blau oder violett. Dies waren die Vorgänger der heutigen Kamerasysteme, die heute in der Papierproduktion zur Bahnfehlererkennung eingesetzt werden.

Primäres Ziel der **Kamerasysteme** ist es dabei nicht, dem Papiermacher ein Lifevideo der aktuellen Situation zu zeigen. Die Kameras sind heute vielmehr als Sensoren zu betrachten, die im Zusammenspiel mit einer intelligenten Software eine Vielzahl von Auswertungsmöglichkeiten bieten und bei Störungen oder Papierfehlern automatisch alarmieren und zum Teil auf Regelungen eingreifen. Traditionell werden die Systeme in die beiden Aufgabengebiete **Bahninspektion** und Abrissanalyse eingeteilt. Die jüngste Entwicklung vereinheitlicht die Systeme jedoch.

16.4.6 Bahninspektionssystem (WIS)

Das Bahninspektionssystem untersucht die Papierbahn flächendeckend nach Fehlern. Folgende Fehlerklassen werden erfasst:

Basispapier	Gestrichenes Papier
▪ Löcher verschiedener Größenabstufungen, ▪ helle Flecken verschiedener Größenabstufungen, ▪ dunkle Flecken verschiedener Größenabstufungen, ▪ Falten, ▪ Randfehler, ▪ Schmutzansammlungen, ▪ Insekten, ▪ Formationsfehler.	▪ Rakelstreifen, ▪ Strichfehler, ▪ Vertiefungen, ▪ Kratzer, ▪ Markierungen.

Über die Basisklassifizierung hinaus können moderne Bahninspektionssysteme auf die Erkennung von individuellen Fehlerklassen eingerichtet werden. Daraus ergibt sich die Möglichkeit, auf ursächliche Positionen in der Papierproduktionslinie automatisch hinzuweisen.

Das Messsystem verwendet **Zeilen- oder Matrixkameras**, die quer zur Bahn in einem Messrahmen untergebracht sind. Matrixkameras arbeiten ohne Bildqualitätsverlust auch bei hoher Papierbahngeschwindigkeit und haben deshalb technische Vorteile an schnelllaufenden modernen Produktionsanlagen. Die Papierbahn wird von der den Kameras gegenüberliegenden Seite oder schräg von der gleichen Seite beleuchtet. Die Kameras zeichnen im Durchlichtverfahren oder im Reflexionsverfahren 100 % der Papierbahn auf. Pixel für Pixel wird dann in der Systemsoftware auf abweichende Grauwerte untersucht. Unzulässige Grauwertabweichungen deuten auf Bahnfehler hin. Die Systemsoftware klassifiziert diese Bahnfehler und übernimmt die weitere Bearbeitung. Abhängig vom Kameratyp, der Kameraanzahl und der Kamerageschwindigkeit ergibt sich eine Auflösung der Messtechnik und somit die Feinheit der erkennbaren Bahnfehler. Die kleinsten erkennbaren Fehler können je nach Anforderung durchaus mit < 0,5 mm Durchmesser spezifiziert werden. Die Kameras unterscheiden aktuell bis zu 4096 Graustufen.

16.4.7 Abrissanalysesysteme (WBA)

Seit etwa 15 Jahren werden Abrissanalysesysteme eingesetzt. Diese Online-Messsysteme amortisieren sich in der Regel außergewöhnlich schnell, da Abrissursachen leicht und schnell identifiziert werden. Mit der schnellen Entwicklung der Kameratechnik sind auch die Fähigkeiten der Abrissanalysesysteme fortgeschritten. Bei Abrissanalysesystemen sind die Kameras entlang der Maschine an Punkten installiert, an denen Ursachen auftreten, die zum Abriss führen können.

Die älteren und einfachen Abrissanalysesysteme arbeiten mit Kameras und Rechnerkapazitäten, die eine Grauwertanalyse in einem zuvor definierten Bereich des Kamera-Sichtfeldes zulassen. Damit sind größere Bahnfehler und ein Abriss zu erkennen. Erkennt das System mit einer Kamera einen Abriss, so synchronisiert es die aufgezeichneten Videos auf dieselbe Papierbahnstelle. Der Papiermacher kann dann die Bilder der Kamerapositionen vergleichen und feststellen wo genau, also nach welchem Aggregat in der Papiermaschine, die Ursache erstmals von einer Kamera erkannt wurde.

16.4.8 Bahnüberwachungssysteme (WMS)

Moderne Kamerasysteme sind integrierte Lösungen aus Bahninspektion und Abrissanalyse. Moderne Kameratechnik mit neuester LED-Beleuchtungstechnik und leistungsfähiger moderner Rechnertechnik erlaubt heute eine pixelbasierte Bildanalyse auch an den Kamerapositionen des ehemaligen Abrissanalysesystems. Erkennt das System in Querrichtung irgendwo auf der Papierbahn einen relevanten Bahnfehler, so wird der Fehler klassifiziert.

Das System synchronisiert die ungefilterten digitalen Videoaufzeichnungen auf die Bahnposition und zeigt dem Papiermacher automatisch die Ursache des Fehlers auf dem Videobild an der Bedienstation.

Die moderne kamerabasierte Messtechnik bietet weitere Möglichkeiten zur Optimierung der Papierproduktion über eine Filzanalyse. Oberflächenbeschaffenheit, Stickies, Schleimpunkte auf dem Filz, Bahnwinkel und Bahnverlauf können erkannt werden und automatisch zur Alarmierung des Produktionspersonals führen.

16.4.9 Maschinendiagnose

Die Aufgabe des Maschinendiagnosesystems ist traditionell die Überwachung des mechanischen Papiermaschinenzustands. Folgende Online-Messungen gehören heute zum Maschinendiagnosesystem:

- Überwachung der Bauteile von (Kugel-)Lagern,
- Walzenüberwachung,
- Hydraulikübewachung,
- Überwachung der Zentralschmierung,
- Überwachung des Filzzustandes (barring),
- in flächenbezogener Masse oder der Papierdicke erkennbare Prozess-Kurzzeitschwankungen,
- Pulsationen aus der Stoffaufbereitung,
- Druckschwankungen im Stoffauflauf.

Neue Papiermaschinen werden vom Maschinenlieferanten sofort mit diesen Systemen ausgerüstet. Wie sinnvoll ein solches System sein kann, wird bei älteren Maschinen häufig erst erkannt, wenn ein Lagerschaden zu einer kostspieligen Havarie geführt hat. Lager, die während des Betriebes der Maschine für manuelles Prüfen unzugänglich sind, sollten automatisch überwacht werden. Voraussetzung ist allerdings, dass die Instandhaltungsabteilung der Papierfabrik das System als hervorragendes Werkzeug erkennt und nutzt. Zur Überwachung der Lager werden Beschleunigungssensoren außen am Lager angebracht, die Vibrationen erfassen. Die Lagerhersteller geben die Frequenzen bekannt, auf denen Vibrationen für verschiedene Lagerschäden auftreten. Das Maschinendiagnosesystem misst nicht nur die Vibration, sondern auch den Trend der Intensität dieser Vibration. Dadurch ist es nicht nur möglich, ein defektes Lager zu identifizieren. Das System ermittelt das Teil des Lagers, welches defekt ist und gibt Aufschluss über die Eskalationsgeschwindigkeit.

Mit denselben Beschleunigungssensoren werden gleichzeitig die Walzenzustände an der Position gemessen. Die Vibrationen durch Störungen an den Walzen finden in einer niedrigeren Frequenz als Lagerschäden statt und können so aus dem Messsignal leicht herausgefiltert werden.

Zusätzlich zur Überwachung der Lagermechanik bieten die Systeme die Überwachung des technologisch relevanten Maschinenzustandes. Diese Funktion ist für den Papieringenieur interessant, da sich qualitätsmindernde Einflüsse hiermit frühzeitig erkennen und abstellen lassen. Eingesetzte Sensoren sind:

- optischer Sensor für hochfrequente Schwankungen der flächenbezogenen Masse,
- Druckpulsationsaufnehmer vor dem Stoffauflauf (HC & LC) für Druckpulsationen,
- Schwingungsaufnehmer – Vibrationen in Nips (Presse, Coater, Kalander),
- induktive Drehzahlgeber für Walzen, Pumpen, Sortierer zum Triggern,
- optische Drehzahlgeber für Pressfilze zum Triggern,
- Hydraulikdruckaufnehmer – Schwingungen in Nip-Anpresssystemen,
- Interface zum QLS-Messrahmen – Pulsationen und deren Frequenz im Papier.

16.4.10 Prozessleitsystem mit Feldgeräten

Das Prozessleitsystem stellt bei einer integrierten Automationslösung die Plattform für die gesamte Automation dar. In der Stoffaufbereitung wird eine ganze Reihe von Online-Sensoren und Aktuatoren an das Prozessleitsystem angeschlossen.

Dazu gehören folgende Sensoren:

- Drucktransmitter,
- Füllstandsmessungen,
- Konsistenz- und Trübungsmessungen,
- Temperatursensoren,
- Durchflussmessungen.

Die richtige Auswahl der **Feldgeräte** ist entscheidend für einen stabilen Lauf der Produktion. Virtuelle Sensoren sind auf eine einwandfreie und umfangreiche Feldinstrumentierung angewiesen. Bei Konsistenzmessung sind mit dem Hersteller der Einsatzort und der Messbereich (HC, LC) festzulegen. Moderne Konsistenzmessungen berücksichtigen eine Gas- und Luftkompensation. Eine nicht richtig funktionierende Konsistenzmessung kann zu erheblichen Prozessstörungen führen.

16.4.11 Virtuelle Sensoren

Der virtuelle Sensor ermittelt anhand von aktuellen Werten aus der Stoffaufbereitung sowie Erfahrungswerten aus der Papiermaschine und den Messungen des Qualitätsleitsystems aus der Vergangenheit bei vergleichbaren Bedingungen die flächenbezogene Masse und stellt somit die optimalen Einstellungen für die Stellglieder sicher. Die Werte werden bei Abriss und in der Anfahrphase genutzt, solange noch kein Papier an den Online-Sensoren vorhanden ist bzw. gemessen werden kann. Dabei wird eine hohe Genauigkeit erzielt. Die vom virtuellen Sensor ermittelten Werte stehen den Regelungen und dem Papiermacher an der Bedienstation zur Verfügung. Anfahrausschuss kann mit virtuellen Sensoren ganz erheblich reduziert werden, da bereits in der Anfahrphase, also schon bevor das Papier am Poperoller aufgeführt ist, geregelt wird.

16.4.12 Online-Regelungen

Moderne Qualitätsleitsysteme messen die Qualitätsparameter mit den **Online-Messungen in Maschinenlaufrichtung (MD) und quer zur Maschinenlaufrichtung (CD)**. Die Schwankungen dieser Qualitätsparameter können von den Regelungen in vorgegebenen engen Grenzen gehalten werden. Dadurch wird nicht nur eine hohe Papierqualität erreicht. Es wird Rohstoff gespart und die Effektivität der Produktionslinie optimiert. Kurzzeitschwankungen sind Variationen, die zeitlich kürzer auftreten als die Regelstrecke (Regelstrecke = Zeit, welche das Papier vom Stellglied bis zur Messung benötigt). Kurzzeitschwankungen können nicht ausgeregelt werden.

Regelungen und Steuerungen finden in folgenden Prozessabschnitten statt:

- Stoffaufbereitung,
- Approach flow,
- Klimatechnik,
- Dampf- und Kondensatsystem,
- Vakuum,
- Wassersysteme,
- Lufttechnik.

In der Papiermaschine finden Regelungen und Steuerungen in folgenden Bereichen statt:

- Stoffaufläufe,
- Siebpartie,
- Pressenpartie,

- Trockengruppen,
- Auftragswerke,
- Kalander/Glättwerk,
- Aufrollung,
- Zentralschmierung,
- Antrieb.

Folgende übergeordnete Regelungen in Maschinenlaufrichtung (Längsmaschinenregelungen/MD Controls) sind heute als Standard zu nennen:

- Regelungen der flächenbezogenen Masse (Mischpumpe),
- Stoffauflaufregelung/Mehrlagenregelung (Former),
- Feuchteregelung der einzelnen Trockengruppen (Dampfventil),
- Füllstoffdosierung,
- Regelung der Strichmasse (Coater),
- Dickenregelung (Glättwerk oder Kalander),
- Farbregelung/Weißeregelung (Farbpumpen),
- Glanzregelung (Kalander),
- Sortenwechselregelung (flächenbezogene Masse, Feuchte usw.),
- Produktionsoptimierung (Maschinengeschwindigkeit),
- Nassteilregelungen (Chemikalien usw.).

Hinzu kommt eine Vielzahl von individuellen Regelungen, die in bestimmten Sortenbereichen notwendig sind, wie z. B. spezielle Tissuemaschinenregelungen (Kreppfaktorregelung, Haubenregelung).

Folgende Regelungen in Querrichtung (Querprofilregelungen/CD Controls) sind als Standard zu nennen:

- Querprofil der flächenbezogenen Masse konventioneller Stoffauflauf (Aktuator zur Lippenverstellung),
- Querprofil der flächenbezogenen Masse Verdünnungswasserstoffauflauf (Verdünnungswasserventil),
- Feuchtequerprofilregelung (Dampfblaskasten, Nachbefeuchtung, IR-Hauben),
- Dicke (Zonenregulierbare Walze/hydraulisch),
- Dicke (Thermische Walzenzonenverstellung),
- Strichgewicht (Blade- oder Rakelzonenverstellung).

Regelungen unterliegen den dynamischen Veränderungen des Papierherstellungsprozesses. So verändern Stellglieder ihre physikalischen Eigenschaften z. B. durch Alterung. Der Prozess verändert sich durch viele weitere Umstände. Ältere Regelungen müssen deshalb regelmäßig nachoptimiert werden, um eine hohe Regelgüte beizubehalten.

Moderne Regelungen erkennen Veränderungen und optimieren sich in Grenzen selbst (**selbstoptimierende Regelungen**). Besonders bei Querprofilregelungen ist es wichtig, dass einige Regelparameter von der Regelung selbst nachjustiert werden. Ein gutes Beispiel ist das **Auto-Mapping**. Die Regelung wird damit in die Lage versetzt, selbstständig zu erkennen, welcher Messwert der Profilmessung der flächenbezogenen Masse welcher Zone am Stoffauflauf zuzuordnen ist, auch wenn sich die Papierbahnlage verändert.

16.5 Die Implementierung künstlicher Intelligenz (KI)

Von Hans-Joachim Naujock

16.5.1 Einführung

Künstliche Intelligenz oder kurz KI ist ein Schlagwort, mit dem wir täglich konfrontiert werden. Am weitesten verbreitet in der Bevölkerung ist die Nutzung sogenannter KI-Chatbots wie ChatGPT, GoogleGemini, Microsoft 365 Copilot oder Zendesk, um nur einige zu nennen. Weniger bekannt sind KI-Lösungen, die in der Industrie Anwendung finden und auf denen in diesem Rahmen der Fokus liegt. Bevor wir uns diesen, speziell im Zusammenhang mit der Papierindustrie stehenden, zuwenden, soll an dieser Stelle der Versuch einer Begriffsklärung erfolgen. Was ist KI eigentlich?

Ein Interpretationsansatz geht auf *Alan Turing* zurück [16.48]. Im Jahre 1950 beantwortete er die Frage „Kann eine Maschine denken?“ in Bezug auf Computer in dem Falle mit Ja, wenn ein menschlicher Fragesteller einige schriftliche Fragen stelle und anhand der schriftlichen Antworten nicht unterscheiden könne, ob diese von einem Menschen oder einem Computer stammen. Dies bringt uns wieder zurück in die Nähe der KI-Chatbots.

Wenn wir den Fokus auf industrielle Prozesse legen, dann verlassen wir die linguistische Ebene und konzentrieren uns stattdessen auf die Herstellung eines bestimmten Produktes mit definierten Eigenschaften., in unserem Falle auf das Papier.

In einem einfachen Beispiel könnte eine Papierfabrik mit der in Bild 16.12 gezeigten Struktur abgebildet werden.

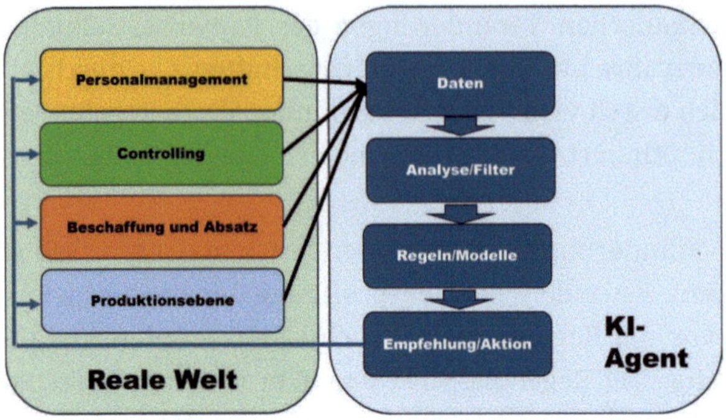

Bild 16.12 Verallgemeinerte Struktur eines Industriebetriebes

Der Schwerpunkt der Betrachtungen soll auf der Produktionsebene liegen. Diese ist wie alle anderen Ebenen untereinander ebenfalls hinsichtlich des Datenaustausches regelbasiert vernetzt (z. B. Datenschutzrichtlinien, Zugriffsrechte ...). Im engeren Sinne umfasst sie alle Maschinen und Anlagen, die in ihnen ablaufenden Prozesse zur Papierherstellung, Nebenprozesse wie Energieversorgung, Wartung und Instandhaltung, Lagerlogistik, Wasseraufbereitung u. a. All dies ist in Bild 16.12 Teil der realen Welt, die einem KI-Agenten Daten liefert.

Die Datenhaltung kann proprietär sein oder in einer Cloud erfolgen. Beide Varianten weisen jeweils spezifische Vor- und Nachteile auf. Bleiben die Daten beim Eigentümer, können sie in der Regel besser geschützt werden. Dieser muss dann selbst für z. B. Hardware, Firewalls, eine entsprechende Redundanz des Bestands und seine Pflege sorgen. Die Anbieter von Cloud-Lösungen sind hingegen genau auf diesen Gebieten hochspezialisiert und agieren in der Regel flexibler. Das Vertrauen des Eigentümers ist Voraussetzung für eine reibungslose Geschäftsabwicklung

Agenten können nach zunehmender Komplexität angeordnet folgende sein: einfache Reflexagenten, modellbasierte Reflexagenten, zielbasierte Agenten und nutzenbasierte Agenten [16.48]. Unter Berücksichtigung der in Abschnitt 11 erwähnten Prämisse der Herstellung einer für den Kunden akzeptablen Papierqualität zu ökonomisch vertretbarem Aufwand, wird die Entscheidung wahrscheinlich zugunsten eines zielbasierten Agenten erfolgen.

Die Generierung der Daten erfolgt nach [16.49] durch die Bündelung der Informationen des Maschinenkontrollsystems (MCS), des Anlagenkontrollsystems (DCS) und des Qualitätskontrollsystems (QCS).

Der Agent sollte in der Lage sein, Daten nach Relevanz zu filtern und einen Bias auszublenden. Die so aufbereiteten Daten werden verwendet, um Regeln abzuleiten und Reaktionen nach vorgegebenen oder „erlernten“ Modellen abzuleiten. Die Modelle können analytischer und/oder stochastischer Natur sein. In der Regel werden neuronale Netze verwendet, die gleichzeitig Daten filtern, Modelle entwickeln oder verwalten und Aktionen auslösen können.

Zum Verständnis der Funktionsweise eines neuronalen Netzes soll das in Bild 16.13 gezeigte sehr einfache Beispiel beitragen. Ein neuronales Netz besteht aus einem Inputlayer (grüne Elemente), einem Hiddenlayer (orange Elemente), das im gezeigten Beispiel zwei Ebenen umfasst (die Vektoren $a^{(1)}$ und $a^{(2)}$), sowie dem Outputlayer (blaue Elemente). Üblicherweise fügt man dem Inputlayer noch einen Bias hinzu (x_0). Alle Elemente einer Ebene wechselwirken mit allen Elementen der nachfolgenden Ebene, sodass ein Netz entsteht. Jede Ebene kann beliebig viele Elemente enthalten. Der Hiddenlayer kann mehr als zwei Ebenen enthalten. Das gesamte Netz kann mehr als zwei Dimensionen haben. All dies soll verdeutlichen, dass eine immense Computerleistung erforderlich ist, um komplexe neuronale Netze wenn möglich quasi in Echtzeit zu emulieren. Die Neuronen des Inputlayers (Vektor x) übertragen Informationen an die erste Schicht des Hiddenlayers in folgender Gestalt:

$$z = w_0 + w_1 \cdot x_1 + w_2 \cdot x_2$$

w ist die Gewichtung der Inputneuronen x, w_0 ist die Gewichtung des Bias-Neurons (in der Regel gleich 1). Die Neuronen der Hiddenlayer haben eine Aktivierungsfunktion $g(z)$. Die Aktivierungsfunktion $g(z)$ gibt für das obige Beispiel den Wert a_1 zurück, der für die Aktivierungsfunktion der zweiten Schicht des Hiddenlayers benötigt wird. Die Aktivierungsfunktion dieser Schicht generiert den Ausgabewert a_2. Dieser liefert multipliziert mit der Gewichtung w_3 und der Addition des Bias b_3 den Ausgabewert y des Netzes. Man beachte die Vektorenschreibweise für die Modellfunktion in Bild 16.13.

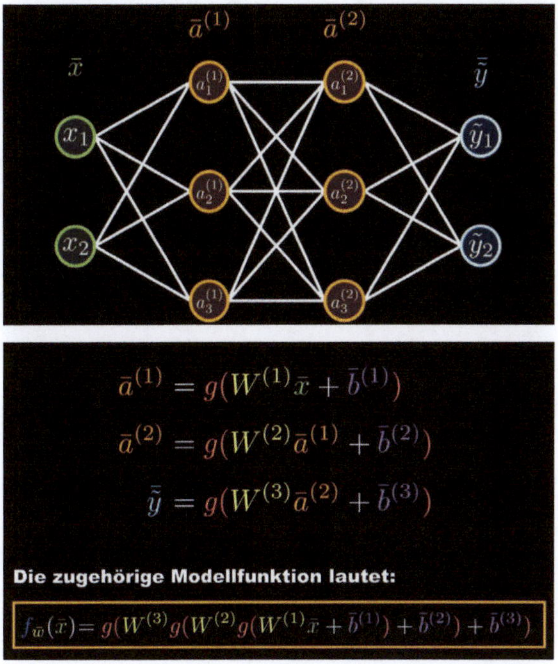

Bild 16.13
Beispiel für ein neuronales Netz (oben), Beschreibung der Modellfunktion (unten) (Quelle: nach [16.50])

Bild 16.14 zeigt eine Auswahl von Aktivierungsfunktionen. Die lineare Aktivierungsfunktion würde einfach den Eingangswert z. B. z=w_1·x_1+b_1 an die zweite Schicht des Hiddenlayers übergeben. Sehr häufig genutzt wird die sogenannte Rectified Linear Unit (ReLU). Für negative Werte von z gibt sie Null zurück, für Werte größer Null wird der Eingangswert z weitergegeben. Die logistische Funktion oder die Tangens hyperbolicus-Funktion geben Werte zwischen 0 und 1 bzw. –1 und +1 zurück. Sie eignen sich beispielsweise für Probleme der unscharfen Logik (Fuzzy-Logik).

Die Funktionalität neuronaler Netze lässt sich mit relativ einfachen Mitteln wie z. B. einem Tabellenkalkulationsprogramm oder komfortabler, wenn man Zugriff auf die Software MATLAB Simulink hat, untersuchen. Empfehlenswert sind Beispiele wie [16.51] bis [16.54].

Der in Bild 16.13 und in Bild 16.14 gezeigte Inhalt soll illustrieren, dass bei komplexeren Strukturen mit einer großen Anzahl von Elementen in den einzelnen Layern und exponentiell ansteigenden zu berücksichtigenden Wechselwirkungen sehr schnell ein hoher Rechenaufwand entsteht, um die eingehenden Daten verarbeitet auf der Ausgabeseite des Netzes korrekt abzubilden.

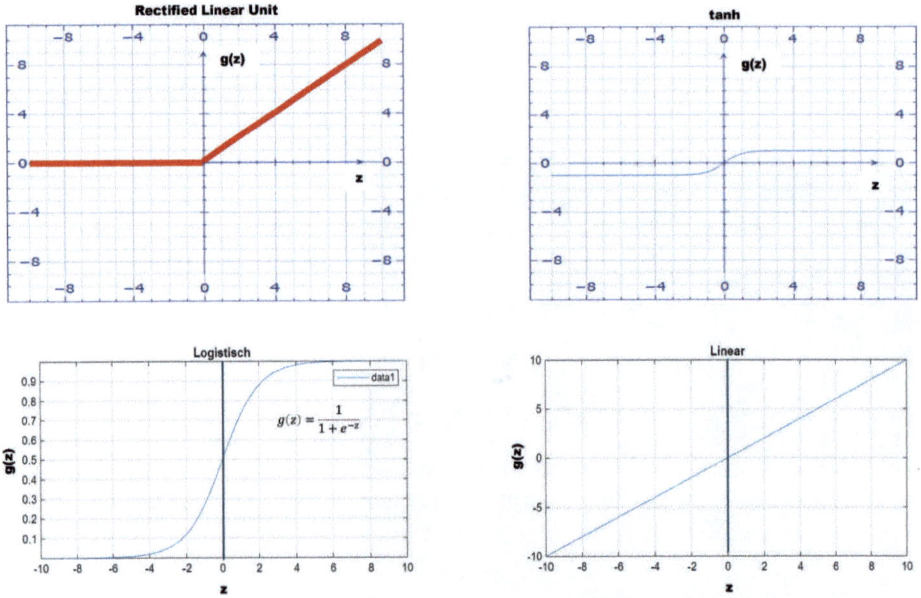

Bild 16.14 Häufige Aktivierungsfunktionen in neuronalen Netzen [16.50]

16.5.2 Beispiele industrieller Anwendungen von KI

16.5.2.1 Beispiele der Firma ANDRITZ

Die ANDRITZ AG hat einen Anteil an der PSIORI GmbH erworben. Die Zielstellung liegt in der Entwicklung von Systemen für den automatisierten Anlagenbetrieb und der vorausschauenden Wartung. Die KI soll menschliche Experten unterstützen und dem Wissensverlust durch Fachkräftemangel und Pensionierungen entgegenwirken [16.55].

Mithilfe des Systems **Metris addIQ RheoScan** soll die Entwässerung von Siebbandpressen und Seihtischen dahingehend verbessert werden, dass die Polymerdosierung in Echtzeit den veränderlichen Schlammeigenschaften angepasst wird. Es wird erwartet, dass sich bis zu 40 % der Betriebskosten einsparen lassen. Das System ist auch außerhalb der Papierindustrie für die Entwässerung von Kohle- oder Klärschlämmen einsetzbar [16.55].

Weiterhin ist die ANDRITZ AG eine Kooperation mit Microsoft eingegangen. Die Vernetzung der digitalen Plattform **Andritz-Metris** mit der **Microsoft Cloud for Manufacturing** soll sowohl die internen Produktionsabläufe bei Andritz optimieren und den Mitarbeitern eine stärkere Kundenfokussierung ermöglichen, indem sie von Routineaufgaben entlastet werden, als auch zu einer höheren Prozessstabilität bei den Kunden und Anlagenbetreibern beitragen [16.56][16.57].

16.5.2.2 Beispiele der Firma Valmet

Valmet Oyj ist ein Joint Venture mit der Körber AG eingegangen. Im Fokus der Bemühungen steht dabei die gesamte Wertschöpfungskette für Tissue (Stoffaufbereitung, Produktion, Verarbeitung, Verpackung, Kundendienst) sowie Automatisierungslösungen und Qualitätskontrolle [16.58].

Daneben gibt es auch partikuläre Anwendungen. Ein Beispiel ist das **Valmet IQ Web Inspection System**, das gemeinsam mit der Firma Dr. Schenk entwickelt wurde. Es weist folgende Leistungsmerkmale auf:

- Detektion von Defekten anhand einzigartiger Beleuchtungstechnologie,
- Integration in WMS, um die Ursachen von Qualitätsproblemen zu finden,
- Echtzeit-Defektkarte mit Defect Viewer,
- Klassifikation von Defekten,
- Analyse von periodischen Defekten gekoppelt an Maschinenkomponentenlänge,
- Defekttrend und Defektprofil,
- Formationsanalyse,
- Rollen- und Defektberichte,

- schlanke Planungs-Tools zur Optimierung der Qualität von Kundenrollen,
- automatische Zielhaltfunktion für Umwickel- und Aufwickelmaschinen [16.59].

16.5.2.3 Beispiele der Firma Voith

Auch die Firma Voith GmbH & Co. KGaA bietet ihren Kunden partikuläre Lösungen als quasi ersten Schritt zur Implementierung fabrikweiter Integration der KI in den Produktionsprozess an. Ein Beispiel ist die Stoffaufbereitung von Wellpappenabfällen, bei der die Zerfaserung, die Feinreinigung und die Dickstoffreinigung gesteuert und überwacht werden [16.60]. Diese Anwendung kann auch als Systembaustein des **MillOne Konzeptes** verstanden werden [16.61]. Das System ist modular ausgelegt und kann nach und nach so angepasst werden, dass es die gesamte Wertschöpfungskette der Papierherstellung mit einer einheitlichen Benutzeroberfläche abbildet. Wie die anderen Marktbegleiter möchte auch Voith so auf die gegenwärtigen und künftigen Herausforderungen an die Papierindustrie hinsichtlich Fachkräftemangel, Knappheit stofflicher und energetischer Ressourcen und Umweltauflagen reagieren.

16.5.3 Fazit

Zusammenfassend lässt sich sagen, dass sich die KI schrittweise auch in der Papierindustrie etabliert und die ersten Lösungsansätze von den Anwendern als sehr erfolgversprechend eingeschätzt werden. Nicht zu unterschätzen sind notwendige gewaltige Hardwareressourcen, Manpower für die Softwareentwicklung und eine stabile Versorgung mit Elektroenergie in großem Umfang. Wenn auch einerseits einfache Tätigkeiten im unmittelbaren Produktionsprozess reduziert werden können, verlangt die KI andererseits hochqualifizierte Mitarbeiter für Entwicklung und Implementierung. Damit wird Bildung zum Produktionsfaktor.

Literatur

[16.1] DIN ISO 3534-2:2013-12 Statistik – Begriffe und Formelzeichen – Teil 2: Angewandte Statistik

[16.2] DIN 55350:2021-10 Begriffe zum Qualitätsmanagement

[16.3] *Harders-Steinhäuser, M.*: Faseratlas zur mikroskopischen Untersuchung von Zellstoffen und Papieren. Biberach/Riß: Güntter-Staib Verlag 1974

[16.4] *Werthmann, B.*: Mikroskopische Prüfung von Zellstoffen, Holzstoffen und Papier. In: *Franke, W.* (Hrsg.): Prüfung von Papier, Pappe, Zellstoff und Holzstoff, Bd. 2 Mikroskopische und photometrische Verfahren, Teil A, S. 1–163. Berlin Heidelberg New York: Springer-Verlag 1993

[16.5] *Zerler, D.* und Mitarbeiter: Lehrbuch der Papier- und Kartonerzeugung. 2. Auflage, S. 343. Leipzig: Fachbuchverlag 1987

[16.6] *Kammermann, W.*: Mikroskopie in der Papierindustrie. BoD -Books on Demand 2012

[16.7] TAPPI/ANSI STANDARD T 401 om–20. Fiber Analysis of Paper and Paperboard

[16.8] *Isenberg, I. H.*: Pulp and paper microscopy, 3rd Edition, 2nd print, The Institute of Paper Chemistry, Appleton, Wisconsin 1967

[16.9] *Jayme, G.; Harders-Steinhäuser, M.*: Mikroskopie der Holz- und Papierfasern. In: Freund, H. (Hrsg.) Handbuch der Mikroskopie in der Technik, Band V, Teil 2, S. 65 – 208. Frankfurt am Main: Umschau-Verlag 1970

[16.10] *Graff, J. H.*: Pulp and paper microscopy – Fiber analysis. The Institute of Paper Chemistry, Appleton, Wisconsin 1942

[16.11] *Korn R., Burgstaller F.*: Makroskopische Bestimmung verholzter Fasern. In: *Siebel, E.* (Hrsg.) Handbuch für die Werkstoffprüfung, Bd. IV: *Korn, R.; Burgstaller, F.*, Papier- und Zellstoffprüfung, 2. erw. Auflage, S. 60 – 63, Berlin/Göttingen/Heidelberg: Springer-Verlag 1953

[16.12] *Töppel, O.*: Prüfung von Zellstoff. In: *Franke, W.* (Hrsg.): Prüfung von Papier, Pappe, Zellstoff und Holzstoff, Bd. 3 Physikalisch-technologische Prüfung der Papierfaserstoffe, Abschnitt 1. Berlin Heidelberg New York: Springer-Verlag 1993

[16.13] *Töppel, O.*: Prüfung von Holzstoff. In: *Franke, W.* (Hrsg.): Prüfung von Papier, Pappe, Zellstoff und Holzstoff, Bd. 3 Physikalisch-technologische Prüfung der Papierfaserstoffe, Abschnitt 2. Berlin Heidelberg New York: Springer-Verlag 1993

[16.14] *Robertson, A. A.; Mason, S. G.*: Specific surface of cellulose fibres by the liquid permeability method. Pulp and Paper Magazine of Canada 50 (1949) 13, 103 – 110

[16.15] *Brecht, W.; Schanz, D.*: Versuch zur Kennzeichnung von Holzschliff-Feinstoffen durch Ermittlung ihrer spezifischen Oberfläche. Wochenblatt für Papierfabrikation 85 (1957) 23, 891 – 898

[16.16] Mit FiberXPress der Feuchte auf der Spur. Twogether, Paper Technology Journal, Heft 25, Januar 2008, S. 66 – 67, herausgegeben von Voith GmbH & Co. KGaA, Heidenheim

[16.17] *Forsberg, S.; Bengtsson, M.*: The dynamic drainage analyser (DDA). Proceedings of the TAPPI Papermakers Conference, p. 239 – 245. Atlanta/GA, USA, 23 – 25 April, 1990

[16.18] *Forgacs, O. L.*: The characterization of mechanical pulps. Pulp and Paper Magazine of Canada 64 (1963) Conventional issue C, T89 – T118

[16.19] *Ingmanson, W. L.; Whitney, R. P.*: The filtration resistance of pulp slurries. TAPPI Journal 37 (1954) 11, 523 – 534

[16.20] *Mannström, B.*: On the characterization and quality control of mechanical pulp. Paperi ja Puu 49 (1967) 4a, 137 – 146

[16.21] *Eliášová, D.; Oltus, E.*: Bestimmung der spezifischen Oberfläche durch Farbstoffadsorption. Papír a Celulosa 17 (1964) 5, 101 – 104

[16.22] *Brecht, W.; Trenschel, R.*: Die Eignung der Siebanalyse als Untersuchungsmethode für Holzschliff. Der Papierfabrikant 36 (1938) 46, 462 – 471

[16.23] *Unger, E.-W.; Heinemann, S.; Blechschmidt, J.; Steinert, T.*: Bewertung des granulometrischen Zustandes von Holzstoffen über Siebanalyse mit logarithmisch gestufter Prüfsiebreihe. Zellstoff und Papier 31 (1982) 2, 67 – 70

[16.24] *Brecht, W.; Holl, M.*: Splittergehaltsbestimmung und Faserfraktionierung in einem Gerät. Das Papier 2 (1948) 5/6, 85 – 92 und Das Papier 2 (1948) 7/8, 138 – 142

[16.25] Particle Size – US Sieve Series and Tyler Mesh Size Equivalents. Online-Plattform für Open-Access Publikationen aus dem Bereich der Materialtechnik. AZoNetwork UK Limited, Manchester, UK, letzte Bearbeitung veröffentlicht am 1. 10. 2023. *https://www.azom.com/article.aspx?ArticleID=1417*, abgerufen am 15. 8. 2025

[16.26] *Hiltunen, E.*: Preparation of Laboratory Sheets. In: Chapter 3 Papermaking Properties of Pulp, S. 48 – 49. In: *Levlin, J.-E.; Sjöderhjelm, L.* (Hrsg.): Pulp and Paper Testing, Band 17 der Serie Papermaking Science and Technology, Helsinki: Paperi ja Puu Oy, 2009

[16.27] *Lindblad, G.; Fürst, T.*: The ultrasonic measuring technology on paper and board. Lorentzen & Wettre Textbook, Stockholm, Sweden 2017

[16.28] L&W S-Tester: Bestimmung der Stauchelastizität bei Wellenpapier; technisches Datenblatt

[16.29] *Gerards, P.*: Eine neue Methode zur Bestimmung der Stauchelastizität bei Wellenpapieren. Vortrag, gehalten auf dem Wellpappensymposium an der PTS München am 05. 04. 2017

[16.30] *Mullen, J. W.*: Testing-Machine. U.S. Patent Nr. 358056, eingereicht am 9. August 1886, Seriennummer 210395, 4 Seiten, 3 Abbildungen. Patent erteilt am 22. Februar 1887

[16.31] *Unger, E.*: Neue Gesichtspunkte für die Prüfung und Bewertung von Papierstoffen, insbesondere von Holzschliff (Teile 1 und 2). Zellstoff und Papier 5 (1956) 5, 104 – 110 und 5 (1956) 6, 124 – 129 (156)

[16.32] *Unger, E.*: Ein neues Prüfverfahren für die Bewertung der Papierfestigkeit. Zellstoff und Papier 7 (1958) 4, 108 – 116 (3454)

[16.33] *van der Akker, J. A.; Wink, A.; van Eperen, R. H.*: Instrumentation studies LXXXIX. Tearing strength of paper. III. Tearing resistance by in-plane mode of tear. Tappi 50 (1967) 9, 466 – 470

[16.34] *van den Akker, J. A.; Wink, W. A.; van Eperen, R. H.*: Fracture resistance and in-plane tearing strength. TAPPI Journal 59 (1976) 11, 130

[16.35] *Kettunen, H.; Niskanen, K.*: On the in-plane tear test. TAPPI Journal 83 (2000) 4,

[16.36] *Baumgarten, H. L.; Göttsching, L.; Volk, W.*: Das Erarbeiten standardisierbarer Papierprüfmethoden und ihrer Präzisionsmaße am Beispiel von drei Glättemeßverfahren, Teil III. Vergleichende Betrachtung der drei Glättemeßverfahren nach Bekk, Bendtsen und FOGRA. Das Papier 35 (1981) 1, 13 – 19

[16.37] *Chamberlain, D. C.*: Correlating Bekk Air Resistance with Bendtsen Air Permeability Measurements. IPPTA Journal 22 (2010) 2, 121 – 125

[16.38] TMI Büchel Porositätskopf für PPS, *https://industrialphysics.com/de/produkt/porosity-head-for-pps/*, abgerufen am 3. 11. 2025

[16.39] W3/030 Water Vapor Transmission Rate Tester. Produktdatenblatt der Fa. Labthink®, *https://en.labthink.com/productdocumenten/W3-030-Water-Vapor-Transmission-Rate-Tester.pdf*, abgerufen am 3. 11. 2025

[16.40] Leimungsgradprüfer PLG 06 und PLG 06 V. Wochenblatt für Papierfabrikation 129 (2001) 13, 910 – 911

[16.41] *Pauler, N.*: Paper Optics – Optical and colour science in the pulp and paper industry, Lorentzen & Wettre Textbook, Stockholm, Schweden 2012

[16.42] *Kubelka, P.; Munk, F.*: Ein Beitrag zur Optik der Farbanstriche. Zeitschrift für technische Physik 12 (1931) 11, 593 – 601

[16.43] *Göttsching, L.; Katz, C.* (Hrsg.): Papier-Lexikon. Gernsbach: Deutscher Betriebswirte-Verlag, 1999

[16.44] *de Groot, W.*: IGT Testing Systems. Vortrag zum PTS Fachseminar 2008; Prüfung von Papier, Karton und Pappe. In: *Pollex, I.* (Hrsg.): PTS Manuskript PTS-MS 861, München (PTS) 2008

[16.45] Automated Paper and Board Quality Testing System – Valmet Paper Lab. *https://www.valmet.com/automation/analyzers-measurements/analyzers/paper-lab/*, abgerufen am 30. 11. 2025

[16.46] L&W Autoline automated paper and board testing system. *https://new.abb.com/pulp-paper/abb-in-pulp-and-paper/products/lorentzen-wettre-products/automated-paper-testing*, abgerufen am 30. 11. 2025

[16.47] FRANK-PTI Produkte, ModularLine Geräte. *https://www.frankpti.com/de/produkte/?kat=3&filter=17&s=*, abgerufen am 30. 11. 2025

[16.48] *Russell, S.; Norvig, P.*:Künstliche Intelligenz-Ein moderner Ansatz, 4. Aufl., S. 23 und S. 79. Pearson Deutschland GmbH 2023

[16.49] *Heinemann, S.; Arndt, T.; Miletzky, F.; Zelm, R.*: Process control and automation. In: *Niemz, P.; Teischinger, A.; Sandberg, D.* (Hrsg.): Springer Handbook of Wood Science and Technology, Abschnitt 29.10, S. 1623 – 1627. Springer Nature Switzerland 2023

[16.50] Grundlagen neuronaler Netze, Neuronale Netze I, Machine Learning Tutorial #12. YouTube-Video, *https://www.youtube.com/watch?v=EzwkFhEkGd8*, abgerufen am 3. 11. 2025

[16.51] Training a Neural Network in a Spreadsheet. YouTube-Video, *https://www.youtube.com/watch?v=fjfZZ6S1ad4*, abgerufen am 03. 11. 2025

[16.52] Was du über KI wissen musst – Kinderleicht erklärt. YouTube-Video, *https://www.youtube.com/watch?v=p0Da1bSaZYA*, abgerufen am 03. 11. 2025

[16.53] Erste Schritte mit neuronalen Netzwerken mit MATLAB. YouTube-Video, *https://www.youtube.com/watch?v=6T2yYTSw8z0*, abgerufen am 03. 11. 2025

[16.54] Getting Started with Fuzzy Logic Toolbox and Simulink. YouTube-Video, *https://www.youtube.com/watch?v=QVPjscV9_c4*, abgerufen am 03. 11. 2025

[16.55] KI aus Deutschland und Hightech aus Israel: Wie Andritz im Startup-Bereich aktiv ist. *https://brutkasten.com/artikel/andritz-psiori-innovation-startups*, abgerufen am 03. 11. 2025

[16.56] KI in der Produktion. Die automatische Fabrik von Microsoft und Andritz. Wirtschaftsnachrichten vom 22. 5. 2024. *https://wirtschafts-nachrichten.at/artikel/ki-in-produktion-automatische-fabrik-von-microsoft-und-andritz/*, abgerufen am 03. 11. 2025

[16.57] ANDRITZ kooperiert mit Microsoft, um Innovationen in der Fertigungsindustrie voranzutreiben. Microsoft News vom 10. 4. 2024. *https://news.microsoft.com/de-at/andritz-kooperiert-mit-microsoft-um-innovationen-in-der-fertigungsindustrie-voranzutreiben*, abgerufen am 03. 11. 2025

[16.58] Körber und Valmet gründen Joint Venture zur Weiterentwicklung der digitalen Lösung FactoryPal. *https://www.koerber.com/de/ueber-uns/news-und-presse/valmet-joint-venture*, abgerufen am 03. 11. 2025

[16.59] Papierinspektion. Valmet IQ Web Inspection System – entwickelt mit Dr. Schenk. *https://www.drschenk.com/de/produkte/papierinspektion.html*, abgerufen am 03. 11. 2025

[16.60] New automation tools for stock preparation expand Voith's MillOne ecosystem for more process autonomy in OCC lines. Voith Newsroom 10. 7. 2025, *https://www.voith.com/corp-en/news-room/press-releases/2025-07-10_vp-millone.html*, abgerufen am 03. 11. 2025

[16.61] Voith takes the next step towards the autonomous paper mill and launches the dynamic ecosystem MillOne. Voith Newsroom 27. 3. 2025, *https://www.voith.com/corp-en/news-room/press-releases/2025-03-27_vp-voith-launches-mill-one.html*, abgerufen am 03. 11. 2025

17 Energieeinsatz bei der Papiererzeugung

Von Holger Jung und Daniela Pracht

17.1 Energiebedarf

Die Papierindustrie gehört neben den Branchen Baustoffe, Chemie, Glas, Nichteisen-Metalle und Stahl zu den energieintensiven Industrien in Deutschland, obwohl der spezifische Energiebedarf in den letzten Jahrzehnten deutlich reduziert werden konnte (Bild 17.1). Im Vergleich zum Jahr 1990 konnte der mittlere spezifische Energiebedarf um knapp 20 % reduziert werden. Mit im Jahr 2023 durchschnittlich 2798 kWh/t [17.1] liegt die deutsche Papierindustrie dabei deutlich unter dem europäischen Mittelwert (3608 kWh/t [17.2]). Mit Veröffentlichung der „Roadmap to a low-carbon bioeconomy" hat sich die CEPI zum Ziel gesetzt die CO_2-Emissionen in der „holzfaserbasierten Industrie" bis 2050 um 80 % im Vergleich zu 1990 zu reduzieren [17.3] und damit den Weg zu einer weiteren Reduzierung des Energiebedarfs weiter voranzutreiben.

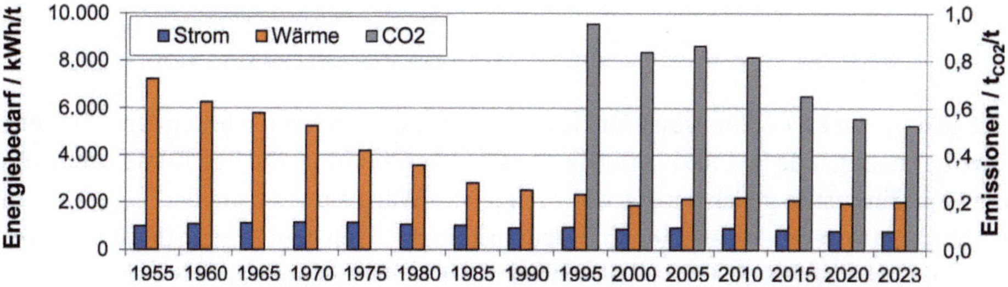

Bild 17.1 Entwicklung des spezifischen Energieeinsatzes und der spezifischen CO_2-Emissionen in Deutschland [17.1]

Die Energiekosten stellen für die deutsche Papierindustrie neben den Rohstoffkosten einen wesentlichen Kostenfaktor dar. Ihr Anteil ist insbesondere in den letzten Jahren aufgrund der globalen Krisen stark gestiegen und beträgt heute mehr als 15 %, in Prozent der Gesamtleistung [17.1]. Der effiziente Umgang mit Energie kann somit über die Produktivität eines gesamten Standortes entscheiden.

Der spezifische Energiebedarf unterscheidet sich dabei stark in den einzelnen Betrieben. Neben der produzierten Papiersorte sind weitere wichtige Einflussfaktoren auf den Energiebedarf die vorhandene Anlagentechnik, die eingesetzten Rohstoffe, die gewünschte Produktqualität, die Fertigungstiefe, aber auch das Alter und der Zustand der Anlagen sowie die Effizienz der Betriebe im Umgang mit den Ressourcen. Tabelle 17.1 zeigt Beispiele für die Schwankungsbreite in einzelnen Sortenbereichen.

Tabelle 17.1 Spezifischer Energiebedarf – typische Bereiche [17.4]

Sortenbereich	Spezifischer Energiebedarf		
Holzstoffhaltige Papiere	Strom Wärme	1200...2100 1000...1800	kWh/t kWh/t
Gestrichene holzstofffreie Papiere	Strom Wärme	600...1000 1200...2100	kWh/t kWh/t
Holzstofffreie Spezialpapiere	Strom Wärme	600...3000 1600...4500	kWh/t kWh/t
Verpackungspapiere aus Altpapier (ohne Deinking)	Strom Wärme	300...700 1100...1800	kWh/t kWh/t
Grafische Papiere aus Altpapier (mit Deinking)	Strom Wärme	900...1400 1000...1600	kWh/t kWh/t
Tissue (ohne TAD)	Strom Wärme	800...2000 1900...2800	kWh/t kWh/t

17.2 Energieerzeugung

Die gekoppelte Erzeugung von Wärme und Strom hat durch seine besondere Effizienz eine herausragende Bedeutung für die Ressourcenschonung und den Klimaschutz. Da die Papierindustrie gleichzeitig große Mengen an Wärme und Strom benötigt, werden mehr als 90 % der werkseigenen Erzeugungsanlagen nach dem Prinzip der Kraft-Wärme-Kopplung betrieben [17.5]. Der Anteil der Eigenerzeugung am gesamten Strombedarf der Papierindustrie beträgt in Deutschland heute etwas mehr als 30 % [17.1].

Zur Versorgung des Wärmebedarfes bei der Papierherstellung wird überwiegend Wasserdampf eingesetzt, der meistens am Standort in Dampfkesseln erzeugt und über ein Rohrleitungssystem zu den verschiedenen Verbrauchern geführt wird. Das Kondensat wird, soweit möglich, zurückgeleitet, in einem Sammelbehälter aufgefangen und dem Kesselsystem wieder zugeführt. Bild 17.2 zeigt schematisch ein typisches Dampfsystem.

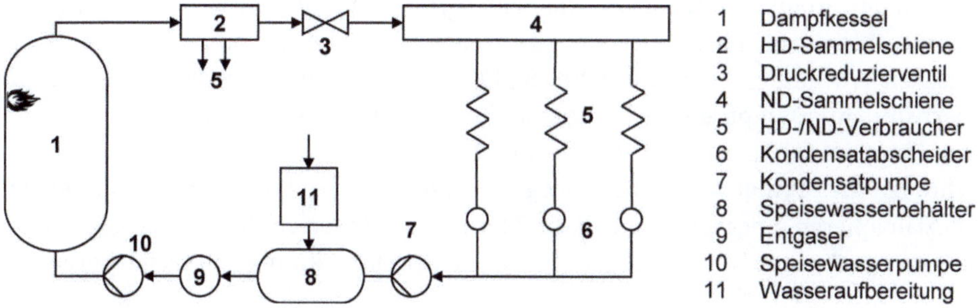

Bild 17.2 Dampfsystem einer Papierfabrik (nach [17.6])

Etwa 60 % der von der europäischen Papierindustrie eingesetzten Energie werden aus Biomasse und damit aus erneuerbaren Quellen gewonnen (Bild 17.3).

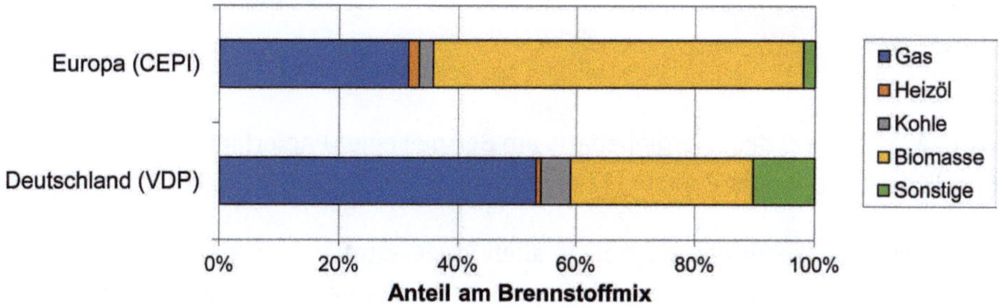

Bild 17.3 Brennstoffmix in der Papierindustrie [17.1][17.2]

17.3 Energieeinsatz

Der Energieverbrauch in der Papierindustrie ist komplex und nicht immer transparent. Oft fehlten in der Vergangenheit den Verbrauchern zuordenbare Verbrauchsmessungen. Dies lag vor allem an der „gewachsenen" Struktur der Anlagen und der Vielzahl der Einzelverbraucher. Durch die Einführung der DIN EN SO 50001 (Energiemanagementsysteme) im Jahr 2011 und durch die an die Zertifizierung gekoppelte Reduzierung der EEG-Umlage für energieintensive Unternehmen, hat sich die Transparenz über den Energiebedarf in den Werken seitdem zum Teil deutlich erhöht.

Die Anteile der einzelnen Energieträger variieren in Abhängigkeit von der produzierten Papiersorte und der Fertigungstiefe. Im Mittel entfallen etwa 70 % des Gesamtenergiebedarfs auf den Wärmebedarf (Dampf und Gas) und 30 % auf den Strombedarf.

Wärme wird bei der Papierherstellung in Form von Dampf, gasbeheizten Brennern oder elektrischen Heizungen/Strahlern eingesetzt. Während der Wärmeeinsatz zur Trocknung der Papierbahn allgegenwärtig ist, gibt es Wärmeverbraucher, die abhängig von der produzierten Sorte sowie den eingesetzten Rohstoffen sind (z. B. Dispergierung, Strichtrocknung). Der weitaus größte Wärmebedarf besteht bei der thermischen Trocknung der Papierbahn (Bild 17.4). Meist erfolgt die Trocknung der Papierbahn mit Dampf über eine klassische Zylindertrocknung. Yankeezylinder in Kombination mit gasbefeuerten Hochleistungshauben oder die TAD-Technologie (Through Air Drying) werden überwiegend im Bereich der Tissueproduktion und bei Spezialpapieren eingesetzt. Zu den direkt mit Gas befeuerten Trocknungsaggregaten gehören auch die Infrarot-Strahler die z. B. zur Strichtrocknung eingesetzt werden.

Bild 17.4 Aufteilung des Energiebedarfs am Beispiel einer Papierfabrik zur Herstellung gestrichener Papiere [17.4]

Strom wird bei der Papiererzeugung in allen Prozessstufen eingesetzt. Die Verteilung ist dabei deutlich komplexer als beim Dampf- bzw. Gaseinsatz. Allgegenwärtige Stromverbraucher sind Pulper, Sortieraggregate, Pumpen, Rührwerke, das Vakuumsystem und Antriebe in Sieb-, Pressen- und Trockenpartie. Darüber hinaus gibt es insbesondere in der Stoffaufbereitung und in der Ausrüstung diverse Strom verbrauchende Aggregate, die abhängig von der Rohstoffzusammensetzung und produzierten Papiersorte eingesetzt werden. Hierzu gehören z. B. Refiner, Disperger oder Kalander. Neben den direkten prozess- und produktbezogenen Stromverbrauchern wird bei der Papiererzeugung Strom auch für Querschnittstechnologien, wie zum Beispiel für die Abwasserreinigung oder die Drucklufterzeugung benötigt. Wesentliche typische Energieverbraucher sollen im Folgenden näher betrachtet werden.

17.3.1 Papiermaschine

Bei der Papiererzeugung wird in der Trocknung der weitaus größte Energieanteil benötigt. Meist erfolgt die Trocknung mit Dampf in der konventionellen Zylindertrocknung. Die Vorteile von Dampf liegen in der einfachen Verteilung und Regelbarkeit, dem großen massenbezogenen Wärmeinhalt sowie in der schnellen Energieabgabe aufgrund des guten Wärmeübergangs bei der Kondensation. Überwiegend wird Sattdampf im Nieder- und Mitteldruckbereich (ND- und MD-Dampf) eingesetzt. Der größte Anteil des Heizbedarfs wird mit ND-Dampf (2 bis 4 $bar_Ü$ bzw. 130 bis 150 °C) gedeckt. MD-Dampf (8 bis 15 $bar_Ü$ bzw. 175 bis 200 °C) wird meistens für die letzte Heizgruppe der Trockenpartie sowie für Thermokompressoren und den Stärkekocher verwendet.

Trockenpartie

In der Trockenpartie wird die Papierbahn slalomartig über bis zu 100 dampfbeheizte Trockenzylinder geführt. Dabei ist das verwendete Temperaturregime (Aufheizkurve) wesentlich, um Qualitätsanforderungen und eine gute Verdampfung zu gewährleisten. Zur Einstellung der Temperatur werden in den Zylindern bzw. in den Heizgruppen unterschiedliche Dampfdrücke verwendet. Die Einteilung der Trockenpartie in Heizgruppen, die jeweils separat angetrieben werden, ist erforderlich, um die während des Trocknungsvorganges eintretende Schrumpfung des Papiers auszugleichen.

Ein optimiertes Dampf- und Kondensatsystem benötigt typischerweise 1,1...1,2 t Dampf zur Verdampfung von einer Tonne Wasser [17.7]. Das dabei anfallende Kondensat wird über Siphons aus dem Zylinder herausgefördert. Bei der Abführung des Kondensats strömt gleichzeitig Dampf durch den Siphon, der sogenannte Durchström- bzw. Schlupfdampf. Bei rotierenden Siphonen beträgt der Anteil des Durchströmdampfes etwa 25 %, bei stehenden Siphons etwa 10 % des in den Zylinder geleiteten Dampfes [17.8]. Über die Kaskadierung des Systems werden gemäß einer Wärmerückgewinnung Schlupf- und Entspannungsdampf zur Beheizung der vorgelagerten Trockenzylinder verwendet. Der zur Entwässerung der Trockenzylinder benötigte Differenzdruck wird durch Überströmung in die nächste Heizgruppe oder durch Thermokompressoren gebildet. Die Entwässerung der niedrig beheizten Zylinder erfolgt über eine Vakuumstufe. An dieser Stelle, also dem Ort mit dem niedrigsten Druck, sitzt der Hilfskondensator (HIKO), über den der im Vakuumseparator anfallende Dampf vollständig kondensiert werden muss. Der kondensierte Dampf (Dampfverlust) am HIKO sollte weniger als 3 % des gesamten Dampfbedarfes für die Trockenpartie betragen.

Die Kondensatrücklaufrate ist der Anteil des Dampfes, der als Kondensat aus der Produktion wieder in die Dampferzeugung zurückgefördert wird. Aufgrund von Leckagen und direktem Dampfverbrauch (z. B. Dampfblaskasten oder Heizschnecke Disperger) wird nicht der gesamte Massenstrom zurückgeführt. Die Rücklaufrate sollte dennoch bei mindestens 80...90 % liegen.

Lufttechnik

Der Dampfbedarf zur Vorwärmung der Luft liegt in der Regel bei nur 5...10 %. Typischerweise werden etwa 0,1...0,2 t Dampf pro Tonne verdampftes Wasser für die Erwärmung der Haubenzuluft benötigt. Jedoch ist die an den Trockenzylindern abgegebene Wärme zum größten Teil als latente Wärme im verdampften Wasser enthalten und trägt damit wesentlich zur Enthalpie der Haubenabluft bei. Aus energetischer Sicht besteht also eine wesentliche Aufgabe der lufttechnischen Anlagen darin, die zur Trocknung eingesetzte Energie möglichst weitgehend im Prozess zu halten.

Aufgrund der niedrigen Partialdrücke des Wasserdampfs in der Abluft und den daraus resultierenden Taupunkttemperaturen muss die Rückgewinnung der Wärme auf einem erheblich niedrigeren Temperaturniveau erfolgen als die ursprüngliche Wärmeabgabe. Um Wärme auf möglichst hohem Temperaturniveau zurück zu gewinnen, muss die Abluftmenge möglichst gering sein. Im Allgemeinen wird bei der Beurteilung der Luftbilanz einer Trockenhaube ein Verhältnis von Zuluft zu Abluftmassenstrom von mehr als 0,7 als gut angesehen. Bei modernen, gut isolierten und abgedichteten Hauben führt dies zu Taupunkttemperaturen von über 60 °C [17.10].

Die Vorwärmung der Haubenzuluft ist eine naheliegende Abwärmenutzung, die in der Regel bei allen Wärmerückgewinnungsanlagen installiert ist. Da Luft-Luft-Wärmetauscher einen schlechteren Wärmeübergang haben als Luft-Wasser-Wärmetauscher, ist es sinnvoll, ab einer bestimmten Temperatur die Wärme in Wasser zu übertragen. Bild 17.5 zeigt die Wärmeströme in der Abluft der Trockenpartie am Beispiel einer vierstufigen Wärmerückgewinnungsanlage.

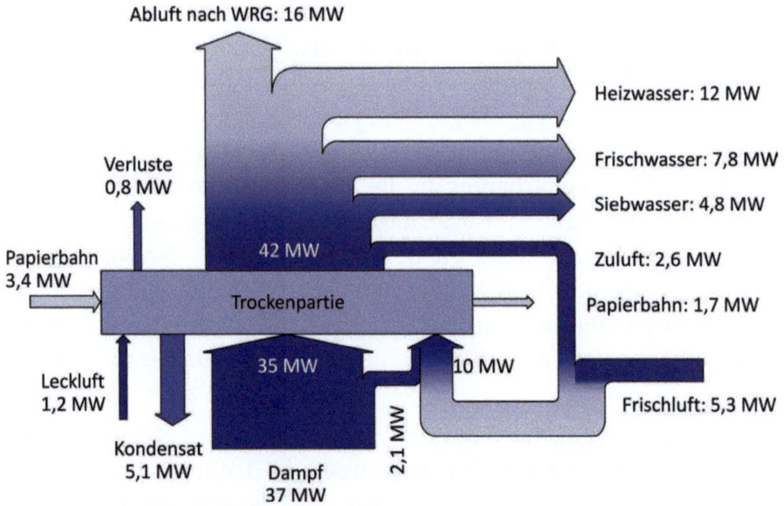

Bild 17.5 Sankey-Diagramm der Wärmeströme in einer vierstufigen Wärmerückgewinnungsanlage (nach [17.9])

Vakuumsystem

In der Papiererzeugung wird Vakuum zur Entlüftung bzw. Entgasung der Papierstoffsuspension, zur Entwässerung im Siebbereich, zur Konditionierung der Pressfilze sowie zur Führung der Papierbahn benötigt. Niederdruckventilatoren werden aufgrund ihrer geringen Investitions- und Betriebskosten bevorzugt im Siebbereich der Papiermaschine eingesetzt. Für höhere Vakua kamen in der Vergangenheit vorwiegend Wasserringpumpen, ein- bzw. mehrstufige Zentrifugalgebläse und seltener Drehkolbengebläse zum Einsatz. In den letzten Jahren kam mit hocheffizienten ein- bzw. zweistufigen Turbogebläsen eine weitere Alternative auf den Markt. Tabelle 17.2 gibt einen Überblick über geforderte Vakua und Saugvolumen einzelner Vakuumverbraucher.

Tabelle 17.2 Vakuum und Volumenstrom verschiedener Saugstellen [17.11]

Saugstelle	Druckniveau	Spezifischer Volumenstrom
Vakuumsiebtisch	ca. 0,85...0,96 $bar_{abs.}$	12...20 $m^3/(min\ m^2)$
Siebsaugkasten	ca. 0,7 $bar_{abs.}$	3 $m^3/(min\ m^2)$
Siebsaugwalze 1. Zone	ca. 0,6...0,75 $bar_{abs.}$	20...180 $m^3/(min\ m^2)$
Siebsaugwalze 2. Zone	ca. 0,3 $bar_{abs.}$	250...450 $m^3/(min\ m^2)$
Pick-up-Walze	ca. 0,35 $bar_{abs.}$	250...350 $m^3/(min\ m^2)$
Vakuumpresse	ca. 0,3...0,4 $bar_{abs.}$	250...350 $m^3/(min\ m^2)$
Presshaltezone	ca. 0,65 $bar_{abs.}$	30...50 $m^3/(min\ m^2)$
Rohrsauger	ca. 0,35...0,75 $bar_{abs.}$	650...850 $m^3/(min\ m^2)$

Der spezifische Energieverbrauch liegt in Abhängigkeit vom System und im Fall von Wasserringpumpen abhängig von der Dichtwassertemperatur etwa zwischen etwa 0,9...1,1 kW/(m^3/min). Für die Effizienz gilt, dass Wasserringpumpen den besten Wirkungsgrad bei niedrigen Drehzahlen haben. Zentrifugalgebläse weisen den besten Wirkungsgrad am Auslegungspunkt auf. Die Turbogebläse werden über einen weiten Drehzahlbereich mit Frequenzumrichtern betrieben. Durch Nutzung der heißen Abluft können Gebläse einen thermodynamischen Wirkungsgrad von über 80 % erreichen. Bezogen auf eine Tonne Papier liegt der Energiebedarf des Vakuumsystems etwa zwischen 50...150 kWh/t. Die wesentlichsten Einflussgrößen sind Grammatur, Entwässerungsfähigkeit des Stoffs, Zustand der Filze, Maschinengeschwindigkeit bzw. Produktionsleistung sowie Alter, Aufbau und Betriebsweise der Vakuumanlage.

Pumpen, Rührwerke und Antriebe

Eine der größten Verbrauchergruppe in der Papierindustrie sind Pumpen, die etwa 30 % des elektrischen Energiebedarfs beanspruchen können. Der Anteil kann bei einzelnen Sorten stark unterschiedlich sein. Die Anpassung der Fördermenge erfolgt über Bypass-, Drossel- oder Frequenzregelung. Bei stark unterschiedlichen Fördervolumenströmen ist die Drehzahlregelung gemäß der Abhängigkeit zwischen Fördermenge, Förderhöhe und Drehzahl am wirtschaftlichsten.

Rührwerke werden zur Umwälzung von Stoffbütten und Wasserbehältern eingesetzt. Dabei wird unterschieden zwischen Homogenisieren (vollständiges Durchmischen), Verhinderung der Entmischung und Verhinderung von Sedimentation. Die benötigte Rührwerksleistung ist dabei abhängig von der Büttengröße und der Rühraufgabe und kann zwischen etwa 0,02 und mehr als 0,5 kW/m^3 variieren.

Im Bereich der Trockenpartie gehören Direktantriebe zum heute verfügbaren Stand der Technik. Direkt an die Maschine gekuppelte Antriebe weisen gegenüber Antriebskonzepten mit Getrieben eine höhere Energieeffizienz auf. Die Steigerung des Gesamtwirkungsgrades um durchschnittlich 5 % gegenüber einem Räderkastensystem resultiert aus dem Wegfall des Getriebes sowie den höheren Motorwirkungsgraden im Teillastbereich [17.12].

2008 wurden durch die IEC 60034-30 drei Effizienzklassen (IE1 bis IE3) definiert, die eine Vergleichbarkeit von Niederspannungs-Asynchronmotoren erleichtern. 2014 wurden diese durch die Klasse IE4 (Super Premium Efficiency) erweitert. Im Sinne einer möglichst optimalen Energieausnutzung ist ein hoher Wirkungsgrad anzustreben. Die Investitionen für energieeffiziente Antriebe liegen in der Regel 15...30 % oberhalb von den Kosten von Standardantrieben [17.6]. Der Einsatz von Premium-Effizienzmotoren (IE3) ist in der Regel sinnvoll bei Antrieben mit einer Betriebszeit von mehr als 4000 h. Aufgrund des hohen Anteils am Stromverbrauch ist die Überprüfung der elektrischen Antriebe im gesamten Unternehmen eine wesentliche Aufgabe.

17.3.2 Stoffaufbereitung

Die einzelnen Bereiche der Stoffaufbereitung können unterschiedlich strukturiert sein und sowohl integriert als auch an verschiedenen Standorten angesiedelt sein. Etwa 10...40 % des elektrischen Energieeinsatzes, in Sonderfällen auch bis zu 60 %, entfallen auf die Stoffaufbereitung der Papierproduktion [17.13]. Der Energiebedarf zur Holzschlifferzeugung liegt mit etwa 1750 kWh_{el}/t deutlich über dem Bedarf bei der zur Altpapieraufbereitung (360 kWh_{el}/t) und der Zellstoffaufbereitung (180 kWh_{el}/t) [17.14]. Auf die Prozesse der Zellstoff- und Holzschliffherstellung wird in diesem Kapitel nicht näher eingegangen.

Altpapieraufbereitung

Bei der Altpapieraufbereitung werden in Abhängigkeit von der eingesetzten Altpapierqualität und den zu erzielenden Fertigstoffeigenschaften unterschiedliche Prozesse angewandt. Für optimierte Stoffaufbereitungsanlagen ohne Deinking liegen der Strombedarf bei etwa 110 kWh/t und der Wärmebedarf bei 150 kWh/t. Für energieeffiziente Anlagen mit Deinking kann ein Strombedarf von 330 kWh/t und ein Wärmebedarf von 150 kWh/t angenommen werden [17.6]. Für die einzelnen Prozessschritte werden in der Literatur die in Tabelle 17.3 angegebenen Bereiche für den spezifischen Energiebedarf angegeben.

Tabelle 17.3 Spezifischer Energiebedarf verschiedener Prozessschritte in der Altpapieraufbereitung [17.6][17.13][17.15]

Prozessschritt	Spezifischer Energiebedarf
Pulper	10...40 kWh_{el}/t
Auflösetrommel (+ Sortieren)	15...20 (40) kWh_{el}/t
Entstippen	20...60 kWh_{el}/t
Sortieren	5...20 kWh_{el}/t
Sortieren Endstufe	20...40 kWh_{el}/t
Cleaner	4...8 kWh_{el}/t
Druckentspannungsflotation	10...20 kWh_{el}/t
Flotieren selektiv	20...50 kWh_{el}/t
Waschen	1,5...20 kWh_{el}/t
Eindicken	1...10 kWh_{el}/t
Entwässern Schneckenpresse	10...15 kWh_{el}/t
Entwässern Doppelsiebpresse	2...4 kWh_{el}/t
Dispergieren	100...200 kWh_{el}/t 100...300 kWh_{th}/t
Bleichen	30...50 kWh_{el}/t 0...100 kWh_{th}/t
LC-Mahlung (pro SR-Einheit)	3...25 kWh_{el}/t
HC-Mahlung (pro SR-Einheit)	10...60 kWh_{el}/t
Stapeln	0,02...0,1 kWh_{el}/t
Mischen	0,2...0,5 kWh_{el}/t
Pumpen*	110 kWh_{el}/t

* ohne Scheibenfilter- und Flotationspumpen

Mahlung

Die Mahlung ist ein sehr energieintensiver Prozessschritt. Bezogen auf den Stromverbrauch eines Werkes können etwa 5 bis 30 % auf die Mahlung entfallen. Für die Mahlung von Langfaserzellstoff liegt der spezifische Energiebedarf zwischen 50...300 kWh/t und bei der Kurzfasermahlung zwischen 50...150 kWh/t [17.16]. Der typische Energieverbrauch für die Mahlung von Altpapier liegt bei 30...60 kWh/t [17.17]. Zur energetischen Bewertung wird häufig der Anteil der Leerlaufleistung zum Gesamtverbrauch der Mahlaggregate genutzt (Tabelle 17.4). Die Leerlaufleistung eines Refiners setzt sich aus Pump- und Reibungsverlust in der Faserstoffsuspension zusammen. Nach TAPPI wird die Leerlaufleistung mit stoffhaltiger Suspension bestimmt. Häufig wird die Leerlaufleistung jedoch mit Wasser bei geöffneten Mahlplatten gemessen. Der Unterschied zwischen beiden Werten kann bis zu 25 % betragen und ist damit erheblich.

Tabelle 17.4 Wirkungsgrad verschiedener Refinerbauarten [17.6]

Refinerbauart	Wirkungsgrad
Zylindrische Refiner	75...90 %
Doppelscheibenrefiner	70...85 %
Flachkegelrefiner	70...85 %
Einscheibenrefiner	60...75 %
Steilkegelrefiner	55...70 %

Für eine energieeffiziente Mahlung gilt es den Teillastbetrieb zu vermeiden. Die Trennung von Kurz- und Langfasermahlung, die Wahl fein verrippter Mahlgarnituren mit größerem Kantenwinkel (hohe sekündliche Kantenlänge), Refiner mit hydraulisch günstiger Einlaufzone sowie Aggregate mit drehzahlvariablem Antrieb sind Maßnahmen, die den Energiebedarf der Mahlung senken.

17.3.3 Nebenanlagen

Druckluft

Bei der Herstellung und Weiterverarbeitung von Papier wird Druckluft in erster Linie als Mess-, Regel- und Steuerluft verwendet. Weiterhin wird sie als Transportmedium, zum Freiblasen der Maschinen, in der Deinking-Flotation sowie in der Abwasserreinigungsanlage genutzt. Zur Drucklufterzeugung werden vorwiegend Schraubenkompressoren eingesetzt.

Der Wirkungsgrad ist bei der Drucklufterzeugung sehr gering. Letztlich werden nur etwa 4 % der eingesetzten elektrischen Energie in Druckenergie umgewandelt (Bild 17.6), der Rest in Wärme. Über geeignete Wärmeüberträger kann die Wärme zur Hallenbeheizung oder Warmwassererzeugung genutzt werden.

Die spezifische Leistung, ausgedrückt in $kW/(m^3/min)$, ist für die Beurteilung von Kompressorstationen geeignet. Je nach Druckniveau ergeben sich unterschiedliche Verbrauchswerte. Bei einem Betriebsdruck von 7 $bar_Ü$ sollte der spezifische Verbrauchswert nicht höher als 6,5 $kW/(m^3/min)$ betragen.

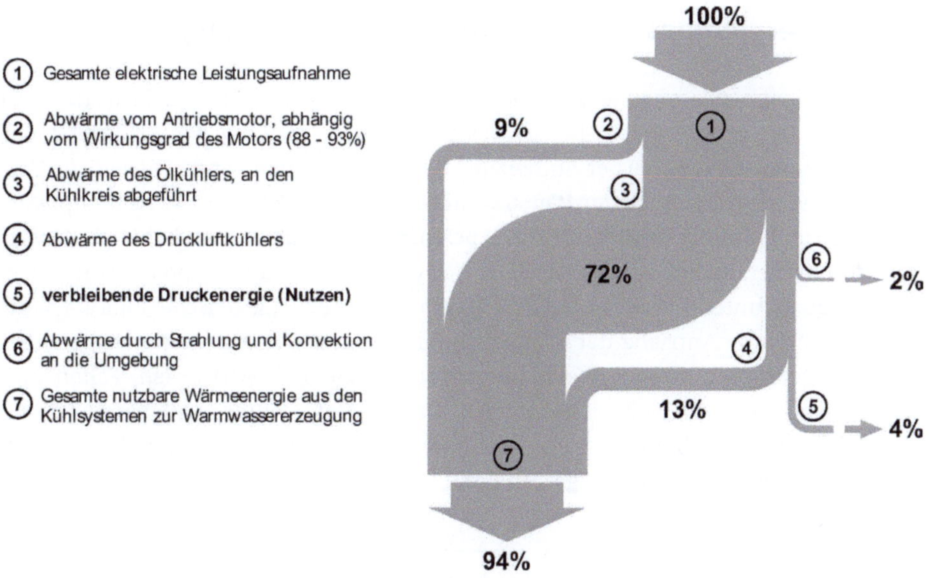

Bild 17.6 Energieflussdiagramm bei der Drucklufterzeugung [17.6]

Das Druckniveau ist in vielen Unternehmen häufig eine „historische" Größe, die schon immer so eingestellt war. Allerdings geht jedes Bar Druckerhöhung mit einer um 6...10 % höheren Energieaufnahme der Kompressoren einher. Bei deutlicher Abweichung von Betriebsdrücken einzelner Anlagen kann die Aufstellung dezentraler Kompressoren wirtschaftlich sein. Der Druckverlust zwischen Erzeugung und Verbrauch sollte nicht größer als 0,8...1 bar sein [17.18]. Zu klein dimensionierte Rohrquerschnitte führen zu hohen Strömungsgeschwindigkeiten und damit zu hohen Druckverlusten in der Leitung. Die Strömungsgeschwindigkeit sollte möglichst kleiner 6 m/s sein. Jede Druckluftanlage hat Leckagen, diese betragen auf Basis von Erfahrungswerten zwischen 10...40 % bezogen auf die erzeugte Druckluftmenge. In einem gut gewarteten Druckluftnetz ist mit Leckageverlusten von 5...10 % zu rechnen. Aufschluss über das Maß der Netzleckagen kann die Durchführung eines Aufpumpversuches bei abgeschalteten Druckluftverbrauchern liefern.

Abwasserreinigung

Wesentliche Stromverbraucher in der Abwasserreinigung sind die Belüftung der aeroben Reinigungsstufen sowie Pumpen und Rührwerke. Der spezifische Strombedarf für die Abwasserreinigung liegt bei etwa 5...10 kWh/t [17.6]. Insbesondere bei Altpapier verarbeitenden Papierfabriken mit stark geschlossenen Wasserkreisläufen hat sich in den letzten Jahrzehnten die Anaerobtechnologie (Details siehe Kapitel 15) durchgesetzt. Durch das beim anaeroben Abbau entstehende methanhaltige Gas, das energetisch genutzt werden kann, lässt sich die Energiebilanz positiv gestalten. Verwertungsmöglichkeiten sind beispielsweise die Mitverbrennung im bestehenden Gaskessel, die Verstromung über ein Blockheizkraftwerk oder die Einspeisung ins Erdgasnetz.

17.3.4 Energieeinsatz bei der Wellpappenerzeugung

Bei der Wellpappenerzeugung wird Energie überwiegend in Form von Wärme (Dampf) eingesetzt. Der größte Wärmebedarf besteht bei der Formung der Welle und der (Leim)Trocknung sowie bei der Aufheizung der Papierbahnen vor den jeweiligen Verklebeprozessen. Im Bereich der Weiterverarbeitung von Wellpappe wird Dampf vorwiegend zur Luftaufwärmung für die Trocknung von Druckfarben benötigt. Zusätzlich wird häufig die Beheizung von Hallen, Lagern, Sozialräumen und die Warmwassererzeugung unter Verwendung von Dampf realisiert. Elektrische Energie wird hauptsächlich für Antriebe der Wellpappenanlage und das Abtransportsystem, bei der Weiterverarbeitung der Wellpappen (Formatzuschnitt, Bedrucken, Falten und Kleben) und für weitere Zwecke wie z. B. Drucklufterzeugung, Kältebereitstellung und Beleuchtung verbraucht. Die typische Aufteilung des Wärme- und Stromeinsatzes in der Wellpappenerzeugung ist in Bild 17.7 dargestellt.

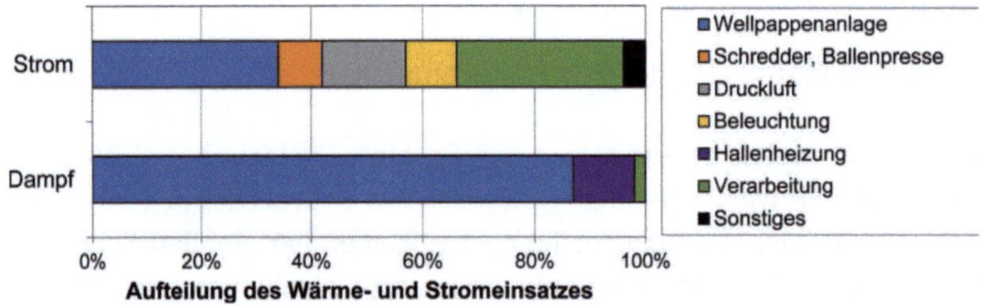

Bild 17.7 Aufteilung des Wärme- und Stromeinsatzes in der Wellpappenproduktion [17.19]

Der spezifische Energiebedarf in der Wellpappenindustrie unterliegt starken Schwankungen bei 120...250 kWh pro 1000 m^2 Bruttomaschinenerzeugnis [17.19]. Der spezifische Strombedarf ist dabei stark abhängig von der Verarbeitungstiefe und der Anzahl der Verarbeitungsmaschinen in den jeweiligen Werken. Der spezifische Wärmebedarf zeigt eine deutliche Abhängigkeit von der Produktionsmenge, da sich Wärmeverluste aufgrund von An- und Abfahrvorgängen der Wellpappenanlage (WPA) sowie durch Warmhalten der Anlage insbesondere bei niedrigen Maschinenlaufzeiten (z. B. bei 2-Schichtbetrieb der WPA) auswirken.

Aufgrund steigender Energiekosten und der Einführung der DIN EN ISO 50001 [17.20] hat das Thema Energieeffizienz in den letzten Jahren auch bei der Wellpappenerzeugung an Bedeutung gewonnen. Untersuchungen zeigen, dass in vielen Werken Optimierungspotenziale vorhanden sind [17.21]. Die Einführung von Prozessüberwachungs- und Prozesssteuerungssystemen ermöglicht es den Werken, alle wichtigen Parameter (z. B. Temperatur, Bahnspannung und Feuchte) an den wesentlichen Stellen der WPA zu erfassen und zu regeln. Somit können Anfahr- und Umstellverluste verringert und damit der Ressourceneinsatz (Energie, Rohstoffe) reduziert werden. Eine massive Reduktion des Energiebedarfs kann jedoch nur durch Neugestaltung des Formgebungsprozesses (Wellenformung) bzw. des Fügeprozesses (Verkleben von Welle und Decke) erfolgen.

17.4 Reduzierung des Energiebedarfs

17.4.1 Optimierungspotenziale

Da es der Papierindustrie nicht gelang, die in den letzten Jahren stark gestiegenen Preise für Energie und Rohstoffe in erforderlicher Weise an ihre Kunden weiterzureichen, hat sich die wirtschaftliche Lage in den letzten Jahren weiter verschärft. Um bei steigenden Energiepreisen wettbewerbsfähig zu bleiben, sind weiterhin Optimierungen sowohl der Produktionsprozesse als auch bei der Energiebereitstellung notwendig. Um Potenziale zu identifizieren und zu bewerten ist eine umfassende und detaillierte Betrachtung der Prozesse erforderlich [17.22]. Anhand der folgenden Beispiele wird aufgezeigt, wie durch Optimierung der bestehenden Aggregate Energiekosten eingespart werden können.

Dampf- und Kondensatsystem

Einsparpotenziale im Dampfverbrauch können durch eine Vielzahl von Handlungsoptionen erschlossen werden, z. B. eine Optimierung der Entwässerungsleistung in der Nasspartie oder eine Optimierung der Wärmerückgewinnung in der Lufttechnik [17.10][17.23]. Große Einsparpotenziale liegen häufig in der Reduzierung der Verlustleistung am Brüdenkondensator (Hilfskondensator) der Papiermaschine. An manchen Anlagen beträgt diese 10...20 % des Dampfbedarfs in der Trockenpartie. Mit einer Optimierung des Dampf- und Kondensatsystems kann dieser Verlust auf 1...2 % im Mittel reduziert werden.

Die Isolierung von Rohrleitungen im Dampf- und Kondensatsystem ist heute Stand der Technik. Häufig sind jedoch die Armaturen, Regelventile und sonstige Einbauten nicht isoliert. Die Wirtschaftlichkeit der Isolierung steigt mit zunehmendem Nenndurchmesser stark an und ist ab Nennweite DN 80 in der Regel mit einer Payback-Dauer von unter einem Jahr zu realisieren.

Lufttechnik

Zentrale Ansatzpunkte zur Optimierung des Energiebedarfs in der Lufttechnik sind die Anpassung von Luftmengen und der Ersatz von Dampf durch Abwärme. Weitere Potenziale bestehen bei der Umstellung von den Ventilatoren auf Drehzahlregelung oder der Anpassung von Ventilatorlaufrädern. Auch ein Wechsel der Kraftübertragung von Riemen- auf Direktantrieb und der Einsatz energieeffizienter und dem Leistungsbedarf angepasster Motoren ist zu prüfen. Je nach Sortenprogramm bestehen auch Potenziale in einer flexiblen Anpassung der Luftströme an die verdampfte Wassermenge [17.10].

Pumpen

In der Papierindustrie werden etwa 30 % des Strombedarfes durch Pumpen verbraucht. Der Anteil kann bei einzelnen Sorten stark unterschiedlich sein. Mit einer Optimierung des Pumpenparks kann ein beträchtlicher Erfolg erzielt werden. Pumpen, die in einem ungünstigen Betriebszustand laufen sind typischerweise: Förderpumpen zu Entstippern oder Refinern (hier wird oft bei der Auslegung nicht die Pumpwirkung der verbauten Garnitur berücksichtigt), Pumpen für die Cleaneranlage und Sortierung sowie für Spritzwasser der Papiermaschine. Letztere sind oft überdimensioniert hinsichtlich des geförderten Volumenstroms, da der Spritzwasserverbrauch durch Kreislaufeinengung häufig reduziert oder durch andere Wasserqualitäten ersetzt wurde. Eine Optimierung kann erfolgen durch Drehzahlregelungen und verkleinerte Laufräder, sowie durch Abschalten von Pumpen oder eine veränderte Prozessführung [17.24].

Dispergierung

Die Dispergierung ist einer der Prozessschritte in der Stoffaufbereitung, der am meisten Energie benötigt. Für den Dampfbedarf zur Stofferwärmung ist die Zulaufstoffdichte zum Disperger entscheidend [17.14]. Bereits geringe Änderungen der Stoffdichte führen zu erheblichen Dampfeinsparungen (Bild 17.8 links). Der spezifische Strombedarf bei der Dispergierung zeigt eine starke Abhängigkeit von der Dispergiertemperatur (Bild 17.8 rechts). Eine Erhöhung der Dispergiertemperatur ermöglicht bei gleichbleibender Schmutzpunktreduktion eine Reduzierung des spezifischen Strombedarfs [17.13]. Bei der Optimierung von Deinkinganlagen gibt es im Bereich grafischer Papiere den Ansatz, durch eine Fraktionierung den Stoffstrom aufzuteilen. Nach der Fraktionierung wird nur die Langfaser-Fraktion über den Disperger geleitet. Dadurch sind zum Teil erhebliche Einsparungen des Dampf- und Strombedarfs möglich. Dem gegenüber steht ein Strommehrbedarf durch den neu zu installierenden Fraktionierer [17.25].

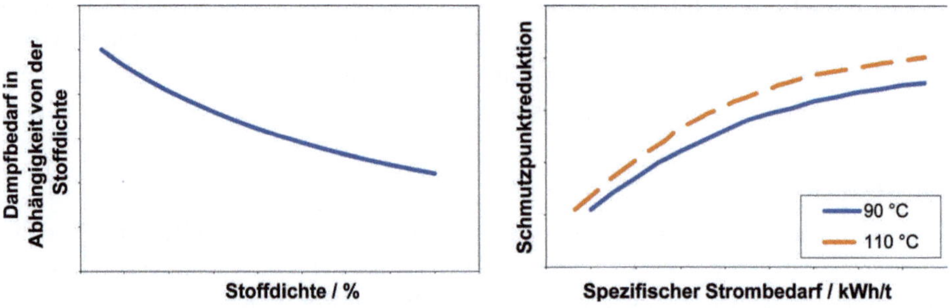

Bild 17.8 Energiebedarf bei der Dispergierung in Abhängigkeit von der Stoffdichte (links) bzw. der Dispergiertemperatur (rechts)

17.4.2 Nutzung von Niedertemperaturabwärme

Als energieintensive Industrie emittiert die Papierindustrie – wie viele andere Prozessindustrien auch – in hohem Maße Niedertemperaturabwärme. Aufgrund der hohen Anforderungen der Oberflächengewässerverordnung an die maximal zulässige Temperaturerhöhung im Vorfluter nach der Abwassereinleitung stellt insbesondere die mit dem Abwasser abgegebene Wärme die Papierfabriken zunehmend vor immer größere Herausforderungen.

Eine wirtschaftliche Abwärmenutzung bedarf einer sorgfältigen Analyse, um eine optimale Ausbeute zu gewährleisten. Aufgrund des im Vergleich zu anderen industriellen Prozessen niedrigen Temperaturniveaus in der Papierindustrie (Tabelle 17.5) ist in erster Linie eine optimale Wärmeintegration im Prozess anzustreben.

Tabelle 17.5 Temperaturniveaus typischer Abwärmeströme [17.6]

Abwärmestrom	Typischer Temperaturbereich
Abwasser Papiermaschine	20...40 °C
Abwasser Schleiferei/TMP-Anlage	60...70 °C
Abluft Trockenpartie Papiermaschine	60...80 °C
Abluft Vakuumgebläse	130...160 °C

Durch Wärmeintegrationsmaßnahmen lässt sich der spezifische Energiebedarf einer Papierfabrik wirtschaftlich sinnvoll reduzieren und damit die Produktivität steigern [17.26][17.27][17.28]. Ökonomisch attraktive Energieeinsparungen sind insbesondere dann möglich, wenn Dampf, der zur Aufheizung von Wasser- oder Luftströmen verwendet wird, ersetzt werden kann. Darüber hinaus ermöglicht eine Erhöhung der Prozesswassertemperatur eine Verbesserung der mechanischen Entwässerung, wodurch sich der Energiebedarf zur Trocknung reduzieren lässt. Als Daumenregel kann hierbei angenommen werden, dass eine Temperaturerhöhung um 10 K eine Erhöhung des Trockengehaltes um etwa 1 % nach der Pressenpartie bewirkt, wodurch sich der Energiebedarf in der Trockenpartie um bis zu 4 % reduzieren lässt. Eine hohe Wirtschaftlichkeit ist insbesondere dann gegeben, wenn Wärmequellen und -senken möglichst lokal gekoppelt werden. Bedarf es eines großen Aufwands an Rohrleitungen, Pumpen usw. zur Überwindung großer Distanzen leidet die Wirtschaftlichkeit einer Maßnahme.

Wärmepumpen sind eine etablierte Technologie zur Aufwertung von Niedertemperaturabwärme, haben sich bislang in der Papierindustrie aber noch nicht durchgesetzt – häufig, weil ganzjährig nutzbare Abnehmer fehlen. Durch die Entwicklung sogenannter Hochtemperatur-Wärmepumpen, mit deren Hilfe sich Niederdruckdampf erzeugen lässt, wird die Wärmepumpentechnologie für die Papierindustrie zunehmend interessanter [17.29]. Erste erfolgreiche Pilotversuche wurden in den Niederlanden durchgeführt. Dabei wurde die Abwärme der Trockenpartie genutzt, um Niederdruckdampf zu erzeugen [17.30].

Die Pinch-Analyse ist ein gängiges Hilfsmittel für die Lösung von Wärmeintegrationsproblemen. Deren grundlegendes Ziel ist es, den Wärmebedarf eines Prozesses durch nutzbare Abwärme möglichst gut zu bedienen. Die Eignung der einzelnen Abwärmeströme ist dabei bedingt durch die jeweilige Temperatur. Die Pinch-Analyse stellt somit eine gute Möglichkeit dar, Ansatzpunkte für Optimierung des Wärmehaushalts zu identifizieren. Da jedoch nicht alle betrachteten kalten und warmen Ströme technologisch und wirtschaftlich sinnvoll miteinander getauscht werden können, lässt sich das ermittelte Potenzial in der Regel nicht voll ausschöpfen.

Ein wesentlicher Schritt bei der Pinch-Analyse ist die Erstellung der sogenannten Composite Curves im Temperatur-Enthalpie-Diagramm. Diese stellen Summenkurven der kalten und warmen Ströme dar. Der Bereich, in dem sich die Composite Curves überlappen, zeigt die maximale Wärmemenge an, die bei optimaler Auslegung wieder gewonnen werden kann. Die darunter bzw. darüber liegenden Bereiche stellen den unter optimalen Bedingungen minimal erforderlichen Heizmittel- und Kühlmittelbedarf dar (Bild 17.9).

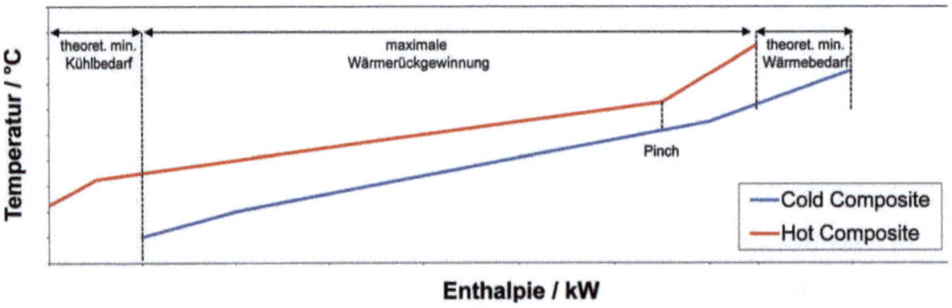

Bild 17.9 Pinch-Analyse – Ermittlung des minimalen Wärmebedarfs

17.4.3 Ausblick – neue Wege beschreiten

Die Erfahrungen zeigen, welche umfangreichen Energieeinsparpotenziale bei systematischer Betrachtung der Anlagen in allen Sortenbereichen ermittelt werden können. Das Gesamtpotenzial einer Energieoptimierung beträgt bis zu 10 % des Strombedarfs und bis zu 10...20 % des Wärmebedarfs [17.24]. Wesentlicher Teil einer erfolgreichen Nutzung dieser Potenziale ist eine nachhaltige Implementierung der Maßnahmen und ein begleitendes Monitoring der Erfolge. Dadurch wird die Basis für jeden weiteren Schritt hin zu einer in der Zukunft notwendigen noch weiteren Reduzierung des Energiebedarfs geschaffen.

In weiteren Schritten ist die Papierindustrie gemeinsam mit ihren Zulieferern gefordert, durch die Entwicklung neuer, bahnbrechender Technologien sowie durch Umsetzung visionärer Lösungen verbesserte oder ganz neue energiesparende Herstellungsverfahren zu entwickeln (Bild 17.10). Darüber hinaus müssen Papierprodukte der Zukunft schon bei ihrer Entwicklung energieeffizient gestaltet werden.

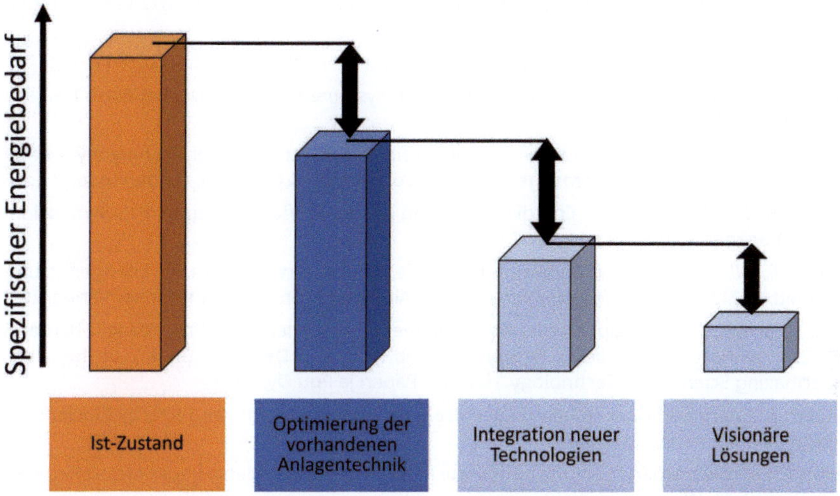

Bild 17.10 Theoretische Energieeinsparpotenziale

Im Rahmen des von der CEPI im Jahr 2013 initiierten Two Team Projects wurden neue und bahnbrechende Konzepte identifiziert, die dazu beitragen sollen, die Papierindustrie zu entkarbonisieren. Die dabei identifizierte „Deep Eutectic Solvents"-Technologie (DES) wurde ab 2015 in einem von der EU geförderten Projekt untersucht und zielt darauf ab, den Energieverbrauch um 40 % und den CO_2-Ausstoß in der gesamten Wertschöpfungskette um 80 % zu senken. Eine kommerzielle Umsetzung ist bis zum Jahr 2030 vorgesehen [17.31].

Literatur

[17.1] DIE PAPIERINDUSTRIE – Leistungsbericht Papier 2024. Berlin: Die Papierindustrie e. V., April 2024

[17.2] Key Statistics 2023, European Pulp and Paper Industry. Confederation of European Paper Industries (CEPI), Brüssel, 2024, *https://www.cepi.org/wp-content/uploads/2024/09/Key-Statistics-2023-FINAL-2.pdf*, abgerufen am 17. 6. 2025

[17.3] Unfold the Future – The Forest Fibre Industry in 2050, Investing in Europe for Industry Transformation, Roadmap to a low-carbon bio-economy. Confederation of European Paper Industries (CEPI), Brüssel, 2011

[17.4] *Suhr, M. et al.*: Best Available Techniques (BAT) Reference Document for the Production of Pulp. Paper and Board, 2015

[17.5] *Sticha, G.; Sauer, B.; Götz, B.*: Anlagenbestand und -struktur in der deutschen Zellstoff- und Papierindustrie. ipw (2008) 1 – 2, 47 – 50

[17.6] Leitfaden Energieeffizienz für die Papierindustrie, herausgegeben von der Arbeitsgemeinschaft Branchenenergiekonzept Papier, Ausgabe 2008. Download über *https://www.pius-info.de/service/dokumentenpool/*, abgerufen am 26. 9. 2025

[17.7] *Schwieger, H.:* Konzepte zur Verbrauchsoptimierung am Dampf- und Kondensatsystem. PTS Energie Symposium, München, 2009

[17.8] *Sauer, H.:* Dampf- und Kondensat – praxisnah. Deublin Papier-Trocknungs-Seminar, Hofheim-Diedenbergen, 2009

[17.9] *Wittmann, R.*: Optimierungsmöglichkeiten an Trockenpartiehaube und Luftsystemen zur Energieeinsparung. PTS-Seminar Energieeffizienz und Produktivität steigern bei Entwässerung, Presse und Trocknung; München, 2010

[17.10] *Jung, H.:* Energieeffizienz in der Trockenpartie. Allgemeine Papierrundschau (2009) 7 – 8, S. 19

[17.11] *Göller, G.:* Energieeinsparmöglichkeiten bei Vakuumsystemen. Gardner Denver Nash Deutschland GmbH, 2008

[17.12] *Schneider J.*: Nettingsdorfer setzt auf Energieeffizienz. Twogether, Paper Technology Journal, Heft 30, Juni 2010, S. 16 – 17, herausgegeben von Voith GmbH & Co. KGaA, Heidenheim

[17.13] *Münster, H.:* Möglichkeiten der Energieeinsparung bei der Stoffaufbereitung. PTS-Symposium Energiemanagement, München, 2007

[17.14] *Kappen, J.; Öller, H.-J.; Römer, D.:* Wasserkreisläufe, Abwasserreinigung und Energienutzung. Abschnitt 17, 212 – 233. In: *Blechschmidt, J. (Hrsg.)*: Altpapier. München: Carl-Hanser Verlag, 2011

[17.15] *Holik, H.; Schabel, S.:* Unit Operations and Equipment in Recycled Fibre Processing. Chapter 5, 125 – 278. In: *Höke, U.; Schabel, S. (Hrsg.):* Recycled Fibre and Deinking. Book 7 of the series Papermaking Science and Technology. Helsinki: Paperi ja Puu Oy, 2010

[17.16] *Hiltunen E.*: Energy efficient refining. Cost Strategic Workshop Improving Energy Efficiency in Papermaking, Amsterdam, 2008

[17.17] *Becker, F.:* Energieeinsparung durch optimierte Mahlkonzepte von Metso Paper. Metso Recycled Fiber Workshop, Wiesbaden, 2008

[17.18] Effiziente Druckluftnutzung – Energieverbrauch und Kosten senken bei Druckluftanlagen, herausgegeben vom Bayerischen Landesamt für Umwelt, 2012

[17.19] *Römer, D.; Jung, H.; Kappen, J.:* Branchenenergiekonzept Wellpappe, 2012

[17.20] DIN EN ISO 50001:2018-12 Energiemanagementsysteme – Anforderungen mit Anleitung zur Anwendung

[17.21] *Jung, H.; Pracht, D.:* Energiemanagement in der Wellpappenindustrie. Wellpappe Nachrichten (2015) 2, 6 – 12

[17.22] *Jung, H.; Blum, O.; Hutter, A.; Nitzsche, O.; Feihl, M.:* Systematische Ermittlung von Energieeinsparpotenzialen in Papierfabriken. Allgemeine Papierrundschau (2006) 4, 35 – 37

[17.23] *Hutter, A.; Jung, H.:* Practical ways to save energy. Paper Technology 51 (2010) 5, 10 – 13

[17.24] *Blum, O.; Hutter, A.*: Praxisbeispiele zur Optimierung des Energiebedarfs in Papierfabriken. Allgemeine Papierrundschau (2008) 2, 19 – 20

[17.25] *Hertl, E.:* Fractionation in DIP-Lines – A New Concept for Energy saving in Deinking. COST Strategic Workshop Improving Energy Efficiency in Papermaking; Amsterdam, 2008

[17.26] Klimaschutz durch effiziente Energienutzung in der Papierindustrie – Nutzung von Niedertemperaturabwärme, herausgegeben vom Bayerischen Landesamt für Umwelt, Augsburg 2003

[17.27] *Jung, H.; Dietz, W.; Kamml, G.; Kappen, J.; Müller, B.; Pfaff, D.:* Optimierung des Wärmehaushalts von Papierfabriken. Allgemeine Papierrundschau (2004) 21, 21 – 28

[17.28] *Jung, H.:* Simulationsgestützte Optimierung des Wärmehaushalts. wwt 58 (2009) 3, 44 – 47

[17.29] *Hutter, A.:* Practical ways for identifying energy saving measures. ASPAPEL Conference on efficiency and energy audits in paper industry, Igualada, 2016

[17.30] *Wemmers, A. K.; van Haasteren, A. W. M. B.; Kamp J van der Kremers, P.:* Test results R600 pilot heat pump, 12th IEA Heat Pump Conference, Rotterdam, 2017

[17.31] Paper & Beyond stages industry's leadership on Europe's circular bioeconomy. Confederation of European Paper Industries (CEPI), Brüssel, Press release, Oct 18, 2018, *https://www.cepi.org/paper-beyond-stages-industrys-leadership-on-europes-circular-bioeconomy/*, abgerufen am 27. 9. 2025

Index

A

B

C

D

E

F

G

H

I

L

O

P

Q

T

U

V

W